A FIRST COURSE IN SYSTEMS BIOLOGY (Second Edition)

系统生物学入门

第二版

〔美〕埃伯哈德·O. 沃伊特（Eberhard O. Voit） 著

马彬广 译

科学出版社

北京

图字：01-2023-0147号

内 容 简 介

本书是美国Garland Science出版集团出版，美国乔治亚理工大学教授、杰出系统生物学家Eberhard O. Voit撰写的*A First Course in Systems Biology*第二版的中文译本，对系统生物学的产生背景及主要研究内容和研究方法进行了系统阐述，既涵盖系统生物学的基础知识，又指出了系统生物学领域的最新成果和发展方向。全书共15章，分别叙述系统生物学的背景及含义、数学建模介绍、静态网络模型、生物系统动力学模型、生物模型中的参数估计方法、基因系统、蛋白质系统、代谢系统、信号转导系统、种群系统、系统整合分析案例、心脏组织系统模型、医学和药物开发中的系统生物学、生物系统的设计、系统生物学的新兴主题等内容。每章末尾附有习题、参考文献和拓展阅读。书中包含300余幅精心制作的插图，且各章含有专题，对主题相关知识进行补充介绍。

本书可供国内包括生物、医学、制药、农林牧渔、生物信息、计算机、大数据等专业的本科生、研究生、教师和科研人员使用，也可供对系统生物学感兴趣的非专业人员参考阅读。

A First Course in Systems Biology, Second edition/by Eberhard O. Voit/ISBN: 978-0-8153-4568-8

审图号：GS京（2022）1408号

图书在版编目（CIP）数据

系统生物学入门：原书第二版/（美）埃伯哈德 · O. 沃伊特（Eberhard O. Voit）著；马彬广译. —北京：科学出版社，2023.3

书名原文：A First Course in Systems Biology (Second Edition)

ISBN 978-7-03-074841-6

Ⅰ.①系… Ⅱ.①埃… ②马… Ⅲ.①系统生物学 Ⅳ.①Q111

中国国家版本馆CIP数据核字（2023）第022962号

责任编辑：刘 丹 韩书云 / 责任校对：郑金红

责任印制：张 伟 / 封面设计：迷底书装

科学出版社 出版

北京东黄城根北街16号

邮政编码：100717

http://www.sciencep.com

北京中科印刷有限公司 印刷

科学出版社发行 各地新华书店经销

*

2023年3月第 一 版 开本：880×1230 1/16

2023年11月第二次印刷 印张：24 1/2

字数：793 408

定价：298.00元

（如有印装质量问题，我社负责调换）

PREFACE 前言

很难相信,《系统生物学》第二版与大家见面了！我很高兴地向大家报告，本书第一版已经取得了巨大的成功。本书已经成为全世界70多门课程的必读或推荐教材，甚至还被翻译成了韩语。那么，为什么仅在短短的5年之后就需要一个新的版本呢？因为在此期间发生了很多事情。系统生物学以昂扬姿态走出阴影。相关研究在世界范围内蓬勃发展，许多新的期刊已经问世，许多机构现在提供该领域的课程。

虽然系统生物学领域发展迅速，但本书第一版所涵盖的基本主题与5年前一样重要，而且可能在几十年后仍然如此。因此，我决定保留第一版的结构，但重新安排了一些项目，添加了一些主题，以及新的例子。在乔治亚理工大学，我们用本书教了超过1000名学生，大部分是本科生，但也有研究生水平的入门课程。新版本的大多数补充和修订，回应了这些学生和他们导师的反馈，他们指出，对材料的某些方面进行更多或更好的解释和说明，将会有帮助。新版中的新主题包括：模型设计的默认模块、极限环和混沌、在Excel中进行参数估计、通过转录因子表达的基因调控模型、从原始概念模型推导出米氏速率规则、不同类型的抑制、迟滞、一个分化模型、对持续信号的系统响应、非线性零线、基于生理学的药代动力学模型和基元模式。

我要感谢我班上的三位本科生，他们帮助我开发了一些新的例子，他们是卡拉·库穆巴勒（Carla Kumbale）、卡维亚·玛德库玛（Kavya Muddukhumar）和高塔姆·朗格瓦吉拉（Gautam Rangavajla）。其他很多学生也帮助我编写了新的练习题，其中许多都可以在本书的支持网站上找到。我还要感谢Garland Science的大卫·博罗代尔（David Borrowdale）、凯蒂·劳伦提夫（Katie Laurentiev）、乔治娜·卢卡斯（Georgina Lucas）、丹尼丝·尚克（Denise Schanck）和萨默斯·肖勒（Summers Scholl），感谢他们在第二版的审阅和编写过程中给予的指导。

我希望这个新版本依然能有第一版那样的吸引力，并通过大大小小的修改和调整，变得更好。

埃伯哈德·O. 沃伊特（Eberhard O. Voit）

乔治亚理工大学

ACKNOWLEDGMENTS 致谢

《系统生物学》（第二版）的作者和出版商感谢以下评审人对完善本书所做出的贡献：

盖伊·格兰特（Guy Grant），贝德福德大学（University of Bedfordshire）

普琳西丝·伊穆克胡德（Princess Imoukhuede），伊利诺伊大学香槟分校（University of Illinois at Urbana-Champaign）

迪米楚斯·毛里基斯（Dimitrios Morikis），加利福尼亚大学河滨分校（University of California, Riverside）

奥利弗·钱德根（Oliver Schildgen），威腾大学（University of Witten）

曼纽尔·西默斯（Manuel Simões），波尔图大学（University of Porto）

马克·斯派克（Mark Speck），查米纳德大学（ Chaminade University）

马里奥斯·斯塔夫里迪斯（Marios Stavridis），尼尼维尔斯医院及医学院（Ninewells Hospital & Medical School）

杰兰特·托马斯（Geraint Thomas），伦敦大学学院（University College London）

弗洛伊德·维丁克（Floyd Wittink），莱顿大学（Leiden University）

CONTENTS 目录

1 生物系统

读完本章，你应能够：

- 描述生物系统的一般特征
- 解释系统生物学的目标
- 认识到系统生物学与还原论之间的互补作用
- 列出那些单凭直觉无法解决的系统生物学挑战
- 为系统生物学领域罗列“待办事项”清单

当我们想到生物系统时，我们的思绪可能会立即徘徊在亚马孙雨林中，脑海中充满了成千上万的植物和动物，它们彼此生活在一起，相互竞争，相互依赖。我们或许还会想到广袤无垠的海洋，想到那些色彩缤纷的鱼游过珊瑚礁，慢慢啃食着海藻。两米高的白蚁丘穴或许会涌入脑海，由各司其职的个体组成的巨大蚁群，它们的生活被复杂的社会结构所控制（图1.1）。我们可能会想到一个由藻类覆盖的池塘，里面生活着的蝌蚪和小鱼即将开启另一轮的生命周期。

图1.1 各种规模的生物系统。此处，纳米比亚的白蚁丘是复杂社会系统的典型证据。该系统是更大的生态系统的一部分，它同时是许多小规模系统的宿主［蒙洛塔尔·埃尔佐格（Lothar Herzog）在Creative Commons Attribution 2.0 Generic许可下供图］。

这些例子确实很好地展现了自然界已经演化出来的一些迷人的系统。然而，要寻找生物系统，我们无须看那么远。我们自己的身体中，甚至在我们的细胞内即存在小得多的系统。肾脏是废物处理系统。线粒体是能量生产系统。核糖体是细胞内用氨基酸制造蛋白质的机器。细菌是非常复杂的生物系统。病毒以控制良好的系统方式与细胞相互作用。即使看上去平常的任务也通常都涉及数量惊人的过程，形成复杂的控制系统（图1.2）。我们越了解最基本的生命过程，如细胞分裂或代谢物的产生，就越惊叹于实现这些过程的系统所具有的难以置信的复杂性。在我们的日常生活中，我们通常认为这些系统是理所当然的，并假设它们能够充分发挥作用，而只有在如疾病来袭或藻类暴发杀死鱼类的情况下，我们才意识到生物学实际上是多么地复杂，以及哪怕是系统中单一组分的失效都可能带来巨大的破坏作用。

我们和我们的祖先从人类存在伊始就意识到了生物系统。人类的出生、发育、健康、疾病和死亡长期以来都被认为与动植物和环境状况交织在一起。对于我们的祖先来说，获取充足的食物需要了解周围环境生态系统的季节性变化。即使最早的农业尝试，也依赖于对何时、何物进行种植的详细概念和想法，需要理解如何、在哪里进行种植，多少种子用作食物而又留多少种子进行播种，以及何时期待从种植的投入中获得回报。几千年前，埃及人设法用糖发酵来生产乙醇并用面糊来烤制面包。早期对疾病的药物治疗当然还包含相当的迷信成分，而我们现在不会再相信在月圆之夜用蟾蜍的唾液揉擦一下就可以治愈赘疣，但是在古代和中世纪就开始出现的药物学也展示了人们日渐增长的知识，即特定的植物产物可以对人体健康或人体内系统功能的失调有显著和确切的治疗作用。

尽管我们有着与生物系统长期打交道的历史，但是我们对工程系统的精通程度远超我们对生物系统的操纵能力。我们成功地将太空船发送到遥远的地方，并能准确预测它们何时到达及它们将要降落的位置。我们修建的摩天大楼比最大的动植物还要大上数百倍。我们的飞机比最擅长飞行的鸟儿还要快、还要大，对湍流干扰的应对也更稳健。然而，我们却不能用基本的组成元件来创建人类的细胞或组织，我们也很少能够治愈疾病，除非借用最原始的方法，例如，切开身体或在治疗过程中杀死一大堆健康的组织，希望身体可以在随后靠自己痊愈。

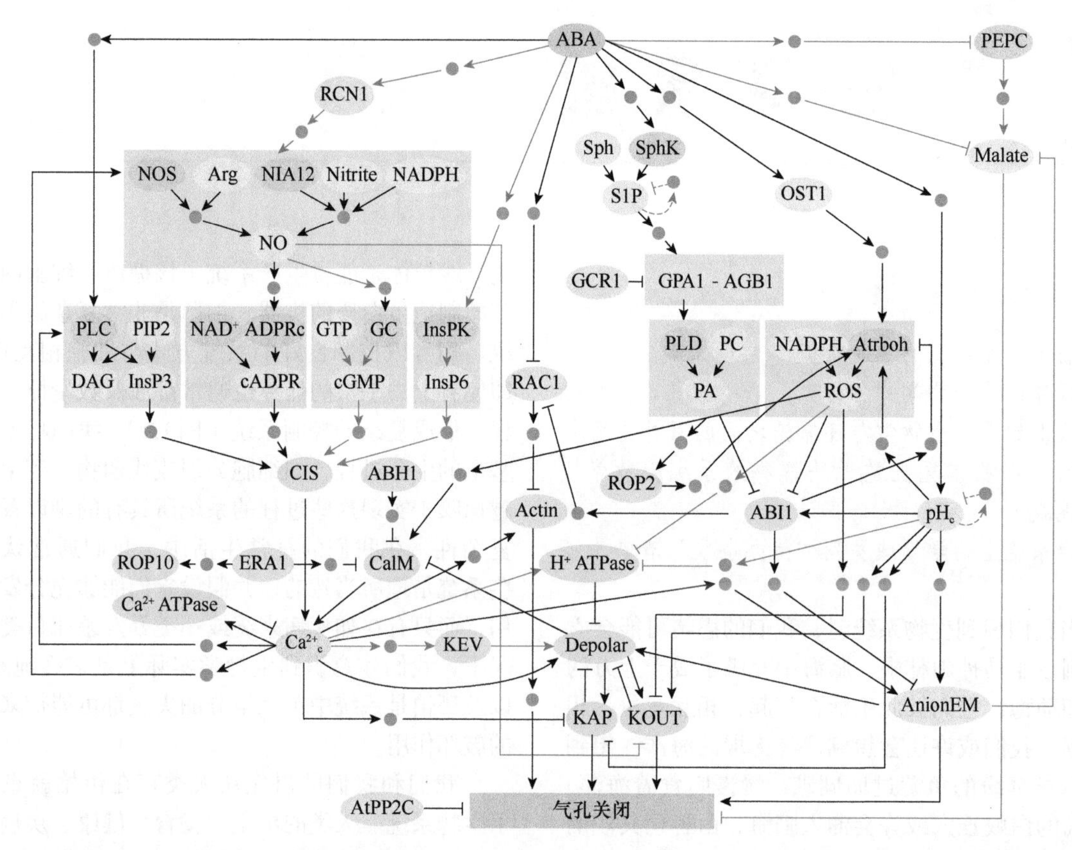

图1.2 协调植物对干旱响应的复杂分子系统图。虽然细节在这里并不重要，但我们可以看到一种叫作脱落酸（ABA）的关键激素会引发一系列反应，最终促使气孔关闭，从而减少水分蒸发[1]。即使像气孔关闭过程一样狭义上定义的响应，也涉及一个复杂的控制系统，它包含大量分子及其相互作用。反过来，这个系统只是一个更大的生理应激反应系统中的一个组成部分（参见图1.7）。Malate. 苹果酸；Nitrite. 亚硝酸盐；Depolar. 去极化［引自Saadatpour A，Albert I & Albert A. *J. Theor. Biol.* 266（2010）641-656. 经Elsevier许可］。

我们可以预见，我们的后辈子孙将会对这种原始的粗野治疗方式大摇其头。我们已经学会创造改良的微生物来大量生产工业乙醇或者产生纯净的氨基酸，但完成这些，我们依赖的是细菌内部人们尚不能完全理解的分子机器及人工诱导的随机突变，而不是有目的的设计策略。

在我们讨论以一种有针对性的方式理解和操纵生物系统所带来的许多挑战的根源之前，在我们预测生物系统在尚未经过测试的条件下会做什么之前，我们应该先问一问，对生物系统进行更深层次理解的目标是否值得我们付出努力。答案是响亮的“值得”！事实上，由生物系统分析所能带来的进步的潜力和影响范围将是无法想象的。正如在18世纪没人可以预见工业革命或电力所带来的深刻影响一样，生物革命将会引领一个充满无限可能的全新的时代。最小副作用的个体化医疗、在肿瘤肆虐之后使身体重获控制能力的药物、神经退行性疾病的预防与治疗、从重编程的干细胞创造备用器官等应用已经初现端倪。对生态系统的更好理解将会促进产出抗虫、抗旱的食品资源，以及受污染的土地和水源的治理方法。它将帮助我们理解为什么某些物种受到威胁，以及可以采取哪些措施来有效地抵消它们的衰退。对水生生态系统的深入了解将能带来更清洁的水源和可持续渔业。重编程的微生物或由生物成分组成的非生命系统将会主导化学物质的生产，从处方药物到大规模工业有机物概莫能外，并可能创造无与伦比的新能源。改造之后的病毒将成为给细胞输送健康蛋白或替换基因的标准方式。对生物系统通用原理和具体特征的发现与描述所带来的回报将是无限的。

既然可以建造非常复杂的机器并能精准地预测它们的行为，为什么生物系统却如此不同，且研究清楚其机制如此困难呢？一个关键的区别就是我们可以完全控制人工建造的工程系统，但却不能完全控制生物系统。作为一个社会整体，我们人类了解工程机械所有部件的所有细节，因为我们制造了它们。我们知道它们的属性和功能，并且可以解释工程师如何及为何以某种特定的方式组装一台机器。

更进一步，绝大部分工程中建造的系统都是模块化的，其中每一个模块都被设计来执行单一和确定的任务。尽管这些模块也有相互作用，但它们很少会在系统的不同部分发挥不同的功能，这与生物学和医学中的情形显著不同。例如，在生物学中，相同的脂质分子可以是细胞膜的成分，也可以同时拥有复杂的信号转导功能；在医学中，疾病的发生通常不是局限于某一器官或组织，而是可能影响到免疫系统，导致血压和血液成分的改变，从而给肾脏和心脏带来问题。化学精炼车间在一个外行看来异常复杂，但对于一个化工工程师而言，它的每一个部件都有特定而明确的功能，并针对其所执行的功能进行了优化。此外，为防止故障的发生，这些机器和工厂都安装了传感器，并在故障出现时立即发出警告信号指明问题所在，以便采取纠正措施。

不同于处理复杂但明确的工程化系统，对生物系统的分析需要朝相反的方向进行研究。这种研究类似于看着一台未知的机器并预测它的功能（图1.3）。除了这一挑战，所有的科学家都只知道生物系统的一小部分组件，这些组件的特定功能及它们之间的相互作用也往往是模糊不清的，且随时间发生着变化。与工程化的系统比较起来，更为甚者，生物系统充满了传感器和信号系统来指示系统平稳运行或发生故障的状态，但在大多数情况下，我们的实验无法直接探察或测量这些信号，我们只能间接地推测它们的存在和功能。我们观察生物体、细胞或胞内结构，就像从远处观察一样，必须从相当粗略的观察中推断出它们如何发挥功能或为什么失败。

图1.3　分析生物系统类似于确定一台我们以前从未见过的复杂机器的功能。这里所示的是美国海军天文台的铯原子喷泉钟，用于极其精确地测量时间。该原子钟基于铯的跃迁，其频率为9 192 631 770 Hz，用于定义秒。另见参考文献［2］。

究竟是什么让生物系统如此难以研究？当然不止是因为大小的原因。图1.4显示了两个网络。一个

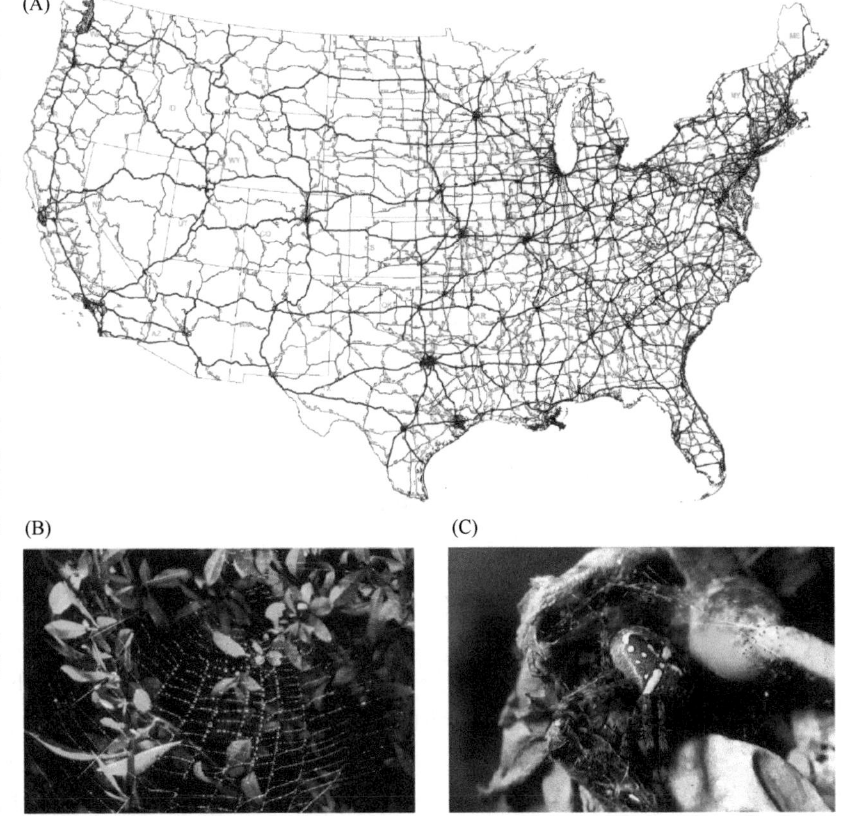

图1.4　网络或系统的大小不一定与其复杂性相关。（A）美国大陆的主要公路网络覆盖面积超过300万平方英里①。尽管如此，它的功能很容易掌握，特定道路的问题很容易通过绕路得到缓解。（B）（C）十字园蛛（*Araneus diadematus*）的网络相对较小，但这个小网络的功能细节很复杂。有些蛛丝由丝蛋白制成，具有钢的抗拉强度，但也可以被蜘蛛吃掉和回收；另一些蛛丝由多用途黏合剂黏合，根据情况可能是黏性或橡胶状的；还有一些是引导和信号线，允许蜘蛛四处移动并感知猎物。网的创建取决于不同类型的吐丝器腺体，其发育和功能需要蜘蛛的复杂分子机制，目前尚不清楚对网络的复杂构造、修复和使用的指令是如何进行编码，并从一代传承到下一代的［（A）来自美国交通部，本插图系原书原图］。

① 1平方英里（mi^2）=2.589 988 km^2

网络显示了美国大陆广阔的公路系统，它覆盖了数百万英里①的主要公路。这是一个非常大的系统，但要理解它的功能或故障并不难：如果高速公路被堵住，找到绕过障碍物的方法并不需要太多的智慧。另一个网络是一个相对较小的系统：一个十字园蛛织的网。虽然我们可以观察到蜘蛛小姐织网的过程和织出的图案，我们却并不知道她脑子中的哪一个神经元负责织网过程中的哪一步，不知道她是如何为蜘蛛丝产生正确的化学成分的，而蛛丝本身就堪称材料科学中的一个奇迹，更不用说知道她是如何做到生存、繁衍，甚至有时会吃掉她丈夫的了。

生物系统通常由大量组件组成，除此之外，它们还拥有一个额外的、对任何分析而言都可怕的挑战，因为支配这些组件的过程是非线性的。这是个问题，因为我们所受的训练都是线性思维方式：如果投资100美元而得到120美元的回报，那么投资10 000美元，就该获得12 000美元的回报。生物学却不同。如果给我们种植的玫瑰一勺肥料，玫瑰花丛会开出50朵玫瑰花，再增加一点肥料，可能还会增加几朵花，但100勺的肥料非但不能开出5000朵玫瑰花，反而会将其植株杀死（图1.5）。只需少量额外的阳光照射就可以将晒黑变成晒伤。现在想象一下，数以千计的组分，其中还有许多是我们未知的，以这样一种方式进行响应，即微小的输入不引发任何反应，更多的输入引发某种生理反应，而再多一丁点的输入就会导致组分的失效或展现出一种完全不同的胁迫响应。我们稍后会在本章和后面的章节中以特定的例子重新讲述这一问题。

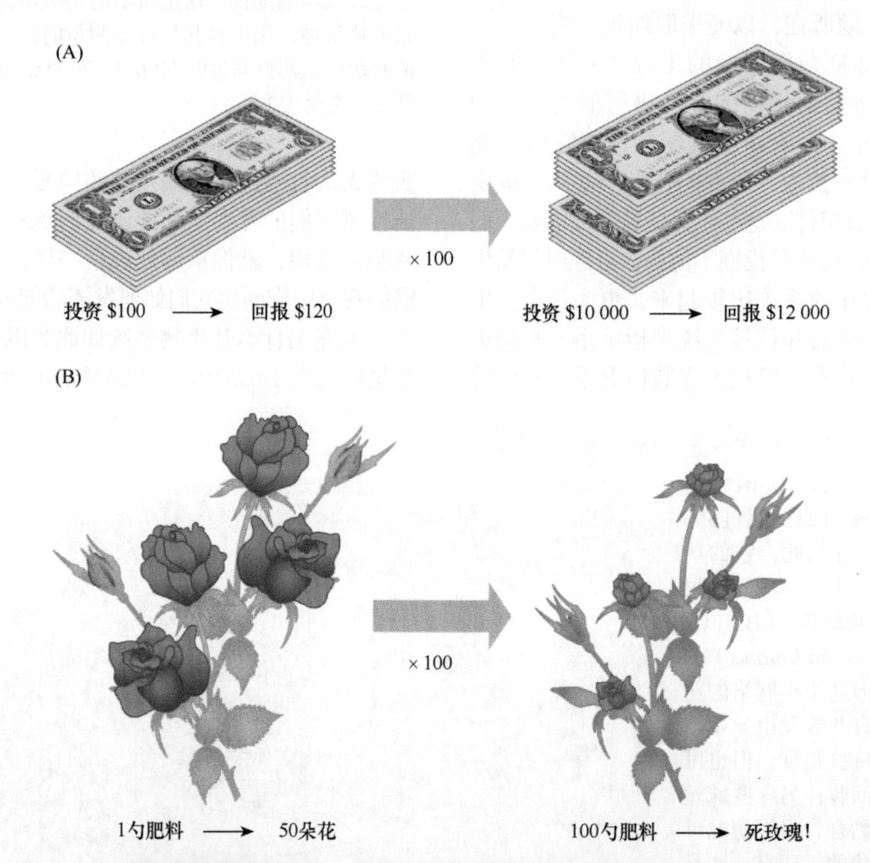

图1.5 生物现象通常难以理解，因为我们被训练成线性思维方式了。（A）投资回报随投资额呈线性增长（或减少）。（B）在生物学中，更多不一定更好。生物反应通常在适度的范围内成比例变化，但如果输入增加很多，则会导致完全不同的响应。

还原主义与系统生物学

情况很复杂。但因为我们人类是充满好奇心的物种，我们的前辈没有放弃生物分析而是做了可做的事，即收集用当时最好的方法可以测量的任何信息（图1.6）。至今，这种长期的努力已经产生了生物部件及其功能的惊人列表。最初，这个列表包含了新的植物和动物的物种信息，连同植物叶子、果实和根或动物躯体形状、腿和颜色模式的描述。这些外部特征的描述很有价值，但却无法提供动植物

① 1英里（mi）=1.609 344 km

图1.6　收集信息是大多数系统分析的第一步。18世纪的英国探险家詹姆斯·库克船长航行于太平洋，并编目了许多以前在欧洲从未见过的植物和动物物种。

如何发挥功能，为何活着，又为何死去的信息。因此，下一个合乎逻辑的步骤是看向内部——即使这需要在月圆之夜从墓地偷盗出尸体！解剖尸体揭示了全新的研究前沿。身体的各部分都是什么？它们都是干什么的？器官、肌肉、肌腱都是由什么组成的？不出意料，这些探索最终引向了发现和测量身体所有部分、部分的部分（……的部分），乃至它们在正常生理状态和细胞、器官和个体发病状态中功能的巨大挑战。这一还原论方法的一个隐含假设是，知道了生命的构成元件就能使我们全面理解生命是如何运作的。

如果我们快进到21世纪，我们已经成功汇编出全部的目录了吗？我们知道生命的构件吗？答案是非参半。即使对于相对简单的生物，目录也肯定不完整。然而，我们已经发现并描述出了基因、蛋白质和代谢物为生命的主要构件。新千年伊始，当人类基因组测序宣布完成的时候，科学家欢呼雀跃：我们已经确定了最终的构成元件——我们人类的完整蓝图，即大约30亿的DNA碱基对。

人类基因组的测序无疑是惊人的成就。然而，人体却远非只有基因。因此，对构成元件的探寻又延伸到蛋白质和代谢物，向单个基因的变异和影响基因表达的各类分子与过程前进；在我们一生中的每一天，这些分子和过程会响应身体内外的刺激而发生改变。作为这种持续努力的一个直接结果，我们的部件列表快速增长：从仅有几个器官的部件列表开始，到如今已包含20 000多个人类基因、更多来自其他物种的基因，以及数十万种蛋白质和代谢物及其变体。除了只关注单个的部件，我们已经开始意识到大多数生物组件受到各种其他组件的影响和调控。一个基因的表达可能依赖于多个转录因子、代谢物和多种小RNA，以及对其DNA序列的表观遗传分子修饰。可以合理地预期，身体中的过程列表比其组件列表还要长得多。生物学家很快就不用担心没活儿可干了！

然而，大量的组件和过程本身还不是理解细胞和生物体如何工作的唯一障碍。毕竟，现代计算机每秒可以执行数以亿计的操作。世界上有数十亿的电话彼此有效互联。我们可以对容器中的气体行为进行精确的预测，哪怕涉及数万亿的分子。如果我们在不改变容器体积的情况下增加气体的压强，我们知道温度将会升高，并且我们可以预测升高多少。然而，对于一个细胞或生物体，我们却做不到这一点。如果环境温度升高，生物体将会如何？或许不会发生什么大事儿，温度的上升或许会激起生物体的生理响应过程，从而对新的环境条件进行补偿，也或许导致生物体的死亡。结果依赖于大量因素集体所形成的复杂的胁迫响应系统（图1.7）。当然，与气体作比较并非十分恰当，因为除了数量同样多，细胞的组件之间并非完全相同，这会使问题严重复杂化。此外，如前面所说，组件之间发生相互作用的过程是非线性的，这将允许生物体在响应扰动时出现大量迥异的行为。

即使是简单的系统也会令人困惑

很容易证明，我们的直觉可以多快就被系统内的一些非线性所淹没。作为一个例子，让我们看一个简单的过程链，并将其与带有调控的稍微复杂一点的链[3]做一下对比。这一简单情形仅由外部输入所支撑的化学反应的链条组成（图1.8）。X、Y和Z代表什么并不重要，但为了讨论，不妨设想这是一条如糖酵解一样的代谢通路，这里的输入——葡萄糖，被转换成葡萄糖-6-磷酸、果糖-1,6-二磷酸和丙酮酸盐，并进一步被用作其他目的（这里暂不关注）。出于演示的目的，让我们设想存在一个酶E，它负责把X转化成Y。

我们将在接下来的章节中学习如何将这种通路系统表示成一个微分方程组模型。虽然细节在这里并不重要，但是展示这样一个模型并没有什么坏处，如下所示：

$$\begin{aligned}\dot{X}&=\text{输入}-aEX^{0.5}\\ \dot{Y}&=aEX^{0.5}-bY^{0.5}\\ \dot{Z}&=bY^{0.5}-cZ^{0.5}\end{aligned}\tag{1.1}$$

式中，X、Y、Z是浓度；E是酶的活性；a、b、c是速率常数，分别表示X转化成Y、Y转化成Z和代谢物Z离开代谢系统的快慢；等号左边带点的量是微分，描述了每个变量随时间的变化，我们此刻无须

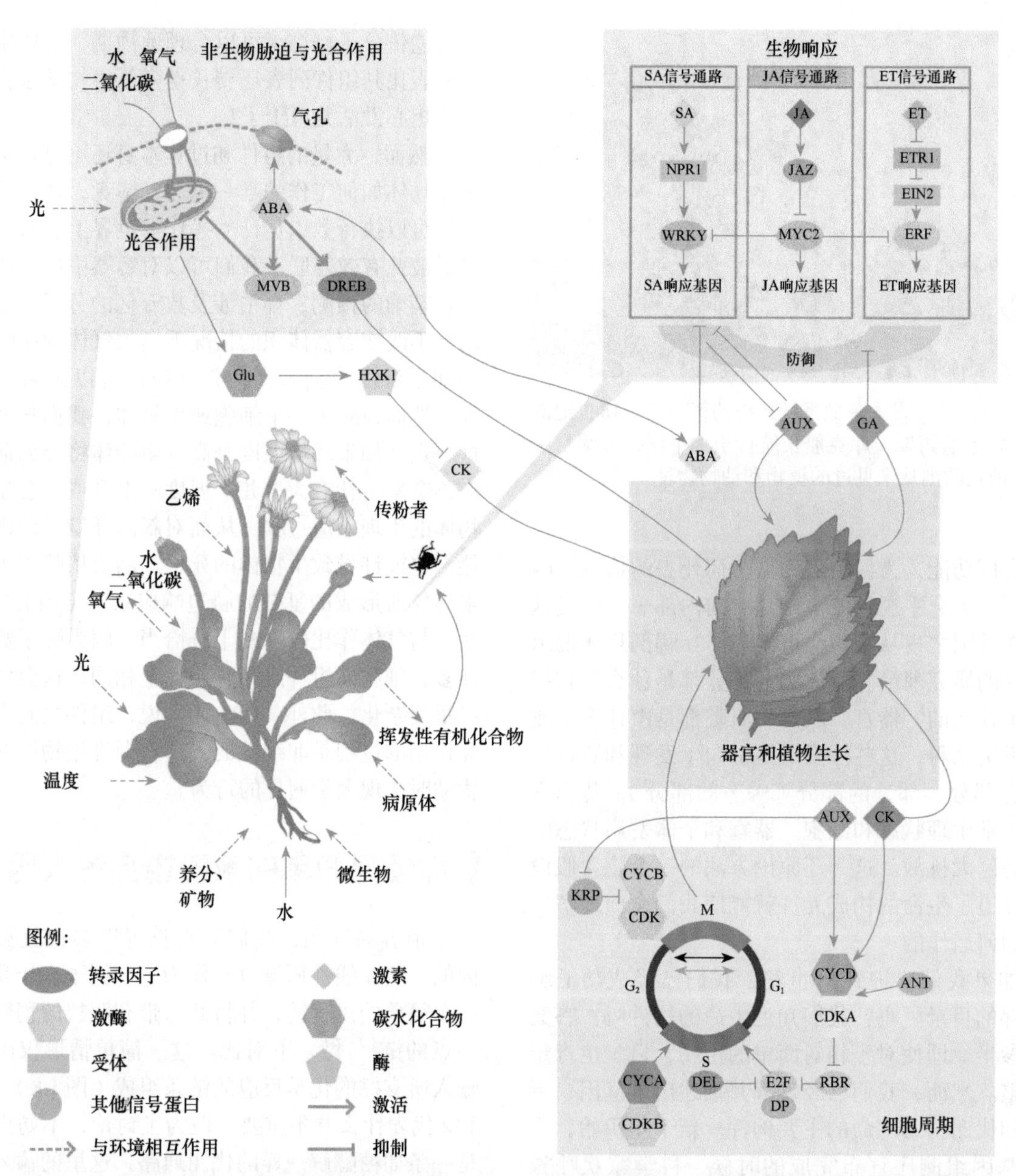

图1.7 压力响应由处于不同组织水平的系统所协调（参见图1.2）。在生理水平上，植物中的胁迫响应系统包括细胞、器官和整株植物水平上的变化，并且还影响植物与其他物种的相互作用［引自Keurentjes JJB，Angenent GC，Dicke M，et al. *Trends Plant Sci.* 16（2011）183-190. 经Elsevier许可］。

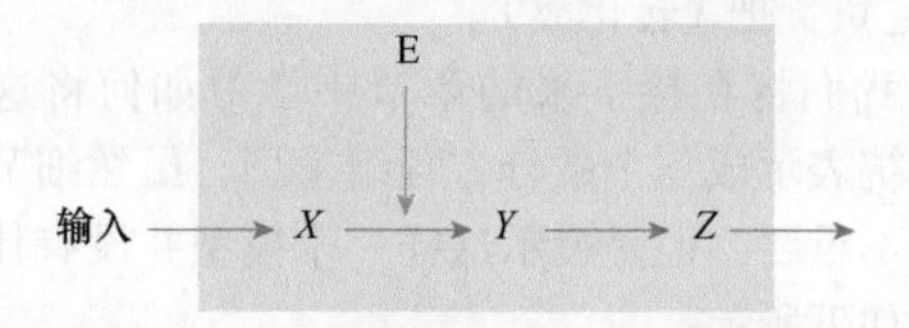

图1.8 人脑能够很好地处理原因和事件的线性链条。在这个简单的通路中，外部输入被依次转换为*X*、*Y*、*Z*，然后离开系统。*X*到*Y*的转化由酶E催化。很容易想象，输入的任何增加都会导致*X*、*Y*、*Z*的水平上升。

关注它们。事实上，我们几乎不用对这些方程进行数学上的分析就能知道，如果我们改变输入，将会发生什么，因为直觉告诉我们，输入的任何增加，都会导致中间物*X*、*Y*、*Z*浓度的相应增加，而输入的减少将会导致更小的*X*、*Y*、*Z*值。*X*、*Y*、*Z*的增多或减少未必和输入改变的量精确相同，但发生变化的方向应该一样。方程组（1.1）的数学求解证实了这种直觉。比如，如果我们把输入从1减小到0.75，*X*、*Y*、*Z*的水平会依次降低，从它们的初始值1变为0.5625（图1.9）。

现在假设*Z*是一种信号分子，如激素或磷脂，它激活转录因子TF从而促进基因*G*的上调，而基因*G*编码了催化*X*转化为*Y*的酶（图1.10）。简单的线性通路现在是功能循环的一部分。这个循环的组

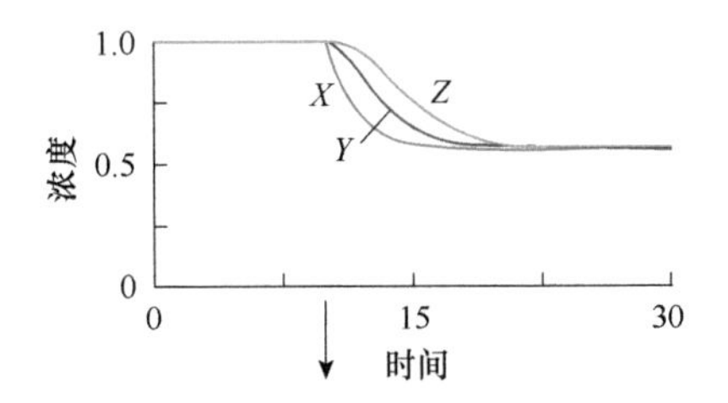

图1.9 方程组（1.1）中的系统模拟证实了我们的直觉：*X*、*Y*、*Z*反映了输入的变化。例如，在时间10（箭头）处将方程组（1.1）中的输入减少到75%，会导致*X*、*Y*、*Z*的永久性减小。

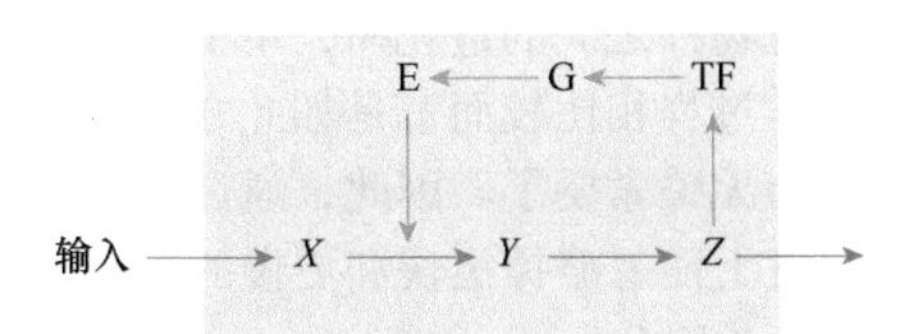

图1.10 即使是简单的系统也可能让我们对刺激的响应无法做出可靠的预测。在这里，图1.8中的线性通路嵌入到由转录因子TF和编码酶E的基因*G*所组成的功能环中。如文中所述，对输入变化的响应不再显而易见。

织方式不难理解，但效果如何呢？正反馈的循环会提高酶E的活性水平，从而产生更多的*Y*和更多的*Z*，甚至更多的E，而这又会进一步导致更多的*Y*和*Z*。那么，系统中的浓度就可以无限增长了吗？我们对这一预测有把握吗？这种无止境的扩张是否合理？如果我们跟先前一样增加或减少输入，又将发生什么？

总的结论令人吃惊：上面所给的信息，不足以让我们以任意的可靠性预测特定的响应行为。而实际上，答案依赖于系统的特定数值。这对没有辅助的人脑来说是个坏消息，因为即使我们可以很容易地理解图1.10所示系统的行为逻辑，也根本无法评估系统中微小变动所产生的数值结果。

为了得到直观感觉，可以计算一些含有新变量的扩展模型的例子（详见参考文献［3］）。在这里，结果比技术细节更重要。如果*Z*对TF的影响较弱，则对输入减少的响应基本上与图1.9中的相同。这并不太令人惊讶，因为在这种情况下系统非常相似。但是，如果*Z*对TF的影响较强，则系统中的浓度开始振荡，一段时间后这些振荡会消失（图1.11A）。这种行为不容易预测。有趣的是，如果影响进一步增强，系统会进入稳定的振荡模式，除非系统输入再次改变，否则不会停止（图1.11B）。

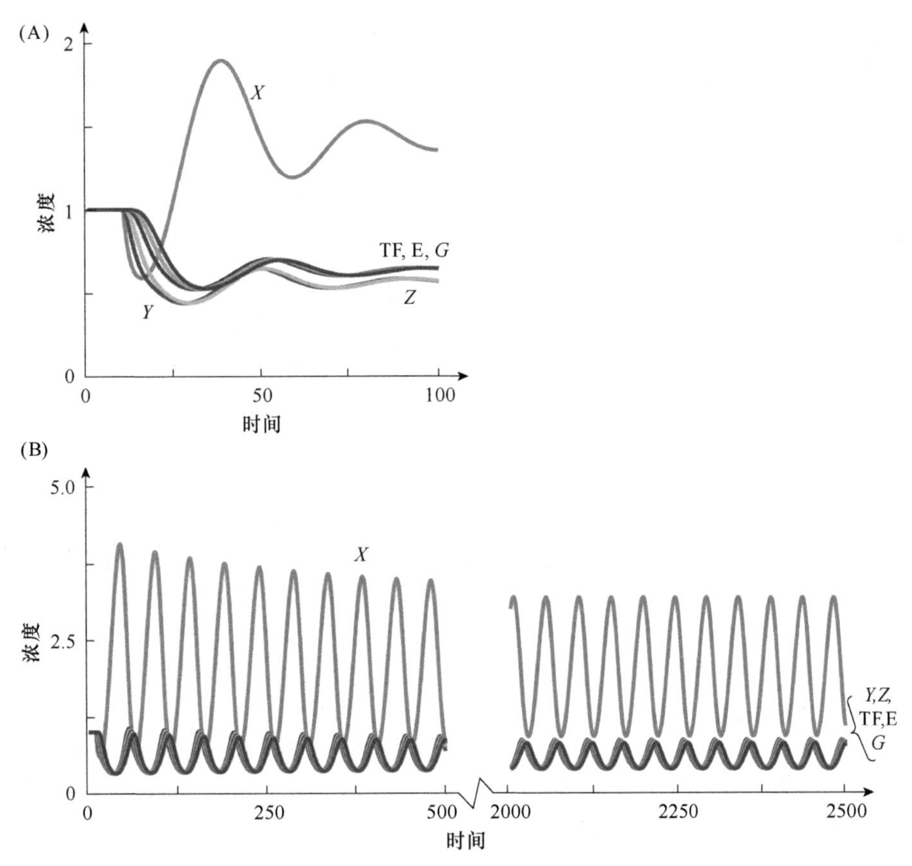

图1.11 仿真结果表明，图1.10中的循环系统可能表现出截然不同的响应。如果*Z*对TF的影响非常小，则响应基本上与图1.9中的响应相似（结果未显示）。（A）如果*Z*对TF的影响相对较小，功能反馈回路使系统在采用新的稳定状态之前经历阻尼振荡。（B）对于*Z*对TF的更强效应，系统响应是持续振荡。

对这些结果煞有介事的解释是，酶活性增加导致X的消耗增加。X水平降低导致Y和Z水平下降，进而导致对TF、G和最终E的影响减弱。根据数值特征，X的这些升高和降低或许无法被察觉，它们可能会受到阻尼而消失，或者它们也可能持续下去直至再次引发改变。有意思的是，即使我们知道这些可能的响应，人类的思维还是无法整合模型的数据特征，对在特定参数设定下，系统将产生何种响应行为做出预测。相比之下，一个计算模型却可以在几分之一秒内给出答案。

这个例子的细节不如这里要传达的消息重要：如果一个系统包含构成功能循环的调控信号，我们将不能依靠我们的直觉进行可靠的预测。而实际上，生物学中几乎所有的真实系统都是受到调控的，且不是只受一个，而是受到多个控制循环的调控。这就产生了一个直接且令人警醒的结论：直觉是不够的，我们需要利用计算模型来弄清楚哪怕是一个小系统的工作方式，理解它们在不同环境条件下运行时，为何会显现截然不同的反应，甚至失效。

前面的部分告诉我们，生物系统包含大量不同类型的组件，这些组件可能以复杂的方式相互作用并受到调控信号的控制。生物系统还有哪些特别之处吗？对此还可以给出许多答案，其中一些在本书中进行了讨论。例如，两个生物组件鲜有100%相同的。它们因生物体而异，随时间而变化。有时这些变化是无关紧要的，有时它们会导致早衰和疾病。事实上，大多数疾病并不是单一的原因导致的，而是许多组分的微小改变发生不幸组合的结果。使直觉复杂化的另一个特征是对刺激的许多响应存在延迟。这种延迟可能在几秒、几小时或几年的时间尺度上，但它们要求分析人员不仅要研究生物系统的现状，还要研究其历史。例如，从一个严重的感染中恢复，很大程度上依赖于生物体先前的状况，而这又是前期感染和身体响应的一个综合结果[4]。

最后，应该提到的是，生物系统的不同部分可能同时运行在时间和空间的不同尺度上。这些尺度的存在使得对生物系统某些方面的分析变得容易，而又使另一些方面变得困难。让我们先看时间尺度。我们知道，生物学在最基础的水平上受到物理和化学过程的支配。这些过程发生在毫秒级的时间尺度上（如果不是更快的话）。生物化学过程通常发生在秒到分钟的时间尺度上。在有利条件下，细菌细胞每20～30 min分裂一次。我们人类的寿命可能延长到120岁。进化在遗传水平上可以以闪电般的速度发生，如当辐射引起突变时，但一个全新物种的出现或许要数千甚至数百万年的时间。一方面，截然不同的时间尺度使得分析复杂化，因为我们无法在那么长的时期内计量生物体内所有分子的快速变化。例如，不可能做到通过监测生物体每秒或每分钟的分子状态来研究衰老。另一方面，时间尺度的差异又为一个很有价值的建模“技巧”提供了依据[5]（第5章）。如果我们对理解某些生物化学过程感兴趣，如通过将葡萄糖转化为丙酮酸盐来以ATP的形式产生能量的过程，我们就可以认为，发育和进化的改变相比较而言发生得如此之慢以至于在ATP产生的过程中没有发生变化。类似地，如果我们研究物种之间的进化树，单个生物体内发生的生物化学过程相比较而言是如此之快以至于它们发生的细节无关紧要了。因此，通过聚焦在最相关的时间尺度上而忽略掉更快和更慢的过程，建模的工作可以大为简化。

生物学也发生在许多不同的空间尺度上。所有的生物学过程都有分子组分的参与，而这些分子的大小在埃米或纳米量级。如果是以细胞为生命的基本单元，我们所处理的就是微米到毫米的空间尺度。当然也有一些特殊的情况，比如，棉花纤维细胞可以达到几厘米的长度[6]，而长颈鹿从脚趾到脖子的神经细胞的输入轴突长度可达5 m（参考文献［7］的第14页）。典型细胞的大小与高等动植物及数千平方公里的海洋一样的生态系统比较起来，就显得小多了。如同面对不同时间尺度时一样，采用类似的假设，生物系统的模型每次通常聚焦在一到两个空间尺度上[5]。虽然如此，这些简化手段并非总是可行的，而有些过程，如衰老或水藻暴发，可能需要同时考虑多个时空尺度。这种多尺度的研究方案通常很复杂，是充满挑战性的一个研究前沿（见第15章）。

为何是现在？

生物系统的许多特征已经被人们知道了很长一段时间，同样，系统生物学的许多概念和方法都源于其成熟的母学科，包括生理学、分子生物学、生物化学、数学、工程学和计算机科学[8-11]。事实上，有人建议，19世纪的科学家克劳德·伯纳德（Claude Bernard）可以被认为是第一个系统生物学家，因为他曾声称“应用数学到自然现象是所有科学的目标，因为现象规律的表达总应该是数学式的”[12, 13]。一个世纪之后，路德维希·冯·贝塔朗菲（Ludwig von Bertalanffy）在一本书中回顾了他长达30年的努力，试图使生物学家承认活生命体的系统本性[14, 15]。同一时期，米哈伊洛·梅萨罗维克（Mihajlo Mesarović）使用了“系统生物学”一词并宣称“只有当生物学家开始基于系统理论中的概念问问题的时候，真正的进展……才会出现”[16]。同一年，《科学》杂志上的一篇书评展望到“……一个拥有其自身特色和力量的系统生物学研究领域”[17]。几年之后，迈克·萨维奇（Michael Savageau）提出了一个用数学和计算的方式研究生物系统的时间表[5]。

尽管有这些努力，系统生物学在数十年间依然没有成为主流。生物学依然远离数学、计算机科学和工程，主要是因为生物现象对于严格的数学分析而言看上去太过复杂，而数学被认为只可以应用到与生物不怎么相关的非常小的系统上。从头开始对生物系统进行工程化是不可能实现的，而且处于萌芽状态的计算机科学对生物学的贡献仅限于基本的数据管理。

那么，为什么现在系统生物学突然之间就跑到前台来了？任何一个好的侦探都知道答案：动机和时机。动机就在于人们已经意识到，还原论思维和单纯的实验方法不足以应对复杂的系统。还原论的实验对于产生一个系统的特定组分或过程的细节信息很擅长，但它们通常缺乏描述、解释或预测**涌现性质（emergent properties）**的能力，而这些涌现性质不能从系统各个部分发现，而是存在于这些部分相互作用的网络中。例如，由方程组（1.1）所表示的那个系统样例中振荡行为的出现就不能归结到系统的单个成分上，而是系统全局组织方式的一个功能。尽管我们已经知道模型通路的所有细节，依然很难预见它产生饱和、阻尼振荡或稳定振荡等模式的能力。生物学中充满了这样的例子。

几年前，森浩祯（Hirotada Mori）的实验室完成了汇编大肠杆菌单基因突变体目录的工作[18]。然而，科学界仍然不能预测当该细菌遇到新的环境条件时会上调或下调哪些基因的表达。另一个关于系统涌现性质的很有挑战性的例子是中枢神经系统。尽管我们很清楚单个神经元中的动作电位是如何产生和传播的，但是我们不知道信息如何流动、记忆如何工作、疾病又是如何影响大脑功能发挥的。我们甚至不清楚，大脑中的信息是如何表征的（另见第15章）。因此，虽然基于还原论的生物学已经极为成功且毫无疑问地继续作为未来发现的主要驱动力，但许多生物学家已经开始认识到，这一研究模式所带来的碎片化的细节信息需要系统整合与重构的新方法作为补充[19]。

系统生物学的新发展机遇是三个科学前沿汇聚和**协同作用（synergism）**的结果。第一个前沿自然是关于生理、细胞、分子和亚分子水平的生物细节信息快速而大量的积累。针对特定现象的、目标明确的传统研究和几十年前完全不可能办到的大规模、高通量的研究并驾齐驱。这些研究包括全基因组范围的基因表达模式的定量化、大批量表达的蛋白质的同时鉴定、细胞代谢物的全面剖析、分子相互作用网络的描述、免疫系统的全局评估，乃至神经系统与人脑的功能扫描。这些令人兴奋的新技术正在产生着空前数量的高质量数据，等待系统地解读和整合（图1.12）。

第二个前沿是工程、化学和材料科学深入创新的结果，这些学科已经可以为我们提供越来越多的探测、传感、成像和测量生物系统的技术，立刻就可以用于体内的精细测量。支持这些方法的检测工具正逐渐被微型化地制造出来，有时可以达到分子所在的纳米尺度，这些工作允许使用微量的生物材料进行诊断，而或许有一天，可以实现对单个活细胞的检测。这样小的装置将允许以一种非侵入式和无害的方式把传感与疾病治疗装置直接嵌入人体里面[20-22]。生物工程和机器人技术正在使用一滴血来检测成百上千的生物标志物成为可能。甚至将自然界中的分子结构用于医学、给药和生物技术等领域的新目标正在变得可行（图1.13）。

第三个前沿是数学、物理和计算机技术的协同进化，而这些技术比以往更强大并有了广泛得多的受众。想象一下，仅仅是几十年前，计算机科学家还在使用由光学读卡器进行读取的打孔卡（图1.14）！而如今，甚至出现了特定的计算环境，包括Mathematica和Matlab，还有各种可定制的标记语言（**XML**），如系统生物学标记语言（**SBML**）[23]和AGML标记语言，后者是专门针对蛋白质组学中二维凝胶的分析所开发的语言[24]。

在如今这些更为高效的计算机技术出现之前，甚至都不可能追踪记录生物系统的诸多成分，更别说分析它们了。但是在过去的几十年里，已经为计算方法建立了坚实的理论和数值基础，专门用于研究生物学和医学中的动态与自适应系统。现在这些技术正处在使分析和表达大型的、组织复杂的系统并以严格的方式研究其涌现性质成为可能的边缘。机器学习、数值分析和生物信息等方法允许人们从与给定任务无关的海量数据中挖掘和分析最有用的数据。算法的进步允许人们模拟和优化非常大的生物流量分布网络。计算机辅助的近似方法产生出对复杂非线性系统动力学前所未有的精细见解，如健康和生病的心脏的血流控制。新的数学、物理和计算方法正在使蛋白质折叠和目标位点与配基结合的

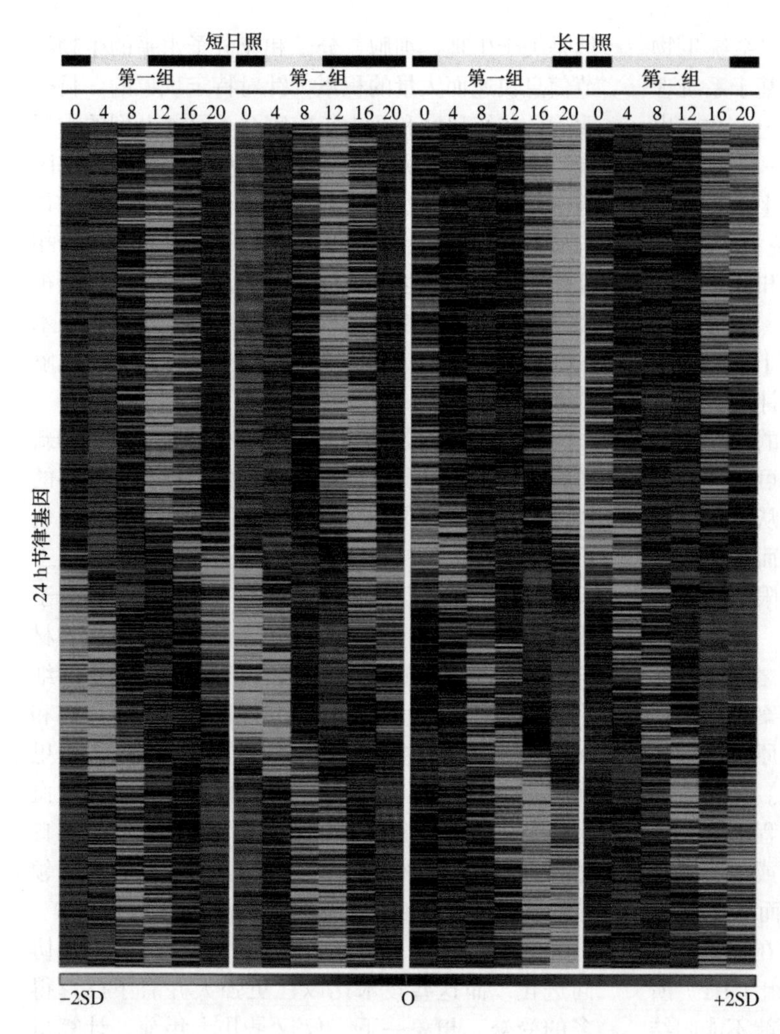

图1.12 现代高通量分子生物学方法提供了前所未有的数量和质量的数据。例如，此处显示的热图表示在长期短日照（左两组）和长日照（右两组）条件下小鼠中24 h节律基因的全基因组表达谱［引自Masumoto KM，Ukai-Tadenuma M，Kasukawa T，et al. *Curr. Biol.* 20（2010）2199-2206. 经Elsevier许可］。

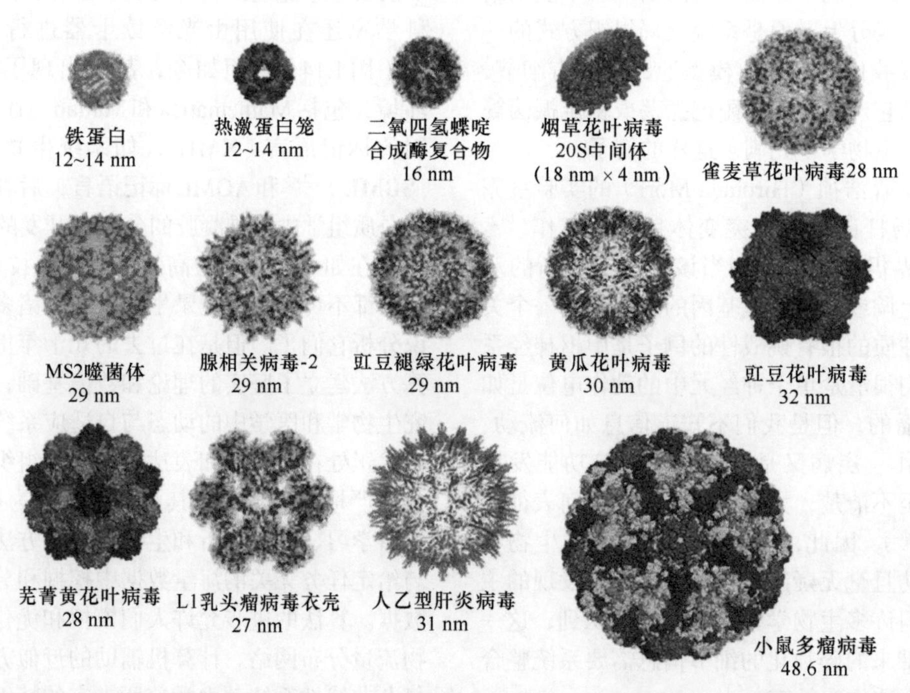

图1.13 “蛋白质笼”是在生物纳米技术和纳米医学中有应用的粒子。这些颗粒是非常有趣的生物构件，因为它们可以自组装成各种不同的形状。这些生物纳米颗粒的特征可以进行遗传操作和微调，以用于生物医学中，如药物递送、基因治疗、肿瘤成像和疫苗开发［引自Lee LA & Wang Q. *Nanomedicine* 2（2006）137-149. 经Elsevier许可］。

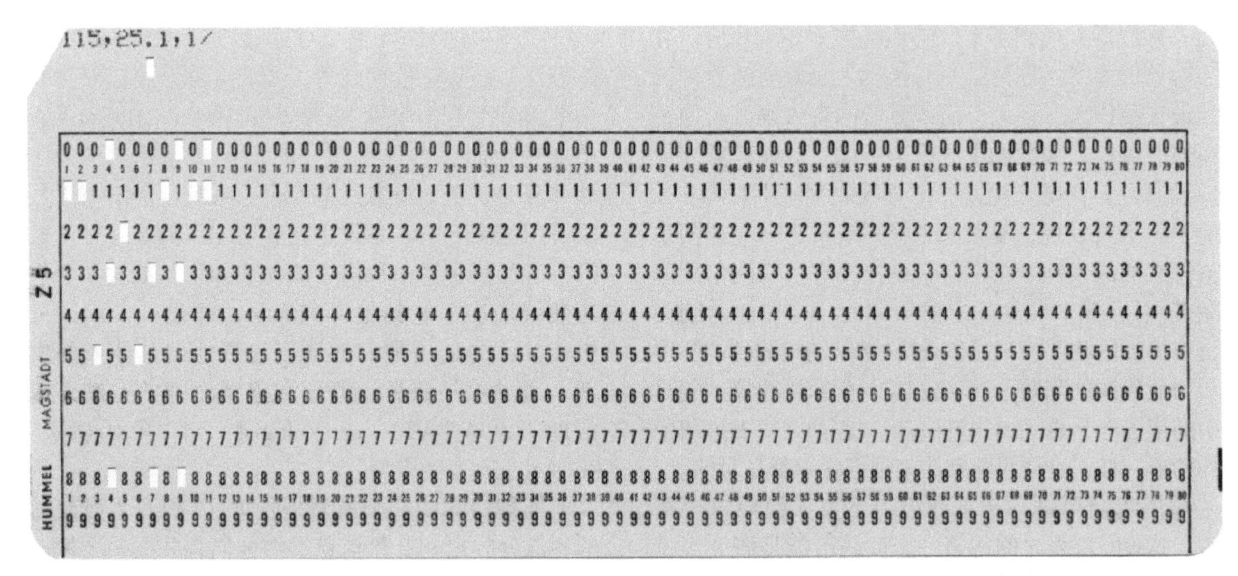

图1.14 过去40年来计算机能力、可访问性和用户友好性的进步是巨大的。不久前，计算机代码必须用打孔卡手动送入计算机（在Creative Commons Attribution-Share Alike 3.0 Unported许可下使用该图，并略作修改）。

预测成为可能。这些预测反过来又为特定的分子相互作用提供见解，并为最小化毒副作用的靶标用药提供了潜在的应用前景。

动机和时机的相遇使系统生物学变得有吸引力和可行。显而易见，相关领域以独特的方式相互补充，而它们之间的协同作用将彻底改变生物学、医学和许多其他领域，包括生物技术、环境科学、食品生产和药物开发。

交流系统生物学

要简洁地说清楚25 000个基因和它们的表达状态或一个细胞响应其外表面接收的信号时所同时发生的诸多过程并不是一件容易的事。我们人类的思维并不擅长刻画数量关系，更别说讨论复杂的数学函数了，特别是当这些函数依赖许多变量时。如果没有数字，我们甚至连描述日常生活中像温度这样的特征都成问题。当然，我们可以说冷或热，还有十几个介于两者之间的形容词。但如果我们需要更精确一些，日常语言就不够用了。没有数值刻度，辨别37℃和38.4℃并不容易，需要有工具来描述这一差别，因为前者反映正常体温，而后者却是发烧的表现。

无论我们是否愿意，都要接受我们需要数学这一事实，而数学有其自身的术语，但交流却是一个双向的过程。如果我们开始讨论特征值和霍普夫（Hopf）分岔，肯定会失去主流生物学家，更别说普通人了。这还真是一个问题，因为我们的结果必须传达给生物学家，是他们给我们提供了数据，还要传达给公众，是他们为我们的研究买单，因此他们有权利获得大量科学投入所获得的成果。这一挑战的唯一解决途径是对系统生物学家进行双语教育和培养，使他们有能力把生物现象翻译成数学和计算机代码，而又能够解释当特征值的实部为正时所表示的生物学含义[19]。

即使在生物学内部，交流也并非易事，因为专业化已经发展得如此深入以至于像分子生物学、免疫学和纳米医学等不同的领域都已经发展出了它们自己的术语和行话。让我们用印度民间传说中6位盲人摸象的寓言来看待一下这个问题（图1.15）。这个故事非常古老且通常以完全令人困惑的方式结束，但是更进一步的分析却是有用的。这个故事

图1.15 仅凭孤立部分的信息并不总能揭示系统的真实性质。一个关于6位印度盲人试图确定他们所接触的东西的故事，是对科学孤岛和缺乏良好沟通的危险的寓言。

说，每位盲人摸到了大象的不同部分并对其所研究的对象形成了不同的结论。摸到大象侧面的盲人认为他正在摸着一面墙，而摸到腿的盲人则认为他正在摸一棵树。大象的鼻子摸上去像一条蛇，象牙像尖锐的弯刀，尾巴像绳子，而耳朵像一片大树叶或扇子。不难发现，复杂的生物系统也类似，如阿尔茨海默病的发病。第一位科学家发现了“阿尔茨海默基因”，第二位科学家发现“此病与先前的脑损伤有很强的相关性”，第三位科学家则检测到“脑中脂肪酸代谢的问题”，而第四位科学家则建议“餐具中的铝可能是该病的罪魁祸首”。正如在盲人摸象中的情形一样，这些科学家在某种程度上都是对的。

让我们稍进一步来分析一下盲人摸象这个故事。这6位盲人之间的第一个问题可能是研究人员的类型单一。如果有一位女性或小孩加入进来，或许可以提供更多的线索。而且，我们不得不遗憾这些印度人恰巧都目盲。然而，他们显然并非聋哑，故此他们之间稍作讨论就会产生很大的帮助。尽管这6人都目盲，仍可以合理地假设他们有视力正常的朋友，可以指正他们的错误认识。他们本还可以使用除了手以外的其他感官，如嗅觉。树干真的闻起来像大象的腿吗？最后，他们明显是只待在了一个位置，故此严重地局限了他们的经验基础。

这些问题可以很容易地类比到生物学中，特别是当我们只考虑还原论策略的时候。不同于仅由同一类生物学家分析生物系统，毫无疑问，一个多学科人士组成的研究团队会更有效，其中包括了各种不同方向的生物学家，还包括物理学家、工程师、数学家、化学家，以及在文学艺术和经济学方面训练有素的聪明人。不只专注于我们鼻子前的一个方面，与其他人的交流为孤立的发现提供了背景。我们不知道那些印度人是否说着相同的语言，但我们知道，即便生物学家、计算机科学家和物理学家都在使用英语进行交流，他们的技术术语和他们关于科学界的观点却经常有很大的差异，以至于交流在刚开始时或许会浮于表面且效率低下。此处正是多学科研究组必须参与学习新的术语和语言且组中必须有跨学科翻译人员的原因。正如那些印度盲人应该叫上他们视力正常的朋友一样，研究者需要召集那些掌握了未用于手头生物问题研究的技术的专家前来。最终，树干分析者应该多走几步去摸一下象牙和象身。过去已经建立起来的科学学科经常会变成孤岛。有时甚至浑然不觉，研究人员把他们自己局限在这些孤岛里，不能或不愿打破它以看到周围的其他孤岛，以及这些孤岛之间的广阔空间。

系统生物学并不是要求这6位盲人放弃他们原来的方法，而是让他们绕着大象转几圈。通过聚焦在一个方面，还原论的“象学家”（elephantologist）有望成为他们各自选中部分的真正专家并知晓关于该部分的一切。没有这些专家，系统生物学将无数据可用。实际上，系统生物学所建议的是一种开放的心态和至少另一种语言的初步知识，如数学。它还建议增加一些其他研究人员，通过开发新的分析工具，通过用他们的语言告诉他们其他人的发现，通过填补象鼻、象牙和象尾之间的空缺，来帮助“象鼻学家”（trunkologist）和“象牙学家”（tuskologist）。

实现协同的一个策略是收集这6位盲人所获得的各部分数据和背景信息，将他们合并成一个概念模型。哪一类“东西”可能是由摸上去像是蛇、树干、大墙壁、两柄弯刀、两把扇子和一条绳子的部分组成的呢？异常基因、先前的头部受伤和改变了的大脑代谢如何在功能上发生相互作用而导致阿尔茨海默病呢？受过良好训练的系统生物学家应该能够设计出策略，把来自不同方面的信息整合到一个正规的模型中，从而允许产生可检验的假设。例如，“像树干一样的东西被像墙壁一样的东西连接起来”。这些假设或许是错误的，但它们依然很有价值，因为它们会引导科学研究的进展集中在新的特定实验上，来证实或证伪这些假设。实验可以是沿着“墙”尽可能走得远一些。终点会出现树干吗？左边和右边也有树干吗？是在一端还是两端有尖锐弯刀？蛇是跟墙连着还是跟树干连着？墙壁是否到达地面？对上述问题的每一个答案都会越来越限定这个未知的东西可能看上去像什么，这也是为何被证伪了的假设通常和那些被证实了的假设一样甚至更有价值。“墙壁确实没到地面！”那么，它是如何被支撑起来的呢？被树干吗？

这个故事告诉我们，有效的沟通可以解决大量的复杂问题。在系统生物学中，这样的交流并不总是容易的，不仅要求掌握多个上位学科的术语，还需要内化生物学家、临床医师和数学家、计算机科学家、工程师等双方的思维方式。好吧，让我们学习生物，研究实验数据和信息并探索生物学家的心理状态。让我们用计算机科学中的方法来学习图和网络理论。让我们看一下，数学家如何思考一个生物系统，纠结于各种假设，进行简化并获得解答，这些解答最初对非数学家来说无法理解，但一旦它们被翻译成生物学语言又确实有真正的意义。

我们面临的任务

我们已经讨论了理解生物系统的必要性。但这究竟意味着什么？首先，这意味着我们应该能够解释生物系统如何工作，它们为何以我们所观察到的那样来构造，而不是呈现其他形式。其次，我们应该能够可靠地预测生物系统在未知条件下的响应行为。最后，我们应该能够把目标化的操作引入生物系统，按我们指定的方式改变它们的响应行为。

这种理解的水平高得离谱，即便对于广大生物系统的一个很窄的特定领域来说，我们也需要很多年才能达到。完成这一任务的一个重要环节就是把实际的生物系统转化成计算模型，因为这一转化如果有效，将使我们可以进行近乎无限和相对便宜的分析。所获得的生物系统模型可归结为两类：第一类集中于特定的系统，包括所有的相关功能和数值细节；这类模型可以类比成飞行模拟器。第二类模型旨在帮助我们理解生物系统组织中那些基本和通用的特征；这类模型可以类比成基础几何学，它通过处理自然界中并不存在的理想化的三角形和圆形，为我们提供对世界空间特征有价值的理解。这两类模型指向大型谱系的两端。前一类模型会是大而复杂的，而后一类将会简化到可行。实践中，许多模型会介于这两个极端之间。

为了达成这些目标，本书分为三部分。第一部分以4章的篇幅介绍一组建模工具用来把生物现象转化成数学和计算模型，并诊断、优化和分析它们。第二部分用5章的篇幅描述构成生物系统的分子清单。而第三部分的5章内容则献给一些有代表性的案例研究，并展望一下未来。

建模手段对应于生物系统的两大基本属性，即它们的静态结构和它们的动力学行为，也即它们随时间的变化。对于静态分析，我们将刻画和解释自然如何构建特定的系统，哪些部分直接或松散地相互连接。我们将看到不同类型的连接和交互的存在。一个重要的区别就是某些连接允许物质材料从一个源流向某个目标，而其他的连接仅用于传递系统的状态信息。在后者这种情况下，没有物质材料改变位置。就像一个广告牌，无论是数百人盯着它看，还是无人关注，它都不会发生变化一样，一个信号组件发送信号时，它自身并不会被改变。可以看出，某些连接是至关重要的，而另一些则是次要的。最后，存在一个非常有挑战性的问题，就是我们如何能够确定一个系统的结构。我们需要什么类型的数据来推断系统的结构，而这种推断的可靠性又如何。

系统的动力学极为重要，因为所有的生物系统都随时间变化。生物体跨越一生，其间会经历巨大的改变。即便不起眼的酵母细胞，也会在它们产生后代的地方留下道道伤疤，而一旦这些伤疤布满细胞表面时，它的生命也将落幕。我们可以轻而易举地在显微镜下看到这些变化，但更多的变化我们却看不到。基因表达模式、蛋白质的量、代谢物的组成，所有这些在生死之间都会发生巨大的改变。除了其一生中的正常变化，每个生物体都对环境中发生的快、慢变化进行响应，并相当快地适应新的状况。今天，我们可以观察和刻画一个细菌中的基因表达网络，而明天，这个网络在一些环境压力下或许已经发生改变。的确，细菌进化得如此之快，以至于通常所说的“野生型”已没有太大的意义。比静态方面犹有过之，生物系统的动态方面要求必须使用计算模型。这些模型帮助我们揭示，活着的系统是多么迷人，这不仅体现在它们的总体效率方面，也体现在动态响应和适应之间相互协调的精妙性方面。

不论是静态还是动态，某些模型设计和分析将以自底向上的方向进行，而另外一些模型则是按自顶向下的方向进行。然而，由于我们很少从最底部即单个原子开始，或者最顶端即与环境相互作用着的完整生物体的模型开始，系统生物学中绝大部分的建模策略，用诺贝尔奖得主西德尼·布伦纳（Sydney Brenner）的话来说（在参考文献［26］中有引用），实际上都是“从中间开始的”（middle-out）。它们从两个极端的中间某处开始，或许是通路，或许是细胞。随着时间的推移，它们可能会被整合到更大的模型中，也可能会在细节上越来越完善。

本书的第二部分介绍生物系统的分子清单。对应于有机体的生物组织，一章介绍基因系统，一章介绍蛋白质，一章介绍代谢物，另有一章讨论信号转导系统，而该部分的最后一章描述种群的特征。很明显，所有这些章节都令人遗憾地不完整，不应作为真正生物学书的替代物。写它们的目的仅在于提供生物组件主要类别的一个概览，而这些生物组件是所有建模策略的基础。

第三部分包含案例研究，这些案例研究以某种方式突出了某些意义上具有代表性的生物系统的各个方面。第一章描述酵母中协调有序的胁迫响应系统，该系统同时运行在基因、蛋白质和代谢物的水平上。第二章演示了各种迥然不同的模型如何能被用于处理一个多尺度系统，即心脏的选定方面。第三章指出系统生物学如何能促进医学和药物开发。第四章阐释生物系统的自然设计及合成生物系统人工设计的方方面面。最后一章讨论系统生物学新兴领域和未来的发展趋势。

练　习

1.1　搜索互联网和各种词典，以获取“系统”的定义。提取这些定义之间的共性并形成你自己的定义。

1.2　在互联网上搜索“系统生物学”的定义。提取这些定义之间的共性并形成你自己的定义。

1.3　列出人体内的10个系统。

1.4　究竟是什么特性使图1.10中的系统比图1.8中的系统复杂得多？

1.5　想象一下，图1.10所表示的系统由于疾病而出现故障。描述其复杂性对任何医疗策略的影响。

1.6　在图1.2中，ABA是否有激活或抑制气孔关闭的控制途径？如果是，每种情况请至少列出一条路径。如果两条路径并行存在，请讨论ABA上升对于气孔关闭所带来的预期效果。

1.7　构想一个与图1.2中那样的控制系统类似却简单许多的系统。特别是，设想只有一条激活和一条抑制途径同时存在。并进一步设想激活途径比抑制途径的反应快很多。作为输入的ABA的上升会给输出（气孔关闭）带来什么影响？上面提到的速度差异在自然细胞中是如何实现的？激活和抑制作用的强弱有影响吗？讨论一下！

1.8　我们已经讨论过，通常很难从数据中推断出生物系统的结构。两个不同的系统是否可能产生完全相同的输入—输出数据？如果你认为不可能，请讨论并证实你的结论。如果你认为答案是肯定的，请构建一个概念性示例。

1.9　单纯的还原主义不足以理解生物系统，列举并讨论支持该主张的特征。

1.10　列出那些单凭直觉无法解决的系统生物学挑战。

1.11　请讨论，为了促进系统生物学的交流，创造术语和工具为什么重要。

1.12　为系统生物学的未来汇编一个“待办事项”清单。

参考文献

[1] Li S, Assmann SM & Albert R. Predicting essential components of signal transduction networks: a dynamic model of guard cell abscisic acid signaling. *PLoS Biol.* 4 (2006) e312.

[2] USNO. United States Naval Observatory Cesium Fountain. http://tycho.usno.navy.mil/clockdev/cesium.html (2010).

[3] Voit EO, Alvarez-Vasquez F & Hannun YA. Computational analysis of sphingolipid pathway systems. *Adv. Exp. Med. Biol.* 688 (2010) 264-275.

[4] Vodovotz Y, Constantine G, Rubin J, et al. Mechanistic simulations of inflammation: current state and future prospects. *Math. Biosci.* 217 (2009) 1-10.

[5] Savageau MA. Biochemical Systems Analysis: A Study of Function and Design in Molecular Biology. Addison-Wesley, 1976.

[6] Kim HJ & Triplett BA. Cotton fiber growth in planta and *in vitro*. Models for plant cell elongation and cell wall biogenesis. *Plant Physiol.* 127 (2001) 1361-1366.

[7] Kumar A. Understanding Physiology. Discovery Publishing House, 2009.

[8] Wolkenhauer O, Kitano H & Cho KH. An introduction to systems biology. *IEEE Control Syst. Mag.* 23 (2003) 38-48.

[9] Westerhoff HV & Palsson BO. The evolution of molecular biology into systems biology. *Nat. Biotechnol.* 22 (2004) 1249-1252.

[10] Strange K. The end of “naive reductionism”: rise of systems biology or renaissance of physiology? *Am. J. Physiol. Cell Physiol.* 288 (2005) C968-C974.

[11] Voit EO & Schwacke JH. Understanding through modeling. In Systems Biology: Principles, Methods, and Concepts (AK Konopka ed.), pp 27-82. Taylor & Francis, 2007.

[12] Bernard C. Introduction a l’étude de la médecine expérimentale. JB Baillière, 1865 (reprinted by Éditions Garnier-Flammarion, 1966).

[13] Noble D. Claude Bernard, the first systems biologist, and the future of physiology. *Exp. Physiol.* 93 (2008) 16-26.

[14] Bertalanffy L von. Der Organismus als physikalisches System betrachtet. *Naturwissenschaften* 33 (1940) 521-531.

[15] Bertalanffy L von. General System Theory: Foundations, Development, Applications. G Braziller, 1969.

[16] Mesarović MD. Systems theory and biology—view of a theoretician. In Systems Theory and Biology (MD Mesarović, ed.), pp 59-87. Springer, 1968.

[17] Rosen R. A means toward a new holism: “Systems Theory and Biology. Proceedings of the 3rd Systems

Symposium, Cleveland, Ohio, Oct. 1966. M. D. Mesarović, Ed. Springer-Verlag, New York, 1968. xii+403 pp" [Book review]. *Science* 161 (1968) 34-35.

[18] Yamamoto N, Nakahigashi K, Nakamichi T, et al. Update on the Keio collection of Escherichia coli single-gene deletion mutants. *Mol. Syst. Biol.* 5 (2009) 335.

[19] Savageau MA. The challenge of reconstruction. *New Biol.* 3 (1991) 101-102.

[20] Freitas RAJ. Nanomedicine, Volume I: Basic Capabilities. Landis Bioscience, 1999.

[21] Lee LA & Wang Q. Adaptations of nanoscale viruses and other protein cages for medical applications. *Nanomedicine* 2 (2006) 137-149.

[22] Martel S, Mathieu J-B, Felfoul O, et al. Automatic navigation of an untethered device in the artery of a living animal using a conventional clinical magnetic resonance imaging system. *Appl. Phys. Lett.* 90 (2007) 114105.

[23] SBML. The systems biology markup language. http://sbml.org/Main_Page (2011).

[24] Stanislaus R, Jiang LH, Swartz M, et al. An XML standard for the dissemination of annotated 2D gel electrophoresis data complemented with mass spectrometry results. *BMC Bioinformatics* 5 (2004) 9.

[25] Voit EO. The Inner Workings of Life. Cambridge University Press, 2016.

[26] Noble D. The Music of Life: Biology Beyond Genes. Oxford University Press, 2006.

拓展阅读

Alon U. An Introduction to Systems Biology: Design Principles of Biological Circuits. Chapman & Hall/CRC, 2006.

Kitano H (ed.). Foundations of Systems Biology. MIT Press, 2001.

Klipp E, Herwig R, Kowald A, et al. Systems Biology in Practice: Concepts, Implementation and Application. Wiley-VCH, 2005.

Noble D. The Music of Life: Biology Beyond Genes. Oxford University Press, 2006.

Szallasi Z, Periwal V & Stelling J (eds). System Modeling in Cellular Biology: From Concepts to Nuts and Bolts. MIT Press, 2006.

Voit EO. The Inner Workings of Life. Cambridge University Press, 2016.

Voit EO. Computational Analysis of Biochemical Systems: A Practical Guide for Biochemists and Molecular Biologists. Cambridge University Press, 2000.

2 数学建模介绍

读完本章，你应能够：

- 理解数学建模中的挑战
- 以通用的术语描述建模过程
- 了解系统生物学中数学模型的一些重要类型
- 识别设计模型所需的要素
- 建立不同类型的简单模型
- 进行基本的诊断和探索性的模拟
- 实现参数和模型结构的改变
- 使用模型对问题图景进行探索和操作

系统生物学中任何计算分析的核心都是数学**模型（model）**。模型是以数学语言表示生物过程或现象的人工构造物。**建模（modeling）**就是创建这种人工构造物并从中获取见解的过程。系统生物学中的数学模型可以采用多种形式。某些模型小且简单，而另一些则大而复杂。模型可以是直观的，也可以非常抽象。它或许具备简单流畅的数学优雅性，又或者以大量的方程和规范反映非常多的细节以至于需要高深的计算机**模拟（simulation）**才能进行分析。生物学中所有好模型的一个关键共性就是它们有为我们提供对过程或系统的见解的能力，而除此之外，别无他途。好模型可以为大量的孤立事实和观测赋予意义。它们解释了自然系统为何演化成我们所观测到的那样的特定组织和调控结构。它们允许我们对实验上未曾测试的情形及未来的趋势进行**预测（prediction）**和**外推（extrapolation）**。它们可以导致新假设的形成。好模型有可能指导新的实验，并对有利于操纵生物系统的具体方法给出建议。模型可以告诉我们细胞周期如何控制，以及为什么斑块会出现在我们动脉的某些部分，而其他部分没有。未来的模型可以帮助我们理解大脑的工作方式，并为形成的肿瘤制定具体的干预措施，比我们现有的放疗或化疗方法更加精准。

系统生物学建模实际上是一种观察世界的特殊方式。无论是以组件和交互的形式概念化情形，还是实际设置方程式并分析它们，我们都会看到复杂的现象可以在概念上简化并分解成可管理的子模型或**模块（module）**，而且我们将逐渐体会到这些模块如何发生相互作用并可能对变化做出响应。请注意！建模可能会成为一种改变生活的冒险。

数学模型可类比为地图。地图显然与现实非常不同，许多细节丢失了。例如，偏远村庄里的房子看起来什么样？湖泊足够干净，适合游泳吗？人们友好吗？然而，正是复杂现实世界的这种简化使得地图变得有用，不被次要的细节分散注意力。例如，地图使我们能够坐在客厅里查看整个国家的主干道路网络。地图为我们提供了距离和高速公路类型信息，让我们可以估算出旅行时间。地图上指示了海拔，我们想要驱车穿过的地区是否是丘陵，以至我们是否即便是夏季月份通过，也会感到寒冷。一旦学会了如何解读地图，我们就可以推断出乡村的样子。空旷的空间，如南达科他州的荒地，表明居住在该地区可能是不方便或不为人所喜的。城市和村庄的密度为我们提示了找到住处、食物和汽油的容易程度。沿海城市群可能意味着生活在那里是令人向往的。数学模型具有相同的通用属性：它们很好地反映了某些方面，但几乎没有触及其他方面或完全忽略它们。它们允许我们推断现实的某些属性而不管其他。包含或排除模型中的某些特征在建模过程中具有直接、重要的意义。也就是说，设计合适模型的关键任务就是清晰地关注这个模型的主要兴趣方面和保留这些方面最重要的属性。同时，无关或分散注意力的信息必须最小化，并且模型的复杂性必须限制在能进行合理有效分析的范围内。

建模是一种数学和计算方面的努力，在某种意义上类似于艺术（图2.1）。微积分或线性代数中的基本数学问题在书后有正确的答案，或者至少有人在某处知道这些唯一且正确的答案。不同于这种严谨性和清晰性，建模的许多方面允许存在更多的灵活性。它们允许用不同的方法，并且往往有多个不同的答案，都有价值且从它们自身来看都是正确的。谁说油画一定比水彩好？或者说一部歌剧比一部交响乐具有更高的艺术价值？同样，一个数学模型具有不同维度的方面和属性，它的价值并不总是容易判断的。例如，一个非常复杂、详细的模型就比一个简单、精美的模型更好吗？

这些问题的答案主要取决于模型的目标和建模目的，在实际开始设计模型之前，指定建立模型

图2.1 建模类似于一门艺术。建模需要掌握技巧，还需要创造力。

的原因并提出许多问题不仅有益，而且确实是必需的。这些问题必须阐明模型的潜在用途、期望的准确度、我们愿意接受的复杂程度，以及我们将在本章中涉及的许多其他方面的细节。实际上，明智的做法是投入相当多的时间和摸索过程来思考这些方面，然后再开始选择一个具体的模型结构，定义变量、参数和其他模型特性，因为技术挑战经常会分散注意力。

就像美术一样，创建一个好的模型需要两个要素：技术专长和创造力。技术方面可以而且必须通过获取扎实的数学和计算机科学技能来习得。为了使理论和数值分析有意义，还必须充分深入地了解生物学，以便理解所感兴趣现象的背景和术语，并以正确和明智的方式解读模型结果。与艺术一样，这一过程的创造性方面更加难学和难教。例如，它需要比人们所期望的更多的经验来提出正确的问题并以数学和计算分析上可行的方式重新表述它们。对于新手来说，所有数据看上去可能同样有价值，但其实并非如此。实际上，需要时间和经验来建立一种对特定数据集哪些可行而哪些不可行的感觉。同样重要的是，要了解某些数据根本不适合进行数学建模。这种见解有时令人失望，但它可以省去很多不必要的努力和挫折。

具体问题的形成和完善要求我们学习如何将手边的生物问题与适当的数学和计算机技能相匹配。这种匹配需要了解什么技术是可用的，这也意味着建模者必须努力理解生物学家、数学家和计算机科学家如何进行思考。方法上的差异在这三个学科之间相当明显。数学家鼓励简化和抽象，而且几乎没有什么比把棘手问题简写到餐巾纸背面更具吸引力。计算机科学家从算法的角度看待问题，也就是说，将它们分解成非常多、非常小的一个个步骤。与已经习惯了面对生物问题的纷繁和复杂性的生物学家相比，你可以想象，数学和计算机背景的建模者在建模过程中可能产生的心理和概念上的紧张状态。

好问题的形成需要确定在模型中什么是真正重要的，哪些特征可以忽略，以及当简化或省略细节时我们可以容忍的误差。正是这个对组分、事实和过程进行包含或排除的复杂的决定，构成了建模中的艺术方面。就像在美术中一样，一个好的模型可能会给一个局外人这样的印象"哦，当然，我原本可以做到这一点"，因为它设计得很好，并不显示建模过程中辛苦的工作和失败的尝试。关于这些决策过程的熟练技巧是可以学到的，但像所有事情一样，它需要从开始简单并逐渐复杂起来的建模任务中习得。在这种边干边学中，成功令人兴奋，失败则令人沮丧，虽然我们有权享受我们的每一次成功，但往往是失败最终更有价值，因为它们指向我们并不真正理解的方面。

建模的计算方面来自两类方法：数学分析和计算机模拟。大多数实际应用将两者相结合，因为两者各有优势。如果给定的假设和先决条件得到满足，纯数学分析会产生普适的一般解决方案。这不同于哪怕是大量的计算机模拟结果，因为后者无法给予相同程度的确定性和通用性。例如，我们可以从数学上证明，除0以外，每个实数都有一个实数型的倒数（4有0.25，−0.1有−10）。但是，如果我们在计算机上执行大量模拟，随机挑选一个实数并检查它的倒数是否是实数，我们会得出这样的结论：确实所有实数都有一个实数型的倒数。我们会错过零，因为随机地从无限范围的数字中选到零的概率是零。因此，原则上数学始终应是首选。但是，实际上，分析生物系统所需的数学会很快变得非常复杂，甚至看上去相对简单的任务，也可能没有明确的解析解，因此需要计算分析。

独立于具体的生物学领域和特定的数学与计算框架的最终选择，通用的建模过程包括几个阶段，每个阶段所需的输入和技术都不相同。大致划分一下，各阶段如图2.2所示，包括了建模过程的粗略流程图。进一步的细节如表2.1所示。该过程始于对生

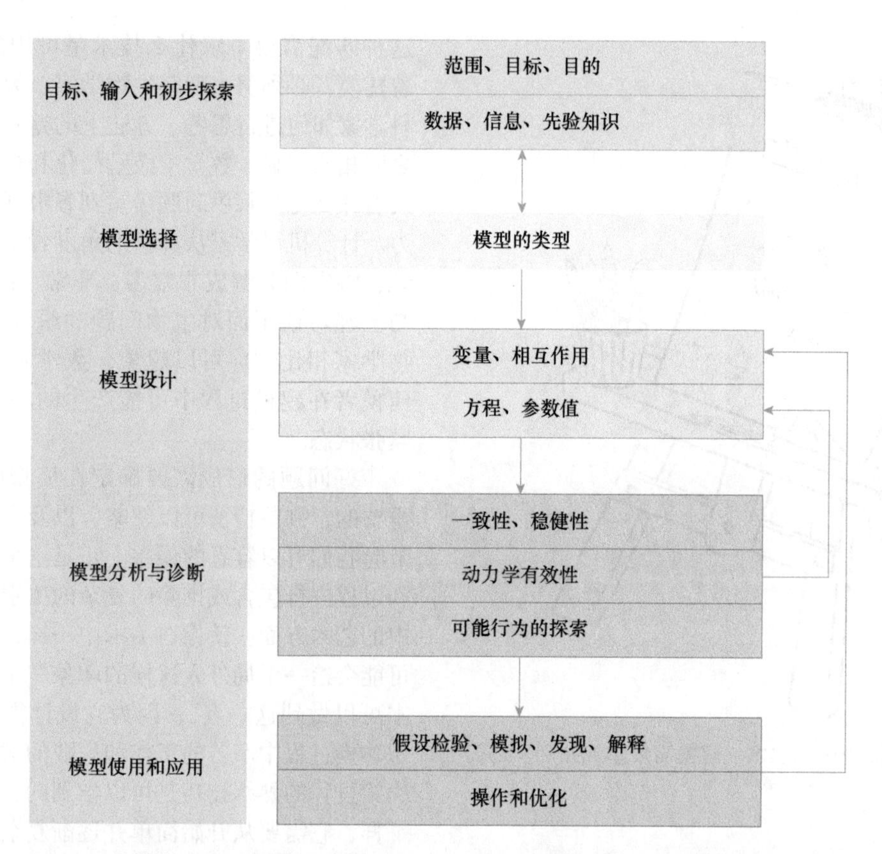

图2.2 建模过程的流程图。建模过程由不同的阶段组成，但通常是迭代的，涉及模型设计和重复诊断的改进。另见表2.1［改编自 Voit EO, Qi Z & Miller GW. *Pharmacopsychiatry* 41 (Suppl 1) (2008) S78-S84. 经Thieme Medical Publishers许可］。

物问题的概念性提问，之后变得越来越技术化，并逐渐回归到所研究的生物现象。为这些阶段（尤其是早期阶段）投入足够的精力是非常重要的，因为它们最终决定了建模工作是否有很好的成功机会。

表2.1 建模过程中需要考虑的问题

目标、输入和初步探索
- 模型的范围，包括目的、目标和可能的应用
- 数据需求和可用性（类型、数量、质量）
- 其他可用信息（非定量启示、专家的定性输入）
- 该模型的预期可行性
- 科学界的相关性和兴趣程度

模型选择
- 模型结构
  - 解释性的（机械的）与相关性的（黑盒子）
  - 静态的与动态的
  - 连续的与离散的
  - 确定性的与随机性的
  - 空间分布的与空间同质的
  - 开放的与封闭的
  - 最合适的，可行的近似

模型设计
- 模型图和组件列表
  - 因变量
  - 自变量

续表

  - 过程和交互
  - 信号和过程调制
  - 参数
- 符号方程的设计
- 参数估计
  - 自下而上
  - 自上而下

模型分析与诊断
- 内部一致性（如质量守恒）
- 外部一致性（如与数据和专家意见的接近程度）
- 稳定状态的合理性
- 稳定性分析
- 灵敏度和稳健性分析
- 结构和数字的边界与限制
- 可以或不可建模的行为范围（如振荡、多稳态）

模型使用和应用
- 确认，验证假设
- 因果的说明；失败的原因，违反直觉的响应
- 最佳情况，最坏情况，最可能的情况
- 操纵和优化（例如，治疗疾病；避免不良状态或动态；生物技术中的产量优化）
- 设计原理的发现

早期选择之一就是处理模型的解释性特征。可

以选择一个比较简单的回归模型，这个回归模型将两个或多个量关联起来，但不给出这种相关性的内在原因。作为一个例子，人们可能会发现心血管疾病常与高血压相关，但回归模型并不提供解释。另一种方法是，人们可以开发一种更为复杂的心血管疾病的机制模型，其中血压是一个组成部分。如果有效，那么模型将解释关联机制，即从高血压到发病的一个因果网络。即使我们忽视制定综合机制模型的困难，模型类型的选择也不是非黑即白的。回归模型不提供机制解释，但往往可以做出正确、可靠的预测。解释性模型也可以很简单，但如果涉及大量的过程，它往往变得如此复杂，并需要如此多的假设，以至于它可能不再描述或预测具有高可靠性的新情景。现实中，大多数模型都是中间体——在某些方面是解释性的，而在其他方面是相关性的。

在下面的小节中，我们将讨论建模过程的每个阶段，并用各种小型的适合教学的“沙盒模型”及一个著名的描述传染病传播的非常古老的模型来阐释它。该过程首先探索可用信息，并选择可以利用这些信息且最终产生新见解的模型（图2.2和表2.1）。通常，在选择合适的模型设计之前，将在这两个方面之间来回反复。一旦确定了合适的模型类型，实际的模型设计阶段就开始了。模型的组件被识别和表征。产生的模型被诊断，并且如果有麻烦的方面出现，就会返回到模型设计阶段。在诊断阶段表现良好的模型被用于解释、模拟和操作。结果往往是，模型特征终归还不是最优的，还需要返回到模型设计阶段。

目标、输入和初步探索

模型开发的初始阶段包括定义模型目标，以及调查和筛选输入数据及其背景信息。这个目标设定，连同对模型可用信息及其背景的探索可以说是所有阶段中最为关键的。这一说法可能听起来有违直觉，因为人们可能会认为最大的努力是某种复杂的数学。然而，如果没有充分考虑这个初始的探索阶段，建模过程可能会马上脱轨，甚至直到建模过程的最后阶段，可能都不会注意到有些东西并非所想的那样。

输入和探索阶段的主要任务是建立具体的模型目标，并感觉出（feel out）模型是否有机会在现有数据和信息的基础上实现其目标。“感觉出”听起来不像严格的数学术语，但实际上相当好地描述了这一阶段的任务。这里往往正是最需要经验的地方：就在刚刚开始努力的时候！

2.1 尺度问题

探索阶段的第一个重要方面是询问模型最合适的尺度是什么，包括在时间和空间方面，以及组织水平层面（图2.3）。这些尺度通常是相互联系的，因为细胞组织层次的过程发生在一个小的空间尺度上，并通常比发生在个体或生态系统尺度上的过程运行得更快。假设我们对树木感兴趣，想要开发一个描述其**动力学（dynamics）**的数学模型。虽然这可能听起来像一个不错的想法，但它太不明确了，因为树木可用许多不同的方式进行研究。为了模拟森林或者植林区的增长，组织的尺度一般是作为个体的树，空间尺度是公顷或平方公里，而相应的时间尺度最有可能是年。对比一下叶子中的光合作用，是它真正驱动了树木的生长。该组织层次则是生化或生理的，相应的时间尺度是秒或分钟。很容易想象这两种情况之间或之外的其他时间和组织尺度。

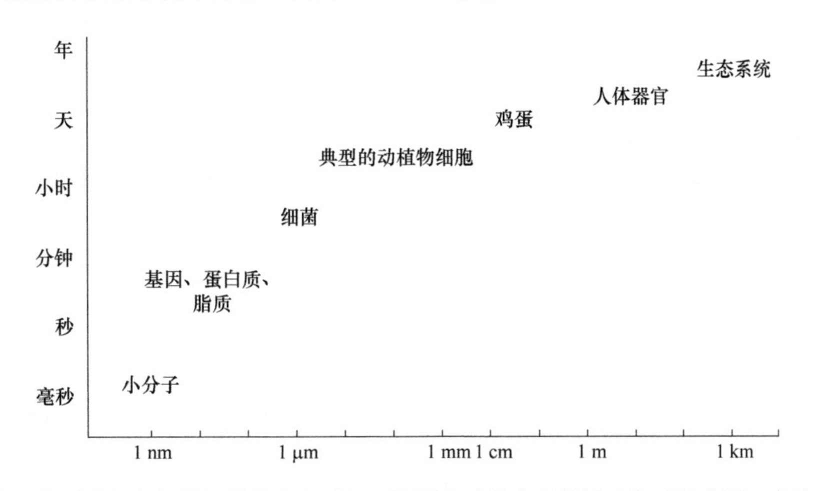

图2.3 生物学中的尺度跨越几个数量级的大小和时间。该图显示了典型的尺寸和时间范围。当然，人体器官和生态系统包含小分子和基因，因此它们确实跨越多个大小和时间尺度，这使得多尺度建模具有挑战性和吸引力。

虽说多尺度建模是系统生物学的前沿挑战之一（见第15章），试图一次引入太多不同的尺度则是非常困难的，且至少在模型设计开始时是非常危险的。虽然有例外（如参见第12章），但同一模型中包含从光合作用或木材形成的细节到森林长期生长在内的所有过程，通常并不可行。尽管如此，数学模型的真正强项在于它们通过分析和整合较低层次的过程来解释某一层次上现象的能力。因此，一个好的模型，即使是小规模的，也可能跨越两个或三个生物组织的等级。例如，它可能从遗传和生物化学过程方面描述叶子的形成。模型也可能会跳过一些层次。例如，我们可能试图将长期的树木生长和最终的大小与基因表达的改变关联起来。在这种情况下，人们或许能把基因调控的影响转化成树木的生长速率，但这类模型并不能捕获发生在基因表达和50年后森林中木材总量之间的所有生化和生理的因果关系。

合适尺度的确定很大程度上取决于可用于构建、支持和验证模型的数据。如果只有每年的林木生物量数据，我们甚至不应尝试建立深层控制树木生长的生化模型。相反，如果模型使用光导量作为主要输入数据，尽管数据质量可能很好，这个输入信息也很难支撑森林中树木多年生长的模型。

又如，假设我们的任务是提高酵母细胞乙醇发酵过程中的乙醇产量。这项任务的典型实验技术是选择突变体和改变培养基。因此，如果我们打算用模型来指导和优化这个过程，模型必须清楚地说明基因活性及其生化后果，以及培养基中营养物的浓度和细胞对它们的摄取情况。

2.2 数据可用性

可用数据的量为探索模型选择和设计提供了重要线索。如果一个有很多**变量**（**variable**）和参数的复杂模型仅由非常稀少的数据支持，该模型可能非常好地重现这些数据，但只要我们尝试将其应用于稍微不同的场景，如更宽的树间距或营养更丰富的施肥方案，模型预测就可能变得不可靠或不准确。这个过度拟合的问题（也就是说，使用一个对于给定数据来说太复杂的模型）在只有一个或少数几个数据集可用时总会出现。如果数据显示很大的**变异性**（**variability**），或者按数据处理领域的说法，叫噪声，也会出现类似的问题。在这种情况下，许多模型或许可以很好地表示特定的数据，但涉及新数据的预测可能是不可靠的。也许听起来有违直觉，但通常坏数据比好数据更容易建模，因为坏数据给了我们更多的操作空间，使我们很快得到一个劣质的模型。当然，当这个劣质模型被期待适用于新数据却不能的时候，可能就会反咬我们一口。

虽然清晰的数值数据是数学建模的黄金标准，但我们不应该轻视定性数据或包含相当数量不确定性的信息。例如，如果我们被告知实验显示某些输出随着时间的推移而增加（即使没有给出确切的程度），这条信息仍然可以提供模型必须满足的有价值的约束条件。特别是在临床条件下，这种类型的定性和半定量信息是普遍存在的，并且可用的信息越多，描述该现象的模型所需满足的约束就越多。换言之，这些信息对于去除那些似是而非的模型非常有用。在一项关于帕金森病的研究中，我们询问临床医生多巴胺和其他与此病相关的脑代谢物的浓度。尽管他们无法给出确切的数值，却为我们提供了粗略的浓度和通过该系统代谢流量的相对估值，这些信息与文献数据一起，使我们能够建立一个令人惊讶的准确预测模型[1]。

最后，探索阶段应确定实验生物学家或临床医生是否真的对这个项目感兴趣。如果是，他们的兴趣将有助于推动项目前进，他们的直接见解及与其他专家的联系是非常宝贵的，因为很多生物学知识没有发表，特别是当它为半数量化或还没有百分之百地得到数据和对照的支持时。当然，可以仅根据文献中的信息建立模型，但如果没有专家在身边，许多陷阱就会出现。

模型选择与设计

为了说明模型设计的过程，我们来考虑一个具体的例子，该例子将贯穿本章并在第4章中再次回顾。这个例子涉及一种传染性疾病，如肺结核或流感，它很容易在人群中传播（图2.4）。按习惯，我们想要确定一下接种疫苗是否对全部人群或部分个体有益，感染者是否应该被隔离，或者疾病最终是否会因为感染者恢复健康并获得免疫力而自行消失。许多问题立即涌上心头。该疾病致死吗？如果死亡率很低，我们可以在模型中忽略它吗？疾病最初是如何开始的？人们病了多久？他们的传染性有多强？有没有感染者没有表现出症状呢？目标人群中的所有人都有可能与所有其他人接触吗？我们需要考虑航空旅行吗？我们是否要尝试刻画与感染者首次接触时开始传播的感染波（wave of infection）在特定地理区域或整个人群中的运动过程？我们的疾病模型是否必须足够准确，以预测某个人是否会生病，或者我们的目标是社区或国家内的平均感染水平？显然，问题在数量和类型上都是无限的，其

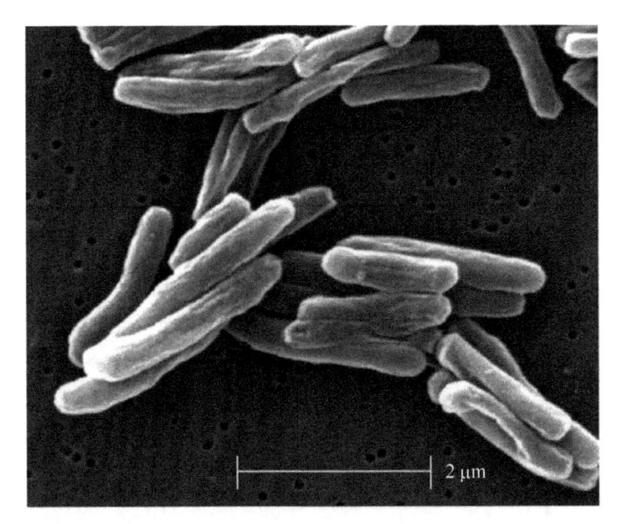

图2.4 数学建模可以成为研究细菌性疾病传播的有力工具。这里显示的是结核分枝杆菌（*Mycobacterium tuberculosis*），它导致结核病，是人类持续不断的祸害之一。

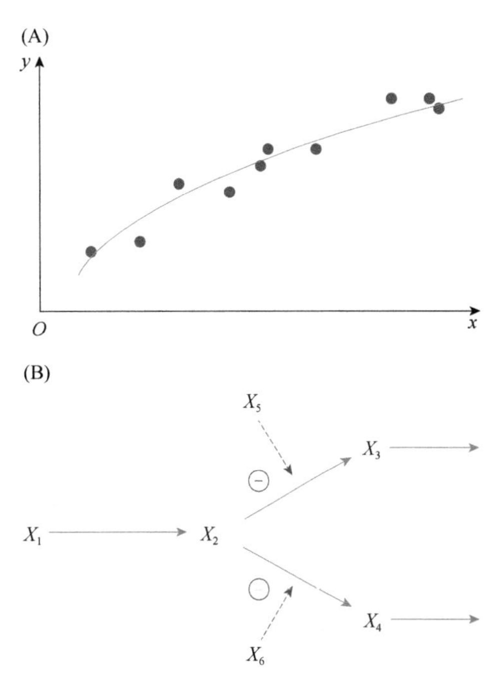

图2.5 相关性和解释性模型用于不同的目的。（A）中x和y之间的相关性，无论是线性的还是非线性的，都允许在给定x新值时对y的值进行稳健的预测（尽管该模型没有解释x和y之间的联系）。例如，老年人的患病率（y）和年龄（x）之间的关系。（B）中的简单解释性模型可以描述具有两种抑制剂（X_5和X_6）的代谢途径。它不仅可以捕获X_3和X_6之间的（正）相关性，还可以解释为什么通路另一个分支的抑制剂X_6增加会导致X_3的增加。

中一些可能是需要现在思考的重要问题，而其他的，至少在开始阶段可能不太相关。

为了用尽可能简单的模型来研究一个非常复杂的现象，我们假设如下：

- 传染病通过人与人之间的接触传播。
- 虽然细菌或病毒是疾病的真正载体，但我们忽略它们。
- 个体可能获得和丧失免疫力。
- 主要问题是疾病传播的速度有多快，是否会由于免疫力而无须干预自行消失，以及接种疫苗或隔离是否有效。
- 我们无意考虑某些地理区域内感染病例的空间分布。

2.3 模型结构

一旦我们确定了模型应该完成的任务，我们就需要确定其结构。表2.1给出了一些决策点。这些点与模型不同程度的复杂性、实用性或质量无关。我们只需根据数据和模型的目的做出决策。

第一个决策点针对的是模型预计要解释多少细节的问题。如前所述，这个维度的两个极端是**相关性模型（correlative model）**和**解释性模型（explanatory model）**；大多数模型都涵盖两者。相关性模型简单而直接地将一个量与另一个量关联起来。例如，数据可能表明传染病在老年人中尤为严重；特别是，每10万人中受感染的人数可能会随着年龄的增长而增加（图2.5）。**线性（linear）**或**非线性（nonlinear）**回归甚至可以量化这种关系，并使我们能够对某一年龄段人群的平均患病风险进行预测。然而，即使预测非常可靠，模型也不会提示我们，为什么老年人更容易感染。该模型没有考虑健康状况、遗传体质或生活方式。有时候预测会出错，但该模型无法解释原因。

相比之下，解释性模型将实验的观测结果与生物过程和驱动所研究现象的机制关联起来。为了说清楚，设想一个癌症的解释性模型。癌症与本该死亡却并不死亡的细胞有关。正常情况下，细胞死亡通过称为凋亡的过程发生，其控制涉及肿瘤抑制蛋白p53，该蛋白转而充当一些相关基因的转录因子。p53蛋白在许多应激条件如紫外线辐射或氧化压力下会被激活。将各种信息放到一起，允许我们以一串因果链的形式构建一个概念或数学模型：苏西在海滩上暴晒。她暴露在太多的紫外线辐射之下，激活了皮肤中的p53蛋白。该蛋白改变了一些基因的正常激活。这些基因导致一些细胞逃避凋亡并失控地增殖。苏西被诊断为黑色素瘤。该模型在一定程度上（当然，尽管不完全）解释了癌症的发展。这种解释性潜力的获得并非没有代价：解释性的机制模型通常比相关性模型复杂得多，需要更多的大量数据和假设作为输入。虽然解释性模型提供了更多的见解，但我们也不应该随意放弃相关性模型。特别是在假设条件不确定且数据稀少的情况下，它们更容易构建并经常可以给出比解释性模型更可靠的预测。

第二个决策点指向的问题是，与感兴趣的现象有关的某些量是否随时间发生变化。如果数据显示趋势随时间变化，我们可能会更倾向于动态模型，这使我们能够量化这些变化。相比之下，在诸如回归模型这样的静态模型中，仅探索一个变量对其他变量的依赖关系。专题2.1用一个特定的例子对比了静态和动态模型。静态模型似显不足，因为它们忽视了变化，但它们在系统生物学中扮演了重要角色，如它们被用于刻画大型网络的特征（见第3章）。

专题2.1　静态和动态模型

假设我们的任务是计算大肠杆菌细胞的体积。研究大肠杆菌培养物的照片（图1），我们看到每个细菌看起来或多或少像一只长度可变且末端扁平的热狗，并且由于细菌弯曲后体积不变，我们可以只研究它伸展时的形状。因此，简单的静态模型可以是在末端具有两个“帽”的圆柱体。帽子看起来比半球要稍微扁平一点，我们决定用两个方向（圆形横截面）具有相同轴半径而在第三个方向上有稍短轴半径的半椭球体来表示它们（图2）。整个椭球的体积公式为$\frac{4}{3}\pi r_1 r_2 r_3$，其中$r_1$、$r_2$、$r_3$是轴半径。因此，如

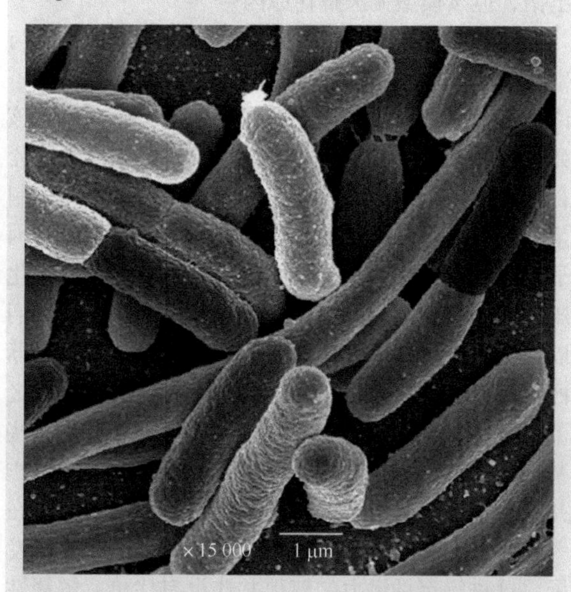

图1　大肠杆菌的形状类似于带帽的圆柱体。该形状可以近似地用图2和图3中所示的几何形状建模。

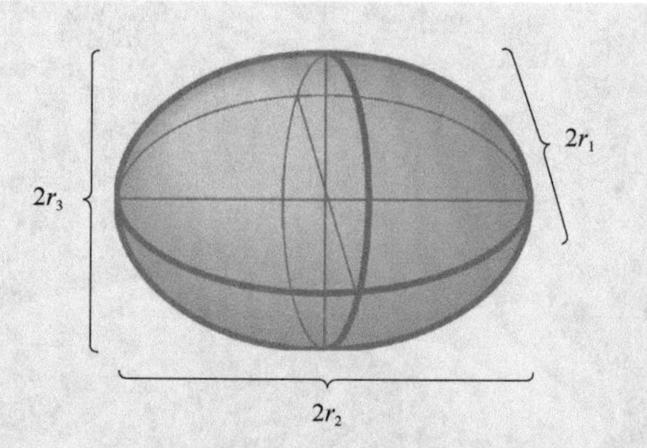

图2　为了模建细菌的形状（见图1），我们需要一个圆柱体和两端的“帽子”。帽子可以用扁平椭球体建模。这里，这种椭球体具有两个相同长度（$r_1=r_2$）的较长半径和一个较短半径r_3。

果细胞“直”的部分长x μm且直径为y μm，并且如果每个“帽”具有z μm的高度，则我们可以为大肠杆菌细胞建立一个静态模型（图3）如下：

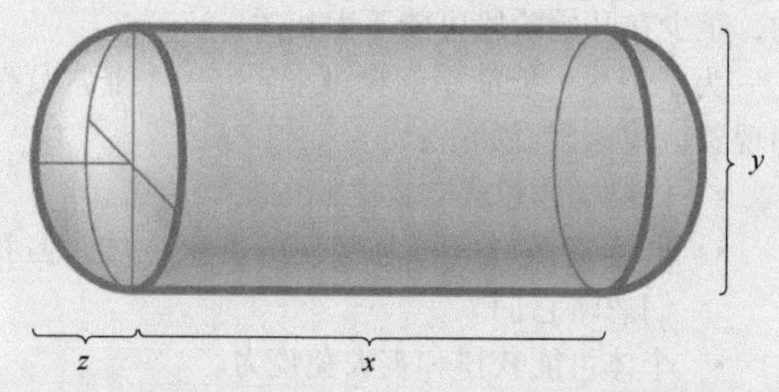

图3　大肠杆菌体积的静态模型。该模型的灵感来自实际的细胞形状（图1），并由两端带帽的圆柱体组成（图2）。

$$V(x, y, z)=\underbrace{x\pi\left(\frac{y}{2}\right)^2}_{\text{圆柱部分}}+\underbrace{2\left(\frac{4}{3}\pi\frac{y}{2}\frac{y}{2}\frac{z}{2}\right)}_{\text{两个半椭球帽部分}} = \left(\frac{x}{4}+\frac{z}{3}\right)\pi y^2 \quad (1)$$

上述静态模型允许我们选取任何长度、宽度和帽高度来计算相应的细菌体积。

我们现在假设细菌已经分裂并且正在生长。尺寸参数x、y和z成为依赖于时间t的变量，我们可以将它们写为$x(t)$、$y(t)$和$z(t)$。甚至可能会发生，这些变量不是彼此独立地增长，而是细菌在其形状上保持一定程度的比例性，这将通过约束关系将$x(t)$、$y(t)$和$z(t)$在数学上联系起来。主要结果是，体积不再是静态的，而是时间的函数。该模型已成为**动态**（dynamic或**dynamical**）模型。

在对动力学模型的典型理解中，人们预期对象或系统的当前状态会影响其进一步的发展。在细菌的情况下，体积的增长通常取决于细菌已经有多大。如果它很小，会长得更快，并且当达到它分裂之前的最终尺寸时，增长速度会减慢。这种“自我依赖”（self-dependence）使得数学变得更加复杂。具体而言，可以将体积随时间的变化表示成当前体积的函数。体积随时间的变化以数学术语给出就是其时间导数$\mathrm{d}V/\mathrm{d}t$。因此，我们得出结论，体积依赖性的增长应该被表述为

$$\begin{aligned}\frac{\mathrm{d}V}{\mathrm{d}t}&=\text{体积}V\text{在时间}t\text{的某个函数}\\&=f[V(t)]=f(V)\end{aligned}\qquad(2)$$

这种类型的公式，即其中某个量的导数（$\mathrm{d}V/\mathrm{d}t$）表示成该量（V）本身的函数，构成一个常微分方程，也被简写为diff. eq.、o. d. e. 或ODE。系统生物学中的很多模型都基于微分方程。函数f不只限于对V的依赖性；事实上，它通常也包含其他变量。例如，f可能依赖于温度和培养基中底物的浓度（这些肯定会影响生长速度），还可能依赖于描述细菌底物摄取机制的许多“内部”变量。通过更仔细的观察发现，许多生化和生理过程都涉及将底物转化为细菌体积和生长量，因此，非常详细的动力学模型将很快变得非常复杂。建立、分析和解读这些类型的动力学模型是计算系统生物学的核心。

在动态模型领域中，需要确定是离散还是连续的时间标度更为适合。离散时间的一个案例是数字时钟，它只以特定分辨率显示时间。如果分辨率是分钟，时钟不会指示某分钟是刚刚开始还是即将结束。原则上，连续的模拟时钟将精确地显示时间。一方面，关于连续或离散时间标度的决定是非常重要的，因为前者通常导致微分方程，而后者则产生迭代或递归图，这需要不同的数学分析方法，有时还会导致不同类型的见解（见第4章）。另一方面，如果我们选择非常小的时间间隔，离散模型的**行为**（**behavior**）就趋近于连续模型，而此时差分方程可以被更易于分析的微分方程所替代。

因时间步长趋小而带来的离散和连续模型的趋同行为，并不是一种建模形式被另一种形式替代的唯一情况。更一般地，我们需要接受其他维度的**近似**（**approximation**）概念（图2.6）。我们当然对所有过程的“真实”描述感兴趣，但它们其实并不存在。即使著名的物理定律也不是严格地“真实”。

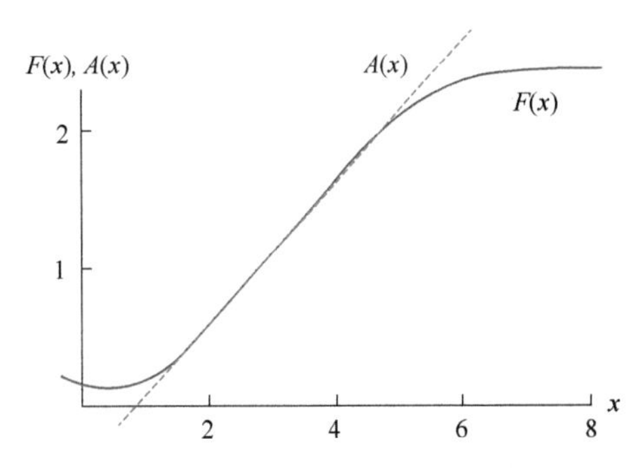

图2.6　近似对于在数学模型中简化表示现实世界是必要且非常有用的。在该图中，$A(x)$（蓝色虚线）是更复杂的非线性函数$F(x)$（红线）的线性近似。如果变量x只在取值为2～5时在生物学上有意义，则该近似足够准确且易于分析。

例如，牛顿引力定律是爱因斯坦的广义相对论理论中的近似。不是说用牛顿定律会有什么错：苹果仍然下落而不是向上跑。但我们应该非常清楚地认识到，我们实际上是在处理近似情形，并且这些都是必要的，而且确实非常有用。对近似的需求在生物学中更为显著，因为这里与物理规律相对应的那种规律几乎是不存在的。第4章讨论系统生物学建模中使用的典型近似，而第15章讨论生物学规律的更偏哲学层面的问题。

有些近似是有意忽略对空间的考虑。在现实世界中，几乎所有事情都发生在三个空间维度上。尽管如此，如果空间方面不是特别重要，忽略它们会使生活变得更轻松。例如，以糖尿病为例，研究葡萄糖和胰岛素在整个特定器官及全身心血管系统中的分布可能很重要。但是，为了在给定情况下对胰岛素的使用进行建模，仅考虑葡萄糖和胰岛素之间的总体平衡可能也就足够了。不考虑空间因素的模型通常称为（空间上）均一的。考虑空间方面的模型通常需要偏微分方程或完全不同的建模方法（参见第15章），此处我们不再进一步讨论。

最后，系统模型可能是**开放的**（**open**）或**封闭的**（**closed**）。在前一种情况下，系统接收来自**环境**的输入和（或）释放材料作为输出，而后一种情况下，材料既不进入也不离开系统。

到目前为止，我们讨论的模型类型被称为**确定性的**（**deterministic**），简单地说，这意味着所有信息在计算开始时都是完全已知的。一旦模型及其数字设置被定义，所有属性及未来的响应就完全确定了。特别是，确定性模型不允许任何类型的**随机**（**random**）特征，如环境波动或噪声，影响其过程。与确定性模型相对的是**概率**（**probabilistic**）或**随机**（**stochastic**）模型。后一

个术语来自希腊词stochos，意思是意图、目标或猜测，并且暗示随机过程或随机模型总是涉及机会方面。在系统中的某处，“某人”正在投掷色子并将投掷结果输入模型中。结果，变量成为**随机变量（random variable）**，并且不可能再以任意程度的确定性预测下一次实验［或通常称“**试验**”（**trial**）］的结果。例如，如果我们抛硬币，我们无法可靠地预测下一个翻转是正面还是反面。尽管如此，即使我们不确切知道未来的试验中会发生什么，我们仍然可以计算每个可能事件的概率（每次掷硬币出现正反面事件的概率各为0.5），而且我们随机试验的次数越多，总体结果就越接近计算出来的概率（即使每个新的试验一次又一次地表现出相同的不可预测性）。

生物数据总是包含可变性、不确定性、测量的不准确性及其他类型的噪声，这已不是什么秘密。因此，作为选择模型时思考的最后一点：我们是否应该、是否必须总是使用以某种方式捕获这种随机性的模型？不必要。如果我们主要对平均的模型响应感兴趣，确定性模型通常会很好。但是，如果我们需要探索所有可能的结果，包括最差和最好的情况，或者具有很多不确定性的系统的特定结果的可能性，我们建议最好选择随机模型。

因为这是一个重要且微妙的问题，让我们更详细地研究确定性模型和随机模型之间的相似与不同之处。如我们所讨论的，随机系统中的每次试验都是不可预测的，但我们却可以很准确地预测平均或长期行为。相比之下，确定性模型向我们展示了一切都很明确地定义了的情况。然而，存在一些奇怪的情形，其中系统行为随时间的变化是如此复杂以至于我们无法预测它。一个很简单但非常有启发性的例子是蓝天灾难，在专题2.2中讨论。这个系统是完全确定的，不包含任何噪声或随机特征。有关系统的所有信息都在其定义和设置中固定了，然而该系统能够产生无法预料的混沌时间过程。第4章将讨论更多这种性质的案例。

专题2.2　一个不可预测的确定性模型

汤普森（Thompson）和斯图尔特（Stewart）[2]描述了一个非常有趣的系统，可以表示为一对常微分方程。这个被称为蓝天灾难的系统完全是确定性的，但却能产生完全不可预测的响应（除非实际上解出微分方程）。系统有如下形式：

$$\frac{dx}{dt}=y$$
$$\frac{dy}{dt}=x-x^3-0.25y+A\sin t \qquad (1)$$

如果我们设置$A=0.2645$并以$x_0=0.9$和$y_0=0.4$启动系统，两个变量都会快速进入一个非常规则的振荡；前100个时间单位的x的时间过程如图1A所示。但是，如果认为我们了解系统正在做什么，那我们就错了。继续下去直到$t=500$，没有对模型或其参数进行任何改变，大出意外：突然地，系统“崩溃”并在更低的水平上经历规则或不规则的振荡，直到最终返回到与原始振荡类似的行为（图1B）。在时间上继续，会显示在1附近的振荡和−1附近的振荡之间不规则切换。有趣的是，即使x和y的初始值或参数A的微小变化也会完全改变振荡的外观（图1C，D）。事实上，这个混沌系统是如此易变，以至于数值求解器中的设置也会影响其解。图1中的图是在软件PLAS[3]中计算的，标准局部误差容差为10^{-6}。如果将容差降低到10^{-9}或10^{-12}，则图形的外观会显著不同。

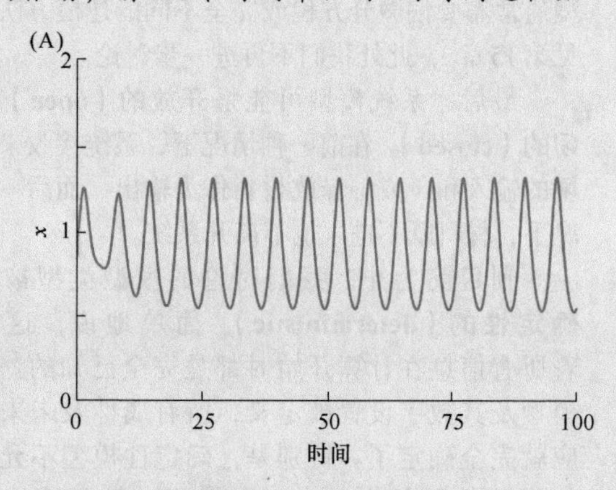

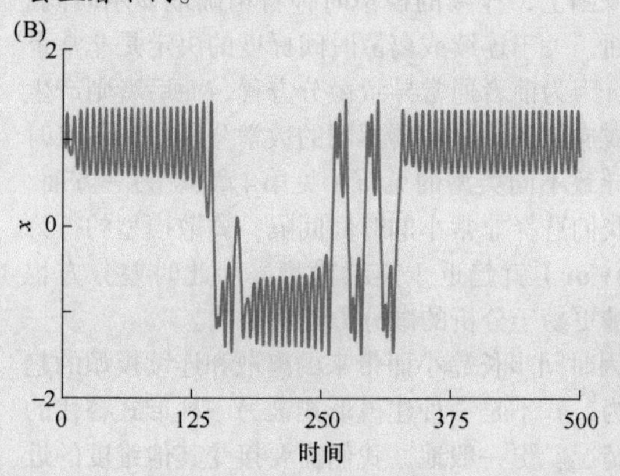

图1　迷人的蓝天灾难模型。两个微分方程（$x_0=0.9$，$y_0=0.4$，$A=0.2645$）的系统似乎在基线值1上呈现非常规则的振荡（A）。然而，没有任何变化，振荡后来变得不规则（B：注意不同的尺度）。即使数值特征的微小变化也会极大地改变振荡的外观。（C）$A=0.265$，$x_0=0.9$，$y_0=0.4$。（D）$A=0.2645$，$x_0=0.91$，$y_0=0.4$。

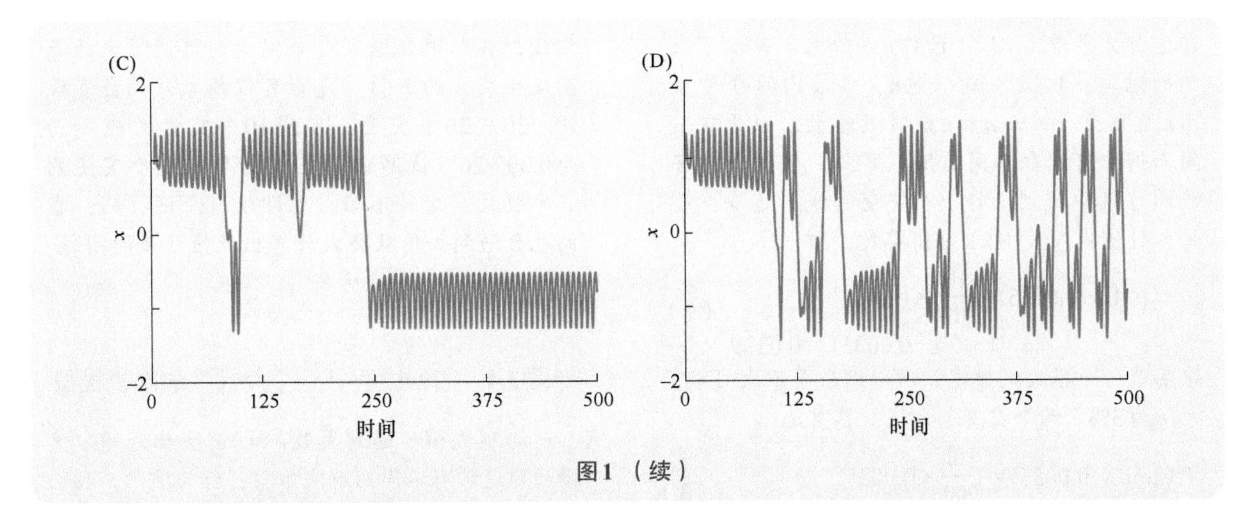

图1 （续）

作为一个随机过程的例子，假设我们用紫外线照射培养的微生物（如参见参考文献［4］）以引入随机突变。这种随机诱变的方法经常被用来产生在特定的感兴趣的情况下超越野生型的菌株。例如，我们可能希望找到一种更耐受酸性环境的菌株。我们从遗传学可知，大多数突变是中性的，或减少而不是增加适应性。尽管如此，100万或10亿中可能会有一个突变增强了微生物的存活率或生长率，而这种特殊的突变将会凸显出来，在适当设计的随机诱变实验中成倍地增加。为简单起见，让我们假设这个突变在整个基因组中以一定的比率，即每千碱基［DNA的1000个碱基对（bp）］3～4个突变[5]随机发生。

这种情况下的一个典型问题是：在给定的一个长1000 bp的DNA片段中实际发现3个或4个突变的概率是多少？我们的第一感觉可能是（错误的）：是1。因为那不正是我们刚才假设的吗？但不完全是这样。我们假设突变的平均数量为3～4，并需要认识到，由于突变过程的随机性，只有一个或两个突变，或者5个或6个突变的情况也可能发生。来自概率论的模型允许我们评估这类情形。例如，我们可以预测在给定的DNA片段中遇到一个、两个或三个突变的概率。或者我们可以做出类似这样的陈述："以p%的概率，我们会发现至少4个突变"。有可能在1000 bp中找到200个随机突变吗？在一个真正的随机过程中，尽管概率极低，但这种结果在理论上的确是可能的。

即使在这种具有精确条件和明确问题的清晰图景下，仍有不同模型可供选择。例如，我们可以使用二项式模型或泊松模型。原则上两者都适用。二项式模型更适合小数字（这里是DNA的短片段），但对于大数字（DNA的长片段）却非常麻烦。事实上，口袋计算器将无法应付1000 kb（1000 kilobases）所需计算的数字。泊松模型使用了一个聪明的近似，对小数字（DNA短片段）不是非常准确，但对大数字（DNA长片段）无与伦比地简单易用且仅有很小的错误率。专题2.3和专题2.4将这两种模型作为随机模型的典型代表进行了讨论。

专题2.3 二项过程：一个典型的随机模型

在文中，我们问道：如果通常每1000 bp观察到3个或4个突变，那么在DNA片段中发现一定数量突变的概率是多少？让我们做一些数学计算来找出答案。我们将问题表述为二项式过程，我们需要两个成分，即平均突变率［我们假设每千碱基为3.5(而非"3或4")个突变］，以及感兴趣的DNA片段内的核苷酸数量。根据这些信息，我们可以计算在某段DNA中发现3、4、1、20或多种突变的可能性。

在概率论的语言中，我们实验中的突变称为成功，其（平均）概率通常表示为p；在我们的例子中，p是1000中的3.5，即0.0035。失败意味着碱基没有变异，它的概率称为q。因为在我们的实验中没有任何其他事情可以发生（碱基要么突变，要么不突变；让我们忽略删除和插入），我们可以立即推断$p+q=1$。用一句话表示："对于给定的核苷酸，突变的概率加上不突变的概率一起构成一个肯定的赌注，因为没有别的事情可以发生。"

为了处理更易控制的数字，我们首先假设DNA片段仅包含$n=10$个碱基。那么，根据概率论的二项式（此处不进一步讨论），找到k个突变的概率P可以表示为

$$P(k;\ n,\ p)=\frac{n!}{k!(n-k)!}p^k(1-p)^{n-k} \qquad (1)$$

在这个公式中，n！（读作n的阶乘）是以下乘积的缩写：$1\times2\times3\times\cdots\times n$。函数内的分号表示$k$是自变量，而$n$和$p$是常数参数，但是在不同示例中可以取不同的值。那么，在10个核苷酸的片段中找到恰好一个突变的概率是多少？将各数值代入式（1）可得答案，即

$$P(1;\ 10,\ 0.0035)=\frac{10!}{1!9!}\times0.0035^1\times(1-0.0035)^9=0.0339 \qquad (2)$$

这不是一个很大的概率，所以结果是不太可能：大约为3%。两个突变怎么样？答案是

$$P(2;\ 10,\ 0.0035)=\frac{10!}{2!8!}\times0.0035^2\times(1-0.0035)^8=0.000537 \qquad (3)$$

概率甚至更小。不难看出，对于更高数量的突变，概率变得越来越小。那么，最有可能的事件是什么？就是：根本不发生突变。这个概率由二项式**概率分布（probability distribution）**（1）给出，就像其他概率分布一样，即

$$P(0;\ 10,\ 0.0035)=\frac{10!}{0!10!}\times0.0035^0\times(1-0.0035)^{10}=0.9655 \qquad (4)$$

在超过96%的含10个核苷酸的DNA片段中，我们预计根本找不到突变！

从这三个结果中，我们可以估计得出两个以上突变的机会。因为所有概率必须总和为1，所以超过两个突变的概率就等于“不是零个、一个或两个突变的概率”。因此，我们得到

$$P(k>2)=1-0.9655-0.0339-0.000\,537\approx0.00002 \qquad (5)$$

这是十万分之二！

如果我们增加DNA片段的长度，我们应该直观地预期发现突变的可能性会增加。使用相同的公式，1000个核苷酸的片段中恰好有一个突变的概率可写为

$$P(1;\ 1000,\ 0.0035)=\frac{1000!}{1!999!}\times0.0035^1\times(1-0.0035)^{999} \qquad (6)$$

这是一个完美无瑕的公式，但我们的袖珍计算器会罢工。1000！是一个巨大的数字。为了改善这种情况，我们可以使用一些技巧。例如，我们从阶乘的定义（$n!=1\times2\times3\times\cdots\times n$）中看出，1000！中的前999项和999！是完全一样的，并从分数中消去，第一项只剩下1000。通过这种方式，我们可以计算出1个突变的概率为0.1054，不发生突变的概率为0.0300（0！定义为1）。实际上，与上述10个碱基的情况相反，我们现在遇到一个突变的可能性大约是不发生突变的三倍。是否可以想象我们会发现10、20或30个突变？发现10个突变的概率约为0.002 26。试写出对应于20个和30个突变的概率公式。这并不难，但即使有上述技巧，我们也会遇到如何从公式计算出数值结果的问题。专题2.4提供了解决方案！

专题2.4 泊松过程：一个替代性的随机模型

二项式模型遇到大数k和n时会出问题。建模问题通常有不同的解决方案；作为演示，我们在此提供了二项式模型的替代方案。数学家西莫恩-德尼·泊松（Siméon-Denis Poisson）（1781—1840）开发了一个公式，现在称为泊松分布，它允许我们计算大数k和n的二项式类型的概率。我们需要的两个成分是突变率λ和我们想要计算概率的突变数k。泊松先生是如何做到只使用两条信息而不是三条信息的？答案是他不再关注每个核苷酸的成功或失败，而是以固定的速率替代逐步检查，该固定速率实际上仅适用于相当长的片段或DNA。相应于1000个核苷酸的突变率是3.5，而100个核苷酸的速率是其1/10，即0.35。使用固定速率使处理大量核苷酸变得简单，但对于非常短的DNA片段没有多大意义。

泊松公式也是基于概率论的[6]，写作

$$P(k;\ \lambda)=\frac{e^{-\lambda}\lambda^k}{k!} \qquad (1)$$

因此，10个突变（在1000个核苷酸的片段中）的概率是

$$P(10;\ 3.5)=\frac{e^{-3.5}\times3.5^{10}}{10!}=0.00230 \qquad (2)$$

3个或4个突变的概率分别为0.216和0.189。这两者合起来占所有情况的约40%，这似乎是合理的，因为整体突变率是每1000个核苷酸3.5个。无突变的概率是0.0302，这与使用二项式模型的计算结果非常接近。使用泊松分布公式，我们可以计算各种相关特征。例如，我们可以问发生更多突变的概率（5～1000个突变）。与二项式情况类似，该数字与未发现0、1、2、3或4个突变的概率相同。发生1个和2个突变的概率分别为0.106和0.185；其他几个我们已经算过了。因此，发现5个或更多突变的概率大约为$1-0.0302-0.106-0.185-0.216-0.189=0.274$，这相当于所有长度为1000的核苷酸串的近1/3。

2.4 系统组件

生物系统模型包含不同类别的组件，我们将在本节中讨论。最突出的组件是变量，代表感兴趣的生物实体，如基因、细胞或个体。因为生物系统通常包含许多变量，所以称为**多变量的**（**multivariate**）。变量可能代表单个实体、实体集合或实体池，如体内的所有胰岛素分子（无论它们位于何处）。第二类组件由过程和相互作用组成，它们以某种方式涉及和连接变量。第三类组件包含**参数**（**parameter**）。这些是系统的数值特性，如pH、温度或化学反应的周转率，它是指在给定的时间内反应可以处理的分子数。参数的特定值取决于系统及其环境。在给定的计算实验中，它们是恒定的，但可以为下一个实验假定不同的值。最后，还有（通用的）常数，如π、e和阿伏伽德罗常数，它们的值从不改变。

为了设计模型的具体形式，我们从一个图和几个列表开始，这些图表通常是并行制作的，并以记录本的方式帮助我们完成设计。该图包含感兴趣的生物系统的所有实体并指出了它们之间的关系。这些实体由变量表示并绘制成结点。结点之间的连接，称为边，表示从一个结点到另一个结点的材料流动。例如，信号级联中的蛋白质可能是未被磷酸化的，或是在一个或两个位置上被磷酸化的。在一个短的时间跨度内，蛋白质的总量是恒定的，但在三种形式间的分配比例会随某些信号而改变。因此，这样一个蛋白质磷酸化的小系统可能如图2.7所示。

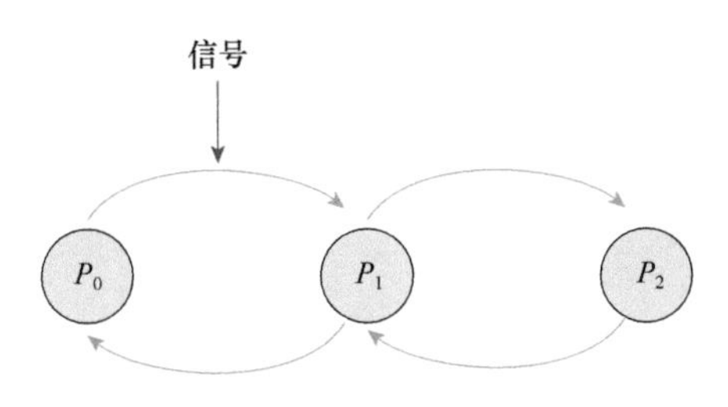

图2.7 信号级联中蛋白质的不同状态。蛋白质可以是未磷酸化的（P_0）、单磷酸化的（P_1）或双磷酸化的（P_2）。蛋白质的总量保持不变，但是在信号转导过程中，物料由激酶和磷酸酶驱动在物料池之间流动，这里并未显示（见第9章）。

与物料流动形成对比的是，图表也可能包含信息的流动。例如，代谢通路的最终产物可能会通过**反馈**（**feedback**）抑制发出信号——别再使用底物了。这个信号与物料的流动明显不同，因为发出信号不会影响发送方。就像，有多少人看一个广告牌对广告牌本身来说并不重要。因为这一区别，我们使用不同类型的箭头。这个箭头不连接物料池，而是从池连接到边（流量箭头）。作为示例，图2.8中的最终产品X_4抑制了导致其自身生成的过程并激活了生成X_5的替代分支。这些调节过程使用不同颜色或类型的箭头，以便清晰地与表示物料流动的边相区别。

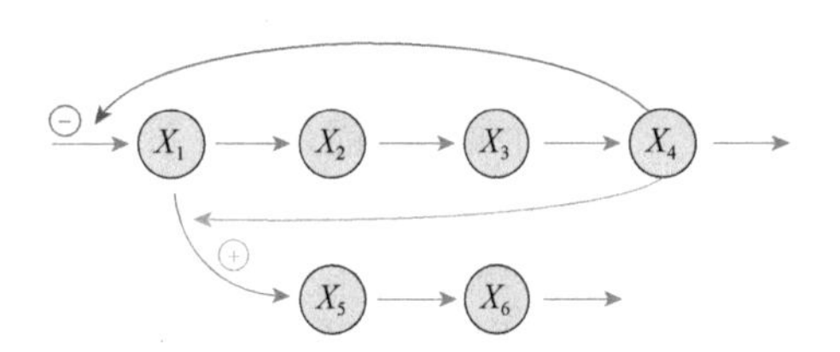

图2.8 通用通路系统，其中X_4抑制其自身的生产过程并激活生成X_5和X_6的替代通路。物料流用蓝色箭头表示，而调节过程用红色（抑制）和绿色（激活）箭头表示，使其与物料流箭头区分开。

当然，在许多情况下，我们甚至都不知道系统中所有相关组件或相互作用。可以采用不同策略来处理这种情况。在适当的条件下，可以从实验数据推断出组件、相互作用或信号。我们将在后面的章节中讨论这些方法。如果这些方法不可行，我们会使用已拥有的最佳信息来设计模型，并探索它在何种程度上回答了我们的问题，以及它在何处失败。可想而知，我们不喜欢失败，但却经常可以从失败中学到很多东西。事实上，我们往往从失败而非成功中学到更多，尤其是当模型诊断指向模型中最可能导致失败的特定部分时。

在绘制图表的同时，建立4个帮助我们组织模型组件的列表是非常有用的。第一个列表包含系统中的关键参与者，如生化系统中的代谢物、基因调控网络中的基因和转录因子或生态系统研究中不同物种的种群大小。我们预计这些参与者会随着时间而改变它们的浓度、数目或量的多少，因此称其为**因变量**（**dependent variable**），因为其命运依赖于系统的其他组件。例如，很容易想象图2.8中的变量X_2依赖于X_1和其他变量。通常，因变量只能由实验者间接操纵。

系统可能还包含**自变量**（**independent variable**），我们将其收集到第二个列表中。自变量对系统有影响，但它的值或浓度不受系统的影响。例如，在代谢系统中，自变量通常用来表征酶活性、恒定的底物输入和辅因子。在许多情况下，自变量的量值不随时间发生变化，至少是在预期执行数学实验的时间段内是这样。但是，系统外面的力量导致一个自变量随时间变化的事情也可能会发生。例如，代谢工程师可能会改变流入生物反应器的营养物质的量。如果它的变化不是由系统引起的，该变量仍然被认为是独立的。

因变量与自变量之间，以及自变量与参数之间的区别并不总是明确的。首先，因变量在实验过程中可能确实不会改变，因此可以认为是独立的。这个替换会使模型更简单，但当这一变量确实发生了变化时，可能会妨碍其他模型设置的分析。实际上更为常见的情况是，在后续的模型扩展中自变量被替换为因变量。一个原因可能是扩展系统影响了原先自变量的动力学。其次，如果一个自变量在整个实验中保持不变，我们可以用一个参数替换它。但是，保持参数和自变量分开通常更为有利。首先，变量和参数具有不同的生物学意义，这可能有助于我们对其进行适当的估值。其次，包含一个自变量或一个参数的计算工作量是相同的。

第三个列表实际上更接近表格或电子表格。它显示哪个（因或自）变量对系统中的任何过程有直接影响。如图2.8的例子，效果可能是正向的（放大或激活）或负向的（减小或抑制）。该列表涵盖所有的边（物料池之间的物料流）及影响这些边的所有信号。

最后的列表包含对应于系统外部或内部条件的参数，如pH、温度及其他物理和化学的决定因素，这些决定因素最终将需要给定数值。

在整个模型设计过程中，我们将在这些列表中添加定量信息，包括池大小、通量大小、信号强度和参数正常的取值及其范围。

这些列表是建立系统图表的基础。为了设计这个图表，尝试用图2.9中的核心模块来表示每个变量是有益的。在更简单的情况下（图2.9A），每个变量都显示为一个框，一个过程进入，而另一个过程退出。在终端处，可能会有或多或少的箭头，但使用一个入流和一个出流是一个很好的默认设置，因为它在后来建立方程时会提醒我们包含这些过程。确实，因变量在没有入流的情况下倾向于消耗而在没有出流的情况下保持积累。当然，在某些情况下，消耗或积累是我们所期望的行为；如果是这样，我们就可以删除相应的过程。然而，这些情况非常罕见。我们也可以使用图2.9B中的默认值，这提醒我们许多过程受其他变量调节并且所研究的变量可能会发出影响其他变量流入或流出的信号。自变量通常没有入流，但如果它们向系统中注入物质，就会有出流。一旦定义了所有变量，它们就需要在功能上进行连接：一个变量的出流可能成为另一个的入流，且一个变量发送的信号可能会影响到其他变量的入流或出流。

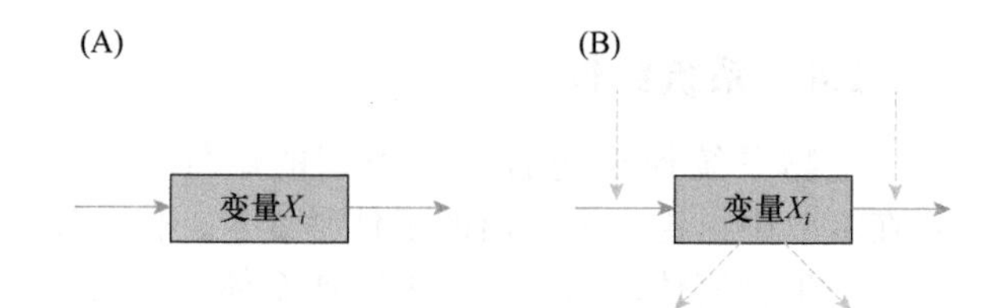

图2.9　默认核心模块。在设计系统图时，用入流和出流来放大每个变量的显示方式是有利的（A），并且还可以增加影响变量或由变量发出的调控信号（B）。

让我们用一个正在经历感染暴发的人群的例子来说明这个图表的结构。该模型旨在回答前面提到的一些问题。按照克马克（Kermack）和麦肯德里克（McKendrick）的一些旧想法[7]，我们使用了一个类似的术语，并尽可能简化事情；但是应该指出，自从克马克和麦肯德里克时期以来，该模型的成千上万种变化形式已被提出。我们首先只定义三个因变量，即易感个体的数量（S），已受感染个体的数量（I），以及从上面两个群体中因获得免疫力而被"移除"的个体的数量（R）。我们假设所有人都可以彼此接触，至少在原则上，并假设一定比例的免疫个体（R）失去了他们的免疫力又会变得易感。我们也允许这样的可能性，即个体出生或移民而来，且个体可能因感染而死亡。总结这种人口动态的图表如图2.10所示。诸如感染、恢复和死亡之类的过程用带下标的变量v来表示。例如，感染过程被表示为$v_{感染}$，并涉及类型为S和I的个体之间的接触。标识符v通常用于系统模型，因为它表征过程的速度。

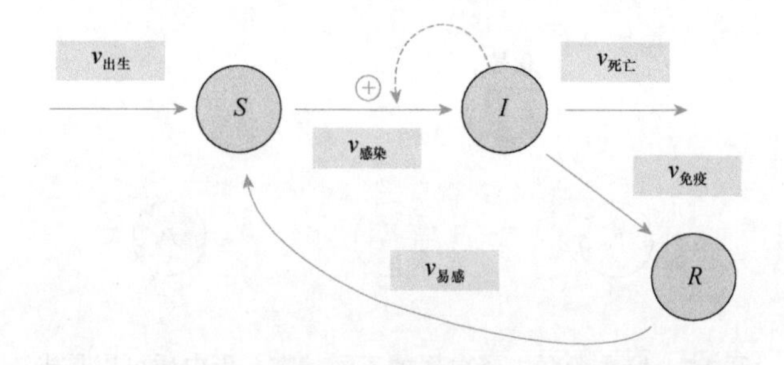

图2.10　传染病在人群中传播的模型图。该模型包含三个因变量：S，易感个体的数量；I，已受感染个体的数量；R，获得了免疫力（在原始术语中为"去除"）的个体的数量。人数在个体池之间变动的每个过程都显示为边，并以带有特定下标的变量v来表示。过程$v_{出生}$代表出生或迁入，$v_{感染}$是感染过程，需要易感和感染个体之间的接触。过程$v_{免疫}$模建了受感染个体可能获得免疫力的事实。受感染的人也可能因病死亡（$v_{死亡}$）。最后，$v_{易感}$代表个体失去免疫力并再次变得易感的速率。一个直接可见的简化是，S和R不会死亡，除非它们先被感染。该模型不包括自变量。

有些箭头没有来源（$v_{出生}$），意味着我们没有明确地模建个体（或物质）来自何处。同样，箭头也可能没有目标（$v_{死亡}$），因为我们没有考虑它们的命运；个体或分子只是离开了系统。

2.5 模型方程

一旦我们完成了模型图并建立了组件和过程的列表，我们需要将这些信息转换成反映所选模型结构的方程式。起初，这些方程是符号化的，意味着尚未将数值分配给表征系统的过程。

对于传染病问题，我们选择一个简单的微分方程模型，称为**SIR**模型，它本质上是适度解释性的、动态的、连续的、确定性的，并且不依赖于空间方面。更复杂的选择可能包括与易感个体相关的随机过程或者带有不同程度的易感性和恢复能力的人群中的年龄分布。

像克马克（Kermack）和麦肯德里克（McKendrick）[7]一样，我们将简单直观的质量作用动力学过程描述用作模型的结构。这种结构意味着，每个方程中的项都被设置为常数（出生和迁移）或作为速率常数乘以直接参与这个过程的因变量。这一策略反映了，从一个池到另一个池变动的个体数量依赖于源池的大小。例如，感染的个体人数越多，获得免疫的人就越多。

具体构造通过每次一个微分方程，并要求我们引入新的数量，即各种过程发生的速率来实现。S的变化受两个增强过程的支配，即以恒定速率r_B表示的出生和迁入（$v_{出生}$）过程和以速率r_S表示的个体因失去免疫力而重新成为易感个体（$v_{易感}$）的过程。起初，可能没有免疫个体（$R=0$），但模型要考虑可能性，这种可能性在以后可能会变为现实。池S因感染而减小（$v_{感染}$），其速率为r_I，并且取决于S和I，因为感染的发生需要易感者和感染者接触。因此，第一个方程写作：

$$\frac{\mathrm{d}S}{\mathrm{d}t}=\dot{S}=r_B+r_SR-r_ISI,\ S(t_0)=S_0 \quad (2.1)$$

这里我们悄悄引入了一个新符号，即一个带点的变量$\dot{S}$。这个符号是该变量相对于时间的导数的简写。我们还添加了第二个方程，或者说，是一个赋值，即S在计算实验开始时的值，即t_0时刻的值。因为我们还不想引入数值，就给它赋予符号S_0。这个初始值最终必须指定，但我们现在还不必这样做。该系统不包含自变量。

以类似的方式建立关于I和R的方程，则完整的模型可写为

$$\dot{S}=r_B+r_SR-r_ISI,\ S(t_0)=S_0 \quad (2.2)$$

$$\dot{I}=r_ISI-r_RI-r_DI,\ I(t_0)=I_0 \quad (2.3)$$

$$\dot{R}=r_RI-r_SR,\ R(t_0)=R_0 \quad (2.4)$$

式中，r_R是获得免疫的速率；r_D是死亡的速率。这一设置意味着，只有受感染的个体会死亡，这或许有争议，或者可以在以后的模型中进行扩展（即引入未感染个体的死亡率，译者注）。

我们可以看到，有几项在方程组中出现了两次：一次带正号，另一次带负号。这是非常普遍的现象，因为它们在一种情况下描述了离开特定池的个体数，而在另一种情况下描述了进入另一个池的相同数量的个体。

这样构建的方程式是符号化的，因为我们还没有赋给不同的速率以特定数值。因此，这组符号方程实际上描述了无限多的模型。其中许多将具有相似的特征，但也可能发生一组参数值相较于另一组参数值产生非常不同响应的情况。

2.6 参数估计

无论我们选择哪种模型，模型结构本身通常都不足以进行全面评估。对于大多数具体分析，我们还需要模型参数的数值。在统计模型中，这样的一个参数可能是算术平均值。在随机系统中，它可能是二项试验中事件的平均发生率。在确定性模型中，我们通常需要变量的大小或数量、过程的速率和模型组件的特征。例如，有一个数学函数，它通常用在生物化学中描述一类称为底物的分子到另一类称为产物的分子的转化。这种转化通常由酶来促进。我们将在第4、7和8章中讨论生化转化过程，以及它们的背景和基本原理。这里只要说明，这种转化经常是用所谓的米氏（Michaelis-Menten）方程或希尔（Hill）函数来建模就足够了。两者都有数学形式

$$v(S)=\frac{V_{\max}S^n}{K_M^n+S^n} \quad (2.5)$$

参数$V_{\max}$描述转换的最大速率（速度），当S变得非常大时获得该速度；在数学术语中，$V_{\max}$是函数$v(S)$当S趋向无穷大时的渐近线。第二个参数是米氏常数K_M。它描述了酶促进转化的性质并且表示底物向产物转化的$v(S)$以最大速度的一半运行时的S值：$v(K_M)=V_{\max}/2$。第三个参数是希尔系数n。在米氏方程中，我们有$n=1$，而真正的希尔函数通常以$n=2$或$n=4$为典型值；然而，希尔系数也可能取其他正值，包括非整数值，如1.25。根据这三个参数的数值，该函数呈现不同的外观（图2.11；练习2.1～练习2.4）。

参数值可以通过各种方式获得，但是它们的确

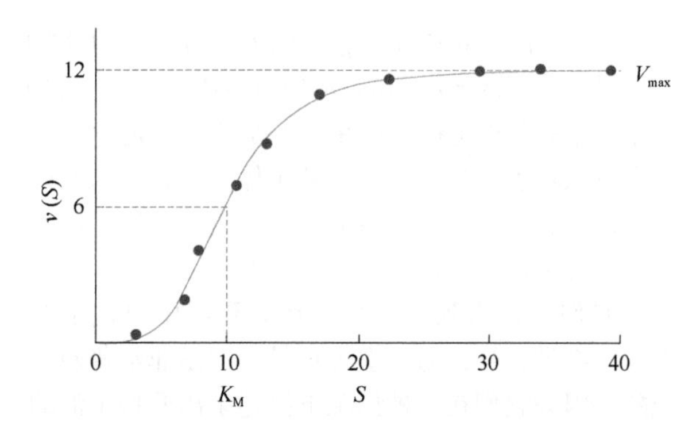

图2.11　函数的参数决定了它的形状。在这种具有n=4 [$v(S)=V_{max}S^4/(K_M^4+S^4)$，绿线]的希尔（Hill）函数的情况下，可以根据相对于底物浓度（S）绘制的v（S）的实验数据（红色符号）确定未知参数V_{max}和K_M。它们分别作为（大取值时）S的渐近线和v（S）等于$V_{max}/2$处的S值给出。在该示例中，$V_{max}=12$且$K_M=10$（有关详细信息，请参阅第4、5、8章）。

定几乎总是一个复杂的过程。事实上，在很多情况下，从实际数据中对一个系统模型进行参数估计是整个建模过程中最具挑战性的瓶颈。两个用于获取参数值的极端情形是自下而上和自上而下；在现实中，参数估计往往是两者并用。

在自下而上的估计中，为每个系统组件和过程收集参数值。例如，酶动力学的实验方法可以用于确定上例中一个酶的K_M值（见第8章）。类似地，在SIR的例子中，可以计算有多少人在给定的时间段内死于这种疾病并将该测量转换为式（2.3）中的参数r_D。因此，参数值被逐一测量或收集，直到模型完全确定。

自上而下的估算方法非常不同。此时，需要对因变量在不同条件下或连续的时间点进行实验测量。在希尔函数的情况下，自上而下的参数估计需要诸如图2.11中红点这样的数据，它针对不同S值测量了v（S）。在SIR例子中，在疾病暴发后，需要在许多时间点测量S、I和R。在自上而下的估计中，数据和符号方程式被输入到优化算法中，该算法同时确定模型与数据最佳匹配时的所有参数值。

第5章详细讨论了参数估计的方法。在传染病暴发的例子中，参数值可以直接或间接地以自下而上或自上而下的方式从一个社区卫生中心建立的疾病统计数据中导出。

我们这里所有的参数基本上都是速率（一般来说，它描述了单位时间里发生的事件的数量），因此有必要确定一个时间单位。对于我们的SIR示例，我们使用天作为单位并相应地设置速率。婴儿出生（或人口迁入）的速率是每天3人，每天有2%的受感染者实际死亡，并且个体以1%的比率失去免疫力。其他速率不言自明。初始值表明，在模型期开始时，1000个人中99%的人是健康且易感的（S=990），1%的人口因未知原因而感染（I=10），并且最初无人有免疫力（R=0）。这些设置被输入方程（2.1）～方程（2.4），由此产生的参数化方程为

$$\begin{aligned}\dot{S}&=3+0.01R-0.0005SI,\ S_0=990\\ \dot{I}&=0.0005SI-0.05I-0.02I,\ I_0=10\\ \dot{R}&=0.05I-0.01R,\ R_0=0\end{aligned}\tag{2.6}$$

总的来说，参数估计是复杂的，而第5章致力于描述标准的和经验的参数估计方法。本章的余下部分，我们只是简单地假定所有的参数值已知。

模型分析与诊断

典型的模型分析包含两个阶段。第一阶段由模型诊断组成，它试图确保模型没有什么明显的错误并评估该模型是否有用。例如，在一个模型中，当一些生理特征仅发生百分之几的改变时，一个变量就完全消失了，这样的模型不是很稳健，而对应的实际自然系统也不会在纷乱的外部世界中存活太久。当模型通过诊断时，我们进入第二阶段，探索什么是模型能够或无法做到的。它会振荡吗？一些感兴趣的变量可以达到100个单位的水平吗？将变量降至正常值的10%需要做什么？系统从**扰动**（**perturbation**）中恢复需要多长时间？

因为我们正在处理数学问题，所以可能会期望我们可以直接用微积分或代数来计算模型的所有属性。然而，这可不一定，即使在显然很简单的情况下也是如此。例如，假设我们的任务是确定满足方程$e^x-4x=0$的一个或多个值。是否有解？我们可以将e^x和$4x$画在同一个图上（图2.12）并立刻看到

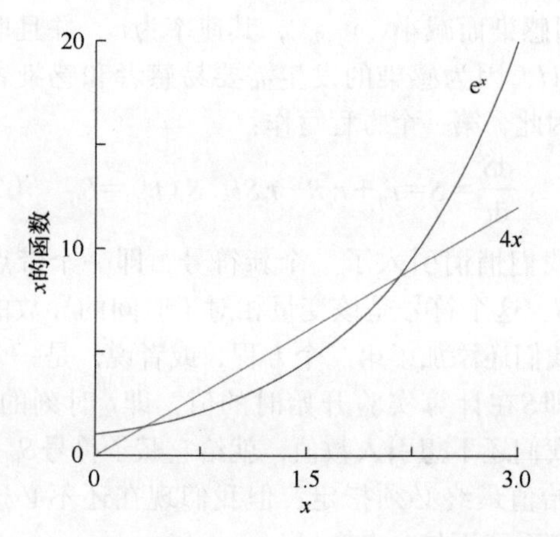

图2.12　计算机模拟可以是一个非常有用的模型评估工具。公式$e^x-4x=0$显然有两个解，在红线和蓝线的交点，但我们不能用代数方法直接计算它们。用合适的计算机算法很容易找到两个解，尽管只是近似解。

存在两个交点。因此，在这两个交点处方程得到满足（见练习2.5）。有趣甚至令人惊讶的是，尽管存在两个明确的解，却没有代数方法让我们精确地计算这些解。唯一的系统选择是用数值算法（很快）找到近似的解。更一般地说，建模中数学分析必须辅以计算机方法的情况是常情而非例外。

2.7 一致性和稳健性

在我们可以依赖模型之前，我们需要做一些诊断。这种模型检查可能是一个漫长的过程，特别是如果我们发现必须通过改变或改进模型结构来改善缺陷或不一致的地方时。诊断的目标部分是生物学的，部分是数学的。作为一个生物学例子，假设我们正在分析由物质流过池和通道组成的代谢网络。作为一致性的最低要求，我们需要确保所有材料在每个池和每个时间点都有记录，每个池的流出物确实到达了其他的池，或者正确地离开了系统，并且感兴趣的生化部分（moieties）是守恒的。

在许多数学方面，诊断遵循相当严格的准则，但所需技术也并非总是微不足道。例如，我们需要评估模型的稳健性，这基本上意味着该模型应该能够容忍其结构和环境中的小乃至适度的变化。用于这些目的的技术将在第4章中讨论。除用纯数学技术评估模型外，或者作为替代，我们还可以通过计算探索来了解模型的稳健性和某些特征。这是通过使用软件在正常和稍微改变的条件下求解（模拟）模型来实现的。要诊断的项目顺序（表2.1）并不重要。

对于我们的例子，先用计算机模拟按上面设置的基准参数来求解这些方程式。我们可用于这个目的的软件有Mathematica®、MATLAB®或免费软件PLAS[3]。图2.13显示了结果，其中包含每个因变量的一个时间过程。在我们的例子中，人口中的变化是相当剧烈的。易感亚群几乎消失，因为几乎每个人都染病了，但是免疫个体数量最终超过了人口规模的一半。然而，在暴发后的头100天内感染似乎没有消失。即使过了一整年，仍然存在一些感染者（图2.13B）；这种情况让人联想到结核病等疾病的持续存在。一般来说，在开始任何全面的数学诊断之前，我们总是应该检查仿真结果是否有意义或是否是明显错误的。在我们的例子中，我们不能判断模型是否产生了正确的动力学过程，但至少没有什么明显的错误或令人担忧的情况。

让我们做一些计算探索。第一个问题是，式（2.6）中的模型是否达到了一个没有变量变化的**状态（state）**。答案是肯定的：我们可以通过在足够

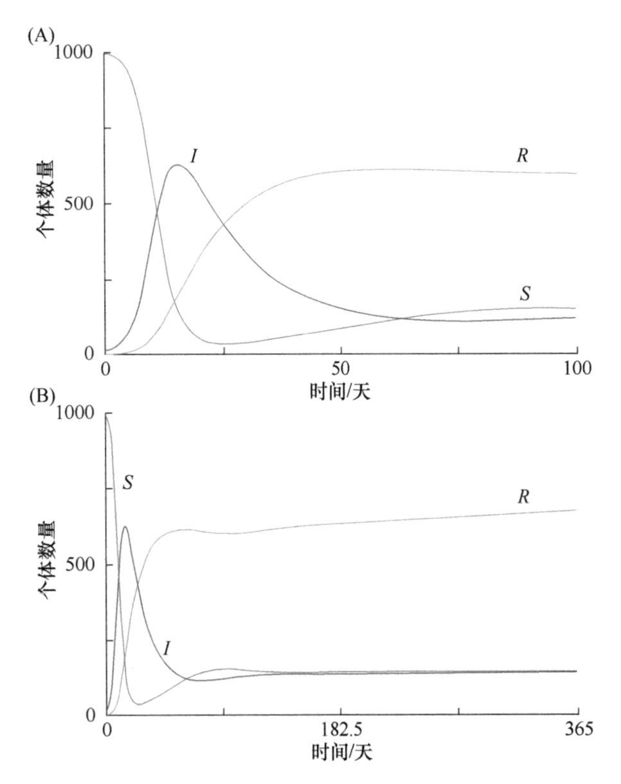

图2.13　在100天和1年期间传染病在人群中的传播。对较短时间段的模拟（A）可以提供关于早期过渡行为的详细信息，而延长时间段的模拟（B）可以给出关于长期和稳态行为的提示。

长的时间范围求解方程来显示这样的**稳态（steady state）**（请注意，免疫个体的数量一年之后仍在攀升）。经过很长时间后，变量最终达到$S=140$，$I=150$和$R=750$，并且这个稳态是稳定的。我们如何评估稳定性将在第4章中讨论。如果计算几年后的总人口规模，我们注意到现在（1040）比开始时（1000）有了更多的人口。这有问题吗？没问题，这只意味着初始值低于人口的“正常”稳态值，该值由出生率和死亡率决定。当我们以$S=1500$开始时会发生什么？由于稳态是稳定的，人口将萎缩并最终再次接近1040（请证实这一点！）。

大部分剩余的诊断都描述模型的敏感性。这里的一般问题是：如果其中一个参数稍微改变一点，会是什么效果？灵敏度分析可以在数学上一举完成（见第4章）。具体来说，由每个参数一个小的（如1%）改变所引起的稳态值的所有变化，都是用微分方法和线性代数来计算的。但是，我们也可以通过手动更改参数值并检查发生了什么来探索重要的敏感性特征。例如，我们可以将感染率降低至当前值的20%：$r_I=0.0001$。如图2.14所示，结果变化极其显著。两条好消息是，受感染人数减少，且总人口规模增加到1650。坏消息是更多的人仍为易感人群。

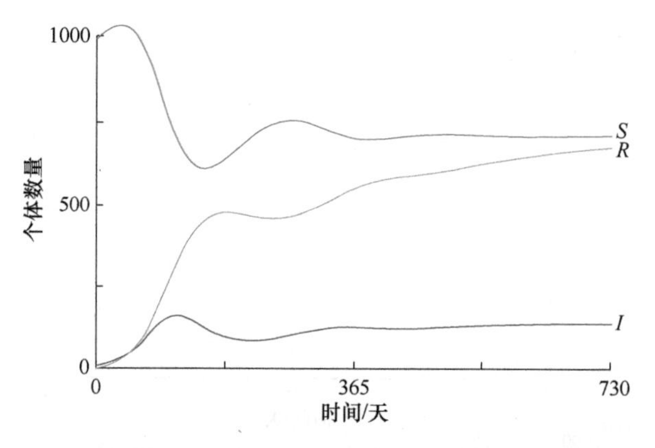

图2.14 模型可以对某些参数的变化敏感而对其他参数的变化稳健。例如，如果感染率较小（此处，$r_I=0.0001$；与图2.12相比），则疾病的传播会有很大差异。

如果奢侈地拥有许多数据，最好不要将它们全部用于模型设计和参数化，而是保留一些数据用于外部**验证（validation）**。这种验证可以直观地或统计地完成。在前者（显然更简单）的方法中，将模拟结果与实际数据进行比较，并判断这两者是否足够接近。通常但并不总是，这样的一个模拟开始于系统的稳态和扰动这个状态的一个**刺激（stimulus）**。有时候，人们可能会满意于**定性行为（qualitative behavior）**。例如，“如果系统的输入量增加了，这些变量就会上升，而另一些的值应该降低”。在另一些情形中，人们可能会期望模型是半定量的：“如果系统的输入加倍，变量3应该增加到120%～140%”。更为严格的标准是定量一致。除这种直观的评估之外，还可以使用统计方法来评估模型预测和观察数据之间的拟合质量。

应该注意的是，好的拟合度并不是质量的唯一标准。特别突出的反例是过拟合，其中模型包含了比可以从数据中可靠地估计出来的更多的参数。尽管此时模型对训练数据的拟合可能非常好，但如果分析新数据，模型往往会失败。用于诊断不同类型残差和过拟合问题的方法已被开发出来[8, 9]。

2.8 动态特征的探索和验证

假设模型在前一阶段的诊断中幸存下来，现在是时候探索其动态特征范围了。请记住，即使是全面的分析也可能无法检测到所有可能的缺陷和故障。事实上，由于每个模型充其量只是对现实的良好近似，因此这种近似导致与实际观察出现偏差只是时间问题。

对模型的探索包括测试关于未用于模型设计的场景的假设。此过程通常称为模拟。一些场景可能对应于已经在生物学上测试过的情况。在这种情况下，可以使用成功的模拟来支持模型的有效性，或者用于解释将特定输入连接到观察到的（和模拟的）输出的内部操作。这样的解释可能导致这种类型的新假设：“因为过程A明显比过程B更有影响力，A的抑制应该比B的抑制更有效。”新假设可以在数学上、生物学上或两者上进行测试。模型也可能会产生违反直觉的预测。在这种情况下，需要同时检查我们的直觉和模型。如果模型是正确的，它可能会导致以前不明显的新解释。

超越诊断继续探索，这一阶段的情景通常会稍微复杂一些，而且很多都需要改变模型结构，即改变方程。这些类型的探索可以用来评估假设、简化和省略的重要性。例如，我们假设在传染病模型中只有感染者死亡。如果我们将死亡率项添加到S和R的方程中，会发生什么？如果免疫力是永久性的，就像大多数人面对水痘的情况一样，那么会发生什么？如果一些人受到感染，但是没有显现症状，这是否会造成影响？

作为一个具体的例子，让我们来看看，如果我们在疾病暴发之前接种疫苗，会发生什么。第一项任务是确定将疫苗接种置于方程中的什么位置。暴发前任何有效的疫苗接种都会使易感人群进入R池。换句话说，唯一的变化发生在初始值那里，其中，S_0降低而R_0相应升高。确切的数字取决于疫苗接种活动的功效。不难想象，完全和完美的疫苗接种会使$S_0=0$，$R_0=990$。人们还可以设想，疫苗接种不一定会完全防止该疾病，而只是减少感染率，允许更快获得免疫力，并减少R池中再次变得易感的个体数量。

另一种情况涉及感染者的隔离。理想情况下，整个I池中的人群会立即受到隔离，直到他们恢复健康，从而使初始值变为$I_0=0$。很容易发现，在这种极端情况下没有感染可以发生，因为感染项r_ISI等于零。所以，没有易感者从S移到I，并且r_ISI保持为零。一个更有趣的问题是：是否真的需要隔离每一位感染者？或者仅仅隔离一定的比例就足够了？让我们通过模拟来探索这个问题。假设我们不断隔离部分感染者。当然，实际上移送感染者进入隔离区是一个**离散的（discrete）**过程，但我们可以通过从式（2.3）中以恒定速率减去感染者来近似模拟该过程，于是变成

$$\dot{I}=r_ISI-r_RI-r_DI-r_QI \qquad (2.7)$$

式中，r_Q是隔离率（专题2.5）。

专题2.5 SIR模型中的隔离率

式（2.7）中表示的只是现实世界中重复隔离的一种近似，因为I中的变化是连续的，而实际的隔离过程则是离散的。例如，人们可以想象一种理想化的情况，即每天早上恰好在8：00，人们会将10%的受感染个体送入隔离区。该模型并没有表达这种日常状态，而是在一天中以恒定的速率减去感染者。尽管如此，该近似对于我们的探索足够了，正如我们可以从以下简化的情况中所看到的那样。假设我们从100个感染者开始，没有人再被感染，没有人死亡或变得免疫，而I中唯一的变化是隔离。在这个简化的场景中，式（2.7）变为

$$\dot{I}=-r_Q I \tag{1}$$

从$I_0=100$和$r_Q=0.1$开始，随时间的感染数量每单位时间大约减少10%（表1）。对于较大的r_Q值，对应关系不太准确。例如，对于$r_Q=0.5$，感染者的数量在时间点0、1和2之间分别从100减少到60.65和36.79，这大致相当于每个时间步长减少40%，而不是减少50%。这种偏差的基本原因类似于连续复利计算中的误差。

表1 当连续隔离率为$r_Q=0.1$时，系统中感染者数量的减少；该减少粗略对应于每单位时间10%

t	0	1	2	3	4	5	6	7	8	9	10
I	100	90.48	81.87	74.08	67.03	60.65	54.88	49.66	44.93	40.66	36.79

模拟系统表明，即使以$r_Q=0.1$的速率进行隔离也具有明显的积极效果：在疾病的前100天内，感染者的数量大致减半（图2.15A）。如果我们以更高的$r_Q=0.4$进行隔离，一些人仍然会被感染，但感染水平非常低（图2.15B）。如果我们隔离更高的百分比，感染者的数量很快会变为零，并且，第一眼看上去可能有些令人惊讶的是，易感池增加了。

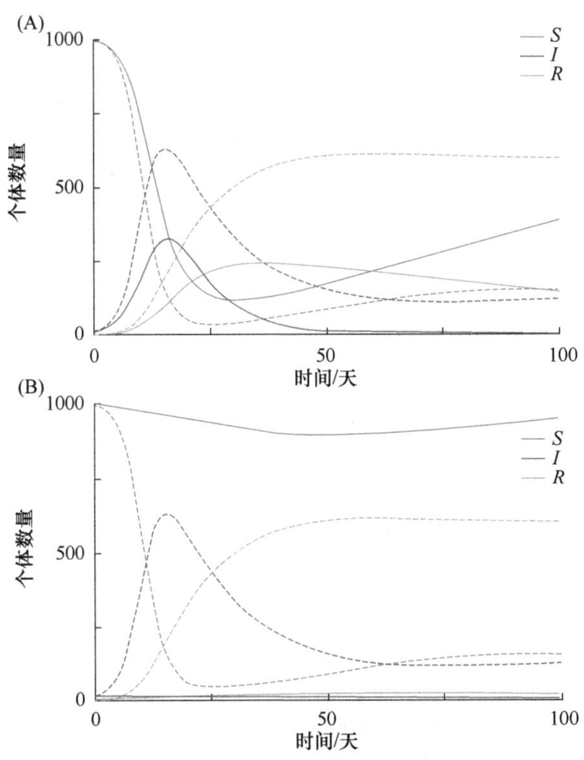

图2.15 隔离感染者对人群有积极影响。（A）与没有隔离（虚线）相比，以$r_Q=0.1$（实线）的比率连续隔离的结果。（B）$r_Q=0.4$的相应结果。

为什么是这样？这是由于出生和移民，以及模型中没有人死亡的事实，除非她或他第一次被感染。

完结了吗？还没有。如果我们让疾病过程持续更长时间，就会发生一些有趣的事情。由于隔离不完善，一些感染者仍留在人群中，这可能导致反复的、较小规模的暴发。例如，对于$r_Q=0.1$，在约165天后发生二次暴发。小规模的暴发时有出现，直到系统最终进入一个状态，而该状态也并非完全没有病患（尽管受感染的亚群比没有隔离的情况要小）（图2.16）。

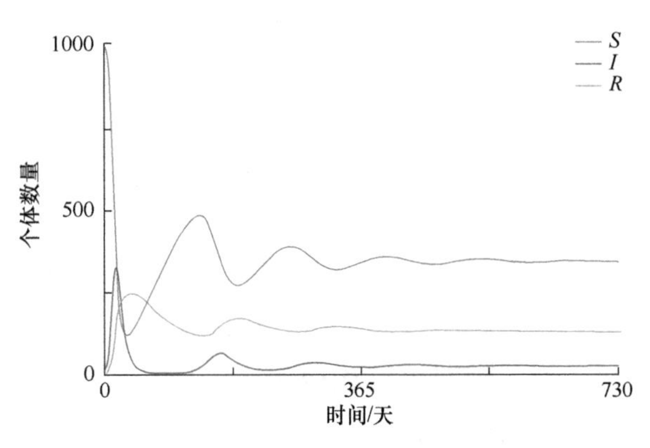

图2.16 隔离可能导致进一步的、更温和的暴发。对于$r_Q=0.1$，疾病似乎最初受到控制，但在大约165天后发生第二次暴发，随后是更小的暴发。

既然已经看到了隔离的积极影响，我们可以探讨以下问题：隔离或降低感染率，哪个更好？将感染率降低一定百分比很容易实现：我们只需降低比率r_I的值即可。图2.17显示了两个结果：隔离和降低感染率的结果是完全不同的。

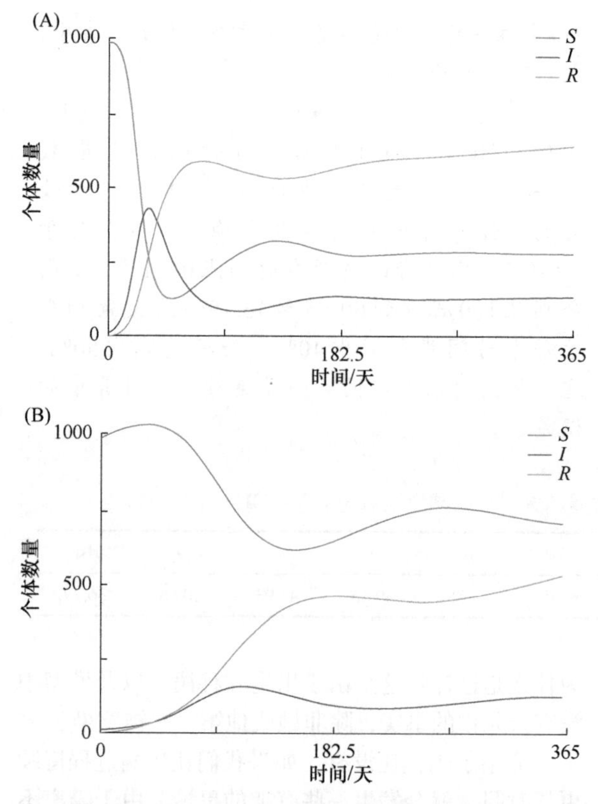

图2.17 感染率的降低与隔离的效果截然不同。(A)感染率r_I已降至原值的一半。(B)r_I已降至原值的20%。

很明显，新场景的可能性是无穷无尽的。值得庆幸的是，一旦建立了模型，许多稍有改变的场景就很容易实现了，而且如果我们试图找到适合所需结果的正确参数组合，那么这个过程甚至会让人上瘾。

模型使用和应用

模型的最常见用途（表2.1）可分为两类：

- 模型的原样应用，包括轻微扩展。
- 面向特定目标，有针对性地操纵和优化模型结构。

2.9 模型扩展和改进

作为模型扩展的一个例子，假设情况变得很清楚，即许多受感染的个体没有出现任何严重的症状，甚至不知道他们患有这种疾病。在SIR模型的行话中，这些人被称为无症状者。模型如何解释他们？扩展实际上是模型设计和分析阶段的一个缩小版本。首先，我们定义一个新的因变量A，并确定它如何与系统（2.2）～（2.4）中的其他变量交互作用。对于初始模型设计，最好在图中绘制这些交互。起初，除了应该为该过程使用不同的名称（因为它们确实是不同的），我们可能会像对待I一样对待A（图2.18A）。但是，我们是否还应该考虑S和I之间的接触可能导致A，并且S和A之间的接触可能导致I（图2.18B）？答案不能用数学论证给出，必须基于疾病过程的生物学或医学特征。例如，如果所有A都来自疾病载体的较弱菌株，则A对S的感染可能总是导致A，并且I的感染可能总是导致I；我们称这种情况为情形1。但如果A和I之间的差异是由个人的总体健康状况及其年龄和遗传易感性产生的，我们或许应该考虑A感染S确实可能导致I的情况，反之亦然；我们称这种情况为情形2。

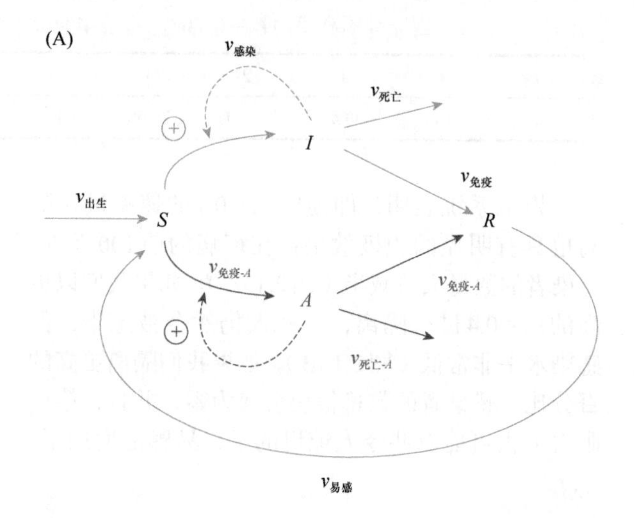

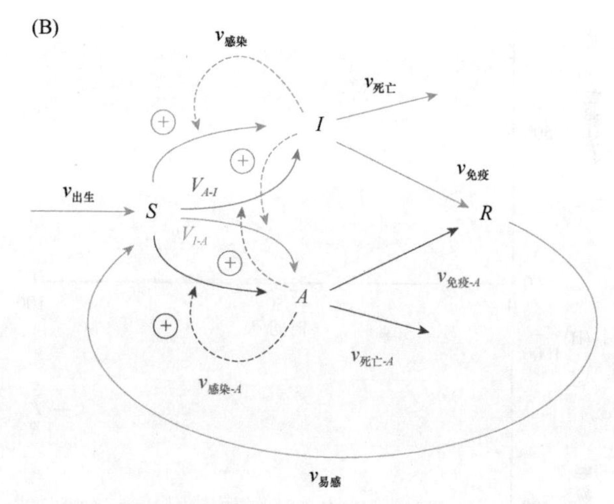

图2.18 无症状者图解。(A)引入A需要新的过程（红色）及它们自己的名称。(B)如果I对S的感染可导致A或反之亦然，则需要进一步的相互作用（蓝色和绿色）。

对于情形1，无症状者的方程与感染者的方程（2.3）相似，即

$$\dot{A}=r_A SA-r_{R\text{-}A}A-r_{D\text{-}A}A,\quad A(t_0)=A_0 \tag{2.8}$$

虽然等式的结构与方程（2.3）中的I相同，但参数

具有不同的名称和可能不同的值。例如，死亡率$r_{D\text{-}A}$可能不同，因为A中的患病后果显然没有I那么差。类似的观点可能适用于r_A和$r_{R\text{-}A}$。这是否完全涵盖了情形1？否，我们当然还需要调整S和R的方程式。甚至可能是R对于无症状者和感染者采用不同的形式（为什么？）；但我们假设情况并非如此。调整后S和R的方程为

$$\dot{S}=r_B+r_SR-r_ISI-r_ASA,\ S(t_0)=S_0 \quad (2.9)$$

$$\dot{R}=r_RI+r_{R\text{-}A}A-r_SR,\ R(t_0)=R_0 \quad (2.10)$$

对于情形2，我们需要添加更多的项：A和I的方程中各一项，而S的方程则为两项；R的方程不受影响：

$$\dot{A}=r_ASA+r_{I\text{-}A}SI-r_{R\text{-}A}A-r_{D\text{-}A}A,\ A(t_0)=A_0 \quad (2.11)$$

$$\dot{I}=r_ISI+r_{A\text{-}I}SA-r_RI-r_DI,\ I(t_0)=I_0 \quad (2.12)$$

$$\dot{S}-r_B+r_SR-r_ISI-r_ASA-r_{I\text{-}A}SI-r_{A\text{-}I}SA,$$
$$S(t_0)=S_0 \quad (2.13)$$

作为示例，让我们模拟情形1。对于数值设置，我们将保留前面示例（2.6）中的大多数值。对于A，我们假设最初一半的感染者是无症状的，因此$A(t_0)=I(t_0)=5$。此外，我们假设A和I的感染率相同（$r_A=r_I=0.0005$），没有A死于疾病（$r_{D\text{-}A}=0$），并且他们比I恢复得更快（$r_{R\text{-}A}=2r_R=0.1$）。这些设置的结果是无症状者迅速消失，疾病最终呈现与图2.13（图2.19A）中所见相同的情况。有趣的是，没有一个无症状者死亡的事实没有太大影响（结果未显示）。相比之下，如果没有A死亡，但A和I的恢复率相同，结果则非常不一样：I基本上消失了，而R和A亚群增长到更高的水平（图2.19B）。其解释是，模型中基本没有人再死亡。为了使模型更加真实，需要引入S、R和A的死亡率。

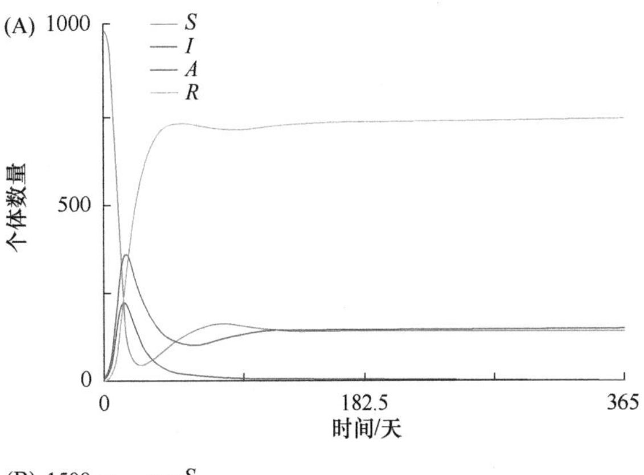

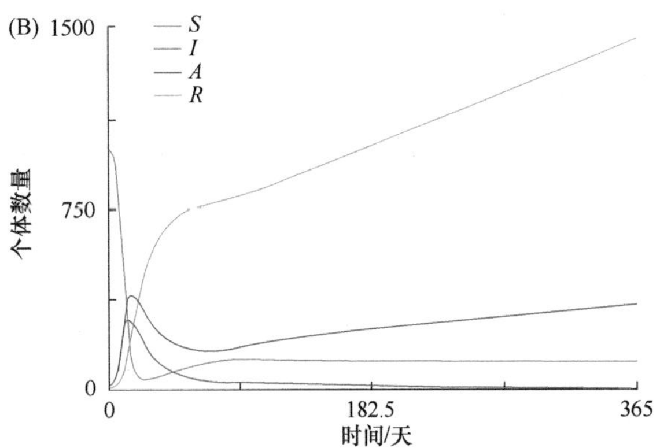

图2.19 无症状者A对疾病发展的影响。（A）如果无症状者恢复的速度是I的两倍，无论死亡率是否为零，他们会迅速从人群中消失（如图所示）。（B）如果无症状者恢复的速度与I相同，且如果他们不会死亡，则感染基本上消失，并且人口出现增长（注意不同的比例）。然而，这种疾病并没有消失；它存在于越来越多的无症状者中。

2.10 大规模模型评估

现实中，生物系统的大多数参数不是完全固定的，而是可以在一定范围内变化，如由于个体间的变异性而带来的变化。如果所有参数值的有生物学意义的范围是已知的或可以估计的，则该模型可用于评估最佳和最差情况及最可能的情况。该分析可以通过目标化的**随机模拟（stochastic simulation）**来完成，其中参数可以像前面的例子中那样进行变化，或者通过大规模自动模拟研究来完成，其中可筛选数千个参数的组合。后一种方法通常被称为**蒙特卡罗模拟（Monte Carlo simulation）**。其原则如下：假设有10个感兴趣的参数，并且每个参数的范围或多或少已知。例如，可能有信息表明，我们例子中的感染率为0～0.002，最可能的值是0.0005，正如我们在基准模型中设置的那样。假设此类信息也可用于其他9个参数。蒙特卡罗模拟包含以下**迭代（iteration）**步骤：

1. 根据其范围的可用信息，自动为每个参数随机赋值。
2. 对于给定值集，求解方程。
3. 重复此过程数千次。
4. 收集所有输出。

这种蒙特卡罗模拟的总体结果是一种可视化显示或列出了大量可能的结果及其概率。此外，对输出做统计分析，可以获得哪些参数或参数组合最具影响力或影响最小这样的见解。

例如，我们再次使用感染模型（2.6）并测试不同感染率和死亡率的影响。我们使用一个非常简单的蒙特卡罗模拟，从区间［0，0.001］中随机选择20个参数r_I的值，同时从区间［0，0.04］中随机选择20个参数r_D的值。这些区间的下限（两种情况下均为0）表示完全没有感染（死亡），而上限（0.001和0.04）对应于式（2.6）中相应比率的

两倍。模拟过程如下：

1. 从区间［0，0.001］中随机选择一个数作为r_I的值。

2. 从区间［0，0.04］中随机选择一个数作为r_D的值。

3. 将这两个值代入式（2.6）。

4. 在365天的时间段内模拟运行该模型。

5. 重复步骤1～4多次（此处仅20次）。

6. 叠加所有绘图并分析结果。

对于两次蒙特卡罗模拟，S的20个时间过程如图2.20所示。由于20个r_I和r_D选择的随机性，这两个完全相同的模型结构的模拟运行导致了不同的结果。我们可以看到，大多数结果导致S的最终值为100～500，但是r_I和r_D的某些组合会导致更高的值。对这种模拟的统计分析表明，非常低的死亡率导致高的（有时甚至是增长的）S值；注意，图2.20B中就是一个这样的情况。可以以相同的方式分析其他稳态、峰值和时间过程。在更全面的蒙特卡罗模拟中，人们将同时为几个参数选择随机值，并执行如此多的模拟，以至于结果从一次运行到下一次运行不会再有太大的变化。该主题还可存在其他变体。作为一个值得注意的例子，参数值不必从区间中以相等的概率选择，可以设定原始值（在我们的示例中为0.0005和0.02）的相近值，比0.000 0001这样的极端值更容易被选中。

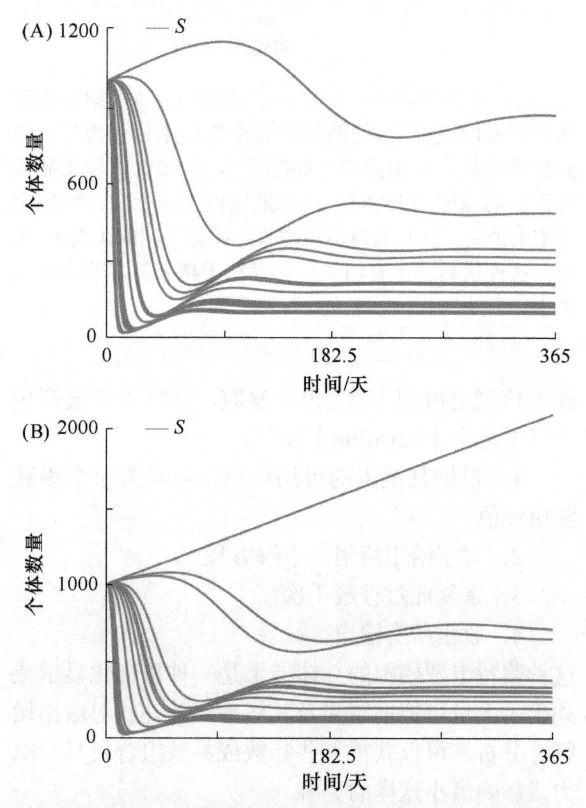

图2.20　蒙特卡罗模拟的两个结果。（A）和（B）中模拟的设置完全相同，即式（2.6）用随机选择的感染率和死亡率的值进行模拟。由于该过程的概率特性，结果在某些方面有很大不同，但在其他方面则相似。值得注意的是，（B）中的模拟包括了一个非常低的死亡率的随机选择，这将允许S增长。然而，时间过程中的大多数其他模式尽管在数字上有所不同，但它们都非常相似。请注意纵轴上的不同刻度。

该模型还可用于筛选特别期望的结果。例如，卫生官员将有兴趣缩短许多人生病的时间，并尽量减少感染的机会。为了开发联合干预的想法，蒙特卡罗模拟可能是第一步。使用模型针对这些目标的替代策略进行尝试会非常有效，并且有可能使用运筹学领域的数值方法对其进行优化。当然，总须谨慎考虑预测结果，因为该模型是对现实的极大简化。尽管如此，一个好的模型能够指导并纠正我们的直觉，模型通过测试和改进变得越可靠，它的预测就越有力和重要。

2.11　设计问题

模型在学术上的重要用途是解释设计和操作原理，这些原理最接近于生物学所能提供的“规律”。要问的一般问题是：为什么这个系统以这种特殊方式组织而不是以另一种方式组织？例如，为了增加一种代谢物的浓度，可以增加用于其生产的底物量，增加产量或减少该代谢物的降解量。用两个模型（例如，一个增加产量而另一个减少降解量）分析这些选项，可以识别一种设计相对于另一种设计的优势和缺点。例如，我们可能会发现某种设计的模型对某些产品的突然需求响应更快。这个有趣的话题将在第14章和第15章中详细讨论。

2.12　简单性与复杂性

本章为你介绍了建模的含义，以及我们可以用系统生物学中的数学模型做些什么。第3章和第4章将介绍设置、诊断、分析和使用不同类型模型的标准技术。在深入研究建模的数学细节之前，我们应该意识到数学表示和技术的复杂性并不一定与模型的有用性相关。当然，有些模型必须复杂，但有时非常简单的模型比复杂的模型“更好”。例如，许多生长模型相当简单，虽然它们描述了非常复杂的生物系统，如人体。在可预见的未来，我们不可能提出完整的人体生理模型，但儿童的简单生长曲线却可以针对不同的孩子都给出很好的拟合（图2.21）。基于这些曲线的预测比目前存在的任何大型生理模型的预测都更可靠。

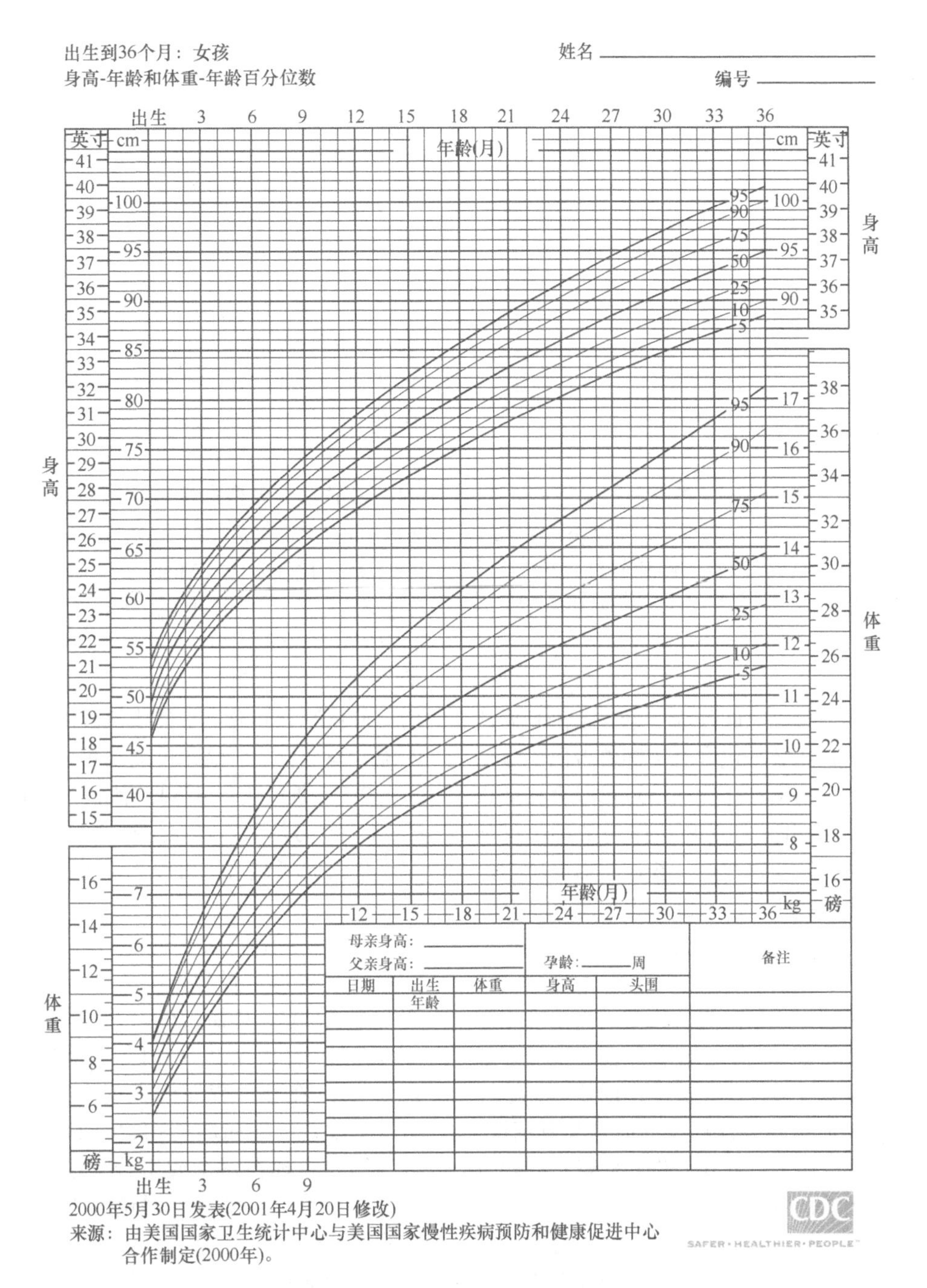

图2.21　从出生到3岁女孩的生长曲线。考虑到人体的复杂程度，50%女孩的正常生长趋势落在惊人的狭窄范围内（来自美国国家卫生统计中心）。1英寸＝25.4 mm；1磅＝0.4536 kg。

另一端的例子是图2.22中的数学模型。它用于装饰一件T恤，艺术家甚至提供了正确的答案，倒放在公式下方，age（年龄）＝50。看上去的样子对于普通人来说肯定是令人生畏的，但这是否意味着我们应该判断这个“年龄模型”是好的？出于以下（以及更多）原因，答案是响亮的“否”。首先，该模型不解释或预测任何事情。最重要的是，T恤是否显示穿着者的年龄？除非他或她当时恰好是50岁；明年再穿，所预示的年龄就是错误的。年龄显然是时间的函数，但T恤无关时间。实际上，除了积分变量x，没有真正的变量，而积分变量x也只是一个占位符，一旦执行了积分就会消失。也没有真正的参数，因为唯一的候选者α和n在求和中消失，答案总是50。换句话说，该公式不允许任何对穿着者及他或她真实年龄的适配。相反，该显示方式只是简单语句age（年龄）＝50在数学上不必要的复杂化，再无更多意义。如果我们对一个更好的能正确反映穿着者年龄的T恤模型感兴趣，那么

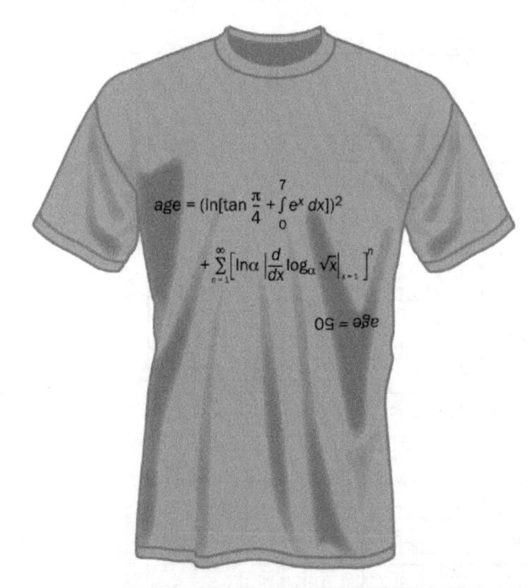

图2.22 T恤上令人敬畏的无用模型。虽然公式看起来令人生畏，但它只是数字50的一种复杂表示方式。该“模型”不包含真实参数，只显示穿着者恰好是50岁时的正确年龄。

这个模型肯定必须包含时间作为变量。不论是魔法还是巧合，该公式还必须包含有关穿着者出生年份的明确或隐含信息的位置。这些信息可以直接或以某种复杂的方式给出，但它必须作为某种（可能是明确的或隐藏的）参数存在。我们还需要确定改进的T恤模型的准确性。如果以年为单位就足够的话，那么该模型肯定比把年龄必须算到分钟的模型更简单。

这两个例子给出的信息是，模型的简单性或复杂性并不表示其质量。当然，在某些情况下需要复杂的数学，但也有很多情况，简单性即使不是更好也会很好。模型质量的关键标准反而是其有用性。数学模型是工具，而工具只在允许我们解决问题时才是好的和有用的。有时，简单的工具是我们的最佳选择，而另一些时候，模型的复杂性必须与我们想要分析的系统的复杂性相匹配。因为有用性是最重要的标准，所以每个模型分析都应该首先弄清楚我们为什么要设计模型，以及该模型应该完成什么。花在这两个问题上的时间和精力是建模领域中最精明的投资。

练　习

2.1　探索希尔（Hill）函数（2.5）可以达到的形状范围。首先，保持设置 $V_{max}=12$ 和 $K_M=10$ 并对 n 使用不同的值（n=4, 6, 8；3, 2, 1, 0.5, 0.2）。然后，设置 n=4并单独或同时改变 V_{max} 或 K_M。讨论所得图形的差异和相似之处。

2.2　函数 $L(S)=1/(1+e^{10-S})$ 是移位逻辑函数，其图形是S形曲线。通过反复试验，确定尽可能接近 $L(S)$ 的希尔函数（2.5）的参数值。

2.3　生物学中的许多过程可以使用形如 $P(X)=\gamma X^f$（单个变量）或 $P(X_1, X_2, \cdots, X_n)=\gamma X_1^{f_1}X_2^{f_2}\cdots X_n^{f_n}$（$n$ 个变量；n=2，3，4，…）的幂律函数非常准确地近似。正值参数 γ 是速率常数，实值参数 f 是动力学阶数。针对不同的 γ 和 f 值，探索这些幂律函数的形状。对于 γ 使用（至少）值0.1、1、10和100。对于参数 f 使用（至少）值−2、−1、−0.5、−0.1、0、+0.1、+0.5、+1、+2。将你的结果显示为表格和（或）图表。在简短的报告中总结你的分析结果。

2.4　比较米氏（Michaelis-Menten）函数 $V(S)=V_{max}S/(K_M+S)$（其中 $V_{max}=1$ 且 $K_M=2$）与幂律函数 $P(S)=\gamma S^f$（其中 $\gamma=0.3536$ 且 $f=0.5$）。讨论你的发现。为 V_{max} 和 K_M 选择不同的值并确定 γ 和 f 的值，使得幂律近似与 S 某些值范围内的米氏函数相匹配。写一篇关于结果的简要报告。

2.5　通过尝试不同的值，计算图2.12中等式 $e^x-4x=0$ 的两个解。在选择要尝试的下一个值时，记下你的思考过程。在学习第5章时，回想这些思考过程。

2.6　写出图2.7信号级联中小蛋白质系统的方程式。将每个过程建模为速率常数乘以所涉及变量的浓度。例如，P_0 向 P_1 的磷酸化应表示为 $r_{01}P_0$。从 $P_0=P_1=P_2=1$ 开始，将所有速率常数设置为0.5。在软件程序中实现该系统并进行模拟。通过更改 P_0、P_1 和 P_2 的初始值来探索系统的动态。讨论结果。现在逐个或组合更改速率常数，直到你对该系统产生感觉。讨论结果并总结你对该系统的见解。

对于练习2.7～2.19，使用式（2.2）～式（2.4）和式（2.6）中的传染病模型，并注意这些练习中的一些问题是开放式的。在执行特定模拟之前，请预测模型将执行的操作。模拟之后，检查你的预测效果。当你的预测始终正确时，才表示“完成”了该问题。

2.7　更改式（2.6）（向上和向下）中的每个初始值并研究后果。

2.8　如果 $r_I=0$ 或者 $r_S=0$，那么在生物学上意味着什么？通过模拟测试这些场景。

2.9　如果没有婴儿出生且没有移民迁入，会发生什么？请探索，如果模型中没有人死亡会发生什么。

2.10 将模型中的死亡率加倍，并将结果与原始模拟进行比较。

2.11 改变式（2.2）～式（2.4）中的模型，使易感（S）和免疫（R）个体可能死于感染以外的原因。讨论S和R个体的死亡时使用相同的速率常数是否合理。在式（2.6）中实现你提议的更改，并执行演示其效果的模拟。

2.12 改变感染率，从式（2.6）中的0.0005值开始，将其提高到0.000 75、0.001、0.01和0.1，或者逐步降低到0，讨论对系统动态影响的趋势。

2.13 将感染率或获得免疫力的比率更改为不同的值并求解系统，直至其达到稳态，此时状态不再发生变化。对于每种情况，检查由$r_D I$给出的每单位时间的死亡人数。记录并讨论你的发现。

2.14 预测部分接种疫苗的后果。在模型中实现一种疫苗接种策略，并通过模拟测试你的预测。

2.15 比较隔离和疫苗接种的效果。

2.16 实现一定百分比的无症状者成为感染者的情景。通过模拟测试其结果。

2.17 如何扩展式（2.2）～式（2.4）中的模型，以允许取决于年龄和性别的不同程度的疾病易感性？无须实际实现这些更改，只请列出构建此类模型所需的数据。

2.18 如果要开发一个类似式（2.2）～式（2.4）中的、可以解释疾病在整个地理区域内逐渐扩散的传染病模型，请用语言描述所需的数据。

2.19 无须在方程中实际实现它们，请提出使式（2.2）～式（2.4）中的SIR模型更加真实的扩展形式。对于每个扩展，请设想如何更改方程式。

2.20 设置两阶段癌症模型的符号方程，包括以下过程：正常细胞分裂；其中一些细胞死亡。在极少数情况下，正常细胞被“启动”，意味着它可能是肿瘤形成的前体细胞。启动的细胞分裂；有些死亡。在极少数情况下，启动的细胞变成肿瘤细胞。肿瘤细胞分裂；有些死亡。

2.21 使用Mathematica®、MATLAB®或PLAS[3]等计算机软件实现专题2.2中的系统，并针对不同的A值和略微改变的x或y的初始值进行求解。探索如果A接近或等于零会发生什么。

2.22 使用专题2.3中的二项式模型来计算硬币10次翻转中有5个正面和5个反面的概率。计算硬币所有10次翻转恰好都是正面的概率。

2.23 使用专题2.4中的泊松分布模型来计算硬币10次翻转中有5个正面和5个反面的概率。计算一个硬币100次翻转中有50个正面和50个反面的概率。

2.24 使用专题2.4中的泊松分布模型来计算硬币20次翻转中最多3次正面的概率。

2.25 实现专题2.5中的方程，并针对不同速率r_Q计算随时间变化的感染者数。同时，设计一个模型，其中感染者以某个固定百分比在$t=0$，1，2，…时间点被隔离（各时间点之间不进行隔离）。比较两种建模策略的结果。

参考文献

[1] Qi Z, Miller GW & Voit EO. Computational systems analysis of dopamine metabolism. *PLoS One* 3 (2008) e2444.

[2] Thompson JMT & Stewart HB. Nonlinear Dynamics and Chaos, 2nd ed. Wiley, 2002.

[3] PLAS: Power Law Analysis and Simulation. http://enzymology.fc.ul.pt/software.htm.

[4] Meng C, Shia X, Lina H, et al. UV induced mutations in *Acidianus brierleyi* growing in a continuous stirred tank reactor generated a strain with improved bioleaching capabilities. *Enzyme Microb. Technol.* 40 (2007) 1136-1140.

[5] Fujii R, Kitaoka M & Hayashi K. One-step random mutagenesis by error-prone rolling circle amplification. *Nucleic Acids Res.* 32 (2004) e145.

[6] Mood AM, Graybill FA & Boes DC. Introduction to the Theory of Statistics, 3rd ed. McGraw-Hill, 1974.

[7] Kermack WO & McKendrick AG. Contributions to the mathematical theory of epidemics. *Proc. R. Soc. Lond.* A 115 (1927) 700-721.

[8] Raue A, Kreutz C, Maiwald T, et al. Structural and practical identifiability analysis of partially observed dynamical models by exploiting the profile likelihood. *Bioinformatics* 25 (2009) 1923-1929.

[9] Voit EO. What if the fit is unfit? Criteria for biological systems estimation beyond residual errors. In Applied Statistics for Biological Networks (M Dehmer, F Emmert-Streib & A Salvador, eds), pp 183-200. Wiley, 2011.

拓展阅读

Adler FR. Modeling the Dynamics of Life: Calculus and Probability for Life Scientists, 3rd ed. Brooks/Cole, 2013.

Batschelet E. Introduction to Mathematics for Life Scientists, 3rd ed. Springer, 1979.

Britton NF. Essential Mathematical Biology. Springer-Verlag, 2004.

Edelstein-Keshet L. Mathematical Models in Biology. McGraw-Hill, 1988 (reprinted by SIAM, 2005).

Haefner JW. Modeling Biological Systems: Principles and Applications, 2nd ed. Springer, 2005.

Murray JD. Mathematical Biology Ⅰ: Introduction, 3rd ed. Springer, 2002.

Murray JD. Mathematical Biology Ⅱ: Spatial Models and Biomedical Applications, Springer, 2003.

Yeagers EK, Shonkwiler RW & Herod JV. An Introduction to the Mathematics of Biology. Birkhäuser, 1996.

3 静态网络模型

读完本章，你应能够：

- 识别静态网络的典型组件
- 理解图的基本概念及它们如何应用于生物网络
- 描述网络的不同结构及其特性
- 讨论网络推断的概念和挑战
- 描述不同生物学领域中静态网络的典型例子
- 刻画静态网络和动态系统之间的关系

生物系统中的所有分子都是**网络（network）**的组成部分。它们通过各种可能的形式与其他分子相连，具体形式取决于网络所代表的内容。分子可能松散地彼此关联，相互结合，相互作用，相互转换，或者直接或间接地影响彼此的状态、动力学或功能。并非专注于一个特定的分子过程，生物网络计算分析的目标是表征和解释全部的连接。这些分析的方法可以自动化并可借助计算机应用于非常大的网络。典型结果是所研究网络内连接模式的特征，这反过来又提供了关于特定组件或子网功能的线索。例如，一种分析可以揭示网络的哪些组分特别紧密地相连，这一知识可能表明这些组分在不同情况下的重要作用。分析还可以显示哪些变量彼此协同作用，以及网络内的连接模式是否发生变化，如在发育和老化期间或者响应于诸如疾病的扰动时。

在研究小型网络时，许多网络分析的概念和方法实际上非常简单和直观。这种简单性对于网络分析的真正力量至关重要，即它们对非常大的分子组合的可扩展性，以及它们揭示仅凭人类脑力根本无法识别的模式的能力。因此，可以训练计算机一遍又一遍地使用基本方法，从实验数据建立网络模型，识别它们的全局和局部特征，并最终导出关于其功能的假设。在本章中，我们将使用小型网络研究此类分析，因为它们最清楚地显示了要查找的特征及如何表征它们。有几种网络工具可用于大型生物网络的计算分析。突出的例子包括免费的开源平台Cytoscape[1,2]、Ingenuity Systems的商业包IPA[3]，以及其他软件包如BiologicalNetworks[4]和Pajek[5]，所有这些软件提供了可用于数据整合、可视化和分析的各种工具。

分析策略

古希腊人有一种说法：一切都在变化。以弗所（Ephesus）的赫拉克利特（Heraclitus）（公元前535—前475）——这个至理名言的提出者，认为变化是宇宙中的一种核心力量，据说他曾经断言过一个人永远不可能两次踏入同一条河流。确实，生命世界中的一切都在运动，而非**静止（static）**——如果不是从宏观上看，至少在分子水平上是这样。因此，我们必须问自己，研究静态网络是否有任何意义，因为根据定义，它是不动的。由于种种原因，答案是响亮的“有”！首先，即使生物网络随时间而变化，有趣组分的变化通常也相对较慢。例如，即使生物体正在生长，在几分钟的生物化学实验中，它的大小几乎是恒定的。其次，假设网络至少暂时是静态的，可以从中学到很多东西。典型的例子是肝脏中酶的活性谱，它在生物体的整个寿命期间甚至在24 h内都是变化的，但在几秒或几分钟的时间内可以或多或少地保持恒定。最后，即使系统是动态变化的，这些系统的某些重要特征也可能是静态的。最突出的例子是稳态，我们已在第2章（另见第4章）中讨论过，其中物料在系统中移动，且控制信号是活跃的，但是代谢物池的浓度则是恒定的。稳态通常比动态变化更容易表征，一旦建立，就可以为查看系统的动态特征提供坚实的起点[6-8]。

关注静态网络或动态系统静态方面的一个非常实际的原因是，静态分析所需的数学知识比处理随时间变化的网络或完全受调节的动态系统所需的数学知识要简单得多。因此，即使是具有数千个组件的大型静态系统也可以非常有效地进行分析，而对于相同尺寸的动态系统则不然。这种相对简单性归因于静态网络的两个方面。首先，因为随时间没有变化，描述网络的微分方程中的时间导数都等于0。因此，这些方程成为代数方程，更容易处理。其次，很多静态网络的结构（至少近似地）是线性的，而线性代数和计算机科学为我们提供了许多优雅而强大的方法来分析线性现象。在某些情况下，如果它们的子系统以静态方式连接的话，这些方法甚至可以应用于动态系统的某些方面。一个令人惊讶的例子是心脏窦房结中的一组起搏细胞，它们可以独立振荡但却通过静态相互作用网络进行同步，从而使它们能够产生在每个心动周期中仅需一次的协调脉冲（见参考文献［9］和第12章）。

静态网络的分析可以以各种方式细分。首先，网络分为不同的类，可以采用不同的分析方法。例如，在某些情况下，实际物料流经网络，考量这些物料，可以准确记录在不同时间点上网络各处的所有数量或质量。代谢通路系统是此类别中的主要示例，因此在本章中发挥着特殊作用。为了说明，假设代谢网络中只有一个从底物到产物的化学反应。我们立刻知道，该反应中产物的量与消耗的底物量直接相关；事实上，两者必须同样多。这种相等性对数学分析非常有益，因为它消除了很多不确定性。信号网络转换信息，而该信息是否被实际接收和使用，通常与信息源无关。此外，这种信号网络的主要目的通常是对一个外部信号的全有或全无的响应。例如，响应某种压力而开启一些基因的表达。这时没有考虑质量或特定数量，即使信号更强，效果仍然是一样的。类似地，调控网络中只要存在某些组件就可能会影响网络其他地方的功能。一个例子是酶的抑制，它可以改变代谢通路的稳态和动力学，但不会改变抑制剂本身的量。

处理静态网络的第二个区别标准是，研究活动的类型可以大致分为分析和构建（或重构，按通常的说法）。在典型分析中，假设网络的结构是已知的，研究诸如其组件之间的连接性，以及它们对网络功能的贡献之类的特征。相比之下，（重）构建研究则试图从实验观察中推断未知或刻画不明的网络的连接关系。乍一看，这种区别似乎微不足道，但这两个方面需要明显不同的方法，且后者比前者难得多。在开始分析之前首先研究网络的构建似乎是合乎逻辑的，但以相反的顺序讨论和学习这两个方面则会更容易。为此，首先假设我们知道网络的结构，以后再考虑我们如何获得结构。

最后，严格的网络分析导致了网络**模体（motif）**的发现，这是在不同的生物系统中反复出现的小而突出的连接模式，因此预计它们对解决某些任务会特别有效。第14章有大量篇幅专门用于介绍这个迷人的主题（另见参考文献［10］）。

互作图

当我们对网络结构感兴趣时，对其组分的具体解释变得次要，对数学或计算分析而言，相互作用着的组分是分子、物种还是亚群并不重要：它们只是成为**结点（node）**。结点有时也称为顶点（vertices，单数形式：**vertex**）、组件、池或物种，或者它们可能以各种其他特定或通用方式命名或描述。网络的第二组要素由结点之间的连接组成，通常称为**边（edge）**，但也可称为连接、互作、过程、反应、箭头或线段。在边上，我们实际上有比结点更多的灵活性，因为边可以是有向的、无向的或双向的。所有这三种情况在这种或那种生物情形下有意义，甚至可能出现在同一网络中（图3.1）。除了结点和边，通常不含其他特征。

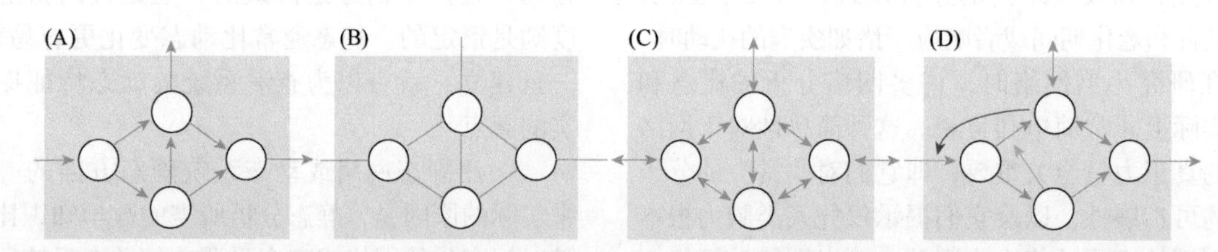

图3.1 不同类型的通用网络。静态网络可以包含有向的（A）、无向的（B）或双向的（C）边，以及诸如抑制（红色）和激活（蓝色）信号的调控关系（D），而这需要更复杂的表示方式。

总之，结点和边形成**图（graph）**，这是网络的主要表示形式。很直观地说，网络的结点只能是由边连接，而两条边只能通过它们之间的结点连接。由单条边连接的两个结点称为邻居。有向图的典型生物学实例是转录调控网络，其中，结点代表基因，边表示它们之间的相互作用。在这种情况下，选择有向图似乎是合理的，因为基因A可能会调节基因B的表达，但反过来未必成立。相反，蛋白质-蛋白质相互作用（PPI）网络通常被表述为无向图。

有人可能会猜测，所有网络和系统都可以用这种方式表示。但是，我们必须提防以偏概全。例如，代谢通路系统确实包含结点（代谢物池）和边（化学或酶促反应和转运过程）。然而，它们还表现出调节特征，代谢物可以通过这些特征影响流过代谢通路边的物料的强度、能力或数量。这些调节效应与代谢转换本质不同，因此需要其他类型的表示。例如，箭头从结点指向边，而不是指向另一个结点（图3.1D）[11]。作为替代表示，可以使用二分图来表示这种调节网络，它包含两组不同类型的结点。在代谢网络的情况下，一组代表代谢物，而另一组代表代谢物之间发生酶促转化的物理或虚拟位置。遵循这种二分图范式的一种建模方法是**Petri网（Petri net）**分析[12, 13]。

解决静态网络问题的数学和计算机科学的分支学科是**图论（graph theory）**，它具有悠久而受人尊敬的历史，可以追溯到18世纪的莱昂哈德·欧拉（Leonhard Euler）。欧拉对图论的兴趣始自他自己家乡普鲁士的哥尼斯堡市（Königsberg）（现为加里宁格勒，译者注）的谜题。普雷格尔河以一种奇特的方式分割了这座城市，当时它被7座桥穿过（图3.2）。欧拉想知道是否有可能找到一条恰好穿过每座桥一次的路线。当然，作为一名数学家，欧拉不仅解决了这个特殊的难题，还开发了一个整体理论框架——图论的基础，以确定在哪些情况下可以找到这样的路线及何时不行。

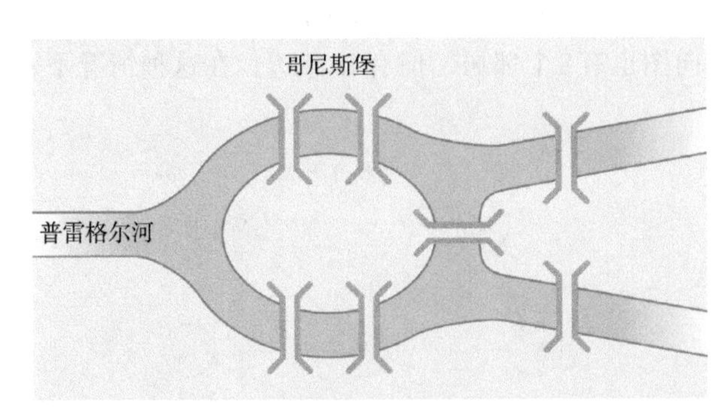

图3.2 欧拉关于哥尼斯堡七桥的问题。欧拉回答了是否有可能找到一条恰好穿过每座桥一次的路径的问题，并以此开启了图论的研究领域。

一般来说，图论关注图的性质，如它们的连通性、结点和边的圈、两个结点之间的最短路径、连接所有结点的路径，以及将图分割成两个不连接子图的最简约的切割方式等。许多著名的数学问题与图有关。例如，或许第一个使用计算机证明的是四色定理，它假设总是可以用4种颜色为（地理上的）地图着色，以使相邻的国家永远不会有相同的颜色。另一个将图与**优化（optimization）**相结合的著名问题是旅行商问题，它要求确定通过一个国家的最短路径，使每个城市只被访问一次。

生物学中的大多数图分析都致力于解决网络如何连接的问题，以及这种连接对网络功能的影响。因此，这些分析刻画的是结构特征，如图不同部分连接的数量和密度。这些类型的特征可以遵循严格的数学分析，其中一些可以严格证明，而另一些则更具统计性。出于我们的目的，可以最小化技术细节，重点关注概念和有代表性的场景，并提供一些关键的参考文献。

3.1 图的属性

我们从描述生物网络的由结点和边组成的图G开始，并用$e(N_i, N_j)$表示连接结点N_i和N_j的边。结点的第一个重要且相当直观的特征是它的度，写为$\deg(N_i)$，表示相连边的数量。对于无向图，$\deg(N_i)$就是N_i所连的边的总数，该数字即N_i的邻居数。在有向图中，需要定义入度$\deg_{in}(N_i)$和出度$\deg_{out}(N_i)$，它们分别是指在N_i处终止或开始的边数（图3.3）。

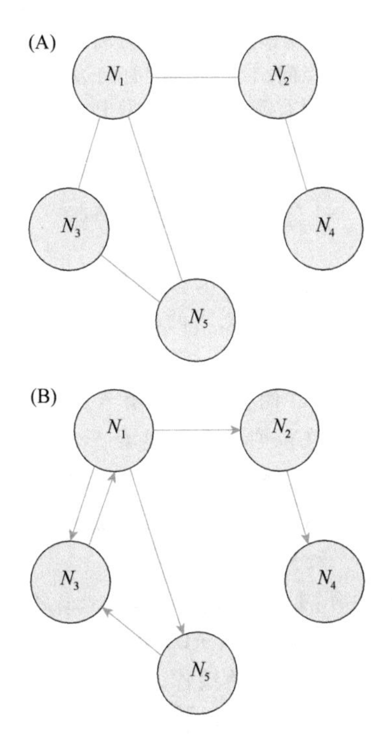

图3.3 与结点相关的度概念的可视化。（A）在这个无向图中，结点N_1有邻居N_2、N_3和N_5，因此它的度数是$\deg(N_1)=3$。结点N_4只有一个邻居N_2，因此$\deg(N_4)=1$。（B）在该有向图中，结点N_1具有入度$\deg_{in}(N_1)=1$和出度$\deg_{out}(N_1)=3$，而结点N_4则有$\deg_{in}(N_4)=1$和$\deg_{out}(N_4)=0$。

为了研究具有m个结点N_1，…，N_m的图G的整个连通性结构，定义了邻接矩阵$\boldsymbol{A}$，它用1和0表示两个结点是否连接。该矩阵具有形式

$$\boldsymbol{A}=(a_{ij})=\begin{cases}1 & \text{若}e(N_i, N_j)\text{是}G\text{中的一个边}\\0 & \text{否则}\end{cases} \quad (3.1)$$

这里，无向边被计为表示正向和反向的两个有向

边。$\boldsymbol{A}$的例子如图3.4所示。邻接矩阵包含关于图的所有相关信息，以非常紧凑的表示形式允许使用线性代数方法进行多种类型的分析。专题3.1讨论了$\boldsymbol{A}$的一个有趣用法。

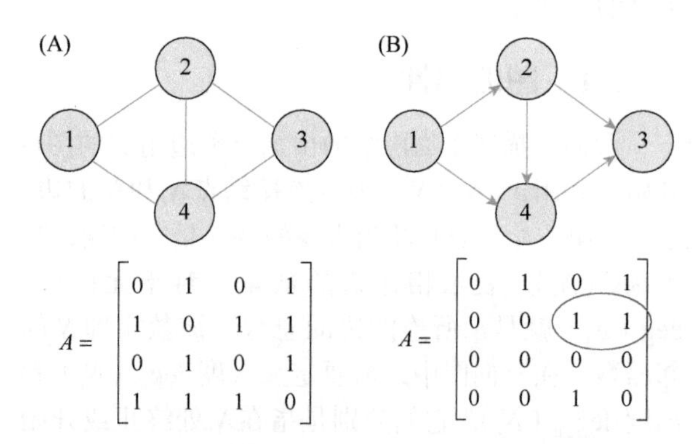

图3.4　两个图及其邻接矩阵。在（A）中，每条边被认为是双向的，这导致矩阵中1的数目是边数的两倍。（B）显示了有向图及其邻接矩阵。作为例子，红色椭圆中的1表示从结点2指向结点3和4的有向边。矩阵的第三行仅包含0，因为没有箭头从结点3发出。

专题3.1　计算结点之间的路径数

有趣的是，可以使用式（3.1）所示的邻接矩阵计算两个结点之间的路径数，其由固定的步数组成。这些数字由矩阵的幂给出。例如，要计算图3.4右侧矩阵中所有长度为2的路径，我们将矩阵乘以它自己，这会产生一个新的矩阵$\boldsymbol{B}$。根据此操作的规则，矩阵$\boldsymbol{B}$中的每个元素B_{ij}由矩阵$\boldsymbol{A}$的i行和j列中元素的乘积之和给出。例如，元素B_{13}被计算为

$$B_{13}=A_{11}A_{31}+A_{12}A_{32}+A_{13}A_{33}+A_{14}A_{34}=0\times0+1\times1+0\times0+1\times1=2 \quad (1)$$

对所有B_{ij}执行类似的操作，得到

$$\boldsymbol{A}^2=\begin{bmatrix}0&1&0&1\\0&0&1&1\\0&0&0&0\\0&0&1&0\end{bmatrix}\begin{bmatrix}0&1&0&1\\0&0&1&1\\0&0&0&0\\0&0&1&0\end{bmatrix}=\begin{bmatrix}0&0&2&1\\0&0&1&0\\0&0&0&0\\0&0&0&0\end{bmatrix}=\boldsymbol{B} \quad (2)$$

根据该结果，从结点1到结点3有两个可选的两步路径，而从1到4和2到3各有一个两步路径。这三个解穷尽了所有可能的两步路径。在这个简单的例子中，可以从图上轻松检验结果。读者应该确认这些结果。

除了研究结点的度，研究边如何在图G中分布也很有意思。该特征的主要量度是**聚类系数**（**clustering coefficient**）C_N，它表征与结点N的邻域相关的边的密度。具体而言，C_N量化了N的邻居结点与形成全连接图——**集团**（**clique**）的接近程度。让我们从一个无向图开始，并假设某个结点N有k个邻居。然后，它们之间最多可以有$k(k-1)/2$条边。现在，如果e是N的邻居结点之间的实际边数，那么C_N被定义为比率

$$C_N=\frac{e}{k(k-1)/2}=\frac{2e}{k(k-1)}（若G无向） \quad (3.2)$$

对于有向图，邻居之间的最大边数要翻倍，因为每对邻居可以在两个方向上与有向边连接。因此，k个邻居间的最大边数是$k(k-1)$，且聚类系数被定义为

$$C_N=\frac{e}{k(k-1)}（若G有向） \quad (3.3)$$

请注意，两种情况下C_N的最小值均为0，而最大值均为1。

如图3.5所示，子图（A）中的图是无向的，并且因为N_1有8个邻居且它们之间有12条边，所以$C_{N1}=12/(8\times7/2)=0.4286$。子图（B）中的有向图也有8个邻居，但有15条边；在这种情况下，

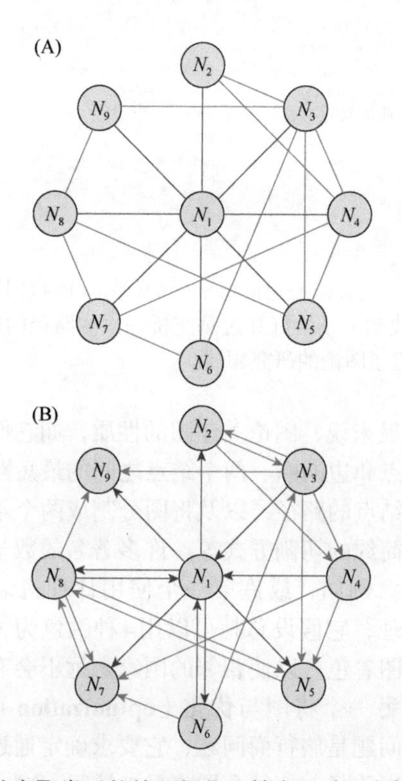

图3.5　结点聚类系数的可视化。结点N_1有8个邻居。在（A）的无向图中，结点通过12条（蓝色）边相互连接。因此，$C_{N1}=(2\times12)/(8\times7)=0.4286$。在面板（B）中的有向图中，结点通过15条有向（蓝色）边相互连接。因此，$C_{N1}=15/(8\times7)=0.2679$。

$C_{N1}=15/(8\times7)=0.2679$。它具有较低的聚类系数，因为理论上在$N_1$的邻居之间可能存在56条边，而实际上只有15条边。

定义网络聚类的总体度量非常有用。这是通过图的平均聚类系数C_G来完成的，它简单地定义为所有结点的C_N的算术平均值[14]：

$$C_G=\frac{1}{m}\sum_{N=1}^{m}C_N \quad (3.4)$$

有趣的是，生物系统通常具有高于随机连接图的聚类系数。此外，随着网络规模的增加，聚类系数趋于降低。这意味着生物网络包含许多连接度较低的结点，但只有数量相对较少的**枢纽结点（hub）**，这些枢纽结点是由相对较低连接度的结点组成的高密度集群包围的高度连接的结点[15]。例如，在酵母的蛋白质互作网络和转录调控网络中，枢纽结点通常更频繁地连接到低连接度结点，而不是连接到其他枢纽结点（图3.6）[16, 17]。我们将在本章后面继续讨论这一特征。

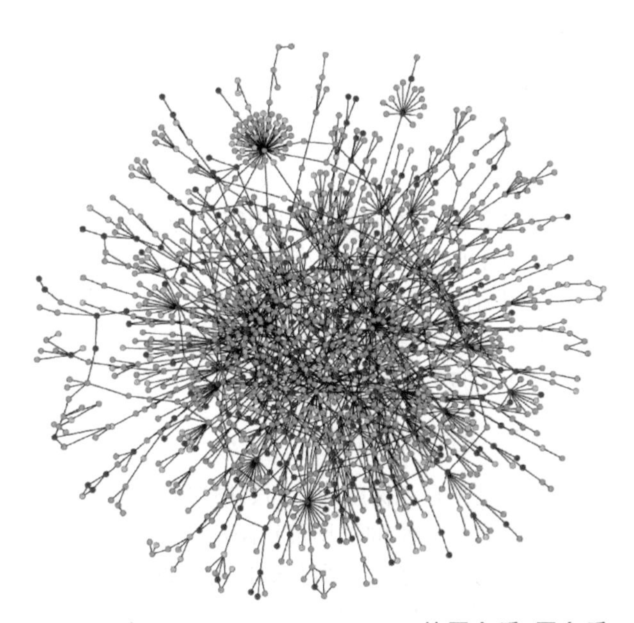

图3.6　酵母*Saccharomyces cerevisiae*的蛋白质-蛋白质互作网络中的一个大簇。整个网络由1870个蛋白质结点组成，通过2240个直接物理相互作用相连。此处显示的这个集群（簇）包含该网络的大约80%。该图清楚地显示了许多高度连接的枢纽结点，以及绝大多数低连接度结点。每个结点以去除相应的蛋白质后的表型结果进行着色（红色，致死；绿色，非致死；橙色，缓慢生长；黄色，未知）[引自Jeong JP，Mason SP，Barabási AL & Oltvai ZN. *Nature* 411（2001）41-42. 经Macmillan Publishers Ltd. 许可]。

图整体一个非常重要的特征是其**度分布（degree distribution）**函数$P(k)$，它表示G中具有度k的结点的比例。如果m_k是度为k的结点数，而m是所有结点的总数，那么

$$P(k)=m_k/m \quad (3.5)$$

注意，$P(k)$不是单个数字，而是一组数字，每个k具有一个度数的值（k=0，1，2，…）。除以m确保了所有k值的$P(k)$之和等于1。对于$P(k)$的计算，通常忽略边的方向。

图的许多特征，包括度分布，是通过与随机图的比较来进行刻画的，而随机图是埃尔德什（Erdős）和雷尼（Rényi）在20世纪50年代末首次研究的[18]。在这种人为创建的图中，边随机地与结点相关联。人们可以在数学上严格证明，此时的度分布是二项分布，类似于具有小方差的瘦钟形曲线。换句话说，大多数结点的度数接近平均值。

随机图中的二项式度分布与生物及其他真实世界系统中经常观察到的非常不同，在后者中一些枢纽结点不成比例地连接到许多其他结点，而大多数其他结点连接着比随机图中少得多的边（图3.6）。具体而言，$P(k)$通常遵循**幂律分布（power-law distribution）**的形式：

$$P(k)\propto k^{-\gamma} \quad (3.6)$$

式中，指数γ的值介于2和3之间[19]。以对数坐标绘制这样的幂律度分布，得到一条斜率为γ的直线（图3.7）。其度分布或多或少地遵循幂律的网络称为**无标度（scale-free）**网络。选择该术语是因为幂律属性与网络的大小（或规模）无关。

虽然大型生物网络中的大多数结点经常被观察到符合幂律分布，但对于这种网络中的非常高和非常稀疏连接的结点来说，该图很少是真正线性的。尽管如此，除了这些极端情况，幂律函数通常能很好地成立，这毫不奇怪地证明了大多数生物系统显然并非随机组织的[20]。

无标度网络的一个有趣特征是，两个随机选择的结点之间的最短路径明显短于随机图中的相应路径。这里，路径（path）是指图中从起始结点到结束结点之间结点和边的交替序列，如图3.8所示。

$$N_6;\ e(N_6, N_1);\ N_1;\ e(N_1, N_4);\ N_4;\ e(N_4, N_5);\ N_5;\ e(N_5, N_2);\ N_2 \quad (3.7)$$

特别令人感兴趣的是两个结点之间的最短路径（或距离），因为它包含关于网络结构的重要线索。在埃尔德什（Erdős）和雷尼（Rényi）的随机图[18]中，平均最短距离与结点数的对数$\log m$成正比。相比之下，具有幂律度分布的无标度网络中的平均最短距离较短，并且对于较大网络而言增长得更慢[21]。事实上，Jeong及其合作者分析了超过40个具有200～500个结点的代谢网络，发现一些枢纽结点主导了连接模式，因此，平均最短距离基本上

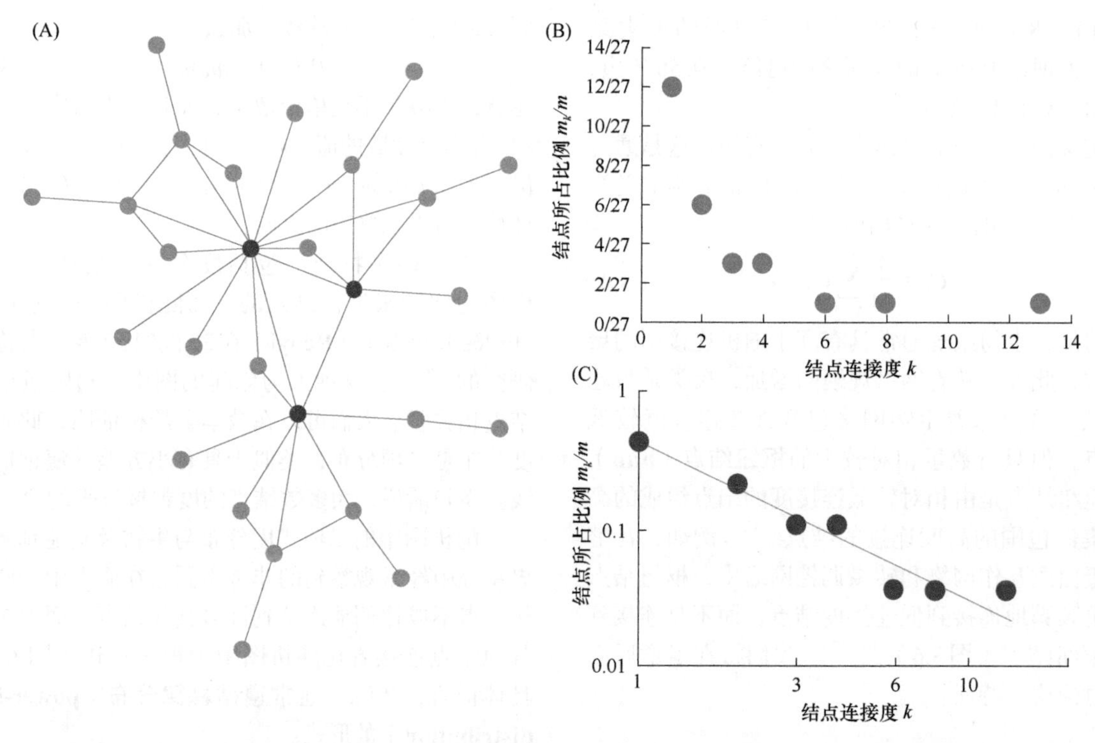

图3.7 小型无标度网络示例。(A)在27个结点中，三个(红色)是连接最多的枢纽结点。(B)边数为k的结点的比例相对于k绘图，就得到下降趋势的幂律关系。(C)如果(B)中的关系以对数坐标绘制，则结果近似为线性，具有负斜率γ[改编自Barabási AL & Oltvai ZN. *Nat. Rev. Genet.* 5 (2004) 101-113. 经Macmillan Publishers Limited(Springer Nature的一部分)许可]。

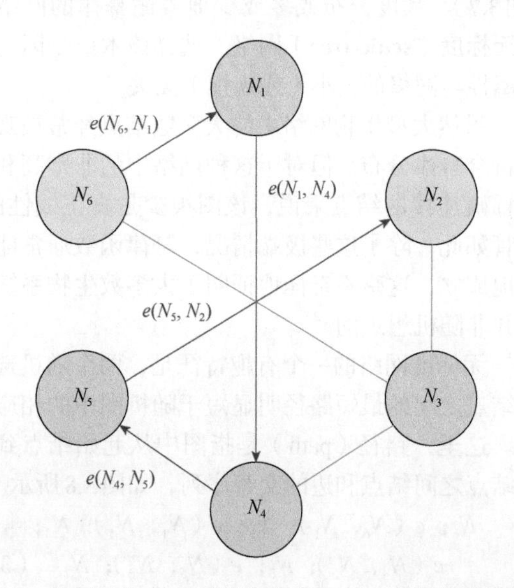

图3.8 从起始结点N_6到结束结点N_2的一条可能的路径。该路径使用边$e(N_6,N_1)$、$e(N_1,N_4)$、$e(N_4,N_5)$和$e(N_5,N_2)$。该路径不是最短路径，最短路径将使用$e(N_6, N_3)$和$e(N_3, N_2)$。通常不允许相同的结点或边在路径中出现两次。

与网络的大小无关，并且始终具有大约三个反应步骤的惊人低数值[22]。在不同的解释中，人们还可以将平均距离视为信息通过网络发送速度的指示。根据这一标准，生物网络确实非常高效。

大多数作者将网络的直径定义为连接网络中两个最远结点必须经过的最小步数，我们将遵循此约定。换句话说，直径是最远两个结点之间的最短路径。但是，必须谨慎，因为其他作者使用相同的术语表示任意两个结点之间最短距离的平均值。

3.2 小世界网络

如果网络是无标度的(即如果它具有幂律度分布并且因此具有小的平均最短距离)，并且如果它还具有高的聚类系数，则其被称为**小世界(small-world)**网络。这个术语反映了这些网络的特殊结构，它由几个松散连接的结点簇组成，每个结点簇都围绕一个枢纽结点。在该组织中，大多数结点不是彼此的邻居，但是从任何一个结点移动到网络中的任何其他结点并不需要很多步骤，因为存在连接良好的枢纽结点。我们已经提到过代谢网络，其平均**路径长度(path length)**为2～5步。生态学研究表明，许多食物网的长度范围相同[23]。关于其他生物学实例和进一步的讨论，见参考文献[24, 25]。在生物学之外，商业航线的情况类似，这些航线使用主要枢纽及连接小型机场的航班。这个小世界特性让人想起约翰·瓜尔(John Guare)的著名电影“六度分离”，其假设是，基本上每个人都是经由6个或更少的熟人连接到另一个人。

有趣的是，当网络通过向已经高度连接的结点添加新链接而增长时，小世界属性会自动出现。具体而言，鲍劳巴希（Barabási）及其合作者[26]为这些类型的图分析投入了大量精力，表明$\gamma=3$的分布是如下增长过程的结果：对于每个添加的新结点，边连接到现有结点N的概率与其连接度deg（N）成正比[27]。优先附着（preferential attachment）机制的变化导致其他γ值，可以是2和∞之间的任何值。然而，应该注意到，已经提出了完全不同的无标度和小世界网络的演化机制。例如，根据复制-发散（duplication-divergence，DD）模型，基因或蛋白质网络由于单个基因或蛋白质的偶然复制并通过随后的突变和修剪而演化[28]。DD模型可导致$\gamma<2$。参见专题3.2。

专题3.2　规则、小直径和随机网络的构建

网络中有趣的连接模式可以以各种方式构建。沃茨（Watts）及其合作者[14, 29]从使用规则模式的结点环开始，其中每个结点与4条边相关联。也就是说，结点连接到它的两个直接邻居，也连接到它邻居的直接邻居（图1）。然

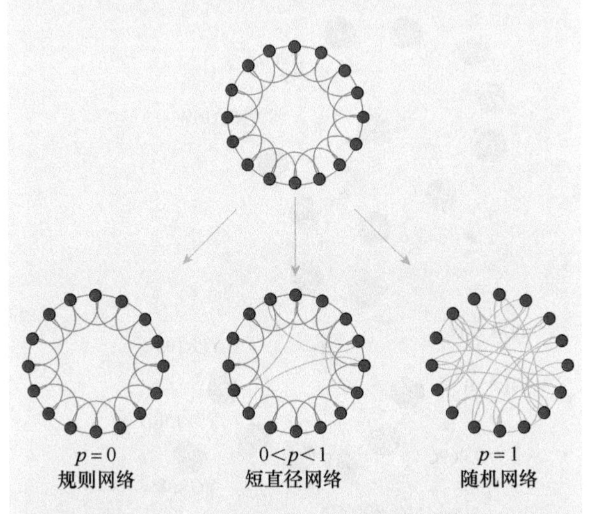

图1　根据纽曼（Newman）和沃茨（Watts）[29]，构建不同类型的网络。构建从规则网络开始，其中每个结点连接到其直接邻居及其直接邻居的直接邻居（图的顶部）。逐个考虑结点，以概率p（$0<p<1$）去除其到最近邻居的一条边，并用连接到随机选择的结点的一条新边替换；不允许出现双边。在第二轮中，对第二近的邻居（图的底部）重复该过程。对于$p=0$，没有边发生改变，规则网络得以保留；对于0～1的p，一部分边（绿色）被替换，结果通常得到直径较短的网络；对于$p=1$，所有的边都被替换，网络呈现随机连接。

后，他们在0和1之间任选一个常数概率p，以此概率每条边都可以被打断并重新连接到一个新的随机选择的结点。当然，对于$p=0$的极端情况，网络的结构保持不变。另一种极端情况是$p=1$，导致产生随机网络。对于严格在0和1之间的p值，获得了直径大为减小的其他网络。沃茨（Watts）及其合作者称它们为小世界网络，但当时的术语与现今不同。今天，我们可以将它们称为短距离或小直径网络，但它们不再被视为小世界网络，因为它们不具有高聚类系数。

意料之中的是，基因或蛋白质网络中的枢纽结点通常是最重要的组成部分，它们的破坏或突变通常是致命的。事实上，似乎PPI网络中蛋白质的连接度与编码它的基因的适应性直接相关[30]。这一特征以有趣的方式与小世界网络的稳健性相关联，或者特别是，与其对攻击的容忍度相关联：在大多数情况下，容易容忍对随机选择的结点的攻击，因为攻击到枢纽结点的可能性很低；相反，针对枢纽结点的单个特意攻击就可以打破整个网络[16, 22]。由于这些原因，枢纽结点的识别可能是重要的，如对药物靶标的识别。在许多复杂的网络和系统中都观察到了稳健性和脆弱性的有趣共存，包括生物学和工程学的例子，并且这可能是这种系统的特征性设计原理[31-33]。其他设计原理和网络模体将在第14章中讨论。

虽然分子网络最近受到最多的关注，但应该提到，静态网络长期以来在系统生态学中都发挥着作用。从乔尔·科恩（Joel Cohen）[34]的开创性工作开始，图形表示已被用于研究食物网、其中的物质流动，以及它们的连接结构的稳健性和可靠性。例如，可以看出，典型的食物网最大路径长度为3～5，海洋系统中的路径往往比陆地系统长，并且食物网的可靠性随着长度的增加而降低[23]。食物网通常呈现环状，其中A以B为食，B以C为食，而C又以A为食[35]。

虽然生物系统通常没有标度，但它们的子网络有时具有不同的结构。例如，小世界网络中的结点集在枢纽结点周围高度连接，甚至可能形成小集团，其中每个结点连接到每个其他结点。显然，小集团和大网络的连接模式是不同的，当仅调查大网络的某一部分时，需要谨慎。

人们还应该记住，大多数网络实际上是动态的。例如，PPI网络在发育期间和患病状态中会发

生变化。它们有时甚至会在较短的时间范围内周期性变化，就像酵母**细胞周期（cell cycle）**中的情况一样[36]。韩（Han）及其合作者[37]在细胞周期和应激反应中分析了酵母中PPI枢纽结点的时间特性，并假设了两个枢纽结点类型：派对枢纽，与大多数邻居同时互作；约会枢纽，它们在不同的时间连接到不同的邻居，并且可能在不同的细胞位置。与枢纽结点相关联的动态变化可以指示有组织的模块化控制结构，其中，派对枢纽结点驻留在定义好的半自治的模块内，执行一些生物功能，而约会枢纽结点将这些模块彼此连接并组织它们的协同功能。然而，派对和约会枢纽之间的区别并不总是很明确[38]。

作为基于图的网络分析的最后一个例子，让我们看看酵母中的半乳糖利用基因网络[39]，它作为Cytoscape网络分析平台[2]中的文档示例，可以回溯以下分析。该网络由331个结点组成，结点平均有2.18个邻居。一旦加载到Cytoscape中，它就可以通过多种方式可视化。例如，在所谓的力导向（force-directed）布局中，其细节可以按用户的喜好进行自定义（图3.9）。可以在屏幕上单击每个结点，显示基因标识符。另有一个电子表格，包含了更多的信息。例如，枢纽结点（YDR395W）在mRNA从细胞核转运到细胞质中起作用，而其邻居则编码核糖体的结构成分；可能的例外是YER056CA，其功能未知。因此，网络内连接的紧密性通过功能关系反映出来。相比之下，距离枢纽结点YNL216W几步之遥的基因编码阻遏物激活蛋白。只需点击几下，Cytoscape就可以显示网络的典型数字特征，如聚类系数（0.072）、最短路径的平均值（9.025）和最长长度（27）。此外，还可以轻松显示最短路径（图3.10A）的分布和度分布（图3.10B）。后一种分布，除了非常低和非常高的度的结点，或多或少地遵循幂律，正如我们之前讨论的那样。还可以显示网络的许多其他静态特征。除了这些典型的网络特征，Cytoscape插件甚至可被用于过渡到小型子网的动态分析[40]。

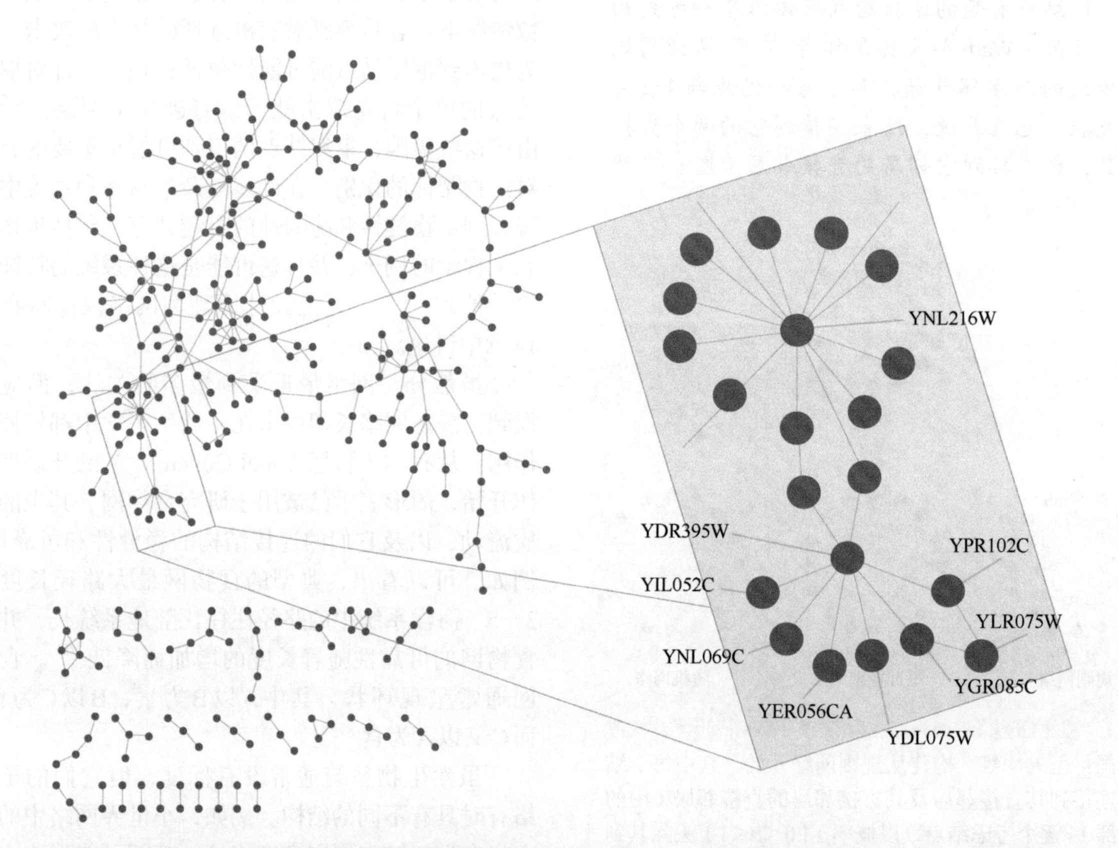

图3.9 网络的可视化。酵母半乳糖利用基因网络的Cytoscape可视化中的每个结点都可以在屏幕上点击，以显示其标识和特征。相邻结点通常功能上相互关联。有关详细信息，请参阅正文。

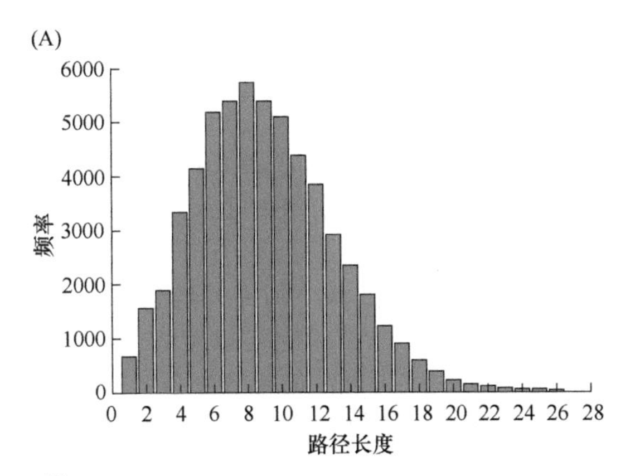

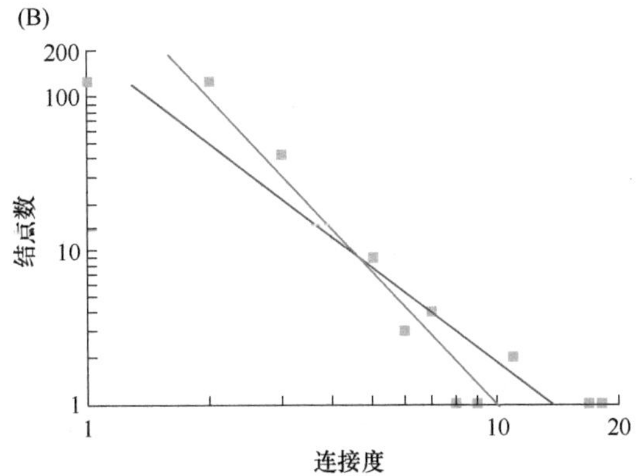

图3.10 Cytoscape的典型输出。（A）最短路径的分布。（B）度分布及Cytoscape中计算得到的回归线（红色），以及忽略掉非常低和非常高的度数后计算得到的回归线（蓝色）；后者（−2.45）产生比前者（−2.08）更陡峭的斜率。

网络组件之间的依赖关系

3.3 因果关系分析

到目前为止，我们已经讨论了网络中结点之间的连接性，以及从源到目标的路径。特别是在无向网络中，连接表示关联。但是，它们并不一定意味着因果关系，因为那更难以建立，但却可以更深入地了解网络的功能。

寻找原因和结果可能与人类一样古老。我们知道亚里士多德指出，原因必须先于结果，而伽利略在其1638年的著作《关于两门新科学的对话》中提出，一个真正的原因（vera causa）不仅必须先于结果，而且必须必要且充分。200年后，约翰·斯图尔特·米尔（John Stuart Mill）进一步要求，一个真正的原因还必须消除对因果关系的其他解释，并且在20世纪20年代，遗传学家休厄尔·赖特（Sewall Wright）提出了用于解决间接影响的线性方程和分析工具系统。赖特的研究可以被认为是现代**因果关系分析（causality analysis）**的基础[41]。如今，通常用统计方法研究原因和结果。一个突出的方法是格兰杰（Granger）因果关系，它要求：如果A导致B，那么A和B过去的值对于预测B而言应该比仅有B过去的值更具信息性。可以使用应用于随机过程的线性回归方法来评估这种情况。这些技术最近已扩展到非线性情形，但相应的计算变得相当复杂。虽然常有人警告说，相关性并不意味着因果关系，但路径分析、结构方程建模和贝叶斯统计等技术在某种程度上允许对观察到的效应的真实原因进行可靠的推断[42]。

典型的问题是，结果是直接的还是间接的，以及如何估量无法测量的隐藏变量的作用。在许多情况下，这些方法涉及一个因果图，它由一个无圈的有向图组成，这意味着永远不能返回同一个结点。生物学中因果关系分析的问题在于，现实系统几乎总是包含相当程度的循环性，这使得分析或推断网络结构及其因果关系的大多数统计方法都有麻烦。在具有许多循环的系统中，原因可以分布在整个系统中，并且多个相关或不相关的因素可能以不同的权重对结果做出贡献。由于这些典型的复杂性，因果关系分析在生物学中只有有限的应用（一个相对简单案例中的成功例外[43, 44]），贝叶斯方法除外，它们通常用于遗传和信号网络的重构，我们将在后面的部分中看到。

3.4 互信息

比识别真正的因果关系更简单的任务涉及两个变量的相互依赖性。例如，假设在我们已知某些其他基因表达的情况下，想要量化一些感兴趣的基因表达的可能性。不难看出，对基因集的可能共表达的这种分析可以提供关于通路结构的重要线索，并且可能揭示涉及基因表达的许多变化的癌症等疾病的病因[45]。可以使用表征两个或更多量之间的互信息的统计方法来解决这种性质的问题。这些方法源自克劳德·香农（Claude Shannon）和沃伦·韦弗（Warren Weaver）关于通过噪声通道进行通信的可靠性的想法[46]，这些想法带来了现在所谓的信息理论。在这个领域，人们研究了一个变量X开启（出现）而另一个变量Y开启（出现）或关闭（不出现）的可能性。如果X和Y彼此完美耦合，则两者将始终同时开启或关闭，或者总是一个开启一个关闭。然而，在大多数情况下，耦合并不是那么明确，人们常常想知道两个变量到底是否会相互影响。X和Y之间的互信息表征了它们在耦合是完美的、强的、弱的或缺失的等情况下的依赖性。换句话说，互信息是一种量度，反映了对两变量之一的知识，在多大程度上减少另一个变量的不确定性。如果X和Y完全相互独立，则互信息为0，因为即使我们知道关于X的所有内容，也无法对Y进行可靠的预测。相比之下，X和Y之间的强依赖性对应于互信息的高取值。在分子系统生物学中使用互信息的具体实例包括关于基因-基因相互作用的功能相关性[47]，以及基因表达与转录因子组织成调控模体之间的协调性[48]的推断。

量化互信息的关键概念是熵$H(X)$，它度量与随机变量X相关的不确定性。这里，术语随机变量意味着X可以以一定的概率取不同的值；例如，色子的滚动可能出现1～6的任何数字。根据情况，关于X的不确定性可能取决于我们对另一个变量Y的了解程度。例如，如果两个基因G_1和G_2经常共表达，并且是如果我们观察到G_2在某种情况下确实表达了，我们会更有信心（尽管仍然不确定）G_1也会被表达。在我们知道Y的情况下，X的不确定性表示为条件熵$H(X|Y)$。此外，将一对随机变量的不确定性量化为联合熵$H(X, Y)$，其被定义为熵$H(X)$和条件熵$H(Y|X)$之和。由于$H(X, Y)$与$H(Y, X)$相同，我们得到如下关系

$$H(X,Y)=H(X)+H(Y|X)=H(Y)+H(X|Y)$$

互信息$I(X; Y)$是单个熵的和减去联合熵：

$$I(X; Y)=[H(X)+H(Y)]-H(X, Y)$$

这些关系可以在熵的维恩图中可视化（图3.11）。香农（Shannon）、韦弗（Weaver）和其他人研究了各种熵的数学公式，这些公式可以直接扩展到两个以上变量之间的不确定性和互信息。对该主题的一个很好的介绍见参考文献［45］。

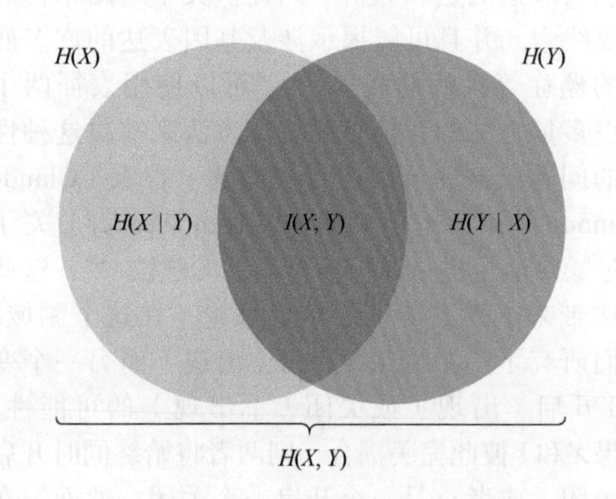

图3.11 互信息和熵。维恩图可视化了互信息$I(X; Y)$与不同类型的熵之间的关系，即与随机变量X和Y相关的熵$H(X)$和$H(Y)$、联合熵$H(X,Y)$及条件熵$H(X|Y)$与$H(Y|X)$。

相互作用网络的贝叶斯重构

虽然使用诸如度分布或聚类系数等度量来表征图相对容易，但在未知图中找到连通性要困难得多。本节介绍在不良特征的图中执行**逆向工程**（**reverse engineering**）技术所需的基本概念。本节的重要信息是确认，至少在有利的条件下，确实可以推断出具有一定可靠性的未知静态网络的结构。并非容易且无法回避的技术细节，不应该模糊对这一信息的传达。

很容易想象，只有当一个人拥有许多合适的数据时，才能推断出网络的结构。同样清楚的是，现实中这样的数据基本上总是被噪声破坏，噪声可能来自真实的随机性或来自实验测量期间的不准确性。例如，在特定时间点活跃的信号转导系统的组件可能取决于所有类型的因素，包括环境扰动、内置冗余和系统的近期历史。加诸这些扰动之上的还有获得活跃和非活跃状态准确表征的实验困难。鉴于如此巨大的挑战，如果在A和B都打开且C通常活跃时，推断在C的刺激下，A和B两种组件活跃的因果作用是可能（或实际上有效）的吗？不难想象，我们观察到相同的这样的模式越多——A和B开则C开、A或B关或两者都关则C关，这种推理的可靠性就越高。换句话说，很容易想象，网络重建任务需要许多允许应用统计工具的数据。

有用的数据有两种形式。在第一种情况下，人们对组件活动的共现（co-occurrence）有许多独立的观察，如上面A、B、C的情形。在第二种情况下，人们可能拥有某些刺激之后在许多时间点的序列中获得的网络许多或所有组件的测量结果。例如，可以将细胞培养物暴露于环境胁迫下并且在之后的许多分钟、数小时乃至数天内研究一组基因的表达谱。在本章中，我们仅讨论许多共现的前一种情况。我们将在第5章讨论后一种情况，它解决了动态系统的逆向建模任务。

尝试从共现数据推断网络结构的策略具有统计性质，可追溯到近250年前的托马斯·贝叶斯[49]；它仍然被称为**贝叶斯网络推断**（**Bayesian network inference**）。如果数据丰富且质量良好，则该策略相当稳健，可解决直接和间接的因果影响。但是，它也有其局限性，我们稍后会讨论。

在我们概述贝叶斯网络推断的原理之前，有必要回顾一下概率的基础知识。我们以一种略带散漫的概念方式来做这件事，但是有很多书以严谨的数学方式对待这些想法（如参考文献［50］）。

按照惯例，概率是0～1（或100%）的实数，其中0表示事件的不可能性，1表示事件的确定性。假设我们的钱包中有9个1美元的新钞票和1个20美元的新钞票，它们没有以任何特定的方式排序。因为钞票是新的，并且具有相同的尺寸、质量和材料，我们无法感觉到它们之间的差异，那么闭着眼从钱包中取出钞票，取到1美元钞票的概率是90%或0.9，而取到20美元钞票的概率是10%或0.1。取到5美元、100美元或7.50美元钞票的概率为0，而取出“1美元或20美元”钞票的概率为1。所有这些都具有直观意义，并且可以在数学上被严格证明。

想象一下，我们现在多次重复实验，且总是将取出的钞票放回钱包，每次记录我们抽取的金额。在前面的例子中，如果我们取钞票的频率够高，我们预计大约每十次就会取到一次20美元的钞票。现在假设我们不知道钱包里的10张钞票中有多少是1美元或20美元的。只取一张钞票出来无法真正回答这个问题，但如果我们多次重复实验，那么取出1美元或20美元的数字开始让我们的认知图像越来越清晰。这个论点如下：如果我们盲目抽取50次，且如果钱包中只有一张20美元的钞票，那么我们预计，50次中共有5次抽出20美元。它可能是4次，也可能是6次，但5次是我们最好的估计。相比之下，如果在10张钞票中有6张20美元的，我们可以期待更高的取出次数，即20美元的钞票取出30次，相当于每次抽取有60%的机会。因此，仅通过观察许多次实验的结果，我们就可以推断出关于“系统”内部未知结构的一些东西。**贝叶斯推断（Bayesian inference）**是这种策略的复杂形式。我们对结果并不是100%肯定，因为它们是概率性的，但我们的信心会随着观察的数量而增加。

继续看这个例子，假设在一个游戏节目中，我们必须选择三个钱包中的一个，然后盲目地从中抽出一张钞票。钱包有不同的颜色，且不论出于何种原因，我们略微偏爱灰色。具体而言，假设选出灰色钱包的概率为40%，而另外两个的概率各为30%。当然，我们不知道每个钱包中有什么。假设棕色钱包有两张100美元钞票和8张1美元钞票，灰色钱包有6张20美元钞票和4张1美元钞票，红色（译者注：原文有误，写成了绿色；从图片上看，应该是红色）钱包有10张10美元钞票（图3.12）。

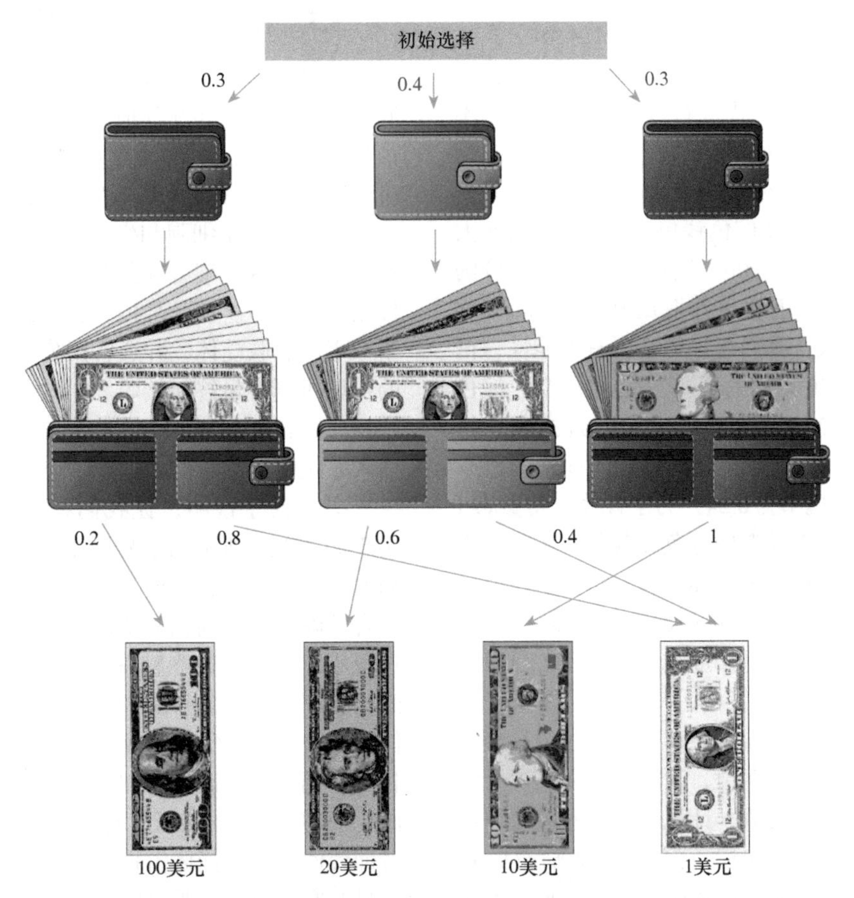

图3.12 可以使用纸牌、色子和游戏直观地探索条件概率。这里显示的是一个假想的游戏节目的示意图，其中，参赛者选择一个钱包并从中抽出一张纸币。

显然，我们游戏的结果最终将分别为1美元、10美元、20美元或100美元，但每种结果出现的可能性是多少？很容易看出，从钱包中取出特定金额的概率首先取决于我们选择的钱包。在统计学术语中，概率是条件性的，因为它取决于（受条件限制）对特定钱包的选择。图3.12说明了这种情况。

一般而言，如果事件A为真（正在发生或之前发生过），则事件B的条件概率$P(B|A)$（即给定A时B的概率）被定义为

$$P(B|A)=\frac{P(B和A)}{P(A)} \tag{3.8}$$

这里P（B和A）表示A和B同时为真的（联合）概率，并且默认假设A的概率$P(A)$不为零。因为P（B和A）与P（A和B）相同，我们可以形式化地重新排列这些项并将一系列方程写为

$$\begin{aligned}P(B|A)P(A)&=P(B和A)=P(A和B)\\&=P(A|B)P(B)\end{aligned} \tag{3.9}$$

这里的外部表达式的等价形式称为贝叶斯定理、贝叶斯公式或贝叶斯规则，通常写为

$$P(A|B)=\frac{P(A和B)}{P(B)}=\frac{P(B|A)P(A)}{P(B)} \tag{3.10}$$

该公式表明，假定$P(B)$不为零，我们就可以给出（观察到的）结果B发生时事件A（未知）发生的陈述。

使用条件概率的公式进行各种前向计算并不困难。对于我们的游戏节目示例，因为钱包的选择和从中取出钞票是独立的事件，它们的概率只是简单相乘，所以选择棕色钱包并确保100美元大奖的概率是0.3×0.2=0.06，这相当于少得可怜的6%的概率。选择灰色钱包并取出100美元的概率为零。以这种方式，我们可以穷举所有可能性，例如，计算出取得20美元的概率。也就是说，棕色或红色钱包取得20美元的概率为零。选择灰色钱包的概率为0.4，并且从中取出20美元钞票的概率为0.6，因此总体概率为0.24。为了计算取得寥寥1美元的概率，我们需要考虑棕色和灰色钱包，概率为0.3×0.8+0.4×0.4=0.4。最后，总体结果为10美元的概率为0.3或30%。正如预期的那样，取得1美元、10美元、20美元和100美元的概率之和为1。

我们可以很容易回答的另一个问题如下：如果我们知道三个钱包的内容，那么灰色钱包是否是最佳选择？答案在于预期值，我们可以将其视为游戏进行非常多次的平均值。计算预期值的最简单情形是红色钱包，当选中时，它总是会奖励我们10美元。对于棕色钱包，预期值为20.80美元，因为在100场游戏中，我们预计将获得大约20次100美元和80次1美元。这样总金额为2080美元，相当于每次游戏平均20.80美元（尽管如此，我们在任何给定的一次游戏中实际上永远都不会得到20.80美元！）。对于灰色钱包，类似的计算产生（60×＄20+40×＄1）/100，仅为12.40美元。灰色可能是一个很好的颜色，但在这个游戏中它是一个糟糕的选择！

所有这些类型的计算都是直截了当的，因为它们遵循完善的概率理论，特别是总概率定律。该定律表明，依赖于分立事件A_1，A_2，…，A_n的事件B的概率可以计算为

$$P(B)=\sum_{i=1}^{n}P(B|A_i)P(A_i) \tag{3.11}$$

我们可以看到，如果我们考虑所有可能的分立事件A_i并且计算所有条件概率$P(B|A_i)$，则该结果与贝叶斯公式直接相关。然后事件B的概率是所有这些$P(B|A_i)$的总和，假设A_i实际以概率$P(A_i)$发生。一个直接的例子是在前面的游戏节目示例中对最不理想的结果1美元的计算。每个$P(A_i)$被称为先验概率，而$P(B|A_i)$依然是给定A_i情况下的B的条件概率。

3.5 在信号网络中的应用

贝叶斯分析的许多概念适用于基因组学、蛋白质组学、信号转导和其他网络。在这里，我们使用信号系统作为演示的主要示例，但应该清楚的是，可以以类似的方式分析基因和蛋白质网络。

信号转导是细胞和生物发挥正常功能的关键因素。简单地说，细胞在其膜外接收化学、电学、机械或其他信号。该信号以某种方式内化，比如借助于G蛋白偶联受体，并通常触发常被称为信号级联的扩增机制。最终，接收和扩增的信号导致一些细胞反应，比如相应基因的表达。第9章讨论了这些迷人系统的基本方面。

为了便于说明，让我们将条件概率的见解应用于如图3.13所示的信号网络。假设两个受体R和S锚定在细胞膜中并独立地响应适当的配体。对L结合的响应包括向信号级联C发送信号，其细节在这里不重要，但最终触发某些基因组响应G。为了激活信号级联，R和S都应该触发。此外，如果配体仅与S结合，系统则触发不同的响应Z。现实中，相互作用被噪声破坏，如非特异性配体的结合，因此，即使仅R或S活跃，也可能触发级联反应，或者即使两者都被配体占据，也可能不被触发。尽管信号级联不发出可听见的声音，但也通常使用噪声这个术语。

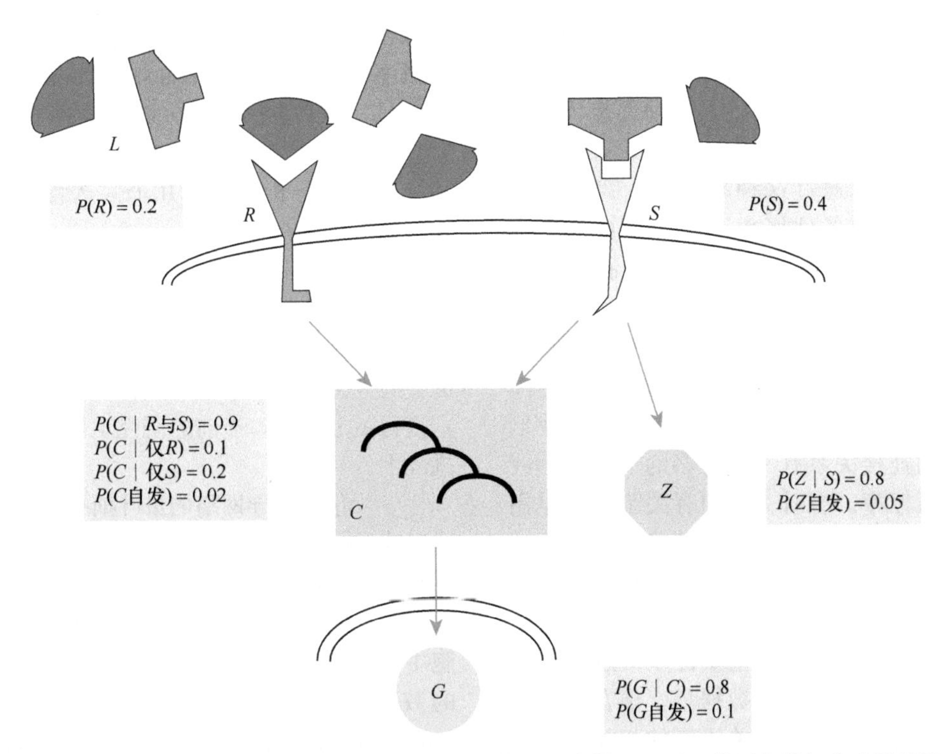

图3.13 通用的简化信号系统响应两种不同配体的结合情况。可以使用条件概率来计算预期的正确或错误响应的数量。详情请参阅正文。

可以在一张图中勾勒出系统中的连接关系，如图3.13所示，其中还显示了各种事件的概率表。例如，受体R有活性（被特定配体L占据）的概率是0.2。如果R和S都被配体占据，则级联C被触发的概率是P（$C|R$和S）=0.9，而级联的自发激活具有非常低的概率，P（C自发）=0.02。概率表可以让我们计算各种概率，如配体与S结合并触发Z的概率。或者我们可以计算：①配体与R和S结合的概率；②级联被激活的概率；③结果是基因组响应G的概率。后一种情况被建模为

$$P(G,C,R,S\text{开启})=P(G|C)\,P(C\,|\,R\text{与}S)\,P(R)\,P(S)=0.8\times0.9\times0.2\times0.4=0.0576 \quad (3.12)$$

大约6%的响应概率可能看起来很低，但它主要取决于配体R和S相对较低的结合概率，而为了正常响应，这两种结合都必须发生。

贝叶斯推断的典型情况如下。如果我们观察到基因G表达了，那么能否推断级联是否被激活和（或）是否存在R和（或）S？知道概率表后，我们可以高概率地推断出C是活跃的，因为在C处于活动状态时，G开启的概率很高（0.8），而自发的基因表达不太可能（0.1）。随着对图中结点的开关状态的更多观察变得可用，不难想象推论会变得越来越准确。

如果我们不知道概率表，而必须从对系统状态的观察中推导出它们，那么贝叶斯推断将真的会变得有趣。毫无意外，这种推断的执行相当复杂，需要复杂的计算机算法。尽管如此，理解其潜在的概念性想法依然是有用的。通常，贝叶斯网络被表示为**有向无环图（directed acyclic graph，DAG）**，这意味着它的结点X_i由单向的箭头连接，并且一旦通过任何向外的箭头离开这个结点，就不可能再返回到该结点；图3.13是一个例子。由$\mathrm{Par}_j(X_i)$表示的结点X_i的父结点被定义为通过单个连接箭头直接向X_i发送信号的那些结点。父结点的状态也可以是打开或关闭，1或0，或取其他值，就像X_i的状态取值一样。如果图由n个结点组成，则可以计算系统状态具有特定值（x_1，x_2，…，x_n）的概率P，它依赖于父结点的状态，可写为

$$P(X_1=x_1\wedge X_2=x_2\wedge\cdots\wedge X_n=x_n)=\prod_{i=1}^{n}P\left[X_i=x_i\,|\left\langle \mathrm{Par}_j(X_i)=x_j\right\rangle\right] \quad (3.13)$$

这里，符号∧是逻辑“与”。因此，左侧的表达式表示所有结点X_i同时具有特定值x_i的概率P。右侧的符号$\left\langle \mathrm{Par}_j(X_i)=x_j\right\rangle$表示$X_i$的所有父结点$P_j$的集合及其特定状态$x_j$。因此，乘积中的概率

是结点X_i取x_i值的概率，依赖于其所有父结点的状态。如上所述，父结点的状态又可以用它们自己的父结点来表达，依此类推。这种逐步依赖之所以可能，是因为图是无圈的；如果它有圈，我们就会遇到麻烦。通过这种形式化，我们可以计算系统中的任何条件概率。这些计算通常非常烦琐，但它们很直接，可以使用定制的软件执行。

条件概率的计算要求我们知道网络的连接关系和每个结点的概率表，如图3.13中的情况那样。对于生物学中的许多实际的信号转导网络，我们可能对它们的连接关系有一个粗略的认识，但我们通常不知道概率。有时，我们有关于概率是高还是低的信息，但我们很少知道精确的数值。这就是贝叶斯推断的用武之地。正如到目前为止我们所做的那样，人们不需要能够在数值上向前计算，而是需要一个由所有或至少许多结点的开启或关闭状态组成的大型观测数据集。现在，分析的重点是结点之间的开启或关闭值的相关性。例如，图3.13中的信号转导系统的两个观察结果可能是

R=off；S=on；C=off；G=off；Z=on

和

R=on；S=on；C=on；G=on；Z=off

如果C和G强相关，就像它们在上面的例子中那样，那么它们同时开启或者同时关闭的状态就会在许多观察中出现。相反，在R和Z之间不会出现这种相关性。

推理策略首先是编写一个网络图，其中包含所有已知的、所谓的或假设的连接，任意两个结点之间的因果关系方向及可能的概率范围。所有概率由符号参数p_1，p_2，…，p_m表示，而非数值，并且目标是以这样的方式确定这些参数的未知值，使得参数化模型尽可能准确地反映所有（或至少大多数）观察到的状态组合。不用说，找出许多参数的这种良好匹配的配置构成了并不简单的优化任务，特别是如果有很多结点的话。最近已经为此目的开发了几种方法，包括马尔可夫链蒙特卡罗（MCMC）算法（如Gibbs采样器）和Metropolis-Hastings方法，它们都相当复杂[8]。这些优化方法的基本概念包括随机选择概率（首先盲目地或在已知假设范围内，稍后在由算法确定的收缩范围内）并计算所有结点的相应联合分布（请回顾第2章中的蒙特卡罗模拟）。推定概率的这种前向计算相对简单并且被执行数千次。然后使用计算的联合分布和观察到的分布之间的统计比较来确定在算法迭代期间缓慢改善的概率值，如果成功，则最终产生一组概率值，使得模型最佳地匹配观察值。有关详细信息，感兴趣的读者可以参考参考文献［8］和［51］。基于输入和输出结点上的观察，有时使用相同类型的分析来确定几个候选者中哪一组网络连接最有可能。

贝叶斯推断策略的一个理论和实际缺陷是它不允许包含任何类型的有循环的图。例如，在同一结点处开始和结束的箭头链及反馈信号都是不允许的。此外，随时间推移而变化的图或概率表使得推定变得更加复杂。当前的研究工作正是集中在这些挑战上。

实际信号转导网络的贝叶斯推断看上去遇到了难以克服的问题。但是，已有几个成功案例被记录下来。一个典型的例子是识别人类免疫系统的$CD4^+$ T细胞中的信号网络[52]。其数据包括对个体细胞中多磷酸化蛋白和磷脂组分在外部分子扰动下的数千个单细胞流式细胞测量（single-cell flow-cytometric measurement）结果。具体来说，数据由刺激15 min后给定细胞内的11种磷酸化分子中的每一种分子刺激（特定成分的抑制或激发）和相应状态或条件的知识组成。贝叶斯推断成功地证实了一些信号成分之间的已知关系，并揭示了其他一些先前未知的因果关系。毫不奇怪，该分析未检出与信号转导网络中已知循环相对应的三种因果关系。

3.6 在其他生物网络中的应用

在信号系统之外，图方法和贝叶斯方法已被用于重建蛋白质-蛋白质相互作用网络，其主要目的是确定哪些蛋白质发生相互作用，以及这些相互作用中哪些具有功能意义[53, 54]。例如，罗兹（Rhodes）及其合作者[55]提出了人类蛋白质-蛋白质相互作用网络的模型，将来自蛋白质结构域的数据与基因表达和功能注释数据整合。他们使用贝叶斯方法构建并部分验证了由近40 000种蛋白质-蛋白质相互作用组成的网络。除了存在或不存在特定的互作，人们通常也会对这些网络的结构和底层图的特征感兴趣，如枢纽结点的类型、集团性、小世界或随机结构，正如我们在本章前面讨论的那样。由于大规模蛋白质-蛋白质相互作用网络通常包含数百个结点，因此它们的可视化是一项巨大的挑战。

贝叶斯方法也已应用于基因调控网络和转录控制[56, 57]。在基因组网络中，人们会询问哪些基因在功能上是共同调节的，以及一组基因的表达是否可能依赖于另一组基因的表达。答案可以在来自扰

动实验的微阵列数据、转录因子和启动子之间的相互作用或在刺激后多次测量基因表达的时间序列数据中找到[58, 59]。一个复杂的例子是分析个体间的遗传变异及其对肥胖、糖尿病和癌症等复杂疾病的发生与严重程度的影响[60]。

贝叶斯推断方法很少应用于代谢网络。主要原因是这些网络中的相互作用严格地受到生物化学的影响，因此通常或多或少地清楚这些网络是如何连接的。由于这种强大的生化基础，代谢网络可以进行一系列其他分析，我们将在下面讨论。

静态代谢网络及其分析

代谢网络将在第8章中详细描述，但它们足够直观，可在此作为说明示例。代谢网络特别适用于聚类系数和度分布之外的分析，因为它们代表实际物料的流动。与蛋白质相反，蛋白质的相互作用经常在它们的关联和共定位中看到，代谢池接收和释放材料，并且所有这些材料都必须有所交代。因此，如果一定数量的材料离开一个池，则其他池将接收相同的量。如果葡萄糖转化为葡萄糖-6-磷酸，我们知道消耗掉的葡萄糖的量将等于新添加的葡萄糖-6-磷酸的量。这些前体-产物之间的关系极大地限制了代谢系统中可能发生的事情，从而允许各种有趣的分析。

为了简化讨论，我们将重点关注小系统，但应该注意的是，文献中的一些分析已经解决了相当大的代谢网络[15, 20, 22, 61-63]。一般来说，代谢系统描述了有机物质如何从一种化学形式转化为另一种化学形式，如在糖酵解的第一个反应中葡萄糖转化为葡萄糖-6-磷酸。如前所述，所有感兴趣的化合物都表示为结点，酶促反应和运输步骤表示为边。如先前所注意到的那样，这种表示的一个替代方案是二分图，其中两种不同类型的结点分别代表代谢物和酶促反应，并且被表示成彼得里（Petri）网进行分析[12, 13]。依本章的精神，我们研究稳态下通过代谢系统的**流量（flux）**，这种限制使我们可以忽略许多方面，如时间、动力学和调节特征，而这些方面我们将在第8章学习。

3.7 化学计量网络

在代谢反应的通用网络中，有机化合物从一个结点流到另一个结点。在稳态的假设下，进入给定结点的所有流量必须总体上等于离开该结点的所有流量。由于受稳态的这种限制，代谢系统变成静态网络并可以表示为图。为简单起见，让我们假设代谢网络中的所有边都是单向的；也就是说，我们遇到如图3.1A中网络的情况，其中材料只能从左向右和向上流动，而不能反向流动。物质流所施加的**约束（constraint）**直接产生数学关系，这些数学关系统称为**化学计量学（stoichiometry）**，并且我们用图3.14通用通路中的结点N_3作为代表进行说明。即很明显，我们得到

$$F_{13}+F_{23}=F_{34} \quad (3.14)$$

对于诸如N_2这样的结点，我们将双向流量F_{20}分解为两个单向（正向和反向）的流量F_{02}和F_{20}，这允许我们再次如式（3.14）那样书写简单的线性平衡方程。

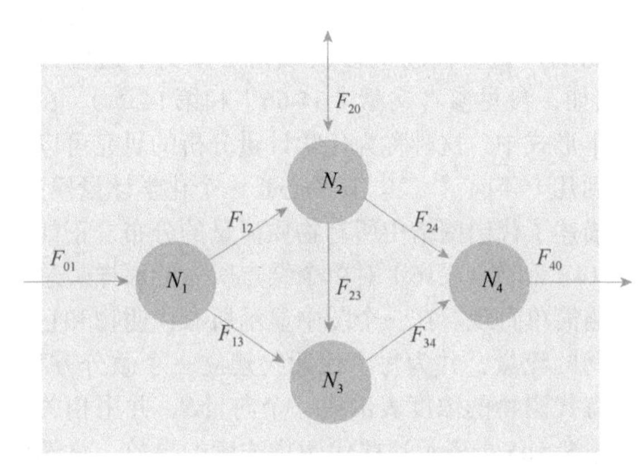

图3.14 具有4个结点及进入和离开它们的流量的通用网络。在网络的任何稳态下，进入一个结点的所有流量的总和在量上等于来自该结点的总流出量。

式（3.14）中的简单线性关系能否与完全动态的代谢系统模型一致？答案是“能”——如果我们将系统限制在稳态。为了看到这一点，让我们假设在某一时刻系统不处于稳态。正如我们在第2章中所学到的，我们可以通过令每个结点的量的变化与进入和离开该结点的所有流量平衡相等来设置描述网络动态的微分方程。因此，对于结点N_3，我们给出微分方程为

$$\frac{dN_3}{dt}=F_{13}+F_{23}-F_{34} \quad (3.15)$$

它直接表示F_{13}和F_{23}是在向池N_3添加材料，而F_{34}是从池中吸取一些材料。在该动态表示中，F_{13}、F_{23}和F_{34}通常是代谢物、酶和调节剂的时间依赖函数。但是在稳态下，每个流量都采取固定的数值，且系统中的所有时间导数必须等于零，因为任何变量都没有变化。结果便是一个纯粹的代数系统，它分析起来要容易得多。对于结点N_3，我们得到

$$\frac{dN_3}{dt}=F_{13}+F_{23}-F_{34} \Rightarrow 0=F_{13}+F_{23}-F_{34} \quad (3.16)$$

它恢复到前面式（3.14）中的结果。可能影响流量的调控会发生什么？答案是影响F_{13}、F_{23}和（或）F_{34}的所有调节因子也都处于稳态并因此保持恒定，因此每个流量都是真正恒定的并退化为数值。因此，即使对于大型受调节系统，稳态也会简化为线性代数方程组，其中沿各边的流量是方程中的变量。

在稳态下研究流量的相对简单性导致了对代谢系统的大量研究活动，代谢系统有时非常大并且包含数十种（如果不是数百种的话）代谢物和反应。引起这种强烈兴趣的一个原因是希望朝向期望的目标来操纵天然的流量分布，如增加微生物中有机化合物的产量，代谢工程领域完全接受了这些方法（例如，参见参考文献［64-66］和第14章）。在其基本形式中，这种称为化学计量分析的研究可以追溯到几十年前[67, 68]。其核心是一个化学计量模型，它描述了代谢网络中所有物质流量的分布，正如式（3.14）和式（3.16）对单个结点所做的那样。总体思路简单直观。在一个图中显示所有代谢物和它们之间的流量，并为每个代谢物建立一个微分方程。所有代谢物的浓度表示成一个向量$\boldsymbol{S}$，并用相关的向量$\dot{\boldsymbol{S}}=d\boldsymbol{S}/dt$表示这些代谢物浓度的导数。化学计量矩阵$\boldsymbol{N}$描述了网络内的连接关系。

例如，考虑图3.15中的小型网络，其中包含4个底物池A，…，D和7个流量R_1，…，R_7。相应的化学计量矩阵$\boldsymbol{N}$也显示在图3.15中，其中的1项显示进入池的物料，而−1项则表示离开池的流量。如果是用两个分子来生成一个产物分子，则该矩阵将包含2的项。

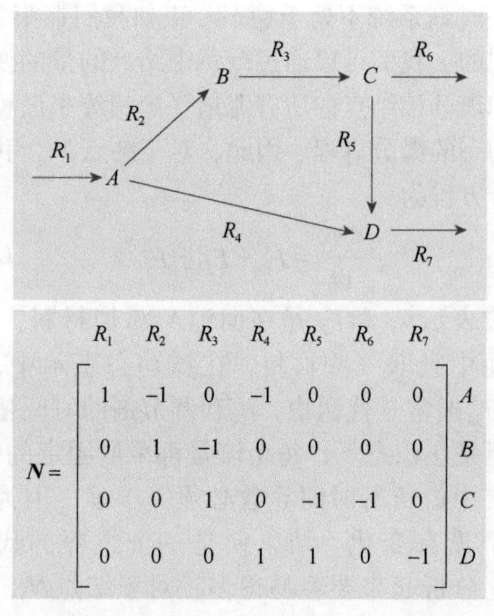

图3.15　通用流量网络（上）及其化学计量矩阵N（下）。矩阵N量化哪些网络组件彼此连接。

描述反应网络的线性微分方程组可以用矩阵形式写成

$$\dot{\boldsymbol{S}}=\boldsymbol{NR} \quad (3.17)$$

式中，向量$\boldsymbol{R}$包含池之间的流量。因此，将向量$\boldsymbol{S}$中代谢物的动力学分解成化学计量系数矩阵，并以流向量乘以该矩阵。

在大多数化学计量学研究中，这些微分方程的动力学解——它们将所有代谢物S_i显示为时间的函数，实际上并不是主要的关注点，主要关注的是稳态下的流量分布。在这种情况下，式（3.17）左侧向量中的所有时间导数都为零，因此，第i个微分方程成为下面这样的代数线性方程：

$$0=N_{i1}R_1+N_{i2}R_2+\cdots+N_{im}R_m \quad (3.18)$$

其结构与上述简单例子中的式（3.16）结构相同。现在，流量R_i被认为是变量，必须满足式（3.18）。更确切地说，每种代谢物池都有这种类型的一个方程，必须同时满足。

在理想情况下，我们能够测量网络中的许多流量，这样就能计算剩余的流量。然而，在大多数现实情况下，只能测量少数的流入量和流出量，并且它们通常不足以确定整个网络。但是，由于专注于稳态，我们已进入线性代数领域，该领域为各种各样的任务提供了方法。例如，无论我们是否有用于完整识别的足够多的已测流量，它都允许我们刻画如式（3.18）中的方程系统的解。

例如，凯泽（Kayser）及其同事[69]分析了不同葡萄糖限制的生长条件下大肠杆菌的代谢流量分布情况（图3.16）。很容易检查输入和输出流量是否对每个代谢物池和稳态生长条件（米色方框中的左和右数字）进行了精确平衡。例如，100个单位从葡萄糖流入葡萄糖6-磷酸（G6P），并在三个方向上前行：依赖于实验条件，58或31个单位流向果糖6-磷酸（F6P），41或67个单位是用于生产核酮糖5-磷酸（R5P），而1或2个单位分别去向未定的用途。注意F6P和3-磷酸甘油醛（GAP）之间的明显加倍，这是由于F6P含有6个碳而GAP仅为3个的事实。该系统还产生二氧化碳并消耗其他化合物，如ATP，这些都没有显式地列出。

每个代谢物池的平衡可以表示为一组简单的（化学计量学）方程。如果不能测量所有流量，则可以使用这些方程来推断它们。例如，图3.16中16或17单位的3-磷酸甘油酸（G3P）的流出简单地平衡了已知的来自GAP的流入和流向磷酸烯醇丙酮酸（PEP）的流出。

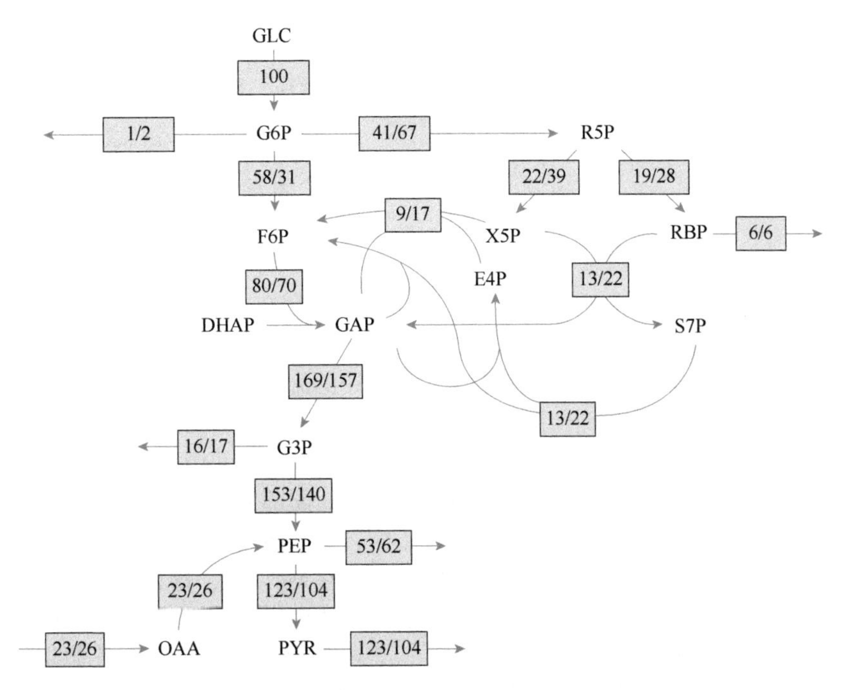

图3.16 在不同条件下生长的大肠杆菌培养物中的流量分布。蓝色箭头代表酶促反应，而盒子包含两种不同生长条件的流量测量值。所有流量的大小都表示为相对于葡萄糖消耗步骤的值，其值设定为100。缩写：DHAP，磷酸二羟丙酮；E4P，赤藓糖-4-磷酸；F6P，果糖-6-磷酸；GAP，3-磷酸甘油醛；GLC，葡萄糖；G6P，葡萄糖-6-磷酸；G3P，3-磷酸甘油酸；OAA，草酰乙酸；PEP，磷酸烯醇丙酮酸；PYR，丙酮酸；R5P，核酮糖-5-磷酸；RBP，核糖-5-磷酸；S7P，七羟基庚酮糖；X5P，木酮糖-5-磷酸［数据来自Kayser A, Weber J, Hecht V & Rinas U. *Microbiology* 151 (2005) 693-706.］。

3.8 化学计量分析的变体

如果只能测量少数流量，则化学计量方程的解仅在极少数情况下是唯一的。原因是基本上所有代谢网络都含有比代谢物池更多的反应。作为一个数学结果，方程系统是欠定的，并允许许多不同的解，这些解都可以用线性代数方法来表征。实际上，所有这些解形成了有时是高维的解空间。为了确定哪一个解才是自然界中最可能存在的，习惯性做法是提出合适的最优标准。最典型的标准是微生物努力优化其生长速率。通过这样的目标，人们使用优化方法来识别满足所有化学计量稳态方程［即式（3.18）这种类型］的解，同时优化生长速率。已经提出了不同的变体方法来解决欠定的化学计量系统[70]。最广泛使用的是**流平衡分析（flux balance analysis，FBA）**[64, 71]。除了每个结点的输入和输出流量之间的平衡及要优化目标的使用，FBA还考虑了系统必须满足的一些或所有流量的生物学**约束（constraint）**。这些约束可能是热力学的或其他一些物理化学性质的，而核心分析方法是**约束下的优化（constrained optimization）**。其他变种包括基元模式分析[72]（将在第14章讨论）、极端通路分析[64, 73]，以及代谢调整的最小化[74, 75]。

值得注意的是，静态代谢网络中的流量分布不仅强烈地依赖于优化目标，还依赖于实验条件。例如，图3.16中的流量分布对于不同的可用底物而言相差很大。例如，藻类的*Synechocystis* sp. PCC 6803株可以从诸如葡萄糖的底物吸取能量（异养生长）或通过光合作用产生能量（自养生长）。虽然代谢网络在两种情况下是相同的，但两种生长模式对应于截然不同的流量分布[76]。

无论应用化学计量分析的何种变体，流量分析都不能告诉我们系统中的代谢物浓度是多少。重点完全放在了流量上，如果对代谢物的信息感兴趣，必须加入其他数据。在最直接的情况下，可以在稳态下测量所有浓度。在其他情况下，如果催化反应的酶的特征已知，有时（但不总是）可以推断出稳态浓度。

FBA在某种程度上可以扩展到系统不处于稳态的情况[77]。但是，这种类型的扩展分析更为复杂。

3.9 代谢网络重构

在上述情况中，假设我们知道代谢网络的结构。如果我们不知道呢？答案是，问题的范围取决于数据的可用性和类型。传统上，生物化学家一直在用湿实验试图确定与特定代谢物相关的反应、调节剂和动力学特性。这些研究是非常耗费劳力且缓慢的，但已经合力产生了大量的知识，这些知识最初描述在柏林格（Boehringer）图中，该图装饰了许多生物化学系的走廊。这张图[78]，连同其他数据库如KEGG[79]和MetaCyc[80]，现在可以通过电子方式获得。

更进一步，高通量的分子生物学方法已经被用于刻画代谢网络。其中许多关注于目标网络中特定代谢物的实际存在情况，并使用诸如质谱和核磁共振的方法来测定（例如，参见第8章和参考文献［81］）。由于基因组数据通常比代谢通路系统的连接信息更容易获得，因此还开发了一些推断代谢通路的方法，这些方法依赖于基因存在性、与其他生物的同源性，以及基因组组织成操纵子和其他调节结构等性质（参见第6章）。例如，考虑在物种X的不完整代谢网络中存在缺口的情况，其中一些代谢物显然不能用X中已知的任何酶产生（图3.17）。假设相关物种Y具有编码酶E_Y的基因G_Y，它可以催化所需反应并可能弥合X中的缺口。如果是这样，人们使用**生物信息学（bioinformatics）**中的同源方法来试图确定X的基因组是否含有一个与G_Y有足够相似性的基因G_X。如果可以找到这样的基因，则可以推断G_X可能编码与E_Y类似的酶E_X并填补空白[61]。与BioCyc和MetaCyc相关联的免费软件，如BioCyc的PathoLogic和KEGG的KAAS[82]，可以实现这一特定目的[83-85]。使用这种方法的一个有趣的研究案例是参考文献［86］。

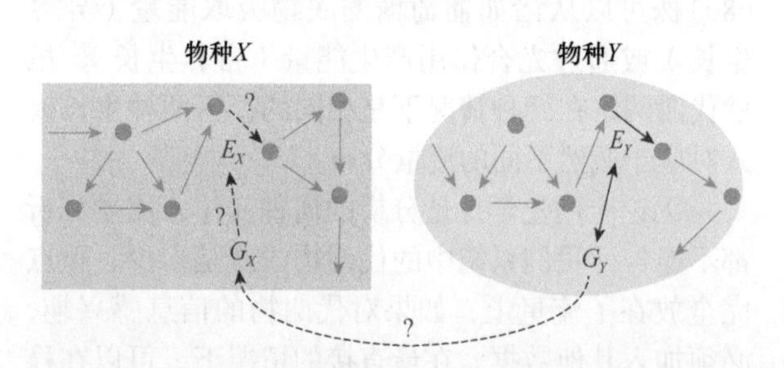

图3.17　通过基因组比较填充代谢图谱中的空白。假设代谢和蛋白质组学分析到目前为止尚未揭示能够连接物种X代谢网络的两个独立部分的酶E_X。假设在相关物种Y中已知催化缺失反应的酶E_Y，并且其基因G_Y已被确定。序列比较可以揭示物种X中的同源基因G_X并将其鉴定为编码未知酶E_X的候选物。

当代谢图的连接关系和调节因素已知而具体的动力学参数未知时，会发生不同的情况。近年来已经开发了许多用于估计这些参数的方法（例如，参见参考文献［87］）。然而，这些方法都不是万无一失的，并且都需要相当多的计算经验。我们将在第5章讨论这个问题。

3.10　代谢控制分析

从静态到动态模型（第4章）的一个有趣转变是**代谢控制分析（metabolic control analysis，MCA）**，它描述了在稳态下运作的代谢途径中小扰动的影响[88-91]。MCA最初的设想是为了取代以前普遍存在的观念，即每条通路都有一个限速步骤，它是一个缓慢的反应，本身就可以确定通过该通路的流量大小。限速步骤可以与漏斗的颈部作类比，漏斗的颈部控制每秒可以流过漏斗的液体量，它不依赖于漏斗中积聚了多少液体。在没有分支的线性通路部分，传统上认为限速步骤位于第一个反应，有可能通过最终产物施加的反馈来抑制这步反应。在MCA中，这种速率限制步骤的概念被共享控制的概念所取代，该概念假定通路中的每一步在某种程度上都对控制稳态流量有所贡献。MCA主要通过称为**控制系数（control coefficient）**和**弹性（elasticity）**的量来表示这一概念，并通过数学关系对通路的控制结构进行某些洞察。虽然多年来已经定义了MCA中原始量的许多变体[88, 91]，但最突出的是一个弹性系数和两个主要的控制系数（一个相对于通过通路的流量，而另一个相对于浓度）。

用图3.18中的线性通路说明MCA的基本概念可能是最直观的。该通用通路由输入I，输出O，中间底物浓度S_1，…，S_n和由酶E_1，…，E_{n+1}催化的反应v_1，…，v_{n+1}组成；在该示例中，$n=5$。假设通路运行在稳态，并且要求所有扰动都很小；严格地说，必须是无限小。在系统分析的通用术语中，控制系数是灵敏度，正如我们将在第4章中见到的那样。它们量化了参数的微小变化对整个系统特征的影响。在酶或其他量的微小扰动之外，原始MCA中并没有处理动力学方面，尽管后来的研究已经朝着这个方向在发展[92, 93]。正如我们在第2章中讨论的那样，稳态对应于所有底物$\dot{S}_i=0$且$\dot{I}=0$和$\dot{O}=0$的情况。很容易看出，在这种情况下，所有反应速率必须具有和总流量J相同的大小，即$v_1=v_2=\cdots=v_6=J$；读者应该确认一下这个结论。

控制系数度量稳态下的流量或底物浓度的相对变化，它由关键参数（如酶活性）的相对或百分比变化产生。换言之，人们问一个问题，例如：“如果改变其中一种酶E_i的活性，少许改变如2%，那么通过该通路的流量J将改变多少？”假设每个v_i与相应的E_i成正比，则控制系数可以用v_i或E_i等效地表示。在大多数情况下，这种假设是成立的，尽

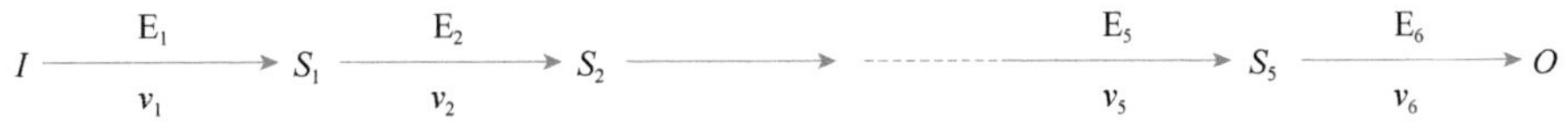

$$I \xrightarrow[v_1]{E_1} S_1 \xrightarrow[v_2]{E_2} S_2 \longrightarrow \cdots \longrightarrow \xrightarrow[v_5]{E_5} S_5 \xrightarrow[v_6]{E_6} O$$

图3.18 用于解释代谢控制分析（MCA）概念的通用代谢通路。线性通路包括输入I，输出O，中间底物浓度S_1，…，S_5和由酶E_1，…，E_6催化的反应v_1，…，v_6。

管应该意识到有例外存在[94]。此外，用所研究的量的对数变化来代替该量的相对变化在数学上更方便，如果变化很小，则是有效的（读者应该确认这一点）。因此，流量控制系数被定义为如下导数：

$$C_{v_i}^{J}=\frac{\partial J}{J}\bigg/\frac{\partial v_i}{v_i}=\frac{v_i}{J}\frac{\partial J}{\partial v_i}=\frac{\partial \ln J}{\partial \ln v_i} \tag{3.19}$$

类似地，度量酶E_i的变化对代谢物S_k稳态浓度影响的浓度控制系数定义为

$$C_{v_i}^{S_k}=\frac{v_i}{S_k}\frac{\partial S_k}{\partial v_i}=\frac{\partial \ln S_k}{\partial \ln v_i} \tag{3.20}$$

与系统分析中常用的灵敏度略有不同，控制系数被定义为相对灵敏度，并以对数形式表示。这种相对（或对数）量通常被认为更适合用于代谢研究，因为它消除了结果对体积和浓度的依赖性。例如，根据式（3.20），S_k的变化（写为∂S_k）除以S_k的实际数量，被认为是v_i变化（写为∂v_i）除以v_i的实际大小的结果。因此，比较的是相对变化。

给定的酶对流量或代谢物浓度施加的控制可能很不一样，而且确有可能，浓度受到强烈影响而通路的流量不会。因此，两种控制系数之间的区别很重要。这种区别也与实际考量有关。例如，在生物技术中，基因和酶的操作通常针对增加流量或增加所需化合物浓度的不同目标进行[91]（见第14章）。最后应该注意到，已经探索了控制系数概念的几种变化形式。例如，响应系数可以定义为流量、浓度或其他通路特征对其他外部或内部参数的依赖性[88, 91]。

每个弹性系数度量反应速率v_i如何响应代谢物S_k或一些其他参数扰动的变化。对于S_k，它被定义为

$$\varepsilon_{S_k}^{v_i}=\frac{S_k}{v_i}\frac{\partial v_i}{\partial S_k}=\frac{\partial \ln v_i}{\partial \ln S_k} \tag{3.21}$$

因为在该定义中仅涉及一种代谢物（或参数）和一个反应而不是整个通路，故每种弹性都是局部性质，原则上可以在体外进行测量。与变量的弹性密切相关的是相对于底物S_k的酶的米氏常数K_k的弹性（参见第2、4和8章）。它只是代谢物弹性的补充[95]：

$$\varepsilon_{S_k}^{v_i}=-\varepsilon_{K_k}^{v_i} \tag{3.22}$$

MCA提供的主要见解来自控制和弹性系数之间的关系。回到图3.18中的例子，我们可能对流量J的整体变化感兴趣，它由对所有6种酶的可能变化的响应之和来进行数学上的确定。已经表明[89, 90]，按流量控制系数的形式，所有效应的总和为1，并且相对于给定底物的所有浓度S，控制系数的总和为0：

$$\sum_{i=1}^{n+1} C_{v_i}^{J}=1 \tag{3.23}$$

$$\sum_{i=1}^{n+1} C_{v_i}^{S}=0 \tag{3.24}$$

这些求和关系适用于最相关条件下的任意大的通路（例外情况见参考文献［94，96］）。

关于流量控制的总和关系［式（3.23）］有两个有趣的含义。第一，人们直接看到，代谢流量的控制由系统中的所有反应共享；这个全局观点将控制系数视为系统属性。第二，如果单个反应被改变且其对流量控制的贡献改变，则通过其余反应流量控制的变化来补偿该效果。关于流量控制的总和关系通常以下列方式用于实验：在实验室测量通路中各个反应的变化的影响，若这些流量控制系数的总和小于1，则可知道对控制结构的贡献中少了一项或多项。

第二种类型的洞察来自连接关系，它建立控制系数和弹性之间的约束。这些关系已被用于表征个体反应的动力学特征与代谢通路对扰动的整体反应之间的紧密联系。这些关系中最重要的是

$$\sum_{i=1}^{n} C_{v_i}^{J}\varepsilon_{S_k}^{v_i}=0 \tag{3.25}$$

使用这些关系的综合实例是对线粒体氧化磷酸化的分析，它清楚地证明了，对流量的控制分布在许多酶中，从而驳斥了先前预期存在的限速步骤（参见参考文献［91］）。一个更简单但更具指导性的例子是图3.19中带反馈的线性通路，它改编自参考文献［95］。假设已知以下弹性系数（或许来自体外实验）：

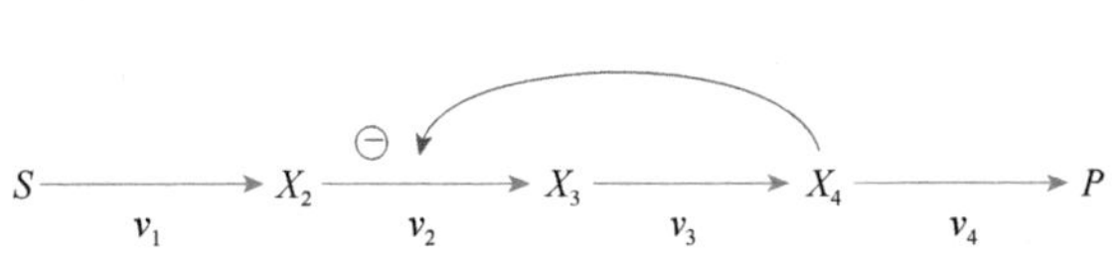

$$S \xrightarrow{v_1} X_2 \xrightarrow{v_2} X_3 \xrightarrow{v_3} X_4 \xrightarrow{v_4} P \quad (X_4 \dashv v_2, \ominus)$$

图3.19 带反馈的简单线性通路。如果目标是增加通过通路的流量，MCA提供了一种识别最佳操作策略的工具。

$$\varepsilon_{X_2}^{v_1}=-0.9,\ \varepsilon_{X_2}^{v_2}=0.5,\ \varepsilon_{X_3}^{v_2}=-0.2,\ \varepsilon_{X_3}^{v_3}=0.7,$$
$$\varepsilon_{X_4}^{v_2}=-1,\ \varepsilon_{X_4}^{v_4}=0.9$$

所有其他弹性系数都等于0。对于这个无分支通路，弹性信息及式（3.25）中的连通性定理实际上足以计算流量控制系数。例如，X_2的连接关系是

$$C_{v_1}^{J}\varepsilon_{X_2}^{v_1}+C_{v_2}^{J}\varepsilon_{X_2}^{v_2}=0.19\times(-0.9)+0.34\times0.5=0$$

求解这些方程组得到

$$C_{v_1}^{J}=0.19,\ C_{v_2}^{J}=0.34,\ C_{v_3}^{J}=0.10,\ C_{v_4}^{J}=0.38$$

假设有理由相信反应步骤v_2是瓶颈，并且分析的目标是提出增加通过该通路的流量的策略。合理的策略可能是增加v_2中酶的量，如使用现代基因工程工具。或者，以更少受X_4抑制作用影响的方式来修饰酶是不是会更好？假设我们可以通过将v_2中酶的结合常数K_4^2改变p%来实验性地改变X_4的作用效果。对于相对较小的p值，这个变化对应于$\ln K_4^2$的变化，如前所述。由于抑制信号K_4^2对v_2有影响，它通过式（3.21）和式（3.22）中的弹性系数来量化。此外，通路流量J对v_2变化的响应由式（3.19）中的流量控制系数给出。相乘得到

$$C_{v_2}^{J}\varepsilon_{K_4^2}^{v_i}=-\frac{\partial\ln J}{\partial\ln v_2}\frac{\partial\ln v_2}{\partial\ln K_4^2}=-\frac{\partial\ln J}{\partial\ln K_4^2}\quad(3.26)$$

调整之后为

$$\partial\ln J=-C_{v_2}^{J}\varepsilon_{K_4^2}^{v_i}\partial\ln K_4^2\approx-C_{v_2}^{J}\varepsilon_{K_4^2}^{v_i}p\%\quad(3.27)$$

代入数值得到酶v_2的结合常数K_4^2的每百分之一的变化所带来的流量J的相对变化为0.34×（－1）。预测的变化具有负值；因此，为了增加通路的流量，必须减小K_4^2。

我们还可以探索改变v_4中酶活性的策略，认为更高的活性会转化更多的X_4，从而减少对v_2的抑制，并可能导致更高的总流量。式（3.19）量化了这种效应：

$$\partial\ln J=C_{v_4}^{J}\partial\ln v_4\approx C_{v_4}^{J}q\%=0.38\quad(3.28)$$

确实，该效果比先前降低结合常数K_4^2的策略强约10%。以这种方式，可以综合性地计算动力学常数或酶的变化[95]。

对于这个小代谢通路，计算非常简单。对于较大的系统，已经开发出矩阵方法，允许对通路内的控制进行更有条理的评估[97, 98]。研究还表明，MCA的基本特征在生化系统理论（BST）[99, 100]和lin-log形式[92, 93]的全动态模型的稳态特性中得到了直接反映和扩展。因此，MCA可被视为从静态网络到动态系统分析的直接过渡。

练　习

3.1　试着弄清楚欧拉处理的哥尼斯堡七桥问题（图3.2）：是否有一条路径只使用每一座桥一次？如果删除了任何一座桥，解是否会发生变化？如果是，哪座桥被拆除，是否重要？

3.2　图3.20中是否存在每条边只用一次的连接路径？从何处开始，是否重要？

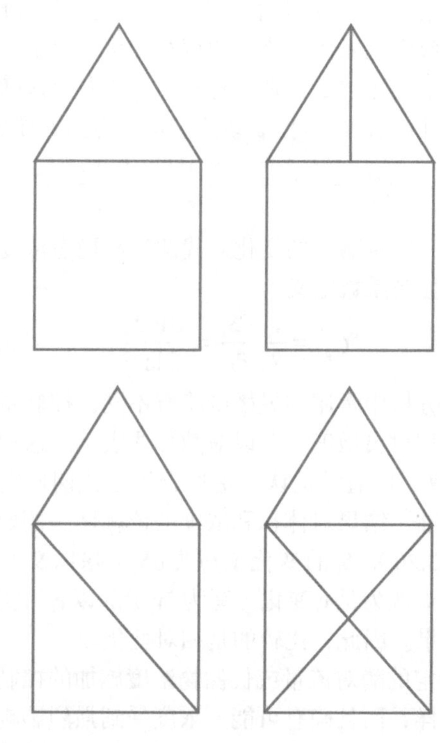

图3.20　具有不同连通性的简单图。是否有可能找到仅用每条边一次的路径？

3.3　使用m和k的不同组合，构造具有m个结点和总共mk条边的10个无向随机图。作为一个简单的开始，研究具有6个结点的图，并使用两个色子来确定随机的边，用色子确定要连接的结点。记录度分布。作为一种更有效的替代方法，编写计算机算法并计算每个图的度分布。

3.4　构造具有5个结点的10个有向图，每个图中形成单个环，如$N_1\to N_5\to N_3\to N_4\to N_2\to N_1$，并且不包含其他边。有多少这种类型的不同的图？研究它们邻接矩阵中的相似性，并总结成一个简短的报告。

3.5　枢纽结点在无向网络的邻接矩阵中如何反映？

3.6　团簇在无向网络的邻接矩阵中如何反映？

3.7　如果图中包含两个彼此不相连的子图，那么图的邻接矩阵会发生什么？你能给出一般性陈述吗？该陈述是否涵盖有向图和无向图？

3.8　使用专题3.1中的方法，计算图3.4左侧

矩阵的所有三步路径。

3.9 请确认，在无向图中，一个结点的所有邻居之间的边数最多为k（$k-1$）/2。

3.10 计算图3.21的无向图中红色结点的聚类系数。

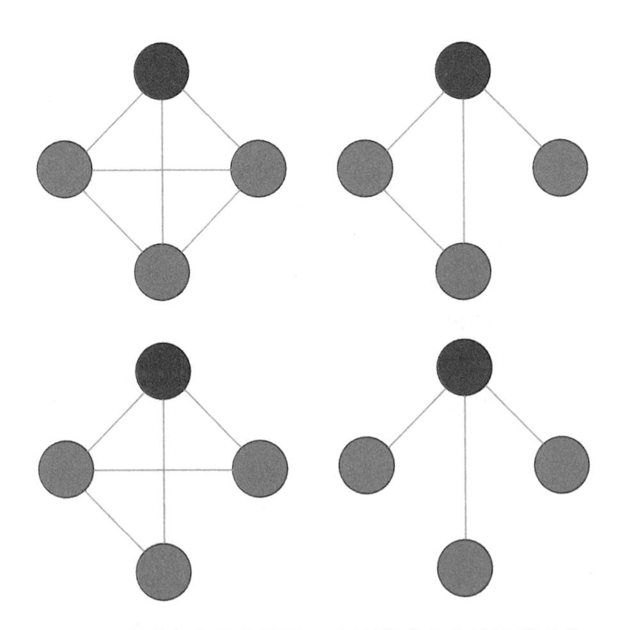

图3.21 具有4个结点的图。连接模式决定其聚类系数。

3.11 在两个结点之间没有多条边的网络中，C_N的最小值和最大值是多少？

3.12 团簇的平均聚类系数是多少？

3.13 对有向和无向图中C_N的两种不同定义进行解释。

3.14 构造5个随机图，包含6个结点和12条有向边。编写计算机程序或使用两个色子来确定源结点和终止结点；不允许双边。计算每种情况下所有最短路径的长度和平均最短距离。

3.15 在互联网上搜索具有幂律度分布的实际生物网络。研究γ并讨论，对非常高和非常低的k，幂律关系会发生什么。

3.16 在互联网上搜索，找到两个讨论派对枢纽和约会枢纽的研究工作。写一篇关于每项研究的目标、方法和结果的简短报告。

3.17 专题3.2讨论了从初始的环状结构，构造不同的连接模式。用不同的概率p（$0 \leqslant p \leqslant 1$），亲自执行这种构造过程。具体来说，研究一个有12个结点的环，如专题3.2所示那样进行连接，并用$p=1/6$，2/6，…，5/6进行分析。从第一个结点开始，沿一个方向绕过环。对于每个结点，滚动色子以确定是否应更换其中一条边。例如，对于$p=2/6$，仅在掷出1或2时替换该边。如果要替换边，请使用硬币确定是否删除结点与其右侧或左侧邻居的连接。使用硬币和色子确定新边所要连接的结点（正面：1～6的结点；反面：7～12的结点）。如果你确定的是源结点本身或边已存在，请重新投掷。一圈之后，重复该过程，这次使用第二近邻。完成第二圈后，请报告度分布、网络的聚类系数和网络直径。作为一种效率更高的替代方法，编写一个算法，使用m个结点和概率p（$0 \leqslant p \leqslant 1$）实现上述过程。

3.18 讨论随机和小世界网络对随机攻击和目标攻击的容忍度，其中在每种情况下消除一个结点。

3.19 在Cytoscape中加载半乳糖利用基因网络。探索不同的可视化模式。

3.20 在Cytoscape中加载另一个样本网络，并确定其数字特征，如结点数和聚类信息。

3.21 在Cytoscape中加载半乳糖利用基因网络。选择两个枢纽结点，找出它们和它们的邻居是否功能相关。

3.22 计算图3.13中在R和S未激活时，级联激活的概率。尽管R和S都未激活，解释P（C自发）作为C开启的概率。分别计算R或S不活跃的概率，即$1-P$（R）和$1-P$（S）。

3.23 如果R和S未激活，计算图3.13中的系统存在基因组响应的概率。如果C未激活，解释P（G自发）作为G打开的概率。

3.24 在互联网上搜索蛋白质-蛋白质相互作用网络的研究。写一篇关于研究目标、方法和结果的简短报告。特别注意网络的可视化。

3.25 在互联网上搜索基因互作网络的研究。写一篇关于研究目标、方法和结果的简短报告。

3.26 在互联网上搜索化学计量学或流平衡分析的示例。写一篇关于研究目标、方法和结果的简短报告。

3.27 如果你熟悉线性代数和矩阵的特征，请讨论在什么条件下式（3.17）可唯一求解或根本不可解。

3.28 建立如图3.22所示的戊糖途径的化学计量模型。该途径交换具有不同碳原子数的碳水化合物，如表3.1所示。因此，需要两个单位的X_1来产生一个单位的X_2和X_3，并且每个反应$V_{5,3}$使用一个单位的X_5来产生两个单位的X_3。请注意，X_3出现在两个位置，但代表相同的池。

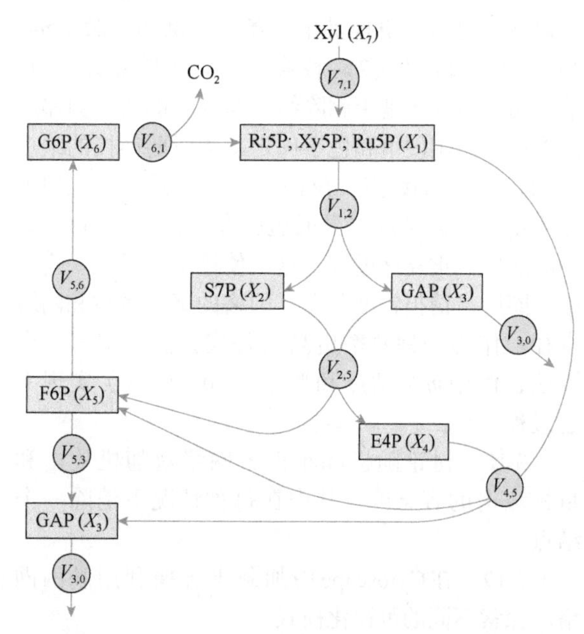

图3.22 磷酸戊糖途径图。给定流入量和流出量，可以计算内部流量。表3.1显示了每种代谢物中的碳原子数［引自Wiechert W & de Graaf AA. *Biotechnol. Bioeng.* 55（1997）101-117. 经John Wiley & Sons许可］。

表3.1 图3.22通路中每个代谢物中的碳原子数

化合物池	碳原子数
X_1	5
X_2	7
X_3	3
X_4	4
X_5	6
X_6	6
X_7	5

3.29 对于图3.22所示的通路，假设输入流量$V_{7,1}$的值为20单位，尝试不同的$V_{3,0}$值。计算相应的流量分布。产生多少二氧化碳？

3.30 如果图3.16或图3.22中通路系统中的流入量加倍，那么系统中所有其他流量也加倍，会产生有效解吗？从数学和生物学的角度来论证。

3.31 如果反应速率为$v_2(S_1)=kS_1^p$，其中k和p是常数参数，那么浓度控制系数$C_{v_2}^{S_1}$和弹性系数$\varepsilon_{S_1}^{v_2}$是多少？

3.32 如果反应速率v作为该类型的米氏（Michaelis-Menten）函数给出

$$v(S)=\frac{VS}{K+S}$$

其中V和K是参数，相应的弹性系数是多少？弹性系数是否直接依赖于底物浓度？

参 考 文 献

［1］ Cytoscape. http://www.cytoscape.org/.

［2］ Shannon P, Markiel A, Ozier O, et al. Cytoscape: a software environment for integrated models of biomolecular interaction networks. *Genome Res.* 13 (2003) 2498-2504.

［3］ Ingenuity. http://www.ingenuity.com.

［4］ BiologicalNetworks. http://biologicalnetworks.net.

［5］ Pajek. http://pajek.imfm.si/doku.php?id=pajek.

［6］ Purvis JE, Radhakrishnan R & Diamond SL. Steady-state kinetic modeling constrains cellular resting states and dynamic behavior. *PLoS Comput. Biol.* 5 (2009) e1000298.

［7］ Lee Y & Voit EO. Mathematical modeling of monolignol biosynthesis in *Populus xylem*. *Math. Biosci.* 228 (2010) 78-89.

［8］ Wilkinson DJ. Stochastic Modelling for Systems Biology, 2nd ed. Chapman & Hall/CRC Press, 2011.

［9］ Keener J & Sneyd J. Mathematical Physiology. Ⅱ: Systems Physiology, 2nd ed. Springer, 2009.

［10］ Alon U. An Introduction to Systems Biology: Design Principles of Biological Circuits. Chapman & Hall/CRC, 2006.

［11］ Voit EO. Computational Analysis of Biochemical Systems: A Practical Guide for Biochemists and Molecular Biologists. Cambridge University Press, 2000.

［12］ Chaouiya C. Petri net modelling of biological networks. *Brief Bioinform.* 8 (2007) 210-219.

［13］ Hardy S & Robillard PN. Modeling and simulation of molecular biology systems using Petri nets: modeling goals of various approaches. *J. Bioinform. Comput. Biol.* 2 (2004) 619-637.

［14］ Watts DJ & Strogatz SH. Collective dynamics of "small-world" networks. *Nature* 393 (1998) 440-442.

［15］ Ravasz E, Somera AL, Mongru DA, et al. Hierarchical organization of modularity in metabolic networks. *Science* 297 (2002) 1551-1555.

［16］ Jeong JP, Mason SP, Barabási A-L & Oltvai ZN. Lethality and centrality in protein networks. *Nature* 411 (2001) 41-42.

［17］ Maslov S & Sneppen K. Specificity and stability in topology of protein networks. *Science* 296 (2002) 910-913.

［18］ Erdős P & Rényi A. On random graphs. *Publ. Math.* 6 (1959) 290-297.

[19] Barabási AL & Oltvai ZN. Network biology: understanding the cell's functional organization. *Nat. Rev. Genet.* 5 (2004) 101-113.

[20] Wagner A & Fell DA. The small world inside large metabolic networks. *Proc. R. Soc. Lond. B* 268 (2001) 1803-1810.

[21] Chung F & Lu L. The average distance in random graphs with given expected degrees. *Proc. Natl Acad. Sci.* USA 99 (2002) 15879-15882.

[22] Jeong H, Tombor B, Albert R, et al. The large-scale organization of metabolic networks. *Nature* 407 (2000) 651-654.

[23] Jordán F & Molnár I. Reliable flows and preferred patterns in food webs. *Evol. Ecol. Res.* 1 (1999) 591-609.

[24] Lima-Mendez G & van Helden J. The powerful law of the power law and other myths in network biology. *Mol. Biosyst.* 5 (2009) 1482-1493.

[25] Nacher JC & Akutsu T. Recent progress on the analysis of power-law features in complex cellular networks. *Cell Biochem. Biophys.* 49 (2007) 37-47.

[26] Barabási AL. Linked: The New Science of Networks. Perseus, 2002.

[27] Albert R & Barabási AL. The statistical mechanics of complex networks. *Rev. Mod. Phys.* 74 (2002) 47-97.

[28] Vázquez A, Flammini A, Maritan A & Vespignani A. Modeling of protein interaction networks. *ComPlexUs* 1 (2003) 38-44.

[29] Newman ME & Watts DJ. Scaling and percolation in the small-world network model. *Phys. Rev. E* 60 (1999) 7332-7342.

[30] Fraser HB, Hirsh AE, Steinmetz LM, et al. Evolutionary rate in the protein interaction network. *Science* 296 (2002) 750-752.

[31] Carlson JM & Doyle J. Complexity and robustness. *Proc. Natl Acad. Sci. USA* 99 (2002) 2538-2545.

[32] Csete ME & Doyle JC. Reverse engineering of biological complexity. *Science* 295 (2002) 1664-1669.

[33] Doyle JC, Alderson DL, Li L, et al. The "robust yet fragile" nature of the Internet. *Proc. Natl Acad. Sci. USA* 102 (2005) 14497-14502.

[34] Cohen JE. Graph theoretic models of food webs. *Rocky Mountain J. Math.* 9 (1979) 29-30.

[35] Pimm SL. Food Webs. University of Chicago Press, 2002.

[36] de Lichtenberg U, Jensen LJ, Brunak S & Bork P. Dynamic complex formation during the yeast cell cycle. *Science* 307 (2005) 724-727.

[37] Han JD, Bertin N, Hao T, et al. Evidence for dynamically organized modularity in the yeast protein-protein interaction network. *Nature* 430 (2004) 88-93.

[38] Agarwal S, Deane CM, Porter MA & Jones NS. Revisiting date and party hubs: novel approaches to role assignment in protein interaction networks. *PLoS Comput. Biol.* 6 (2010) e1000817.

[39] Ideker T, Thorsson V, Ranish JA, et al. Integrated genomic and proteomic analyses of a systematically perturbed metabolic network. *Science* 292 (2001) 929-934.

[40] Xia T, van Hemert J & Dickerson JA. CytoModeler: a tool for bridging large-scale network analysis and dynamic quantitative modeling. *Bioinformatics* 27 (2011) 1578-1580.

[41] Olobatuyi ME. A User's Guide to Path Analysis. University Press of America, 2006.

[42] Shipley B. Cause and Correlation in Biology: A User's Guide to Path Analysis, Structural Equations and Causal Inference. Cambridge University Press, 2000.

[43] Torralba AS, Yu K, Shen P, et al. Experimental test of a method for determining causal connectivities of species in reactions. *Proc. Natl Acad. Sci. USA* 100 (2003) 1494-1498.

[44] Vance W, Arkin AP & Ross J. Determination of causal connectivities of species in reaction networks. *Proc. Natl Acad. Sci. USA* 99 (2002) 5816-5821.

[45] Anastassiou D. Computational analysis of the synergy among multiple interacting genes. *Mol. Syst. Biol.* 3 (2007) 83.

[46] Shannon CE & Weaver W. The Mathematical Theory of Communication. University of Illinois Press, 1949.

[47] Butte AJ & Kohane IS. Mutual information relevance networks: functional genomic clustering using pairwise entropy measurements. *Pac. Symp. Biocomput.* 5 (2000) 415-426.

[48] Komili S & Silver PA. Coupling and coordination in gene expression processes: a systems biology view. *Nat. Rev. Genet.* 9 (2008) 38-48.

[49] Bayes T. An essay towards solving a problem in the doctrine of chances. *Philos. Trans. R. Soc. Lond.* 53 (1763) 370-418.

[50] Pearl J. Causality, Models, Reasoning, and Inference. Cambridge University Press, 2000.

[51] Mitra S, Datta S, Perkins T & Michailidis G. Introduction to Machine Learning and Bioinformatics. Chapman & Hall/CRC Press, 2008.

[52] Sachs K, Perez O, Pe'er S, et al. Causal protein-signaling networks derived from multiparameter single-cell data. *Science* 308 (2005) 523-529.

[53] Bork P, Jensen LJ, Mering C von, et al. Protein interaction networks from yeast to human. *Curr. Opin. Struct. Biol.* 14 (2004) 292-299.

[54] Zhang A. Protein Interaction Networks: Computational Analysis. Cambridge University Press, 2009.

[55] Rhodes DR, Tomlins SA, Varambally S, et al. Probabilistic model of the human protein-protein interaction network. *Nat. Biotechnol.* 23 (2005) 951-959.

[56] Libby E, Perkins TJ & Swain PS. Noisy information processing through transcriptional regulation. *Proc. Natl Acad. Sci. USA* 104 (2007) 7151-7156.

[57] Zhu J, Wiener MC, Zhang C, et al. Increasing the power to detect causal associations by combining genotypic and expression data in segregating populations. *PLoS Comput. Biol.* 3 (2007) e69.

[58] Hecker M, Lambeck S, Toepfer S, et al. Gene regulatory network inference: data integration in dynamic models—a review. *Biosystems* 96 (2009) 86-103.

[59] Gasch AP, Spellman PT, Kao CM, et al. Genomic expression programs in the response of yeast cells to environmental changes. *Mol. Biol. Cell* 11 (2000) 4241-4257.

[60] Sieberts SK & Schadt EE. Moving toward a system genetics view of disease. *Mamm. Genome* 18 (2007) 389-401.

[61] Reed JL, Vo TD, Schilling CH & Palsson BØ. An expanded genome-scale model of *Escherichia coli* K-12 (iJR904 GSM/GPR). *Genome Biol.* 4 (2003) R54.

[62] Wagner A. Evolutionary constraints permeate large metabolic networks. *BMC Evol. Biol.* 9 (2009) 231.

[63] Schryer DW, Vendelin M & Peterson P. Symbolic flux analysis for genome-scale metabolic networks. *BMC Syst. Biol.* 5 (2011) 81.

[64] Palsson BØ. Systems Biology: Properties of Reconstructed Networks. Cambridge University Press, 2006.

[65] Stephanopoulos GN, Aristidou AA & Nielsen J. Metabolic Engineering. Principles and Methodologies. Academic Press, 1998.

[66] Torres NV & Voit EO. Pathway Analysis and Optimization in Metabolic Engineering. Cambridge University Press, 2002.

[67] Clarke BL. Complete set of steady states for the general stoichiometric dynamical system. *J. Chem. Phys.* 75 (1981) 4970-4979.

[68] Gavalas GR. Nonlinear Differential Equations of Chemically Reacting Systems. Springer, 1968.

[69] Kayser A, Weber J, Hecht V & Rinas U. Metabolic flux analysis of *Escherichia coli* in glucose-limited continuous culture. Ⅰ. Growth-rate-dependent metabolic efficiency at steady state. *Microbiology* 151 (2005) 693-706.

[70] Trinh CT, Wlaschin A & Srienc F. Elementary mode analysis: a useful metabolic pathway analysis tool for characterizing cellular metabolism. *Appl. Microbiol. Biotechnol.* 81 (2009) 813-826.

[71] Varma A, Boesch BW & Palsson BØ. Metabolic flux balancing: basic concepts, scientific and practical use. *Nat. Biotechnol.* 12 (1994) 994-998.

[72] Schuster S & Hilgetag S. On elementary flux modes in biochemical reaction systems at steady state. *J. Biol. Syst.* 2 (1994) 165-182.

[73] Schilling CH, Letscher D & Palsson BØ. Theory for the systemic definition of metabolic pathways and their use in interpreting metabolic function from a pathway-oriented perspective. *J. Theor. Biol.* 203 (2000) 229-248.

[74] Lee Y, Chen F, Gallego-Giraldo L, et al. Integrative analysis of transgenic alfalfa (*Medicago sativa* L.) suggests new metabolic control mechanisms for monolignol biosynthesis. *PLoS Comput. Biol.* 7 (2011) e1002047.

[75] Segrè D, Vitkup D & Church GM. Analysis of optimality in natural and perturbed metabolic networks. *Proc. Natl Acad. Sci. USA* 99 (2002) 15112-15117.

[76] Navarro E, Montagud A, Fernández de Córdoba P & Urchueguía JF. Metabolic flux analysis of the hydrogen production potential in *Synechocystis* sp. PCC6803. *Int. J. Hydrogen Energy* 34 (2009) 8828-8838.

[77] Goel G, Chou IC & Voit EO. System estimation from metabolic time series data. *Bioinformatics* 24 (2008) 2505-2511.

[78] Expasy. http://web.expasy.org/pathways/.

[79] KEGG: The Kyoto Encyclopedia of Genes and Genomes. http://www.genome.jp/kegg/pathway.html.

[80] MetaCyc. http://biocyc.org/metacyc/index.shtml.

[81] Harrigan GG & Goodacre R (eds). Metabolic Profiling: Its Role in Biomarker Discovery and Gene Function Analysis. Kluwer, 2003.

[82] KAAS. http://www.genome.jp/tools/kaas/.

[83] Pathologic. http://biocyc.org/intro.shtml#pathologic.

[84] Karp PD, Paley SM, Krummenacker M, et al. Pathway Tools version 13. 0: integrated software for pathway/genome informatics and systems biology. *Brief Bioinform.* 11 (2010) 40-79.

[85] Paley SM & Karp PD. Evaluation of computational metabolic-pathway predictions for *Helicobacter pylori*. *Bioinformatics* 18 (2002) 715-724.

[86] Yus E, Maier T, Michalodimitrakis K, et al. Impact of genome reduction on bacterial metabolism and its regulation. *Science* 326 (2009) 1263-1268.

[87] Chou IC & Voit EO. Recent developments in parameter estimation and structure identification of biochemical and genomic systems. *Math. Biosci.* 219 (2009) 57-83.

[88] Fell DA. Understanding the Control of Metabolism. Portland Press, 1997.

[89] Heinrich R & Rapoport TA. A linear steady-state treatment of enzymatic chains. Critique of the crossover theorem and a general procedure to identify interaction sites with an effector. *Eur. J. Biochem.* 42 (1974) 97-105.

[90] Kacser H & Burns JA. The control of flux. *Symp. Soc. Exp. Biol.* 27 (1973) 65-104.

[91] Moreno-Sánchez R, Saavedra E, Rodríguez-Enríquez S & Olín-Sandoval V. Metabolic control analysis: a tool for designing strategies to manipulate metabolic pathways. *J. Biomed. Biotechnol.* 2008 (2008) 597913.

[92] Hatzimanikatis V & Bailey JE. MCA has more to say. *J. Theor. Biol.* 182 (1996) 233-242.

[93] Heijnen JJ. New experimental and theoretical tools for metabolic engineering of microorganisms. *Meded. Rijksuniv. Gent Fak. Landbouwkd. Toegep. Biol. Wet.* 66 (2001) 11-30.

[94] Savageau MA. Dominance according to metabolic control analysis: major achievement or house of cards? *J. Theor. Biol.* 154 (1992) 131-136.

[95] Kell DB & Westerhoff HV. Metabolic control theory: its role in microbiology and biotechnology. *FEBS Microbiol. Rev.* 39 (1986) 305-320.

[96] Savageau MA. Biochemical systems theory: operational differences among variant representations and their significance. *J. Theor. Biol.* 151 (1991) 509-530.

[97] Reder C. Metabolic control theory: a structural approach. *J. Theor. Biol.* 135 (1988) 175-201.

[98] Visser D & Heijnen JJ. The mathematics of metabolic control analysis revisited. *Metab. Eng.* 4 (2002) 114-123.

[99] Savageau MA, Voit EO & Irvine DH. Biochemical systems theory and metabolic control theory. Ⅰ. Fundamental similarities and differences. *Math. Biosci.* 86 (1987) 127-145.

[100] Savageau MA, Voit EO & Irvine DH. Biochemical systems theory and metabolic control theory. Ⅱ. The role of summation and connectivity relationships. *Math. Biosci.* 86 (1987) 147-169.

拓展阅读

Alon U. An Introduction to Systems Biology: Design Principles of Biological Circuits. Chapman & Hall/CRC, 2006.

Barabási AL. Linked: The New Science of Networks. Perseus, 2002.

Davidson EH. The Regulatory Genome: Gene Regulatory Networks In Development and Evolution. Academic Press, 2006.

Fell DA. Understanding the Control of Metabolism. Portland Press, 1997.

Palsson BØ. Systems Biology: Properties of Reconstructed Networks. Cambridge University Press, 2006.

Stephanopoulos GN, Aristidou AA & Nielsen J. Metabolic Engineering. Principles and Methodologies. Academic Press, 1998.

Zhang A. Protein Interaction Networks: Computational Analysis. Cambridge University Press, 2009.

4 生物系统的数学

读完本章，你应能够：

- 理解基本的建模方法
- 讨论近似的必要性
- 解释近似的概念和特征
- 线性化非线性系统
- 用幂律函数近似非线性系统
- 描述线性和非线性模型之间的差异与联系
- 描述不同类型的吸引子和排斥子
- 使用以下格式设计和分析单变量或多变量基本模型：
  - 离散线性
  - 连续线性
  - 离散非线性
  - 连续非线性
- 执行典型生物系统分析的步骤

第2章以直观方式介绍了对生物系统进行建模的一般概念，同时省略了许多技术细节。第3章继续此话题并讨论了不随时间变化的静态网络。本章介绍分析动态系统的数学和计算方法。这些方法的范围几乎是无限的，甚至专家都无法详细掌握其全部。尽管如此，有各种标准方法，即使它们可能没有最现代的数学技术和软件包的所有"花里胡哨"的东西，但足以建立和分析各种格式的基本模型。粗略来看，如果你对理解"数学建模是什么"已感到满意，并且未必打算参与其细节，你可以只浏览一些章节或跳过本章中的技术细节，只要你对第2章和第3章中的材料有很好的把握即可。但是，如果你喜欢"深入了解"，想设计自己的模型，并享受在计算机上探索生物学的快感，本章适合你。它将使你步入正轨，即使它不全面，但仍将为你提供一个坚实的平台，从中可以深入了解丰富的建模文献，这些文献涵盖了从相对简单的介绍到非常专业的文本的广泛范围及越来越多的期刊文章。本章中给出的所有分析都可以在Mathematica®和MATLAB®中执行，许多分析可以在易于学习的软件PLAS[1]甚至在Excel®中完成。

正如第2章建模简介中所讨论的，数学和计算模型有许多类型和实现方式。由于它们在系统生物学中的突出地位，本章重点介绍动态的、确定性的系统模型，而仅讨论了几个依赖于随机过程的随机模型。本章或多或少地要求**常微分**和**偏微分（differentiation）**、**向量（vector）**和**矩阵（matrix）**的基本工作知识，但大多数材料可以在不深入了解这些主题的情况下得以理解。本章的主要目标是比第2章更深入地介绍模型设计、诊断和分析的概念，并提供从头开始建立和分析模型的技能。与使用著名的"引理-定理-证明-推论-示例"风格的典型数学书相比，本章动态地介绍概念和定义，以示例为动机，并在事情变得过于复杂之前停止。它被细分为**离散（discrete）**和**连续（continuous）**模型的讨论，以及**线性（linear）**和**非线性（nonlinear）**模型的讨论。

由于两个原因，线性系统模型至关重要。首先，它们允许比任何其他类型进行更多的数学分析；其次，可以使用线性分析方法分析**非线性系统（nonlinear system）**的许多特征。

与线性系统密切相关的一个非常有趣的特征是**叠加（superposition）**原理。对该原理说明如下。如果我们通过给一个输入I_1来分析系统，系统用输出O_1来响应，如果我们用输入I_2进行第二次实验并获得输出O_2，那么我们就知道对组合输入I_1+I_2的输出响应将是O_1+O_2。也许这种叠加听起来很琐碎或微不足道，但它会产生巨大的后果。只有当这个原则成立时，才有可能通过分别研究每个组件然后有效地总结各个结果来分析系统的行为。作为一个典型的例子，我们可以在一个实验中建立汽车轮胎压力与其性能之间的关系，并在另外的实验中建立性能与不同等级燃料之间的关系。假设轮胎压力和燃料质量独立地影响性能，结果是可相加的。我们之所以没有选择生物学例子的原因是大多数生物系统确实不是线性的，因此违反了叠加原理。例如，植物的生长取决于遗传及环境条件，包括营养。然而，这两者并不是彼此独立的，并且使用不同株系和不同实验条件单独进行的实验可能不允许我们对未测试条件下特定株系如何生长进行有效预测。

如果我们能够将系统表示成线性格式，那么就可以使用令人难以置信的数学和计算工具库。特别是，线性代数的整个领域都涉及这些系统，并且已经开发出诸如向量和矩阵之类的概念，这些概念在数学和计算机科学中已经成为绝对的基础。例如，如果微分方程组的右侧是线性的，则该系统的稳态计算将成为求解线性代数方程组的问题，对此有许多方法。

线性表示可以是离散的，也可以是连续的。生物学中的线性（矩阵）模型可以有效地描述离散的、确定性的时间过程，以及一些随机过程（如本章后面讨论的马尔可夫模型），其捕获系统随时间发展的概率。离散线性模型也是许多传统统计分析的核心，如回归、方差分析和其他技术，这些技术使用矩阵代数有效地表示。这些类型的统计模型非常重要，但此刻我们不做讨论。

即使生物学中的大多数系统都是非线性的，连续线性的表达方式对于生物学也是至关重要的。原因在于许多分析依赖于非线性系统可以线性化的事实，这实际上意味着可以在感兴趣的点附近将非线性系统压平。这一策略有效的理由来自哈特曼（Hartman）和格罗布曼（Grobman）的一个古老定理，该定理认为，在大多数相关条件下，非线性系统行为的重要线索可以从线性化的系统中推导出来[2]。当我们讨论稳定性和敏感性时，我们将利用这种见解。

离散线性系统模型

4.1 递归确定性模型

我们用递归构造的离散模型来说明线性系统。该术语意味着仅在离散步骤中考虑时间，并且忽略其间的时间段（如数字时钟显示的那样）。此外，将系统在时间t的状态表示为系统在时间$t-1$状态的线性函数。在最简单的单变量情况下，状态由单个特征来表征，而多元状态则由几个同时发生的特征来表征。例如，人的血压“状态”由两个变量组成，即收缩压和舒张压读数。生态系统的状态可以根据每个物种在给定时间内的生物数量来描述，但也可以包括温度、pH和其他因素。

典型的单变量实例是在时间点$t=0$，1，2，…时细菌群体的大小P_t。时间点可以指分钟、小时、天、年或任何其他固定的时间段，如20 min的间隔。索引写法P_t通常用于离散模型，而写法$P(t)$通常是指连续模型，其中允许任何t值。

为简单起见，我们假设细菌是同步的，并且每隔τ min同时分裂。没有这些假设，情况很快变得复杂[3, 4]。然后，我们可以建立一个这样的简单递归模型：

$$P_{t+\tau}=2P_t \tag{4.1}$$

这只是简单地说，在时间点$t+\tau$，细菌数量是时间点t的两倍，且对于任何时间点t都是如此。注意，在该公式中，t可以从1进展到2和3，或者可以从60进展到120和180，而τ在1或60时分别取固定值，且在整个群体历史中保持不变。另请注意，尽管该方程称为线性方程（因为其右侧是线性的），但该过程实际上描述了指数增长。

假设在时间$t=0$时群体以10个细胞开始，并且分裂时间是$\tau=30$ min。然后我们就可以根据表4.1很容易地预测这一群体的增长：每30 min，群体规模增加一倍。使用式（4.1）进行第二次加倍的步骤，我们立即看到

$$P_{(t+\tau)+\tau}=2P_{t+\tau}=2\cdot2\cdot P_t=2^2\cdot P_t \tag{4.2}$$

无论t在不连续的步骤中行进多远，这种关系都是正确的。通过引申，如果我们以每30 min加倍的步骤向前推进n步，我们发现

$$P_{t+n\tau}=2^nP_t \tag{4.3}$$

该公式包含两个组成部分：在某个时间点t的初始种群大小，即P_t，以及实际的倍增过程，由2^n项来表示。因为**幂函数**（**power function**）2^n被定义为exp（n ln 2），所以该过程称为指数增长。关于这个过程已经写了很多，进一步的探索留在练习部分。要思考的一个特征是，在t和$t+\tau$之间或$t+3\tau$和$t+4\tau$之间的时间点发生了什么（生物学上和数学上）。当然，细菌种群不会停止存在，但该模型没有处理这些时间点。读者应该考虑如何改变模型以涵盖这些缺失的时间点。

表4.1　按照式（4.1）进行的细菌种群增长

时间（min）	0	30	60	90	120	150	180
种群大小	10	20	40	80	160	320	640

莱斯利（Leslie）[5]提出了一种稍微复杂的递归增长模型，该模型已在群体研究中得到广泛应用。与式（4.1）中细菌生长过程的主要区别在于该模型中的群体由具有不同年龄和不同增殖率的个体组成。因此，两个过程重叠：个体变老和生育孩子，生育率取决于他们的年龄。此外，每个年龄组有一部分死亡。我们将在第10章讨论这个模型。

利亚·埃德尔斯坦-凯谢（Leah Edelstein-Keshet）介绍了递归模型的一个小而又信息丰富的例子[6]。它以非常简化的形式描述了红细胞的动态过程。这些细胞不断由骨髓形成并被脾脏破坏，但它们的数量应该每天或多或少地保持不变。

在这个简单模型中，损失被建模为与当前循环中的细胞数量成比例，并且骨髓产生与前一天丢失的细胞数量成比例的许多新细胞。因此，有两个关键数字，即R_n（第n天循环中的红细胞数）和M_n（第n天由骨髓产生的红细胞数）。这些数字的递归依赖于前些天的细胞数量。具体而言，R_n作为前一天循环中的红细胞数给出，并且该数量通过脾脏中的降解而减少，通过前一天由骨髓新产生的细胞而增加。如果通过脾脏去除的细胞比例是f，其通常是0和1之间的一个小数字，并且如果生产率用g表示，其被定义为每损失一个细胞所产生的细胞数量，我们就可以建立以下模型方程式：

$$R_n = (1-f)\ R_{n-1} + M_{n-1} \tag{4.4a}$$

$$M_n = gfR_{n-1} \tag{4.4b}$$

与前一个示例中的时间计数器类似，n只是表示所研究的天数的计数器。因此，我们也可以用移位索引将这些递归方程写为

$$M_{n+1} = gfR_n \tag{4.5a}$$

$$R_{n+1} = (1-f)\ R_n + M_n \tag{4.5b}$$

而（4.4）和（4.5）这两组公式完全等价。

我们现在可以提出有趣的问题。例如，给定初始值R_0和M_0，以及f和g，数字R_n和M_n如何随时间发展？问题很简单，可以在Excel®中进行分析。作为具体示例，假设$R_0=1000$，$M_0=10$，$f=0.01$，且$g=2$。从$n=0$，$n=1$，$n=2$等处求解等式，表明R_n和M_n都持续增长（图4.1）。重置$g=1$，图像则会不同：两个数据趋势都是平缓的。设置$f=0.05$，$g=1$导致起始时的跳跃，接着是在$R_n \approx 962$和$M_n \approx 48$处的平坦趋势。因此，初始的1010个细胞变成显著不同的分布（读者应该确认这些结果）。

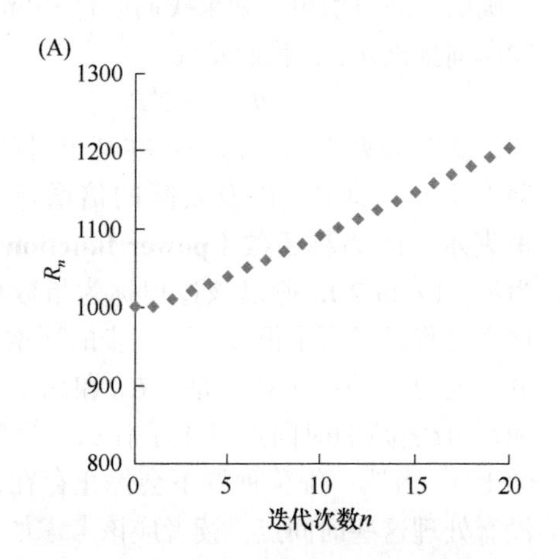

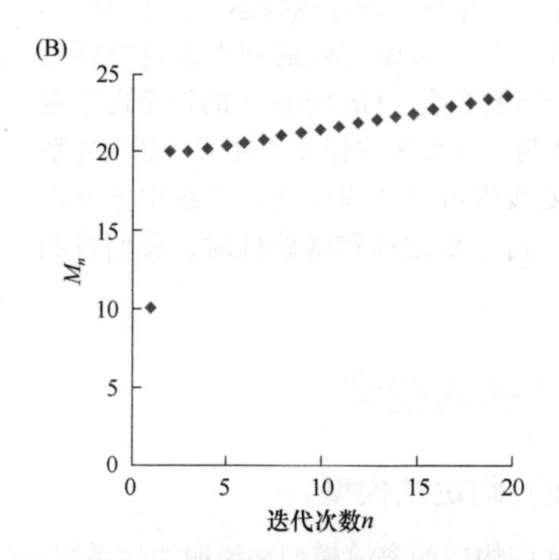

图4.1 红细胞随时间的变化趋势。循环细胞数R_n（A）和骨髓产生的细胞数M_n（B）相对于迭代次数n的变化趋势。模型设置为$R_0=1000$，$M_0=10$，$f=0.01$，$g=2$。

该模型允许我们计算系统在什么条件下呈现稳态，稳态定义为这种情况：R_n和M_n从一次迭代到下一次迭代，其值不发生变化。具体地说，稳态条件要求$R_{n+1}=R_n$且$M_{n+1}=M_n$。评估这些条件的最简单方法是调用式（4.4b）的M_n，并将结果代入表示R_{n+1}的式（4.5b）中。结果为

$$R_{n+1} = (1-f)\ R_n + M_n = (1-f)\ R_n + gfR_{n-1} \tag{4.6}$$

它包含三个时间点的R，但不包含M。对于R和M在第$n-1$、n和$n+1$天处于稳态，我们必须要求$R_{n+1}=R_n=R_{n-1}$，因为如果给出这个条件，那么R_{n+2}、R_{n+3}和R的所有后来的值将保持不变。这一对方程有两个解，即$R_{n+1}=R_n=R_{n-1}=0$，这个解没意思，还有一解：

$$1 = (1-f) + gf \tag{4.7}$$

对于任何正值f，只有$g=1$能满足。这在生物学上是什么意思呢？该条件要求骨髓产生与丢失的细胞一样多的细胞，这反而很有意义。有趣的是，无论f是何值，都是如此。

那么，R和M的实际稳态值是多少？我们知道g必须等于1；所以我们就假设它等于1。此外，让我们选择f的一些（未知）值并尝试通过再次要求式（4.5）中$R_{n+1}=R_n$和$M_{n+1}=M_n$来计算R_n和M_n的稳态值。从第二个等式得到$M_n=M_{n+1}=fR_n$；因此，在第n天由骨髓产生的红细胞数量必须等于第n天丢失的细胞数量。将该结果代入方程组的第一个方程中恰好得到$R_n=R_{n+1}=(1-f)\ R_n+f\ R_n=R_n$，这意味着，只要$g=1$且$M_n=f\ R_n$，系统对于$f$和$R_n$的任何值都处于稳态。读者应该用数字实例确认这一结果，并思考它是否在生物学上有意义。

对于许多分析来说，将这些类型的线性递归方

程重写为单个矩阵方程是有帮助的。在我们的例子中，该方程为

$$\begin{pmatrix} R \\ M \end{pmatrix}_{n+1} = \begin{pmatrix} 1-f & 1 \\ gf & 0 \end{pmatrix} \begin{pmatrix} R \\ M \end{pmatrix}_n \quad (4.8)$$

根据向量乘以矩阵的规则，我们通过将矩阵的第一行与向量$\begin{pmatrix} R \\ M \end{pmatrix}_n$相乘得到$R_{n+1}$的值，其为$R_{n+1}=(1-f)R_n+M_n$，并且我们通过将矩阵的第二行乘以相同的向量来获得$M_{n+1}$，其为$M_{n+1}=gfR_n$。因此，矩阵方程是递归方程（4.5a）（4.5b）的紧凑等价表示形式。该表示形式对于大型系统特别有用。

矩阵公式可以很容易地计算系统的未来状态，如R_{n+2}或M_{n+4}。首先，我们知道

$$\begin{pmatrix} R \\ M \end{pmatrix}_{n+2} = \begin{pmatrix} 1-f & 1 \\ gf & 0 \end{pmatrix} \begin{pmatrix} R \\ M \end{pmatrix}_{n+1} \quad (4.9)$$

因为n只是一个索引。其次，我们可以根据矩阵方程（4.8）来表示向量$\begin{pmatrix} R \\ M \end{pmatrix}_{n+1}$。结合这两方面，结果是

$$\begin{aligned} \begin{pmatrix} R \\ M \end{pmatrix}_{n+2} &= \begin{pmatrix} 1-f & 1 \\ gf & 0 \end{pmatrix} \begin{pmatrix} R \\ M \end{pmatrix}_{n+1} \\ &= \begin{pmatrix} 1-f & 1 \\ gf & 0 \end{pmatrix} \begin{pmatrix} 1-f & 1 \\ gf & 0 \end{pmatrix} \begin{pmatrix} R \\ M \end{pmatrix}_n \quad (4.10) \\ &= \begin{pmatrix} 1-f & 1 \\ gf & 0 \end{pmatrix}^2 \begin{pmatrix} R \\ M \end{pmatrix}_n \end{aligned}$$

根据矩阵乘法的规则，

$$\begin{pmatrix} A & B \\ C & D \end{pmatrix} \begin{pmatrix} a & b \\ c & d \end{pmatrix} = \begin{pmatrix} Aa+Bc & Ab+Bd \\ Ca+Dc & Cb+Dd \end{pmatrix} \quad (4.11)$$

我们得到

$$\begin{pmatrix} 1-f & 1 \\ gf & 0 \end{pmatrix}^2 = \begin{pmatrix} (1-f)^2+gf & 1-f \\ gf(1-f) & gf \end{pmatrix} \quad (4.12)$$

矩阵方程并不限于两步，实际上，当我们使用矩阵的相应幂次时，任何更高的R_{n+k}和M_{n+k}值都可以直接从R_n和M_n算出：

$$\begin{pmatrix} R \\ M \end{pmatrix}_{n+k} = \begin{pmatrix} 1-f & 1 \\ gf & 0 \end{pmatrix}^k \begin{pmatrix} R \\ M \end{pmatrix}_n \quad (4.13)$$

递归系统的矩阵方法也可用于分析稳态的稳定性或对系统的长期趋势做出说明[6]。我们将在第10章讨论一个关于年龄结构化人口增长的流行矩阵模型。

红细胞模型当然非常简化。尽管如此，递归模型的相同结构可用在健康和疾病中红细胞动态的真实模型中[7, 8]。

4.2 递归随机模型

到目前为止，讨论的线性增长模型完全是确定性的。一旦定义并开始，它们的命运就定死了。在某类称为**马尔可夫模型（Markov model）**或马尔可夫链模型的概率模型中，情况并非如此，其表面上具有类似于放大版的式（4.8）的格式；对这些模型的一个很好的介绍见参考文献［9］。关键区别在于它们具有随机特征，这意味着它们可以解释随机事件（见第2章）。一般来说，马尔可夫模型描述了可以呈现m种不同状态的系统。在每个（离散的）时间点，系统恰好处于这些状态中的一个状态，从那里起始，它以一定的概率转变为不同的状态或保持原样。

一个直观的例子是弹球机，其中的状态是典型的拨动杆和缓冲器。在这种情况下，足够的时间步长是球从一个状态移动到下一个状态的时间。为简单起见，我们假设状态之间的转换时间都相同，并称为时间点0，1，…，t，$t+1$，…。在每个时间点，唯一的球处于一种状态，从那里开始以某种概率转变到另一种状态或保持在相同的状态。通过使用相同的弹球机观看很多次游戏来构建马尔可夫链模型。想象一下，我们可以记录所有比赛中球的所有动作。如此一来，我们会在各处找到球和动作。然而，一些动作肯定会比其他动作更频繁地被观察到，并且，关注某个给定状态i，它到其他状态k的每种转换都将以特定频率观察到。马尔可夫模型背后的想法是使用该频率并将其解释为将来从状态i转换到状态k的概率。因此，马尔可夫链过程由一组固定的所有状态对之间的转换概率定义：如果球处于状态i，则移动到状态j的概率是p_{ij}，无论球先前在哪里都是如此；马尔可夫模型没有记忆。对于具有m个状态的过程，我们可以将所有概率放入一个$m\times m$的矩阵，称为马尔可夫矩阵：

$$\boldsymbol{M} = \begin{pmatrix} p_{11} & p_{12} & \cdots & p_{1,\ m-1} & p_{1m} \\ p_{21} & p_{22} & \cdots & p_{2,\ m-1} & p_{2m} \\ p_{31} & p_{32} & \cdots & p_{3,\ m-1} & p_{3m} \\ \vdots & \vdots & \ddots & \vdots & \vdots \\ p_{m1} & p_{m2} & \cdots & p_{m,\ m-1} & p_{mm} \end{pmatrix} \quad (4.14)$$

我们可以使用$\boldsymbol{M}$来计算马尔可夫链的动力学。让我们假设在开始时（$t=0$）球处于状态1，这可以被解释为起始位置。因此，$X_1=1$并且所有其他$X_i=0$。在游戏1中的下一个观察时间点（$t=1$），球已经移动到另一个状态（或停留在其起始位置）。在下一次游戏中，球可能已经从起始位置移动到另一个不同状态，而在第三次游戏中，它可能再次移

动到另一个位置。该过程对于每次游戏是随机的，但在整体上受$\boldsymbol{M}$中的概率控制：p_{13}是球在一个时间单位中从状态1移动到状态3的概率，而p_{16}则是移动到状态6的概率。因此，矩阵的第一行描述了将球从状态1移动到任何状态i所预期的游戏的比例，即p_{1i}。随着下一步动作，球再次根据式（4.14）中的概率移动。跟踪所有这些期望和转变相当于一个大的簿记问题，而式（4.14）很好地解决了它。

我们对矩阵元素p_{ij}了解多少呢？它们描述了从状态i转移到状态j的概率，其中j必须是等式中的m个状态之一；没有其他选择。当然，每个概率都在0和1之间。实际上，取得端点值是有可能的。例如，$p_{13}=0$，意味着不可能通过一步从状态1转移到状态3。球可以通过几步到达状态3，但一步不行。如果概率p_{ij}等于1，则意味着如果处于状态i，则球别无选择，只能转移到状态j。

假设一个球处于状态4。因为它必须移动到其他状态之一（或保持在状态4），所有可能的概率，即p_{4j}（$j=1, \cdots, m$）总和必须等于1。一般地，我们发现，对于每个i，

$$\sum_{j=1}^{m} p_{ij}=1 \tag{4.15}$$

离开状态i的概率，其中一个是1而所有其他概率都是0，也是有可能的。例如，如果$p_{i2}=1$，那么可以肯定的是，在这种类型的每次弹球游戏中，状态i中的每个球下一步都移动到状态2。特别是，如果$p_{ii}=1$，球将永远不会再离开状态i。游戏结束！请注意，对第一个索引（一列）求和，$p_{1j}+p_{2j}+\cdots+p_{mj}$，不一定等于1（读者应解释原因）。

马尔可夫链模型可以在系统生物学的各个角落中找到。例如，它们可以描述网络的动态，它们可以用来计算种群灭绝的概率，它们在生物信息学中以隐马尔可夫模型的形式出现[10]。此时，形容词“隐”是指人们无法判断该过程是处于哪一个隐藏状态。

例如，考虑图4.2中的状态转换图，它对应于矩阵

$$\boldsymbol{M}=\begin{pmatrix} 0.1 & 0.5 & 0.4 \\ 0.2 & 0.3 & 0.5 \\ 0.8 & 0.2 & 0 \end{pmatrix} \tag{4.16}$$

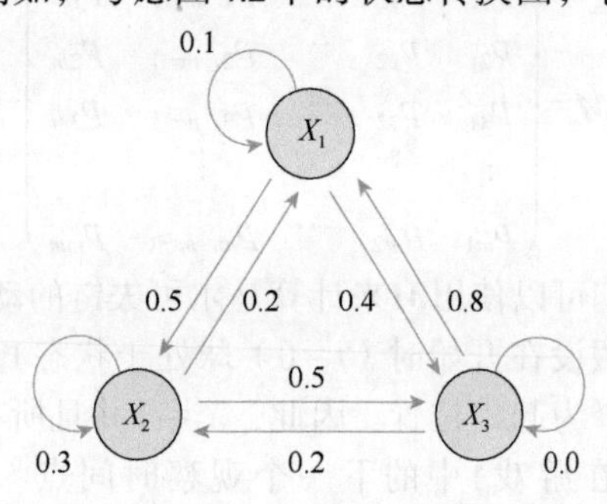

图4.2　马尔可夫过程图。该过程在每个时间点处于X_1、X_2或X_3中的一个状态，并且在这些状态之间以图中所示的概率转移。

假设过程在时间$t=1$的状态X_2开始，我们将其表示为$X_1=0$，$X_2=1$，$X_3=0$。线性代数允许我们算出在时间$t=2$时在三个状态中的每一个中找到该过程的概率。该计算是通过将初始值输入起始向量并将该向量乘以转置矩阵$\boldsymbol{M}^{\mathrm{T}}$来完成的，转置矩阵$\boldsymbol{M}^{\mathrm{T}}$的行是$\boldsymbol{M}$的列，而其列则是$\boldsymbol{M}$的行。因此，

$$\begin{aligned}\begin{pmatrix} X_1 \\ X_2 \\ X_3 \end{pmatrix}_2 &=\boldsymbol{M}^{\mathrm{T}}\begin{pmatrix} X_1 \\ X_2 \\ X_3 \end{pmatrix}_1=\boldsymbol{M}^{\mathrm{T}}\begin{pmatrix} 0 \\ 1 \\ 0 \end{pmatrix} \\ &=\begin{pmatrix} 0.1 & 0.2 & 0.8 \\ 0.5 & 0.3 & 0.2 \\ 0.4 & 0.5 & 0 \end{pmatrix}\begin{pmatrix} 0 \\ 1 \\ 0 \end{pmatrix}=\begin{pmatrix} 0.2 \\ 0.3 \\ 0.5 \end{pmatrix}\end{aligned} \tag{4.17}$$

直观上看，矩阵的转置是必要的，因为$\boldsymbol{M}$包含在时间上向前移动的概率，而式（4.17）在某种意义上描述了从时间1处的状态向量对时间2处状态向量的“向后”计算。

在第二步之后，在三个状态中的每一个里面找到该过程的概率，可以由式（4.17）计算如下：

$$\begin{aligned}\begin{pmatrix} X_1 \\ X_2 \\ X_3 \end{pmatrix}_3 &=\boldsymbol{M}^{\mathrm{T}}\begin{pmatrix} X_1 \\ X_2 \\ X_3 \end{pmatrix}_2=\boldsymbol{M}^{\mathrm{T}}\begin{pmatrix} 0.2 \\ 0.3 \\ 0.5 \end{pmatrix} \\ &=\begin{pmatrix} 0.1 & 0.2 & 0.8 \\ 0.5 & 0.3 & 0.2 \\ 0.4 & 0.5 & 0 \end{pmatrix}\begin{pmatrix} 0.2 \\ 0.3 \\ 0.5 \end{pmatrix}=\begin{pmatrix} 0.48 \\ 0.29 \\ 0.23 \end{pmatrix}\end{aligned} \tag{4.18}$$

在式（4.17）和式（4.18）中，三个概率加起来为1。

与离散红细胞模型类似，式（4.18）左侧的向量也可以通过使用矩阵$\boldsymbol{M}^{\mathrm{T}}$的二次幂从时间1处的向量经单步计算得出：

$$\begin{pmatrix} X_1 \\ X_2 \\ X_3 \end{pmatrix}_3=(\boldsymbol{M}^{\mathrm{T}})^2\begin{pmatrix} X_1 \\ X_2 \\ X_3 \end{pmatrix}_1 \tag{4.19}$$

以相同的方式，在任何较晚的时间点，在三个状态中的每一个里面找到该过程的概率，可以通过使用相应的$\boldsymbol{M}^{\mathrm{T}}$的较高次幂，直接从时间1状态的概率计算得到。

马尔可夫矩阵本身的平方$\boldsymbol{M}^2$包含两步概率：例如，元素（1，2）表示从状态1以恰好两个步骤移动到状态2的概率。矩阵的k次方则包含k步概率。

在某些数学条件下（此处满足参考文献[9]），继续进行式（4.19）中那样的乘法最终导致类似马尔可夫链过程稳态的东西，即所谓的状态之间的**限制分布（limiting distribution）**，它不会随着进一步的乘法而改变。随着这种分布的接近，$\boldsymbol{M}^{\mathrm{T}}$幂次中的各列最终变得相同。例如，$\boldsymbol{M}^{\mathrm{T}}$的16次方是

$$(\boldsymbol{M}^{\mathrm{T}})^{16}=\begin{pmatrix}0.35088 & 0.35088 & 0.35088\\ 0.33918 & 0.33918 & 0.33918\\ 0.30994 & 0.30994 & 0.30994\end{pmatrix} \quad (4.20)$$

且在给定的数值分辨率内，更高的次幂也是一样的。

类似地，$\boldsymbol{M}$的高次幂不再改变，因此我们对所有的高幂次k得到

$$\boldsymbol{M}^{k}=\begin{pmatrix}0.35088 & 0.33918 & 0.30994\\ 0.35088 & 0.33918 & 0.30994\\ 0.35088 & 0.33918 & 0.30994\end{pmatrix} \quad (4.21)$$

作为示例，该矩阵中的元素（1，2）是以恰好k个步骤从状态1到达状态2的概率。请注意，此元素具有与（2，2）和（3，2）相同的值。这种等价并非巧合，可以解释如下：经过足够多的步骤后，我们从何处开始变得不再重要——在马尔可夫模型的世界里，越早的历史对于现在和将来而言就变得越来越不重要。

最终，$(\boldsymbol{M}^{\mathrm{T}})^{\infty}$的每一列和$\boldsymbol{M}^{\infty}$的每一行由限制分布的分量组成，通常表示为$\pi_i$的向量。在本例中，

$$\begin{pmatrix}\pi_1\\ \pi_2\\ \pi_3\end{pmatrix}=\begin{pmatrix}0.35088\\ 0.33918\\ 0.30994\end{pmatrix} \quad (4.22)$$

这种限制分布也可以计算为矩阵方程的非负解

$$\begin{pmatrix}\pi_1\\ \pi_2\\ \pi_3\end{pmatrix}=\boldsymbol{M}^{\mathrm{T}}\begin{pmatrix}\pi_1\\ \pi_2\\ \pi_3\end{pmatrix} \quad (4.23)$$

式中，π总和等于1。一旦过程有足够的时间收敛，π_i的值可以分别解释为在状态1、2或3中找到马尔可夫过程的概率。它们还反映了该过程在这些状态中所花费时间的平均占比。式（4.23）表示，如果将马尔可夫矩阵应用于该分布，则该分布不会改变。虽然如此，马尔可夫过程仍然是随机的，下一个状态只能以概率方式预测。

马尔可夫模型属于随机过程这一广阔领域，它代表了包含随机成分的现象[9]。其他例子是第2章中专题2.3和专题2.4中的二项式与泊松过程。系统分析与随机性相结合的可能性是无限的，每当开发确定性模型时，我们都应该问是否应该考虑随机性。这个问题没有一般的指导方针或答案，最好的建议是合理的判断。正如第2章所讨论的，模型的目标和目的，以及每种候选方法的技术难度应该支配这一思维过程。支持随机模型的是观察结果，即实验数据总是包含噪声，导致一些随机性，并且一些（许多？或实际上所有？）生物过程具有使其不可预测的特征。然而，支持确定性模型也有许多说辞。首先，它们通常更容易分析。其次，如果噪声叠加在一些相当平滑的动态过程中，减去噪声可能会消除数学上的分心，并使我们能够掌握真正重要的过程决定因素。

在下一节和本章末尾，我们将讨论似乎由随机性驱动的混沌系统，尽管它们完全是确定性的。在这些情况下，眼前的未来是可预测的，但无法预见长期动态的细节。随机系统具有相反的特征：它们的长期行为可以计算，但下一步却不能。

离散非线性系统

与线性系统相比，非线性模型要求我们做出额外的、相当具有挑战性的选择。也就是说，我们需要为表征这些模型的**差分方程（difference equation）**或**常微分方程（ordinary differential equation，ODE）**确定或选择最合适的右侧函数。线性模型总是具有相同的通用格式，但在非线性模型的情况下，有无数种备选方案。

对于生物系统，非线性表示通常比其线性对应物更符合实际。例如，式（4.1）中的线性模型可能是小型细菌培养物生长的良好表示，但很明显，该模型最终变得不切实际，因为它预测整个世界最终会被一层厚厚（且不断生长）的这种特定细菌所覆盖。实际上，所有生物系统都具有减缓生长或生产的机制，如通过反馈。这些机制通常是非线性的，导致时间趋势明显不同于我们在线性微分或差分方程中观察到的时间过程。

为了说明非线性与线性模型产生差异的速度有多快，让我们考虑逻辑斯谛映射。这种递归模型与细菌生长方程（4.1）并非完全不同，它只是包含了一个使模型非线性的附加项：

$$P_{t+1}=rP_t(1-P_t) \quad (4.24)$$

起点P_1介于0和1之间，r是介于0和4之间的参数。很容易由P_t和r计算P_{t+1}，但如果我们让它运行的话，很难对这个小模型的行为进行一般

性的预测。我们将只看几个案例，剩下的留作练习。作为第一个例子，假设$r=1.5$。从$P_1=0.5$开始，模型很快趋近其不动点或稳态1/3。确实，如果我们将$r=1.5$和$P_t=1/3$代入式（4.24），可以很容易地验证P_{t+1}也等于1/3（图4.3A），这意味着所有后续的P也是1/3；请确认之。反言之，如果知道r，我们可以计算逻辑斯谛模型的不动点，即我们令$P_{t+1}=P_t$并在数值上求解P_t。因此，对于$r=2$，我们获得不动点0.5。类似地，对于$r=3.8$，我们算的不动点为0.7368，并确认如果$P_t=0.7368$，我们获得$P_{t+1}=0.7368$，且$P_{t+2}=0.7368$，乃至所有将来的迭代均为此值。然而，如果我们以$r=3.8$且P_1不为0.7368开始递归，那么模型会不规律地跳跃，并且可以证明它的波动是如此不可预测，以至于在动力系统领域，它们被称为**混沌的（chaotic）**（图4.3E）。从稳态的“有序”趋近到混沌的转变呈现出几个可识别的步骤，其中振荡的周期性改变了。这种所谓的“周期倍增”发生在$r\approx3.2$（周期2），$r\approx3.5$（周期4），$r\approx3.56$（周期8）（图4.3B～D）。进一步的倍增变得更难以破译。我们将在本章末尾讨论其他混沌过程。

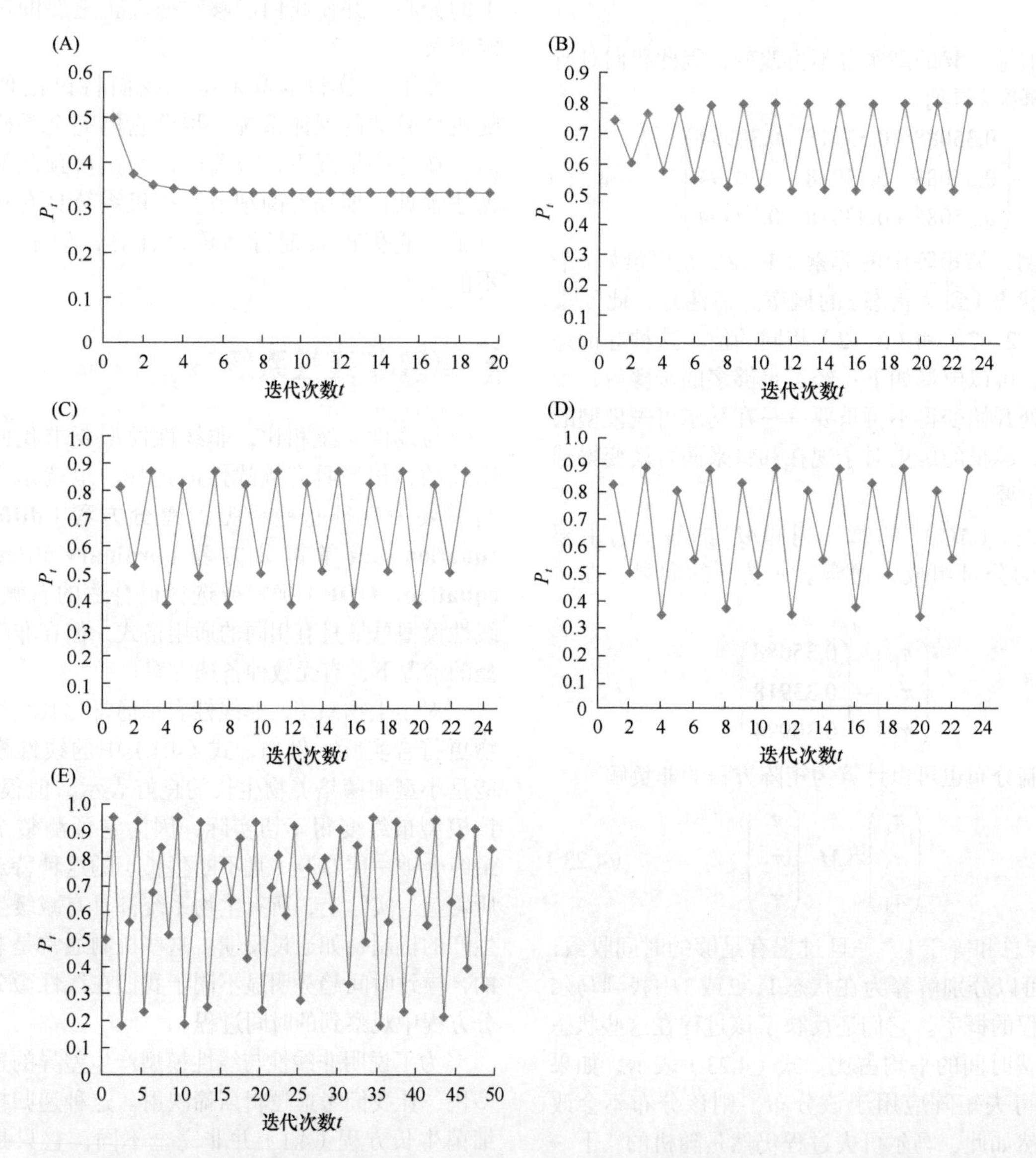

图4.3　随时间变化的逻辑斯谛映射［式（4.24）］的值。迭代此映射可以产生令人惊讶的复杂行为。从简单的稳态到混沌的过渡经历了周期倍增的阶段：（A）$r=1.5$；（B）$r=3.2$（周期2）；（C）$r=3.5$（周期4）；（D）$r=3.56$（周期8）；（E）$r=3.8$（混沌）。

逻辑斯谛映射在科技领域中引起了很多关注，并且已经充分地研究了诸如其不动点的稳定性和向混沌的趋近过程等特征[11]。考虑到简单的逻辑斯谛映射就有的惊人动力学过程，很容易想象具有许多变量和更复杂非线性的迭代映射将如何变得异常复杂。实际上，本书的封面展示了一个基于复数多项式的非线性迭代映射。基于此类映射的详细信息，所得结果称为分形、芒德布罗集（Mandelbrot set）或茹利亚集（Julia set）。它们可以是多种多样的，并且通常非常漂亮。

连续线性系统

即使一个现象显然是离散的，用一个连续的动力学模型来描述它也是精明之举。例如，如果我们想要研究细菌培养物的生长，那么考虑每个细菌就没有多大意义。相反，我们可能希望关注整个培养物的质量、体积或光密度，而这些特征最容易用连续变量描述。从离散系统到连续系统的切换导致变量不再按步骤改变，而是以平滑的方式改变。如果我们研究胚胎的发育，受精卵的早期细胞分裂是以离散的方式被描述的，我们甚至谈论4个和8个细胞阶段。然而后来，我们以连续的尺度测量胚胎的长度或质量，并且通过表示平滑变化的微分方程更好地描述生长。这种平滑变化由左侧的导数给出，并由右侧的连续函数来反映。

与离散模型的情况一样，连续模型也可以是线性的或非线性的。同样，为了避免混淆，需要说明一下：即使一组微分方程的右侧是线性的，这些微分方程的解也是线性及指数和三角函数的组合，这些函数显然是非线性的。最著名的例子是正弦-余弦振荡。这些振荡可以用一对线性微分方程表示，使我们能够以比显式正弦和余弦函数更好的方式研究它们。这对方程如下：

$$\begin{aligned} x' &= y,\ x(0)=0, \\ y' &= -x,\ y(0)=1 \end{aligned} \quad (4.25)$$

首先，我们需要说服自己这两个方程确实对应于正弦-余弦振荡器。确实，x和y是时间的函数，即$x(t)=\sin t$和$y(t)=\cos t$。$\sin t$的导数是$\cos t$，因此满足第一个方程，而$\cos t$的导数是$-\sin t$，从而满足第二个方程。此外，对于$t=0$，正弦函数为零，余弦函数为1。将系统置于数值求解器中，瞧，正弦和余弦振荡出现了。我们稍后会回到这个系统。

在后面的章节中，我们考虑的微分和差分方程的右侧本身是非线性的，并且这些系统的解可能比指数和三角函数要复杂得多。

4.3 线性微分方程

此类中最简单的例子是线性微分方程：

$$\frac{\mathrm{d}X}{\mathrm{d}t}=\dot{X}=aX \quad (4.26)$$

它描述了指数增长或衰减。从左到右用自然语言表达就是，该等式代表由左侧的导数表示的变化（增长）与数量X的当前大小或量成正比，比例常数为a。如果X和a为正，则变化为正，X继续增长。如果a为负，则初始为正的X持续下降。思考一下，如果a和X都为负，会发生什么。

请注意，我们写作X而非$X(t)$，即使X依赖于时间，在右侧也不写时间t。这种省略只是惯例，隐含地理解为X是时间的函数。

在式（4.26）的简单情况下，我们实际上可以计算微分方程的解，它显式地描述X对时间的依赖。它由指数函数$X(t)=X_0e^{at}$组成，因为X的微分是$\mathrm{d}X/\mathrm{d}t=aX_0e^{at}$，它等于$aX(t)$，因此等于式（4.26）的右边。我们看到，$X_0$在时间依赖的解中是可见的，但在微分方程中却看不到。然而，X_0具有明确定义的含义，即在时间$t=0$时X的**初始值**（**initial value**）。这很容易确认，当我们在$X(t)=X_0e^{at}$中用0代替t时，直接得到结果$X(0)=X_0$。实际上，最后的这个结果经常被添加到微分方程（4.26）的定义中。与递归增长过程的情况一样，具有正初始值的微分方程要么趋向无穷大（正a），要么趋向零（负a），除非a恰好是0，这意味着X永远保持在其初始值X_0。如果X_0为负，则解可以变为负无穷大或零，具体取决于a。因为精确地达到最终值需要无限长的时间，所以指数衰减过程通常以它们的**半衰期**（**half-life**）为特征，这是一半量的材料损失所需的时间。除了生长或衰变过程，类似式（4.26）的方程用于描述生化和生理系统中的运输过程，以及诸如加热和冷却等物理现象。我们将在第8章再次回到这个重要公式。

比单个线性微分方程更有趣的是线性微分方程组。这些似乎具有与式（4.26）相同的一般形式，即

$$\frac{\mathrm{d}\boldsymbol{X}}{\mathrm{d}t}=\dot{\boldsymbol{X}}=\boldsymbol{AX} \quad (4.27)$$

但这里的$\boldsymbol{X}$现在是一个向量，$\boldsymbol{A}$是一个带有**系数**（**coefficient**）A_{ij}的矩阵。当我们讨论代谢途径的化学计量模型时（第3章），我们已经遇到过这些模型。它们还用于研究生理**区室模型**（**compartment model**），其中营养物质、药物或有毒物质可以在血流及体内器官和组织之间移动（详见参考文献

[12] 和第13章)。

像式(4.27)这样的系统的主要特征是它们允许我们计算显式解,而不需要数值模拟(它几乎总是非线性系统的唯一求解方法)。如果X具有n个元素,则这些解包含n个依赖于时间的函数$X_i(t)$,由$\boldsymbol{A}$的**特征值(eigenvalue)**确定,而特征值是表征矩阵的实数或复数。对于小型系统,它们可以以代数方式计算,而对于较大的系统,有许多计算方法和软件程序。假设$\boldsymbol{A}$的特征值都是不同的,则式(4.27)的解包含指数函数的简单和,其**速率常数(rate constant)**等于系统矩阵的特征值。但是,因为这些指数函数可能具有复杂的参数,所以解还包括三角函数,如正弦和余弦。在式(4.25)中给出了一个例子。

许多方法可用于研究线性微分方程,包括所谓的拉普拉斯变换,它允许在不积分求解微分方程的情况下进行分析[13]。

4.4 线性化模型

曾经有人说线性模型和非线性模型之间的区别就像将动物王国分为大象和非大象。确实如此:本质上只有一个线性结构,但实际上存在无限多的非线性结构。然而,即使对于非线性系统,线性模型也是最重要的,因为非线性系统的一些分析可以简化为线性模拟。策略是将非线性系统在特别感兴趣的点周围的小区域内展平,称为**操作点(operating point)*OP***。该点可以随意选取,只要在那里可以计算非线性系统的导数即可。在实际研究中,OP通常是稳态。

图4.4显示了在某点P处对曲面进行的**线性化(linearization)**。线性化被可视化为切平面,其在P处具有与曲面完全相同的值及相同的斜率。因此,曲面上通过P的所有路径C_i在切平面中具有相同的局部方向T_i,并且许多分析可以在该切平面中

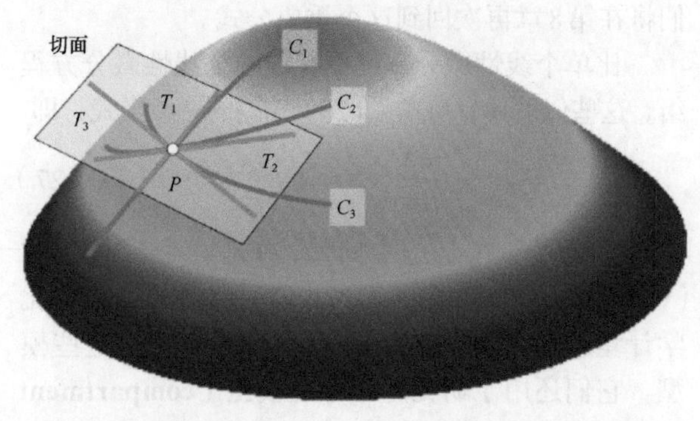

图4.4 曲面线性化的图示。在P处,切平面和曲面接触并具有相同的斜率。

有效地进行。

作为说明,假设系统具有以下形式:

$$\begin{aligned}\frac{\mathrm{d}X}{\mathrm{d}t}&=f(X,Y),\\ \frac{\mathrm{d}Y}{\mathrm{d}t}&=g(X,Y)\end{aligned}\tag{4.28}$$

式中,f和g是非线性函数。第一项任务是选择一个操作点,作为我们进行线性化的锚点。线性化过程的主要成分是求导,并且因为系统有两个独立的变量X和Y,导数必须是偏导数。在假设其他变量保持不变的情况下,这些计算方法与常规导数一样。线性化基于英国数学家布鲁克·泰勒(Brook Taylor,1685—1731)的定理,他发现函数可以用多项式近似,在最简单的情况下是线性函数(见专题4.1)。

专题4.1 近似

数学中有很多近似是基于英国数学家布鲁克·泰勒(Brook Taylor,1685—1731)的一个古老定理,他证明任何平滑函数(具有足够多连续导数的函数)都可以表示为幂级数。如果这个级数有无限多项,它就是某个收敛区域内原始函数的精确表示。但是,如果级数被截断,即如果忽略超过一定数量的所有项,则得到的泰勒多项式是函数的近似。这种近似在选定的操作点仍然是精确的,并且与该操作点附近的原始函数非常接近。然而,对于远离操作点的值,近似误差可能很大。泰勒多项式的系数通过原始函数的微分来计算。

具体地,如果函数$f(x)$具有至少n个连续导数,则它在操作点p处由下式给出近似:

$$\begin{aligned}f(x)\approx &f(p)+f'(p)(x-p)\\ &+\frac{1}{2!}f^{(2)}(p)(x-p)^2\\ &+\frac{1}{3!}f^{(3)}(p)(x-p)^3+\cdots\\ &+\frac{1}{n!}f^{(n)}(p)(x-p)^n\end{aligned}\tag{1}$$

表达式2!、3!和n!是我们已经在专题2.3中遇到过的阶乘,而$f^{(1)}$、$f^{(2)}$、$f^{(3)}$和$f^{(n)}$分别表示$f(x)$的第一、第二、第三和第n阶导数。不难看出,原始函数f和泰勒近似在操作点p完全相同:只是用p代替x。

一个重要的特殊情况是线性化,其中$n=1$。也就是说,只保留常数项和带有一阶导

数的项，而忽略其他所有项。这种策略听起来相当激进，但它非常有用，因为结果的线性允许许多在操作点附近的简化分析。线性化的结果是

$$L(x)=f(p)+f^{(1)}(p)(x-p) \quad (2)$$

它是熟悉的表示直线的方程式$y=mx+b$，具有斜率m和截距b(图1)。这里，m对应于导数$f^{(1)}(p)$，与垂直轴相交的b是$f(p)-pf^{(1)}(p)$。

例如，考虑移位指数函数

$$f(x)=e^x+1 \quad (3)$$

并选择$x_0=0$作为操作点。线性化包括在x_0处的f值（为2），以及在操作点求得的一阶导数，即

$$f^{(1)}(0)=e^x=1 \quad (4)$$

因此，f在（x_0）处的线性化是

$$L(x)=2+1\cdot(x-0)=2+x \quad (5)$$

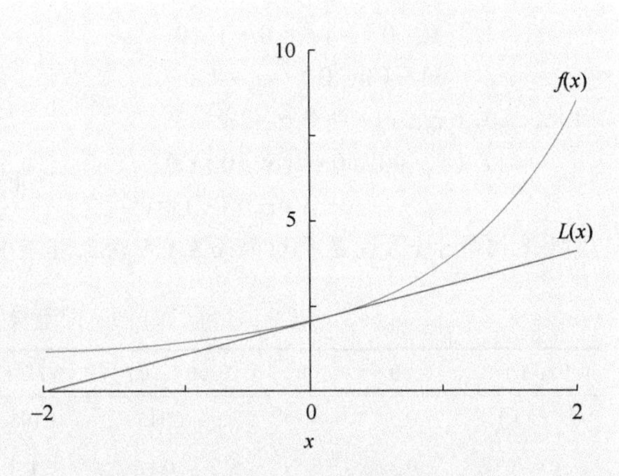

图1　泰勒近似可被用于线性化非线性函数。 这里，$L(x)$是式（3）中的移位指数函数$f(x)$的线性近似，它在操作点$x_0=0$处产生。

对于我们的演示，在选择的操作点（X_{OP}，Y_{OP}）附近近似f和g，从现在开始，我们假设它总是一个稳态点。这种假设当然并非总是如此，但它反映了迄今为止最重要的情况。我们用［$X_{OP}+X'(t)$，$Y_{OP}+Y'(t)$］表示稳态操作点附近的解，因此$X'(t)$和$Y'(t)$是X和Y方向上的偏差。因为我们打算离操作点非常近，所以这种解称为**扰动**(**perturbation**)。现在的策略是将这种扰动表示为微分方程组。只需将扰动值代入式（4.28）即可得到

$$\begin{aligned}\frac{d}{dt}(X_{OP}+X')=f(X_{OP}+X',\ Y_{OP}+Y')\\ \frac{d}{dt}(Y_{OP}+Y')=g(X_{OP}+X',\ Y_{OP}+Y')\end{aligned} \quad (4.29)$$

式中，参数t还是没有写出。

为了分析这个方程的右边，我们使用泰勒的洞察力（专题4.1和专题4.2）并获得线性近似：

$$f(X_{OP}+X',\ Y_{OP}+Y')\approx f(X_{OP},\ Y_{OP})+\left.\frac{\partial f}{\partial X}\right|_{(X_{OP},\ Y_{OP})}X'+\left.\frac{\partial f}{\partial Y}\right|_{(X_{OP},\ Y_{OP})}Y' \quad (4.30a)$$

$$g(X_{OP}+X',\ Y_{OP}+Y')\approx g(X_{OP},\ Y_{OP})+\left.\frac{\partial g}{\partial X}\right|_{(X_{OP},\ Y_{OP})}X'+\left.\frac{\partial g}{\partial Y}\right|_{(X_{OP},\ Y_{OP})}Y' \quad (4.30b)$$

符号∂表示偏微分，带下标的垂直线表示在操作点计算该微分。因为我们选择的操作点为稳态，即式（4.28）中$dX/dt=dY/dt=0$，项$f(X_{OP},\ Y_{OP})$和$g(X_{OP},\ Y_{OP})$为0，因而消去。

专题4.2　二元非线性函数的线性化

有趣的是，类似于专题4.1中的泰勒表示的近似可以在更高维度上执行。对于两个依赖变量（译者注：原文为dependent variables，通常译为因变量，但作者此处表达的是自变量之意，故此处将其直译为依赖变量）的情况，可以得到如下近似：

$$\begin{aligned}A(x,\ y)=&f(x_0,\ y_0)+(x-x_0)f_x(x_0,\ y_0)\\&+(y-y_0)f_y(x_0,\ y_0)\\&+\frac{1}{2!}[(x-x_0)^2f_{xx}(x_0,\ y_0)\\&+2(x-x_0)(y-y_0)f_{xy}(x_0,\ y_0)\\&+(y-y_0)^2f_{yy}(x_0,\ y_0)]+\cdots\end{aligned} \quad (1)$$

右边的第一项是在所选操作点（x_0，y_0）处的f值，表达式f_x和f_y分别是f相对于x和y的一阶导数，而f_{xx}、f_{xy}、f_{yy}是f的相应二阶导数，它们都在操作点进行计算。

忽略第二和所有更高阶的导数，我们得到线性化近似$L(x,\ y)$。具体来说，我们可以写作

$$\begin{aligned}L(x,\ y)=&f(x_0,\ y_0)+(x-x_0)f_x(x_0,\ y_0)\\&+(y-y_0)f_y(x_0,\ y_0)\end{aligned} \quad (2)$$

在操作点，L具有与f相同的值和相同的斜率。

例如，考虑函数$f(x,\ y)=ye^x$并选择操作点（x_0，y_0）=（0，0）。线性化包括f在（x_0，y_0）的值（其为0）和在操作点处求得的一阶导数。它们是

$$f_x(0, 0)=ye^x=0 \cdot 1=0$$
$$和 f_y(0, 0)=e^x=1 \quad (3)$$

因此，f在(x_0, y_0)的线性化是

$$L(x, y)=0+(x-0)\cdot 0 + (y-0)\cdot 1=y \quad (4)$$

线性化相对于x方向是平坦的而在y方向上具有1的斜率。f和L的一些值在表1中给出。即使y很大，小的x值的近似也是好的，因为f和L相对于y都是线性的。相比之下，大的x值导致更高的近似误差，因为选择了操作点在$x_0=0$处，L甚至不依赖于x，而f相对于x呈指数增加。

表1　针对x和y的不同组合的$f(x, y)$和$L(x, y)$的选定值

(x, y)	(0, 0)	(0, 1)	(0.1, 0.1)	(0.1, 1)	(0.2, 0.2)	(0.1, 0.5)	(0.5, 0.1)	(0.5, 0.5)	(1, 0.1)
$f(x, y)$	0	1	0.115	1.105	0.244	0.553	0.165	0.824	0.272
$L(x, y)$	0	1	0.1	1	0.2	0.5	0.1	0.5	0.1

我们可以通过将它们分解成可识别的组件来获得关于式（4.30a）和式（4.30b）的一些直觉（图4.5）。用文字表示，函数f（或g）在某个点处可以通过使用此处的值并在相应变量方向上增加偏差来近似。每个偏差包括该方向上的斜率（由偏导数表示）和沿相应轴的偏离距离（这里分别为X'和Y'）。此方法适用于任意数量的依赖变量（译者注：原文为dependent variables，通常译为因变量，但作者此处表达的是自变量之意，故此处将其直译为依赖变量）。

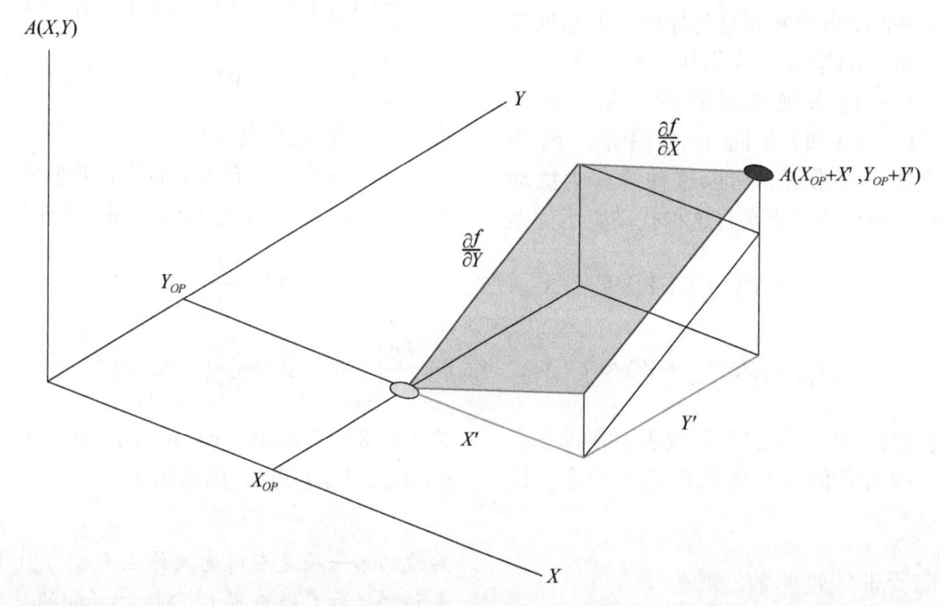

图4.5　在某个操作点（X_{OP}和Y_{OP}）（绿色），近似某个函数$f(X, Y)$（未显示）的部分平面$A(X, Y)$（粉红色）的可视化。平面根据式（4.30a）构造。蓝线具有f在操作点处X方向上的斜率，而红线具有f在操作点处Y方向上的斜率。绿线表示两个方向上偏离操作点的距离（分别为X'和Y'）。点$A(X_{OP}+X', Y_{OP}+Y')$（红色）位于平面上，但仅近似等于$f(X_{OP}+X', Y_{OP}+Y')$（未示出）。对于$X'=Y'=0$，两者相等，而对于X'和Y'的较小值，两者相近。

式（4.30a）和式（4.30b）的左侧也可以简化。也就是说，我们可以将每个和的微分分成两个微分的和。此外，$dX_{OP}/dt=dY_{OP}/dt=0$，因为X_{OP}和Y_{OP}是常数值。因此，仅留下dX'/dt和dY'/dt。将两侧的化简结合起来，式（4.29）和式（4.30）中的陈述变为

$$\frac{d}{dt}X' \approx \left.\frac{\partial f}{\partial X}\right|_{(X_{OP},\ Y_{OP})} X' + \left.\frac{\partial f}{\partial Y}\right|_{(X_{OP},\ Y_{OP})} Y' \quad (4.31a)$$

$$\frac{d}{dt}Y' \approx \left.\frac{\partial g}{\partial X}\right|_{(X_{OP},\ Y_{OP})} X' + \left.\frac{\partial g}{\partial Y}\right|_{(X_{OP},\ Y_{OP})} Y' \quad (4.31b)$$

注意，如果f和g强烈弯曲，则这种线性化可能是相当粗略的近似。但是对于与操作点的适度偏离，近似依然可能非常好。没有关于f和g的更多信息，我们就无法知道近似的效果好不好，即使对于相当大的扰动。我们确实知道，如果扰动足够小（无论在特定情况下意味着什么），线性化都是好

的。第二个重要结果是，右侧是线性的。

我们可以重命名式（4.31）中在操作点处进行计算的偏导数，如下：

$$a_{11}=\left.\frac{\partial f}{\partial X}\right|_{(X_{OP},\ Y_{OP})},\quad a_{12}=\left.\frac{\partial f}{\partial Y}\right|_{(X_{OP},\ Y_{OP})}$$
$$a_{21}=\left.\frac{\partial g}{\partial X}\right|_{(X_{OP},\ Y_{OP})},\quad a_{22}=\left.\frac{\partial g}{\partial Y}\right|_{(X_{OP},\ Y_{OP})} \tag{4.32}$$

据此将式（4.28）的线性化重写为

$$\frac{dX'}{dt}=a_{11}X'+a_{12}Y',$$
$$\frac{dY'}{dt}=a_{21}X'+a_{22}Y' \tag{4.33}$$

通常，我们可以用矩阵形式来书写m个变量系统的线性化：

$$d\begin{pmatrix}X_1'\\X_2'\\\vdots\\X_m'\end{pmatrix}/dt=\begin{pmatrix}\frac{\partial f_1}{\partial X_1}&\frac{\partial f_1}{\partial X_2}&\cdots&\frac{\partial f_1}{\partial X_m}\\\frac{\partial f_2}{\partial X_1}&\frac{\partial f_2}{\partial X_2}&\cdots&\frac{\partial f_2}{\partial X_m}\\\vdots&\vdots&\ddots&\vdots\\\frac{\partial f_m}{\partial X_1}&\frac{\partial f_m}{\partial X_2}&\cdots&\frac{\partial f_m}{\partial X_m}\end{pmatrix}_{OP}\begin{pmatrix}X_1'\\X_2'\\\vdots\\X_m'\end{pmatrix} \tag{4.34}$$

右侧的矩阵非常重要，它有自己的名称：系统的**雅可比矩阵（Jacobian）**（在操作点OP处的）。

线性化大致描述了非线性系统与其稳态操作点的距离。特别是在我们的示例中，

$$X'(t)\approx X(t)-X_{OP},$$
$$Y'(t)\approx Y(t)-Y_{OP} \tag{4.35}$$

接近操作点，线性表示非常好，但是在远离这一点时，近似误差通常会变大。对线性和非线性系统的稳定性和灵敏度的重要研究是在稳态附近进行的，因此近似的精度对于这些目的来说是次要的（参见本章后面的内容）。

作为线性化过程的数值演示，考虑系统

$$\dot{X}=f(X,\ Y)=2Y-3X^4,$$
$$\dot{Y}=g(X,\ Y)=0.5e^Xy-2Y^2 \tag{4.36}$$

此系统具有稳态（$X_{ss}\approx0.776$，$Y_{ss}\approx0.543$），我们将其用作操作点（OP）。在OP处求得的偏导数的值是

$$a_{11}=\left.\frac{\partial f}{\partial X}\right|_{(X_{OP},\ Y_{OP})}=-12X^3\Big|_{(X_{OP},\ Y_{OP})}=-5.608,$$
$$a_{12}=\left.\frac{\partial f}{\partial Y}\right|_{(X_{OP},\ Y_{OP})}=2,$$
$$a_{21}=\left.\frac{\partial g}{\partial X}\right|_{(X_{OP},\ Y_{OP})}=0.5e^XY\Big|_{(X_{OP},\ Y_{OP})}=0.590,$$
$$a_{22}=\left.\frac{\partial g}{\partial Y}\right|_{(X_{OP},\ Y_{OP})}=(0.5e^X-4Y)\Big|_{(X_{OP},\ Y_{OP})}=-1.086 \tag{4.37}$$

因此线性化为

$$\frac{dX'}{dt}=-5.608X'+2Y',$$
$$\frac{dY'}{dt}=0.590X'-1.086Y' \tag{4.38}$$

变量X'和Y'是t的函数，它们大致描述$X(t)$和$Y(t)$偏离稳态（$X_{SS}=0.776$，$Y_{SS}=0.543$）的距离。

假设原始非线性系统使用初始值$X_0=X_{ss}+0.75$和$Y_0=Y_{ss}-(-0.2)$。当然，线性化系统［式（4.38）］可以从任何初始值开始，但是为了与原始非线性系统直接比较，我们选择0.75和−0.2。我们求解这个ODE系统，然后将解平移到操作点：$\tilde{X}(t)=X'(t)+X_{ss}$，$\tilde{Y}(t)=Y'(t)+Y_{ss}$。图4.6显示在操作点（它等于稳态）附近$\tilde{X}$和$\tilde{Y}$对$X$和$Y$近似得非常好。在模拟开始时，$X$的近似值不太好。

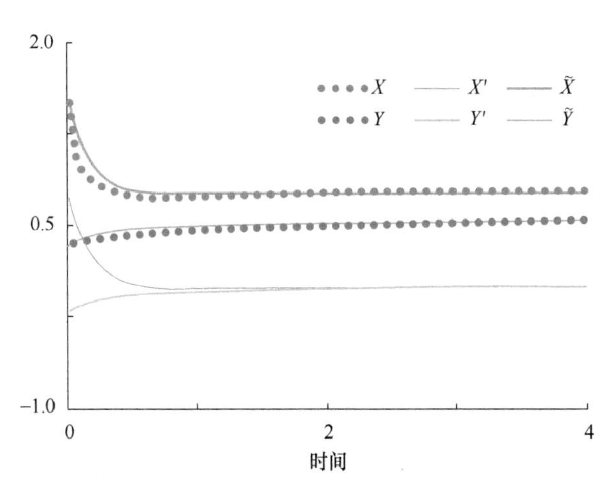

图4.6　式（4.36）中系统的线性化。非线性系统的解点以圆点表示。X'和Y'是线性化系统［式（4.38）］的解，而　$=X'+X_{ss}$和$\tilde{Y}=Y'(t)+Y_{ss}$（译者注：此处t似乎没有必要写出）构成非线性系统在操作点的线性化，此处操作点是稳态。

作为第二个例子，回想一下我们在第2章中分析的SIR模型［式（2.6）］。它具有以下形式：

$$\dot{S}=3+0.01R-0.0005SI,\ S_0=170=S_{ss}+30,$$
$$\dot{I}=0.0005SI-0.05I-0.02I,\ I_0=120=I_{ss}-30, \tag{4.39}$$
$$\dot{R}=0.05I-0.01R,\ R_0=700=R_{ss}-50$$

注意，为方便起见，初始值在此表示为与稳态的偏差，即（S_{ss}，I_{ss}，R_{ss}）=（140，150，750），并且我们将其用作操作点（OP）。在不经过理论推导的情况下，我们可以立即计算出雅可比矩阵，为

$$J=\begin{pmatrix}\frac{\partial f_1}{\partial S} & \frac{\partial f_1}{\partial I} & \frac{\partial f_1}{\partial R}\\ \frac{\partial f_2}{\partial S} & \frac{\partial f_2}{\partial I} & \frac{\partial f_2}{\partial R}\\ \frac{\partial f_3}{\partial S} & \frac{\partial f_3}{\partial I} & \frac{\partial f_3}{\partial R}\end{pmatrix}_{OP}=\begin{pmatrix}-0.075 & -0.07 & 0.01\\ 0.075 & 0 & 0\\ 0 & 0.05 & -0.01\end{pmatrix} \tag{4.40}$$

式中，f_1、f_2和f_3是式（4.39）中系统的右侧，而导数在稳态操作点OP处进行计算。因此，线性化方程为

$$\begin{pmatrix}\frac{\mathrm{d}S'}{\mathrm{d}t}\\ \frac{\mathrm{d}I'}{\mathrm{d}t}\\ \frac{\mathrm{d}R'}{\mathrm{d}t}\end{pmatrix}=\begin{pmatrix}-0.075 & -0.07 & 0.01\\ 0.075 & 0 & 0\\ 0 & 0.05 & -0.01\end{pmatrix}\begin{pmatrix}S'\\ I'\\ R'\end{pmatrix} \tag{4.41}$$

我们用初始值求解这些方程，这些初始值对应于非线性系统与稳态的偏差，即（30，−30，−50）；见式（4.39）和图4.7。一旦计算出来，解就平移到操作点OP，其对应于稳态：$\tilde{S}(t)=S'(t)+S_{ss}$，$\tilde{I}(t)=I'(t)+I_{ss}$，$\tilde{R}(t)=R'(t)+R_{ss}$。图4.7显示了结果：线性化非常好地反映了非线性系统，因为与稳态的偏差相对较小。

连续非线性系统

如同线性系统中的情形一样，连续表示占据整个时间区间，而不仅仅是离散的时间点。此外，如果系统中参与者的数量变多，连续系统将成为更方便的选择。谁想要计数（或考量）培养基或生物体中的每个细胞呢？与线性情况一样，

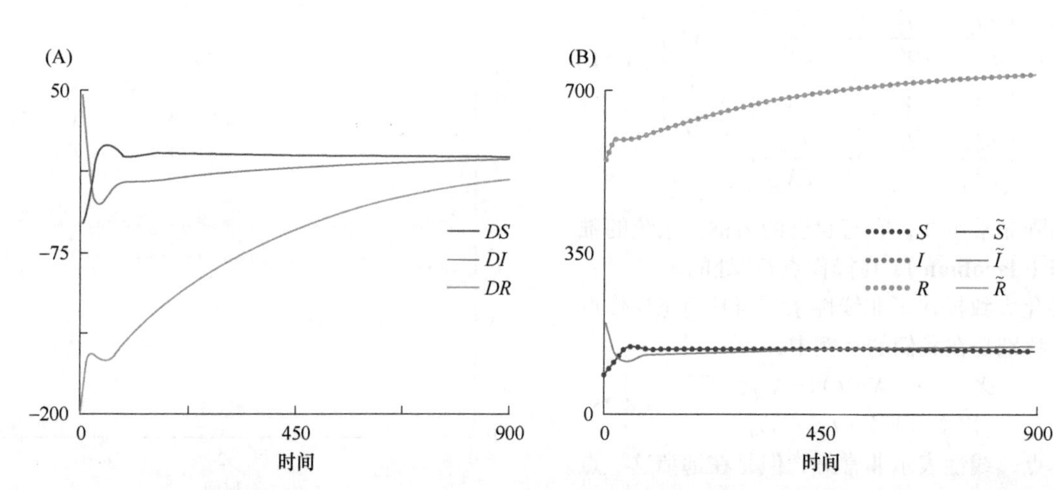

图4.7 式（4.39）中SIR系统的线性化。（A）式（4.41）中线性化系统的解。（B）相同的解，平移到操作点OP处。非线性系统的解点表示为圆点。$\tilde{S}$、$\tilde{I}$和$\tilde{R}$构成非线性系统在稳态操作点的线性化。线性化非常好，因为非线性系统没有偏离稳态太远。有关不太准确的近似，请参见练习4.21。

转换为连续变量直接用微分方程表示，但在非线性情况下，我们有无比多的选择：我们如何选择右侧？我们应该使用多项式吗？还是指数？还是各种函数的组合？显然，有无限的可能性，大自然没有为我们提供说明书。因此，除了一小部分特殊情况，没人能说出最佳或最合适的函数。这一事实构成了重大挑战，并且是广泛持续研究的主题。在大多数情况下，使用两种策略之一。要么，对看似合理的函数做出假设，因为它们以某种方式模拟了驱动被研究现象的机制。这些函数有时被称为**专设的**（**ad hoc**），表明它们是针对这种特定情况选择的，并没有声称具有更广泛的应用。要么，使用通用的非线性近似，不需要特定的假设，并且在它可以表示的响应范围内提供足够的灵活性。这种类型的近似称为**规范的**（**canonical**）。

4.5 专设模型

专设模型使用的函数由于某种原因似乎最适合给定的任务。有时它们基于物理学原理，有时它们似乎只是具有正确的形状和其他属性。作为后者的一个例子，逻辑斯谛函数

$$F(x)=\frac{a}{b+\mathrm{e}^{-cx}} \tag{4.42}$$

经常被用到，有时甚至是$a=b=c=1$，因为它描述了S形（sigmoidal）函数，它在生物学中经常遇到（图4.8）。改变a和（或）b会改变函数的输出范围和水平位移，c会影响其陡峭程度。读者应该试一

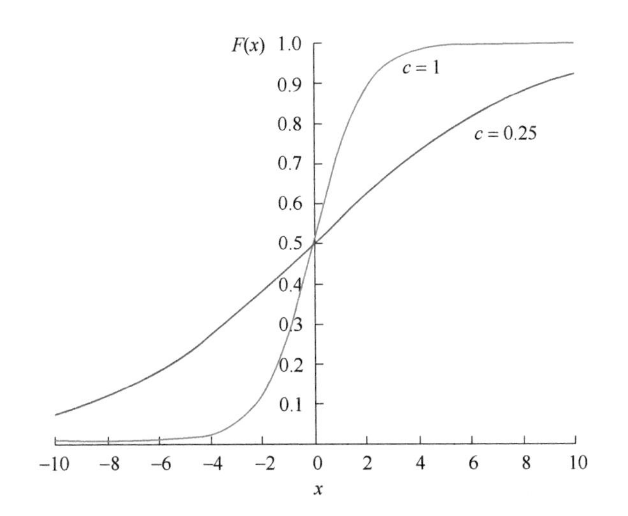

图4.8 逻辑斯谛函数［式（4.42）］图。根据其参数值，逻辑斯谛函数模拟不同的斜率、终值和水平位移。

下 a、b和c的几种组合。

在种群动力学领域，相同的逻辑斯谛函数以下列微分方程的等效格式被更广泛地使用：

$$\dot{N}=\alpha N-\beta N^2 \tag{4.43}$$

式中，N是群体的大小；α和β是参数。第一个参数α是增长率，α/β是群体的最终规模或承载能力（见第10章）。

乍一看，式（4.42）和式（4.43）似乎没有多少共同之处。但是，如果我们将式（4.42）中的F重命名为N，将x重命名为t，并将N相对于t进行微分，则可以使用简单代数操纵结果以获得式（4.43），其中参数α和β及初始值N_0是a、b、c的组合。我们还应该注意到，式（4.43）稍作改写即为$\dot{N}=\beta N(\gamma-N)$，其中$\gamma=\alpha/\beta$，看起来很像逻辑斯谛映射，从而解释了名称上的相似性。然而，两者是完全不同的，因为左边有不同的含义。

式（4.43）中的逻辑斯谛模型是许多种群动态模型的起点，其中不同物种竞争资源或一个物种以另一个物种为食。它也是经典的洛特卡-沃尔泰拉（Lotka-Volterra）系统的基本情况（见后文），它可以描述各种各样的非线性。

对于专设函数的可能选择几乎没有限制，并且特定函数的选择在很大程度上取决于生物现象的背景和知识。可能性包括三角函数、简单指数函数或更多不寻常的函数，如尖峰或方波函数。实际上，有各种形状的函数目录[14]。

一个广泛使用的基于所谓机制的专设函数的例子是酶动力学的米氏（Michaelis-Menten）函数，其形式为

$$v_p=\frac{V_{max}S}{K_M+S} \tag{4.44}$$

它描述了利用酶E将代谢底物S转化为产物P的速度v_P（图4.9）。该函数有两个参数：V_{max}是v_P可以达到的最大速度，而K_M是v_P以最大速度的一半运行时底物的浓度（参见第2章和第8章）。

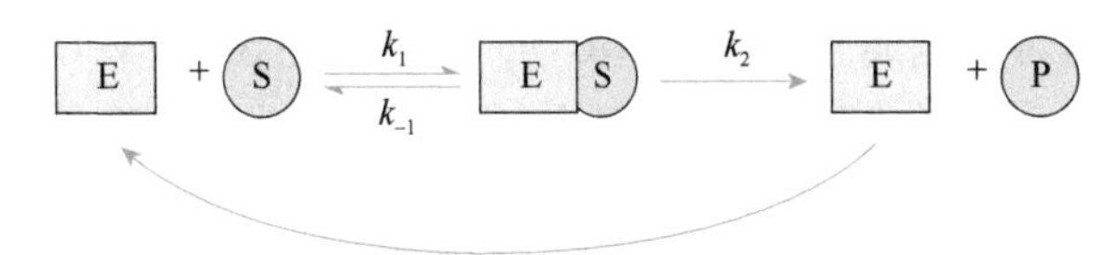

图4.9 酶催化反应示意图。底物S和酶E形成复合物，其可以恢复为S和E，或在释放酶时分解产生产物P。详细信息请参见第8章。

4.6 规范模型

模型选择的一个相当不同的策略是使用规范模型，其中有几种类型。名为“规范”意味着建立和分析模型的过程遵循严格的规则。强制遵守规则可被视为一种真正的限制，但它具有显著的优势，我们将在本章后面和一些应用章节中看到。规范模型的一个吸引力在于，即使我们面对系统细节上的大量不确定性和稀缺信息，它们也可以让我们快速入门。当我们问自己，若无规则和指导该怎么办时，这个优势就变得最明显了。作为一个示例情景，想象一下，我们的任务是提出一个数学模型，描述一个新物种的引入如何影响生态系统的动力学。很明显，所有类型的参与者都参与了此情形，但不清楚的是它们究竟是如何互动的。所有相互作用必须遵循物理和化学定律，但是考虑系统中的每个物理和化学细节很明显是不可能的，而且通常也是不必要的。规范建模在一般适用性和简单性之间提供了折中，通过使用数学上严格且方便的近似来绕过一些这种问题。根据经验，越不了解系统的细节，规范模型的好处就越多。

终极规范模型依然是线性模型，我们很乐意使用它。然而，线性通常对于生物现象而言过于局限，因其稍微偏离正常稳态就表现出非常明显的非线性响应。例如，线性模型不能表示稳定的**极限环振荡（limit-cycle oscillation）**，如我们在昼夜节律和我们自己的心跳中看到的那样（见本章后面的内容）。这些限制意味着我们必须寻找非线性规范模型。

最古老的例子是**洛特卡-沃尔泰拉（Lotka-Volterra，LV）模型**[15-19]。有趣的是，这个模型与我们在第2章中介绍的传染病模型同时被提出，即20世纪20年代。其独立作者是美国数学生物学先驱阿尔弗雷德·洛特卡（Alfred Lotka）和意大利

应用数学家维托·沃尔泰拉（Vito Volterra）。设置LV模型的规则很简单：列举所有感兴趣的因变量；自变量与参数合并。假设每个变量可能潜在地与系统中的每个其他变量相互作用，并将每个互作写为两个变量和速率常数的乘积。换句话说，这种机制属于质量作用类型，正如我们在第2章中所遇到的那样。LV模型还允许每个等式中存在线性项，它可以表示出生、死亡、退化或运出系统。因此，LV模型的每个微分方程具有完全相同的格式：

$$\dot{X}_i=\sum_{j=1}^{n}a_{ij}X_iX_j+b_iX_i \tag{4.45}$$

其中一些（或许多）参数的值可能为0。如果系统只有一个变量，则具有负a_{11}和正b_1项的LV模型将成为逻辑斯谛函数［式（4.43）］。

LV模型既有好消息也有坏消息。主要的好消息是，建立方程和计算稳态非常简单直观（见后文）。其次，该模型在生态系统分析中发现了很多应用，其中许多动态，如食物竞争或捕食，都是由一对一的相互作用驱动的（见参考文献［17］和第10章）。另一条非常令人惊讶和有趣的消息是LV方程非常灵活：如果它们包含足够的辅助变量并对它们应用一些数学技巧的话，其能够模建任何类型的可微非线性和**复杂性（complexity）**，包括各种**阻尼（damped）**或稳定振荡和混沌[18-20]。坏消息是，如果没有这些技巧，许多类型的生物系统与LV格式并不真正兼容。例如，假设我们想要模建一个简单的如图4.10所示的通路。我们定义了4个变量X_1，…，X_4，并希望建立方程式。但是，这对LV格式是一个问题。例如，X_3的产生应只依赖于X_2，但我们不允许在X_3的等式中包括类似kX_2这样的项。此外，在X_2的等式中考虑X_4反馈的唯一选择是像κX_1X_4这样的项，但这样的项在等式中也不被允许。一旦我们试图改善这个问题，我们增加模型适用性的同时会损害LV格式的数学优势。例如，如果我们允许所有可能的线性和双线性项，我们就会得到一个质量作用系统，就像我们在第2章中用于传染病的模型一样。我们也可以允许$\alpha X_1X_2X_4$之类的多线性项。不论哪种情况，扩展都会损害LV模型的分析优势。特别是，真正的LV格式允许我们使用线性代数方法计算稳态（参见本章后面的内容），而扩展形式则需要使用非线性方法和搜索算法。

在**生化系统理论（biochemical system theory，BST）**[21-25]的建模框架内，规范的**广义质量作用（generalized mass action，GMA）**系统提供了比

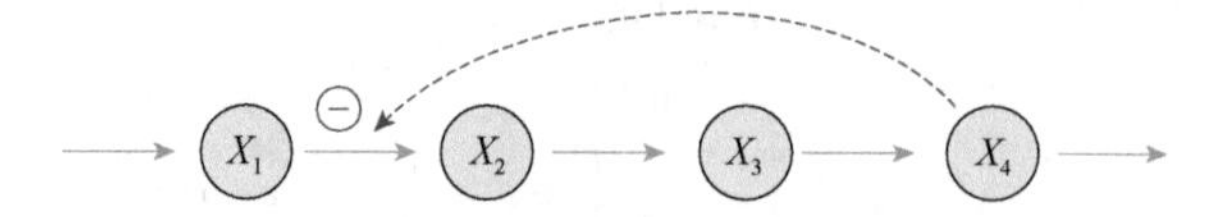

图4.10 带反馈的线性通路。直接将该通路表示为洛特卡-沃尔泰拉（Lotka-Volterra）系统是不可能的。

LV和质量作用模型更大的灵活性。在这种类型的规范模型中，每个过程v_i被公式化为该类型的**幂律函数（power-law function）**的乘积：

$$v_i=\gamma_{ik}X_1^{f_{ik1}}X_2^{f_{ik2}}\cdots X_n^{f_{ikn}} \tag{4.46}$$

与质量作用和LV模型一样，这种格式包括非负速率常数γ_{ik}，它描述了过程的周转率，以及变量的乘积。在这种情况下，乘积可能包括全部、部分甚至没有系统变量。每个变量都有自己的指数f_{ikj}，称为动力学阶数，可以取任何实数值。如果动力学阶数为正，则表示正向或增强效应；如果为负，则表示抑制或减弱效应；如果动力学阶数为零，则该项变量变为1，因此在乘积中是中性的。典型的动力学阶数介于−1和+2之间。该项中的变量包括格式完全相同的因变量和自变量（参见第2章）。

按照这种类型的公式，具有n个因变量和m个自变量的完整GMA模型中的每个方程都具有如下形式：

$$\dot{X}_i=\sum_{k=1}^{T_i}\pm\gamma_{ik}\prod_{j=1}^{n+m}X_j^{f_{ikj}} \tag{4.47}$$

式中，T_i是第i个方程中的项数。这里，大写的“pi”（译者注：即π的大写形式Π）表示乘积；例如，

$$\prod_{j=1}^{4}X_j=X_1X_2X_3X_4 \tag{4.48}$$

式（4.47）的格式看起来很复杂，然而一旦熟悉了，它实际上非常直观。只需枚举影响变量的所有过程（项），确定哪个变量对给定过程有直接影响，并在该项中包含此变量。变量带有指数，且整个项乘以速率常数。

作为具有三个因变量的小例子，考虑具有一个反馈信号的分支通路，来自自变量X_0的输入，并由独立调节器X_4激活，如图4.11所示。每个方程包含直接参与的所有流量v_i的幂律表示。因此，GMA方程是

$$\begin{aligned}\dot{X}_1&=\gamma_{11}X_0^{f_{110}}X_2^{f_{112}}-\gamma_{12}X_1^{f_{121}}-\gamma_{13}X_1^{f_{131}}\\ \dot{X}_2&=\gamma_{21}X_1^{f_{211}}-\gamma_{22}X_2^{f_{222}}X_4^{f_{224}}\\ \dot{X}_3&=\gamma_{31}X_1^{f_{311}}-\gamma_{32}X_3^{f_{323}}\end{aligned} \tag{4.49}$$

速率常数的下标首先反映方程，其次反映所在项。动力学阶数具有另一个指数，该指数指的是与之相

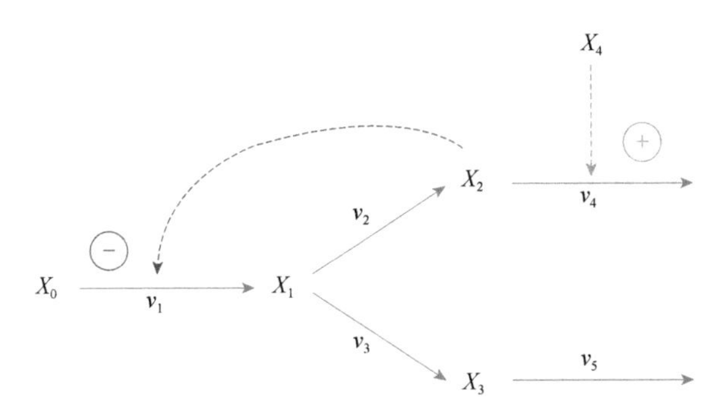

图4.11 具有一个反馈信号和一个外部激活器的一般通路。因变量X_1由被设为自变量的前体X_0产生，并用作生成X_2和X_3的底物。X_2对X_1的产生施加反馈抑制，并且X_4激活X_2的降解。每个过程都由函数v_i建模，其在GMA模型［式（4.49）］中具有幂律函数乘积的形式［式（4.46）］。

关的变量。但是，并非总是遵循这种惯例。

有些项实际上是相同的，即使它们乍一看似乎不一样。例如，X_1中的流量v_2与进入X_2的流量相同。这种相等性转换为幂律函数的性质，在这个例子中，只有$\gamma_{12}=\gamma_{21}$且$f_{121}=f_{211}$时，才相等。类似的等式适用于X_1和X_3之间过程的两种描述。

与GMA格式非常相似的是所谓的**S系统**（**S-system**）格式[25, 26]。在这种格式中，进入一个变量的所有过程都合并为一个幂律项，对离开这个变量的过程也是如此。从生物学角度来看，这种策略聚焦于S系统中的池（因变量），而非GMA系统中的流量。由于流入量和流出量各自在一个净流量中合并，S系统在每个方程中至多有一个正项和一个负项，这对于进一步分析非常重要（见后文）。因此，它们的一般形式，以及它自己的参数名称，总会是

$$\dot{X}_i=\alpha_i\prod_{j=1}^{n+m}X_j^{g_{ij}}-\beta_i\prod_{j=1}^{n+m}X_j^{h_{ij}},\quad i=1,\ 2,\ \cdots,\ n \tag{4.50}$$

对于图4.11中的示例，X_1的生成在GMA和S系统中完全相同。此外，X_2和X_3的生成与降解过程保持不变。GMA和S系统模型之间的唯一区别在于来自X_1的流出：在GMA系统中，该流出由两个分支组成，而在S系统中，它由一个净流出组成。因此，图4.11中的示例由S系统模型描述为

$$\begin{aligned}\dot{X}_1&=\alpha_1X_0^{g_{10}}X_2^{g_{12}}-\beta_1X_1^{h_{11}}\\ \dot{X}_2&=\alpha_2X_1^{g_{21}}-\beta_2X_2^{h_{22}}X_4^{h_{24}}\\ \dot{X}_3&=\alpha_3X_1^{g_{31}}-\beta_3X_3^{h_{33}}\end{aligned} \tag{4.51}$$

请注意此公式与式（4.49）中的GMA形式之间的异同。如果S系统和GMA系统在某些操作点（如稳态）相同，则该处有方程$\beta_1X_1^{h_{11}}=\alpha_2X_1^{g_{21}}+\alpha_3X_1^{g_{31}}$成立。通常，两种类型的模型仅在会聚或发散的分支点处不同，而在其他地方是相同的。

作为一个更有趣的例子，其在GMA和S系统形式中具有相同的方程式，考虑用于大肠杆菌中SOS途径的切换开关模型，利用此开关，细菌通过发送SOS信号来响应DNA受损的胁迫情形[27]；它在图4.12A中以图解方式显示。主要成分是*lacI*和*λcI*两个基因，它们分别转录成调节蛋白LacR和λCI。该系统最有趣的特征是交叉抑制：当*λcI*具有低表达水平时，*lacI*的表达高，反之亦然。具体地，*lacI*基因的启动子P_L被λCI抑制，*λcI*基因的启动子P_{trc}被LacR抑制，随后导致*lacI*基因的表达升高。DNA损伤导致RecA蛋白的激活，它逐渐切割λCI阻遏蛋白。λCI的减少会减轻对P_L的抑制，从而引起*lacI*的更高表达。

如第2章所述，我们确定主要参与者并将其分类为因变量和自变量（图4.12B）。很显然，因变量（其动力学由系统驱动）是两个调节蛋白X_1=LacR和X_2=λCI，以及X_3=RecA。相应的基因虽然在生物学上很重要，但并未被建模，因为它们仅作为蛋白质的前体在模型中起作用。更困难的争论是启动子应该是因变量还是自变量。这是我们在第2章

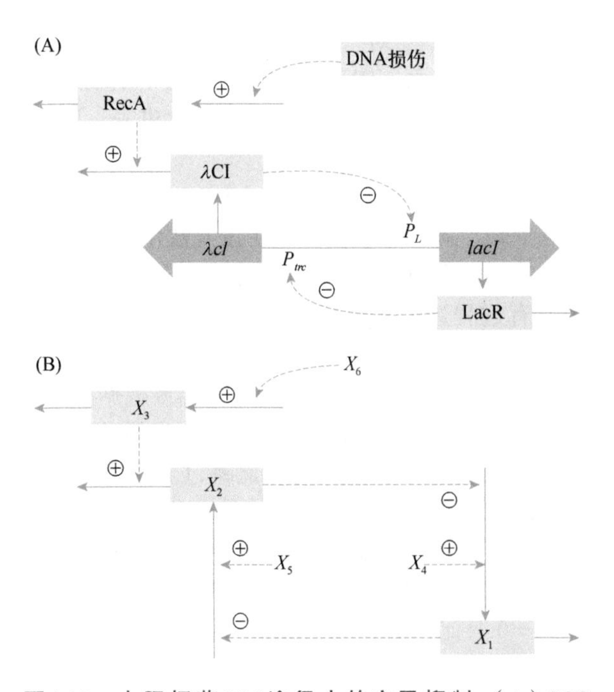

图4.12 大肠杆菌SOS途径中的交叉抑制。（A）SOS系统的图示。（B）模型表示，其中因变量是X_1=LacR，X_2=λCI，X_3=RecA，而自变量是启动子$X_4=P_L$和$X_5=P_{trc}$，以及X_6=DNA损伤。在简化的模型中，X_1和X_2直接抑制彼此的产生，而非通过启动子（参见正文的进一步讨论）［（A）引自Tian T & Burrage K. *Proc. Natl Acad. Sci. USA* 103（2006）8372-8377. 经美国国家科学院许可］。

中讨论的模型设计阶段需要做出的决策之一。一方面，启动子参与了系统的动力学。另一方面，我们没有关于它们如何变得可用或如何从系统中移除的信息。倾向于更简单的选项，我们决定将启动子视为具有常数值的自变量$X_4=P_L$和$X_5=P_{trc}$。它们包含在X_1和X_2的生成项中。因为启动子不响应系统的变化，我们让X_2直接抑制X_1的产生，让X_1直接抑制X_2的产生。除了启动子，X_6=DNA被建模为自变量。

为了设置X_1的方程，我们确定所有生成和降解过程，以及直接影响每个过程的变量。间接影响不包括在内；它们是通过系统的动态实现的。生成受其基因启动子P_L和λCI抑制作用的影响。例如，通过蛋白酶的自然降解，仅依赖于其浓度。因此，第一个等式是

$$\dot{X}_1=\alpha_1 X_2^{g_{12}} X_4^{g_{14}}-\beta_1 X_1^{h_{11}} \tag{4.52}$$

我们不知道参数值，但我们已经知道所有都是正的，除了g_{12}，它代表了λCI的抑制作用。

第二个方程以类似的方式构造。这里略有不同的是它的降解被X_3加速：

$$\dot{X}_2=\alpha_2 X_1^{g_{21}} X_5^{g_{25}}-\beta_2 X_2^{h_{22}} X_3^{h_{23}} \tag{4.53}$$

第三个方程描述了RecA的动态。让我们从它的降解开始，这取决于它的浓度；因此，我们设定了幂律项$\beta_3 X_3^{h_{33}}$。对于RecA的生成，我们默认假设它是常量。然而，DNA损伤激活了这个生成过程，因此X_6应该以一定的动力学阶数包含进来。因此，方程写为

$$\dot{X}_3=\alpha_3 X_6^{g_{36}}-\beta_3 X_3^{h_{33}} \tag{4.54}$$

现在完成了符号模型的建立（没有数值）。想象一下，如果没有规范建模，也就是说，如果我们被迫为所有过程选择非线性函数，这个步骤会有多么困难。

为了进一步分析和模拟，我们需要根据实验数据为所有参数分配数值。这个参数化步骤通常比较困难（见第5章），我们将在此跳过。相反，我们为BST中的典型参数选择值（参见参考文献［23］的第5章），并使用这些值探索模型的功能。所选参数值为：$\alpha_1=10$，$\alpha_2=20$，$\alpha_3=3$，$\beta_1=\beta_2=\beta_3=1$，$g_{12}=-0.4$，$g_{14}=0.2$，$h_{11}=0.5$，$g_{21}=-0.4$，$g_{25}=0.2$，$h_{22}=0.5$，$h_{23}=0.2$，$g_{36}=0.4$，$h_{33}=0.5$，$X_1(0)=7$，$X_2(0)=88$，$X_3(0)=9$，$X_4=10$，$X_5=10$，$X_6=1$（无DNA损伤）或$X_6=25$（有DNA损伤）。

我们在正常条件下开始模拟。进入模拟实验一小时后，我们通过增加X_6诱导DNA损伤。系统迅速响应损伤，X_1快速增加，而X_2快速下降（图4.13）。我们进一步考虑10 h后DNA损伤得到修复。作为响应，λCI和LacR表达迅速恢复到其正常状态。因此，如这些代表性结果所示，该模型在正常条件下产生λCI的高表达，并在DNA损伤条件下产生LacR的高表达。此外，正如在实验中观察到的那样，该模型表现出从一种稳态到另一种稳态的快速切换。虽然术语“切换”没有明确的定义，但它用于区分阶梯式变化和更渐进的过渡。

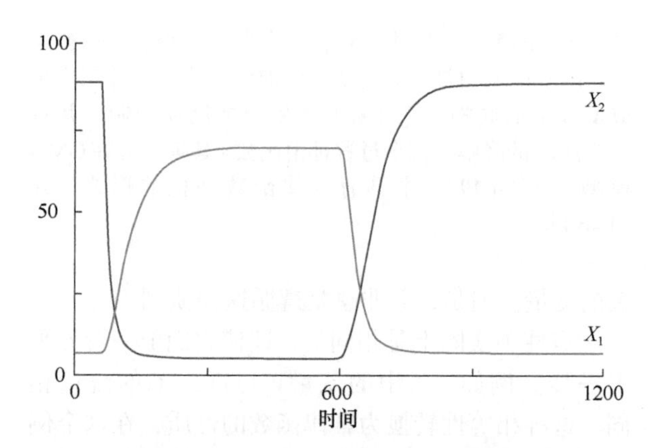

图4.13　模拟λCI和LacR表达状态之间的切换。模拟从正常条件开始，其中λCI和LacR的表达水平分别为88和7。60 min后，DNA被损坏。结果，X_3迅速增加（未示出）并切割λCI，其浓度随之下降。对P_L的抑制作用大大降低，LacR上升。10 h后，模拟中的DNA损伤得到修复，λCI和LacR的表达恢复到正常状态。参数值在正文中给出。

GMA和S系统模型中的过程形式不是随意给出的。它是一般近似策略的结果，在生物系统分析中非常方便，同时又基于坚实的数学原理，即泰勒定理（参见专题4.1和专题4.2）。该近似与我们在本章前面讨论的线性化非常相似（专题4.3和专题4.4）。然而，结果是非线性的，并且通常提供更宽的范围，在该范围内近似效果良好。此外，这些模型的幂律格式非常灵活，它基本允许任意复杂的模型[20]。

专题4.3　幂律近似

非线性函数F的幂律近似生成的是由幂律函数的乘积组成的表示［式（4.46）］。这种近似是以下列方式获得的：

1. 取所有变量及被近似函数F的对数；假设它们都是正值。

2. 在第二步中，计算结果的线性化（见专题4.1）。

3. 取线性化结果的指数。

结果是形如式（4.46）的函数v_i。这个过程可能听起来很复杂，但有一个数学上有效且正确的快捷方式，如下：

1. 每个动力学阶数（指数）等于被近似函数F相对于X_j的偏导数，乘以X_j，除以F。

2. 随后，通过令幂律项和被近似函数F在操作点处相等，来计算速率常数。

让我们用一个例子来说明幂律近似过程，其中被近似函数F有一个参数（对多变量情形，参见专题4.4）。例如，我们再次选择逻辑斯谛函数［式（4.42）］：

$$F(x)=\frac{a}{b+e^{-cx}} \quad (1)$$

并假设其参数为$a=0.2$，$b=0.1$，$c=0.3$。我们还假设x是某种物理量，因此其相关范围仅限于正值。任务是找到参数γ和f（为简单起见，省略索引号），使得γX^f是$F(x)$的幂律近似。

使用快捷方式，我们必须计算$F(x)$的导数，并且因为只有一个依赖变量，所以这是一个普通的导数：

$$\frac{dF}{dx}=\frac{ace^{-cx}}{(b+e^{-cx})^2} \quad (2)$$

现在我们将这个导数乘以x并除以F，并在我们选择的某个操作点计算该表达式：

$$f=\frac{dF}{dx}\frac{x}{F}\bigg|_{OP}=\frac{ace^{-cx}}{(b+e^{-cx})^2}x\frac{b+e^{-cx}}{a}\bigg|_{OP} \quad (3)$$

代数化简得到

$$f=\frac{cxe^{-cx}}{b+e^{-cx}}\bigg|_{OP}=\frac{cx}{1+be^{cx}}\bigg|_{OP} \quad (4)$$

最后，我们选择一个操作点，如$x=5$，并代入参数的数值。结果是所需的动力学阶数f：

$$f=\frac{0.3\times5}{1+0.1e^{0.35}}=1.036 \quad (5)$$

速率常数在第二步中计算。函数和近似必须在操作点（$x=5$）处具有完全相同的值，并且根据式（4.32），使用上面选择的参数，该值为$F(5)=0.619$。因此，我们在$x=5$处令F和γX^f相等并求解γ：

$$F(x)=\gamma x^f\big|_{OP} \quad (6)$$

所以

$$\gamma=F(x)\,x^{-f}\big|_{OP}=0.619\times5^{-1.036}=0.1168 \quad (7)$$

如果我们选择不同的操作点，则近似值是不同的。例如，对于$x=15$，我们得到

$$f=\frac{0.3\times15}{1+0.1e^{0.3\times15}}=0.4499 \quad (8)$$

所以

$$\gamma=1.8\times15^{-0.4499}=0.5323 \quad (9)$$

图1显示了两个选定操作点的$F(x)$及其幂律近似。两个近似值的可接受范围是完全不同的。

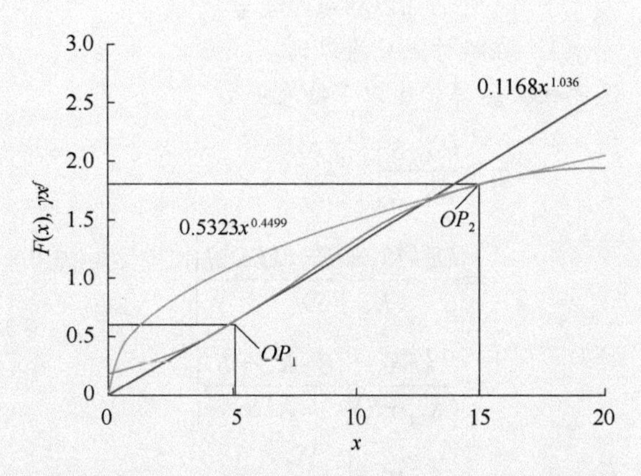

图1 式（1）中参数为$a=0.2$、$b=0.1$、$c=0.3$的函数$F(x)$（蓝色）在$x=5$（红色）和$x=15$（绿色）时的两个幂律近似。在操作点处，$F(x)$和相应的近似具有完全相同的值和斜率。根据模型的目的和所需的精度，第一个近似可能在$3\leqslant x\leqslant14$的区间内足够准确，而第二个近似可能在$12\leqslant x\leqslant20$的区间内足够准确。

专题4.4 多元函数的幂律近似

具有多于一个依赖变量（译者注：原文为dependent variables，通常译为因变量，但作者此处表达的是自变量之意，故此处将其直译为依赖变量）的函数的幂律近似将以类似的方式构造（除了要使用偏导数）。我们用两个参数的函数演示这一过程；然后很容易看出，具有更多参数的函数是如何近似的。

举例来说，假设我们对米氏（Michaelis-Menten）过程［式（4.44）］感兴趣，该过程包含一种酶，其活性因基因表达和蛋白质降解的改变而发生变化。第一项任务是在米氏（Michaelis-Menten）函数中显式给出酶活性E。它实际上嵌入在参数V_{max}中，它等于过程的周转率和总酶浓度的乘积kE，因此具有显式E的函数写作

$$v_P(S,\ E)=\frac{kES}{K_M+S} \quad (1)$$

相应的幂律表示将具有如下形式：

$$V=\alpha S^{g_1}E^{g_2} \quad (2)$$

我们的任务是计算其参数值α、g_1和g_2，使得V和v_P在我们选择的某个操作点具有相同的值，并且使得在S和E方向上的斜率也相同。只有这样，V才是v_P的合适近似。根据动力学阶数计算的快捷方式（同专题4.3），我们：

1. 计算偏导数。
2. 将它们乘以相应的变量。
3. 在操作点处除以v_P。

这些代数运算产生以下结果：

$$\begin{aligned} g_1 &= \left.\frac{\partial v_P}{\partial S}\frac{S}{v_P}\right|_{OP} \\ &= \left.\frac{kE(K_M+S)-kES}{(K_M+S)^2}\frac{S}{v_P}\right|_{OP} \\ &= \left.\frac{kEK_M}{(K_M+S)^2}\frac{S(K_M+S)}{kES}\right|_{OP} \\ &= \left.\frac{K_M}{(K_M+S)}\right|_{OP} \end{aligned} \tag{3}$$

和

$$\begin{aligned} g_2 &= \left.\frac{\partial v_P}{\partial E}\frac{E}{v_P}\right|_{OP} \\ &= \left.\frac{kS(K_M+S)}{(K_M+S)^2}\frac{E}{v_P}\right|_{OP} \\ &= \left.\frac{kS(K_M+S)}{(K_M+S)^2}\frac{E(K_M+S)}{kES}\right|_{OP} = 1 \end{aligned} \tag{4}$$

这两个结果在几个方面都有所不同。最重要的是，g_1取决于操作点，其值会根据我们想要获得近似的位置而变化。对于接近0的底物浓度，g_1接近1；对于$S=K_M$，$g_1=0.5$；对于非常大的底物浓度，g_1接近0。因此，本应用中的动力学阶数g_1始终在0和1之间。相反，g_2不依赖于操作点，其值始终为1。这一特殊情况的原因是，E作为线性函数贡献于米氏（Michaelis-Menten）过程［式（1）］，它对应于具有动力学阶数1的幂律函数。因此，对于E，两个函数V和v_P对于所有操作值是相同的。

速率常数的计算依然基于下述原理：如果V是v_P的合适近似，那么v_P和V必定在所选择的操作点处具有完全相同的值。因此，在某个选择的操作点，如$S=K_M$处，令两者相等，得到

$$v_P(S, E) = V(S, E) = \alpha S^{g_1}E^{g_2}$$
$$(\text{对于}S=K_M\text{和}E\text{的某些值}) \tag{5}$$

所以

$$\begin{aligned} \alpha &= v_P S^{-g_1}E^{-g_2} \\ &= \frac{kEK_M}{2K_M}K_M^{-0.5}E^{-1} \\ &= \frac{k}{2}K_M^{-0.5} \end{aligned} \tag{6}$$

对于参数值$k=1.5$，$K_M=10$和$E=2$，原始速率定律及其幂律近似如图1所示。对于E，幂律表示是精确的。换句话说，如果底物浓度S设置在某个操作点，则原始公式和幂律近似对于E的所有值都是相同的。

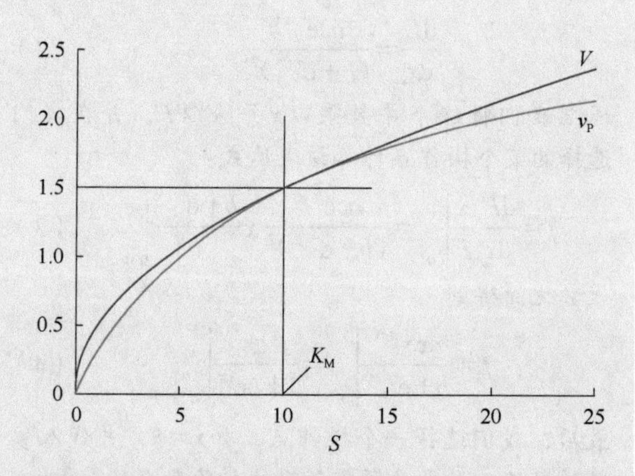

图1　米氏（Michaelis-Menten）速率规则［式（1）］的幂律近似，其中E也是依赖变量（译者注：原文为dependent variables，通常译为因变量，但作者此处表达的是自变量之意，故此处将其直译为依赖变量）。在操作点$S=K_M$，$E=2$，原始函数和相应的幂律近似具有相同的值和斜率。

代谢过程规范表示的一种更新的替代方法是线性-对数（lin-log）模型[28]。该名称源于这样一个事实，即模型在对变量进行对数变换后是线性的。具体地，所有代谢物和调节物X_j及所有酶e_i分别用相对于它们的正常参考值X_j^0和e_i^0来表示。此外，速率用相对于通过该路径的参考稳态流量J_i^0来表示。因此，lin-log模型具有如下形式：

$$\frac{v_i}{J_i^0} = \frac{e_i}{e_i^0}\left[1+\sum_{j=1}^{n+m}\varepsilon_{ij}^0 \ln\left(\frac{X_j}{X_j^0}\right)\right] \tag{4.55}$$

式中，ε_{ij}^0是参考弹性系数，其作用与BST中的动力学阶数相同。

lin-log建模方式在系统稳态方面具有方便的特性，并且在高底物浓度情形下比幂律模型的建模效果更好。然而，没有什么是免费的：对于小的底物浓度，幂律模型比lin-log模型准确得多[29-31]。lin-log模型是在**代谢控制分析（metabolic control analysis，MCA）**框架下开发的（见参考文献［32-34］和第3章）。现下，lin-log系统的总体体验与

BST中的LV系统和模型相比已相形见绌。

另一个近期想法是使用S形模块而不是幂律函数来描述系统中变量的作用[35]。该方案允许更大的灵活性，但也需要更多的参数值。

一个明显的问题是，为什么我们需要这么多不同的模型结构。答案是每个模型结构具有不同的优点和缺点。例如，关于应用范围，近似就有极好的、良好的或至少可接受的。这些模型在执行标准分析的难易程度方面也有所不同。例如，LV、lin-log和S系统允许显式计算稳态，而GMA系统则不然。虽然数学结构不同，但经验表明，特定规范模型的选择通常（但并非总是）不如模型的连接关系和调控结构更能影响结果。如果这种结构正确地捕捉了生物系统的本质，那么几种替代模型可能同样表现良好。然而，这不能确定，建模者必须自行决定模型结构，可能基于特定的生物学见解及数学和计算方便等问题，或者用几种模型进行比较分析[36]。

4.7 更复杂的动态系统描述

大多数生物系统太过复杂，无法通过显式函数进行描述，甚至**常微分方程（ordinary differential equation，ODE）**模型也并非总是够用。除了随时间的变化，ODE的一个重要限制是它们不能表示空间分量。数学家的第一个解决方案通常是使用**偏微分方程（partial differential equation，PDE）**，它不仅捕获动态趋势，还允许我们根据位置的变化分析变量[6, 37]。例如，如果我们想要描述动脉中斑块的形成，则很明显我们需要空间特征，这严重依赖于血流的细节，尤其常在动脉的分支中发现，那里回流可以形成复杂的漩涡。偏微分方程非常适合捕获这种系统的时空动态。不幸的是，它们的分析需要在数学方面投入更多，我们在本书中不再进一步探究。另一种选择是**基于主体的建模（agent-based modeling，ABM）**[38, 39]，我们将在第15章中描述。ODE的第二个问题是它们不直接允许系统动态的延迟。这种情况比较简单，因为可以使用数学技巧来对延迟进行建模[40]。

最后，ODE完全是确定性的，不允许考虑任何随机性。考虑随机效应可能是至关重要的，因为精美的实验已经表明，同一细胞的精确拷贝可能随着时间的推移变得非常不同，并且差异是由分子水平的随机变异引起的[41]。然而，捕捉这些分子过程的细节需要更复杂的方法，如随机微分方程或混合系统[42-44]，它又是一个涉及判断和建模目的的问题，关乎这种努力是否值得。

生物系统模型的标准分析

前面的部分已经表明，为生物系统选择一个好的模型既非微不足道，也并不唯一。即使是简单的增长过程，我们也遇到了可选模型，对于更复杂的系统，选择明显增加。尽管各种表示有很大不同，但仍有一般的分析策略。实际上，这种分析的大部分在某种程度上是直截了当的，并遵循或多或少独立于所研究特定系统的指导方针。因此，现在是时候讨论用于分析生物系统最相关的标准方法了。它们分为两大类：一类属于静态特征，基于对稳态附近的系统的分析；而另一类包含动态特征，如探索模型对扰动的可能响应或振荡的表征。

4.8 稳态分析

稳态是系统的一种状况，其中没有变量会发生数目、数量或浓度的变化。这种变化的缺失并不意味着系统中没有任何事情发生。它只是意味着所有池和变量的所有流入和流出都是平衡的，如血液中化学成分的浓度。新陈代谢在持续着，血细胞吸收并输送氧气。然而，血清的许多成分保持在与正常状态非常接近的范围内。这些状态对大多数生物系统的分析而言都是关注的重点。

与动力学模型相关的稳态分析解决了三个基本问题。第一，系统是否有一个、多个或没有稳态，我们可以计算它们吗？第二，系统在给定的稳态下是否稳定？第三，在给定的稳态下，系统对扰动的敏感程度如何？除了这些更富诊断意味的问题，人们可能对控制、操纵或优化系统的稳态感兴趣。有趣的是，大多数稳态分析是利用线性数学进行的，由哈特曼（Hartman）和格罗布曼（Grobman）的见解推动和支持，非线性系统的许多行为可以用相应的线性系统进行研究[2]。事实上，既然我们已经获得了有关近似的一些经验，我们就可以更准确地说出这意味着什么。它指的是非线性系统的（单变量或多变量）线性化，通常选择稳态作为操作点。

在线性系统中，稳态相对容易评估，因为根据稳态的定义（即任何变量都没有整体变化），导数为零，因此，微分方程组成为一个系统线性代数方程组。回顾式（4.27），但允许一个额外的恒定输入$\boldsymbol{u}$，并将分析限制在稳态，得出

$$\frac{\mathrm{d}\boldsymbol{X}}{\mathrm{d}t}=\dot{\boldsymbol{X}}=\boldsymbol{A}\boldsymbol{X}+\boldsymbol{u}=0 \quad (4.56)$$

线性代数告诉我们有三种可能性。系统可能没有

稳态解，或者只有一个解，或者可能发生整个线、平面或高维平面满足［式（4.56）］的情况。作为一个简单的双变量示例，让我们看看以下5个系统S1～S5，它们非常相似：

S1：
$$\dot{X}_1=2X_2-2X_1$$
$$\dot{X}_2=X_1-2X_2$$

在这个例子中，没有输入，并且两个变量都朝着“平凡的”稳态解$X_1=X_2=0$递减。我们可以通过数值求解系统，或通过设置两个方程的导数等于零并将它们加在一起（根据线性代数，我们可以这么做）来容易和直接地确认这一点。后者的结果是$X_1-2X_1=0$，这仅在$X_1=0$时成立。将该值代入其中一个方程中得到$X_2=0$。因此，解（$X_1=X_2=0$）是唯一的，并不是特别有趣。

S2：
$$\dot{X}_1=2X_2-0.5X_1$$
$$\dot{X}_2=X_1-2X_2$$

除了第一式中X_1的系数是-0.5而非-2，该系统与上一个非常相似。解再次呈指数形式，但这次两个变量都是没有停顿的增长。系统再次满足那个简单的解$X_1=X_2=0$，但这次动态解不接近这个稳态解。事实上，如果我们在（0，0）以外的任何地方开始模拟，系统会导致无限增长。

S3：
$$\dot{X}_1=2X_2-X_1$$
$$\dot{X}_2=X_1-2X_2$$

在这种情况下，第一个等式中的X_1的系数是-1。将两个方程中的导数设置为零并将其中一个乘以-1会立即显示它们相等。两者都要求X_1是X_2的两倍，但没有其他条件。稍许分析（或计算机模拟）即可证实，由任意X_1值和为该值一半的X_2值的任何组合都满足稳态。系统有无限多个解，包括（0，0）（图4.14）；所有这些解都位于一条直线上，由$X_1=2X_2$定义。

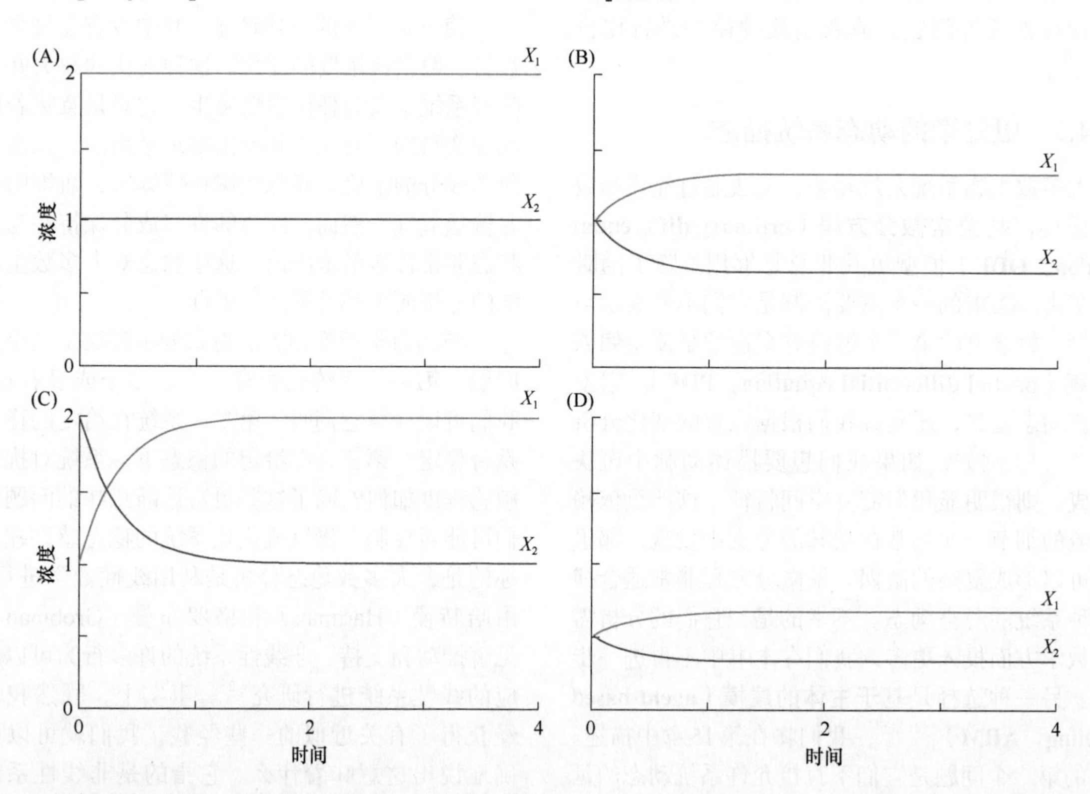

图4.14　系统S3的4个解，它们仅在初始条件上有所不同。（A）$X_1=2, X_2=1$；（B）$X_1=1, X_2=1$；（C）$X_1=1, X_2=2$；（D）$X_1=0.5$，$X_2=0.5$。

S4：
$$\dot{X}_1=2X_2-2X_1+1$$
$$\dot{X}_2=X_1-2X_2$$

S4和S1之间的唯一区别是值为1的常量输入。这种变化极大地改变了动态和稳态解。后者不再平凡（$X_1=X_2=0$），而是具有唯一值：$X_1=1$，$X_2=0.5$。与S1中趋向0的减少过程相反，有输入在支持系统，系统很快在（1，0.5）处找到平衡。

S5：
$$\dot{X}_1=2X_2-X_1+1$$
$$\dot{X}_2=X_1-2X_2$$

该系统的输入也为1，与S4的唯一区别在于第一个等式中的X_1的系数。将两个方程中的导数设置为等于零并将它们相加会得出如下要求：0=1，我们知道这个要求不能满足。该系统没有稳态，连平凡的稳态都没有。

非线性系统中稳态的计算通常要困难得多。事实上，即使知道系统具有稳态解，我们也可能无法用简单的分析方法来计算它，而需要用一些迭代算法来近似求解。我们在第2章中已经看到了一个看似无害的例子，即等式$e^x-4x=0$。我们可以很容易地想到这个等式描述了微分方程$dx/dt=e^x-4x$的稳态。如果我们连一个非线性方程都无法求解，想象一下，在具有几十个非线性方程的系统中，求解几乎没有可能！你可能会问，为什么我们不使用线性化并计算线性化系统的稳态？这个看似聪明的想法不起作用的原因是，我们需要一个进行线性化的操作点。但是，如果我们不知道稳态是什么，我们就不能将它用作操作点，选择别的点是没有用的。

我们可以用两种数值策略获得非线性系统的稳态。首先，我们可以进行模拟并检查解稳定的位置。这个策略非常简单并且通常很有用。然而，它有两个缺点。首先，如果稳态不稳定，那么模拟将避开和偏离它（参见上面的系统S2及后面的内容）。其次，与线性系统相比，非线性系统可能具有（许多）不同的、孤立的稳态。孤立意味着其间的点不是稳态。例如，考虑如下单个非线性微分方程：

$$\dot{x}=-0.1(x-1)(x-2)(x-4) \quad (4.57)$$

我们可以很容易地说服自己，1、2和4是稳态解，因为对于x，取这些值中的哪一个，右边都变为零。然而，介于两者之间的值（如$x=3$）不是稳态解。计算稳态的模拟策略对于大于2的所有初始值将得到$x=4$（参见图4.15中的红线）。对小于2的所有初始值，模拟将得出$x=1$是稳态，并且除非我们精确地从2开始（或使用洞察力和想象力），否则（不稳定的）稳态$x=2$将从缝隙滑过。在这里给出的情况下，很容易发现问题，但是在较大规模的实际模型中并非总是如此，且数值解策略很容易错过稳态。

寻找稳态解的第二种策略是使用**搜索算法**（**search algorithm**），有许多不同的类型和软件实现方案。我们将在参数估计的背景下讨论其中的一部分（见第5章）。许多此类算法的一般想法是我们从一个胡乱的猜测开始（文献称之为有根据的猜测或估计）。在式（4.57）的例子中，如图4.15所示，我们可以从（错误的）3.4可能是一个稳态的猜测开始。该算法通过评估系统的所有稳态方程并计算它们与零的差异来计算这种猜测的好坏程度；在我们的例子中，只有一个方程——**残差**（**residual error**），即与最佳解的差异，是$-0.1(3.4-1)(3.4-2)(3.4-4)=0.2016$。接下来，算法检查接近初始猜测的解（如3.3和3.5）并确定改进解的最可能方向。在我们的例子中，$x=3.3$产生增大的残差0.2093，而$x=3.5$对应于较低（=更好）的残差0.1875。该算法现在假定，因为$x=3.5$处的误差较低，所以改善解的最佳机会在于更高的x值。因此，算法用更高的数字更新当前猜测，如3.6。这种类型的梯度搜索的技术细节（如下一次移动的确切方向和距离）可能非常复杂，特别是对于具有许多方程的系统。更多细节见第5章。

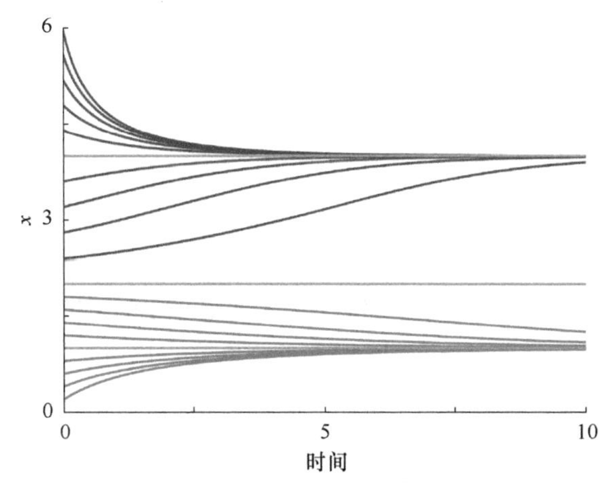

图4.15　式（4.57）的一些动态（红色、蓝色）和稳态（绿色）解。除非模拟正好从2开始，否则永远不会达到稳态2，因为它不稳定。

虽然几乎没有非线性模型可以很容易地计算它们的稳态，但是一些规范形式是闪亮的例外。第一个是我们之前讨论过的LV系统［见式（4.45）］。将导数设置为等于零：

$$\sum_{j=1}^{n} a_{ij}X_iX_j+b_iX_i=0 \quad (4.58)$$

不难看出$X_i=0$是一个解。因为所有n个方程必须满足稳态，所以对于所有变量，$X_i=0$必须为真。我们再次遇到一个平凡解。在大多数情况下，这个解并不是很有趣，但它仍然很有用：使用旧的数学技巧，我们记录，但随后故意排除这个简单的解，这允许我们将每个方程式除以X_i，由于$X_i=0$的可能性，这在之前是一个不允许的操作。为简单起见，我们假设在稳态下所有变量应不为0。然后我们用相应的X_i除以每个方程，则LV系统的非平凡稳态方程变为

$$\sum_{j=1}^{n} a_{ij}X_j=-b_i \quad (4.59)$$

这是一个线性代数方程组，我们可以应用线性代数的所有工具。当然，有些变量可能是0而其他变量则不是。有些人（但非全部）称这些解也是平凡的。

我们可以将线性代数用于非线性系统确实是一种罕见的事件，但LV系统并不是唯一的情况。S系统［式（4.50）］[45]发生了类似的事情。假设为简单起见，系统不包含自变量并将导数设置为等于零，从而得到

$$\alpha_i\prod_{j=1}^{n}X_j^{g_{ij}}-\beta_i\prod_{j=1}^{n}X_j^{h_{ij}}=0,\ i=1,\ 2,\ \cdots,\ n \quad (4.60)$$

这个结果看起来根本不是线性的。但是，一旦我们将β项移到右侧并认定所有变量都是正值，我们就可以采用对数形式：

$$\ln\alpha_i+\ln\left(\prod_{j=1}^{n}X_j^{g_{ij}}\right)=\ln\beta_i+\ln\left(\prod_{j=1}^{n}X_j^{h_{ij}}\right) \quad (4.61)$$

现在记住

$$\ln\left(\prod_{j=1}^{n}Z_j\right)=\sum_{j=1}^{n}\ln Z_j$$

对于任何正值量Z_j都成立，并且对于正的X和任何实数参数p，$X^p=\ln e^{p\ln X}=p\ln X$成立。因此，我们得到

$$\ln\left(\prod_{j=1}^{n}X_j^{g_{ij}}\right)=\sum_{j=1}^{n}g_{ij}\ln X_j \quad (4.62)$$

和带有h_{ij}项的相应方程。当我们重命名变量$y_i=\ln X_i$并重新排列方程时，我们得到如下结果：

$$\sum_{j=1}^{n}g_{ij}y_j-\sum_{j=1}^{n}h_{ij}y_j=\ln\beta_i-\ln\alpha_i \quad (4.63)$$

最后，对所有i和j，我们重命名$a_{ij}=g_{ij}-h_{ij}$并定义$b_i=\ln(\beta_i/\alpha_i)$，这揭示了一个有趣的事实，即看起来非常非线性的S系统的稳态方程确实是线性的：

$$\begin{aligned}a_{11}y_1+a_{12}y_2+a_{13}y_3+\cdots+a_{1n}y_n&=b_1\\a_{21}y_1+a_{22}y_2+a_{23}y_3+\cdots+a_{2n}y_n&=b_2\\a_{31}y_1+a_{32}y_2+a_{33}y_3+\cdots+a_{3n}y_n&=b_3\\&\vdots\\a_{n1}y_1+a_{n2}y_2+a_{n3}y_3+\cdots+a_{nn}y_n&=b_n\end{aligned} \quad (4.64)$$

对于随后的生物学解释，我们必须记住，一旦分析完成，就用指数变换从y转换回X。相同的过程适用于具有自变量的系统。读者应该确认这一点或参见参考文献［23］。

作为具有线性稳态方程的非线性系统的最后一例，考虑lin-log模型［式（4.55）］[28]。将式（4.55）左侧的速率设置为等于零，得到

$$\frac{e_i}{e_i^0}\left[1+\sum_{j=1}^{n+m}\varepsilon_{ij}^0\ln\left(\frac{X_j}{X_j^0}\right)\right]=0 \quad (4.65)$$

并且，合理地假设参考酶活性e_i^0不为零，我们得到

$$\sum_{j=1}^{n+m}\varepsilon_{ij}^0\ln\left(\frac{X_j}{X_j^0}\right)=-1 \quad (4.66)$$

如果我们将变量重命名为$y_j=\ln(X_j/X_j^0)$，我们会看到y变量的稳态方程是线性的。

除了这些系统，很少有此类非线性模型可以用微积分和线性代数的方法明确计算其稳态解。即使是质量作用和GMA系统也不允许我们这样做。

一旦通过分析或数值方法计算出稳态，我们就可以将其用作线性化的操作点，并分析稳定性和参数灵敏度等重要特征，我们将在下面讨论该内容。

4.9 稳定性分析

稳定性分析评估系统可以容忍外部扰动的程度。在最简单的局部稳定性分析的情形下，我们可以询问系统在小扰动后是否会恢复到稳态。经常使用的类比是半球形碗中的球（图4.16A）。任其自然，球将滚动到碗的底部，可能上下滚动几次，最后留在底部。如果我们将球从底部移开（也就是说，如果我们扰动它），它将回滚到碗底部的稳定稳态。现在假设碗倒置（图4.16C）。用一只非常稳定的手，我们可以将球放在倒置碗的顶部，但即使是最轻微的扰动也会导致它滚落。碗的顶部是一个稳态，但它是不稳定的。作为一个中间案例，想象一个球在一个完全平坦的水平表面上（图4.16B）。现在任何扰动都会导致球滚动，并且由于摩擦，会在新的位置停下来。平坦表面的所有点都是稳态点，但都只是临界稳定（marginally stable）。注意，对于相对较小的扰动，这些考虑是正确的。如果我们在图4.16A的示例中真正打击球，它可能会飞出碗并落在地板上。局部稳定性分析也是如此：它只能解决小扰动问题。在我们讨论稳定性的技术细节之前，我们应该注意术语“系统是稳定的”是不严谨的（如果不是错误的话）。原因是，系统通常具有多个稳态。因此，正确的术语是“系统在某稳态是稳定的”或“系统的某稳态是稳定的”。

动力系统的稳态是否稳定不是简单的问题。但是，它可以通过两种方式进行计算。首先，我们实际上可以在稳态下开始模拟系统并稍微扰动它。如果它返回到相同的稳态，则该状态是局部稳定的。其次，我们可以学习系统矩阵。在线性系统的情况下，矩阵是直接给出的，而非线性系统必须首先被线性化，因此感兴趣的矩阵是雅可比矩阵［式（4.34）］，它包含系统的偏导数。在任何一种情况下，稳定性的确定都取决于矩阵的特征值，虽然这些（实值或复值）特征值是矩阵的复杂特征，但稳定性的规则很简单。如果任何特征值具有正实部，

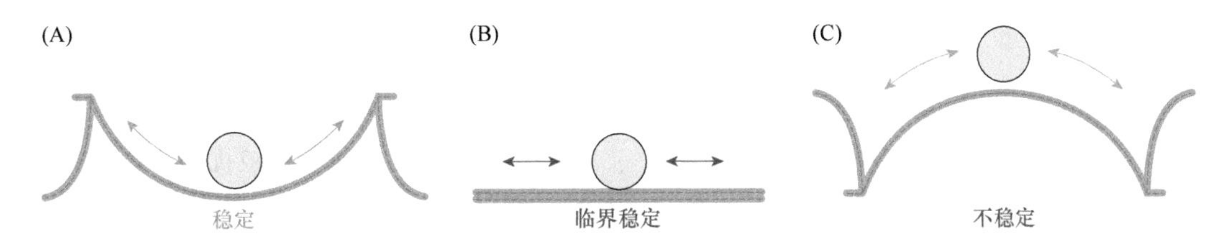

图4.16 不同稳定程度的图示。(A)放在碗中的球滚到底部，如果略微移动则返回到该位置。(B)完全平坦表面上的球在敲击时会滚动到新位置。(C)完美放置在倒置碗顶部的球可能会在那里停留一小会儿，但最轻微的扰动也会使其滚动到某一侧。

即使它只是三十几个特征值中的一个，系统也是局部不稳定的。为了稳定，所有实部都必须是负的。实部等于零的情况很复杂，需要进行额外的分析或模拟研究。幸运的是，Mathematica®、MATLAB®和PLAS[1]等软件包会自动计算特征值。

在没有输入的双变量线性系统［式(4.27)］的情形下，稳定性分析特别具有指导性，因为可以在视觉上区分系统的接近其稳态(0，0)的所有不同行为。具体而言，(0，0)的稳定性由矩阵$\boldsymbol{A}$的三个特征确定，即其迹线$\mathrm{tr}\,\boldsymbol{A}=A_{11}+A_{22}$，行列式$\det \boldsymbol{A}=A_{11}A_{22}-A_{12}A_{21}$，判别式$d(\boldsymbol{A})=(\mathrm{tr}\,\boldsymbol{A})^2-4\det \boldsymbol{A}$，它们与$\boldsymbol{A}$的两个特征值有关。根据$\boldsymbol{A}$的这三个特征的组合，系统接近(0，0)的行为可以变化很大。如图4.17所示，它们可能看起来像汇、源、吸引或排斥的星、向内或向外螺旋、鞍座或线条集合。为了通过模拟揭示这些图像，可以从许多不同的初始值出发使用相同的矩阵$\boldsymbol{A}$来求解相同的系统［式(4.27)］并叠加所有图(图4.18)。类似的行为发生在高维系统中，然而它们更难以可视化。

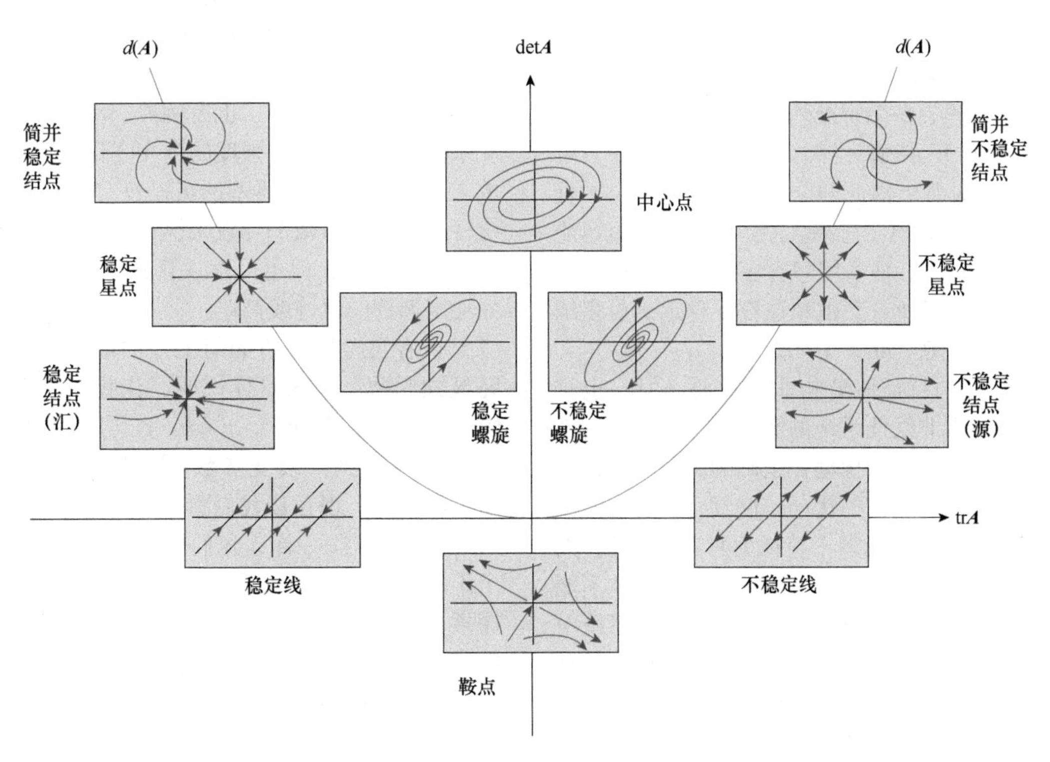

图4.17 没有输入的二维线性微分方程系统的稳定性模式，见式(4.27)。系统矩阵$\boldsymbol{A}$的元素确定其迹线$\mathrm{tr}\,\boldsymbol{A}$、行列式$\det \boldsymbol{A}$和判别式$d(\boldsymbol{A})$。反过来，这些特征的不同组合导致接近稳态(0，0)的不同系统行为。

图4.17的上半部分在左侧包含稳定系统，其中两个特征值都具有负实部，而在右边则包含相应的不稳定系统，其中特征值具有正实部。由判别式$d(\boldsymbol{A})$给出的坐标轴和抛物线上出现特殊情况。例如，在穿过垂直轴时，行为是从稳定性到不稳定性的转变。在中心处的特定情形中，这是稳定和不稳定螺旋之间的过渡情况，所有的解共同形成无数组同心椭圆，覆盖整个平面。鞍点的有趣情形位于

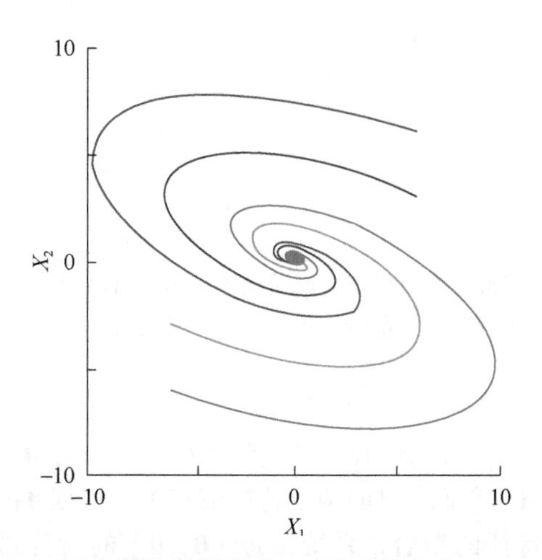

图4.18　稳定螺旋的可视化。$\boldsymbol{A}$的系数为（A_{11}，A_{12}，A_{21}，A_{22}）=（−3，−6，2，1），4个叠加轨迹的初始值为红色（6，6）、紫色（6，3）、绿色（−6，−3）和蓝色（−6，−6）。其他初始值将导致其间的类似轨迹，共同覆盖整个平面。

图的下半部分的中心：恰好来自两个相反方向之一时，稳态看起来是稳定的；恰好来自第二组两个相反的方向时，稳态又似乎不稳定；来自任何其他方向，系统的轨迹似乎接近但之后以曲线形式远离原点。对于tr $\boldsymbol{A}$=det $\boldsymbol{A}$=d（$\boldsymbol{A}$）=0，会出现一种独特的情况。这里，两个特征值相同（因此实际上只有一个特征值），其值为零。在这种情况下，$\boldsymbol{A}$可以包含4个零系数，因此两个导数都等于零，并且无论系统在何处启动，它都会停留在原地。也可能是$\boldsymbol{A}$没有用零填充，而系统包含一线稳态（one line of steady state）且所有其他轨迹都不稳定。更多细节可以在参考文献［46］中找到。

刚才描述的特征值分析非常重要，但它也有限制。首先，在非线性系统的情况下，稳定性的推导仅保证对于无限小的扰动是正确的。实际上，稳定的系统可以承受更大的扰动，但没有数学上的保证。其次，如果一个或多个特征值具有0实部，则难以得到确定的结论。还有其他类型的稳定性不能仅通过特征值分析来解决。例如，如果改变系统中的参数值，则可能发生稳定的稳态变得不稳定并且系统开始在不稳定的稳态周围振荡。一个显而易见的问题是，在什么条件下会发生类似的事情。这个问题的答案很复杂，并且构成了动力系统分析领域一个仍在研究的课题。我们将在系统动力学部分展示一个示例。

4.10　参数灵敏度

灵敏度分析（sensitivity analysis）涉及一般性问题：参数值的小改变对系统的影响有多大。在生物学背景下，这种改变可能代表由衰老或疾病导致的酶活性的突变或某些永久性变化。灵敏度问题与局部稳定性分析有着根本的不同。在稳定性分析中，一个或多个因变量被扰动，系统响应这种扰动，并且研究这种响应（通常是恢复到稳态）。相反，在灵敏度和**增益（gain）**分析中，参数或自变量分别改变。这些变化是永久性的，因为系统无法抵消它们，并且它们几乎总是使系统呈现新的稳定状态。因此，问题是，新的稳态与旧的有多么不同。可能发生的是，即使参数有大的变化也不会很大地改变稳态的位置，但是也可能出现一些关键参数的微小变化使系统偏离正常的情形。在生物医学应用中，两个人可能暴露于相同的环境毒物（扰动），但反应不同。一个人可能不会受到明显的影响，而另一个人可能会有非常明显的病态。这种差异可能是由一些关键基因的不同表达水平（参数值）引起的。

灵敏度分析是任何系统分析的关键组成部分，因为它可以快速显示模型是否错误。良好、**稳健（robust）**的模型通常具有低灵敏度，这意味着它们非常能容忍由参数改变带来的小的、持久的变化。因此，如果模型中的某些灵敏度非常高，我们通常需要关注。然而，也有例外。例如，在信号转导系统中，即使信号强度的微小变化也会被大大地放大（见第9章）。典型的灵敏度分析通过计算系统特征相对于参数的导数来执行。虽然稳态的灵敏度是最普遍的，但也可以计算其他特征的灵敏度，如稳定振荡的轨迹或振幅。

查看灵敏度分析如何工作的最简单方法是研究显式函数。作为具体说明，让我们再看一下逻辑斯谛函数$F(x)=a/(b+e^{-cx})$［式（4.42）］。我们已经看到，改变参数c会影响S形函数的陡度（图4.8）。现在让我们看一下函数相对于参数b的灵敏度。与c一样，我们可以将b更改为任何一个不同的值，并可能会使用不同的数字重复此种探索数次。这个策略在这个简单的案例中给了我们一些想法，但我们感兴趣的是一种更系统的方法来计算b对F的影响。因此，我们将研究b的一般的小变化的影响。为了明确我们测试b效果的意图，我们将函数写为$F(x;b)$。$F(x;b)$中小变化Δb的结果表示为$F(x;b+\Delta b)$。使用**泰勒逼近（Taylor approximation）**定理（参见专题4.1），我们可以通过使用操作点$F(x;b)$、斜率和偏离距离来线性化该表达式［见式（4.29）和式（4.30）］。在这种情况下，单变量函数的结果是

$$F(x;\ b+\Delta b)\approx F(x;\ b)+\frac{\partial F(x;\ b)}{\partial b}\Delta b \quad (4.67)$$

其中带∂的表达式表示F相对于b的偏导数。由b的微小变化引起的F的变化是

$$\Delta F\approx F(x;\ b+\Delta b)-F(x;\ b) \quad (4.68)$$

重新排列这个方程并使用式（4.67）给出了我们想要的答案，即如果b被改变，F变化可量化为

$$\Delta F\approx\frac{\partial F(x;\ b)}{\partial b}\Delta b \quad (4.69)$$

用文字表述这一结果就是：b的一个小变化被转换为F的变化，其幅度为$\partial F(x;\ b)/\partial b$。如果该表达式等于1，则$F$的变化等于$b$的变化；如果它大于1，则扰动被放大；如果它小于1，则扰动减弱。根据泰勒定理，这些答案对于b的无穷小变化是绝对准确的，但它们对于b的适度变化或有时甚至是大变化都是足够好的。要点是，b对F的影响是由对b的偏导数决定的，并且对于微分方程和微分方程组，也是如此。

作为逻辑斯谛函数的数值例子，我们假设$a=2$且$c=0.25$，并且b的正常值是1。计算F相对于b的偏导数，同时保持所有其他参数和变量x为常数。从而，

$$\frac{\partial F(x;\ b)}{\partial b}=\frac{-a}{(b+\mathrm{e}^{-cx})^2} \quad (4.70)$$

显然，右侧依赖于x，这意味着对于不同的x值，F相对于b的灵敏度是不同的。典型的例子是非平凡稳态的灵敏度。对于这里的F，x趋于$+\infty$时函数接近该状态。也许我们更喜欢计算一个有限的数，但对此例我们仍然可以计算灵敏度，因为当x趋近$+\infty$，指数函数e^{-cx}变为零。因此，灵敏度是

$$\frac{\partial F(x;\ b)}{\partial b}=-\frac{a}{b^2} \qquad \text{当}x\to\infty \quad (4.71)$$

将该结果代入式（4.69），连同值$a=2$和$b=1$，我们得到b改变时，F的非平凡稳态将改变多少的估计。例如，如果$\Delta b=0.1$，这意味着从其正常值1的10%的扰动，则预测F的稳态变化$-2\times0.1=-0.2$。事实上，如果我们用数值计算当x到$+\infty$时的$F(x;\ b=1.1)$，结果为$-2/1.1=-1.818\ 18$，接近预测的减少，即0.2。

不难想象，函数$F(x;\ b)$可能是微分方程的稳态解。重新解读我们的程序和结果即可告诉我们如何对单个微分方程进行稳态灵敏度分析，而方程组遵循相同的原理。像PLAS[1]这样的软件可以将S系统和GMA系统的计算自动化。

灵敏度谱图是评估生物系统的重要指标。如果关于参数p_1的灵敏度在幅度上相对较大，而它们对于参数p_2非常接近于零，则重要的是，尽可能准确地获得p_1的数值，而p_2值的小误差则对系统几乎没有影响。

4.11 系统动力学分析

因为描述动力系统的微分方程通常是非线性的，所以我们很少能够计算显式解，将每个因变量表示为时间的函数。变量确实是时间的函数，我们可以在具有所谓的数值积分器的计算机上将它们一个个地计算出来，但是我们不能将它们写下来，如写成形如$X(t)=X_0\mathrm{e}^{at}$这样的形式，就像我们在线性微分方程时所做的那样。尽管如此，还是有一整套数学工具采用分析和数值方法来研究动态现象，如阻尼和稳定振荡、**分岔（bifurcation）**和混沌。甚至对这些类型的研究的简单介绍往往都需要相当多的努力和对各种数学技术的掌握（例如，见参考文献［47］），但我们将在本章结尾处浅显地讨论这些问题中的一些内容。

虽然有一些非线性ODE确实有显式解，但它们通常仅限于数学结构和参数特殊的类别，它们必须被视为现实世界中非常罕见的例外。结果便是，系统生物学中的大多数动态分析都是通过计算机模拟完成的。正如我们已经讨论过的那样，严格的数学结果总是优于数值结果的集合，但在生物学应用中，我们很少能够绕过计算模拟分析。

典型分析分为4类：①推注（bolus）实验；②结构或输入的持续变化；③综合筛选实验；④分析系统行为发生质变的关键点。

推注实验通常始于系统的一个稳定稳态。进入实验一段时间后，改变其中的一个变量。如果此变量是因变量，则模拟显示系统是否及如何返回稳态。这里的“如何”是指返回所需的时间和过渡的形状，它是从改变（刺激）状态处发生转移的时间过程的集体称谓，这种状态转移可以是回到旧稳态、达到新稳态或发生振荡行为。请注意，在大多数动力学模型中，严格来说，恢复稳态所需的时间是无限的。例如，如果解是指数递减函数，则只有当x达到无穷大时，才能在数学上达到最终值0。解决这种困境的方法是，研究系统恢复到非常接近稳态时所需的时间，如1%。

作为一个例子，再次考虑图4.11中简单的一般通路，其中时间单位是分钟。使用GMA表示，参数值为$\gamma_{11}=20$，$f_{110}=1$，$f_{112}=-0.75$，$\gamma_{12}=0.4$，$f_{121}=0.75$，$\gamma_{13}=2$，$f_{131}=0.2$，$\gamma_{22}=0.5$，$f_{222}=0.5$，$f_{224}=1$，$\gamma_{32}=2.5$，$f_{323}=0.2$，$X_0=1$，$X_4=2$，稳态为$X_1=10.59$，$X_2=5.52$，$X_3=3.47$。作为因变量的推注实验，

我们在10 min时将X_1提高50%。紧随其后，其他变量响应，显示出轻微的**过冲**（**overshoot**），系统在20 min内恢复到稳态的1%以内（图4.19）。

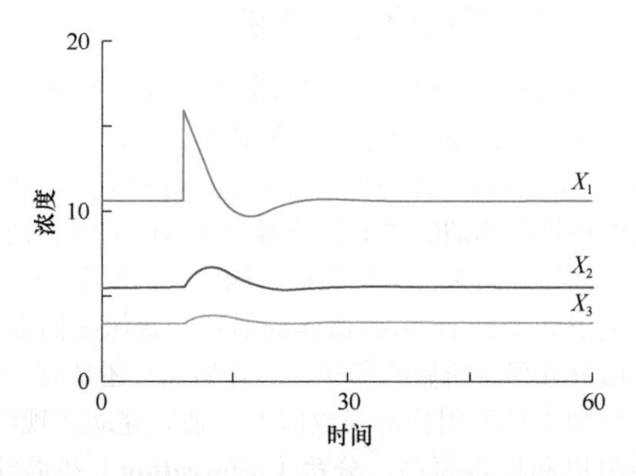

图4.19 使用因变量进行推注实验的模拟。在时间t=10时提供50%的X_1推注。所有变量响应变化，但系统快速返回其稳态。

如果推注实验中改变的变量是一个自变量，如输入，那么其值的任何改变都可能影响稳态。因此，推注通常仅应用于几个时间单位。之后，更改的变量将重置为稳态下的值。模拟显示系统如何响应此临时变化。例如，让我们在时间t=10 min时将分支通路中的X_4增加50%，并在t=45 min时重置X_4，反应则完全不同（图4.20）。特别是，该系统在约35 min后基本上达到新的稳态。

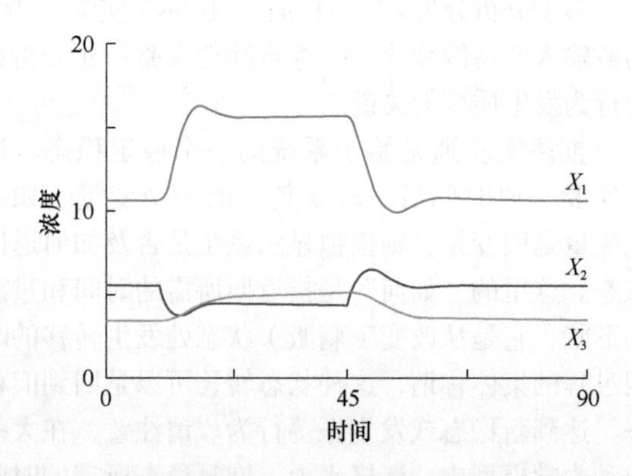

图4.20 使用自变量进行推注实验的模拟。在时间t=10 min时提供50%的X_4推注，并在t=45 min时停止。在更改设置期间，系统采用了不同的稳态。

通过对参数值或自变量进行永久性更改来实现针对结构或输入中的持久变化的模拟。参数值的变化可以模拟突变或疾病，如可以影响生长模型中的速率或代谢模型中的酶活性。自变量的改变可以解释为环境条件的变化，它可能影响底物或其他基本因素的可用性。在这些类型的模拟中，可以研究变化和响应完成之间的过渡过程，但目标通常是变化对稳态的影响。一个示例就是前面X_4的变化。然而，这里不是在t=45 min时重置X_4，且系统将保持接近我们在t=45 min时观察到的升高状态。一个不同的例子是参数γ_{32}的变化，它代表X_3的降解速率。

如果不完全确定要寻找什么，通常会启动全面的筛查实验。许多选择都是可能的。在网格搜索中，允许每个参数采取一定数量的可能值，比如说6个。现在，完整的模拟将为参数设置的每个组合进行系统［瞬态和（或）稳态］的计算，从而产生粗略但比较全面的可能响应图像。这种方法的问题在于它很容易失控，因为具有n个参数的系统需要6^n次模拟，如$6^{20}=3.66\times10^{15}$。即使对于每秒执行10次模拟的计算机，也需要超过千亿小时（超过1150万年）完成网格搜索！这些类型的研究中模拟数量的迅速增加甚至有一个名称：组合爆炸。已经开发了各种用于克服该问题的统计技术。它们规定了如何以可管理的方式对大空间进行采样，同时在统计上有效。可能最著名的方法是拉丁方和拉丁超立方技术[48]。另一种策略是蒙特卡罗模拟，我们在第2章中讨论过。

临界点分析处理系统行为发生质的且常突然出现的变化的情况。参数值的大多数变化都会对稳态及刺激到响应之间的过渡产生影响，但效果只是渐进的：值会上升或下降一点，或者瞬态过冲更多，需要更长时间才能接近稳态。然而，即使是一些非常小的改动也可能使系统非常明确地偏离常态。这种类型的定性变化可能意味着系统变得不稳定，其中一个变量变为零或无穷大，或者系统进入稳定的振荡，该振荡无限地继续着相同的振幅。虽然这些都是典型的例子，但非线性系统中可能会发生许多奇怪的事情[49]，有些人实际上将该集合称为非线性现象的动物园。

具有阈值特征的所有参数空间中的点（意味着参数值的特定组合）被称为分叉点，因为在参数空间中存在叉：在分叉值之上，系统呈现一个样子，低于该值，系统呈现另一个样子。非线性动力学的许多领域涉及表征这种分叉点的数学方法。作为一种不太优雅但通常更容易的替代方案是：可以执行大量模拟（可能采用蒙特卡罗方法），尝试建立所有参数组合导致类似解的域，以及域之间的边界，在那里，系统在定性上发生变化。

例如，考虑一个可以描述两个基因相互激活模式的小系统（图4.21A）[50]。具有典型参数值的相应幂律方程如图4.21B所示。请注意，有一个参数（α_1）未指定。它将是我们的关键参数，可以代表转录因子激活的强度。尽管系统只有两个因变量，但它的响应可能非常复杂。对于α_1小于1的值，系统具有稳定的稳态，在扰动后返回它（例如，参见图4.21C中时间10处的X_1的外源增长）。一旦α_1增加到1以上，稳态变得不稳定，系统进入振荡状态，直到某些外力使其停止为止（图4.21D）。动力系统的数学分析试图表征系统动态发生急剧变化的这些分叉点。这种分析通常非常复杂，但对于双变量S系统的特定形式来说却恰好很简单[51, 52]。

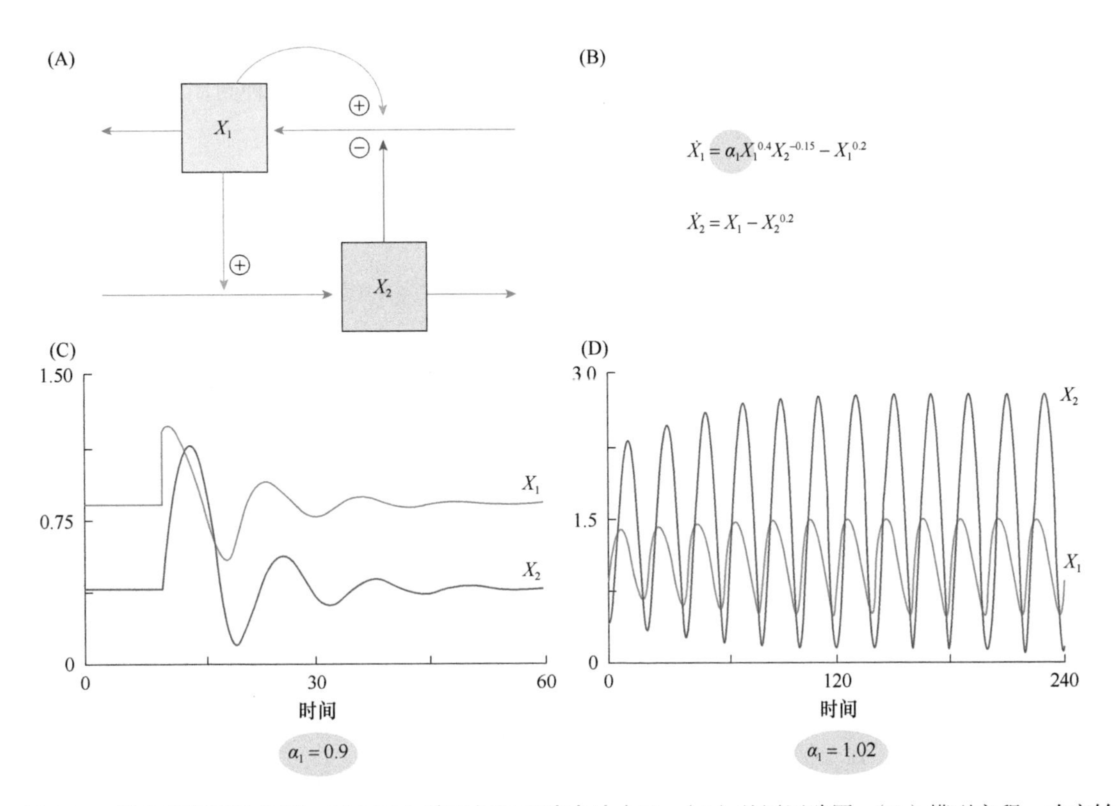

图4.21　简单基因回路模型，其中两个基因相互影响表达水平。（A）基因回路图。（B）模型方程。改变转录因子对基因表达影响的强度α_1可以导致定性上不同的模型响应（C，D）。

其他吸引子

正如我们在4.8节中讨论的那样，稳定的稳态是系统轨迹收敛的点。在非线性动力学的语言中，稳定的稳态称为**吸引子（attractor）**，而不稳定的稳态称为**排斥子（repeller）**，因为近似的轨迹似乎都被推离它。现在感兴趣的是，吸引子和排斥子这些更通用的术语还包括更复杂的点集，吸引轨迹进入或将它们推开。这些更复杂的吸引子或排斥子由两维、三维或更多维的线或体积组成。它们甚至可能是分形的，这意味着它们的图案在不同的放大倍数下是相同的，如本书的封面插图。实际上，一些吸引子难以理解，正如用谷歌快速搜索“奇异吸引子”的图像所看到的那样，具有惊人的“吸引力”（译者注：令人着迷）。

除稳态点之外，两类吸引子对于系统生物学尤为重要。第一类是极限环，它是具有恒定幅度的振荡，吸引附近的轨迹。第二类包含各种混沌系统，尽管它们从未远离一些受约束的、通常形状奇特的区域，然而它们并非“到处都是”（all over the place），而是不可预测地移动。关于这两类吸引子的文献是海量的，且对混沌振子的纯数学分析相当复杂[53]。但是，基本概念很容易通过模拟进行探索。在参考文献［11］中可以找到一个很好的介绍。

4.12　极限环

我们有几次使用术语“轨迹”来指系统在两个时间点之间的解，特别是在初始值和稳态点之间。轨迹可以是线性的或非线性的、简单弯曲的、振荡或非常复杂的。一种特殊类型的轨迹比较特别，因为它一次又一次地离开并返回同一点。一个简单的例子是正弦-余弦振荡。正如我们之前讨论的那样［式（4.25）］，它可以表示为一对线性微分方程：

$$\dot{x}=y,\ x(0)=0$$
$$\dot{y}=-x,\ y(0)=1 \tag{4.72}$$

不将此振荡展示为时间的函数（图4.22A）而将其展示为相平面图，通常更具指导性，其中y（余弦）相对于x（正弦）绘制。对于正弦振荡器，该图是一个圆（图4.22B）。请注意，此种表示方式不直接显示时间，因此无法查看系统完成循环的速度。我们也无法直接了解解的进展方向或起始之处。但是，如果我们查看时间过程图（图4.22A），我们会看到解从（0，1）开始，x增加，而y减少。在相平面图中识别这些趋势会发现，解从12点的位置开始并顺时针移动。相平面表示方式解释了"周期性闭合轨迹"的术语，因为在一个周期之后，轨迹闭合并且在相同的路径上一次又一次地继续着。这种封闭的轨迹也称为**轨道**（**orbit**）。

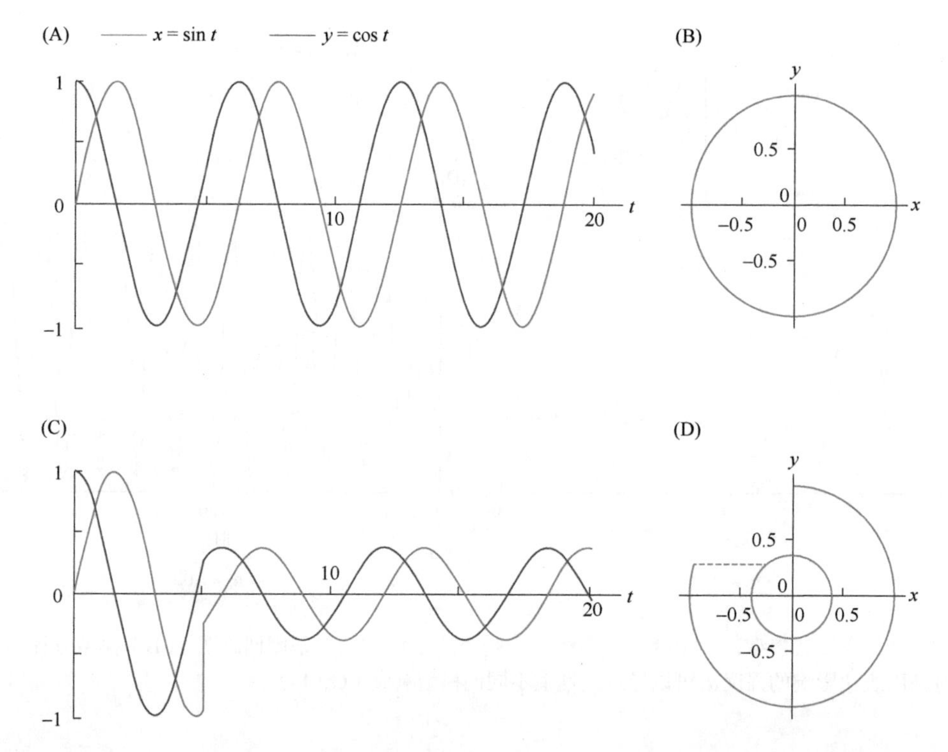

图4.22　正弦-余弦振荡。（A）式（4.72）中的线性ODE对应于每2π时间单位重复的正弦-余弦振荡。（B）相同的振荡在相平面中表示为圆。（C）当振荡被扰动时，振荡保持相同的频率，可能有移位，但采取一个新的振幅。（D）相应的相平面轨迹跳跃（虚线）到新的圆，这里具有较小的直径。

这种振荡的一个关键特征是它不稳定。我们可以通过扰动解轻松测试这一点。具体来说，我们求解微分方程，在某个时间点停止，然后稍微改变x或y或两者的数值，并记录发生的情况。典型结果如图4.22C所示，其中变量x在时间$t=5$时人为地从约-0.959的当前值变为-0.25的值。由于x和y的耦合，y基本上瞬时响应。继续模拟，x和y仍然显示正弦和余弦振荡，但扰动已经造成永久性破坏：振幅已经改变并且没有恢复。相应的相平面图如图4.22D所示。解在12点顺时针再次启动。在时间$t=5$时，它还没有完成一个周期，将在$t=2\pi$时完成，但是当x被设置为-0.25时，它被人为地扰动了。该扰动对应于虚线水平线段。从那时起，振荡沿着内圈顺时针继续，并且永远不会返回到原始的圆，除非它被迫这样做。

更有趣的周期性闭合轨迹是极限环，因为它们吸引（或排斥）附近的轨迹。如果它们吸引，则称为稳定振荡或稳定极限环，而在此情况下，排斥子指的是不稳定的极限环。极限环最容易通过示例进行讨论。20世纪20年代，荷兰物理学家巴尔塔萨·范德波尔（Balthasar van der Pol，1889—1959）提出了一个著名的案例——一个非常简单的心跳模型[54, 55]。自他的早期提议以来，这种范德波尔振荡器的许多变化已被开发并应用于广泛的振荡现象[11]。

范德波尔振荡器原型由二阶微分方程描述：

$$\ddot{v}-k(1-v^2)\dot{v}+v=0 \tag{4.73}$$

式中，k是一个正参数。具有两个点的变量v表示相对于时间的二阶导数，而具有一个点的v是我们之前多次使用的典型的一阶导数。很容易将这个二阶方程转换成一对一阶微分方程，而不会丢失原来的任何特征。这是通过定义一个新变量来完成的：

$$w=\dot{v} \tag{4.74}$$

因为变量导数的导数是二阶导数，所以我们立即得到

$$\dot{w}=\ddot{v} \tag{4.75}$$

整理式（4.73），并将$\dot{v}$和$\ddot{v}$的结果代入式（4.74）和式（4.75），成为一阶系统，只要选择了适当的初始值，就完全等价于式（4.73）：

$$\begin{aligned}&\dot{w}=k(1-v^2)w-v,\ w(0)=\dot{v}_0\\&\dot{v}=w,\ v(0)=v_0\end{aligned} \tag{4.76}$$

要启动系统，必须在时间0为v和$\dot{v}$指定初始值。

图4.23A证实v中的振荡以相同的模式重复。辅助变量w以相同的频率振荡，但形状完全不同（图4.23B）。我们可以再次使用相平面，而不是将振荡显示为时间的函数，相平面是w相对于v绘制的。结果如图4.23C所示。从最右边的点开始，解最初顺时针减小。若仅对间隔为0.05的时间点显示解，则可看到某些部分的点密集，而其他部分则不然（图4.23D）。在密集的部分中，解相对较慢，而对于稀疏部分，解是快速的。

有趣的是，如果范德波尔振荡受到干扰，它会恢复并返回到相同的振荡模式。此功能是稳定极限环的关键特性。例如，假设系统在$t=18.6$处

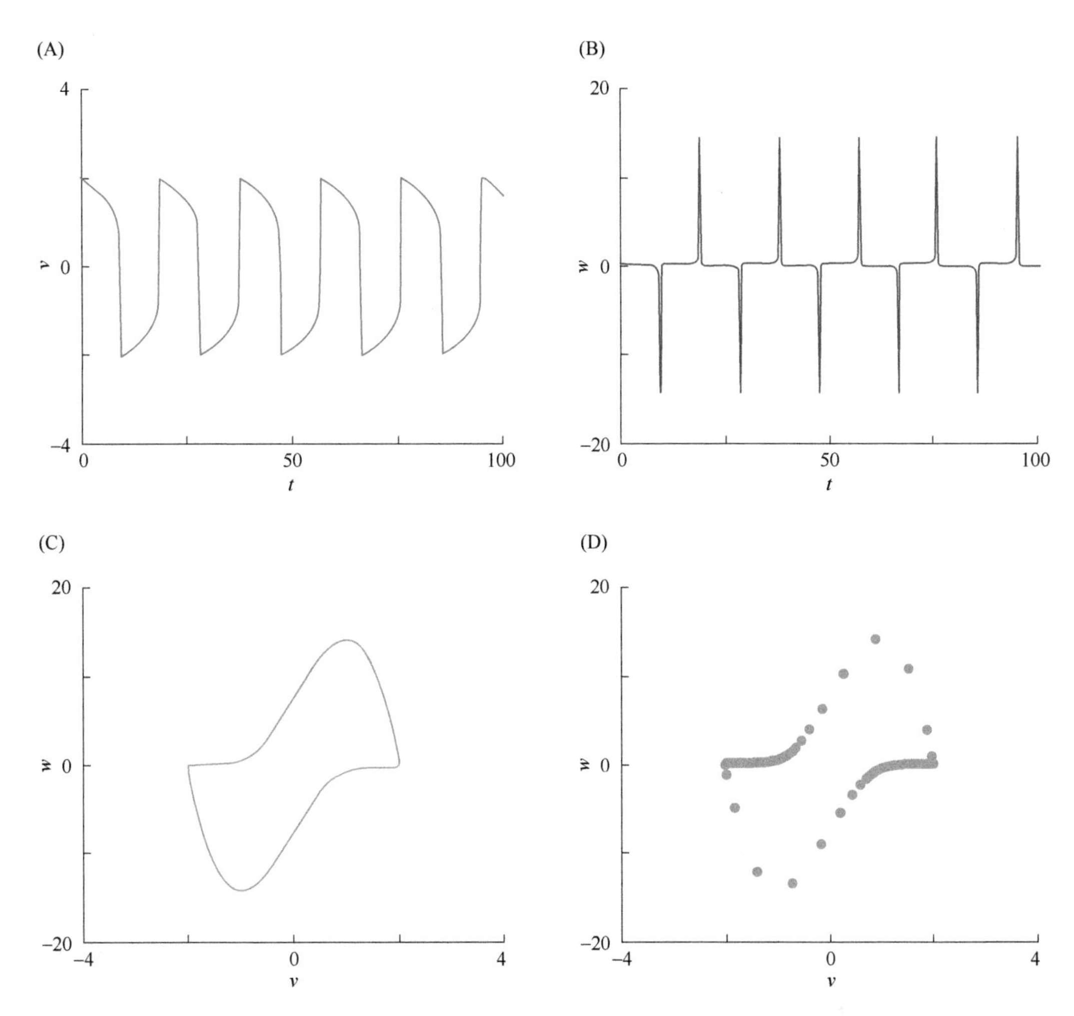

图4.23 范德波尔振荡器［式（4.76）］的可视化。（A）原始变量v表示设计用于模拟心跳的极限环振荡。（B）辅助变量w的曲线具有相同的频率，但形状完全不同。（C）w与v的相平面图。（D）在间隔开的时间点绘制图C中所示的解，给出了振荡的不同阶段中振荡速度的概念。密集点对应于慢速，而分离更宽的点表示更高的速度。

受到扰动。此时，没有扰动的系统具有$v\approx0.26$和$w\approx10$的值。人工地将v重置为0得到图4.24和图4.25中所示的图。很明显，虽然在时间方向上有一些变化，但原始振荡得以恢复。

极限环可能具有非常不同的形状。一种灵活方法是从双变量S系统形式的极限环模型开始，路易

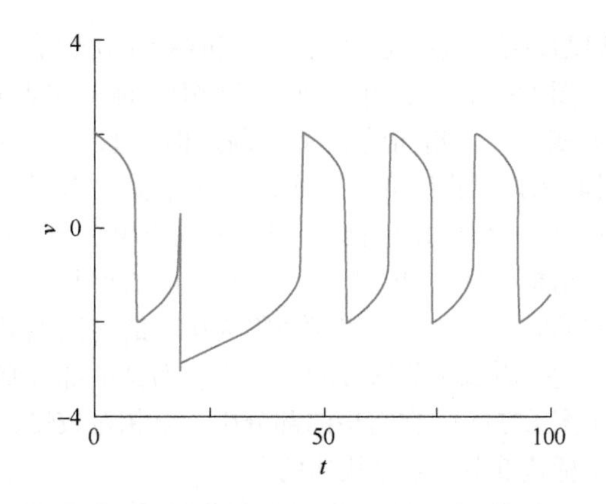

图4.24 范德波尔振荡器的扰动。如同极限环的典型情况，振荡从扰动中恢复并恢复原始模式，但扰动可能导致相位偏移。

斯（Lewis）计算了数学条件[51]。一个改编自参考文献［52］的例子是

$$\begin{aligned}\dot{X}_1&=1.01(X_2^8-X_1^{-4}),\quad X_1=1.7\\ \dot{X}_2&=(X_1^{-3}-X_2^4),\quad X_2=0.9\end{aligned}\qquad(4.77)$$

图4.26以时间过程和相平面的形式显示了该系统的振荡。如果在极限环内选择初始值，但又不完全在不稳定的稳态（1，1），则所有轨迹都被吸引到极限环。类似地，极限环之外足够靠近的振荡也会被吸引。如果再远一点，其中一个变量可能变为零，而方程也将失去定义。

通过将极限环系统的两个方程乘以X_1和（或）X_2的相同正函数，极限环振荡的外观可以被非常显著地改变（图4.27），但相平面图保持不变（练习

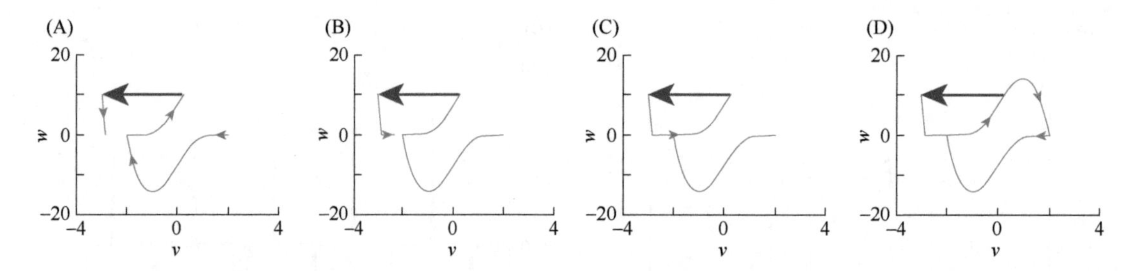

图4.25 图4.24中扰动的相平面可视化。范德波尔振荡器在t=18.6时被扰动，其中v被人为地从0.26变为−3（红色箭头）。（A）～（D）在相平面中展示了相同的轨迹，其分别在t=20、30、40和50等处停止。添加箭头是为了解释说明。

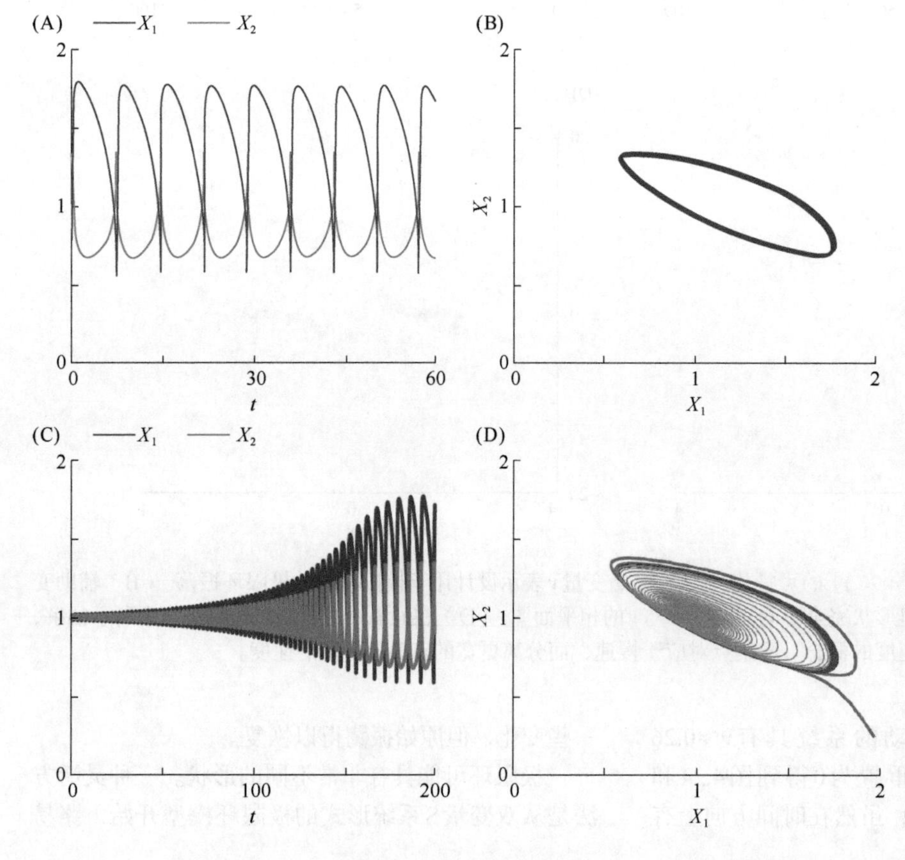

图4.26 极限环可以有非常不同的形状。（A）表示式（4.77）中极限环的时间过程。（B）相应的相平面图。（C）从靠近不稳定稳态（1，1）的初始值（X_1，X_2）=（1.01，0.99）开始，振荡向外螺旋推进，最终接近极限环。（D）从极限环内部（绿色）和外部（蓝色）趋近极限环。

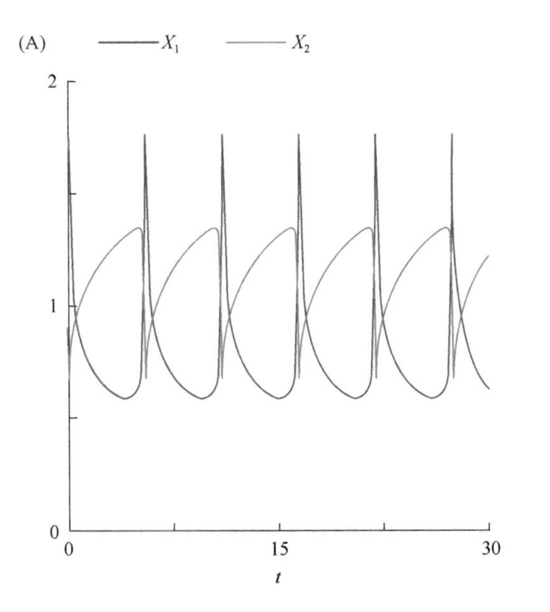

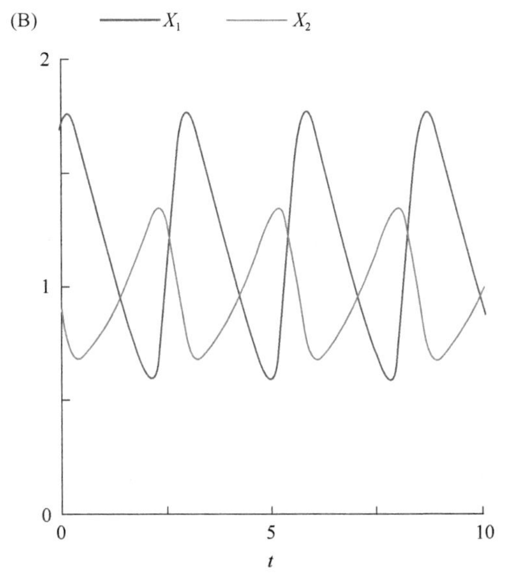

图4.27 式（4.77）中极限环振荡的变体。（A）两个方程都乘以$X_1^6X_2^{-2}$。（B）两个方程都乘以$X_1X_2^{-4}$。请注意时间轴的不同形状和比例，以及因此不同的振荡速度。

4.61）。在所有情况下，极限环都保持稳定并吸引附近的轨迹。

使用与无极限环系统相同的处理方法，我们可以在式（4.77）中计算系统的稳态。由于对$X=0$无法定义负幂指数，我们不会讨论一个可能存在的平凡稳态。非平凡的稳态是（1，1）。查看该状态的稳定性，我们会发现一对复共轭特征值，其实部接近于0，这意味着稳态是不稳定的。该观察反映了这样的事实：在稳定的极限环内存在至少一个不稳定的稳态或不稳定的极限环。我们还注意到虚部是非零的，这表明了振荡的可能性。如果速率常数1.01变为1.00，则实部变为零。在该分叉点处，当速率常数从小于1缓慢增加到大于1时，稳定极限环“出生”了。而对于小于1的值，系统是稳定的。

4.13 混沌吸引子

1963年，美国数学家和气象学家爱德华·洛伦茨（Edward Lorenz）[56]研究了天气模式，并注意到，如果等待一段时间，即使初始值的微小变化也可能导致完全不同的结果。洛伦茨引入了蝴蝶效应的概念。使用简化的气流模型，洛伦茨能够用三个微分方程再现这种效应，从而开始对系统进行深入探索，这些系统的特征与洛伦茨所谓的**奇异吸引子（strange attractor）**相似。这个及其他类似系统中的轨迹被限制在三维空间中的某个立方区域，但除非解出方程，否则无法预测它们的特定值。令人惊讶的是，很容易模拟这些方程式，用洛伦茨的表示方式即

$$\begin{aligned}\dot{x}&=P(y-x)\\ \dot{y}&=Rx-y-xz\\ \dot{z}&=xy-Bz\end{aligned}\qquad(4.78)$$

洛伦茨使用参数值$P=10$，$R=28$和$B=8/3$，以及初始值（1，1，1）。图4.28显示了一些输出，它显示了系统不稳定的混乱轨迹，从未完全重复。混沌振子的一个共同特征是它们对初始值的变化非常敏感，甚至是到（1.001，1，1）的变化也会导致不同的时间模式。具有如此高的灵敏度，即使求解器的不同设置也会导致不同的结果。有趣的是，长期模拟显示三维吸引子总体上非常相似，但细节不同。换句话说，任何轨迹都位于吸引子的某个位置，但如果不执行数值模拟，就不能预测它的确切位置（练习4.66）。

洛伦茨吸引子实际上有三个稳态。它们易于计算，事实证明它们都是不稳定的（练习4.69）。靠近其中一个稳态开始的模拟会使吸引子中的一个孔填满向外的螺旋，这些螺旋最终会合并到吸引子中（图4.29）。

洛伦茨系统可能是最著名的奇异吸引子，但还有许多其他记录。创建混沌振荡器的一个策略是从极限环开始，并为其添加一个小的正弦函数。第2章展示了蓝天灾难的一个例子（见专题2.2）。第二个例子是向式（4.77）中的第一例极限环添加0.001 65sin（1.5t）这样的函数。在第12章中考虑了这种情况。这种添加有时会导致混沌，但并非总是如此。一段时间后振荡可能会变得规则，或者其中一个变量将变为±∞或0（练习4.62）。即使是

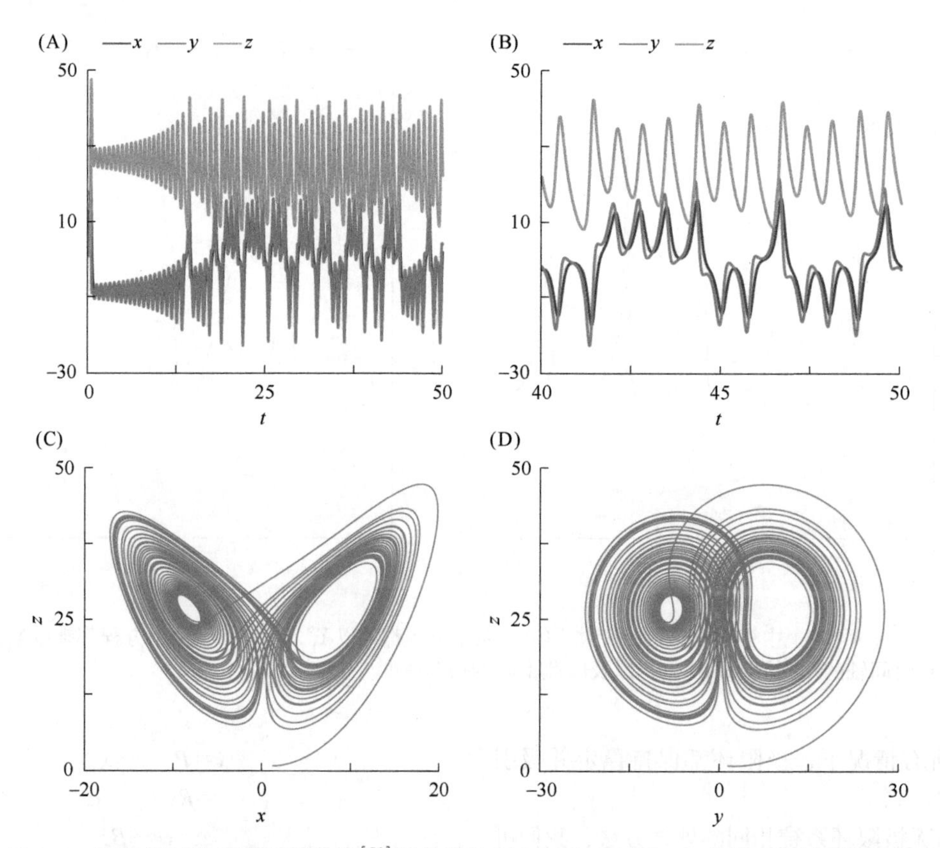

图4.28 洛伦茨提出的奇异吸引子[56]的模拟结果。(A) $t\in[0,50]$ 的时间过程解。(B) 区间 $t\in[40,50]$ 中的相同时间过程，更清楚地表现出不规则性。(C) 和 (D) 相平面图，分别对应于三变量振荡器在 x-z 和 y-z 平面上的投影。另见图4.29。

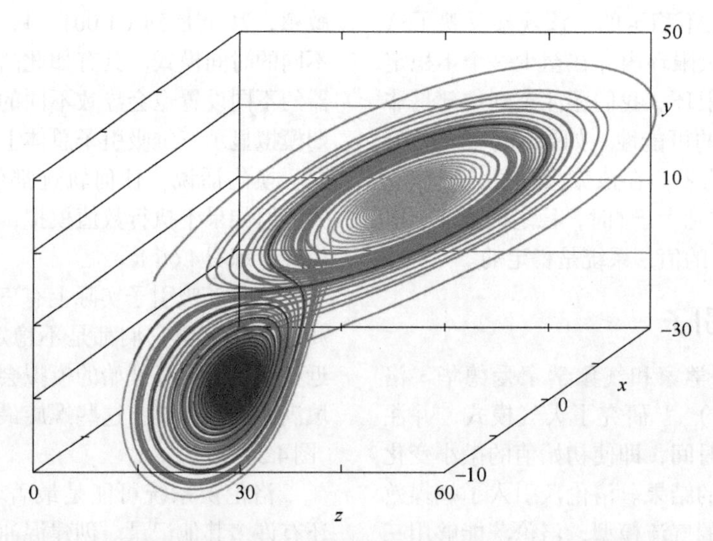

图4.29 填充洛伦茨吸引子的孔。靠近非平凡不稳定稳态点开始的模拟产生向外的螺旋（分别为红色和绿色），最终合并到吸引子中。伪三维图显示，解局限于两个“盘子”。未来的解在这个吸引子中无法精确预测；它只能通过模拟来确定。

具有简单结构的微分方程系统，如BST和洛特卡-沃尔泰拉（Lotka-Volterra）模型，也会出现混沌（见第10章和参考文献［57-59］）。

因为外观简单，托马斯（Thomas）振荡器是一个特别令人惊叹的例子，

$$\begin{aligned} x' &= -ax+\sin y \\ y' &= -ay+\sin z \\ z' &= -az+\sin x \end{aligned} \tag{4.79}$$

其外观根据参数a[60]的选择而发生显著变化。对于$t\in[0, 2000]$，$a=0.18$和初始值$(x, y, z)=(0, 4, 0.1)$的复杂相平面图如图4.30所示。在练习4.63～练习4.72中讨论了混沌系统的其他几个例子，包括连续罗斯勒（Rössler）带[61]和托马斯振荡器的变体，以及离散埃农（Hénon）映射[11]。

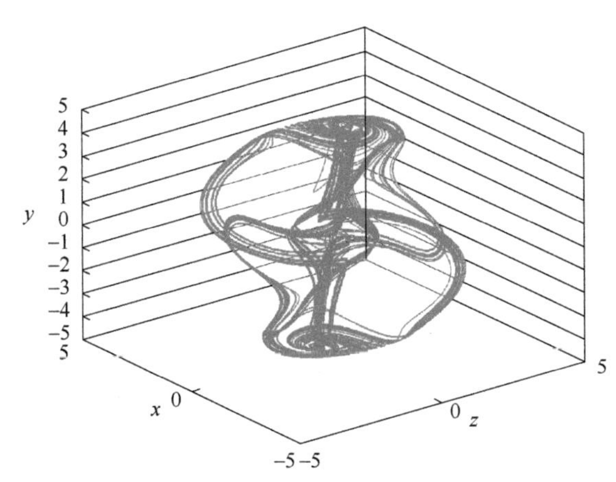

图4.30　托马斯振荡器。式（4.79）中看似简单的ODE方程组导致了一个复杂的奇异吸引子。

见到貌似简单的系统的轨迹有多复杂，人们可能会问大型系统又该是多么复杂。的确，没有极限。与此同时，大型系统通常包含使其子系统不会“行为不端”的机制，并且很容易就会发现，大型系统的行为非常枯燥。然而，在用严格的数学技术研究系统之前，人们永远不会知道这些。

练　习

4.1　用语言和数学描述，如果式（4.1）中递归模型$P_{t+\tau}=2P_t$中的初始大小P_t不为10，会发生什么。

4.2　对式（4.1）而言，在t和$t+\tau$之间或$t=3\tau$和$t=4\tau$之间的时间点会发生什么（生物学和数学上）？

4.3　正文（表4.1）中的细菌培养有无同步是否重要？如果τ对每种细菌略有不同会发生什么？

4.4　关于式（4.1）～式（4.3）中的数字2有什么特别之处吗？如果将2替换为其他整数，如3或4，意味着什么？1怎么样？

4.5　如果将式（4.1）～式（4.3）中的数字2替换为−2、−1或0，它在数学和（或）生物学上是否有意义？

4.6　式（4.1）～式（4.3）中群体的最终规模是多少？如果2被替换为0.5、1或−1，那么最终规模是多少？在每种情况下，P_1的初始种群大小对最终规模有什么影响？

4.7　构造一个递归模型，趋近不为0、$+\infty$或$-\infty$的常数作为最终值（稳态）。对于线性模型，这可能吗？如果可能，构建一个例子。如果不行，则使模型非线性化。

4.8　针对式（4.4）中的示例，对f、g、R_n和M_n的不同值，从R_n计算R_{n+1}，然后从R_{n+1}计算R_{n+2}。

4.9　针对式（4.4）中的示例，使用矩阵公式直接从R_n计算R_{n+2}，并将结果与练习4.8中的结果进行比较。计算M_{n+4}。

4.10　计算以下两个递归系统的稳态：

$$\text{A:}\quad \begin{aligned} X_{n+1}&=(1-p)X_n+Y_n \\ Y_{n+1}&=qX_n+1 \end{aligned}$$

$$\text{B:}\quad \begin{aligned} X_{n+1}&=(1-p)X_n+Y_n \\ Y_{n+1}&=qX_n \end{aligned}$$

4.11　讨论所谓的斐波纳契（Fibonacci）数列的稳态，该数列由$a_{n+2}=a_{n+1}+a_n$给出，通常以$a_1=1$和$a_2=1$开始。并讨论相关的比值数列$b_{n+1}=a_{n+1}/a_n$的稳态。

4.12　讨论一下，“在弹球示例中状态之间的转移时间都相同”这一假设的含义。

4.13　所有矩阵元素都相同的马尔可夫链模型的行为是什么？如果对角线上的所有矩阵元素都是1，那么行为又是什么？

4.14　描述由以下矩阵表示的马尔可夫模型的动力学。

$$\boldsymbol{M}=\begin{pmatrix} 0 & 1 & 0 & 0 & 0 \\ 1 & 0 & 0 & 0 & 0 \\ 0 & 0 & 0 & 0 & 1 \\ 0 & 0 & 0 & 1 & 0 \\ 0 & 0 & 1 & 0 & 0 \end{pmatrix}$$

4.15　马尔可夫矩阵每列中的矩阵元素必须总和为1吗？为什么或为什么不？

4.16　以两种方式计算式（4.16）～式（4.19）中的$\begin{pmatrix} X_1 \\ X_2 \\ X_3 \end{pmatrix}_4$。首先，$\begin{pmatrix} X_1 \\ X_2 \\ X_3 \end{pmatrix}_3$乘以$\boldsymbol{M}^{\mathrm{T}}$。其次，计算$\boldsymbol{M}^{\mathrm{T}}$的平方并以其乘上$\begin{pmatrix} X_1 \\ X_2 \\ X_3 \end{pmatrix}_2$。解释为什么两个结果相同。

4.17　使用线性代数方法计算式（4.16）～式（4.19）中的极限分布。这种分布是如下矩阵方程的解

$$\begin{pmatrix}\pi_1\\ \pi_2\\ \pi_3\end{pmatrix}=\boldsymbol{M}^{\mathrm{T}}\begin{pmatrix}\pi_1\\ \pi_2\\ \pi_3\end{pmatrix}$$

极限分布是否包含与$\boldsymbol{M}$相同的信息量？

4.18 如果r大于4，逻辑斯谛映射（4.24）会发生什么？如果r小于0，会发生什么？

4.19 模拟高斯映射模型：

$$P_{t+1}=\mathrm{e}^{aP_t^2}+b$$

从值$a=-6.2$，$b=-1$和$P_0=0.2$开始。改变P_0并记录发生的事情。以小步长（如0.1）将b增加到1。系统是否具有稳态？可以用代数方法计算吗？

4.20 用以下公式线性化形如式（4.28）的系统：

$$f(X,\ Y)=c_1-\frac{c_2YX^n}{c_3^n+X^n}$$

$$g(X,\ Y)=c_4-c_5Y$$

其中c_i是正参数，$n=1$、2或4。定义初始值。以代谢或细胞系统为背景，对这些方程进行可能的解释。计算不同参数值集的函数及其近似值。考虑不同的操作点。写一篇关于你有什么发现的简短报告。

4.21 在式（4.39）的稳态下线性化系统。为S、I和R选择初始值50、10、100，并评估表示的质量。

4.22 计算没有输入的通用双变量线性系统的雅可比矩阵。

4.23 证明$y=c\mathrm{e}^x+\mathrm{e}^{2x}$是微分方程$y'-y=\mathrm{e}^{2x}$的解。

4.24 证明逻辑斯谛函数（4.42）确实是逻辑斯谛微分方程（4.43）的解。为此，将$N(t)=a/(b+\mathrm{e}^{-ct})$相对于$t$进行微分，并将该导数表示为$N(t)$本身的函数。

4.25 探讨α、β和初始大小N_0的变化对逻辑斯谛增长函数（4.43）形状的影响。

4.26 如果式（4.43）中的N_0大于承载能力，它在生物学和（或）数学上是否有意义？如果可行，请模拟这种情况。

4.27 如果α和β都是负数，那么逻辑斯谛方程（4.43）在数学上会发生什么？这种情况在生物学上是否有意义？

4.28 将式（4.43）中的逻辑斯谛函数在稳态线性化，并确定稳定性。

4.29 研究K_{M}和$V_{\max}$在式（4.44）中的作用。K_{M}和$V_{\max}$如何相互关联？

4.30 重新研究SOS系统（4.52）～（4.54）并将P_L和P_{trc}视为因变量。相应地改变模型方程。使用扩展系统重做图4.13中的模拟。写一篇关于你有什么发现的简短报告。

4.31 证明专题4.3和专题4.4中用于计算幂律近似的快捷方式。

4.32 在不同操作点处对$n=1$、2和4，计算希尔函数的幂律近似：

$$v_{\mathrm{H}}=\frac{V_{\max}S^n}{K_{\mathrm{M}}^n+S^n}$$

依你所好选择$V_{\max}$和K_{M}。将近似与原始希尔函数一起绘图。

4.33 使用不同的操作点，计算以下函数的幂律近似：

$$F(X_1,\ X_2,\ X_3)=X_1\mathrm{e}^{X_2+2X_3}$$

评估每个操作点的近似精度。在报告中描述你的发现。

4.34 在操作点$X=1$，$Y=-0.5$处计算以下函数的幂律近似：

$$F(X,\ Y)=3.2X^2\mathrm{e}^{2Y+1}$$

4.35 在操作点$(x,\ y)=(1,\ 2)$处求出如下函数的幂律近似。

$$f(x,\ y)=4x^3y^{-1}$$

4.36 在操作点$(x,\ y)=(1,\ 2)$处求出如下函数的幂律近似：

$$f(x,\ y)=4x^3\sin y$$

4.37 如果希尔系数为2的希尔函数用幂律函数近似，动力学阶数和速率常数落在哪个数值范围？

4.38 以如下参数实现式（4.49）中的分支通路系统，参数值$X_0=2$，$\gamma_{11}=2$，$\gamma_{12}=0.5$，$\gamma_{13}=1.5$，$\gamma_{22}=0.4$，$\gamma_{32}=2.4$，$f_{110}=1$，$f_{112}=-0.6$，$f_{121}=0.5$，$f_{131}=0.9$，$f_{222}=0.5$，$f_{224}=1$，$f_{323}=0.8$。从$X_1=X_2=X_3=X_4=1$开始，对于X_4，探索0.1和4之间的不同值。

4.39 使用练习4.38中的参数值确定式（4.49）中与GMA系统对应的S系统。这两个系统在非平凡稳态下应该是等效的，否则应尽可能相似。进行比较模拟。

4.40 构建可与以下GMA系统相对应的图解：

$$\dot{X}_1=\alpha_1X_2^{g_{12}}-\beta_1X_1^{h_{111}}-\beta_2X_1^{h_{112}}$$

$$\dot{X}_2=\beta_1X_1^{h_{111}}-\beta_3X_2^{h_{22}}$$

该图是唯一的吗？讨论你的答案。使用S系统近似GMA系统。对所有X_1和X_2的值，讨论S系统等效于GMA系统的所有条件。

4.41 对于任意动力学阶数和速率常数均等于1的情形，计算式（4.51）中S系统的稳态；假设

$X_0=1$。展示计算的所有步骤。如果所有速率常数都设置为10，请讨论系统的哪些特征（稳态、稳定性、动力学…）会发生变化。

4.42 对于$\alpha=0.8$、1和1.01，计算如下S系统的稳态：

$$\dot{X}_1=\alpha(X_2^8-X_1^{-4})$$
$$\dot{X}_2=X_1^{-3}-X_2^4$$

展示计算的所有步骤。在每种情况下，确定系统的稳定性。在PLAS中模拟系统。

4.43 计算SIR模型的所有稳态（平凡和非平凡）：

$$\dot{S}=0.01R-0.0005SI$$
$$\dot{I}=0.0005SI-0.05I$$
$$\dot{R}=0.05I-0.01R$$

4.44 考虑以下乙醇（E）生产发酵系统，其中细菌B的生长由底物（葡萄糖，G）的可用性驱动：

$$\dot{B}=\mu B-aB^2$$
$$\dot{E}=\frac{V_{max}B}{K_M+B}-cE$$

在这个公式中，

$$\mu=\mu_{max}\frac{G^2}{K_I^2+G^2}$$

并且μ_{max}、K_I、V_{max}和K_M是正参数。解释两个ODE中每项的生物学意义。假设葡萄糖恒定且G、E、$B\neq0$，计算发酵系统在其稳态下的幂律近似。使用原始系统及其幂律近似来执行比较模拟。

4.45 计算洛特卡-沃尔泰拉（Lotka-Volterra）系统的平凡和非平凡稳态：

$$\dot{N}_1=r_1N_1K_1(K_1-N_1-aN_2)$$
$$\dot{N}_2=r_2N_2K_2(K_2-N_2-bN_1)$$

其中$r_1=0.15$，$K_1=50$，$a=0.2$，$r_2=0.3$，$K_2=60$，$b=0.6$，$N_1(0)=1$，$N_2(0)=1$。评估稳态的稳定性。

4.46 列举具有三个因变量的洛特卡-沃尔泰拉（Lotka-Volterra）系统的平凡和非平凡稳态。

4.47 是否有可能构建一个同时属于洛特卡-沃尔泰拉（Lotka-Volterra）、GMA和S系统的模型？如果答案是否定的，请说明原因。如果你的答案是肯定的，请举例。

4.48 每个洛特卡-沃尔泰拉（Lotka-Volterra）系统都是GMA系统吗？每个GMA系统都是洛特卡-沃尔泰拉（Lotka-Volterra）系统吗？每个S系统都是GMA系统吗？每个lin-log系统都是GMA系统吗？

4.49 确定图4.17中不同区域的矩阵$\boldsymbol{A}$。实现系统并从不同的初始值开始求解它们，如图4.18所示。

4.50 用$(A_{11}, A_{12}, A_{21}, A_{22})=(-1, 2.5, -1.5, 1)$研究微分方程（4.27）的稳定性。计算迹线、行列式和判别式，并在图4.17上找到接近（0，0）系统的预期行为。使用模拟来探索任何A_{ij}的微小变化的后果。是否可以通过改变A_{ij}中的一个来创建不同的稳定性模式？

4.51 用$(A_{11}, A_{12}, A_{21}, A_{22})=(-1, 2.5, -0.4, 1)$研究微分方程（4.27）的稳定性。探索任何$A_{ij}$的微小变化的后果。在报告中总结你的发现。

4.52 计算式（4.52）～式（4.54）中SOS系统的符号稳态方程。输入数值并与模拟结果进行比较。

4.53 描述并解释以下系统在其非平凡稳态下的行为：

$$\dot{x}=f(x, y)=1-x^2y$$
$$\dot{y}=g(x, y)=xy^2+y$$

4.54 使用练习4.52中的数字系统，并将所有方程的右侧乘以−1。你怎么解释这个操作？进行模拟并解释结果。

4.55 使用练习4.52中的数字系统，将每个参数单独上下调整5%。哪个参数对系统的稳态影响最大？

4.56 使用S系统模型分析图4.31中所示的系统

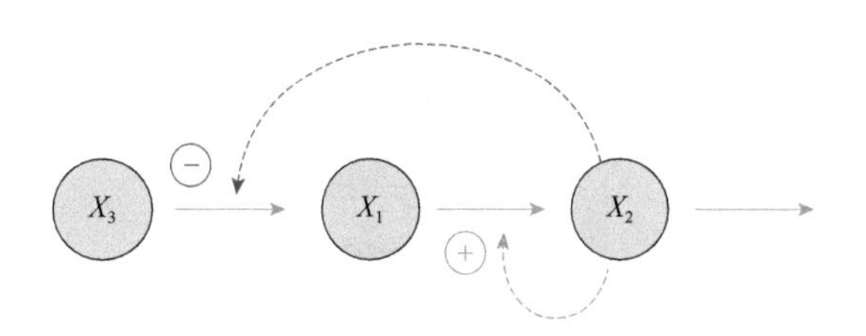

图4.31 具有两个调制信号的一般通路。即使看似简单的通路也会表现出相当复杂的响应。

$$\dot{X}_1=X_2^{-2}X_3-X_1^{0.5}X_2$$
$$\dot{X}_2=X_1^{0.5}X_2-X_2^{0.5}$$

系统包含自变量X_3，它是常量。通过模拟$X_1(0)=X_2(0)=X_3=1$的系统开始分析。计算所有稳态并评估其稳定性。在下一步中，上下改变$X_1(0)$和$X_2(0)$并研究系统响应。最后，上下改变X_3的常数值，对不同初始值$X_1(0)$和$X_2(0)$研究系统。

4.57 假设三变量ODE系统中的所有项都在非平凡稳态下由幂律函数近似。讨论在这种稳态下的两个系统（原始ODE系统和近似幂律系统）的雅可比矩阵的异同。

4.58 如果生物系统模型的某些灵敏度为

10～1000，那么为什么人们通常会料到该生物系统模型存在缺陷？

4.59 如果参数值具有非常低的灵敏度，它在数学上或与系统相关的生物实验上意味着什么？

4.60 通过将两个方程中的一个乘以X_1和（或）X_2的幂函数来修改极限环系统（4.77）。记录对振荡和相平面图的影响。

4.61 解释为什么极限环系统（4.77）乘以X_1和（或）X_2的函数会改变时域中极限环振荡的外观，但是相平面图却保持不变。

4.62 添加函数$c\sin(bt)$到极限循环系统（4.77）的第一个等式。从c=0.001 65开始，测试b的不同值，并记录时间过程和相平面表示中的振荡形状。随后，也改变c值并记录效果。

4.63 探索埃农（Hénon）提出的离散奇异吸引子，它是递归定义的：

$$x_{n+1}=y_n-1.4x_n^2+1$$
$$y_{n+1}=0.3x_n$$

典型的起始值是$(x_0, y_0)=(1, 1)$。要查看混沌吸引子的真实形状，请执行数百次迭代，如在Excel®中。

4.64 根据练习4.63中的定义，将因子1.4替换为1.25后，探索埃农（Hénon）提出的离散吸引子。

4.65 计算练习4.63和练习4.64中埃农（Hénon）映射的稳态。

4.66 模拟所谓的罗斯勒（Rössler）吸引子，它由微分方程定义：

$$x'=-y-z$$
$$y'=x+ay$$
$$z'=bx-cz+xz$$

其中，a=0.36，b=0.4，c=4.5。选择不同的初始值，从x=0，y=−3和z=0开始。在报告中总结你的发现。

4.67 计算练习4.66中罗斯勒（Rössler）系统的稳态并评估其稳定性。

4.68 略微改变初始值和参数值，探索洛伦茨（Lorenz）振荡器。

4.69 计算洛伦茨（Lorenz）吸引子的稳态。在这些稳态或其附近开始模拟，并研究轨迹如何与吸引子本身相互作用。

4.70 预测第2章（参见专题2.2）的蓝天灾难的相平面图是什么样的。在PLAS中实现该系统并检验你的预测。

4.71 采用不同的小正值a探索式（4.79）中的托马斯（Thomas）吸引子。用$x(0)=0$，$y(0)=4$和$z(0)=0.5$求解系统，研究x和y的相平面，以及x、y、z的伪三维表示。

4.72 用$a=0$探索式（4.79）中的托马斯（Thomas）吸引子。使用$x(0)=0$，$y(0)=4$和$z(0)=0.5$启动系统并首先以500个时间单位求解系统，然后采用更长的时间段。研究x和y的相平面，以及x、y、z的伪三维表示。

参考文献

[1] PLAS: Power Law Analysis and Simulation. http://enzymology.fc.ul.pt/software.htm.

[2] Guckenheimer J & Holmes P. Nonlinear Oscillations, Dynamical Systems, and Bifurcations of Vector Fields. Springer, 1983.

[3] Voit EO & Dick G. Growth of cell populations with arbitrarily distributed cycle durations. Ⅰ. Basic model. *Mathem. Biosci.* 66 (1983) 229-246.

[4] Voit EO & Dick G. Growth of cell populations with arbitrarily distributed cycle durations. Ⅱ. Extended model for correlated cycle durations of mother and daughter cells. *Mathem. Biosci.* 66 (1983) 247-262.

[5] Leslie PH. On the use of matrices in certain population mathematics. *Biometrika* 33 (1945) 183-212.

[6] Edelstein-Keshet L. Mathematical Models in Biology. *SIAM*, 2005.

[7] Fonseca L & Voit EO. Comparison of mathematical frameworks for modeling erythropoiesis in the context of malaria infection. *Math. Biosci.* 270 (2015) 224-236.

[8] Fonseca LL, Alezi HA, Moreno A, Barnwell JW, Galinski MR & Voit EO. Quantifying the removal of red blood cells in Macaca mulatta during a Plasmodium coatneyi infection. *Malaria J.* 15 (2016) 410.

[9] Ross SM. Introduction to Probability Models, 11th ed. Academic Press, 2014.

[10] Durbin R, Eddy S, Krogh A & Mitchison G. Biological Sequence Analysis: Probabilistic Models of Proteins and Nucleic Acids. Cambridge University Press, 1998.

[11] Thompson JMT & Stewart HB. Nonlinear Dynamics and Chaos, 2nd ed. Wiley, 2002.

[12] Jacquez JA. Compartmental Analysis in Biology and Medicine, 3rd ed. BioMedware, 1996.

[13] Chen C-T. Linear System Theory and Design, 4th ed. Oxford University Press, 2013.

[14] Von Seggern DH. CRC Handbook of Mathematical

Curves and Surfaces. CRC Press, 1990.

[15] Lotka A. Elements of Physical Biology. Williams & Wilkins, 1924 (reprinted as Elements of Mathematical Biology. Dover, 1956).

[16] Volterra V. Variazioni e fluttuazioni del numero d'individui in specie animali conviventi. *Mem. R. Accad. dei Lincei* 2 (1926) 31-113.

[17] May RM. Stability and Complexity in Model Ecosystems. Princeton University Press, 1973 (reprinted, with a new introduction by the author, 2001).

[18] Peschel M & Mende W. The Predator-Prey Model: Do We Live in a Volterra World? Akademie-Verlag, 1986.

[19] Voit EO & Savageau MA. Equivalence between S-systems and Volterra-systems. *Math. Biosci.* 78 (1986) 47-55.

[20] Savageau MA & Voit EO. Recasting nonlinear differential equations as S-systems: a canonical nonlinear form. *Math. Biosci.* 87 (1987) 83-115.

[21] Savageau MA. Biochemical systems analysis. I. Some mathematical properties of the rate law for the component enzymatic reactions. *J. Theor. Biol.* 25 (1969) 365-369.

[22] Savageau MA. Biochemical Systems Analysis: A Study of Function and Design in Molecular Biology. Addison-Wesley, 1976.

[23] Voit EO. Computational Analysis of Biochemical Systems: A Practical Guide for Biochemists and Molecular Biologists. Cambridge University Press, 2000.

[24] Torres NV & Voit EO. Pathway Analysis and Optimization in Metabolic Engineering. Cambridge University Press, 2002.

[25] Voit EO. Biochemical systems theory: a review. ISRN Biomath. 2013 (2013) Article ID 897658.

[26] Shiraishi F & Savageau MA. The tricarboxylic-acid cycle in Dictyostelium discoideum. 1. Formulation of alternative kinetic representations. *J. Biol. Chem.* 267 (1992) 22912-22918.

[27] Tian T & Burrage K. Stochastic models for regulatory networks of the genetic toggle switch. *Proc. Natl Acad. Sci. USA* 103 (2006) 8372-8377.

[28] Visser D & Heijnen JJ. The mathematics of metabolic control analysis revisited. *Metab. Eng.* 4 (2002) 114-123.

[29] Heijnen JJ. Approximative kinetic formats used in metabolic network. Biotechnol. *Bioeng.* 91 (2005) 534-545.

[30] Wang FS, Ko CL & Voit EO. Kinetic modeling using S-systems and lin-log approaches. *Biochem. Eng.* 33 (2007) 238-247.

[31] del Rosario RC, Mendoza E & Voit EO. Challenges in lin-log modelling of glycolysis in Lactococcus lactis. *IET Syst. Biol.* 2 (2008) 136-149.

[32] Heinrich R & Rapoport TA. A linear steady-state treatment of enzymatic chains. General properties, control and effector strength. *Eur. J. Biochem.* 42 (1974) 89-95.

[33] Kacser H & Burns JA. The control of flux. *Symp. Soc. Exp. Biol.* 27 (1973) 65-104.

[34] Fell DA. Understanding the Control of Metabolism. Portland Press, 1997.

[35] Sorribas A, Hernandez-Bermejo B, Vilaprinyo E & Alves R. Cooperativity and saturation in biochemical networks: a saturable formalism using Taylor series approximations. *Biotechnol. Bioeng.* 97 (2007) 1259-1277.

[36] Curto R, Voit EO, Sorribas A & Cascante M. Mathematical models of purine metabolism in man. *Math. Biosci.* 151 (1998) 1-49.

[37] Kreyszig E. Advanced Engineering Mathematics, 10th ed. Wiley, 2011.

[38] Bonabeau E. Agent-based modeling: methods and techniques for simulating human systems. *Proc. Natl Acad. Sci. USA* 14 (2002) 7280-7287.

[39] Macal CM & North M. Tutorial on agent-based modeling and simulation. Part 2: How to model with agents. In Proceedings of the Winter Simulation Conference, December 2006, Monterey, CA (LF Perrone, FP Wieland, J Liu, et al., eds), pp 73-83. IEEE, 2006.

[40] Mocek WT, Rudnicki R & Voit EO. Approximation of delays in biochemical systems. *Math. Biosci.* 198 (2005) 190-216.

[41] Elowitz MB & Leibler S. A synthetic oscillatory network of transcriptional regulators. *Nature* 403 (2000) 335-338.

[42] Wilkinson DJ. Stochastic Modelling for Systems Biology, 2nd ed. CRC Press, 2011.

[43] Gillespie DT. Stochastic simulation of chemical kinetics. *Annu. Rev. Phys. Chem.* 58 (2007) 35-55.

[44] Wu J & Voit E. Hybrid modeling in biochemical systems theory by means of functional Petri nets. *J. Bioinform. Comput. Biol.* 7 (2009) 107-134.

[45] Savageau MA. Biochemical systems analysis. Ⅱ. The

steady-state solutions for an n-pool system using a power-law approximation. *J. Theor. Biol.* 25 (1969) 370-379.

[46] Wiens EG. Egwald Mathematics: Nonlinear Dynamics: Two Dimensional Flows and Phase Diagrams. http://www.egwald.ca/nonlineardynamics/twodimensionaldynamics.php.

[47] Strogatz SH. Nonlinear Dynamics and Chaos, 2nd ed. Westview Press, 2014.

[48] Hinkelmann K & Kempthorne O. Design and Analysis of Experiments. Volume I: Introduction to Experimental Design, 2nd ed. Wiley, 2008.

[49] Epstein IR & Pojman JA. An Introduction to Nonlinear Chemical Dynamics. Oscillations, Waves, Patterns, and Chaos. Oxford University Press, 1998.

[50] Voit EO. Modelling metabolic networks using power-laws and S-systems. *Essays Biochem.* 45 (2008) 29-40.

[51] Lewis DC. A qualitative analysis of S-systems: Hopf bifurcations. In Canonical Nonlinear Modeling. S-System Approach to Understanding Complexity (EO Voit, ed.), Chapter 16. Van Nostrand Reinhold, 1991.

[52] Yin W & Voit EO. Construction and customization of stable oscillation models in biology. *J. Biol. Syst.* 16 (2008) 463-478.

[53] Sprott JC & Linz SJ. Algebraically simple chaotic flows. *Int. J. Chaos Theory Appl.* 5 (2) (2000) 1-20.

[54] van der Pol B & van der Mark J. Frequency demultiplication. *Nature* 120 (1927) 363-364.

[55] van der Pol B. & van der Mark J. The heart beat considered as a relaxation oscillation. *Philos. Mag.* 6 (Suppl) (1928) 763-775.

[56] Lorenz EN. Deterministic nonperiodic flow. *J. Atmos. Sci.* 20 (1963) 130-141.

[57] Vano JA, Wildenberg J C, Anderson MB, Noel JK & Sprott JC. Chaos in low-dimensional Lotka-Volterra models of competition. *Nonlinearity* 19 (2006) 2391-2404.

[58] Sprott JC, Vano JA, Wildenberg JC, Anderson MB & Noel JK. Coexistence and chaos in complex ecologies. *Phys. Lett.* A 335 (2005) 207-212.

[59] Voit EO. S-system modeling of complex systems with chaotic input. *Environmetrics* 4 (1993) 153-186.

[60] Thomas R. Deterministic chaos seen in terms of feedback circuits: analysis, synthesis, "labyrinth chaos." Int. J. *Bifurcation Chaos* 9 (1999) 1889-1905.

[61] Rössler OE. An equation for continuous chaos. *Phys. Lett.* A 57 (1976) 397-398.

拓 展 阅 读

简单介绍文献

Batschelet E. Introduction to Mathematics for Life Scientists, 3rd ed. Springer, 1979.

Edelstein-Keshet L. Mathematical Models in Biology. SIAM, 2005.

数学生物学通用文献

Adler FR. Modeling the Dynamics of Life: Calculus and Probability for Life Scientists, 3rd ed. Brooks/Cole, 2012.

Beltrami E. Mathematics for Dynamic Modeling, 2nd ed. Academic Press, 1998.

Britton NF. Essential Mathematical Biology. Springer, 2004.

Ellner SP & Guckenheimer. J. Dynamic Models in Biology. Princeton University Press, 2006.

Haefner JW. Modeling Biological Systems: Principles and Applications, 2nd ed. Chapman & Hall, 2005.

Keener J & Sneyd J. Mathematical Physiology. Ⅰ: Cellular Physiology, 2nd ed. Springer, 2009.

Keener J & Sneyd J. Mathematical Physiology. Ⅱ: Systems Physiology, 2nd ed. Springer, 2009.

Klipp E, Herwig R, Kowald A, Wierling C & Lehrach H. Systems Biology in Practice: Concepts, Implementation and Application. Wiley-VCH, 2005.

Kremling, A. Systems Biology. Mathematical Modeling and Model Analysis. Chapman & Hall/CRC Press, 2013.

Kreyszig E. Advanced Engineering Mathematics, 10th ed. Wiley, 2011.

Murray JD. Mathematical Biology Ⅰ: Introduction, 3rd ed. Springer, 2002.

Murray JD. Mathematical Biology Ⅱ: Spatial Models and Biomedical Applications, Springer, 2003.

Strang G. Introduction to Applied Mathematics. Wellesley-Cambridge Press, 1986.

Strogatz SH. Nonlinear Dynamics and Chaos, 2nd ed. Westview Press, 1994.

Yeargers EK, Shonkwiler RW & Herod JV. An Introduction to the Mathematics of Biology. Birkhäuser, 1996.

生化和细胞系统文献

Fell DA. Understanding the Control of Metabolism. Portland Press, 1997.

Heinrich R & Schuster S. The Regulation of Cellular Systems. Chapman & Hall, 1996.

Jacquez JA. Compartmental Analysis in Biology and Medicine, 3rd ed. BioMedware, 1996.

Palsson BØ. Systems Biology: Properties of Reconstructed Networks. Cambridge University Press, 2006.

Savageau MA. Biochemical Systems Analysis: A Study of Function and Design in Molecular Biology. Addison-Wesley, 1976.

Segel LA. Modeling Dynamic Phenomena in Molecular and Cellular Biology. Cambridge University Press, 1984.

Torres NV & Voit EO. Pathway Analysis and Optimization in Metabolic Engineering. Cambridge University Press, 2002.

Voit EO. Computational Analysis of Biochemical Systems: A Practical Guide for Biochemists and Molecular Biologists. Cambridge University Press, 2000.

随机过程和技术文献

Pinsky M & Karlin S. An Introduction to Stochastic Modeling, 4th ed. Academic Press, 2011.

Ross SM. Introduction to Probability Models, 11th ed. Academic Press, 2014.

Wilkinson DJ. Stochastic Modelling for Systems Biology, 2nd ed. CRC Press, 2011.

5 参数估计

读完本章，你应能够：

- 理解和解释线性与非线性回归的概念
- 描述各种搜索算法的概念
- 讨论参数估计中出现的挑战
- 执行普通和多重线性回归
- 估算线性化模型中的参数
- 估算显式非线性函数的参数
- 估算小型微分方程组的参数

前几章已经讨论了数学和计算模型的构建与分析。这些讨论中几乎缺失了一个关键组成部分，即确定所有模型参数的值。显然，这些值非常重要，因为它们能将抽象结构（符号模型）与生物数据的现实联系起来。如果参数值错误，即使是最好的模型也不会重现、解释或预测生物功能。此外，当模型的参数值未知时，可以使用模型进行的分析很少。专门用一整章讨论参数估计的原因在于，这一建模中的关键步骤是复杂的。有些情况很容易解决，但如果研究的系统稍大，参数估计通常会成为整个建模工作中最严重的瓶颈。此外，尽管付出了巨大的努力，但仍没有灵丹妙药能够以简单有效的方式找到模型的最佳参数。因此，我们通过本章，将参数估计问题分类并分解为可管理的任务，提出解决的策略，并讨论计算机**算法**（**algorithm**）往往失败的一些原因。即使你无意在将来的工作中执行实际的参数估算任务，至少应该浏览本章，以便对此任务的难度有印象，为了节省时间，不妨跳过一些技术细节。

一般而言，参数估计是一种**优化**（**optimization**）任务。目标是确定参数向量（即一组数值，模型的每个参数对应一个），以最小化实验数据和模型之间的差异。为了避免正差和负差之间相互抵消，要最小化的**目标函数**（**objective function**）通常是数据和模型之间平方差的总和。这个函数通常称为**SSE**，它代表**平方误差和**（**sum of squared error**），搜索SSE的方法称为**最小二乘法**（**least squares method**）。

与其他建模环境一样，参数估计的最大区别在于线性和非线性之间。如果一个模型是线性的，或者可以被转换成（近似）线性，那么日子就好过了。有许多方法可供使用，其中大多数方法都非常有效，并且有许多统计工具可以表征解的质量。相比之下，一旦引入一些非线性，绝大多数这些有效的方法都变得不适用。在这些情况下，两种主要的解决策略是：使用蛮力计算和开发能够以合理的效率工作的方法（至少针对某些类型的问题）。

该领域还有另一个鸿沟。首先，有时可以估计系统（或模型）中每个过程的参数，然后合并所有这些局部描述，以期实现一个功能良好的模型，该模型以适当的方式包含所有过程的相互作用。这种自下而上的策略在过去主导了生物系统的参数估计，并且仍然非常重要。然而，由于各种可疑或未知的原因，它经常失败。例如，动力学数据可能来自不同条件下进行的体外实验，或者甚至可能来自不同的生物体。不幸的是，这种典型情况的结果是，由最佳可用局部信息构建的模型显然不能为总括模型（all-encompassing model）生成合理的结果。模型偏差往往需要重新审视所有假设，以及用于参数化模型的信息。灵敏度分析（第4章）是此步骤有用的诊断工具，因为它可以识别最能影响解的参数，因此需要进行最精确的估算。经验表明，将自下而上的策略应用于具有40或50个参数的中型系统的任何成功几乎总是依赖极其缓慢和烦琐的工作，有时需要数月才能完成。

一种现代的、非常吸引人的替代方案变得越来越可行。该替代方案依靠实验确定的基因组、蛋白质组或代谢组数据的**时间序列**（**time series**）。用于测量这些数据的一般设置如下。通常，生物系统处于正常状态。在实验开始时，系统受到扰动，并在之后的许多时间点测量若干个组件的响应。隐藏在这些时间曲线中的是关于系统结构、调控和动力学的非常有价值的信息，并且使用时间序列数据的趋势受到欢迎，因为这些数据是在相同的实验条件下从相同的生物中获得的。基于时间序列估计的信息提取是一项艰巨的任务，不仅需要强大的计算机，还需要精妙的设计和对生物系统的洞察力，以及旨在以有效方式执行信息提取的计算算法的复杂性。

线性系统的参数估计

5.1 单变量线性回归

在最简单的情况下，单个变量y仅依赖于另一个变量x，可以在x-y图上绘制两者之间的关系。该**散点图（scatter plot）**给出了关系是否可能是线性的直接印象。如果是，线性**回归（regression）**方法会快速生成最佳描述这种关系的直线（图5.1）。即使在一个稍微复杂点的袖珍计算器上，这种方法都可实行的原因在于，可以直接表达每个数据点（x_i，y_i）与想象的穿过数据集的直线之间的差Δ_i，并计算这条直线的两个特征量，即其斜率和截距，使得该线同时最小化所有差异。具体来说，线性回归算法解决了图5.1中描绘的问题，该问题显示了云状弥散的数据点（符号）及通过该云的优化直线。该回归线在数学上被定义为唯一的直线，它最小化所有平方残差或误差Δ_i的总和。对这些量进行平方的原因很简单，我们不希望正Δ_i抵消负Δ_j，并且平方在数学上比使用绝对值更方便。SSE也称为误差函数，因此参数估计任务与最小化误差函数的任务是等效的。**拟合（fitting）**图5.1中数据的线具有如下形式：

$$y=1.899\,248x+1.628\,571 \tag{5.1}$$

这很容易从数据中获得，如使用Microsoft Excel®。

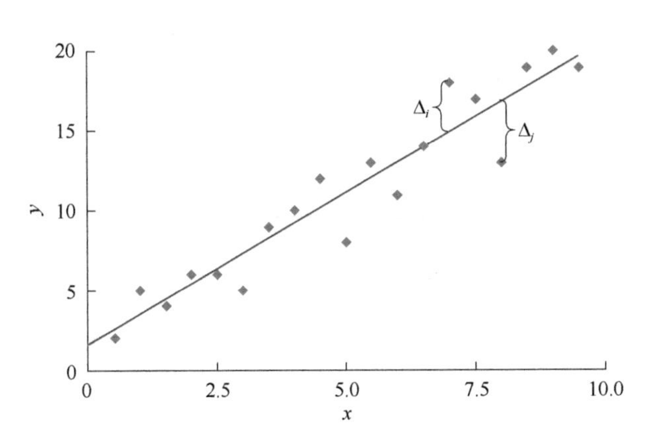

图5.1 简单线性回归。优化得到的回归线横穿过一个线状的云，在某种意义上，即SSE（平方误差Δ_i之和）的最小化。

线性回归是一种直截了当的处理方式，其结果使我们能够预测某些从未被分析过的x所对应的y的期望值。例如，在图5.1中，我们可以相当可靠地预测$x=6.75$的预期y值。即将$x=6.75$代入式（5.1）得到$y=14.4485$，这在图上吻合得很好。

两个问题需要谨慎考虑。首先，超出观察到的x的范围，y值的外推或预测是不可靠的。虽然我们可以可靠地计算$x=6.75$的预期y值，但计算$x=250$的y值，得到$y=476.4406$，这是正确的计算，但可能是也可能不是一个好的预测；我们根本无法知道。如果以生物学为例，那么该解可能是完全错误的，因为生物现象通常在大的x值处偏离线性且往往饱和。

要记住的第二个问题是，无论x和y之间的关系是否真的是线性的，算法会盲目地生成线性回归线。例如，图5.2中的关系显然是非线性的，可能遵循绿线所示的趋势。尽管如此，很容易执行线性回归，从而快速生成如下关系：

$$y=0.707\,068x+8.151\,429 \tag{5.2}$$

很明显，这个模型（图5.2中的红线）没有多大意义。因此，有必要保持警惕。通常，如图5.2所示的例子中，简单检查一下就足够了。但是也应该考虑用一些数学诊断来评估线性回归结果[1]。例如，可以分析残差，如果数据确实遵循线性趋势，则应该形成正态分布。人们还可以研究后续数据的“运程”（the length of “runs”）低于或高于回归线的情况。例如，在图5.2中，所有低值数据都低于回归线，几乎所有中心数据都位于该线之上，并且几乎所有高值数据又都低于该线，如果数据当真或多或少地遵循假定的线性关系，那么出现上述情况在统计上几乎是不可能的。

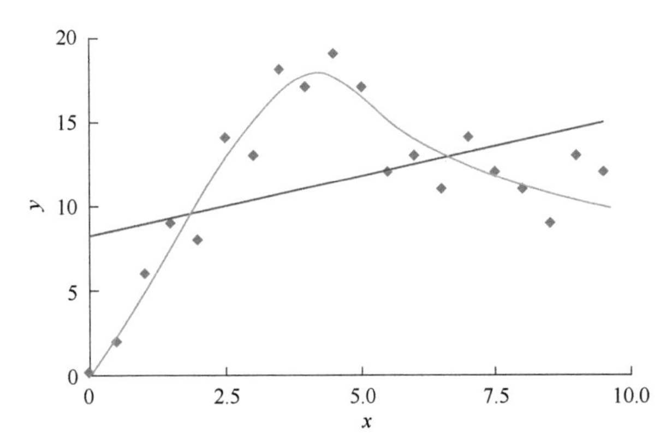

图5.2 线性回归的误用。使用所呈现的数据（蓝色），即使x和y之间的真实关系可能是非线性的，如绿线所示，任何线性回归算法也将返回最佳线性回归线（红色）。

5.2 多元线性回归

在更多变量的情况下，线性回归也可以很容易地执行（参见参考文献［1］）。作为最直观的例子，假设某量Z依赖于两个变量X和Y。例如，疾病的风险可能随着血压和体重指数而增加。因此，对于每对（X，Y），存在Z值。如果依赖是线性的，则三元组（X，Y，Z）位于三维空间中的倾斜平面附近（图5.3）。例如，可以使用MATLAB中的**regress**函数进行多元线性回归，它意味着Z是几个变量的线性函数。对于两个以上的变量，结果难以可视化，但**regress**函数仍然可以计算高维的类似平面，称为超平面。

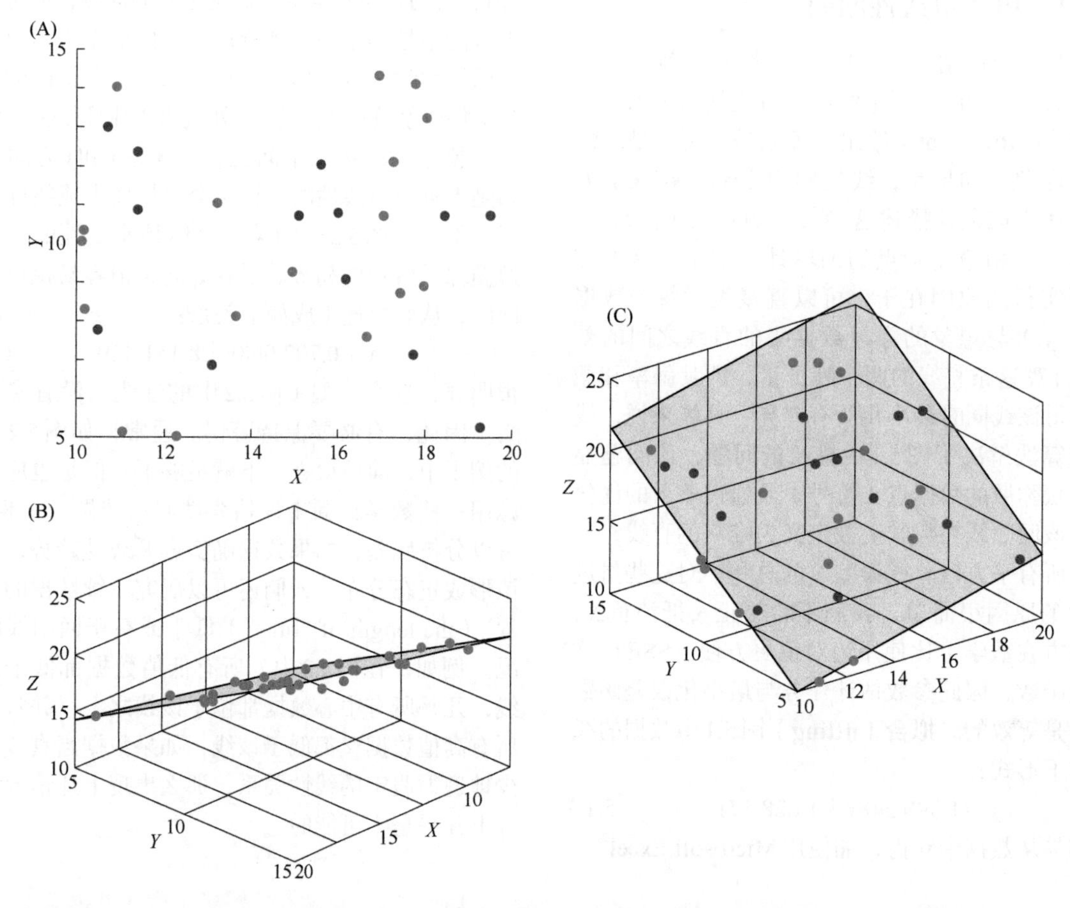

图5.3　使用MATLAB中的regress函数和表5.1中的数据进行多元线性回归分析的结果。（A）数据分布在X和Y的整个范围内。（B）不同的视角显示所有数据点都接近倾斜平面，在这个视角中看起来几乎像一条线。（C）在第三个视图中，红点位于回归平面（米色）上方，蓝点位于下方。

表5.1　多元线性回归数据和相应的回归平面的值

X	Y	Z（数据）	Z（拟合值）	X	Y	Z（数据）	Z（拟合值）
17.43	8.72	16.73	17.38	11.39	12.34	19.60	18.85
10.49	7.75	13.58	13.28	11.40	10.87	17.57	17.19
16.69	7.58	15.47	15.77	10.71	12.98	19.93	19.28
17.06	10.69	19.32	19.46	10.20	10.33	15.45	16.06
13.10	6.85	13.82	13.39	12.30	5.02	10.95	10.98
18.46	10.71	21.06	20.07	16.97	14.32	22.96	23.51
17.27	12.10	20.55	21.13	17.79	14.10	22.68	23.62
16.04	10.77	19.15	19.10	13.22	11.05	18.06	18.19
14.95	9.25	16.68	16.90	10.91	14.01	20.35	20.53
17.74	7.11	16.30	15.70	19.30	5.26	14.31	14.29
17.98	8.89	17.38	17.82	15.60	12.04	21.42	20.34
13.67	8.12	14.89	15.07	18.02	13.23	22.52	22.73
15.09	10.68	19.42	18.58	10.12	10.05	15.15	15.71
10.22	8.28	13.27	13.75	19.50	10.73	20.77	20.55
11.04	5.12	10.08	10.54	16.22	9.07	17.56	17.25

图5.3给出了两个自变量的示例，它以不同的视角显示了表5.1中的数据。(A) 和 (C) 中的红色与蓝色点分别对应于回归平面上方和下方的数据。通过**regress**函数计算得到的平面由如下函数表征：

$$Z=-0.0423+0.4344X+1.1300Y \quad (5.3)$$

线性回归也适用于某些非线性函数，这一点可能会令人惊讶。但如果函数可以通过数学变换变为线性的，这是可行的。一个众所周知的例子是指数函数，它在对数变换下成为线性的。一个有趣的线性化案例是酶催化反应的米氏（Michaelis-Menten）速率规则（MMRL）（见第2章、第4章和第8章）。假设感兴趣的系统由非常短的代谢通路组成，只有两个反应，如图5.4所示。该通路将初始底物S转化为由酶E催化的反应中的代谢物M，酶的活性在我们的实验期间不会改变。代谢物随后用完或降解，并且反应的降解产物不是特别令人感兴趣，因此未明确包含在模型中。反应第一步的典型数学表示是米氏（Michaelis-Menten）函数，其特征在于三个量：底物浓度S，反应的最大可能速率或速度V_{max}，其取决于（恒定的）酶浓度E和米氏常数K_M，它量化酶与其底物之间的**亲和力（affinity）**（图5.5）。代谢物降解的默认描述是所谓的一阶过程，其速率常数为c，意味着降解速度与当前代谢物浓度M成正比（图5.6）。因此，代谢物浓度M的总体变化由生成和降解之间的差给出，并且通过上面讨论的典型函数，可以写为

$$\dot{M}=\frac{V_{max}S}{K_M+S}-cM \quad (5.4)$$

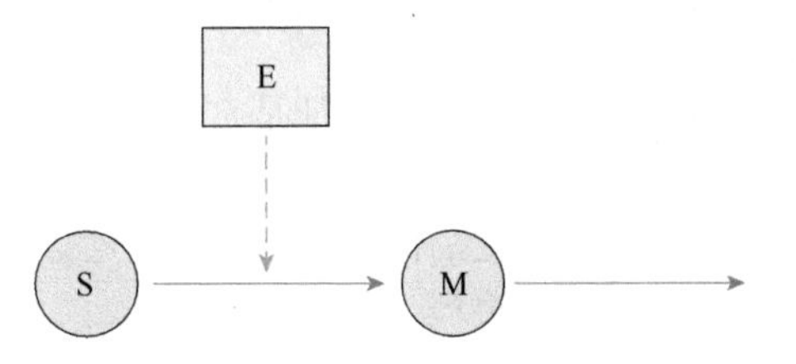

图5.4　代谢物M动力学的简单模型。M是反应的产物，它由酶E催化底物S产生。M被降解，但该过程的产物并未指定。

该模型包含三个参数：V_{max}、K_M和c，以及底物浓度S，其可以是也可以不是恒定的。假设有人用不同水平的S进行了实验并测量了代谢物的生成（没有降解），从而得到由对子(S, v)组成的数据，其中$v=V_{max}S/(K_M+S)$。为了说清楚，我们假设这些数据没有错误（表5.2和图5.5A）。我们的任务是估计参数V_{max}和K_M的最佳值。显然，这个过程是

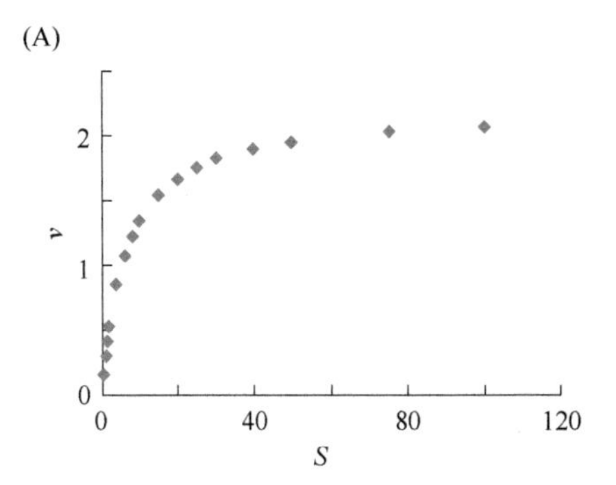

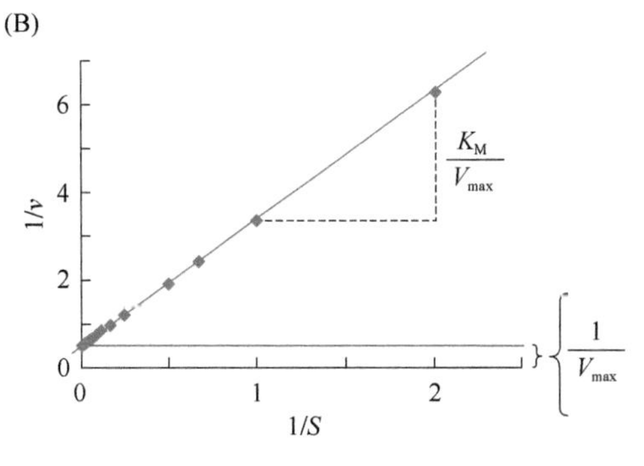

图5.5　米氏（Michaelis-Menten）过程的无噪声数据。该过程是模型（5.4）的一部分，并在单独的实验中测量。(A) 原始数据。(B) 反向绘制数据及斜率和截距的确定。

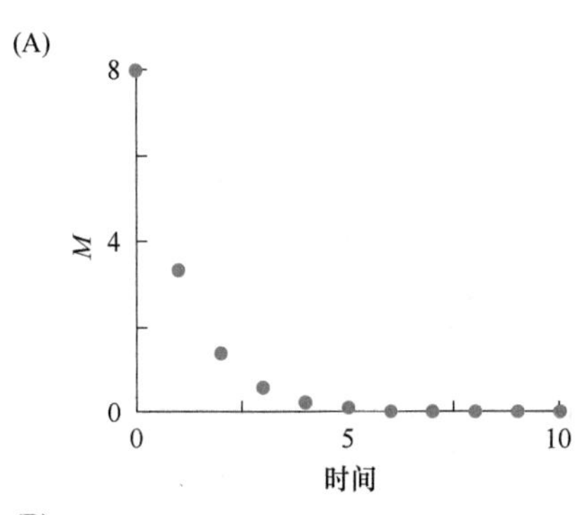

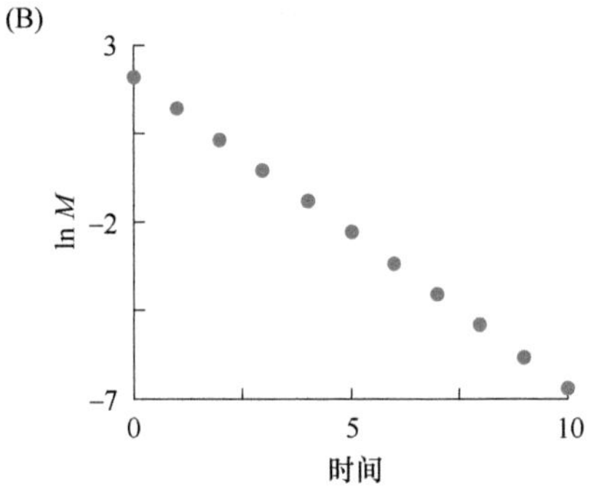

图5.6　式（5.4）中M的降解。(A) 在笛卡儿坐标系中，函数是指数函数。(B) 对M的对数而言，它变为线性的。

非线性的，线性回归似乎不可行。然而，处理米氏（Michaelis-Menten）函数的一个传统技巧是，基于观察得知，如果我们绘制$1/v$对$1/S$的关系，则函数

变为线性。该数据的逆向绘制如图5.5B所示。由于此表示中，数据遵循线性函数，因此我们可以使用线性回归来确定穿过数据的最佳拟合直线。从得到米氏（Michaelis-Menten）函数的倒数的操作可知，回归线的斜率对应于K_M/V_{max}，其值为2.91，截距为$1/V_{max}$，其值为0.45。由这两个值，我们可以算出V_{max}和K_M分别为2.2和6.4。

表5.2　反应速率V与底物浓度S的测量

S	V
0.5	0.16
1	0.30
1.5	0.42
2	0.52
4	0.85
6	1.06
8	1.22
10	1.34
15	1.54
20	1.67
25	1.75
30	1.81
40	1.90
50	1.95
75	2.03
100	2.07

假设降解过程是在单独的步骤中估算的。人工数据见表5.3。这些数据表现出指数衰减，与式（5.4）中降解项的表述完全匹配。因此，M的对数变换$\ln M$产生直线衰减函数（图5.6B），其参数值可通过线性回归估计。该过程得到的是最适合降解数据的参数c的值，即$c=0.88$。

表5.3　用于估算式（5.4）中参数M和$\ln M$的时间测量数据

t	M	$\ln M$
0	8.000	2.079
1	3.318	1.199
2	1.376	0.319
3	0.571	−0.561
4	0.237	−1.441
5	0.098	−2.321
6	0.041	−3.201
7	0.017	−4.081
8	0.007	−4.961
9	0.003	−5.841
10	0.001	−6.721

结合V_{max}和K_M的估计，我们现在通过自下而上的分析估算了系统的所有参数，并且可以将它们代入式（5.4）以进行数值模拟或其他分析。验证估算和模型需要额外的数据，如形如M对S变化的响应的数据。

现在假设没有可用的动力学数据，但我们已有该系统中M作为时间函数的时间过程数据（图5.7）。在这种情况下，我们不能使用自下而上的方法从局部信息（动力学数据、线性降解）估计系统特征，而是需要使用自上而下的估计，它或多或少地在相反的方向上，通过使用针对整个系统的观察［即时间过程数据$M(t)$］来同时估算所有未知的动力学特征（V_{max}、K_M和c）。这种自上而下的估计需要一个（非线性）回归程序，该程序使用时间过程数据及底物浓度S的信息，并且一次性地确定反映数据特征的最佳参数V_{max}、K_M和c的值。在这个简单的例子中，一个不错的非线性回归算法就可以快速返回最优值。为达到此目的的更多方法将在本章后面讨论。

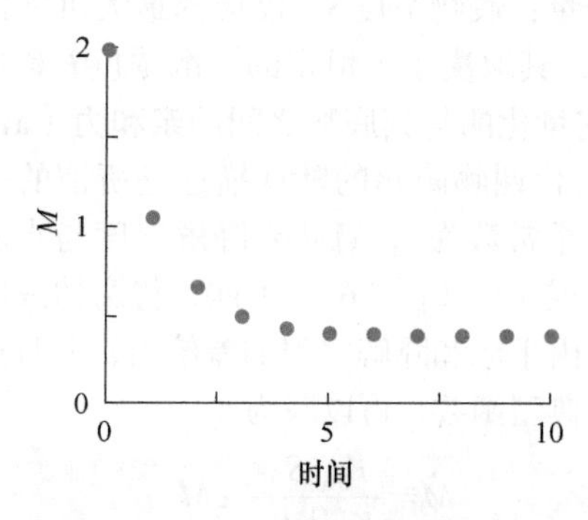

图5.7　模型（5.4）的时间过程数据。数据不能以任何显而易见的方式线性化，而需要非线性参数估计的方法。

线性回归的一个重要特征是它也适用于高维问题，正如我们之前讨论的那样，多元线性回归也可直接应用于线性化之后的系统。例如，考虑由双变量幂律函数描述的过程：

$$V=\alpha X^{g}Y^{h} \tag{5.5}$$

为了线性化该函数，我们对两边取对数，得到结果：

$$\ln V=\ln\alpha+g\ln X+h\ln Y \tag{5.6}$$

这将允许对新变量$\ln X$、$\ln Y$和$\ln V$应用多元线性回归。

当使用这种策略时，需要记住，无论哪种类型的变换都会影响数据中的噪声。因此，正态分布于真实非线性函数周围的残差在线性化形式中不再正态。然而，在许多实际应用中，与线性化提供的简化相比，该问题被认为是次要的。如果误差结构的准确考量很重要，则可以先通过线性回归估计参数，然后将它们用作非线性回归的起始值，以免扭曲误差。

非线性系统的参数估计

非线性系统的参数估计比线性回归复杂得多。主要原因是只有一个线性结构，但却存在无限多个不同的非线性函数，且本身并不知道哪个非线性函数可以充分地模拟某数据，更不用说最优化了，特别是针对有噪声的数据。即使选择了特定的函数，也没有简单的方法来计算线性系统中那样的最佳参数值。而且，非线性估计任务的解可能不是唯一的。两个不同的参数化方式可能产生完全相同的残差，或者可以找到许多解，但它们都不是真正的好解，更不用说是最佳的了。

因为非线性模型的最佳参数值估计是具有挑战性的，所以用于优化和参数估计的许多算法已经发展了数十年。所有这些算法在某些情况下可以很好地工作，但在其他情况下则会失败，特别是对于需要估算许多参数的大型系统。与线性回归相比，通常不可能为非线性估计任务计算显式的最优解。所以有人可能会问：如果没有明确的数学解决方案，计算机算法怎么可能找到解决方案呢？答案是，优化算法迭代地搜索更好的解，如果成功，将非常接近最佳解，尽管它通常不是真正最好的解。因此，开发良好搜索算法的技巧是以有效的方式引导着搜索到最佳参数集，并在遇到没有希望的参数范围时，尽早放弃或彻底改变搜索策略。

关于非线性估计算法是否成功的一个关键问题是，该任务需要找到的是数学函数还是微分方程组的参数。尽管这两个任务的基本概念是相同的，但在前一种情况下，许多方法都能很好地工作，我们甚至可以使用像Excel®数据分析组中的Solver选项来实现，而后一种情况则要复杂得多。我们将讨论不同类型的方法，用显式函数中的参数估计来举例说明其中一些方法，并最后讨论动态系统的参数估计。

当前可用的搜索算法可以分成几类。第一类方法是尝试穷尽所有可能的参数组合并选择其中最好的。第二类包括梯度、最陡下降或爬山方法。术语“爬山”意味着找到函数的最大值，而参数估计搜索最小值时使用最快速下降方法。在数学上，这两个任务是等价的，因为找到函数F的最大值与找到$-F$的最小值相同。基本思路很简单。想象一下，你发现自己处于丘陵地带，而且雾很大，所以你只能在每个方向看到几英尺[①]远。假设你口渴了，想象最有可能在山谷里找到水。所以，你环顾四周（尽管你看不了很远）并检查哪个方向可以向下。你走向这个方向，直到你到达一个点，该处有更陡峭的向下方向。随着时间的推移，你很有可能到达山谷的底部。梯度方法就是模仿这一过程。作为一个警告，很容易意识到，即使在徒步旅行的例子中，这种策略也绝非安全。实际上，梯度搜索算法往往存在粗糙地形的问题，特别是当其发现自己处于不像某些相邻山谷那样深的山谷中时。因此，算法通常会陷入局部极小的情形，它可能比其他附近的点更好，但不如真正（全局）最小值所需的解好，后者位于不同的山谷中（图5.8）。

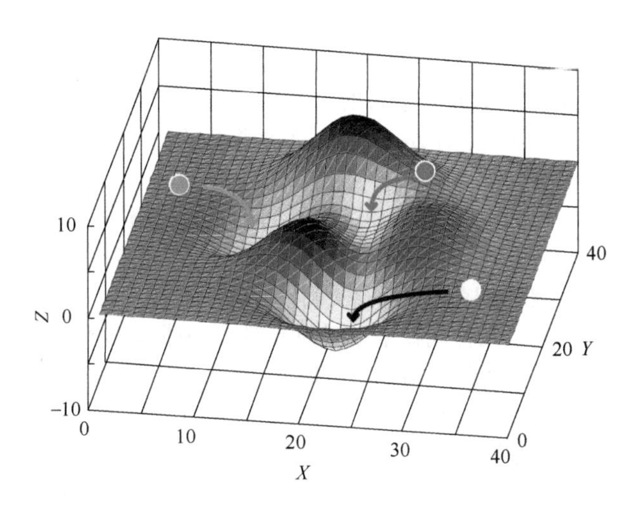

图5.8　在粗糙的地形中，梯度搜索可能会失败。此处显示的函数（来自MATLAB®的拉普拉斯函数）具有三个最小值，其中，中间靠前的一个（$X=22$，$Y=11$，$Z=-6.2$）最小。在白色位置起始的梯度搜索可能会找到此全局最小值。但是，从绿色或蓝色位置开始的梯度搜索很容易陷入局部极小的情形，分别为$Z=0$和$Z=-3$。

第三类参数估计方法由**进化算法（evolutionary algorithm）**组成，它们以与先前方法完全不同的方式操作。这里的概念是从基于适应性选择的自然过程中借鉴的，我们相信这些过程一次又一次地从竞争者中筛选出最适应的个体和物种。最著名的进化方法——**遗传算法（genetic algorithm，GA）**，从50～100个参数向量开始，这些参数向量由默认值或用户提供的值组成。其中一些值可能很好，而另一些则不然。GA使用每个参数向量求解模型，并计算与每个案例相关的残差。然后通过它们的**适应度（fitness）**对向量进行排序（该向量参数值下的模型与数据的匹配程度），并且向量拟合得越

① 1英尺(ft)=0.3048m

好，其配对的概率越高。在该配对过程中，一个向量（母亲）的一部分与另一个向量（父亲）的互补部分合并以产生新向量（新生婴儿的向量）。此外，向量还接受允许群体进化的小突变。父辈群体内的许多配对过程导致新一代向量的产生，再次针对每个向量求解模型，计算残差，选择最佳向量，并且该过程世代延续，直至找到合适的解或算法耗尽时间终止。目前，梯度方法和遗传算法在参数估计的搜索方法领域占据主导地位，但还有其他选择，我们将在本章后面简要提及。

5.3 全面网格搜索

穷尽搜索的想法非常简单。确定每个参数的可能数值范围（如根据过程的生物学知识），用这些范围内参数值的许多甚至所有组合评估模型，并选择产生最佳结果的参数集。由于参数组合通常以规则间隔选取，因此这种类型的估计称为网格搜索。

作为一个例子，让我们回到米氏（Michaelis-Menten）速率规则（MMRL）$v=V_{max}S/(K_M+S)$，并假装我们前面做的线性化是不可能的。假设我们测量了几种底物浓度下的速率v。根据对MMRL的理解，我们知道两个参数V_{max}和K_M必须是正的。假设我们还知道$V_{max}\leqslant 10$且$K_M\leqslant 8$，我们就有了可允许的范围，我们将其细分为1的均匀间隔。对于80个参数组合，现在可以直接计算对应于每个底物浓度S的v值，从该值中减去相应的实验测量值，将差值平方，并将总和除以所用数据点的个数。因此，对于$S=0.5$，表5.2中的实验数据$v=0.16$，以及对子（V_{max}，K_M）=（1，1），总和的第一个量计算为

$$\left(\frac{1\times 0.5}{1+0.5}-0.16\right)^2 \tag{5.7}$$

图5.9A显示了给定V_{max}和K_M范围的误差平方和的图。该图显示了两个重要结果。首先，V_{max}和K_M的许多组合显然不是最佳的竞争者，因为相关误差非常高。因此，浪费了相当多的计算时间。其次，很难辨别具有最小误差的参数组合的确切位置。它看起来接近V_{max}为2～3，K_M在6左右。我们可以使用这些信息来细化V_{max}和K_M的范围，并以较小的间隔重复网格搜索。图5.9B确实给出了更集中的视图，并确定了准确的解$V_{max}=2.2$和$K_M=6.4$。这个解是准确的，因为真正的值恰好在我们使用的网格上。如果真实值是$V_{max}=2.012\,345\,67$，$K_M=6.543\,210\,98$，我们最多会找到一个近似的、相对接近的解。

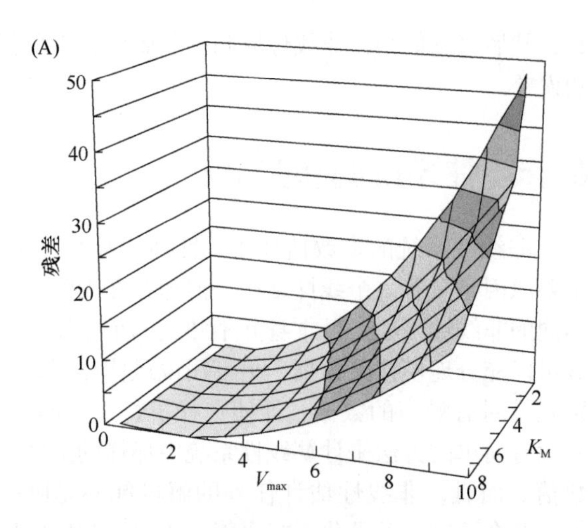

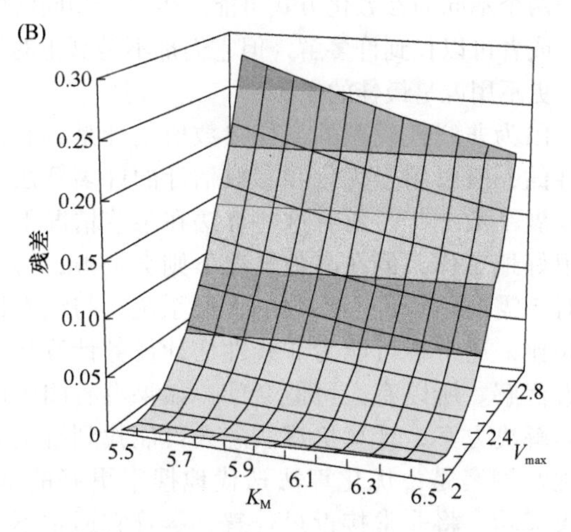

图5.9　网格搜索中的残差（SSE）。搜索针对式（5.4）中的MMRL参数值K_M和V_{max}进行，并使用了表5.2中的数据。（A）粗略搜索。（B）在较小参数范围内的精细搜索。

这个简单的例子已经展示了网格搜索的主要问题。第一，必须知道所有参数的可允许范围，否则可能会错过最佳解决方案。第二，该方法不可能产生非常精确的结果，除非用越来越小的间隔多次迭代搜索。第三，该方法浪费了很多计算时间，这些参数组合明显不相关（在我们的例子中，为高V_{max}和低K_M）。第四，也许是最重要的，当涉及许多未知参数时，组合的数量会非常快速地增长。例如，假设模型有8个参数，我们首先为每个参数尝试10个值。那么组合的数量已经是10^8，即1亿。要获得更多参数和更多值，这些数字将变成天文数字。统计学中的实验设计领域已经开发出了驯服这种组合爆炸的可能方法[1, 2]。其中最受欢迎的是**拉丁超立方采样（Latin hypercube sampling）**。这里的形容词Latin来自拉丁方。例如，对于大小为5的拉丁方，在5×5网格的每行和每列中仅包含数字1、2、3、

4和5一次。术语“超立方体”是指超过了三维常规立方体的一种类比。拉丁方采样的关键思想是只分析足够的点来覆盖网格的每行和每列恰好一次。在更高维空间中，人们以类似的方式搜索超立方体。

虽然网格搜索很少有效，但至少在近似意义上获得**全局最优（global optimum）**的吸引力已经引发了对改进网格搜索的研究，而没有被组合爆炸所淹没。例如，多纳休（Donahue）及合作者[3]开发了一些方法，可以在参数空间最有希望的区域更深入地搜索多维网格，并在不太可能包含最优解的区域只进行粗略搜索。

分支定界法（branch-and-bound method）是对网格搜索的重大改进，因为它们理想地在每个步骤中丢弃大量劣质解[4, 5]。分支定界法使用两个工具完成此操作。第一个是分割或分支过程，将候选解集划分为两个不重叠的“分区”A和B，以便考虑所有的解，并且每个解都只在A或者B中，不能同在。每个解被表征为正在优化的量的分数，在我们的例子中是SSE。第二个工具是估计SSE的上限和下限。对于分区A，下限是与A中任何候选解（适合度参数）的SSE一样小或更小的数，并且类似的定义适用于上限。分支定界法的关键概念是，如果分区A的下限大于分区B的上限，则可以丢弃整个分区A，因为A中没有解可以具有更低的SSE（因而有比B中任何解更高的适应性）。因此，这里的技巧是将候选解集连续且有效地进行分区并计算紧密的下限和上限。最终，分支定界法会找到全局最优解，但它们的实现很困难，并且需要大量的计算工作。

5.4 非线性回归

大多数非线性函数不能转换为线性函数，并且它们太复杂，无法对其参数空间进行详尽的探索。此外，也不再可能直接计算最佳参数值（这是线性回归的标志），而必须使用完全不同的方法。其中最突出的是迭代方法，以引导或随机的方式搜索良好的参数向量（参见参考文献［6］）。因为包含所有参数向量的参数空间通常具有高维度且难以捉摸，所以用算法启动搜索，使用当前参数值评估拟合质量，再次搜索，再次评估拟合质量，从而在迭代模式中操作，在搜索和评估之间进行数千次循环。该算法从默认或用户提供的参数向量［有时统称为“猜计”（guesstimate）］开始，它可能相当不错或相当不足，使用此参数向量求解模型，并计算残差。在下一步中，算法用起始向量附近的少量其他参数向量评估模型，还记得在多山有雾的地形中找水的例子吗（图5.8）？然后，该算法使用此信息来确定误差在哪个方向上减少的最多。朝着该方向，算法在距原始向量一定距离处选择新的试验参数向量。该过程重复数千次，直到理想情况下，该算法收敛于某参数向量，该参数向量产生比其邻域中的所有向量及所有先前向量更低的SSE。理解这些概念比技术细节更重要，因为它揭示了为什么搜索算法有时不成功，而且技术方面已经在许多软件包中实现了。

在单个参数的情况下，迭代搜索策略的演示最容易。假设误差函数R具有图5.10所示的形状。该图在横轴上显示参数p的值，在纵轴上显示残差R，它是平方量，因此不为负。我们的任务是找到沿水平轴的某个位置（即最佳参数p），该处R最接近零，因为该位置使误差最小化。

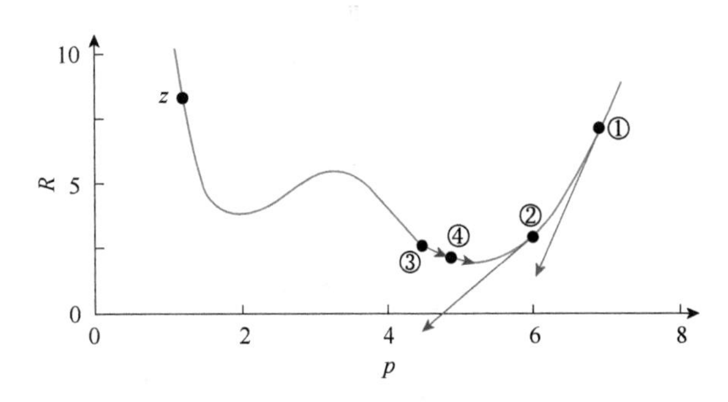

图5.10　假想的搜索参数p最佳值的残差图景。与p的每个值相关联的残差由R表示。圆圈中的数字表示不同的迭代起始点，箭头表示搜索方向，箭头的长度表示速度。如果在位置z处开始搜索，则算法可能陷入接近p=1.9的局部极小的情形。

假设我们在区间［0，+8］内搜索最小值，并且我们的初始猜计是p=7。算法将p=7输入模型并根据实验数据评估残差R；在图中，R=7.2（图5.10中①）。该算法现在使用两个分别略小于或大于7的p值来评估模型。根据这些信息，该算法得出结论，减小猜计比增加它更有可能降低R值。它还估计了误差函数的斜率，并用它来确定原始估计值应该降低多少；如何完成这一确定过程在这里并不那么重要。在我们的示例中，算法将下一个候选点确定为p=6，并且此时将R计算为大约2.6（图5.10中②）。此时的斜率仍表明p值要更低，并且因为再次采取相同的方向，速度增加，下一个候选者约为p=4.5（图5.10中③）。现在斜率指向相反的方向，这表明要提高p的值。该算法执行此操作并到达图5.10中④所指示的点。过程以这种方式继续，直到算法检测到误差函数的斜率基本为零，意味着通过向左或向右移动一点点已不能再降低误差。算法终止，结果便是近似的最小值。应该记住，算法并不知道真正的最小值在哪里。因此，它必须在相当长的一段时间内估算每一步要走多远，以及许多超过或低于目标值的情况。

图5.10还指出了这种算法的潜在问题。想象一下，初始猜计是$p=z$。使用与上述相同的基本原理，很容易看出算法可以收敛到邻近$p=1.9$的值，残差大约为$R=3.75$。显然，这不是最佳值，但它满足斜率为零的标准，并且邻近$p=1.9$的其他参数选择甚至更差。

完全相同的原则适用于涉及两个或更多参数的估计任务。在更高的维度中，我们人类很难将其可视化，但迭代搜索算法的功能与上面讨论的完全相同。对于两个参数，我们仍然可以在地理上概念化误差函数：它是一个表面，显示每个（x，y）的残差，其中x和y是具有未知值的两个参数（简单示例见图5.9）。如图5.8所示，这个误差图景可能有许多山丘和山谷，以及许多山脊和石坑，很容易想象搜索算法如何最终处于**局部极小值**，而不是真正的最低点。不幸的是，这种被困在局部极小的情况很常见。与我们的两个图（图5.8和图5.10）（此时错误容易发现）相比，在更复杂的情况下则难以诊断局部极小，如要优化6个或8个参数的情形。一个显然但不保证奏效的解决方案是使用不同的猜计值多次启动算法。

5.5 遗传算法

使用非线性回归进行参数估计，通常不能确定解是否真的是最优解，或者算法是否已经收敛到局部极小值（图5.8和图5.10）。由于此问题与迭代搜索算法的核心原则直接相关，因此执行时的些许调整不太可能解决问题。相反，多年来已经开发出完全不同的全局搜索启发式算法。全局指的是它们避免陷入局部极小的能力，正如非线性回归算法所倾向的那样。启发式意味着通常不可能以数学严谨性证明这些算法确实会成功。

最著名的全局搜索启发式算法是遗传算法（参见参考文献［7，8］）。它们属于进化算法这个更大的类别，其进化属性是由于它们因自然选择群体中的最适应成员而得到启发[9]。遗传算法通常可以找到很好的近似解，但是它们往往难以确定非常精确的解。因为这种情况与非线性回归中的情况相反，所以有时使用遗传算法开始参数搜索，并使用随后的非线性回归来细化解决方案（稍后我们将讨论此类示例）。

就像在自然进化中一样，遗传算法基于具有特定适应性的个体，并且这种适应性对应于它们交配和产生后代的能力。此外，进化过程受到突变的影响。对遗传算法在参数估计中的具体应用而言，每个个体都是参数向量。在简化的描述中，这样的向量看起来可能像图5.11中的样子：它排队列出了需要估计的所有参数的值。在大多数情况下，数字实际上被转换为二进制代码，但也探索了其他编码，如浮点表示。

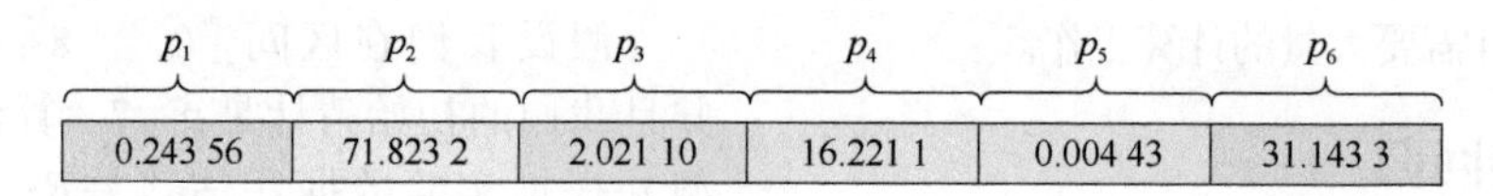

图5.11 应用于参数估计的遗传算法中的典型个体。参数线性排列为浮点变量（如此处所示）、二进制代码（图5.12）或其他某些数学表示方法。

起始群体包含许多这样的个体（可能是20、50或100），它们通过随机分配参数值来定义，所述参数值，或者共同表示可允许的参数范围，或者基于问题的先验知识而“得到种子”。每个个体对应于模型的一个解，因为将参数值输入符号模型中允许我们计算该模型的任何所需特征。一般而言，感兴趣的特征可以是能用模型定量表征的任何特征，如稳态、模型到达感兴趣点的速度、模型瞬态偏离正常状态的程度或者系统的振荡有多快。在参数估计的案例中，感兴趣的主要特征是：多么适合于一组实验数据，即SSE。对于给定群体中的每个个体，用其参数计算模型并计算数据和模型的相应值之间的残差。该误差用作适应度的度量：误差越小，个体越适应。现在到了清算的时候了。在群体的20个、50个或100个个体中，少数个体（可能是20%）被允许交配。它们是随机选择的，但被选中的概率与每个个体的适应度（此即SSE）成比例。未被选中的个体将被丢弃。在这个方案中，适应的个体有更高的交配机会，但即使是不适应的个体也可能会幸运获得交配机会。有趣的是，包含少数不太适应的个体恰好保留了较高的遗传多样性，并在某种程度上阻止了因遇到局部极小值而发生的过早终止，这种终止对应于次优的参数向量。

交配过程如下。两个个体（参数向量）彼此相邻排列，后代通过使用来自第一个体的前几个参数（或参数向量的一部分）和来自第二个体的其余部分产生，如图5.12所示。父代向量内的任何位置也可能发生变异；也就是说，在二进制编码的情况下，从1变到0或从0变到1。经验表明，突变非常重要，但它们的速率必须相当低，以免算法在没有收敛的情况下漫游参数空间。交配和突变过程的结果将是新参数向量形式的个体。将来自该向量的参数值输入模型中并计算适应度。通常，组织交配过程使得种群大小保持不变。非常适应的个体可以交配多次，并且大多数算法自动将最适应的父代的两个或三个个体转移到后代中。该过程因若干原因之一而终止。以下是其中最典型的：

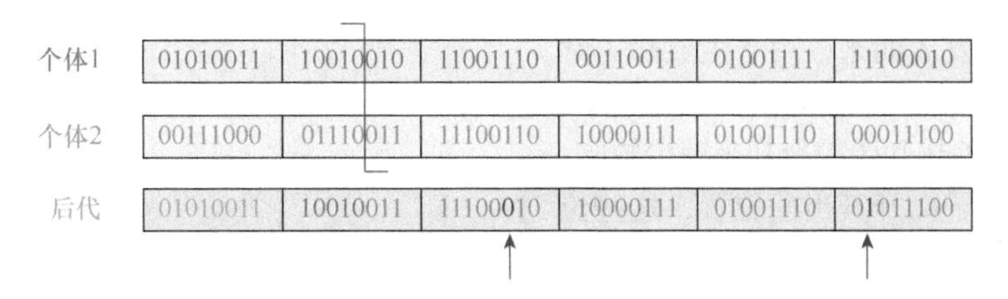

图5.12 通用遗传算法中后代的生成。个体（参数向量）在这里被编码为二进制字符串。新的后代包含个体1的一部分和个体2的互补部分。组合得到的新后代在下一次迭代之前还可以经历突变（箭头所示）。

- 已获得满足预设质量标准的解决方案。成功！
- 具有最高适应性的解决方案已达到稳定水平，在这些平台中，从一代到下一代的多次迭代不再发生变化。这可能是好消息或坏消息。
- 世代数已达到预设限制。它可以用最后一批向量重新开始。
- 算法遇到一些数值问题，如求解微分方程时。

在许多情况下，遗传算法工作得很好，并且因为它们非常灵活，如在适应度标准方面，它们已经变得非常流行并且在许多软件包中已有实现。尽管如此，它们肯定不是灵丹妙药。在某些情况下，它们永远不会收敛到一个稳定的群体；在其他情况下，它们可能找不到可接受的解决方案；几乎在所有情况下，这些算法都不是特别快。如果出现问题，首先要解决的是重置算法参数，如种群大小、适应或不适应个体的交配概率、突变率、直接存活到下一代最适个体的数量、参数界限和终止标准。本章稍后将介绍一个具体示例。

5.6 其他随机算法

除遗传算法外，还有其他几种方法可用于全局优化和参数估计。它们包括进化规划，如为蚁群和粒子群实现优化，以及模拟退火和我们之前讨论过的分支定界法。在本节中，我们将讨论这些方法的概念，但不会详细介绍。

与遗传算法一样，进化规划是一种基于不断变化的解群体的**机器学习技术（machine learning technique）**。改善适应性的主要机制是突变和对于调整参数的自适应，并且变异可以包括诸如组合来自两个以上父母的信息的操作。进化规划类中一个有趣的方法是蚁群优化（ant colony optimization，ACO）（参见参考文献［10］）。ACO的灵感来自蚂蚁在徘徊于领地寻求食物来源时的行为。最初的探索或多或少是随机的，但是一旦蚂蚁找到食物，它就会以或多或少直接的方式返回巢穴。一路上，蚂蚁留下了可以被其他蚂蚁感知的信息素踪迹。这种类型的化学通信允许其他蚂蚁优先遵循已建立的信息素路径而不是遵循随机路径。如果一条道路确实通向食物，越来越多的蚂蚁将跟随它并释放信息素，从而加强了成功道路的信号。然而，如果路径不能导致成功或者它过长，则行走较少，信息素蒸发，其吸引力消失。随着时间的推移，短而有效的路径会产生更多的交通，从而获得更高浓度的信息素。ACO试图模仿这种动态的自适应机制，优化到达期望目的地的路径。因此，通过增加其在后代中被选中的概率来奖励在良好解决方案中一次又一次出现的参数，而其他不频繁出现的参数则在群体中变得越来越不流行。与ACO相关的算法问题在参考文献［11］中讨论。

类似的想法也构成了粒子群优化（particle swarm optimization，PSO）的基础，它受到鸟类飞行模式的启发（参见参考文献［12］）。与遗传算法和ACO一样，PSO是基于群体的随机搜索过程，其中群体中的每个粒子代表优化或估计问题的候选解。每个粒子的飞行受到粒子和群体在高维空间内最佳位置的影响，并且根据每个粒子自身的经验来测量适应度，且通过与其相邻粒子的通信来增强。通过群内的这种通信，所有粒子共享一些关于高适应度解的信息。具体而言，一旦粒子检测到有希望的解，群体就会进一步探索该解的附近区域。这样一来，粒子通常倾向于最佳位置，同时搜索它们周围的广泛区域。换句话说，PSO非常有效，因为它结合了局部和全局搜索方法。PSO方法在参考文献［13］中进行了综述。

模拟退火（simulated annealing，SA）是一种更成熟的全局优化技术，它从20世纪50年代[14, 15]的蒙特卡罗随机化方法发展而来，用于生成热力学系统的样本状态。该方法的灵感来自冶金退火技术。该技术通过使用材料的加热和受控冷却来减少缺陷。热量提供的能量允许原子离开其当前位置，这些位置是局部最小能量状态，并达到更高能量的状态。在冷却期间，原子比之前有更好的机会找到低能态。因此，系统最终变得更有序且在半受引导的随机过程（semi-guided random process）中接近最小能量的冻结状态。SA中这种加热-冷却过程的类比是一组解随机地遍历搜索空间，从而允许当前解的细微改变。测试每个单独解的随机突变（即使用给定参数值计算模型），并且增加了适应度的突变体总是会替代原来的解。具有较低适应度的突变体不会立即丢弃，而是基于适应度的差异和降低的温度参数以概率方式接受下来。如果该温度高，则当前的解可以发生几乎随机的改变。此功能可防止该方法陷入局部极小的情形。在冷却期间，温度逐渐降低，并且在结束时解只能在紧邻的区域内变化并最终呈现局部极小值。要么在此过程中重新获得以前的解，要么找到具有更高适应性的新解。由于许多解都落在它们的个体最小值中，因此希望全局最小解就在它们中间产生。该方法成功实施的关键是选择适当的算法参数。例如，如果加热系统的温度在开始时太低或者如果冷却发生得太快，则系统可能没有足够的时间来探索足够多的解并可能陷入局部而非全局最小的能量状态。换句话说，SA仅找到局部最小值。

可以组合使用这些方法中的几种。实际上，通过遗传算法开启搜索以获得一个或多个粗略的解通常是有用的，随后通过非线性回归来细化它。也可以在标准遗传算法中使用SA，以相对较高的突变率开始，该突变率随时间缓慢降低。类似地，李等[16]将SA与ACO结合起来使用。这种组合的优势在于，ACO是一种全局搜索方法，而SA则具有概率爬山的特征。

5.7 典型挑战

无论使用哪种搜索算法来确定非线性模型的最优参数值，都会出现一些挑战[17]。计算系统生物学中普遍存在的挑战是数据中的**噪声（noise）**。虽然数据通常不是以分贝的形式给定的，但噪声这样的表达方式用于描述与预期（通常相当平滑）趋势线的偏差，它可能是烧杯、培养皿、细胞或生物体之间的差异和（或）测量中的不准确性带来的。不难想象，从图5.13等图中就可推断出噪声可能成为参数估计的挑战，特别是如果噪声太大以至于模糊或隐藏了真实的趋势线时。

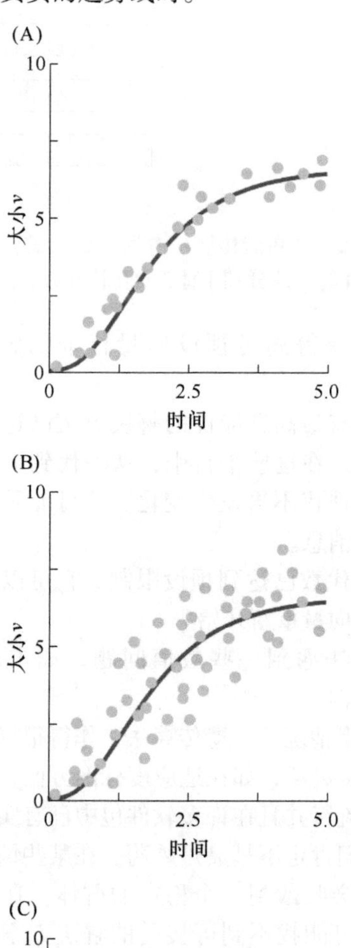

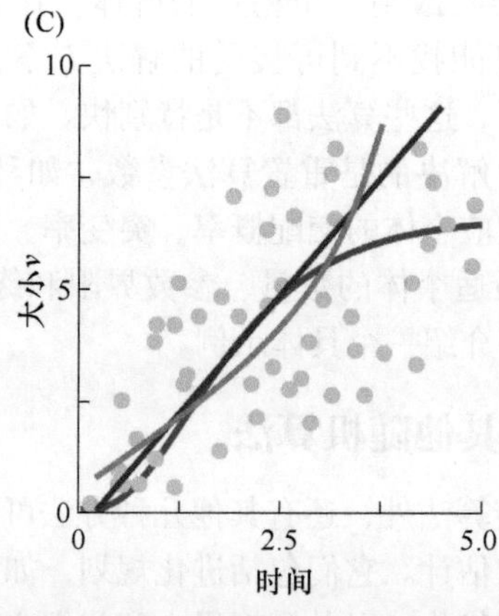

图5.13　太多的噪声可能会隐藏真正的函数关系并为参数估计带来问题。（A）尽管存在适度的噪声，但真正的趋势（蓝色）显而易见。（B）存在较强噪声的情况下，真正的趋势更加模糊；实际上，直线也可能适合数据的情况。（C）更多噪声使得无法确定真实趋势，线性及截然不同的非线性趋势都可能是最适合的。

另一个挑战是，估计任务可能有许多具有相同SSE的解，这种挑战发生的次数多于人们的预期并且实际上非常可怕。这些解在参数空间中可以有联系，也可以完全分开。当两个参数始终以相同的形式或组合出现在模型中时，会呈现直观的例子，如p_1p_2。显然，对于某些算法可能错误确定的每个p_1，都有一个完美弥补错误的p_2（$p_1=0$除外）。稍微改一下表达方式，更易理解。假设在真实解中，$p_1=3$且$p_2=4$（译者注：原文有误，原文为$p_1=3$和$p_1=4$，后者应为$p_2=4$），于是$p_1p_2=12$。那么，任何满足$p_2=12/p_1$的解都具有与真实解相同的SSE。

在p_1p_2的情况下，罪魁祸首很容易识别，但在其他情况下，可能就不那么明显了。例如，考虑有三个参数的幂律函数：

$$f=pX^aY^b \tag{5.8}$$

假设有X、Y和f的数据，如表5.4所示。为了说清楚，假设这些数据是无噪声的。对p、a和b的不同猜计值启动搜索算法，将有可能导致截然不同的解，这些解还都是最优的，即残差为0。解的差异不是噪声的结果，因为在这个构造的例子中数据是无噪声的。所以，问题出在哪儿？在这种情况下，冗余实际上是由于表5.4中X和Y的数据恰好以幂律函数相关联，即

$$Y=\alpha X^{\gamma} \tag{5.9}$$

表5.4 用式（5.8）中的幂律函数进行建模的数据

X	Y	f
1	1.75	2.07
2	3.05	4.03
3	4.21	5.95
4	5.31	7.84
5	6.34	9.71
6	7.34	11.57
7	8.30	13.41
8	9.24	15.25
9	10.15	17.07
10	11.04	18.89
11	11.92	20.70
12	12.78	22.50
13	13.62	24.30
14	14.45	26.09
15	15.27	27.88
16	16.08	29.66
17	16.88	31.44
18	17.67	33.21
19	18.45	34.98
20	19.22	36.75

其中，参数$\alpha=1.75$，$\gamma=0.8$（图5.14）。由于这种关系，无论b取何值，Y^b都可以用（αX^{γ}）^{b}等效地替代。因此，如果要估计式（5.8）中f的参数且通过算法找到b的一些不正确的值，则参数p和a能够完美地补偿。作为数值例子，假设式（5.8）中f的真实参数是$p=2.45$，$a=1.2$，$b=-0.3$。通过应用变换$Y=1.75X^{0.8}$，根据式（5.9），我们得到

$$\begin{aligned} f&=2.45X^{1.2}Y^{-0.3}\\ &=2.45X^{1.2}YY^{-1.3}\\ &=2.45X^{1.2}(1.75X^{0.8})Y^{-1.3}\\ &=4.2875X^{2}Y^{-1.3} \end{aligned} \tag{5.10}$$

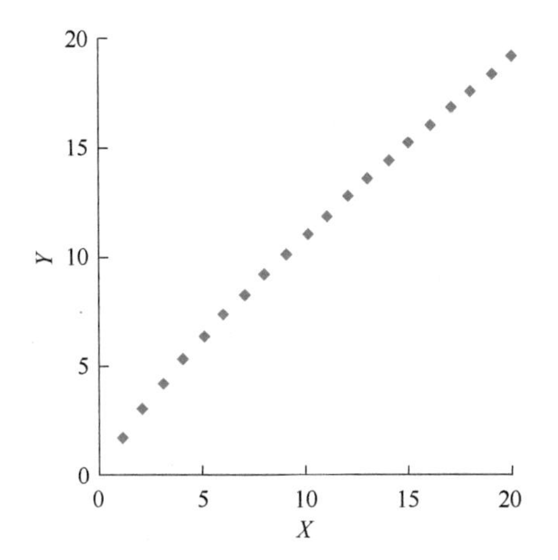

图5.14 变量之间的依赖关系可能导致冗余的参数估计。表5.4的无误差数据（X，Y）通过幂律函数（5.9）彼此相关，其中$\alpha=1.75$，$\gamma=0.8$。

因此，我们有了参数估计任务的两个不同的解，即参数向量（2.45，1.2，−0.3）和（4.2875，2，−1.3），它们产生完全相同的f值。而且，这些还不是唯一的解。除了用$1.75X^{0.8}$替换Y，我们还可以用$1.75X^{0.8}$的相应表示替换Y的任意次幂，得到以不同的方式表征的f，但产生与数据完全相同的拟合。

在到目前为止讨论的情况中，所有等效解一起在参数空间内形成直线或曲线。另一种截然不同的情况也可能出现，即两个或更多的解等价，但它们之间的解却不等价。这种情况的最简单演示可看图5.15：假设图5.15中的误差函数R仅依赖于一个参数p。显然，有两个解，残差最小（$R=2$），即$p\approx\pm3.16$，参数p的所有其他值都给出更高的误差。不难想象，依赖于多个参数的误差函数，情况类似。

对相同数据的不同子集进行参数估计可能导致最优参数值的巨大差异，该现象称为**凌乱**

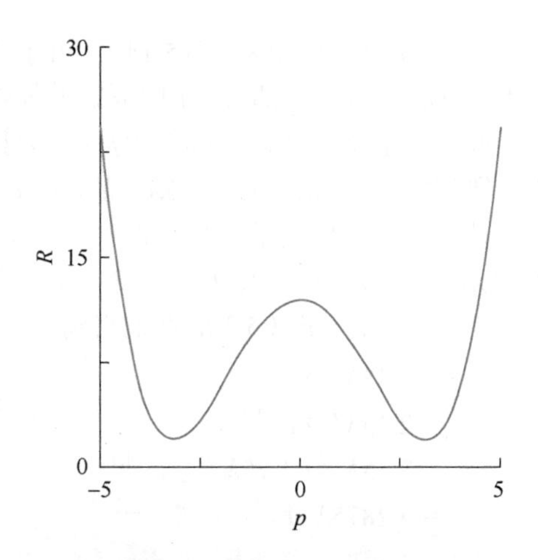

图5.15　两个最佳解可能分离。这里，对于$p\approx -3.16$和$p\approx +3.16$，误差函数R具有相同的最小值2。p取所有其他值的误差都更高。

（**sloppiness**）。此外，可能令人惊讶的是，仅计算来自不同估计值的平均值不一定提供良好的整体拟合。例如，考虑拟合如下函数到实验数据的任务：

$$W(t)=(p_1-p_2\mathrm{e}^{-p_3 t})^{p_4} \tag{5.11}$$

该函数已被用来描述动物的生长[18]，它有4个参数来刻画其随着时间推移的S形状。假设测量了两个数据集，我们将它们分别拟合。结果（图5.16A，B）都很好，优化的参数值在表5.5中给出。接下来，我们将从两个数据集估计中获得的参数值进行平均。令人惊讶的是，拟合相当糟糕（图5.16C）。实际上，前面对一个数据集的拟合或对两个数据集的同时拟合都可获得更好的参数值（图5.16D）。怎么会这样呢？粗略地说，原因仍在于许多模型中的参数不是彼此独立的。因此，如果人为地改变一个参数值，则在某种程度上可以通过改变另一个参数值来补偿所产生的误差，正如我们遇到的极端情况——乘积$p_1 p_2$那样。一般来说，在这些情况下可接受的参数向量实际上是弯曲的（可能是高维的）云的一部分，其形状由参数之间的依赖性控制，并且该云中的所有其他点都是类似的可接受参数向量[19, 20]。结果的平均值不会保留此云中的关系，因而只需记住，从两个或更多个拟合中逐个平均参数值通常不是一个好主意（图5.17）。

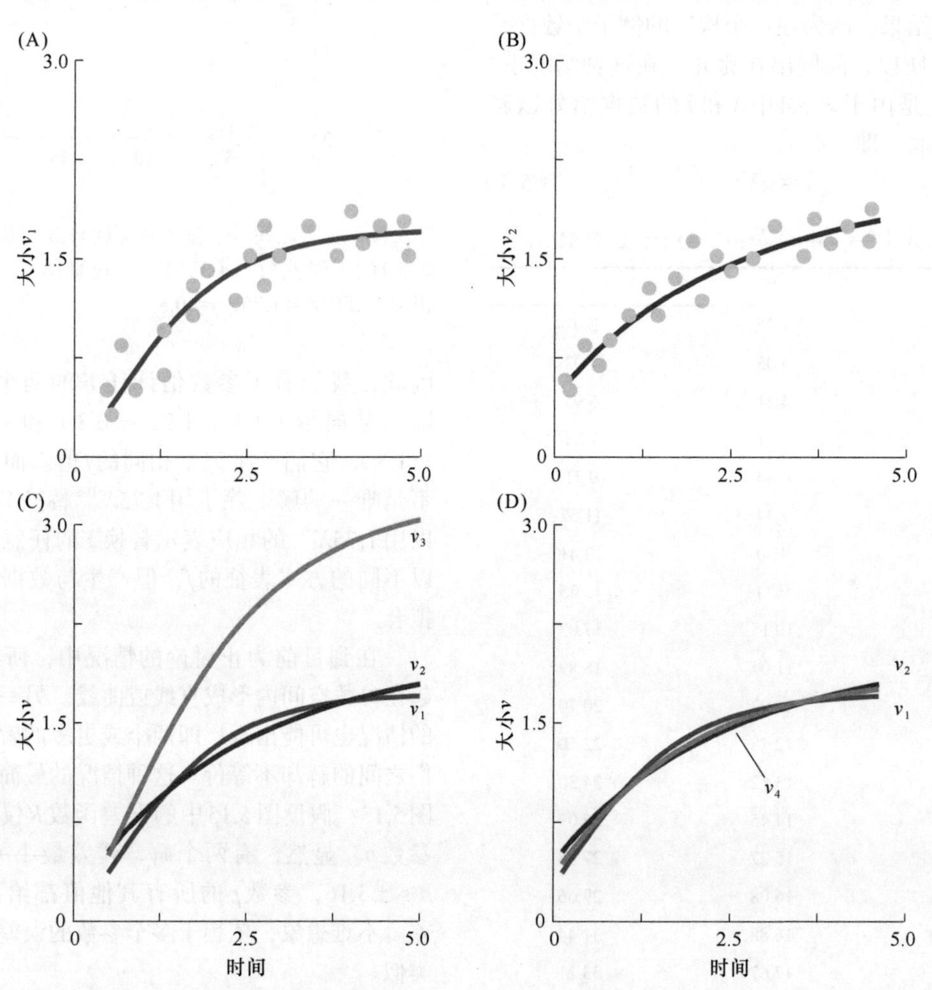

图5.16　模型（5.11）的数据拟合，参数值如表5.5所示。（A）用数据集1拟合v_1。（B）用数据集2拟合v_2。（C）使用平均参数值拟合v_3。（D）将v_4同时拟合到数据集1和2。

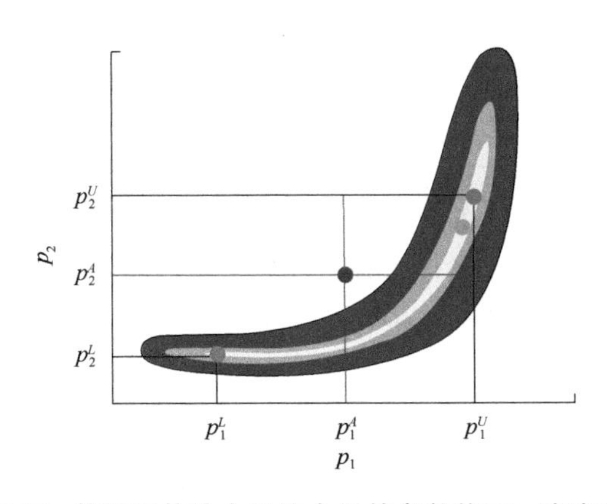

图5.17 从不同估计中平均合适的参数值不一定有效。假设合适的参数组合（p_1，p_2）（具有低SSE）位于淡橙色区域内，而橙色和红色区域分别是可接受的和不满意的。由于SSE高，红色区域以外的所有解都是不可接受的。最佳解由绿点表示。即使在两个蓝点（p_1^L,p_2^L）、（p_1^U，p_2^U）处的解都是合适的，但它们的平均参数值（p_1^A，p_2^A）则导致不可接受的解（紫色）。

表5.5 图5.16中模型（5.11）的数据拟合参数值

数据集/参数集	图上部分	p_1	p_2	p_3	p_4
1	A	1.2	0.8	1	3
2	B	2.5	2.45	0.35	0.8
1和2的平均	C	1.85	1.625	0.675	1.9
同时拟合	D	1.68	1.6	0.6	1.2

分别拟合两个或多个数据集确实有些好处。例如，它可以表明优化的参数向量有多么稳定，或者它受自然变异性和实验**不确定性（uncertainty）**影响的程度。如果从一个数据集到另一个数据集，参数值发生剧烈变化，则表明没有任何参数向量可以对未测试的场景进行可靠预测。如果有许多数据集可用，将其中一些数据用作估计参数的**训练集（training set）**，同时保留剩余的未使用数据以进行验证可能是有益的。换句话说，人们用一些数据获得参数，并用验证数据检查训练阶段的估计值有多么可靠。

如果只有一个数据集可用，仍有可能在某种程度上探索估算的可靠性。一种选择是灵敏度分析（第4章），另一种选择是构建候选解的云。基本概念是重采样方案，如**bootstrap**或**jackknife**方法[21-23]。在bootstrap中，人们从数据中抽取数百次随机样本，估计每个样本的参数，并收集所有结果，这再次形成可接受参数向量的云。在jackknifing技术中，每次随机消除一个数据点，用剩余的数据点进行参数估计。重复估计多次，同时每次都留下不同的点，得到不同的解，它提供可接受的参数向量，也可以指示变化的多少。这些技术的明显缺点是，所有信息都基于单个数据集，因此不能解释来自不同实验的自然变异性。

微分方程系统的参数估计

迄今为止所讨论的参数估计的所有原理和技术基本上都适用于显式函数及由多组微分方程组成的动态系统。然而，有两个主要原因导致动力系统的估算要困难得多。首先，微分方程系统通常包含比单个函数更多的参数，我们已经看到了大量参数带来的挑战及参数组合爆炸的可能性。我们在网格搜索中很清楚地看到了这个问题，对于试图覆盖参数空间详尽表示的遗传算法这样的进化方法也是如此。使动态系统估计困难的第二个问题是，必要的实验数据现在包括了在一系列时间点测量的数据集，并且这些数据将与微分方程的解进行比较，因此需要在每个参数更新步骤中进行方程的数值积分。此类典型数据包括基因的表达量或代谢物的浓度，其在某些刺激后每隔几秒钟、几分钟或几小时进行测量。一个具体的例子是一段时间内一直在挨饿的细菌群体。在实验开始时（$t=0$），将诸如葡萄糖的底物添加到培养基中，并且每隔30 s测量糖酵解代谢物的浓度[24]。

为了估计来自时间序列数据的参数，可以再次从某些参数向量（或一组向量）开始，但是在模型和数据之间进行比较之前，必须求解微分方程组。执行这一步听起来没什么大不了的，但对计算时间的研究表明，此步骤可能会占用优化参数向量所需时间的95%以上[25]。更糟糕的是，搜索算法偶尔发现的不合理参数向量，有时会导致微分方程的数值积分变得非常慢，以至于在获得任何体面的参数向量之前就耗尽了算法的时间。这些计算问题，加上大量参数的组合爆炸和前面提到的其他问题，使动态系统的估计成为一个非常具有挑战性的课题，一直是备受计算生物学家关注的研究对象[26-30]。由于目前没有通用方法能够解决与动力系统相关的所有估计问题，因此已经提出了几种不同的快捷方式及简化与改进方法，将在下面进行讨论。

抵挡动态系统参数估计中计算挑战最有效的策略是避免对微分方程进行积分。理由如下。微分方程左侧的导数实际上是给定点处变量时间过程的斜率。因此，如果我们可以估计这个斜率，就可以避免积分微分方程。最好用一个简单的例子来演示这种方法。

假设我们正在研究细菌种群的增长，从2个单位（可能是200万个细胞）开始，并增长到100个单位。作为一个数学描述，我们假设采用著名的逻辑斯谛增长函数（它是在150多年前提出的[31]），有如下数学公式：

$$\dot{N}=aN-bN^2 \quad (5.12)$$

它包含两个参数a和b（另见第4章和第10章）。为便于讨论，我们假定有无噪声数据N，如图5.18A所示。由于数据非常干净，因此很容易在每个时间点估计生长曲线的斜率S；斜率也显示在图中。在这种情况下，斜率估计可以按照以下方式进行，有时称为三点法（图5.18B）。对于在时间点t_{i-1}和t_i测量的两个数据点N_{i-1}和N_i，计算差值N_i-N_{i-1}并将其除以t_i-t_{i-1}；用s_i^-表示结果。对在t_i和t_{i+1}处测量得到的N_i和N_{i+1}进行类似计算，并将结果写为s_i^+。s_i^-和s_i^+的平均值就是斜率S_i在（t_i，N_i）处的估计值。该方法不允许计算第一个和最后一个数据点的斜率，但通常可以去掉这两个点。即使在数据有噪声的情况下，也可以使用更复杂和准确的方法来**平滑**（**smoothing**）时间过程和估算斜率[32, 33]。

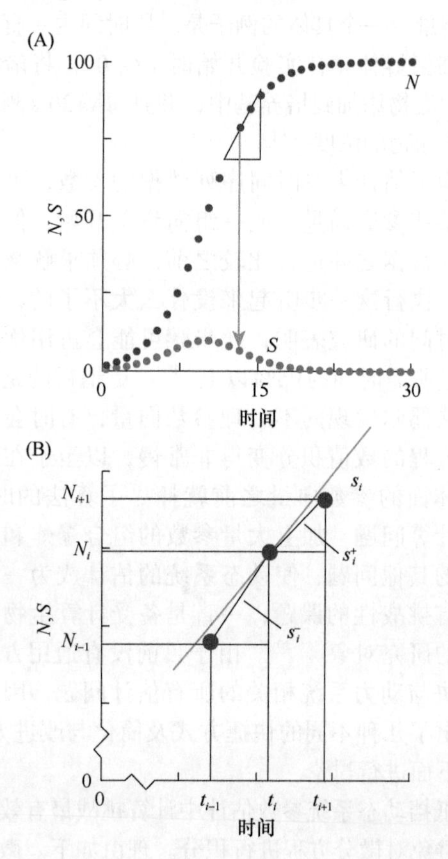

图5.18　式（5.12）中参数的估算。（A）大小为N的细菌群体的生长曲线。在每个时间点，估计生长曲线的斜率并绘制为S。（B）可以通过取s_i^-和s_i^+的平均值来进行斜率估计，见文中解释。结果便是生长曲线在点（t_i，N_i）处绿线斜率S_i的估值。

斜率估计时会产生一个扩展的数据集，由三个变量组成，即t_i、N_i和S_i（表5.6）。将估计的斜率S_i代入$\dot{N}$（t_i），从而将一个微分方程的估计任务转换为与数据点一样多（可能不包括第一个和最后一个点）的解耦的代数方程组的求解任务。原始任务现在变得更容易计算了，因为算法不再需要数值求解微分方程。在新系统中，第i个代数方程看起来如下：

$$S_i=aN_i-bN_i^2 \quad (5.13)$$

对于参数估计，将N和S的值输入该组方程中。作为一个例子，使用三点法中的S，该组中前两个方程是

$$\begin{aligned}1.80&=a4.34-b4.34^2\\3.51&=a9.18-b9.18^2\end{aligned} \quad (5.14)$$

使用梯度方法，如MATLAB®中的**nlinfit**函数，我们可以非常快速地获得参数值$a=0.3899$和$b=0.0039$，它们非常接近真实值$a=0.4$和$b=0.004$，我们从构造示例中可以得知这一点。

表5.6　用于估算式（5.12）中参数的数据集*

t	N	S（真实值）	S（三点法估算值）
0	2	0.78	†
2	4.34	1.66	1.80
4	9.18	3.33	3.51
6	18.36	6.00	6.05
8	33.36	8.89	8.58
10	52.70	9.97	9.47
12	71.26	8.19	7.99
14	84.66	5.19	5.30
16	92.47	2.78	2.95
18	96.47	1.36	1.48
20	98.38	0.64	0.70
22	99.27	0.29	0.32
24	99.67	0.13	0.15
26	99.85	0.06	0.07
28	99.93	0.03	0.03
30	99.97	0.01	†

*数据包括细菌数量（以百万为单位）、真正的斜率（通常是未知的），以及用三点法估算的斜率。

"†"表示使用此方法无法获得时间$t=0$和$t=30$的斜率。

重要的是，估计斜率和将微分方程系统转换为代数方程的方法也适用于多个变量的系统。让我们举例说明具有两个变量的动态系统的方法。为了变化一下，这次的例子来自生态学。假设有两个物种N_1和N_2生活在同一个栖息地。N_1是一种草食动

物，偶尔会被来自种群N_2的捕食性肉食动物吃掉。一个标准描述是洛特卡-沃尔泰拉（Lotka-Volterra）模型（见第4章和第10章），形如

$$\begin{aligned}\dot{N}_1&=N_1(a_1-b_1N_1-b_2N_2)\\ \dot{N}_2&=N_2(a_2N_1+a_3-b_3N_2)\end{aligned}\tag{5.15}$$

按照建立模型的标准技术，N_1以速率a_1呈指数增长，自然死亡率为b_1。通常用N_1的平方来表示死亡项，这有时被解释为群体中的拥挤。该群体也受到种群N_2的捕杀，速率为b_2。该过程取决于两个物种之间的相遇次数，因此由N_1和N_2的乘积表示。N_2以速率a_2在N_1上进食，加上其他食物来源的增长（假设以速率a_3发生）。捕食者以b_3的速率死亡。注意，a_2和b_2通常具有不同的值，因为捕食者得到的生长益处很少完全等同于对猎物的影响。

假设我们有理由相信式（5.15）中的模型是足够的，但我们不知道适当的参数值。我们确实有数据，这些数据源自围绕猎物的某些毁灭性事件的一系列测量。具体而言，种群处于稳定状态，捕食者的数量约为猎物的4倍（译者注：原文似有误，应为“猎物的数量约为捕食者的4倍”）。在时间$t=1$时，大约80%的猎物种群死于某种疾病。随后对N_1和N_2的测量结果显示两个群体如何应对灾难性事件：最初，N_2缺乏食物并且略微减少，而N_1开始恢复。随后，N_1和N_2都以某种阻尼振荡增加和减少，最后返回到它们原来的稳态值。由于这只是一个演示，首先假设我们有全面的、无差错的测量数据，如表5.7所示。除了种群大小，该表还列出了N_1和N_2的斜率，它们分别由S_1和S_2表示。在时间$t=1$时，突发的疾病事件发生，此时的斜率没有定义。

表5.7　用于式（5.15）中参数估计的数据*

t	N_1	N_2	S_1	S_2
0	139.77	38.88	0	0
0.25	139.77	38.88	0	0
0.5	139.77	38.88	0	0
0.75	139.77	38.88	0	0
1	139.77	38.88	—	—
				†
1	27.95	38.88	—	—
1.1	63.35	26.89	798.41	−44.71
1.2	204.04	30.86	1531.64	143.72
1.3	182.09	45.96	−1350.61	38.67
1.4	107.57	40.61	−158.29	−78.03
1.5	123.83	35.97	376.76	−9.81
1.6	156.03	37.95	125.05	37.21
1.7	145.80	40.31	−214.54	1.83
1.8	132.38	39.13	−25.07	−16.21
1.9	137.55	38.25	89.86	0.12
2	143.28	38.80	7.54	7.37
2.1	140.51	39.17	−41.59	−0.61
2.2	138.19	38.90	−0.11	−3.18
2.3	139.55	38.75	18.30	0.47
2.4	140.50	38.88	−1.14	1.39
2.5	139.82	38.94	−8.07	−0.31
2.6	139.45	38.88	1.06	−0.59
2.7	139.77	38.86	3.51	0.18
2.8	139.92	38.89	−0.71	0.25
2.9	139.76	38.89	−1.51	−0.10

*数据包括两个种群N_1和N_2规模的无差错测量，以及每个时间点的斜率。

“†”表示在时间$t=1$时，由于模型中未表示的原因，种群N_1突然下降到其稳态值的约20%。此时，斜率没有定义。

现在通过设置两组代数方程来进行估计：一组用于N_1，另一组用于N_2。第一组的前两个方程是

$$\begin{aligned}S_1(1.1)&=N_1(1.1)[a_1-b_1N_1(1.1)-b_2N_2(1.1)]\\ S_1(1.2)&=N_1(1.2)[a_1-b_1N_1(1.2)-b_2N_2(1.2)]\end{aligned}\tag{5.16}$$

在第一个等式中代入S_1、N_1和N_2的数值得到

$$798.41=63.35(a_1-b_1 63.35-b_2 26.89)\tag{5.17}$$

对时间点1.2，…，2.9，可以用表5.7中列出的数值构造出类似的方程式。再次在MATLAB®中使用**nlinfit**函数，我们在不到一秒的时间内便可获得第一个方程的精确参数。实际上，尽管初始猜计（2，2，2）的残差SSE是巨大的（约为5×10^{10}），但算法仅在7次迭代后就收敛到正确的解（$a_1=40$，$b_1=0.008$，$b_2=1.0$）。以完全相同的方式，也可以非常快地计算出N_2方程的参数值（$a_2=0.05$，$a_3=0.01$，$b_3=0.18$）。优化的解可完美匹配无噪声数据（图5.19）。

应该提到的是，这个具体的例子可以使用一种更简单的估算方法。也就是说，我们可以将式（5.16）中的所有方程除以N_1，这将使估计成为线性的[34]。这个策略留作练习5.17。它非常强大，因为线性回归提供了解析解，因此不需要搜索算法，正如我们之前讨论过的那样。事实上，这种策略甚至可以用于非常大的系统，如细菌的集合种群[35]（见第15章）。然而，洛特卡-沃尔泰拉（Lotka-Volterra）系统是一个特例，斜率估计方法通常不会将非线性转换为线性模型。

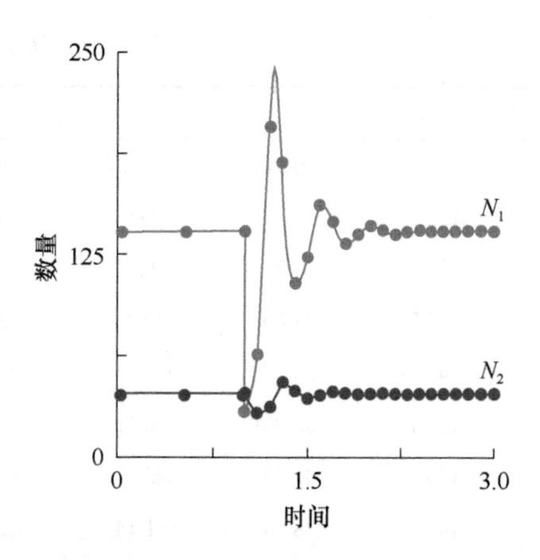

图5.19 与模型（5.15）对应的无差错数据（符号）及具有优化参数的解（线）。在时间$t=1$时，80%的N_1死于原因不明的疾病。到时间$t=3$，两个种群都恢复到稳态值。

当然，实际的生物数据包含噪声，并且这种噪声通常在计算斜率时被放大。尽管如此，斜率法通常是一个良好的开端，特别是当噪声适中时。作为例子，假设给出了噪声数据，其值在种群N_1崩溃后开始（表5.8）。使用相同的技术，用斜率替换导数（现在有噪声），我们还是使用**nlinfit**来计算参数。同样地，估计参数不需要很长时间，结果为$a_1=24.0126$，$b_1=0.0031$，$b_2=0.6159$，$a_2=0.0376$，$a_3=-1.6032$，$b_3=0.0933$。第一个观察结果是，这些数字与真实值不同，由于数据和斜率中的噪声，这是可以预期的。有些值变动较大，特别是可以看出，a_3实际上是负的而非正值，这会改变它的解释，从出生变为死亡。但是，仅通过查看数字很难判断这些参数值好不好。因此，第一个检验采用斜率作为N_1和N_2函数的图。图5.20显示了一个示例，其中绘制了S_1对N_1的关系。起初，这个图中的螺旋可能令人困惑。这是因为N_1有增有减，从而沿水平轴来回移动。同时S_1上下变动，从而产生螺旋形图案。红色螺旋显示真实动态（具有正确的参数值），带符号的蓝线表示表5.8中的噪声数据，绿线显示具有优化参数值的模型的动态。目测表明，拟合并非那么糟糕。真正的检验是在模型方程（5.15）中使用优化的参数值。图5.21显示了三个结果：在（A）中，噪声数据和斜率仅用于N_1，而N_2的参数用真值；（B）显示了类似情况，但噪声数据用于N_2而正确数据用于N_1；（C）表示向N_1和N_2都添加噪声的结果。观察到的主要结果是，整体动态模式得以保留，但曲线的时间并不完全正确。这种时间偏差是使用斜率法的典型结果。原因是当导数被斜率代替时，回归并没有显式地使用时间。如果没有噪声，那么拟合通常很好。然而，噪声带

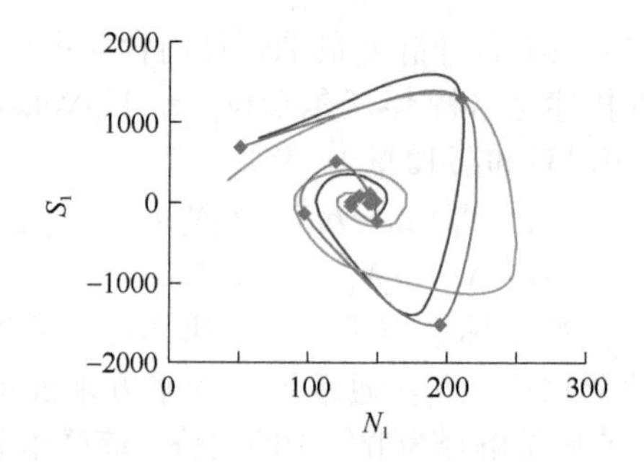

图5.20 估计系统（5.15）的振荡行为的评估。这里显示的是斜率S_1与种群N_1大小的关系图。红色曲线显示真实的无噪声关系，蓝色连接的符号表示噪声数据，绿色曲线显示针对噪声数据优化后得到的关系。

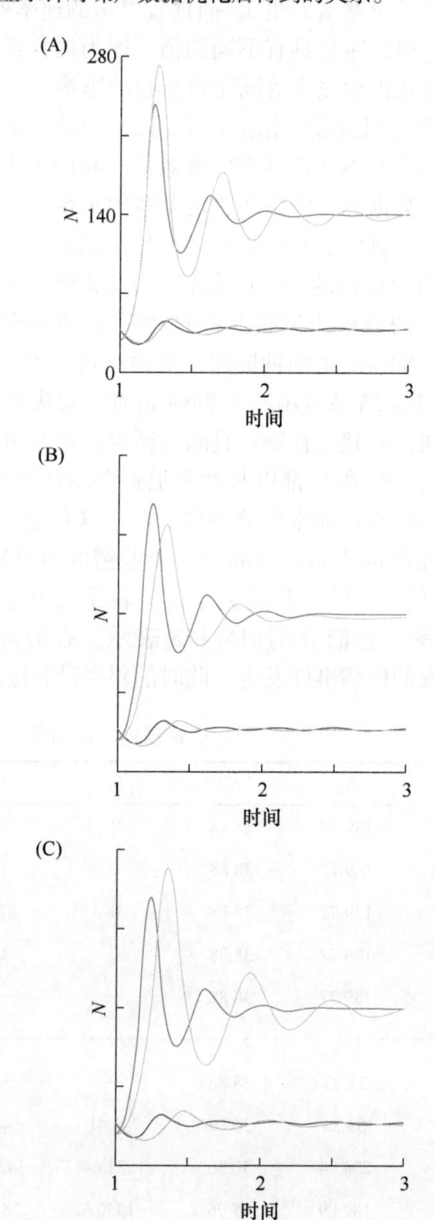

图5.21 使用从噪声数据估计得到的参数值进行的种群模型的模拟。（A）只有N_1数据有噪声。（B）只有N_2数据有噪声。（C）N_1和N_2数据都有噪声。这些图在时间1处以与图5.19中相同的扰动值开始。

来的后果通常以某种扭曲时间的形式出现。这是斜率替换方法之快捷所需付出的代价。

表5.8 用于评估噪声在式（5.15）参数估计中作用的数据*

t	N_1带噪声	N_2带噪声	S_1带噪声	S_2带噪声
1.0	20	44	—	—
1.1	50	25	690	−60
1.2	210	30	1310	132
1.3	195	48	−1520	30
1.4	97	37	−120	−52
1.5	120	33	510	−18
1.6	144	41	112	50
1.7	148	41	−255	0
1.8	130	44	−10	−22
1.9	136	37	70	0
2.0	148	35	10	10
2.1	130	36	−50	0
2.2	142	40	0	−2
2.3	140	41	27	4
2.4	136	34	0	2
2.5	137	36	−12	−1
2.6	135	38	4	0
2.7	144	35	4	0
2.8	142	41	0	0
2.9	138	38	0	0

*在种群N_1突然下降到其稳态值的约20%之后，从时间$t=1$开始每个时间点测量得到的两个种群N_1和N_2的规模及斜率的含噪声数据。

如果从生物学方面考虑，要求参数值应该为正，正如我们对a_3所怀疑的那样，可以设置参数估计程序，以强迫解保持在允许的范围内。

作为对照，我们使用微分方程（5.15）直接估算无噪声和含噪声数据的参数值。结果同样典型。假设算法收敛到正确的解，这个解通常比用斜率替换法得到的解更好。但是，获得此解通常需要更长的时间，特别是对于大型系统，有时算法根本不会收敛到可接受的解。

支持本书的网站（http://www.garlandscience.com/product/isbn/9780815345688）包含参数估算的MATLAB®程序代码，该程序首先使用遗传算法获得粗略的全局解，然后将结果交给用于优化此解的梯度方法来运算。遗传算法的重要设置包括种群大小（PopSize）、世代数（GenSize）、为下一代保留的最佳基因数（EliteCount）、（无显著改善时）对拟合的连续世代数的限制（GenLimit）及参数允许的下限和上限的集合。这些设置允许很大的灵活性，即使在我们的案例中，它们也可以产生很大的不同。通过网站上的设置，算法实际上通常会收敛到一个好的解。但是，由于遗传算法是随机的，因此使用相同的设置和数据多次运行相同的程序通常会导致不同的解。表5.9给出了5个例子。

GA自动创建的最佳解的初始SSE大约为10^5。在GA完成时，它降低到10^3～10^4，具体多少取决于算法在随机演化过程中使用的随机数。在适当的条件下，随后的梯度方法将该误差减小到0～10。有趣的是，即使GA阶段结束时，两次运行中的残差也非常相似，但梯度方法有时会收敛到正确的解，有时则产生一个不令人满意的局部极小值，它对应于图5.22中N_1的简单肩部曲线。GA和梯度方法的组合过程可能需要几分钟才能完成，这比估计斜率的解耦系统所需的时间长得多。即使在收敛的情况下，残差也几乎从不为0，但在本例中，SSE≈7的解基本上已是完美的了（图5.22）。

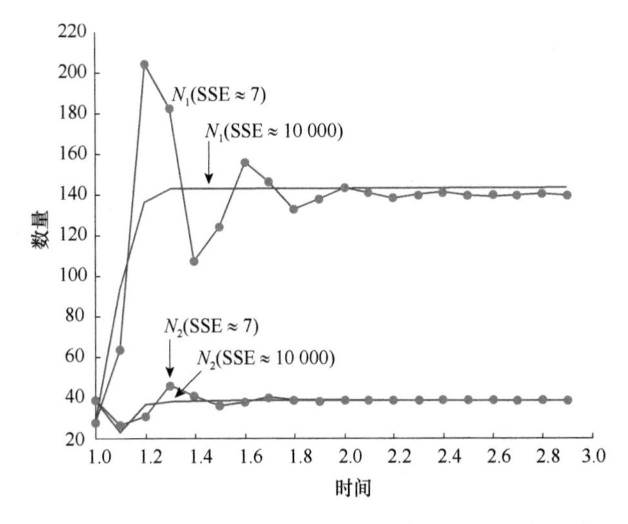

图5.22 两次优化运行的MATLAB®输出。无噪声数据表示为符号。SSE≈7的"正确"解由直线段相连，基本上完全击中了所有点。但是，相同的优化设置可能会得到SSE≈10 000的局部极小值，至少对N_1而言，它对应一个不满意解。

表5.9 无噪声种群数据的真实和优化解［见式（5.15）］

运行	a_1	b_1	b_2	a_2	a_3	b_3	SSE
1	89.696 5	0.642 2	0.000 0	0.429 6	2.410 8	1.635 1	13 664.2
2	99.874 6	0.000 0	2.598 8	0.418 1	0.000 0	1.531 8	11 939.6
3	38.455 4	0.006 4	0.960 1	0.052 5	0.004 8	0.187 9	7.444 05
4	38.534 6	0.006 5	0.962 3	0.052 4	0.001 2	0.187 4	6.991 42
5	20.797 7	0.000 0	0.535 9	1.226 5	4.876 7	4.651 5	9 162.04
真实值	40	0.008	1	0.05	0.01	0.18	0

根据未知参数的上限，随机选择的起始值可能偏离如此之远以至于微分方程的积分会立即停止并提示错误。如果GA确已开始，它通常以比之前更高的SSE终止。在许多情况下，梯度方法以错误的解终止，但也存在迭代搜索成功的情况。最后，如果数据有噪声，我们当然不能指望SSE减少到个位数。如果算法收敛到正确的邻域，则示例中的SSE会在900～1000，这看起来像是一个大数字，但实际上并不是一个糟糕的解（图5.23）。

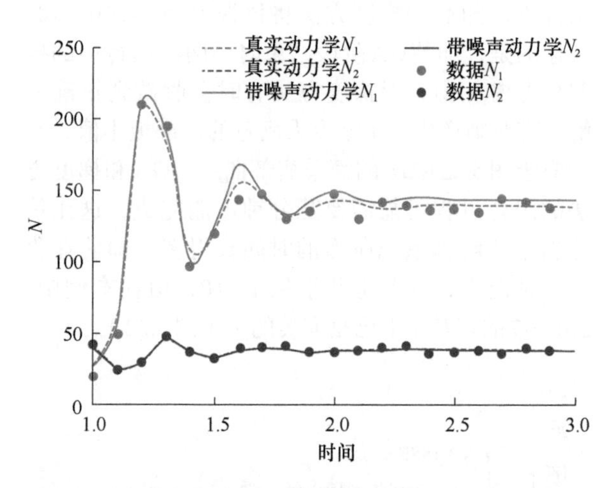

图5.23　数据中的噪声对参数估计的影响。该图显示了种群系统的真实动态（虚线）、噪声数据（点），以及根据这些噪声数据估算的动态（实线）。即使SSE约为1000，优化得到的解也不错。事实上，N_2（红色）的拟合基本上与真正的解无法区分。

在前面的例子中，隐含地假设我们知道对微分方程进行积分的真实初始值。这是一个常见的假设，可能会也可能不会被接受。可以将初始值视为与上面讨论的参数一样的待优化的参数，而不是做出假设。

结构识别

与估计参数值的任务相关的是结构识别的任务。在这种情况下，甚至不知道模型的结构是什么样的。例如，一个人可以拥有与上面相同的数据，但系统将表示为

$$\begin{aligned} \dot{N}_1 &= F_1(N_1, N_2) \\ \dot{N}_2 &= F_2(N_1, N_2) \end{aligned} \qquad (5.18)$$

具有未知的函数F_1和F_2。可以采用两种方法来解决这个复杂的问题。尽管烦琐，但最明显的方法是，根据经验或某些生物学原理探索一些有机会成功的候选模型。例如，在酶动力学的背景下，可以使用米氏（Michaelis-Menten）速率规则、S形的希尔函数或更一般的结构[36]。不难想象，可能的候选者及其组合的数量是无限的。通常可能永远无法详细知晓真实结构。

另一种方法是使用规范模型，如第4章所述。在种群设定中，可以从洛特卡-沃尔泰拉（Lotka-Volterra）模型开始。例如，在式（5.18）的情况下，可以尝试编写c_1N_1、c_2N_2、$c_3N_1^2$、$c_4N_2^2$和$c_5N_1N_2$等项不同的和与差，在我们的例子中，实际上会包括我们作为示例所假设的结构。对于酶动力学模型，人们更喜欢**广义质量作用（generalized mass action，GMA）**或**S系统**。这些规范模型相对通用且简单，并且它们通常是用来开始进行分析的很好的默认模型。然而，它们是局部近似，可能或不能捕获观察到的数据的完整动态。

结构识别问题没有简单的解决方案，需要更多的研究来开发有前途的解决策略。但是，将任务分解为三个步骤可能有所帮助。首先，人们只试图确定哪些变量很重要。此**特征选择（feature selection）**步骤理想地减少了要包含在模型中的变量数量。其次，人们试图表征哪个变量影响哪些其他变量，以及这些影响是否可能增强或减弱。一旦建立了系统可能的拓扑结构（至少以粗略的方式），那么就可以选择机制或规范模型来开发特定的符号和数字表示方式[37]。

在结构识别任务中还有其他非常难解决的问题。首先，甚至可能不知道模型中是否包含正确数量的变量，这显然会带来问题。其次，可能会发现数据在数量和（或）质量方面不足以确定真实的模型结构，许多研究团体已开始用不同的方法分析这一**可识别性（identifiability）**课题（如参考文献[19，38-41]）。解决这个问题的常用方法是计算费希尔（Fisher）信息矩阵[42]。最后，估计的模型有可能包含的参数多于可以从数据中有效估计的参数，因此对新数据的预测变得非常不可靠。交叉验证的方法在某种程度上可以帮助解决这个**过度拟合（overfitting）**问题[43]。

正如我们在其中一个例子中看到的那样，搜索算法可能会给出一个负参数值，而我们预期的可能是正值。一般来说，使用搜索算法计算得到的单个解有时会变得不可靠。为了解决这个问题，现在流行的是，不搜索唯一最优解，而是找整个参数设置的集合，它们或多或少都具有相同的SSE[39, 40, 44]。换句话说，不可识别性和凌乱的争论正在被扭转，现在最优解包括一整套可接受的参数设置。

最后，如果有几个全面且具有代表性的时间序列数据集，甚至可能以非参数方式建立模型，即不

指定函数或参数值。在这种情况下，用计算方式将数据转换成一个库，其中包含有关各种状态变量如何影响所研究的每个过程的信息[45]。这种新方法尚未经过足够的检验，无法做出任何最终判断，但它似乎有可能成为传统建模的一种相当公正的替代方案。

练　习

自然地，本章中的许多练习都需要计算工作和使用软件，如可以在Microsoft Excel®、MATLAB®和Mathematica®中使用。某些练习中所需的特定技术包括ODE的解、线性和非线性回归、遗传算法和样条函数。数据表可在支持本书的网站（http://www.garlandscience.com/product/isbn/9780815345688）上找到。

5.1　用表5.10中的细菌生长数据进行线性回归，绘制结果，并在对数转换数据后重复分析。请比较并解释结果。

表5.10

t	size	t	size
0	2.2	1.1	22
0.1	2.9	1.2	21
0.2	3.2	1.3	30
0.3	6	1.4	35
0.4	6	1.5	38
0.5	6.2	1.6	47
0.6	8	1.7	58
0.7	11	1.8	70
0.8	14	1.9	81
0.9	13	2	90
1	18		

5.2　用表5.11中的细菌生长数据进行线性回归，绘制结果，并在对数转换数据后重复分析。请比较并解释结果。

表5.11

t	size	t	size
0	3	0.6	5.6
0.1	3	0.7	7.4
0.2	2.8	0.8	11
0.3	3.7	0.9	14
0.4	3.9	1	16
0.5	4.4	1.1	18
1.2	26	1.7	64
1.3	31	1.8	72
1.4	36	1.9	88
1.5	44	2	96
1.6	50		

5.3　如果将$1/v$对$1/S$作图，请确认米氏（Michaelis-Menten）函数会变为线性。具有竞争性抑制的米氏（Michaelis-Menten）过程也是这样吗？它由如下函数给出：

$$v_I = \frac{V_{max}S}{K_M\left(1+\frac{I}{K_I}\right)+S}$$

式中，I是抑制剂浓度；K_I是抑制常数。用数学知识论证你的观点。

5.4　使用线性回归确认正文中的结果（$V_{max}=2.2$，$K_M=6.4$）[见式（5.4）和表5.2]。

5.5　将非线性回归算法直接应用于表5.2和表5.3中的数据。将结果与变换得到的线性估计进行比较。

5.6　使用如图5.6所示的表5.12给出的数据，将非线性回归算法应用于微分方程（5.4）。此外，假设$S=1.2$。可以查看本书网站上的代码以获取灵感。

表5.12

t	M
0	2.000
1	1.061
2	0.671
3	0.509
4	0.442
5	0.414
6	0.403
7	0.398
8	0.396
9	0.395

5.7　莱恩威弗（Lineweaver）和伯克（Burk）[46]建议用$1/v$对$1/S$进行绘图，从而将米氏（Michaelis-Menten）速率规则的非线性估计问题简化为简单的线性回归之一。伍尔夫（Woolf）[47]有不同的想法。如果用v/S对v进行绘图，则米氏（Michaelis-Menten）函数也变为线性（请确认！）。尽管伍尔夫想出

了这个技巧，但最终的图通常被称为斯卡查德（Scatchard）图[48]。虽然非线性方法、莱恩威弗-伯克（Lineweaver-Burk）方法和伍尔夫（Woolf）方法都应该给出相同的结果，但只有在数据没有错误的情况下才如此。一旦数据中出现噪声，就不能保证等效；事实上，结果可能会大不相同。请使用表5.13中的数据来分析这种情况。对于所有4种情况，执行非线性回归和上面提到的两种类型的线性回归。在简要报告中总结你的发现及图表和回归结果。

表5.13

S	v_0（无误差）	v_1（分散误差）	v_2（低端误差）	v_3（高端误差）
0.2	0.545 455 2	0.5	1	0.5
0.4	1	1.2	1.2	1.2
0.6	1.384 616	1.25	1.5	1.25
0.8	1.714 287	1.8	1.35	1.8
1	2	2.2	2.2	2.2
2	3	2.75	2.75	2.75
3	3.6	3.55	3.55	3
4	4	4.2	4.2	3.8
5	4.285 715	4.2	4.2	5
10	5	4.85	4.85	5.6
20	5.454 546	5.6	5.6	4.9

5.8　想象一个实验，其中过程V由底物浓度S和抑制剂浓度I控制。在该系统中，S随时间减小而I增加。使用表5.14中的数据和多元线性回归来计算过程V的参数，其形式为$V=\gamma S^a I^b$。将结果绘制在伪三维图中。解释为什么结果似乎形成略微非线性的曲线而不是形成（线性）回归平面。

表5.14

t	S	I	V
0	10	1.2	6.3
1	7.5	1.7	4.5
2	5.5	2.3	3.2
3	4	2.9	2.4
4	2.5	3.5	1.8
5	1.5	4.0	1.4
6	1.0	4.5	1.1
7	0.7	4.5	0.8
8	0.4	4.8	0.6
9	0.2	4.8	0.5
10	0.1	4.9	0.3

5.9（a）具有竞争性抑制的米氏（Michaelis-Mentens）速率规则（MMRL）具有练习5.3中所示的公式。除了MMRL的参数，它还包含抑制参数K_I和抑制剂浓度（假设可以在实验中控制）。假设使用不同的抑制剂浓度I测量了两个数据集（表5.15）。使用网格搜索，分别从两个数据集确定参数，并联合使用两个数据集来确定参数。讨论你的发现。

表5.15

S	v（I=10）	v（I=20）	S	v（I=10）	v（I=20）
1	1.8	2.0	11	11.7	10.7
2	2.2	2.2	12	11.5	10.1
3	6.1	3.2	13	11.2	10.2
4	5.5	4.8	14	13.0	10.2
5	7.1	6.6	15	12.2	12.3
6	9.3	7.9	16	12.4	12.7
7	9.0	7.5	17	12.6	11.4
8	9.4	8.0	18	14.8	12.6
9	11.2	8.2	19	14.2	12.3
10	10.6	9.4	20	16.5	15.5

（b）使用梯度方法执行参数估计。从不同的猜计开始。以不同的迭代次数运行估计。

5.10　在练习5.7中使用数据v_1可视化非线性回归的误差图。

5.11　估计如下函数的10个参数：

$$F(t)=\sin(at+b)[ct+d(t-e)^2+f(t-g)^3]e^{h+i(t-j)}$$

基于该函数的无噪声数据（表5.16）绘制如图5.24所示的图。比较不同方法的要求、程序和结果。

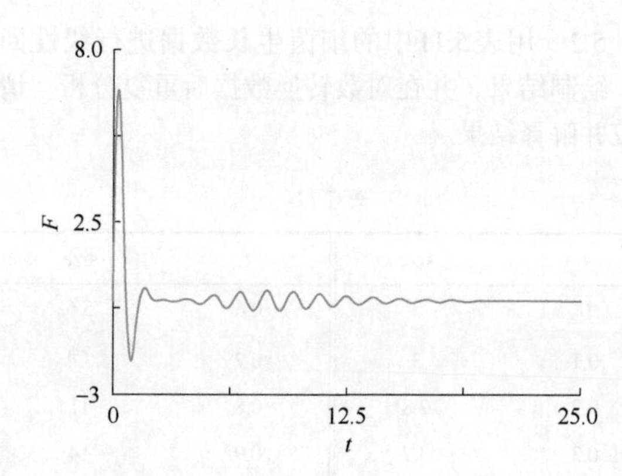

图5.24　带有10个参数的函数$F(t)$。这个奇怪的函数用于估计的目的。

表5.16

t	F	t	F	t	F	t	F	t	F
0.0	0.000	4.0	0.054	8.000	0.196	12.000	−0.101	16.000	−0.047
0.1	4.184	4.1	0.045	8.100	0.289	12.100	−0.029	16.100	−0.047
0.2	6.471	4.2	0.025	8.200	0.327	12.200	0.045	16.200	−0.038
0.3	6.929	4.3	−0.005	8.300	0.302	12.300	0.107	16.300	−0.022
0.4	5.964	4.4	−0.040	8.400	0.219	12.400	0.146	16.400	−0.004
0.5	4.152	4.5	−0.073	8.500	0.095	12.500	0.155	16.500	0.014
0.6	2.080	4.6	−0.097	8.600	−0.045	12.600	0.135	16.600	0.028
0.7	0.223	4.7	−0.104	8.700	−0.176	12.700	0.091	16.700	0.036
0.8	−1.119	4.8	−0.089	8.800	−0.271	12.800	0.032	16.800	0.036
0.9	−1.836	4.9	−0.053	8.900	−0.314	12.900	−0.029	16.900	0.030
1.0	−1.976	5.000	0.001	9.000	−0.296	13.000	−0.081	17.000	0.019
1.1	−1.690	5.100	0.064	9.100	−0.222	13.100	−0.115	17.100	0.005
1.2	−1.170	5.200	0.122	9.200	−0.108	13.200	−0.126	17.200	−0.009
1.3	−0.599	5.300	0.162	9.300	0.024	13.300	−0.113	17.300	−0.020
1.4	−0.110	5.400	0.174	9.400	0.149	13.400	−0.079	17.400	−0.027
1.5	0.222	5.500	0.150	9.500	0.242	13.500	−0.033	17.500	−0.028
1.6	0.383	5.600	0.093	9.600	0.287	13.600	0.017	17.600	−0.024
1.7	0.401	5.700	0.011	9.700	0.277	13.700	0.060	17.700	−0.016
1.8	0.326	5.800	−0.082	9.800	0.215	13.800	0.090	17.800	−0.005
1.9	0.213	5.900	−0.166	9.900	0.114	13.900	0.101	17.900	0.005
2.0	0.103	6.000	−0.224	10.000	−0.005	14.000	0.093	18.000	0.014
2.1	0.022	6.100	−0.242	10.100	−0.119	14.100	0.068	18.100	0.020
2.2	−0.020	6.200	−0.211	10.200	−0.207	14.200	0.032	18.200	0.021
2.3	−0.030	6.300	−0.137	10.300	−0.253	14.300	−0.008	18.300	0.019
2.4	−0.020	6.400	−0.031	10.400	−0.250	14.400	−0.043	18.400	0.013
2.5	−0.004	6.500	0.088	10.500	−0.200	14.500	−0.069	18.500	0.005
2.6	0.009	6.600	0.195	10.600	−0.114	14.600	−0.080	18.600	−0.003
2.7	0.012	6.700	0.269	10.700	−0.011	14.700	−0.075	18.700	−0.010
2.8	0.006	6.800	0.293	10.800	0.091	14.800	−0.057	18.800	−0.014
2.9	−0.006	6.900	0.260	10.900	0.171	14.900	−0.029	18.900	−0.016
3.0	−0.020	7.000	0.176	11.000	0.216	15.000	0.002	19.000	−0.014
3.1	−0.031	7.100	0.054	11.100	0.219	15.100	0.031	19.100	−0.010
3.2	−0.036	7.200	−0.082	11.200	0.180	15.200	0.052	19.200	−0.005
3.3	−0.035	7.300	−0.204	11.300	0.110	15.300	0.062	19.300	0.001
3.4	−0.026	7.400	−0.290	11.400	0.022	15.400	0.060	19.400	0.007
3.5	−0.012	7.500	−0.321	11.500	−0.066	15.500	0.047	19.500	0.010
3.6	0.006	7.600	−0.291	11.600	−0.137	15.600	0.026	19.600	0.012
3.7	0.024	7.700	−0.204	11.700	−0.180	15.700	0.002	19.700	0.011
3.8	0.041	7.800	−0.077	11.800	−0.186	15.800	−0.021	19.800	0.008
3.9	0.052	7.900	0.066	11.900	−0.158	15.900	−0.038	19.900	0.004

续表

t	F	t	F	t	F	t	F	t	F
20.000	0.000	21.100	0.006	22.200	0.001	23.300	− 0.002	24.400	− 0.001
20.100	− 0.004	21.200	0.005	22.300	0.002	23.400	− 0.001	24.500	− 0.001
20.200	− 0.007	21.300	0.003	22.400	0.003	23.500	− 0.001	24.600	− 0.001
20.300	− 0.009	21.400	0.000	22.500	0.003	23.600	0.000	24.700	− 0.001
20.400	− 0.008	21.500	− 0.002	22.600	0.003	23.700	0.001	24.800	− 0.001
20.500	− 0.006	21.600	− 0.004	22.700	0.002	23.800	0.002	24.900	0.000
20.600	− 0.004	21.700	− 0.005	22.800	0.001	23.900	0.002	25.000	0.000
20.700	0.000	21.800	− 0.005	22.900	− 0.001	24.000	0.002		
20.800	0.003	21.900	− 0.004	23.000	− 0.002	24.100	0.001		
20.900	0.005	22.000	− 0.002	23.100	− 0.002	24.200	0.001		
21.000	0.006	22.100	− 0.001	23.200	− 0.002	24.300	0.000		

5.12 基于表5.15中的数据，用遗传算法估计带抑制的MMRL的参数（参见练习5.3）。查看网站代码，了解如何设置遗传算法。使用参数值的不同边界运行算法。

5.13 假设I=20，使用表5.17中的数据对带抑制的MMRL的参数进行估计。使用bootstrapping和jackknifing方法重新进行分析。比较和解释结果。此外，将从不同的bootstrapping运行和不同的jackknifing运行获得的参数值进行平均，并评估拟合情况。

表5.17

S	v（I=20）
1	2
4	4.8
8	6
10	9.4
12	12
14	10.2
16	13.3
18	12.6
20	12.2

5.14 ①使用非线性回归算法从表5.4中的数据估计式（5.9）[译者注：原文有误，应为式（5.8）] 中函数f的参数。用不同的初始猜测重复几次估计。研究具有平均参数值的解的质量。②将式（5.9）[译者注：原文有误，应为式（5.8）] 中的函数f变换为线性。尝试使用线性回归来估计参数值。报告你的发现。③使用$Y=1.75X^{0.8}$的关系，生成式（5.9）[译者注：原文有误，应为式（5.8）] 中函数f的更多等效表示，类似于式（5.10）[译者注：原文有误，应为式（5.9）] 中的函数。给出包含此类型的所有可能表示的一个函数描述。④提出一个可用多种方案解决的估计问题。

5.15 构造一个具有至少两个相同最小值的函数（回想一下图5.15中的情况）。是否有可能存在无限多个有相同误差的不连接的最小值？如果你认为是，请提供一个示例。如果不是，请提供证明、反例或至少令人信服的论据。

5.16 在MATLAB®中使用样条函数连接表5.7中种群大小的数据N_i，使用此函数计算所有时间点的斜率，并估计参数值。

5.17 通过除以N_1（这使问题成为线性的）估计式（5.16）[译者注：原文有误，应为式（5.15）] 中的参数值。将所得结果与正文中的结果进行比较。讨论每种方法的优点和潜在问题。

5.18 ①使用有和无噪声的数据（见表5.7和表5.8）估计有和没有斜率替换的参数值，从参数值的不同初始猜测集开始。②使用和不使用斜率替换来估计参数值，使用带有和不带噪声的数据子集。使用具有10个和15个时间点的不同子集。比较结果。测试来自不同运行的参数值的平均值是否改善了拟合。

5.19 构建一个小通路系统的图示，该系统将通过以下等式描述：

$$\dot{X}_1=\alpha_1 X_3^{g_{13}}-\beta_1 X_1^{h_{11}}$$
$$\dot{X}_2=\alpha_2 X_1^{g_{21}}-\beta_2 X_2^{h_{22}}$$
$$\dot{X}_3=\alpha_3 X_2^{g_{32}}-\beta_3 X_3^{h_{33}} X_4^{h_{34}}$$
$$\dot{X}_4=\alpha_4 X_1^{g_{41}}-\beta_4 X_4^{h_{44}}$$

该图是唯一的吗？使用表5.18中的数据集，一次一个或组合起来，估算系统的参数值。

表5.18

t	X_1	X_2	X_3	X_4
		数据集1		
0.0	1.400	2.700	1.200	0.400
0.2	1.039	3.122	1.591	0.317
0.4	0.698	3.176	1.980	0.250
0.6	0.482	2.992	2.298	0.195
0.8	0.372	2.711	2.519	0.157
1.0	0.322	2.431	2.643	0.135
1.2	0.302	2.198	2.682	0.125
1.4	0.300	2.025	2.657	0.120
1.6	0.307	1.911	2.591	0.120
1.8	0.322	1.846	2.506	0.123
2.0	0.340	1.822	2.416	0.126
2.2	0.359	1.826	2.335	0.130
2.4	0.377	1.851	2.269	0.135
2.6	0.393	1.886	2.222	0.139
2.8	0.404	1.924	2.192	0.142
3.0	0.412	1.959	2.177	0.144
3.2	0.415	1.988	2.174	0.145
3.4	0.415	2.010	2.180	0.146
3.6	0.413	2.024	2.189	0.146
3.8	0.410	2.030	2.201	0.145
4.0	0.406	2.031	2.212	0.145
		数据集2		
0.0	0.200	0.300	2.200	0.010
0.2	0.439	0.833	1.789	0.107
0.4	0.597	1.347	1.569	0.156
0.6	0.685	1.791	1.540	0.185
0.8	0.686	2.125	1.634	0.197
1.0	0.627	2.327	1.787	0.195
1.2	0.548	2.406	1.954	0.184
1.4	0.479	2.392	2.105	0.170
1.6	0.428	2.324	2.223	0.157
1.8	0.395	2.235	2.304	0.147
2.0	0.376	2.146	2.349	0.141
2.2	0.367	2.071	2.363	0.137
2.4	0.365	2.013	2.356	0.135
2.6	0.368	1.975	2.336	0.135
2.8	0.373	1.954	2.309	0.136
3.0	0.380	1.946	2.281	0.137
3.2	0.387	1.949	2.256	0.139
3.4	0.394	1.958	2.237	0.140
3.6	0.399	1.970	2.223	0.142
3.8	0.402	1.982	2.214	0.143
4.0	0.404	1.993	2.211	0.143

续表

t	X_1	X_2	X_3	X_4
		数据集3		
0.0	4.000	1.000	3.000	4.000
0.2	1.864	2.667	2.076	1.909
0.4	0.952	3.151	1.952	0.872
0.6	0.598	3.111	2.094	0.413
0.8	0.447	2.886	2.296	0.232
1.0	0.371	2.622	2.468	0.165
1.2	0.332	2.376	2.572	0.139
1.4	0.316	2.175	2.607	0.128
1.6	0.313	2.026	2.588	0.124
1.8	0.320	1.926	2.533	0.124
2.0	0.332	1.870	2.460	0.125
2.2	0.348	1.849	2.385	0.129
2.4	0.365	1.853	2.317	0.132
2.6	0.381	1.874	2.261	0.136
2.8	0.394	1.904	2.221	0.139
3.0	0.404	1.937	2.196	0.142
3.2	0.410	1.967	2.184	0.144
3.4	0.413	1.992	2.182	0.145
3.6	0.412	2.010	2.187	0.146
3.8	0.411	2.021	2.195	0.145
4.0	0.408	2.027	2.205	0.145

5.20 再次假设使用练习5.19的模型结构，但有新的参数值：

$$\dot{X}_1=\alpha_1 X_3^{g_{13}}-\beta_1 X_1^{h_{11}}$$
$$\dot{X}_2=\alpha_2 X_1^{g_{21}}-\beta_2 X_2^{h_{22}}$$
$$\dot{X}_3=\alpha_3 X_2^{g_{32}}-\beta_3 X_3^{h_{33}} X_4^{h_{34}}$$
$$\dot{X}_4=\alpha_4 X_1^{g_{41}}-\beta_4 X_4^{h_{44}}$$

使用基于梯度的方法（如MATLAB®中的**lsqcurvefit**函数）和表5.19中的噪声数据集，一次一个或组合起来，估计系统的参数值。参数界限为$\alpha_i \geq 0$，$\beta_i \leq 20$和$g_{ij} \geq -2$，$h_{ij} \leq 2$。

表5.19

t	X_1	X_2	X_3	X_4
		数据集1		
0.0	0.109	3.145	1.304	0.817
0.2	0.468	2.336	2.290	0.539
0.4	0.430	1.998	2.778	0.445
0.6	0.354	1.499	3.216	0.329

续表

t	X_1	X_2	X_3	X_4
0.8	0.340	1.131	3.162	0.259
1.0	0.352	0.871	3.455	0.244
1.2	0.326	0.673	3.223	0.222
1.4	0.353	0.590	3.061	0.233
1.6	0.362	0.513	2.733	0.252
1.8	0.406	0.481	2.620	0.285
2.0	0.451	0.455	2.473	0.311
2.2	0.460	0.473	2.262	0.336
2.4	0.508	0.508	1.977	0.383
2.6	0.525	0.552	1.951	0.466
2.8	0.559	0.595	1.800	0.492
3.0	0.576	0.676	1.760	0.547
3.2	0.607	0.707	1.744	0.557
3.4	0.613	0.788	1.674	0.587
3.6	0.616	0.782	1.627	0.646
3.8	0.609	0.794	1.624	0.630
4.0	0.611	0.848	1.736	0.618
		数据集2		
0.0	2.017	3.046	1.143	0.115
0.2	0.711	2.962	2.320	0.966
0.4	0.443	2.652	3.225	0.754
0.6	0.381	2.052	3.249	0.485
0.8	0.385	1.494	3.636	0.312
1.0	0.338	1.206	3.769	0.275
1.2	0.352	0.835	3.608	0.246
1.4	0.342	0.630	3.448	0.234
1.6	0.353	0.568	3.332	0.245
1.8	0.400	0.541	3.276	0.270
2.0	0.409	0.472	2.524	0.295
2.2	0.469	0.514	2.580	0.342
2.4	0.517	0.485	2.414	0.329
2.6	0.530	0.544	2.081	0.424
2.8	0.614	0.560	1.848	0.451
3.0	0.636	0.606	1.927	0.506
3.2	0.644	0.685	1.899	0.585
3.4	0.687	0.724	1.668	0.575
3.6	0.615	0.772	1.748	0.664
3.8	0.650	0.821	1.871	0.626
4.0	0.602	0.753	1.500	0.619

5.21 对于正文中的两个种群示例（参见表5.9和图5.22），如果SSE≈7或SSE≈10 000，则优化解与每个时间点的真实解的绝对偏差是多少？

5.22 从文献中寻找，在参数估计的背景下，凌乱（sloppiness）是什么意思？写一份简短的报告。

5.23 了解有关费希尔（Fisher）信息矩阵的详细信息。写一份简短的报告。

5.24 撰写有关过度拟合和交叉验证的简要报告。

5.25 讨论规范模型在结构识别中的优缺点。

参考文献

[1] Kutner MH, Nachtsheim CJ, Neter J & Li W. Applied Linear Statistical Models, 5th ed. McGraw-Hill/Irwin, 2004.

[2] Montgomery DC. Design and Analysis of Experiments, 9th ed. Wiley, 2017.

[3] Donahue MM, Buzzard GT & Rundell AE. Parameter identification with adaptive sparse grid-based optimization for models of cellular processes. In Methods in Bioengineering: Systems Analysis of Biological Networks (A Jayaraman & J Hahn, eds), pp 211-232. Artech House, 2009.

[4] Land AH & Doig AG. An automatic method of solving discrete programming problems. *Econometrica* 28 (1960) 497-520.

[5] Falk JE & Soland RM. An algorithm for separable nonconvex programming problems. *Manage. Sci.* 15 (1969) 550-569.

[6] Glantz SA, Slinker BK & Neilands TB. Primer of Applied Regression and Analysis of Variance, 3rd ed. McGraw-Hill, 2016.

[7] Goldberg DE. Genetic Algorithms in Search, Optimization and Machine Learning. Addison-Wesley, 1989.

[8] Holland JH. Adaptation in Natural and Artificial Systems: An Introductory Analysis with Applications to Biology, Control, and Artificial Intelligence. University of Michigan Press, 1975.

[9] Fogel DB. Evolutionary Computation: Toward a New Philosophy of Machine Intelligence, 3rd ed. IEEE Press/Wiley-Interscience, 2006.

[10] Dorigo M & Stützle T. Ant Colony Optimization. MIT Press, 2004.

[11] Catanzaro D, Pesenti R & Milinkovitch MC. An ant colony optimization algorithm for phylogenetic

estimation under the minimum evolution principle. *BMC Evol. Biol.* 7 (2007) 228.

[12] Kennedy J & Eberhart RC. Particle swarm optimization. In Proceedings of IEEE International Conference on Neural Networks, Perth, Australia, 27 November-1 December 1995. IEEE, 1995.

[13] Poli R. Analysis of the publications on the applications of particle swarm optimisation. *J. Artif. Evol. Appl.* (2008) Article ID 685175.

[14] Metropolis N, Rosenbluth AW, Rosenbluth MN, et al. Equations of state calculations by fast computing machines. *J. Chem. Phys.* 21 (1953) 1087-1092.

[15] Salamon P, Sibani P & Frost R. Facts, Conjectures, and Improvements for Simulated Annealing. SIAM, 2002.

[16] Li S, Liu Y & Yu H. Parameter estimation approach in groundwater hydrology using hybrid ant colony system. In Computational Intelligence and Bioinformatics: ICIC 2006 (D-S Huang, K Li & GW Irwin, eds), pp 182-191. Lecture Notes in Computer Science, Volume 4115, Springer, 2006.

[17] Voit EO. What if the fit is unfit? Criteria for biological systems estimation beyond residual errors. In Applied Statistics for Biological Networks (M Dehmer, F Emmert-Streib & A Salvador, eds), pp 183-200. Wiley, 2011.

[18] Bertalanffy L von. Principles and theory of growth. In Fundamental Aspects of Normal and Malignant Growth (WW Nowinski, ed.), pp 137-259. Elsevier, 1960.

[19] Gutenkunst RN, Casey FP, Waterfall JJ, et al. Extracting falsifiable predictions from sloppy models. *Ann. NY Acad. Sci.* 1115 (2007) 203-211.

[20] Raue A, Kreutz C, Maiwald T, et al. Structural and practical identifiability analysis of partially observed dynamical models by exploiting the profile likelihood. *Bioinformatics* 25 (2009) 1923-1929.

[21] Efron B & Tibshirani RJ. An Introduction to the Bootstrap. Chapman & Hall/CRC, 1993.

[22] Good P. Resampling Methods: A Practical Guide to Data Analysis, 3rd ed. Birkhäuser, 2006.

[23] Manly BFJ. Randomization, Bootstrap and Monte Carlo Methods in Biology, 3rd ed. Chapman & Hall/CRC, 2006.

[24] Neves AR, Ramos A, Nunes MC, et al. *In vivo* nuclear magnetic resonance studies of glycolytic kinetics in Lactococcus lactis. Biotechnol. *Bioeng.* 64 (1999) 200-212.

[25] Voit EO & Almeida J. Decoupling dynamical systems for pathway identification from metabolic profiles. *Bioinformatics* 20 (2004) 1670-1681.

[26] Chou IC & Voit EO. Recent developments in parameter estimation and structure identification of biochemical and genomic systems. *Math. Biosci.* 219 (2009) 57-83.

[27] Gennemark P & Wedelin D. Benchmarks for identification of ordinary differential equations from time series data. *Bioinformatics* 25 (2009) 780-786.

[28] Lillacci G & Khammash M. Parameter estimation and model selection in computational biology. *PLoS Comput. Biol.* 6 (3) (2010) e1000696.

[29] Gengjie J, Stephanopoulos GN, & Gunawan R. Parameter estimation of kinetic models from metabolic profiles: two-phase dynamic decoupling method. *Bioinformatics* 27 (2011) 1964-1970.

[30] Sun J, Garibaldi JM & Hodgman C. Parameter estimation using meta-heuristics in systems biology: a comprehensive review. IEEE/ACM Trans. *Comput. Biol. Bioinform.* 9 (2012) 185-202.

[31] Verhulst PF. Notice sur la loi que la population suit dans son accroissement. *Corr. Math. Phys.* 10 (1838) 113-121.

[32] de Boor C. A Practical Guide to Splines, revised edition. Springer, 2001.

[33] Vilela M, Borges CC, Vinga S, Vasconcelos AT, et al. Automated smoother for the numerical decoupling of dynamics models. *BMC Bioinformatics* 8 (2007) 305.

[34] Voit EO & Chou IC. Parameter estimation in canonical biological systems models. *Int. J. Syst. Synth. Biol.* 1 (2010) 1-19.

[35] Dam P, Fonseca LL, Konstantinidis KT & Voit EO. Dynamic models of the complex microbial metapopulation of Lake Mendota. *npj Syst. Biol. Appl.* 2 (2016) 16007.

[36] Schulz AR. Enzyme Kinetics: From Diastase to Multi-Enzyme Systems. Cambridge University Press, 1994.

[37] Goel G, Chou IC & Voit EO. System estimation from metabolic time-series data. *Bioinformatics* 24 (2008) 2505-2511.

[38] Vilela M, Vinga S, Maia MA, et al. Identification of neutral biochemical network models from time series data. *BMC Syst. Biol.* 3 (2009) 47.

[39] Battogtokh D, Asch DK, Case ME, et al. An ensemble method for identifying regulatory circuits

with special reference to the qa gene cluster of Neurospora crassa. *Proc. Natl Acad. Sci. USA* 99 (2002) 16904-16909.

[40] Lee Y & Voit EO. Mathematical modeling of monolignol biosynthesis in Populus. *Math. Biosci.* 228 (2010) 78-89.

[41] Gennemark P & Wedelin D. ODEion—a software module for structural identification of ordinary differential equations. *J. Bioinform. Comput. Biol.* 12 (2014) 1350015.

[42] Srinath S & Gunawan R. Parameter identifiability of power-law biochemical system models. *J. Biotechnol.* 149 (2010) 132-140.

[43] Almeida JS. Predictive non-linear modeling of complex data by artificial neural networks. *Curr. Opin. Biotechnol.* 13 (2002) 72-76.

[44] Tan Y & Liao JC. Metabolic ensemble modeling for strain engineers. *Biotechnol. J.* 7 (2012) 343-353.

[45] Faraji M & Voit EO. Nonparametric dynamic modeling. *Math. Biosci.* (2016) S0025-5564 (16) 30113-4. doi: 10.1016/j.mbs.2016.08.004. (Epub ahead of print.)

[46] Lineweaver H & Burk D. The determination of enzyme dissociation constants. *J. Am. Chem. Soc.* 56 (1934) 658-666.

[47] Woolf B. Quoted in Haldane JBS & Stern KG. Allgemeine Chemie der Enzyme, p 19. Steinkopf, 1932.

[48] Scatchard G. The attractions of proteins for small molecules and ions. *Ann. NY Acad. Sci.* 51 (1949) 660-672.

拓展阅读

Chou IC & Voit EO. Recent developments in parameter estimation and structure identification of biochemical and genomic systems. *Math. Biosci.* 219 (2009) 57-83.

Eiben AE & Smith JE. Introduction to Evolutionary Computing, 2nd ed. Springer, 2015.

Glantz SA, Slinker BK & Neilands TB. Primer of Applied Regression and Analysis of Variance, 3rd ed. McGraw-Hill, 2016.

Kutner MH, Nachtsheim CJ, Neter J & Li W. Applied Linear Statistical Models, 5th ed. McGraw-Hill/Irwin, 2004.

Montgomery DC. Design and Analysis of Experiments, 9th ed. Wiley, 2017.

Voit EO. What if the fit is unfit? Criteria for biological systems estimation beyond residual errors. In Applied Statistics for Biological Networks (M Dehmer, F Emmert-Streib & A Salvador, eds), pp 183-200. Wiley, 2011.

6 基因系统

读完本章，你应能够：

- 讨论分子生物学的中心法则，以及其现代修正和改进
- 描述DNA和RNA的关键特征
- 确定不同类型RNA的作用
- 概述基因调控的原理
- 建立简单的基因调控模型
- 总结评估基因表达及其位置的现有方法，以及它们的优点和缺点

中心法则

基因是代代相传的生物信息的主要载体。它们使我们与众不同，决定了我们的许多优点和缺点，导致许多慢性疾病，并且是进化的主要目标。在半个世纪以前，基因的作用很简单，即

基因由自我复制的脱氧核糖核酸（DNA）组成，DNA被转录成匹配的核糖核酸（RNA），RNA被翻译成蛋白质，蛋白质管理日常生活过程。

由诺贝尔奖获得者弗朗西斯·克里克[1, 2]提出的这种单向**中心法则（central dogma）**成为现代生物学的核心。

到目前为止，中心法则大部分仍然是对的，而且我们已经了解到围绕它的一切都是非常复杂的：一些DNA不能编码基因；一些生物通过RNA继承遗传信息；DNA甲基化等分子修饰可以控制**转录（transcription）**；真核细胞中的可变剪接可能导致来自同一DNA的许多不同的RNA和因此产生的蛋白质。也许最重要的是，与克里克的原始观点形成鲜明对比的是，蛋白质作为**转录因子（transcription factor）**对DNA产生巨大影响。此外，大多数生物使用各种类型的RNA来影响哪个基因被转录，在何时，在何处，有多少，以及何时一个基因被沉默。此外，大大小小的代谢物可以控制基因表达。大的信号代谢物包括鞘脂，它可以“感知”环境压力并控制适当基因的上调或下调作为响应[3]。小代谢物的一个例子是葡萄糖，它间接影响（从细菌到人类）各种生物体内许多基因的转录，如可以抑制胰腺β细胞中的各种基因，这对糖尿病患者来说可能是一个特别严重的问题[4]。在细菌中，环境中出现任何过量的稀有氨基酸——色氨酸，都会关闭负责色氨酸生成的基因的表达，因为这种生产在代谢上是昂贵且浪费的。这些“避免不必要行动的”策略，是通过与染色体负责的部分发生相互作用的调节机制来实现的。在色氨酸的例子中，氨基酸直接激活DNA片段的阻遏物，该DNA片段含有编码色氨酸途径中酶的基因[5]。此外，有证据表明代谢物可以影响翻译（见参考文献[6]）。令事情变得更加复杂的是，我们已经发现，大约98%的DNA不编码蛋白质，基因可以相互重叠，相同的DNA片段可以生成多个不同的转录本，并且调控元件不一定位于它们所控制（转录）的基因附近[7]。

因此，基因负责世代之间的信息传递仍然是正确的，但它们显然不是唯一的承担者（图6.1）。事实上，基因只能确定哪种蛋白质可以由细胞制造，但它们不包含有关蛋白质产生的量和时机的直接信息[8]。这些信息显然是至关重要的，因为不然的话，生物体的所有细胞都会以相同的量连续产

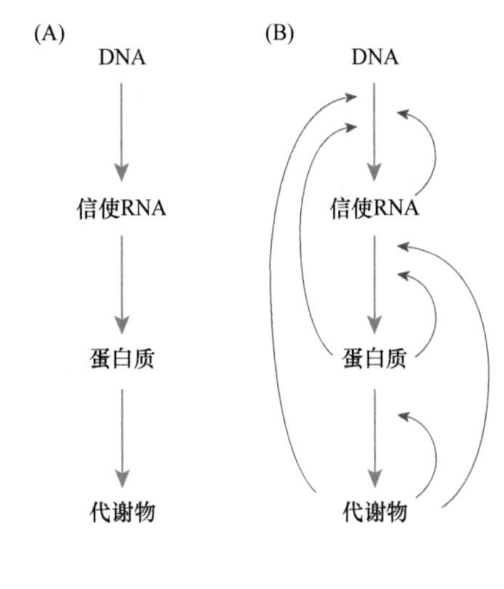

图6.1　原先的中心法则与其现代理解之比较。在中心法则的最初概念中，提出了转录、翻译和酶促催化形成的一个线性过程链，尽管没有人会怀疑其中也有调控作用。我们现在知道，每个层面的复杂反馈结构对于正常功能的发挥都是至关重要的。

生相同的蛋白质。相反，基因，连同蛋白质和代谢物，作为组织良好系统的组成部分而工作：基因为RNA的合成提供模板，RNA导致生成蛋白质和代谢物，反过来它们又反馈回来，以多种方式影响和控制基因的表达。这种共享的控制方式是两种理念的折中：其一是原始的、单向的中心法则，在那里基因被视为生命真正的驱动因素；其二是，基因只作为数据库或作为生物体生理控制的“囚犯”，它们没有自主权或独立控制能力[8]。

值得注意的是，遗传信息并非只通过生物的染色体传播。例如，近年来我们了解到，以甲基或乙酰基形式附着在DNA特定位置的表观遗传修饰是可以遗传的（见本章后面的内容）。植物的叶绿体中含有额外的DNA，真核生物的线粒体含有从母体传给后代的DNA。尽管雄性线粒体DNA的遗传很少见，但它在一些物种中已有报道[9]。叶绿体和线粒体DNA的贡献通常很小，但仍然重要。在人类中，线粒体DNA编码13种蛋白质、22种**转运RNA（transfer RNA）**和核糖体RNA的两个亚基。

其他非染色体遗传元件包括质粒和转座因子。质粒通常是细菌中天然存在的环状双链DNA分子，它们也存在于古细菌和真核生物中[10]。细菌可能同时含有数百种质粒，并且可以与其他细菌共享，甚至来自别的物种，这一过程称为水平基因转移，它对新物种的进化至关重要[11]。质粒可以独立于主染色体进行复制。它们通常包含允许细菌在恶劣条件下存活的基因，如暴露于抗生素，这在医院中可以导致细菌菌株对多种药物具有抗性并且非常难以治疗[12]。也许最著名的例子是耐甲氧西林金黄色葡萄球菌（MRSA），它是许多人类感染的罪魁祸首[13]。从积极的方面来说，质粒已成为生物技术和合成生物学中极为重要的研究工具，它们被用作将基因转移到外部物种中的载体（见第14章）。

转座因子或**转座子（transposon）**是DNA片段，可以从**基因组（genome）**中的一个位置移动到另一个位置[14]。在一些情况下，转座子从其原始位置切出并移动，而在另一些情况下，转座子首先被复制且仅复制品被重新定位。在细菌中，转座子可以携带多个基因，这些基因可以插入质粒中并使生物体抵抗环境的压力。转座子可以导致重要的突变，也可以导致基因组的扩增。据估计，60%的玉米基因组由转座子组成。正如人们所预料的那样，一些转座子与人类疾病有关。*Alu*序列在人类基因组中超过100万个，并且与糖尿病、白血病、乳腺癌和许多其他疾病有关[15]。

关于基因及其结构、功能、调控和进化的信息量非常庞大并且以极快的速度增长，这主要是由于测序技术的快速发展。其中一些信息对系统生物学具有重要而直接的相关性，而另一些则不那么重要。对于系统分析来说，最重要的是了解哪些基因在何时及如何通过蛋白质、RNA甚至代谢物调节这一复杂过程。为了以尽可能简短的方式达到该目的，本章首先讨论了DNA和RNA的关键特征，然后更多地关注基因表达的控制和调控问题。本章最后简要介绍了测量基因表达的标准方法。这些描述对于学习如何实施这些方法肯定是不够的，其意图在于提供对系统生物学及其定性和定量可靠性具有最大价值的不同类型数据的一种感觉。因此，正如后面关于蛋白质和代谢物的章节一样，本章必然会令许多生物学家失望，因为它只会对基因、基因组和基因调控系统这个迷人的世界进行浅表的介绍。特别是，本章将生物信息学许多方面的内容保持在最低限度，而且序列分析、**基因注释（gene annotation）**、进化和**系统发育（phylogeny）**的方法学问题，以及基因组分析和操作的实验方法，都只被相当粗浅地讨论，或根本不讨论。优秀的文章和互联网资源，包括参考文献[16-20]，很好地涵盖了这些主题。

DNA和RNA的关键特性

6.1 化学和物理特征

DNA的基本构建单元是核苷酸，由其形成两条长聚合物链。这两股链以相反（反平行）方向取向，并通过氢键保持在一起。由于核苷酸的物理和化学特性，两条链稍微卷曲，形成著名的双螺旋，它由詹姆斯·沃森（James Watson）和弗朗西斯·克里克（Francis Crick）于1953年发现，部分是基于罗莎琳德·富兰克林（Rosalind Franklin）得到的DNA的X射线照片及她的两个核苷酸链的想法，沃森和克里克被授予1962年诺贝尔生理学或医学奖[21, 22]。

DNA使用了4种不同的核苷酸。每个都由含氮核碱基、称为2-脱氧核糖的五碳糖及磷酸基团组成。核碱基属于嘌呤和嘧啶的生化类别，称为腺嘌呤、胞嘧啶、鸟嘌呤和胸腺嘧啶（缩写分别为A、C、G和T）。核碱基和糖的组合称为**核苷（nucleoside）**，如果磷酸基团也与糖连接，则所得分子称为核苷酸。RNA使用非常相似的成分，但糖是核糖而不是2-脱氧核糖，核碱基胸腺嘧啶被尿嘧啶（U）取代。这些结构单元如图6.2所示。

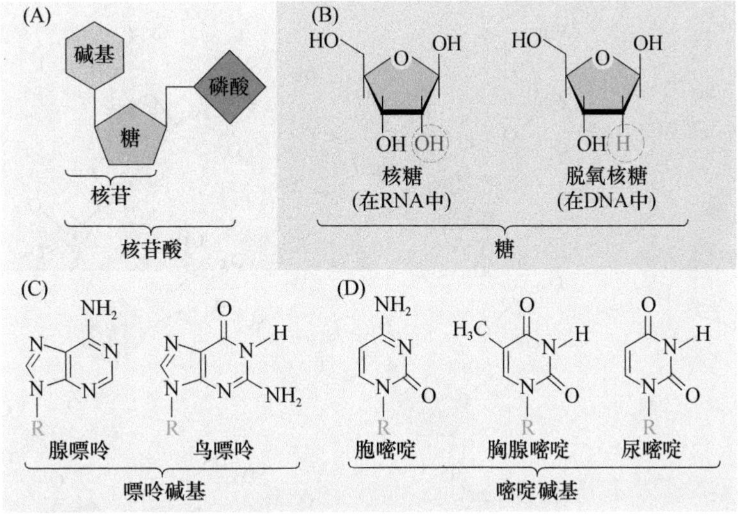

图6.2 DNA和RNA的结构单元。(A)核苷酸的通用组成。(B)RNA和DNA中的糖稍有不同，相差一个氧原子。(C)(D)DNA和RNA都含有嘌呤和嘧啶碱基。腺嘌呤、鸟嘌呤和胞嘧啶在DNA和RNA中是共用的，但DNA中的第4个碱基是胸腺嘧啶，而在RNA中则是尿嘧啶。

核碱基的化学结构具有重要的作用，因为它们之间的氢键使DNA链保持在一起，即一条DNA链上的鸟嘌呤总是与反平行链上的胞嘧啶配对，并且腺嘌呤总是与胸腺嘧啶配对（图6.3和图6.4）。因此，人们常说GC和AT**碱基对（base pair）**，这样一个“对”的概念已成为最广泛使用的表示DNA大小的单位。由于严格的配对，在某种意义上，一条链是另一条链的镜像，这一事实对于两个基本过程至关重要。第一个是DNA复制，它发生在细胞分裂之前：双链DNA打开，两条链都作为新生成DNA链的模板，与它们结合。作为这种**杂交（hybridization）**过程的结果，双链DNA有了两个拷贝，最终分配到两个子细胞中。特定的蛋白质促进了复制过程（图6.5）。第二个基本过程是将DNA转录成RNA，除了用尿嘧啶取代胸腺嘧啶，与上遵循相同的原则。

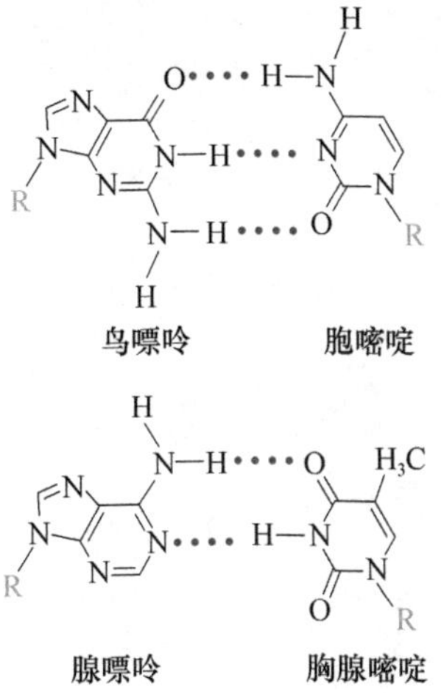

图6.3 鸟嘌呤总是与反平行链上的胞嘧啶配对，而腺嘌呤总是与胸腺嘧啶配对。伴侣之间的氢键显示为红色虚线。请注意，GC对包含三个键，而AT对包含两个键。因此，GC键更强。

每条DNA链的磷酸-脱氧核糖骨架具有明确的方向，具有3′端和5′端，它由链末端最后一个糖上的键的位置来定义。当链形成双螺旋时，它们以反平行的方式排列，其中一条链是3′到5′方向，与5′到3′方向的另一条链结合，如图6.4所示。在图6.3中，骨架分子位于由R表示的位置。图6.4中示出了三个碱基对GC-AT-GC的序列。DNA由数百万碱基对组成，这些碱基对以这种方式连接形成两条互补链。这些链的化学和物理特性导致双链DNA形成双螺旋，这种双螺旋本身又卷曲成超螺旋，可以用原子力显微镜观察（图6.6）。

6.2 DNA的大小和组织

有趣的是，基因组的大小与生物体的大小或复杂性无关，甚至与蛋白质编码基因的数量无关[23]。人类DNA由大约30亿bp组成，其中2%形成了20 000～25 000个蛋白质编码基因。一些植物的基因数量是该数量的两倍。低等生物变形虫*Polychaos dubium*似乎含有的DNA是人类的200倍，而河豚*Fugu rubripes*大约有4亿bp，是脊椎动物物种中最短小的基因组，尽管它只含有大约30 000个基因，但这个数字超过了人类中的蛋白质编码基因[24]。目前还无法给出这些明显差异的有力解释，尽管

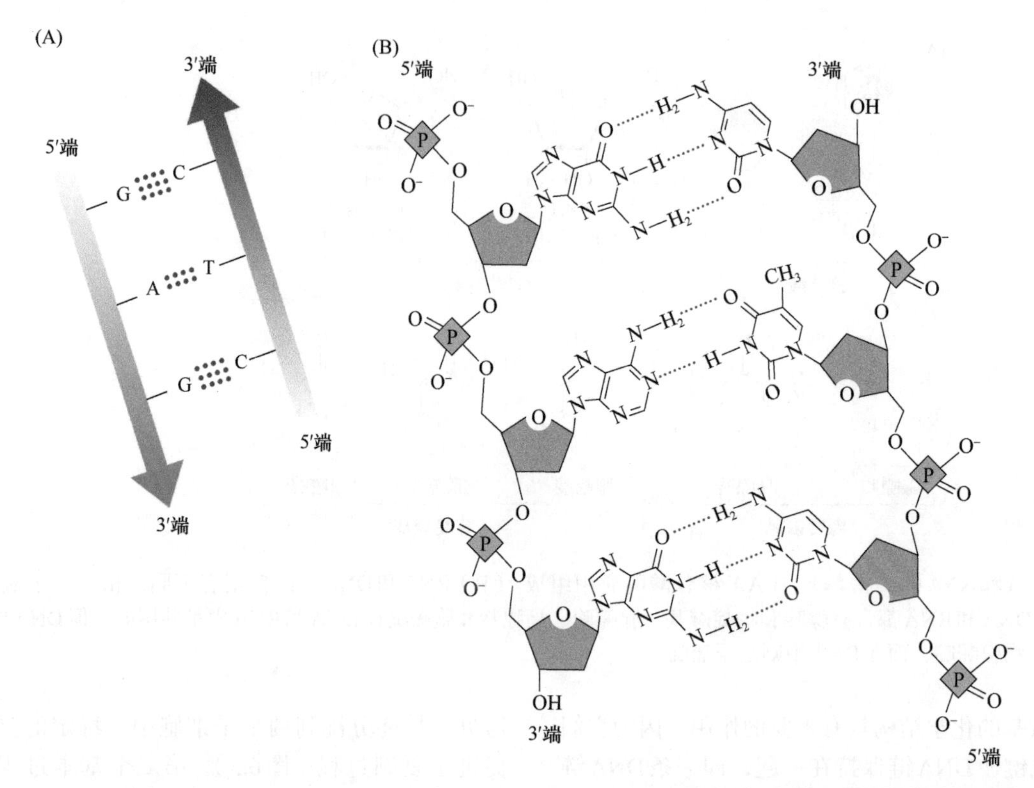

图6.4 如图6.3所示的三个碱基对的序列，即GC、AT、GC。两个相邻碱基之间的连接由糖和磷酸根构成，每条链形成一个磷酸-脱氧核糖骨架。主干以反平行的方式展开。(A) 主链（蓝色和红色）和带有氢键的碱基的图。(B) 分子细节。

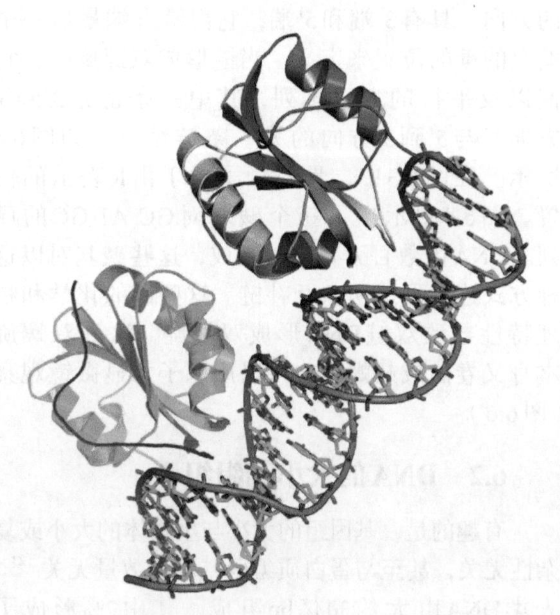

图6.5 两个猿猴病毒SV40蛋白结构域在复制前与DNA相互作用。高分辨率晶体结构显示复合的大T抗原（T-Ag）的起始结合结构域（OBD）与包含复制起点的DNA片段。核心起始部分含有4个结合位点，每个结合位点由5个核苷酸组成，组织为成对的反向重复序列。在共同结构中，两个T-Ag OBD在DNA的同一面以头对头的方式取向，并且每个T-Ag OBD与大沟接合。虽然OBD在与DNA靶标结合时彼此非常接近，但它们不会相互接触（由乔治亚大学的Huiling Chen和Ying Xu提供）。

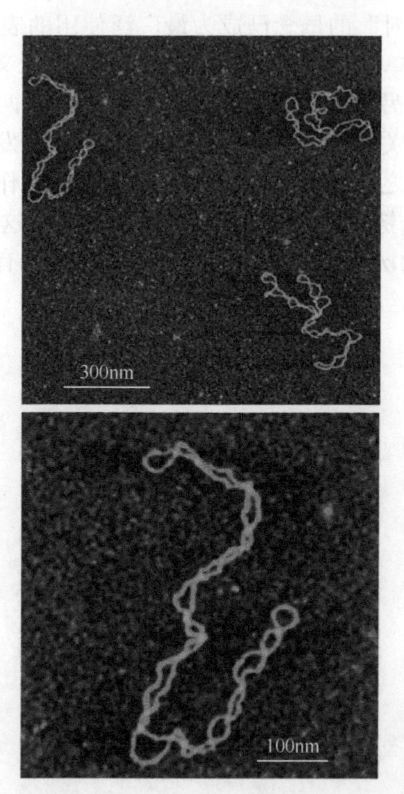

图6.6 现代原子力显微镜（AFM）方法可以显示超螺旋DNA。图像显示的是来自大肠杆菌的有5600个碱基对的质粒DNA［引自Lyubchenko YL. *Micron* 42（2011）196-206. 经Elsevier许可］。

存在许多解释，且充满了大量的推测。例如，基因转录本的可变剪接最终可能导致比编码基因数量更多的不同蛋白质[25]。在这种“乐高积木”（Lego-block）策略中，短蛋白质序列（肽）可以连接形成许多变体。大量**非编码（noncoding）**DNA（人类中约为98%）含有转录中涉及的不同类型的RNA，以及在适当的时间和正确的地方指导适当基因表达和适当肽段连接的许多调控机制（见本章后面部分）。

基因组大小的比较若只限于细菌，我们则可以看到一些趋势。如果细菌物种生活在营养充足的稳定环境中，如动物的肠道，基因数量平均约为2000个。相比之下，水生细菌大约有3000个基因，陆地细菌平均大约有4500个[26]。一个直观的解释是，更大的基因组允许更多和更复杂的代谢通路系统，这些系统对于必须在剧烈变化的生态位中生存的生物体而言是需要的。据估计，细菌的基因和蛋白质数量大致相同，但各种代谢物的数量要低一个量级[27]。

过去几十年的技术进步使得确定DNA链中核苷酸的顺序成为可能。这种测序能力现已相当自动化，它揭示了对自然编码生命过程方式的令人难以置信的见解[28]。起初，DNA序列看起来像A、C、G、T的随机排列，但实际上它包含大量信息。在最低层次，编码DNA中的核苷酸三联体［称为**密码子（codon）**］对应于蛋白质中的特定**氨基酸（amino acid）**；我们将在第7章中更详细地讨论这种**遗传密码（genetic code）**。密码子也可以对应转录的起始和终止信号。换句话说，DNA是其所编码蛋白质特征的蓝图。因为4种核苷酸的三联体共有64种不同的组合，而大多数生物仅使用20种氨基酸，所以存在一些简并性，即同一个氨基酸可以对应于几个不同的密码子。同样，对这些三联体的选择也不是随机的，不同的生物体更偏好某些三联体而非其他，这种现象称为密码子偏好或摆动。事实上，相同氨基酸对特定三联体的偏好是物种特异的，因此可以通过它们的序列生成物种的“条形码”[29]。这种条形码以下列方式生成。以计算的方式，沿着DNA序列逐个核苷酸地进行移动，并在每个核苷酸位置报告其下游1000个碱基对的窗口内4种核苷酸及其反平行补体的所有不同组合的频率，如GTTC/CAAG、GCTC/CGAG、CTAC/GATG。收集这些数据后显示，这些频率远非相等或随机；若将它们表示为不同的灰度，则形成非常特异的条形码图案（图6.7）。已经表明，这些条形码与生物的系统发育相似性有关，可用于区分不同来源的DNA（来自原核生物、真核生物、质体、质粒和线粒体等）。它们还可用于表征栖息在同一环境中的许多不同物种组成的集合种群的基因组（见第15章）。

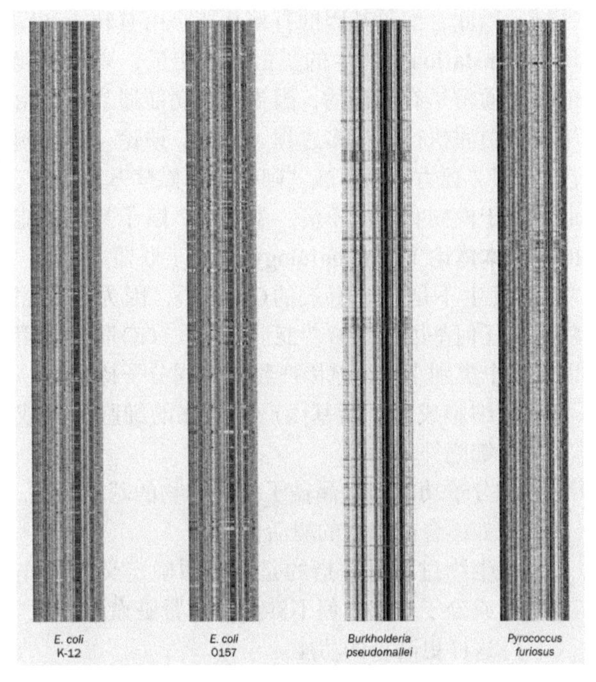

图6.7 4种细菌菌株的条形码。每个块中的y轴表示生物体DNA内的测量位置，而x轴以灰度显示1000个核苷酸的窗口内核苷酸的所有可能组合的频率，从核苷酸y开始。令人惊讶的是，频率几乎与DNA内的位置无关。偶然出现的水平“条纹”似乎对应于生物体在进化过程中通过水平基因转移从不同物种获得的基因（乔治亚大学的Fengfeng Zhou和Ying Xu供图）。

6.3 基因和非编码DNA

最初假设，生物体的DNA是由所有基因的整齐序列组成的。然而，就编码信息和组织而言，DNA被证明远为复杂。实际上，即使是基因的概念也随着时间而改变。

在对豌豆某些特征的遗传进行的革命性工作中，奥地利修道士格雷戈尔·孟德尔（Gregor Mendel，1822—1884）注意到生物学特征作为离散单位从一代传承到下一代。这个过程的离散性质允许特征的分离，并解释了由来已久的观察，即兄弟姐妹可以具有不同的特征。孟德尔的发现长期以来或多或少被忽视了，直到20世纪40年代DNA被确定为遗传的载体，其发现才引起重视。在那时，基因被视为眼睛颜色和身高（可能还包括人格和智力）等特征的DNA代码。

现代生物学对基因使用更具体的定义，即作为遗传单位或作为编码蛋白质的DNA的特定位置区域。因此，编码基因的直接功能是由其转录和**翻译（translation）**产生的蛋白质。相反，高阶功能的赋予通常是有问题的，因为这些功能通常涉及由不同蛋白质执行的许多过程。因此，谈论“眼睛颜色基因”“智力基因”或“阿尔茨海默病基因”时，通常过于模糊和含混不清。事实上，赋予基因功能的**基因本体论（gene ontology，GO）**联盟[30]说：“肿瘤发生不是一个有效的GO术语，因为导致癌症不是任何基因的正常功能。”相反，GO联盟使用以下三个类别来表征基因产物的不同分子特性。

- 细胞成分：指基因产物所在的细胞部分或细胞外环境。
- 分子功能：这涵盖了基因产物的基本活性，如结合或特定的酶活性。
- 生物过程：这指的是可以明确定义的操作或分子事件，但不涉及像“肾脏血液净化”这样更高级的功能。

单个基因很少单独负责某种宏观特征或表型。相反，复杂的、多因素的特征如体重、肤色或糖尿病易感性的遗传取决于从父母传给子女的许多基因的贡献。这种多基因遗传使得遗传研究具有挑战性，因为它涉及几种基因的共同调节，以及通过表观遗传效应控制的基因与环境之间可能是复杂的相互作用（见后文）。这些问题目前正在通过数量性状位点（quantitative trait loci，QTL）的分析被研究，这些位点是与表型性状相关的孤立DNA片段，可能分布在几个染色体上[31]（另见第13章）。在植物育种和作物发育[32, 33]及人类疾病方面已经报道了许多成功的QTL分析[34, 35]。然而，虽然最初被誉为人类遗传学的新视野[36]，QTL还是存在严重的问题，即它们通常只解释了一定比例的表型变异。在对人体身高的研究中，20个位点在大约30 000个个体中仅解释了高度变异性的3%[37]。似乎许多特征，包括慢性病，都涉及大量基因，其个体贡献看上去非常有限，因此在统计上难以确认[38]。

如果基因是编码蛋白质的DNA的特定位置区域，那么有没有DNA不是基因？答案是响亮的“有”。目前假设人类拥有20 000～25 000个基因。这听起来很多，但只占我们DNA的2%！剩下的大部分DNA都有未知的功能，虽然人们应该非常小心地称它为“垃圾DNA”，正如它在20世纪70年代所命名的那样[39]，因为“垃圾”很可能对某些东西有益。实际上，我们对这种非编码DNA的了解越多，我们就越发现它在活细胞中具有有趣且非常重要的作用，包括在转录和翻译水平上的调节作用。这些长长的DNA绝非无用的观点也得到了观察结果的支持，其中一些DNA在整个进化过程中非常稳定，甚至在人类和河豚等不同物种之间保守，这意味着它们受到强烈的选择压力，因此很可能相当重要[7]。同时，其他DNA片段在物种之间则不是很保守，这只是意味着我们并不真正理解某些非编码DNA中的隐藏信号及其在基因调控中的作用。因此，当前的研究集中于识别非编码元件的位置标记及表征它们的特定功能。在某些情况下，我们对它们的作用有一个模糊的概念，反映在这些DNA片段的名称上，如启动子、增强子、抑制子、沉默子、绝缘子和基因座控制区，但我们还没有构建出完整的清单。

我们目前对DNA组织的理解如下[19]。绝大多数DNA是非编码的，只有百分之几的DNA用于编码真核生物中蛋白质的合成；这个百分比在低等生物中更高。人类的基因大小平均约为3000 bp，但差异很大；已知最大的人类基因是肌营养不良蛋白基因，有240万 bp。编码区通常富含鸟嘌呤和胞嘧啶（GC对），由于它们具有较高的氢键数，因此比AT对更稳定（图6.3）。迄今为止，DNA中基因分布的模式尚未得到解释，并且在人类中似乎是随机的。其他物种具有更多基因和非编码区的调节模式。含有大量G和C的DNA长链似乎位于基因的两侧，并在编码区和非编码区之间形成屏障。到目前为止，非编码DNA的作用尚未充分了解，但有些DNA被怀疑具有调节作用。

从序列数据预测基因仍然是一个挑战。鉴定基因的一个证据是开放阅读框（open reading frame，ORF），它是一段不包含框内终止密码子的DNA。起始密码子和随后足够长的ORF的存在通常用作潜在编码区的初始筛选工具，但它们不能证明这些区域将被转录并翻译成蛋白质。在宏基因组学这个新领域中，由于大型集合种群的所有基因组被同时分析，基因预测和注释的挑战被大大放大。这种集合种群可能包含数百种甚至数千种微生物物种，这些物种在人类肠道、土壤和海洋等环境中共存（见第15章）。

即使在真核基因中，DNA通常也含有未翻译成蛋白质的区域。这些所谓的**内含子（intron）**通常被转录，但随后在称为剪接的过程中被去除，而基因的其余区域，即**外显子（exon）**，被合并成一条信息并最终翻译成蛋白质。由多种信号分子控制的剪接过程允许从RNA片段的不同组合进行翻译，从而显著增加了所得蛋白质的可能数量（可变剪接变体）（图6.8）。目前认为，一些内含子被转录为RNA基因，如**microRNA**，可以调节蛋白质编码基因的表达（见后文）。

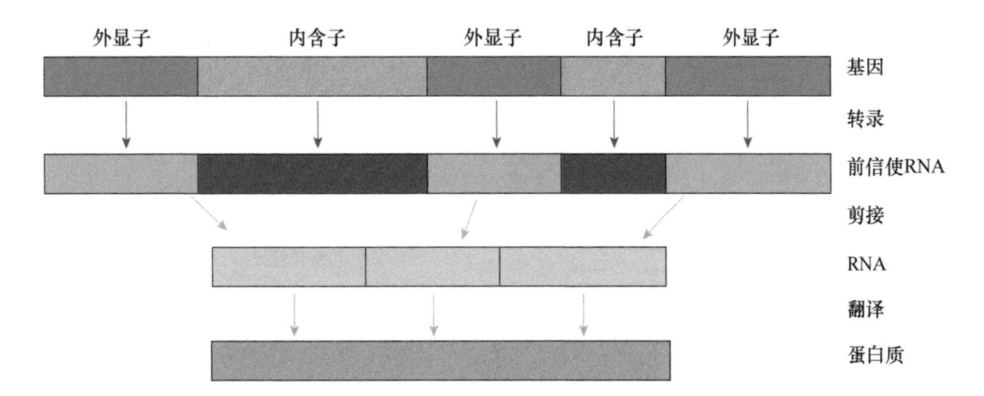

图6.8 外显子和内含子。许多真核基因含有内含子，它最终不对应基因编码蛋白质中的氨基酸序列。mRNA水平（图中RNA——译者注）的剪接机制允许有可选的组合，这大大增加了蛋白质的可能数量和可变性。

在过去的几十年中，分子生物学和生物信息学研究开发了大量的实验室技术和计算工具，用于确定原核和真核物种的DNA序列，甚至是人类个体的DNA序列[40]，以及比较来自不同物种的DNA。这些测序能力使我们能够为许多物种建立基因库及其变异；值得注意的、非常全面的数据库见参考文献［19，30，41-43］。此外，《核酸研究》（*Nucleic Acids Research*）杂志每年出版一期关于生物数据库的特刊。DNA测序的相对容易性也导致了比以前更加准确的系统发育树和其他进化见解。测序和序列比较的方法很吸引人；它们在许多书（如参考文献［16，17，28，44］）和不计其数的技术论文、评论文章中都有详细介绍。正在进行的主要挑战是基因注释，即编码区域功能的识别。基因本体论联盟（Gene Oncology Consortium）[30]汇集了这些工作的方法和结果。

6.4 真核DNA包装

在原核生物中，大多数DNA排列在单个染色体中，但有些可能分开定位，形成质粒，如前所述。这些质粒可以在相同物种的成员或甚至其他物种之间共享，这导致DNA的潜在广泛分布，并且是进化的关键机制。在高等生物中，DNA被组织在物种特异数量的染色体中，这些染色体由DNA和蛋白质组成，这些蛋白质有助于有效地包装DNA并有助于控制基因转录。特别重要的是组蛋白，它是围着DNA缠绕的球形蛋白质（图6.9），以及用作DNA包装过程的蛋白质支架（图6.10）[45]。围绕组蛋白核心缠绕的约150个DNA碱基对的基本单元称为核小体（图6.11和图6.9）。核小体通过约80 bp的游离DNA连接，并卷成高级结构，最终形成染色质，构成染色体。这些术语中的词根*chrom*是希腊语中颜色的意思，反映了染色质染色后在光学显微镜下可见的事实。可以用电子显微镜观察到的核小体和游离DNA的重复模式允许将约2 m长的真核DNA惊人地包装到直径仅为10 μm的细胞核中。同时，这种包装允许选择性地访问DNA进行转录，此过程由染色质重塑马达控制，该马达由蛋白质组成并且使用ATP作为能量[46]。

6.5 表观遗传学

我们刚刚开始了解环境、饮食和疾病如何通过**表观遗传（epigenetic）**过程影响转录，影响遗传信息的使用地点和时间（图6.9）[47]。在这些过程中，诸如甲基这样的小分子可以作为加合物附着到DNA上并导致染色质的遗传修饰。这意味着在子女甚至孙辈中仍然可能发现影响个体的环境因素。DNA加合物被允许打开DNA，用于转录或沉默基因表达，并且这些过程与各种疾病和肿瘤发展的所有阶段相关，从起始到侵袭和转移。幸运的是，至少在原则上，似乎可以通过临床治疗和健康生活来逆转不利的表观遗传效应（图6.9C）[48]。

RNA

RNA和DNA的基本生化特性仅有些许差异：它们骨架中的糖仅相差一个氧原子，4种碱基之一在DNA中是胸腺嘧啶而在RNA中是尿嘧啶（图6.2）。然而，尽管它们具有密切的相似性，但DNA和RNA在生物学中具有非常不同的作用。DNA是遗传信息的典型载体，而不同类型的RNA作为中间信息传递者和调节剂具有不同的作用。一个关键的区别是，与DNA不同，大多数RNA分子是单链的。因为这些单链RNA不像DNA双螺旋中那样形成配对，它们尺寸小，或寿命短，或表现出复杂的二维和三维结构，统称为**二级结构（secondary structure）**，在该结构中一些核苷酸与同一RNA链的其他核苷酸形成键（图6.12和图6.13）。

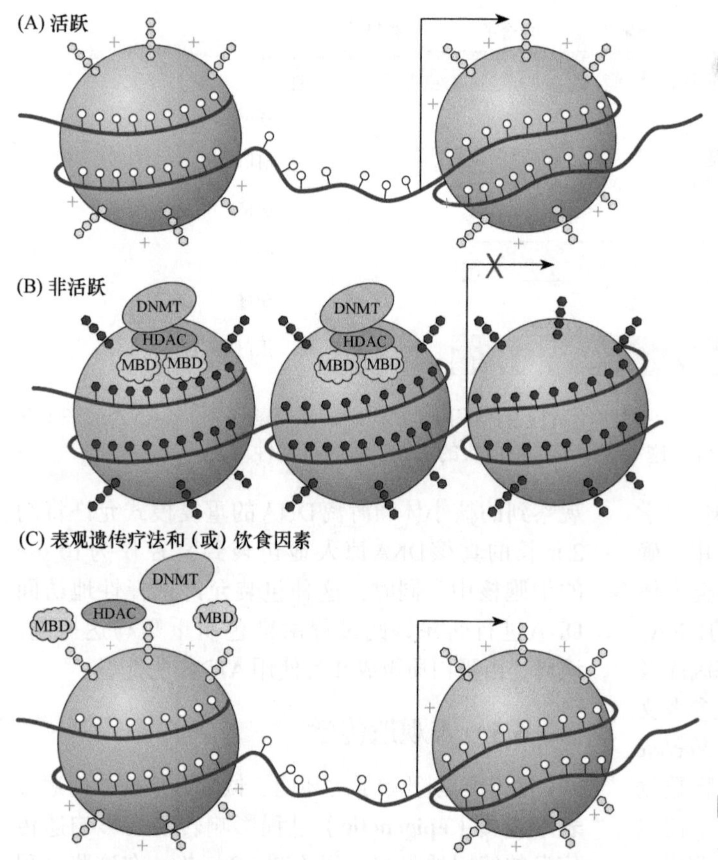

图6.9 本图用于说明组蛋白周围的DNA组织及影响核小体（蓝色球体）附近基因表达的表观遗传效应。（A）活性基因的启动子通常与未甲基化的CG对（白色圆圈）、乙酰化的组蛋白（绿色加号）和甲基化的组蛋白H3（黄色六边形）相关联；这种配置有利于转录。（B）在诸如癌症的一些疾病中，肿瘤抑制基因的启动子区域中的CG位点通常是甲基化的（红色圆圈）。甲基-CG结合结构域（MBD）、组蛋白脱乙酰酶（HDAC）和DNA甲基转移酶（DNMT）使染色质不可接近，并导致转录抑制。（C）表观遗传疗法可能会降低MBD、HDAC和DNMT水平，并逆转其有害作用［引自Huang Y W，Kuo C T，Stoner K，et al. *FEBS Lett*. 585（2011）2129-2136. 经Elsevier许可］。

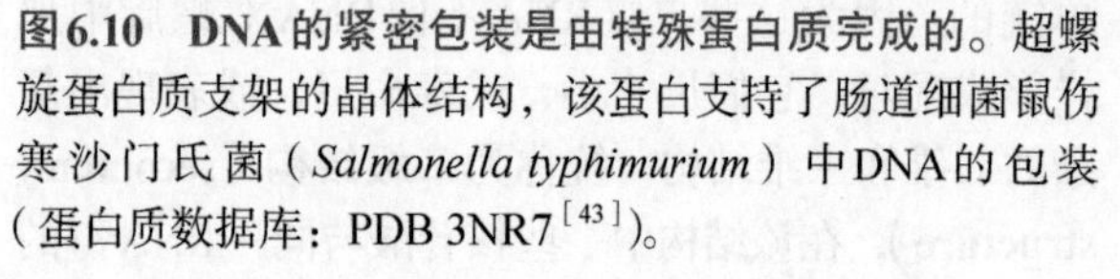

图6.10 DNA的紧密包装是由特殊蛋白质完成的。超螺旋蛋白质支架的晶体结构，该蛋白支持了肠道细菌鼠伤寒沙门氏菌（*Salmonella typhimurium*）中DNA的包装（蛋白质数据库：PDB 3NR7[43]）。

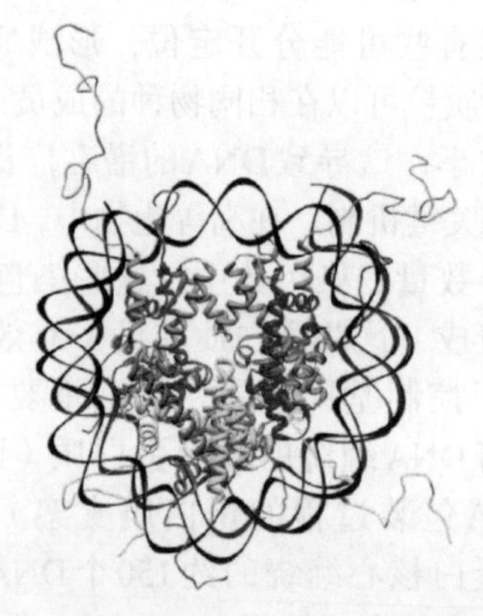

图6.11 核小体的图像。DNA（黑色）缠绕在蛋白质复合物周围，由组蛋白H2A（红色）、H2B（黄色）、H3（绿色）和H4（蓝色）组成。（A）侧视图。（B）顶视图［引自Narlikar GJ. *Curr. Opin. Chem. Biol*. 14（2010）660-665. 经Elsevier许可］。

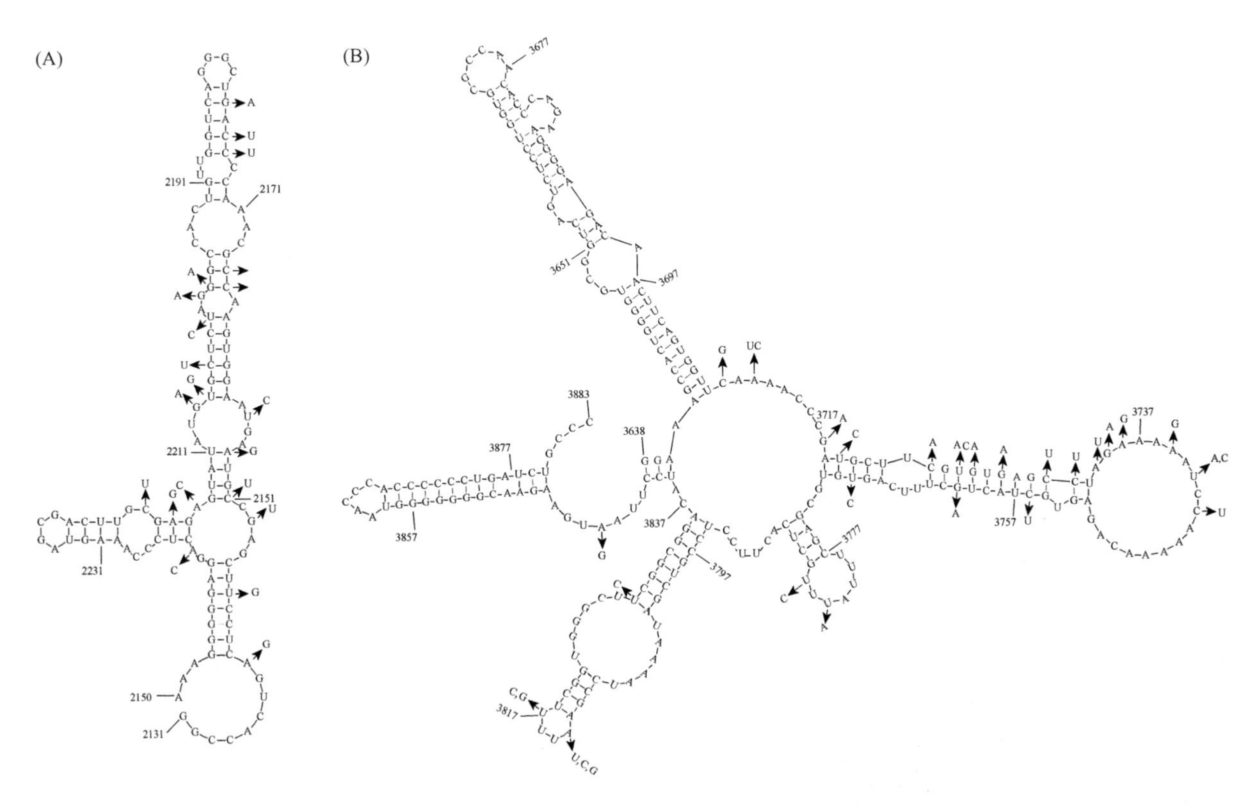

图6.12 RNA二级结构。这里显示的是推定的启动子（A）和天竺葵线型病毒的3′端非翻译区的结构（B）[引自Castaño A，Ruiza L，Elenaa SF & Hernández C. *Virus Res.* 155（2011）274-282. 经Elsevier许可]。

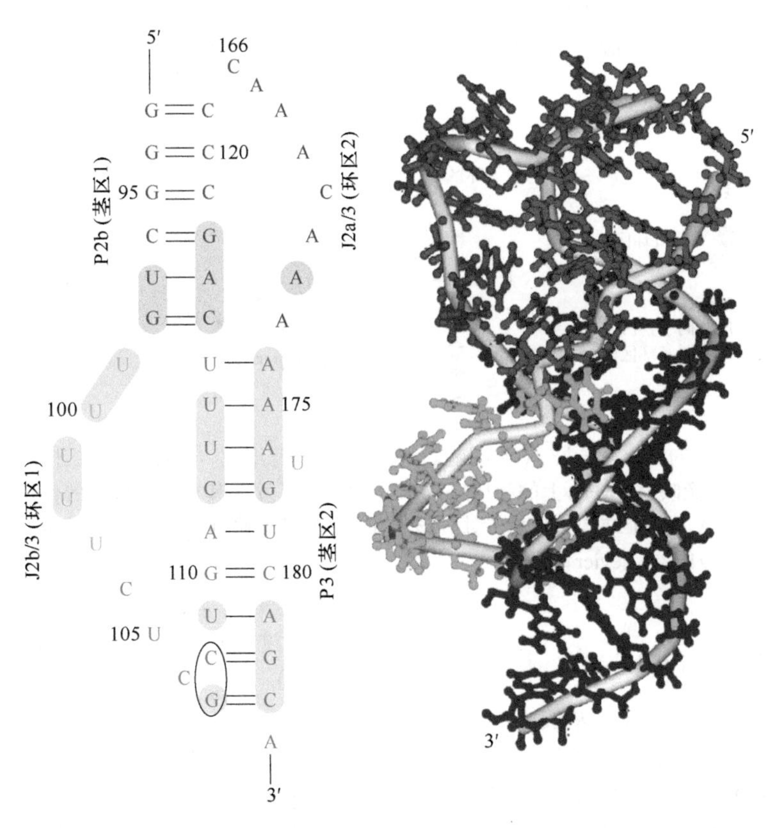

图6.13 单链RNA通常折叠到自身上。折叠导致成键，赋予该分子稳定的假结状二维和三维结构。核苷酸的不同颜色表示它们分属于茎（红色和蓝色）和两个环（青色和品红色）[引自Yingling YG & Shapiro BA. *J. Mol.Graph.Mode.* 25（2006）261-274. 经Elsevier许可]。

6.6 信使RNA（mRNA）

对于大多数生物，mRNA提供了将DNA蓝图转换成蛋白质的方法。在该转录过程中，DNA打开并用作RNA的模板，RNA作为新链产生，每次添加一个核苷酸以匹配DNA链的相应核苷酸。这种转录需要一种称为RNA聚合酶的酶，它可以被转录因子广泛调节，我们将在后面讨论。

在真核生物中，转录发生在细胞核内。新的RNA从细胞核转运到胞质溶胶中，核糖体将其转化为一串氨基酸，形成蛋白质的一级结构（见第7章）。该翻译过程需要两种其他类型的RNA，即转运RNA（tRNA）和核糖体RNA（rRNA）。

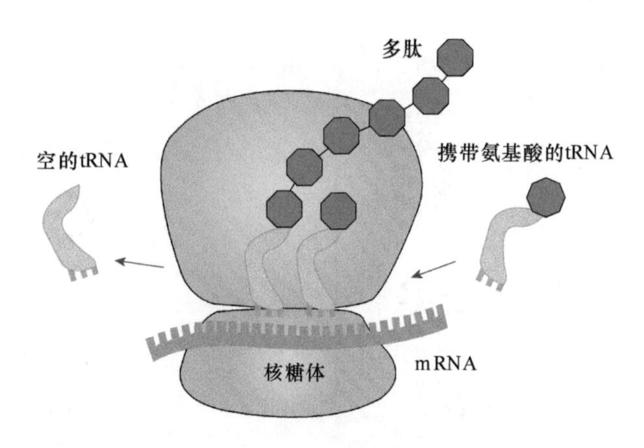

图6.14 信使RNA（mRNA）翻译成多肽的示意图。核糖体沿mRNA（绿色）移动。对应于mRNA上的每个密码子，带有适当氨基酸（蓝色八边形）的转运RNA（tRNA，黄色）被招募。它进入核糖体并允许其连接的氨基酸与正在增长的多肽链（蓝链）结合。

6.7 转运RNA（tRNA）

这种类型的RNA相对较短，仅由80～100个核苷酸组成。它由所谓的RNA基因合成，RNA基因通常位于非编码DNA的区段内。每个tRNA的作用是将特定氨基酸转移到由核糖体构建的正在增长的肽链上（图6.14）。每个tRNA含有三个核苷酸，对应于DNA上的三个核苷酸的序列，即密码子，它“编码”目标氨基酸（关于密码子的更详细讨论，参见第7章）。该氨基酸附着于tRNA的3′端，且一旦与核糖体结合，就与已形成的多肽链共价结合，该过程由氨酰基tRNA合成酶催化。

每个tRNA都是单链的，但在其自身的核苷酸之间形成键，生成二级三叶草结构。该结构由三个具有环的茎、一个可变环和一个允许氨基酸连接的受体臂组成。中心臂包含反密码子区域，其三个核苷酸与mRNA上的密码子匹配并确保选择正确的氨基酸。为了适应核糖体的翻译，tRNA必须在其可变环处弯曲成L形（图6.15）。

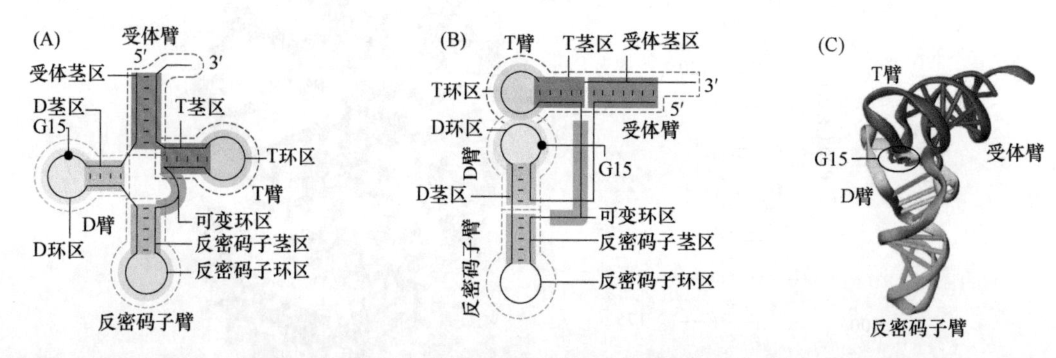

图6.15 转运RNA（tRNA）的三叶草结构。（A）该二级结构由4个臂组成。受体臂允许附着特定氨基酸，而相对臂含有匹配的反密码子，它镜像映射mRNA上的相应密码子。（B）为了发挥其在核糖体内的作用，tRNA必须在其可变环处弯曲成L形。（C）tRNA的三维结构。在G15处，该特定tRNA已被修饰［引自Ishitani R，Nureki O，Nameki N，et al. *Cell* 113（2003）383-394. 经Elsevier许可］。

6.8 核糖体RNA（rRNA）

核糖体促进将mRNA翻译成氨基酸链的过程。它们由蛋白质和rRNA组成，有两个亚基（图6.14）。较小的一个附着在mRNA上，较大的一个附着在tRNA和它们携带的氨基酸上。当完成mRNA的读取时，两个亚基彼此分开。在功能上，核糖体被认为是酶，属于**核酶（ribozyme）**类，因为它们是通过肽键来连接氨基酸的催化剂（图6.16和图6.17）。

6.9 小RNA

近年来已发现并表征了几种类型的小双链RNA[51]。由于它们体积小，长期以来一直被忽视，但现在已明确它们在许多基本的生物过程和疾病中发挥着重要作用[52]。小RNA分为几类，其

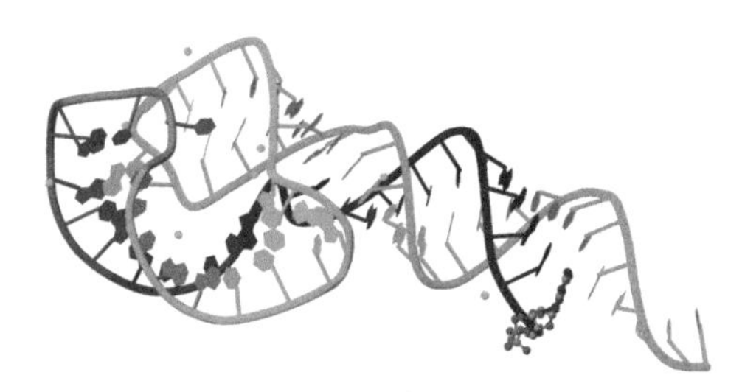

图6.16 来自烟草环斑病毒（sTRSV）卫星RNA的相当简单的“锤头”核酶的晶体结构。这种分子是第一个被发现的锤头状核酶。它在RNA催化过程中使用鸟嘌呤残基作为一般碱基。该结构显示了单链RNA如何折叠并与自身结合。还可以看到作为修饰残基的鸟苷三磷酸（球和棍）和作为配体的镁离子（球）（蛋白质数据库：PDB 2QUS[49]）。

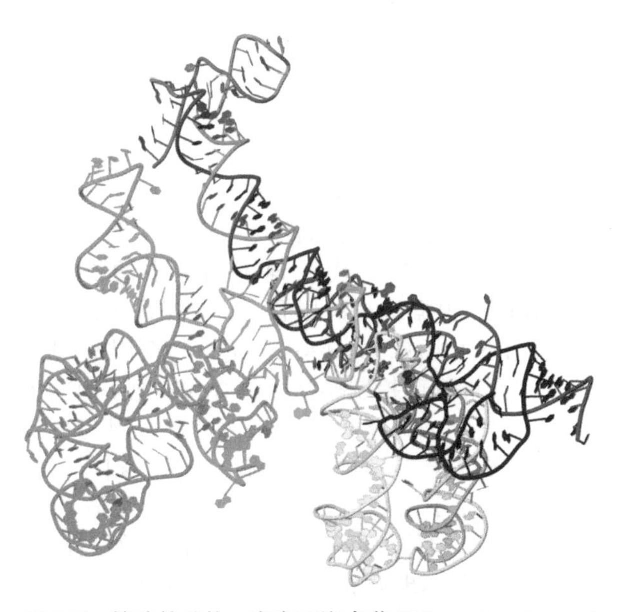

图6.17 核酶的结构。来自死海古菌*Haloarcula arismortui*的核糖体大亚基的原子结构显示核糖体是核酶，在翻译过程中催化肽键的形成（蛋白质数据库：PDB 1FFZ[50]）。

中最突出的是小干扰RNA（siRNA）和微RNA（miRNA）。有趣的是，涉及这些类型RNA的RNA干扰（RNAi）途径在整个进化过程中是高度保守的，这从不同的角度强调了它们的核心重要性。RNAi的第一次发现实际上是为了增强矮牵牛的花朵图案[53]，再一次证明人们永远无法预言一些看似模糊的科学努力最终会导致什么。

小干扰RNA具有不同的名称，包括**沉默（silencing）**RNA和短干扰RNA，幸运的是，两者都缩写为siRNA。这些短的双链RNA分子的每条链由20～30个核苷酸组成，其中，通常21～25个核苷酸形成碱基对，而其余两个或三个在两侧伸出，并不成键（图6.18）。siRNA的重要性源于它

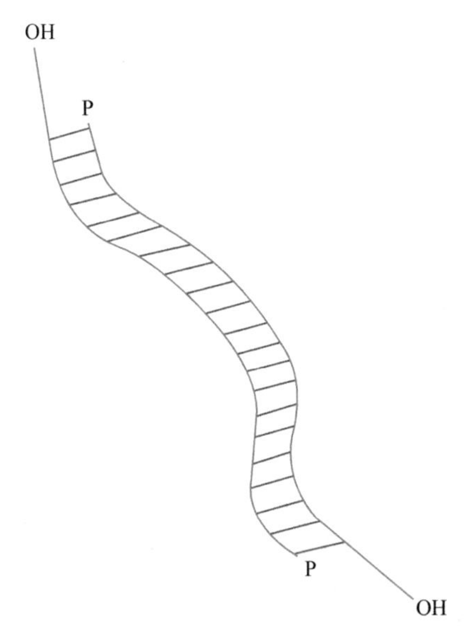

图6.18 小干扰（siRNA）分子示意图。典型的siRNA由21 bp和两端的悬链组成。P表示5′端的磷酸基，而OH表示3′端的羟基。

们可以干扰基因表达甚至使其沉默的事实。这种干扰构成了一种有效的调节机制，允许细胞在适当的时候减慢或关闭翻译[54]。

一旦引入细胞，siRNA就可以沉默精确靶向的基因转录物。其主要机制似乎是mRNA的降解。该RNAi过程以长双链RNA开始，它被称为dicer的酶加工成小的序列特异性siRNA。该siRNA触发RNA诱导的沉默复合物（RISC），它是催化靶标mRNA切割的酶。因为siRNA可以人工构建，所以RNAi的发现和实验结果已经催生了大量用于基因表达研究的工具，包括所谓的功能丧失技术，以及一类新的潜在有效治疗剂。

最近发现了其他小RNA。与siRNA类似的是微RNA（miRNA），也被称为小瞬时RNA（small temporal RNA，stRNA）。与siRNA一样，miRNA通过dicer酶从双链RNA产生。它们的功能尚不十分清楚，但它们似乎负向调节靶标转录物的表达。看上去，miRNA通过以下方式调节蛋白质表达：①高度同源的mRNA靶标的切片机制，②切片机制无关的切割或mRNA降解，或③mRNA水平没有明显变化的翻译抑制[51]。据估计，人类基因组中可能编码超过1000种miRNA，这些miRNA可能靶向所有基因的半数基因。这种广泛影响似乎是可能的，因为miRNA和mRNA之间的同源性不一定要完美。这种不完美的匹配是动物中siRNA和miRNA之间的显著差异[55]。

miRNA的发现为操纵生物系统和可能的癌症

治疗带来了令人兴奋的新见解和新选择[56, 57]。然而，必须注意，不要过快地对潜在的药物治疗做出结论，因为复杂系统中miRNA的功能无法通过在简单实验系统中执行的沉默研究来预测。原因是，miRNA可能沉默某个基因x，其正常功能是下调另一个基因y，因此miRNA对基因y的作用可能是激活而不是抑制。事实上，要了解miRNA的全部影响，有必要考虑miRNA对基因组有直接和间接影响的整个系统。

双链RNA也可以激活基因表达，这带来了小活化RNA（saRNA）的说法。最后，所谓的piwi相互作用RNA（piRNA）在种系发育中起重要作用。似乎这些RNA可能通过调节DNA甲基化来沉默转录[52]。小RNA及其功能途径的刻画是正在进行的需深入研究的主题。

最近，Lai及其合作者综述了许多文章，展示了如何通过数学建模来增强我们对miRNA在基因调控中作用的理解[58, 59]。

6.10 RNA病毒

作为中心法则的一个例外，许多病毒使用单链RNA而不是DNA作为其可遗传材料；有些甚至使用双链RNA（图6.19）。单链可以正义排列，这意味着它的作用类似于从DNA转录得到的信使RNA，或者反义，在这种情况下，链首先转录成匹配的正链。RNA病毒非常容易突变，因为它们的聚合酶不具备大多数DNA聚合酶的校对能力。因此，转录错误无法被发现，但这在某种意义上是有利的，其中一些突变允许病毒产生对环境或药理学应激物的抗性。RNA的正链直接翻译成单个蛋白质，再由宿主细胞完成切割和修饰，从而获得用于病毒复制的所有蛋白质。

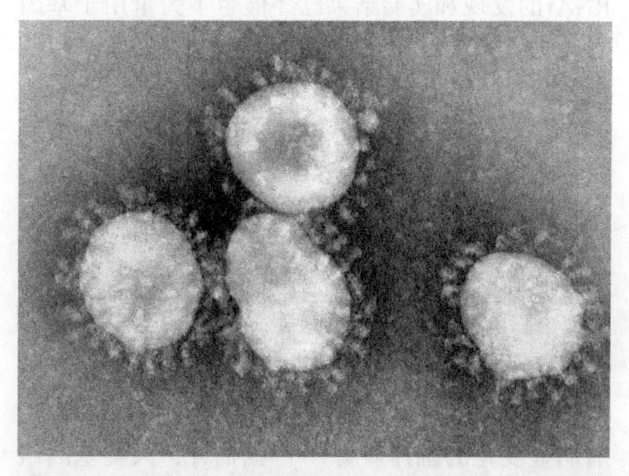

图6.19　含RNA冠状病毒的电子显微照片。该病毒引起严重急性呼吸综合征（SARS），这种疾病在2003年迅速蔓延到世界各地。每个病毒的直径约为100 nm［引自Murray CL，Oha TS & Rice CM. Keeping track of viruses. In Microbial Forensics（B Budowle，SE Schutzer，RG Breeze，et al. eds），pp 137-153. Academic Press，2011. 经Elsevier许可］。

基因调控

虽然多细胞生物的所有细胞基本上都含有相同的基因，但很明显并非所有细胞都执行相同的功能。这种可变性的关键是在适当的时间协调表达细胞类型特异的不同组的基因。但即使是单细胞生物也并非连续转录所有基因，而是仔细地调节其表达，以满足当前对代谢物及其生产所需酶的需求。因为大多数系统在微生物中更简单，所以很多有关基因表达的研究都选择了模型物种，如大肠杆菌和面包酿酒酵母，并且已经获得了大量信息。事实上，学习基因调控许多基本概念的最佳途径是从较简单的生物中学，但要记住更高等的多细胞生物还会使用额外的控制和调节手段。

我们对基因表达调控的理解的一个重大突破是在20世纪50年代发现了细菌中的**操纵子**（**operon**）。根据最初的概念，每个操纵子由一段确定的DNA组成，其开头至少包含一个调控基因，该基因允许细菌控制操纵子中所有其他基因的表达[60]。近年来，这种观点略有修改，因为事实证明，操纵子不一定含有调控基因。相反，操纵子的启动子区域通常具有多个**顺式调节**（***cis*-regulatory**）模体，可以与阻遏物或诱导物结合。

操纵子的调节可以通过阻遏因子或诱导物发生。阻遏因子是阻止基因转录的DNA结合蛋白。这些阻遏因子本身就是基因的产物，这一事实造成了我们将在后面讨论的调控等级。阻遏因子通常具有特定非蛋白质辅因子的结合位点。如果出现，阻遏因子可有效防止转录；如果不出现，则阻遏因子从操纵序列位置解离，操纵子中的基因发生转录。诱导物是启动基因表达的分子。一个例子是乳糖，它作为*lac*操纵子的诱导物起作用，负责乳糖的摄取和利用。乳糖使阻遏因子失活，从而诱导转录。其他例子包括某些抗生素，它们可以诱导使生物体产生抗药性的基因的表达[61, 62]。

6.11 *lac*操纵子

更详细地研究生物体基因组内操纵子的单元结构就能说明问题。这种结构的第一个充分描述的例子实际上是大肠杆菌中的*lac*操纵子[63]。它的发现是遗传学和分子生物学的真正突破，弗朗索瓦·雅各布（François Jacob）、安德烈·米歇尔·利沃夫（André Michel Lwoff）和雅克·莫诺（Jacques Monod）因*lac*操纵子和其他操纵子有关的发现而被授予1965年诺贝尔生理学或医学奖。

*lac*操纵子含有三个结构基因，编码与二糖（双糖）乳糖的摄取和利用相关的酶，它们在化学上是β-半乳糖苷，且在哺乳动物乳汁中普遍存在。这些酶是β-半乳糖苷通透酶（基因*22acy*，一种转运蛋白，负责从培养基中吸收乳糖）、半乳糖转乙酰酶［基因*lacA*，将乙酰基从乙酰辅酶A（acetyl-CoA）转化到β-半乳糖苷］和β-半乳糖苷酶（基因*lacZ*，一种将乳糖转化为更简单的糖类——葡萄糖和半乳糖的酶）。除了这些结构基因，*lac*操纵子还含有启动子区P和操纵序列区O（图6.20）。同样非常重要的是调节基因*lacI*和分解代谢物激活蛋白（CAP）的结合区。这些组件的名称主要由历史原因而得。

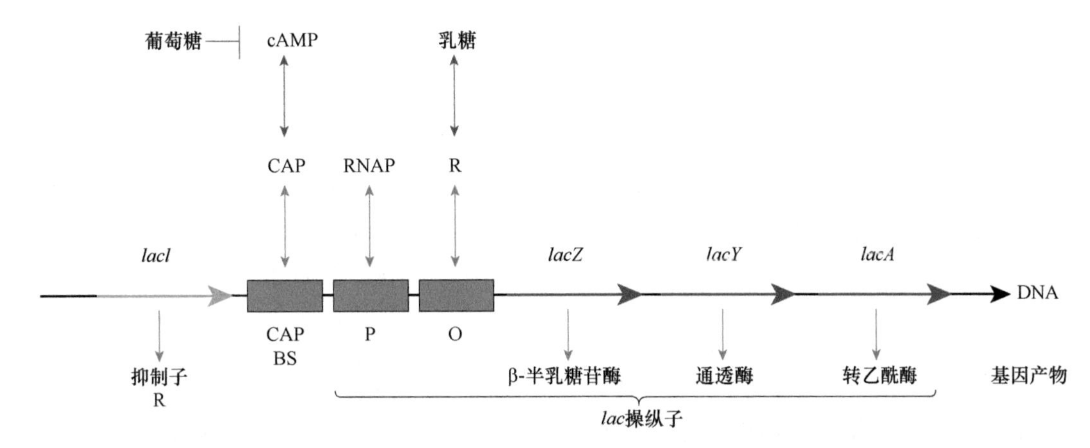

图6.20 *lac*操纵子的结构和功能图。编码基因导致产生阻遏因子和三种酶。葡萄糖和乳糖等小分子会影响表达。有关详细信息，请参阅正文和表6.1。

细菌仅在需要其产品时才转录结构基因。细胞通过多元调控机制来管理基因是否转录的决定。如果环境中有乳糖，它可以作为诱导剂。它与阻遏因子结合，阻遏因子是由调节基因编码的蛋白质。在*lac*操纵子的例子中，调节基因与操纵子直接相邻，但在其他情况下，它可以位于距离很远的位置。阻遏因子通常绑定在操作序列区域。然而，诱导物与阻遏因子的结合导致阻遏因子与操纵序列区域解离。在阻遏因子未结合操纵序列的情况下，合成RNA的RNA聚合酶原则上可以附着于启动子区域并将结构基因转录成mRNA。然而，启动子区通常还含有短DNA序列形式的反应元件，允许转录因子在适当条件下结合。转录因子招募RNA聚合酶，并对基因表达的调节至关重要。稍后将更详细地讨论它们。

在*lac*操纵子的例子中，响应元件间接地与培养基中的高浓度葡萄糖反应。因此，葡萄糖可以抑制*lac*基因的转录。这种抑制是有利的，因为细菌通过消耗更容易消化的葡萄糖而不是乳糖来节省能量。这种抑制以下列方式完成。由于复杂的代谢和信号转导机制，细胞通过调节其环腺苷一磷酸（cAMP）的内部水平来响应环境葡萄糖水平。对于低葡萄糖水平，cAMP高，而对于高葡萄糖水平，cAMP低。信号分子cAMP与CAP结合，它们附着到紧邻启动子区域附近的特异性结合位点（图6.20中的CAP BS）。如果存在乳糖，这种结合允许RNA聚合酶与启动子连接，并起始*lac*结构基因的转录。相反，如果培养基中的葡萄糖浓度很高，细菌则不会浪费能量合成各种酶来利用乳糖，而是使用葡萄糖。高葡萄糖浓度导致低cAMP的量，此时，RNA聚合酶不附着在启动子区域，生物体不转录*lac*基因。总之，只有当乳糖可用而葡萄糖不可用时，系统才会表达结构基因（表6.1）。

表6.1 在不同环境条件下*lac*操纵子的功能

乳糖	葡萄糖	阻遏因子	CAP结合位点	启动子	操纵序列	转录
⇓	⇓	U	B	F	R	关
⇑	⇓	I	B	B	F	开
⇑	⇑	I	F	F	F	关
⇓	⇑	U	F	BF	R	关

注：箭头表示环境中的高浓度（⇑）和低浓度（⇓）。I，诱导；U，不诱导；B，结合［在有CAP结合位点的情况下，CAP BS（由cAMP促进的CAP）浓度与培养基中的葡萄糖浓度成反比；在有启动子P的情况下，通过RNA聚合酶完成］；F，结合对象的释放；R，阻遏。转录仅在高乳糖和低葡萄糖的条件下发生。

多个小组已经开发了*lac*操纵子的详细动态模型[64-67]。每个模型都侧重于一个特定的问题，具有相应的结构和不同的复杂程度，这再次表明生物学问题和数据决定了模型的类型、结构和实现方式（第2章）。

6.12 调控模式

通常，操纵子的调节可以通过诱导或抑制发生，并且可以是正向或负向的，因此有4种控制基因转录起始的基本形式。

正诱导型操纵子由活化蛋白控制，它在正常条件下不与DNA的调控区域结合。仅当特异性诱导物与激活因子结合时才开始转录。诱导剂改变激活因子的**构象（conformation）**（三维形状；参见第7章），这允许其与操作序列相互作用并触发转录。

正抑制型操纵子也受活化蛋白控制，但它们通常与DNA的调节区域结合。当共阻遏蛋白与活化蛋白结合时，活化蛋白不再与DNA结合并停止转录。

负诱导型操纵子由阻遏蛋白控制，阻遏蛋白通常与操纵子的操纵序列结合，从而阻止转录。特异性诱导物可以与阻遏物结合，改变它们的构象，使得与DNA的结合不再有效，从而触发转录。

负抑制型操纵子通常处于被转录的状态。它们具有阻遏蛋白的结合位点，但只有存在特异性共阻遏因子时，才阻止转录。阻遏物和共阻遏因子的结合使其与操纵序列发生连接，从而阻止转录。

在每个特定案例中发现的调控类型最初似乎是随机的，但通过后来的仔细分析发现了决定控制模式的明确的设计原理（另见第14章）。这些设计原理的发现及其解释产生了基因调控的需求理论，根据这一理论，对特定的调控模式何时有益并因此具有进化优势有严格的规则[61, 68]。作为一个例子，如果受调节的基因编码生物体内在自然环境中需要量低的功能，则阻遏物模式有利。相反，如果功能需求很高，则相应的基因处于激活物控制之下。

我们对操纵子及其功能的了解大部分是通过无数的实验室实验确定的，甚至在雅各布（Jacob）和莫诺（Monod）的工作开始之前即已开始[63]。相比之下，我们现在开始了解的关于细菌基因组高阶组织的大部分内容已经在复杂的计算方法的帮助下推断出来。这些方法主要属于生物信息学领域，我们只讨论一些相关结果，而不详细描述方法本身。鼓励感兴趣的读者参考[44]。

在原核生物中，所有基因都位于单个染色体（它由双链DNA的闭环组成）及更小的质粒（它们可以从一种细菌转移到另一种细菌，如前所述）上。染色体通常含有几千个基因，而典型的质粒含有几个到几百个基因。在高等生物中，非染色体DNA还存在于线粒体和叶绿体中。

6.13 转录因子

基因表达最突出的调节因子是转录因子（TF），这包括我们之前讨论过的阻遏因子和激活因子，它们必须连接到启动子区域附近的结合位点以执行它们的功能。TF可以上调或下调操纵子；一些双向调节TF可以同时执行这两种操作，具体取决于条件。TF通常通过激酶磷酸化被激活，激酶可以“感知”细胞内或细胞外环境的特定变化[69]。因此，激酶和TF构成双组分信号系统，允许细胞充分响应环境的变化。第9章更详细地讨论了这些系统。

与其操纵子数相比，典型的细菌基因组包含相对较少的TF基因，虽然一些基因可以在没有TF的情况下表达，但TF和操纵子数量之间的不匹配导致了一个推论，即至少有些TF必须负责调控多个操纵子[69]。在同一TF控制下的所有操纵子的集合称为TF的调节子（regulon）。因为操纵子可能受到几个TF的调节，它们也可能属于不同的调节子。有证据表明，细菌中编码相同生物通路，甚至相关通路系统的操纵子倾向于在基因组上保持位置相互邻近[70]。

从序列信息中预测TF结合位点和调节子是一个难题，但是，为此目的已经开发了许多算法，并且也有许多包含已知TF结合位点信息和调节子的数据库可用[69, 71]。除了调节子，生物信息学家还讨论了über-operons［über在德语中是“上面的”（above）的意思］，这些基因或操纵子即使在生物体DNA多次重排后还是会被一起调节[72]。其他概念包括刺激子（stimulon，它们是响应相同刺激的基因）[73]、模块子（modulon，它们是与同一调节因子控制下的多种通路或功能相关的调节子）[74]。

对环境压力的响应通常需要的不仅仅是单个操纵子的上调或下调。事实上，对饥饿等压力的复杂反应可能包括数十种基因表达的变化。因此，这种反应的相互协调要求有共同调节染色体上不同位置基因的手段。这种协调的首要机制是TF的层次结构。从概念上讲，这种层次结构并不难理解。让我们假设需要调用6个操纵子O_1，…，O_6以获得适当的响应，并且它们各自受一个转录因子的控制，为简单起见，我们称之为TF_1，…，TF_6。这些TF是蛋白质，由它们自己的基因G_1，…，G_6编码。如果这些基因在处于层次结构下一级（译者注：at the next level of the hierarchy，即更高的层级）的TF（如TF_A）的控制之下，那么对TF_A的单一操作将导致所有6个目标操纵子的表达变化。

这种层次结构的一个复杂例子是谷氨酸棒杆菌中控制将糖转化为氨基酸（赖氨酸和谷氨酸）的过程[75]（图6.21）。另一个令人印象深刻的例子是控制大肠杆菌代谢的基因调控网络，它由约100个TF基因组成，控制约40个单独的调节模块。这些模块可以通过各种外部条件触发，组织适当的反应并控制约500个代谢酶的基因表达[76, 77]。

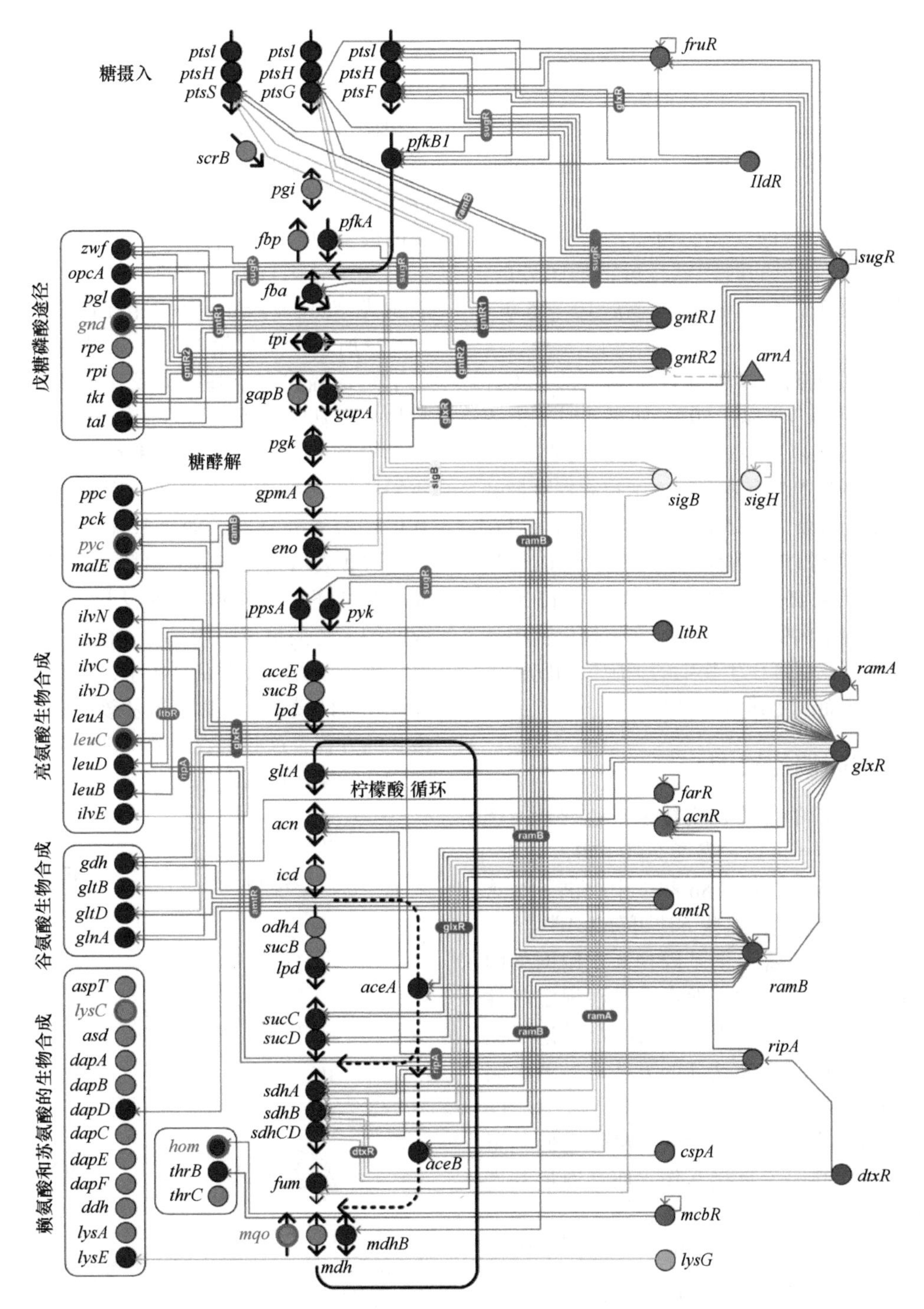

图6.21 转录通常是分层控制的。这里显示的是转录调节因子的层次结构，涉及葡萄糖、果糖和蔗糖转化为谷氨酸棒杆菌中的氨基酸：赖氨酸和谷氨酸。相关的代谢通路用具有相应基因名称的黑色箭头表示［引自Brinkrolf K，Schröder J，Pühler A & Tauch A. *J. Biotechnol.*149（2010）173-182. 经Elsevier许可］。

分层和上下文特异的TF控制模式不仅限于细菌，而是可以在整个进化过程中找到。一个有趣的例子是分析调节生理和病理状态之间转换的转录网络。例如，已发现恶性脑肿瘤中基因的激活受约50个TF控制，其中5个作为激活因子，1个作为阻遏因子调节3/4的脑肿瘤基因。两个TF为系统的主调节因子[78]。已经开发出算法来研究这些类型的分层TF网络[79]。

TF对环境刺激的反应通常通过最终充当TF基因诱导物的小分子来实现。例如，酵母中某种特定的鞘脂（除此之外，没有公认的功能）通过正向影响11个、负向影响2个TF来调节与热应激反应相关的数十个基因[3]。此外，一组鞘脂类分子还与具有一致功能的基因簇的表达相关。

响应环境刺激的TF的改变不是一次性的全有或全无的事件。相反，TF可以在刺激之后发生幅度和时间段上有差异的变化。例如，在鞘脂诱导的TF变化中，不同组的时间域是可清晰区分的，一些组开启，而其他组在热应激开始后10～15 min关闭[3]。

有许多其他机制可以调节TF的活性；有关详细说明，请参见参考文献［80］。如果此时不需要该功能，细胞可以隔离一些生理功能的调节因子。例如，如果培养基中没有麦芽糖，则控制麦芽糖利用的调节因子会被禁用。诸如磷酸化的机制可以在空间和时间上控制TF的活性。类似地，可以通过表达和降解来微调TF的细胞浓度。最后，TF或调节因子可以在细胞内变换位置，如在原核生物中从胞质溶胶到膜，或在真核生物中的细胞核和胞质溶胶之间变换，从而改变其活性状态。

6.14 基因调控模型

可以使用不同的计算建模技术来处理基因调控。不同类型的例子可以在参考文献［79，81-85］中找到，并且在参考文献［86-88］中提供了优秀的详细评论。一般来说，这些方法可分为4类。

首先，人们可以看一下基因相互作用网络的结构，它被评估为静态的，即重点是在规定条件下基因之间的固定连接。我们在第3章讨论了图方法和像贝叶斯网络推断这样的方法；另请参阅第9章中对布尔方法的讨论。在这类方法中，TF的角色及其相互作用只是隐含的，尽管它们是至关重要的，因为基因不直接互作，而是通过其产物，包括用作TF或其调节者的蛋白质和小信号分子如钙、cAMP和鞘脂发挥作用。数千种基因及其相互作用的大规模基因互作网络已经在模式物种如酵母和大肠杆菌中用实验与计算方法进行了重构[89, 90]。

目前第二种方法只能在更小的范围内实现。这里的目标是分析基因调控网络的动态过程。典型技术涉及各种类型的**微分方程（differential equation）**，包括非线性、分段线性或基于幂律的**常微分方程（ordinary differential equation，ODE）**，以及定性微分方程，它们是ODE的抽象，还有延迟微分方程，用于非瞬时过程的建模。在前述的调控模式中，微分方程模型通常设计为以mRNA和蛋白质作为变量。有时，代谢物也被纳入，因为它们可能作为共抑制剂或共激活剂影响基因表达，并且这些调节作用通常被形式化为希尔或幂律函数。很明显，没有止境，且正如我们在第4章中讨论的那样，很快就会涉及复杂的系统。在*lac*操纵子的背景下，已经提到了具有不同复杂程度的模型的具体示例。

关于基因调控网络的生物学文献通常将基因表示为结点，将基因-基因相互作用表示为边，如图6.22所示（另见第3章）。虽然这些表示似乎可以清楚地描述一个基因（或基因转录物）如何影响另一个基因（或基因转录物），但它们并没有为数学模型的设计提供令人满意的基础，因为正如我们所见，基因-基因相互作用是通过转录因子和其他调节者介导的，而这些在图中都没有。特别是，这些表示无法指出，如某一过程是减少转录生成mRNA还是加速mRNA的去除。图6.22B中双基因调控系统的更清晰表示方式使用了第2章中的建议。该表示方式如图6.23所示，它直接指明了如何设计相应的模型，可以直接从该图中获得以下幂律格式的方程，这些函数背后的理论告诉我们，除了g_2，所有参数值都是正的：

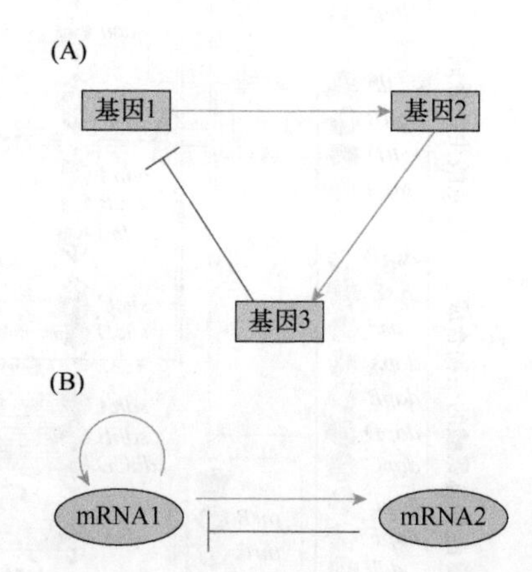

图6.22　基因（A）或转录物（B）之间相互作用示意图。虽然直观，但这些类型的图表并不适合数学模型设计。请参见图6.23。

$$
\begin{aligned}
(\dot{mRNA_1}) &= \alpha_1 P_1^{g_1} P_2^{g_2} - \beta_1 (mRNA_1)^{h_1} \\
(\dot{mRNA_2}) &= \alpha_2 P_1^{g_3} - \beta_2 (mRNA_2)^{h_2} \\
\dot{P_1} &= \alpha_3 (mRNA_1)^{g_4} - \beta_3 P_1^{h_3} \\
\dot{P_2} &= \alpha_4 (mRNA_2)^{g_5} - \beta_4 P_2^{h_4}
\end{aligned}
\qquad (6.1)
$$

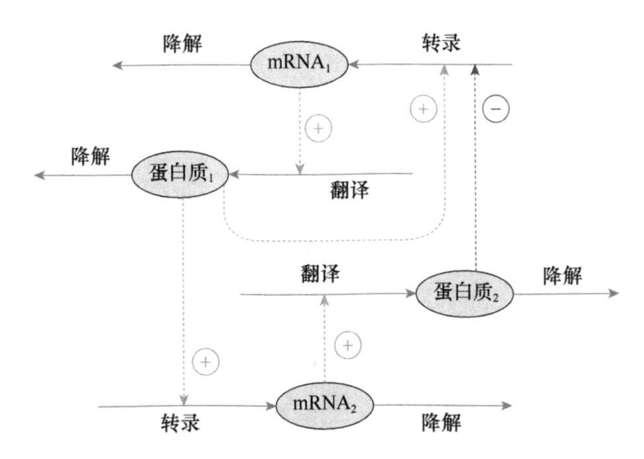

图6.23 图6.22B中图示的另一种表示，更适合设计数学模型。这种表示看起来更复杂，但它使过程明确，并立即规定了模型方程的设置，如式（6.1）。

在反向模式中，ODE模型已用于从已记录为时间序列的表达数据中推断基因相互作用网络（参见参考文献［91］和第5章）。**偏微分方程（partial differential equation，PDE）**模型已被用于解释细胞内的反应和扩散过程[92]。

第三类模型由**随机（stochastic）**公式组成，可以对个体和情景间基因表达的变异进行建模[93]。例如，可以在基因表达允许以明显随机的方式打开和关闭的系统中模拟出结果[94]。

最后，可以使用基于规则或**基于主体（agent-based）**的模型，这些模型允许模拟非常多样化和复杂的场景，但难以用数学方法进行分析[95]。我们将在第15章讨论这些方法。

基因表达的检测

当基因表达时，它被转录成mRNA，随后可以翻译成蛋白质。因此，测量基因表达意味着测量mRNA或蛋白质的出现。如果实际产生蛋白质，可以用各种方法评估其量，包括**蛋白质印迹（Western blot）**。这一名称的选择是由埃德温·萨瑟恩（Edwin Southern）开发的早期DNA检测的一种延续。在蛋白质印迹技术中，将细胞培养物或组织样品均质化并提取蛋白质。基于分子质量或其他标准，通过凝胶电泳分离蛋白质混合物。最常见的变体SDS-PAGE使用载有洗涤剂十二烷基硫酸钠（SDS）的缓冲液进行聚丙烯酰胺（PA）凝胶电泳（GE）。SDS带负电并覆盖蛋白质，因此蛋白质通过凝胶向带正电的电极移动。此外，SDS-PAGE可防止多肽和蛋白质形成三维结构（见第7章），因此可以通过分子质量分离蛋白质，因为较小的蛋白质可以更快地穿过聚丙烯酰胺凝胶。将凝胶的每个条带中的蛋白质转移（印迹）到膜上，在那里通过特异性抗体的结合探测它们。

成千上万的抗体可用于此目的。可以以各种方式检测这些抗体。最常见的检测方法是使用与酶［通常是辣根过氧化物酶（HRP）］结合的抗体，它将底物转化为可以检测和定量的发光产物。从技术上讲，第一抗体识别目标蛋白且由已知物种（如小鼠）产生。酶联的二抗识别小鼠抗体的恒定区；例如，山羊抗小鼠IgG-HRP是识别小鼠抗体并与HRP连接的山羊抗体。该构造允许信号的扩增并降低对更昂贵的酶联抗体的需求。作为酶连的替代，抗体可携带荧光或放射性标记物，使其可检测。

抗体方法是半定量的，但校准实验可以使它们定量，因此，可以推断出编码检测蛋白的基因的表达情况。关于基因表达的隐含假设是，靶基因实际上编码蛋白质，并且产生的蛋白质的量与基因表达的程度成比例。

基于蛋白质的方法的替代方案是测量对应于靶基因的转录物（即mRNA分子）的相对丰度。这种情况下的假设是，mRNA分子的数量（线性地）与基因表达的程度成比例。大约1/4个世纪里，用于此目的的基本技术是RNA印迹（**Northern blot**）（图6.24A，B）。同样，这个名字的选择与Southern的DNA测试相对应。RNA印迹方法也使用凝胶电泳，此时是基于它们的大小分离组织样品中的mRNA分子。随后，运用互补RNA或DNA。这种RNA或DNA用放射性同位素如^{32}P或化学发光标记物标记。探针与酶缀合，酶将无活性的化学发光底物代谢为发光的产物。如果标记的RNA或DNA在凝胶上找到匹配的配偶体，则它结合（杂交）上去，从而形成双链RNA或RNA-DNA对。洗去未结合的RNA或DNA后，检测化学发光。或者，可以通过曝光X线片用放射自显影检测放射性标记，该X线片在接收来自标签的辐射时变黑。黑化程度与RNA的量直接相关，这使得该方法是定量的。有数据库包含了数百个用于比较、搜索和识别的印迹[96]。

较新的mRNA定量方法是逆转录，继之以定量聚合酶链反应（**RT-PCR**）（图6.24C）。在逆转录步骤中，mRNA在逆转录酶作用下生成互补DNA链（**cDNA**）。该cDNA不对应整个mRNA，仅由相对短的区段组成。现在用定量实时PCR扩增cDNA模板（它也缩写为RT-PCR，可以加上“q”表示“定量”：RT-qPCR）。术语“实时”源于这样一个事实：人们可以使用只附着在双链DNA

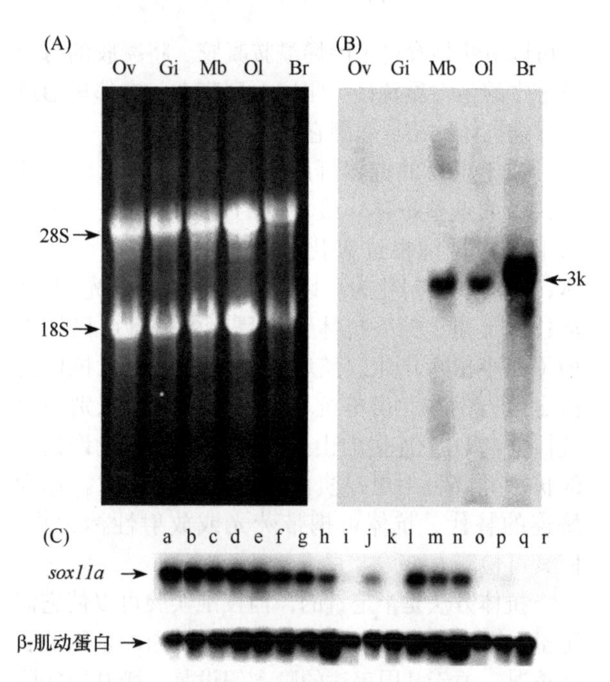

图6.24　评估基因表达的印迹技术。（A）（B）石斑鱼各组织中*sox11a*基因表达（mRNA）的RNA印迹，包括卵巢（Ov）、鳃丝（Gi）、中脑（Mb）、嗅球（Ol）和脑（Br），其中：（A）在琼脂糖凝胶上分离。（B）与标记的*sox11a* cDNA杂交的结果（图中"3k"应为"3kb"——译者注）。（C）石斑鱼不同组织（a～q；r作为阴性对照）中*sox11a*基因表达（mRNA）的RT-PCR和RNA印迹图［引自Zhang L，Zhu T，Lin D，et al. *Comput. Biochem. Physiol. B Biochem. Mol. Biol.* 157（2010）415-422. 经Elsevier许可］。

上的荧光染料，以实时监测到目前为止聚合了多少DNA。qPCR非常敏感，一旦建立标准，就非常准确。RT-qPCR的总体结果是每个细胞或一些小的确定体积中的mRNA数量。参考文献［16］中描述了替代方法。

RNA印迹和RT-PCR可用于精确测量少数mRNA。对于较大的任务，已经开发了其他方法。一个是基因表达的系列分析（SAGE）[16, 97, 98]。该方法允许相当精确地测量已知和未知的转录物。它首先从输入样本（如某些组织）中分离mRNA。将mRNA固定在色谱柱中并转化成cDNA，用限制性酶切割成10～15个核苷酸的短链［即所谓的**表达序列标签（EST）**］。组装小的cDNA链以形成称为多联体的长DNA分子，该分子通过插入细菌而复制，并随后测序。计算分析确定原始样本中存在的mRNA及它们的丰度。与大多数其他方法相反，SAGE不包括人工杂交步骤。该方法相当准确，不需要事先了解基因序列或其转录本。

用于大规模基因表达分析的第二类方法是使用**微阵列（microarray）**或**DNA芯片**（图6.25）。这

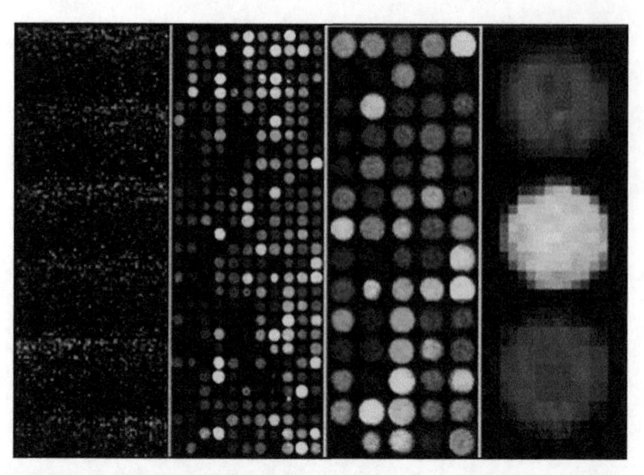

图6.25　cDNA微阵列载玻片的不同放大倍数。微阵列允许分析基因表达的变化，这里与人脑肿瘤的化学疗法相关。每个斑点都与特定基因相关联。不同的颜色代表健康和肿瘤细胞之间基因表达的差异。绿色代表健康对照DNA，红色代表与疾病相关的样品DNA，而黄色代表两者的组合。黑色区域对应于对照和样品均未与靶DNA杂交的斑点［引自Bredel M，Bredel C & Sikic BI. *Lancet Oncol.* 5（2004）89-100. 经Elsevier许可］。

些方法比SAGE便宜并且允许测试更多数量的基因。然而，结果的量化更困难且低于SAGE的准确率。微阵列和DNA芯片都使用杂交并且在概念上类似，但它们在使用的特定DNA类型上显著不同。在这两种情况下，都有数千种不同的DNA序列，称为探针，涂布在玻璃、塑料、硅片或尼龙膜的固定位置上。表征目的细胞**转录组（transcriptome）**的mRNA样本被转换成cDNA的混合物（称为靶标），用荧光染料标记，并应用于芯片或微阵列上。只要cDNA在斑点DNA探针中找到匹配的配偶体，它们就会杂交，形成双链DNA。洗涤后，去除未结合或松散结合的cDNA，用激光扫描芯片或微阵列检测结合的cDNA的荧光。与斑点结合的cDNA越多，荧光强度就越高。强度在计算上被转换成反映基因上下调状态的颜色[17]。微阵列和DNA芯片真正具有吸引力的特征是可以同时检测数千个基因。

在微阵列的情况下，DNA序列是合成的短DNA片段，称为寡核苷酸，或其他短DNA，如cDNA或聚合酶链反应的产物。因为所涉及的DNA量非常小，所以芯片上DNA的点样由机器人完成，荧光强度用激光扫描仪测量，结果用计算机软件和专门的统计数据解释。微阵列允许通过非常大量的斑点表征RNA群体。

一种特别有趣的选择是双色微阵列，用于比较两种样品中的DNA含量，如健康细胞和相应的癌细胞。对于该方法，从两种细胞类型制备cDNA，

并用两种荧光染料变体中的一种进行标记，所述荧光染料以不同的波长发光。将两个cDNA样品混合并与相同的微阵列杂交。激光扫描测量两种类型荧光的相对强度，这些强度可以通过计算方式转换为指示基因上调和下调状态的颜色[17]。

在DNA芯片的情况下，通过将核苷酸一个接一个地添加到芯片不同斑点中寡核苷酸的生长链中，直接在芯片上人工构建探针。使用复杂的光刻方法和光活化的核苷酸，在不同斑点中得到的寡核苷酸最终具有真正的、确定的序列。DNA芯片允许每平方厘米高达300 000个寡核苷酸的惊人密度，这允许非常详细地分析如DNA序列中的单核苷酸变化。

已经开发了这类方法的许多变体；感兴趣的读者可以阅读参考文献［16］和其他丰富的文献。每种新方法都面临着自己的技术挑战，并且有其优点和缺点。技术挑战和复杂性有时与输出数据的质量相关。例如，用第一个微阵列测量的基因表达水平仅具有几倍的准确度，并且必须谨慎考虑20%或50%的表达的表观变化。这些方法的准确性已经有了相当大的改进，并且还在继续。大量快速增长的基因表达数据集包括基因表达综合（Gene Expression Omnibus）[99]、基因表达图谱（Gene Expression Atlas）[100]及众多生物和组织特异的数据库。总的来说，这些数据库包含数十万个基因的信息。

用于测量基因表达水平的新的并可能最终取代微阵列的技术，包括新兴的基于测序的技术，如深度测序，它记录特定碱基的读取次数。这种转录组的深度测序，也称为**RNA-seq**（发音为RNA-seek），可以给出序列及发现特定RNA的频率。与基于杂交的技术相比，RNA-seq具有几个优势，包括独立于注释要求、提高了灵敏度、更宽的动态范围，以及评估特定RNA片段的频率和实际覆盖的基因组百分比[101]。

基因表达的定位

在一些系统中，令人感兴趣的不仅包括基因调节的程度，还有其在生物体内甚至在单个细胞内的定位。为了确定基因表达在空间和时间中的定位模式，再次聚焦于和靶基因相对应的mRNA或蛋白质。可以用标记的抗体检测蛋白质，或者通过将绿色荧光蛋白（**GFP**）的基因插入宿主生物体的基因组中，使其与靶基因处于相同的控制下。不仅如此，GFP的DNA序列可以插入另一个蛋白质编码区的框架内，产生GFP标记的蛋白质，从而可以跟踪蛋白质的定位和动力学（见第7章）。两种基因一起表达，GFP允许可视化它们的位置。mRNA也是可以可视化的，因为它们含有被相应RNA结合蛋白识别的特定定位元件或特征码，可以用荧光标记物如酪酰胺标记。

一个特别令人印象深刻的例子是发育期间不同组基因在特定位置的特定程度的表达。图6.26和图6.27中展示了完美的范例，它显示果蝇（*Drosophila*）早期胚胎发育过程中不同mRNA的定位，以及mRNA和蛋白质的搭配[102, 103]。

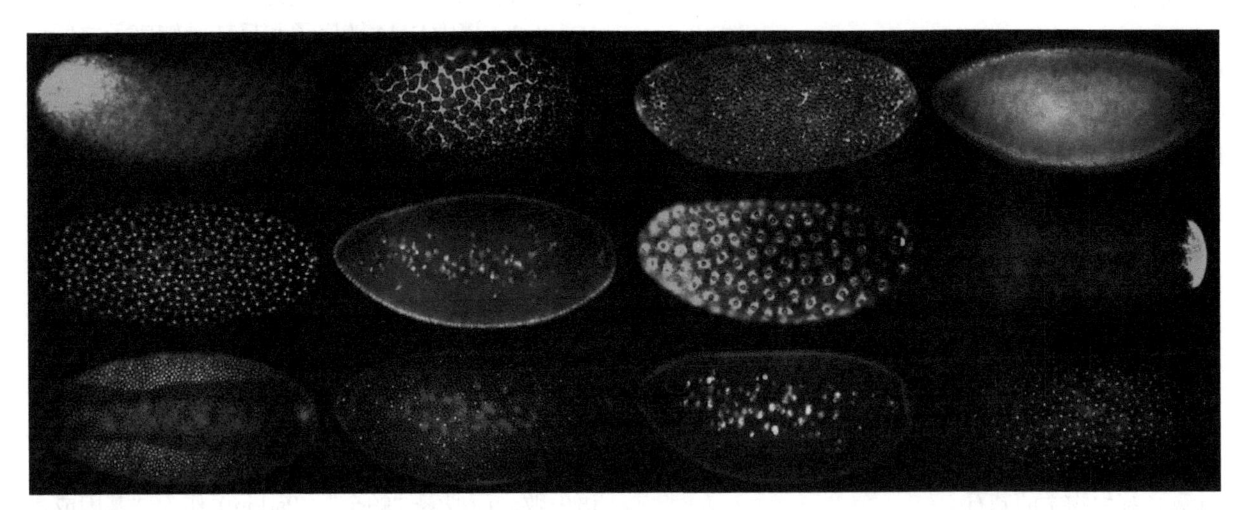

图6.26　果蝇中的许多mRNA在发育过程中显示出引人注目的亚细胞定位模式。在这种高分辨率荧光图像中，细胞核显示为红色，mRNA显示为绿色。胚胎的头部将在每个图像的左侧形成，顶部将成为它的背部［引自Martin KC & Ephrussi A. *Cell. Mol. Life Sci.* 136（2009）719-730. 经Elsevier许可］。

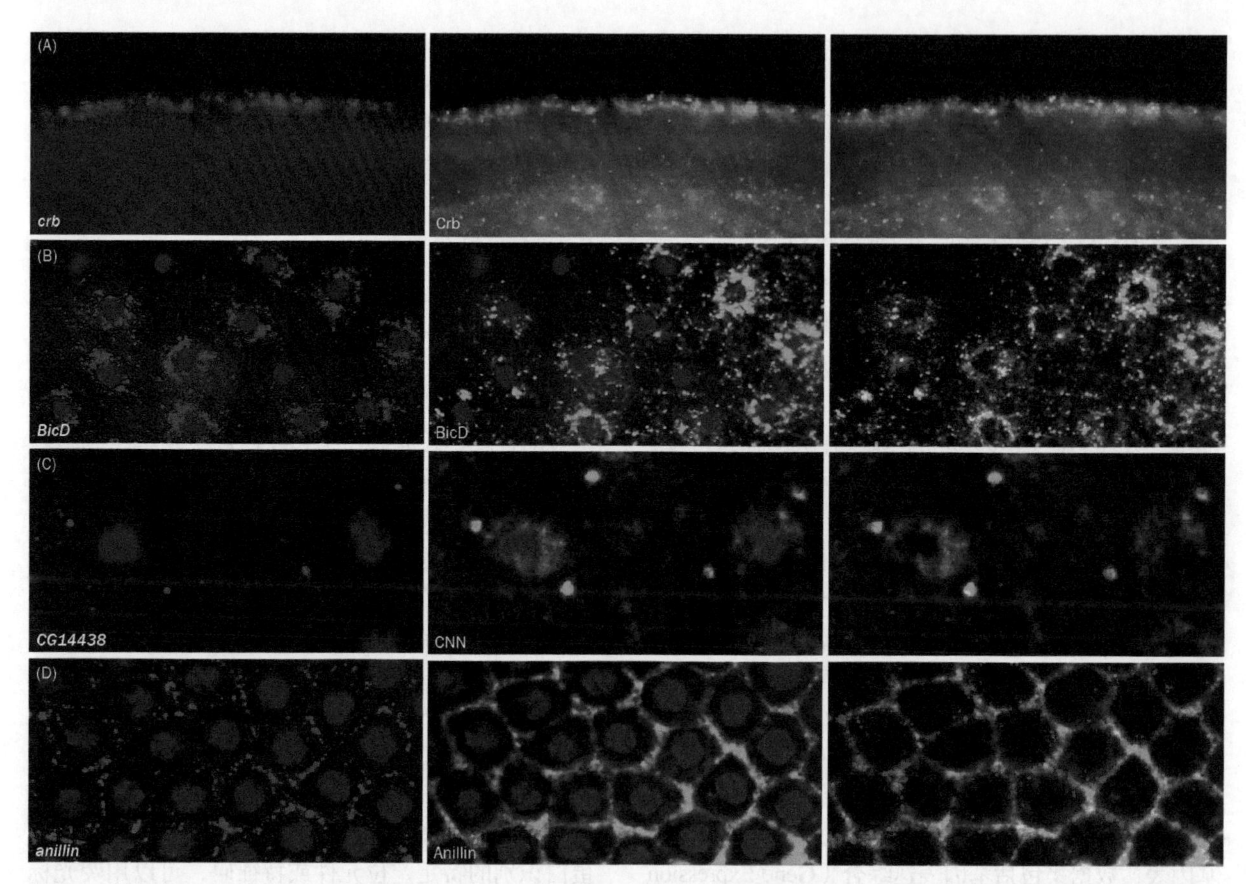

图6.27 果蝇（*Drosophila*）早期胚胎发育过程中mRNA（左列）和蛋白质（中列）的密切相关分布模式（右列）。使用所选mRNA、蛋白质或相关标记的双重染色获得图像。（A）位于顶端的mRNA/蛋白质。（B）（C）与细胞分裂组织相关的mRNA/蛋白质。（D）驻留在细胞连接处的mRNA/蛋白质。左侧和中间面板中的细胞核显示为蓝色。更仔细的分析表明，mRNA出现在相应蛋白质之前［引自Lécuyer E，Yoshida H，Parthasarathy N，et al. *Cell. Mol. Life Sci.* 131（2007）174-187. 经Elsevier许可］。

展望

基因组已经并将继续是一个非常令人兴奋的生物学研究领域。该领域的发展往往在其范围和速度上令人难以置信，但人们可能料到我们到目前为止也只是触及了表面。过去，大多数基因研究都集中在单个基因或静态基因调控网络上。该领域现在已经开始转向小RNA的作用，小RNA包含比任何人的预期更为关键和复杂的调控系统，以及用于调节和控制整个基因组中基因表达的其他方法，以便将正确的基因以正确的程度、在正确的时间和正确的地点进行转录。在可预见的未来，这些网络的调控和动态及其子网络的定位和集成无疑将成为实验和计算系统生物学的基石。

练　习

6.1　识别并描述重叠基因的例子。

6.2　收集有关DNA以外的生物材料的信息，这些生物材料可以从一代传递到下一代。

6.3　探索DNA转座子和反转录转座子之间的差异和相似之处。将你的发现总结在报告中。

6.4　GC碱基对含有三个氢键，而AT对仅含有两个氢键。请查明GC碱基对比AT碱基对强多少。

6.5　在一份两页的报告中讨论系统发育树是什么，以及它们是如何建立的。

6.6　格雷戈尔·孟德尔（Gregor Mendel）有时被称为“遗传之父”。在一页的报告中总结他的主要成就。

6.7　使用基因本体论（Gene Ontology）或其他一些网络资源来确定基因*Hs.376209*的功能。

6.8　解释为什么搜索“帕金森病”作为GO术语失败，而搜索“帕金”（Parkin）作为“基因或蛋白质”却可以找到与该疾病相关的基因。

6.9　获得有关QTL的几种变体的信息，称为eQTL（表达QTL）和pQTL［遗憾的是，它还可以表示表型（phenotypic）、生理（physiological）或蛋白质（protein）QTL］。描述它们优于传统QTL的优缺点。

6.10 人类中有多少DNA碱基对是编码基因的组成部分？

6.11 比较遗传和表观遗传。将你的发现总结在报告中。

6.12 了解细胞如何确保基因正确转化为mRNA和蛋白质。写一份简短的报告。

6.13 不搜索互联网，推测只有1000种的miRNA为何可以特异性地靶向所有人类基因的一半。然后，在文献和网上查看你的推测与实际的接近程度。

6.14 建立与RNA病毒相关的疾病清单。

6.15 确定人体中哪些细胞不含有与大多数其他细胞相同的基因。是否存在没有基因的活的人类细胞？

6.16 构建用于表达*lac*操纵子结构基因的布尔模型。为此，请查看文献或互联网上的布尔逻辑基础知识。然后给乳糖和葡萄糖赋值，如果它们在环境中不存在，则每个值为0，如果存在，则为1，并使用乘法和加法的组合来构建基因表达的“开”（1）和“关”（0）状态的公式。

6.17 确定线粒体DNA对人类进化研究的意义。解释为什么人类进化研究特别关注位于Y染色体上的基因。

6.18 讨论原始的分子生物学中心法则及其现代修正和改进。

6.19 在文献中搜索用统计方法从观察（或人工）数据出发推断基因网络连接关系的一项研究。写一页方法、结果和缺点的总结。

6.20 在文献中搜索用基于微分方程的方法从观察（或人工）数据推断基因网络连接关系的一项研究。写一页方法、结果和缺点的总结。

6.21 木村（Kimura）及其合作者描述了一种推断遗传网络结构的方法。像许多其他作者一样，他们创建了一个人工遗传网络（图6.28），其中蓝色和红色箭头表示“正向”和“负向”调控。在这种情况下，“调控”是什么意思？它的生物学基础是什么？

6.22 讨论建立图6.28中基因网络数学模型的不同选项。以符号形式建立数学模型。估算数学模型的参数值需要哪些数据？你需要什么类型的算法进行估算？

6.23 阅读施利特（Schlitt）和布拉子码（Brazma）[87]对基因调控模型的综述，并撰写关于在该领域使用不同模型的简要报告。

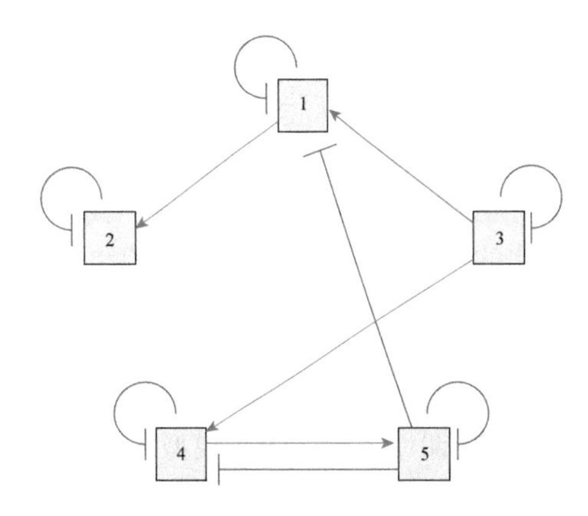

图6.28 人工遗传网络，用于测试推断算法［改编自Kimura S，Sonoda K，Yamane S，et al. *BMC Bioinformatics* 9（2008）23. 经Biomed Central许可］。

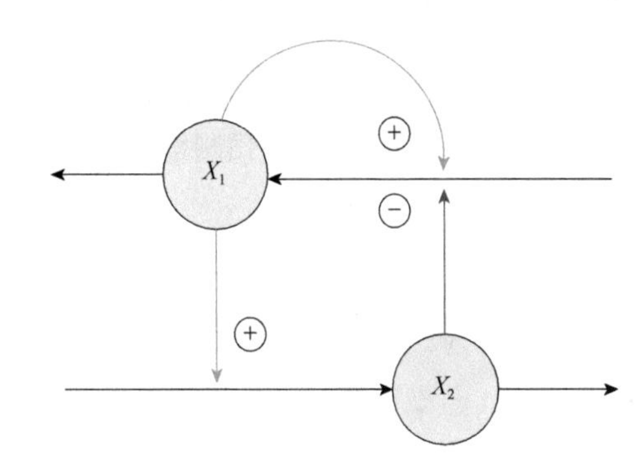

图6.29 人工系统，其中两个基因间接调节彼此的表达。

6.24 假设两个基因以图6.29所示的方式间接调节彼此的表达，其中绿色箭头表示直接或间接激活效应，红色箭头表示抑制。该系统的可能模型具有如下形式：

$$\dot{X}_1=\alpha_1 X_1^{0.4}X_2^{-0.15}-X_1^{0.2}$$
$$\dot{X}_2=X_1-X_2^{0.2}$$

首先设置α_1和初始值等于1。研究该系统对参数α_1不同值的响应。讨论α_1是正是负。改变动力学阶数并研究其影响。将你的发现总结在报告中。

6.25 实现图6.30中人工基因网络的模型。首先，从如下模型开始：

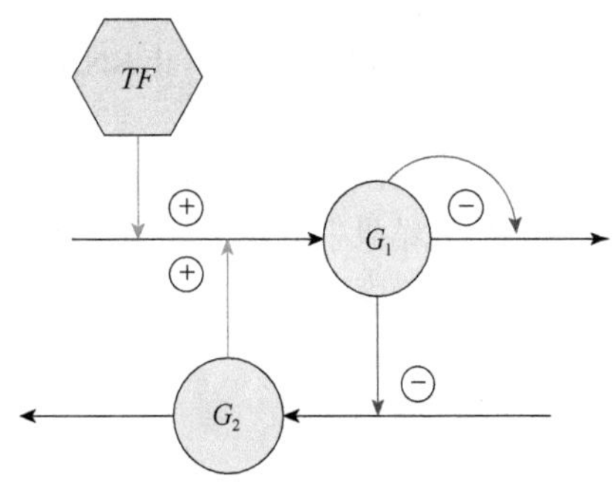

图6.30 人工基因网络。虽然该系统仅由两个基因和一个转录因子组成，但它可以产生有趣的动态。

$$\dot{G}_1 = \alpha_1 TFG_2 - \beta_1 G_1^{-0.5}$$
$$\dot{G}_2 = \alpha_2 G_1^{-1} - \beta_2 G_2^{0.5}$$

并设置所有速率常数、初始值及转录因子（*TF*）的值为1。以不同的初始值启动系统。其次，研究*TF*值变化的影响。最后，研究系统的动态如何随参数值的变化而变化，包括与G_1相关的负动力学阶数。

6.26　使用幂律函数（见第4章），为图6.31A所示的简单代谢途径建立ODE模型。选择介于0.2和0.8之间的动力学阶数，并根据你的喜好调整速率常数。研究途径对输入变化的反应。在练习的第二阶段，使用相同的系统，但扩展它以反映图6.31B中的系统，其中最终产物*Z*影响转录因子（*TF*）的产生，转录因子（*TF*）打开基因*G*，该基因编码酶*E*，催化*X*转化为*Y*。根据你的喜好选择合适的参数值。在模拟之前，预测增加*TF*、*G*和*E*的效果。

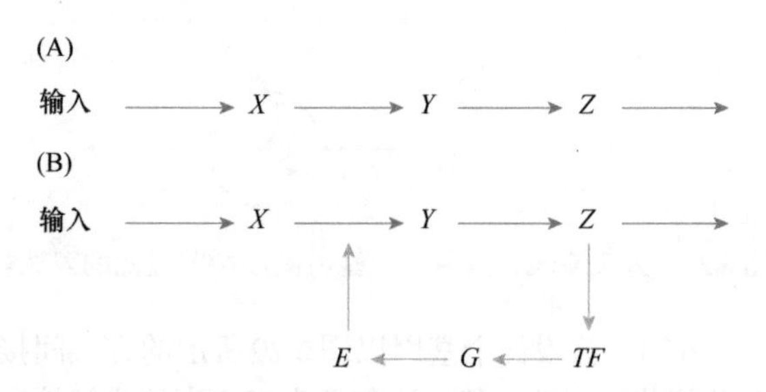

图6.31　有和没有基因组反馈的通路。（A）中系统对输入变化的响应很容易预测，但（B）中的系统则不然。

6.27　许多研究明确或隐含地假设基因转录成mRNA并且mRNA被翻译成蛋白质，因此，基因表达和蛋白质产生之间存在直接的线性相关性。在文献和互联网上搜索支持或反对该假设的生物有效性的信息。讨论该假设对设计描述转录翻译过程模型的意义。

6.28　探索DNA分析的Southern印迹细节，并在一页的报告中总结亮点。

6.29　找出人们通常如何阻止RNA形成二级结构，从而阻碍杂交的方法。

6.30　探索SAGE、微阵列或DNA芯片实验中的哪些步骤会导致结果中的最大不确定性。比较三种方法可达到的准确度。

参 考 文 献

[1] Crick FHC. On protein synthesis. Symp. Soc. Exp. Biol. 12 (1956) 139-163. [An early draft of an article describing the Central Dogma. Also available at http://profiles.nlm.nih.gov/ps/access/SCBBFT.pdf.]

[2] Crick FHC Central dogma of molecular biology. *Nature* 227 (1970) 561-563.

[3] Cowart LA, Shotwell M, Worley ML, et al. Revealing a signaling role of phytosphingosine-1-phosphate in yeast. *Mol. Syst. Biol.* 6 (2010) 349.

[4] Schuit F, Flamez D, de Vos A & Pipeleers D. Glucose-regulated gene expression maintaining the glucose-responsive state of β-cells. *Diabetes* 51 (2002) S326-S332.

[5] Merino E, Jensen RA & Yanofsky C. Evolution of bacterial trp operons and their regulation. *Curr. Opin. Microbiol.* 11 (2008) 78-86.

[6] Rock F, Gerrits N, Kortstee A, van Kampen M, Borrias M, Weisbeek P & Smeekens S. Sucrose-specific signalling represses translation of the Arabidopsis ATB2 bZIP transcription factor gene. *Plant J.* 15 (1988) 253-263.

[7] Elgar G & Vavouri T. Tuning in to the signals: noncoding sequence conservation in vertebrate genomes. *Trends Genet.* 24 (2008) 344-352.

[8] Noble D. Claude Bernard, the first systems biologist, and the future of physiology. *Exp. Physiol.* 93 (2008) 16-26.

[9] Breton S, Beaupre HD, Stewart DT, et al. The unusual system of doubly uniparental inheritance of mtDNA: Isn't one enough? *Trends Genet.* 23 (2007) 465-474.

[10] Siefert JL. Defining the mobilome. *Methods Mol. Biol.* 532 (2009) 13-27.

[11] Keeling PJ. Functional and ecological impacts of horizontal gene transfer in eukaryotes. *Curr. Opin. Genet. Dev.* 19 (2009) 613-619.

[12] Nikaido H. Multidrug resistance in bacteria. *Annu. Rev. Biochem.* 78 (2009) 119-146.

[13] Tang YW & Stratton CW. Staphylococcus aureus: an old pathogen with new weapons. *Clin. Lab. Med.* 30 (2010) 179-208.

[14] Sinzelle L, Izsvak Z & Ivics Z. Molecular domestication of transposable elements: from detrimental parasites to useful host genes. *Cell. Mol. Life Sci.* 66 (2009) 1073-1093.

[15] Batzer MA & Deininger PL. Alu repeats and human genomic diversity. *Nat. Rev. Genet.* 3 (2002) 370-379.

[16] Brown TA. Genomes, 3rd ed. Garland Science, 2006.

[17] Zvelebil M & Baum JO. Understanding Bioinformatics.

Garland Science, 2007.
[18] Alberts B, Johnson A, Lewis J, et al. Molecular Biology of the Cell, 6th ed. Garland Science, 2015.
[19] Human Genome Project (HGP). Insights Learned from the Human DNA Sequence. https: //www.genome.gov/12011238/an-overview-of-the-human-genome-project/.
[20] Buehler LK & Rashidi HH (eds). Bioinformatics Basics: Applications in Biological Science and Medicine, 2nd ed. CRC Press, 2005.
[21] Maddox B. The double helix and the wronged heroine. *Nature* 421 (2003) 407-408.
[22] Watson JD & Crick FHC. A structure for deoxyribose nucleic acid. *Nature* 171 (1953) 737-738.
[23] Gregory TR & Hebert PD. The modulation of DNA content: proximate causes and ultimate consequences. *Genome Res.* 9 (1999) 317-324.
[24] Fugu Genome Project. http://www.fugu-sg.org/.
[25] Black DL. Mechanisms of alternative pre-messenger RNA splicing. *Annu. Rev. Biochem.* 72 (2003) 291-336.
[26] Wu H & Moore E. Association analysis of the general environmental conditions and prokaryotes' gene distributions in various functional groups. *Genomics* 96 (2010) 27-38.
[27] Vaidyanathan S & Goodacre R. Metabolome and proteome profiling for microbial characterization. In Metabolic Profiling: Its Role in Biomarker Discovery and Gene Function Analysis (GG Harrigan & R Goodacre, eds), pp 9-38. Kluwer, 2003.
[28] Durban R, Eddy S, Krogh A & Mitchison G. Biological Sequence Analysis: Probabilistic Models of Proteins and Nucleic Acids. Cambridge University Press, 1998.
[29] Zhou F, Olman V & Xu Y. Barcodes for genomes and applications. *BMC Bioinformatics* 9 (2008) 546.
[30] The Gene Ontology Project. http://www.geneontology.org/.
[31] Da Costa e Silva L & Zeng ZB. Current progress on statistical methods for mapping quantitative trait loci from inbred line crosses. *J. Biopharm. Stat.* 20 (2010) 454-481.
[32] Mittler R & Blumwald E. Genetic engineering for modern agriculture: challenges and perspectives. *Annu. Rev. Plant Biol.* 61 (2010) 443-462.
[33] van Eeuwijk FA, Bink MC, Chenu K & Chapman SC. Detection and use of QTL for complex traits in multiple environments. *Curr. Opin. Plant Biol.* 13 (2010) 193-205.
[34] Singh V, Tiwari RL, Dikshit M & Barthwal MK. Models to study atherosclerosis: a mechanistic insight. *Curr. Vasc. Pharmacol.* 7 (2009) 75-109.
[35] Zhong H, Beaulaurier J, Lum PY, et al. Liver and adipose expression associated SNPs are enriched for association to type 2 diabetes. *PLoS Genet.* 6 (2010) e1000932.
[36] Botstein D, White RL, Skolnick M & Davis RW. Construction of a genetic linkage map in man using restriction fragment length polymorphisms. *Am. J. Hum. Genet.* 32 (1980) 314-331.
[37] Weedon MN, Lango H, Lindgren CM, et al. Genome-wide association analysis identifies 20 loci that influence adult height. *Nat. Genet.* 40 (2008) 575-583.
[38] Weiss KM. Tilting at quixotic trait loci (QTL): an evolutionary perspective on genetic causation. *Genetics* 179 (2008) 1741-1756.
[39] Ohno S. So much "junk" DNA in our genome. *Brookhaven Symp. Biol.* 23 (1972) 366-370.
[40] Wheeler DA, Srinivasan M, Egholm M, et al. The complete genome of an individual by massively parallel DNA sequencing. *Nature* 452 (2008) 872-876.
[41] DNA Data Bank of Japan (DDBJ). http://www.ddbj.nig.ac.jp/.
[42] National Center for Biotechnology Information (NCBI). Databases. http://www.ncbi.nlm.nih.gov/guide/all/.
[43] NCBI. GenBank. http://www.ncbi.nlm.nih.gov/genbank/.
[44] Xu Y & Gogarten JP (eds). Computational Methods for Understanding Bacterial and Archaeal Genomes. Imperial College Press, 2008.
[45] Arold ST, Leonard PG, Parkinson GN & Ladbury JE. H-NS forms a superhelical protein scaffold for DNA condensation. *Proc. Natl Acad. Sci. USA* 107 (2010) 15728-15732.
[46] Narlikar GJ. A proposal for kinetic proof reading by ISWI family chromatin remodeling motors. *Curr. Opin. Chem. Biol.* 14 (2010) 660-665.
[47] Huang YW, Kuo CT, Stoner K, et al. An overview of epigenetics and chemoprevention. *FEBS Lett.* 585 (2011) 2129-2136.
[48] Yoo CB & Jones PA. Epigenetic therapy of cancer: past, present and future. *Nat. Rev. Drug Discov.* 5 (2006) 37-50.

[49] Chi YI, Martick M, Lares M, et al. Capturing hammerhead ribozyme structures in action by modulating general base catalysis. *PLoS Biol.* 6 (2008) e234.

[50] Nissen P, Hansen J, Ban N, et al. The structural basis of ribosome activity in peptide bond synthesis. *Science* 289 (2000) 920-930.

[51] Liu Q & Paroo Z. Biochemical principles of small RNA pathways. *Annu. Rev. Biochem.* 79 (2010) 295-319.

[52] Siomi H & Siomi MC. On the road to reading the RNA-interference code. *Nature* 457 (2009) 396-404.

[53] Napoli C, Lemieux C & Jorgensen R. Introduction of a chimeric chalcone synthase gene into petunia results in reversible co-suppression of homologous genes in trans. *Plant Cell* 2 (1990) 279-289.

[54] Deng W, Zhu X, Skogerbø G, et al. Organization of the *Caenorhabditis elegans* small noncoding transcriptome: genomic features, biogenesis, and expression. *Genome Res.* 16 (2006) 20-29.

[55] Pillai RS, Bhattacharyya SN & Filipowicz W. Repression of protein synthesis by miRNAs: How many mechanisms? *Trends Cell Biol.* 17 (2007) 118-126.

[56] Chen J, Wang L, Matyunina LV, et al. Overexpression of miR-429 induces mesenchymal-to-epithelial transition (MET) in metastatic ovarian cancer cells. *Gynecol. Oncol.* 121 (2011) 200-205.

[57] Gregory PA, Bracken CP, Bert AG & Goodall GJ. MicroRNAs as regulators of epithelial-mesenchymal transition. *Cell Cycle* 7 (2008) 3112-3118.

[58] Lai X, Bhattacharya A, Schmitz U, Kunz M, Vera J. & Wolkenhauer O. A systems' biology approach to study microRNA-mediated gene regulatory networks. *Biomed. Res. Int.* 2013 (2013) Article ID 703849.

[59] Lai X, Wolkenhauer O & Vera J. Understanding microRNA-mediated gene regulatory networks through mathematical modelling. *Nucleic Acids Res.* 44 (2016) 6019-6035.

[60] Mayer G. Bacteriology—Chapter Nine: Genetic regulatory mechanism. In Microbiology and Immunology On-line. University of South Carolina School of Medicine. http://www.microbiologybook.org/mayer/geneticreg.htm.

[61] Savageau MA. Design of molecular control mechanisms and the demand for gene expression. *Proc. Natl Acad. Sci. USA* 74 (1977) 5647-5651.

[62] Adam M, Murali B, Glenn NO & Potter SS. Epigenetic inheritance based evolution of antibiotic resistance in bacteria. *BMC Evol. Biol.* 8 (2008) 52.

[63] Jacob F, Perrin D, Sanchez C & Monod J. Operon: a group of genes with the expression coordinated by an operator. *C. R. Hebd. Séances Acad. Sci.* 250 (1960) 1727-1729.

[64] Wong P, Gladney S & Keasling J. Mathematical model of the lac operon: Inducer exclusion, catabolite repression, and diauxic growth on glucose and lactose. *Biotechnol. Prog.* 13 (1997) 132-143.

[65] Vilar JMG, Guet CC & Leibler S. Modeling network dynamics: the lac operon, a case study. *J. Cell. Biol.* 161 (2003) 471-476.

[66] Yildrim N & Mackey MC. Feedback regulation in the lactose operon: a mathematical modeling study and comparison with experimental data. *Biophys. J.* 84 (2003) 2841-2851.

[67] Tian T & Burrage K. A mathematical model for genetic regulation of the lactose operon. In Computational Science and its Applications—ICCSA 2005. Lecture Notes in Computer Science, Volume 3481 (O Gervasi, ML Gavrilova, V Kumar, et al., eds). pp 1245-1253. Springer-Verlag, 2005.

[68] Savageau MA. Demand theory of gene regulation. I. Quantitative development of the theory. *Genetics* 149 (1998) 1665-1676.

[69] Su Z, Li G & Xu Y. Prediction of regulons through comparative genome analyses. In Computational Methods for Understanding Bacterial and Archaeal Genomes (Y Xu & JP Gogarten, eds), pp 259-279. Imperial College Press, 2008.

[70] Yin Y, Zhang H, Olman V & Xu Y. Genomic arrangement of bacterial operons is constrained by biological pathways encoded in the genome. *Proc. Natl Acad. Sci. USA* 107 (2010) 6310-6315.

[71] RegulonDB Database. http://regulondb.ccg.unam.mx/.

[72] Che D, Li G, Mao F, et al. Detecting uber-operons in prokaryotic genomes. *Nucleic Acids Res.* 34 (2006) 2418-2427.

[73] Godon C, Lagniel G, Lee J, et al. The H2O2 stimulon in *Saccharomyces cerevisiae*. *J. Biol. Chem.* 273 (1998) 22480-22489.

[74] Igarashi K & Kashiwagi K. Polyamine modulon in Escherichia coli: genes involved in the stimulation of cell growth by polyamines. *J. Biochem.* 139 (2006) 11-16.

[75] Brinkrolf K, Schröder J, Pühler A & Tauch

A. The transcriptional regulatory repertoire of Corynebacterium glutamicum: reconstruction of the network controlling pathways involved in lysine and glutamate production. *J. Biotechnol.* 149 (2010) 173-182.

[76] Covert MW, Knight EM, Reed JL, et al. Integrating high-throughput and computational data elucidates bacterial networks. *Nature* 429 (2004) 92-96.

[77] Samal A & Jain S. The regulatory network of E. coli metabolism as a Boolean dynamical system exhibits both homeostasis and flexibility of response. *BMC Syst. Biol.* 2 (2008) 21.

[78] Carro MS, Lim WK, Alvarez MJ, et al. The transcriptional network for mesenchymal transformation of brain tumours. *Nature* 463 (2010) 318-325.

[79] Basso K, Margolin AA, Stolovitzky G, et al. Reverse engineering of regulatory networks in human B cells. *Nat. Genet.* 37 (2005) 382-390.

[80] Martínez-Antonio A & Collado-Vides J. Comparative mechanisms for transcription and regulatory signals in archaea and bacteria. In Computational Methods for Understanding Bacterial and Archaeal Genomes (Y Xu & JP Gogarten, eds), pp 185-208. Imperial College Press, 2008.

[81] Plahte E, Mestl T & Omholt SW. A methodological basis for description and analysis of systems with complex switch-like interactions. *J. Math. Biol.* 36 (1998) 321-348.

[82] Gardner TS, di Bernardo D, Lorenz D & Collins JJ. Inferring genetic networks and identifying compound mode of action via expression profiling. *Science* 301 (2003) 102-105.

[83] Geier F, Timmer J & Fleck C. Reconstructing gene-regulatory networks from time series, knock-out data, and prior knowledge. *BMC Syst. Biol.* 1 (2007) 11.

[84] Nakatsui M, Ueda T, Maki Y, et al. Method for inferring and extracting reliable genetic interactions from time-series profile of gene expression. *Math. Biosci.* 215 (2008) 105-114.

[85] Yeung MK, Tegner J & Collins JJ. Reverse engineering gene networks using singular value decomposition and robust regression. *Proc. Natl Acad. Sci. USA* 99 (2002) 6163-6168.

[86] de Jong H. Modeling and simulation of genetic regulatory systems: a literature review. *J. Comput. Biol.* 9 (2002) 67-103.

[87] Schlitt T & Brazma A. Current approaches to gene regulatory network modelling. *BMC Bioinformatics* 8 (Suppl 6) (2007) S9.

[88] Le Novère N. Quantitative and logic modelling of molecular and gene networks. *Nat. Rev. Genet.* 16 (2015) 146-158.

[89] Tong AH, Lesage G, Bader GD, et al. Global mapping of the yeast genetic interaction network. *Science* 303 (2004) 808-813.

[90] Babu M, Musso G, Diaz-Mejia JJ, et al. Systems-level approaches for identifying and analyzing genetic interaction networks in Escherichia coli and extensions to other prokaryotes. *Mol. Biosyst.* 5 (2009) 1439-1455.

[91] Gasch AP, Spellman PT, Kao CM, et al. Genomic expression programs in the response of yeast cells to environmental changes. *Mol. Biol. Cell* 11 (2000) 4241-4257.

[92] Reinitz J & Sharp DH. Gene circuits and their uses. In Integrative Approaches to Molecular Biology (J Collado-Vides, B Magasanik & TF Smith, eds), pp. 253-272. MIT Press, 1996.

[93] McAdams HH & Arkin A. It's a noisy business! Genetic regulation at the nanomolar scale. *Trends Genet.* 15 (1999) 65-69.

[94] Gardner TS, Cantor CR & Collins JJ. Construction of a genetic toggle switch in *Escherichia coli*. *Nature* 403 (2000) 339-342.

[95] Zhang L, Wang Z, Sagotsky JA & Deisboeck TS. Multiscale agent-based cancer modeling. *J. Math. Biol.* 58 (2009) 545-559.

[96] Medicalgenomics. BlotBase. http://www.medicalgenomics.org/blotbase/.

[97] Sagenet. SAGE: Serial Analysis of Gene Expression. http://www.sagenet.org/.

[98] Velculescu VE, Zhang L, Vogelstein B & Kinzler KW. Serial analysis of gene expression. *Science* 270 (1995) 484-487.

[99] NCBI. GEO: Gene Expression Omnibus. http://www.ncbi.nlm.nih.gov/geo/.

[100] European Molecular Biology Laboratory-European Bioinformatics Institute (EMBL-EBI). ATLAS: Gene Expression Atlas. http://www.ebi.ac.uk/gxa/.

[101] Croucher NJ & Thomson NR. Studying bacterial transcriptomes using RNA-seq. *Curr. Opin. Microbiol.* 13 (2010) 619-624.

[102] Martin KC & Ephrussi A. mRNA localization: gene expression in the spatial dimension. *Cell. Mol. Life Sci.* 136 (2009) 719-730.

[103] Lécuyer E, Yoshida H, Parthasarathy N, et al.

Global analysis of mRNA localization reveals a prominent role in organizing cellular architecture and function. *Cell. Mol. Life Sci.* 131 (2007) 174-187.

拓 展 阅 读

Brown TA. Genomes, 3rd ed. Garland Science, 2006.

Carro MS, Lim WK, Alvarez MJ, et al. The transcriptional network for mesenchymal transformation of brain tumours. *Nature* 463 (2010) 318-325.

de Jong H. Modeling and simulation of genetic regulatory systems: a literature review. *J. Comput. Biol.* 9 (2002) 67-103.

Durban R, Eddy S, Krogh A & Mitchison G. Biological Sequence Analysis: Probabilistic Models of Proteins and Nucleic Acids. Cambridge University Press, 1998.

Huang YW, Kuo CT, Stoner K, et al. An overview of epigenetics and chemoprevention. *FEBS Lett.* 585 (2011) 2129-2136.

Noble D. The Music of Life; Biology Beyond Genes. Oxford University Press, 2006.

Schlitt T & Brazma A. Current approaches to gene regulatory network modelling. *BMC Bioinformatics* 8 (Suppl 6) (2007) S9.

Zvelebil M & Baum JO. Understanding Bioinformatics. Garland Science, 2007.

7 蛋白质系统

读完本章，你应能够：

- 讨论蛋白质的类型及其作用
- 描述蛋白质的基本化学特性
- 解释蛋白质结构的4个层级水平
- 从数据库中检索有关蛋白质晶体结构的信息
- 概述蛋白质分离和蛋白质组学技术的概念
- 讨论蛋白质结构预测和蛋白质定位的基本概念
- 描述蛋白质之间及蛋白质与其他分子之间的相互作用

生物系统类似复杂的机器，蛋白质相当于大部分齿轮、垫圈、阀门、传感器和放大器。实际上，蛋白质是活细胞中最通用和最迷人的分子。尽管所有蛋白质通常具有相同的分子组成，但它们的大小、功能和作用极其多样化，并且它们对生命的重要性怎么评估都不为过。蛋白质不断被产生和消耗，一些蛋白质存在仅仅几分钟或更短时间，而其他蛋白质，如人眼晶状体中的蛋白质，持续整个人的一生。自从瑞典化学家约恩斯·雅各布·伯齐利厄斯（Jöns Jacob Berzelius）在1838年创造了蛋白质（来自希腊语“首要的”）这一术语，由于它们的核心重要性和多功能性，在过去的两个世纪中积累了大量关于蛋白质的信息。现在可以获得各个方面的蛋白质数据库[1-4]。蛋白质一直是众多学科领域的研究主题，包括生物化学和蛋白质化学，分子、结构和计算生物学，代谢工程，生物信息学，蛋白质组学，系统生物学和合成生物学。然而，我们今天所知道的可能只是冰山一角。因此，本章不会以应有的方式描绘蛋白质的所有方面，甚至不会像计算生物学和生物信息学的文本所全面涵盖的那样（如参考文献［5］）提供相关主题的更多细节。相反，它将关注蛋白质的一些主要特征，并讨论那些对生物系统的动态功能特别重要的作用。我们先介绍蛋白质的一些化学特性及其根据基因组中提供的指令进行组装的过程。探索蛋白质已知特性一个很好的起点是人类蛋白质图谱[6]。

蛋白质的化学和物理特征

蛋白质是由氨基酸组成的聚合物，通过**肽键**（**peptide bond**）连接成线性链（图7.1）。每个氨

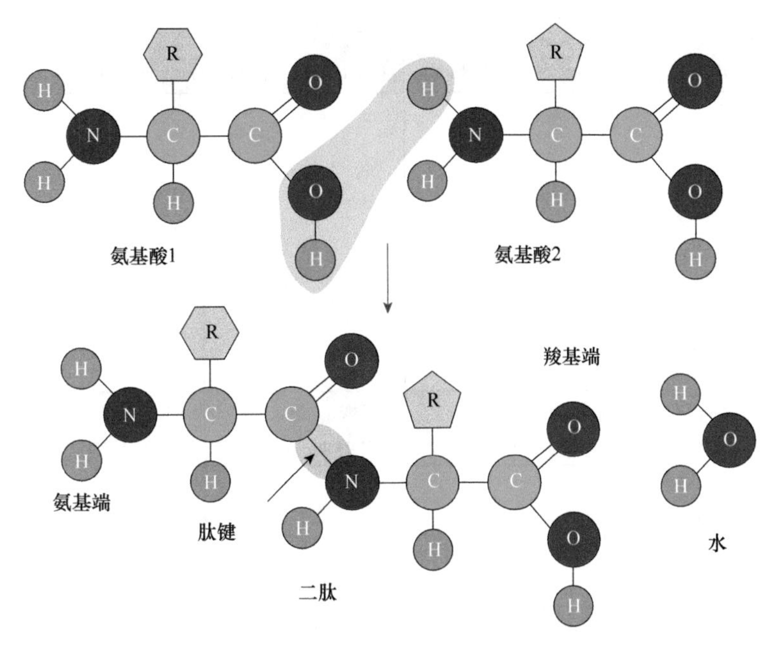

图7.1 两个氨基酸之间肽键的通用表示。R代表每种氨基酸特定的分子侧链。

基酸单元（或聚合物的残基）具有特定的分子侧链，在图7.1中用R表示。侧链的化学性质决定了氨基酸的特征，而氨基酸的特征共同决定了蛋白质的特征。重要的是，侧链可以通过不同的非共价机制相互作用，如氢键和范德瓦尔斯力。此外，氨基酸残基的空间排列受疏水效应（它倾向于使蛋白质的堆积密度最大化）、共价连接及被称为盐桥的离子键的影响。相同或不同蛋白质的远距离氨基酸侧链之间的相互作用导致交联和蛋白质**三级（三维）结构（tertiary structure）**的形成（参见后文）。它们还负责蛋白质的稳定性。值得注意的是最普遍的共价连接，即两个半胱氨酸残基之间的二硫键，它非常重要以至于得到的二聚（双组分）氨基酸具有其自己的名称：胱氨酸。自然界中几乎所有生物都使用20种L型氨基酸（表7.1）。然而，正如在自然界中常见的那样，也有例外：极少数生物利用另外两种氨基酸，即硒代半胱氨酸和吡咯赖氨酸[7, 8]。

表7.1　按字母排序的氨基酸及其缩写形式

通用主干以蓝色显示。氨基酸名称的颜色编码代表侧链的类型：橙色，疏水；绿色，带正电荷；红色，带负电荷；黄色，极性不带电荷；蓝绿色，特殊情况；紫色，非标准氨基酸。

氨基酸通式 generic amino acid	氨基酸通式（简化表示）generic amino acid (simplified notation)	丙氨酸 alanine（A/Ala）	精氨酸 arginine（R/Arg）	天冬酰胺 asparagine（N/Asn）	天冬氨酸 aspartic acid（D/Asp）
OH, O=C, H—C—NH$_2$, R	OH, O=, NH$_2$, R	OH, O=, NH$_2$	OH, O=, NH$_2$, NH, H$_2$N, ⊕NH$_2$	OH, O=, NH$_2$, O, NH$_2$	OH, O=, NH$_2$, O⊖, O
半胱氨酸 cysteine（C/Cys）	谷氨酸 glutamic acid（E/Glu）	谷氨酰胺 glutamine（Q/Gln）	甘氨酸 glycine（G/Gly）	组氨酸 histidine（H/His）	异亮氨酸 isoleucine（I/Ile）
OH, O=, NH$_2$, SH	OH, O=, NH$_2$, O, O⊖	OH, O=, NH$_2$, O, NH$_2$	OH, O=, NH$_2$	OH, O=, NH$_2$, N, NH	OH, O=, NH$_2$
亮氨酸 leucine（L/Leu）	赖氨酸 lysine（K/Lys）	甲硫氨酸 methionine（M/Met）	苯丙氨酸 phenylalanine（F/Phe）	脯氨酸 proline（P/Pro）	吡咯赖氨酸 pyrrolysine（O/Pyl）
OH, O=, NH$_2$	OH, O=, NH$_2$, ⊕NH$_3$	OH, O=, NH$_2$, S	OH, O=, NH$_2$	OH, O=, NH	OH, O=, NH$_2$, NH, N, O, CH$_3$
硒代半胱氨酸 selenocysteine（U/Sec）	丝氨酸 serine（S/Ser）	苏氨酸 threonine（T/Thr）	色氨酸 tryptophan（W/Trp）	酪氨酸 tyrosine（Y/Tyr）	缬氨酸 valine（V/Val）
OH, O=, NH$_2$, SeH	OH, O=, NH$_2$, OH	OH, O=, NH$_2$, HO	OH, O=, NH$_2$, NH	OH, O=, NH$_2$, OH	OH, O=, NH$_2$

正如我们在第6章中讨论的那样，蛋白质是通过转录、翻译及可能的后续修饰从生物体基因组内的DNA片段产生的。具体地，蛋白质内的每个氨基酸对应于DNA密码子，密码子由遗传密码内的三个核苷酸组成，被转录成匹配的RNA密码子。因为DNA由4种核苷酸组成，所以可能存在4×4×4=64个不同的密码子。其中一些用作转录的起始或终止信号，但所剩密码子还是比编码20个氨基酸所需的更多，因此大多数氨基酸由多个密码子编码（表7.2）。事实上，在诸如丙氨酸的情形中，密码子的第三个核苷酸实际上是（尽管不全是）无关紧要的。虽然不同的密码子可以表示相同的氨基酸（这种现象称为摆动），但反过来则不然：每个密码子编码一个且只有一个氨基酸，或者如数学家所说，转录-翻译系统实现了“多对一的映射”。尽管如此，密码子的选择显然不是随机的。例如，不同的物种通常更喜欢特定的密码子，这种现象称为密码子使用偏好（参见参考文献［9］中的表3）。在原核生物中，这种偏好非常明显，以至于物种可以根据密码子进行条形码编码[10]（见第6章）。同样令人感兴趣的是，研究似乎表明，替代密码子虽然产生相同的氨基酸，但在某些情况下仍会影响蛋白质的功能[11]。

表7.2 氨基酸及其相应的RNA密码子

Ala	GCA，GCC，GCG，GCU	**Leu**	CUA，CUG，CUC，CUU，UUA，UUG
Arg	AGA，AGG，CGA，CGC，CGG，CGU	**Lys**	AAA，AAG
Asn	AAC，AAU	**Met**	AUG
Asp	GAC，GAU	**Phe**	UUC，UUU
Cys	UGC，UGU	**Pro**	CCA，CCC，CCG，CCU
Gln	CAA，CAG	**Ser**	UCA，UCC，UCG，UCU，AGC，AGU
Glu	GAA，GAG	**Thr**	ACA，ACC，ACG，ACU
Gly	GGA，GGC，GGG，GGU	**Trp**	UGG
His	CAC，CAU	**Tyr**	UAC，UAU
Ile	AUA，AUC，AUU	**Val**	GUA，GUC，GUG，GUU
START	AUG	**STOP**	UAA，UAG，UGA

每个侧链都使氨基酸在化学上独一无二。因为有20种标准氨基酸，并且由于蛋白质含有许多氨基酸，蛋白质之间的潜在变异性是巨大的。考虑单个氨基酸取代可能产生的影响可能听起来有些夸张，但众所周知，即使是单一的变化也确实可以彻底改变蛋白质的结构[12]。例如，镰状细胞病是由导致一个氨基酸替换的单DNA突变引起的，并具有强烈的生理效应。

蛋白质的大小差别很大。较小的是**肽（peptide）**，最多约由30个氨基酸组成；肽和蛋白质之间的这种界限并无明确定义。迄今为止已研究的最大蛋白质是肌连蛋白（titin），它是肌肉组织的组成部分，由大约27 000个氨基酸组成。为了衡量蛋白质之间的变异程度，可以计算一下可能有多少种不同的蛋白质，假如它们由正好（或最多）1000或27 000个氨基酸组成。蛋白质的大小通常不以氨基酸的数量给出，而是以原子质量单位或道尔顿为单位。由于它们很大，蛋白质实际上以千道尔顿（kDa）来测量。例如，肌连蛋白的分子质量接近3000 kDa。

两个相邻氨基酸侧链的物理和化学特征以可预测的方式略微弯曲它们的肽键，并且所有这些弯曲共同导致蛋白质折叠成特定的三维（3D）结构或**构象（conformation）**。这种结构可以包含卷曲、薄片、发夹、桶和其他特征，我们稍后会讨论。以另一种顺序重新排列相同的氨基酸几乎肯定会导致不同的3D结构。在这种情况下，应该注意到一些蛋白质含有不同长度的非结构化的肽段，这些区域允许不同的弯曲和折叠，这反过来又增加了蛋白质可以承担的角色数量[13]。

40多年前，诺贝尔奖获得者克里斯蒂安·安芬森（Christian Anfinsen）提出了所谓的热力学假说，声称：至少对于小型球状蛋白这类蛋白质来说，其结构完全由氨基酸序列决定，因此在正常环境条件下，蛋白质结构独特、稳定，并使其总的吉布斯自由能最小化[14]。这个断言是基于体外实验的：他和他的同事发现，一旦尿素被去除，已经用尿素去折叠的蛋白质核糖核酸酶会自发地重新折叠成正确的构象。有人或许认为二硫键可能是这一过程中的驱动力，但我们目前的理解是，它们仅是正确折叠的结果，用于稳定蛋白质，无论是正确折叠还是错误折叠都可发挥此作用。

安芬森（Anfinsen）原理中的自动折叠带来了一个有趣的谜题，叫作利文索尔悖论（Levinthal's paradox）。赛勒斯·利文索尔（Cyrus Levinthal）计算出，即使一种蛋白质仅由100个氨基酸组成，它也会产生如此多的构象，以致正确的折叠需要1000亿年[15]。当然，这是不可能的，实际上这个过程非常快：折叠300个氨基酸的蛋白质只需要一分多钟！虽然我们并不完全理解这是如何实现的，但我们确实知道可以通过两种方法将新创建的氨基酸链折叠成适当的3D结构。首先，一种特殊类型的细胞溶质蛋白（称为伴侣蛋白）在新形成的氨基酸链离开**核糖体（ribosome）**时支持了折叠任务。一个突出的例子是GroEL/ES蛋白质复合物。GroEL由14个亚基组成，形成一个桶，其内部是疏水的，而其伙伴分子GroES类似于一个盖子。未折叠的氨基酸链和腺苷三磷酸（ATP）与桶形GroEL中的腔的内缘结合，引发构象的变化，以及正在生长的蛋白与GroEL的结合。两种蛋白质之间的结合导致GroEL的亚基旋转并排出折叠的蛋白质，释放GroES。蛋白质经常进行几轮重折叠，直至达到适当的构象。冷冻电子显微术这种现代方法允许一瞥像GroEL/ES这样的蛋白质结构（参见下面的图7.3）。伴侣蛋白属于更大的分子类别，称为分子**伴侣（chaperone）**。它们不仅有利于折叠，还可以在某些胁迫情况下保护蛋白质的3D结构，如高温。鉴于这一作用，伴侣蛋白属于热休克蛋白（heat-shock protein，HSP）类。

促进正确折叠的第二种机制是通过真核生物内质网中的特殊酶完成的。这些称为蛋白质二硫键异构酶（PDI）的酶催化蛋白质中半胱氨酸残基之间二硫键的形成和断裂[16]。这种机制有助于蛋白质找到正确的二硫键排列。PDI还可以作为分子伴侣，帮助重排错误排列的蛋白质。在形成二硫键的过程中，PDI被化学还原。蛋白质Ero1随后氧化PDI，从而刷新其活性状态。

虽然蛋白质中的氨基酸链对应于相应mRNA和DNA中的核苷酸序列，然而一旦转录和翻译过程完成，蛋白质还可以被化学改变。这些改变统称为**翻译后修饰（post-translational modification，PTM）**。它们表现为添加生化基团（如磷酸盐、乙酸盐）或更大的分子（如碳水化合物或脂质）。此外，氨基酸可以从蛋白质的氨基端除去，酶可以将肽链切成两部分，并且二硫键可以在两个半胱氨酸残基之间形成。甚至可以发生从一种氨基酸到另一种不同氨基酸的转变，如精氨酸到瓜氨酸，后者没有相应的密码子。UniProt知识库[3]中的文档文件中列出了数百个PTM，参考文献［17］提供了关于PTM的蛋白质组水平的统计数据。PTM具有非常重要的意义，因为它们扩展了蛋白质功能的多样性，并允许对蛋白质的特定作用进行微调和动态控制。PTM功能的一个突出例子是蛋白质特定位置的磷酸化或去磷酸化，在酶或信号蛋白的情况下可导致激活或失活（参见第8章和第9章）。

蛋白质的周转可以非常快或非常慢，这取决于特定的蛋白质。如果一种蛋白质不再被需要，它就会通过附着上精氨酸[11]或多个拷贝的特定调节蛋白［称为**泛素（ubiquitin）**］被标记为待降解。这种标记被细胞的蛋白质再循环细胞器［称为**蛋白酶体（proteasome）**］识别，蛋白酶体将蛋白质分解为肽和氨基酸[18]。阿龙·切哈诺沃（Aaron Ciechanover）、阿夫拉姆·赫什科（Avram Hershko）和欧文·罗斯（Irwin Rose）因发现这一过程而获得2004年诺贝尔化学奖。有趣的是，泛素蛋白和类泛素蛋白（ubiquitin-like protein）还直接参与核糖体的组装[19]。核泛素蛋白-蛋白酶体系统与新核糖体亚基组装的这种偶联，确保了蛋白质的生成和销毁这两个中心过程得以很好的协调。

因此，遗传密码决定了氨基酸序列，氨基酸残基和蛋白质环境决定了蛋白质的基础结构，结构和调控修饰决定了它的作用。特定的蛋白质助力其他蛋白质折叠成正确的构象，影响它们的活动，并在持续的动态过程中标记它们是否需要回收。在其或长或短的生命周期中，有功能的细胞或生物体中的蛋白质具有惊人的多样性，正如我们将在本章和其他章节中看到的那样。

7.1 蛋白质结构的实验测定与可视化

如果蛋白质可以结晶，其3D结构可以用**X射线晶体学（X-ray crystallography）**测定[20]。在这种非常成熟的技术（它在过去几十年里已经产生了数万种蛋白质结构）中，X射线束射向蛋白质晶体并衍射（散射）到许多方向，这是由蛋白质内的原子排列决定的（图7.2A）。衍射光束的角度和强度允许重构晶体内电子密度的3D图像，它进一步提供了关于原子的平均位置及其化学键的信息。另一种流行的蛋白质三维重建方法是**核磁共振波谱法［nuclear magnetic resonance（NMR）spectroscopy］**[21]，它也产生了数千个蛋白质结构图像（图7.2B）。

一种更新且非常强大的替代X射线晶体学的方案是冷冻电子显微术（cryo-EM）（图7.3和图7.4）。例如，这种方法可用于分析大蛋白质和蛋白质复合物[26]及膜蛋白，这些蛋白质通常很脆弱，并不总是能够产生足够数量的材料用于X射线晶体学方法研究[27, 28]。Cryo-EM基于在电子显微镜网格上冷冻玻璃冰（vitreous ice）中的分子悬浮液所得到的薄片进行分子成像。

不同的结构技术在提供蛋白质信息方面是互补的。例如，Cryo-EM可以与X射线晶体学联合使用以进行单粒子分析。在这种情况下，一个或

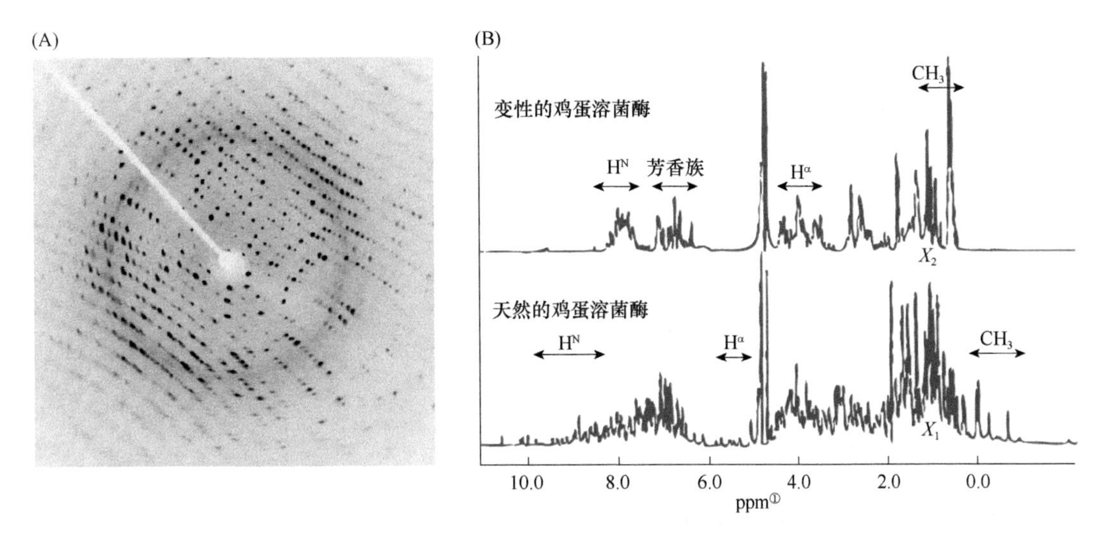

图7.2 通过X射线晶体学和核磁共振波谱法已经深入了解了数千种蛋白质结构。(A)鸡蛋溶菌酶晶体的衍射图像。从衍射的X射线束的角度和强度推断出蛋白质结构。(B)变性和天然鸡蛋溶菌酶的一维^{1}H-NMR谱。蛋白质结构的存在(或不存在)可以从甲基、H^α和H^N信号的分布来评估,其中后者识别氢离子的分子位置。在天然(结构化)蛋白质(下部)中,甲基信号向上移动并且H^α和H^N信号向下移动。在变性(非结构化)蛋白质(上部)中,这些信号不存在于感兴趣的区域[引自Redfield C. Proteins by NMR. In Encyclopedia of Spectroscopy and Spectrometry, 2nd ed. (J Lindon, GE Tranter & DW Koppenaal, eds), pp. 2272-2279. Elsevier, 2010. 经Elsevier许可]。

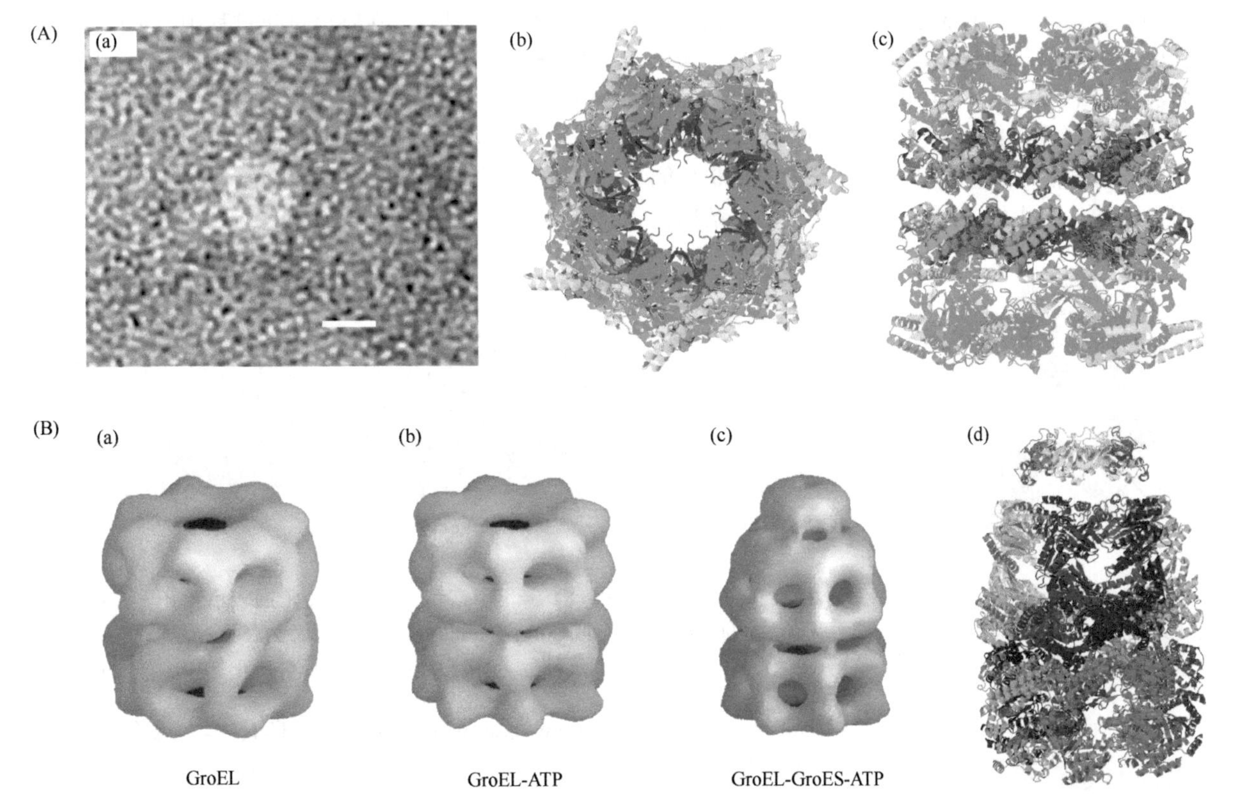

图7.3 分子伴侣GroEL的冷冻电子显微术(cryo-EM)结果。(A)电子显微照片(a)和在端视图方向(b)与侧视图(c)中推断的蛋白质GroEL的带状结构(蛋白质结构数据库:PDB 2C7E[22])。GroEL在端部方向上的直径为140 Å;比例尺代表100 nm。由乔治亚理工学院因加·施密特-克雷(Inga Schmidt-Krey)提供。(B)基于Cryo-EM的GroEL(a)、GroEL-ATP(b)和GroEL-GroES-ATP(c)的3D重建表面渲染视图。GroES环被视为GroEL上方的盘装结构。(d)为相应的带状结构。它由β-桶结构和β-发夹组成,形成穹顶状七聚体的顶部(蛋白质结构数据库:PDB 2CGT[23])[(a)~(c)来自Roseman AM, Chen S, White H, et al. *Cell* 87(1996)241-251. 经Elsevier许可]。

① ppm. 10^{-6}

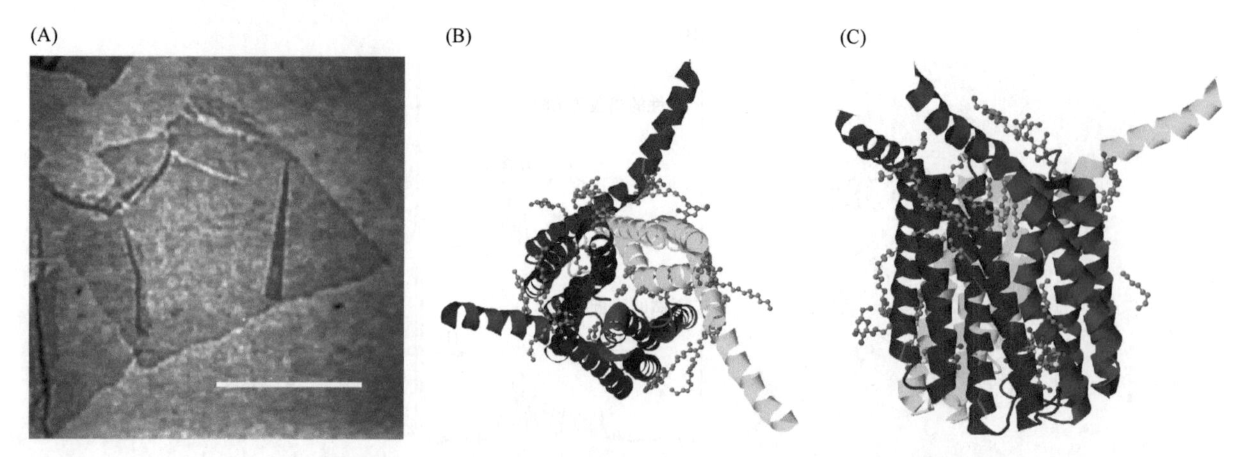

图7.4 Cryo-EM是阐明膜蛋白结构功能问题的有用工具。这里，二维结晶（A）和电子晶体学用于研究人类膜蛋白白三烯C4合酶，其大小仅为42 Å；比例尺代表1 μm。（B）（C）推断得到的带状结构（蛋白质结构数据库：PDB 2PNO[24, 25]）[由乔治亚理工学院的因加·施密特-克雷（Inga Schmidt-Krey）提供]。

多个亚基的X射线晶体结构被对接到大型复合物的Cryo-EM结构中，因该复合物整体上不能进行3D结晶。一些蛋白质是高度灵活的，这需要平行研究每种构象。

由于蛋白质中含有大量氨基酸，因此存在大量潜在的蛋白质形状和功能。良好的软件工具，如蛋白质数据库（PDB）[1, 29]中的开源Java查看器Jmol，已被开发出来，用于可视化蛋白质晶体结构的3D形状（图7.5）。然而，应该记住，晶体结构并非总能获得。例如，一些蛋白质含有不同长度的非结构化肽的区域，这允许不同的折叠，因此全局3D结构和蛋白质的功能作用并不总是固定的，而是取决于其环境[13]。此外，其他分子如糖和磷酸基团，可以在某些时间附着到蛋白质上，从而改变它们的构象和活性状态。最后，在整个进化过程中，蛋白质结构肯定经历了变化，因此来自不同物种的“相同”蛋白质可能具有不同的结构。有趣的是，最重要的特征，如酶的活性位点，比其他结构域更严格地保留，导致产生蛋白质结构的两个术语：锚定位点（anchor site）和可变位点（variable site）[30]。

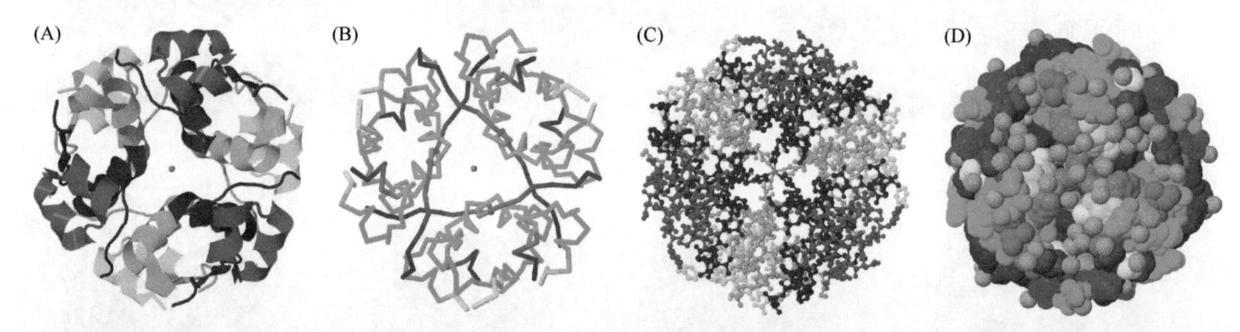

图7.5 与铜离子络合（在中心处）的人胰岛素晶体结构的各种PDB-Jmol表示。（A）丝带卡通表示。（B）主链表示。（C）球棍表示。（D）球体表示。最后一个，也称为空间填充或Corey-Pauling-Koltun（CPK）表示，遵循惯例用定义的颜色显示原子（例如，C，灰色；O，红色；N，蓝色；Cu，浅棕色）（蛋白质结构数据库：PDB 3IR0[29, 31]）。

蛋白质角色和功能的不完全调查

不可能按重要性对蛋白质进行排序，因为去除任何类别或类型的蛋白质都是灾难性的。尽管如此，如果纯粹根据其丰富程度对一个人的所有蛋白质进行分类，那么明显的赢家就是RuBisCO，这是一种大多数人从未听说过的蛋白质。如果你感到惊讶，请考虑RuBisCO（ribulose 1，5-bisphosphate carboxylase oxygenase，核酮糖-1，5-二磷酸羧化酶加氧酶）是卡尔文循环中的第一种酶，该循环是负责光合作用的代谢通路。据估计，地球上的光合生物量总产量每年超过1000亿t[32]，而RuBisCO对所有这些光合生物量的产生都发挥着重要作用。仅光合蓝细菌（蓝色藻类）自己所包含的生物量就在400亿～500亿t。这是一个巨大的数量，因为所有人类加在一起仅约2.5亿t。人体内最丰富的蛋白质是胶原蛋白，占人体总蛋白质含量的1/4～1/3[33]。在人体细胞内，肌动蛋白则最丰富[34]。我们可以看到，即使是最丰富的蛋白质也分布在不同的功能类别中。

在讨论蛋白质的功能时，应该意识到蛋白质通常起着不止一种作用。例如，细胞外基质由许多蛋白质和其他维持细胞形状的物质组成。基质还有助于细胞和分子的运动，它对于信号转导至关重要，并且它充当生长因子的储存室，如果它们是生长和组织再生所需的，它们可以通过蛋白酶的作用释放。相同的释放过程可能还涉及肿瘤形成和癌症转移的动力学。基质蛋白的具体实例是纤连蛋白，它附着在胶原蛋白和细胞表面称为整联蛋白的其他蛋白质上。纤连蛋白允许细胞重组其细胞骨架并穿过细胞外空间。它们在血液凝固中也是至关重要的，它们与血小板结合，从而有助于伤口的封闭和愈合。

以下将着重介绍一些代表性蛋白质的主要功能，但其中许多具有次要但仍重要的功能。例如，用作酶和作为对信号转导具有强烈影响的结构蛋白。

7.2 酶

酶（enzyme）是催化化学反应的蛋白质；也就是说，它们将有机底物转化为其他有机产物。例如，糖酵解过程中的第一种酶——己糖激酶，取底物葡萄糖并将其转化为葡萄糖-6-磷酸（见第8章的说明）。这种转换如果没有酶，则不会以任何可观的量发生，因为葡萄糖-6-磷酸具有比葡萄糖更高的能量状态。酶通过将反应偶联到第二反应上使这种转化成为可能，即所需的能量成本由富含能量的分子腺苷三磷酸（ATP）支付，它将一个磷酸根提供给产物并因此去磷酸化为含有较少能量的腺苷二磷酸（ADP）。耦合过程的关键要素是酶本身在反应中没有变化，并可直接用于转化其他底物分子。活细胞中绝大多数的代谢转化都以这种方式被酶催化。我们将在处理代谢问题的第8章中讨论这种转化的细节。

关于酶本身，研究蛋白质如何能够促进代谢反应是有趣的。这一过程的细节当然取决于特定的酶及其底物，但一般来说，酶含有与底物分子结合的活性位点。这个活性位点是一个物理的三维结构，通常由酶分子表面的凹槽或口袋组成，其形状与底物非常匹配（图7.6）。由于这种专一性，酶通常只能高效催化一种或一类底物。最初，活性位点被认为是相当刚性的，但目前的理解是它更灵活，因此允许在酶和底物之间短暂形成复合物。靠近活性位点的化学残基充当小分子基团或质子的供体，在反应过程中附着在底物上。一旦连接，修饰过的分子就会作为反应的产物从酶上脱落。其他种类的酶通过去除分子基团来作用于底物，然后这些分子基团被活性位点附近的残基所接受。产物形成后，残基就会回到原来的状态。

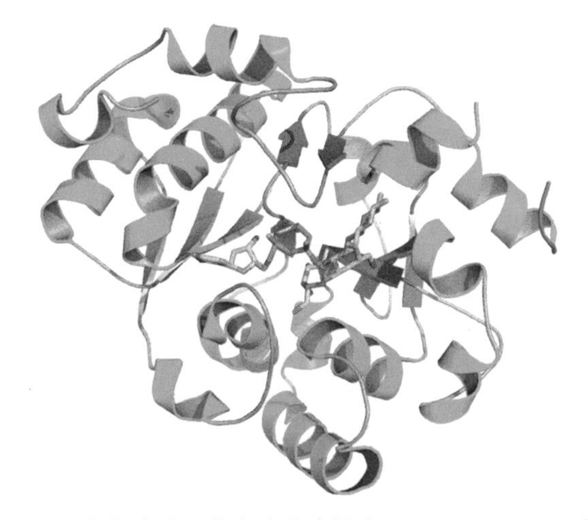

图7.6 许多致病细菌产生脂寡糖（lipo-oligosaccharide），它由脂质和糖组成，类似于人细胞表面的分子。这种分子模拟可以欺骗宿主中的膜受体，它不会将入侵者识别为外来物。结果，细菌附着在毫无怀疑的受体上，并设法逃避宿主的免疫反应。例如，引起脑膜炎的细菌——脑膜炎奈瑟氏菌（*Neisseria meningitidis*），其成功的关键工具是半乳糖基转移酶LgtC，其晶体结构如此图所示。该酶催化特定脂寡糖生物合成中的重要步骤，即它将α-D-半乳糖从UDP-半乳糖转移到末端乳糖。酶（蓝绿色条带）显示为与糖类似物（UDP 2-脱氧-2-氟-半乳糖和4′-脱氧乳糖，棒状分子）复合的状态，它们分别类似于自然界中遇到的真正的糖供体和受体。对这些复合物的研究，结合定向进化和动力学分析的方法，提供了细菌击败哺乳动物免疫系统机制的重要见解，并为靶向药物设计提供了起点（乔治亚大学的Huiling Chen和Ying Xu供图）。

由于多个原因，在代谢反应中，酶的参与是非常重要的。首先，非常多的反应必须逆着热力学梯度进行。换句话说，没有酶，这种反应是不可能的。其次，即使产物具有比底物低的能量状态，底物的能量状态仍然低于在形成产物之前需要克服的过渡态。通常需要酶来克服这种能量障碍。具体来说，酶通过稳定过渡态来降低反应的能量需求。最后，细胞可以调节酶，从而影响其活性。通过这种机制，细胞能够将底物引导到备选途径中，并导向最为需要的产物。例如，丙酮酸可以用作生成草酰乙酸的起始底物，然后进入柠檬酸循环，或者它可以用于产生乙酰-CoA，其随后可以用于脂肪酸生物合成或不同的氨基酸通路。丙酮酸也可以转化为乳酸，并被一些生物用于产生乙醇（图7.7）。

应该将多少底物导入替代通路和产物的“决定”是复杂调节的结果。最直接的控制者是催化底物各种可能转化的酶。但该决定更多地间接分布在调节

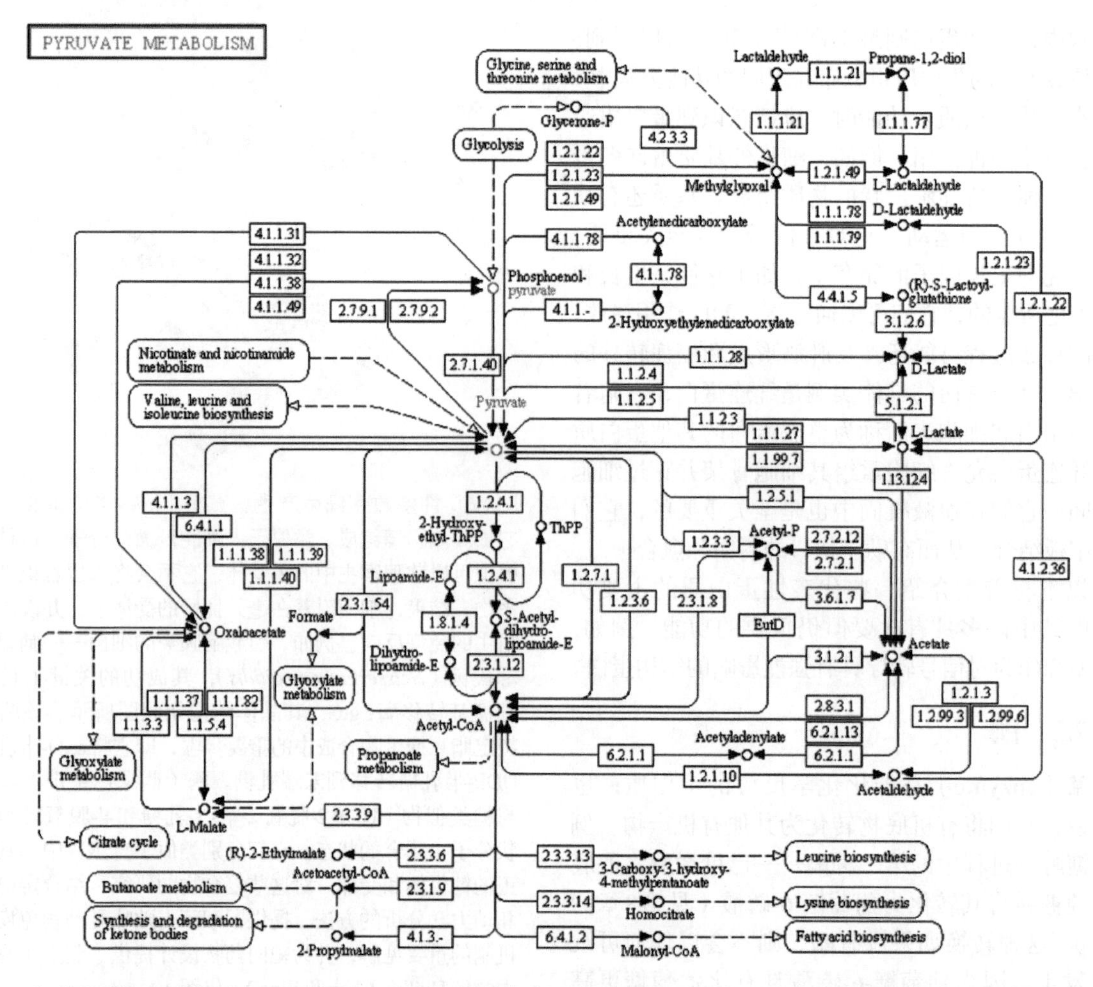

图7.7 代谢物丙酮酸参与许多生化反应。这些反应由酶［用其在酶学委员会（EC）的编号在框中标识］催化。这些通路将在第8章进一步讨论（Kanehisa实验室供图）。本图为软件输出图，图中英文只为展示，不代表具体含义。

这些酶活性的因子中。这种调控以各种不同的方式实施。首先，靶通路内外的代谢物可以增强或抑制酶的活性。这种调节基本上是瞬时发生的。在一些情况下，通路的产物直接结合酶上的活性位点，从而与底物竞争并减慢底物向产物的转化。另一种选择是**变构（allosteric）**抑制或激活，其中产物在不同于活性位点的位置附着到酶上。这种现象导致活性位点的物理变形，从而改变了底物结合的效率，被称作**协同性（cooperativity）**。第二种调节模式由其他蛋白质发挥作用，可以通过附着或去除关键分子基团（如磷酸基团或糖基基团）来快速激活或失活酶。更持久地，调节蛋白——泛素可以与酶结合并将其标记为“被蛋白酶体降解”，如前所述。最后，酶的活性可以通过基因调节在更长的时间范围内发生改变，即编码酶或其调控者的基因可以上调或下调，这最终影响细胞中存在的酶的量并因此影响代谢流量。正如人们所预料的那样，不同的调控模式并不是相互排斥的，环境压力等情况很容易同时引起其中的部分或全部的响应（见第11章）。

7.3 转运蛋白和载体蛋白

除酶外，转运蛋白或载体蛋白对代谢至关重要。细胞内外之间、细胞内部、细胞外部（如血液中）都需要转运。跨过细胞膜的转运，不论向内向外，通常都由**跨膜蛋白（transmembrane protein）**，或通过主动运输，或通过加速的扩散（在小分子的情况下）来促进完成。这些蛋白质中非常重要的一类功能是将离子带过膜；这种离子转运是许多过程的核心，包括神经和肌肉细胞的作用和失活。我们将在第12章中更详细地讨论这个问题。

细胞内小分子的运输通常通过扩散发生。然而，较大的分子因太大而不能使该过程有效。相反，它们通常被包装成囊泡，在那里它们可以被储存并最终被驱逐到细胞内的其他地方或胞外。囊泡通常由脂质双层组成，但目前的理解是蛋白质通常参与它们的形成及它们与膜的对接[35]。囊泡动力学的一个重要例子是神经递质（如多巴胺）从神经细胞进入细胞间的突触间隙，这一过程是大脑中信号转导的基础。囊泡转运的另一个例子是通过淋巴系统将脂质从肠道吸收到血液中[36]。

细胞内的另一种非常有趣的运动类型由驱动蛋白和动力蛋白促进，它使用来自ATP水解的化学能沿着微管移动[37]。这种运动涉及许多过程，包括有丝分裂和神经细胞轴突内分子的运输。微管本身也由蛋白质组成。

相邻细胞之间的传输也可以通过不同的机制发生。特别普遍的任务是细胞通信，它通常通过物理通道发送离子或其他小分子来实现。这些称为**间隙连接（gap junction）**的通道由跨越相邻细胞之间胞内空间的蛋白质形成。具体地说，这些连接器由两个半通道组成，每个半通道跨越一个相邻单元的膜并由4个螺旋组成。这种排列构成细胞质内带正电荷的入口、通向带负电荷隧道的漏斗和细胞外腔。漏斗本身由6个螺旋形成，这些螺旋决定了进入通道的分子的最大尺寸[19]。间隙连接可以通过其组分蛋白（称为连接蛋白）的旋转和滑移运动来打开或关闭，从而产生或关闭中心开口（图7.8）。在心脏中存在间隙连接的重要例子，它们以协调的方式帮助心肌细胞收缩，从而形成心跳（见第12章）。

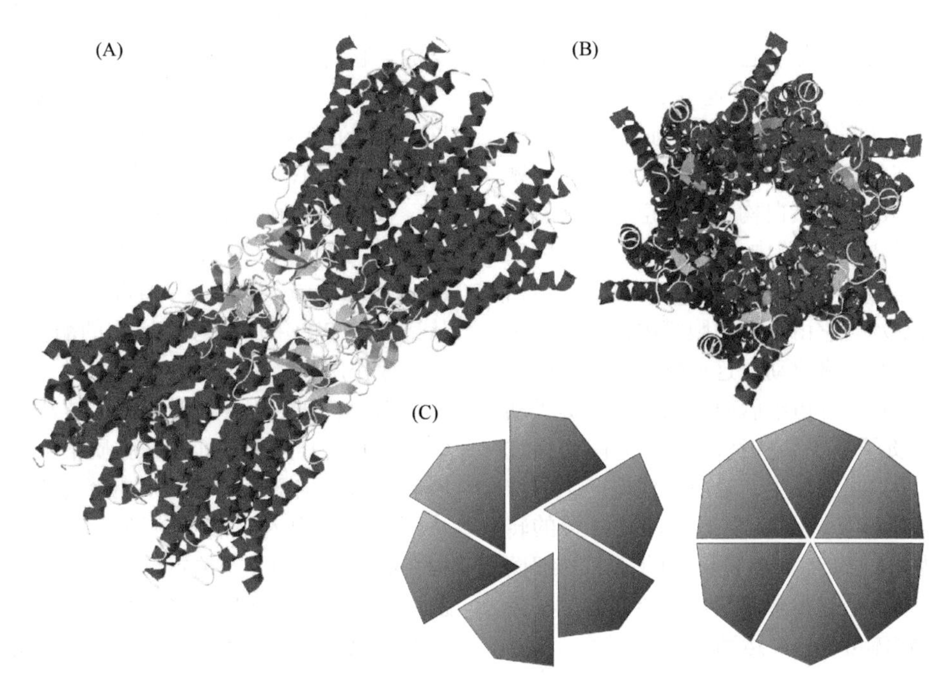

图7.8 间隙连接由称为连接蛋白的蛋白质组成。（A）连接蛋白复合物的侧视图。红色区域跨越两个相邻细胞的膜，而黄色区域跨越细胞外空间。（B）同一连接蛋白复合物的顶视图。（C）通过旋转连接蛋白亚基打开和关闭间隙连接的符号化表示（蛋白质结构数据库：PDB 2ZW3[38]）。

细胞外运输包括从动脉血液向身体的所有组织输送氧气。负责该过程的是含铁金属蛋白——血红蛋白，占红细胞干重的约97%（图7.9）。像许多酶一样，这种蛋白质受到潜在的竞争性抑制及基本上不可逆的氧气结合抑制，如一氧化碳（因此它非常有毒）[39]。另一种载体蛋白是血清白蛋白，通过

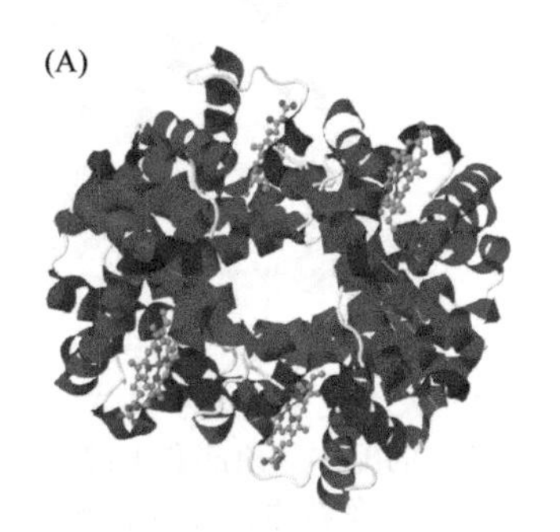

图7.9 血红素和血红蛋白。（A）人血红蛋白A是由4个亚基组成的球状金属蛋白（红色），它锚定平面血红素基团（球棒组合）（蛋白质结构数据库：PDB 3MMM）。（B）每个血红素基团由具有4个氮原子的复合卟啉环组成，4个氮原子抓住一个铁离子（Fe^{2+}），氧可以与之结合［引自Brucker EA. *Acta Crystallogr*，Sect. D 560（2000）812-816］。

血液输送不溶于水的脂质。白蛋白是血浆中最丰富的蛋白质。它是一种紧密堆积的球状蛋白质，内部具有亲脂性基团，外部具有亲水性侧基。血清白蛋白的主要任务是调节血浆中的渗透压，这是在血液和胞外空间之间充分分配液体所需的。

另一类载体蛋白含有细胞色素，在电子传递链中起作用，因此在呼吸过程中起作用。它们从柠檬酸循环中接收氢离子并将它们与氧气结合形成水。该过程释放能量，用于从ADP产生ATP。氰化物可以抑制细胞色素，从而抑制细胞呼吸。

胞外基质中的蛋白质，如纤连蛋白，也参与毛细血管和细胞之间物质的协调转运。这个间质转运对于底物的递送是重要的。它也是化疗癌细胞的关键机制[40]。我们稍后会讨论纤连蛋白。

一种特别迷人的转运蛋白复合物是鞭毛马达，它可以使许多细菌和古细菌移动（图7.10）[41]。鞭毛本身就是一种由鞭毛蛋白构成的中空管，含有由微管和其他蛋白质组成的内部细胞骨架，可以实现滑动和旋转运动[37]。它的轴贯穿细胞膜中蛋白质排列而成的轴承。它由位于细胞膜内部的、由多种蛋白质组成的转子来驱动。这种鞭毛马达将电化学能量转换成扭矩，并由细胞膜中的质子泵提供动力，质子泵将质子或（某些情况下）钠移动穿过膜。质子流之所以可能发生，是由于代谢产生的浓度梯度。马达可以使鞭毛实现每分钟几百转的转速，它转化为每秒约50个细胞长度的惊人的细菌移动速度。此外，通过稍微改变特定类型的运动蛋白的定位，生物体可以切换运动方向。

鞭毛和类似结构的纤毛不仅存在于原核生物中，在真核生物中也是至关重要的，在真核生物中，它们通常具有更复杂的微管结构[42]。突出的例子是精子细胞、输卵管细胞（卵子从卵巢移动到子宫）及呼吸道内皮细胞（使用纤毛清除气道中的黏液和碎片）。哺乳动物通常会产生对鞭毛抗原（如鞭毛蛋白）的免疫反应，它们可以对抗细菌感染。这些免疫反应的关键成分是识别某些分子模式的蛋白质，称为Toll样受体（TLR）[43]，我们将在7.5节中讨论。

7.4 信号和信使蛋白

高等生物中的细胞定期与其他细胞和外部环境交流。它们发送和接收信号，可以是化学、电子或机械信号，并且必须以协调的方式响应这些信号。这个过程通常被称为**信号转导（signal transduction）**，是非常重要的，第9章专门用于讨论此过程。

仅举一个例子，让我们考虑一类特别重要的跨膜信号蛋白，称为**受体酪氨酸激酶（receptor tyrosine kinase，RTK）**。通常，激酶是将磷酸基团从诸如ATP的供体转移至底物的酶。对RTK来说，该酶促作用相当于信号转导的起始，即当诸如表皮生长因子、细胞因子或激素的配体与细胞外部的受体结合时，其内部（即在细胞质中）的蛋白质结构域启动自身磷酸化。该过程导致信号蛋白的募集，从而开始细胞内的信号转导过程。基于RTK的过程在健康细胞中是至关重要的，并且在癌症的发展及诸如阿尔茨海默病和多发性硬化症等神经退行性疾病中似乎也很重要。表皮生长因子受体的一个例子如图7.11所示。

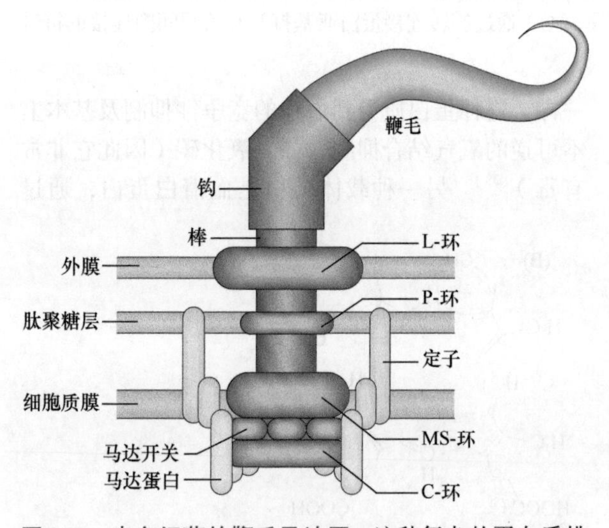

图7.10 来自细菌的鞭毛马达图。这种复杂的蛋白质排列允许细菌在不同方向游泳。类似的组件存在于精子细胞、输卵管细胞（卵子需要从卵巢移动到子宫）和呼吸道内皮细胞（纤毛清除气道中的黏液和碎片）中。

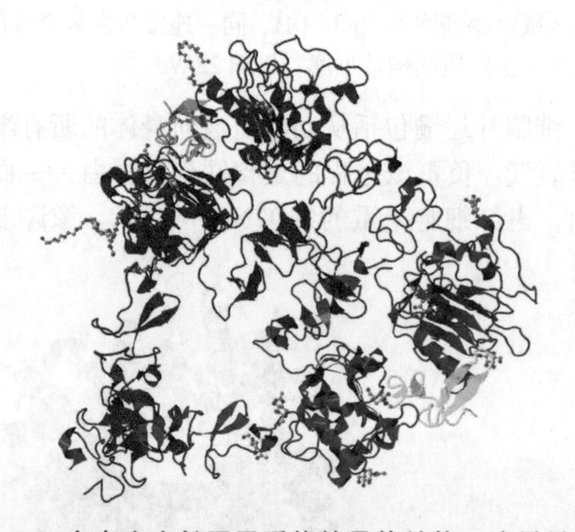

图7.11 人表皮生长因子受体的晶体结构。这里显示了两种类型的配体。顶部和中部左侧伸展出来的配体是九甘醇分子。在右边，可以看到几种*N*-乙酰基-D-葡糖胺（GlcNAc）分子，它们是细菌细胞壁中生物聚合物的组分，称为肽聚糖。有趣的是，GlcNAc也是一种神经递质（蛋白质结构数据库：PDB 3NJP[44]）。

除受体和信号蛋白外，信号转导过程还由支架蛋白支持，支架蛋白以目前还不完全了解的方式与信号蛋白相互作用。支架蛋白似乎有助于将通路组分适当定位于细胞膜、细胞核、高尔基体和其他细胞器。支架蛋白还有助于DNA的缩合，并参与病毒表面结构的抗体识别[45]。

应该注意的是，一些（尽管不是全部）激素是长距离作用的蛋白质或肽。激素由动物腺体（如垂体、甲状腺、肾上腺和胰腺）中的细胞产生，通过血液运输，并与身体远处的特定**受体（receptor）**结合，在那里它们发出需要采取某些行动的指令。实例包括血糖调节蛋白胰岛素、生长激素、血管控制激素、血管紧缩素和血管加压素，以及引起兴奋的内啡肽和最近发现的“饥饿激素”——食欲素和饥饿素。植物也会产生激素。

7.5 免疫系统的蛋白质

蛋白质是许多脊椎动物免疫系统的关键参与者。抗体或**免疫球蛋白（immunoglobulin）**是由白细胞产生的球状血浆蛋白（图7.12）。它们或者附着在（称为效应B细胞的）免疫细胞的表面，或者与血液和其他液体一起循环。典型的B细胞在其表面携带数万种抗体。抗体结合并中和外来分子（抗原），这些外来分子存在于细菌、病毒和癌细胞的表面，也包括非生物的化学物质，如药物和毒素。由于这种结合，入侵者失去了在宿主中进入目标细胞的能力。抗体还引发巨噬细胞破坏病原体。

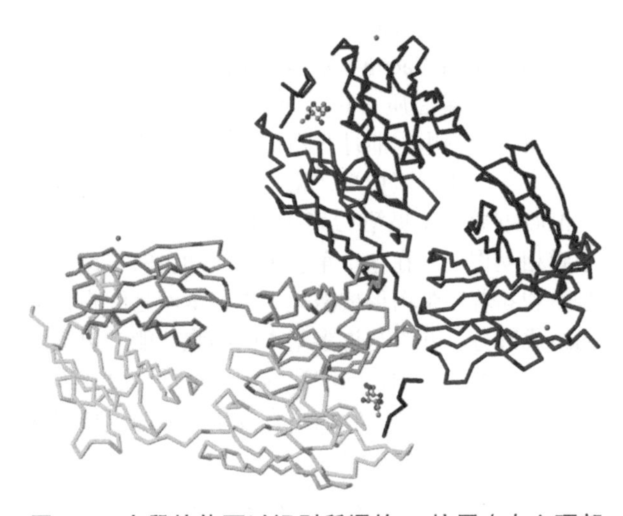

图7.12　小鼠抗体可以识别所谓的Tn抗原（中心顶部和底部）。单个球体是锌分子。Tn抗原与许多癌症有关，并使其成为癌症疫苗研发的靶标。Tn代表苏氨酸/*N*-乙酰基-D-半乳糖胺-α-*O*-丝氨酸（蛋白质结构数据库：PDB 3IET[46]）。

抗体通常由两个重链和两个轻链蛋白的复合物组成，虽然它们总是形成相同的通用结构，但是特定的遗传机制已经进化出来，在这些蛋白质的末端产生尖儿（tip），这些尖儿含有极其可变的抗原结合位点[47]。当B细胞响应损伤而增殖时，高突变率增加了这些位点的可变性。因此，抗原结合位点能够通过其结构特征或表位区分数百万种抗原。在自身免疫疾病中，相同的抗体反应针对的却是身体自身的细胞。

对免疫反应至关重要的第二组蛋白质是**细胞因子（cytokine）**的大家族。这些信号分子用于细胞通信并驱动炎症过程的发展。细胞因子由T辅助细胞产生，它可以在几秒钟内响应抗原肽，但需要数小时的信号暴露才能完全被激活[48, 49]。细胞因子有助于将更多的免疫细胞和巨噬细胞募集到损伤部位或细菌、病毒感染部位。这种感染可使细胞因子增加1000倍，细胞因子数量和类型的轻微失衡即可导致“细胞因子风暴”、败血症、多器官衰竭和死亡。细胞因子的众所周知的例子包括白细胞介素和干扰素。我们在第15章讨论了一些最近出现的建模方法来理解极其复杂的细胞因子动态系统。最后一组“防御蛋白”是泪液中的酶和皮肤上的油，它们防止入侵者，从而有助于增强身体的自然免疫力。

信号和免疫反应共有的重要蛋白质是**Toll样受体（Toll-like receptor，TLR）**（*toll*是德语的“哇！”），它起到哨兵的作用，可以识别许多抗原表位，包括肽聚糖和脂多糖，它们是细菌细胞壁的典型组分（图7.13）。在识别特定表位后，TLR激活促炎细胞因子和信号转导通路，从而启动适当的免疫应答。TLR有许多变体，形成了一个非常复杂的功能交互网络[52]。

7.6 结构蛋白

胶原蛋白（collagen）是人体中最丰富的蛋白质，发现它在许多组织中为身体提供结构支撑，包括骨、软骨、结缔组织、肌腱、韧带和脊柱中的椎间盘。它还构成2%～5%肌肉组织，并且是血管和眼角膜的组成部分。胶原蛋白支撑胞外基质的结构，而胞外基质为细胞提供支持，并参与细胞黏附和细胞间空间内分子的转运。

胶原蛋白由三条多肽链组成，这些肽链含有大量特定氨基酸的重复模式，如甘氨酸-脯氨酸-AA或甘氨酸-AA-羟基脯氨酸，其中“AA”代表一些其他氨基酸。由于存在这些模式，甘氨酸的含量异常高——具有此特征的唯一的其他蛋白质似乎是丝纤维中的蛋白质。甘氨酸的高丰度，以及脯氨酸和

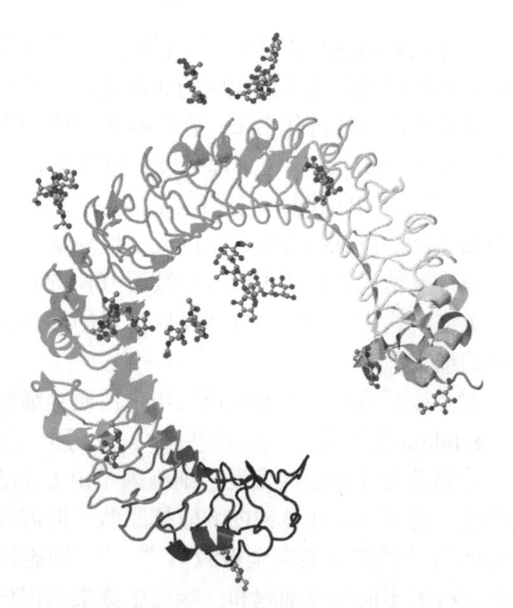

图7.13　Toll样受体（TLR）检测并结合各种配体，这一过程启动信号级联反应并导致炎症介质的产生。这里显示的是人TLR3的外部结构域，它识别双链RNA（病毒的分子标记）。马蹄形状由23个重复的富含亮氨酸的结构域构成，并形成了独特的病原体识别受体，如细胞表面上的各种糖——岩藻糖、甘露糖和*N*-乙酰-D-葡萄糖胺（GlcNAc），本图中它们可见于受体内外（蛋白质结构数据库：PDB 3CIG[50]；使用参考文献［51］中的方法进行可视化）。

图7.14　与盘状蛋白结构域受体DDR2（右侧部分）复合的人胶原蛋白（对角部分）。DDR2是一种常见的受体酪氨酸激酶，由三螺旋胶原蛋白激活。胶原蛋白与DDR2的结合导致该受体表面区域的结构变化，影响其活化。该受体控制细胞行为，并在多种人类疾病中被错误地调节（蛋白质结构数据库：PDB 2WUH[53]）。

羟脯氨酸环的相对高含量，使胶原多肽卷曲成左旋螺旋。这些螺旋链又被扭曲成右旋三螺旋，这是四级结构的主要形式，通过大量氢键保持稳定。每个三螺旋可以形成超卷曲胶原微纤维，并且许多这类微纤维构成强大而灵活的宏观结构。当水解时，胶原蛋白变成明胶，在食品工业中具有多种用途。

与其他蛋白质一样，胶原蛋白也参与控制任务，特别是在细胞生长和分化的背景下。例如，它诱导受体酪氨酸激酶DDR2（盘状蛋白结构域受体家族的成员2），该激酶触发胞质溶胶中靶标的自磷酸化（图7.14）。为了实现这些控制任务，胶原多肽的一些区域并不呈现上述的规则卷曲模式。

弹性蛋白（elastin）弥补了胶原蛋白的承载能力，使组织具有形状柔韧性，这在肌肉细胞、血管、肺部和皮肤中尤为重要。像胶原蛋白一样，弹性蛋白含有大量的甘氨酸，还含有相似数量的脯氨酸、缬氨酸和丙氨酸。成纤维细胞将糖蛋白原纤蛋白分泌到胞外基质中，在那里它掺入微纤维中，而微纤维被认为提供了弹性蛋白沉积的支架。

另一种结构蛋白是角蛋白（keratin），它是皮肤、头发、指甲、角、羽毛、喙和鳞片的基础材料。角蛋白含有许多α螺旋，半胱氨酸残基之间的二硫键使其保持稳定。与胶原蛋白相似，三个α螺旋相互缠绕成原纤维。其中11个形成坚韧的微纤维，其中9个原纤维缠绕在两个中心原纤维上。数以百计的微纤维形成一种粗纤维。有趣的是，角蛋白的韧性只有甲壳素可与之相匹敌，然而，甲壳素不是蛋白质，而是*N*-乙酰氨基葡萄糖的长链聚合物，支撑甲壳类动物如螃蟹和龙虾护甲的强度，且它还存在于细菌表面。

肌动蛋白（actin）基本上是所有真核细胞中都存在的球状蛋白质。它有两个重要的角色。首先，它在肌肉细胞中与肌球蛋白相互作用。肌动蛋白形成细丝，而肌球蛋白形成粗丝。它们一起形成肌细胞的收缩单元（见第12章）。其次，肌动蛋白与细胞膜相互作用。在这个角色中，肌动蛋白与钙黏着蛋白和黏着斑蛋白形成微丝。这些微丝是细胞骨架的组成部分，并参与许多基本的细胞功能，包括细胞分裂、细胞运动、囊泡和细胞器运动，以及细胞形状的产生和维持。它们还直接参与诸如巨噬细胞对细菌吞噬这样的过程。

哺乳动物眼睛的晶状体是复杂的结构，包含由长透明细胞组成的纤维。蛋白质占其质量的1/3以上。这些蛋白质已经让科学家着迷了100多年，其中包括晶状体蛋白[54]、胶原蛋白和水通道蛋白（一种膜蛋白）[55]，它们在相邻细胞之间保持了异常紧密的堆积（图7.15）。有趣的是，晶状体中的蛋白质很少周转，人类在整个生命过程中都会保留胚胎期形成的晶状体蛋白质。因此，晶状体中与年龄相关的变化（如白内障）难以修复。

图7.15 脊椎动物眼中的晶状体蛋白质：水通道蛋白-0（AQP0）。AQP0由四亚基复合体组成，它们以三维晶格排列。根据目前的理解，AQP0蛋白介导晶状体中非常紧密堆积的纤维细胞之间的连接（蛋白质结构数据库：PDB 2C32[55]）。

蛋白质的多功能性导致其承担了与维持形状和结构相关的无数角色。在许多情况下，这些角色是由蛋白质和其他物质组成的“混合”分子完成的。例如，载脂蛋白与几种类型的脂质一起可形成脂蛋白，作为血液中脂质的载体，也可作为酶和结构蛋白。众所周知的例子是高密度脂蛋白（HDL）和低密度脂蛋白（LDL），它们分别将胆固醇从身体组织带到肝脏，反之亦然。它们有时分别称为“好”和“坏”的胆固醇。

糖蛋白含有与多肽侧链结合的糖（多聚糖）。在称为糖基化的过程中，通常在将mRNA翻译成氨基酸链的过程中或之后连接多聚糖。糖蛋白通常整合到膜中，在那里它们用于细胞通信。突出的例子是各种激素和黏蛋白，它们包含在呼吸道和消化道的黏液中。糖蛋白对免疫反应的两个方面都很重要。首先，部分此类蛋白是哺乳动物的免疫球蛋白或T细胞和血小板上的表面蛋白。其次，糖蛋白在细菌（如链球菌）表面形成结构，被宿主的免疫系统所识别。

当前蛋白质研究的挑战

鉴于蛋白质的巨量分布和多功能性，对从蛋白质化学到相互作用着的蛋白质系统的动力学等各个层面都在进行紧张的研究工作，这并不奇怪。在纯化学和生物化学之外，当前的挑战分为蛋白质组学、结构和功能预测、定位和系统动力学。当然，这些活动之间并非总是泾渭分明。

7.7 蛋白质组学

蛋白质组（proteome）是系统中蛋白质的总和，蛋白质组学试图表征它。这种表征通常包括在给定时间点对许多或所有蛋白质的名目和丰度的说明。正如预期的那样，名目和丰度在生物体的组织中可以显著不同。大量研究着力于解决目标蛋白的空间分布和定位，以及生理趋势（如分化和衰老）或对感染或疾病的响应而导致的时间变化。人们期望，早期识别这些空间和时间变化可以在疾病出现之前提示一些用于诊断的生物标志物。

蛋白质组学确实是一项重大挑战，因为不知道模式生物体中存在多少蛋白质。目前还不清楚如何计算它们。例如，具有两种不同翻译后修饰的相同蛋白质应该算作一种还是两种蛋白质？许多信号蛋白和酶可以被磷酸化或去磷酸化，并且这些过程会改变蛋白质的活性状态。这两种形式是否应分开计算？甲基化、糖基化、精氨化、泛素化、氧化和其他修饰也引起类似的问题。最后，新形成的转录物可以以不同方式剪接，从而产生不同的蛋白质。这些剪接变体可能是人类仅需使用20 000～25 000个基因的原因；某些树木物种被认为拥有两倍的基因数。

鉴定蛋白质，比较和辨别两种相似的组织或蛋白质系统，例如在癌细胞的表征中，一个良好的开端是一维或**二维（2D）凝胶电泳［two-dimensional（2D）gel electrophoresis］**[56]。在一维情况下，蛋白质首先用带负电荷的分子包被，称为十二烷基硫酸钠（sodium dodecyl sulfate，SDS）。在该涂层中，负电荷的数量与蛋白质的大小成比例。因此，蛋白质可以根据它们的分子大小进行分离，分子大小通过它们在（放置于电场里的）凝胶中的移动性来反映。在典型的2D情况下，蛋白质首先相对于它们的等电点进行分离，该等电点是指蛋白质具有中性电荷时的pH。在第二维中，它们在大小上分开。除了这些传统特征，还开发了其他分离标准[57]。由于在两个坐标中分离，每种蛋白质迁移到凝胶上的特定斑点。这些斑点可以用各种染色方法可视化，如银染色，与蛋白质中的半胱氨酸基团结合，或使用来自羊毛工业的称为考马斯亮蓝（Coomassie brilliant blue）的特定染料染色。

染色程度表示给定斑点中蛋白质含量的合理近似值。2D分离是有效的，因为很少发生两种蛋白质具有相同质量且相同等电点的情况。如果在被比较的两个坐标系中有一个没有某蛋白质，则其相应斑点为空。如果蛋白质被磷酸化或以其他方式修饰，它就以可预测的方式迁移到不同的位置。这种方法的一个重要优点是人们甚至不必知道已经迁移到特定位置的是哪种蛋白质。因此，该方法可以用作发现工具。许多软件包可用于支持2D凝胶电泳分析。一种变体方法是差异凝胶电泳（difference gel electrophoresis，DIGE），它显示了不同功能状态下可比细胞之间蛋白质组谱图的差异（图7.16）[58]。

图7.16 来自小鼠的肺泡Ⅱ型细胞的二维差异凝胶电泳（DIGE）图像。球蛋白转录因子GATA1在这些细胞中被敲低。每个斑点表明存在具有特定电荷和质量的蛋白质。不同颜色指示被敲基因小鼠和正常小鼠之间的差异［南卡罗来纳医科大学约翰·巴茨（John Baatz）供图］。

近年来已经开发了许多其他分离蛋白质的方法[59, 60]。这些方法包括使用二维液相色谱的多维蛋白质鉴定技术（multidimensional protein identification technology，MudPIT）和所谓的iTRAQ技术（用于相对和绝对定量的同位素标签）。iTRAQ用于比较同一实验中不同来源的蛋白质混合物。关键是每个样品中的蛋白质都用特定标记物进行“标记”，这些标记物含有相同原子的不同同位素，因此具有略微不同的质量，可以用质谱法区分（见下文）。

双向凝胶电泳鉴定出现的蛋白质斑点。在有利的情况下，其他研究中也观察到了相同的斑点，并且通过与相应数据库的比较，识别目前未知的蛋白质可能是什么[61]。如果这种比较不成功，则可以从凝胶中切出蛋白质斑点或使用来自MudPIT的液体进行分析，以推断其氨基酸序列。一旦知道了序列，与蛋白质数据库比较就可以提供有关目标蛋白性质和功能的线索[2]。

从二维电泳的分离斑点或另一种蛋白质样品中测定蛋白质序列通常用**质谱法（mass spectrometry，MS）**完成。该技术最广泛使用的变体之一是MALDI-TOF，它的含义是基质辅助激光解吸/电离-飞行时间（matrix-assisted laser desorption/ionization-time of flight）。在该方法中，肽溶液样品沉积在底物（基质）上。激光照射到基质上并解吸（喷射）和电离（使带电）肽。离子化的肽通过电场射向检测器，检测器测量每种肽的飞行时间。这个时间取决于肽的质量和施加的电荷。相应地，MALDI-TOF实验的输出显示了检测器处的材料量，它以峰的形式表现为质量除以电荷（*m*/*z*）的函数。存在关于此技术和其他分离技术的大量文献。

通过MS分析大的完整蛋白质是困难的。因此，必要的准备步骤是将蛋白质切割成较小的肽。该步骤通过酶（如胰蛋白酶）实现，这种酶切割可预测的氨基酸对之间的肽键。虽然这一步解决了大质量的问题，但却产生了一个新问题，即现在必须处理数千个混合的肽片段而非一种蛋白质。因此，在第二轮串联MS或MS/MS分析中，这些肽通常被迫与惰性气体碰撞，惰性气体随机破坏片段中剩余的一个肽键，从而用正电荷取代它。结果是“b”和“y”峰的集合，对应于破碎肽的左或右片段。片段y1代表肽中的第一个氨基酸，y1和y2之间的*m*/*z*之差代表第二个氨基酸，以此类推（图7.17）。已经开发了计算机算法从这些片段混合物中重构肽。目前的研究主要集中在该过程的小型化上，以便允许使用比现在更小的蛋白质样品进行蛋白质组学分析[62]，以及开发允许分析更大分子而无须破碎的方法[63]。

7.8 结构和功能预测

蛋白质的氨基酸序列可以从其基因的核苷酸序列（如果已知的话）推断，或者用凝胶电泳和质谱法测定。一旦氨基酸序列已知，每个残基都是已知的，从所有残基的化学和物理特征得到蛋白质结构看起来似乎是一个小步骤。然而，这种直观的推论是完全错误的，从蛋白质氨基酸中鉴定或预测蛋白质的三维结构实际上是一项极其困难的挑战，它吸引了大量的实验和计算研究。尽管如此，解决这一挑战非常重要，正如人们所预料的那样，蛋白质的3D结构是其功能的基础。因此，生物学中有一个分支，称为结构生物学，专注于研究大分子，特别是蛋白质。

为了将蛋白质结构和功能预测的巨大挑战分解为更小的步骤，该领域已经定义了4种类型的结

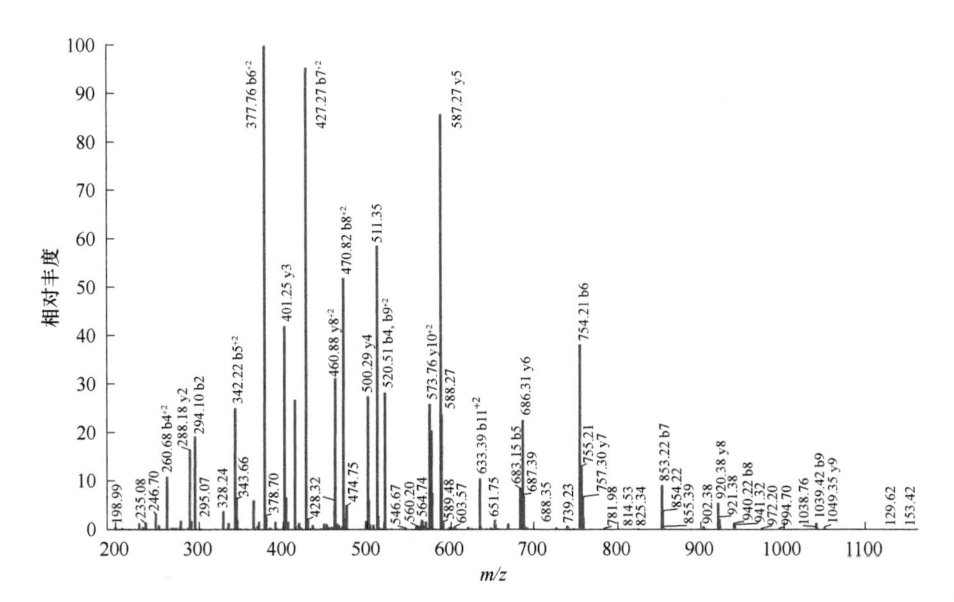

图7.17 来自牛血清白蛋白的胰蛋白酶肽**RHPEYAVSVLLR**的串联质谱。该图以峰的形式显示了在质谱仪中检测到的分子片段。每个峰的高度表示观察到的片段的丰度，而位置表示质荷比（*m/z*）。由于肽倾向于在特定氨基酸之间的连接处碎裂，因此可以从离子化片段中推断出肽的氨基酸序列。像b4、b7和y5这样的名称是用于标记肽片段的特定命名法中的代码［南卡罗来纳医科大学质谱仪设施处的丹·纳普（Dan Knapp）和珍妮弗·贝尔德（Jennifer Bethard）供图］。

构。蛋白质的一级结构是指其氨基酸序列。二级结构涉及常规3D形状或模体（motif）的局部特征。研究最清楚的模体是α螺旋、β折叠和转折。每个α螺旋是主链氧和酰胺氢原子之间形成规则间隔的氢键的结果，而当两个链通过氢键连接并且每个链含有交替的残基时发生β折叠。转折（turn）和弯曲（bend）是由三个或四个特定的氨基酸序列产生的，它们允许蛋白质发生紧密折叠，并借助氢键稳定其结构。

局部模体通常被蛋白质内未明确定义的区段所中断，并且所有定义和未定义的部分组合形成三级结构，即蛋白质的整体折叠。蛋白质的三级结构由疏水核心（它防止结构在细胞的水性介质中轻易溶解）和化学键（如氢键、二硫键和盐桥）来维持。应该注意的是，这种三级结构不是恒定的，翻译后的修饰、环境条件的变化及蛋白质激活和失活的各种细胞控制机制都可以显著改变它[11, 13]。折叠的这种灵活性是至关重要的，因为它与蛋白质的功能直接相关。一个主要的例子是代谢调节剂对酶的激活，我们之前讨论过。最后，许多蛋白质由亚基组成，仅作为复合物起作用。由两个或更多个蛋白质亚基形成的结构称为蛋白质的四级结构。功能性重排（它可能影响三级和四级结构）通常称为构象，这些状态之间的过渡称为构象变化。

可以采用两种不同的方法来鉴定蛋白质的3D结构。在实验方面，晶体学、冷冻电子显微术和NMR是最广泛使用的方法之一。在计算方面，非常大型的计算机和定制的快速算法被用于预测蛋白质的3D结构及其结合位点，这种预测基于氨基酸序列、氨基酸残基的化学和物理特征及可能的其他可用信息[64-67]。虽然已经报道了一些成功的案例，但是这种蛋白质结构预测任务仍属未解决的问题。可靠的结构预测是一个非常重要且终有回报的问题，因为它对于理解疾病和特定药物的研发具有直接意义。

作为实现完全可预测性的第一步，已经开发了强大的计算方法来识别蛋白质中较小的、重复的3D结构，如α螺旋和β-链。α螺旋（图7.18）使蛋白质局部卷曲，而β-链形成伸展的片状，通常与U形转折或发夹相连。在一些通道蛋白中，这些薄片被排列成桶状（图7.19）。β折叠很常见并且涉及许多人类疾病，如阿尔茨海默病。存在大量关于这些和其他蛋白质结构模体的文献。

用其氨基酸序列的知识预测蛋白质的功能是非常困难的。必须记住，虽然核苷酸序列提供了肽和蛋白质的初始编码，但是从mRNA的翻译到具完整功能的可用的蛋白质之间可能发生许多修饰。这些修饰可以影响蛋白质的许多物理和

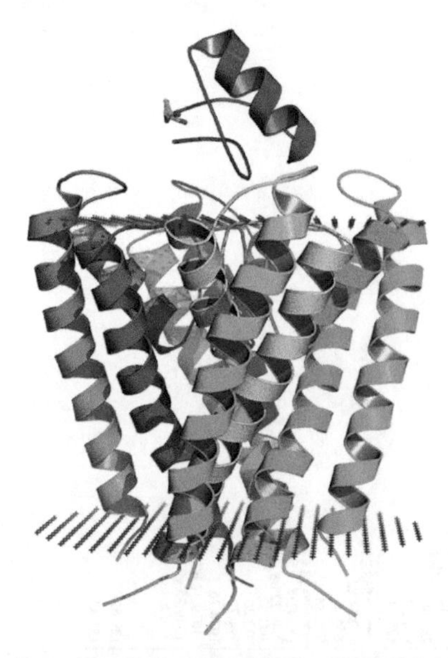

图7.18 螺旋束形成的跨膜钾通道。该通道与卡律蝎毒素（charybdotoxin）形成复合物。此类离子通道在信号转导过程中起关键作用，并且是治疗各种疾病的有吸引力的靶标。该结构揭示了卡律蝎毒素如何与封闭形式的KcsA结合，从而与离子通道的细胞外表面特异性接触，导致孔堵塞。该阻断产生关于与肽拮抗剂复合的离子通道的直接结构信息（乔治亚大学的Huiling Chen和Ying Xu供图）。

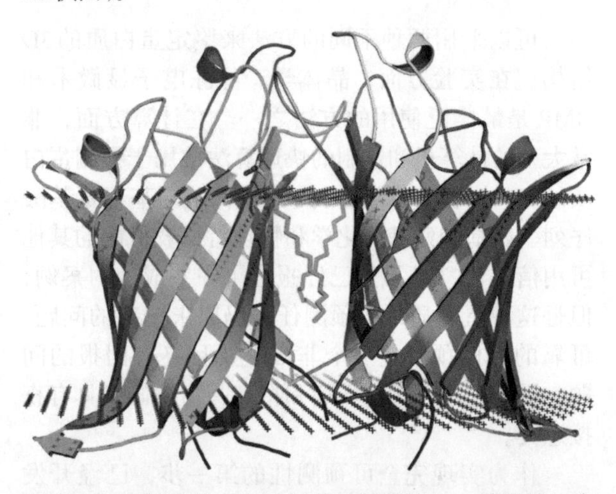

图7.19 β-桶示例。大肠杆菌的外膜酶——磷脂酶A参与大肠杆菌素的分泌，它是释放到环境中的毒素，以减少来自其他细菌物种的竞争。蛋白质形成β-桶，其活性受酶的可逆二聚化调节，即通过形成两个亚基（绿色和红色）的复合物调节。由于二聚化，桶成为含氧阴离子的功能通道（乔治亚大学的Huiling Chen和Ying Xu供图）。

化学性质，从而改变其折叠、稳定性、活性和功能。此外，肽可以以不同方式拼接在一起，从而形成不同的蛋白质。目前可用于预测蛋白质未知功能的方法包括与已知序列和功能的蛋白质的多种相似性、同源性和结构的比较[61]。在许多情况下，还有种系发生方法和来自基因本体论项目（Gene Ontology Project）[68]（见第6章）的信息可供使用。所有这些方法都属于生物信息学和结构生物学领域，鼓励对该主题感兴趣的读者参阅参考文献[5]。这些计算方法的扩展是**分子动力学（molecular dynamics）**领域，它试图描述分子（如蛋白质）如何运动以实现特定功能。

7.9 定位

为了发挥其特定功能，蛋白质必须位于细胞或组织内的正确位置。因此，研究哪些蛋白质位于何处是非常有意义的。一种有趣的方法是将小的**绿色荧光蛋白（green fluorescent protein，GFP）**附着到靶蛋白上[69, 70]。这种附着可以通过基因工程实现，即在感兴趣的细胞中表达由天然靶蛋白和与其连接的GFP报告基因组成的融合蛋白（图7.20）。GFP最初是从水母中分离出来的，但是已经设计了许多不同颜色的变种。GFP由含有发色团的β-桶组成，发色团是吸收特定波长的光并发射另一波长光的分子。GFP不只用于定位蛋白质，还被广泛用于分子生物学，用来报告各种细胞组分的存在和特别感兴趣的基因的表达。事实上，GFP的发现确实改变了细胞生物学，特别是与活细胞荧光显微镜的自动化实时系统相结合之后。例如，辛格尔顿（Singleton）及其同事使用增强的GFP信号传感器来研究30个信号中间体在受到激活时个体T细胞中的空间和时间过程，包括受体、激酶和衔接蛋白[71]。由于蛋白质定位的重要性，已经建立了专门的网站[72]。马丁·沙尔菲（Martin Chalfie）、下村修（Osamu Shimomura）和钱永健（Roger Y. Tsien）因发现和开发GFP而获得了2008年诺贝尔化学奖。

理查德·卡普廖利（Richard Caprioli）在范德堡大学的实验室开发了一种截然不同的方法。该方法扫描组织切片并将MALDI单独应用于紧密网格中的许多小区域。可以得到每个网格点的肽谱，可视化后可以显示组织切片内肽丰度的非常详细的图片（图7.21）。这种MALDI成像方法甚至可以在组织中创建肽丰度的3D图像（图7.22）。在此分析中，组织被切成薄片，每个切片用2D MALDI成像进行分析。计算机软件被用来叠加所有这些图像以创建3D效果[73]。

7.10 蛋白质活性与动态

现在应该已经清楚，蛋白质是许多时空尺度上动态活动的驱动因素。有些蛋白质（如酶）在几秒钟甚至更快的时间内与其他分子相互作用，而另一

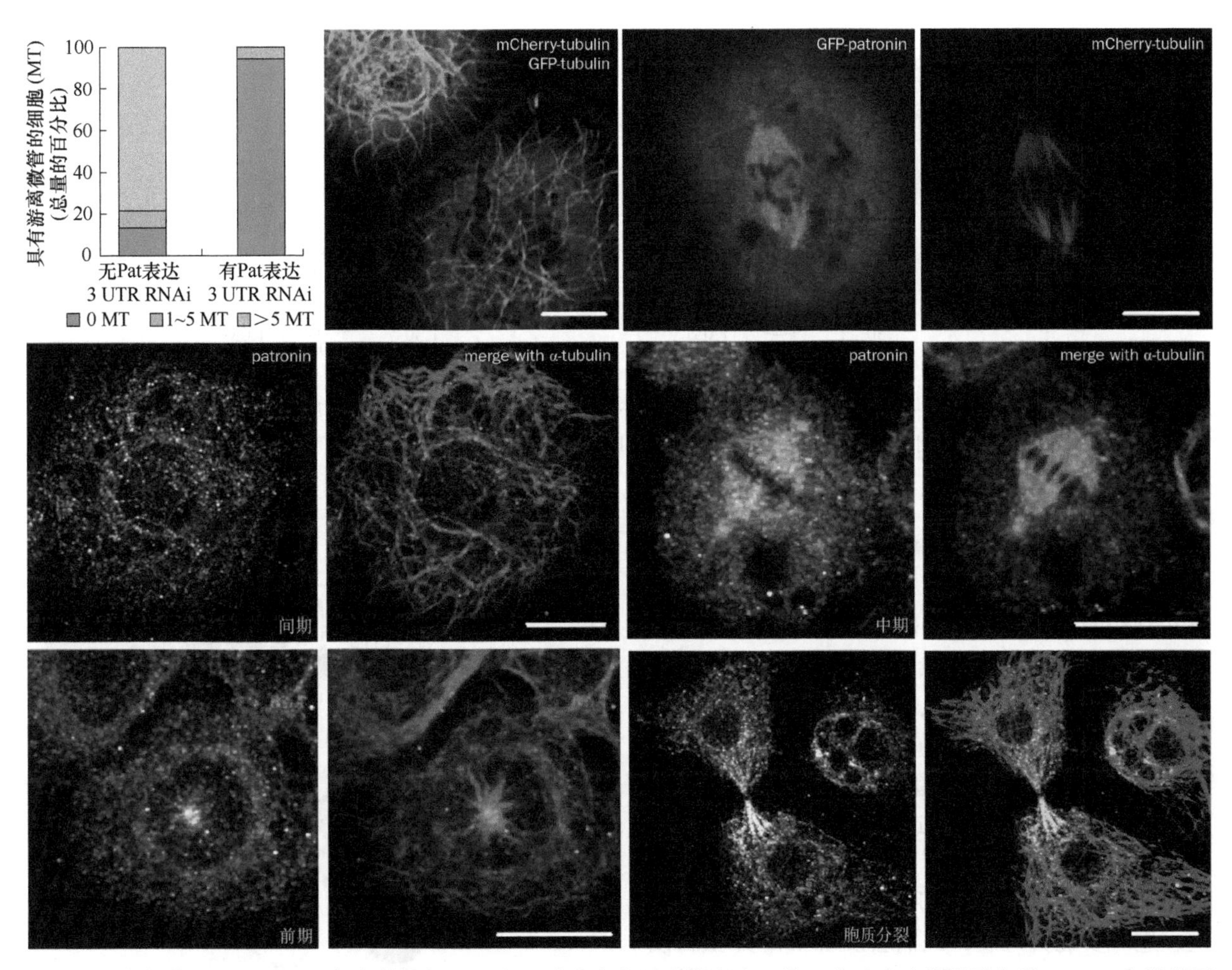

图7.20 绿色荧光蛋白（GFP）和其他标记蛋白已成为定位研究的有力工具。这里显示的是蛋白质patronin和微管蛋白（tubulin）在细胞周期不同阶段的特定细胞内的位置。mCherry．一种红色荧光蛋白；mCherry-tubulin. mCherry和tubulin的融合蛋白；GFP．绿色荧光蛋白；GFP-tubulin. GFP和tubulin的融合蛋白；GFP-patronin．GFP和patronin的融合蛋白；merge with α-tubulin.与α-tubulin图像合并；3 UTR RNAi. 3'端非翻译区RNA干扰［引自Goodwin SS & Vale RD. *Cell* 143（2010）263-274的补充材料。经Elsevier许可］。

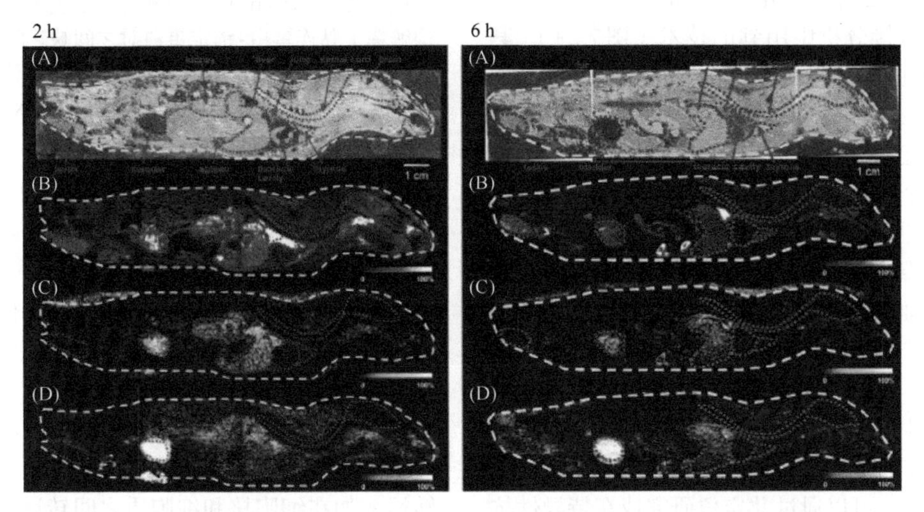

图7.21 质谱可用于对体内药物和相关代谢物的空间分布成像。此图显示了用抗精神病药奥氮平（Olanzapine）给药后2 h和6 h的大鼠横截面图像。器官用红色勾勒出来。（A）横跨4个镀金MALDI靶板的全身切片。（B）横截面内奥氮平的MS/MS离子图像。（C）初级衍生物*N*-去甲基奥氮平的MS/MS离子图像。（D）另一种初级衍生物2-羟甲基氨氮平的MS/MS离子图像。2 h以内，原始药物奥氮平在整个身体中可见，但在6 h后显示脑和脊髓中强度降低。初级衍生物积聚在肝脏和膀胱中，而非大脑中［引自Reyzer ML & Caprioli RM. *Curr. Opin. Chem. Biol.* 11（2006）29-35. 经Elsevier许可］。

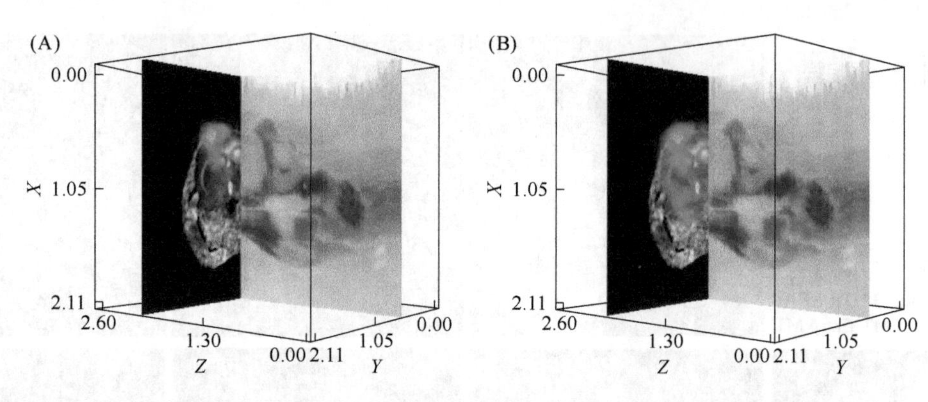

图7.22 重构得到的大鼠脑肿瘤的3D定位图像。图像由许多2D切片组成，每个切片用质谱法评估。（A）和（B）显示了不同蛋白质的定位［引自Schwamborn K & Caprioli RM. *Mol. Oncol*. 4（2010）529-538. 经Elsevier许可］。

些蛋白质的动态变化可能需要很多年，正如我们可以看到的，糖与眼睛晶状体中蛋白质非常缓慢的结合在高龄时会使晶状体浑浊并导致白内障[74]。相应的，研究蛋白质通常意味着研究蛋白质的相互作用。正如所预料的那样，这些研究可以采取截然不同的形式。在时间和空间谱的最低端，感兴趣的主要话题是配体小分子与蛋白质的对接，这是酶作用和大多数药物的基础；这些行为将在第8章中讨论。在尺度上稍进一步，是整个转录因子领域及其在基因调控中的关键作用，我们在第6章中讨论过。进一步提升尺度，我们会发现蛋白质-蛋白质相互作用，由于它们的重要性和普遍性，通常缩写为PPI，并且有许多表现形式[75]。

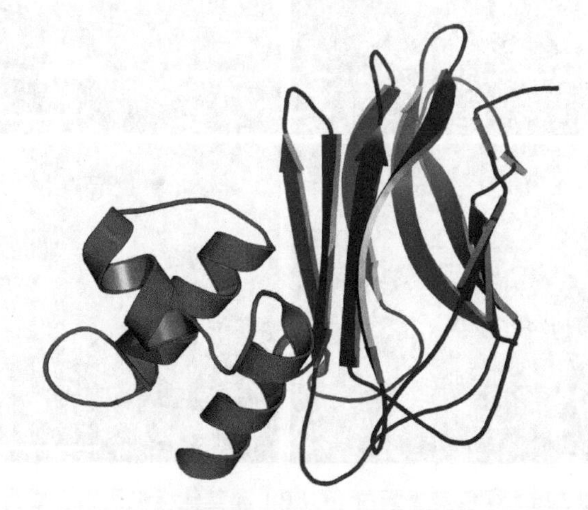

图7.23 在厌氧细菌*Clostridium thermocellum*中形成纤维小体的黏连蛋白-锚定蛋白（cohesin-dockerin）复合物的两种蛋白质之间的相互作用。纤维小体是一种多蛋白复合物，用于有效降解植物细胞壁。cohesin（蓝色）的β折叠区域主要与dockerin的一个螺旋（红色）相互作用。该结构解释了黏连蛋白-锚定蛋白对之间缺乏跨物种识别的现象，从而为这些催化组件的合理设计、构建和开发提供了蓝图（乔治亚大学的Huiling Chen和Ying Xu供图）。

PPI展示了许多值得研究的方面。首先，人们对四级结构中少量肽或蛋白质的复合物很感兴趣。相关的研究方法需要理论化学和算法优化技术，类似于配体对接分析中用到的技术（图7.23）。其次，近期的主要努力集中于中到大尺寸的PPI网络（图7.24）。其根本原因是，破译哪些蛋白质可能在某些特定位置相互作用，将有助于深入了解细胞作为一个复杂系统的功能。

已有多种方法应用于此类研究。可以说最著名的是酵母双杂交分析，它使用酵母细胞核内的人工融合蛋白来推断蛋白质的结合对象[76, 77]。这种检测方法是可扩展的，允许筛选非常多的蛋白质之间的相互作用。该方法的一个显著缺点是通常存在非常多的假阳性，这意味着该检测方法会指示比活细胞中真正存在的更多的相互作用。对于相对较小的相互作用网络，可以通过共定位研究或在特异性抗体的帮助下通过**免疫沉淀（immunoprecipitation）**来验证或否定这些相互作用[78]。至少在某种程度上，也可以使用计算方法验证[79]。一旦PPI被识别和验证，静态网络分析的图方法就可以用来表征互作网络的拓扑特征，如结点类型和连接模式，我们在第3章中讨论过。此类网络的有效可视化方法是持续研究的挑战性课题。

当对PPI的动态感兴趣时，或者仅是需要知道网络中边的方向性时，PPI的分析也会变得复杂很多。典型的例子是信号转导系统，其中有必要确定哪个组件触发下游其他组件的变化（图7.25）。短时PPI的另一个例子是，蛋白质通过另一种蛋白质转运，如在细胞核和细胞质之间转运。类似地，还包括我们已经提到的泛素化过程，它对蛋白质做出降解标志。可以使用微分方程模型分析具有方向性和动态的PPI。作为一个重要的例子，即信号系统，将在第9章中讨论。

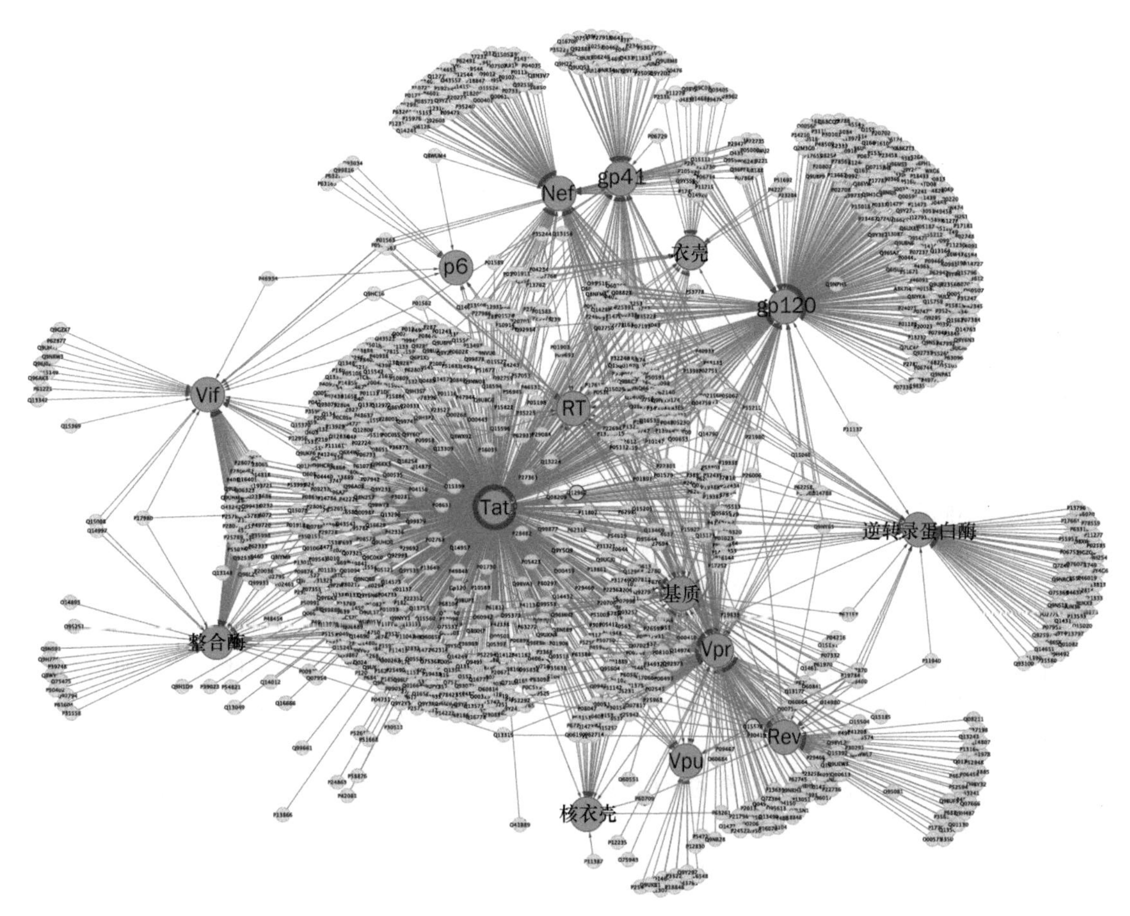

图7.24 人类免疫缺陷病毒（HIV）与人类宿主之间1785种独特的蛋白质-蛋白质相互作用网络。该图由美国国家过敏和感染病研究所（National Institute of Allergy and Infectious Diseases）艾滋病分类数据库汇编而成。红色结点代表HIV蛋白质，浅橙色结点代表宿主因子。目前尚不清楚哪些相互作用是直接的，哪些是功能相关的［引自Jäger S，Gulbahce N，Cimermancic P，et al.，*Methods* 53（2011）13-19. 经Elsevier许可］。

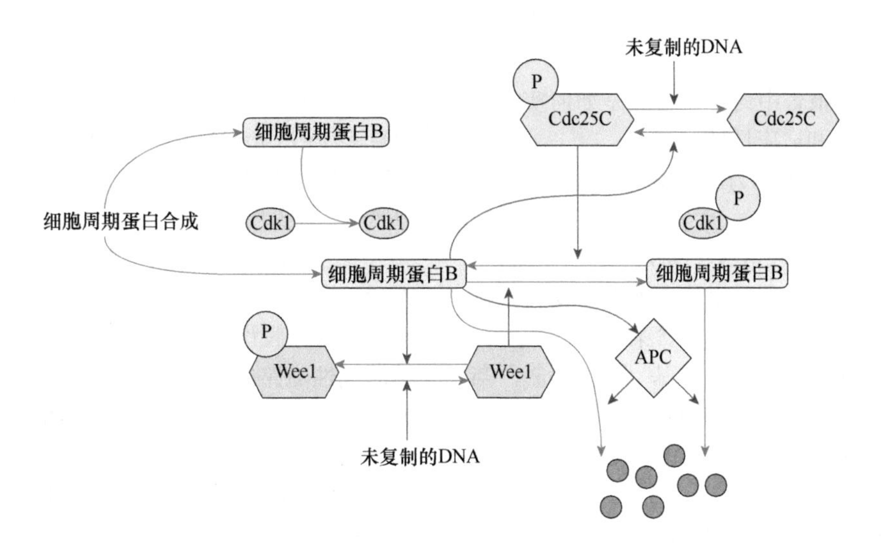

图7.25 控制细胞进入有丝分裂的蛋白质-蛋白质相互作用网络。利兰·哈特韦尔（Leland Hartwell）、蒂姆·亨特（Tim Hunt）和保罗·纳斯（Paul Nurse）因发现这一过程的主要调控因子而获得2001年诺贝尔生理学或医学奖。虽然这里的细节并不重要，但该图表明某些信号中存在明确的方向性。未复制的DNA阻止细胞进入有丝分裂。该过程由Cdk1-细胞周期蛋白B复合物和Cdc25之间的正反馈，以及Cdk1和Wee1之间的双负反馈控制。这种安排使渐进式有丝分裂细胞周期蛋白的合成成为可能，从而导致Cdk1活化的开关样增长。Cdk1由于负反馈而失活，其中Cdk1间接靶向细胞周期蛋白B以通过APC进行降解［改编自Zwolak J，Adjerid N，Bagci EZ，et al. *J. Theor. Biol.* 260（2009）110-120. 经Elsevier许可］。

练　习

7.1　搜索文献以确定不同生物系统中氨基酸的相对频率。

7.2　计算由100个、1000个或27 000个氨基酸组成的不同蛋白质的理论数量。

7.3　如果吡咯赖氨酸和硒代半胱氨酸在蛋白质中出现的频率像标准氨基酸一样高，请直观预测给定长度的蛋白质的总变异数会增加多少。通过计算检查你的预测。

7.4　具有固定数量氨基酸的可能蛋白质的数量是否受到发现不同氨基酸的相对频率的影响？讨论影响是否显著和（或）做一些计算进行说明。

7.5　探索PDB的可视化选项，并在报告中总结要点。

7.6　在文献和互联网上搜索广泛存在的蛋白质RuBisCO、胶原蛋白和肌动蛋白的重要物理、化学和生物特性。

7.7　探索植物是否含有动物中没有的蛋白质，甚至蛋白质类别。

7.8　在文献中搜索酶的变构抑制位点的可视化。

7.9　从文献中检索酶与其底物结合的图片。

7.10　讨论原核鞭毛和真核纤毛及其分子马达之间的差异和相似之处。

7.11　在一篇简短的报告中，解释激素和信息素之间的差异，包括对含有激素和信息素的广泛化学类别的讨论。

7.12　在一页报告中讨论，自然是如何实现抗体之间的巨大变化和适应性的。

7.13　在细胞因子的背景下讨论术语“促炎”和“抗炎”。

7.14　讨论差异凝胶电泳（DIGE）背后的概念。

7.15　为什么在使用质谱法之前有必要将蛋白质切成肽？查找文献以支撑你的答案。

7.16　讨论iTRAQ方法所基于的概念。与MALDI-TOF相比，权衡其优缺点。

7.17　讨论MudPIT方法背后的概念及其优点和不足。

7.18　在报告中讨论不同蛋白质分离技术的优缺点。

7.19　探索文献和互联网，并描述从消化片段中重建肽的计算机算法的概念。

7.20　从文献中确定不同蛋白质组学技术所需的蛋白质样品的最小量。

7.21　列出可用于蛋白质结构预测的氨基酸及其残基的化学和物理特性。

7.22　确定蛋白质结构预测具有挑战性的三个原因。

7.23　调查文献和互联网上不同类型的膜蛋白。撰写描述其属性和功能的报告。

7.24　更详细地解释图7.25中的“Cdk1-细胞周期蛋白B复合物与Cdc25之间的正反馈，以及Cdk1与Wee1之间的双负反馈”。

7.25　在图7.25中设置系统动态模型的步骤是什么？一旦确定了策略，请研究佐拉克（Zwolak）及其合作者的文章[80]，并将你的策略和他们的策略进行比较。

7.26　根据分子生物学的中心法则（见第6章），DNA被转录成RNA，RNA被翻译成蛋白质，在此处，蛋白质是催化代谢反应的酶。开发一个简单的级联模型来描述这些过程，如图7.26所示，其中X_1、X_2和X_3分别是mRNA、蛋白质和代谢物，X_4、X_5和X_6是前体（解释它们应该是什么），X_7是转录因子或活化代谢物。设置幂律函数形式的方程（第4章）并选择合理的参数值。分析一下，如果基因表达，会发生什么。研究一下，如果X_3和X_7是相同的代谢物，会发生什么。

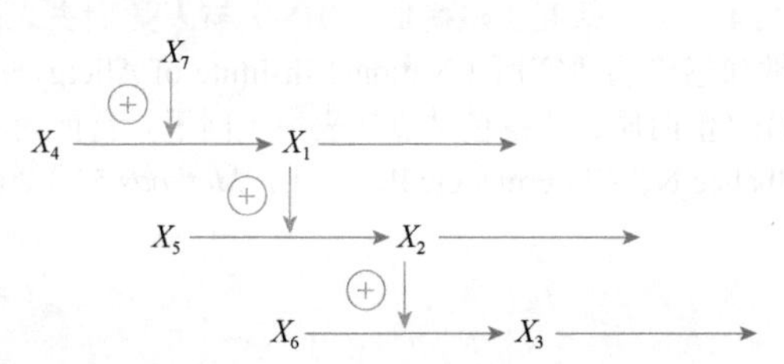

图7.26　中心法则示意图。X_1表示转录的mRNA，X_2表示翻译的蛋白质（这里是酶），X_3是由X_2、X_4、X_5催化的反应中产生的代谢物，而X_6代表各个步骤的分子来源或前体，X_7是转录因子或活化代谢物。

7.27　你将如何对练习7.26模型中的翻译后修饰和可变剪接变体进行建模？

7.28　假设练习7.26中的代谢物X_3是以Z_1开始的线性通路的底物，导向Z_2、Z_3、Z_4等，直到合成最终产物Z_{10}。假设Z_{10}在级联的顶层强烈抑制转录。将模拟结果与练习7.26中的结果进行比较。

7.29　假设蛋白质可以是未磷酸化的、在某位置A磷酸化的、在某位置B磷酸化的或在位置A和B均磷酸化的。绘制不同磷酸化状态和它们之间转换的图表。设计描述转换和状态的常微分方程（ODE）模型。你如何确保蛋白质的总量不随时间变化？假设外部调节因子抑制一个或两个特定的转换，它有什么效果？

7.30 考虑与练习7.29中相同的磷酸化状态。设计描述转换和状态的马尔可夫模型。将模型和模拟的特征与练习7.29中的特征进行比较。是否可以考虑外部调控因子?

7.31 许多信号级联基于蛋白质的磷酸化和去磷酸化，并且具有如图7.27中简化形式所示的结构。使用带有微分方程的系统分析方法，建立级联模型，选择合理的参数值，并执行足够多的模拟以编写关于级联的动态特征的可靠报告。

7.32 在文献和互联网上搜索其结构是用计算方法推断得到的蛋白质-蛋白质相互作用网络。写一页研究摘要。

7.33 阿卡玛(Akama)等[81]描述了细胞维甲酸结合蛋白CRABP1的蛋白质-蛋白质相互作用网络，该网络参与神经系统的发育(图7.28)。你可以提取哪些标准类型的数字特征来表征此网络?

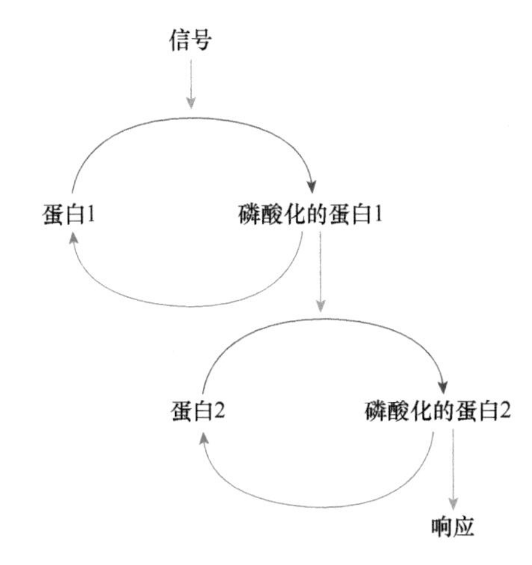

图7.27 简化的信号级联反应。任一水平上的蛋白质都可以被磷酸化("-P")或去磷酸化。只有蛋白质1的磷酸化形式可触发第二级级联反应。

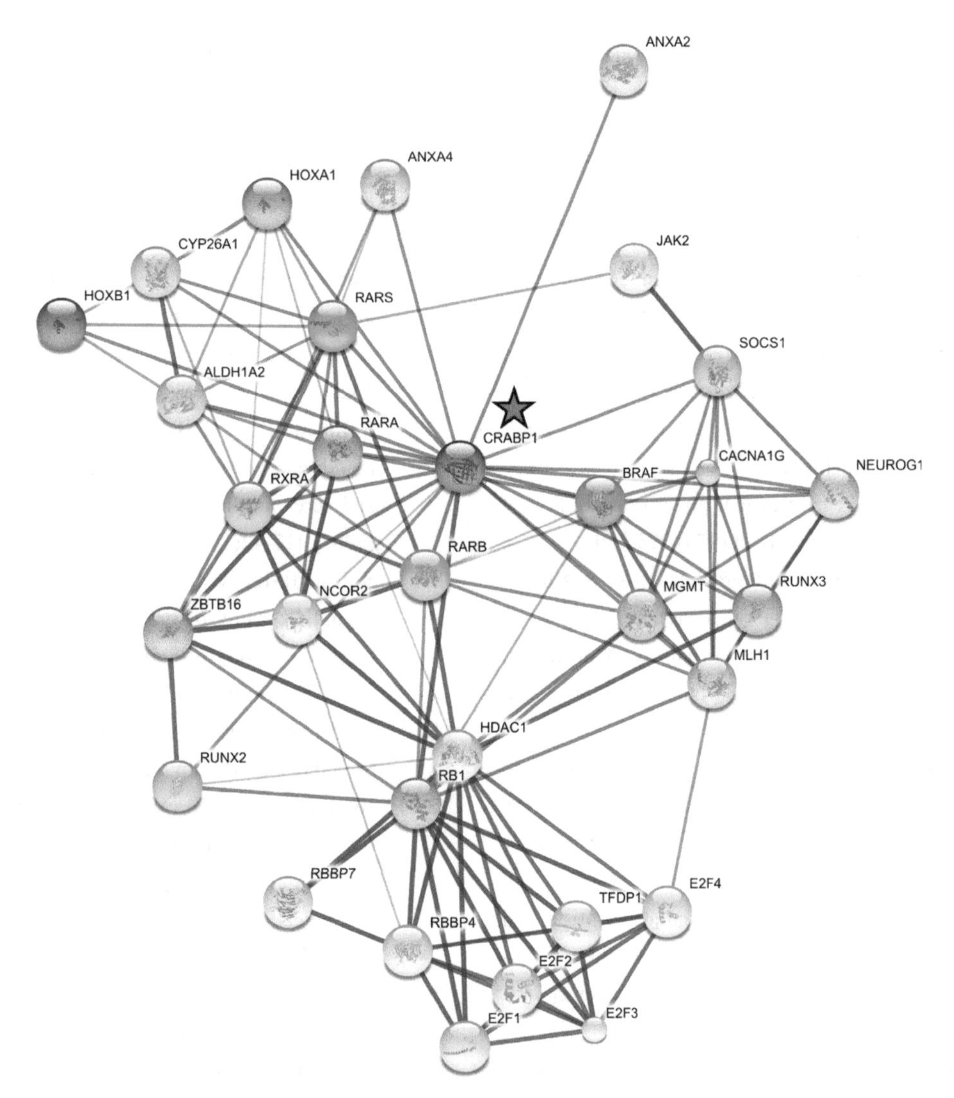

图7.28 CRABP1的蛋白质-蛋白质相互作用网络。很明显，不同的结点表现出不同的连接模式(见第3章)[引自Akama K，Horikoshi T，Nakayama T，et al. *Biochim. Biophys. Acta* 1814(2011)265-276. 经Elsevier许可]。

参考文献

[1] Protein Data Bank (PDB). http://www.pdb.org/pdb/home/home.do.
[2] Swiss-Prot. http://ca.expasy.org/sprot/.
[3] UniProt. http://www.uniprot.org/.
[4] BioGRID. http://www.thebiogrid.org/.
[5] Zvelebil M & Baum JO. Understanding Bioinformatics. Garland Science, 2008.
[6] The Human Protein Atlas. http://www.proteinatlas.org.
[7] Stadtman TC. Selenocysteine. *Annu. Rev. Biochem.* 65 (1996) 83-100.
[8] Atkins JF & Gesteland R. The 22nd amino acid. *Science* 296 (2002) 1409-1410.
[9] Brown TA. Genomes, 3rd ed. Garland Science, 2006.
[10] Zhou F, Olman V & Xu Y. Barcodes for genomes and applications. *BMC Bioinformatics* 9 (2008) 546.
[11] Zhang F, Saha S, Shabalina SA & Kashina A. Differential arginylation of actin isoforms is regulated by coding sequence-dependent degradation. *Science* 329 (2010) 1534-1537.
[12] Seppälä S, Slusky JS, Lloris-Garcerá P, et al. Control of membrane protein topology by a single C-terminal residue. *Science* 328 (2010) 1698-1700.
[13] Gsponer J, Futschik ME, Teichmann SA & Babu MM. Tight regulation of unstructured proteins: from transcript synthesis to protein degradation. *Science* 322 (2008) 1365-1368.
[14] Anfinsen CB. Principles that govern the folding of protein chains. *Science* 181 (1973) 223-330.
[15] Levinthal C. How to fold graciously. In Mossbauer Spectroscopy in Biological Systems: Proceedings of a Meeting held at Allerton House, Monticello, Illinois (JTP DeBrunner & E Munck, eds), pp 22-24. University of Illinois Press, 1969.
[16] Hatahet F & Ruddock LW. Protein disulfide isomerase: a critical evaluation of its function in disulfide bond formation. *Antioxid. Redox Signal.* 11 (2009) 2807-2850.
[17] PTM Statistics Curator: Automated Curation and Population of PTM Statistics from the Swiss-Prot Knowledgebase. http://selene.princeton.edu/PTMCuration/.
[18] Vellai T & Takacs-Vellai K. Regulation of protein turnover by longevity pathways. *Adv. Exp. Med. Biol.* 694 (2010) 69-80.
[19] Shcherbik N & Pestov DG. Ubiquitin and ubiquitin-like proteins in the nucleolus: multitasking tools for a ribosome factory. *Genes Cancer* 1 (2010) 681-689.
[20] Sherwood D & Cooper J. Crystals, X-rays and Proteins: Comprehensive Protein Crystallography. Oxford University Press, 2011.
[21] Jacobsen NE. NMR Spectroscopy Explained: Simplified Theory, Applications and Examples for Organic Chemistry and Structural Biology. Wiley, 2007.
[22] Ranson NA, Farr GW, Roseman AM, et al. ATP-bound states of GroEL captured by cryo-electron microscopy. *Cell* 107 (2001) 869-879.
[23] Clare DK, Bakkes PJ, van Heerikhuizen H, et al. An expanded protein folding cage in the GroEL-gp31 complex. *J. Mol. Biol.* 358 (2006) 905-911.
[24] Ago H, Kanaoka Y, Irikura D, et al. Crystal structure of a human membrane protein involved in cysteinyl leukotriene biosynthesis. *Nature* 448 (2007) 609-612.
[25] Zhao G, Johnson MC, Schnell JR, et al. Two-dimensional crystallization conditions of human leukotriene C4 synthase requiring a particularly large combination of specific parameters. *J. Struct. Biol.* 169 (2010) 450-454.
[26] Ranson NA, Clare DK, Farr GW, et al. Allosteric signaling of ATP hydrolysis in GroEL-GroES complexes. *Nat. Struct. Mol. Biol.* 13 (2006) 147-152.
[27] Schmidt-Krey I. Electron crystallography of membrane proteins: two-dimensional crystallization and screening by electron microscopy. *Methods* 41 (2007) 417-426.
[28] Schmidt-Krey I & Rubinstein JL. Electron cryomicroscopy of membrane proteins: specimen preparation for two-dimensional crystals and single particles. *Micron* 42 (2011) 107-116.
[29] Jmol: An Open-Source Java Viewer for Chemical Structures in 3D. http://jmol.sourceforge.net/.
[30] Brylinski M & Skolnick J. FINDSITELHM: a threading-based approach to ligand homology modeling. *PLoS Comput. Biol.* 5 (2009) e1000405.
[31] Raghavendra SK, Nagampalli P, Vasantha S, Rajan S. Metal induced conformational changes in human insulin: Crystal structures of Sr^{2+}, Ni^{2+} and Cu^{2+} complexes of human insulin. *Protein and Peptide Letters* 18 (2011) 457-466.
[32] Field CB, Behrenfeld MJ, Randerson JT & Falkowski P. Primary production of the biosphere: integrating

terrestrial and oceanic components. *Science* 281 (1998) 237-240.

[33] Friedman L, Higgin JJ, Moulder G, et al. Prolyl 4-hydroxylase is required for viability and morphogenesis in Caenorhabditis elegans. *Proc. Natl Acad. Sci. USA* 97 (2000) 4736-4741.

[34] Otterbein LR, Cosio C, Graceffa P & Dominguez R. Crystal structures of the vitamin D-binding protein and its complex with actin: structural basis of the actin-scavenger system. *Proc. Natl Acad. Sci. USA* 99 (2002) 8003-8008.

[35] Ahnert-Hilger G, Holtje M, Pahner I, et al. Regulation of vesicular neurotransmitter transporters. *Rev. Physiol. Biochem. Pharmacol.* 150 (2003) 140-160.

[36] Dixon JB. Lymphatic lipid transport: sewer or subway? *Trends Endocrinol. Metab.* 21 (2010) 480-487.

[37] Wade RH. On and around microtubules: an overview. *Mol. Biotechnol.* 43 (2009) 177-191.

[38] Maeda S, Nakagawa S, Suga M, et al. Structure of the connexin 26 gap junction channel at 3.5 Å resolution. *Nature* 458 (2009) 597-602.

[39] Birukou I, Soman J & Olson JS. Blocking the gate to ligand entry in human hemoglobin. *J. Biochem.* 286 (2011) 10515-10529.

[40] Pietras K. Increasing tumor uptake of anticancer drugs with imatinib. *Semin. Oncol.* 31 (2004) 18-23.

[41] Kearns DB. A field guide to bacterial swarming motility. *Nat. Rev. Microbiol.* 8 (2010) 634-644.

[42] Lindemann CB & Lesich KA. Flagellar and ciliary beating: the proven and the possible. *J. Cell Sci.* 123 (2010) 519-528.

[43] Bessa J & Bachmann MF. T cell-dependent and-independent IgA responses: role of TLR signalling. *Immunol. Invest.* 39 (2010) 407-428.

[44] Lu C, Mi LZ, Grey MJ, et al. Structural evidence for loose linkage between ligand binding and kinase activation in the epidermal growth factor receptor. *Mol. Cell. Biol.* 30 (2010) 5432-5443.

[45] Holmes MA. Computational design of epitope-scaffolds allows induction of antibodies specific for a poorly immunogenic HIV vaccine epitope. *Structure* 18 (2010) 1116-1126.

[46] Nemazee D. Receptor editing in lymphocyte development and central tolerance. *Nat. Rev. Immunol.* 6 (2006) 728-740.

[47] Brooks CL, Schietinger A, Borisova SN, et al. Antibody recognition of a unique tumor-specific glycopeptide antigen. *Proc. Natl Acad. Sci. USA* 107 (2010) 10056-10061.

[48] Weiss A, Shields R, Newton M, et al. Ligand-receptor interactions required for commitment to the activation of the interleukin 2 gene. *J. Immunol.* 138 (1987) 2169-2176.

[49] Davis MM, Krogsgaard M, Huse M, et al. T cells as a self-referential, sensory organ. *Annu. Rev. Immunol.* 25 (2007) 681-695.

[50] Bell JK, Botos I, Hall PR, et al. The molecular structure of the Toll-like receptor 3 ligand-binding domain. *Proc. Natl Acad. Sci. USA* 102 (2005) 10976-10980.

[51] Moreland JL, Gramada A, Buzko OV, et al. The molecular biology toolkit (MBT): a modular platform for developing molecular visualization applications. *BMC Bioinformatics* 6 (2005) 21.

[52] Oda K & Kitano H. A comprehensive map of the Toll-like receptor signaling network. *Mol. Syst. Biol.* 2 (2006) 2006.0015.

[53] Carafoli F, Bihan D, Stathopoulos S, et al. Crystallographic insight into collagen recognition by discoidin domain receptor 2. *Structure* 17 (2009) 1573-1581.

[54] Bloemendal H. Lens proteins. *CRC Crit. Rev. Biochem.* 12 (1982) 1-38.

[55] Palanivelu DV, Kozono DE, Engel A, et al. Co-axial association of recombinant eye lens aquaporin-0 observed in loosely packed 3D crystals. *J. Mol. Biol.* 355 (2006) 605-611.

[56] Rabilloud T. Variations on a theme: changes to electrophoretic separations that can make a difference. *J. Proteomics* 73 (2010) 1562-1572.

[57] Waller LN, Shores K & Knapp DR. Shotgun proteomic analysis of cerebrospinal fluid using off-gel electrophoresis as the first-dimension separation. *J. Proteome Res.* 7 (2008) 4577-4584.

[58] Minden JS, Dowd SR, Meyer HE & Stühler K. Difference gel electrophoresis. *Electrophoresis* 30 (Suppl 1) (2009) S156-S161.

[59] Latterich M, Abramovitz M & Leyland-Jones B. Proteomics: new technologies and clinical applications. *Eur. J. Cancer* 44 (2008) 2737-2741.

[60] Yates JR, Ruse CI & Nakorchevsky A. Proteomics by mass spectrometry: approaches, advances, and applications. *Annu. Rev. Biomed. Eng.* 11 (2009) 49-79.

[61] ExPASy. http://www.expasy.ch/.
[62] Sen AK, Darabi J & Knapp DR. Design, fabrication and test of a microfluidic nebulizer chip for desorption electrospray ionization mass spectrometry. *Sens. Actuators B Chem.* 137 (2009) 789-796.
[63] Grey AC, Chaurand P, Caprioli RM & Schey KL. MALDI imaging mass spectrometry of integral membrane proteins from ocular lens and retinal tissue. *J. Proteome Res.* 8 (2009) 3278-3283.
[64] Das R & Baker D. Macromolecular modeling with Rosetta. *Annu. Rev. Biochem.* 77 (2008) 363-382.
[65] Skolnick J. In quest of an empirical potential for protein structure prediction. *Curr. Opin. Struct. Biol.* 16 (2006) 166-171.
[66] Skolnick J & Brylinski M. FINDSITE: a combined evolution/structure-based approach to protein function prediction. *Brief Bioinform.* 10 (2009) 378-391.
[67] Lee EH, Hsin J, Sotomayor M, et al. Discovery through the computational microscope. *Structure* 17 (2009) 1295-1306.
[68] The Gene Ontology Project. http://www.geneontology.org/.
[69] Phillips GJ. Green fluorescent protein—a bright idea for the study of bacterial protein localization. *FEMS Microbiol. Lett.* 204 (2001) 9-18.
[70] Stepanenko OV, Verkhusha VV, Kuznetsova IM, et al. Fluorescent proteins as biomarkers and biosensors: throwing color lights on molecular and cellular processes. *Curr. Protein Pept. Sci.* 9 (2008) 338-369.
[71] Singleton KL, Roybal KT, Sun Y, et al. Spatiotemporal patterning during T cell activation is highly diverse. *Science Signaling* 2 (2009) ra15.
[72] PSLID—Protein Subcellular Location Image Database. http://pslid.org/start.html.
[73] Sinha TK, Khatib-Shahidi S, Yankeelov TE, et al. Integrating spatially resolved three-dimensional MALDI IMS with in vivo magnetic resonance imaging. *Nat. Methods* 5 (2008) 57-59.
[74] Ulrich P & Cerami A. Protein glycation, diabetes, and aging. *Recent Prog. Horm. Res.* 56 (2001) 1-21.
[75] Nibbe RK, Chowdhury SA, Koyuturk M, et al. Protein-protein interaction networks and subnetworks in the biology of disease. *Wiley Interdiscip. Rev. Syst. Biol. Med.* 3 (2011) 357-367.
[76] Chautard E, Thierry-Mieg N & Ricard-Blum S. Interaction networks: from protein functions to drug discovery. *A review. Pathol. Biol. (Paris)* 57 (2009) 324-333.
[77] Fields S. Interactive learning: lessons from two hybrids over two decades. *Proteomics* 9 (2009) 5209-5213.
[78] Monti M, Cozzolino M, Cozzolino F, et al. Puzzle of protein complexes *in vivo*: a present and future challenge for functional proteomics. *Expert Rev. Proteomics* 6 (2009) 159-169.
[79] Tong AH, Drees B, Nardelli G, et al. A combined experimental and computational strategy to define protein interaction networks for peptide recognition modules. *Science* 295 (2002) 321-324.
[80] Zwolak J, Adjerid N, Bagci EZ, et al. A quantitative model of the effect of unreplicated DNA on cell cycle progression in frog egg extracts. *J. Theor. Biol.* 260 (2009) 110-120.
[81] Akama K, Horikoshi T, Nakayama T, et al. Proteomic identification of differentially expressed genes in neural stem cells and neurons differentiated from embryonic stem cells of cynomolgus monkey (Macaca fascicularis) *in vitro*. *Biochim. Biophys. Acta* 1814 (2011) 265-276.

拓 展 阅 读

Chautard E, Thierry-Mieg N & Ricard-Blum S. Interaction networks: from protein functions to drug discovery. A review. *Pathol. Biol. (Paris)* 57 (2009) 324-333.

Latterich M, Abramovitz M & Leyland-Jones B. Proteomics: new technologies and clinical applications. *Eur. J. Cancer* 44 (2008) 2737-2741.

Nibbe RK, Chowdhury SA, Koyuturk M, et al. Protein-protein interaction networks and subnetworks in the biology of disease. *Wiley Interdiscip. Rev. Syst. Biol. Med.* 3 (2011) 357-367.

Shenoy SR & Jayaram B. Proteins: sequence to structure and function—current status. *Curr. Protein Pept. Sci.* 11 (2010) 498-514.

Twyman R. Principles of Proteomics, 2nd ed. Garland Science, 2014.

Yates JR, Ruse CI & Nakorchevsky A. Proteomics by mass spectrometry: approaches, advances, and applications. *Annu. Rev. Biomed. Eng.* 11 (2009) 49-79.

Zvelebil M & Baum JO. Understanding Bioinformatics. Garland Science, 2008.

8 代谢系统

读完本章，你应能够：

- 识别和描述代谢系统的组成部分
- 概念性地描述代谢系统的组成部分如何相互作用
- 理解质量作用和酶动力学的基础知识
- 了解支持代谢分析的各种数据来源
- 将不同类型的代谢数据与不同的建模任务相关联
- 解释代谢分析的不同目的

我们的基因组有时被称为关于“我们是谁”的蓝图。我们在前面的章节中已经看到，这个概念有些简化，因为宏观和微观环境在整个生物层级中都有重要作用，包括基因的表达。尽管如此，我们的基因确实包含了最终决定生命机器的代码。这种机器的大部分以蛋白质的形式存在，并且像大多数机器一样，它们接受输入并将其转换为输出。就生命系统而言，绝大多数的输入和输出都是由代谢物组成的。最突出的是，蛋白质将代谢物（包括食物或底物）转化为能量和一系列其他代谢物：从糖和氨基酸到维生素和神经递质。信号转导有时被视为不同于代谢作用，但它通常也通过代谢变化实现，如蛋白质的磷酸化或糖基化，或信号转导脂质的合成或降解。通常，在代谢物水平上，若正常的生理过程变成病理性的，则健康变成疾病。基因可能会发生变异，但就其自身而言，这种变化不会引起问题。然而，如果突变导致异常的蛋白质或调节机制，从而影响代谢通路的动态，那么它可能最终导致特定代谢物的过量或缺乏，其结果在某些情况下可能是可以忍受的，但在其他情况下则可能损伤受影响的细胞，甚至可能杀死它。

DNA、蛋白质和代谢物由相同的“有机”原子（主要是C、O、N和H）组成，它们之间确实没有本质上的生物化学差异，只是DNA和蛋白质是具有特定化学结构的大分子，而严格意义上的代谢物，相比之下要小得多。例如，典型代谢物葡萄糖（$C_6H_{12}O_6$）的相对分子质量为$6\times12+12\times1+6\times16=180$，而己糖激酶，即将葡萄糖转化为葡萄糖-6-磷酸的酶，其分子质量大约为100 000 Da[1]（图8.1）。DNA中核苷酸的平均分子质量约为330 Da，而平均大小约为3000个碱基的人类基因对应于约1 000 000 Da的分子质量。已知最大的人类基因编码抗肌萎缩蛋白（dystrophin），该蛋白是肌肉中的关键蛋白质，若发生改变，则是产生肌肉萎缩的根本原因之一。该基因由240万个碱基组成，因此分子质量约为8亿Da[2]。由此可见，与蛋白质和核酸相比，典型的代谢物的确很小。

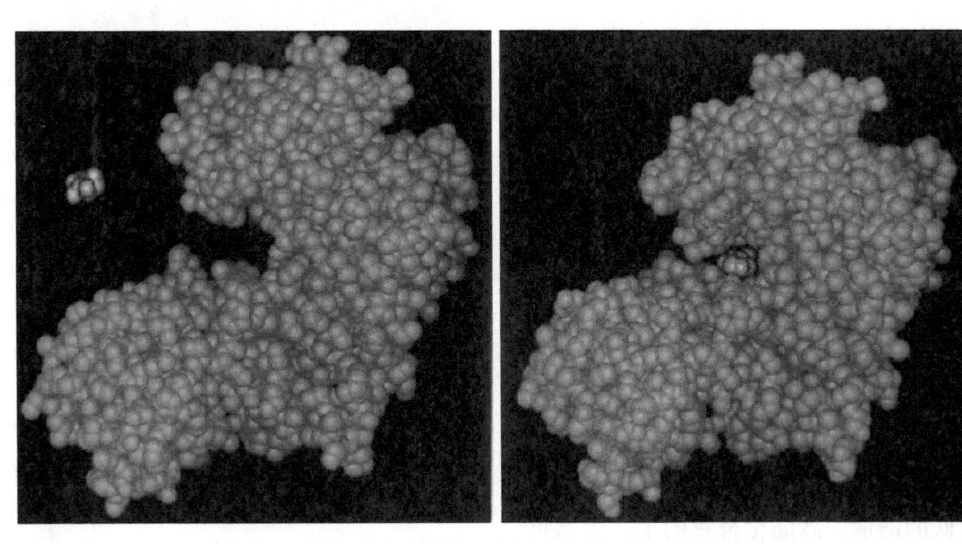

图8.1 与蛋白质和DNA相比，典型的代谢物比较小。己糖激酶（蓝色）结合葡萄糖分子（红色）。注意两种分子大小的巨大差异（乔治亚大学的Juan Cui和Ying Xu供图）。

代谢物转化为其他代谢物一直是传统生物化学的基础。这种转化通常在组成代谢通路的几个步骤中发生。许多生物化学书籍是根据这些通路组织内容的，其中包含关于中心代谢、能量代谢、氨基酸代谢、脂肪酸代谢等内容的章节，有时也包括不太普遍的通路，如昆虫和蜘蛛中毒物合成的通路，或导致次生代谢产物（如有色颜料）合成的通路，它们可能不是生存所必需的。事实上，新陈代谢并非整齐地排列在通路中，而通路仅仅是复杂的调节途径系统中最明显的贡献者，正如州际高速公路是更大和高度连接的道路、街道和小巷网络的最突出组分一样。

传统上，生物化学主要关注细胞中用于将不同代谢物相互转化的各个步骤。在这些讨论中特别重要的是酶，我们在第7章中讨论过。每种酶促进一系列代谢转化中的一个或几个特定步骤。近年来，研究重点已从单一反应步骤转向**代谢组学（metabolomics）**的高通量方法，代谢组学试图在给定时间点表征生命系统（或其子系统）的整个代谢状态。一个很好的例子是质谱图，它能够定量评估生物样品中数千种代谢物的相对含量（见后文）。

很显然，本章不想综述生物化学，它只在说明性示例的背景下提及具体代谢通路。相反，它试图描述生物化学和代谢组学中一些基本与一般的概念，这些概念与计算系统生物学中的分析特别相关。它首先描述了酶催化反应，讨论了控制这些反应速率的方法，为描述代谢系统动力学的数学方法奠定了基础，并列出了一些数据生成方法和关于目前可获得的代谢物的综合信息资源。

生物化学反应

8.1 背景

代谢是指有机化合物依次转化为其他化合物。作为化学反应，这些转换当然必须遵守化学和物理定律。有趣的是，热力学告诉我们，要发生一种化合物到另一种化合物的自发转化，后者必须处于比前者更低的能量状态。然而，在生物化学和新陈代谢中，食物可以转化为高能代谢物，如氨基酸或脂质，这是否违背热力学的基本物理学原理呢？这种情况在植物中尤其令人费解，其中“食物”仅由二氧化碳（CO_2）组成，它具有非常低的能量。高能化合物的生产怎么可能实现呢？

答案包括三个组成部分（当然完全符合热力学定律）：

- 植物能够利用太阳光作为能量，将二氧化碳转化为含能较高的代谢物。
- 在所有生物体中，所需高能分子的代谢产生是通过将另一种高能分子转化为低能分子来“补偿”的。例如，葡萄糖向葡萄糖-6-磷酸的转化与高能分子腺苷三磷酸（ATP）转化为低能分子腺苷二磷酸（ADP）相耦合。
- 正如热力学所暗示的那样，细胞中高能分子不会简单地降解为低能分子。相反，它们要通过更高能量的中间状态才能转移到能量较低的状态。因此，这种转变不是自发的，需要通过酶促使其实现（参见第7章和专题8.1）。实际上，绝大多数代谢反应需要酶，并且它们通常涉及二级底物或辅因子，为从较低能量的分子产生更高能量的分子提供能量。酶的参与极大地加速了反应速率，并且进一步提供了调节的可能性，即存在一种或多种代谢物影响酶活性的大小，从而影响代谢反应的速率。

出于代谢系统分析的目的，我们通常不需要更多地了解与酶相关的分子机制，只需知道酶能够将底物转变为产物，并且其活性可以被各种在不同时间尺度上起作用的机制调节就可以了（参见第7章和本章后面的部分）。我们需要详细探索的是，酶促过程如何转化为数学模型。

专题8.1 用类比法演示酶的功能

酶的功能如图1A所示，其中具有高能状态（红色）的原始代谢物（通常称为底物）必须短暂升高至更高能量（蓝色）的过渡态，然后才能转移到较低能量的产物状态。该酶暂时提供必要的激活能量E_A。一个直观的比喻是爆米花（图1B）。其在原始状态下，由冷玉米粒组成，其能量受到约束：虽然爆米花位于地板上方的高位，但它不能降低到地板的低能量水平。现在我们打开热源（激活能量），释放存储的能量，从而使得每个玉米粒在其爆开期间（过渡状态）发生跳跃；这样一来，一些玉米粒确实有可能会跳过平底锅的边缘落到地板上。

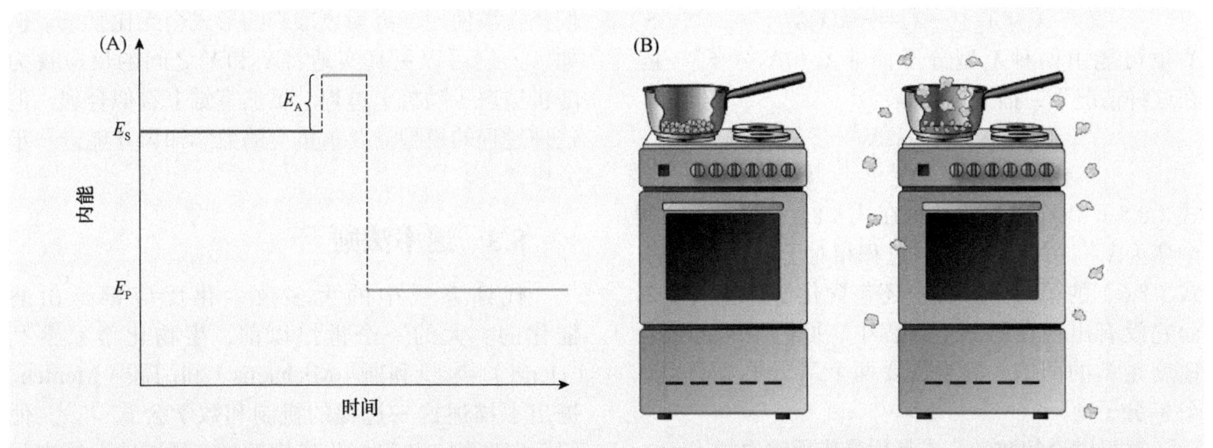

图1 克服高能阈值的过程。(A)将具有能量E_S的代谢底物转化为具有较低能量E_P的产物需要越过阈值(蓝色)的活化能E_A。(B)子图(A)中的情况类似于爆米花，其中单个谷粒可以接收足够的(热)能量以跳出平底锅并落到地板上。

8.2 基本反应的数学公式

为了简化我们进入这个翻译任务(译者注：指的是将化学反应过程翻译成数学公式描述)的方法，我们从一个简单的情况开始，在这种情况下，化学化合物会随着时间的推移而降解，且不需要酶或辅因子。这种情况在生物化学上实际并不是很有趣，但却是模型开发的良好开端。它有两个突出的应用。第一种是放射性衰变，其中放射性核素自发地崩解，且集体崩解过程与现有量成比例。第二种是扩散过程，其中输送的材料量与当前量成比例。

两种情况下的比例性给出了如何建立描述方程式的直接暗示，即随时间t的变化与t时刻的量成比例。回顾第2章和第4章，变化在数学上表示为相对于时间的导数，量是时间的函数，而成比例意味着线性函数。把这些碎片放在一个等式中得到

$$\frac{dX}{dt}=\dot{X}=-k\cdot X \tag{8.1}$$

这个**常微分方程(ordinary differential equation，ODE)**的右侧包含三项，使人想起第2章中的SIR模型。第一项是X，代表某量(如放射性核素)，通常将X称为一个(分子)池。第二项是速率常数k，它始终为正(或零)且不随时间变化。它量化了每个时间单位有多少单位的X在变化。第三项是减号，表示变化($\dot{X}$)是负向的。换句话说，材料在消失而不是累积。式(8.1)作为化学过程的描述实际上是基于**统计力学(statistical mechanics)**和热力学考虑的，并且是由斯万特·阿伦尼乌斯(Svante Arrhenius)(1859—1927)在100多年前提出的。

正如我们在第4章中讨论的那样，式(8.1)是描述指数行为的线性微分方程。现在假设X被转换为Y并且X的消失被式(8.1)很好地捕捉。因为离开池X的所有材料都移动到池Y中，所以很容易看出Y中的变化必须等于X的变化，且两者具有相反的符号。因此，两个变量的动态很容易描述为

$$\begin{aligned}\dot{X}&=-kX\\ \dot{Y}&=kX\end{aligned} \tag{8.2}$$

若我们将这两个微分方程相加，得到

$$\dot{X}+\dot{Y}=0 \tag{8.3}$$

并有以下解释。系统的总变化，包括X的变化加上Y的变化，等于零，没有整体上的变化。这是有道理的，因为材料只是从一个池流到另一个池，而没有材料被添加或丢失。

许多代谢反应涉及两种底物，因此称为双分子的。它们的数学描述以类似于单底物形式来构造，得到右侧含有两个底物乘积的微分方程。具体而言，假设X_1和X_2是产生产物X_3的双分子反应的底物。那么，X_3浓度的增加为

$$\dot{X}_3=k_3X_1X_2 \tag{8.4}$$

注意，尽管可以说成添加第二种底物或将反应写为$X_1+X_2\longrightarrow X_3$，但是底物是以乘积而非加和的方式进入方程的。这种写法的原因可以追溯到热力学及两个分子必须在反应发生的物理空间内进行物理接触的事实，因此，产物的生成是一个概率问题。

因为X_3是材料的接受者且不影响其自身的合成，所以右侧是正的且不依赖X_3，而且只要X_1和X_2可用，其浓度就会继续增加。对于生成的每个X_3分子，需要消耗一个X_1分子和一个X_2分子。因此，任何一个底物的损耗都是

$$\dot{X}_1=\dot{X}_2=-\dot{X}_3=-k_3X_1X_2 \quad (8.5)$$

X_3也可能由两种X_1型分子而非X_1和X_2分子产生。在这种情况下，描述方程是

$$\begin{aligned}\dot{X}_1&=-2k_3X_1^2\\ \dot{X}_3&=k_3X_1^2\end{aligned} \quad (8.6)$$

式（8.5）中X_1和X_2的乘积在式（8.6）的两个方程中变为X_1^2，并且说成：该过程相对于X_1是二阶的。式（8.6）的第一个方程中还包含化学计量因子2，而它没有出现在第二个方程中。原因是X_1的消耗速度是X_3的两倍，因为需要两个X_1分子来产生一个X_3分子。

这里讨论的数学公式是**质量作用动力学（mass action kinetics）**的基础，它大约在150年前被引入[3-5]。根据这种广泛使用的分析框架，所有底物都作为乘积中的因子进入反应项，其中幂指数反映了每种类型贡献分子的数量。该项还包含速率常数，该常数为正（或可能为零）且不随时间变化。

质量作用形式隐含地假设许多底物分子是可用的，并且它们在均匀介质中自由移动。在许多情况下，特别是在活细胞中，这些假设并不成立，但它们确实为真实的代谢系统提供了良好的近似。它们经常被使用，因为更准确的形式会无比复杂。例如，人们可以更真实地将X_1和X_2之间的反应视为随机遭遇（随机）过程。虽然直觉上看似合理，但这种过程的模型需要重负荷的数学知识才能进一步分析[6, 7]。

8.3 速率法则

代谢系统中的大多数生化反应都是由酶催化的。大约一个世纪以前，生物化学家亨利（Henri）、米凯利斯（Michaelis）和门滕（Menten）提出了描述这一过程的机制和数学公式[8, 9]。他们假定底物S和起催化作用的酶E可逆地形成中间复合物ES，它随后分裂并且不可逆地产生反应产物P，同时释放保持不变的酶分子并准备再循环利用。所有步骤的典型速率常数机制如图8.2所示。现代的瞬态和单分子动力学方法已经表明，这一简单的模式有点过于简化了，并且许多反应实际上由快速亚反应的整个网络组成，其中不同的中间复合物形成多维自由能表面[10]。尽管如此，Michaelis-Menten机制是一个非常有用的概念框架，并且大量研究已经测量了其特征参数。

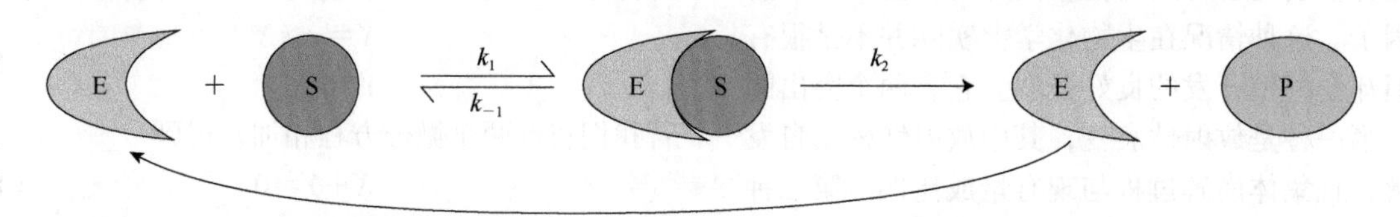

图8.2 Michaelis和Menten提出的酶催化反应机制的概念模型。底物S和酶E可逆地形成复合物ES，它可以返回S和E，或生成产物P，从而释放游离的酶，其可以再次被使用。

通过设置质量作用函数，可以直接获得该机制的数学模型（参见第2章）。具体而言，每个过程项通过直接涉及的所有变量及适当的速率常数来确定。结果为

$$\dot{S}=-k_1\cdot S\cdot E+k_{-1}\cdot(ES) \quad (8.7)$$

$$(\dot{ES})=k_1\cdot S\cdot E-(k_{-1}+k_2)\cdot(ES) \quad (8.8)$$

$$\dot{P}=k_2\cdot(ES) \quad (8.9)$$

这些方程很容易解释。例如，式（8.7）是说底物的变化由两个过程决定。在第一个过程中，$-k_1SE$是指底物和酶以速率k_1进入双分子反应。该过程带有减号，因为底物在失去。在第二个过程中，$k_{-1}(ES)$描述了一些复合物ES恢复到S和E，这以速率k_{-1}发生。这里的符号为正，因为该过程增加了S的池（即S的存量——译者注）。

E的一个等式没有列出，因为假定游离的酶E及复合物中结合的酶ES的总和保持不变；这个总的酶浓度表示为E_{tot}。因此，一旦我们知道ES的动力学，我们就可以推断出E的动力学。通常认为复合物ES的可逆形成比P的产生快得多，因此，$k_1\gg k_2$且$k_{-1}\gg k_2$。参数k_2有时也称为催化常数并用k_{cat}表示。P的产生被假设为不可逆。

式（8.7）～式（8.9）中的微分方程没有显式的解析解，但可以用数值积分器进行计算求解，这些积分器可以在许多软件包中找到。由于亨利（Henri）、米凯利斯（Michaelis）和门滕（Menten）没有计算机，他们提出了合理的假设，将ODE系统大幅简化为代数公式。他们的假设是，底物相对于酶过量存在（$S\gg E$），而且酶-底物复合物ES与游离的酶和底物平衡。作为后者更符合实际的变体，布里格斯（Briggs）和霍尔丹（Haldane）[11]提出了**准稳态假设（quasi-steady-state assumption，QSSA）**，其意味着ES浓度随时间没有明显变化，并且，总酶的浓度E_{tot}是恒定的。这些假设是针对体外实验提出的，在其中确

实可以很好地搅拌溶液并且底物浓度可轻易超过酶浓度数倍。

至于活细胞中的新陈代谢，QSSA在实验开始（底物和酶第一次相遇）时通常是错误的，而在结束（几乎所有的底物都用完）时会变得不准确（见图8.3；另也参见练习8.7）。此外，充分搅拌的均相反应介质这一隐含假设，是质量作用过程的先决条件，当然在活细胞中也不满足。尽管存在这些问题，但QSSA在许多实际情况下已经足够接近于被满足，并且许多经验表明，其益处往往超过其问题（有关进一步讨论，请参见参考文献［12，13］）。

如果接受QSSA，问题就简单多了。因为假设复合物浓度（ES）不变，式（8.8）的左侧现在等于零。此外，将产物形成速率定义为$v_P=\dot{P}$并引入反应的最大速度$V_{max}=k_2E_{tot}$和米氏常数$K_M=(k_{-1}+k_2)/k_1$。使用简单的代数，产物生成的速率可以表示为

$$v_P=\frac{V_{max}S}{K_M+S} \tag{8.10}$$

见练习8.5。式（8.10）中的函数称为**Michaelis-Menten速率法则（Michaelis-Menten rate law，MMRL）**或Henri-Michaelis-Menten速率法则（HMMRL）。MMRL图显示一个趋近V_{max}的单调增函数（图8.3），意味着V_{max}量化了反应可以进行的最快速率。K_M对应于反应速率正好是最大速率一半时的底物浓度。其数值在不同酶之间可以有很大的变化。在许多情况下，它接近体内的天然底物浓度。回想一下第5章，如何通过简单的线性回归从体外测量中获得MMRL的参数值。

不使用代数，MMRL也可以从以下生化论证中得到。图8.2左侧的底物、酶和中间复合物之间的可逆反应受到质量作用形式的控制：

$$\frac{k_{-1}}{k_1}=k_d=\frac{E\cdot S}{(ES)} \tag{8.11}$$

式中，k_d称为平衡或解离常数。因为传统上假设k_2比k_1、k_{-1}小，所以k_d近似等于$(k_{-1}+k_2)/k_1$，因而也近似等于K_M。

酶的占有率反映了酶与底物结合的程度。换句话说，它是$(ES)/E_{tot}$。我们可以使用式（8.11）重写这个比率为

$$\frac{(ES)}{E_{tot}}=\frac{(ES)}{E+(ES)}=\frac{E\cdot S/k_d}{E+E\cdot S/k_d}=\frac{S/k_d}{1+S/k_d}=\frac{S}{k_d+S}\approx\frac{S}{K_M+S} \tag{8.12}$$

使用此结果，我们立即得到MMRL如下：

$$v_P=\dot{P}=k_2\cdot(ES)\approx\frac{k_2\cdot E_{tot}\cdot S}{K_M+S}=\frac{V_{max}\cdot S}{K_M+S} \tag{8.13}$$

注意，ODE的解通常表示为因变量作为时间t的函数的图。在式（8.7）～式（8.9）中，它们是S、ES和P。相比之下，式（8.10）是生物化学书籍和文章中几乎总能找到的形式，它将产物形成速率v_P表示为底物浓度S的函数。这两个图明显不同（图8.3）。

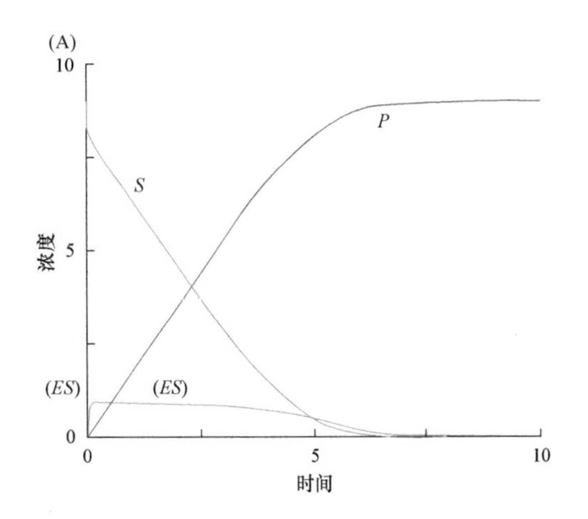

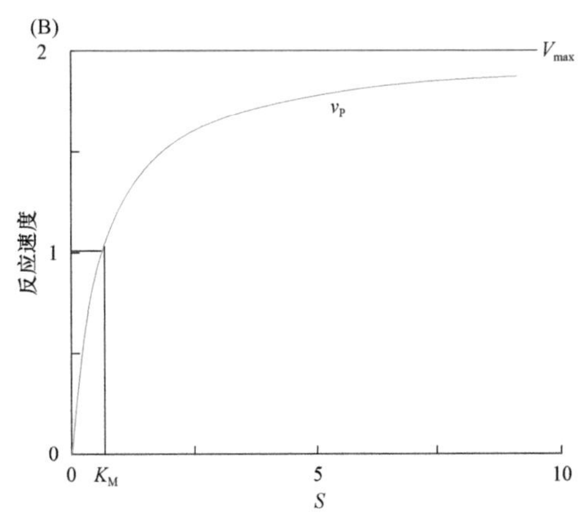

图8.3 **Michaelis-Menten速率法则图。**（A）以浓度随时间而变化表示的方程组（8.7）～（8.9）的解。（B）更为熟悉的反应速率与底物浓度的关系图——式（8.10）。参数为：$k_1=4$，$k_{-1}=0.5$，$k_2=2$，$K_M=0.625$，$E_{tot}=1$，$V_{max}=2$，$S(0)=9$，$(ES)(0)=P(0)=0$。

数以千计的生物化学研究使用了这种形式，MMRL甚至被用作其他与生化动力学无关的语境中的“黑盒”模型，仅仅因为它的形状符合许多观察数据。令人感兴趣的是，K_M被认为是酶-底物对的性质，因此来自文献或数据库的K_M值，即使它们是由不同的研究组在略微不同的条件下测量的，也可用于分析。相比之下，取决于实验条件，V_{max}的实验测量值可以显著变化，并且很少可以假设在不同条件下具有相同的值。

MMRL的生物化学和数学扩展是**希尔速率函数**（**Hill rate function**）[14]，它描述了涉及多亚基酶的生物化学过程。其数学结果是，底物出现在带有希尔系数的速率法则中，即带有反映亚基数量的整数幂，通常为2～4。利用希尔系数n，速率法则写作

$$v_{P,\ Hill}=\frac{V_{max}S^n}{K_M^n+S^n} \tag{8.14}$$

与MMRL相比，$n>1$的希尔速率法则是S形的（图8.4）。对于$n=1$，希尔速率法则与MMRL相同，S形变为简单肩形曲线（shoulder curve）。该速率法则的推导遵循与MMRL的情况完全相同的步骤（除了对应于n个底物分子和n个产物分子）。对于$n=2$，式（8.7）变为

$$\dot{S}_H=-2k_1S_H^2E_H+2k_{-1}(ES)_H \tag{8.15}$$

式中，下标H只是将方程与式（8.7）[15]区分开。速率法则的代数形式（8.14）仍可依据代数或生物化学论证从相应的微分方程中推导出来，正如我们在MMRL中所讨论的那样。

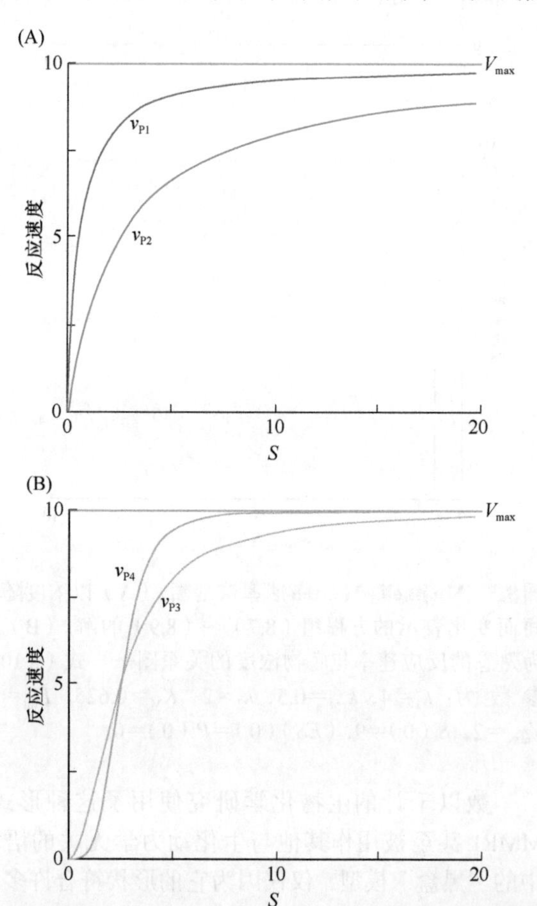

图8.4 Michaelis-Menten（MMRL）和Hill速率法则（HRL）图。（A）两个MMRL：v_{P1}和v_{P2}，它们有相同的V_{max}（10）和不同的K_M（$K_{M1}=0.5$、$K_{M2}=2.5$）。（B）两个HRL：v_{P3}和v_{P4}，它们有相同的V_{max}（10）、K_M（2.5）和不同的Hill系数n（2、4）。注意，（A）中的v_{P2}对应于$V_{max}=10$、$K_M=2.5$和$n=1$的HRL。

如上所述，酶催化反应的速率完全取决于底物浓度、参数K_M和V_{max}及可能的n。实际上，许多反应可通过抑制剂和活化剂来控制，这些抑制剂和活化剂感测对产物的需求并调节反应的周转速率。抑制剂或活化剂对反应速度的调节可能发生在图8.2所示的Michaelis-Menten机制中的多个位置。例如，抑制剂可以与底物分子竞争酶上的活性位点。如果抑制剂在结构上与底物相似并因此适合于酶上的相同结合位点，则可能发生这种情况。还可能发生抑制剂与酶-底物复合物ES形成相当稳定的复合物的情况，此时，该复合物部分地阻止了产物生成反应的发生。如果抑制剂和底物在结构上不同，当抑制剂结合到酶上的非活性位点时，也可以实现对酶活性的抑制。在结合过程中，酶在活性位点的催化活性降低。这种类型的**变构**（**allosteric**）抑制是很常见的。变构效应也可能是激活而非抑制。

数学描述因各种抑制模式而异，可能实际上会增加K_M或降低V_{max}值，或导致希尔（Hill）型函数，如式（8.14）。成千上万的文章和许多书籍都讨论了酶的调节，并描述了用于表征调控机制的生化技术。由于这些研究完全属于生物化学领域，我们不会进一步讨论它们。酶调节数学模型的良好表述可以在参考文献［16-18］中找到。

三种类型的抑制被称为竞争性、反竞争性和非竞争性。后两者的术语有点令人困惑，但已成为标准。这三种类型最终分别与K_M、MMRL分母中的底物浓度和V_{max}相关联。具体地，在竞争性抑制中，具有浓度I的抑制剂与底物竞争酶上的结合位点。相应的速率法则是

$$v_{P,\ CI}=\frac{V_{max}S}{K_M\left(1+\frac{I}{K_I}\right)+S} \tag{8.16}$$

式中，新参数K_I是抑制剂的解离常数。

在反竞争性抑制中，抑制剂与复合物ES结合。相应的速率法则是

$$v_{P,\ UI}=\frac{V_{max}S}{K_M+S\left(1+\frac{I}{K_I}\right)} \tag{8.17}$$

在非竞争性抑制中，抑制剂降低酶和底物之间的结合亲和力而不直接影响底物结合位点。因此，相应的速率法则为

$$v_{P,\ NI}=\frac{V_{max}S}{K_M+S}\left(1+\frac{I}{K_I}\right)^{-1} \tag{8.18}$$

一种不同类型的抑制称为变构调节。在这种情况下，抑制剂与酶结合，但不与底物结合位点结合。尽管如此，抑制剂的对接改变了底物结合位点，从而降低了酶和抑制剂（译者注：此处抑制剂似乎应为底物）之间的亲和力。一般的数学公式更为复杂且不是基于MMRL的；详细的推导可以在参考文献［18］中找到。

实际上，抑制可以是几种机制的混合，这增加了数学表示的复杂性。为了解决这个问题，生化系统理论（BST）像任何其他变量一样处理抑制剂，并用幂律近似表示它。因此，如果X_j抑制X_1的降解反应，则将X_1的模型设置为

$$\dot{X}_1 = 生成量 - \beta_1 X_1^{h_{11}} X_j^{h_{1j}} \qquad (8.19)$$

理论上说，h_{1j}是一个负数。如果抑制剂I的数量很少，有时用（$1+I$）代替，那么，式（8.19）写为[19]

$$\dot{X}_1 = 生成量 - \beta_1 X_1^{h_{11}} \left(1 + \frac{I}{K_I}\right)^{h_{1I}} \qquad (8.20)$$

因此，如果抑制剂浓度降至0，则再次得到MMRL。请注意，此表示类似于非竞争性速率法则，尽管它完全是通过对数空间中的线性化推导出来的（第4章）。

与抑制细节无关，与传统酶动力学研究直接相关的数据通常表示为酶的定量特征，诸如K_M、抑制和解离常数K_I与K_D，有时还有V_{max}等参数。通常也列出反应的辅因子和调节剂。最初，这些特征在大量文献中描述，但现在，数据库如BRENDA[20]（参见下面的专题8.2）和ENZYME[21]提供了许多酶和反应特性的集合及相关的参考文献。

虽然生物学中很少有函数像MMRL和希尔函数一样受到关注，但必须说明的是，这两个函数只是近似，经常并不合理[12, 13, 16]。首先，这些函数就像质量作用动力学一样，假设反应发生在充分搅拌的均匀介质中，而活细胞中显然不是这样的，那里充满了各种材料和细胞器，且反应经常发生在表面。其次，准稳态假设很少真正有效，而酶的量总是恒定且远小于底物浓度的假设，正如MMRL中所假设的那样，也很少能够满足。最后，对于少量的反应物，动力学函数会失效，必须用更复杂的随机过程代替ODE或连续函数[6]。

通路和通路系统

8.4 生物化学和代谢组学

如果必须描述传统酶动力学和代谢组学之间的差异，可以简单地说，前者主要关注个体反应和通路，以及影响它们的因素，而后者主要关注（大的）反应集合形式的通路系统。换句话说，传统生物化学和酶动力学的主要焦点可以看作靶向和局部的，而代谢组学的焦点是全面和全局性的。这种简化的区别似乎表明，生物化学是代谢组学的一个子集，但并非完全如此，因为代谢组学同时研究了许多反应，所以对局部水平细节的关注往往是次要的。例如，酶动力学研究的一个重要组成部分是用来纯化酶的详细方案，以及酶对不同底物亲和力的表征。相比之下，典型的代谢组学研究试图确定两个方面：第一个方面是生物样品的**代谢谱（metabolic profile）**，由所有代谢物的相对（或绝对）量或浓度组成。第二个方面是整个系统中所有流量的相对（或绝对）量值的表征和分布。在此，每个流量被定义为反应步骤或通路中分子的转换率，或者表示为，在给定时间流过代谢物池或通路的物质的量。一些作者将流量这一术语用于通路，而在研究单一反应时则将本质上相同的量称为速率[22]。

同时研究数百种代谢物或流量通常要求忽略各个反应步骤或抑制、激活机制的细节。这种情况类似于动物学和生态学中的不同研究焦点，前者主要针对特定动物或动物物种的独特特征进行研究，而后者试图了解（许多）物种之间的相互作用，包括动物、植物，有时甚至是细菌和病毒。

当然，酶动力学和代谢组学之间存在大量重叠。例如，通过通路系统的流量与各个反应步骤的酶活性和V_{max}有关。人们可以推测，只要我们知道反应及其调节物的转换率，对代谢系统动力学的分析可能不需要关于每个反应步骤非常详细的信息。然而，一旦我们试图将分析结果从一组条件外推到另一组条件，这些细节就变得至关重要。因此，传统的生物化学和代谢组学有各自的焦点，但也有很多共同点。

虽然有些幼稚，但传统酶动力学和代谢组学之间的上述区别，现在来说是有用的，因为它为两个领域中不同类别的分析方法及与它们相关的数据类型提供了基本的道理和解释。通过艰苦的分析，传统的生物化学已经对所有主要和许多次要代谢通路中的大多数反应有了深刻的理解，并且已经测量了大量与酶动力学相关的数据。例如，K_M和V_{max}可以在诸如BRENDA[20]（专题8.2）等数据库中相应酶学委员会（EC）编号下获得。与之形成鲜明对比的是，典型的代谢组学数据包括全面的、稳态或响应刺激时动态变化中的代谢浓度或流量的谱图。

专题8.2　显示在BRENDA中的代谢通路信息

BRENDA[20]的主要焦点是酶的定量信息，可以通过名称或酶学委员会（EC）编号及物种进行搜索。图1是显示典型搜索结果的屏幕截图。BRENDA提供重要量的值，如K_M值、底物、辅因子、抑制剂和其他对于建模目的非常重要的特征的值。所有信息都有引用支持。

MgCl2	Saccharomyces cerevisiae	50 mM, C-trehalase, complete inhibition	136150	2D-image
phosphate	Saccharomyces cerevisiae	-	136165	2D-image
ZnCl2	Saccharomyces cerevisiae	0.1 mM, C-trehalase, complete inhibition	136150	2D-image

ACTIVATING COMPOUND	ORGANISM	COMMENTARY	LITERATURE	IMAGE
3',5'-cAMP	Saccharomyces cerevisiae	activation is dependent on presence of ATP and a divalent cation such as Mg2+, Mn2+ or Co2+	136162	2D-image
MgATP2-	Saccharomyces cerevisiae	C-trehalase can be activated by MgATP2- in presence of cAMP	136150	2D-image
additional information	Saccharomyces cerevisiae	the cryptic enzyme form is completely activated at protein concentrations higher than 60 mg/ml	136162	-

KM VALUE [mM]	KM VALUE [mM] Maximum	SUBSTRATE	ORGANISM	COMMENTARY	LITERATURE	IMAGE
11.78	-	alpha,alpha-Trehalose	Saccharomyces cerevisiae	-	656417	2D-image
0.5	-	Trehalose	Saccharomyces cerevisiae	-	136158	2D-image
1.4	-	Trehalose	Saccharomyces cerevisiae	V-trehalase	136150	2D-image
4.7	-	Trehalose	Saccharomyces cerevisiae	-	136141	2D-image
4.79	-	Trehalose	Saccharomyces cerevisiae	in absence of trehalose-c	136144	2D-image
5	-	Trehalose	Saccharomyces cerevisiae	-	136165	2D-image
5.28	-	Trehalose	Saccharomyces cerevisiae	in presence of trehalose-c	136144	2D-image
5.7	-	Trehalose	Saccharomyces cerevisiae	C-trehalase	136150	2D-image
10	-	Trehalose	Saccharomyces cerevisiae	apparent value, at pH 7.1	677711	2D-image

图1　BRENDA中提供的典型信息。给定海藻糖酶的EC编号或名称，则可获得许多定量信息，这些信息对于通路建模非常有用（参见第11章）。此处的屏幕截图仅显示与各种条件下获得的K_M值相关的一部分选择结果。BRENDA还有到KEGG（见专题8.3）、BioCyc（见专题8.4）和其他数据库的直接链接［德国不伦瑞克工业大学迪特马尔·朔姆堡（Dietmar Schomburg）供图］。

8.5　通路计算分析的资源

代谢通路系统的分析通常遵循两条路径之一，这两条路径彼此不同且互补。首先是化学计量分析。它侧重于通路系统内的连通性，并解决哪些代谢物可以直接转化为其他代谢物的问题。因此，任何化学计量分析的第一步是收集在感兴趣的通路系统中产生或降解代谢物的所有已知或所谓的反应。这些反应形成由结点（代谢物）和顶点（箭头：反应）组成的化学计量图。在数学术语中，该图是有向图，可以应用许多分析方法。第3章讨论了化学计量网络最相关的特征，以及基于图和线性代数的分析。该章还讨论了从这些静态网络到动态网络的可能转变，如使用用**代谢控制分析（metabolic control analysis，MCA）**方法[22]，或者考虑将静态网络视为完全动态系统的稳态，如在**生化系统理论（biochemical system theory，BST）**的框架内[18, 23]。

例如，考虑葡萄糖-6-磷酸，它通常在糖酵解期间异构化为果糖-6-磷酸，但也可以通过磷酸葡糖变位酶反应转化为葡萄糖-1-磷酸，通过葡萄糖-6-磷酸酶恢复为葡萄糖，或通过葡萄糖-6-磷酸脱氢酶反应进入磷酸戊糖途径。在化学计量图中，葡萄糖-6-磷酸用结点表示，反应用从葡萄糖-6-磷酸到其他结点（表示反应的产物）的箭头表示。

对构建化学计量图有巨大帮助的是可以自由访问的数据库，如KEGG（京都基因和基因组百科全书）[24]和BioCyc[25]（专题8.3和专题8.4），其中包含通路的集合，以及关于它们的酶、基因及大量有用的评论、参考资料和其他信息。该数据库还提供了许多工具，用于探索充分研究的（well-characterized）物种如大肠杆菌、酵母和小鼠中的通路，以及用于推断未充分研究的通路的组成，如所知甚少的微生物。

除KEGG和BioCyc外，还有其他工具可用于代谢通路分析。例如，商业软件包ERGO[26]提供了一个生物信息学套件，包含支持对基因组和代谢通路进行比较分析的工具。ERGO的用户可以组合各种信息来源，包括序列相似性、蛋白质和基因背景，以及调节和表达数据，用于最佳功能预测和大部分新陈代谢的计算重建。Pathway Studio[27]允许自动化信息挖掘，可以进行基因、蛋白质、代谢物和细胞过程之间关系的识别与解释，以及通路的构建和分析。KInfer（Kinetics Inference，动力学推断）[28]是一种从代谢物浓度的实验时间序列数据估算反应系统速率常数的工具。另一个有趣的生物通路数据库是Reactome[29, 30]，它不仅包含代谢通路，还包含有关DNA复制、转录、翻译、细胞周期和信号级联的信息。

Lipid Maps项目[31]提供了专门针对脂质和脂质组学的信息与数据库，选择这个术语来表明，全体脂质可能在范围和重要性上与基因组学和蛋白质组学相当。事实上，我们对脂质的了解越多，我们就越会惊叹于它们所承担的各种功能——从储能到膜，再到真正的信号转导机制。不要忘记：人类大脑的60%都是脂肪。

代谢浓度和流量谱图通常（但不总是）在稳态下进行测量。在稳态情况下，物质流过系统，但所有代谢物池和流量速率保持不变。此时，系统中的所有流量和代谢物浓度都是恒定的。此外，进入任何给定代谢物池的所有流量必须总量上等于离开该池的所有流量。这些是强大的条件，允许从其他流量的知识推断一些流量。实际上，如果可以测量通路系统中足够多的流量，则可以推断出所有其他流量。实际上，对于完整推断，测量的流量数几乎总是太少，但是如果做出某些假设，流平衡分析方法（参见参考文献［32］和第3章）使得推断成为可能。

通路系统的第二种表示也包括化学计量连接图，此外还描述了流量在功能上如何依赖于代谢物、酶和调节剂（见第4章）。数学流量描述可能包括前述的米氏（Michaelis-Menten）或希尔（Hill）速率法则，但也可以使用替代方法，如幂律函数[23]、线性对数函数[33]及各种其他公式。它们各有优缺点。因为这些动力学-运动学表示形式比简单的化学计量表示形式包含更多的信息，所以它们的构造更复杂且需要更多输入数据［以动态信息和（或）代谢时间序列的形式］。

专题8.3　KEGG中的代谢通路表示

第11章将分析酵母中的一个小代谢通路，这个通路在机体对热应激等应激反应中非常重要。该通路中主要的目标化合物是一种糖——海藻糖。图1～图3是KEGG（Kyoto Encyclopedia of Genes and Genomes，京都基因和基因组百科全书）[24]的截图。KEGG由16个主要数据库组成，包括基因组、通路、生物系统的功能方面、化学品、药物和酶。

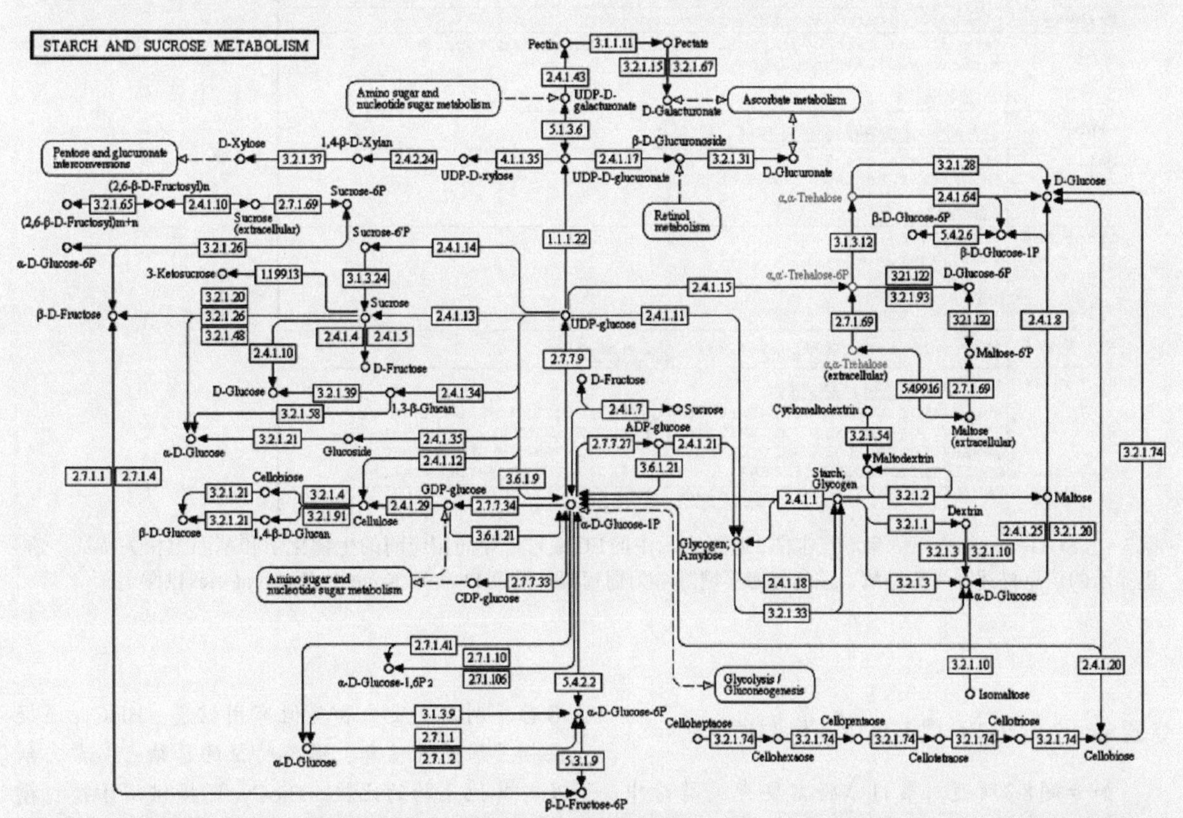

图1　与海藻糖动力学相关的代谢网络。海藻糖是一种碳水化合物，可以在KEGG的淀粉和蔗糖通路系统中找到。在该表示中，代谢物是结点。与反应（边）相关的是框中的数字，它是唯一标识催化酶的EC编号（Kanehisa Laboratories供图）。本图为软件输出图，图中英文只为展示，不代表具体含义。后同。

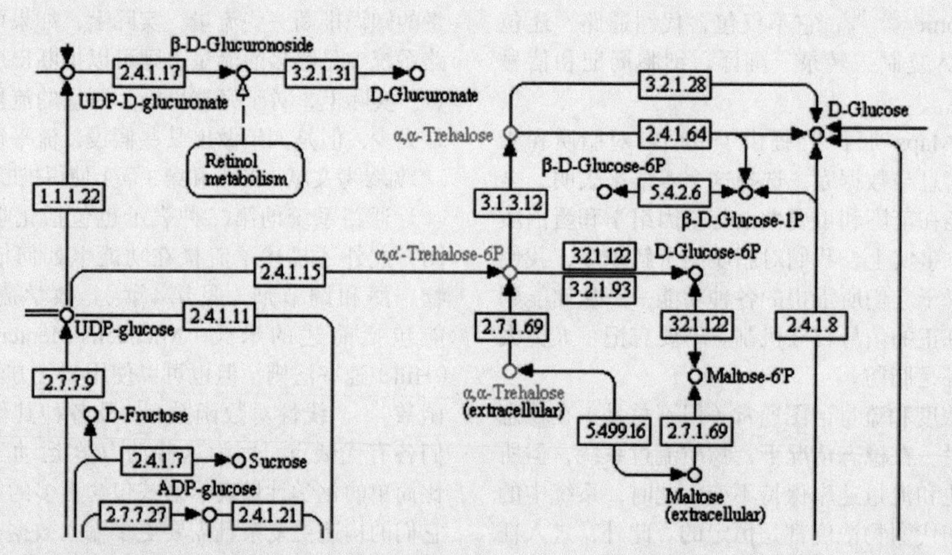

图2 KEGG中海藻糖合成和降解通路的更详细视图。单击框中的项目可获得更多信息（参见图3）（Kanehisa Laboratories供图）。

Saccharomyces cerevisiae (budding yeast): YBR001C Help

Entry	YBR001C CDS S.cerevisiae
Gene name	NTH2
Definition	Nth2p (EC:3.2.1.28)
Orthology	K01194 alpha,alpha-trehalase [EC:3.2.1.28]
Pathway	sce00500 Starch and sucrose metabolism
Class	Metabolism; Carbohydrate Metabolism; Starch and sucrose metabolism [PATH:sce00500] BRITE hierarchy
SSDB	Ortholog Paralog Gene cluster GFIT
Motif	Pfam: Trehalase Trehalase_Ca-bi PROSITE: TREHALASE_1 TREHALASE_2 Motif
Other DBs	NCBI-GI: 6319473 NCBI-GeneID: 852286 SGD: S000000205 MIPS: YBR001C UniProt: P35172
Position	II:complement(238941..241283) Genome map
AA seq	780 aa AA seq DB search MVDFLPKVTEINPPSEGNDGEDNIKPLSSGSEQRPLKEEGQQGGRRHHRRLSSMHEYFDP FSNAEVYYGPITDPRKQSKIHRLNRTRTMSVFNKVSDFKNGMKDYTLKRRGSEDDSFLSS QGNRRFYIDNVDLALDELLASEDTDKNHQITIEDTGPKVIKVGTANSNGFKHVNVRGTYM LSNLLQELTIAKSFGRHQIFLDEARINENPVDRLSRLITTQFWTSLTRRVDLYNIAEIAR DSKIDTPGAKNPRIYVPYNCPEQYEFYIQASQMNPSLKLEVEYLPKDITAEYVKSLNDTP

All links

Pathway (1)
  KEGG PATHWAY (1)
Chemical reaction (2)
  KEGG ENZYME (1)
  KEGG REACTION (1)
Genome (1)
  KEGG GENOME (1)
Gene (6)
  KEGG ORTHOLOGY (1)
  NCBI-Gene (1)
  NCBI-GI (2)
  MIPS-SCE (1)
  SGD-SCE (1)
Protein sequence (2)
  UniProt (1)
  RefSeq(pep) (1)
DNA sequence (3)
  RefSeq(nuc) (1)
  GenBank (1)
  EMBL (1)
Protein domain (4)
  Pfam (2)
  PROSITE (2)
All databases (19)

图3 KEGG提供的详细信息。点击图2通路表示中的EC编号，导向相应酶的生物化学和基因组相关特征。这里显示的信息描述了海藻糖酶，该酶将海藻糖降解为葡萄糖（见第11章）（Kanehisa Laboratories供图）。

专题8.4 BIOCYC数据库中的代谢通路表示

如专题8.3所述，第11章将需要有关酵母中的糖——海藻糖的信息。图1和图2是BioCyc的截图。将光标放在网站上显示的任何实体上会生成名称、别名、反应和其他有用信息。BioCyc还提供相关基因的信息、通路特征的总结、参考文献及与其他生物的比较。BioCyc还提供用于挖掘精选（**curated**）数据库的复杂工具。

Saccharomyces cerevisiae S288c Pathway: trehalose biosynthesis

Show Predicted Enzymes | More Detail | Less Detail | Species Comparison

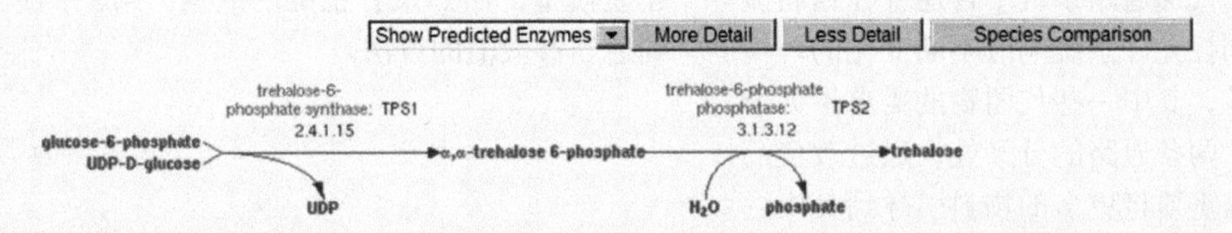

If an enzyme name is shown in bold, there is experimental evidence for this enzymatic activity.

Locations of Mapped Genes:

Synonyms: trehsyn

Superclasses: Biosynthesis → Carbohydrates Biosynthesis → Sugars Biosynthesis → Trehalose Biosynthesis
Biosynthesis → Other Biosynthesis → Organic Solutes Biosynthesis → Trehalose Biosynthesis

Net Reaction Equation: UDP-glucose + D-glucose-6-phosphate + H2O = trehalose + UDP + Pi

图1　BioCyc的截图。将酿酒酵母（*Saccharomyces cerevisiae*）指定为感兴趣的生物体并选择海藻糖生物合成作为目标通路则导向该通路的显示。可以点击所有相关项目，引导用户查看进一步的信息［美国斯坦福国际研究院（SRI International）的彼得·卡普（Peter Karp）供图］。

Saccharomyces cerevisiae S288c Pathway: trehalose biosynthesis

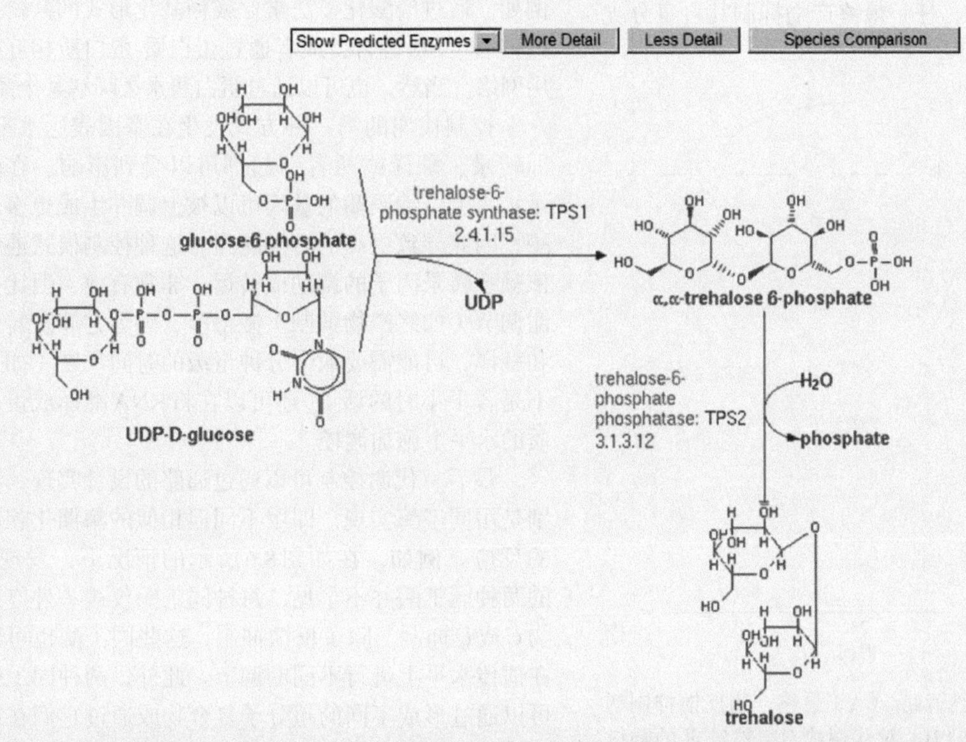

图2　BioCyc提供的详细信息。图1中的简化通路表示允许用户请求更多细节，如此处所示［美国斯坦福国际研究院（SRI International）的彼得·卡普（Peter Karp）供图］。

8.6 通路系统的控制

在化学计量模型中未涉及但在动态模型中却存在的关键特征是，代谢通路系统中普遍存在物料流的调节和控制。调控允许系统响应不断变化的环境和不断变化的需求，其中一些代谢物的需求量大于正常量。例如，在两条通路的分叉处，通过改变酶的活性，可以根据需要将更多的物料引导到其中一条通路。通过研究没有控制的情况，我们可以很容易地看出可控性的重要性。想象一下具有固定宽度管道的配水系统，其中在每个结点处，所有输入管道的集体横截面等于所有输出管道的集体横截面。如果系统以最大容量运行，则每个点的水量与管道尺寸成比例。如果较少的水进入系统，则量相应地减少，但是没有干预手段，不可能将水流选择性地引导到满足特定目的最需要的方向。

代谢通路系统的控制发生在几个层面。最快的是酶活性的（暂时）变化，这是在代谢水平实现的。一个主要的例子是通路终产物的反馈抑制：产生的产物越多，在通路起始处酶的抑制就越强（图8.5）。类似地，通过在分支点处抑制一个通路，另一个分支则接收更多的底物。在许多情况下，最终产物不仅抑制其自身分支，还激活竞争分支和（或）抑制分支上游的反应步骤。一种可能性是嵌套反馈设计，其中，任一最终产物抑制其自身分支及初始底物的产生（图8.6）。关于各种备选设计的效率，已有研究详细分析了各类反馈模式[18, 34]。第2章和第4章中描述的方法允许我们为此类通路建立模型，而如果有正确的数据，第5章提供了找到适当参数值的方法。

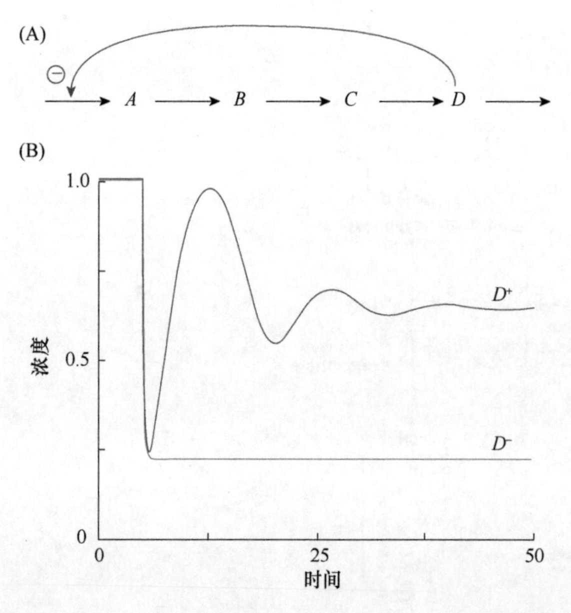

图8.5　带反馈的线性通路。（A）最终产物反馈抑制初始步骤的反应模式。（B）对代谢物D突然需求的响应及持续需求响应之间的比较，从时间$t=8$开始。有反馈（D^+）时，D的浓度发生振荡并收敛到初始值约2/3的水平。无反馈（D^-）时，D的浓度下降到少于原来的1/4。

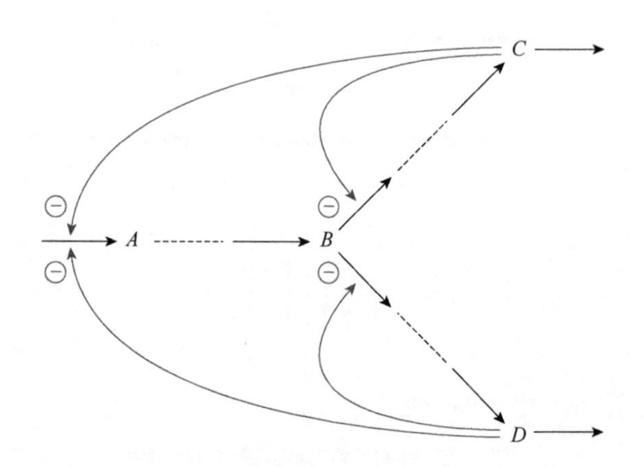

图8.6　有多个反馈抑制信号的分支通路。根据反馈信号的强度，可以将物料优先引导到两个分支中的任何一个（改编自Savageau MA. Biochemical Systems Analysis: A Study of Function and Design in Molecular Biology. Addison-Wesley，1976. 经John Wiley & Sons许可）。

第二种控制方式发生在蛋白质组水平，在那里，酶可以被激活或失活，就像其他蛋白质一样。例如，通过磷酸化、泛素化或糖基化形式的共价修饰，通过S-S键合，或者通过蛋白质-蛋白质相互作用网络。当然，也可以通过蛋白酶永久降解某个酶。

控制代谢的第三种方式发生在基因表达水平，即转录、翻译或两者一起都可以受到影响。在转录水平上，编码酶的基因可以被上调并生成更多的酶，因此导致更高的转换能力。这种控制模式通常依赖于转录因子的调动或转运，非常有效，但比代谢调节（如终产物抑制）慢得多，因为它涉及转录和翻译，可能需要数十分钟量级的时间尺度（如果不是若干小时的话）。还可以在将RNA翻译成蛋白质的水平上施加调控。

最后，代谢控制可以通过通路的设计实现，特别是用同工酶实现，即用不同但相似的酶催化相同的反应。例如，在如图8.6所示的情况下，发现A的两种同工酶并不罕见，每种同工酶仅被一种终产物C或D抑制。除了反馈抑制，这些同工酶也可以在遗传水平上进行不同的调节。此外，两种同工酶可以通过形成不同的超分子复合物或通过它们在不同区室中的位置而物理分离。

在诸如应激反应的复杂情况下，代谢调节是几种作用模式组合的结果，包括直接代谢调节、转录调节因子的激活、翻译后修饰和各种信号转导事件[35]。即时响应也可以直接在分子水平上发生。例如，已知温度可以改变参与热应激反应的酶的活性[36]，并且已经表明，这种机制足以产生即时的细胞反应，而热诱导的基因表达的变化则控制较长时间范围内的热应激反应（参见第11章和参考文献[37]）。

代谢组数据生成方法

在整个生物化学历史中，浓度和流量的测量与酶、调节剂和周转率的表征一样重要。现代高通量代谢组学的显著特征是同时产生大量的代谢物或流量图谱，有时由单个实验中获得的数百个数据点组成[38, 39]。这些方法中的大多数测量处于稳态的系统，但有些技术还允许表征某种刺激之后在一系列时间点上变动的图谱。值得注意的是，在这种情况下，代谢组学与基因组学和蛋白质组学之间的复杂性存在真正的差异。基因组仅由4种碱基组成，而蛋白质组是20种氨基酸，且两者之间较为相似。相比之下，代谢组由数千种代谢物组成，这些代谢物在化学上非常多样化，具有各种大小、化学家族和对水或脂质的亲和力。

已经开发了用于测量代谢物的很多种方法。其中一些是非常通用的，而另一些则特异性地针对所讨论的代谢物。通常，代谢物分析需要一系列过程[39, 40]：

1. 样品制备和代谢活性的猝灭；
2. 提取步骤；
3. 代谢物的分离；
4. 使用核磁共振（NMR）和质谱（MS）等方法进行定量和（或）生成谱图；
5. 数据分析。

8.7 取样、提取和分离方法

样品制备的关键步骤是有效的快速取样[41]。该步骤是至关重要的，因为刺激引起的任何变化或环境中任何预期或非预期的变化都直接影响细胞中的代谢物浓度。例如，酵母中的细胞内代谢物通常具有1 mol/s的转换率，并且许多代谢物在毫秒范围内响应新条件[39]。因此，为了产生代谢系统的有效快照，任何快速取样方法都必须立即猝灭所有代谢活动。这种猝灭通常通过非常快速的温度变化来实现，如将样品注入液氮、甲醇或含有乙醇和氯化钠的溶液中[42]。

一旦样品被猝灭，细胞内代谢物必须与外部培养基中的代谢物进行分离，并用高氯酸等试剂提取，破坏细胞，释放细胞内代谢物，使酶变性，从而防止进一步降解和生化转化。代谢物分析的这些初始步骤非常复杂，实际上不可能在不丢失某些代谢物的情况下执行它们[40]。再加上细胞之间的自然变异性，因此代谢物提取的再现性经常打折扣。在某些情况下，可以在活细胞中进行直接测量，如使用允许在体内观察特定代谢物如葡萄糖和NADH的荧光技术，但并不总是清楚这种直接测量的精确性如何。有希望的替代方案有时是在体（*in vivo*）核磁共振，我们将在稍后讨论。

已经开发了许多方法用于定量测量由上述取样步骤得到的提取物中的细胞内代谢物。传统的选择是酶学测定，它很具体且通常非常精确。这种方法的缺点包括样本体积相对较大，需要对大多数代谢物进行单独的检测[39]。一种独特的替代方法是色谱法，这是生物化学中最古老、记录最好的分离技术之一[40]。高通量代谢研究通常使用气相色谱（GC）、结合质谱（GC-MS）或高效液相色谱（HPLC）。GC-MS具有可提供高分辨率的优点，但只有当要分析的化学品是挥发性的或者可以在不分解的情况下蒸发时才行，这并非总是可行的，特别是如果代谢物很大的话。在HPLC中，将生物样品泵送过柱，分离并用检测器测量。HPLC允许测量比GC更广泛的化合物，但分辨率较低。

毛细管电泳（CE）包括一系列基于电荷分离电离分子的方法，并已成为代谢指纹识别的有用工具[43]。分离在小的毛细管内进行，毛细管将装有生物样品的水溶性缓冲溶液的源小瓶与目标小瓶连接起来。由于毛细作用，样品进入毛细管，当施加强电场时，分析物迁移并分离。靠近毛细管末端的检测器测量每种分析物的量并将数据发送到计算机。

8.8 检测方法

在检测方法中，**质谱（mass spectrometry，MS）**和**核磁共振（nuclear magnetic resonance，NMR）谱学**脱颖而出。MS的主要概念在第7章中讨论过。MS可以作为独立技术使用，无须事先分离，或与GC、HPLC或CE等分离技术结合使用[44]。在CE和MS非常强大的组合中，来自毛细管的流出物经由电喷雾电离，并使用如飞行时间质谱仪分析所得离子。

当数百个光谱图堆积在代谢图景（metabolic landscape）中时，代谢组学中MS方法的力量变得尤为明显。作为一个很好的例子，约翰逊（Johnson）和合作者[45]将液相色谱（LC）与MS的特定高分辨率变体结合起来，其准确性和灵敏度足以区分数千个质荷比（*m/z*）峰值（见第7章）。此外，由于该方法可以自动化且相对更具成本效益，因此可用于比较各个受试者的代谢特征，从而为个性化医疗提供了强有力的工具（见第13章）。作为该方法分辨能力的说明，图8.7显示了来自三个个体的血浆样品在用胱氨酸刺激后发生变化时的代谢谱图。此类谱图中的许多峰起初是未知的，需要进一步的化学分析。

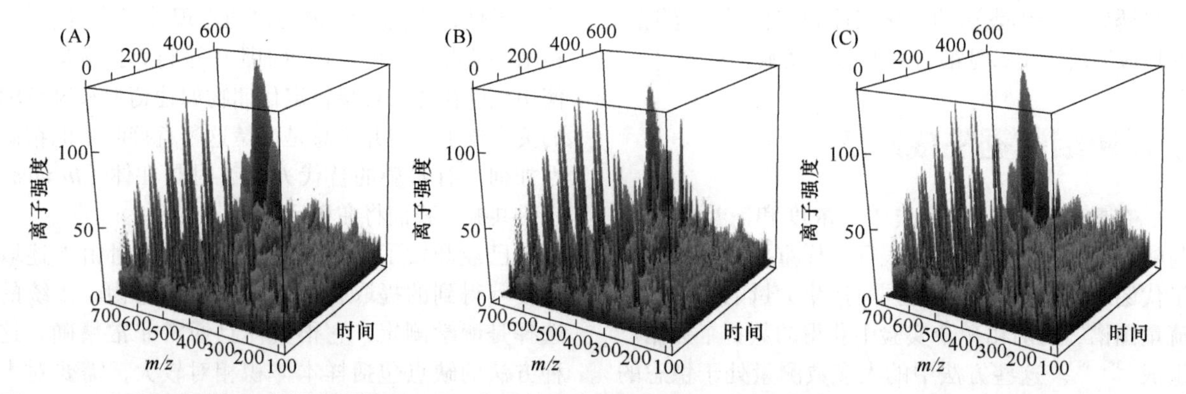

图8.7　三个人体受试者血浆样本的代谢图景。典型的质谱图只显示这些三维图中的一个切片，以质荷比（*m/z*）为横轴，离子强度为纵轴。第三个轴（时间）表示液相色谱分离样品的保留时间。对图中的数据进行分析，可以看出这三个个体之间有许多共同特征，但也可以看出代谢状态存在细微的差异，且可以被检测到（Emory University的Tianwei Yu，Kichun Lee和Dean Jones供图）。

核磁共振波谱学利用物质的一个称为核自旋的物理特征。这种自旋是具有奇数个质子和中子的所有原子核的特性，并且可以认为是原子核在其自身轴上的旋转运动。与这种旋转运动相关的是磁矩，这使得原子表现得像小磁铁。当施加静磁场时，原子与该场平行排列。具有自旋量子数1/2的原子（大多数与生物相关的核，都是这种情况）分成两个群体，表现为具有不同能级和取向的状态。如果在垂直于静磁场的平面中施加振荡磁场，则可以引起两种状态之间的转换。可以记录在原子中产生的磁化并在数学上将其转换成频谱。在某种程度上，核被周围的电子云保护，免受施加场的全部力，并且这种“屏蔽”稍微改变了核的转换频率。这种对频率的影响使得NMR不仅可以区分不同的分子，还可以区分每个分子内的核。因为激发和检测都是由磁场引起的，所以样品得以保存原样，不需要事先处理或分离。因此，NMR是非侵入性和非破坏性的（图8.8和图8.9）。

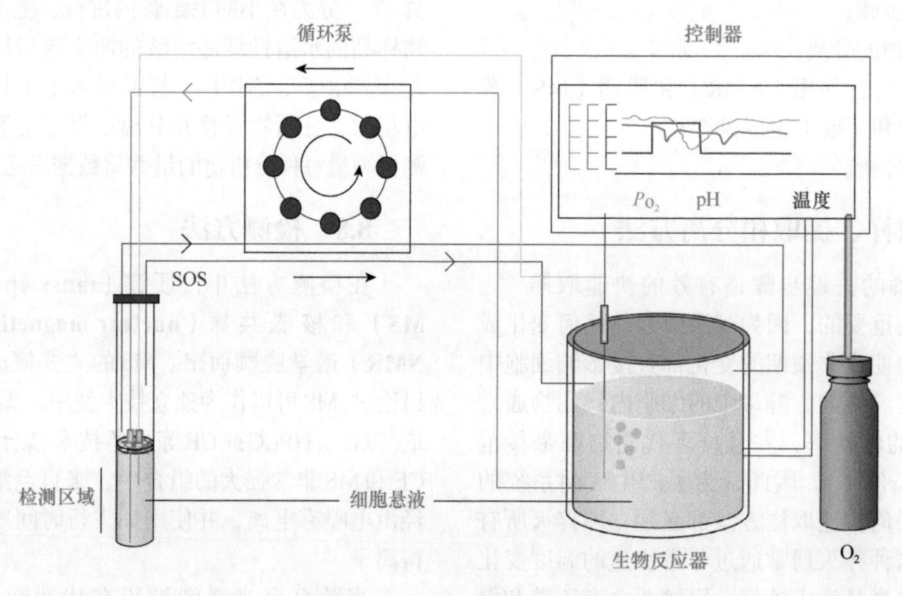

图8.8　在体（*in vivo*）NMR实验的基本实验装置。将细胞溶液保持在生物反应器中，控制其中的pH、温度和其他物理化学参数。通过蓝色管，用循环泵将少量细胞溶液移到检测区域，在检测区域施加磁场并测量光谱图。细胞溶液通过黑管返回生物反应器。如果黑管被细胞堵塞，那么蓝色SOS管可以作为备用来“拯救我们的系统”免于溢出。实验可在需氧或厌氧条件下进行［葡萄牙化学与生物技术研究所（ITQB）的路易斯·丰塞卡（Luis Fonseca）和安娜·鲁特·内维斯（Ana Rute Neves）供图］。

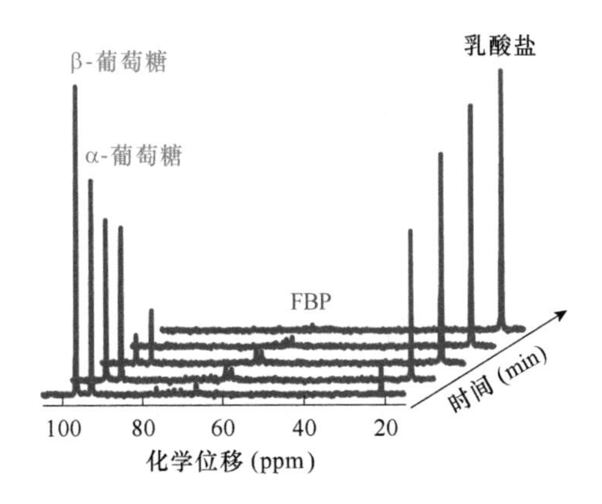

图8.9 在体（*in vivo*）NMR实验的结果。原始数据由频谱组成，随后在不同时间点转换为代谢物浓度。此处，培养基中的葡萄糖随时间降低，而乳酸积累。除了外部底物和终产物，还可以测量内部代谢物如二磷酸果糖［葡萄牙ITQB的安娜·鲁特·内维斯（Ana Rute Neves）和路易斯·丰塞卡（Luis Fonseca）供图］。

用NMR可检测的最相关的核是^{1}H、^{13}C、^{15}N、^{19}F和^{31}P。核^{1}H、^{19}F和^{31}P在自然界中是主要的同位素，NMR可用于分析混合物、提取物和生物流体。相比之下，^{13}C和^{15}N是罕见的。例如，^{13}C仅具有约1%的天然丰度，这使其对代谢研究特别有吸引力，其中，向细胞提供富含^{13}C的底物并随时间追踪标记的碳原子的命运，从而可以实现代谢通路的鉴定和碳流量的测量（参见8.12节中的案例研究3）。在某些情况下，将^{13}C-NMR与^{31}P-NMR结合是有用的，它可以额外测量某些代谢物的时间序列，如ATP、ADP、磷酸肌酸和无机磷酸盐，并提供能量状态和细胞内pH的指示。与MS一样，NMR也可用于离体（*in vitro*）分析代谢物。其优点是样品制备较少，结构细节较好，而主要缺点是灵敏度较低。

8.9 流量分析

化学计量和流量平衡分析（第3章）需要实验确定代谢流量。流量分为两类。第一类由进入或离开生物系统的流量组成。这些流量用分析化学方法相对容易测得。例如，从培养基中吸收（消失）底物或产生废物如乳酸盐、乙酸盐或CO_2。相对于这些流入和排出，大多数有趣的过程发生在细胞内，难以测量。为了这些测量而杀死细胞是不可行的，因为那样许多内部流量可能会停止。在某些情况下，外部流量的分析足以推断内部流量的分布，但通常需要额外的假设[46]。此外，如果系统包含平行通路、双向反应步骤或代谢循环，则这种推断会失效。最后，人们必须假设能量产生和能量消耗反应的某些细节是已知的。

解决其中一些问题的一种相对较新的方法称为**代谢流量分析（metabolic flux analysis）**，它基于同位素，即不同位置同位素原子的异构体[47]。例如，在^{13}C的典型同位素异构体实验中，具有三个碳的代谢物最多可具有2^3个同位素状态，因为每个碳可以是标记的或未标记的。各种同位素异构体通常不太可能等概率出现，而是以一定的频率分布产生，其中就包含了关于系统内部流量的线索。具体而言，人们假设细胞系统处于开放稳态，其中材料被喂给系统并发生代谢，但所有代谢物浓度和流量都是恒定的。一旦标记的材料被给予细胞，就等待标记物在整个代谢系统中达到平衡。随后，收获细胞并停止代谢，制备细胞提取物，并用NMR或MS技术测定许多或所有代谢物的同位素异构体分布。结果的评估需要代谢通路的数学模型，该模型描述标记材料在整个系统中如何分布。该模型的参数最初是未知的，必须根据同位素异构体的分布进行估算。一旦估算出模型，就可以量化内部的流量。同位素异构体分析可能非常强大，但同位素异构体数据的生成和分析却并不简单。它需要核磁共振光谱学或MS，以及计算建模和统计学方面的扎实技能。此外，细节上还有许多挑战。例如，有时难以确定稳定同位素平衡所需的时间。

蛋白质组和基因组数据可用作间接评估流量分布的粗略替代品，但需要谨慎。可以假设用蛋白质组学方法获得的酶的丰度与相应反应步骤的总体转换率（线性）相关，并且可以假设基因表达的变化与蛋白质的量和酶活性相关，但这并非总是成立。正如所预料的那样，这些假设有时会导致活细胞中实际过程的良好近似，但有时却相当不可靠[48]。

从数据到系统模型

生物化学和代谢组学数据的变化和多样性为模型的开发提供了不同的方法。它们有可能提供不同类型的见解，下面用三个案例研究来举例说明。

8.10 案例研究1：未完整描述的生物体中的代谢分析

很明显，对某些生物比对其他生物理解得更透彻。许多研究都集中在模式生物上，如大肠杆菌（*Escherichia coli*）、果蝇（*Drosophila melanogaster*）和小鼠（*Mus musculus*），期望从这些代表物种中获得的见解适用于相对未知的生物。在许多情况下，这种推论是有效的，但是自然界也有一种变化细节的方式。例如，即使在有一定研究结果的生物体中，未知功能的基因仍占有较高的百分比。

在*Science*杂志上发表了一个用各种现代方法刻画新陈代谢的出色研究案例[35]。在这项研究中，一组国际研究人员建立了一种小细菌——肺炎支原体的完整代谢图谱，该细菌是某些类型的人类肺炎的罪魁祸首。他们选择这种特殊的生物体主要是因为它的体积相对较小，组织简单：肺炎支原体含有不足700个蛋白质编码基因，但作者发现其中只有231个被注释了。早期的研究用生化和计算方法描述了这种细菌代谢的许多方面[49, 50]，这些研究结果与新的分析整合在一起了。

参考文献［35］的作者首先汇集了已知反应的目录，以KEGG为起点，用文献资料和一些新的注释评估各种反应活动。作为对这些信息的补充，他们收集了基因组信息，如同一操纵子中基因的共存情况和相关生物中已知酶的序列同源性，并使用相关催化残基的结构信息评估了所推断酶的可能功能。这种组合使用代谢组和基因组的**数据挖掘（data mining）**产生了看上去不连贯的代谢通路，但也给出了完善代谢图谱的线索。例如，作者使用第3章中讨论的方法来填补看似断开的抗坏血酸通路的关键缺口。他们通过推断序列同源性、预测的活性及相关操纵子内的位置来证明生物体可能具有关键酶l-抗坏血酸-6-磷酸内酯酶（l-ascorbate-6-phosphate lactonase），少了它，抗坏血酸通路则不起作用。在其他情况下，结构分析则消除了缺乏底物转化所必需催化残基的推定酶。最后，从代谢图中消除一些推定的酶促反应，这些反应的底物不由任何其他通路产生。这种信息挖掘和手动校对的结果便是得到了一个没有缺口、孤立反应或开放代谢环的代谢图。然后通过有针对性的实验室实验进一步细化该图，以验证替代途径的存在并确定可逆途径中的主要方向。这些实验包括在不同底物和^{13}C标记的葡萄糖上的生长检测。

在额外的湿实验的支持下，对优化后的代谢图的进一步分析得出了有趣的见解。一项发现证实了直观的假设，即基因在功能性、通路相关的簇中以动态方式上调或下调。此外，基因表达、蛋白质丰度和代谢转换之间似乎存在良好的一致性。例如，作者在培养基酸化后观察到与糖酵解相关的mRNA、蛋白质表达和转换率的一致增加。不出意外，对结果的仔细检查确实表明，基因调控与代谢物浓度变化之间存在明确的时间延迟。

用^{13}C标记的葡萄糖进行的实验表明，肺炎支原体中95%的葡萄糖最终变成乳酸盐和乙酸盐，这意味着大部分糖酵解用于产生能量。另一个有趣的发现是，与更复杂的生物体相比，这种简单的生物体包含更多的线性通路、更少的发散和会聚分支点，因此不那么冗余。这种减少了的冗余直接影响生物体的稳健性，因为一些代谢物只能以单一方式产生。因此，发现肺炎支原体中60%的代谢酶是必需的，约是大肠杆菌中的4倍。最后，作者得出结论，肺炎支原体并未针对快速生长和生物量生产进行优化，这通常在流平衡分析中被认为是微生物的主要目标，可能是针对抑制竞争者群体的生长及与宿主发生相互作用的生存策略进行了优化。

8.11 案例研究2：代谢网络分析

微生物可以大量生产有价值的有机化合物，并且通常具有很高的纯度。其实例包括将糖转化为醇的酵母细胞、产生柠檬酸的真菌和产生胰岛素的细菌。然而，许多野生型生物仅少量生产这些化合物，代谢工程师的任务是提高产量。传统上，他们通过一长串的遗传操作、培养基的重复微调及最佳菌株的选择来追求这一目标[51]。作为替代方案，可以寻求现代的代谢系统分析方法（见参考文献［12，32，52］和第14章）。

代表性实例是使用微生物——谷氨酸棒杆菌（*Corynebacterium glutamicum*）工业化生产一种氨基酸：赖氨酸。赖氨酸是一种有价值的动物饲料添加剂，因此许多研究致力于提高其产量。大多数这种研究使用化学计量和流量平衡分析（见参考文献［53-55］和第3章），但一些研究小组也设计了该通路的完全动力学模型[56, 57]。这一选项是可行的，因为赖氨酸生物合成的通路结构是众所周知的，并且诸如KEGG、BioCyc和BRENDA等数据库包含了所涉及的所有酶的信息。

通常，动力学模型的开发比化学计量分析更具挑战性，因为稳态下所有代谢物结点的物质平衡必须用详细的速率方程来增强。由于两个原因，这个过程很复杂。首先，通常不了解特定酶反应的最佳数学表示，并且难以验证关于其适当性的任何假设。人们可以通过选择规范表示来避过这一挑战，但确定这种表示的有效程度仍然不易（参见第4章和参考文献［12，58］中的讨论）。其次，确定所选速率方程中所有参数的数值，如过程的周转率或酶的米氏常数。关于众多酶的大量相关信息可以在BRENDA和ExPASy中找到，但是这些信息通常是从体外实验中推断出来的，并不清楚所呈现的动力学特征在体内是否数值上有效[59]。

8.12 案例研究3：从实验数据抽提动态模型

绝大多数代谢系统的动态模型都是自下而上构建的。第一，系统内的每个反应或过程被设定一个数学表示，如质量作用项、MMRL（米氏速率规则）或幂律函数。第二，用来自文献的数据来估计每个速率函数的参数。第三，所有表示都合并到整个系统的模型中。第四，人们寄予厚望，可以根据验证数据测试集成的模型。不幸的是，这个测试经常失败，并且一定要经历几轮改进及更好参数值的搜索。即使对中等规模的系统，该过程通常也需要数月甚至数年。然而，所得结果是一个完全动态的模型，它比静态模型具有更高的潜力。例子多种多样，如参考文献［60-62］。

一个独特的选择是使用时间序列数据从上到下进行模型开发。桑托斯（Santos）和内维斯（Neves）小组使用体内^{13}C和^{31}P-NMR光谱法测量乳酸乳球菌（*Lactococcus lactis*）活菌群中的代谢物浓度[63, 64]。由于NMR是非破坏性的，因此该研究组能够测量所标记底物浓度降低的密集时间序列，以及代谢中间体和终产物的时间依赖性浓度，所有这些都在同一细胞培养物中进行。通过精确调整方法，他们能够在30 s或更短的时间间隔内测量糖酵解的关键代谢物，从而创建了长达1 h的代谢物图谱时间序列。结果数据被成功地转换为计算模型[65, 66]。

木下（Kinoshita）及其同事[67]使用毛细管电泳和随后的质谱（CE-MS）测量了人类红细胞中100多种代谢物的时间过程图谱。使用这些数据，作者开发了一个数学通路模型，由约50个酶动力学速率方程组成，其格式由文献中提取得到。该模型允许模拟缺氧条件的操作，即生物体被剥夺氧气。

练　习

8.1　筛选文献或互联网，找到不是蛋白质、肽、RNA或DNA的大代谢物。将它们的大小和蛋白质的大小进行比较。

8.2　用文字描述式（8.8）和式（8.9）。

8.3　通过数学方法确认在米氏（Michaelis-Menten）过程中没有材料丢失或获得。

8.4　建立米氏（Michaelis-Menten）过程中E的微分方程。将此方程与式（8.8）进行比较并解释结果。

8.5　从ODE系统（8.7）～（8.9）导出系统（8.10），或在文献或互联网中找到这样的推导。对于这一推导，使用准稳态假设及$E+$（ES）之和为常量的事实。

8.6　模拟式（8.7）～式（8.10），并以不同的初始值和参数值将$\dot{P}$与式（8.10）中的v_P进行比较。为什么式（8.10）中不需要初始值？

8.7　重新分析练习8.6，但假设S比E大1000倍，这可能类似体外条件。与图8.3相比，评估QSSA（准稳态假设）的有效性。

8.8　在希尔（Hill）模型（8.15）中解释底物动力学的细节。为（ES）和P建立方程。

8.9　对于具有竞争性抑制的反应，针对几种抑制剂浓度绘制$v_{P,\ CI}$对S、$1/v_{P,\ CI}$对$1/S$的图线，并将该图与来自无抑制（uninhibited）反应的对应图进行比较。

8.10　对于具有反竞争性抑制的反应，针对几种抑制剂浓度绘制$v_{P,\ UI}$对S、$1/v_{P,\ UI}$对$1/S$的图线，并将该图与来自无抑制（uninhibited）反应的对应图进行比较。如果你已完成练习（8.9），请比较两种类型的抑制。

8.11　对于具有非竞争性抑制的反应，针对几种抑制剂浓度绘制$v_{P,\ NI}$对S、$1/v_{P,\ NI}$对$1/S$的图线，并将该图与来自无抑制（uninhibited）反应的对应图进行比较。如果你已完成练习（8.9）或练习（8.10），请比较你的结果。

8.12　从KEGG和BioCyc中提取所有使用葡萄糖-6-磷酸作为底物的代谢通路。这些通路在大肠杆菌、面包酵母和人类中是否相同？

8.13　挖掘数据库和文献，重构描述赖氨酸产生的代谢通路系统。搜索具有尽可能多步骤的动力学参数值。注意：这是一个开放式问题，有许多可能的解。

8.14　给定图8.10中已知的流入量（蓝色）和排出量（绿色），计算系统的内部流量（红色）。解是否唯一？一般性地讨论唯一性问题并提供示例和反例。图8.10中的系统是否必定处于稳态？流量信息是否足以确定代谢物A，…，H的浓度？

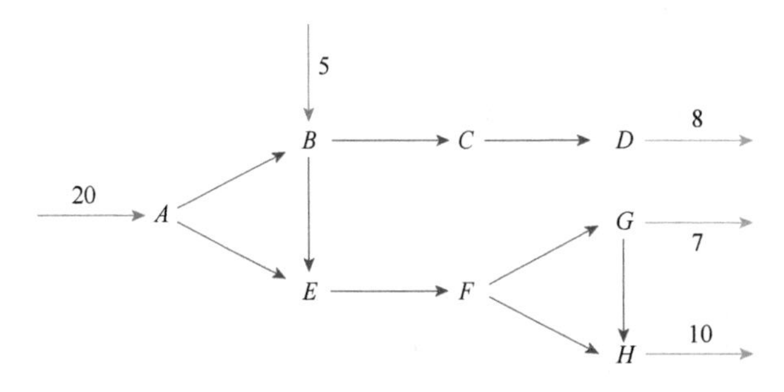

图8.10　通用化学计量图。流入物（蓝色）和流出物（绿色）以mmol/（L·min）为单位给出。

8.15 针对图8.5中的通路设计模型。将A的产生表示为$1 \cdot D^{-0.5}$。对于所有模拟，从稳态开始（必须首先计算得到）并在$t=10$时将D的流出量加倍。在第一组模拟中，对使用A、B、C或D作为底物的反应，应用MMRL（米氏速率规则）。根据需要选择V_{max}和K_M值的不同组合。使用幂律规则重复模拟。在报告中总结你的发现。

8.16 为图8.6中的通路设计幂律模型。忽略虚线指示的中间体，并将所有速率常数设置为1。对于所有底物降解过程，使用0.5作为动力学阶数。对于抑制效应，以−0.5的动力学阶数开始。随后，将抑制效果逐个或组合地改变为其他负值。始终在稳态下开始模拟。在报告中总结你的发现。

8.17 如何模拟基因表达改变对代谢通路的影响？讨论不同的选项。

8.18 将肺炎支原体中的抗坏血酸通路与大肠杆菌中的抗坏血酸通路进行比较。报告你的发现。

8.19 在大肠杆菌中找到5种肺炎支原体中不存在的通路。

8.20 了解每年生产多少柠檬酸及哪些微生物主要用于其大规模工业生产。搜索已解决柠檬酸生产问题的模型，并查看其主要特征。

8.21 将加拉佐（Galazzo）和贝利（Bailey）[68]及库尔托（Curto）[60]等中提出的酵母发酵通路的动力学参数与BRENDA和ExPASy中列出的那些进行比较。在电子表格或报告中总结你的发现。

8.22 考虑图8.11中的模型，该模型我们已经在第3章（练习3.28）中进行过研究。它描述了戊糖途径，交换碳水化合物与不同数量的碳原子，如表8.1所示。例如，需要两个单位的X_1来产生一个单位的X_2和X_3，并且每次$V_{5,3}$反应使用一个单位的X_5来产生两个单位的X_3。请注意，X_3出现在两个位置，但代表相同的池。假设所有过程都遵循质量作用动力学，且流入量（$V_{7,1}$）和流出量（$V_{3,0}$和CO_2）为20 mmol/（L·min），并且所有其他流量值均为10 mmol/（L·min）。确认这些设置对应一个自洽的稳态流量分布。假设以下稳态浓度：$X_1=10$，$X_2=6$，$X_3=12$，$X_4=8$，$X_5=8$，$X_6=4$，$X_7=20$。计算所有过程的速率常数。

8.23 使用具有相同流量分布的练习8.22中的模型，系统可能有不同的稳态浓度吗？如果没有，请解释。如果答案是肯定的，请构建一个或多个示例。写一篇关于你的发现的简短报告。

8.24 使用练习8.22的结果，执行从稳态开始的模拟，并对X_1的推注扰动（bolus perturbation）进行建模。在你进行模拟之前，预测模型的响应，并就你的发现写一个简要报告。

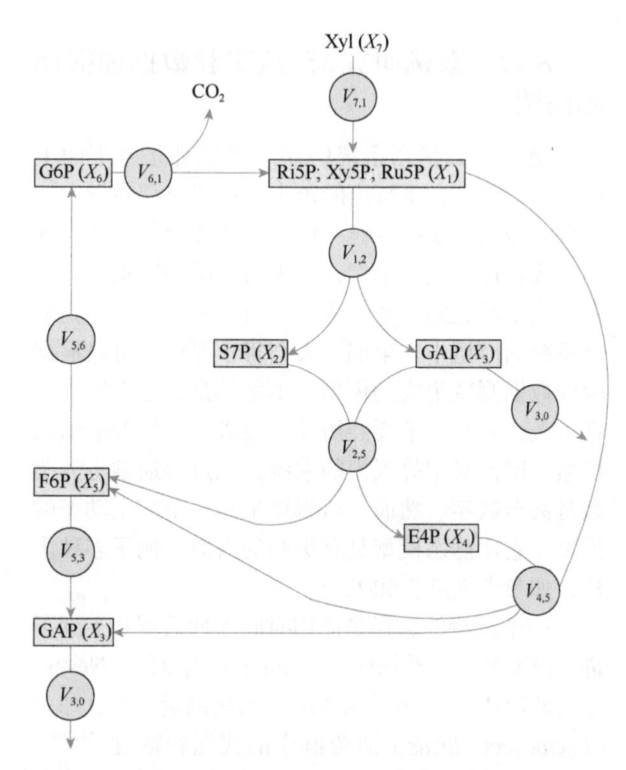

图8.11 磷酸戊糖途径。关于流入和流出的信息允许计算内部流量［摘自Wiechert W & de Graaf AA. *Biotechnol. Bioeng.* 55（1997）101-117. 经John Wiley & Sons许可］。

表8.1 图8.11通路中每个代谢物中的碳原子数

化合物池	碳原子数
X_1	5
X_2	7
X_3	3
X_4	4
X_5	6
X_6	6
X_7	5

8.25 使用练习8.22～练习8.24的结果，执行两个从稳态开始的模拟，并对X_7的持续或推注扰动（bolus perturbation）进行建模。在你进行模拟之前，预测模型的响应，并就你的发现写一个简要报告。

参考文献

［1］ Derechin M, Ramel AH, Lazarus NR & Barnard EA. Yeast hexokinase. Ⅱ. Molecular weight and dissociation behavior. *Biochemistry* 5 (1966) 4017-

4025.

[2] Human Genome Project Information. http://www.ornl.gov/sci/techresources/Human_Genome/home.shtml.

[3] Guldberg CM & Waage P. Studier i Affiniteten. Forhandlinger i Videnskabs-Selskabet i Christiania (1864) 35.

[4] Guldberg CM & Waage P. Études sur les affinites chimiques. Brøgger & Christie, 1867.

[5] Voit EO, Martens HA & Omholt SW. 150 years of the mass action law. *PLoS Comput. Biol.* 11 (2015) e1004012.

[6] Gillespie DT. Stochastic simulation of chemical kinetics. *Annu. Rev. Phys. Chem.* 58 (2007) 35-55.

[7] Wolkenhauer O, Ullah M, Kolch W & Cho KH. Modelling and simulation of intracellular dynamics: choosing an appropriate framework. *IEEE Trans. Nanobiosci.* 3 (2004) 200-207.

[8] Henri MV. Lois générales de l'action des diastases. Hermann, 1903.

[9] Michaelis L & Menten ML. Die Kinetik der Invertinwirkung. *Biochem. Z.* 49 (1913) 333-369.

[10] Benkovic SJ, Hammes GG & Hammes-Schiffer S. Free-energy landscape of enzyme catalysis. *Biochemistry* 47 (2008) 3317-3321.

[11] Briggs GE & Haldane JBS. A note on the kinetics of enzyme action. *Biochem. J.* 19 (1925) 338-339.

[12] Torres NV & Voit EO. Pathway Analysis and Optimization in Metabolic Engineering. Cambridge University Press, 2002.

[13] Savageau MA. Enzyme kinetics *in vitro* and *in vivo*: Michaelis-Menten revisited. In Principles of Medical Biology (EE Bittar, ed.), pp 93-146. JAI Press, 1995.

[14] Hill AV. The possible effects of the aggregation of the molecules of hæmoglobin on its dissociation curves. *J. Physiol.* 40 (1910) iv-vii.

[15] Edelstein-Keshet L. Mathematical Models in Biology. McGraw-Hill, 1988.

[16] Schultz AR. Enzyme Kinetics: From Diastase to Multi-Enzyme Systems. Cambridge University Press, 1994.

[17] Cornish-Bowden A. Fundamentals of Enzyme Kinetics, 4th ed. Wiley, 2012.

[18] Savageau MA. Biochemical Systems Analysis: A Study of Function and Design in Molecular Biology. Addison-Wesley, 1976.

[19] Berg PH, Voit EO & White R. A pharmacodynamic model for the action of the antibiotic imipenem on *Pseudomonas in vitro*. *Bull. Math. Biol.* 58 (1966) 923-938.

[20] BRENDA: The Comprehensive Enzyme Information System. http://www.brenda-enzymes.org/.

[21] ENZYME: Enzyme Nomenclature Database. http://enzyme.expasy.org/.

[22] Fell DA. Understanding the Control of Metabolism. Portland Press, 1997.

[23] Voit EO. Computational Analysis of Biochemical Systems: A Practical Guide for Biochemists and Molecular Biologists. Cambridge University Press, 2000.

[24] KEGG (Kyoto Encyclopedia of Genes and Genomes) Pathway Database. http://www.genome.jp/kegg/pathway.html.

[25] BioCyc Database Collection. http://biocyc.org/.

[26] ERGO: Genome Analysis and Discovery System. Integrated Genomics. http://ergo.integratedgenomics.com/ERGO/.

[27] Pathway Studio. Ariadne Genomics. http://ariadnegenomics. com/products/pathway-studio.

[28] KInfer. COSBI, The Microsoft Research-University of Toronto Centre for Computational and Systems Biology. www.cosbi.eu/index.php/research/prototypes/kinfer.

[29] Reactome. http://www.reactome.org.

[30] Joshi-Tope G, Gillespie M, Vastrik I, et al. Reactome: a knowledgebase of biological pathways. *Nucleic Acids Res.* 33 (2005) D428-D432.

[31] Lipid Maps: Lipidomics Gateway. http://www.lipidmaps.org/.

[32] Palsson BØ. Systems Biology: Properties of Reconstructed Networks. Cambridge University Press, 2006.

[33] Visser D & Heijnen JJ. Dynamic simulation and metabolic re-design of a branched pathway using linlog kinetics. *Metab. Eng.* 5 (2003) 164-176.

[34] Alves R & Savageau MA. Effect of overall feedback inhibition in unbranched biosynthetic pathways. *Biophys. J.* 79 (2000) 2290-2304.

[35] Yus E, Maier T, Michalodimitrakis K, et al. Impact of genome reduction on bacterial metabolism and its regulation. *Science* 326 (2009) 1263-1268.

[36] Neves MJ & François J. On the mechanism by which a heat shock induces trehalose accumulation in Saccharomyces cerevisiae. *Biochem. J.* 288 (1992) 859-864.

[37] Fonseca LL, Sánchez C, Santos H & Voit EO.

Complex coordination of multi-scale cellular responses to environmental stress. *Mol. BioSyst.* 7 (2011) 731-741.

[38] Harrigan GG & Goodacre R (eds). Metabolic Profiling. Kluwer, 2003.

[39] Oldiges M & Takors R. Applying metabolic profiling techniques for stimulus-response experiments: chances and pitfalls. *Adv. Biochem. Eng. Biotechnol.* 92 (2005) 173-196.

[40] Villas-Bôas SG, Mas S, Åkesson M, et al. Mass spectrometry in metabolome analysis. *Mass Spectrom. Rev.* 24 (2005) 613-646.

[41] Theobald U, Mailinger W, Baltes M, et al. *In vivo* analysis of metabolic dynamics in Saccharomyces cerevisiae: Ⅰ. Experimental observations. *Biotechnol. Bioeng.* 55 (1997) 305-316.

[42] Spura J, Reimer LC, Wieloch P, et al. A method for enzyme quenching in microbial metabolome analysis successfully applied to Gram-positive and Gram-negative bacteria and yeast. *Anal. Biochem.* 394 (2009) 192-201.

[43] Garcia-Perez I, Vallejo M, Garcia A, et al. Metabolic fingerprinting with capillary electrophoresis. *J. Chromatogr. A* 1204 (2008) 130-139.

[44] Scriba GK. Nonaqueous capillary electrophoresis-mass spectrometry. *J. Chromatogr. A* 1159 (2007) 28-41.

[45] Johnson JM, Yu T, Strobel FH & Jones DP. A practical approach to detect unique metabolic patterns for personalized medicine. *Analyst* 135 (2010) 2864-2870.

[46] Varma A & Palsson BØ. Metabolic flux balancing: basic concepts, scientific and practical use. *Biotechnology (NY)* 12 (1994) 994-998.

[47] Wiechert W. 13C metabolic flux analysis. *Metab. Eng.* 3 (2001) 195-206.

[48] Griffin TJ, Gygi SP, Ideker T, et al. Complementary profiling of gene expression at the transcriptome and proteome levels in Saccharomyces cerevisiae. *Mol. Cell. Proteomics* 1 (2002) 323-333.

[49] Pachkov M, Dandekar T, Korbel J, et al. Use of pathway analysis and genome context methods for functional genomics of Mycoplasma pneumoniae nucleotide metabolism. *Gene* 396 (2007) 215-225.

[50] Pollack JD. Mycoplasma genes: a case for reflective annotation. *Trends Microbiol.* 5 (1997) 413-419.

[51] Ratledge C & Kristiansen B (eds). Basic Biotechnology, 3rd ed. Cambridge University Press, 2006.

[52] Stephanopoulos GN, Aristidou AA & Nielsen J. Metabolic Engineering: Principles and Methodologies. Academic Press, 1998.

[53] Koffas M & Stephanopoulos G. Strain improvement by metabolic engineering: lysine production as a case study for systems biology. *Curr. Opin. Biotechnol.* 16 (2005) 361-366.

[54] Kjeldsen KR & Nielsen J. In silico genome-scale reconstruction and validation of the Corynebacterium glutamicum metabolic network. *Biotechnol. Bioeng.* 102 (2009) 583-597.

[55] Wittmann C, Kim HM & Heinzle E. Metabolic network analysis of lysine producing Corynebacterium glutamicum at a miniaturized scale. *Biotechnol. Bioeng.* 87 (2004) 1-6.

[56] Dräger A, Kronfeld M, Ziller MJ, et al. Modeling metabolic networks in C. glutamicum: a comparison of rate laws in combination with various parameter optimization strategies. *BMC Syst. Biol.* 3 (2009) 5.

[57] Yang C, Hua Q & Shimizu K. Development of a kinetic model for l-lysine biosynthesis in Corynebacterium glutamicum and its application to metabolic control analysis. *J. Biosci. Bioeng.* 88 (1999) 393-403.

[58] Voit EO. Modelling metabolic networks using power-laws and S-systems. *Essays Biochem.* 45 (2008) 29-40.

[59] Albe KR, Butler MH & Wright BE. Cellular concentrations of enzymes and their substrates. *J. Theor. Biol.* 143 (1989) 163-195.

[60] Curto R, Sorribas A & Cascante M. Comparative characterization of the fermentation pathway of Saccharomyces cerevisiae using biochemical systems theory and metabolic control analysis. Model definition and nomenclature. *Math. Biosci.* 130 (1995) 25-50.

[61] Hynne F, Danø S & Sørensen PG. Full-scale model of glycolysis in Saccharomyces cerevisiae. *Biophys. Chem.* 94 (2001) 121-163.

[62] Alvarez-Vasquez F, Sims KJ, Hannun YA & Voit EO. Integration of kinetic information on yeast sphingolipid metabolism in dynamical pathway models. *J. Theor. Biol.* 226 (2004) 265-291.

[63] Neves AR, Pool WA, Kok J, et al. Overview on sugar metabolism and its control in Lactococcus lactis—the input from *in vivo* NMR. *FEMS Microbiol. Rev.* 29 (2005) 531-554.

[64] Neves AR, Ventura R, Mansour N, et al. Is the glycolytic flux in *Lactococcus lactis* primarily controlled by the redox charge? Kinetics of NAD^+ and NADH pools determined in vivo by 13C NMR. *J.*

Biol. Chem. 277 (2002) 28088-28098.

[65] Voit EO, Almeida JO, Marino S, Lall R. et al. Regulation of glycolysis in Lactococcus lactis: an unfinished systems biological case study. *Syst. Biol. (Stevenage)* 153 (2006) 286-298.

[66] Chou IC & Voit EO. Recent developments in parameter estimation and structure identification of biochemical and genomic systems. *Math. Biosci.* 219 (2009) 57-83.

[67] Kinoshita A, Tsukada K, Soga T, et al. Roles of hemoglobin allostery in hypoxia-induced metabolic alterations in erythrocytes: simulation and its verification by metabolome analysis. *J. Biol. Chem.* 282 (2007) 10731-10741.

[68] Galazzo JL & Bailey JE. Fermentation pathway kinetics and metabolic flux control in suspended and immobilized S. cerevisiae. *Enzyme Microbiol. Technol.* 12 (1990) 162-172.

拓展阅读

Cornish-Bowden A. Fundamentals of Enzyme Kinetics, 4th ed. Wiley, 2012.

Edelstein-Keshet L. Mathematical Models in Biology. McGraw-Hill, 1988.

Fell DA. Understanding the Control of Metabolism. Portland Press, 1997.

Harrigan GG & Goodacre R (eds). Metabolic Profiling. Kluwer, 2003.

Koffas M & Stephanopoulos G. Strain improvement by metabolic engineering: lysine production as a case study for systems biology. *Curr. Opin. Biotechnol.* 16 (2005) 361-366.

Savageau MA. Biochemical Systems Analysis: A Study of Function and Design in Molecular Biology. Addison-Wesley, 1976.

Schultz AR. Enzyme Kinetics: From Diastase to Multi-Enzyme Systems. Cambridge University Press, 1994.

Torres NV & Voit EO. Pathway Analysis and Optimization in Metabolic Engineering. Cambridge University Press, 2002.

Voit EO. Computational Analysis of Biochemical Systems: A Practical Guide for Biochemists and Molecular Biologists. Cambridge University Press, 2000.

Voit EO. Biochemical systems theory: a review. *ISRN Biomath.* 2013 (2013) Article ID 897658.

9 信号转导系统

读完本章，你应能够：

- 理解信号转导系统的基础知识
- 讨论离散和连续信号转导模型的优缺点
- 描述G蛋白的作用
- 求解涉及布尔模型的问题
- 理解双稳态和迟滞现象
- 讨论群体感应
- 分析双组分信号转导系统的微分方程模型
- 分析MAPK信号转导系统的微分方程模型

在细胞生物学中，**信号转导（signal transduction）**描述了一类机制，通过这些机制，细胞接收内部或外部**信号（signal）**，处理它们，并触发适当的反应。在许多情况下，信号是化学信号，但细胞也可以响应不同种类的物理信号，如光、电刺激和机械应力。事实上，许多不同的信号通常同时处理[1]。如果细胞接收外部化学信号，则转导过程通常始于特定配体与细胞膜外表面受体的结合。这些受体是跨膜蛋白，配体与受体细胞外结构域的结合会触发受体的构象或功能的改变，从而传播到受体的细胞内结构域。这种变化介导了细胞内的其他变化，最终导致对原始信号的适当反应。作为具体实例，整联蛋白（integrin）是一种跨膜蛋白，将信息从胞外基质或周围组织转导至细胞内部，并参与细胞的存活、凋亡、增殖和分化过程[2]。

信号转导回路的良好示例可以在称为**G蛋白（G-protein）**的重要信号分子家族中找到。它们位于细胞膜内部并与特定受体偶联，这些受体从细胞的内部延伸到外部表面，并且当配体与它们结合时，其构象发生变化。具体而言，在与这种**G蛋白偶联受体（G-protein-coupled receptor，GPCR）**的胞外结构域结合后（图9.1），GPCR胞内结构域的变化导致G蛋白的亚基被释放并与鸟苷三磷酸（GTP）分子结合，导致两个分子亚基的解离。这一过程带来了前缀“G”，代表“鸟嘌呤-核苷酸结合”。活化的G蛋白亚基从受体分离并启动特定类型G蛋白特异性的内部信号转导过程。例如，该过程可以触发环腺苷一磷酸（cAMP）的产生，它可以激活蛋白激酶A，蛋白激酶A又可以磷酸化并由此激活许多可能的下游靶标。其他G蛋白刺激信号转导化合物的产生，如二酰基甘油和肌醇三磷酸，控制细胞内的钙从储存区释放到细胞质中。在一段恢复期后，水解作用从GTP中去除第三个磷酸基团，并使G蛋白为转导新信号做好准备。许多药物的功能与GPCR相关。由于“发现G蛋白和这些蛋白质在细胞信号转导中的作用”，艾尔弗雷德·吉尔曼（Alfred Gilman）和马丁·罗德贝尔（Martin Rodbell）获得了1994年诺贝尔生理学或医学奖。

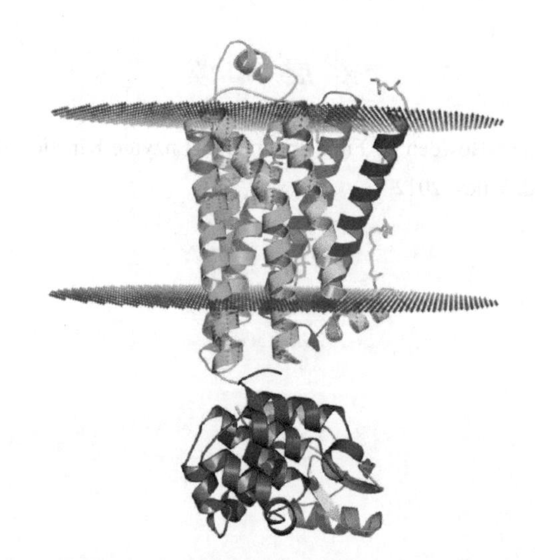

图9.1　跨膜G蛋白偶联受体（GPCR_3ny8）的实例。人β_2-肾上腺素受体（β_2-AR）由七螺旋束膜蛋白组成。两个平面代表脂质双层。GPCR代表了当前药物靶标的很大一部分，β_2-AR是研究最广泛的靶标之一（乔治亚大学的Huiling Chen和Ying Xu供图）。

细胞内的信号转导过程由生物化学反应链介导，该反应链由酶催化且通常由**第二信使（second messenger）**调节，第二信使是水溶性或不溶性的分子或气体，如一氧化氮。典型的水溶性亲水信使是钙和cAMP。它们通常位于胞质溶胶中，可以通过特定的酶活化或失活。疏水信号分子通常与质膜相关。其实例包括不同的磷脂酰肌醇、肌醇三磷酸酯和鞘脂神经酰胺。从膜上接收信号到触发细胞溶质或细胞核中的响应之间的步骤通常被组织为一系列事件，放大输入信号并滤除噪声。信号转导的速度很大程度上取决于其机制。钙触发的电信号发生在毫秒级，而基于蛋白质和脂质的级联响应大约为几分钟。涉及基因组反应的信号则在数十分钟、数小时乃至数天内发生。第12章讨论了心脏每次搏动时发生的基于钙的复杂事件。

由于信号转导过程在生物学中无处不在，过去几十年来已经积累了大量文献，甚至对所有信号转导系统的粗略回顾也远远超出了本章的范围。与丰富的实验信息相比，建模研究的数量要少得多，尽管近年来它们的数量也在迅速增加。在本章中，我们将讨论刻画信号转导系统某些方面的模型的代表性示例。这些模型分为两个不同的类别，它们少有重叠。第一类将信号网络视为**图（graph）**并尝试了解它们的功能，以及使用离散数学和统计方法从实验观察中推断出它们的因果联系。第二类尝试用**常微分方程或随机微分方程模型（ordinary or stochastic differential equation model）**捕获信号网络的动态。

信号转导网络的静态模型

9.1 布尔网络

评估信号系统的一种直观方法是使用硬连线连接的网络和发生在离散时间尺度上的信号事件。假设信号系统由25个组件组成。为了减少模糊，让我们想象一下这些成分是基因，如果这些基因表现出特定的表达组合，即某些基因开启（意味着它们被表达），而其他基因关闭（例如，因为它们当前受到抑制）。此外，假设表达的基因最终导致转录因子或阻遏物的产生，可能影响其自身的表达和（或）系统中其他基因的表达。

让我们立即通过在5×5网格框中安排25个基因来抽象和简化此设定（图9.2A），让我们根据它们的位置命名基因，G_{11}指的是左上角，G_{12}位于G_{11}的右侧，G_{21}位于G_{11}的下方，依此类推。一个任意的设定为，白色框意味着基因开启而黑色意味着关闭。由于我们喜欢数字，将关闭转换为0并将开启转换为1。再次说明，此设置相当随意。我们现在可以提出如下声明：

对于i，j=1，…，5，

$$G_{ij}=\begin{cases}1 & 若\quad i=j\\0 & 若\quad i\neq j\end{cases} \tag{9.1}$$

这意味着网格的西北-东南对角线上的基因开启（图9.2B）。

这类网络的优点在于定义其动态的简单性。时间以离散的方式向前推移，我们很容易将其表达为t=0，1，2，…（见第4章）。每个G_{ij}现在是时间的递归函数，$G_{ij}=G_{ij}(t)$，并且网络状态的变化由规则确定，该规则说明从一个时间点到下一个时间点的转换期间每个状态发生什么变化。作为一个非常简单的规则的例子，请考虑以下情况：

(A)

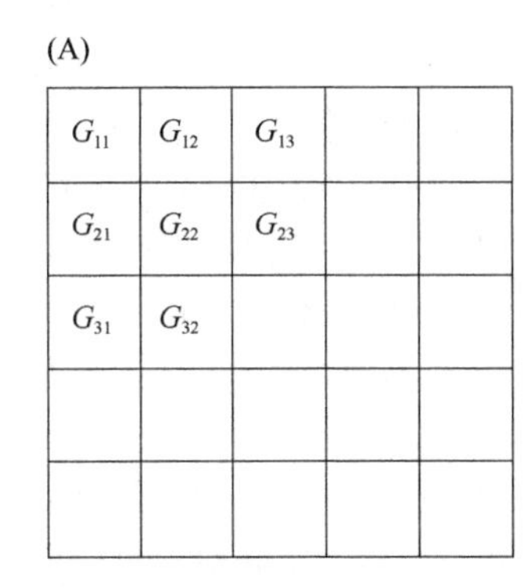

(B)

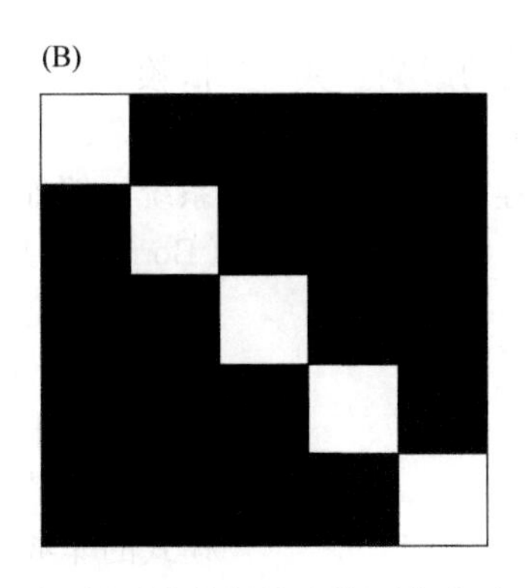

(C)

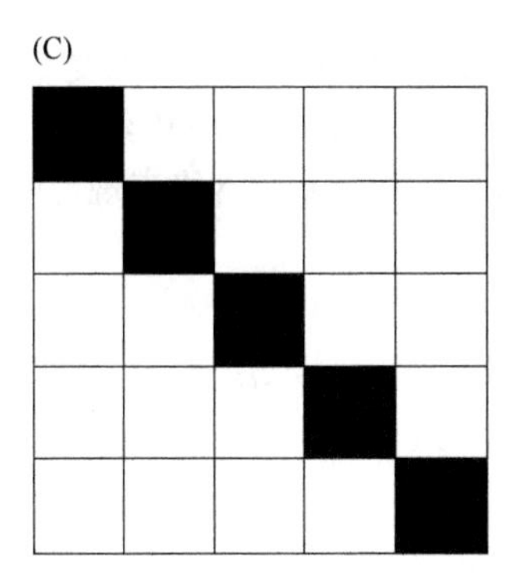

图9.2 布尔网络的直观示例。网络由具有可以打开或关闭状态的网格表示。（A）以系统方式命名网格框。（B）由式（9.1）定义的开-关模式。（C）如果先前的状态是（B）中的状态，则为由式（9.2）定义的开-关模式。

对于i，j=1，…，5，

$$G_{ij}(t+1)=\begin{cases}1 & 若\quad G_{ij}(t)=0\\0 & 若\quad G_{ij}(t)=1\end{cases} \tag{9.2}$$

用文字表述，这条规则为，0在每次转换时切换到1而1切换到0（图9.2C）。换句话说，该规则定义了一种闪烁模式，在图9.2B和C之间来回切换。该动态独立于网络的初始状态。换句话说，只要所有设置都是0或1，我们就可以按照想要的任何方式定义$G_{ij}(0)$。

具有开/关状态和转换规则的这类网络通常被称为**布尔（Boolean）**网络，以纪念19世纪的英国数学家和哲学家乔治·布尔（George Boole），他因发明了现代计算机科学的逻辑基础而受到赞誉。关于布尔网络已经写了很多，而一个很好的进一步探索的起点是斯图尔特·考夫曼（Stuart Kauffman）广受认可的论文“秩序的起源”[3]。

布尔网络中的规则也有可能比上图中的规则复杂得多。例如，规则可以设为，如果大多数邻居都是1，那么G_{ij}会切换状态。我们怎样制定这样的规则？让我们从一个不在网格侧边上的结点开始。这样，它有8个邻居

$$G_{i-1,\,j-1},\ G_{i-1,\,j},\ G_{i-1,\,j+1},\ G_{i,\,j-1},\ G_{i,\,j+1},\ G_{i+1,\,j-1},\ G_{i+1,\,j},\ G_{i+1,\,j+1}$$

因为每个邻居只能取值0或1，所以我们可以将规则表示为

$$G_{ij}(t+1)=\begin{cases}1 & 若\ G_{ij}(t)=0\ 且所有邻居之和>4\\ 0 & 若\ G_{ij}(t)=0\ 且所有邻居之和\leqslant 4\\ 0 & 若\ G_{ij}(t)=1\ 且所有邻居之和>4\\ 1 & 若\ G_{ij}(t)=1\ 且所有邻居之和\leqslant 4\end{cases}\tag{9.3}$$

该规则迭代地应用于任何从时间t到时间$t+1$的转换处，其间每个结点的邻居在时间t的值决定该结点在时间$t+1$的值。应该注意，式（9.3）中的规则可以用不同的、等价的方式书写，其中一些肯定会更紧凑和优雅。

为了使用一种与布尔网络有许多相似性概念的更复杂网络进行有趣的娱乐，请探索由约翰·康韦（John Conway）于1970年创建的生命游戏，它引起了生物学家、数学家、计算机科学家、哲学家和许多其他人的近乎禅宗追随般的兴趣。该游戏仍可在互联网上找到，甚至它还有自己的维基百科页面。

布尔网络可以很容易地解释为信号系统。例如，在基因组中不是使用固定网格，更常见的是将基因G_i定位为有向图中的结点（参见第3章），其中向内的箭头表示其他基因（G_j，G_k，…）的影响，而向外的箭头指示哪个基因受基因G_i的影响。典型的说明性示例在图9.3中给出。由于在稳健性方面的进化优势，基因网络表现为稀疏连接，大多数基因只有一个或两个上游调节因子[4]，这极大地促进了基因调控网络模型的构建。

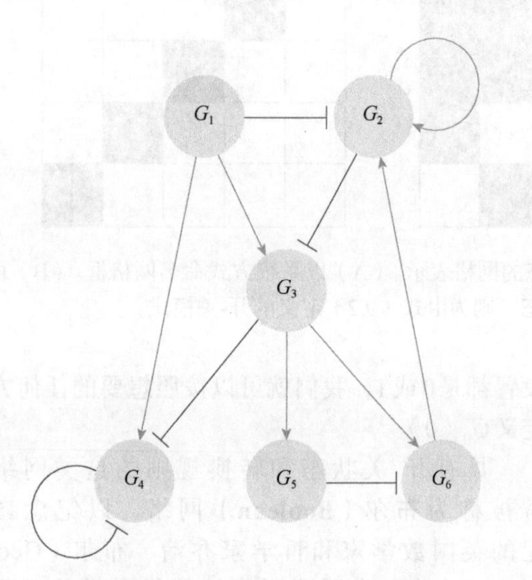

图9.3 基因互作网络的通用图。箭头表示激活，而终端带有横杠的线表示抑制。

信号转导的功能是通过为每个基因G_i在从t时刻到$t+1$时刻的转换定义一个特定的规则来完成的，这是由一些或所有其他基因（或基因产物）在t时刻的表达状态决定的。在定义良好的系统集合中，G_i将被“触发”（变为1），而在其他情况下则是沉默（$G_i=0$）。例如，假设在$t=0$时，图9.3中仅有G_1打开，所有其他基因都关闭。激活箭头和抑制符号表明，在$t=1$时，G_2仍将关闭，而G_3和G_4将打开。

为了捕获网络的完整动态，对于给定的所有基因在t时刻的开-关模式，有必要为每个基因定义它在$t+1$时刻是开启还是关闭。这些完整定义是需要的，因为，例如，图9.3中的图形表示并没有说明如果G_1和G_2同时打开，G_3将会发生什么。激活是否会胜过抑制，或者相反？$t+1$时刻G_3的状态可能依赖于其自身在t时刻的状态。通常，规则可能非常复杂，这意味着可以构建和分析相当复杂的信号系统。例如，戴维帝迟（Davidich）和博恩霍尔特（Bornholdt）[5]用布尔网络模拟了裂殖酵母中的细胞周期调控网络。我们将在本章末尾回到这个例子。

布尔网络的两个特征特别重要。首先，没有实际的大小限制，并且因为规则通常是在局部定义的，也就是说，对于每个结点，构造具有复杂开关模式的非常大的动态过程通常相对容易。但即使人们知道所有规则，有时也很难凭直觉预测网络将如何发展。其次，在概念上，扩展每个状态可能的响应数量很容易。这种扩展允许灰色调，它可能对应于基因的几个（离散的）表达水平。规则变得有些复杂，但原则保持不变。甚至可以允许每个表达状态存在一定的连续范围。随着这种扩展，形式描述变得更加复杂，类似于人工神经网络（此外，人工神经网络还允许修改结点间的连接强度）（见参考文献［6］和第13章）。一个远非平庸的扩展是允许规则本身依赖于时间或自适应，即它们会根据网

络的整体状态而变化。

传统布尔网络的局限性在于它们通常不是自适应的，不允许依赖于时间的规则，并且它们也没有记忆：一旦达到新状态，就忘记了网络的先前状态。在许多生物系统中，这种记忆很重要。另一个限制则是这些网络的严格确定性：给定初始状态和转换规则，网络的未来就完全确定了。为了克服这一特殊限制并允许生物变异性和随机性，什穆列维奇（Shmulevich）及其同事提出了概率布尔网络，其中状态之间的转换以预定的概率发生[7, 8]。这个设置可能会让我们想起在第4章中讨论过的马尔可夫模型。

9.2 网络推断

天然信号转导网络具有在众所周知的嘈杂环境中稳健运行的能力。无论是可以表现出显著随机波动的基因表达，还是动作电位可以自发触发的神经元系统，其中的信号转导系统最终都能对正确的输入做出高度可靠性响应，同时通常还会滤除杂散的输入。

信号转导系统所在的真正的随机环境及其内部特征为建模和分析带来了许多挑战。最大的挑战实际上并不是确定被噪声破坏的信号是否会触发响应——通常，这只需要相对简单地应用和评估条件概率的规则即可解决。正如我们在第3章中已经讨论过的那样，真正的挑战包括相反的任务。即只给出一组输入信号和相应的响应集，是否可以推断或重构信号转导网络的内部工作结构和数字特征？是否可以在任意可靠性下得出这样的结论：只有当组件Y和Z都处于活动状态时，组件X才会触发？这些问题的答案显然取决于许多因素，包括数据量及其确定性程度、预期的噪声，以及最后但并非最不重要的——网络规模：预想到这一点并不困难，与仅有少数组件的系统相比，大型网络更加难以推断。

传统上，网络推断问题用两种解决方法：要么设计静态图模型，使用我们在第3章中讨论的贝叶斯网络推理方法，要么构建微分方程系统并使用逆（参数估计）方法（见参考文献［9, 10］和第5章）从时间序列数据集中尝试识别信号系统的连接和调控关系。

信号转导系统的微分方程模型

9.3 双稳态和迟滞现象

构建旨在捕获信号转导系统动态的微分方程系统可以采用多种形式。虽然其范围广阔，但关键部件通常是允许双稳态的模块。顾名思义，这样的模块具有两个稳定状态，它们被不稳定的状态分开。如果信号为低，则系统呈现一个稳定的稳态，如果信号超过某个与不稳定状态相关的阈值，则系统进入另一个稳定的稳态。这种系统的最简单例子是可以由信号触发的开关。如果信号存在，则系统打开；当信号消失时，系统关闭。在生物学的许多领域都发现了不同类型的双稳态系统，如经典遗传切换开关[11, 12]、细胞周期控制、细胞信号转导途径、在发育过程中切换到新程序的开关，以及噬菌体中溶解和溶原之间的转换[13]。

双稳态系统易于构建。例如，在第4章中，我们使用了如下形式的多项式：

$$\dot{X}=c(SS_1-X)(SS_2-X)(SS_3-X) \qquad (9.4)$$

这里，参数c仅确定响应的速度，而SS_1、SS_2和SS_3是三个稳态。后者很容易被确认，因为将X设置为任何稳态值都会使$\dot{X}$为零。例如，对于（SS_1，SS_2，SS_3）=（10，40，100），假设c为正，$SS_1=10$和$SS_3=100$是稳定的稳态，而$SS_2=40$则是不稳定的。

设计双稳态开关系统的另一种方法是将S形触发器与线性或幂律松弛函数组合，使响应变量返回其关闭状态。一个最简单的模型由单个ODE组成，例如

$$\dot{X}=10+\frac{20X^4}{100^4+X^4}-2X^{0.5} \qquad (9.5)$$

它似乎没有资格称作“系统”，因为它只有一个变量，但是，抛开语义，我们可以将方程解释为：以数量为10的恒定输入产生的量X的描述，它以希尔函数项的方式复制或激活自己的产生。此外，X根据幂律函数被消耗或降解。

与往常一样，系统的稳态可以通过设置式（9.5）等于零来估算。我们可以尝试用代数方法解决这个问题，但这有点混乱。然而，我们可以很容易地说服自己，如果两个正的项完全平衡了负的项，就可以达到稳态。因此，我们可以绘制两个函数并研究它们相交的位置。图形（图9.4）表明实际上有三个交叉点，它们直接对应于稳态。一个发生在$X\approx25$处，第二个发生在$X\approx100$处，第三个发生在$X\approx210$处。在PLAS中实现系统并以不同的初始值求解，很快显示$X\approx25.417\ 36$和$X\approx210.7623$是真实稳态，很稳定。第三个稳态实际上恰好在$X=100$处，并且它是不稳定的：从略高处开始，即使是100.1，系统也将向更高的稳定稳态发散，而对于较小的初始值，即使像99.9一样接近100，它也会趋

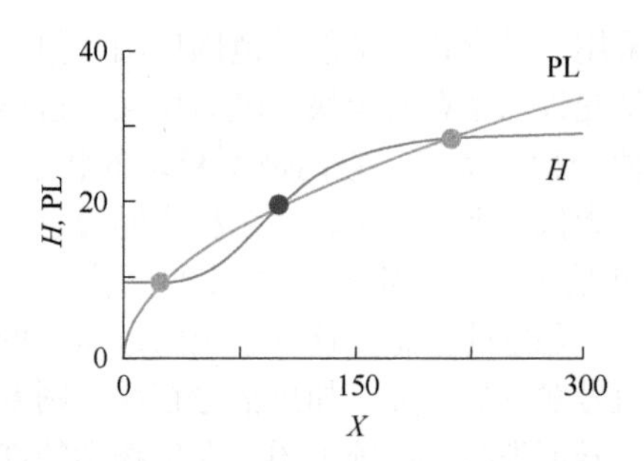

图9.4 双稳态通常表现为包含S形函数与线性或幂律项之间差值的微分方程。这里显示的是典型信号响应关系的曲线图，其形式为偏移的S形希尔函数H[蓝色；式（9.5）右侧的前两项]和幂律降解函数[绿色；式（9.5）右侧的最后一项]。它们的交叉点表示稳态点。最切题的例子包括两个稳定（黄色）和一个不稳定（红色）的状态。

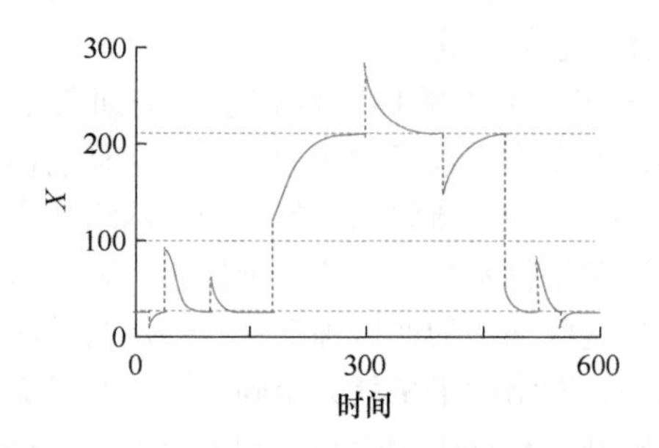

图9.5 式（9.5）中的X对外部信号的响应，该信号在用红色虚线标识的时间点重置X的值（表9.1）。三条虚线表示三个稳态。$X=100$处的中间稳态是不稳定的，将约为25和211的两个稳定稳态的吸引盆地分隔开。如果重置在100以上，则系统趋近较高的稳态，而重置低于100则会导致系统趋近低稳态。

向较低的状态。一种解释可能是系统处于健康（低稳）状态或患病（高稳）状态。两者都是稳定的，并且在每种状态下都易于容忍小的扰动，而大的扰动可能使系统从健康转变为疾病，反之亦然。在生物学上，不稳定状态永远不会实现，至少不会持续很长时间，因为它甚至不能容忍最小的干扰。

例如，假设系统处于低稳态（$X\approx25$），但外部信号在一系列时间点重置X值，如表9.1所示。图9.5说明了系统的响应。在每次重置事件发生时，系统趋近其所在的**吸引盆地（basin of attraction）**的稳定稳态。不稳定状态没有这样的盆地，因为它是排斥性的：起始于仅略高于$X=100$的解将向高稳态漂移，而起始于不稳定状态以下的解将趋向低稳态。

表9.1 在几个时间点重置式（9.5）中X的数据方案（图9.5）

t	X
0	25
20	10
40	90
00	60
80	120
00	280
00	150
80	50
20	80
50	10

作为双稳态系统的生物学实例，考虑一种突变的T7 RNA聚合酶（T7R）表达的自动激活机制，该机制由谭（Tan）及其合作者进行了研究[14]。根据经验，最直接的表示似乎只需要一个正的激活循环（图9.6）。然而，更细致的观察表明，自然系统表现出了双稳态，简单的激活模体无法做到这一点。因此，作者组合了两个正激活循环，一个代表自激活，另一个代表额外机制的代谢成本和随后的生长迟缓，以及由于生长导致的T7R的稀释（图9.7）。实际上，两个正循环的合并产生了与实际细胞反应定性相似的双稳态。

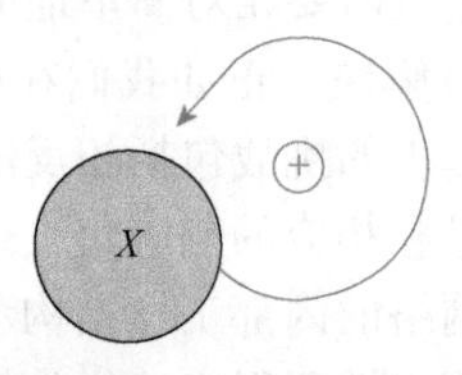

图9.6 一个简单的正激活循环。第14章讨论了这种类型的“模体”（motif）。

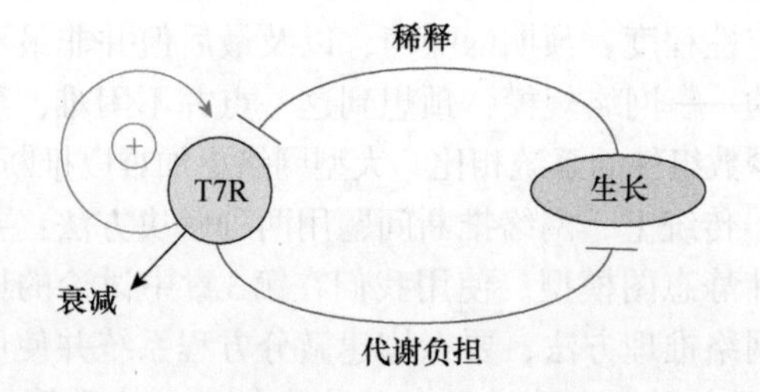

图9.7 两个自激活循环的组合可以导致双稳态行为。此处，突变的T7 RNA聚合酶（T7R）可以自激活，但会导致生长迟缓。反过来，生长会稀释T7R。所有效应一起共同导致了双稳态行为。有关详细信息，请参见参考文献[14]。

通过适当的缩放，谭（Tan）等[14]提出了以下方程来表示该系统：

$$(\dot{\text{T7R}})=\frac{\delta+\alpha\cdot(\text{T7R})}{1+(\text{T7R})}-\frac{\phi\cdot(\text{T7R})}{1+\gamma\cdot(\text{T7R})}-(\text{T7R}) \quad (9.6)$$

右侧的第一项描述了T7R的产生，包括自激活，第二项表示T7R用于生长、代谢成本和稀释，而最后一项表示固有降解。通过巧妙的数值缩放，作者能够将参数数量保持最小，其余参数值设置为$\delta=0.01$，$\alpha=10$，$\phi=20$和$\gamma=10$。

当然，我们可以很容易地求解微分方程（9.6），但最重要的是，系统是否具有双稳态的潜力。因此，主要关注的方面是不动点（fixed point）的表征，它需要将微分方程设置为等于零。结果是一个代数方程，我们可以再次通过绘制生成项和两个降解项对T7R进行估算（图9.8）。该图表明生成和降解相交三次，且稍多的分析表明，系统具有两个稳定的稳态（对应于非常高和非常低的T7R值）和一个不稳定的稳态（对应于T7R的一个中间值）。

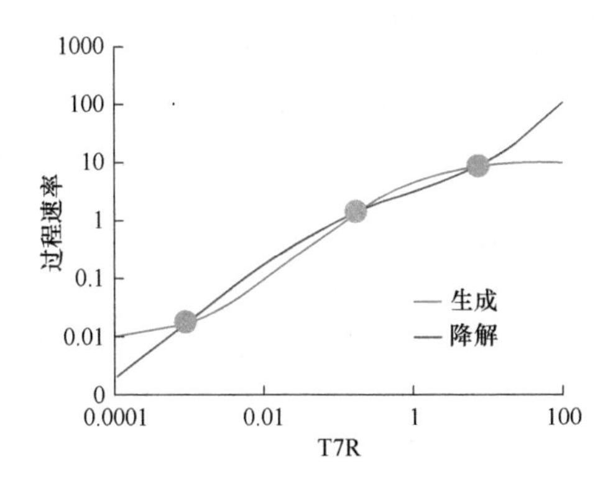

图9.8 双稳态的可视化。以T7R为横坐标，绘制图9.7和式（9.6）中系统的生成和降解速率，表明系统具有三个稳态。其中两个（绿色）是稳定的，而中心处的状态（黄色）是不稳定的，从而导致了系统的双稳态。

稍作修改，具有S形组件的ODE可以变得更加有趣。例如，考虑一个小的双变量系统，可以解释为由两个影响彼此表达的基因组成。高信号S触发Y的表达，Y影响X，X也影响Y。系统如图9.9所示。

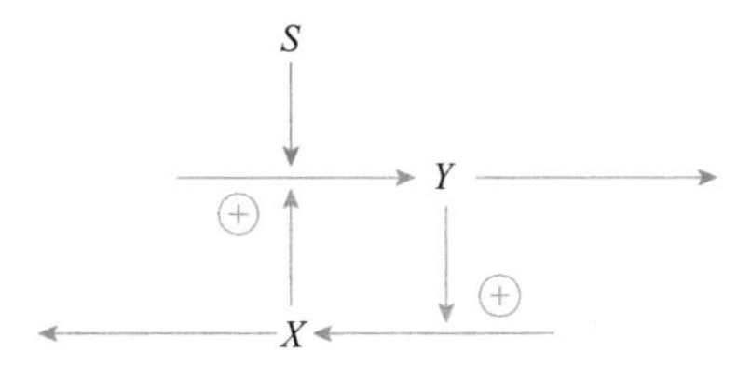

图9.9 具有两个组件和外部信号的人工系统。X和Y可能被解释为两个基因的表达状态。该系统受信号S的影响，信号S可被解释为压力源或转录因子。

正如我们在第2章和第4章中看到的那样，将图9.9中的图表转换为微分方程并不困难。当然，有很多选择可实现它，我们选择一个包含S形函数的公式，表示Y对X表达的影响。具体来说，让我们考虑以下系统：

$$\dot{X}=200+\frac{800Y^4}{16^4+Y^4}-50X^{0.5} \qquad (9.7)$$
$$\dot{Y}=50X^{0.5}S-100Y$$

信号是一个独立的变量，从外部影响系统。假设在我们的模拟实验中信号发生变化，如表9.2所示。从稳态$(X, Y)\approx(20.114, 6.727)$附近开始，按照表9.2中的信号重置方案，我们得到图9.10中的响应。

表9.2 在时间点t开始的持续信号的强度S

t	S
0	3
5	10
20	3
40	2.5
50	3

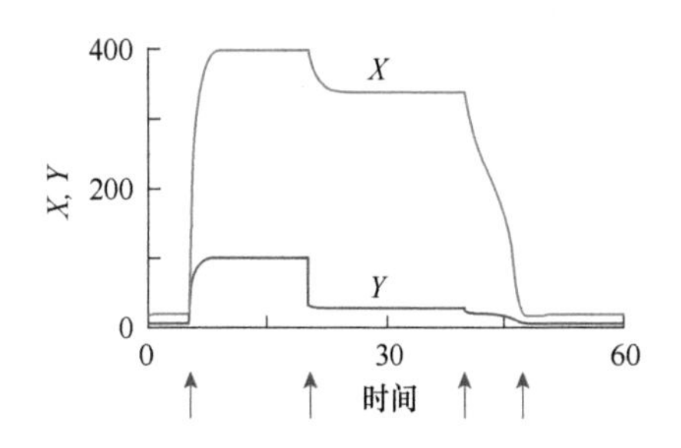

图9.10 式（9.7）中的双变量信号系统表现出迟滞现象（hysteresis）。对相同的输入信号，响应变量的值不同，具体取决于系统的历史状态。请参阅正文中的信号值，该值在箭头指示的时间发生变化。

与双稳态系统相比，最令人感兴趣的是这里发生了一些真正新颖且有趣的事情。系统以$S=3$开始，对应于低稳态值$X\approx20$，被解读为关闭。当信号增加到10时，X上升到约400并开启。15个时间单位之后，信号回到$S=3$，我们期望响应再次关闭。然而，X没有返回到约为20的关闭状态，而仅是适度地下降到约为337的值，这仍然被解读为开启。在实验结束时，信号再次回到$S=3$，并且X再次关闭，但这仅在信号暂时减小到更小的值（$S=2.5$）之后才发生。因此，对于$S=3$的信号强度，系统可以开启或关闭！对这种奇怪行为的进一步分析表明，系统具有内置存储器：响应变量的状态不仅取决于外部信号的当前值，还取决于信号和系统的近期历史。在数学上，此历史记录存储在因变量中。确实，如果我们看一下信号S和响应X，就会看到记忆的存在，用该领域的行话来说或叫**迟滞现象（hysteresis）**。在结构方便的模型中，可以推导出双稳态和滞后效应存在与否的条件[14-16]。一个相对简单的现实世界中系统的例子是细菌中所谓的双组分信号系统，我们将在本章的下一节讨论。

通过两阶段模拟研究可以更详细地探索滞后现象（图9.11）。在第一阶段，我们从S值较低的稳态开始。我们逐步缓慢增加S，让系统充分接近稳态，然后再次增加S。在这个例子中，让我们专注于变量X。对于S在0和2.5之间的值，X的稳态值X_{ss}接近16且变化非常小，而在进一步将S增加到约3.3时，X_{ss}逐步增加到30。在进一步升高S到约3.4时，X_{ss}突然跳升到约365。在3.4附近检查信号强度表明，这是X_{ss}的一个真正跳跃，而不是非常快的渐进增加。进一步提升S直至高于3.4，X_{ss}会再增加一点，但并不多。

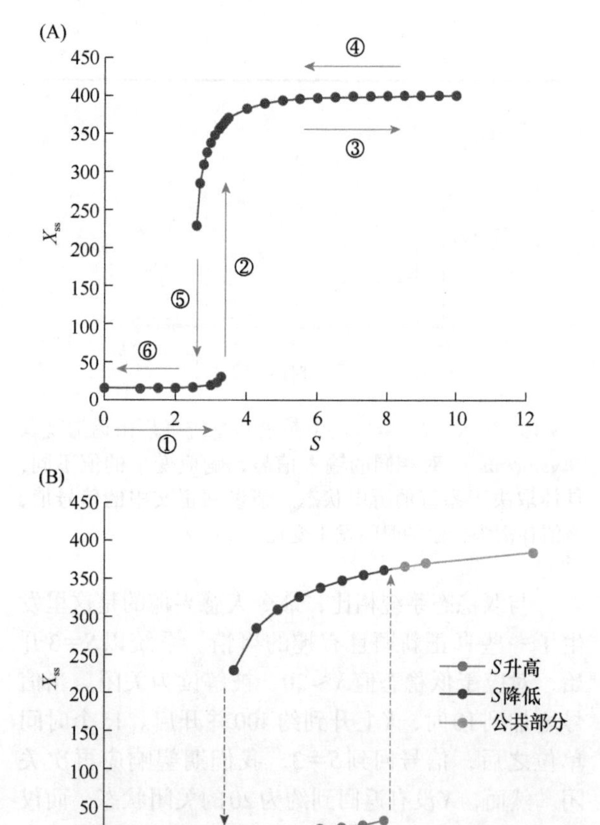

图9.11　迟滞的演示。（A）表示S中的一系列变化和X_{ss}中的相应响应。将S从0增加到约3只会轻微影响X_{ss}。但是，将S从约3.3变为3.4会导致X_{ss}的大幅跳跃。S的进一步增加不会改变新的稳态。将S从10减小到3.4延续相同的稳态。但是，在3.4处没有跳跃。令人惊讶的是，跳跃发生在2.6和2.5之间。（B）显示了信号强度约为3的系统响应曲线的放大图，其中X_{ss}取决于系统的近期历史。虚线箭头表示跳跃，不反映稳态。

现在我们进入第二阶段，我们从高S值开始，逐步降低它，每次记录X_{ss}。首先，稳态值精确地追踪从第一阶段获得的值，我们可能期望$S\approx3.4$会跳回。令人惊讶的是，这种跳跃没有发生，X_{ss}只是缓慢下降。再次令人惊讶的是，一旦S达到接近2.5的值，X_{ss}就会从约230崩溃到约17。同样，这不是一个快速、渐进的减少，而是一个真正的跳跃。进一步降低S会使X_{ss}延续本模拟第一阶段的早期结果。

这里的重要结论如下：对于强度S在大约2.6和3.3之间的信号，X_{ss}的值取决于系统的历史。这种情况如图9.11B所示，它显示了该范围内与S对应的X的不同稳态，取决于S是从低值增加还是从高值减小。请注意，虚线上没有稳态值。Y的响应是相似的，虽然幅度较小，但是当我们在本章后面讨论时钟时，将用到它。

一个简单的双稳态系统模拟了一个“硬”开关：一个稍高于阈值的信号将总是触发一个开启响应，而稍低的信号会导致一个关闭响应。这些响应模式完全是确定性的。现在假设系统运行在靠近X_{ss}的阈值，即不稳定的稳态点。这是一个合理的假设，否则会浪费系统的双稳态能力。让我们进一步假设环境是适度随机的。这样一来，S越过阈值，向上或向下的每个变化都将使系统发生跳跃。迟滞使这种情况变得柔和。当S介于2.6和3.3之间时，该演示系统倾向于保持开启或关闭，这取决于之前的位置，因此易于容忍信号中的噪声。换句话说，它需要一个真正的、实质性的信号变化才能使系统跳跃。第9.7节和专题9.1进一步讨论了这个基本滞后系统的分析结果和它的变体。

近年来，许多作者研究了如果信号和（或）系统被噪声破坏会发生什么。这种研究需要允许进行随机输入的方法，如随机建模、具有随机分量的微分方程或随机**Petri网（Petri net）**[13, 19, 20]（见练习9.18）。

专题9.1　单向滞后

哺乳动物免疫应答中的一个重要步骤是将B细胞分化为分泌抗体的浆细胞。该步骤由宿主以前未曾遇到过的抗原触发。控制该分化过程的信号转导途径由基因调控网络管理，其中有几个基因和转录因子起关键作用。聚焦于三个关键转录因子Bcl-6、Blimp-1和Pax5，巴塔查里亚（Bhattacharya）及其合作者[17]开发了一个描述这种分化系统动力学的数学模型。他们特别感兴趣的是弄清楚二噁英（TCDD；2，3，7，8-四氯二苯并二噁英）是如何阻断这种信号通路正常功能的。二噁英是一种有毒的环境污染物，在焚烧过程中产生。它也是臭名昭著的橙剂，被用于越南战争，以摧毁庄稼和森林。描述模型中基因和转录因子之间功能相互作用的简化图如图1A所示。巴塔查里亚（Bhattacharya）等提出的模型实际上更复杂，因为他们显式地考虑了基因表达、转录和翻译。令人感兴趣的是，多重抑制信号形成动态开关，它在用抗原刺激之后最终指导B细胞分化成浆细胞。这里考虑的抗原是脂多糖（LPS），一种在许多细菌外膜上发现的化合物，也是动物中强烈免疫反应的已知触发因素。巴塔查里亚及其合作者详细分析了该途径是如何响应LPS信号中确定性和随机噪声的[17, 18]。

为了研究确定性系统的切换行为，我们进行了进一步的大幅简化。特别是，我们省略了TCDD及其对该通路的影响。此外，我们略掉了Bcl-6并用Blimp-1的自激活过程取代了相关的双重抑制，因为两个连续抑制对应于激活。最后，我们通过将Pax5与IgM组合，生成分化标志物DM，基于如下理解：当Pax5低时IgM高，反之亦然。简化的信号转导途径如图1B所示。将X定义为Blimp-1，将Y定义为DM，将S定义为LPS，可以很容易地将系统翻译成我们的习惯表示形式（图1C）。请注意，该图实际上与我们之前研究的图9.9中的小系统非常相似。

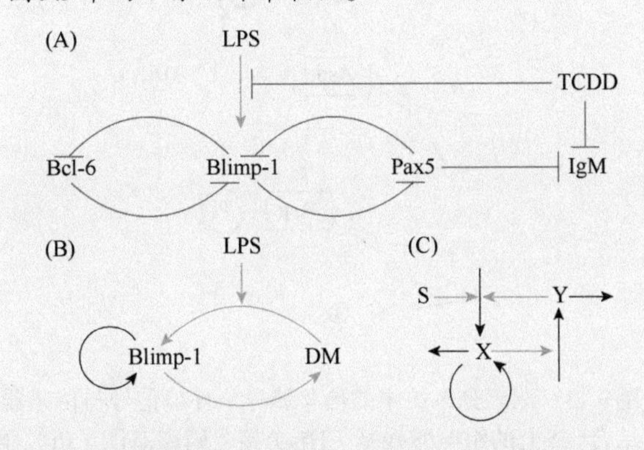

图1 B细胞分化途径的简化图。（A）巴塔查里亚（Bhattacharya）等提出的模型[17]的略微简化版本。脂多糖（LPS）刺激该系统。Blimp-1是抑制转录因子Bcl-6和Pax5的主要调节因子，它们是B细胞表型的典型因子。Pax5抑制免疫球蛋白M（IgM）的表达，该蛋白介导免疫应答并可以导致B细胞分化成分泌抗原的浆细胞。环境污染物二噁英（TCDD）干扰信号通路。（B）通路的大幅简化，其中略掉了TCDD，并将Pax5和IgM组合成分化标记物DM。（C）相同图的典型表示，其中X代表Blimp-1，Y代表分化标记物，S代表脂多糖。

我们使用以下模型来表示系统，其中，希尔函数H是X的函数：

$$H=1+\frac{4X^4}{16^4+X^4}$$
$$\dot{X}=3.2H^2+Y^{0.5}S-2X \qquad (1)$$
$$\dot{Y}=4H-Y^{0.5}$$

为了检查系统对不同大小刺激的响应，我们执行与式（9.7）中的系统完全相同的分析。也就是说，我们在重复的小步骤中将S从非常低的值增加到高值，每次都计算系统的稳定稳态，并特别关注X_{ss}稳态值。结果如图2所示。

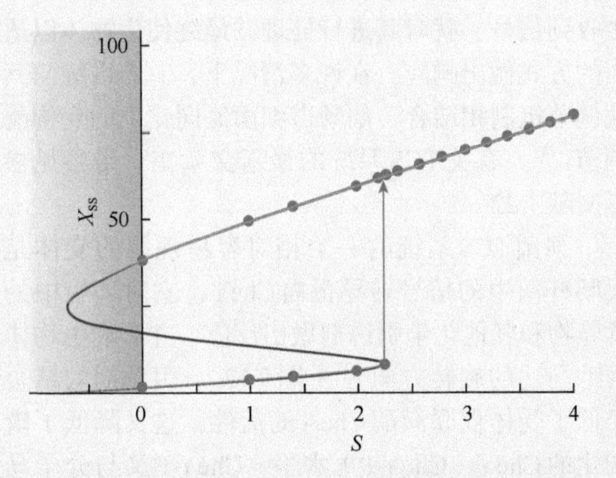

图2 B细胞分化途径表现出“单向滞后”。对于小信号，系统在绿色滞后曲线的下分支上具有稳态，它对应于B细胞的表型。当信号幅度超过2.25时，系统跳跃到（虚线箭头）上分支上的稳态，这对应于分泌抗体的浆细胞的表型。但是，一旦系统在上分支上进入稳态，即使信号完全消失，它也永远不会返回到下分支上的稳态。因此，分化步骤是不可逆的。红色部分描绘了不稳定的稳态。圆点表示一些模拟结果。

对于小信号强度，X_{ss}只会受到轻微影响。对于$S=0$，它具有大约1.6的值，随着S值的增加而缓慢增加到大约8。因为对这类系统已经有了一些经验，所以我们对于存在某个关键点并不感到惊讶，当$S\approx2.25$时，响应跳跃到约62的高水平（虚线箭头）。对于更高的信号强度，响应会进一步增加，但速度相对较慢。现在我们倒回来，每一步减少S。同样，我们并不感到惊讶的是，系统不会在$S\approx2.25$处跳回到较低的分支，因为我们预期它在更小的值处使此跳跃发生。但是，它却永远没有发生。即使将信号减小到0也不会将系统从上分支移动到下分支。在数学上，这种跳跃会发生在$S\approx-0.8$处，但这在生物学上当然是不可能的。换句话说，系统对于低信号强度具有相似的关闭稳态，在约2.25处跳跃到开启稳态，然后就卡在这些开启稳态下，即使信号完全消失也是如此。对B细胞解释这一观察结果，我们即可见证其不可逆转地分化为分泌抗体的浆细胞。不稳定的稳态（红色）不能模拟。但是，如果我们将S表示为X_{ss}的函数，则可以计算它们（参见练习9.34）。

9.4 双组分信号系统

双组分信号（two-component signaling，TCS）系统广泛存在于古细菌和细菌中，以及一些真菌和植物中。它们在动物中并不存在，动物使用三组分系统、蛋白激酶级联和（或）基于脂质的系统转导信号。TCS系统允许有机体感知环境因素（如温度和渗透压）的变化，并识别化学梯度的方向。一旦接收到信号，就对其进行处理并最终使生物体以适当的方式做出响应。在许多情况下，TCS系统与其他调节机制相结合，如肠道细菌氮同化中的变构酶调节[21]。有关TCS系统的最新文章集，请参见参考文献［22］。

细菌TCS系统的一个相对容易理解的变体是大肠杆菌中的信号转导蛋白CheY，它对环境中的营养物和其他化学引诱剂做出反应，并影响生物体鞭毛马达的旋转方向[23]（图9.12）。引诱剂的结合降低了受体偶联激酶CheA的活性，这又降低了磷酸化的CheY（CheY-P）水平。CheY-P又与分子马达的一个部件相连（见第7章）。马达通常逆时针旋转，但当CheY磷酸化时改变旋转方向。结果，细菌翻滚并改变运动方向。因此，在CheY的介导下，细胞可以控制其游泳行为。

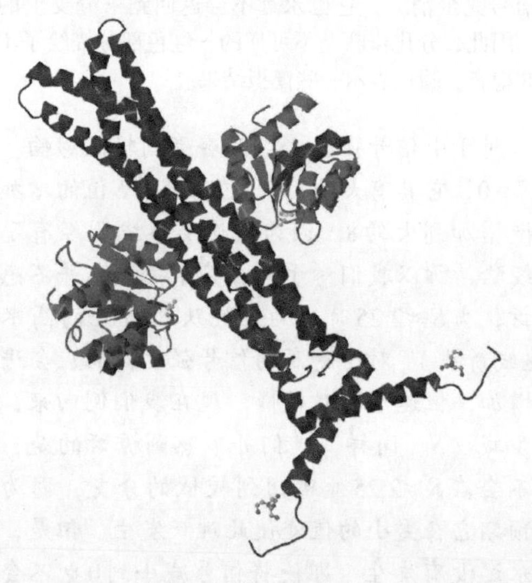

图9.12 CheZ二聚体的结构，它有助于大肠杆菌的趋化性。磷酸酶CheZ以一种迄今未知的机制刺激并响应调节因子CheY的去磷酸化。CheZ二聚体最突出的结构特征是长的四螺旋束，由来自每个单体的两个螺旋组成（蛋白质结构数据库：PDB 1KMI[24]）。

TCS系统的第一个组成部分作为传感器或发射器起作用，由未磷酸化的膜结合组氨酸激酶组成（图9.13）。如果存在合适的信号，则磷酸基团从ATP转移至传感器上的组氨酸残基，产生ADP和磷酸组氨酸残基。因为所有这些都发生在同一个分子上，所以激酶有时被称为自体激酶，这个过程称为自身磷酸化。残基和磷酸基团之间的键不是很稳定，这使得组氨酸激酶能够将磷酸基团转移到第二个组分（即响应调节器或接收器）上的天冬氨酸残基上。磷酸盐转移导致接收器上的构象发生变化，改变其与靶蛋白的亲和力，或更典型地，改变特定的DNA序列，导致一种或多种靶基因的差异表达。最终的生理效应可能是多方面的。

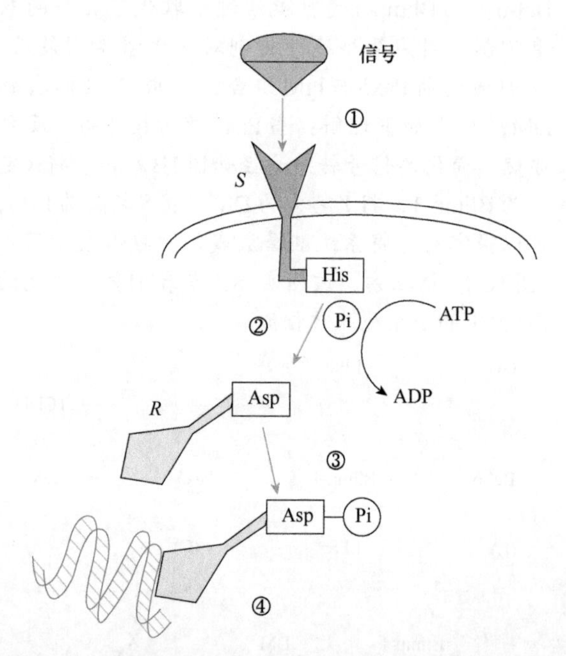

图9.13 双组分系统中的信号转导。环境信号与传感器S结合。S上的组氨酸残基（His）接受磷酸基团（Pi），磷酸基团迅速转移到响应调节器R上的天冬氨酸（Asp）残基上，该残基与DNA结合并导致基因表达的变化。

完成TCS系统的任务后，必须对响应调节器进行去磷酸化，以使其恢复到接受状态。天冬氨酸磷酸盐作为无机磷酸盐，其被释放的速率能得到很好的控制，并导致调节器磷酸化形式的半衰期可能为几秒到几小时。有趣的是，在响应调节器的去磷酸化机制中观察到两种略微不同的变体。在更简单的情况下，该机制独立于传感器的状态，因而传感器是单功能的。在更复杂的变体中，响应调节器的去磷酸化会通过传感蛋白的未磷酸化形式而得到增强，这意味着传感器具有两种作用，因此是双功能的。这两种变体如图9.14所示。接下来，我们将对两者进行模拟，并请读者参考文献［15，25］，以进一步讨论它们的比较相关性。

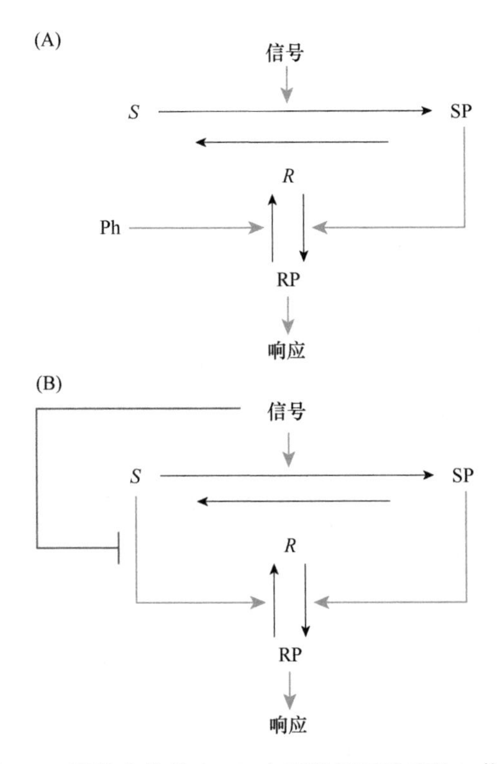

图9.14 双组分信号（TCS）系统的两种变体。信号触发传感器S的磷酸化（SP），导致响应调节器或接收器R的磷酸化（RP），从而产生响应。（A）单功能变体包括磷酸酶（Ph），它从磷酸化的接收器RP中去除磷酸。（B）在双功能变体中，传感器促进磷酸化接收器的去磷酸化，该过程被信号抑制。

应该注意的是，在没有信号的情况下，设计的两种变体中调节器的磷酸化状态都可能发生变化，这会在系统中引入一定程度的噪声[15, 25]。TCS的其他变体包括耦合的TCS系统和包含更多组件的类似系统。后者的一个例子是炭疽杆菌（*Bacillus anthracis*）等生物体中的孢子形成系统Spo，它由9个可能的组氨酸传感器和两个响应调节器组成[26]。在调节毒力的磷酸盐中发现了相似类型的其他系统[22]。植物中的信号系统通常也包含两个以上的组件。

对于代表此类研究的模型的分析，我们追随伊戈申（Igoshin）等的工作[15]，该工作建立在阿尔维斯（Alves）、萨瓦若（Savageau）[25]和巴彻勒（Batchelor）、古利安（Goulian）[27]的早期分析基础之上。在许多可以分析的问题中，我们关注信号-响应曲线的形状，并询问TCS系统是否可以产生双稳态并显示迟滞现象。图9.15显示了详细的图表，并将单功能和双功能变体（分别为图9.14A和B）作为特殊情况包含其中。它还包含中间复合物，并显示模型中使用的速率常数；它们的名字直接来自伊戈申（Igoshin）等的工作[15]。通过将一些参数设置为等于零或不同的值，可以获得单功能或双功能模型。

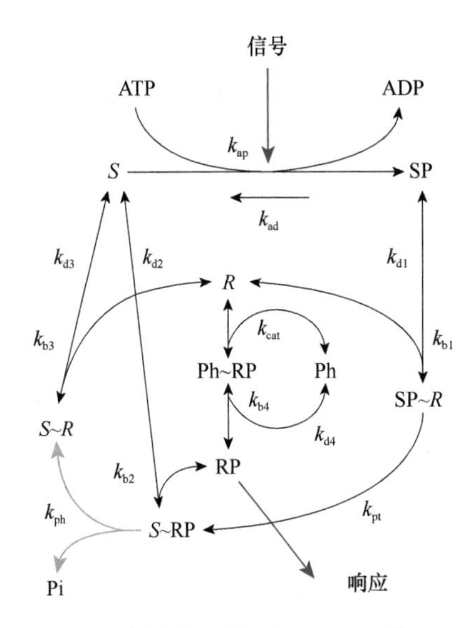

图9.15 TCS系统的详细模型图。通过设置$k_{ph}=0$，可以获得单功能变体。

采用伊戈申（Igoshin）及其合作者的方法，我们将模型设置为质量作用模型，因此唯一的参数是速率常数，而所有动力学阶数都是1或0。直接翻译图9.15中的图表，得到以下模型：

$$
\begin{aligned}
\dot{S} &= -k_{ap}(\text{信号})\cdot S + k_{ad}(\text{SP}) + k_{d3}(S\sim R) - k_{b3}S\cdot R + k_{d2}(S\sim\text{RP}) - k_{b2}S\cdot(\text{RP}) \\
(\dot{\text{SP}}) &= k_{ap}S - k_{ad}(\text{SP}) - k_{b1}(\text{SP})\cdot R + k_{d1}(\text{SP}\sim R) \\
(\text{SP}\dot{\sim}\text{R}) &= k_{b1}(\text{SP})\cdot R - k_{d1}(\text{SP}\sim R) - k_{pt}(\text{SP}\sim R) \\
(S\dot{\sim}\text{RP}) &= k_{pt}(\text{SP}\sim R) + k_{b2}S\cdot(\text{RP}) - k_{d2}(S\sim\text{RP}) - k_{ph}(S\sim\text{RP}) \\
(S\dot{\sim}R) &= k_{b3}S\cdot R - k_{d3}(S\sim R) + k_{ph}(S\sim\text{RP}) \\
\dot{R} &= -k_{b1}(\text{SP})\cdot R + k_{d1}(\text{SP}\sim R) + k_{d3}(S\sim R) - k_{b3}S\cdot R + k_{cat}(\text{Ph}\sim\text{RP}) \\
(\dot{\text{RP}}) &= k_{d2}(S\sim\text{RP}) - k_{b2}S\cdot(\text{RP}) + k_{d4}(\text{Ph}\sim\text{RP}) - k_{b4}(\text{Ph})\cdot(\text{Rp}) \\
(\text{Ph}\dot{\sim}\text{RP}) &= k_{b4}(\text{Ph})\cdot(\text{RP}) - k_{d4}(\text{Ph}\sim\text{RP}) - k_{cat}(\text{Ph}\sim\text{RP}) \\
(\dot{\text{Ph}}) &= k_{d4}(\text{Ph}\sim\text{RP}) - k_{b4}(\text{Ph})\cdot(\text{RP}) + k_{cat}(\text{Ph}\sim\text{RP})
\end{aligned}
\tag{9.8}
$$

伊戈申（Igoshin）及其同事从巴彻勒（Batchelor）和古利安（Goulian）的工作[27]中获得了大部分方程和参数值，但增加了一些反应和相应的参数。表9.3给出了速率常数和初始值的列表；其他初始值为零。这些参数值最初是针对EnvZ/OmpR TCS系统确定的。EnvZ是内膜组氨酸激酶/磷酸酶，如在大肠杆菌中，它感知周围培养基渗透压的变化。因此，EnvZ对应于我们模型中的S。它调节转录因子OmpR的磷酸化状态，OmpR对应于我们符号中的R。OmpR控制编码膜通道蛋白（称为孔蛋白）基因的表达，孔蛋白相对丰富并允许分子跨膜扩散。

表9.3　单功能（MF）和双功能（BF）双组分信号系统的速率常数和初始值（不同之处由背景色标出）

	k_{ap}	k_{ad}	k_{b1}	k_{d1}	k_{b2}	k_{d2}	k_{b3}	k_{d3}	k_{b4}	k_{d4}	k_{pt}	k_{ph}	k_{cat}	$S(0)$	$R(0)$	$Ph(0)$
MF	0.1	0.001	0.5	0.5	0.05	0.5	0.5	0.5	0.5	0.5	1.5	0	0.005	0.17	6.0	0.17
BF	0.1	0.001	0.5	0.5	0.05	0.5	0.5	0.5	0.5	0.5	1.5	0.05	0.025	0.17	6.0	0.17

用典型的模拟实验开始我们的分析，即我们在稳态启动系统并在时间$t=100$发送信号。我们只是机械地将式（9.8）中的自变量信号从1改为3。既然我们对中间复合物并不感兴趣，只显示S、SP、R和RP中的响应即可，其中RP是要记录的最重要的输出，因为它是响应的指标。单功能和双功能系统显示出相似但明显不同的响应。特别是，双功能系统的响应速度明显更快（图9.16）。如果信号更强（如信号=20），则两个系统显示非常相似的响应。请注意，两个系统以不同的值开始，这些值对应于它们的（不同）稳态。

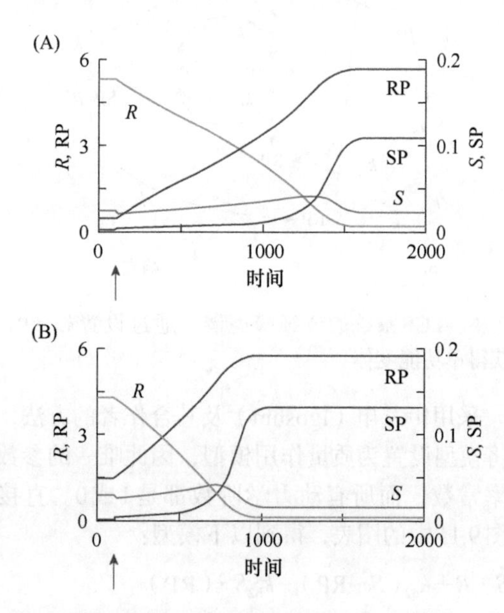

图9.16　使用TCS系统的两种变体进行模拟。（A）单功能变体对时间$t=100$时的信号的响应（箭头）。（B）双功能设计的相应响应。

作为第二个测试，我们模拟一个短信号。具体来说，我们在时间$t=100$时设置：信号=20，并在时间$t=200$时将信号重置为1来停止信号。有趣的是，现在两个TCS系统以不同的定性方式响应（图9.17）。单功能系统响应信号并在信号停止后立即返回其稳态。相比之下，双功能系统似乎呈现出一种新的稳态。它最终会回到初始状态吗？答案很难预测，但很容易通过模拟来检查：我们只需将模拟扩展到$t=12\ 000$即可。令人惊讶的是，系统不会保持这种明显的稳态（实际上也不是稳态），也不会恢复到初始状态。相反，经过一段时间后，它再次开始上升（没有来自外部的任何干预）并呈现新的稳态（图9.18）。

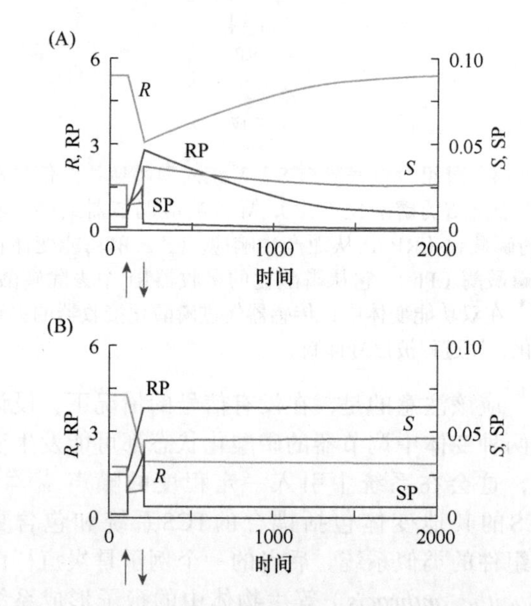

图9.17　TCS系统两个变体的响应差异。单功能（A）和双功能（B）TCS系统对短暂的瞬态信号（箭头）显示出不同的定性响应，前者恢复其稳态，后者达到一种似乎是稳态的新状态；然而，见图9.18。

短信号实验至少表明双功能TCS系统允许双稳态。但它是否也允许迟滞现象？此外，我们可以测试单功能系统是否表现出类似的响应吗？为了回答这些问题，我们执行了一系列不同信号强度的实验，并研究了RP中的响应。我们从单功能变体开始，通

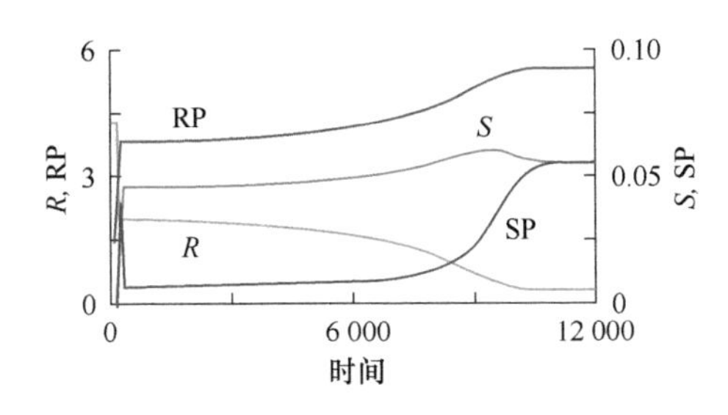

图9.18 继续图9.17中双功能系统的模拟。先前假定的稳态只是瞬态，并且系统通过趋近真实稳态显示对信号的延迟响应。

过表9.3中的初始值（所有其他初始值为零）以低信号值1运行它，并计算其稳态。现在，真正的一系列实验开始了。我们在稳态下启动系统，并在时间$t=100$时将信号重置为0到4之间的不同值。对于0到约1.795之间的信号强度，响应变量RP的相应值从0缓慢增加到约为2。有趣的是，进一步稍微增加信号到1.8，则引起5.57的响应！信号的进一步增加不会显著改变这种反应。很明显，该系统是双稳态的。

系统是否也表现出迟滞现象？为了找到答案，我们进行了第二组实验，这次从高稳态开始，高稳态是我们通过将具有高信号的原始系统运行到其稳态而获得的值。从高信号4开始，我们再次看到约5.6的响应。现在我们在每次实验中慢慢降低信号，每次都记录RP的值。直到1.8都没有发生任何事情，与前面一系列实验中的结果基本相同。然而，将信号降低到1.795未导致跳跃。实际上，响应一直很高，直到信号强度降低到大约1.23，此时响应值突然下降到约0.65。这些结果清楚地表明了迟滞现象。信号-响应关系如图9.19所示。

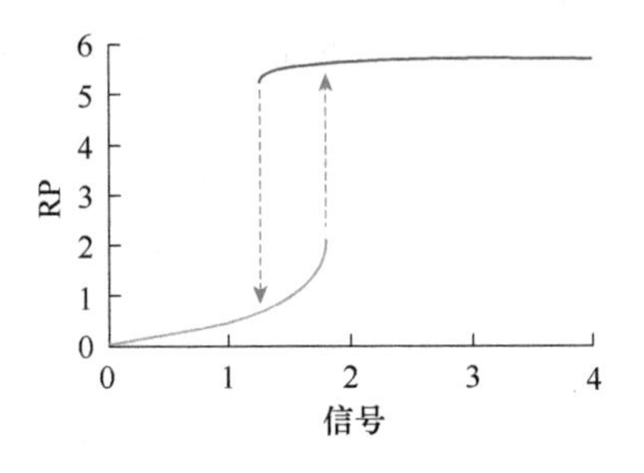

图9.19 单功能TCS系统模型的信号-响应关系显示出明显的迟滞现象。对于1.23～1.8的信号强度，响应取决于当信号命中时系统是处于低状态还是高状态。这种现象表明单功能TCS系统具有记忆。响应类似于系统（9.5）（见图9.11）。

伊戈申（Igoshin）等[15]和阿尔维斯（Alves）、萨瓦若（Savageau）[25]得出了不同TCS系统何时表现出双稳态和迟滞现象的条件，并研究了信号中噪声的影响，在TCS系统的情况下，这似乎不太重要。他们还详细讨论了单功能和双功能变体的优点和局限性。在这种性质的许多情况下，一种变体在响应的某些生理相关方面更有效，但在其他方面效率较低，并且一种相对于另一种的总体优势取决于生物体生存的环境。我们将在第14章中讨论分析这些变体的一些方法。

9.5 丝裂原活化蛋白激酶级联

与细菌中的TCS系统相反，大多数高等生物使用更复杂的信号转导系统，其关键组分是促分裂原活化蛋白激酶（**MAPK**）信号级联（**signaling cascade**）。MAPK（通常发音为“map-kinase”）系统似乎存在于所有真核生物及一些原核生物中，如可以形成生物被膜的细菌——黄色黏球菌（*Myxococcus xanthus*）。有趣的是，MAPK信号级联具有高度保守的架构。MAPK信号级联接收来自细胞表面受体或细胞溶质事件的信号，通过滤除噪声来处理它们，通常将它们放大，并最终影响各种下游靶标，如胞质蛋白质和核转录因子。外部信号可以由促分裂原或炎性细胞因子、生长因子或一些生理胁迫组成。这些信号通过激活MAPK信号级联的G蛋白偶联受体进行转导。MAPK系统的最终响应结果可能各不相同，如炎症、分化、细胞凋亡或细胞周期的起始。

典型的MAPK信号级联如图9.20所示。它由三层组成，其中蛋白质被磷酸化或去磷酸化。最靠近信号源的激酶通常称为MAP激酶激酶激酶（MAPKKK）。如果它被细胞溶质或外部信号激活，MAPKKK被磷酸化为MAPKKK-P。作为激酶本身，MAPKKK-P激活第二层中MAP激酶激酶（MAPKK）的磷酸化。事实上，MAPKK的完全激活需要在两个位点连续磷酸化：酪氨酸位点和苏氨酸位点。得到的MAPKK-PP反过来磷酸化并由此激活第三层激酶MAP激酶（MAPK）。同样，完全激活需要两个磷酸化步骤。激活的MAPK-PP可以磷酸化细胞溶质靶标或可以转移到细胞核，在那里它激活特定的转录程序。在每一层，磷酸酶可使活性形式去磷酸化，形成相应的无活性形式。MAP激酶的两个著名实例是细胞外信号调节激酶（ERK）和c-Jun N端激酶（JNK），其中Jun是指转录因子家族。级联反应非常快：在刺激的前5 min内，ERK被激活高达70%[28]，并且在10 min内，大量活化的ERK被转移到细胞核[29]。ERK途径中MAPKKK的突变形式经常在恶性黑色素瘤和其他癌症中被发现。

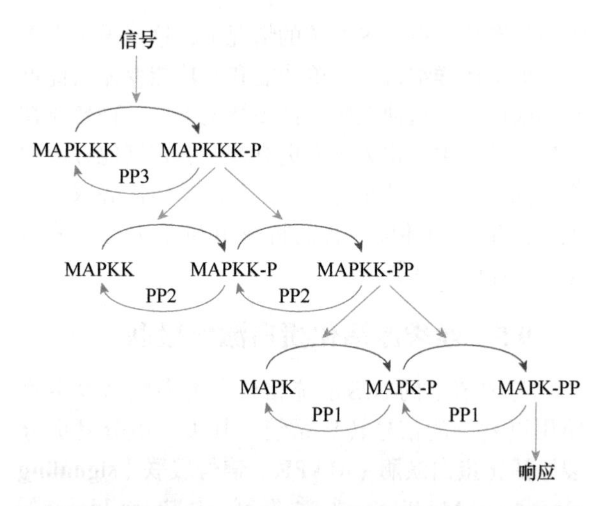

图9.20 典型的三层MAPK信号级联。在每个水平，左侧的无活性形式被磷酸化（一次或两次）成活性形式，并用作下一层的酶。磷酸酶（PP1、PP2和PP3）通过去除磷酸使活性形式返回其无活性状态。

一个显而易见的问题是：三层信号级联通过演化保留了下来，因此可以假设这种设计具有优势。但是，例如，与单层的简单或双重磷酸化相比，这些优势是什么？我们使用模型分析来阐明这个有趣的问题。

级联的关键模块是两个位点的连续磷酸化，它由来自下一个更高层的相同酶催化。该模块的简化和详细的图示在图9.21和图9.22中提供，其中X代表MAPK或MAPKK，E代表催化酶，XP和XPP是单或双磷酸化形式，XE和XPE是X和XP与酶的复合物。

用米氏（Michaelis-Menten）速率函数来建立两个磷酸化步骤的模型是很诱人的想法，但这种策略不是最佳选择，因为：①酶浓度不恒定，②酶浓度不一定小于底物浓度，③两个反应步骤竞争相同的酶。相反，保留米氏（Michaelis-Menten）机制的机理性想法是有用的，该机制假定了底物-酶复合物的形成，并以质量作用动力学的基本形式表述这种机制（参见第2、4、8章）。我们不想依赖准稳态假设，这种假设可以朝着众所周知的米氏（Michaelis-Menten）函数简化这个系统，因为在这种形式下，酶浓度不再是显式表示的，更不用说动态了。将图9.22中的关系直接转换为质量作用方程是很简单的：

$$
\begin{aligned}
\dot{X} &= -k_1 X \cdot E + K_2(XE) + k_7(XP) \\
(\dot{XE}) &= k_1 X \cdot E - (k_2 + k_3)(XE) \\
(\dot{XP}) &= k_3(XE) - k_7(XP) - k_4(XP) \cdot E \\
&\quad + k_5(XPE) + k_8(XPP) \\
(\dot{XPE}) &= k_4(XP) \cdot E - (k_5 + k_6)(XPE) \\
(\dot{XPP}) &= k_6(XPE) - k_8(XPP)
\end{aligned}
\tag{9.9}
$$

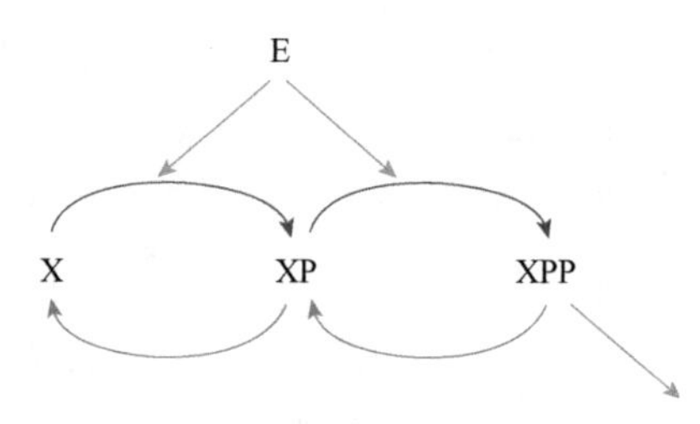

图9.21 图9.20中三层MAPK信号级联的关键模块。使用米氏（Michaelis-Menten）函数来建模两个磷酸化步骤是很诱人的想法，但这两个步骤竞争相同的酶，其浓度不是恒定的。

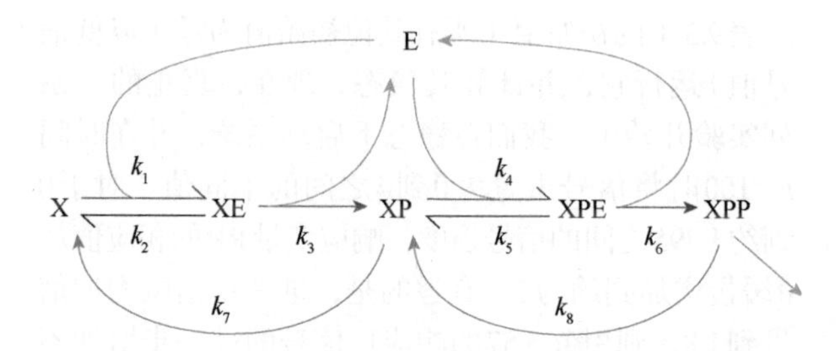

图9.22 图9.21中模块的详细表示。考虑到两种底物-酶复合物：XE和XPE，可见酶E的双重作用。

为了进行模拟，我们在表9.4中为参数和初始浓度指定了（或多或少是）任意选择的值。现在可以很容易地研究酶E的变化对模块变量的影响。在模拟开始时，$E=0.01$，设定各种形式X的初始条件，使得系统或多或少处于稳态。现在假设在时间$t=1$时，信号E增加到10。这是一个强信号，系统以两个位点的磷酸化来响应。经过短暂的过渡后，X、XP和XPP之间的平衡完全切换，剩下的非磷酸化X很少（图9.23）。值得注意的是，XPE的量相对较大，因为有相当多的酶可用。如果信号复位到0.01，模块将返回其初始状态（图9.24）。

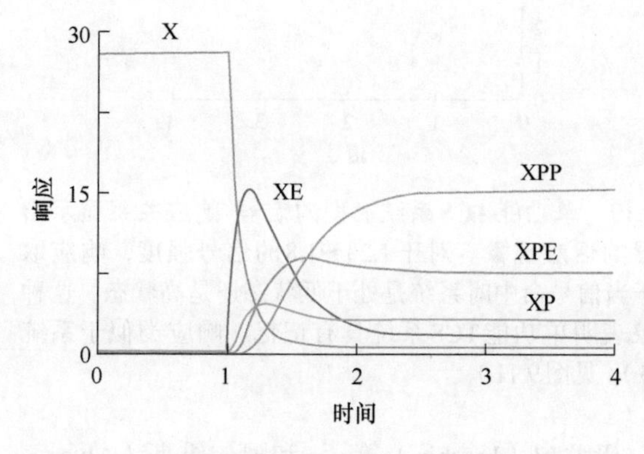

图9.23 图9.22中MAPK模块的响应。在时间$t=1$时，信号增加。结果是X的单磷酸化和双磷酸化。

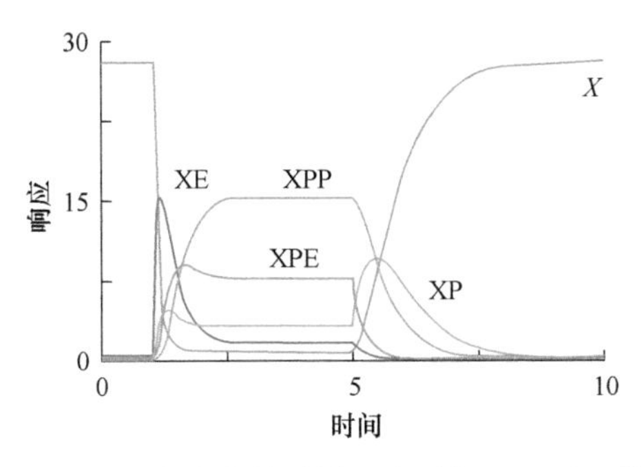

图9.24 图9.23中响应的继续。在时间$t=5$时，信号降低到其原来的低状态，而X返回到未磷酸化的状态。

研究多强的信号可以触发响应也很容易。如果E设置为3而不是10，则响应与前一场景非常相似，尽管该响应不如前者那么强（结果未显示）。如果E设置为1，则响应速度要慢得多。X仅降低至约13.6，而XPP则取值约为3.2。换句话说，没有触发真正的状态切换。对于更弱的信号，响应则不明显（图9.25）。

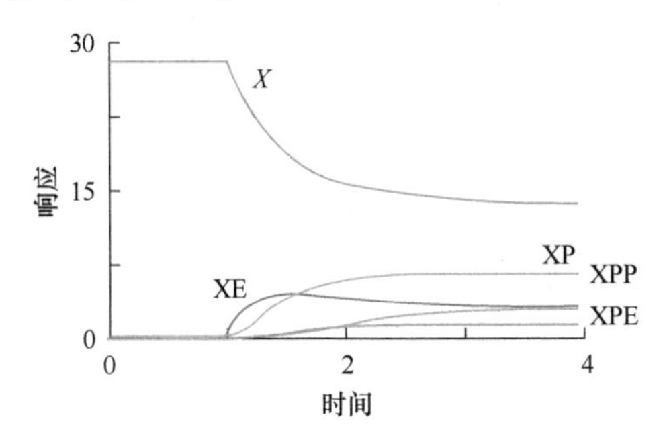

图9.25 图9.22中MAPK模块对$t=1$时弱信号的响应。当X对信号的响应减小时，双磷酸化形式的XPP保持低水平。

现在我们对模块有一点感觉了，我们可以用它来实现完整的MAPK信号级联（图9.20）。具体来说，我们将模块设置为一式三份，增加变量名：Y、YP、YPP、Z、ZP和ZPP，分别代表MAPK和

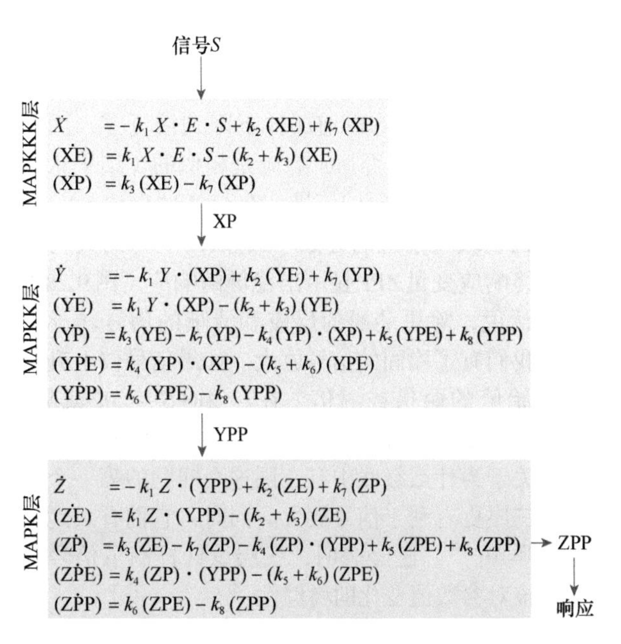

图9.26 图9.20中MAPK信号级联模型的实现。MAPK和MAPKK层是类似的，而MAPKKK层更简单，因为它只包含一个磷酸化步骤。每层的动力学速率常数可以不同。对XP和YPP方程式进行简化的说明，请参阅正文。

MAPKK磷酸化的中间和底层，并使用与此前相同的参数值和初始条件。关于仅涉及MAPKKK单磷酸化的第一层，我们使用单个米氏（Michaelis-Menten）机制，再次以质量作用的形式表示，$X(0)=28$且$XE(0)=XP(0)=0.1$。第一个模块的输入是信号S，该模块的输出是单磷酸化形式的XP，它催化下一层的两个磷酸化步骤Y→YP和YP→YPP。类似地，第二层的输出YPP催化底层的反应Z→ZP和ZP→ZPP。ZPP触发实际的生理反应，但我们只是使用ZPP作为级联系统的输出指示器。模型的实现如图9.26所示，我们将动力学参数设置为与之前完全相同的值（表9.4）。

表9.4 MAPK系统（9.9）的动力学参数值和初始条件

$k_1=k_4$	$k_2=k_5$	$k_3=k_6$	$k_7=k_8$	$X(0)$	XE（0）	XP（0）	XPE（0）	XPP（0）
1	0.1	4	2	28	0.1	0.2	0.01	0.02

严格地说，这种实现是一种简化，它假设“酶”XP和YPP及ZPP保持不变，事实并非如此，因为XP经历与Y和YP的反应，而YPP与Z和ZP反应；一般来说，ZPP的作用难以量化。因此，为了更准确地表示，所有利用或释放XP、YPP或ZPP的反应应该包含在控制这些变量的方程中。例如，XP的方程应为

$$(\dot{XP})=k_3(XE)-k_7(XP)-k_1Y\cdot(XP)+(k_2+k_3)(YE)-k_4(YP)\cdot(XP)+(k_5+k_6)(YPE) \qquad (9.10)$$

如果信号关闭，XP和YPP具有相当小的值，但在更感兴趣的情况下，即如果信号开启并保持开启，则对于给定的参数k_i，XP和YPP是恒定的，其值约为14.3和12.7，且模拟结果显示，显式考虑与较低水平的交互，会使级联的响应减慢一点点，但忽略它们不会定性地影响结果。因此，为简单起见，我们忽略了这些过程。练习9.30将评估这些模型之间的差异。

作为第一次模拟，假设外部信号S从0.01开始，在$t=2$时切换到50，并在$t=6$时切换回0.01。

最重要变量的响应如图9.27所示。强信号导致所有层的快速磷酸化。如果信号不那么强（在$t=2$时$S=5$），则X不会像以前那样下降到接近零，而是仅下降到约为6。否则，响应是相似的（结果未示出）。对于相对较弱的信号（在$t=2$时$S=0.5$），我们看到了级联系统的好处。虽然XP上升到大约5，但最终响应变量ZPP显示出稳健的响应（图9.28）。换句话说，除更陡峭的反应和清晰的信号转导之外，我们有了稳固的信号放大。如果信号仅上升到其初始值的两倍或三倍（在$t=2$时$S=0.02$或$S=0.03$），则ZPP中的响应非常弱。结果给出了我们之前关于为什么级联中有三层这个问题的第一个答案：三层更有利于信号放大。同时，它们有效地降低了噪声[30]。已经表明，三层设计提高了信号转导系统对参数值变化的稳健性[31]。

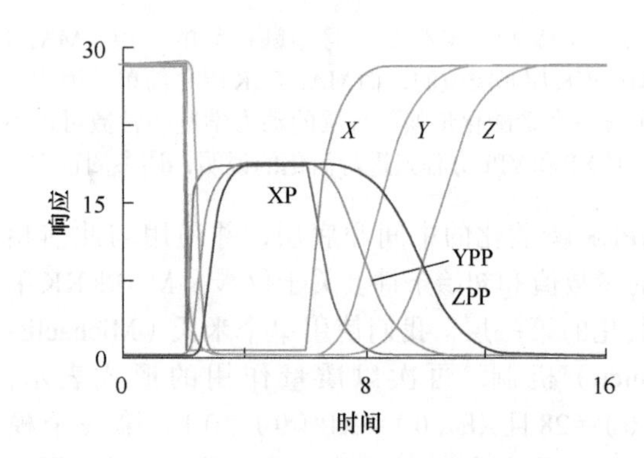

图9.27 MAPK模型的主要变量对信号开关的响应。X、Y和Z变量以交错的方式响应信号的增减（详见正文）。

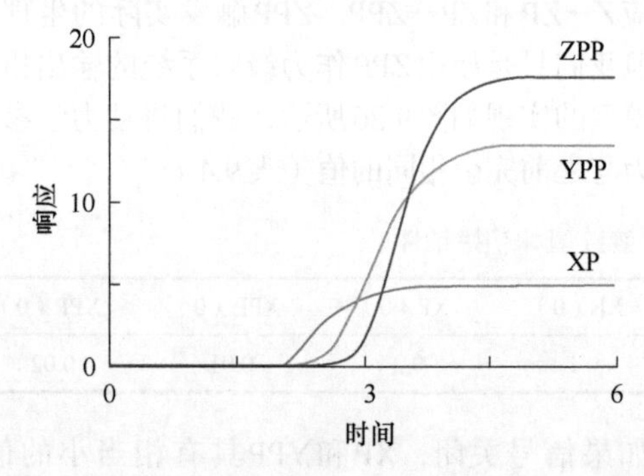

图9.28 MAPK级联的信号放大。即使对于相对较弱的信号，MAPK级联的三层响应也相继变强，表明级联结构对信号有放大作用。

很容易研究级联如何响应短暂的重复信号。我们像以前一样进行模拟，再创建一个"开和关"的信号序列。例如，如果信号以每半时间为单位在0.01和0.5之间切换，从$t=2$时的$S=0.5$开始，我们得到如图9.29所示的结果。我们可以看到，不

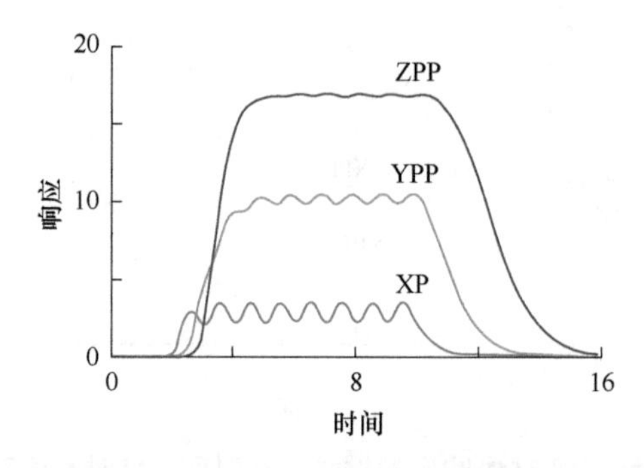

图9.29 MAPK级联的不同层对简短重复信号的响应。输出层的信号将MAPKK和MAPKKK层的响应平滑为稳定且持续的放大信号。

同层面的反应完全不同。第一层在XP中表现出快速但非常弱的响应，而第三层最终放大了的响应ZPP，在某种意义上平滑了各个短信号。

应该清楚的是，此处的实现无意评估生物学相关的参数值；我们的目的只是证明双磷酸化模块的概念及其在MAPK级联中的作用。黄（Huang）和费雷尔（Ferrell）[32]及巴拉（Bhalla）和延加（Iyengar）[33]详细讨论了真实MAPK级联的参数值和特征，施沃克（Schwacke）和沃伊特（Voit）[34]及施沃克（Schwacke）[35]提供了在自然界中实际观察到的级联的参数值在计算上的合理性，该实际参数可以产生比我们这里临时设置的参数更强的放大效果。

应该注意的是，所有信号系统显然都具有空间分量，这是典型的ODE模型所忽略的。事实上，似乎有些级联是沿蛋白质支架组织的，这会显著影响它们的效率[36-38]。此外，MAPK级联通常不是孤立地工作。相反，细胞包含几个并联的级联，它们通过**串扰（crosstalk）**相互通信[39-41]。例如，一个级联中的顶层输出可能激活或抑制另一个级联的中心层。串扰被认为可以提高信号转导的可靠性和保真度。它还为非常复杂的信号传输任务提供了可能，如带内检测器，其中，级联仅当信号在一定范围内时才会触发，太强太弱都不行。串扰还使得包括所谓"异或"（XOR）机制在内的所有逻辑功能（与、或、非）成为可能。在"异或"的情形中，只有当两个信号不同（即一开一关）时，级联才会触发；如果两个信号都为开或两个信号都为关，则不会触发[33]［另请参阅第14章中关于双扇（bi-fan）的讨论］。详细的实验和理论工作似乎表明，正常细胞和癌细胞的信号成分差别不大，不同之处在于这些成分在复杂信号网络中的因果关系[42]。

值得注意的是，细胞通常将信号级联的相同或相似组分用于不同的目的。例如，酵母细胞使用

Ste20p、*Ste11p*和*Ste7p*基因对许多不同的胁迫作出响应，包括信息素暴露、渗透压和饥饿[38]。

9.6 适应

人体每天都会响应来自外界的许多信号。我们的瞳孔在明亮的阳光下收缩，在天黑时扩张，我们流汗使身体降温，当我们触碰到热的东西时会缩手。许多这类反应都是由身体自己驱动的，与我们的意识控制无关。有趣的是，如果信号在短时间内重复或者持续一段时间，我们常常习惯于该信号。我们到达高海拔地区，几天后就可以正常呼吸，而对于噪声，过了一段时间之后我们就注意不到了，除非我们专注于它们。这种对同一重复信号的生物反应减弱的现象称为**适应**（**adaptation**）。在系统生物学的语言中，生物体最初处于自稳态，并通过从“关”到“开”的状态转换来响应偶然的信号，但是当信号消失时又返回到“关”的状态。然而，如果相同类型的信号持续一段时间，则系统无论如何都会从“开”的状态返回“关”的状态，即使“关”的状态通常对应于没有信号的情况。

根据马（Ma）及其同事[43]的说法，适应性可以通过两个特征来表征，分别称为灵敏度和精确度（图9.30）。灵敏度Σ表征对信号响应的正常强度，即“开”“关”状态之间输出值的相对差与相对信号强度之比。精确度Π被定义为原始稳态和系统通过适应获得的状态之间差值Δ的倒数。具体而言，

$$\Sigma=\frac{|R_{\text{peak}}-R_1|/|R_1|}{|S_2-S_1|/|S_1|} \tag{9.11}$$

$$\Pi=\Delta^{-1}=\left(\frac{|R_2-R_1|/|R_1|}{|S_2-S_1|/|S_1|}\right)^{-1} \tag{9.12}$$

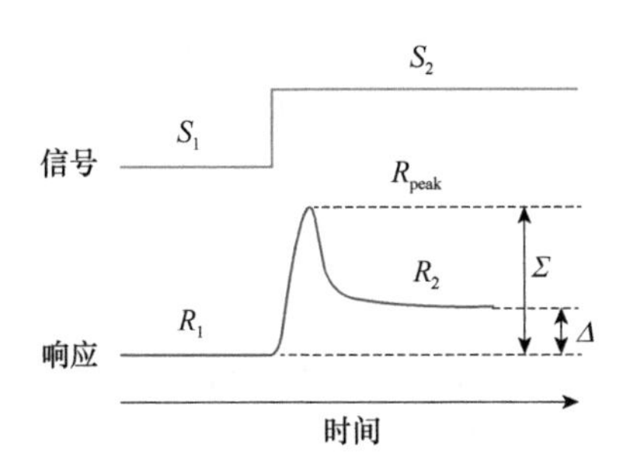

图9.30 适应的特征。对于低信号S_1，典型响应是“关”的状态，由响应R_1表征。对于信号中的短尖峰，响应是瞬态的，系统返回R_1（未示出）。在适应的情况下，系统响应信号S_2，先达到R_{peak}，之后达到R_2，它接近R_1的值，即使信号S_2持续存在也是如此。响应的特征可以用其灵敏度Σ和精确度Π来刻画；后者与R_1和R_2之间的相对差Δ逆相关。

马（Ma）的小组探讨了哪种类型的三结点系统能够显示适应性的问题。以我们的表示方式，图9.31显示了一个这样的模体（motif）。虽然马（Ma）使用了米氏（Michaelis-Menten）表示法，但我们这里使用简化表示的S系统模型，它有一个有趣的优点，即人们可以实际计算系统显示适应的条件（练习9.31）。具有正变量A、B和C的S系统的符号模型可以写为

$$\begin{aligned}\dot{A}&=\alpha_1 S B^{g_1}-\beta_1 A^{h_1}\\ \dot{B}&=\alpha_2 A^{g_2}-\beta_2 B^{h_2}\\ \dot{C}&=\alpha_3 A^{g_3}-\beta_3 C^{h_3}\end{aligned} \tag{9.13}$$

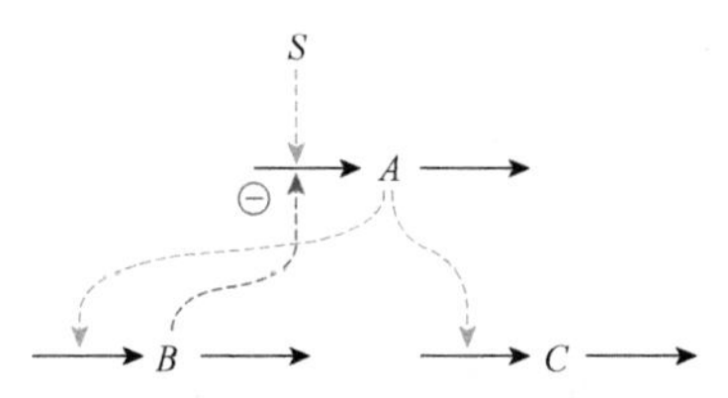

图9.31 用于研究适应的三结点系统。该系统改编自马（Ma）等的工作[43]，但以我们在整本书中使用的格式来表示。

一般我们可以假设，对于信号$S=1$的正常稳态是（1，1，1），这意味着对于$i=1$，2，3，$\alpha_i=\beta_i$；这通常是正确的，请自己确认一下。表9.5提供了典型的参数值。

表9.5 适应系统（9.13）的参数值

i	$\alpha_i=\beta_i$	g_i	h_i
1	2	−1	0.4
2	0.1	1	0.05
3	4	0.75	0.5

为了探索系统的响应，我们从稳态开始，并在时间$t=5$、30和45时发送信号作为简短的“推注”（boluse）。在PLAS中，这可以通过@ 5 S=4，@ 5.1 S=1等命令轻松完成。在所有三种情况下，输出变量C在返回到稳态值1（图9.32）之前先上升，然后下冲。变量A和B不是重点关注的对象，但它们也返回到1。这些响应并不奇怪，因为稳态（1，1，1）是稳定的。现在真正的实验开始了。在$t=75$时，我们将信号永久地重置为$S=1.2$，这对应于马（Ma）及其合作者在他们论文中使用的相对变化。虽然信号在整个实验的其余部分保持在该值，但是系统发生了适应，且C趋近于值1.013，这对应于原始值1.3%的偏差。马（Ma）及其同事认为低于2%的差异就算足够精确，因此我们的模型确实既敏感又精确。注意，没有实际意义的内部变量B显示出更大的偏差。

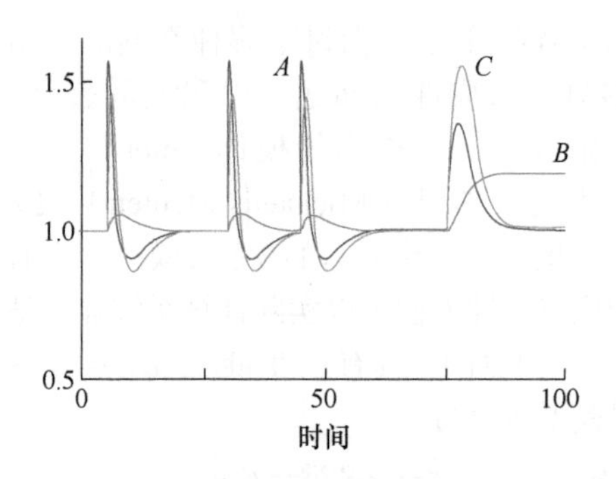

图9.32 三结点系统的响应。在时间$t=5$、30和45施加瞬态信号之后，所关注变量C突然升高然后返回到平衡稳态。这种反应是可以预期的，因为平衡稳态是稳定的。然而，对于持续信号的响应，这里从$t=75$开始，系统发生适应，且C趋近一个非常接近其稳态值的新状态。变量A和B的时间趋势也在图上显示了，但它们不是关注的重点。

9.7 其他信号系统

到目前为止讨论的微分方程模型是最狭义的范式（paradigmatic）信号转导系统。在信号系统这一相同标题下，已经提出了许多其他模型方法。例如，基因调控网络有时被认为是信号系统，因为一个基因的表达为其他基因提供了表达或抑制的信号，这是通过转录因子、抑制因子或小RNA介导的（见参考文献［10，44］和第6章）。

一个具体的例子是细胞周期的基因组调控，我们已经在布尔网络分析的背景下讨论过了[5]。多年来，泰森（Tyson）、诺瓦克（Novak）和其他人一直在使用常微分方程来研究细胞周期及其控制机制。在酵母中，这些模型已经变得非常好，它们基本上捕获了源自任何相关基因突变体的细胞周期动力学的所有改变[45, 46]。其他方法基于随机微分方程[47]、递归模型[48]、混合Petri网[49]或机器学习方法[50]。这些不同的基因调控网络模型的纷纷出现再次表明，建模可以采取多种形式，并且特定模型的选择在很大程度上取决于模型的目的和要回答的问题。

另一类引人入胜的信号系统涉及昼夜节律钟。这些分子钟感知和解读（interpret）光或其他环境条件，并使原核生物到人类等各种生物在昼夜循环期间的适当时间活跃。振荡基本上是自我维持的，因为即使生物体处于连续光照或连续黑暗中，它们也会持续存在。然而，振荡通常在一段时间后改变相位，表明人类的内在循环持续时间通常略长于24 h。因为时钟是基于生化事件的，人们可能会猜测它们将取决于环境温度，但有趣的是，事实并非如此。自从希曼斯基（J. S. Szymanski）观察到动物可以在没有外因的情况下保持24 h的节律开始[51]，过去100年来有大量文献记载了对昼夜节律进行的实验和计算研究。“时间生物学”这个相对较新的领域专注于生物钟的问题，如有人试图了解夜班和时差对人类健康的影响[52, 53]。

从具有迟滞现象的系统构造时钟是异常简单的。作为演示，让我们回到式（9.7）中的系统并研究变量Y。尽管Y的数值比X小一个数量级，但它的迟滞曲线也类似于X的迟滞曲线。重要的是，对于相同的S值，我们看到相同类型的跳跃行为。这并非巧合，因为X和Y紧密相关。

在前面迟滞现象的演示中，我们人为地将S从小于2的低值提高到大于4的高值，然后再将其降低。该过程给出了一个思想实验，其中，系统内部或外部的一些力会反复升高和降低。如果是这样，我们可以很容易地相信X和Y会开始振荡以作为响应。

但我们可以通过建立模型做得更好。到目前为止，X和Y的稳态是自变量S的函数。现在，通过使S成为因变量，我们可以使其动态由X或Y驱动，使得如果X或Y为低，则S变高，而如果X或Y为高，则S为低。

为了实现这个计划，我们用一些代数方法将S表示为Y_{SS}的函数，这是可以做到的。为了使Y处于稳态，式（9.7）的第二个方程必须等于0。因此，我们得到

$$S=\frac{Y_{SS}}{0.5X_{SS}^{0.5}} \tag{9.14}$$

为了使X处于稳态，式（9.7）的第一个方程必须等于0，从而得到

$$0.5X_{SS}^{0.5}=2+\frac{8Y_{SS}^4}{16^4+Y_{SS}^4} \tag{9.15}$$

将式（9.15）代入式（9.14），我们得到S作为Y_{SS}的函数：

$$S=Y_{SS}\bigg/\left(2+\frac{8Y_{SS}^4}{16^4+Y_{SS}^4}\right) \tag{9.16}$$

该函数如图9.33A所示。图9.33B翻转了该图，以使Y_{SS}依赖于S。但是，注意，Y_{SS}不是S的函数，因为对于$S=3$左右的值，Y_{SS}有三个值。尽管如此，这个映射非常有用，因为它显示了Y_{SS}和S之间的关系。事实上，我们可以将这个图叠加在图9.34A上并获得图9.34B。可以得到两个重要的观察结果。首先，图9.34A中图的低分支和高分支与Y_{SS}和S之间的映射完全匹配。其次，这个映射为曲线增加了

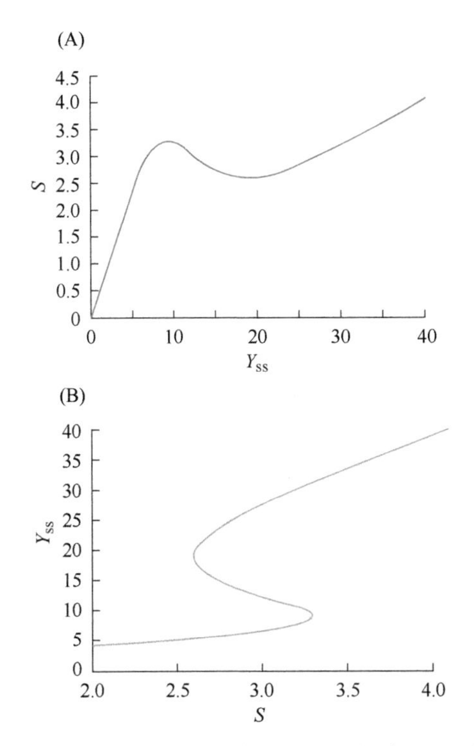

图9.33 Y_{SS}与信号S之间的关系。（A）式（9.16）的曲线图，它由从式（9.7）的稳态方程计算S得来。（B）对于2和4之间的S取值，翻转上图。虽然S是Y_{SS}的函数，但Y_{SS}不是S的函数，因为对于3附近的S值，Y_{SS}可以具有三个不同的值。

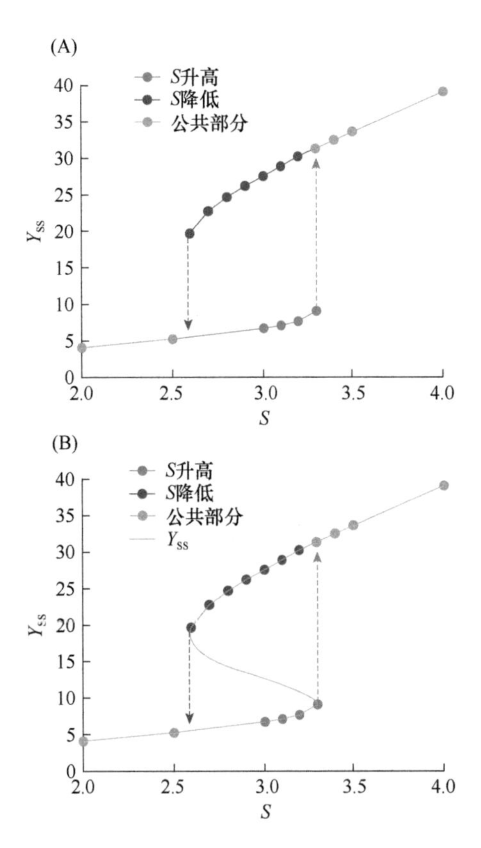

图9.34 Y_{SS}响应信号S的迟滞行为。（A）式（9.7）相对于Y_{SS}的迟滞图，定性地类似于X_{SS}图（图9.11）。（B）在该图上叠加图9.33B来“填补空白”，以显示信号在2.6～3.3的不稳定稳态。

一部分，将Y_{SS}的跳跃点连接为S的函数。这个新的曲线从（S，Y_{SS}）≈（3.3，9.1）向上弯曲到（S，Y_{SS}）≈（2.6，19.7），在高稳态和低稳态之间表现出不稳定的稳态。这一部分上的所有值都是排斥性的，除非正好在这一点开始，否则解将进入上稳态或下稳态，两者都是稳定的。

现在让我们回到创建时钟的任务。为了最大限度地减少混淆，我们用因变量Z替换S，我们将其定义为

$$\dot{Z}=5Y^{-1}-0.25Z^{0.5} \tag{9.17}$$

除了将Z替换为S，我们保留式（9.7）中的系统而不做任何更改。Z的确切形式实际上不是那么关键，但它确实会影响振荡的形状。我们必须坚持的重要特征是，大的Y值会强烈地减少新信号，而低值会强烈地增加它。Y的指数为−1时满足此要求。此外，Z不应该跑向无穷大或零，而应该具有趋向稳态的潜力，这通过降解项来实现。通过这些设置，一旦Y变大，信号就会变小，反之亦然。小信号使Y趋近低稳态，但Y一旦变小，信号就会增加，导致Y又趋近高稳态。因此，X、Y、Z实际上从未达到稳态，而是以极限环的方式振荡（图9.35），我们在第4章中讨论过，这是一个很好的时钟模型。

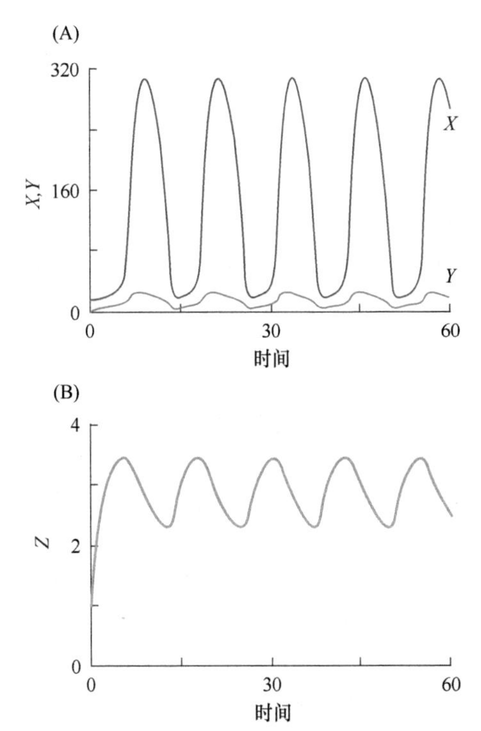

图9.35 因信号依赖于Y而产生的振荡。根据设计，高Y值导致低Z值，而低Y值导致高Z值，因此系统永远不会到达稳态，而是以持续的方式振荡。

通过扰乱其中一个变量，很容易检查系统确实是一个极限环。例如，即使X在外部作用下减少很多（这里，在时间20处从大约270减小到150），系统也将很快恢复（图9.36）。

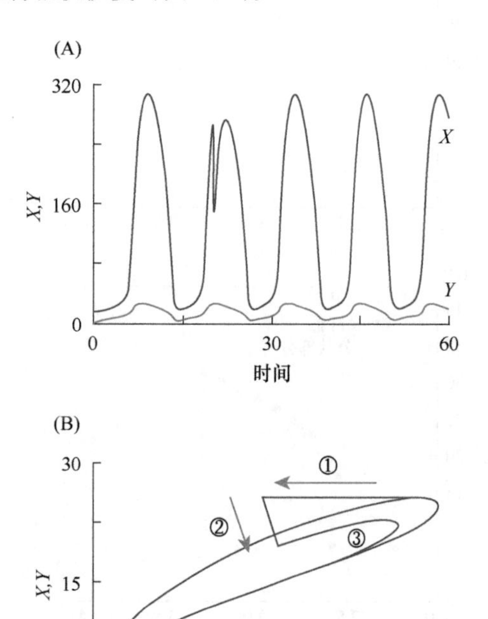

图9.36　使信号依赖于*Y*而形成的振荡，形成了极限环。如果其中一个变量受到干扰，系统会迅速恢复其极限环行为。这里，X在时间$t=20$时从大约270减小到150。扰动导致轻微的相移，但原始振荡得以恢复。（A）表示时域中的振荡，而（B）表示相应的Y对X的相平面图。注意，Z太小而不能识别。

这种从双稳态到极限环的转变已经在一种蛙——非洲爪蟾[54]的胚胎细胞周期振荡器模型中进行了研究，并且还在所谓的阻遏振荡器（repressilator）系统[55]中进行了研究，我们将在第14章中讨论它。

虽然哺乳动物中的时钟非常复杂这一点并不奇怪，但有趣的是，即使在体外也可以创建简单的昼夜节律，而无须转录或翻译[56]。自我维持的振荡器所需要的只是一组（三种）蛋白质，称为KaiA、KaiB和KaiC，来自蓝细菌*Synechococcus elongatus*，而能量来自ATP。这个简单系统甚至是温度补偿的，在温度变化下表现出相同的振荡周期。在体内，Kai系统当然更复杂，并且已经证明了，Kai蛋白非常缓慢但有序且精调的酶促磷酸化使得蓝细菌不仅能够维持振荡，还能够适当地响应环境中的授时因子（时机信号）[57]。具体而言，KaiC具有两个磷酸化位点，因此可以以4种形式存在：未磷酸化（U），仅在丝氨酸残基（S）上磷酸化，仅在苏氨酸残基（T）上磷酸化，或在两个位点（ST）上都磷酸化。这些不同的形式在不同的阶段间循环。KaiA增强KaiC的自磷酸化，而KaiC在没有KaiA的情况下去磷酸化。KaiB反过来阻碍了KaiA的活性（图9.37）。

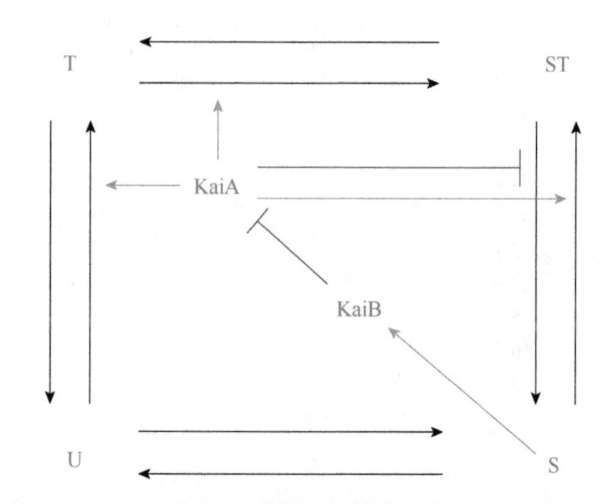

图9.37　与昼夜节律相关的Kai振荡系统示意图。绿色箭头表示激活，而带有横向末端的红线则表示抑制。详情请参阅正文（数据来自Rust MJ，Markson JS，Lane WS，et al. *Science* 318［2007］809-812）。

将图示转换为动力学模型可以进一步分析振荡器及各种扰动和突变[57]。在基准条件下，模型振荡如图9.38所示。使用一级动力学，但考虑KaiA浓度的非线性影响，拉斯特（Rust）及其合作者的模型[57]可写为

$$
\begin{aligned}
\dot{T} &= k_{UT}(S)U + k_{DT}(S)D - k_{TU}(S)T \\
&\quad - k_{TD}(S)T,\ T(0)=0.68 \\
\dot{D} &= k_{TD}(S)T + k_{SD}(S)S - k_{DT}(S)D \\
&\quad - k_{DS}(S)D,\ D(0)=1.36 \\
\dot{S} &= k_{US}(S)U + k_{DS}(S)D - k_{SU}(S)S \\
&\quad - k_{SD}(S)S,\ S(0)=0.34 \\
A &= \max\{0, [\text{KaiA}] - 2S\}, \\
k_{XY}(S) &= k_{XY}^{0} + \frac{K_{XY}^{A}A(S)}{K + A(S)}
\end{aligned}
\tag{9.18}
$$

这里，D指的是双磷酸化状态ST。合适的动力学参数值在表9.6中给出。总浓度为3.4，因此未磷酸化的KaiC的量为$U=3.4-T-D-S$。此外，[KaiA]＝1.3且$K=0.43$[57]。

也许最有趣的是，这个相对简单的振荡器在实际生物体中的精确度。虽然发生了异步细胞分裂，但细胞及其后代的时钟在数周内几乎没有偏差，即使在没有外部提示的情况下也是如此。由于细菌DNA超螺旋状态的节律性变化及随后而来的基因

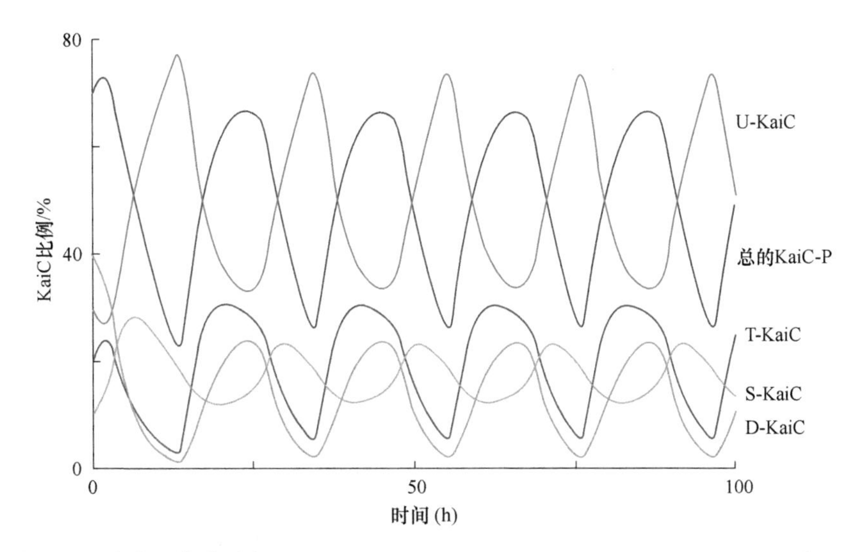

图9.38 图9.37中Kai系统的振荡［引自Rust MJ，Markson JS，Lane WS，et al. *Science* 318（2007）809-812. 经美国科学促进会许可］。

表9.6 时钟系统（9.18）的速率参数值

参数	UT	TD	SD	US	TU	DT	DS	SU
k^0	0	0	0	0	0.21	0	0.31	0.11
k^A	0.479 077	0.212 923	0.505 692	0.053 230 8	0.079 846 2	0.173	−0.319 385	−0.133 077

表达的全局变化，该生物体中的许多其他过程都由Kai振荡驱动[58]。

作为广泛的信号转导系统的最后一个例子，让我们来考虑微生物之间的细胞间信号转导，它导致**群体感应（quorum sensing）**[59]。基于当前的群体密度和特定信号分子的发射，该现象允许细胞群或生物群协调它们的反应，如群集（swarming）或聚合（aggregation）。一旦发出，这些信号分子扩散并结合到其他微生物表面的专用受体，导致靶基因表达的变化，包括那些负责产生该信号分子的基因。因此，触发信号转导事件需要分子达到一定浓度，这只有在细菌群体都发出信号时才能实现。群体感应已经在生物发光和生物被膜中被观察到，而且对于病原体的毒力非常重要且值得关注。例如，铜绿假单胞菌和金黄色葡萄球菌，其中一些已经变得多重耐药。了解群体感应的机制和分子细节可能指出控制这些病原体的手段，并提供合成生物学的新途径，以设计出具有重新连接的代谢通路或其他所需特性的细胞[60]（另见第14章）。

练　习

9.1 为少于8个邻居的结点制定对应于式（9.3）的规则。

9.2 创建一个包含25个结点的5×5网格。从开-关状态的任意组合开始，我们建立了一个简单的规则，产生一个闪烁的动态，其中每个状态在每次转换时从开启切换到关闭或从关闭切换到开启。此规则是唯一的，还是说，其他规则集也可以产生闪烁？是否有可能，每个状态保持开启（关闭）两个时间单位，然后切换到关闭（开启）并保持关闭（译者注：此关闭似乎多余，应去掉）两个时间单位，然后每两个时间单位来回切换？解释你的答案。

9.3 对于具有25个结点和最初任意开关状态的5×5网格，创建规则使得最终所有状态都为零（除了中心状态，它应该持续开启）。这样的规则是否唯一？

9.4 对于具有25个结点的5×5网格，定义规则和初始条件，使得开启列从左向右移动，然后卷回，再次从左侧开始。

9.5 建立规则，使得开启状态在西南方向上进行对角线移动，然后在东北角再次开始下一个对角线移动。

9.6 对于具有25个结点和最初任意开-关状态的5×5网格，是否可以创建规则，使得不会出现重复的开-关模式？请你要么创建这样的规则，要么证明这是不可能的。

9.7 假设每个结点可能具有三种状态之一，如红色、蓝色或绿色。构造一个闪烁的模式，其中每个状态循环这三种颜色。

9.8 在文献或互联网上搜索至少三个用布尔方法建模的生物学例子。写一份简短的总结报告。

9.9 如何建立一个能够记住前两个状态的布尔网络模型？制定计划并实施一个小型网络。

9.10 回顾贝叶斯推断的原理和挑战，写一页总结报告。

9.11 回顾关于噬菌体中溶解和溶原之间转换的已知信息，写一页总结报告。

9.12 从数学和生物学的角度，讨论以下微分方程稳态的稳定性：

$$\dot{X}=2X(4-X^2)$$

如果将乘数2替换为−2，讨论会发生什么。

9.13 使用式（9.5）中的双稳态系统进行模拟，找出系统对噪声最敏感的范围。解释你的发现。

9.14 构建一个新的“双不稳”系统，其中包含两个不稳定状态和一个介于其间的稳定状态。类似于表9.1和图9.5中所显示的那样，演示该系统对扰动的响应。

9.15 通过模拟演示式（9.6）中的模型是双稳态的。

9.16 确定式（9.4）中的模型是否可以表现出迟滞现象。

9.17 实现式（9.7）中的双变量迟滞系统，并探索扰动必须有多强才能将响应从关闭错误地移动到开启。研究持续和短暂的扰动。解释你的发现。

9.18 创建一系列被噪声破坏的信号，研究其对式（9.7）中双稳态系统的影响。

9.19 测试式（9.8）中的双功能变体是否也表现出双稳态和迟滞性。

9.20 伊戈申（Igoshin）及其合作者[15]强调了磷酸酶Ph在双功能模型中的重要性。在没有磷酸酶Ph的情形下，探索双稳态和迟滞性。为此，使用与正文中相同的模型，但设置$k_{b2}=0.5$并将Ph浓度的初始值设置为零。使用介于0和0.17之间的Ph浓度值重复实验。在报告中总结你的发现。

9.21 研究两个TCS系统（单功能和双功能）对重复短信号的响应。

9.22 实现图9.26所示的MAPK信号级联，研究噪声对信号-响应关系的影响。

9.23 探索具有更接近现实参数值的MAPK信号级联的响应（参见参考文献［32，34，35］），即$k_1=k_4=0.034$，$k_2=k_5=7.75$，$k_3=k_6=2.5$，$k_7=k_8=1$；$X(0)=800$，$Y(0)=1000$，$Z(0)=10\ 000$，$E=1$；所有其他初始值均为0。

9.24 使用正文中的模型或练习9.23中的模型，探索在三个层次中提高磷酸化率的效果。

9.25 研究MAPK信号级联中的双稳态和迟滞性。如图9.22所示，单个模块是否可以是双稳态的和（或）迟滞的？完整的MAPK信号级联是否双稳？是迟滞的吗？通过模拟调查这些问题。在报告中总结你的答案。

9.26 创建一个具有两个连续反应的小通路模型，每个反应都建模为常规的米氏（Michaelis-Menten）速率规则。将其响应与MAPK信号级联的中心层和底层的双磷酸化系统的响应进行比较，其中两个磷酸化步骤竞争相同的有限量的酶。

9.27 如果MAPK信号级联接收重复的短暂信号，研究会发生什么。讨论你的发现。

9.28 如果MAPK信号级联中的磷酸酶具有非常低的活性，研究会发生什么。

9.29 霍洛坚科（Kholodenko）[61]讨论了一种潜在负反馈的后果，在该负反馈中，MAPK抑制MAPKKK的激活。以正文中讨论的MAPK信号级联模型实现这样的反馈机制，并研究不同反馈强度的影响。

9.30 本书中使用的MAPK模型假设XP和YPP是常量。若使它们依赖于级联中的下一个较低层次，研究其后果。

9.31 推导出式（9.13）中参数值的条件，使得系统在该条件下表现出适应性。假设初始稳态为（1，1，1），信号从1永久增加到1.2，输出变量C趋近1.02的稳态值。求解出系统的稳态并导出其条件。

9.32 探索式（9.17）中的数字特征和函数及其对极限环时钟的影响。

9.33 使用式（9.18）分析生物相关情景。作为开始，请参阅原始文献。在报告中记录你的发现。

9.34 通过将S作为X_{SS}的函数来计算专题9.1图2中迟滞曲线的红色部分。

参 考 文 献

［1］ Ma'ayan A, Blitzer RD & Iyengar R. Toward predictive models of mammalian cells. *Annu. Rev. Biophys. Biomol. Struct.* 34 (2005) 319-349.

［2］ Cheresh DE (ed.). Integrins (Methods in Enzymology, Volume 426). Academic Press, 2007.

［3］ Kauffman SA. Origins of Order: Self-Organization and Selection in Evolution. Oxford University Press, 1993.

[4] Leclerc R. Survival of the sparsest: robust gene networks are parsimonious. *Mol. Syst. Biol.* 4 (2008) 213.

[5] Davidich MI & Bornholdt S. Boolean network model predicts cell cycle sequence of fission yeast. *PLoS One* 3 (2008) e1672.

[6] Russell S & Norvig P. Artificial Intelligence: A Modern Approach, 3rd ed. Prentice Hall, 2010.

[7] Shmulevich I, Dougherty ER, Kim S & Zhang W. Probabilistic Boolean networks: a rule-based uncertainty model for gene regulatory networks. *Bioinformatics* 18 (2002) 261-274.

[8] Shmulevich I, Dougherty ER & Zhang W. From Boolean to probabilistic Boolean networks as models of genetic regulatory networks. *Proc. IEEE* 90 (2002) 1778-1792.

[9] Chou IC & Voit EO. Recent developments in parameter estimation and structure identification of biochemical and genomic systems. *Math. Biosci.* 219 (2009) 57-83.

[10] Nakatsui M, Ueda T, Maki Y, et al. Method for inferring and extracting reliable genetic interactions from time-series profile of gene expression. *Math. Biosci.* 215 (2008) 105-114.

[11] Monod J & Jacob F. General conclusions—teleonomic mechanisms in cellular metabolism, growth, and differentiation. *Cold Spring Harbor Symp. Quant. Biol.* 28 (1961) 389-401.

[12] Novick A & Weiner M. Enzyme induction as an all-or-none phenomenon. *Proc. Natl Acad. Sci. USA* 43 (1957) 553-566.

[13] Tian T & Burrage K. Stochastic models for regulatory networks of the genetic toggle switch. Proc. *Natl Acad. Sci. USA* 103 (2006) 8372-8377.

[14] Tan C, Marguet P, &You L, Emergent bistability by a growth-modulating positive feedback circuit. *Nat. Chem. Biol.* 5 (2009) 942-948.

[15] Igoshin OA, Alves R & Savageau MA. Hysteretic and graded responses in bacterial two-component signal transduction. *Mol. Microbiol.* 68 (2008) 1196-1215.

[16] Savageau MA. Design of gene circuitry by natural selection: analysis of the lactose catabolic system in *Escherichia coli*. *Biochem. Soc. Trans.* 27 (1999) 264-270.

[17] Bhattacharya S, Conolly RB, Kaminski NE, et al. A bistable switch underlying B cell differentiation and its disruption by the environmental contaminant 2, 3, 7, 8-tetrachlorodibenzo-p-dioxin. *Toxicol. Sci.* 115 (2010) 51-65.

[18] Zhang Q, Bhattacharya S, Kline DE, et al. Stochastic modeling of B lymphocyte terminal differentiation and its suppression by dioxin. *BMC Syst. Biol.* 4 (2010) 40.

[19] Hasty J, Pradines J, Dolnik M & Collins JJ. Noise-based switches and amplifiers for gene expression. *Proc. Natl Acad. Sci. USA* 97 (2000) 2075-2080.

[20] Wu J & Voit EO. Hybrid modeling in biochemical systems theory by means of functional Petri nets. *J. Bioinf. Comp. Biol.* 7 (2009) 107-134.

[21] Jiang P & Ninfa AJ. Regulation of autophosphorylation of *Escherichia coli* nitrogen regulator Ⅱ by the PⅡ signal transduction protein. *J. Bacteriol.* 181 (1999) 1906-1911.

[22] Utsumi RE. Bacterial Signal Transduction: Networks and Drug Targets. Landes Bioscience, 2008.

[23] Bourret RB & Stock AM. Molecular Information processing: lessons from bacterial chemotaxis. *J. Biol. Chem.* 277 (2002) 9625-9628.

[24] Zhao R, Collins EJ, Bourret RB & Silversmith RE. Structure and catalytic mechanism of the E. coli chemotaxis phosphatase CheZ. *Nat. Struct. Biol.* 9 (2002) 570-575.

[25] Alves R & Savageau MA. Comparative analysis of prototype two-component systems with either bifunctional or monofunctional sensors: differences in molecular structure and physiological function. *Mol. Microbiol.* 48 (2003) 25-51.

[26] Bongiorni C, Stoessel R & Perego M. Negative regulation of Bacillus anthracis sporulation by the Spo0E family of phosphatases. *J. Bacteriol.* 189 (2007) 2637-2645.

[27] Batchelor E & Goulian M. Robustness and the cycle of phosphorylation and dephosphorylation in a two-component system. *Proc. Natl Acad. Sci. USA* 100 (2003) 691-696.

[28] Schoeberl B, Eichler-Jonsson C, Gilles ED & Müller G. Computational modeling of the dynamics of the MAP kinase cascade activated by surface and internalized EGF receptors. *Nat. Biotechnol.* 20 (2002) 370-375.

[29] Pouyssegur J, Volmat V & Lenormand P. Fidelity and spatio-temporal control in MAP kinase (ERKs) signalling. *Biochem. Pharmacol.* 64 (2002) 755-763.

[30] Thattai M & van Oudenaarden A. Attenuation of noise in ultrasensitive signaling cascades. *Biophys. J.*

82 (2002) 2943-2950.

[31] Bluthgen N & Herzel H. How robust are switches in intracellular signaling cascades? *J. Theor. Biol.* 225 (2003) 293-300.

[32] Huang CYF & Ferrell JEJ. Ultrasensitivity in the mitogen-activated protein kinase cascade. *Proc. Natl Acad. Sci. USA* 93 (1996) 10078-10083.

[33] Bhalla US & Iyengar R. Emergent properties of networks of biological signaling pathways. *Science* 283 (1999) 381-387.

[34] Schwacke JH & Voit EO. Concentration-dependent effects on the rapid and efficient activation of MAPK. *Proteomics* 7 (2007) 890-899.

[35] Schwacke JH. The Potential for Signal Processing in Interacting Mitogen Activated Protein Kinase Cascades. Doctoral Dissertation, Medical University of South Carolina, Charleston, 2004.

[36] Kholodenko BN & Birtwistle MR. Four-dimensional dynamics of MAPK information processing systems. *Wiley Interdiscip. Rev. Syst. Biol. Med.* 1 (2009) 28-44.

[37] Muñoz-García J & Kholodenko BN. Signalling over a distance: gradient patterns and phosphorylation waves within single cells. *Biochem. Soc. Trans.* 38 (2010) 1235-1241.

[38] Whitmarsh AJ & Davis RJ. Structural organization of MAP-kinase signaling modules by scaffold proteins in yeast and mammals. *Trends Biochem. Sci.* 23 (1998) 481-485.

[39] Jordan JD, Landau EM & Iyengar R. Signaling networks: the origins of cellular multitasking. *Cell* 103 (2000) 193-200.

[40] Hanahan D & Weinberg RA. The hallmarks of cancer. *Cell* 100 (2000) 57-70.

[41] Kumar N, Afeyan R, Kim HD & Lauffenburger DA. Multipathway model enables prediction of kinase inhibitor cross-talk effects on migration of Her2-overexpressing mammary epithelial cells. *Mol. Pharmacol.* 73 (2008) 1668-1678.

[42] Pritchard JR, Cosgrove BD, Hemann MT, et al. Three-kinase inhibitor combination recreates multipathway effects of a geldanamycin analogue on hepatocellular carcinoma cell death. *Mol. Cancer Ther.* 8 (2009) 2183-2192.

[43] Ma W, Trusina A, El-Samad H, et al. Defining network topologies that can achieve biochemical adaptation. *Cell* 138 (2009) 760-773.

[44] Beisel CL & Smolke CD. Design principles for riboswitch function. *PLoS Comput. Biol.* 5 (2009) e1000363.

[45] Tyson JJ, Csikasz-Nagy A & Novak B. The dynamics of cell cycle regulation. *Bioessays* 24 (2002) 1095-1109.

[46] Tyson JJ & Novak B. Temporal organization of the cell cycle. *Curr. Biol.* 18 (2008) R759-R768.

[47] Sveiczer A, Tyson JJ & Novak B. A stochastic, molecular model of the fission yeast cell cycle: role of the nucleocytoplasmic ratio in cycle time regulation. *Biophys. Chem.* 92 (2001) 1-15.

[48] Vu TT & Vohradsky J. Inference of active transcriptional networks by integration of gene expression kinetics modeling and multisource data. *Genomics* 93 (2009) 426-433.

[49] Matsuno H, Doi A, Nagasaki M & Miyano S. Hybrid Petri net representation of gene regulatory network. *Pac. Symp. Biocomput.* 5 (2000) 341-352.

[50] To CC & Vohradsky J. Supervised inference of gene-regulatory networks. *BMC Bioinformatics* 9 (2008) .

[51] Szymanski JS. Aktivität und Ruhe bei Tieren und Menschen. *Z. Allg. Physiol.* 18 (1919) 509-517.

[52] Cermakian N & Bolvin DB. The regulation of central and peripheral circadian clocks in humans. *Obes. Rev.* 10 (Suppl. 2) (2009) 25-36.

[53] Fuhr L, Abreu M, Pett P & Relógio A. Circadian systems biology: when time matters. *Comput. Struct. Biotechnol. J.* 13 (2015) 417-426.

[54] Ferrell JE Jr, Tsai TYC & Yang Q. Modeling the cell cycle: Why do certain circuits oscillate? *Cell* 144 (2011) 874 - 885.

[55] Elowitz MB & Leibler S. A synthetic oscillatory network of transcriptional regulators. *Nature* 403 (2000) 335-338.

[56] Nakajima M, Imai K, Ito H, et al. Reconstitution of circadian oscillation of cyanobacterial KaiC phosphorylation in vitro. *Science* 308 (2005) 414-415.

[57] Rust MJ, Markson JS, Lane WS, et al. Ordered phosphorylation governs oscillation of a three-protein circadian clock. *Science* 318 (2007) 809-812.

[58] Woelfle MA, Xu Y, Qin X & Johnson CH. Circadian rhythms of superhelical status of DNA in cyanobacteria. *Proc. Natl. Acad. Sci. USA* 104 (2007) 18819-18824.

[59] Fuqua WC, Winans SC & Greenberg EP. Quorum sensing in bacteria: the LuxR-LuxI family of cell density-responsive transcriptional regulators. *J.*

Bacteriol. 176 (1994) 269-275.

[60] Hooshangi S & Bentley WE. From unicellular properties to multicellular behavior: bacteria quorum sensing circuitry and applications. *Curr. Opin. Biotechnol.* 19 (2008) 550-555.

[61] Kholodenko BN. Negative feedback and ultrasensitivity can bring about oscillations in the mitogen-activated protein kinase cascades. *Eur. J. Biochem.* 267 (2000) 1583-1588.

拓展阅读

Bhalla US & Iyengar R. Emergent properties of networks of biological signaling pathways. *Science* 283 (1999) 381-387.

Hasty J, Pradines J, Dolnik M & Collins JJ. Noise-based switches and amplifiers for gene expression. *Proc. Natl Acad. Sci. USA* 97 (2000) 2075-2080.

Huang CYF & Ferrell JEJ. Ultrasensitivity in the mitogen-activated protein kinase cascade. *Proc. Natl Acad. Sci. USA* 93 (1996) 10078-10083.

Igoshin OA, Alves R & Savageau MA. Hysteretic and graded responses in bacterial two-component signal transduction. *Mol. Microbiol.* 68 (2008) 1196-1215.

Jordan JD, Landau EM & Iyengar R. Signaling networks: the origins of cellular multitasking. *Cell* 103 (2000) 193-200.

Kauffman SA. Origins of Order: Self-Organization and Selection in Evolution. Oxford University Press, 1993.

Kholodenko BN, Hancock JF & Kolch W. Signalling ballet in space and time. *Nat. Rev. Mol. Cell Biol.* 11 (2010) 414-426.

Ma'ayan A, Blitzer RD & Iyengar R. Toward predictive models of mammalian cells. *Annu. Rev. Biophys. Biomol. Struct.* 34 (2005) 319-349.

Sachs K, Perez O, Pe'er S, et al. Causal protein-signaling networks derived from multiparameter single-cell data. *Science* 308 (2005) 523-529.

Schwacke JH & Voit EO. Concentration-dependent effects on the rapid and efficient activation of MAPK. *Proteomics* 7 (2007) 890-899.

Tyson JJ, Csikasz-Nagy A & Novak B. The dynamics of cell cycle regulation. *Bioessays* 24 (2002) 1095-1109.

Utsumi RE. Bacterial Signal Transduction: Networks and Drug Targets. Landes Bioscience, 2008.

10 种群系统

读完本章，你应能够：

- 识别并讨论研究种群的标准方法
- 区分同质和分层种群的模型
- 设计和分析年龄结构种群模型
- 为竞争种群建立和分析模型
- 理解如何将种群增长纳入更大的系统模型

种群规模的变化趋势长期以来一直令人着迷。猎人和采集者不仅对他们自己的人口规模感兴趣，而且对他们周围的动植物种群也有着强烈的兴趣，因为他们的生存依赖于此[1]。历代国王、皇帝和其他政治家发现人口规模对于预测粮食需求和征税非常重要。显然，量化人口规模的艺术至少可以追溯到3万年前的旧石器时代，当时中欧的早期人类使用计数棒来跟踪人口的变化；早在4000年前，巴比伦人就已经记录了人口的**指数增长（exponential growth）**[1-3]。因此，在整个有记录的历史中，人口增长都被计量、记录、预测和分析。

本章采用非常宽的视角来看待种群。虽然我们可能会立即想到人类世界的人口或我们家乡的人口增长，但种群也可能包括自由生活的细菌、病毒和健康或肿瘤细胞。甚至可能包括不同寻常的种群，如人或动物种群中某个基因的等位基因[4]或在酶的作用下发生转化的分子的种群。

种群增长

关于种群规模及其趋势最早的严格数学描述，通常归功于英国牧师兼经济学家托马斯·罗伯特·马尔萨斯（Thomas Robert Malthus）[5]和比利时数学家皮埃尔-弗朗索瓦·费尔哈斯特（Pierre-François Verhulst）[6]，前者提出了指数增长法则，而后者提出了我们在微生物种群中经常遇到的S形**逻辑斯谛增长（logistic growth）**函数（见第4章）。随后，针对人口、动植物、细菌、细胞和病毒等不同种群，还提出了大量其他增长函数，因而关于增长函数的文献非常多。其中大多数是相对简单的非线性函数，有离散的，有连续的，而另一些则可以表示为微分方程的解[1]。人们可能感到奇怪的是，种群规模显然是离散的整数，却经常用微分方程建模，可以预测出像320.2个人这样的情况。该策略的简单原理是微分方程通常比相应的离散模型更容易建立和分析。实际情况更加复杂，因为长期演变的增长过程几乎总是受到**随机（stochastic）**事件的影响。然而，捕捉平均增长行为的微分方程通常比完全随机的模型更有用，因为它们更容易分析和理解。

前面的章节清楚地表明，即使在亚细胞水平上，生物系统也非常复杂。由于高等生物由非常多的细胞组成，因此人们或许期望生物体和生物种群的增长要复杂几个数量级。从某种意义上说，如果我们想要跟踪生物种群中的每个细胞甚至每个生物分子，情况确实如此。然而，尽管分子和细胞内的细节确实很重要，但种群研究却聚焦于另一水平，在该水平上，细胞、个人或生物体是选定的单位，因而不考虑这些单位内部发生的过程。

支持这种简化的一个基本原理是，细胞内的过程比个人和生物体的生长**动力学（dynamics）**要快得多。事实上，它们是如此之快以至于它们总是基本上处于**稳态（steady state）**，因此它们的快速动态相对于个人和生物体生长与衰老这种慢得多的动态而言并不重要。如此一来，通常只有少数在恰当的时间尺度上发生的过程会影响增长[1]。此外，种群研究本质上考虑了大量的个体，这导致了个体差异的平均。因此，在简化的增长模型中，所有个体或群体成员基本完全一样，从而只需研究他们的集体行为。

我们在第4章中详细讨论过的逻辑斯谛增长函数是这些近似和平均效应的一个很好的例子。通过描述数以百万计的细胞，个体性和多样性的各个方面（即使在细菌中，它们实际上也是非常重要的）都是平均的，并且种群遵循简单、平滑的趋势（如图10.1所示），其特征仅由非常少的群体**参数（parameter）**来刻画，如**增长率（growth rate）**和**承载能力（carrying capacity）**（见下文）。这种方法可能看起来过于粗糙，但它非常强大，因为与理想气体的类比表明：虽然不可能跟踪每个气体分子及其与其他分子或容器壁的相互作用，但物理学家却出乎意料地得到了简单的气体定律，以非常准确的方式将体积、压力和温度相互关联起来。

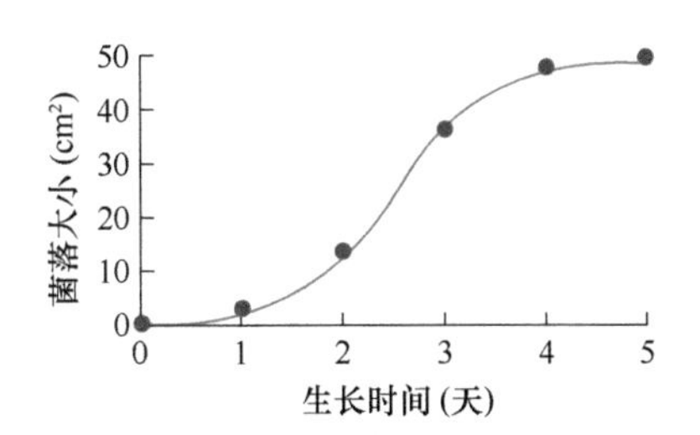

图10.1 菌落的生长。培养皿中菌落的面积随时间变化的测量结果（红点）。逻辑斯谛函数$N(t)=0.2524/(e^{-2.128t}+0.005125)$（蓝线；参见第4章），可以很好地对数据进行建模（数据来自Lotka A. Elements of Physical Biology. Williams & Wilkins，1924）。

10.1 传统种群增长模型

指数和逻辑斯谛增长函数并不是唯一的增长函数。实际上，在过去的200年中，已经提出了很多**增长规则（growth law）**，显式函数和**常微分方程（ordinary differential equation，ODE）**都有。一个例子是理查兹（Richards）函数[7]：

$$N_R(t)=K\{1+Q\exp[-\alpha v(t-t_0)]\}^{-1/v} \quad (10.1)$$

它的形状非常灵活，已被广泛应用于植物科学、农业和林业。式中，N_R是时间t的函数；$N_0=N_R(t_0)=N_R(0)$，是在某个声明为0的时间点种群的大小；K是承载能力；α和v是正参数；$Q=(K/N_0)^v-1$。各种参数允许在不同方向上移动和拉伸S形曲线。

另一种常用于精算科学（actuarial sciences）的增长函数是冈珀茨（Gompertz）增长规则[8]：

$$N_G(t)=K\exp[-b\exp(-rt)] \quad (10.2)$$

式中，K和r分别是承载能力和增长率；b是附加的正参数。

事实证明，将增长函数表示为ODE对于许多目的都是有益的。例如，逻辑斯谛增长函数$N(t)=0.2524/(e^{-2.128t}+0.005\,125)$（见图10.1和第4章）可写为

$$\dot{N}=rN-\frac{r}{K}N^2 \quad (10.3)$$

对于图10.1中的具体示例，相应的参数值为$r=2.128$，$K=49.25$，$N_0=0.2511$。

在数学上，这种转换通常不太困难（练习10.2），从建模的角度来看，ODE格式有助于将增长过程纳入更复杂的动态系统[9]。具体而言，ODE形式可以与系统中的任何其他过程一样处理增长过程，式（10.3）可以解释为描述一个增长项rN和一个减少项$(r/K)N^2$之间平衡的小系统。结果，生长过程可以由系统的其他组件调节。例如，假设在肺炎期间，细菌在人肺中生长。用青霉素进行药物治疗不会杀死细菌，但会阻止它们增殖。因此，这种效应将被纳入种群模型的正增长项［式（10.3）］。相比之下，身体的免疫系统杀死细菌，肺炎模型将包括式（10.3）中负降解项这样的杀灭效应。具有广泛适用性的另一个例子涉及ODE，该ODE以相当直观的方式描述生活在相同环境中的不同群体如何相互作用，并影响其生长特征。评估这种动态的典型方法是建立逻辑斯谛函数，并在其中添加交互项。我们将在本章后面讨论这个例子。

在许多情况下，增长过程的ODE表示也会比显式增长函数更直观，因为它们可以通过与指数增长的比较来进行解读，对指数增长，我们具有良好的直观感觉。在式（10.3）中，右侧的第一项代表不衰减的指数增长，而第二项有时被解释为导致衰减的**拥挤（crowding）**效应，这与种群中个体数量的平方成正比。作为替代方案，可以将式（10.3）表述为

$$\dot{N}=r\left(\frac{K-N}{K}\right)N \quad (10.4)$$

在数学上，式（10.3）和式（10.4）完全相同，但式（10.4）给出了一个依赖于种群密度的增长率解释。对于非常小的种群，即N远小于K时，其增长率几乎等于r，而在种群规模接近承载能力K时，其增长率趋近于0。

类似地，理查兹（Richards）函数［式（10.1）］可以写成

$$\dot{N}_R=\alpha\left[1-\left(\frac{N_R}{K}\right)^v\right]N_R \quad (10.5)$$

它也可以解读为增长率依赖于种群密度的指数过程的变体，由α和方括号中的项组成。

冈珀茨增长规则［式（10.2）］也可以写成具有密度依赖速率的ODE形式：

$$\dot{N}_G=r\ln\left(\frac{K}{N_G}\right)N_G \quad (10.6)$$

或者也可以表示为两个ODE的方程组：

$$\begin{aligned}\dot{N}_G&=RN_G\\ \dot{R}&=-rR\end{aligned} \quad (10.7)$$

虽然这种表示看似不必要地复杂化了，但实际上，它比式（10.2）和式（10.6）更容易理解。在第一个等式中，新变量R很容易识别为指数增长过程的速率。第二个等式表明这个增长率是时间依赖的；也就是说，它代表了R_0e^{-rt}类型的指数衰减（见第4章）。因此，不同的表示可以在数学上等价，但

却具有不同的生物学解释。此外，将函数嵌入微分方程这种做法，可以作为对增长法则进行比较和分类的工具[1, 9-11]。

10.2 更复杂的增长现象

尽管随着时间的推移已经汇集了许多增长法则，但仍然无法保证观察到的数据集可以被其中任何一个准确建模。作为一个例子，人们仍然在争论人口的最大可持续规模是什么。如果我们知道世界人口的增长函数，我们就可以轻松确定最大规模。

在某些情况下，增长函数的参数相对容易评估。例如，指数增长的特征在于生长速率参数，它通常与诸如细胞的分裂时间之类的特征直接相关（参见参考文献［12，13］和第2、4章）。然而，其他种群参数与个体甚至小型增长群体中可以测量的参数没有直接关系。例如，图10.1中的细菌菌落最终大小趋近为50 cm^2，但是这个值无法从个体细菌或**亚群**（**subpopulation**）的研究中推断出来，因为它将遗传、生理和环境因素结合在一些未知的组合中。种植在土地上的树木根据广泛认可的“3/2规则”生长，该规则将其规模与种植密度联系起来。这种**幂律函数**（**power-law function**）与负指数3/2的关系已被观察到无数次，但对于这种关系或其具体数字没有真正的合理化解释[14, 15]。

关于种群动态的另一个未解决的问题是所谓的**复合种群**（**metapopulation**）模型的建立和分析。这些复合种群有时由数百或数千种不同种类的微生物组成，这些微生物同时竞争空间和营养，并依赖彼此生存。事实上，复合种群是常规而非例外，因为我们可以在从口腔到土壤再到污水管道的各种“环境”中找到它们。我们将在第15章讨论一些研究这种复合种群的新方法。

典型的种群研究忽视了空间因素，即使它们可能非常重要。有趣的例子包括肿瘤的生长、引入的有害生物的增量扩散［如红火蚁（*Solenopsis invicta*），见练习10.32］，以及疾病在整个国家的传播。人类种群的一个复杂方面是人类以复杂且往往难以预测的方式行事。例如，想象一下，在不同的医疗保健计划下，预测糖尿病患者人群趋势的任务。至少通过计算机**模拟**（**simulation**）研究这种情况的一种相对较新的方法是基于主体的建模（agent-based modeling），其中个体用启发式规则建模，指导它们的决策和与他人的交互[16, 17]。通常，所有个体都具有相同的规则集，但也可以考虑由不同亚群组成的分层群体。基于主体的模型非常适合于空间现象，并且容易使个体的行为依赖于它们的当前状态、邻居和本地环境。虽然使用这类模型进行模拟可能非常强大，但数学分析通常很困难。我们将在第15章讨论这种方法。

外部扰动下的种群动力学

正如我们在上一节中所看到的，单个未受干扰的种群，其动态通常不是很复杂。初始种群规模有多小并不重要：在现实模型中，种群会增长到最终的稳定规模，这很容易通过模拟来确定（图10.2）。我们也经常用基本的数学方法来计算这个最终的规模。如果将生长过程表达为时间的显式函数，我们会考虑时间趋于无穷大时的增长函数。例如，在冈珀茨（Gompertz）函数［式(10.2)］的情况下，指数项 $\exp(-rt)$ 趋近于零，这导致 $\exp[-b\exp(-rt)]$ 趋近于1，因此 $N_G(t)$ 趋近于K。

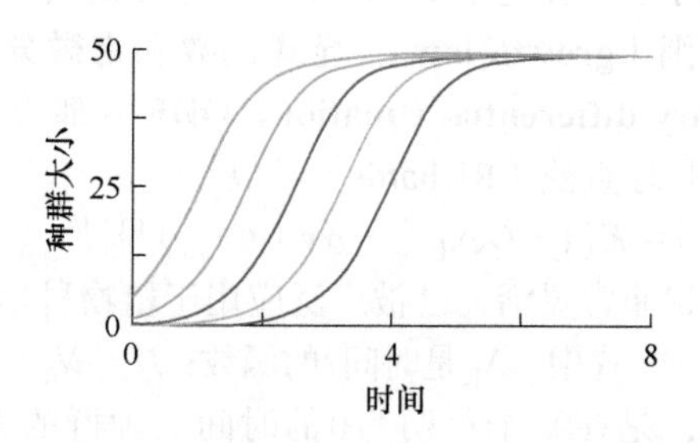

图10.2　错位的逻辑斯谛函数。不同的初始值会使逻辑斯谛函数的曲线在水平方向上移动，但最后所有曲线都会达到相同的最终值K。红色曲线$N(0)=0.2511$对应于图10.1中的过程。曲线的初始值从左到右依次为20×0.2511、5×0.2511、0.2511、0.2511/5、0.2511/20。

如果增长过程由微分方程表示，我们从前面的章节中知道该如何处理：将时间导数设置为零，求解所得到的代数方程。例如，逻辑斯谛函数［式(10.3)］的稳态N_{SS}可通过求解以下方程确定：

$$0=rN_{SS}-\frac{r}{K}N_{SS}^2 \tag{10.8}$$

该问题有两个解。首先，对于$N_{SS}=0$，群体是“空的”并保持这种状态。其次，对于$N_{SS}\neq 0$的情况，可以除以r和N_{SS}，得到$1-N_{SS}/K=0$，解得$N_{SS}=K$，正好是承载能力。

种群数量是否有可能超过这个值？当然可以。可能有个体从其他地区移民而来，从而创造更高的数值。也可能发生另一种情况，即前几年的条件非常有利，从而使种群增长超过其典型的承载能力。与从小规模增长的情形（S形）相反，种群规模的减小看起来像一个指数函数，它也趋近于与之前相同的稳态K（图10.3）。

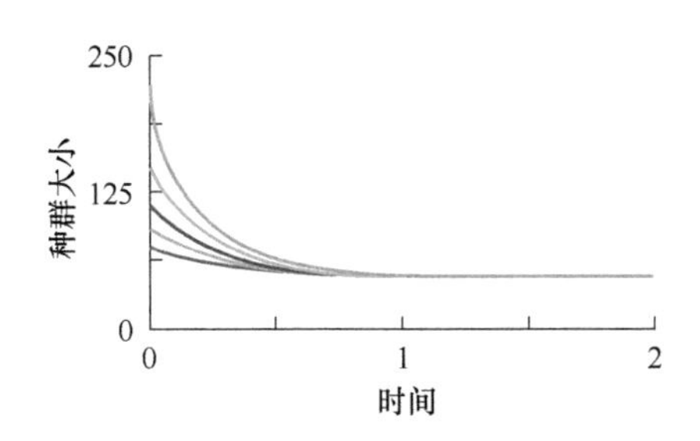

图10.3 高于其承载能力的逻辑斯谛函数。如果逻辑斯谛函数初始化在K以上，则它以单调的方式向K的方向减小，该方式不似从低初始值开始的S形增长。初始值从下到上依次为75、1.2×75、1.5×75、2×75、3×75。

在自然界中，许多生物都受到捕食，细菌也不例外。例如，一些变形虫（ameba，也作阿米巴——译者注）和其他原生动物吃细菌。正如里克特（Richter）[18]在捕猎鲸鱼的情境下指出的那样，一个物种的动态关键取决于捕食的类型。在许多模型中，捕食被假设为与当前个体数量成比例，而在另一种典型情况下，它以恒定速率发生。很容易探讨其后果。如果捕食与种群大小成正比，我们将动态表示为

$$\dot{N}_1=rN_1-\frac{r}{K}N_1^2-pN_1 \qquad (10.9)$$

添加下标1只是为了便于讨论和比较。在恒定捕食的情况下，公式是

$$\dot{N}_2=rN_2-\frac{r}{K}N_2^2-P \qquad (10.10)$$

让我们假设两个模型中的共同参数与之前相同，并且两个种群都从初始大小50开始。当我们或多或少任意地将第一个捕食参数设置为$p=0.75$且选择$P=25$时，两个种群具有非常相似的动态，包括大致相同的稳态（图10.4A），因而人们可能认为捕食的类型并不重要。然而，这两个种群对扰动的反应明显不同。例如，如果两个种群在某个时间点上减少到15（其原因可能是其他捕食者、疾病或一些环境压力），第一个种群恢复得很快，而第二个种群则无法恢复，最终消亡（图10.4B）。稳定性分析允许计算扰动阈值，高于该阈值，第二个种群可以恢复，而低于该阈值，它将灭绝。

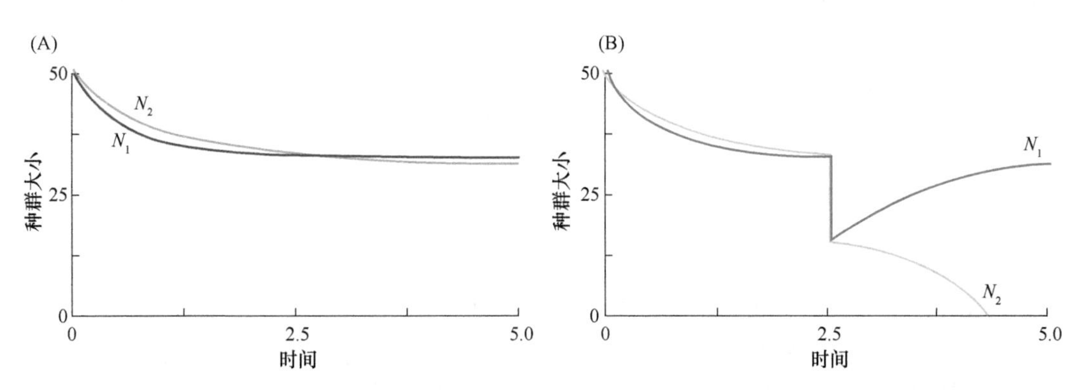

图10.4 暴露于不同捕食类型的两个逻辑斯谛增长过程的比较。没有扰动（A），两个函数（10.9）和（10.10）非常相似。然而，如果某些外部因素将两个种群减少到足够小的值，则被按比例捕食的种群（N_1）可以恢复，而暴露于恒定捕食的种群（N_2）则灭绝。在（B）中，两个种群在时间点2.5处减少到15。

在典型的种群增长模型中，所有参数都是恒定的，因此动态完全确定。现实中，增长率可能依赖于环境因素如温度，当然它是时间的函数，或者可能依赖于当前的种群规模[18]。此外，参数通常在一定范围内随机波动。对于非常大的种群，这种变化不成问题，但如果种群非常小，它们就会变得有害。

亚群分析

虽然**同质（homogeneous）**种群的增长在许多方面都很有趣，但其可能的动态范围有限。更有趣的是包含不同类别个体的分层种群的动态行为及种群之间的相互作用。在第2章中对亚群体动态的一个例子进行了相当广泛的讨论，其中模型描述了易受感染的个体如何被感染、恢复并可能再次变得易感。这些**SIR模型（SIR model）**的无数变体出现在数学建模文献中，此处我们不再讨论它们。这种亚群模型的变体考虑了暴露于疾病载体的个体的不同年龄。这项研究中的具体问题是，是否可以控制疾病暴发，以及在何种年龄对个体进行疫苗接种最为有效。如果考虑许多年龄组及不同的健康和治疗状态，这些模型可以包含数百个微分方程[19]。有趣的是，这些模型中通常都没有明确考虑实际致病

因子（如病毒）的动态变化。

作为一个有趣的例子，看一下莱斯利（Leslie）在几十年前提出的一个简单而又相当现实的具有年龄等级的增长模型[20]。它被构建为线性递归模型，我们在第4章中讨论过此类型。种群被划分为具有不同年龄和不同繁殖率个体的亚群。所有人都有相同的潜在寿命，但他们当然可能会更早死亡。对于最大年龄为120岁的人类来说，可以选择$m=12$个年龄类别，每类的时间$\tau=10$年，并设置相应的τ年记录间隔。换句话说，人口规模仅在每隔τ年进行记录，而不记录中间的年份。

莱斯利（Leslie）模型最容易表示为**矩阵（matrix）**方程，对于4个年龄组具有如下形式：

$$\begin{pmatrix} P_1 \\ P_2 \\ P_3 \\ P_4 \end{pmatrix}_{t+\tau} = \begin{pmatrix} \alpha_1 & \alpha_2 & \alpha_3 & \alpha_4 \\ \sigma_1 & 0 & 0 & 0 \\ 0 & \sigma_2 & 0 & 0 \\ 0 & 0 & \sigma_3 & 0 \end{pmatrix} \begin{pmatrix} P_1 \\ P_2 \\ P_3 \\ P_4 \end{pmatrix}_t \quad (10.11)$$

让我们剖析一下这个方程。左边的矢量包含在$t+\tau$时的P_1，…，P_4。这些量分别是年龄组1、2、3、4中亚群的规模。几乎相同的矢量出现在最右边（除了它反映的是在t时的种群规模）。因此，方程的递归特性与指数增长的简单情况（第4章）相同，用向量和矩阵表示，式（10.11）可写为

$$\boldsymbol{P}_{t+\tau}=\boldsymbol{L}\boldsymbol{P}_t \quad (10.12)$$

连接两个向量的是莱斯利（Leslie）矩阵$\boldsymbol{L}$。它主要由零组成，除了第一行中的量α和次对角线中的量σ。这些α代表每个年龄组的繁殖率，被定义为在该时间段τ内该年龄组中每个个体产生的后代的数量。参数σ表示从一个年龄组到下一个年龄组存活的个体的分数，取值介于0到1之间。写出矩阵方程会更直观地显示这些特征。例如，P_2的方程是通过将矩阵第二行中的元素与右侧的向量相乘得到的，结果为

$$\begin{aligned} P_{2,t+\tau} &= \sigma_1 P_{1,t}+0\cdot P_{2,t}+0\cdot P_{3,t}+0\cdot P_{4,t} \\ &= \sigma_1 P_{1,t} \end{aligned} \quad (10.13)$$

用文字表达则是，$t+\tau$时的年龄组2恰好包含t时处于年龄组1且活过了时间段τ的那些个体。年龄组3和4具有类似的结构（请写出方程式来说服你自己）。现在让我们看一下年龄组1。因为没有年龄组0，所以不能将生存下来的σ_0带入组1。相反，组1的所有人都完全来自生殖，这个过程的速率因各年龄组而异。例如，第3组中的个体以α_3每时间段τ的速率产生后代。这些出生过程反映在描述$P_{1,t+\tau}$的第一个方程中，即

$$P_{1,t+\tau}=\alpha_1 P_{1,t}+\alpha_2 P_{2,t}+\alpha_3 P_{3,t}+\alpha_4 P_{4,t} \quad (10.14)$$

这个方程如何解释这一事实：只有一定百分比（由σ_1量化）的1组个体存活下来？只能间接地解释。首先，根据模型的设置，没有个体可以留在第1组（虽然该组可以有后代，这些后代会在同一组）。此外，那些幸存的（$\sigma_1 P_{1,t}$个）个体出现在第2组，而那些死亡的［即（$1-\sigma_1$）$P_{1,t}$个］个体不再显式考虑，它们从人口和模型中消失了。

因为这个过程结构严谨，我们可以为任意数量的年龄组写出莱斯利（Leslie）方程：

$$\begin{pmatrix} P_1 \\ P_2 \\ \vdots \\ P_m \end{pmatrix}_{t+\tau} = \begin{pmatrix} \alpha_1 & \alpha_2 & \cdots & \alpha_{m-1} & \alpha_m \\ \sigma_1 & 0 & \cdots & 0 & 0 \\ 0 & \sigma_2 & \cdots & 0 & 0 \\ \vdots & \vdots & \ddots & \vdots & \vdots \\ 0 & 0 & \cdots & \sigma_{m-1} & 0 \end{pmatrix} \begin{pmatrix} P_1 \\ P_2 \\ \vdots \\ P_m \end{pmatrix}_t \quad (10.15)$$

该**递归（recursion）**再次以时间单位τ向前移动。也可以一次跳跃n步。也就是说，我们只需使用矩阵的n次幂：

$$\boldsymbol{P}_{t+n\tau}=\boldsymbol{L}^n\boldsymbol{P}_t \quad (10.16)$$

这种类型的莱斯利（Leslie）模型是探索亚群趋势的有趣工具，尽管它们做出了许多明确和隐含的假设（如参见专题10.1）。例如，在时间间隔的区间内，即在$t+k\tau$和$t+(k+1)\tau$之间（$k=0$，1，2，…）的时间点，没有提及种群的大小。为简单起见，模型中通常不包括雄性，因为他们不生孩子。重要的是，增长过程与当前人口规模无关。换句话说，参数α和σ不依赖于时间或种群规模——这与许多实际种群不一致。因此，种群要么总是保持增长，要么总是不断减少，但它几乎永远不会达到不为零的稳定大小（例外情况见练习10.11）。当然，在数学上可以使α和σ依赖于时间或种群规模，但那样模型就不再是线性的，并且某些计算在数学上变得更加困难。出于纯粹的模拟目的，这些扩展倒是易于实现和探索。

莱斯利（Leslie）模型使用平均存活率和繁殖率，因此是**确定性的（deterministic）**。所以，具有相同参数和亚群初始规模的每次模拟都产生完全相同的结果。在一个概念上简单但实现和分析起来并不简单的变体中，可以考虑生存和繁殖中的随机性[12, 13]。例如，可以想象一下正在**细胞周期（cell cycle）**中移动并以概率方式进入不同阶段的细胞。待评估的典型量将包括每个阶段中的细胞数量和整个细胞周期中转换时间的分布。这种看似无害的从确定性到**随机（random）**事件的变化将会使模型转移到随机过程领域，这比确定性的莱斯利（Leslie）模型要复杂得多。良好示例参见参考文献［21-23］。

专题10.1 人口中的年龄结构类型

在莱斯利（Leslie）模型中，人口中的出生率通常因母亲的年龄而不同，但在每个年龄组中则是恒定的。同样，老年人的死亡率通常较高，但也不随时间变化。而在现实中，出生率和死亡率都不是恒定不变的。例如，《国家地理》（2011年1月）比较了出生率和死亡率趋势导致的典型人口金字塔。代表性的金字塔如图1所示。中国的实际人口结构如图2所示。它是图1中金字塔的混合体。

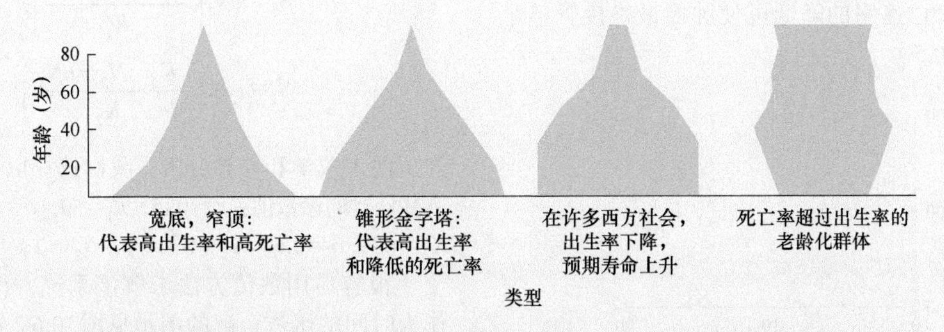

图1 人口金字塔的类型。根据人口中随时间变化的出生率和死亡率之间的平衡，人口中的年龄分布呈现不同的形状。

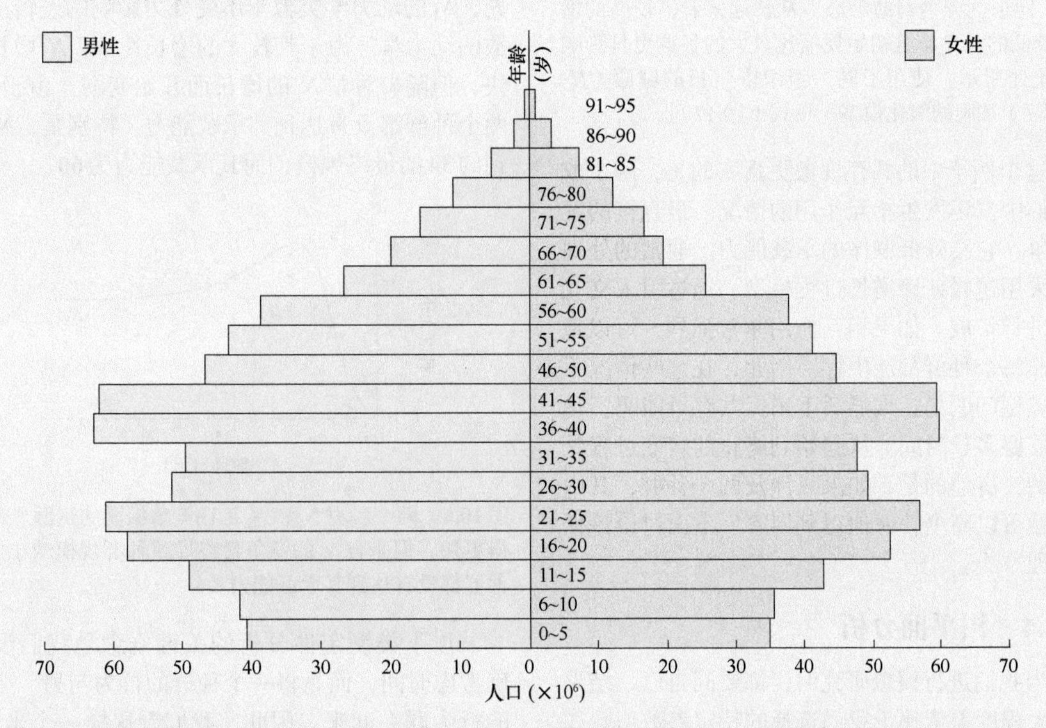

图2 中国2009年的人口结构，按5岁年龄组和性别分层。1978年引入的中国独生子女政策产生的影响，在2009年的人口金字塔中可见一斑。

互作种群

10.3 一般建模策略

在最简单的交互系统中，两个种群除了可能竞争相同的资源，它们的个体不会有很大的相互影响。最简单的例子或许是，具有不同增长速率的两个指数增长细菌种群的混合物。一个更有趣的例子是，肿瘤在其发生的组织内的增长。通常，肿瘤细胞的增长速率不一定快于健康细胞，但肿瘤细胞以低得多的速率进行细胞死亡。我们可以使用健康（H）和肿瘤（T）细胞系统轻松地模拟这种情况，公式如下：

$$\dot{H}=r_H H-m_H H^2$$
$$\dot{T}=r_T T-m_T T^2 \tag{10.17}$$

参数r_H、r_T、m_H和m_T分别代表健康和肿瘤细胞的增长与死亡速率。假设两者增长速率相同（$r_H=r_T=1$），死亡速率为$m_H=0.01$和$m_T=0.0075$，最初只有0.1%的细胞是肿瘤细胞［$H(0)=1$，$T(0)=0.001$］。通过这些设置，可以轻松模拟系统。尽管增长速率相同且肿瘤细胞数量最初微乎其微，但死亡速率的降低可使肿瘤最终接管整个群体（图10.5）。

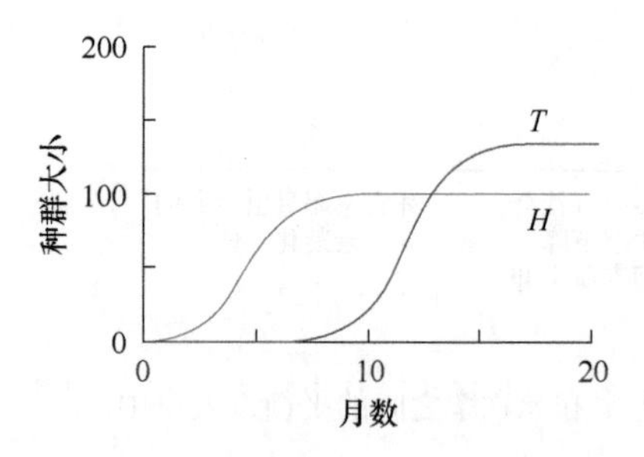

图10.5 两个共存种群的动态。从长远来看，较高的增长率或较低的死亡率且初始规模比较大的种群更具影响力，如此处所示，使用了同一组织中生长的健康（H）和肿瘤（T）细胞的简化模型［见式（10.17）］。

比这个例子中的共存现象更真实的是，两个或更多种群中真正发生相互作用的情况。最直接的案例是竞争，它会降低群体的承载能力。通常的处理方法是采用逻辑斯谛增长过程模型，通过引入交互项对其进行扩展。如果相互作用非常强烈，可以想见，并非每个种群都能生存。因此，在这些情况下提出的典型问题是：谁能活下来？共存可能吗？达到平衡需要多长时间？从起始到终止的转变过程是什么样的？有趣的是，如果只涉及两个种群，其中一些问题可以高度普遍地得到回答。下面讨论该任务的处理方法。

10.4 相平面分析

每当我们进行模拟研究时，都要问自己，结果会在多大程度上依赖于我们选择的特定参数值。如果我们以某种方式改变了这些值，那么结果会有根本的不同吗？例如，如果种群A在模拟情景中存活，那么这是一般结果，还是仅是我们当前选择的初始数量、增长率和其他特征的结果？对于复杂的模型，这类问题可能难以回答。但是，如果我们只处理两个种群，定性的**相平面分析（phase-plane analysis）**是一个非常有效的工具。原则上，也可以对具有更多物种的系统进行**定性分析（qualitative analysis）**，但是我们直觉的关键因素（即二维可视化）将不再有用。因此，让我们假设有两个相互作用的种群，其动力学用两个ODE描述。这些方程由式（10.3）和式（10.4）中那样的逻辑斯谛增长函数组成，其中每个函数还包含一个交互项。这些相互作用项通常具有相同的形式但具有不同的参数值，因为两个物种对相互作用的影响反应不同。具体来说，我们使用以下一对方程作为例子：

$$\begin{aligned}\dot{N}_1&=r_1N_1\left(\frac{K_1-N_1-aN_2}{K_1}\right)\\ \dot{N}_2&=r_2N_2\left(\frac{K_2-N_2-bN_1}{K_2}\right)\end{aligned}\qquad(10.18)$$

为了便于数学和计算分析，我们选择以下或多或少有些任意的参数值：$r_1=0.15$，$K_1=50$，$a=0.2$，$r_2=0.3$，$K_2=60$，$b=0.6$，$N_1(0)=1$，$N_2(0)=1$。

很容易用数值方法求解该系统，得到N_1和N_2作为时间的函数；解的图示见图10.6。有些方面可能符合预期，而另有一些方面可能会令人惊讶。首先，N_1的动力学类似于不受外力影响的逻辑斯谛函数的动力学。由于其较大的增长速率，N_2增长得更快，但随着种群N_1的增长而开始变弱。由于竞争，两个种群都没有达到其承载能力。特别是，N_2仅达到约34的最终规模，而其承载能力为60。

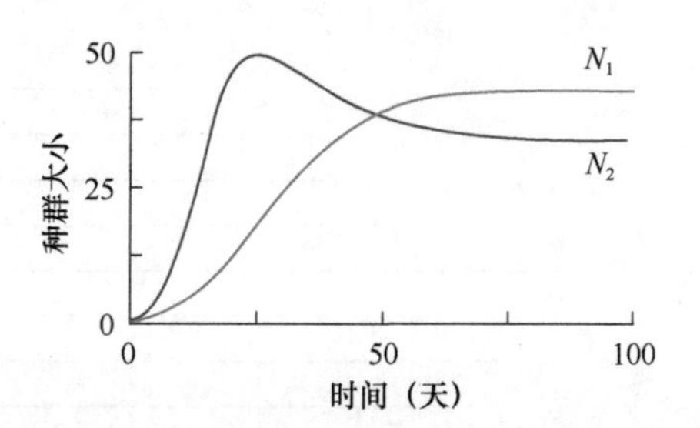

图10.6 两个种群N_1和N_2正在竞争相同的资源。N_2增长得更快，但来自N_1的竞争最终导致种群规模减小。两个种群都没有达到其承载能力。

以下类型定性分析的关键概念是我们没有明确考虑时间，而是将一个种群的行为与另一个种群的行为联系起来。因此，我们看这样一个坐标系，其中，坐标轴代表N_1和N_2（图10.7）。如果我们记录N_1和N_2随时间的值，则数据集将具有表10.1中所示的形式。我们可以很容易地从图10.7中看到时间以与以前完全不同的方式表示，即仅仅作为描述N_2如何依赖N_1曲线上的标签。实际上，我们可以通过将式（10.18）中的所有速率常数乘以2来使系统的速度加倍，其绘图看起来完全相同（除了时间标签不同）。换句话说，时间已经转移到背景中，重点是N_1和N_2之间的关系。即便时间不再显式出现，该相位图也通过连续时间点之间的距离间接地指示了过程的速度。在图10.7中，速度在$t=$

10和$t=20$之间最大，而在$t=60$之后，该过程几乎停止。

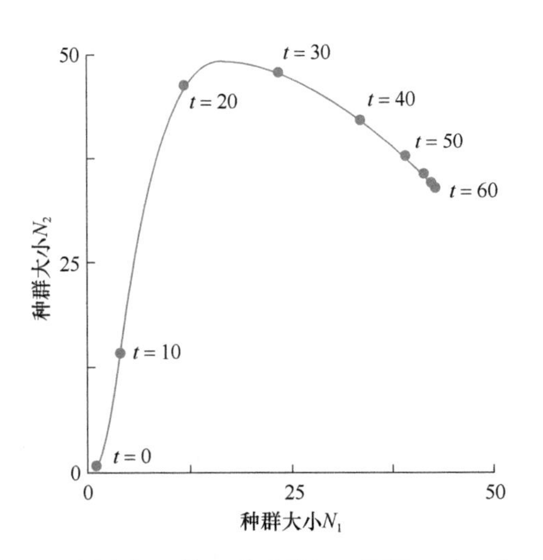

图10.7 两个相互作用种群的相平面图。对于表10.1中的11个时间点，N_2针对N_1作图。从式（10.18）计算得到的时间$t=70$和$t=100$之间的种群规模，在时间$t=60$处的值附近发生聚集。

表10.1 两个竞争种群的规模N_1和N_2随时间的变化

时间	N_1	N_2
0	1	1
10	4.06	14.40
20	11.96	46.38
30	23.58	47.96
40	33.76	42.27
50	39.34	38.04
60	41.70	35.81
70	42.61	34.80
80	42.96	34.37
90	43.10	34.20
100	43.15	34.13

有趣的是，我们可以通过最少的关于系统参数值的信息来分析这种关系。我们从系统的稳态开始。稳态可以通过将式（10.18）中的时间导数设置为零并将N_2作为N_1的函数进行求解（或者相反）来确定。方程的具体形式使其容易办到。首先，我们可以很容易地说服自己（N_1，N_2）=（0，0）是稳态。这是有道理的，因为如果没有个体存在，就没有动力学。这是要记住的重要一点，但不妨让我们假设N_1和N_2严格为正。此时，如果我们将这两个方程分别用N_1和N_2去除（我们可以这样做，因为已经假设了这些变量不为零），会得到含有两个未知数的两个更简单的方程，可以直接求解：

$$
\begin{aligned}
0&=r_1N_1\left(\frac{K_1-N_1-aN_2}{K_1}\right)\Rightarrow N_2=\frac{K_1-N_1}{a}\\
0&=r_2N_2\left(\frac{K_2-N_2-bN_1}{K_2}\right)\Rightarrow N_2=K_2-bN_1
\end{aligned}
\qquad (10.19)
$$

这些方程对任何参数值都有效。使用之前的数值，非零稳态解是$N_1=43.18$，$N_2=34.09$。系统包含另外两个稳态，其中N_1或N_2为零而另一个不为零。

除了稳态，我们还可以探索只有一个时间导数为零的情况。事实上，当它们被单独考虑时，这些情况由式（10.19）中的两个方程来表征。在第一种情况下，$\dot{N}_1=0$给出的方程称为N_1-**零线**［**nullcline**（也可译为零斜率线或零增长等值线——译者注），其中“null”表示零，“cline”来自希腊词根的斜率］。通常，此函数是非线性的，但我们示例中的N_1-零线由线性函数表示，即$N_2=(K_1-N_1)/a$。它具有负斜率，并且在K_1/a处与纵轴相交，在K_1处与横轴相交。类似地，通过设置N_2的时间导数等于零来确定N_2-零线，结果是$N_2=K_2-bN_1$，它也是具有负斜率的直线。它在K_2处与纵轴相交，在K_2/b处与横轴相交。两个零线在非零稳态下相交，因为此时两个时间导数都为零。图10.8故意未按比例绘制，以表明该图的一般性，它显示了两个零线和两个稳态点。

即使不指定参数值，我们也可以通过简单地查看具有两个零线的相位图来找到有关系统的更多信息。例如，对于N_1-零线上的每个点，N_1的导数定义为零。因此，ODE系统的任何**轨迹**（**trajectory**）必须垂直穿过此零线，因为N_1的值不会改变。此外，$\dot{N}_1$在零线的右侧小于零，在左侧大于零。我们可以通过将零线上的任何点向右移动一点来确认这一点：N_1的值略微增加，这使得第一个微分方程的右侧略微为负。因此，N_1-零线右侧的所有导数$\dot{N}_1$都是负的，左边的所有导数都是正的。类似的结论也适用于N_2-零线，其中所有轨迹必须水平穿过该线。将这些信息结合在一起可知，该图由4个区域组成，由两个导数的符号表征（图10.8）。满足微分方程组（10.18）的每条轨迹必须根据这些微分方程移动。这允许我们在相平面上绘制所有可能的轨迹。我们并不确切知道这些轨迹是什么样的，但我们确实知道它们最重要的特征，即它们移动的方向，以及它们是否在垂直或水平方向上穿过零线（图10.9）。如果两个变量中的一个为零，则会出现两种特殊情况（参见练习10.19和练习10.20）。最后，相位图表明所有轨迹都远离（0，0）这个点：这个平凡的稳态是不稳定的。

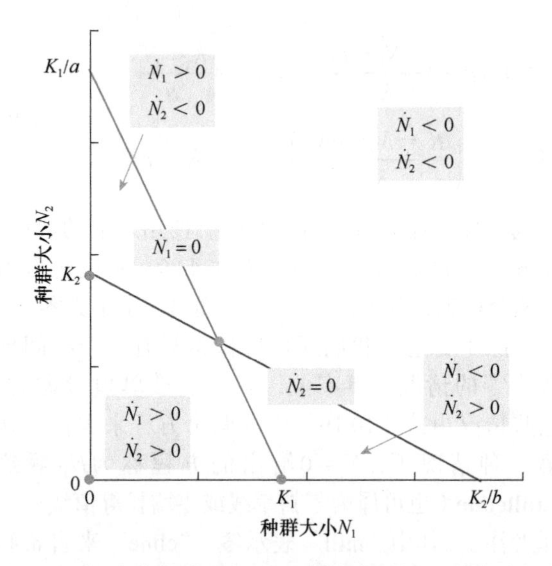

图10.8 两个竞争种群N_1和N_2的相平面图。零线（红色和蓝色线）在非零稳态（黄色圆圈）处相交。在其他稳态（绿色圆圈），N_1、N_2或两者同时为零。

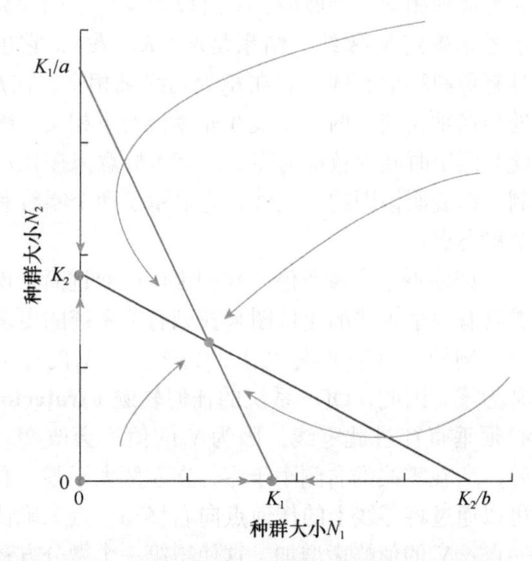

图10.9 两个竞争种群动态的粗略可视化。在相平面图中草绘出了"一般"轨迹，表明两个竞争种群N_1和N_2趋近非零稳态（黄色圆圈），此时两个种群都存活且共存。平凡的数学例外是，N_1、N_2或两者在开始时为零的情况。

在我们刚才讨论的例子中，两个零线在一个点上交叉，即非平凡的稳态。也可能发生它们不在正象限（这是唯一感兴趣的区域）中交叉的情形。例如，假设$K_1>K_2/b$且$K_1/a>K_2$。情况如图10.10所示。现在只有三个区域，对应于两个导数符号的不同组合。参数保持与以前完全相同，但除了精确地在垂直轴上开始的轨迹［即N_1（0）=0］，现在所有轨迹都收敛到$N_1=K_1$，$N_2=0$。其解释是，除非N_1种群中根本没有个体，否则N_1最终将存活并增长到其承载能力，而N_2将灭绝。其实例是入侵

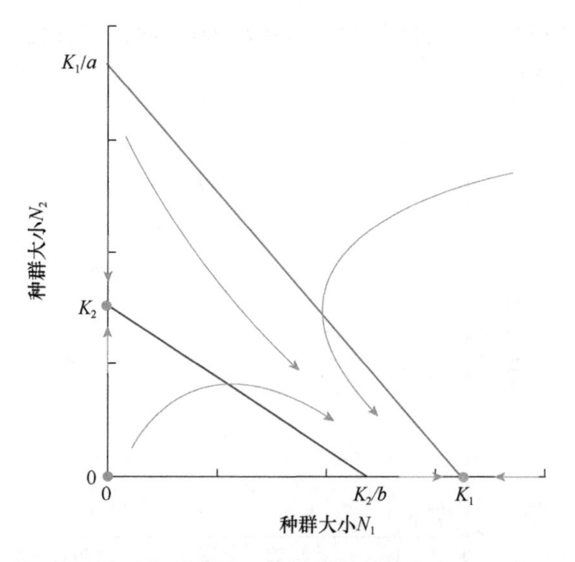

图10.10 取决于参数值，两个种群不能共存，一个最终会灭绝。如果参数值使得零线不在正象限相交，则两个种群中的一个（此处为N_1）以其承载能力存活，而另一个（此处为N_2）消失。

物种，从少量生物开始，如果不加以控制，则导致相应的本地物种灭绝。两个零线的斜率和交叉点允许另外两种情况，这些情况留给练习10.21和练习10.22。

可以说，使用这种分析最著名的一类例子是捕食者-猎物系统。差不多100年前，物理化学家和生物学家阿尔弗雷德·洛特卡（Alfred Lotka）和数学家维托·沃尔泰拉（Vito Volterra）首先用严谨的数学方法讨论了这些系统。洛特卡（Lotka）最初使用这种方法来分析化学反应，但是被更好铭记的却是其在生态学种群研究中的应用（另见第4章）。以最简单的形式，洛特卡-沃尔泰拉（Lotka-Volterra，LV）模型描述了一种猎物N和捕食物种P之间的相互作用。这些方程是非线性的，与我们上面讨论过的非常相似：

$$\begin{aligned}\dot{N}&=\alpha N-\beta NP\\ \dot{P}&=\gamma NP-\delta P\end{aligned} \tag{10.20}$$

所有参数均为正数。在没有捕食者的情况下，N随着增长速率α呈指数增长，而捕食者的存在通过βNP项限制了这种增长。带有速率常数的两个变量的乘积形式，是基于类似化学质量作用动力学（第8章）中讨论的那些参数给出的，那里该乘积用于描述两种（化学）物种在三维空间中彼此遇到的概率。假定捕食者种群P完全依靠N作为食物；在没有N的情况下，捕食者数量呈指数下降直至灭绝。同样，增长项被表示为乘积，但是速率γ通常不同于猎物方程中的速率β，因为相同过程（捕食）效果的强弱对于猎物和捕食者而言是显著不同的。

对于典型的参数值（$\alpha=1.2$，$\beta=0.2$，$\gamma=0.05$，$\delta=0.3$，$N_0=10$，$P_0=1$），N和P表现出持续的振荡，其中P跟随N有一定的延迟，且其幅度通常小很多（图10.11）。

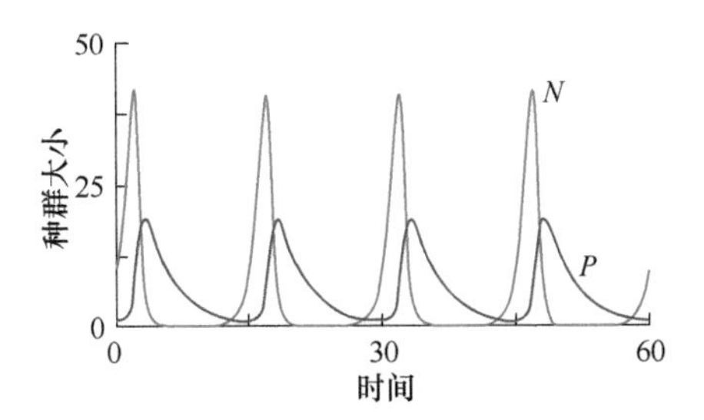

图10.11　捕食者（*P*）和猎物（*N*）种群的理想化动态。 洛特卡-沃尔泰拉（Lotka-Volterra）系统（10.20）的动力学包括持续的振荡。实际上，只有当这两个物种在复杂环境中共存时才能看到这种振荡。

线性化和稳定性分析表明，（0，0）是一个鞍点，而内部的非平凡稳态是一个中心点（见第4章）。此外，可以看到，（0，0）外的一般解由该内部稳态点周围的闭合轨道组成，对应于具有相同幅度的持续振荡[24, 25]。然而，这些振荡不是极限环，且每次扰动，即使非常小，也会使系统移动到不同的轨道或导致物种灭亡。

如果零线是非线性的，则相平面分析的许多重要特征保持不变。特别是，正好在其零线上的变量斜率为零，因此轨迹依然是横向或纵向地穿过零线。此外，零线的交叉点是稳态点。主要区别在于，零线可能会多次交叉。因此，系统可以具有两个内部交叉点，且两个变量都不为零，其中一个通常是稳定的，而另一个则不稳定。当然，根据模型结构，可能会有两个以上的交叉点。

作为一个例子，让我们考虑一下这个系统：

$$\begin{aligned}\dot{N}_1&=N_1(10+1.5N_1-0.1N_1^2-N_2)/150\\\dot{N}_2&=N_2(50+0.3N_1^2-7N_1-N_2)/150\end{aligned}\qquad(10.21)$$

其中，每个种群通过两个过程进行扩充和减少。通过将第一或第二个方程设置为等于零，并将N_2表示为N_1的函数，可以很容易地计算出零线，如图10.12A所示。和以前一样，坐标轴是额外的零线，而系统允许N_1或N_2灭绝。此外，（0，0）是一个稳态点，我们将看到它是不稳定的。要探索由零线所构建的不同区域内的系统行为，计算系统的向量场会很有用。该表示方式是在非常短的时间段内多次求解方程，每次从相应的由（N_1，N_2）构成的网格中获得的初始值开始。这种表示如图10.12B所示。相对较长的线对应于快速变化，而看起来几乎像点的线表示非常缓慢的变化；不妨思考一下，为何如此。真正的点是稳态点。轨迹的样本如图10.12C所示；其中添加了箭头以指示每个轨迹的方向。虚线被称为分界线（separatrix），separatrix是拉丁语，意为“作为分开者的她”（she who separates）。可以琢磨一下，为什么这条线被说成是女性（“她”），这个问题在这里并不重要。重要的是，这条线将相平面划分为具有不同行为的部分：从分界线的左侧开始，系统最终将趋近稳态，其中N_1消亡，而N_2变为50。从右侧开始，系统将呈螺旋状进入共存状态（N_1，N_2）≈（14.215，11.115）。毫不奇怪，分界线穿过（7.035，15.60）处的鞍点稳态，进入不稳定点（0，0）。值得注意的是，偏离（0，0）的每次扰动，无论多么微小，都会导致N_1或N_2的灭绝，或共存。这一观察突显了小种群所面临的生存风险。

10.5　更复杂的种群动态模型

显然，所有这些模型都非常简化，有时甚至远离现实。例如，捕食者很少依赖单一种类的猎物，而是参与复杂的食物网，其中许多捕食者物种以许多猎物物种为食。种群模拟中的其他各种问题源于复杂的依赖性，如特定昆虫物种对植物的授粉。另一个重要的问题是小值的动态（the dynamics for small value）。在微分方程系统中，甚至0.1个猎物个体也可以恢复种群，并随后为捕食者提供食物。实际上，这个物种将会消亡。此外，自然界中的所有系统都受到许多环境因素的影响，其中一些可以极大地稳定或破坏系统的稳定性。例如，猎物的避难所可以大大改变图10.11所示的简单动态。最后，一旦种群的空间扩展变得重要，就像**流行病（epidemic）**的传播一样，人们将不得不求助于完全不同的模型，如偏微分系统或基于主体的模型（第15章）。

尽管有许多直接和间接的警告，但LV模型已经在生态学和许多其他领域中得到了广泛应用。在更高的维度中，n个变量的典型公式是

$$\dot{X}_i=a_iX_i\times\left(1+\sum_{j=1}^{n}b_{ij}X_j\right)\qquad(10.22)$$

如同在捕食者-猎物系统的低维情形一样，该ODE系统的每个右侧部分由线性项和二元（两个）项的和组成，它们描述两个物种之间的相互作用（$i\neq j$）或物种内的拥挤（$i=j$），对此，我们在逻辑斯谛增长函数和竞争模型中多次遇到过。由于括号内的线性结构，该模型允许对任意大型系统进行稳态

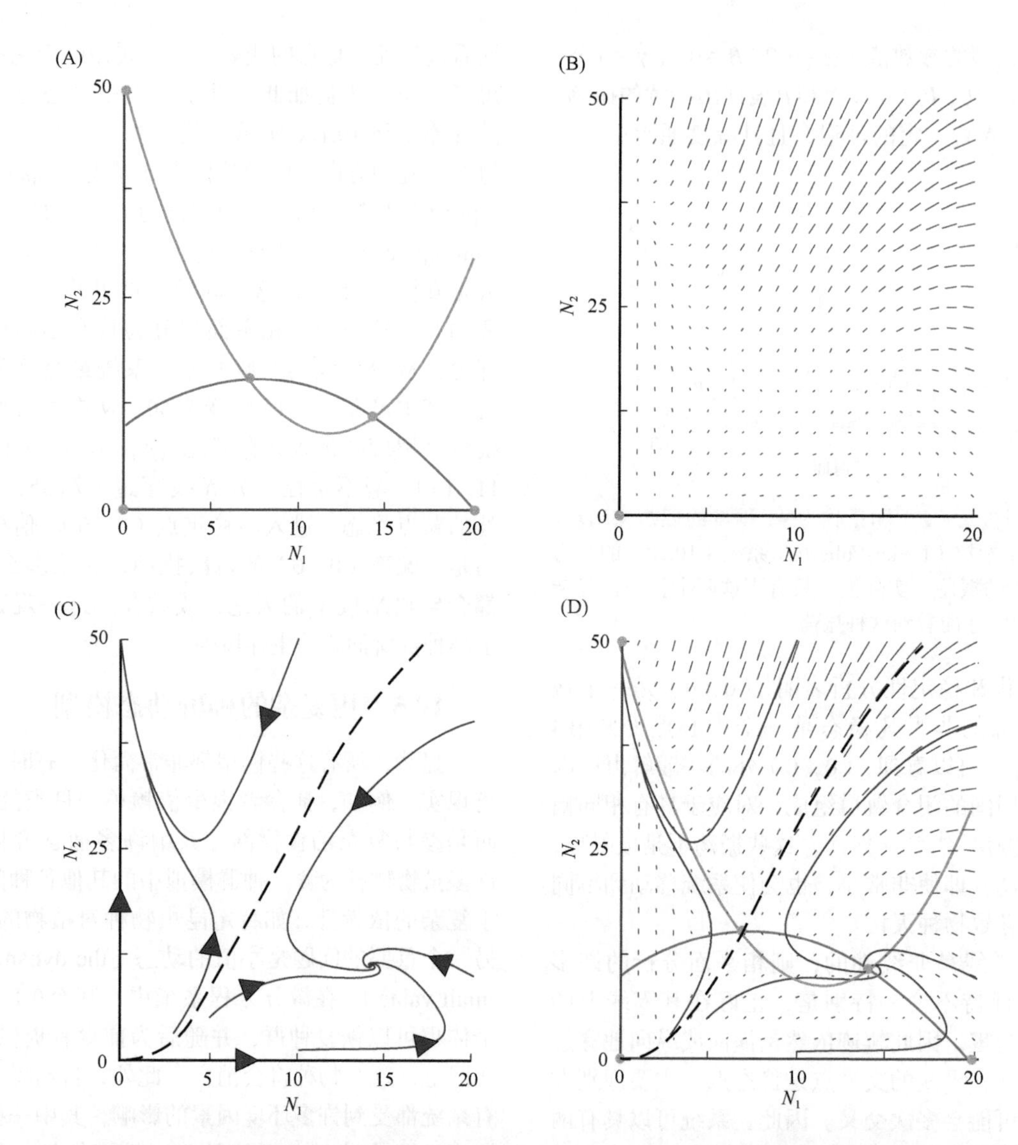

图10.12　式（10.21）中系统的相平面分析。与早期的系统相比，在这种情况下，零线是非线性的，从而允许存在两个内部稳态点。（A）显示了零线（包括坐标轴）和稳态点（黄色）。（B）描绘了系统的向量场，它涵盖了所有轨迹的流动。轨迹的一个样本在（C）中示出，连同分界线（虚线），它分隔了在（0，50）或（14.215，11.115）处结束的轨迹。（D）叠加（A）（B）（C）以获得完整的定性图片。请注意，所有轨迹都在水平或垂直方向上跨过了零线。稳态（7.035，15.60）是一个鞍点。若沿分界线朝这个鞍点移动（轨迹必须恰好位于分界线上），将会终止于该点。然而，即使向左或向右稍微偏离分界线也会使任何轨迹进一步远离。

分析和参数估计（第4章和第5章）。在这类模型中甚至可以包括环境因素[26]。

高维LV系统可能具有非常有趣的数学特征。作为一个例子，它们可以表现出确定性的混沌行为（见第4章）。作为提醒，该术语表示系统完全是确定性的，且模型结构中不包含随机性。同时，系统以复杂的模式振荡，这些模式在没有模型的情况下是不可预测的，且永远不会重复。作为一个数值例子，考虑一个式（10.22）那样的四变量LV系统，其参数见表10.2，该模型由斯普罗特（Sprott）及其同事提出[27, 28]，并表现出极其复杂的**混沌（chaotic）**动力学（图10.13）；所有4个初始值都选为1。

表10.2　图10.12中洛特卡-沃尔泰拉（Lotka-Volterra）系统（10.22）的参数值

a_1	1	b_{11}	−1	b_{21}	0	b_{31}	−2.33	b_{41}	−1.21
a_2	0.72	b_{12}	−1.09	b_{22}	−1	b_{32}	0	b_{42}	−0.51
a_3	1.53	b_{13}	−1.52	b_{23}	−0.44	b_{33}	−1	b_{43}	−0.35
a_4	1.27	b_{14}	0	b_{24}	−1.36	b_{34}	−0.47	b_{44}	−1

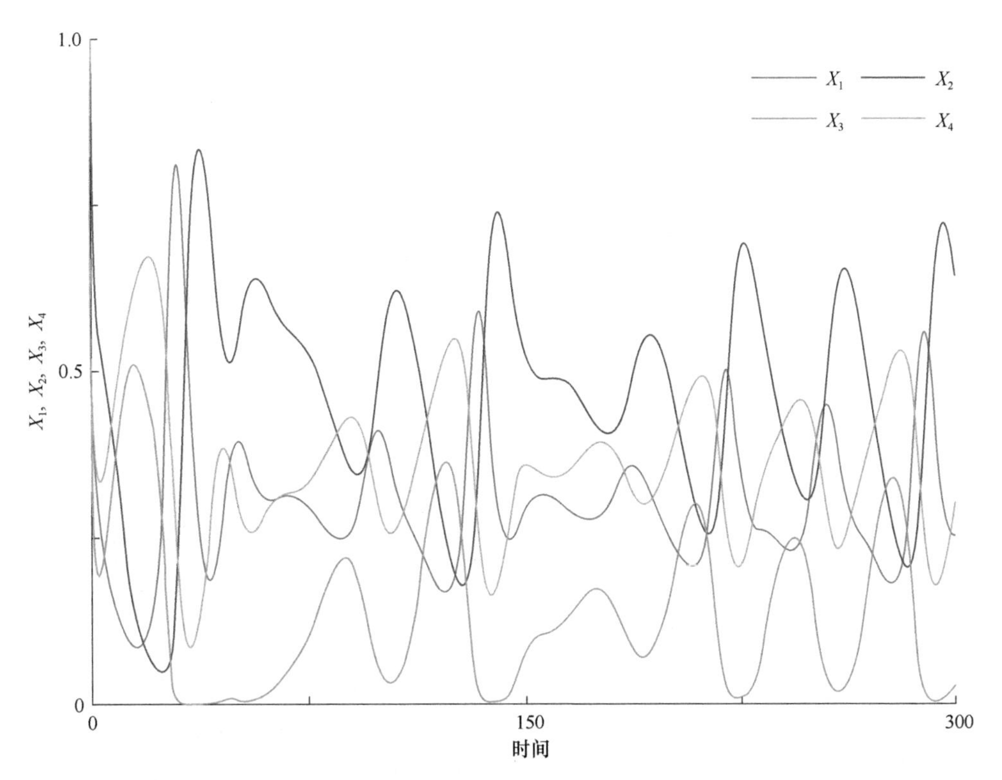

图10.13　即便是小型动态系统也可能出现确定性混沌。洛特卡-沃尔泰拉（Lotka-Volterra）模型（10.21）的形式看似简单。实际上，这样的系统可能表现出非常复杂的动态，如这里所示的四变量系统的混沌行为［改编自Sprott JC，Vano JA，Wildenberg JC，et al. *Phys. Lett. A* 335（2005）207-212，获得Elsevier的许可，以及来自Vano JA，Wildenberg JC，Anderson MB，et al. *Nonlinearity* 19（2006）2391-2404，经IOP Publishing许可］。

虽然更多的变量通常会使系统更加复杂，但其他因素也可能会导致模型的复杂性。例如，一些或所有参数可以与时间相关。通常情况下，可能的范围几乎没有任何限制。一个最近引起强烈兴趣的话题是对复合种群（metapopulation）的表征和分析，其由数百或数千种微生物物种组成，它们生活在同一个空间中，同时通过错综复杂的分工来争夺资源和相互支持。我们将在第15章讨论这些复杂的种群系统。

表10.3　细菌种群的增长*

菌落形成时间（天）	菌落大小（cm^2）
0	0.24
1	2.78
2	13.53
3	36.3
4	47.5
5	49.4

*数据来自Lotka A. Elements of Physical Biology. Williams & Wilkins, 1924.

练　　习

10.1　将表10.3（取自图10.1）中的数据与理查兹（Richards）和冈珀茨（Gompertz）函数及萨瓦若（Savageau）[17]提出的广义增长方程拟合，其形式为

$$\dot{N}_S=\alpha N_S^g-\beta N_S^h$$

并具有正参数值。使用第5章中讨论的拟合方法。

10.2　从图10.1中的显式形式推导出逻辑斯谛增长法则（10.3）的ODE格式，包括适当的初始值。计算显式函数的导数，并用N和合适的参数表示。

10.3　对于小的ν值，理查兹（Richards）增长函数可以近似表示为如下ODE：

$$\dot{N}_R = \alpha N_R \ln\left(\frac{K}{N_R}\right)v$$

评估不同参数值的近似质量。

10.4 有时人们会说，世界人口正在“超指数地增长”。表10.4是从美国人口普查局的数据中汇总得到的，请分析这种说法是否正确。是否有可能从这些数据中预测地球上人口的承载能力？尝试使用第5章中的方法及本章中描述的增长模型之一来表示该数据。

表10.4 世界人口的增长

年份	世界人口数量 P	$\log P$
1000	25 400 000	7.404 833 717
1100	30 100 000	7.478 566 496
1200	36 000 000	7.556 302 501
1300	36 000 000	7.556 302 501
1400	35 000 000	7.544 068 044
1500	42 500 000	7.628 388 93
1600	54 500 000	7.736 396 502
1700	60 000 000	7.778 151 25
1800	81 300 000	7.910 090 546
1900	155 000 000	8.190 331 698
1910	175 000 000	8.243 038 049
1920	186 000 000	8.269 512 944
1930	207 000 000	8.315 970 345
1940	230 000 000	8.361 727 836
1950	240 000 000	8.380 211 242
1960	3 042 389 609	9.483 214 829
1970	3 712 813 618	9.569 703 148
1980	4 452 686 744	9.648 622 143
1990	5 288 828 246	9.723 359 464
2000	6 088 683 554	9.784 523 403
2010	6 853 019 414	9.835 881 962
2020	7 597 238 738	9.880 655 774
2030	8 259 167 105	9.916 936 253

10.5 使用模拟或稳定性分析来找出扰动阈值，高于该阈值，具有恒定捕食的种群［式（10.10）］可以恢复，而低于该阈值则它将灭绝。你是否可以为具有比例捕食的种群［式（10.9）］找到类似的阈值？讨论这是否可能和（或）执行模拟。

10.6 提供论证和（或）模拟结果，以解释为什么小种群受（随机）扰动的影响比大种群更甚。

10.7 讨论为什么使用相同长度的年龄等级并将此长度与莱斯利（Leslie）模型中的报告时间段τ进行匹配是很重要的。

10.8 对于n=2、n=3和n=5，演示矩阵方程（10.16）分别产生与使用式（10.15）两次、三次或5次相同的数字。在执行5次矩阵方程之前，读者可以先想想。

10.9 构建莱斯利（Leslie）模型，其中种群大小不变，但不为零。执行模拟以显示此模型对其中一个年龄组或其中一个参数的更改有多强的依赖性。

10.10 选择α_1，…，α_4及σ_1，…，σ_3的值，并计算种群的总体规模随时间变化的函数。

10.11 构建一些案例，其中莱斯利（Leslie）模型显示增长或下降。构建一个种群规模随时间保持不变的案例。该题是否只有一个解？

10.12 在莱斯利（Leslie）模型中，使α和（或）σ依赖于时间。进行模拟并研究其后果。

10.13 在莱斯利（Leslie）模型中，使α和（或）σ依赖于种群大小。进行模拟并研究其后果。

10.14 人口专家声称，将第一胎的分娩时间延迟几年将对发展中国家的人口增长爆炸有重大影响。建立莱斯利（Leslie）模型来检验这种说法。说明你作出的假设（现实的或不现实的）。

10.15 鼠妇（加利福尼亚球潮虫）（*Armadillidium vulgare*）（图10.14）是加利福尼亚州草原上的一种陆生甲壳类动物。它可以活4～5年。对其而言，这个世界是一个危险的地方：若一年中约1万只虫卵孵化，只有大约11%的卵能存活下来，享受它们的第一个生日。活下来的这些生物中，约48.5%为雌性，其中只有约23%可以繁殖后代。因此，仅有约126只可繁殖的雌性进入第二年产生后代。如表10.5（根据参考文献［29］中的数据编制）所示，这个数字还在继续减少。幸运的是，对于该物种，可繁殖的雌性每年产卵25～150个。使用表10.5中的信息构建莱斯利（Leslie）模型。通过这些设置，研究种群是否会增加、减少或保持不变。探索如果卵的存活率为8%或15%会发生什么。执行模拟以确定存活率的顺序（10年8%和10年20%先后发生）在数学和（或）生物学方面是否重要？

图10.14 球潮虫。典型的加利福尼亚球潮虫种群展现出复杂的出生和死亡模式（Franco Folini在Creative Commons Attribution-Share Alike 3.0 Unported许可下供图）。

讨论并解释你的模拟结果。

表10.5　球潮虫的生命统计

年龄组（年）	卵数或可繁殖的雌性数*	产卵数
0	10 256	0
1	126	3 470
2	98	4 933
3	22	1 615
4	2	238

*年龄组0（<1岁）的条目代表卵的总数。之后的年龄组条目是可繁殖的雌性。

10.16　对共存的两种细菌种群的动态进行预测，这些细菌种群以不同的增长速率呈指数增长。初始种群规模的重要程度如何？

10.17　如果式（10.17）中肿瘤细胞的死亡率为0，会发生什么？预测其结果，并通过模拟确认或反驳该预测。如果结果看起来不切实际，请调整其他模型参数。总结你的发现。

10.18　研究如果将种群系统（10.18）中的两个方程乘以相同的正因子，相平面图会发生什么。用负因子探讨同样的问题。在所有情况下，进行预测，研究相平面图，运行模拟，并讨论其生物学意义。

10.19　当N_1或N_2为零而另一个变量不为零时，计算种群系统（10.18）中的稳态点。在逻辑斯谛增长函数的背景下解读这些点。

10.20　用概念论证而非正式的数学推导来讨论式（10.19）中一个变量为零而另一个不为零时两个稳态的稳定性。

10.21　讨论文中未分析的两个零线的情况。在每种情况下，绘制零线和轨迹，并对生存和灭绝进行预测。

10.22　选择4个零线组合的参数值，并通过模拟探索不同的轨迹。

10.23　如果外部因素在时间t=20时改变N或P的值，研究捕食者-猎物模型（10.20）中会发生什么。讨论你的发现。

10.24　对捕食者-猎物模型（10.20）进行定性分析。讨论共存和灭绝。

10.25　在平凡和非平凡的稳态下线性化捕食者-猎物模型（10.20），并在图4.17的图示中找到它们的稳定性模式。

10.26　实现混沌的洛特卡-沃尔泰拉（Lotka-Volterra）系统，研究改变X_1初始值的效果。在报告中总结你的发现。

10.27　对以下系统执行相平面分析：

$$\dot{N}_1=0.1N_1\left(\frac{100-2N_2-N_1}{15}\right)$$

$$\dot{N}_2=0.7N_2\left(\frac{60-N_1-N_2}{45}\right)$$

10.28　对以下系统执行相平面分析：

$$\dot{N}_1=0.6N_1(50-N_1-0.833N_2)$$

$$\dot{N}_2=0.2N_2(30-0.75N_1-N_2)$$

10.29　对以下系统执行相平面分析：

$$\dot{N}_1=3N_1(10-N_2+1.5N_1-0.1N_1^2)$$

$$\dot{N}_2=0.7N_2(20-N_1-N_2)$$

10.30　为以下系统创建如图10.12所示的图：

$$\dot{N}_1=0.3N_1(500-10N_2+70N_1-3N_1^2)$$

$$\dot{N}_2=0.7N_2(80-2N_1-N_2)$$

10.31　为以下系统创建如图10.12所示的图：

$$\dot{N}_1=2N_1(10-N_2+1.5N_1-0.1N_1^2)$$

$$\dot{N}_2=2N_2(50-7N_1-N_2+0.3N_1^2)$$

10.32　大约在1918年，第一只黑火蚁（*Solenopsis richteri*）通过阿拉巴马州的莫比尔港口抵达美国海岸。在20世纪30年代后期，更具侵略性的红火蚁（*Solenopsis invicta*）也加入进来。没有重要的捕食者，这两种蚂蚁物种迅速扩散，彰显了该红蚂蚁的拉丁物种名的含义："不败"。1953年，美国农业部发现10个州的102个县被入侵。到1996年，整个南部地区约有30万英亩①的土地被感染[30]。你如何设计一个或多个模型来描述其过去的传播，并预测未来其对新领土的入侵。什么样的模型？需要什么样的数据？在文献中搜索针对此现象的模型研究。

参考文献

[1] Savageau MA. Growth of complex systems can be related to the properties of their underlying determinants. *Proc. Natl Acad. Sci. USA* 76 (1979) 5413-5417.

[2] Neugebauer O & Sachs A (eds). Mathematical Cuneiform Texts, p 35. American Oriental Society/American Schools of Oriental Research, 1945.

[3] Bunt LNH, Jones PS & Bedient JD. The Historical Roots of Elementary Mathematics, p 2. Prentice-Hall, 1976.

[4] Segel LA. Modeling Dynamic Phenomena in Molecular and Cellular Biology. Cambridge

① 1英亩（acre）=0.404 856 hm^2

University Press, 1984.
[5] Malthus TR. An Essay on the Principle of Population. Anonymously published, 1798 (reprinted by Cosimo Classics, 2007).
[6] Verhulst PF. Notice sur la loi que la population poursuit dans son accroissement. *Corr. Math. Phys.* 10 (1838) 113-121.
[7] Richards FJ. A flexible growth function for empirical use. *J. Exp. Bot.* 10 (1959) 130-290.
[8] Gompertz B. On the nature of the function expressive of the law of human mortality, and on a new mode of determining the value of life contingencies. *Philos. Trans. R. Soc. Lond.* 115 (1825) 513-585.
[9] Savageau MA. Growth equation: a general equation and a survey of special cases. *Math. Biosci.* 48 (1980) 267-278.
[10] Voit EO. Cell cycles and growth laws: the CCC model. *J. Theor. Biol.* 114 (1985) 589-599.
[11] Voit EO. Recasting nonlinear models as S-systems. *Math. Comput. Model.* 11 (1988) 140-145.
[12] Voit EO & Dick G. Growth of cell populations with arbitrarily distributed cycle durations. Ⅰ. Basic model. *Math. Biosci.* 66 (1983) 229-246.
[13] Voit EO & Dick G. Growth of cell populations with arbitrarily distributed cycle durations. Ⅱ. Extended model for correlated cycle durations of mother and daughter cells. *Math. Biosci.* 66 (1983) 247-262.
[14] White J. The allometric interpretation of the self-thinning rule. *J. Theor. Biol.* 89 (1981) 475-500.
[15] Voit EO. Dynamics of self-thinning plant stands. *Ann. Bot.* 62 (1988) 67-78.
[16] Bonabeau E. Agent-based modeling: methods and techniques for simulating human systems. *Proc. Natl Acad. Sci. USA* 14 (2002) 7280-7287.
[17] Macal CM & North M. Tutorial on agent-based modeling and simulation. Part 2: How to model with agents. In Proceedings of the Winter Simulation Conference, December 2006, Monterey, CA (LF Perrone, FP Wieland, J Liu, et al., eds), pp 73-83. IEEE, 2006.
[18] Richter O. Simulation des Verhaltens ökologischer Systems. Mathematische Methoden und Modelle. VCH, 1985.
[19] Hethcote HW, Horby P & McIntyre P. Using computer simulations to compare pertussis vaccination strategies in Australia. *Vaccine* 22 (2004) 2181-2191.
[20] Leslie PH. On the use of matrices in certain population mathematics. *Biometrika* 33 (1945) 183-212.
[21] Pinsky MA & Karlin S. An Introduction to Stochastic Modeling, 4th ed. Academic Press, 2011.
[22] Ross SM. Introduction to Probability Models, 10th ed. Academic Press, 2010.
[23] Wilkinson DJ. Stochastic Modelling for Systems Biology, 2nd ed. Chapman & Hall/CRC Press, 2012.
[24] Hirsch MW, Smale S & Devaney RL. Differential Equations, Dynamical Systems, and an Introduction to Chaos, 3rd ed. Academic Press, 2013.
[25] Kaplan D & Glass L. Understanding Nonlinear Dynamics. Springer-Verlag, 1995.
[26] Dam P, Fonseca LL, Konstantinidis KT & Voit EO. Dynamic models of the complex microbial metapopulation of Lake Mendota. *NPJ Syst. Biol. Appl.* 2 (2016) 16007.
[27] Sprott JC, Vano JA, Wildenberg JC, et al. Coexistence and chaos in complex ecologies. *Phys. Lett.* A 335 (2005) 207-212.
[28] Vano JA, Wildenberg JC, Anderson MB, et al. Chaos in low-dimensional Lotka-Volterra models of competition. *Nonlinearity* 19 (2006) 2391-2404.
[29] Paris OH & Pitelka FA. Population characteristics of the terrestrial isopod Armadillidium vulgare in California grassland. *Ecology* 43 (1962) 229-248.
[30] Lockley TC. Imported fire ants. In Radcliffe's IPM World Textbook. University of Minnesota. http://ipmworld.umn.edu/lockley.

拓展阅读

Edelstein-Keshet L. Mathematical Models in Biology. McGraw-Hill, 1988.
Hassell MP. The Dynamics of Competition and Predation. Edward Arnold, 1976.
Hoppensteadt FC. Mathematical Methods of Population Biology. Cambridge University Press, 1982.
May RM. Stability and Complexity in Model Ecosystems. Princeton University Press, 1973 (reprinted, with a new introduction by the author, 2001).
Murray JD. Mathematical Biology Ⅰ: Introduction, 3rd ed. Springer, 2002.
Murray JD. Mathematical Biology Ⅱ: Spatial Models and Biomedical Applications, Springer, 2003.
Ptashne M. A Genetic Switch: Phage Lambda Revisited, 3rd ed. Cold Spring Harbor Laboratory Press, 2004.
Renshaw E. Modelling Biological Populations in Space and Time. Cambridge University Press, 1991.
Savageau MA. Growth of complex systems can be related to the properties of their underlying determinants. *Proc. Natl Acad. Sci. USA* 76 (1979) 5413-5417.

11 基因组、蛋白质和代谢物数据的整合分析：以酵母为例

读完本章，你应能够：

- 讨论将各种实验数据转换为计算模型的步骤
- 描述可用数据和研究目标如何定义模型的重点和范围
- 使用合适的建模方法匹配不同的数据类型
- 确定酵母中热胁迫响应的主要成分
- 描述不同时间尺度上的响应及其对建模分析的影响
- 解释海藻糖在热胁迫响应中的作用
- 根据代谢数据建立热胁迫响应的代谢模型
- 基于基因表达数据建立热胁迫响应的代谢模型
- 讨论用于代谢建模的时间序列数据的优点和局限性

在本书的第一部分，我们学习了生物学建模这个奇妙世界的基础知识，并了解了网络和系统的结构。然后，在第二部分中，我们讨论了生物组织层级结构不同层次的各类数据，以及它们的信息内容、局限性和特性，特别是它们对于如何更深入地理解系统设计和运作的价值。我们看到生物数据可以采取多种形式，有些形式显然比其他形式对系统分析更有用。现在是时候研究模型的一些具体应用了，因为这比任何一般性讨论更能揭示真正的挑战在哪里及如何克服它们。此外，正如任何建模者在学习中所经历的那样，实际的生物系统总能在某些方面令我们感到惊讶，在我们开始分析它们之前，我们是不会想到的。许多假设和理论草案在应用于真实（或者像某些理论家喜欢认为的“脏”）数据时已经崩溃了。

本章讨论了多尺度分析的一些基本问题。我们讨论的系统相对简单，所谓多个尺度并非跨越从分子到世界海洋的整个范围（见第15章），而仅包括基因、蛋白质和代谢物。尽管如此，小的案例研究足以得出准确的结论，即将生物系统分割为彼此孤立的组织层次进行分析往往是有问题的。我们将看到，只关注基因组或代谢水平，掩盖了关于整个系统如何组织的重要线索。案例研究还表明，即便是看似简单的系统，也需要大量关于其组件、过程和其他方面的信息，并且很难先验地识别出特定细节是否可以在没有太多损失的情况下被省略，或者它们是否提供了系统功能和调节特征的重要线索。从本章中案例研究简单展望开来，可以很容易地想象，当尺度范围扩大时，任何多级系统将如何变得更为复杂，而我们也将讨论一种这样的情况，即心脏的建模，作为一个案例在第12章学习。

关于模型的起源

通常很难确定新研究的想法源自何处。有一些有趣的案例，比如，据说是梦到了蛇咬住自己的尾巴、猴子围成一圈互相追逐或正在跳舞的芭蕾舞演员，才激发了德国化学家弗里德里希·奥古斯特·凯库尔·冯·斯特拉多尼茨（Friedrich August Kekulé von Stradonitz）提出苯分子中碳原子的环状结构。然而，在许多其他情况下，新研究似乎来自不明原因的思维火花，或者来自正在进行的讨论，这些讨论因集合了大量的智力贡献而得到增强。毫无疑问，在跨学科研究中，情况更加复杂，研究者一方通常不完全理解另一方的内部运作。因此，为了论证，让我们想象一下，实验主义者E和建模者M在饮水机边的一次虚构的相遇：

E：我告诉过你我的那些关于热胁迫的事情吗？我认为这很酷。得到了一些很棒的数据。我相信你可以为它们建模！

M：嗯，我真的很忙。热胁迫有什么特别之处？

E：很有意思。

M：我想，构想出如何应对近期的这些热浪会很好。

E：不，不，我们做酵母。

M：酵母？它为何有意思？

E：嗯，因为酵母是一个很好的模型。

M：什么的模型？

E：压力响应的模型，对各种细胞和生物而言，包括人类。

M：是的，知道如何应对压力会很棒！我们一起喝咖啡吧，你多说说。

E：嗯，让我先从一个有趣的分子开始：海藻糖……

正如需要分子碰撞的生化反应一样，两位科学家相互碰撞，形成一种可能迅速消散或导致长期合作的火花。有趣的是，几乎不可能为任何一种结果定义条件或预测因子，但似乎每个新的合作项目都需要一定的信念飞跃。如果该项目是跨学科的，那么必须有两个飞跃，想必是很大的。

在我们遇到的情况中，建模者最终会想要参与这个项目，而现在的第一项业务就是衡量是否存在足够的共同点及成功的前景。实验者的声明“我相信你可以为它们建模！”当然还是不够的，因为实验主义者通常没有足够的建模感知力来判断数据是否适合进行计算分析。此外，了解成功的潜力和可能性对任何人来说都不容易，虽然经验肯定有帮助，但最好在早期就确定模型分析的目的究竟是什么。评估的一个重要组成部分是限制范围，这说起来容易做起来难，因为确定问题的焦点往往需要长时间的讨论和数小时的文献浏览。在我们的案例中，建模者很快从实验者那里了解到，任何细胞**胁迫（stress）**响应都涉及生物组织不同水平上的许多步骤：响应显然是生理性的，通过对其进行剖析，揭示出基因是上调的；可以改变现有蛋白质的活性，合成新的蛋白质，并使一些蛋白质失活；细胞的代谢特征肯定会发生变化；并且，预期整体响应由信号转导控制。

使用当今的建模方法无法同时捕获和集成所有这些组件。即使万亿网格（teragrid）和云计算已经成为现实，且计算机科学家已经为执行超大规模离散事件的**模拟（simulation）**开发了非常有效的算法，但生物系统的细节特征非常糟糕，以至于建模分析的瓶颈往往不是计算能力，而是缺乏足够的定量生物信息。因此，实验者和建模者必须花足够的时间来了解彼此的知识背景、环境、概念和思维方式，数据的适用性、质量和数量，潜在可用的建模技术，现实范围，以及一些可能获得成功的合理目标。以下是可能存在的前期问题的一个示例：

- 什么是热胁迫？什么是热休克？该研究是否具有更广泛的意义？
- 什么是海藻糖？
- 响应是否自然？它是否发生在生物体的典型条件下？
- 哪个生物学水平起主导作用？基因组上，蛋白质组上，代谢上，还是生理上？
- 许多/所有生物都有热响应吗？
- 有哪些信息？
- 有哪些类型的数据？它们有多可靠？
- 已知的是什么？未知但却重要的还有什么？
- 是否有人已经构建了相关的数学模型？它们好用吗？
- 已对哪些方面进行了建模？
- 模型可以回答哪些问题？
- 新模型分析的主要目的是什么？
- 在不失去大局的情况下，限制范围是否可行？
- 系统可以模块化而不影响其自然功能吗？
- 是否可以预见模型会有很大的成功机会？

一位经验丰富的实验者将至少可以对生物学问题给出部分答案，但情况复杂，因为知识太多，很明显并非所有信息对于建模工作都同样重要。建模者应该被告知哪些信息，而不是被信息淹没。还有一些方面，实验者可能不太了解，建模者必须独立找出答案。让我们快进一下，并假设建模者确实有兴趣与实验者合作，建立一个或多个可以解释热胁迫响应某些方面的数学模型。开始新项目的基础是酵母中热响应的常识，特别是海藻糖的作用，因为实验者认为海藻糖对正在进行的研究很有意义。

对酵母热胁迫响应的简要回顾

如果培养基的温度从30℃变为39℃，酵母细胞内会触发多个事件（综述见参考文献［1-4］）。这些事件肯定是相互关联的，但到目前为止，还不清楚是什么控制着它们之间协调相处。对文献快速涉猎之后得知，热胁迫和热休克之间存在一个很好的但并不总是被观察到的区别，前者通常指的是，施加的热条件仍然可以被认为是生理可耐受的，而后者指的是更高的温度，细胞几乎无法存活。实验者对热胁迫最感兴趣，因而可限定研究范围。

也许最令人震惊的反应发生在代谢水平：这便是二糖——海藻糖的产生，它基本上由两个结合在一起的葡萄糖分子组成（见后文）。在正常生理生长条件下，酵母细胞仅含有痕量浓度的海藻糖及其直接前体海藻糖-6-磷酸（T6P）。然而，一旦温度升至37℃以上，海藻糖的含量就会升高到每1 g蛋白质高达1 g海藻糖的浓度，或者是占整个细胞生物量的40%[5]。缺乏形成海藻糖能力或过量产生海藻糖降解酶的突变体，对环境胁迫（包括热）过度敏感，表明海藻糖的大量产生对于有效的细胞响应显然是至关重要的。也许最重要的是，海藻糖保护蛋白质免于**变性（denaturation）**，并减少非天然蛋白质聚集体的形成。以类似的作用，它还有利于保持DNA、脂质和膜的完整性。除了保护大分子和膜，海藻糖途径还通过抵消细胞质中游离的葡萄糖和糖磷酸盐的积累，而参与对葡萄糖利用的控制，否则，它将导致细胞质中磷酸盐和腺苷三磷酸（ATP）的耗尽。

另一个代谢反应是特定脂质［称为**鞘脂（sphingolipid）**］的显著活化，这些脂质与细胞水平的各种基本决策有关，包括**分化（differentiation）**、**凋亡（apoptosis）**和对各种胁迫（包括热）的响应[6, 7]。在热胁迫的几分钟内，鞘脂生物合成通路的关键酶表现出增强的活性。该通路几种中间体的数量数倍增加，并且一些中间体保持升高两小时或更长时间。鞘脂在热胁迫响应中的作用似乎是双重的。首先，它们是质膜的重要组成部分，且由于胁迫响应需要蛋白质和代谢物的运输与动员，可能需要额外量的鞘脂来维持膜的完整性。其次，鞘脂用作信号转导过程中的第二信使。作为一个例子，鞘脂代谢物激活许多基因的转录，包括一些与海藻糖合成有关的基因[8]。

在基因组水平上，对热的响应是广泛的，许多基因在几分钟内就会上调[9]。毫不奇怪，几乎所有编码与海藻糖循环相关的酶的基因都被上调，但有两个细节很有趣。首先，上调程度显著不同，其范围从基本不变到超过100倍。其次，编码海藻糖降解酶——海藻糖酶的基因也被强有力地上调了。如果细胞需要大量的海藻糖，为什么会发生这种情况呢？我们稍后会回到这个问题。还应注意，一些基因被强烈下调，比如，核糖体蛋白的转录本。事实上，整个**翻译（translation）**起始**短暂（transient）**下降，加上瞬时的**细胞周期（cell cycle）**和生长停滞。转录本和蛋白质合成减少的综合影响可能是在细胞响应胁迫时降低生物合成的成本[1, 10]。

蛋白质也会参与胁迫响应[11]。几十种酵母蛋白质被热胁迫瞬时诱导。其中大约1/3是**热休克蛋白（heat shock protein）**，它们介导蛋白质-蛋白质相互作用和蛋白质的跨膜运输。它们显然参与了胁迫后的恢复，特别是在热胁迫期间去折叠的蛋白质的正确重折叠中。这些蛋白质中的一部分反应非常强烈。例如，热休克蛋白Hsp90被诱导10～15倍。特别重要的还有Hsp104，它似乎与积累海藻糖及去除变性和失能的蛋白质成分有关，如通过**蛋白酶体（proteasome）**发挥作用（见参考文献［12］和第7章）。除热休克蛋白外，还有几种酶被激活。我们将在后面研究这种激活方式，它对热胁迫的代谢响应，特别是对温度强烈升高时海藻糖的大量增加，是至关重要的。

热响应的其他方面可称为生理响应。这些响应包括钾通道的变化和**转录因子（transcription factor）**的动员，如锌指蛋白Msn2p和Msn4p，它们控制大部分碳代谢酶及热胁迫响应抗氧化防御蛋白的表达。这些响应似乎是必需的，因为*MSN2/MSN4*双突变体在加热条件下不能积累海藻糖。这种机制的重要性由内置冗余突显出来：其中一个转录因子的失败为另一个所补偿。Msn2p和Msn4p从细胞溶质向细胞核的转移在热胁迫的几分钟内发生，并被认为是热胁迫响应激活中的速率决定步骤。在细胞核中，Msn2p和Msn4p与**胁迫响应元件（stress response element**，STRE）发生相互作用，这些元件存在于与海藻糖循环相关的一些基因中。似乎Msn2/4p和STRE之间的这种相互作用是由鞘脂调节的[8, 13]。

这个简短的总结表明，热胁迫响应对细胞非常重要，因为其控制跨越生物组织的所有等级水平。这些控制机制并不是孤立的，存在一种制衡机制，正如人们期望在**稳健（robust）**的调控**设计（design）**中所能找到的那样（图11.1）。例如，上面概述的大多数机制导致海藻糖的增加。然而，细胞还具有减缓或阻断海藻糖生物合成的机制。其中特别重要的是Ras-cAMP-PKA途径，它在无胁迫细胞中保持海藻糖相关酶的转录及低水平的海藻糖浓度。该途径还可以激活海藻糖降解酶，即海藻糖酶。与热效应直接相反，环磷酸腺苷/蛋白激酶A（cAMP/PKA）阻断STRE并引起Msn2/4p从细胞核移回细胞质。此外，PKA似乎阻止了细胞核中Msn2/4的积累。这些过程涉及Yak1激酶。此外，热胁迫之后，由Msn2/4p诱导的大多数基因被过量的cAMP抑制。因此，任何热胁迫响应必须克服或控制细胞内的cAMP水平。有趣的是，T6P抑制其中一种早期的糖酵解酶，并间接影响cAMP依赖性信号通路的激活。最后，海藻糖酶是PKA的底物，因此不仅降解海藻糖，还诱导PKA途径。虽然这些细节中的某些内容对于本章的后续分析可能并不重要，但它们有助于显示，热的直接和间接影响的**对抗（antagonistic）**压力（一方面）与Ras-cAMP-PKA信号通路的活动（另一方面）之间存在着微调平衡（更多细节参见参考文献［2，14，15］）。

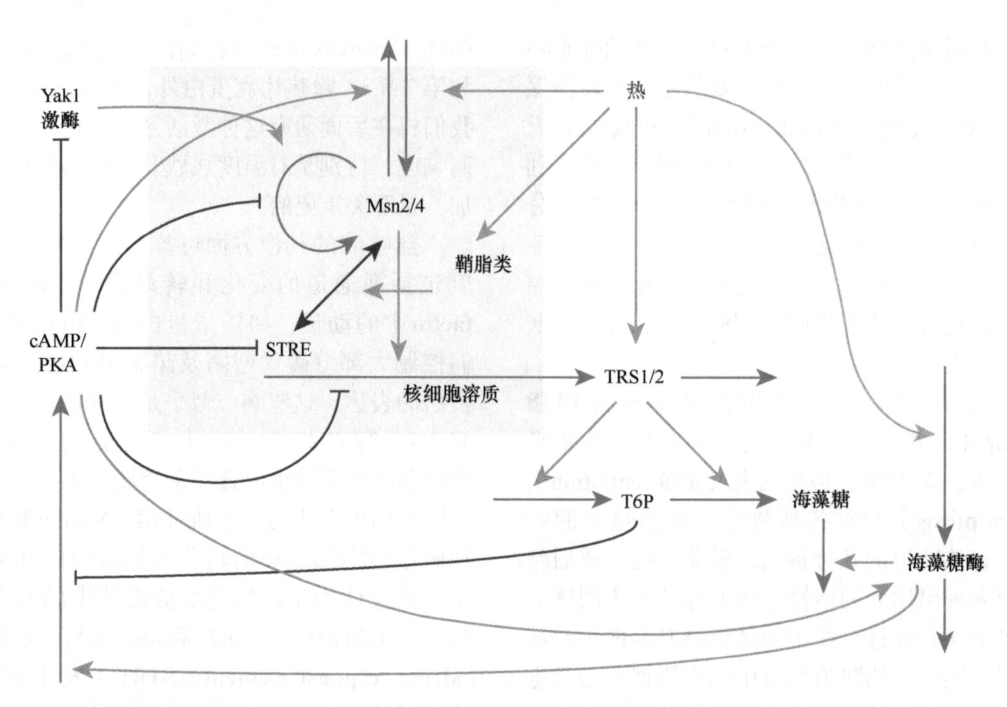

图11.1 调节热胁迫响应的相互制衡的动态系统的暂定结构。黄色背景方块代表细胞核。蓝色箭头表示基因表达或代谢反应，绿色箭头表示激活效应，平头红线表示抑制作用，橙色箭头表示遗传激活和酶失活，紫色箭头表示转录因子（Msn2/4）与胁迫响应元件（STRE）之间的相互作用。详细信息，请参阅正文。

11.1 海藻糖循环

实验者和建模者一致认为，建模工作应该首先关注海藻糖在热胁迫响应中的作用。因此，有必要探索这种代谢物的基本特征，特别是研究其生物合成和降解。

海藻糖（α,α′-海藻糖，α-D-吡喃葡萄糖基 α-D-吡喃葡萄糖苷，或α,α-1,1-二葡萄糖）（图11.2）是经几步酶促反应由葡萄糖生成的二糖（两个糖）。在正常条件下，大多数葡萄糖进入糖酵解和戊糖途径。过量的葡萄糖通常以高度支化的**多糖（polysaccharide）**——糖原的形式储存。然而，在热胁迫条件下，必须将足够量的葡萄糖用于合成海藻糖。这些不断变化的需求已经意味着细胞必须解决复杂的控制任务。

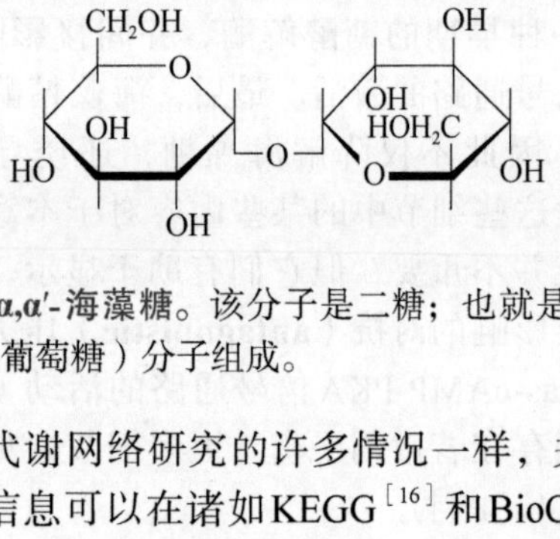

图11.2 **α,α′-海藻糖**。该分子是二糖；也就是说，它由两个糖（葡萄糖）分子组成。

与代谢网络研究的许多情况一样，关于通路连接的信息可以在诸如KEGG[16]和BioCyc[17]及原始文献的数据库中找到。简化图如图11.3所示。更难确定的是调控结构，这需要复杂的**文本挖掘（text mining）**和对原始文献的深入研究。图11.4概述了带有调节的途径。此外，可将响应热胁迫的基因表达信息可视化，如图11.5所示。

酵母细胞可以用约20种己糖转运蛋白（HXT）中的一种或多种从培养基中吸收葡萄糖，这些转运蛋白适用于不同的条件。葡萄糖临时转化为葡萄糖-6-磷酸（G6P），有推测认为G6P可能抑制葡萄糖转运到细胞中（参见参考文献[18]）。葡萄糖磷酸化为G6P由三种**同工酶（isozyme）**催化实现：己糖激酶Ⅰ、己糖激酶Ⅱ和葡萄糖激酶；它们相应的基因分布是*HXK1*、*HXK2*和*GLK1*。通常认为，该磷酸化步骤基本上是**不可逆的（irreversible）**。这三种同工酶通过复杂的相互作用互相控制，这些相互作用决定了哪种激酶在特定环境条件下最具活性。例如，在依赖葡萄糖的指数生长期间，己糖激酶Ⅰ和葡萄糖激酶被下调，而己糖激酶Ⅱ被诱导并成为主要的催化剂。该酶相当稳定，可在体内保持数小时的活性。因为我们主要关注的是海藻糖循环，应该注意到，T6P是生理浓度下己糖激酶Ⅱ的强抑制剂，但它只能微弱地抑制己糖激酶Ⅰ，而根本不抑制葡萄糖激酶。同样，事情比初看起来要复杂得多。

G6P可以说是碳水化合物代谢最重要的分支

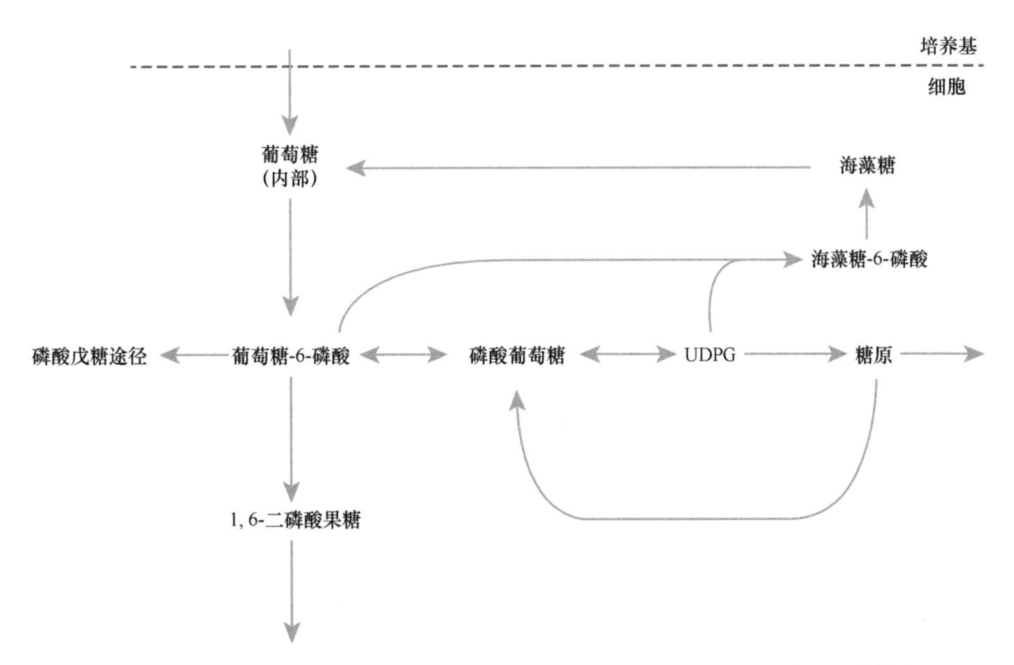

图11.3 海藻糖循环的连接关系。海藻糖是糖酵解分支通路的产物。海藻糖的降解使其返回葡萄糖，继而进入糖酵解或其他途径［改编自Voit EO. *J. Theor. Biol.* 223（2003）55-78. 经Elsevier许可］。

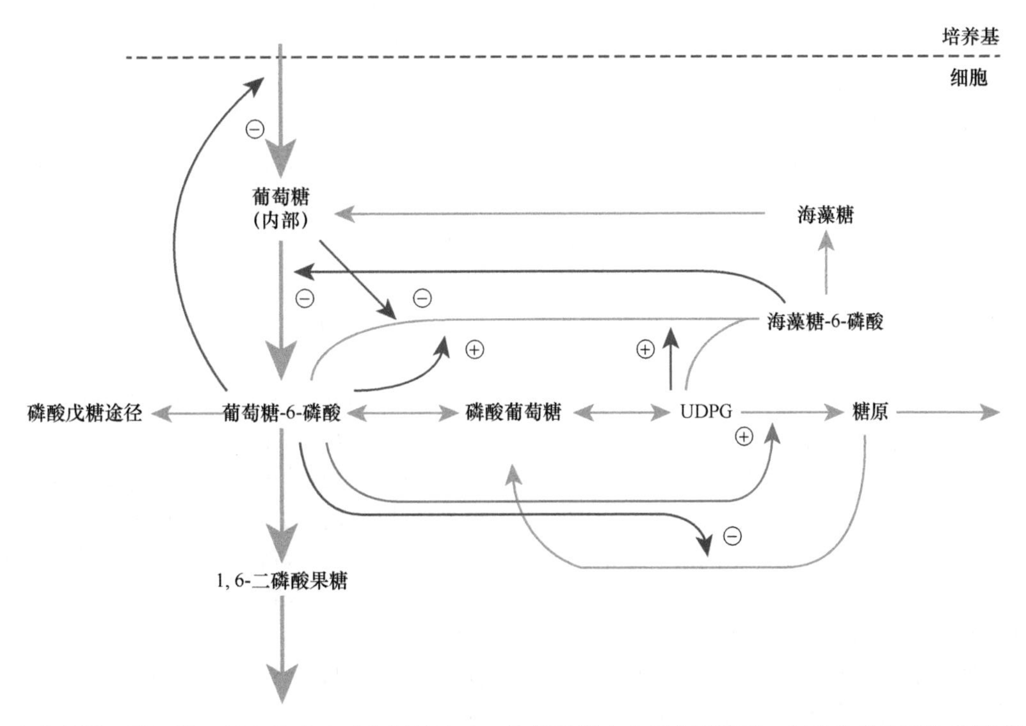

图11.4 海藻糖循环的调控。绿色箭头表示物料的流动；较粗的箭头表示主要流量。红色和蓝色箭头分别表示抑制或激活［改编自Voit EO. *J. Theor. Biol.* 223（2003）55-78. 经Elsevier许可］。

点，因为在这里，物质通过异构化为果糖-6-磷酸进入糖酵解，通过G6P脱氢酶反应进入磷酸戊糖途径，或进入其他途径，如海藻糖循环（图11.3～图11.5）。在正常条件下，2/3～3/4的G6P用于糖酵解，5%～10%用于磷酸戊糖途径（PPP），约20%可逆地转化为葡萄糖-1-磷酸（G1P），而剩下的一点进入其他通路，如向糖原和海藻糖转化。有趣的是，这种分布在热胁迫条件下急剧变化。G6P脱氢酶的基因上调4～6倍，海藻糖和糖原途径的基因上调非常强烈（10～20倍）。相比之下，编码磷酸果糖激酶（PFK1/2）的基因，即迈向糖酵解的第一个关键步骤，则显然根本没有受到影响。

海藻糖的形成分几步进行（图11.3～图11.5）。磷酸葡萄糖变位酶可逆地将G6P转化为G1P，它

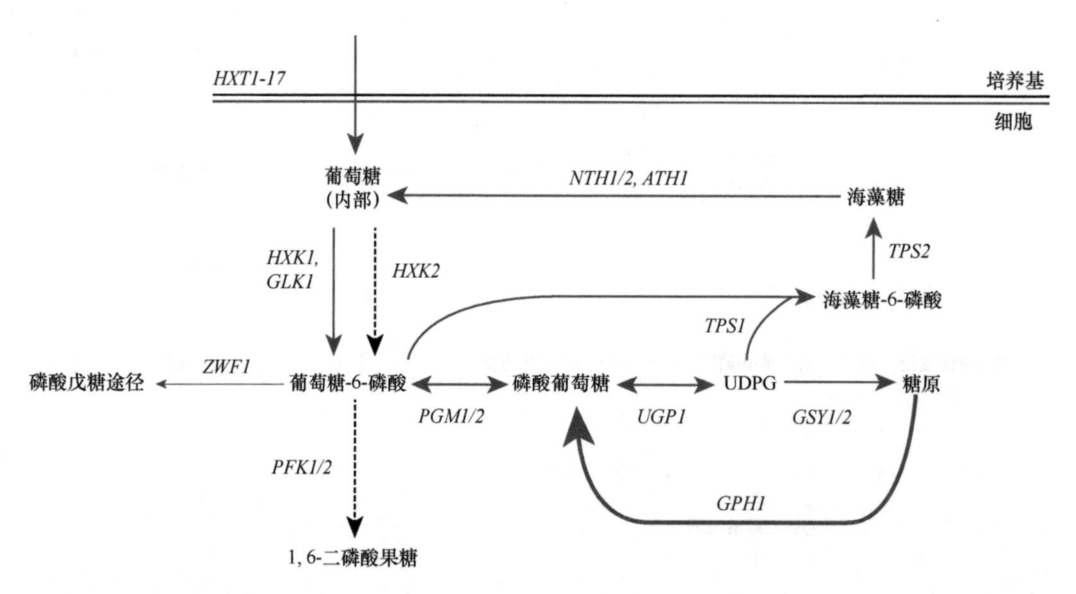

图11.5 热胁迫响应中与海藻糖循环有关的基因表达的变化。不同粗细的箭头表示基因表达的程度，而虚线箭头表示没有变化［改编自Voit EO. *J. Theor. Biol.* 223（2003）55-78. 经Elsevier许可］。

继而与尿苷三磷酸反应形成尿苷二磷酸葡萄糖（UDPG）。由T6P合酶（TPS1）催化的后续反应用G6P和UDPG合成海藻糖-6-磷酸（T6P）。T6P磷酸酶（TPS2）通过磷酸酯水解快速将T6P转化为海藻糖。实际上，TPS1和TPS2与共同调节并受加热诱导的两个调节亚基TPS3和TSL1（海藻糖磷酸合酶和海藻糖合成酶长链）一起形成复合物。至少在细菌中，也可能在酵母中，T6P合酶反应是不可逆的。它的基因*TPS1*被葡萄糖抑制，而抑制程度决定了海藻糖生成复合物的浓度和活性。相反，G6P和UDPG诱导海藻糖产生。热胁迫后，对*TPS1*的诱导反映在相应的T6P的产生中。

通过*O*-糖基键水解，海藻糖可以分裂成两分子葡萄糖。该反应由三种海藻糖酶NTH1、NTH2和ATH1中的一种或多种催化，它们位于不同的细胞区室中，并在生长期间表现出不同的活性谱。如前所述，海藻糖酶步骤对海藻糖降解很重要，海藻糖酶的缺乏导致海藻糖的积累。此外，从热胁迫中成功恢复，似乎需要相当快速地去除海藻糖，因为高浓度的海藻糖阻碍了在热胁迫期间部分变性的蛋白质的重折叠[19, 20]。相反，海藻糖酶的任何过量产生都会导致胁迫下的海藻糖浓度不足，并可能增加死亡率。

总之，海藻糖的生物合成和降解以葡萄糖开始和结束，从而形成了海藻糖循环：

2葡萄糖⟶2 G6P；1 G6P⟶1 UDPG；
1 G6P＋1 UDPG⟶1 T6P；1海藻糖⟶2葡萄糖。

海藻糖循环为微生物提供了对热、冷、渗透压和缺水的惊人耐受性，而这种耐受性的实现高效且廉价。这种偶然特征的组合引起了生物技术学家的兴趣，他们开始为珍贵的有机材料采用更加微妙且损害较小的海藻糖代谢方法[21, 22]，来取代一些已建立的保存技术（如结冰、液氮和真空干燥）。最明显和直接的应用是对酵母细胞冷冻和冷冻干燥技术的优化，如在食品工业中。一般来说，由于海藻糖独特的稳定分子的能力、温和的甜度、高溶解度和低吸湿性，以及它的（最后但并非最不重要的，通过微生物的遗传修饰已经成为可承受的）生产代价，海藻糖已成为重要的生物技术目标，用来制造干燥的加工食品，并从食品和液体中制造干粉。目前，全球7000家公司生产的20 000多种食品含有海藻糖[23]。出于同样的原因，海藻糖对于生产化妆品如唇膏也有价值。此外，海藻糖处理使得血小板和其他血细胞的冷冻干燥更为有效，这是非常重要的，因为它可以部分地缓解由存储问题导致的全球人体血小板的长期短缺。海藻糖还可用于在低温下储存疫苗、活性重组逆转录病毒及哺乳动物和无脊椎动物的细胞，这是（例如）在空间实验室中进行实验所需要的。

海藻糖循环的建模分析

11.2 代谢通路模型的设计和诊断

基于该通路的连接关系和调节结构，可以直接建立符号方程，特别是，如果采用**规范建模**（**canonical modeling**）方法的默认选项，如**生化**

系统理论（**biochemical system theory**，BST；见第4章和参考文献［24-26］）。首先，为所有感兴趣的代谢物池定义因变量，并构建它们的微分方程，使得进入或离开这些池的所有**流量**（**flux**）都被表述为**幂律函数**（**power-law function**）。这些函数中的每一个都包含直接影响相应流量的所有变量，提升到适当的幂次，称为**动力学阶数**（**kinetic order**）；此外，每个流量项具有正的**速率常数**（**rate constant**）。如果已知（或可以假设）其他类型的函数有适当的表示方式，那么它们也可以用在模型构造中。诸如**米氏**（**Michaelis-Menten**）和**希尔**（**Hill**）速率规则之类的函数形式通常可以在文献中找到（见第8章）。

对于海藻糖循环模型的设计，可以有几个起点。可以从头开始，查询KEGG[16]和BioCyc[17]等途径数据库，并从BRENDA等数据库中提取动力学数据[27]。然而，通过调整已经存在的前体来构建模型当然会更容易。在此案例中，加拉佐（Galazzo）和贝利（Bailey）[18]对酵母中的糖酵解进行了靶向实验，并使用米氏（Michaelis-Menten）速率规则及其推广形式，建立和参数化了该通路的数学模型。虽然他们没有特别考虑海藻糖的产生，但由于在标准条件下通过该通路的流量很低，他们的模型可以直接作为海藻糖循环扩展建模的基础。库尔托（Curto）及其同事[28]将加拉佐（Galazzo）和贝利（Bailey）的模型转换为BST模型，被其他人后来用于各种目的，如说明模型设计和优化的方法[25, 29, 30]，其中一些模型甚至扩展到包括海藻糖循环的情形[2, 31, 32]，从而使我们的工作变得异常容易。此外，还有几个描述酵母中热胁迫相关的基因表达的数据集[2, 9, 31-33]。作为一个额外的数据源，丰塞卡（Fonseca）等测量了相关代谢物浓度的**时间序列**（**time series**）[34]，我们将在后面更详细地讨论它。

改编自早期研究的以**广义质量作用**（**generalized mass action，GMA**）形式表示的海藻糖循环模型（图11.3～图11.5）如下：

$$
\begin{aligned}
\text{葡萄糖:}\quad & \dot{X}_1=30X_2^{-0.2}-90X_1^{0.75}X_6^{-0.4}+2.5X_7^{0.3}, \quad X_1=0.03\\
\text{G6P:}\quad & \dot{X}_2=90X_1^{0.75}X_6^{-0.4}+54X_2^{-0.6}X_3^{0.6}-23X_2^{0.75}-3X_2^{0.2}-7.2X_2^{0.4}X_3^{-0.4}-0.2X_1^{-0.3}X_2^{0.3}X_4^{0.3}, \quad X_2=1\\
\text{G1P:}\quad & \dot{X}_3=7.2X_2^{0.4}X_3^{-0.4}+0.9X_2^{-0.2}X_4^{-0.2}X_5^{0.25}-54X_2^{-0.6}X_3^{0.6}-11X_3^{0.5}-12X_2^{-0.2}X_3^{0.8}X_4^{-0.2}, \quad X_3=0.1\\
\text{UDPG:}\quad & \dot{X}_4=11X_3^{0.5}-0.2X_1^{-0.3}X_2^{0.3}X_4^{0.3}-3.5X_2^{0.2}X_4^{0.4}, \quad X_4=0.66\\
\text{糖原:}\quad & \dot{X}_5=3.5X_2^{0.2}X_4^{0.4}+12X_2^{-0.2}X_3^{0.8}X_4^{-0.2}-0.9X_2^{-0.2}X_4^{-0.2}X_5^{0.25}-4X_5^{0.25}, \quad X_5=1.04\\
\text{T6P:}\quad & \dot{X}_6=0.2X_1^{-0.3}X_2^{0.3}X_4^{0.3}-1.1X_6^{0.2}, \quad X_6=0.02\\
\text{海藻糖:}\quad & \dot{X}_7=1.1X_6^{0.2}-1.25X_7^{0.3}, \quad X_7=0.05
\end{aligned}
\tag{11.1}
$$

这里，浓度的单位是μmol，流量的单位是μmol/min。注意，除了糖酵解代谢物，该模型不仅包含海藻糖和T6P，还包含糖原的通路，它与使用共享底物UDPG的海藻糖产生竞争。我们稍后会看到，糖原的动力学受到热胁迫的强烈影响。目前尚不清楚，G1P和糖原之间的反应在何种程度上是可逆的，故而上述模型包括两个方向。

在将模型用于进一步分析之前，应对其进行标准的诊断测试，如果成功，将增加我们对其可靠性的信心。两个典型的测试是探索**稳态**（**steady state**）及模型的**特征值**（**eigenvalue**）和灵敏度值（见第4章）。实际上，对于给定的初始值，系统非常接近稳态，并且所有特征值都具有负实部和零虚部，从而确认了局部**稳定性**（**stability**）。代谢物种类和流量对速率常数与动力学阶数的灵敏度和**增益**（**gain**）很一般，其中绝大多数的量值都小于1，表明参数或**自变量**（**independent variable**）中的大多数扰动都很容易衰减。只有少数灵敏度大于1，但没有一个具有足够高的值以引起担忧。由于灵敏度和增益是与非常小的变化相关的特征，因此，通过模拟某些变量或参数的临时或持续增加，来检查模型的局部和结构稳定性也是有用的。例如，可以在稳定状态下启动系统，再将其中一个初始值加倍或减半。同样地，我们的模型结果并不显著，系统很快就会从这种扰动中恢复过来。有趣的是，UDPG中的推注，恢复时间最长，但即使在这里，系统也会在不到5 min内恢复到稳定状态。

作为一个具体例子，假设系统从0时刻的稳态开始，在时间1和5之间，通过10个单位的恒定推注来增加葡萄糖流入系统的量。相比之下，流入系统的自然流量大约有30个单位。如图11.6所示，所有变量都会对推注产生反应，导致其浓度增加，而一旦推注被移除，系统就会恢复正常。注意，变量相对于它们的稳态值进行了归一化，这使得稳态移动到（1，1，…，1）处。

对于此类模型，可以执行的模拟类别是没有限制的。一个有趣的案例是，葡萄糖的持续过量或缺乏。据推测，虽然海藻糖也是碳水化合物储存分子，但糖原是更优的选择，因为它在能量上有优势。模拟很简单：永久性地增加或减少流入系统的

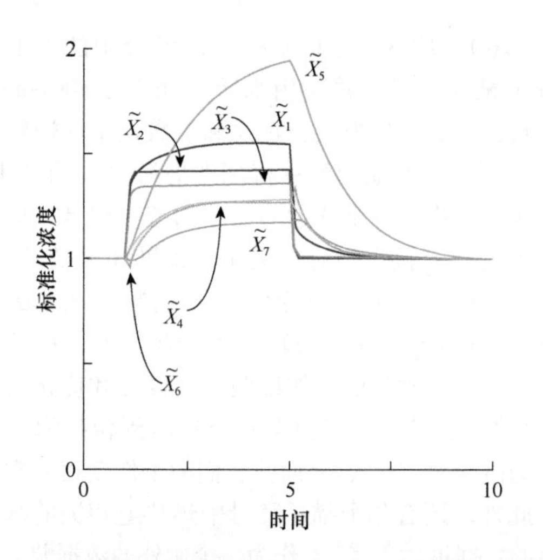

图11.6　海藻糖通路模型对时间1和5之间的葡萄糖推注的响应。所有变量相对于其稳态值进行了归一化。变量名与式（11.1）中的相同，波浪号（～）表示归一化。

葡萄糖的量。例如，如果流入量增加一倍，则糖酵解流量增加80%，海藻糖浓度增加约40%。相反，糖原增加了5倍。在葡萄糖短缺的情况下，糖原储存池很快就会耗尽。

另一组模拟实验有助于我们探索系统对增强或减少酶活性（可能是天然或人工遗传改变所致）的反应。例如，我们可以轻松测试并确认*TPS1*或*TPS2*基因中的突变会导致海藻糖产量降低。

除了探索暂时或持续扰动的影响，还可以使用该模型来研究海藻糖循环中存在的各种调节信号的特定作用。用于探索所谓设计原理的工具是数学上进行控制的比较方法（the method of mathematically controlled comparison），我们将在第14章中详细讨论。简而言之，就是并行执行两个分析：一个使用所观察的系统，另一个使用只有一个不同特征（该特征为感兴趣的特征）的系统。然后，两个系统之间响应的差异可归因于这个不同的特征。对这种类型的分析表明，海藻糖系统中的每个调节特征都为该通路提供了一些优势，而所有信号一起则构成了一个更为有效的控制系统[2]。

11.3　热胁迫分析

到目前为止，建立的模型不包含代表热量的变量或参数。那么，我们如何研究热胁迫的影响呢？可以采用几种策略，我们从最简单的聚焦于代谢物和酶的策略开始。感兴趣的代谢物已经作为因变量存在于模型中，但却看不到在各种反应通路中起催化作用的酶，是这些酶将葡萄糖最终转化为海藻糖或其他产物。但是，模型隐含地考虑了它们，因为它们直接影响速率常数。例如，T6P和海藻糖方程中的项$1.1X_6^{0.2}$描述了T6P向海藻糖的转化，海藻糖由T6P磷酸酶催化。该反应的速率具有1.1的数值，这个量实际上是速率常数和酶活性的乘积。如果酶活性加倍，则速率常数也加倍。在给定的情况下，这种**线性（linear）**关系就是我们所需要的，我们并不需要知道1.1这个值在速率常数和酶活性之间是如何精确分配的。

然而，当需要改变许多酶的活性时，在方程式中明确地写出它们是方便的做法。这很容易通过为每种酶定义一个独立变量来实现，将其加入适当的反应步骤中，有时出现在两个或多个方程中，并在正常条件下将其值设置为1。表11.1和稍微扩展的方程组（11.2）说明了这些变化。请注意，这些方程与方程组（11.1）完全相同，只是现在明确写出了所有相关酶的独立变量。只要它们的正常值为1，则两组方程在数值上是相同的。

表11.1　模型（11.2）中的独立变量

催化或转运步骤	酶或转运分子	变量
葡萄糖摄取	HXT	X_8
己糖激酶/葡糖激酶	HXK1/2，GLK	X_9
磷酸果糖激酶	PFK1/2	X_{10}
G6P脱氢酶	ZWF1	X_{11}
葡萄糖磷酸变位酶	PGM1/2	X_{12}
UDPG焦磷酸化酶	UPG1	X_{13}
糖原合成酶	GSY1/2	X_{14}
糖原磷酸化酶	GPH	X_{15}
糖原利用	GLC3	X_{16}
α,α-T6P合成酶	TPS1	X_{17}
α,α-T6P磷酸酶	TPS2	X_{18}
海藻糖酶	NTH	X_{19}

注：T6P．海藻糖-6-磷酸；G6P．葡萄糖-6-磷酸。

$$
\begin{aligned}
&\text{葡萄糖：}\ \dot{X}_1=30X_2^{-0.2}X_8-90X_1^{0.75}X_6^{-0.4}X_9+2.5X_7^{0.3}X_{19},\quad X_1=0.03\\
&\text{G6P：}\ \dot{X}_2=90X_1^{0.75}X_6^{-0.4}X_9+54X_2^{-0.6}X_3^{0.6}X_{12}-23X_2^{0.75}X_{10}-3X_2^{0.2}X_{11}-7.2X_2^{0.4}X_3^{-0.4}X_{12}-0.2X_1^{-0.3}X_2^{0.3}X_4^{0.3}X_{17},\quad X_2=1\\
&\text{G1P：}\ \dot{X}_3=7.2X_2^{0.4}X_3^{-0.4}X_{12}+0.9X_2^{-0.2}X_4^{-0.2}X_5^{0.25}X_{15}-54X_2^{-0.6}X_3^{0.6}X_{12}-11X_3^{0.5}X_{13}-12X_2^{-0.2}X_3^{0.8}X_4^{-0.2}X_{15},\quad X_3=0.1\\
&\text{UDPG：}\ \dot{X}_4=11X_3^{0.5}X_{13}-0.2X_1^{-0.3}X_2^{0.3}X_4^{0.3}X_{17}-3.5X_2^{0.2}X_4^{0.4}X_{14},\quad X_4=0.66\\
&\text{糖原：}\ \dot{X}_5=3.5X_2^{0.2}X_4^{0.4}X_{14}+12X_2^{-0.2}X_3^{0.8}X_4^{-0.2}X_{15}-0.9X_2^{-0.2}X_4^{-0.2}X_5^{0.25}X_{15}-4X_5^{0.25}X_{16},\quad X_5=1.04\\
&\text{T6P：}\ \dot{X}_6=0.2X_1^{-0.3}X_2^{0.3}X_4^{0.3}X_{17}-1.1X_6^{0.2}X_{18},\quad X_6=0.02\\
&\text{海藻糖：}\ \dot{X}_7=1.1X_6^{0.2}X_{18}-1.25X_7^{0.3}X_{19},\quad X_7=0.05
\end{aligned}
\tag{11.2}
$$

有趣的是，内维斯（Neves）和弗朗索瓦（François）[35]报告说，与海藻糖动力学直接相关的三种酶表现出依赖于环境温度的活性。事实上，他们给出了每种酶的温度-活性曲线（图11.7）。根据这些曲线，如果培养基中的温度从常温（25～30℃）升高到约39℃的热胁迫条件，T6P合成酶和T6P磷酸酶的活性大约增加2.5倍。相比之下，海藻糖酶的活性降至原始值的一半左右。此信息可以直接输入我们的模型中，即相应酶的项（X_{17}、X_{18}、X_{19}）分别乘以2.5、2.5和0.5。作为说明，$0.2X_1^{-0.3}X_2^{0.3}X_4^{0.3}X_{17}$项代表T6P合成酶反应，并出现在G6P、UDPG和T6P的方程中；对于热胁迫情景，酶活性X_{17}从1变为2.5。$1.1X_6^{0.2}X_{18}$项出现在T6P和海藻糖的方程中，且酶活性X_{18}也设定为2.5。最后，$1.25X_7^{0.3}X_{19}$项直接是海藻糖方程的一部分，且在葡萄糖方程中显示为$2.5X_7^{0.3}X_{19}$；为了表示热胁迫条件，酶活性X_{19}设定为0.5。模型中的其他所有内容保持不变。

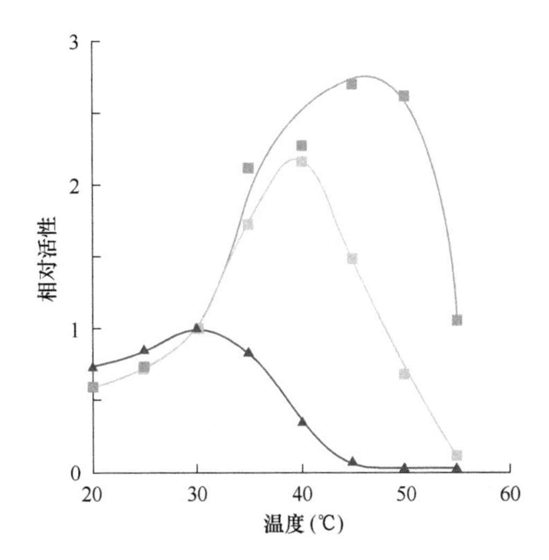

图11.7 温度对生成（绿色）和降解（红色）海藻糖的酶活性的影响。浅绿色，海藻糖-6-磷酸合成酶；深绿色，海藻糖-6-磷酸磷酸酶；红色，海藻糖酶；线条被平滑，用插值来反映趋势［数据来自Neves MJ and François J. *Biochem. J.* 288（1992）859-864］。

我们可以从原始稳态开始，使用新的参数值轻松地解出模型，并研究代谢物中的响应。模拟显示，海藻糖大大增加至约7.5 mmol/L，这约相当于它在常温条件下水平的150倍。同时，G6P和G1P基本保持不变，而剩余的代谢物降低至原始值的50%～75%（图11.8）。和以前一样，这类模拟的变化没有极限。作为本组研究的最后一点，可以问一下，酶活性对热胁迫的反应有多快。这个问题于此处并非十分紧要，只要酶以相似的速度反应即可，因为δ min的共同时间延迟，只是简单地将所有瞬态向右移动。

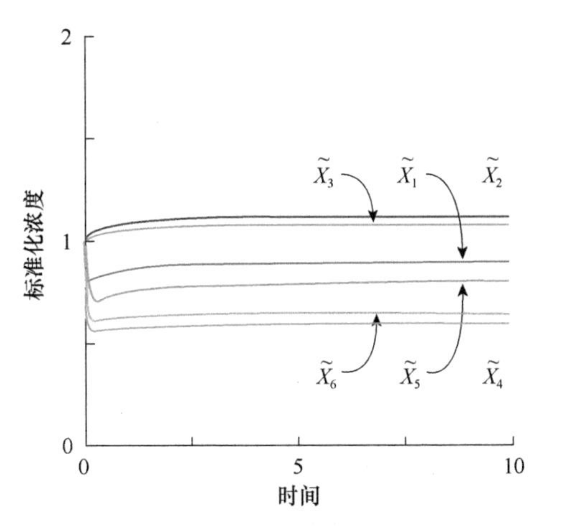

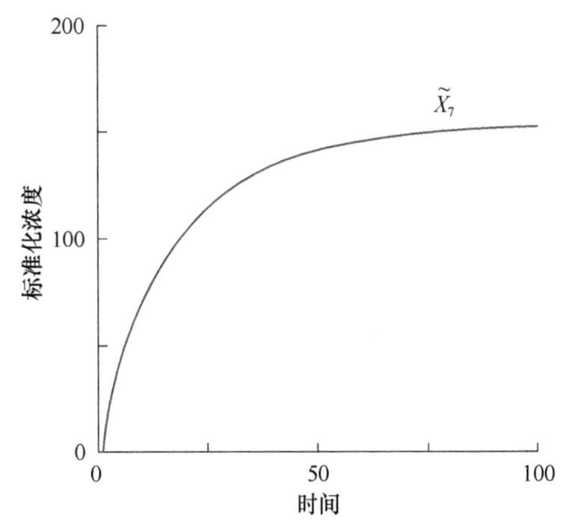

图11.8 对所报道的热胁迫敏感酶（heat-stress-sensitive enzyme）变化的不同响应。当调整参考文献［35］中报道的酶的活性以反映热胁迫条件时，海藻糖（X_7）增加约150倍，而其他代谢物或多或少保持不变或减少。所有量均以相对于原始稳态值的形式表示，如波浪号所示。请注意坐标轴的不同比例。

11.4 考虑葡萄糖动力学

到目前为止，所有模拟都假设培养基中的葡萄糖浓度很高，以至于细胞可以以恒定速率吸收葡萄糖，而葡萄糖方程中的葡萄糖浓度值为30。在实验室进行的实验中，这种情况或许是可行的，但是在自然界中不太可能实现。我们可以合理地调整模型，以解决介质中底物的消耗问题。很明显，恒定的速率30必须用能够反映葡萄糖消耗的函数来代替。如前所述，可以用外部葡萄糖浓度（GLU）和速率常数α的乘积来代替恒定速率30。为了方便论证，让我们假设外部浓度GLU＝100，因此，新的速率常数是$\alpha=30/(\text{GLU})=0.3$，这在数值上等同于我们以前的模型，因为$\alpha\cdot(\text{GLU})=30$。因此，$X_1$方程中的葡萄糖摄取项变为$0.3\cdot(\text{GLU})\cdot X_2^{-0.2}$。这么做的优点是，我们现在可以将GLU表示为独立变量或因变量，它可以是常数，也可以不是。特别是，如果我们通过微分方程来定义GLU，则可以模拟它随时间的变化，而且我们仍然可以选择设置$(\dot{\text{GLU}})=0$，这对应于培养基中的恒定葡萄糖浓度。

现在感兴趣的新选项是，细胞耗尽葡萄糖。例如，我们可以设置

$$(\dot{\text{GLU}})=-p\cdot0.3\cdot(\text{GLU})\cdot X_2^{-0.2} \quad (11.3)$$

在该公式中，葡萄糖从培养基中消失，这体现在负号上。此外，葡萄糖的消耗与细胞的摄取成比例，比例常数为p。该参数p反映介质体积与细胞溶质体积之间的比率通常不等于1，因为外部浓度是基于培养基体积的，而细胞内的浓度则需要反映细胞内的体积。即使看似微不足道的方面，如浓度，也会变得复杂！为了使我们可以进行一些模拟，假设$p=0.025$，我们从正常的温度条件开始，设外部葡萄糖的初始浓度为100。结果如图11.9所示。所有代谢物浓度均降低，糖原（X_5）受影响最大。这个细节是有道理的，因为糖原本来就是为了应对不时之需而储存的。

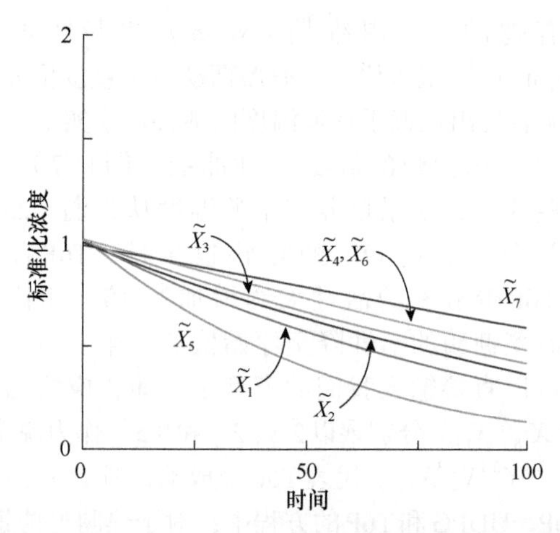

图11.9　在常温条件下，外部葡萄糖的缓慢消耗导致所有代谢物的减少。请注意，作为储存资源的糖原（X_5）的损失最大。所有量均相对于其稳态值进行了归一化。

现在可以很容易地研究，在热胁迫且葡萄糖同时消耗的情况下，会发生什么了。也就是说，通过使用该模型的最新变体（它考虑了GLU的变化），并如前所述，分别将海藻糖酶乘以2.5和0.5。一些结果如图11.10所示。瞬态的形状有些不同，最突出的是海藻糖在减少之前达到最大值。如果将模拟扩展到更长的时间窗口，我们会发现海藻糖在大约$t=450$时趋近于0。但是，我们必须小心对待这种扩展，因为处于压力下的细胞，通常会关闭所有非绝对必要的过程，进入一种类似假死的状态。

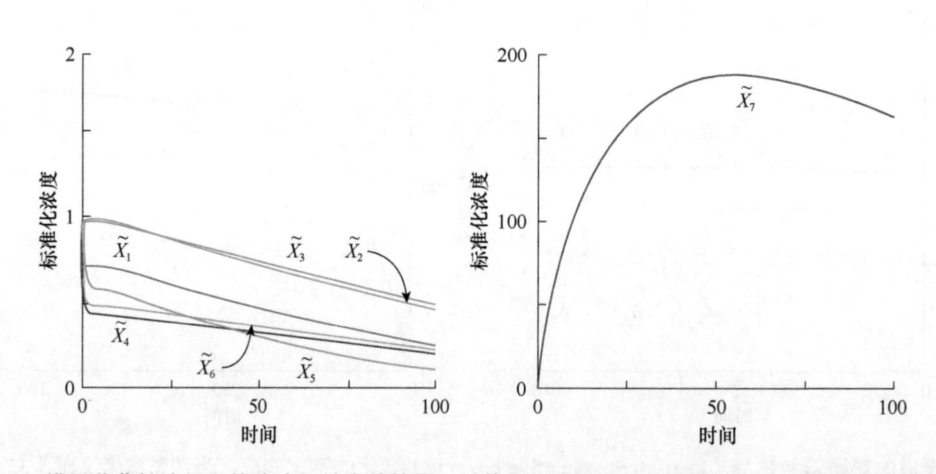

图11.10　模拟葡萄糖消耗和热胁迫相结合的情景。最值得注意的是，海藻糖（X_7）在降低前会达到最大值。

11.5　基因表达

关于在胁迫条件下基因表达的变化，包括酵母中的热胁迫和热休克，已经写了无数论文。这些论文中有许多涉及各种热休克蛋白，其基因在不利条件下被上调。然而，在编码酶的大量基因中，也观察到了表达的变化，并且实际上，海藻糖循环中的几种酶会响应热处理而上调。这些基因表达的变化非常有趣，它们通常是用**微阵列（microarray）**和**DNA芯片（DNA chip）**实验测得的，可以在单个实验中获得许多基因的数据，而代谢数据通常来自不同的实验，有时甚至来自不同类型的实验，因此，人们不得不问，这些不同数据的兼容性如何。

由于两个主要原因，基因表达数据也不是没有

问题的。首先，技术挑战和实验噪声会导致结果的准确性无法确定，正如我们在第6章中所讨论的那样。更重要的是，尚不清楚，基因表达是否与观察到的mRNA分子的数量和相应的活性蛋白质的量真正（或多或少地呈线性）相关[36]。尽管存在这些不确定性，由于基因表达数据是来自单个实验的大量信息内容，它们依然非常有价值，并且它们至少可以作为粗略工具，用于提供关于细胞在胁迫下如何协调响应的线索。在斯坦福酵母数据库[9, 33, 37]中，可获得来自各种胁迫下酵母大量的基因表达数据。类似的数据，特别是关于热胁迫的，也出现在参考文献［31］中。

如果在最初的近似中，假设基因表达与蛋白质存量之间存在直接比例关系，则可以将酶活性与基因表达相关联，从基因组水平对代谢水平进行推断。例如，基因*ZWF1*编码G6P脱氢酶，该酶催化将碳从糖酵解转向磷酸戊糖途径的反应。假设我们想要研究*ZWF1*四倍上调对海藻糖循环的影响，并假设没有其他反应受到影响。假定基因表达与酶活性之间存在直接比例关系，我们从形如式（11.2）的原始模型开始，将G6P方程中相应酶的项X_{11}乘以4，并求解该系统。正如人们所预料的那样，所有浓度都会迅速下降，因为物料不可逆转地从模型系统中流出。有趣的是，瞬态曲线都略有不同，X_1甚至显示出一个小的起始上冲，乍一看令人意外（图11.11）；见练习11.10。

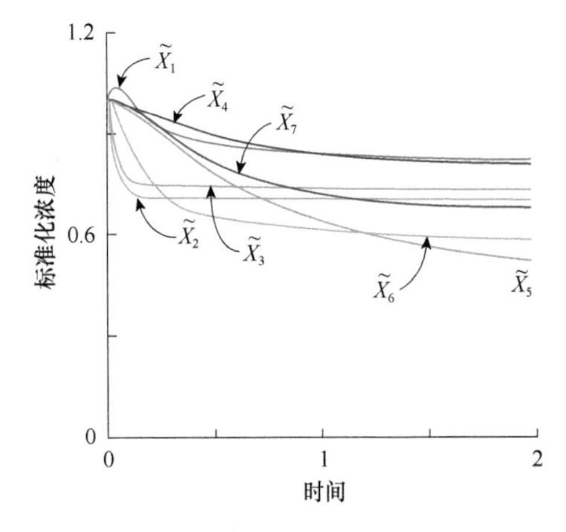

图11.11 戊糖磷酸途径（PPP）的影响。 G6P脱氢酶（X_{11}）活性的增加将物料引入PPP，从而导致所有系统变量的减小。

使用这种关联策略，可以根据观察到的基因表达变化，轻松改变酶活性。我们首先从斯坦福数据库中提取相关信息[37]。在表11.2中，将海藻糖循环中每个基因的相对表达变化表示为2的幂的形式。因此，值3表示2^3＝8倍变化，而−1对应于正常条件下表达水平的一半。空白条目表示缺少测量值。

表11.2 选定的酵母基因在热胁迫下表达的变化*

ORF	基因	酶或反应步骤	5	10	15	20	30	40	60	80
YPR026W	*ATH1*	液泡海藻糖酶			3.03		2.94		1.39	
YCL040W	*GLK1*	葡糖激酶	3.21	4.38	5.32	5.12	4.59		2.19	1.99
YPR160W	*GPH1*	糖原磷酸化酶	3.76	5.07	6.78	5.99		2.83		
YFR015C	*GSY1*	糖原合成酶	2.97	2.96	4.02	3.29	1.76	1.05	0.12	0.4
YLR258W	*GSY2*	糖原合成酶	2.96	4.04	4.42	4.24	3.45	2.67	1.59	1.61
YFR053C	*HXK1*	己糖激酶Ⅰ	3.57	4.7	5.72	4.84	4.53	1.96	0.75	1.65
YGL253W	*HXK2*	己糖激酶Ⅱ	0.5	0.4	0.64	0.15	−0.76	−1.09	−0.32	−0.09
YDR001C	*NTH1*	中性α,α-海藻糖酶	2.26	2.79	3.52	3.24	3.33	2.22	1.56	1.43
YBR001C	*NTH2*	中性α,α-海藻糖酶	1.45	1.75	2.17	2.5	2.12	1.66	1.45	1.19
YKL127W	*PGM1*	葡萄糖磷酸变位酶Ⅰ	0.07	−0.12	0.06	0.08	−0.71	−0.32	0.12	−0.36
YMR105C	*PGM2*	葡萄糖磷酸变位酶Ⅱ	4.6	6.05	7.22	6.83	6.59	4.8	2.45	2.28
YGR240C	*PFK1*	磷酸果糖激酶Ⅰ	−0.19	−0.9	−0.41	−0.68	−0.64	−0.15	−0.55	−0.45
YMR205C	*PFK2*	磷酸果糖激酶Ⅱ	−0.06	−1		0.29	−0.22	0.07	0.03	0.19
YBR126C	*TPS1*	T6P合成酶	2.06	3.46	3.69	3.44	3.1	1.81	1.06	0.91
YDR074W	*TPS2*	T6P磷酸酶	3.57	3.4	4.16	4.24	3.31	1.78	1.89	1.76
YMR261C	*TPS3*	T6P合成酶调控蛋白	−0.09	0.15	1.73			−0.09		
YML100W	*TSL1*	T6P合成酶调控蛋白	4.88	4.86	6.28	6.38	5.7	4.75	3.66	3.31
YKL035W	*UGP1*	UDPG焦磷酸化酶	2.23	3.05		4.25	3.36	1.92	0.99	0.99
YNL241C	*ZWF1*	G6P脱氢酶	0.68	1.27	2.34	1.95	1.71	1.33	0.53	0.53

*数据摘自参考文献［37］。

注：T6P．海藻糖-6-磷酸；G6P．葡萄糖-6-磷酸。

表达数据清楚地表明，酵母细胞在热胁迫开始的几分钟内，引发了协调的大规模响应。事实上，其他研究已经展示了2 min内的变化。大多数涉及基因的表达上升，并最终恢复到正常基准。此外，所有基因，似乎在热胁迫后15～20 min内，达到其表达的最大变化。

将我们的分析限制在海藻糖循环中，我们发现，大多数基因在几分钟内发生上调，并在一段时间内保持上调。特别是，海藻糖的生成和降解基因遵循类似的趋势（图11.12）。有趣的是，上调的程度变化很大（表11.2），一些基因，如磷酸果糖激酶（PFK1和PFK2）的两个编码基因对热胁迫的响应没有太大的上调，而其他基因的表达则非常强烈。例如，使用糖原生成G1P的糖原磷酸化酶（GPH1），达到了接近7的上调水平，这实际上意味着$2^7=128$倍！同样令人感兴趣的是，编码己糖激酶2（HXK2）的基因完全没有太大变化，而其**同工酶（isozyme）**——己糖激酶1和葡萄糖激酶（它们催化从葡萄糖到G6P的同一个磷酸化反应）则被强烈上调。另一个有趣的细节是，*TPS1*和*TPS2*的表达模式非常相似。因此，T6P池在整个热胁迫响应中或多或少地保持恒定。这种稳定性很重要，因为T6P在高浓度下是有毒的[38, 39]。

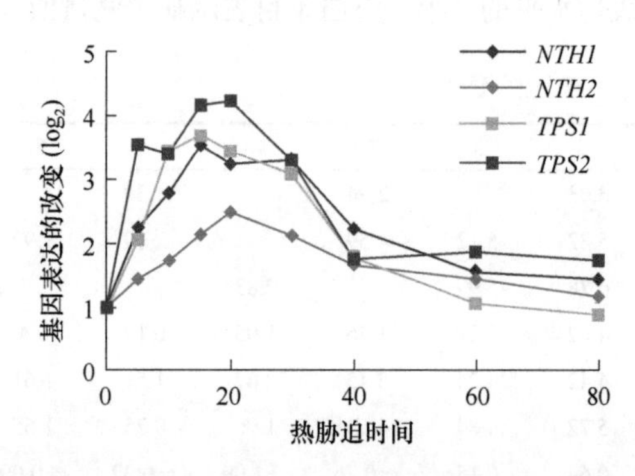

图11.12　热胁迫诱导的、与海藻糖直接相关的基因表达的变化。*NTH1/2*．海藻糖酶；*TPS1*．T6P合成酶；*TPS2*．T6P磷酸酶。*TPS2*上升至$2^{4.24}=18.9$的水平，这意味着，在热胁迫开始后约20 min，其基因表达比常温条件下增加近20倍。

乍一看，这些表达模式中的许多细节可能没有多大意义。然而，通过代谢模型及酶活性与基因表达水平直接相关的假设，它们可以在某种程度上得到解释。为了简化分析，让我们关注对正常状态的最大偏离，它大约发生在热胁迫后的15～20 min，并将这种最大的基因表达水平的变化直接转化为酶活性的变化。因此，如果基因上调8倍，我们就将相应酶的活性乘以8。因为大多数过程都有助于底物的降解和产物的合成，所以通常会影响两个项。例如，从葡萄糖到G6P的己糖激酶反应，在前两个方程中显示为$90X_1^{0.75}X_6^{-0.4}X_9$，一次带有减号，一次带有加号。另一个复杂因素来自多反应。例如，葡萄糖转化为G6P，可由多种同工酶催化。特别引人注目的一个例子是，细胞对外部葡萄糖的摄取，这里酵母使用大约20种不同的转运蛋白。如果几种酶催化相同的反应，则可以对它们的贡献进行分配。例如，通过在最相关的条件下来观察它们的亲和力，或通过每个细胞相应mRNA分子的数量来衡量它们各自的重要性[32]。

显然，基因表达向酶活性的转化和同工酶的加权都是极大的简化，必须谨慎考虑基于这些假设得到的分析结果。然而，当执行这种类型的全面分析[32]时，可获得三方面的见解：

1. 如果需要按其上调程度对所有基因进行聚类，这种做法有时在生物信息学中用于识别未知通路系统的共同控制因素，那么糖酵解基因似乎彼此无关，因为它们以不同的程度表达，将被划分为不同的类别。因此，通过表达水平对基因进行**聚类（clustering）**虽常有助益，但须谨慎行事。

2. 在15～20 min的热胁迫后，观察到的上调图谱不是非常直观。然而，如果这种模式转化为酶活性，那么响应似乎协调得很好。该系统会产生大量的海藻糖、作为能量的ATP（通过糖酵解）和NADPH（在戊糖途径内），以达到足够的**氧化还原（redox）**平衡。同时，通路系统不会积累不必要的或有毒的中间体，如T6P。

3. 可以使用该模型对假设的可选上调模式进行测试，并评估它们在海藻糖、ATP和NADPH产生及中间体产生方面的表现。例如，细胞是否有可能以更少的代价（通过只上调一两种关键酶）来达到响应的目的。对这种假设的可选上调谱图的分析表明，与观察到的谱图相比，它们似乎没有表现得更好，并且在许多方面都是更差的。

可以实现该主题的许多变体。最重要的是，前面段落中描述的分析，只考虑了一个基因表达水平（15～20 min时的），并且仅评估了在培养基中存在无限葡萄糖条件下系统的稳态。在扩展的研究中，人们可以研究瞬态和延迟，根据公布的微阵列数据动态改变基因表达，比较恒定可用葡萄糖和葡萄糖消耗的情况，或者将这些方面中的一些或全部组合起来进行研究。此外，正如我们之前讨论的那样，可以考虑由酶活性的温度依赖性变化引起的代谢变化。下一节描述了这种组合分析的一个选项。感兴趣的读者还应研究参考文献［10］和［31］，以了解酵母热胁迫中类似数据的不同分析。

多尺度分析

在分析的第一部分，我们使用关键酶的温度依赖性变化来模拟热胁迫反应。虽然结果看似合理，但很少有具体数据可供比较。此外，该策略完全忽略了热胁迫反应的重要组成部分受基因组水平控制的事实。在分析的第二部分，我们专注于基因表达，忽略了对酶的直接温度影响。这种策略带来了一些见解，但也受到一个前提假设的不确定性的影响，这个假设就是：基因表达可以直接和定量转化为酶活性。这个假设是必要的，因为流量随时间的变化尚不可测量。

11.6 体内核磁共振谱

新方法能够获得其他类型的信息。具体而言，可以使用**NMR波谱学**（**NMR spectroscopy**，见第8章）测量体内浓度的整个时间序列。丰塞卡（Fonseca）及其合作者[34]用这种方法研究了酵母中的热胁迫响应。他们将细胞培养至稳定的种群规模，然后在30℃的有利温度下为它们提供大量^{13}C标记的葡萄糖。当推测其被细胞吸收时，研究人员测量了从葡萄糖底物产生的特定代谢物，包括海藻糖、G6P、果糖-1,6-二磷酸（FBP），作为糖酵解的指标，以及最终产物，如乙醇、乙酸盐和甘油情况（图11.13）。在第一次提供的葡萄糖被吸收后，给予第二次含标记的葡萄糖，但此时酵母细胞处于热胁迫下。最后，将温度恢复到其正常值30℃，并进行另一组测量。典型结果如图11.14所示。该实验设置的重要特征是，葡萄糖输入不是恒定的，外部的葡萄糖会很快耗尽，而在此条件下，细胞并不生长。

检查该实验结果，可以获得一些见解。首先，

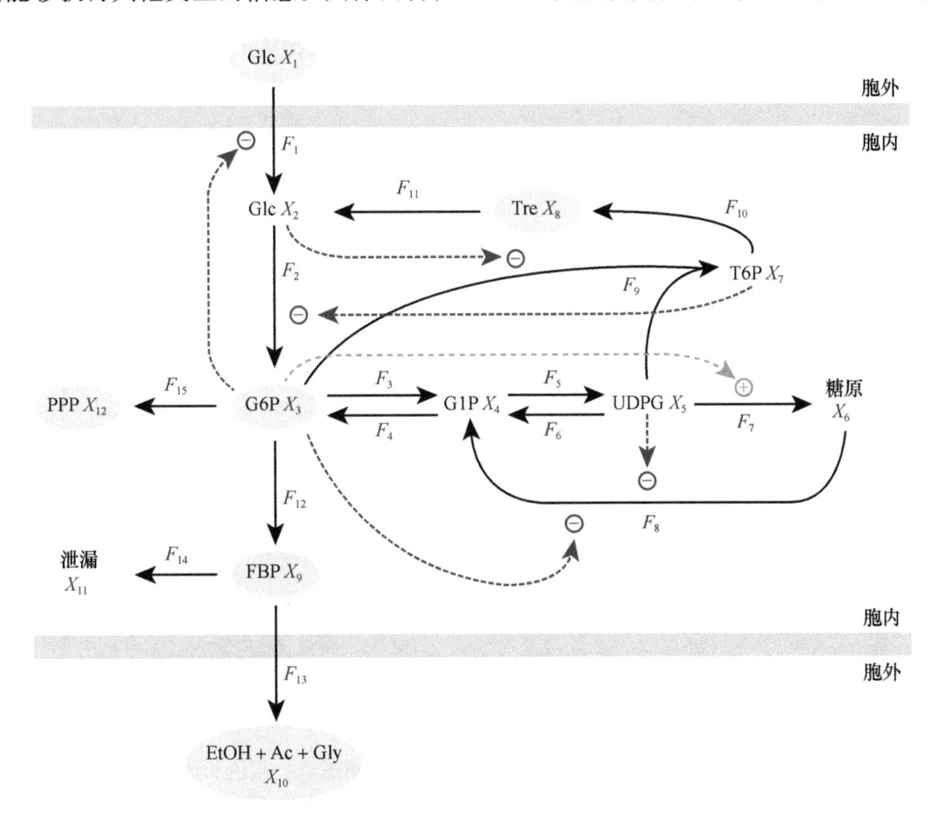

图11.13 用于分析体内NMR实验时间序列数据的模型结构。测量的量用椭圆标记［改编自Fonseca L，Sánchez C，Santos H & Voit EO. *Mol. BioSyst.* 7（2011）731-741. 经英国皇家化学学会许可］。

细胞迅速吸收葡萄糖，并基本上立即将其转化为G6P、FBP、海藻糖，以及乙醇、乙酸盐和甘油等终产物。G6P在图11.14中并未出现，因为这需要在碳6上标记葡萄糖，但它显示的时间曲线，类似于FBP（图11.15）。其次，在热胁迫期间，海藻糖的产生要多得多。不同于正常条件下4 mmol/L的峰值，细胞产生高达约8 mmol/L的新海藻糖。虽然这种倍增是显著的，但与文献中提供的广泛数据相比，这个最终量仍显得偏低。在恢复条件下，海藻糖的产生与第一阶段正常条件下的海藻糖产生类似。更细致的分析还表明，在热胁迫条件下，葡萄糖的摄取稍快。

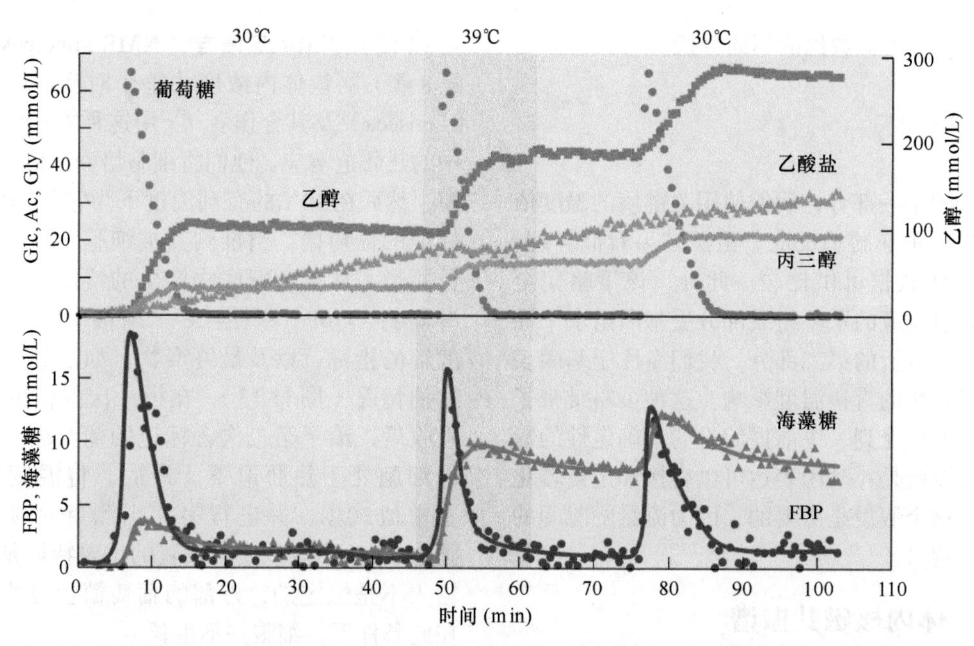

图11.14 消耗三个葡萄糖脉冲（65mmol/L）期间的体内代谢物NMR波谱。该实验测量了培养基中的葡萄糖、乙醇、乙酸盐和甘油，以及细胞内的FBP和海藻糖。每个葡萄糖脉冲在正常（30℃）、热胁迫（39℃）和恢复（常温）条件下供应。浅橙色带表示热胁迫期［改编自Fonseca L，Sánchez C，Santos H & Voit EO. *Mol. BioSyst.* 7（2011）731-741. 经英国皇家化学学会许可］。

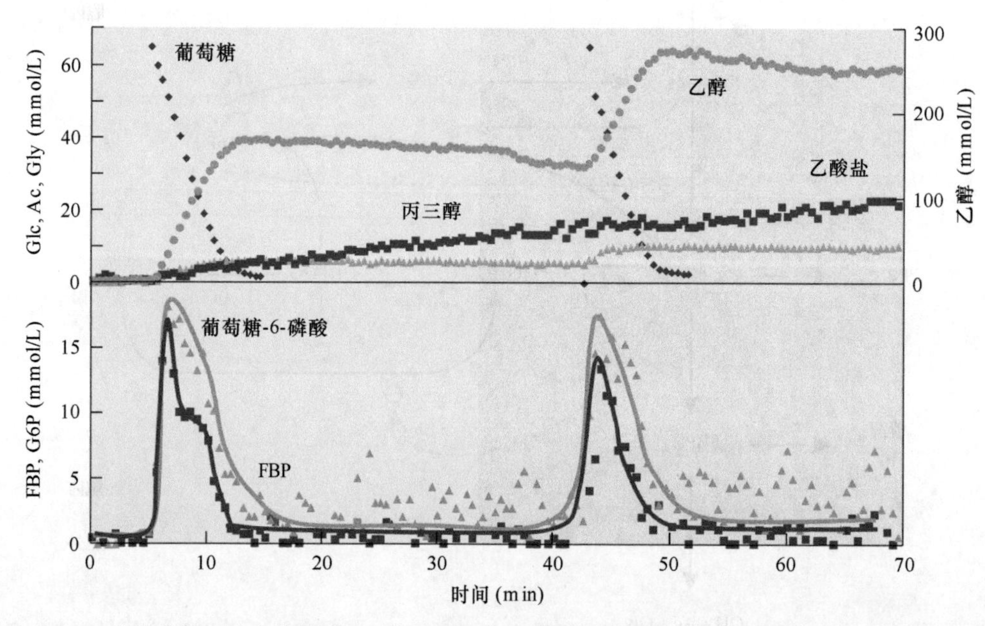

图11.15 从［6-13C］葡萄糖实验中获得的G6P、FBP和终产物的代谢图谱。蓝色和浅橙色区块表示最佳和热胁迫条件［改编自Fonseca L，Sánchez C，Santos H & Voit EO. *Mol. BioSyst.* 7（2011）731-741. 经英国皇家化学学会许可］。

此处和早期的一些结果具有直观意义，但有些地方也是相当令人惊讶的。我们知道，大部分热胁迫反应都是在基因组水平上控制的。然而，如果遗传控制是驱动因素，那么在葡萄糖变为可用的2 min内，就不可能看到海藻糖产量的增加，因为在酵母中，转录和翻译一起需要大约20 min。但是，如果海藻糖可以在没有任何特定作用或基因干预的情况下大量生产，为什么细胞还要花费上调海藻糖循环基因的生理成本呢？此外，我们已经注意到，三种海藻糖酶是热依赖性的，相比于最佳温度条件，热胁迫下T6P合成酶和T6P磷酸酶的活性约为2.5倍，而海藻糖酶的活性约为一半（见图11.7和参考文献［35］）。这些温度效应具有直观意义，因为这三者都会导致海藻糖产量的增加，这是一个理想的目标。但是，它们是否足以产生如图11.14所示的有效响应？这种类型的问题难以通过苦想甚或仅使用湿实验来回答，这表明需要用到建模分析。

原则上，这种分析是直截了当的。一旦我们有一个适合正常条件的数据的模型，我们就可以简单地改变模型中的三种酶活性（通过调整相应的速率常数），并求解微分方程，看一下，热响应是否以足够的精度进行了建模。此外，我们可以探索，其他过程是否可能直接受到热胁迫的影响。例如，仔细检查图11.14似乎表明，在热胁迫条件下，从培养基中摄取葡萄糖的速度会稍微快一些。事实上，进行全面的模拟研究并不困难，其中，一种、两种、几种或所有的酶活性都可以设为可加热诱导的[34]。

在我们开始对热胁迫反应建模之前，让我们回到一个早期的问题，即如果单靠代谢反应就足够了，为什么细胞还会上调任何相关基因。专门用于阐明这个问题的另外一组实验，可能会提供一些线索[34]。由于基因表达变化的代谢效应，最早在热胁迫后20～30 min开始出现，丰塞卡（Fonseca）培养细胞，并在生长的最后40 min内，将它们暴露于39℃的热胁迫，从而允许足够的时间来调整它们的基因表达谱。然后，他先后在正常和加热条件下，重复了早期的葡萄糖推注实验。

这些预处理细胞的结果如图11.16所示（右栏），该结果应与正常生长的对照细胞进行比较（图11.16，左栏）。差异是惊人的。首先，葡萄糖摄取要慢得多（注意不同的时间尺度）。在正常生长的群体中，30℃时的葡萄糖推注在约8 min内耗尽，而预处理群体需要几乎两倍的时间。在39℃时，对照细胞的摄取与30℃时基本相同，但在预处理的细胞中，它从约13 min加速至约8 min。其次，FBP的谱图明显不同。对于对照细胞，在两个温度下，在2 min内达到约18 mmol/L的相似峰。相比之下，预处理细胞中的峰，则几乎不可识别。

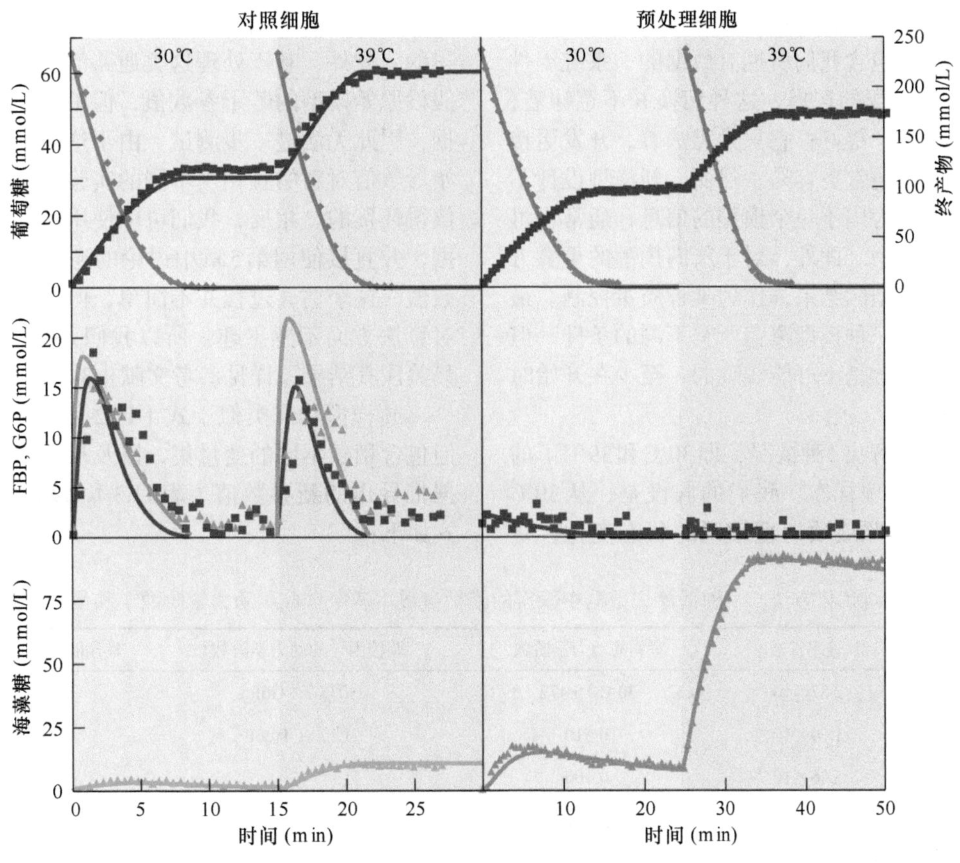

图11.16　针对海藻糖循环中关键代表性代谢物，实验测得的时间过程（符号）及其模型拟合。顶行中的深蓝色符号和曲线显示介质中的葡萄糖，而深红色符号和曲线显示所有最终产物的组合。它们的浓度远高于葡萄糖，因为它们是三糖（三碳糖），而葡萄糖是己糖（六碳糖）。对于对照细胞和预处理细胞，FBP的谱图（中心行中的浅红色曲线和符号）是显著不同的。只测量了对照细胞的G6P谱图（中心行中的绿色曲线和符号），未对预处理细胞进行测量，但可以预期，预处理细胞的G6P谱图将与其FBP谱图类似。请注意，对照和预处理细胞之间，海藻糖产生的显著差异（底行）。还要注意，对照和预处理细胞的不同时间尺度，这种时间尺度的差异清楚地表明，对照细胞可以更有效地摄取葡萄糖［改编自Fonseca L，Sánchez C，Santos H & Voit EO. *Mol. BioSyst.* 7（2011）731-741. 经英国皇家化学学会许可］。

最后，也许最重要的是，对于这个案例研究，海藻糖的图谱是显著不同的。在对照细胞中，海藻糖在30℃时达到约4 mmol/L的峰值，在39℃时达到10 mmol/L的峰值，而在预处理的细胞中，峰值达到约20 mmol/L（30℃）和超过90 mmol/L（39℃）。这些比较结果表明，当细胞再次暴露于热胁迫时，通过加热进行的预处理，在生命后期具有显著的影响。预处理似乎让它们为流量的重新分配做好了准备，特别是，通过海藻糖循环进行更有力的反应。

11.7 多尺度模型设计

现在让我们设计一个集成了这些发现并可能解释它们的模型。式（11.1）和式（11.2）中的早期模型具有正确的基本结构，然而如果使基因和酶的独立作用明确化，将更有利于我们的目的。此外，NMR实验不包括早期模型的所有组分，如UDPG和T6P，但包括了其他组分，如乙醇和乙酸盐（图11.13），因此，最好建立相应的、调整后的模型。这种情况非常普遍：一旦分析的重点发生了变化，建立恰好包含我们所拥有数据的、系统组件的修正模型是明智的选择。这种切换并不意味着，一个模型比另一个更好；它只是意味着，开发更接近新焦点的模型通常更容易。然而，新模型设计不必从头开始，因为用于一个模型的信息，通常也可以用在替代模型中。此外，对于新旧模型的重叠方面，可以比较模型的结果，作为某种质量控制。最终，当然希望有一种模型覆盖所有不同的条件，但是这种高标准通常是不可能实现的，至少在开始时是不可实现的。

新模型必须解决4种情况，即30℃和39℃下的对照样本与预处理样本。我们的假设是，从30℃切换到39℃，对照或预处理细胞的状态变化，是热诱导下一些酶活性变化引起的。一个子假设是，内维斯（Neves）和弗朗索瓦（François）[35]鉴定的三种酶的变化是充分的，而替代的子假设则是，这三种酶之外更多酶的活性必须改变，才可以发生观察到的响应。

从控制到预处理的变化是复杂的，因为支配的机制尚未通过实验确定。尽管如此，我们可以假设，热预处理会影响相关基因调控的变化，这反过来会对相应酶的数量产生长期影响。为了用模型检验该假设，我们可以在模型的每个幂律项中引入表示酶量的因子。在正常条件下，该因子设置为1，而热预处理细胞则需要一个迄今未知的值。因此，模型方程中的每一项，一如既往地包含速率常数和贡献变量，提高到适当的动力学阶数，此外，还包括热诱导的酶活性变化因子和预处理因子。

原始模型的第二个问题是，参数值是从不同来源收集的，并且实验是在不同条件下执行的。特别是，文献数据对应于葡萄糖恒定的条件，而新的时间序列数据则是在考虑葡萄糖消耗的情况下获得的。此外，基于处理这类通路的集体经验，必须假设原始模型的若干参数值，但由于没有合适的数据，因此无法进一步测试。由于这些不确定性，原始参数值对新的且相当不同的实验组是否最佳，是值得怀疑的。相反，我们可以使用新的时间序列数据，并直接使用第5章中讨论的逆方法，推导出参数值。这个估算过程并不简单，但是因为我们此时对算法方面不感兴趣，所以我们先跳过这些问题，只关注其结果（详见参考文献［34］）。

新模型具有类似于式（11.2）中的GMA结构，但包含稍微不同的变量集，以及从新的时间序列数据推导出的新参数值（表11.3）。该模型的符号形式如下：

表11.3 通过优化方法，从时间序列数据中获得的模型参数（速率常数和动力学阶数）和蛋白质变化*

流量	模型步骤	速率常数 γ	底物的动力学阶数†	调控因子的动力学阶数‡	差异倍数（2^{P_i}）	Q_i
1	HXT	2.87×10^{-5}	0.526（30℃）0.472（39℃）	−0.002（G6P）	0.7	1.57
2	HXK	1.90×10^{-4}	0.510	−0.209（Tre6P）	9.2	
3	PGM^F	5.66×10^{-6}	0.400		20.7	1.48
4	PGM^R	3.13×10^{-5}	0.471		17.3	
5	UGP^F	3.58×10^{-5}	0.767		16.2	
6	UGP^R	1.31×10^{-5}	0.159		26.0	
7	GSY	9.43×10^{-7}	0.459	0.000（G6P）	0.9	
8	GPH	6.94×10^{-8}	0.311	−0.002（G6P）−0.001（UDPG）	61.8	
9	TPS1	1.19×10^{-6}	0.659（G1P）0.625（UDPG）	0.000（Glc）	21.5	2.48
10	TPS2	3.24×10^{-6}	0.361		14.2	2.35

续表

流量	模型步骤	速率常数 γ	底物的动力学阶数†	调控因子的动力学阶数‡	差异倍数（2^{P_i}）	Q_i
11	NTH	1.99×10^{-7}	0.082		4.9	0.42
12	PFK	2.89×10^{-5}	0.693		1.0	
13	“FBA”§	6.13×10^{-5}	0.369		1.2	1.26
14	Leakage	5.54×10^{-6}	0.672		4.1	
15	ZWF	1.45×10^{-7}	0.693		1.0	

* 来自 Fonseca L, Sánchez C, Santos H & Voit EO. Complex coordination of multi-scale cellular responses to environmental stress. *Mol. BioSyst.* 7 (2011) 731-741. 经英国皇家化学学会许可。

†括号显示与葡萄糖转运动力学阶数有关的温度或与每个动力学阶数有关的底物。

‡括号显示调节代谢物。

§“FBA”表示果糖-1,6-二磷酸醛缩酶与最终产物释放之间的酶促步骤的集合。

$$\dot{X}=\begin{cases}-F_1/V_{\text{ext}}\\(F_1+2F_{11}-F_2)/V_{\text{int}}\\(F_2+F_4-F_3-F_9-F_{12}-F_{15})/V_{\text{int}}\\(F_3-F_4+F_6-F_5+F_8)/V_{\text{int}}\\(F_5-F_6-F_7-F_9)/V_{\text{int}}\\(F_7-F_8)/V_{\text{int}}\\(F_9-F_{10})/V_{\text{int}}\\(F_{10}-F_{11})/V_{\text{int}}\\(F_{12}-F_{13}-F_{14})/V_{\text{int}}\\2F_{13}/V_{\text{ext}}\\F_{14}/V_{\text{int}}\\F_{15}/V_{\text{int}}\end{cases}\qquad F=\begin{cases}B\gamma_1\tau^{P_1}X_1^{h_1}X_3^{hr_1}Q_1^{(T-30)/10}\\B\gamma_2\tau^{P_2}X_2^{h_2}X_7^{hr_2}\\B\gamma_3\tau^{P_3}X_3^{h_3}Q_3^{(T-30)/10}\\B\gamma_4\tau^{P_4}X_4^{h_4}\\B\gamma_5\tau^{P_5}X_4^{h_5}\\B\gamma_6\tau^{P_6}X_5^{h_6}\\B\gamma_7\tau^{P_7}X_5^{h_7}X_3^{hr_3}\\B\gamma_8\tau^{P_8}X_6^{h_8}X_3^{hr_4}X_5^{hr_5}\\B\gamma_9\tau^{P_9}X_3^{h_9}X_5^{h_{10}}X_2^{hr_6}Q_9^{(T-30)/10}\\B\gamma_{10}\tau^{P_{10}}X_7^{h_{11}}Q_{10}^{(T-30)/10}\\B\gamma_{11}\tau^{P_{11}}X_8^{h_{12}}Q_{11}^{(T-30)/10}\\B\gamma_{12}\tau^{P_{12}}X_3^{h_{13}}\\B\gamma_{13}\tau^{P_{13}}X_9^{h_{14}}Q_{11}^{(T-30)/10}\\B\gamma_{14}\tau^{P_{14}}X_9^{h_{15}}\\0.05F_{12}\end{cases}\qquad(11.4)$$

式中，左边的方程组是微分方程，例如，第一行写作：$\dot{X}_1=-F_1/V_{\text{ext}}$。右边的方程组是所有流量，按照图11.13进行排序。流量包含通常的速率常数γ，以及因变量X_i及其动力学阶数h和hr，它们分别表征底物依赖性和调节的影响。方程式包含其他几个量：V_{ext}是细胞悬液的体积（50 mL），V_{int}是胞内总体积（7.17 mL），B是反应器中的生物量（常温和加热条件下，分别是3013 mg和2410 mg的干重）。因子τ^{P_i}代表由基因表达改变而导致的蛋白质量的变化。我们将对照条件下生长的细胞设定为$\tau=1$，而对于热预处理的细胞，设定$\tau=2$，使得所有τ^{P_i}对应于2的幂，这在基因表达研究中是典型值。根据测量的时间序列及其他参数，估计不同P_i的值。对每种受影响的酶，其温度依赖性显式地建模为$Q_i^{(T-30)/10}$。每个Q_i是酶促反应i的典型温度系数（Q_{10}），它依赖于实际环境温度T（30℃或39℃），且表示温度升高10℃所带来的酶活性的变化。

该模型对常温和热预处理下的数据拟合得都很好（图11.16）。除了确认这种拟合，我们还可以使用该模型来探索之前提出的问题。首先，我们前面讨论过，酶活性的热诱导变化，是否足以产生充分的热胁迫响应？答案既“是”也“否”。从某种意义上说，“否”是因为海藻糖相关酶（TPS1、TPS2和NTH1/2）中观察到的变化，不足以解释观察到的海藻糖响应，因为该模型表明，响应要比观察到的弱很多（图11.17）。然而，答案还可以是，有条件的“是”（a conditional “Yes”），条件为：测量到的这些酶的变化，是伴随着葡萄糖摄取的轻微降低（至约60%的己糖转运蛋白活性；参见图11.16）、磷酸葡萄糖变位酶50%的活性增加及更轻微（约25%）的糖酵解活性的集体增加（图11.17）而发生的。有趣的是，糖酵解酶的体外活性测定显示出类似的趋势[34]。

使用该模型进行数据分析，还预测了由预处理而导致的蛋白质量的改变。没有直接数据可供比较。然而，正如我们在本章前面讨论的那样，可以将基因表达的变化转化为蛋白质的量，至少可作为

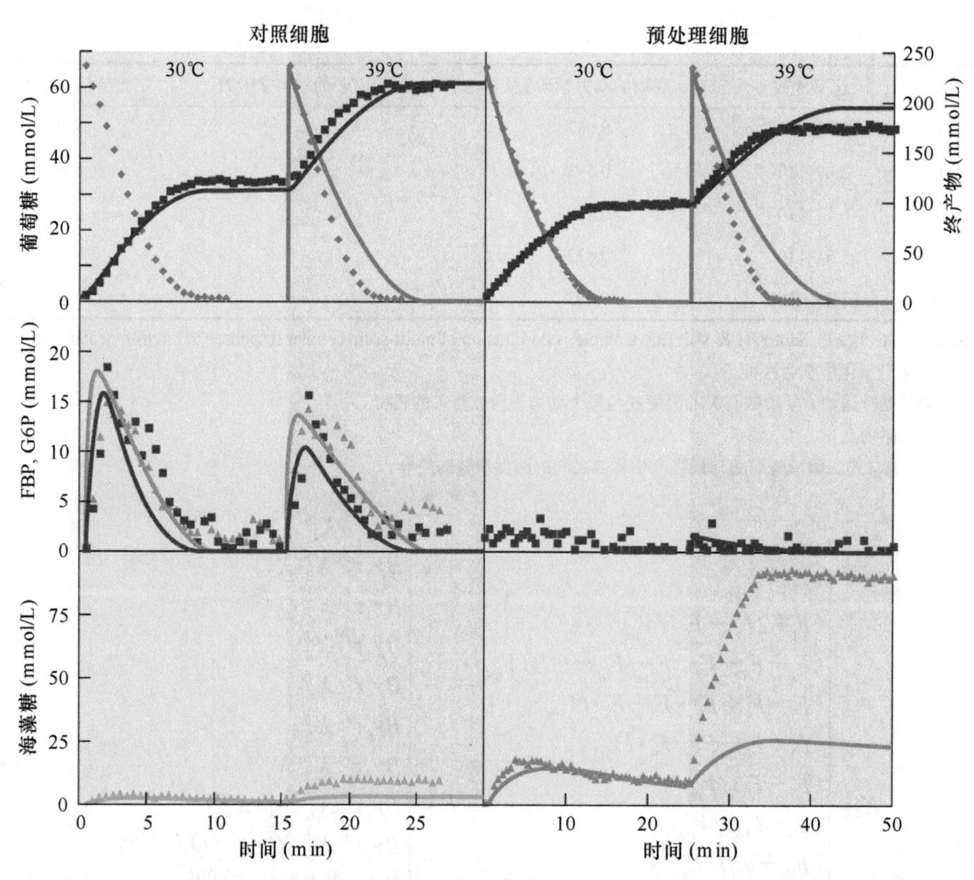

图11.17　测试仅有TPS1、TPS2和NTH1/2受热影响的假设[35]。实验得到的时间过程（符号）和海藻糖循环关键代表性酶的模型拟合，假设只有三种酶TPS1、TPS2和NTH1/2受热的影响。符号和颜色与图11.16中的相同［改编自Fonseca L，Sánchez C，Santos H & Voit EO. *Mol. BioSyst.*7（2011）731-741. 经英国皇家化学学会许可］。

粗略的替代品。蛋白质水平的定量变化与文献数据相比，即使它们是用完全不同的方法获得的，也非常喜人（表11.4）。

表11.4　正常生长和预处理细胞之间酶量的变化（与文献中报道的mRNA表达水平的热诱导变化相比较）

酶	从时间序列数据推断出的改变量*		mRNA的改变量†
	正向反应	反向反应	
己糖激酶	9		8
葡萄糖磷酸变位酶	21	17	16
UDPG焦磷酸化酶	16	26	16
糖原合成酶	0.9	—	16
糖原磷酸化酶	—	62	50
T6P合成酶	21	—	12
T6P磷酸酶	14	—	18
中性海藻糖酶	5	—	6
磷酸果糖激酶	1	—	1

*表示预处理后蛋白质的量与正常生长细胞中蛋白质的量之间的比率。

†来自参考文献［2］的数据。

表11.4显示了一个显著的差异，即在糖原合成酶中，在时间序列（推注）实验中，该酶的活性略微降低，而在恒定葡萄糖条件下，它强烈增加。这种差异的原因尚不清楚，但可能是因为，恒定的葡萄糖供应量超过了当时细胞所需的，所以允许它们将一些物质储存为糖原。此外，必须记住，恒定葡萄糖实验是在稳态条件下，用正在生长的细胞进行的，而动态实验使用的则是静息细胞。最后，据推测，用于非糖酵解途径的FBP的量会发生变化，而在时间序列实验中，确实增加了约4倍，但在mRNA层面，却没有发生这样的变化。

综合时间序列分析的结果来看，该模型似乎很好地捕获了酵母细胞在不同条件下的响应。特别是，它表明，热诱导的酶活性变化足以产生短期反应，但预处理会使这种反应更加强大和有效。此外，热条件之间及正常生长和预处理细胞之间的细胞调整似乎是合理的。

11.8　海藻糖酶之谜

此处，所有问题都解决了吗？当然，在生物

学中，该问题的答案很少是肯定的。在这里，我们仍然有一个未解决的难题，即海藻糖酶在热胁迫响应中的作用。有明确证据表明，在热胁迫下，编码海藻糖酶的基因（*NTH1/2*和*ATH1*）会立即强烈上调。这种上调起初似乎违反直觉，因为它表明，明显被需要的代谢物的降解却在增加。我们还看到，海藻糖酶的活性直接通过受热而减小。因此，对热胁迫的响应存在着同时发生且明显相互抵消的变化。调和相反变化的一种方法是，仔细研究这些过程的时机。加热直接降低了酶活性，很快导致必要的海藻糖积累。在转录和翻译约20 min后，增强了的基因表达导致生成了更多的酶，这显然补偿了热诱导的酶活性的降低，并保持了海藻糖生成和降解的平衡。更重要的是，一旦热胁迫停止，热诱导的活性降低也会停止，而酶的量仍维持在高位。大量酶与不受抑制的活性的这种组合，使细胞很快地去除海藻糖。这种对不需要的海藻糖的去除，对于细胞再次健康地进入正常生理状态显然至关重要[19, 20]。

虽然这看上去是合理的，但没那么简单。在正常生长和预处理的细胞中，海藻糖降解曲线在常温、高温和恢复条件下似乎没有太大差异，尽管在热胁迫期间它可能略微变慢。丰塞卡（Fonseca）及其同事[34]对这些观察结果感兴趣，他们进行了一项实验，其中，首先推注［2-^{13}C］葡萄糖（在碳位2上做标记），然后在加热过程中给予［1-^{13}C］葡萄糖推注。核磁共振波谱可以区分这两种形式，数据分析揭示了令人费解的观察结果，即“新”海藻糖似乎独立于先前产生的海藻糖而发生降解（图11.18）。这种区别似乎也发生在恢复期间，其中新的海藻糖似乎很快降解，而旧的海藻糖则非常缓慢地降解，且基本呈线性模式，延续了热胁迫期间开始的动力学过程（图11.14）。我们的数学模型假设海藻糖酶不区分海藻糖的两种“类型”，因此它无法提供解释。差异性降解的一个原因可能是，在高温条件下，海藻糖结合到膜上[40]，或者与热胁迫期间在蛋白质周围形成的水合笼发生关联[41]。可能是，海藻糖酶更难接近在热胁迫条件下形成的“老”海藻糖。需要进一步的专门实验来为这些问题提供明确的答案。但设计新实验的努力是否值得？或者，论证的逻辑是否从一开始就有缺陷呢？

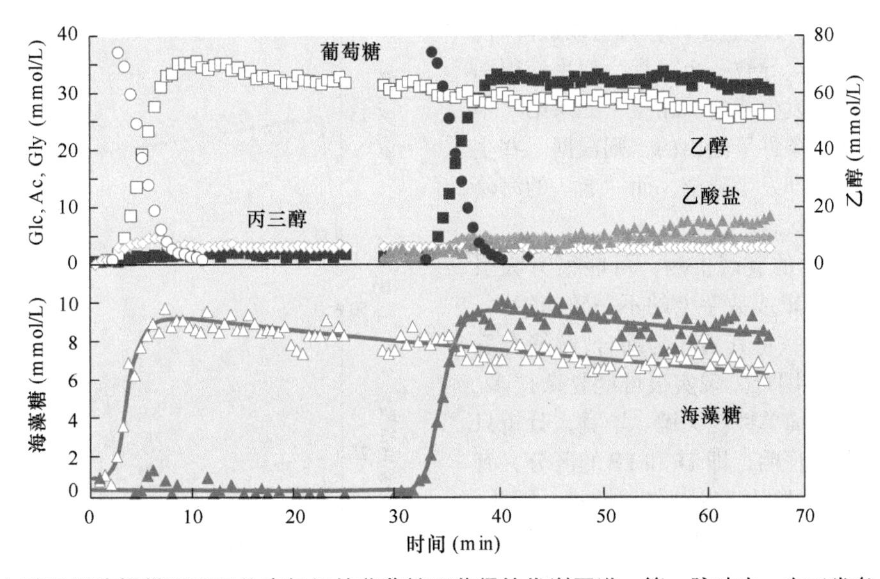

图11.18 通过向酵母细胞提供不同同位素标记的葡萄糖而获得的代谢图谱。第一脉冲中，在正常条件下使用未标记的葡萄糖（数据未显示）。然后，对细胞进行热胁迫并使用［2-^{13}C］和［1-^{13}C］葡萄糖提供两次葡萄糖脉冲［改编自Fonseca L，Sánchez C，Santos H & Voit EO. *Mol. BioSyst.* 7（2011）731-741. 经英国皇家化学学会许可］。

与其等待进一步的实验证据，我们不妨提出一个假设，该假设关乎不同海藻糖脉冲的有趣降解模式，并通过模型分析来检验，该假设是否（至少在原则上）为真。为此，我们假设产生的海藻糖可以是游离（TF）的，也可以结合（TB）到细胞内的结构（如膜）上，并且假设，TF的降解主要（或唯一地）通过海藻糖酶（E）来实现（图11.19）。进一步假设，酶和底物之间的缔合（结合）常数k_a比解离常数k_d小得多，而解离常数k_d本身也不大。如果是这样，那么在最佳温度下，大多数海藻糖处于TF状态，其降解遵循诸如幂律或米氏（Michaelis-Menten）过程之类的规则。现在让我们假设，热胁迫使k_a增大，大大超过k_d。这种结合和解离的逆转，导致大多数海藻糖呈现TB状态，类似于聚苯

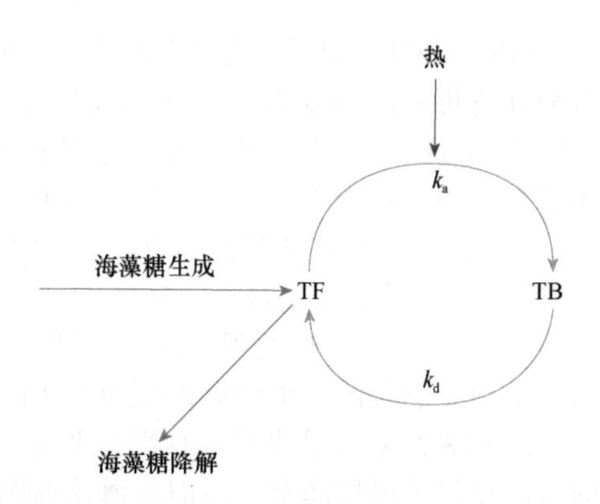

图11.19 探索海藻糖酶之谜的简化模型图。这里检测的具体假设是，海藻糖可以以两种状态存在，即作为游离态（TF）或结合态（TB）的海藻糖存在。

乙烯泡沫塑料包装，以保护膜和其他结构免于崩解。此时，与k_a相比，k_d更小，而根据k_d值的含义可知，TB转化为TF的过程是缓慢的。因为TF的浓度低，所以降解过程是受限于底物的，且基本上不依赖于E的浓度。确实，如果TF的浓度受小k_d支配，则或多或少是恒定的，因为存在大量的TB。在热胁迫下，海藻糖的第二个脉冲导致TB加倍，故有大约双倍量的$k_d \times TB$变为TF，且可以被降解。总的来说，这种机制会导致一个过程，似乎使得两个海藻糖脉冲独立地发生降解。相反，如果第二个海藻糖脉冲是在寒冷条件下给出的，则根据一些生物化学过程，它会立即发生降解，而"老"的海藻糖仍然主要处于结合状态。

像上一段中那样的直观推测，可能很有吸引力，但它容易出现逻辑或数字上的不一致。然而，考虑到假设的特殊性，将其表述为缔合/解缔合系统的小数学模型并不困难。现实很可能复杂得多，但这种模型分析中的简单性是关键。毕竟，分析只是为了提供概念上的证明，即TF和TB的区分，有可能解释图11.18中有趣的海藻糖降解模式。因此，我们将图11.19中的图示直接转换为模型，可能具有以下简单形式：

$$
\begin{aligned}
(\dot{TF}) &= k_d(TB) - k_a(TF) \\
&\quad + \text{Bolus} - \beta E \cdot (TF)^h \qquad (11.5) \\
(\dot{TB}) &= k_a(TF) - k_d(TB)
\end{aligned}
$$

这里，TF和TB之间的转换是简单的线性过程，速率为k_a和k_d，海藻糖的新生成量由独立变量Bolus表示，TF的降解被建模为速率常数β、海藻糖酶浓度E，以及以TF为底物且带有典型动力学阶数h的幂律函数。让我们假设初始值分别为TF（0）=TB（0）=0.1，k_d=0.01，并且对于最佳和热胁迫条件分别有：k_a=0.002或k_a=5。对于正常情况，我们设置E=1，但我们甚至不打算改变酶的量或活性，这样就可以完全消掉系统中的E。此外，对于游离海藻糖的降解，我们定义β=0.15，h=0.1（最适条件）或h=0.8（热胁迫条件）；为了方便起见，定义总的海藻糖浓度为：TT=TF+TB。该变量不需要微分方程。请注意，所有这些设置都是任意的，但符合幂律建模中的典型参数（参见第4章）。

该模型可用于分析对两个推注的响应。例如，可以在热胁迫下，用一注新鲜合成的海藻糖启动系统。在第一次模拟中，在60 min后给予第二次推注，同时继续加热。第二次模拟是类似的，但是在第二次推注时，将温度设置为最适温度条件（图11.20）。实际上，简单模型显示，海藻糖降解模式与观察到的非常相似（图11.14和图11.18）。当然，这种模型输出并不能证明存在两种海藻糖状态，但它提供并确证了或可检验的假设，这个假设或可引向对有趣模式的解释。

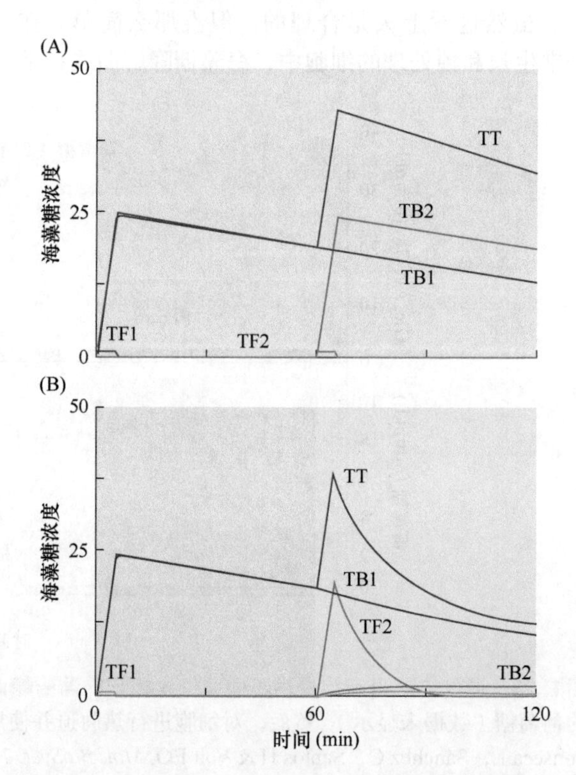

图11.20 在游离（TF）和结合（TB）态海藻糖假设下，海藻糖降解模型的模拟结果［见图11.19、式（11.5），以及文中的讨论］。施加两个推注（由后缀1和2表示），并绘制TF、TB和总海藻糖（TT）的图线。（A）对应于图11.18，表示在热胁迫下给出两个推注的情况，而（B）对应于图11.14，其中第二推注在冷条件下给出［改编自Fonseca L，Sánchez C，Santos H & Voit EO. *Mol. BioSyst.* 7（2011）731-741. 经英国皇家化学学会许可］。

总结

尽管在过去几十年中，已经对热胁迫进行了广泛的研究，但关于胁迫响应整体协调的许多问题，仍然困扰着科学界。持续挑战的一个原因是，典型的胁迫响应是系统性的。也就是说，它们涉及在不同生物组织层面上广泛的机制，这些机制不是孤立地运作，而是相互依赖、功能交织和协同作用的。此外，响应发生在不同但重叠的时间尺度上。

我们已经讨论了酵母中热胁迫响应的具体方面，以及可以帮助我们进行直观理解的小型简化模型，以解释某些方面，包括有时令人困惑的观察结果。虽然这个系统相对较小且易于理解，但我们已经看到，对协调响应的详细理解是多么具有挑战性。作为这一点的一个示例，我们已经看到，如果不参考基因和蛋白质领域的过程，哪怕只是聚焦于响应代谢方面的特定问题，也无法得到有效解决。此外，本案例中的响应强烈依赖于细胞的历史。如果这些细胞已经在生命早期受到热胁迫的预处理，那么它们的代谢反应比天然细胞更强。这一观察及其更广泛的影响，应该让我们有理由对细胞响应或疾病的全面陈述保持谨慎，因为尽管有关于细胞或生物体的历史可能在其未来命运中发挥关键作用，但我们往往没有关于这一历史的良好信息。

随着越来越全面和复杂数据的产生，人们越来越清楚地认识到，将大量不同的量化信息整合到一个有效的响应中，没有辅助的人脑将很快达到其极限，只有计算模型能够组织这些信息，以更全面地了解复杂的响应系统。

练　　习

11.1　在软件程序中实现模型（11.1），如使用MATLAB®、Mathematica®或PLAS。检查系统是否具有一个或多个稳态，以及这些稳态（任何一个）是否稳定。在这种情况下，重新审视特征值及其实部和虚部的含义。调查系统的灵敏度，并回想一下，灵敏度或增益的大小和符号究竟是什么意思。

11.2　使用模型（11.1）进行扰动实验，以便了解它如何响应数值特征的微小变化。通过模拟某些变量或参数的临时或持续的增加或减少，来研究模型的瞬态特征。

11.3　扩展程序，使所有变量相对于其稳态值进行标准化。这种标准化的主要优势是什么？

11.4　用模型（11.1）模拟葡萄糖的过量和不足，并报告你的发现。

11.5　使用模型（11.1），模拟*TPS1*或*TPS2*中的突变，并报告你的发现。在文献中搜索数据，并将其与建模结果进行比较。

11.6　模拟一下，突变导致所有酶活性降低（80%、20%）的情形，一次一个地和一次两个地进行模拟。讨论一下，单突变在多大程度上可以预测双突变。

11.7　如何模拟由两种或多种酶（如己糖激酶Ⅰ、己糖激酶Ⅱ和葡萄糖激酶）催化的酶促步骤的改变？在文献中搜索对催化相同反应的几种酶之一的缺失的响应。写一份简短的总结报告。

11.8　已经观察到，*TPS1*缺失突变体不能在葡萄糖底物上生长。搜索文献了解详情。讨论一下，如何用模型证明这种现象，或为什么不可能进行这种分析。

11.9　为什么海藻糖酶反应在葡萄糖和海藻糖方程中用不同的项表示？

11.10　用逻辑和模拟解释，为什么在式（11.2）中，当G6P的方程中酶ZWF1的量乘以4时，X_1显示小的初始峰值（图11.11）。

11.11　使用模型（11.2），检验一下，仅一种或两种酶活性的变化，是否会导致海藻糖明显增加。报告一下，每次变化如何影响代谢特征。

11.12　使用模型（11.2），探索酶活性的不同变化。汇编一张表格，显示哪些改变会导致海藻糖的显著增加。每个模拟添加一个句子，描述对系统的其他影响。

11.13　预测一下，外部葡萄糖池的大小对模型（11.2）动力学的影响。通过模拟，检查你的预测。

11.14　当热诱导的酶活性变化被替代为相应基因表达的变化时，讨论一下必须明确和隐含地做出哪些假设。

11.15　研究格里芬（Griffin）及其合作者的文章“Complementary profiling of gene expression at the transcriptome and proteome levels in *Saccharomyces cerevisiae*”[36]，并讨论其对本章建模工作的影响。要特别注意与糖酵解相关的基因。

11.16　猜测一下，在热胁迫条件下，为什么糖原磷酸化酶可能会如此强烈地上调。

11.17　讨论mRNA和酶的半衰期对热胁迫响应动力学的影响。

11.18　结合基因表达变化进行模拟。假设表11.5中所示的基因表达变化，可以直接转化为酶活性的相应变化。探索一下，如果一次仅改变一种或两种酶活性，会发生什么。在报告中总结你的发现。

表11.5 用于热胁迫响应建模的酶活性的增加量

酶或转运蛋白的编码基因	变量	催化或转运步骤	热诱导的酶活性增加倍数
HXT	X_8	葡萄糖摄取	8
HXK1/2, *GLK*	X_9	己糖激酶/葡糖激酶	8
PFK1/2	X_{10}	磷酸果糖激酶	1
ZWF1	X_{11}	G6P脱氢酶	6
PGM1/2	X_{12}	葡萄糖磷酸变位酶	16
UPG1	X_{13}	UDPG焦磷酸化酶	16
GSY1/2	X_{14}	糖原合成酶	16
GPH	X_{15}	糖原磷酸化酶	50
GLC3	X_{16}	糖原利用	16
TPS1	X_{17}	α,α-T6P合成酶	12
TPS2	X_{18}	α,α-T6P磷酸酶	18
NTH	X_{19}	海藻糖酶	6

11.19 如内维斯（Neves）和弗朗索瓦（François）所观察到的，将基因表达的变化与酶活性的热诱导变化相结合[35]，进行模拟。首先假设恒定的外部葡萄糖供应。在第二组模拟中，考虑葡萄糖消耗。

11.20 参考文献［2，31，32］中的一些研究，使用本文中描述的方法及其他技术，分析了编码糖酵解途径和海藻糖循环中的酶的各种基因的表达。在报告中总结这些研究的主要发现。

11.21 温度诱导的酶的变化发生得非常快，而基因的表达和新蛋白质的合成则需要一段时间。讨论一下，这些时间尺度问题对热胁迫响应模型的影响。

11.22 建立一个模型，检验海藻糖可能以游离形式或结合形式存在的假设。使用模型（11.5），首先设置β和Bolus=0，模拟输入和降解的缺失。研究一下，如果k_a=0.01或k_a=5，会发生什么。将Bolus=5设定为3个时间单位，并研究其效果。将Bolus=5设定为5个时间单位，并通过设定β=0.15和h=0.1来激活海藻糖酶反应。

11.23 在热胁迫条件下使用模型（11.5），并将其结果与最适温度下的结果进行比较。进行类似研究，从热条件开始，然后在热或冷的条件下，进行第二次葡萄糖推注。

11.24 阅读一些关于热休克蛋白的文献，并设计一种策略，将它们纳入这里讨论的模型之一，或不同类型的热胁迫响应模型中。

11.25 探索鞘脂类分子在热胁迫中的作用，并设计一种策略，将其纳入此处讨论的模型之一，或不同类型的热胁迫响应模型中。

11.26 为图11.1中的网络起草一个模型，并制定实施策略。如果不实际设计此模型，请制作所需步骤和信息的待办事项列表。

参 考 文 献

［1］ Hohmann S & Mager WH (eds). Yeast Stress Responses. Springer, 2003.

［2］ Voit EO. Biochemical and genomic regulation of the trehalose cycle in yeast: review of observations and canonical model analysis. *J. Theor. Biol.* 223 (2003) 55-78.

［3］ Paul MJ, Primavesi LF, Jhurreea D & Zhang Y. Trehalose metabolism and signaling. *Annu. Rev. Plant Biol.* 59 (2008) 417-441.

［4］ Shima J & Takagi H. Stress-tolerance of baker's-yeast (Saccharomyces cerevisiae) cells: stress-protective molecules and genes involved in stress tolerance. *Biotechnol. Appl. Biochem.* 53 (2009) 155-164.

［5］ Hottiger T, Schmutz P & Wiemken A. Heat-induced accumulation and futile cycling of trehalose in *Saccharomyces cerevisiae*. *J. Bacteriol.* 169 (1987) 5518-5522.

［6］ Hannun YA & Obeid LM. Principles of bioactive lipid signaling: lessons from sphingolipids. *Nat. Rev. Mol. Cell Biol.* 9 (2008) 139-150.

［7］ Jenkins GM, Richards A, Wahl T, et al. Involvement of yeast sphingolipids in the heat stress response of Saccharomyces cerevisiae. *J. Biol. Chem.* 272 (1997) 32566-32572.

［8］ Cowart LA, Shotwell M, Worley ML, et al. Revealing a signaling role of phytosphingosine-1-phosphate in yeast. *Mol. Syst. Biol.* 6 (2010) 349.

［9］ Gasch AP, Spellman PT, Kao CM, et al. Genomic expression programs in the response of yeast cells to environmental changes. *Mol. Biol.* Cell 11 (2000) 4241-4257.

［10］ Vilaprinyo E, Alves R & Sorribas A. Minimization of biosynthetic costs in adaptive gene expression responses of yeast to environmental changes. *PLoS Comput. Biol.* 6 (2010) e1000674.

［11］ Palotai R, Szalay MS & Csermely P. Chaperones as integrators of cellular networks: changes of cellular integrity in stress and diseases. *IUBMB Life* 60 (2008) 10-18.

［12］ Hahn JS, Neef DW & Thiele DJ. A stress regulatory

network for co-ordinated activation of proteasome expression mediated by yeast heat shock transcription factor. *Mol. Microbiol.* 60 (2006) 240-251.

[13] Dickson RC, Nagiec EE, Skrzypek M, et al. Sphingolipids are potential heat stress signals in *Saccharomyces. J. Biol. Chem.* 272 (1997) 30196-30200.

[14] Görner W, Schüller C & Ruis H. Being at the right place at the right time: the role of nuclear transport in dynamic transcriptional regulation in yeast. *Biol. Chem.* 380 (1999) 147-150.

[15] Lee P, Cho BR, Joo HS & Hahn JS. Yeast Yak1 kinase, a bridge between PKA and stress-responsive transcription factors, Hsf1 and Msn2/Msn4. *Mol. Microbiol.* 70 (2008) 882-895.

[16] KEGG (Kyoto Encyclopedia of Genes and Genomes) Pathway Database. http://www.genome.jp/kegg/pathway.html.

[17] BioCyc Database Collection. http://biocyc.org/.

[18] Galazzo JL & Bailey JE. Fermentation pathway kinetics and metabolic flux control in suspended and immobilized Saccharomyces cerevisiae. *Enzyme Microb. Technol.* 12 (1990) 162-172.

[19] François J & Parrou JL. Reserve carbohydrates metabolism in the yeast *Saccharomyces cerevisiae. FEMS Microbiol. Rev.* 25 (2001) 125-145.

[20] Nwaka S & Holzer H. Molecular biology of trehalose and the trehalases in the yeast Saccharomyces cerevisiae. *Prog. Nucleic Acid Res. Mol. Biol.* 58 (1998) 197-237.

[21] Paiva CL & Panek AD. Biotechnological applications of the disaccharide trehalose. *Biotechnol. Annu. Rev.* 2 (1996) 293-314.

[22] Lillford PJ & Holt CB. *In vitro* uses of biological cryoprotectants. *Philos. Trans. R. Soc. Lond. B Biol. Sci.* 357 (2002) 945-951.

[23] Hayashibara. The sugar of life. Time, November 22 (2010) Global 5; see also http://www.hayashibara.co.jp/.

[24] Savageau MA. Biochemical Systems Analysis: A Study of Function and Design in Molecular Biology. Addison-Wesley, 1976.

[25] Torres NV & Voit EO. Pathway Analysis and Optimization in Metabolic Engineering. Cambridge University Press, 2002.

[26] Voit EO. Computational Analysis of Biochemical Systems: A Practical Guide for Biochemists and Molecular Biologists. Cambridge University Press, 2000.

[27] BRENDA: The Comprehensive Enzyme Information System. http://www.brenda-enzymes.org/.

[28] Curto R, Sorribas A & Cascante M. Comparative characterization of the fermentation pathway of *Saccharomyces cerevisiae* using biochemical systems theory and metabolic control analysis. Model definition and nomenclature. *Math. Biosci.* 130 (1995) 25-50.

[29] Schlosser PM, Riedy G & Bailey JE. Ethanol production in baker's yeast: application of experimental perturbation techniques for model development and resultant changes in flux control analysis. *Biotechnol. Prog.* 10 (1994) 141-154.

[30] Polisetty PK, Gatzke EP & Voit EO. Yield optimization of regulated metabolic systems using deterministic branch-and-reduce methods. *Biotechnol. Bioeng.* 99 (2008) 1154-1169.

[31] Vilaprinyo E, Alves R & Sorribas A. Use of physiological constraints to identify quantitative design principles for gene expression in yeast adaptation to heat shock. *BMC Bioinformatics* 7 (2006) 184.

[32] Voit EO & Radivoyevitch T. Biochemical systems analysis of genome-wide expression data. *Bioinformatics* 16 (2000) 1023-1037.

[33] Eisen MB, Spellman PT, Brown PO & Botstein D. Cluster analysis and display of genome-wide expression patterns. *Proc. Natl Acad. Sci. USA* 95 (1998) 14863-14868.

[34] Fonseca L, Sánchez C, Santos H & Voit EO. Complex coordination of multi-scale cellular responses to environmental stress. *Mol. BioSyst.* 7 (2011) 731-741.

[35] Neves MJ & François J. On the mechanism by which a heat shock induces trehalose accumulation in Saccharomyces cerevisiae. *Biochem. J.* 288 (1992) 859-864.

[36] Griffin TJ, Gygi SP, Ideker T, et al. Complementary profiling of gene expression at the transcriptome and proteome levels in *Saccharomyces cerevisiae. Mol. Cell. Proteomics* 1 (2002) 323-333.

[37] Stanford_Gene_Database. http://genome-www.stanford.edu/yeast_stress/data/rawdata/complete_dataset.txt.

[38] Sur IP, Lobo Z & Maitra PK. Analysis of PFK3—a gene involved in particulate phosphofructokinase synthesis reveals additional functions of TPS2 in

Saccharomyces cerevisiae. *Yeast* 10 (1994) 199-209.

[39] Thevelein JM & Hohmann S. Trehalose synthase: guard to the gate of glycolysis in yeast? *Trends Biochem. Sci.* 20 (1995) 3-10.

[40] Lee CWB, Waugh JS & Griffin RG. Solid-state NMR study of trehalose/1, 2-dipalmitoyl-sn-phosphatidylcholine interactions. *Biochemistry* 25 (1986) 3739-3742.

[41] Xie G & Timasheff SN. The thermodynamic mechanism of protein stabilization by trehalose. *Biophys. Chem.* 64 (1997) 25-34.

拓展阅读

Eisen MB, Spellman PT, Brown PO & Botstein D. Cluster analysis and display of genome-wide expression patterns. *Proc. Natl Acad. Sci. USA* 95 (1998) 14863-14868.

Fonseca L, Sánchez C, Santos H & Voit EO. Complex coordination of multi-scale cellular responses to environmental stress. *Mol. BioSyst.* 7 (2011) 731-741.

Gasch AP, Spellman PT, Kao CM, et al. Genomic expression programs in the response of yeast cells to environmental changes. *Mol. Biol. Cell* 11 (2000) 4241-4257.

Görner W, Schüller C & Ruis H. Being at the right place at the right time: the role of nuclear transport in dynamic transcriptional regulation in yeast. *Biol. Chem.* 380 (1999) 147-150.

Hannun YA & Obeid LM. Principles of bioactive lipid signaling: lessons from sphingolipids. *Nat. Rev. Mol. Cell Biol.* 9 (2008) 139-150.

Hohmann S & Mager WH (eds). Yeast Stress Responses. Springer, 2003.

Vilaprinyo E, Alves R & Sorribas A. Use of physiological constraints to identify quantitative design principles for gene expression in yeast adaptation to heat shock. *BMC Bioinformatics* 7 (2006) 184.

Vilaprinyo E, Alves R & Sorribas A. Minimization of biosynthetic costs in adaptive gene expression responses of yeast to environmental changes. *PLoS Comput. Biol.* 6 (2010) e1000674.

Voit EO & Radivoyevitch T. Biochemical systems analysis of genome-wide expression data. *Bioinformatics* 16 (2000) 1023-1037.

Voit EO. Biochemical and genomic regulation of the trehalose cycle in yeast: review of observations and canonical model analysis. *J. Theor. Biol.* 223 (2003) 55-78.

12 生理建模：以心脏为例

读完本章，你应能够：

- 了解心脏解剖学和生理学的基础知识
- 讨论收缩和舒张过程中的电化学过程
- 建立关于心跳的黑盒模型
- 分析扰动和起搏器在振荡器中的作用
- 解释动作电位的生物学和数学公式
- 理解多尺度建模的原则和挑战

心脏是一台令人难以置信的机器。它比拳头大一点，重约半磅①，它不停地抽血，每天跳动大约100 000次，在正常人的一生中跳动20亿～30亿次。它持续工作而无须我们想着它，但要当心它是否有须臾的怠工！许多人都赋予心脏崇高的角色，将其与生命、爱情和压力联系在一起。试想一下：没有心形的情人节会是什么样的？只是这个心形与心脏真正的解剖结构完全不同（图12.1）的事实，很容易在2月14日被遗忘。

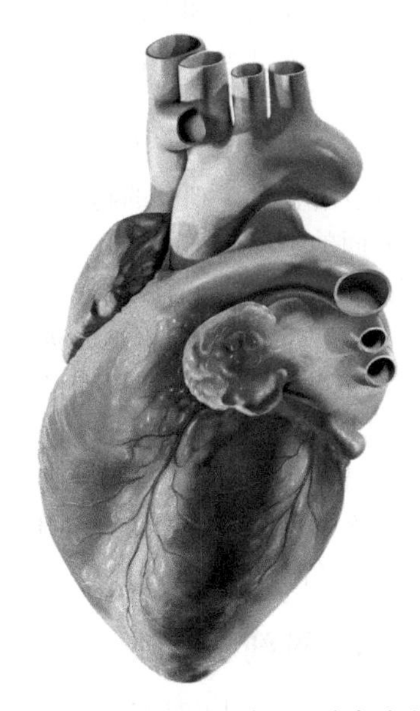

图12.1 人类心脏的模型。心脏是一个复杂的肌肉组织，包围着4个腔室。随着每次跳动，心脏动态地改变其形状，从而将血液泵送到肺部和整个身体（Patrick J. Lynch在Creative Commons Attribution 2.5 Generic许可下提供）。

① 1磅（1 b）=0.453 592 kg

关于心脏的所有方面，从其细胞和组织到其解剖结构，从其正常的电子和机械功能到过多的可能问题和病症，似乎有无尽的（一般和特定的）信息来源。可能最容易从大量的教科书及各种各样的网站[1-5]获得关于心脏的资料，但我们在下文中并不会特别引用它们。

心脏的作用是使血液通过身体，并为细胞提供它们所需的大部分物质。血液携带氧气和营养物质，并将不需要的化学物质带走。通过规则的泵送动作，心脏实现了使血液流过大约60 000英里的动脉、静脉和毛细血管网络的壮举。每分钟，它泵送约5 L血液，每天总共超过7000 L。如果心脏停止跳动，我们就麻烦了。在西方国家，冠心病占所有死亡人数的一半左右，仅在美国，每年约有70万人死于心脏病。

本章以小插曲的形式，用数学模型讨论了心脏功能的几个方面。有些模型非常简单，有些模型更为复杂，而为学术和商业目的开发的一些模拟模型则非常复杂，我们仅稍作提及。在某种程度上，这些模型的有用性与其复杂性相关，且最复杂的模拟模型已经变得足够精确，以允许对正常心脏及其一些疾病进行实际研究。尽管如此，更简单的模型也是令人感兴趣的，因为它们可以让我们深入了解心脏的宏观振荡模式及其基本的电学和化学特性，而不会使我们淹没于太多的细节。

本章的策略如下。它从一个相当肤浅的背景介绍开始，并不能反映心脏的迷人特性。一个更为详细和易于理解的介绍，可以在参考文献［1］中找到。接下来，我们介绍一些简单的黑盒模型，用于描述和分析类似心跳这样的振荡。通过深入研究心脏的生理学，我们发现，其功能与钙动力学的振荡直接相关。因此，我们建模工作的下一步是，用简约的常微分方程模型来描述钙振荡，并探索这种模型在多大程度上可以引导我们理解心脏的功能。实际上，我们将看到，相当简单的模型就足以描述稳定的钙振荡。然而，这些模型非常有局限性，如未曾考虑已知的存在于心脏中的**电化学**（**electrochemical**）过程。因此，我们深入挖掘，试图了解化学和**电生理学**（**electrophysiology**）的规律，如何控制单个心脏细胞的收缩，以及如何协调所有心脏细胞的活动，从而产生适当的心脏泵血功能。我们没有介绍最精巧的模拟心脏的模型，因为它们本质上太过复杂。尽管如此，我们还是简要地讨论了它们的基本原则。因此，我们将从宏观层面开始，深入研究其中的新陈代谢、电生理学、化学和遗传学，并最终回归到分子变化对整个心脏功能的影响。

这种渐进的过程，从较高的水平开始，使用相当粗糙的模型，然后以更精细的分辨率和越来越高的复杂程度，研究选定的方面，模仿我们在成长过程中学习很多东西的方式。在早期，我们将静态物品与移动的物品区分开，学会区分移动的活物和工程机器，能够区分汽车和卡车，以及昂贵汽车和廉价汽车，在某些情况下，我们甚至学会了辨别汽车生产的年份（即使一年到下一年的差异非常微妙）。在建模中，生物力学中已经提出了类似的学习方式，即从宏观的、高水平的运动评估开始，随后将越来越精细的模型嵌入这些起初的粗糙模型中[6]。在这种生物力学语境下，高级模型称为模板。它们帮助建模者组织锚点，而锚点是指更为复杂的模型，这些模型以更详细的方式表示解剖学和生理学特征，并能以自然的方式合并到模板模型中。

在过去的一个世纪里，人们开发了许多可以作为模板或锚点的心脏模型。事实上，许多研究人员将他们的职业生涯奉献给心脏建模。该领域的一些巨头包括詹姆斯·巴辛思韦特（James Bassingthwaighte）、彼得·亨特（Peter Hunter）、丹尼斯·诺布尔（Denis Noble）、查尔斯·佩斯金（Charles Peskin）和雷蒙·温斯洛（Raimond Winslow）。此外，心肌细胞中的电化学过程与神经细胞有许多相似之处，心脏跳动动力学的描述，直接受到神经细胞的实验和计算研究的启发，这种研究始于半个多世纪以前。艾伦·劳埃德·霍奇金（Alan Lloyd Hodgkin）和安德鲁·赫胥黎（Andrew Huxley）的开创性工作，由神经科学领域的领导者进行了扩展和进一步分析，包括理查德·菲茨休（Richard FitzHugh）、南云仁一（Jin-Ichi Nagumo）和约翰·林泽尔（John Rinzel）[7]。事实上，20世纪60年代，诺布尔（Noble）[8, 9]用第一个计算机模型表明，心脏中的动作电位可以用类似于霍奇金和赫胥黎提出的方程来解释。

尺度层级与建模方法

很明显，心脏的功能在大小、组织和处理速度方面都跨越很多尺度。从最明显的尺度——整个器官开始，心脏是一个运送血液的蠕动泵。该泵由人体组织组成，需要以紧密协调的方式工作。该组织由几种类型的细胞组成，这些细胞以各自特定的功能协同努力，产生心脏搏动。在细胞内和细胞之间存在大量受控的分子运动，尤其是离子，它们与心脏的电活动直接相关。在细胞内部，我们可以发现代谢物和蛋白质，其中一些存在于许多细胞类型中，而另一些则是心脏细胞特异性的。最后，还有基因，其中一些仅在心脏细胞中表达，如果它们发生突变，则可能引起问题。

理想情况下，所有这些方面彼此互补的模型，将无缝地跨越整个尺度范围，包括从电和化学特征到细胞内的机械和代谢事件，从细胞到细胞聚集体和组织，从不同组织到完整心脏的正常生理和病理学图像。然而，这样一个完整的多尺度故事尚未写成，对于本章的演示，我们将选择某些方面，而遗憾地最小化甚至省略其他方面。例如，我们完全不涉及组织力学和血流中非常重要的问题、心脏的解剖学和生理学的三维模型、心脏在短期和长期视野中的四维变化或者发生梗死后的适应和重塑机制。有一个国际合作项目，生理组（physiome）致力于通过计算建模，了解心脏正常和异常的功能，并将建模中获得的见解转化成临床应用的进展[10-15]。在生理组学的框架内，有良好的综述文献，总结了相关研究问题、建模需求和不同组织层次水平所获得的成就。像其他大规模的合作项目，如虚拟肝脏网络[16]、肺脏生理学[17]和蓝脑项目[18]一样，这些复杂的多尺度系统模型的开发目标，不一定是单一的、包含可以解释每个细节的超级模型，而是一组解释某些方面的、不同维度和复杂性的互补模型的集合。不建立单一模型的原因是，心脏（以及其他器官）的相关时空尺度跨度是如此之大，以至于用当前的方法似乎不可能以有意义的方式合并它们[10]。尽管如此，各种模型应该能够相互交流，生理组学项目就是通过使用细胞和组织特异性的标记语言（XML）如CellML、SBML和FieldML[13, 19, 20]得以促进的。

12.1 心脏解剖学基础

在我们讨论不同的建模方法之前，至少需要对我们的研究对象进行粗略的描述。人的心脏是一个包含4个腔室的肌肉组织，即左、右**心房**（**atria**）及左、右**心室**（**ventricle**）（图12.2）。人类心脏的左右两侧在胚胎发育过程中严格分离，因此它们之间通常没有直接的血液流动。随着每次心跳，血液以控制良好的循环方式流过腔室，该方式由称为**心**

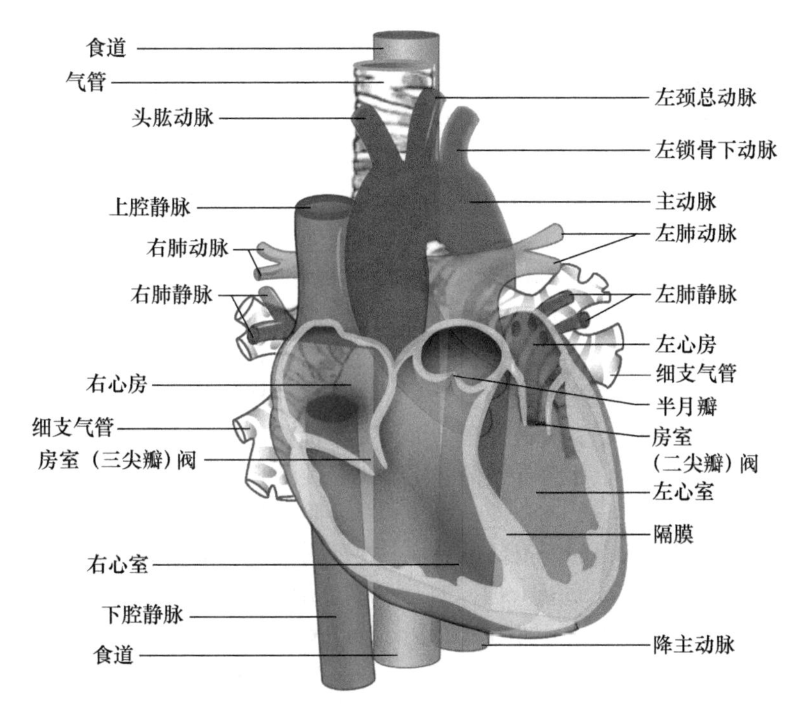

图12.2　人类心脏部位图。在健康人类中，左腔（心房和心室）与右腔完全分离。在心动周期中，血液以协调良好的方式穿过4个腔室（ZooFari在Creative Commons Attribution-Share Alike 3.0 Unported许可下提供）。

脏舒张（diastole）和**心脏收缩（systole）**的两个阶段组成，其中，diastole和systole是希腊语，分别为扩张和收缩的意思。因为这个过程是循环的，所以我们从哪里开始并不重要。那么，让我们从早期舒张期开始。此时，心脏放松，并开始以两种状态接受血液。第一种是脱氧状态，即氧含量相对较低，这种状态的血液是从整个身体的不同部位返回的，所含的氧已从血液扩散到了各种组织中。第二种血液状态是氧合状态。该状态的血液来自肺部，红细胞中的血红蛋白分子已经载满了氧气。

右心房通过腔静脉的两个分支仅接收脱氧血液，腔静脉从身体的各种组织收集血液。同时，左心房通过来自肺部的肺静脉仅接收含氧血液。心房快速充盈，并且由于房室（AV）瓣膜是开放的（图12.2），心室也一样。它们处于松弛状态，其壁组织很薄，AV瓣膜的平面向上移回心脏底部。随后，心房收缩，将额外的血液推入心室。在第二阶段，心室开始收缩，其壁变厚。AV瓣膜关闭，半月形流出阀打开。脱氧血液通过肺动脉被送入肺部，而含氧血液进入主动脉，它是人体中最大的动脉，延伸分布至整个身体，先是通过越来越小的动脉，最后通过微小的毛细血管，存在于身体的所有部位，并向邻近的细胞释放氧气。反过来，毛细血管由小到大从而汇集成静脉，最终使脱氧血液返回右心房。心跳期间，心脏的总体积没有显著变化。

12.2　在器官层次建模

在宏观的器官层面，心脏的作用就像蠕动泵——或者，最好是说，心脏是两个泵的组合，驱动血液循环的不同部分。与大多数工程泵不同，心脏对其机械环境非常敏感，并且根据身体的当前要求和各种压力，不断调节流入和流出。这些调整是自主控制的，不需要意识介入。尽管担忧或恐惧等精神压力很容易改变自己的心跳，但事实上，很少有人能够有意地影响他们自己的心跳。

心脏对不同泵送需求的调节机制由**弗兰克-斯塔林定律（Frank-Starling law）**来表征[21]。该定律来源于19世纪提出的**非线性偏微分方程（nonlinear partial differential equation，PDE）**——杨-拉普拉斯方程（Young-Laplace equation），它通常将流体中的压力差与容纳流体的器壁形状联系起来。从广义上讲，它指出，增加的压力需要增加壁厚，以保持稳定的壁张力。将这些关系应用于心脏，弗兰克-斯塔林定律规定了，增加静脉输入心室的血液，如何拉伸心室壁，增强收缩性，并提高心室的舒张压和体积，从而导致心搏量增加[22]。因此，心脏使用自适应响应机制，调节心室的每次输出，以适应其流入，并确保两个心室的输出随时间保持平衡。

无须外部调节，即可平衡静脉输入和**心（card-**

iac）输出量。心脏通过与肌纤维长度的变化成比例地调节收缩力，来完成这项控制任务。这种调节与**肌细胞**（**myocytes**）内**细丝**（**filaments**）间距的减小、心肌每次收缩期间细丝之间交叉桥的形成，以及细丝对钙的敏感性增加有关（见本章后面的内容和参考文献［23］）。

用弗兰克-斯塔林定律表示的压力和壁厚之间的物理关系，已用于解释持续高血压对动脉和左心室壁逐渐增厚的影响。这种趋势的不幸结果是，较厚的左心室比正常情况下更硬，因此用血液填充它需要更高的压力。随着时间的推移，这种改变了的压力会导致心脏舒张期的性能下降，最终导致舒张性心力衰竭。

除了从弗兰克-斯塔林定律获得的、重要但有些通用的见解，**流体力学**（**fluid mechanics**）、工程、计算和建模的现代方法，允许对空间组织和心脏的三维结构及对其正常功能的影响进行详细且非常复杂的分析。这些分析对于了解心房和心室及**冠状动脉**（**coronaries**）中的健康和扰动的血流至关重要，这些动脉和静脉为心肌提供氧气和营养，并去除分解产物。这些血管相当狭窄，容易堵塞，可导致动脉粥样硬化和心脏病发作。对心动周期中的血流及心脏的机械形变进行建模，需要偏微分方程（PDE）系统和**有限元方法**（**finite element approach**），这些方法将三维体细分为非常小的立方体，并量化这些立方体内部及其间随时间的变化。有限元模型忠实地反映了心脏的解剖结构，包括心壁层内纤维的取向。它们是根据心脏组织特征来预测全器官功能的基础，这些特征因人而异（例如，壁会因疾病而变厚[15, 24]）。洛桑联邦理工学院（EPFL）的研究人员开发了一种非常复杂的冠状动脉血流三维超级计算机模型，能够预测心脏病发作[25]。

除了机械特征和血流问题，全面的器官水平模型需要解决心脏收缩的电激活问题，心脏收缩在窦房结起始，并扩散到浦肯野纤维和整个**心肌**（**myocardium**）（心脏的肌肉），稍后会详细讨论这些。有趣的心电活动波形的图片和影像，可以在参考文献［13，26］和许多网站上找到；一个例子如图12.3所示。最后，心脏中的所有细胞都需要能量，这需要在冠状动脉和心肌之间有效地运输代谢物和氧气，需要在现实的器官模型中考虑这一点。

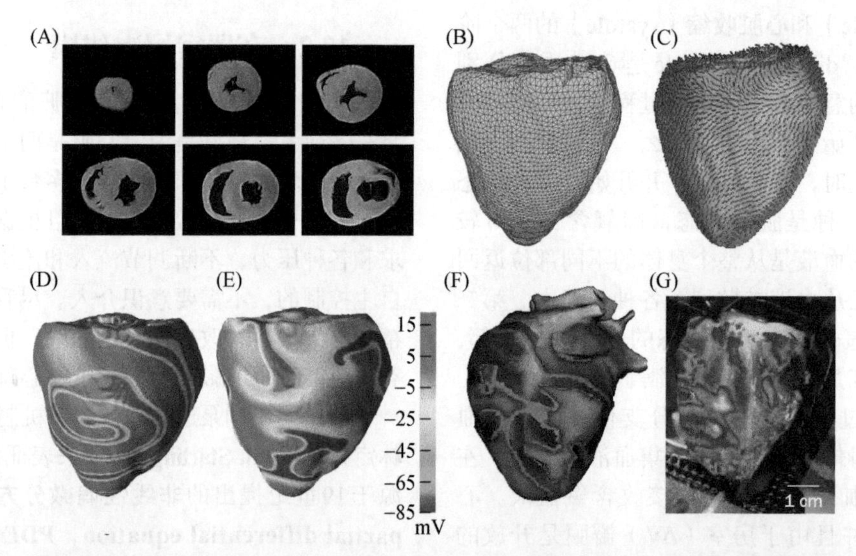

图12.3　室性心动过速和纤维性颤动的图像，起源于心脏一个心室的这种心律失常可能威胁生命。（A）兔心脏的复杂核磁共振成像（MRI）扫描（从顶点到基部）的横切面。（B）兔心室结构的高分辨率重建。（C）兔心室结构上纤维的取向。（D）兔心室结构中室性心动过速的模拟，显示为单个螺旋波的形式。（E）兔心室结构中心室颤动的模拟，显示为多个螺旋波的形式。（F）重建的犬心脏中心室颤动的模拟。（G）通过光学作图记录的、犬的楔形制样中的实验心室颤动。心律失常的动态图像可以在交互式网站http://thevirtualheart.org上找到（康奈尔大学的Elizabeth M. Cherry、Alfonso Bueno-Orovio和Flavio H. Fenton供图。经Elsevier许可）。

12.3　在组织层次建模

心脏的泵送作用通过可收缩组织来实现，该组织包含特化的细胞，称为**心肌细胞**（cardiac cell, myocardial cell，或**cardiomyocyte**）。这些细胞在许多方面类似于骨骼肌细胞，但与后者不同的是，心脏的协调泵送作用不需要我们有意识地参与。此外，心肌非常耐疲劳，因为心肌细胞含有许多负责呼吸和能量供应的线粒体，以及大量的肌红蛋白，它们是能够储存氧气的蛋白质。此外，心肌富含冠状血管，为其细胞提供氧气和营养。如果心脏没有接受足够量的氧气，则会产生梗死，导致心脏功能降低，组织损伤，乃至死亡。

组织水平的心脏模型考虑了结构细节和**电导（conductance）**特性。结构方面的突出特征包括收缩期间心脏组织变形的机制[11]。因为心脏含有大约10^{10}个肌细胞，组织水平建模的关键概念是，对这些大量细胞离散集合体及其相互作用的集体近似表示。这种所谓的**连续近似（continuum approximation）**，允许从弹性材料物理学中借鉴方法，来处理理力、应力、应变、变形和扭曲，并有助于解释心动周期中的形状变化及电信号的传播。

影响心脏组织及其数十亿心肌细胞的电信号由右心房壁中的主要起搏器区域协调，称为**窦房（sinoatrial，SA）结**。我们将在下面多次讨论这个结点，因此，在这里只要知道SA结细胞自身搏动，并将它们电膜中的电荷振荡转导到心房和心室的**可兴奋（excitable）**肌细胞就足够了。源自SA结的这种传播信号，最终使心脏以良好控制的方式收缩。SA结由一组修饰的心肌细胞组成，以每分钟100次的量级自发收缩。

SA结中产生的电信号导致心房收缩。它们还沿着心房壁中的专用传导通道扩散，并快速到达**房室（atrioventricular，AV）结**，该结点构成心房和心室之间的电连接。来自SA结的信号，以约0.12 s的延迟到达AV结。这种延迟可能听起来微不足道，但非常重要，因为它确保了从心房喷射血液到心室收缩之间的正确时机。AV结包含一个控制系统，如果过于频繁地刺激该结点，控制系统会减慢传导。这种机制连同不可能进一步触发的**不应期（refractory period）**（见后文），可以防止心室收缩过快带来的危险。来自SA和AV结的信号，随后穿过以瑞士心脏病学家威廉·伊斯（Wilhelm His）命名的**His导电束（bundle of His）**和**浦肯野纤维（Purkinje fiber）**，该纤维分布在整个心室壁上。导电束和浦肯野纤维专门用于将电信号快速传导到心肌。AV结和浦肯野细胞可以自主搏动，但由于它们的速率很慢，电信号通常由SA结控制。

SA结的搏动率不断受到来自**自主神经系统（autonomic nervous system，ANS）**冲动的影响，该自主神经系统通常作为维持体内稳态的控制系统，因此，在静止状态下的最终心率仅约为每分钟70次，但在剧烈运动时，可能会达到每分钟200次。ANS活动没有意识控制、感觉或思想的参与。心率也可能受到去甲肾上腺素（noradrenaline，也称为norepinephrine，系统中最常见的神经递质）和肾上腺素（adrenaline，也称为epinephrine，一种激素）的影响。我们都知道，突然的兴奋或压力会导致肾上腺素（和去甲肾上腺素）突然爆发，心跳突然增加，使我们为“战斗或逃跑”做好准备。可叹的是，SA结中ANS控制的起搏器活动等现象，通常比起初看起来更复杂。作为类比，考虑眼睛聚焦于近或远的物体的行为，这需要有意的眼外肌肉动作（移动眼睛）和由ANS控制的平滑肌动作（改变晶状体的形状）的联合作用来实现。显然，眼睛的聚焦任务结合了随意和不随意的行动。类似地，心跳也不完全是由ANS控制的。例如，在锻炼之前，心血管系统的动员可以使肌肉组织为运动做好准备。

与全器官研究一样，心脏组织的空间和机械特性在组织水平上非常重要，计算（有限元）分析对于理解电信号成功传播（从起搏细胞到其周围可兴奋心肌细胞）的设计原则，是至关重要的[27]。例如，心室起搏细胞和可兴奋细胞之间的电耦合可以抑制不合时宜的电相互作用，这很重要。这种抑制取决于多种因素，如心脏起搏细胞之间的耦合和膜特性的差异，以及周围细胞之间的通信，而这取决于连接它们的间隙连接的数量和空间取向。因此，分析心脏在组织水平的空间组织，对于深入理解整个心脏电信号的正确传播、腔室收缩时机的微妙调节、邻近梗死区域的心脏病理反应，乃至心电图的正确解读，都是非常重要的（见后文）。

12.4 在细胞层次建模

心脏细胞具有有趣的特定功能，此外，当然也包含通用组件，必须在心脏的综合模型中予以考虑。毫不奇怪，心脏细胞表达的基因不同于其他细胞，它们的新陈代谢需要更多能量，它们含有一些蛋白质，其中一些在其他细胞中并不常见，并且它们的一些信号系统与心脏功能密切相关。像骨骼肌细胞一样，心肌的大部分细胞都是可收缩的，其相应细丝的力学特性构成了一个有趣的建模目标。这些细胞的电活动与离子流量密切相关，因此，离子传输和电化学模型需要特别关注（见后文）。最后，需要量身定做的基因组、蛋白质组和代谢模型来理解心脏的特征。在此方面，一些有意思的建模工作可以在参考文献［28，29］中找到。

至关重要的是，心脏含有许多不同的细胞类型，其中两种与此处特别相关，即SA结的细胞和可兴奋的心肌细胞。SA结中的细胞是经过修饰的心肌细胞，仅约占所有心脏细胞的1%，但它们非常重要。与心室细胞相比，SA结细胞表现出许多生理差异。例如，虽然它们含有可收缩的细丝，但它们不会收缩。最重要的区别特征是，SA结细胞自发搏动［**去极化（depolarize）**］的能力（后面将详细讨论），这导致SA结细胞也被称为**起搏细胞（pacemaker cell）**。这种由穿过细胞膜的离子流引起的电的去极化，使膜更趋阳性，并产生**动作电位（action potential）**，最终在整个心肌中扩散，我们将在后面更详细地讨论这些内容。SA结细胞中的自发去极化，以每分钟约100次的速率发生，然而，ANS不断地对其进行修改。因此，SA结和AV结细胞明显不同于大多数其他心肌细胞，但其他心肌细胞之间也存在着显著差异，如在其**静息电位（resting potential）**的特征及它们的动作电位的形状等方面[30]。

有趣的是，SA结中的细胞与外周心房细胞之间的过渡是平滑的，一个细胞类型在SA结周围的区域内，逐渐变为另一个细胞类型。虽然这种空间过渡似乎是一个微妙的细节，但事实证明它非常重要。三维组织重建已经显示了，细胞类型及其通信通道如何在这些过渡区域中分布，以及这种空间异质性如何对于正确的信号传播是至关重要的。实际上，即使在SA结内，在形态和动作电位方面，也可以在中心区域和外围区域之间找到差异[27]。

电脉冲从细胞到细胞的扩散，通过间隙连接发生，间隙连接是一组特殊的半通道，它们连接两个相邻细胞的细胞质，并允许离子和一些其他分子自由流动（见第7章）。间隙连接对于心脏是最重要的，因为它们允许基于离子的电信号从一个细胞有效地传递到另一个细胞，从而实现心肌协调的去极化和收缩。除了通过间隙连接扩散电荷，电信号也通过His导电束和浦肯野纤维束转导，它们由特化的细胞类型组成，其信号转导的速度是通过间隙连接速度的5～10倍。

来自SA结和AV结及浦肯野纤维的电脉冲的接收者，是常规可兴奋心肌细胞。这些细长细胞的结构和电特性，在心房和心室之间略有不同，但它们的重要共性是，它们可收缩。这种收缩能力源自大量的蛋白质细丝或**肌原纤维（myofibril）**，它们长几微米，与骨骼肌细胞中发现的类似。收缩本身是一个复杂的过程，最终通过两个肌原纤维蛋白——**肌动蛋白（actin）**和**肌球蛋白（myosin）**的滑动来完成。简而言之，肌球蛋白丝包含许多铰链式接头，与较细的肌动蛋白丝形成交叉桥（图12.4）。通过改变铰链的角度，肌动蛋白丝和肌球蛋白丝以棘轮方式相互滑动，通过腺苷三磷酸（ATP）的水解提供能量。作为滑动动作的结果，整个细胞收缩并变得更短和更粗。参考文献［31］中给出了一些相关建模活动的综述。

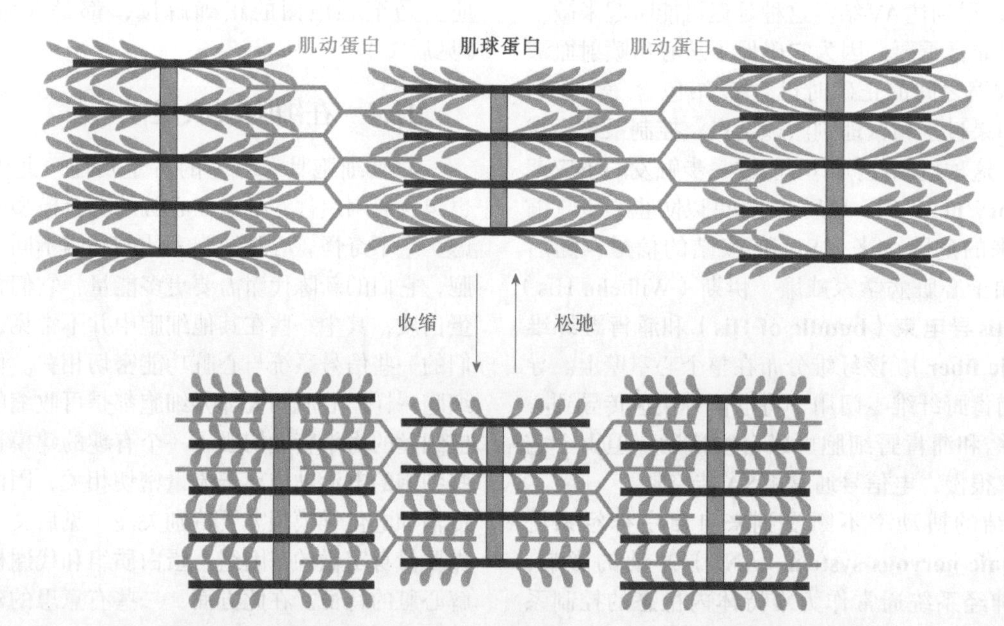

图12.4 导致心肌细胞收缩的肌丝滑动动作的简化表示。肌球蛋白丝（棕色）含有铰链头（棕褐色），与较细的肌动蛋白丝（绿色）形成交叉桥。铰链角度的变化导致滑动和收缩。现实中，这个过程要复杂得多。

实际上，肌原纤维是复杂的多蛋白复合物的组成部分，这些复合物包括重要的蛋白质——肌动蛋白和肌钙蛋白。滑动运动的细节非常复杂，这里只说到它们与细胞溶质钙浓度的振荡相关就足够了（见后文及参考文献［1，32］）。当钙浓度增加时，细胞收缩。当钙浓度降低时，细丝沿相反方向滑动，细胞松弛。这种紧密的对应关系称为**激发-收缩（EC）耦合（excitation-contraction coupling）**[14]。由于细丝运动需要大量能量，心肌细胞含有许多线粒体。

诺贝尔奖得主安德鲁·赫胥黎（Andrew Huxley）提出了第一个滑动丝模型。虽然这个模型不如他的神经动作电位模型那么出名，但它已经成为完全不同于神经和心脏细胞电学模型的另一类模型的基础。

重要的是，心肌细胞的收缩过程是由电脉冲和离子流引发的，我们将在后面更详细地讨论。在这种电激发之后，心肌细胞有一个不应期，在此期间，细胞通常不会对进一步的电激发作出反应。过了这一时期，细胞就可以再次激发了。

在每次心跳期间，心肌细胞膜的电荷发生一次改变。结果，电荷在整个心脏和周围组织中扩散开，并最终在皮肤上引起非常微小的电变化。这些变化可以在一段时间内，通过连接到皮肤上的电极进行测量，并用心电描记法来解读。因为电脉冲在整个心脏中以波的形式移动，并受身体组织的影响，所以得到的**心电图（electrocardiogram，ECG，或德国说法EKG）**的形状，取决于心脏的三维结构和电极在身体上的确切位置。为了尽可能全面地评估心脏功能，通常的做法是将几组电极放置在胸部和四肢上的特定位置。心电图显示电极对之间的电压，它们的空间和时间解读提供了关于心脏整体健康状况的线索，包括可能由电解质不平衡或心脏组织特定位置损伤引起的异常节律。稍后将讨论一些细节。在心肌梗塞（myocardial infarction，MI，一种心脏病发作）的情况下，ECG还可以识别并在一定程度上定位组织损伤。由于ECG仅测量电活动，因此它不能真正度量心脏泵送足够量血液的能力。流过心房和心室的血液量，可以用基于超声波的超声心动图或核医学方法测量。图12.5显示了健康年轻人的12导联心电图。

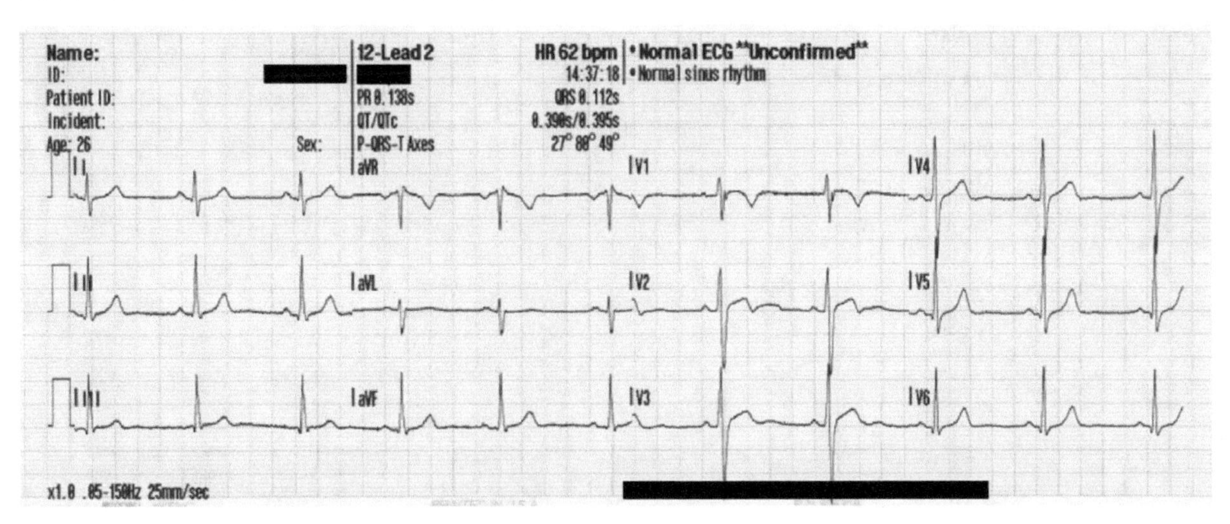

图12.5 健康年轻人的12导联心电图。在心动周期期间产生的电流在整个身体中扩散，并可通过放置在皮肤上的电极阵列来测量。请参阅正文以获得进一步说明（Wikimedia Commons供图，文件：12leadECG.jpg）。

因此，我们从器官级模型开始，指出了组织层面的建模需求，讨论了心脏细胞的特征，而现在又回到它们在全身水平上显现的效果。

简单振荡模型

到目前为止，我们所讨论的信息已经足够用于一些非常简单的心脏数学模型。让我们首先关注最明显的振荡模式。这种振荡可以以多种形式观察到，如在ECG中，但也可以在心室中血液的增加和减少的体积、电压的周期性变化或心室壁变形的节律性变化中观察到。所有这些派生振荡，最终都源于SA结中细胞的自主去极化和再极化，它导致了相对规则的电压振荡（图12.6）。这里的术语

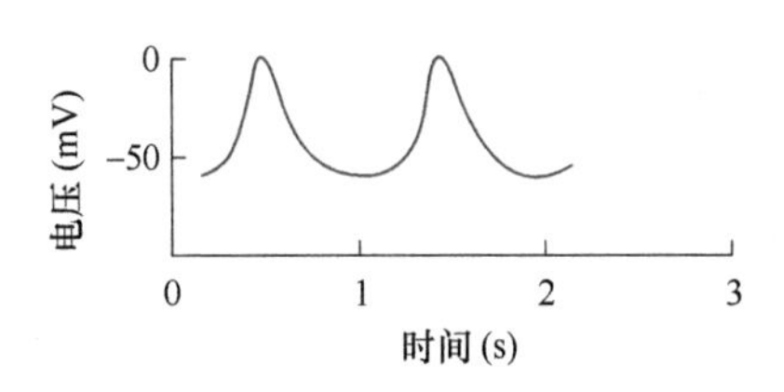

图12.6 SA结细胞中电压的振荡变化。心脏不同位置和不同类型的细胞，呈现截然不同的振荡波形（图12.12），这些波形与心电图中的各种模式（图12.5）也很不相同[1, 29]。

“自主”意味着，细胞无须重复地触发事件即可表现出持续的振荡。

这些振荡的一个有趣特点是，易于容忍小的扰动。换句话说，如果某些东西暂时扰乱或调节振荡的节奏或振幅，健康的心跳很快就会恢复到原来的节奏。当然，这种耐受性对于心脏以健康的方式运作是绝对必要的。试想一下恐怖电影，一场令人毛骨悚然的僵尸攻击会让你心跳加速。有一会儿，你可能会感到兴奋，但你肯定希望，你的心脏在一段时间后会恢复正常，而无须有意调节。

12.5 振荡的黑盒模型

正如我们在第4章中讨论的那样，对扰动的容忍是稳定极限环振荡的标志性特征。我们提到了不同的格式，包括范德波尔（van der Pol）振荡[33, 34]，它是几十年前作为心跳模型提出的，并在这里回到了基于S系统的非常灵活的极限环[35]。具体来说，我们考虑图12.7中的两个例子，它们对应于以下模型方程：

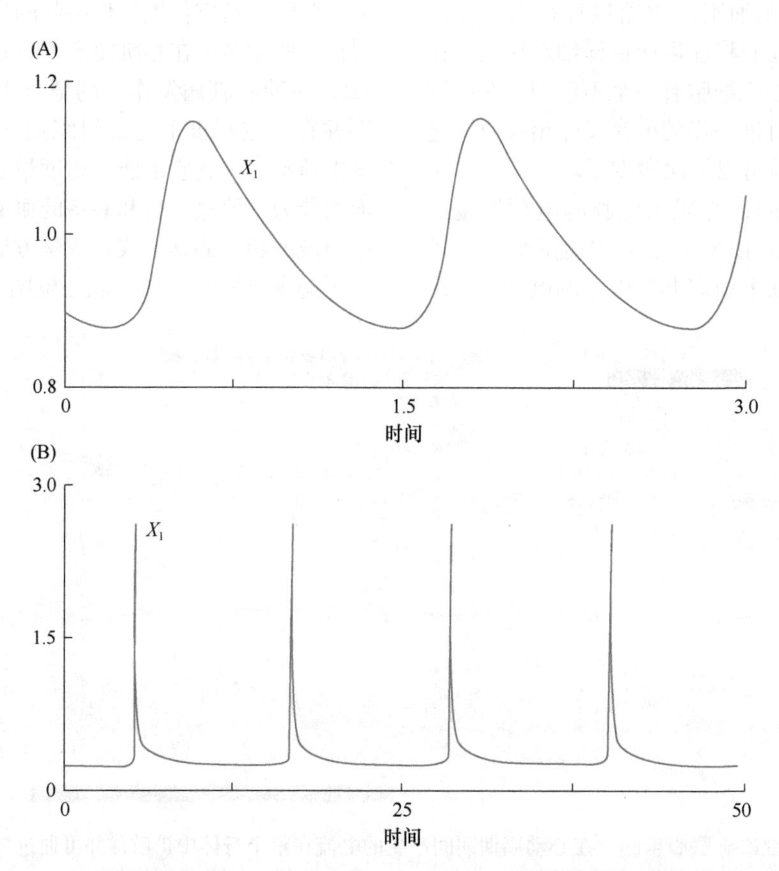

图12.7 稳定的S系统振荡。（A）式（12.1）中系统A的变量X_1，类似于SA结中的振荡（图12.6）。（B）式（12.1）中系统B的变量X_1，类似于简化的ECG迹线（图12.5）。

$$
\begin{aligned}
&\text{系统 A:}\\
&\dot{X}_1 = 2.5\,(X_2^{-6} - X_1^{3}X_2^{-3.2}), && X_1 = 0.9\\
&\dot{X}_2 = 1.001 \cdot 2.5\,(1 - X_1^{-5}X_2^{-3}), && X_2 = 1.2\\
&\text{系统 B:}\\
&\dot{X}_1 = 1.005\,(X_2^{-8} - X_1^{7}X_2^{5}), && X_1 = 0.25\\
&\dot{X}_2 = X_1^{6}X_2^{5} - X_1^{-1}X_2^{-4}, && X_2 = 2.5
\end{aligned}
\tag{12.1}
$$

系统A和B导致的振荡，隐约使人联想到SA结（图12.6）和ECG迹线（图12.5）中的动态，我们可以很容易地确认，这两种振荡确实是稳定的，即通过短暂的扰动可以看到，它们会回到原来的振荡。

如果以“错误”的频率反复“刺激”稳定振荡，则可能发生不良事件。从数学上讲，暴露于振荡刺激模式的稳定极限环，可能会变得混乱：虽然系统中的所有东西都是完全确定的，但振荡行为不再是可预测的，除非实际上求解方程。与心脏生理学的类比是显而易见的：重复地伪造电信号会影响系统，结果可能是不可预测的跳动模式。具体的例子是，AV结或快速导电束中的阻塞，可能导致重复的附加电信号，而这可能干扰心脏中的常见电模式，并导致心律失常甚至死亡。同时，必须小心对待对不规则现象的解释：虽然混乱的振荡可能是疾病的征兆，但过于规律的胎儿心跳常常是一种不好的迹象[36-38]。实际上，振荡可变性的丧失，与不同的病理、脆弱和衰老有关（见第15章和参考文献［39，40］）。

作为数字示例，假设式（12.1）中的稳定振荡系统B，经受小的规则振荡刺激。我们通过在两个方程中都加上0.01（$s+1$）来实现这个想法，其中，s是正弦函数的值，我们以常微分方程（ODE）的形式讨论［参见第四章的式（4.25）和式（4.72）］，使$s+1$在0和2之间振荡。此外，我们引入了一个额外的参数a，它允许我们改变正弦振荡的频率。因此，带有伪造电信号的心跳模型由以下四变量方程给出：

$$\dot{X}_1=1.005\left(X_2^{-8}-X_1^7X_2^5\right)+0.01\left(s+1\right),\quad X_1=0.25$$
$$\dot{X}_2=X_1^6X_2^5-X_1^{-1}X_2^{-4}+0.01\left(s+1\right),\qquad X_2=2.5 \tag{12.2}$$
$$\dot{s}=ac,\qquad s(0)=0$$
$$\dot{c}=-as,\qquad c(0)=1$$

如果$a=1$，则正弦系统的频率与之前相同。值越大意味着振荡越快，值越小振荡越慢。如果$a=0$，则正弦系统根本不振荡（读者应该用数学论证和计算模拟，证实这一点！），这样可以在有无伪造刺激的系统之间进行良好的比较。在这种情况下，系统几乎与式（12.1）中的系统相同，只是两个方程都有一个额外的项+0.01，这显然可以忽略不计。该系统在长时间范围内的振荡（无伪造振荡信号刺激）如图12.8A所示。在图12.8B～F中，频率参数是变化的；为了清晰起见，正弦振荡本身也以放大了10倍的振幅画在图上。如果$a=10$，则正弦振荡非常快，以至于它不会改变心脏振荡的图形（未示出，但与图12.8A非常相似）。在图12.8B中，$a=1$，心跳不均匀。在图12.8C中，$a=0.5$，已出现问题，显示心律失常，但似乎在大约700个时间单位后恢复。然而，心率大大增加了。进一步降低参数a，似乎又恢复正常了，但如果仔细观察，会看到心脏进入了双重节拍的振荡模式。对于$a=0.40$，心脏开始略过某些跳动，而进一步降低参数a的值（哪怕一点点），就会导致心跳停止。a的值越小，这种情况发生的速度就越快（图12.8D～F）。

我们可以看到，即使是简单的模型，也能够捕捉到心跳的本质，并指出一些非常严重的问题。由于这些模型非常简单，因此非常适合严格的数学分析。实际上，许多研究人员已经在当前和其他背景下研究了极限环，并探讨了它们面对不良频率的输

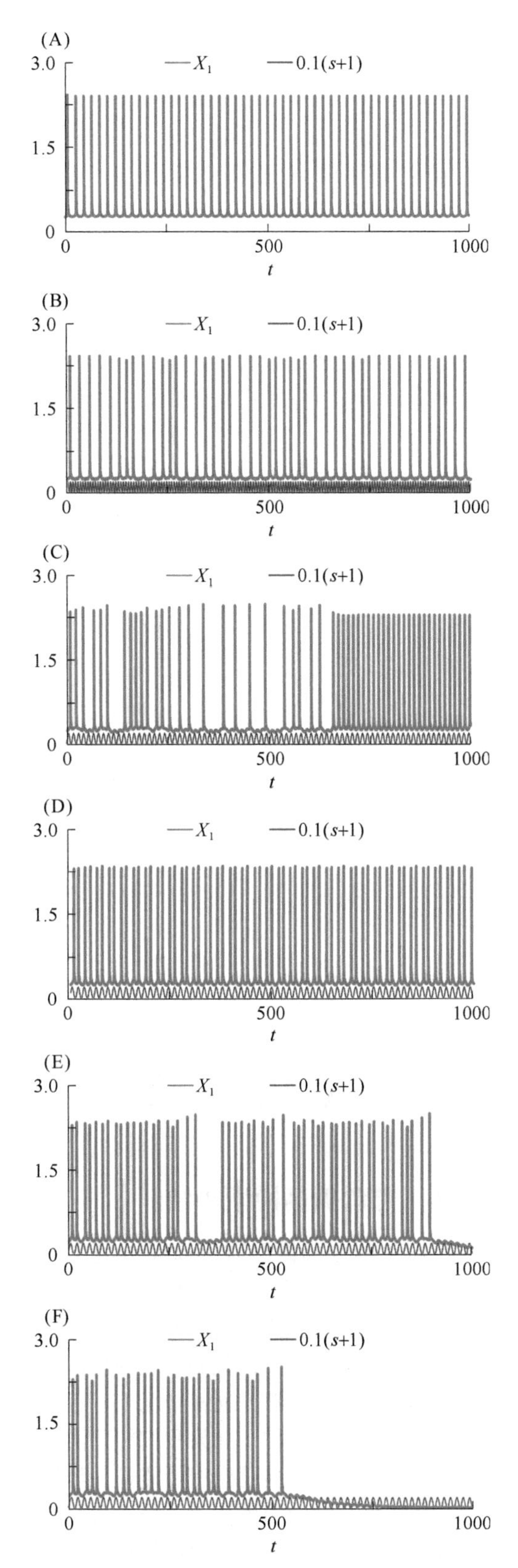

图12.8　受扰动的心跳的模拟，最终导致房颤和死亡。如果稳定的振荡器被规则地“刺激”，如通过使用正弦函数，则结果可能是可忽略的，也可能是有害的，这取决于两个振荡器的频率如何彼此相关联。正弦振荡器的频率由a确定。详情见正文。

入振荡时的脆弱性[41, 42]。

人们也可以使用简单的模型来探究心脏起搏器是否可以使高度不规则的心跳变得规则起来，以及这种矫正的稳健程度。起搏器是植入式电子设备，发出电信号，目的是纠正有问题的振荡。如果调整正确，现代起搏器可确保心脏在正确的时间，以正确的速度跳动。

为了评估一个非常简单的起搏器的功能，我们用第10章中的混乱洛特卡-沃尔泰拉（Lotka-Volterra, LV）振荡器来模拟不规则心跳。为了更逼近心跳时间，我们将所有方程乘以50，以此产生相当不稳定的、每分钟60～70次的心跳。我们使用正弦振荡器，对这个过于简单的起搏器进行建模，表示为一对ODE（$\dot{s}=q$，$\dot{c}=-qs$；见上文和第4章），并在LV系统中，为每个等式添加一个形式为$p(s+1)$的项。当$q=6$时，示例结果如图12.9所示。最初，我们设置$p=0$，此时心跳不受影响。在$t=8$时，我们重新设定$p=0.05$。我们可以看到，需要几个节拍，但起搏器确实克服了混乱。现实中，心脏起搏器要复杂得多，并能满足身体不同的需求，使心跳或快或慢。练习12.5更详细地探讨了这个主题。

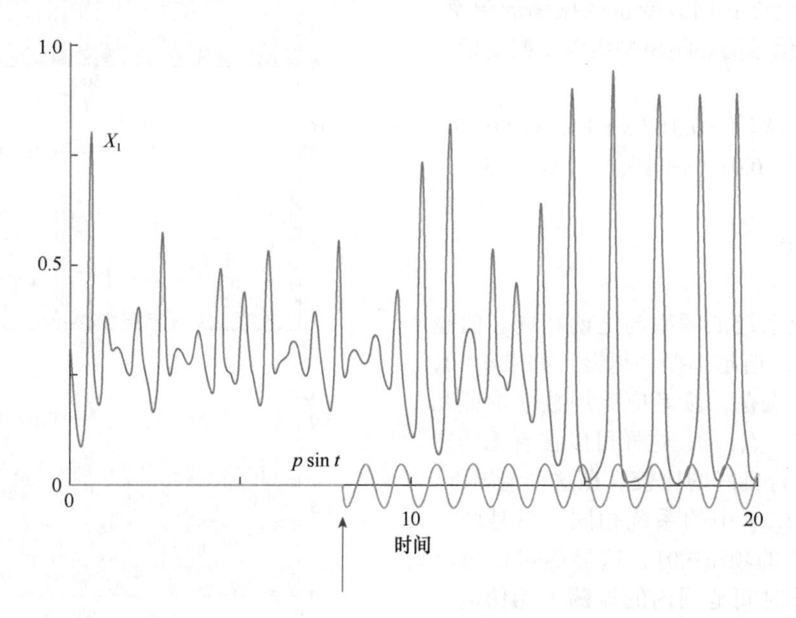

图12.9　简单起搏器的有效性。不规则的心跳，这里建模为混乱的LV振荡器，通过适当的正弦函数的效果变得规则。只显示了LV系统的第一个变量，以及一个缩放了的正弦函数，它在−0.05和0.05之间振荡，从$t=8$开始。为了更好的可见性，尽管正弦函数在模型中移动了1，但它在该图中没有平移。

12.6　黑盒振荡模型小结

相当简单的振荡模型就可以展示出在功能良好和患病的心脏中观察到的一些现象，如心律失常、心跳暂停、心脏起搏器的功能，以及虚假电信号的潜在有害影响。所以，我们必须问自己，这些简单的模型是否已经足够。通常情况下，答案取决于建模工作的目的。例如，如果我们想要演示心律失常，那么稳定的黑盒振荡模型可能是最具指导性的，因为其数学结构的简单性不会分散我们的注意力。或者，如果我们计划将心跳用作较大模型的输入模块，并且我们对机械细节并不特别感兴趣，那么小的常微分方程模型可能是一个不错的选择。作为一个例子，假设我们想研究细胞对氧气供应的代谢反应，该供应在心动周期中会发生变化。在这种情况下，从根本上导致血氧振荡的机制可能不是特别相关。实际上，由于较大的模型，在参数估计和诊断方面总是需要更多的努力，因此，在振荡器上投入更多时间可能不值得。另外，如前所述，关于小的极限环振荡器，可以用到数学上的很多东西；很多书上都使用了上述的简单模型来分析不同类型的振荡、结构稳定性问题，以及神经、心脏和其他振荡系统中的分叉点，而这些分析在大型模型中是不可能做到的[7, 41, 42]。

虽然小型模型具有很强的优势，但它们显然也有局限性。例如，如果我们想要将疾病模式分解为可能的分子、生理或电化学原因，那么小模型根本无法提供足够的答案。甚至不可能提出正确的问题，因为这些模型不包含相关组件，如膜、离子浓度或门控通道，这些对于心脏正常发挥功能非常重要，我们将在本章后面看到。为了解释心脏规则跳动的终极过程，以及为了研究和治疗心脏病，我们需要深入挖掘真实的分子和物理驱动因素，定量刻画它们，然后使用数学模型和计算，整合分子和电化学水平的结果，以深入了解宏观上的功能或失效。我们首先探索钙动力学，它对于心脏正常发挥功能是至关重要的；我们为这个特定方面开发模型，然后致力于更全面的模型，包括化学和电子过程。为了冒险尝试更复杂的模型，我们需要更多地了解心脏的生物学知识：是什么让心脏滴答跳动？

12.7 从黑盒到有意义的模型

我们已经看到，构造振荡甚至极限环振荡作为黑盒模型，是非常容易的。现在的问题是，我们是否可以构建一个简单但具有生物学意义的模型，展现持续和强大的振荡。我们将在这里尝试一种方法，即研究心动周期中离子的运动。

心脏细胞（包括SA结细胞）中的收缩和松弛事件链，与钙离子在三个位置之间的周期性运动密切相关，这三个位置是：细胞外液、胞质溶胶和一种细胞内区室［称为**肌质网（sarcoplasmic reticulum，SR）**］。当细胞膜去极化时，循环开始，钠和相对少量的钙从细胞外空间流入胞质溶胶。钙与SR膜中的蛋白质结合，在那里引发称为**钙诱导的钙释放（calcium-induced calcium release，CICR）**机制，它导致大量钙从SR流入胞质溶胶[43, 44]。在常规心肌细胞中，这种钙与肌钙蛋白结合，并导致肌原纤维肌动蛋白和肌球蛋白的滑动作用，如前所述，而这种滑动作用引起肌细胞的收缩。于是，钙脱离肌原纤维，其中大部分被泵回SR，有些则通过位于细胞膜上的特殊钙离子载体（该载体同时输出钙和输入钠）离开细胞。细胞松弛下来，并准备好进行新的收缩。

在常规心肌细胞中，初始去极化由来自SA结或来自相邻细胞的电信号触发（如前所述）。相比之下，SA结细胞中的膜自发地去极化，从最小电荷约−60 mV开始（图12.6）。虽然初始触发不同，但SR中钙的释放也在SA结发生[44]。因此，SA结细胞和心室心肌细胞都依赖于三个区室中钙的移动。

那么问题就变成了，三区室钙动力学的数学模型是否原则上可以导致持续的、稳定的振荡，如在心肌细胞中观察到的那样。由于心脏和骨骼肌的收缩及胰腺等器官的钙爆发模式具有重要的临床意义，因此有大量关于钙振荡模型的文献也就不足为奇了。作为一种原理证明，我们只看一个极简主义模型，它可以很好且非常容易地捕获钙动力学，且很适合作为以生物学为目标的振荡器。这个模型是由索莫吉（Somogyi）和斯图基（Stucki）[45, 46]提出的，后来又有更复杂的模型；参考文献［47］中给出了综述。

索莫吉-斯图基（Somogyi-Stucki）模型描述了一个动力系统，其中包括三个物理空间和钙的运动（图12.10）。空间是胞质溶胶、细胞内的SR和细胞外空间。该模型假设，细胞外空间含有如此高浓度的钙［Ca^{2+}］$_{ext}$，以至于与细胞质相比，它被认为是一个独立的恒定变量。SR和胞质溶胶中的钙浓度分别用x=［Ca^{2+}］$_{SR}$和y=［Ca^{2+}］$_{cyt}$表示，泵速率用p表示，简单传输速率用r表示，通道传输用ct表示，下标表示来源和目标。根据Somogyi和Stucki的说法，在模型的构建中做出了以下假设：

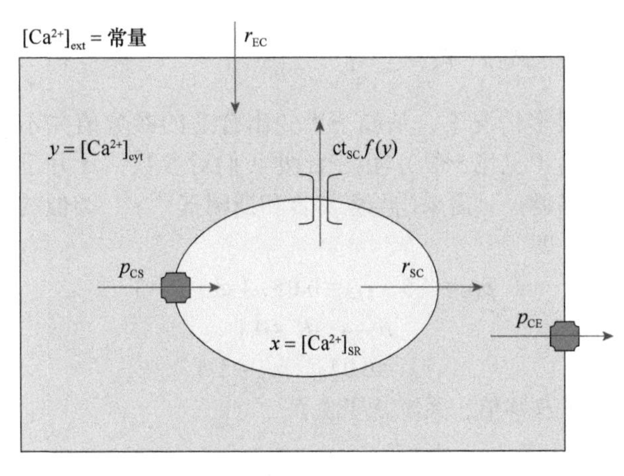

图12.10　与肌细胞相关的钙流的简化图。该图显示了索莫吉-斯图基模型中用到的过程和符号，该模型可产生稳定的钙振荡。红色区域代表细胞的胞质溶胶，而其中的苍白区域代表肌质网。符号在正文中有解释。

1. 细胞外空间作为以恒定速率r_{EC}流入的Ca^{2+}——［Ca^{2+}］$_{ext}$的无尽来源。

2. 以恒定速率p_{CE}将Ca^{2+}从胞质溶胶泵入细胞外空间。

3. 以恒定速率p_{CS}将Ca^{2+}从胞质溶胶泵入SR。

4. Ca^{2+}以r_{SC}的速率从SR泄漏到胞质溶胶中，与SR和胞质溶胶之间的浓度差成比例。

5. 将Ca^{2+}从SR中主动泵入胞质溶胶中。该过程取决于SR和胞质溶胶之间的浓度差异，并且其速率是SR中浓度的S形函数。

根据第2章和第4章中讨论的指南，可以很容易地设置这个小动态系统的方程式。即因为我们对依赖时间的过程感兴趣，所以我们使用微分方程，如果我们忽略空间细节，为简单起见，这些方程是ODE。因此，我们为两个因变量x和y建立ODE，并在右侧包括所有相关的变量、函数和速率。为了实现这一策略，我们简化了假设，即所有过程都可以充分表示为线性函数。对于运输过程和周转率与其底物浓度成比例的过程，这种假设是典型做法。唯一的例外是$f(y)$，它描述了通道传输。对于此函数，索莫吉和斯图基使用具有参数h的希尔函数，它拥有最大饱和速率$(ct)_{SC}$。因此，非线性的通道传输过程被建模为

$$f(y)=(ct)_{SC}\frac{y^h}{K^h+y^h} \tag{12.3}$$

合起来，x受到进出SR的影响，而y受到进出细胞质的影响，数学公式是

$$\begin{aligned}\dot{x}&=p_{CS}y-r_{SC}(x-y)-(ct)_{SC}\frac{y^h}{K^h+y^h}(x-y)\\ \dot{y}&=r_{EC}+r_{SC}(x-y)+(ct)_{SC}\frac{y^h}{K^h+y^h}(x-y)\\ &\quad-p_{CE}y-p_{CS}y\end{aligned} \tag{12.4}$$

在很多情况下，从帽子里变出合适的参数值并不容易（见第5章）。由于此处我们对参数估计并不感兴趣，只需采用与索莫吉和斯图基[45, 46]类似的值，即

$$p_{CS}=4.5,\ r_{SC}=0.05,\ (ct)_{SC}=3$$
$$h=4,\ K=0.1$$
$$r_{EC}=0.075,\ p_{CE}=1.5$$

有了这些值，系统就变成了

$$\begin{aligned}\dot{x}&=4.5y-0.05(x-y)-3\frac{y^4}{0.1^4+y^4}(x-y)\\ \dot{y}&=0.075+0.05(x-y)+3\frac{y^4}{0.1^4+y^4}(x-y)-6y\end{aligned} \tag{12.5}$$

结果表明，初始值并不重要，我们设定$x_0=2$，$y_0=0.1$。这些条件下的模拟结果如图12.11所示。我们看到，这个相当简单的细胞内钙动力学模型确实能够振荡。实际上，扰动分析表明，它以稳定的方式自行振荡。我们的原理证明完成了。

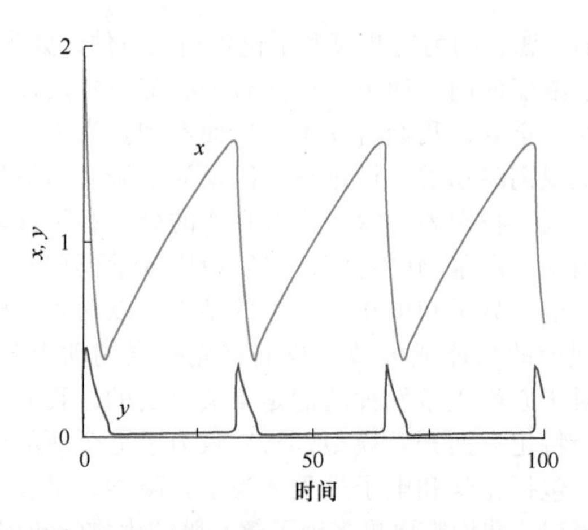

图12.11　索莫吉-斯图基系统［式（12.5）］产生的振荡。 即使没有外部线索，系统也会以稳定的方式振荡。变量x和y分别代表SR和胞质溶胶中的钙浓度。

心肌细胞中的电化学

心脏的振荡最终是由离子运动和电荷引起的，但我们还没有真正讨论这两者是如何相关联的。理解这些关系的关键在于细胞膜和SR膜的运输过程。这些跨膜过程的精辟描述可以在参考文献［48］中找到；以下大部分内容摘自此来源。

跨膜运输过程与两个截然不同但密切相关的梯度相关联，即浓度梯度和电（电荷）梯度。虽然细胞含有许多类型的分子，但这里感兴趣的浓度是离子浓度。回想一下，离子是携带电荷的原子或分子，这些电荷是由电子和质子数量之间的差异产生的。对于原子，致密核包含带正电的质子和中性的中子。核被一团带负电的电子所包围。在带负电的离子（也称为阴离子）中，云中电子比核中质子更多。这里最重要的例子包括电离的原子如氯离子和一些较大的分子如带负电荷的蛋白质。带正电的离子，称为阳离子，其核中的质子比电子云外壳中的电子更多。对膜活性而言，最重要的例子是钠离子、钾离子和钙离子。

在被含水介质包围并通过多孔膜与介质分离的细胞中，离子进出细胞膜可以通过特定的运输机制或某种程度上的渗漏实现。正如我们从许多现实生活中的现象所知道的那样，如果任其自然发展，梯度差异往往趋于消失。用物理术语表示，系统的总能量趋向给定情况下可实现的最小值。凉爽房间里的热咖啡会变冷，最终达到与周围环境相同的温度。将糖放入一杯水中，通过随机分子运动，浓度最终变得均匀。这种浓度差异消失的自然趋势也适用于细胞内外的浓度。然而，在均衡离子浓度的过程中，电荷可能变得不平衡。因此，系统的总能量由两部分组成：与浓度梯度内的分子运动相关的化学能和与电荷相关的电能。自然趋向于最小化这两个分量的总和，并且如果有足够的时间，总和则变为零。我们将在后面更严格地讨论这一方面。

胞质溶胶和细胞外空间之间的离子运动的守

门者是细胞膜。它由脂质双层组成，由于离子和水分子之间强大的静电吸引力，它可以为极性分子和离子创造实质性的屏障。这种对自由离子流的阻碍是至关重要的，因为它允许可兴奋细胞（如心肌细胞）在其胞质溶胶中产生和保持与周围胞外液体中显著不同的浓度和电荷。细胞通过跨膜通道蛋白和载体蛋白来管理跨膜浓度梯度的产生，从而存储势能，带来电信号转导的可能性，所述跨膜**通道蛋白（channel protein）**和**载体蛋白（carrier protein）**通常专门用于将特定离子或水溶性有机分子输入或输出细胞。

通道蛋白形成亲水的、充满水的孔，它穿过脂质双层，并允许选择的离子穿过膜。这种穿梭非常快，一个通道在1 s内能够通过多达1亿个离子[48]。依靠这样的速度，通道转运比载体蛋白转运快100 000倍，这是电信号传导的重要特性。通道的最大特征是，运输必须始终沿着浓度梯度发生。对于离子，这种被动传输导致膜电位的变化，而它反过来，可能影响进一步的离子传输。因为大多数细胞中，膜内部方向显现负电荷，所以有利于带正电离子的进入。通道蛋白的一个迷人特征是它们的精准特异性，这是其分子结构带来的。一个相关的例子是钾泄漏通道，它导入K^+比导入Na^+快10 000倍。这种差异很有趣，因为钠原子略小于钾原子。大自然利用钾泄漏通道蛋白解决了这个问题，该蛋白产生了一种特殊的离子选择性过滤器，几乎完全阻止钠穿过膜[48]。

与简单的含水孔相反，载体蛋白和离子通道可由细胞控制。具体而言，它们可以通过电或机械方式及通过配体的结合来打开和关闭。通道中最重要的是**电压门控（voltage-gated）**和受体门控通道，它们分别受电压和分子（如神经递质乙酰胆碱）结合的控制。

载体蛋白，也称为**泵（pump）**或通透酶，是结合特定离子的转运蛋白，它在经历构型变化的同时，主动促进跨膜转运。载体蛋白对于它们运输的分子是特异性的，并且需要能量，这可以通过ATP的形式提供。它们的动力学类似于酶促反应，且显示出类似于米氏（Michaelis-Menten）过程的浓度依赖性（参见第4章和第8章）：对于高离子浓度，它具有特征结合常数K_M和最大速率V_{max}的饱和性。一些载体蛋白也允许在任一方向上被动转运，只要顺着浓度梯度发生即可，但它们的主要作用还是针对电化学梯度的主动转运。

载体蛋白有多种变体。第一种情况是，上坡转运（逆浓度梯度）与另一分子的下坡转运相结合。如果离子和另一分子都以相同的方向运输，则该转运蛋白称为同向转运蛋白。如果它们以相反的方向运输，则称为反向转运蛋白。例如，沿梯度向下移动的离子会释放自由能，可用于将较大分子（如糖）向上移动。第二种载体蛋白是单向转运蛋白。在这种情况下，仅传输一种离子，并且该过程与ATP的水解相关联。反向转运蛋白也可能与ATP水解相结合。更有甚者，作为与此处无关的另外的可能性，细菌可以使用光作为离子转运的能量源来抵抗梯度。

在本章中，最重要的运输过程是**Na^+-K^+泵（Na^+-K^+ pump）**，它可以水解ATP。因为Na^+被泵出细胞，抵抗陡峭的电化学梯度，而K^+被泵入，所以转运蛋白是反向转运蛋白；又因为它使用ATP，有时也被称为Na^+-K^+ATP酶。泵也可以反向运行，从ADP产生ATP。Na^+-K^+泵以如下方式起作用：在每个循环中泵出三个Na^+，同时仅泵入两个K^+。因此，泵会改变电荷平衡，故称为生电的，即它改变膜电位。然而，与其他过程相比，电生成变化很小，因而对细胞膜的电状态贡献很小。

在心动周期期间转运离子的第二种关键的反向转运蛋白是**钠-钙交换器（Na^+-Ca^{2+} exchanger）**，它从细胞中去除钙，特别是在动作电位之后。它允许钠流过质膜，沿其电化学梯度流动，从而以相反方向运输钙离子。钙的去除速度非常快，每秒有数千个钙离子穿过膜。这种速度对于有效的信号转导是必需的，但它也是昂贵的：在该过程中，每去除一个钙离子需要输入三个钠离子。通过Na^+-Ca^{2+}交换器进行的转运是生电的，并且膜的强去极化实际上可以逆转离子交换的方向，这在一些毒素和药物的影响下是可能发生的。Na^+-Ca^{2+}交换器活性的改变会产生严重后果，导致室性心律失常[49]。

另外一种去除钙的泵是质膜Ca^{2+} ATP酶（也称为PMCA），它对钙的亲和力高于Na^+-Ca^{2+}交换器，但运输能力要低得多。由于其较高的亲和力，Ca^{2+} ATP酶在钙浓度低时是有效的，因此，它可以作为Na^+-Ca^{2+}交换器的补充。Ca^{2+} ATP酶在结构和功能方面都理解得很清楚了[48]。

通常，Na^+-K^+交换器建立起钠梯度，驱动Na^+-Ca^{2+}交换器挤出钙。毛地黄（*Digitalis purpurea*）会产生有毒物质——洋地黄，可用作控制心律失常的药物。洋地黄的作用是使Na^+-K^+交换器中毒，从而降低Na^+的梯度，进而减少Ca^{2+}挤出。细胞内积累的Ca^{2+}会促进收缩[50]。

通道是将离子转移进出心肌细胞的媒介，并且因为离子带电，它们的转运可以导致细胞的电状态，特别是其膜的电状态的变化。这些转运过程如何导致自主振荡呢?

12.8 心肌细胞膜电化学过程的生物物理描述

离子转运和细胞电状态的变化，构成了生物系统分析中极为罕见的情况之一，其中的过程非常接近物理过程，相应的物理定律可以用来直接解释这些过程，或者至少可以给出启示。在这里，我们大量借鉴电学理论。如前所述，自然倾向于使能量最小化，在可兴奋细胞的情形中，能量由两个组分组成，即与浓度梯度内的分子运动相关的化学能和与电荷相关的电能。如果有足够的时间且无外部影响，两种能源的总和趋近于零。

用物理学术语来表征这一基本现象，就产生了**能斯特方程（Nernst equation）**，它量化了电化学梯度。该方程开始于每摩尔离子的自由能变化ΔG_{conc}，它与跨膜的浓度梯度有关。能斯特发现这个量可以计算为$-RT\ln(C_o/C_i)$，其中，R是气体常数，T是开尔文的热力学温度，C_o和C_i分别是细胞外部和内部的离子浓度。将离子穿过膜移动到细胞中，导致与电荷相关的自由能的变化，其大小为ΔG_{charge}。该变化取决于离子的电荷z和细胞内外之间的电压V。具体来说，能量变化ΔG_{charge}以每摩尔离子的zFV给出，其中，F是法拉第常数。静息细胞趋近总能量最小的状态。因此，该状态被表征为

$$-RT\ln\left(\frac{C_o}{C_i}\right)+zFV=0 \tag{12.6}$$

为了计算静息时的平衡电位或电压，通常更有用的做法是，转换这个方程式为

$$V=\frac{RT}{zF}\ln\left(\frac{C_o}{C_i}\right) \tag{12.7}$$

此外，以10为底的对数（lg）通常优于自然对数（ln），而如果我们考虑人体细胞，温度或多或少恒定在37 ℃，相当于310.15 K。因此，$R=1.987$ cal/（K·mol），$F=2.3\times10^4$ cal/（V·mol）及$\ln10=2.3026$，单电荷离子的平衡电位为

$$V\approx61.7\log_{10}\left(\frac{C_o}{C_i}\right)(\text{mV}) \tag{12.8}$$

对于典型的心肌细胞的例子，细胞内和细胞外的钾浓度$[K]_i$和$[K]_o$分别为140～150 mmol/L和4～5 mmol/L，因此，钾的平衡电位V_K大致在−100～−90 mV。

对于其他离子，相同类型的计算也适用，并且如果我们考虑到不同离子通过膜具有不同渗透性的事实，物理定律允许我们通过适当的浓度总和来计算总电位。具体来说，膜电位V_M是平衡电位，在该平衡电位下，电压梯度和所有离子的浓度梯度达到平衡，从而在任一方向上都没有离子流。该膜电位被表示为**Goldman-Hodgkin-Katz方程**，它对应于包括K^+、Na^+和Cl^-的组合电位，写为

$$V_M=\frac{RT}{zF}\ln\left(\frac{P_K[K^+]_o+P_{Na}[Na^+]_o+P_{Cl}[Cl^-]_i}{P_K[K^+]_i+P_{Na}[Na^+]_i+P_{Cl}[Cl^-]_o}\right) \tag{12.9}$$

注意，氯化物的下标i和o是互换了的，因为氯化物是阴离子，而不同的量P则量化了每种离子的渗透性，这取决于膜的性质[7]。

尽管它们非常重要，但在这种计算中经常忽略氢和镁等离子，因为它们的浓度比K^+、Na^+和Cl^-的浓度小几个数量级[48]。大多数可兴奋细胞的膜，对K^+的渗透性远远大于Na^+和Cl^-，这导致静息膜电位更接近K^+的平衡电位，而不是Na^+和Cl^-的平衡电位[51]。

12.9 静息电位和动作电位

当可兴奋的心肌细胞松弛时，其膜带负电荷，约为−90 mV。当外部被认为是0 mV时，这种状态被称为静息电位，描述了穿过细胞膜的电势。足够强度的电刺激或离子平衡的改变，通过使离子通道打开来改变这种状态。当带正电荷的Na^+和Ca^{2+}进入细胞时，膜开始去极化，即其电荷变得更加阳性。有趣的是，只需要相对较少的Na^+，即可触发去极化。在短暂的一段时间后，K^+开始离开细胞，细胞重新极化（其膜电位变得更负），细胞返回其带负电荷的状态。Na^+-Ca^{2+}和Na^+-K^+交换器重新建立起静息电位。电压上下变化的一个周期，构成动作电位。虽然动作电位的某些方面对于可兴奋的心肌细胞和SA结的细胞是相同的，但也存在显著差异。我们分别讨论这两种细胞类型。

SA结细胞的一个有趣特征是，它们没有真正的静息电位（图12.12A）。相反，它们会自发地去极化，因此可以产生重复的动作电位，这种现象称为**自动节律性（automaticity）**。与在每个动作电位期间循环通过5个阶段的其他心肌细胞（参见下文）相比，SA结细胞仅具有三个阶段（4、0和3）。阶段4的特征在于膜电位最负，约为−60 mV。这

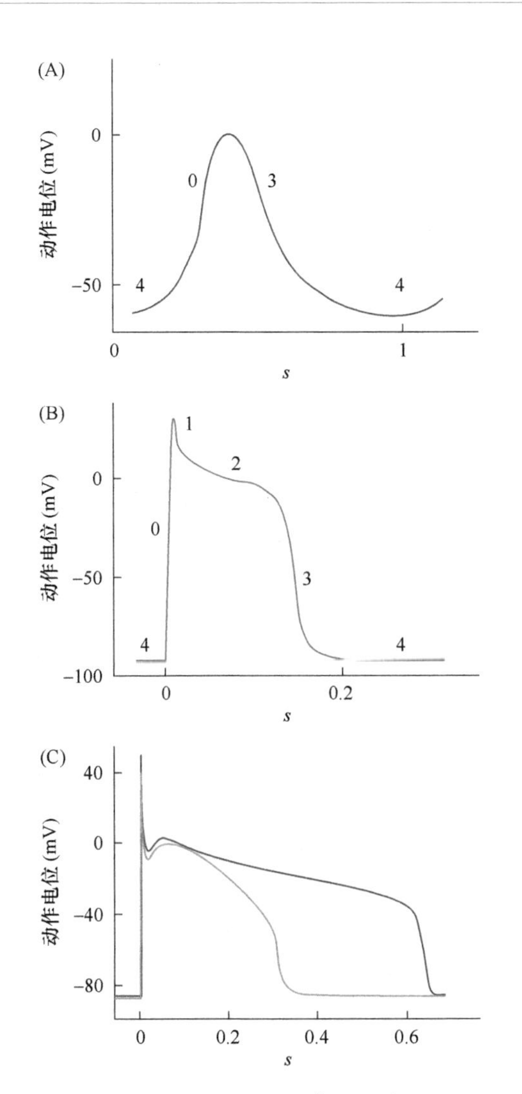

图12.12 心脏细胞中的动作电位[1, 29, 54]。(A)自发去极化的SA结细胞的动作电位。(B)典型心室心肌细胞的动作电位。SA结中的动作电位缺少后者的阶段1和阶段2。(C)健康（绿色）和充血性心力衰竭（红色）的犬科动物心脏的动作电位。

种电位比心室心肌细胞中的负电位要小，且足够高，足以激活缓慢的指向内的混合钠-钾电流，称为**起搏电流（funny current）**。这些起搏电流引发膜的去极化，从而控制SA结的自发活动[52]。一旦电位达到约−50 mV，瞬时T型钙通道打开，Ca^{2+}冲入细胞，从而进一步使细胞去极化。在−40 mV时，额外的L型钙通道打开，并进一步增加Ca^{2+}流入量。与此同时，钾停止移出细胞。在随后的阶段0期间，更多的Ca^{2+}通过L通道进入细胞，而T通道开始关闭。总的来说，去极化的时间比其他心肌细胞要长。在阶段3中，SA结细胞**再极化（repolarize）**。钾离子通道打开，导致K^+向外的流动增加。L通道关闭，去极化的内向Ca^{2+}电流消退。AV结细胞的动作电位与SA结细胞的动作电位是相似的。

值得注意的是，控制性的起搏电流也可以被环状核苷酸激活，如环腺苷一磷酸（cAMP）和**G蛋白偶联受体（G-protein-coupled receptor）**信号（参见第9章）。这种代谢信号选项，为自主神经系统提供刺激心脏跳动的机制[53]。

与SA和AV结细胞相反，心室和心房心肌细胞及浦肯野细胞具有真正的静息电位，它与舒张相关，并以对不同离子的选择渗透性为特征。具体而言，膜对K^+是可渗透的，但对其他离子，基本上是不可渗透的。如此一来，约−90 mV的静息电位接近于相对K^+的平衡电位。处于静息状态的细胞，仅在外部刺激时才产生动作电位。在正常情况下，这种刺激最终起源于SA结，并在整个心肌中传播，如前所述。一旦被相邻细胞触发，这些细胞中的动作电位形成得非常快，其整体外观明显不同于SA结细胞（图12.12B）。从阶段4开始，细胞具有约−90 mV的静息膜电位。当细胞从相邻细胞接收动作电位时，它开始去极化（阶段0）。一旦电荷超过约−70 mV的阈值，该过程随后进一步快速去极化，由快速向内的Na^+电流的增加来介导完成。在此阶段，细胞开始收缩。与此同时，K^+通道关闭。随后，快速Na^+通道失活，并且向外的K^+通道开始打开，导致在细胞开始再极化之前的短暂超极化（阶段1）。此时，收缩仍在进行中。正如我们之前所讨论的，钠流入会改变膜，使钙开始流入，从而通过钙诱导的钙释放机制引发扩增，并导致大量钙从肌质网流入细胞质[43]，这一点我们之前也提到过，并将在后面详细讨论。由于钙的流入，最初的再极化被延迟，这可以在动作电位的平台期看到（阶段2）。收缩结束，细胞开始放松。完全再极化发生在阶段3，其中，钾流出量高，Ca^{2+}通道失活，且膜电位变得更负。为了恢复静息电位，Na^+-K^+和Na^+-Ca^{2+}交换器及质膜Ca^{2+}ATP酶变得活跃。为了保持长期平衡，离开细胞的Ca^{2+}量，等于在循环开始时进入的起触发作用的Ca^{2+}量。在阶段0和阶段3的大部分之间，即所谓的有效不应期，细胞不能再次被激发。这种机制通常可以防止假信号在整个心肌中扩散，并确保有足够的时间用血液填充心脏，并以受控方式将其排出。

应该注意的是，动作电位的实际形状在心脏的不同区域之间变化，这对于整个心肌中电活动的正确传播和正常的心脏功能是重要的[29]。一些心脏病与正常动作电位模式的变化有关（图12.12C）。

动作电位的不同阶段可以直接与ECG的特征相关（图12.13）。P波起始和Q之间的PR间期，具有

120～200 ms的长度，度量了心房起始和心室去极化之间的时间。在该间期内，P波反映了整个心房中从SA结扩散的去极化，它持续80～100 ms。在之后的短暂等电期，脉冲传播到AV结。QRS波群是快速心室去极化阶段，持续60～100 ms。ST段代表整个心室去极化的等电周期。它或多或少地对应于心室动作电位的平稳期。T波代表心室再极化。该过程比P波期间的去极化花费更长的时间。QT间期大致对应于平均心室动作电位，在200～400 ms，但在高心率时则更短。在ECG迹线的任一成分中，即使看似微小的异常，也常常是各种病症的征兆。

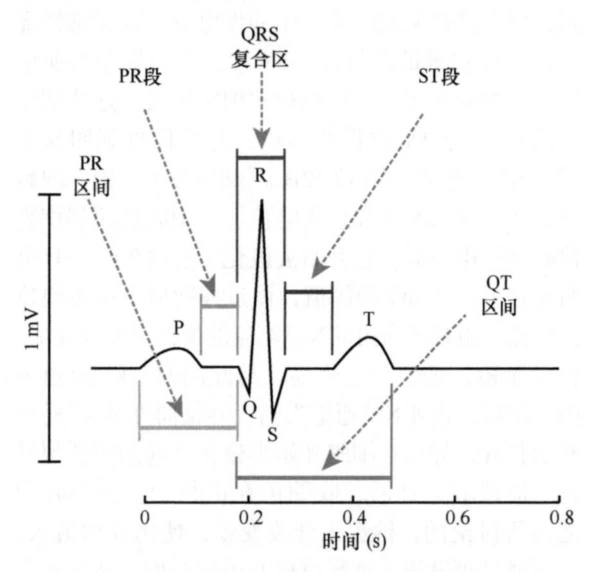

图12.13　ECG迹线图，显示心脏中心房和心室的去极化与再极化。记录速度的标准化，允许从不同波之间的间隔测量心率。进一步的说明，请参阅正文。

12.10　动作电位模型

第一批定量研究可兴奋细胞动作电位的科学家是艾伦·霍奇金（Alan Hodgkin）和安德鲁·赫胥黎（Andrew Huxley）。他们在20世纪50年代早期就对鱿鱼神经元的轴突做了传奇工作[55]，并因而在1963年获得诺贝尔奖。他们成功的关键是认识到神经细胞功能与简单电路之间的直接类比。几年后，诺布尔（Noble）[8, 9, 56]和其他人[57, 58]证明了神经细胞的霍奇金-赫胥黎（Hodgkin-Huxley）模型可以被改造，以表征心脏动作电位，它具有比神经元更长的再极化阶段。

霍奇金和赫胥黎利用和电路的类比，把电学理论中的成熟规律应用到动作电位上。他们将膜的脂质双层解释为电容器，离子通道作为导体，电化学梯度驱动的离子流作为电池，离子泵作为电流源。为了唤起我们的记忆，来回顾一下电学中的基本概念。

- 描述原子和分子中电子与质子相对量最基本的亚原子性质是电荷q。这里特别重要的是离子，与中性原子相比，离子具有过量或不足的电子。宏观实体的电荷等于其所有粒子的电荷总和。因此，在可兴奋的细胞中，电荷是系统中离子携带的净正电荷或负电荷。电荷在周围空间中产生电场，可对其他带电物体施加力。
- 电导体是包含可移动电荷的材料。在电路中，导体通常由诸如铜这样的金属组成，而在我们这里，导体由含有离子的水溶液和允许离子穿过脂质双层的通道组成。
- 电流是电荷的实际运动或流动。它通常用I表示，因为它描述了给定点的电荷变化，所以表示为

$$I=\dot{q} \tag{12.10}$$

- 电势是电场中每单位电荷的势能。两点处电势之间的差异称为电压（由V表示）或电压降，量化了通过电阻移动电荷的能力。有时，这种势差称为电动势（electromotive force）或EMF。
- 电容，用C表示，是在一定电势下存储的电荷量的量度。它与电荷和电压的关系如下：

$$C=\frac{q}{V} \tag{12.11}$$

- 电导率和电阻是材料的特性，互为倒数。电阻R描述了带电粒子（如离子）流动受阻的程度，而电导率g度量电荷流过某种材料的容易程度。它是电阻的倒数：

$$g=\frac{1}{R} \tag{12.12}$$

麦克斯韦、法拉第、欧姆、库仑和基尔霍夫等著名物理学家发现了电气系统中各种量的定律。这里特别相关的有三个。

- 欧姆定律指出，通过导体的电流与两点之间的电压成正比，与它们之间的电阻成反比。因此，对于依赖于时间的V和I，我们有

$$V=IR=\frac{I}{g} \tag{12.13}$$

- 基尔霍夫两个最重要的定律，涉及电路中任一点处的电荷和能量守恒（电容器除外）。因此，如果有k个电流流向或远离一个点，则它们的总和为零。用数学公式表示，即

$$\sum_k I_k=0 \tag{12.14}$$

- 同样，如果正确分配了正负号，则任何闭合电路中的所有k个电压之和为零。从而，

$$\sum_k V_k=0 \tag{12.15}$$

因为电流描述了电荷的流动，所以总电流等于系统中所有电流的总和。换句话说，具有k个电阻的系统中，其电流在某种意义上是累加的：

$$I=\sum_k I_k=\sum_k\left(\frac{V}{R_k}\right)=V\sum_k g_k \tag{12.16}$$

这些关系看起来相当静态，但它们也适用于电气状态随时间变化的系统。在此特别重要的是，心脏细胞膜上的电压和电流的动态变化，可导致产生时间依赖性的动作电位。为了在数学上描述这种动作电位，我们通过将$V(t)$定义为内外之间的电压差，来明确电压和电流是依赖于时间的：$V(t)=V_i(t)-V_e(t)$。$V(t)$是一个依赖时间的变量，我们可以对时间取微分。使用式（12.10），我们得到

$$\dot{V}=\frac{1}{C}\dot{q}=\frac{I}{C} \tag{12.17}$$

根据电的定律，在每个时间点t，膜上的电容电流I和离子电流I_{ion}之和必为零。将这一守恒律代入式（12.17）并整理，可得

$$C\dot{V}+I_{ion}=0 \tag{12.18}$$

这是我们的基本方程式。然而，为了解释有时在相反方向上运行的各种离子流量，现在需要将电压和离子电流分成部分电压和电流，与Na^+、K^+和一个池L相关，L涵盖了所有其他离子，如钙、氯和镁。选择符号L表示泄漏。因此，我们定义V_{Na}、V_K和V_L，表示对静息电位的贡献，以及相应的电流$I_{Na}=g_{Na}(V-V_{Na})$、$I_K=g_K(V-V_K)$和$I_L=g_L(V-V_L)$。回想电流、电导和电压之间的关系［式（12.13）］，我们可以将式（12.18）重写为

$$C\dot{V}=-g_{eff}(V-V_{eq}) \tag{12.19}$$

这里，有效电导$g_{eff}=g_{Na}+g_K+g_L$，由与Na^+、K^+和池L（表示其他离子的集合）相关的电导组成。静息（或平衡）电位由电导和电压的单独贡献组成：

$$V_{eq}=\frac{g_{Na}V_{Na}+g_KV_K+g_LV_L}{g_{eff}} \tag{12.20}$$

将这些项代入式（12.19），还可进一步考虑膜电流，其值为0（在平衡时）或等于I_{app}（在典型实验系统中应用时）。在该领域中，习惯上不以绝对值表示电位或电压的关系，而是考虑相对电位v，它描述了与静止电位的偏差：

$$v=V-V_{eq} \tag{12.21}$$

通过这种约定，我们获得描述电压动态变化的常微分方程：

$$\begin{aligned}C\dot{v}=&-g_{Na}(v-v_{Na})-g_K(v-v_K)\\&-g_L(v-v_L)+I_{app}\end{aligned} \tag{12.22}$$

注意，电容C和不同的电导g是材料的特性，因此在大多数电路中是恒定的，不随时间变化。在心脏的情形下，电容与细胞膜的厚度相关，它在心脏细胞中不是完全恒定的，但C通常被认为是恒定的，这在一个动作电位的短时间内可能是合理的近似。重要的是，电导对应于膜中的通道（有些是离子门控或电压门控的），因此，它是细胞电化学环境的函数。换句话说，电压和电导都是时间的函数，远非常数。

霍奇金和赫胥黎基本上将电导对电压的依赖性，建模为受实验数据启发的黑盒模型，但在生物机制方面没有直接的解释。在其天才之举中，他们定义了

$$\begin{aligned}g_K&=\bar{g}_Kn^4\\g_{Na}&=\bar{g}_{Na}m^3h\end{aligned} \tag{12.23}$$

并认为g_L是常数，因为与g_{Na}和g_K相比，它被认为是微不足道的。$\bar{g}_K$和$\bar{g}_{Na}$项被定义为恒定的电导率参数，而量n、m和h（可以解释为钾、钠门的特性）则作为微分方程的解给出，也取决于电压：

$$\begin{aligned}\dot{n}&=\alpha_n(v)(1-n)-\beta_n(v)n\\\dot{m}&=\alpha_m(v)(1-m)-\beta_m(v)m\\\dot{h}&=\alpha_h(v)(1-h)-\beta_h(v)h\end{aligned} \tag{12.24}$$

项n^4和m^3h与开放离子通道的分数或这些通道开放的概率成比例。如果这些量是1或0，则所有相应的通道分别为打开或关闭。n的幂次反映了钾通道的4个亚基，这在当时是一个假设。霍奇金-赫胥黎模型中对电压的依赖性通常表示为

$$\begin{aligned}&\alpha_n(v)=0.01(10-v)[e^{(10-v)/10}-1]^{-1},\\&\beta_n(v)=0.125e^{-v/80}\\&\alpha_m(v)=0.1(25-v)[e^{(25-v)/10}-1]^{-1},\\&\beta_m(v)=4.0e^{-v/18}\\&\alpha_h(v)=0.07e^{-v/20},\\&\beta_h(v)=[e^{(30-v)/10}+1]^{-1}\end{aligned} \tag{12.25}$$

初始值设定为$v(0)=10.5$，$n(0)=0.33$，$m(0)=0.05$，$h(0)=0.6$，$C=1$，$v_{Na}=115$，$v_K=-12$，$v_L=10.6$，$g_{Na}=120$，$g_K=36$，$g_L=3$[7, 59]。n、m和h方程的形式看似随意，却描述了这些量如何以一阶的方式随时间衰减。

通过这些定义和设置，膜上的动力学被描述

为具有4个ODE的系统。第一个代表动作电位本身［式（12.22）］，而其余三个是描述电导随时间变化的方程式，以定义如式（12.24）及相关的函数依赖性［式（12.25）］。将4个方程式送入数值求解器，并指定初始值，很快就获得了我们的劳动成果（图12.14）：神经细胞中的动作电位显示快速去极化和再极化。数值解显示了辅助变量*n*、*m*和*h*的动力学特征（它们没有直接意义，只是代表不同离子通道的特征）（图12.15）。

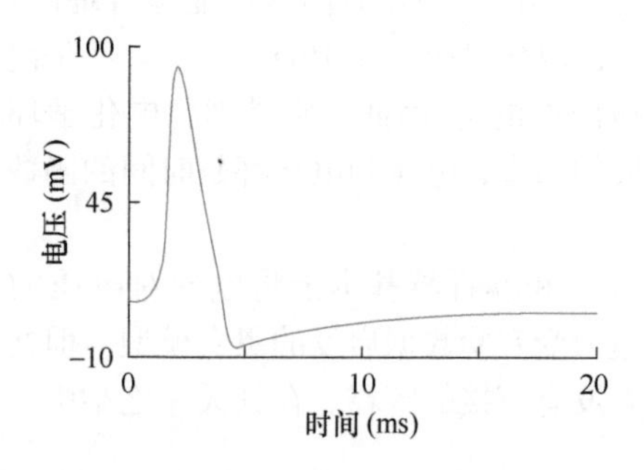

图12.14 在神经细胞中模拟的动作电位。动作电位根据霍奇金-赫胥黎模型（12.22）～（12.25）计算。图线形状与心肌细胞不同，但经过调整的霍奇金-赫胥黎模型可以产生心脏动作电位，如图12.12B所示。

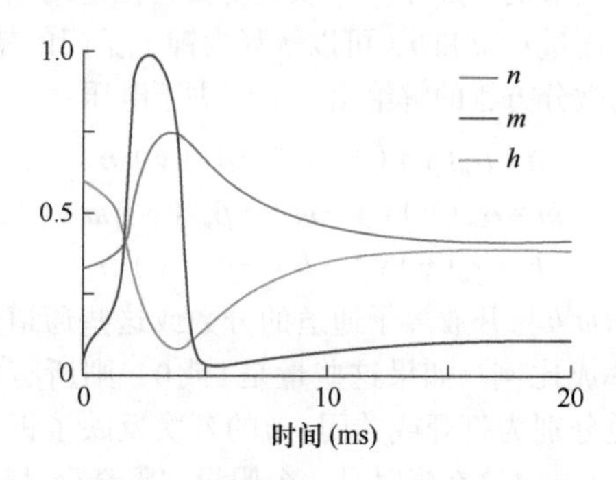

图12.15 霍奇金-赫胥黎模型中门控变量［式（12.24）］的时间响应。经仔细检查发现，在动作电位之后，变量不会返回其起始值。

这一动作电位的形状反映了神经细胞的情况。它比心肌细胞快得多，并且在第二阶段的再极化期间明显存在的平台期（图12.12B）完全消失了。此外，神经模型在恢复静息电位之前，表现出轻微的下冲。尽管如此，霍奇金-赫胥黎方程的变体形式，例如，对钾电流表示的调整，则可以产生更长的动作电位和再极化平台期，正如我们在心肌细胞中发现的那样[8, 9, 56-58]。

在继续讨论之前，让我们总结一下本节的要点。神经细胞收缩和松弛过程中的电化学变化及其在心肌细胞中的延伸可类比于电路建模，霍奇金和赫胥黎的工作表明，描述电路的物理定律可以应用于此类生理系统。标准电路和细胞之间最显著的区别在于，细胞膜中的一些通道是门控的，由电压或离子控制，而典型电路中的电导是恒定的。因此，细胞系统中存在影响作用的逻辑循环（a logical cycle of influence），其中，离子浓度影响电压，而电压又影响离子的移动，从而影响系统中的化学和电平衡。霍奇金和赫胥黎基于函数依赖性的数学假设，并通过拟合实验数据，来模拟通道的电压依赖性。令人惊讶的结果是，他们的模型在许多条件下都表现得很好。

12.11 重复的心跳

我们现在有了一个动作电位模型（12.22）～（12.24），但它只激发一次。如果我们仅是简单地将模拟运行稍长一点时间，则没有任何反应了。系统趋近稳态并停留在那里。它如何产生心脏起搏和心跳呢？绝大多数心脏细胞通过AV结和浦肯野纤维，以间隙连接介导的方式接收来自SA结的电信号。因此，它们的触发因素是它们膜的动作电位的变化。反过来，起搏器细胞在一个涉及离子流入和外排的去极化过程中自动激发，我们之前已经看到，去极化开始于起搏电流，但只有当Ca^{2+}冲入细胞质时才真的进行。

让我们回想一下，霍奇金-赫胥黎模型中的*n*、*m*和*h*描述了依赖于电压的通道门，并且它们的电导受电压变化的影响，因此也受到钙等离子变化的影响。如果我们更仔细地观察动作电位模型中*n*的动力学，我们会发现，其最终值约为0.415，而其初始值约为0.33（图12.14）。如果我们在动作电位被触发后，人为地将*n*的值重置为初始值，会发生什么？这是一个简单的模拟实验，会发现动作电位再次被激发。在图12.16中，我们在t=20、40和60时，重复地重置*n*。我们可以看到，人工诱导的电位略低于第一个电位，但后续节拍的形状是相同的。如果我们不仅重置*n*，还重置*m*和（或）*h*，我们能否在所有情况下都获得相同的峰值？

由于四变量系统难以用数学方法研究，菲茨休（FitzHugh）和南云（Nagumo）开发了一个更简单的霍奇金-赫胥黎模型的变体，其中，他们将变量分为快变量和慢变量[60, 61]。结果只剩两个变量，分析结果表明，他们的模型是我们在本章开头和第4章讨论过的范德波尔振荡器的变种！我们已经完成循环，并在此过程中给出了一些生物学理由来满足范德波尔的期望[34]，即他的振荡器可能描述心律，甚至可能起到心脏起搏器的作用。许多研究人员对菲茨休-南云（FitzHugh-Nagumo）方程的数学

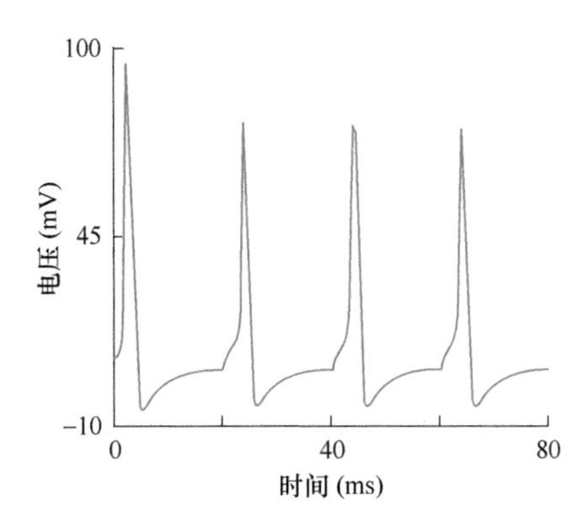

图12.16 生成重复的心跳。在时间点20、40和60处，人为地将式（12.24）中的n值重置为初始值，可产生重复动作电位的跳动模式。

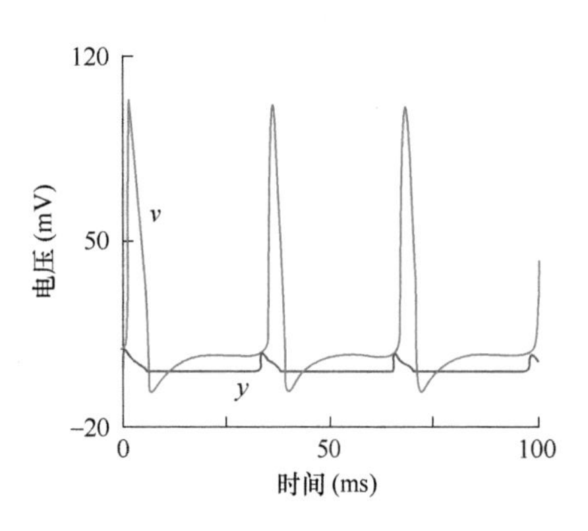

图12.17 生成自我维持的心跳。联合使用霍奇金-赫胥黎/索莫吉-斯图基模型，可以在没有外部线索的情况下，产生重复的动作电位。注意，y以20倍的放大率显示。

结构及其分岔结构进行了非常优雅的分析；感兴趣的读者可参考文献［7，59］。

为了产生重复的动作电位，我们以涉嫌作弊的方式通过在时间点20、40和60手动重置n来实现。显然，真正的SA结不需要我们的输入来完成每个节拍。所以，我们应该问一下，是否有可能用更自然的起搏器替代这种人为的重复触发。一个候选者可能是我们的钙振荡模型，因为我们可以很容易地认为，钙振荡与去极化和再极化有关。因此，策略很简单：我们建立一个模拟程序，其中包含霍奇金-赫胥黎模型（12.22）～（12.25）和钙振荡模型（12.5），然后将两个系统耦合在一起。例如，让我们模拟这样一种情况，即细胞质中的钙浓度y会影响h的电导。实现耦合的最简单但不是唯一的方法是，简单地将y加到h的方程中。重新审视钙模型的输出，我们看到，y的值大多数很低，接近于0，但规则地出现高约0.4的尖峰。这些低值是有意义的，因为细胞外空间中的钙水平比胞质溶胶中的钙水平约高10 000倍。模拟确实显示了预期的效果：没有人工干预的情况下，动作电位以重复的方式出现尖峰和去极化（图12.17），正如我们在心电图中看到的那样。当然，我们的成功并不能证明，拼接在一起的模型是一个跳动着的心脏的合适模型，但它演示了如何以模块化的方式处理复杂的问题，至少作为一种原理证明和一种研究系统内部逻辑的方式。

心脏衰竭问题

虽然心脏对疲劳具有令人难以置信的抵抗力，并且忠实地保持跳动，但年龄和疾病最终会造成伤害。在我们一生的大部分时间内，心脏都以无与伦比的精确度工作，但这个复杂系统中有数不胜数的成分，它们早晚会出错，结果便是心脏衰竭，目前这影响了美国约500万人，其中约20%在确诊后1年内死亡。事实上，心力衰竭是西方世界死亡的主要原因。

详细阐述心脏中可能导致心力衰竭的所有甚至最普遍的生理变化，都很明显地超出了本章的范围。相反，作为对多尺度建模的一瞥，以下部分仅讨论将细胞内水平与器官水平的衰竭联系起来的一个线索。根据本章的重点，我们关注动作电位和钙的动态。

第一类心脏问题与起搏器系统的异常有关，这可导致不同的心律失常。例如，病态窦房结综合征通常与SA结的衰老有关，心率过慢，可导致头晕、迟钝和呼吸短促。心动过缓（bradycardia；*bradys*是希腊语“慢”的意思）可能与快速房性心律失常（tachyarrhythmia；*tachys*是希腊语“快”的意思）交替出现，导致慢快综合征（brady-tachy syndrome）。SA结和AV结之间的传导延迟，可导致一级心脏阻滞，这通常不会导致明显的症状，因为AV结可以当作一种备用的起搏器。相比之下，AV结后面的阻滞，即在His导电束和浦肯野系统束中发生的阻滞，如果不进行治疗，可能会致命。植入式起搏器可以缓解这种阻滞，并防止心脏停搏。

快速心跳有时起源于一个心室，导致危及生命的心律失常，称为室性心动过速。这种情况的一个非常常见的原因是，早期心脏病发作导致的心肌疤痕。疤痕不传导电信号，因此信号在受损组织周围的两侧传播。早些时候我们提到，使用有限元方法的三维建模已经足够精巧，可以在计算机上模拟这种疾病，其分析结果如图12.3所示。

在衰老过程中，对心脏正常功能而言，看似微小其实显著的变化是，肌质网（SR）和胞质溶胶之间钙流量的减慢[62]。如果个体肌细胞中的钙动态变得效率降低，则会在心脏收缩中显现其后果：它不会像过去那样快速地充血和排空。减慢的钙动力学，通常与年龄相关的动脉硬化密切关联，且它们一起可导致呼吸短促，特别是在剧烈活动期间。这些系统性关联可以通过心脏的机械特性来解释：灌注减少，并且这种减少导致皮肤下面的液体积聚（称为水肿），以及与充血性心力衰竭相关的所有问题。

与较慢的钙动力学相关的心肌细胞活性的另一个变化是，再极化过程中动作电位的延长（图12.12C）。较长的动作电位使细胞膜中的离子门保持打开稍长一段时间，从而在心跳节拍之间允许更多的钙进入和离开胞质溶胶，并使弱化的SR有更多时间释放或吸收钙。缺点是钙流量不平衡的风险变高，对增加心脏活动需求的反应变慢。年龄也影响肌细胞中的收缩元素，特别是肌球蛋白的重链，它负责与肌动蛋白形成交叉桥（图12.4）。这些变化中的一部分，可以在基因的表达中检测到，表现为年轻和年老个体中的差异。最后，与几乎所有细胞一样，心肌细胞对不稳定的氧分子（称为自由基）敏感，这些氧分子在细胞内产生氧化应激，并可能通过破坏细胞中的蛋白质、DNA、膜和其他复杂结构，损害能量代谢和其他功能。在心肌细胞中，自由基是双重问题，因为这些细胞的能量需求很高，而自由基又会破坏SR膜中的钙泵，这再次将这种衰老机制与钙动力学降低联系起来。在衰老过程中，许多心肌细胞死亡，甚至对于70多岁的健康老人，其心脏细胞的数量也可减少30%。

对于许多老年人，衰老对心脏的一些影响形成了恶性循环，逐渐降低了效率。当钙动力学减慢且动脉变硬时，心脏必须更加努力地工作以进行补偿。与其他肌肉一样，更努力的工作导致心肌细胞增大，这反过来导致心壁增厚，如弗兰克-斯塔林定律所述。这种正常的增厚，因冠心病和高血压等疾病而恶化。综合起来，代谢和解剖学上的变化使心脏更容易受到心血管疾病的影响，如左心室肥大和心房颤动。后者是一种常见的心律失常，涉及两个心房：心肌颤动，而不是以协调的方式进行收缩。强烈的房颤可导致心悸和充血性心力衰竭。

12.12 基于分子事件对心脏功能和衰竭进行建模

我们在本章中开发的模型，是心脏功能在不同水平上的快照。综合考虑这些快照，可以使我们认识到，通过全面、真正的多尺度模型，将心脏功能和失灵与特定分子事件联系起来，如生理组项目[13]和虚拟生理鼠项目[63]所设想的那样，是多么的困难。尽管如此，以下将广泛讨论我们的模型如何为更高水平的模型提供信息，以便将细胞内钙相关事件与器官水平的宏观心脏问题联系起来。雷蒙·温斯洛（Raimond Winslow）和他的合作者在多年的时间里提出了这种模型推理方法。大多数技术细节都必须在这里省略，因为它们涉及大量的数学知识，但感兴趣的读者可以从阅读综述文献如[64-66]开始，进入这个领域。

我们从分子尺度开始旅程，特别是在心肌细胞的细胞膜（肌纤维膜）上。肌纤维膜包含细胞质内陷，有效地增加了其表面积。称为T小管的内陷包含钙通道，它功能性地连接肌纤维膜和SR管状网络的膜（图12.18）。这种功能连接发生在约10 nm宽的空间受限的微区中，称为**二分体（dyad）**。每个心肌细胞含有大约12 000个这样的二分体。从T小管的内腔，二分体可以通过透过肌纤维膜的特定**L型Ca^{2+}**通道（LCC）接收钙。它们还可以通过兰尼碱受体（RyR）蛋白，从SR接收钙（图12.19）。这种结构设置的作用是，促进我们之前讨论过的钙诱导的钙释放（CICR）。响应于膜的去极化，LCC打开，从而从T小管产生少量的Ca^{2+}，流入二分体。Ca^{2+}导致二分体相对位点上的RyR打开，结果是，从SR进入细胞质的强钙流最终导致心肌细胞收缩。这种LCC-RyR激发-收缩机制非常快，发生在微秒和毫秒的范围内[14]。长度在纳米范围内、体积仅约10^{-19} L的二分体，可能非常小，但它们“位于心脏的心脏”。为了使细丝复合物松弛，细胞内的钙通过SERCA（SR Ca^{2+} ATP酶）泵返回到SR，并通过钠-钙交换器或质膜Ca^{2+} ATP酶泵出细胞。钙浓度的降低导致肌球蛋白和肌动蛋白丝之间的结合变得松散。

实验表明，并非每个RyR都关联一个LCC，而是在大约5个RyR中随机分布一个LCC（图12.20）。经过仔细的计算分析[64]发现，RyR蛋白的特定形状限制了Ca^{2+}的运动，并将它们汇集到靶结合位点。与诸如布朗运动等随机过程相反，这种引导作用极大地提高了钙的外部激发及最终导致肌细胞收缩的效率。

调节从LCC到RyR的信号所需的钙分子（原文为：calcium molecules，可理解为广义上的分子概念——译者注）数量很少。即使在钙流量的峰值处，在每个二分体中仅发现了10～100个游离的Ca^{2+}。这样低的数字，对任何模型都有两个结果：该过程是

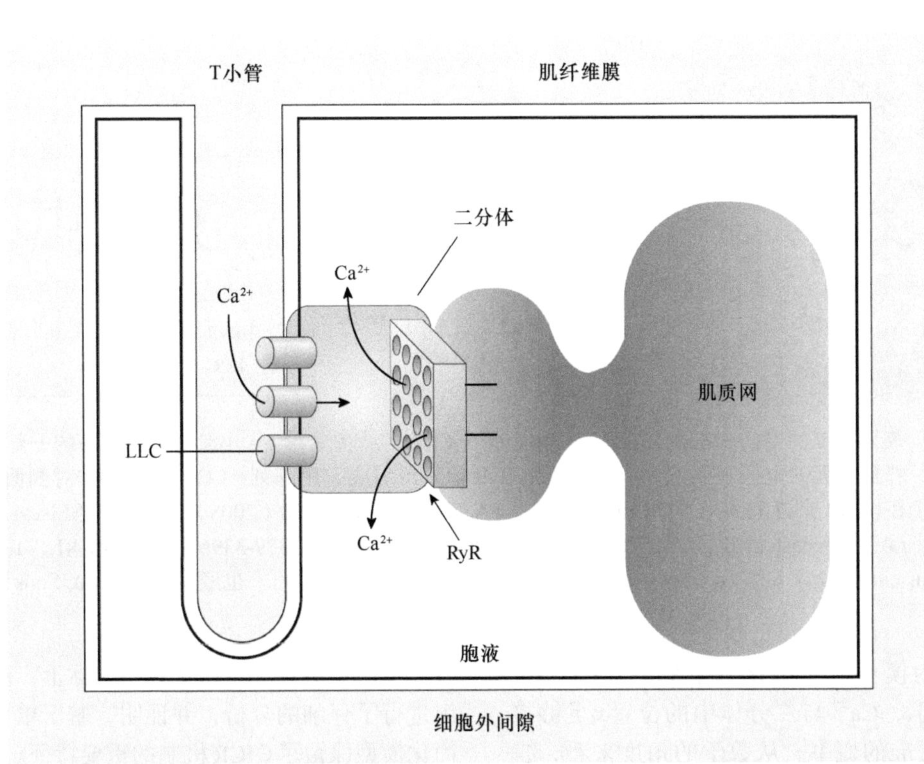

图12.18 二分体的简化图示及其在心动周期中的作用[67]。在动作电位期间，来自细胞外空间的钙，通过T小管中的L型Ca^{2+}通道（LCC）进入二分体。流入的钙，激活兰尼碱受体（RyR）阵列，它位于肌质网（SR）上二分体的对侧。RyR的开放导致钙流从SR进入二分体，从那里它扩散到胞质溶胶中，大大增加其钙浓度。胞质溶胶中的钙与肌丝结合，肌纤维收缩，并使细胞缩短［数据来自Tanskanen AJ，Greenstein JL，Chen A，et al. *Biophys. J.* 92（2007）3379-3396］。

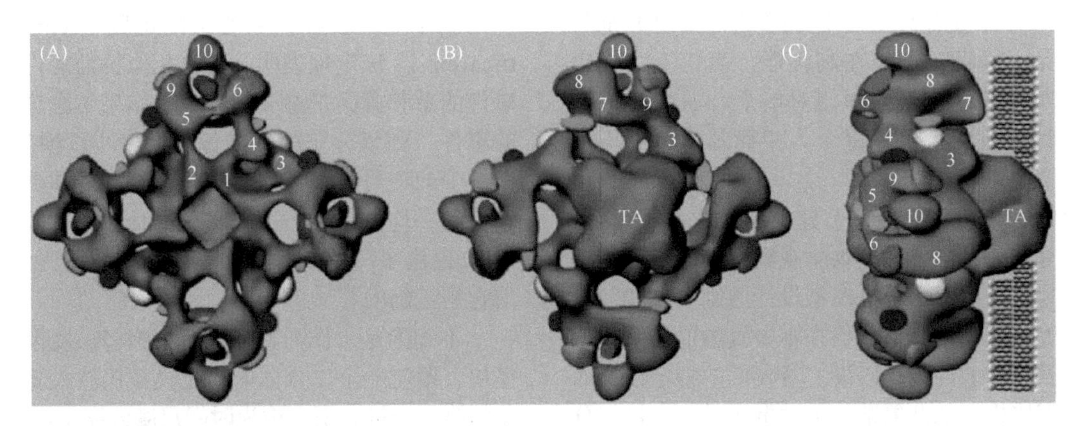

图12.19 兰尼碱受体的三维结构。（A）从细胞质到肌质网（SR）腔方向的视图。（B）相反方向的视图。（C）侧视图。数字标明不同的球状结构域，TA表示跨膜组装（transmembrane assembly）［来自Zissimopoulos S & Lai FA. Ryanodine receptor structure，function and pathophysiology. In Calcium：A Matter of Life or Death（J Krebs & M Michalak，eds），pp 287-342. Elsevier，2007. 经Elsevier许可］。

随机的，并且噪声水平很高——可能在二分体中找到平均50个离子，但是任何给定的二分体中，该数量也可能是20或120。导致这种随机占用的情况通常表示为随机过程[68，69]。我们在第2章和第4章中简要讨论了随机过程，将它们与确定性动态过程进行了比较和对照。随机过程的关键特征是随机数（随机性）对其进程的影响。最简单的随机过程可能是投硬币和掷色子。随机过程的典型模型是泊松过程和马尔可夫模型。

二分体的定义性特征是离子的通道，因此，二分体附近所有Ca^{2+}的位置非常重要。正如我们在第2章和第4章中所讨论的那样，在动态过程中，对空间方面的考虑通常需要以偏微分方程（PDE）的形式表示。因此，为了确定Ca^{2+}是否会进入二

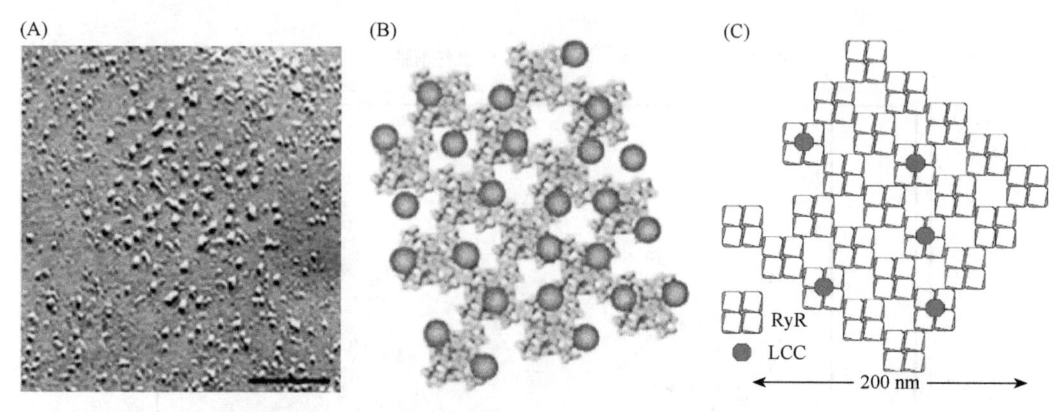

图12.20　肌质网表面RyR的空间分布和T小管相邻膜上较少LCC的空间分布，T小管是肌纤维膜的一部分。（A）鸡心肌细胞中Ca^{2+}释放单元的电子显微照片。（B）心脏RyR单元组织成有序阵列。（C）在二分体对侧面上的RyR和LCC单元的示意图［（B）来自Yin CC，D'Cruz LG & Lai FA. *Trends Cell Biol* 18（2008）149-156. 经Elsevier许可。（C）改编自Tanskanen AJ，Greenstein JL，Chen A，*et al.*，*Biophys J.* 92（2007）3379-3396和Winslow RL，Tanskanen AJ，Chen M & Greenstein JL. *Ann. NY Acad. Sci.* 1080（2006）362-375. 经Elsevier许可。也经John Wiley & Sons许可］。

分体，详细的模型应该量化一个概率$P(x, t)$，它表示在时间t，Ca^{2+}与二分体中的位置x足够接近甚至完全对准的概率。从数学的角度来看，自由运动和随机结合事件的组合意味着，默认模型需以随机偏微分方程的形式来表示单个钙分子的运动，这是非常复杂的。实际上，由于每个细胞中大约有12 000个二分体，以及在细胞外空间、胞质溶胶和SR之间流动的数十亿个Ca^{2+}，因此，对每个二分体或者甚至每个Ca^{2+}的详细研究都将极其复杂。因此，即使在高性能计算机上，模拟也需要数周才能完成，即使对单个心肌细胞进行建模，计算时间也会变得令人望而却步，更不用说对整个心脏进行建模了。

以这样的分辨率和细节建模，或许并不可行，但是对复杂分子细节和生物学观察机制的讨论很重要，因为它指示了，随机模型设计原则上该如何进行，也因为它允许我们评估在不失真的前提下，哪里可以做出有效的简化假设。对我们的特定情况而言，使直接模拟如此复杂的关键事实是，大量二分体的存在及其在T小管间或多或少地随机分布。在这种情况下，第一个合理简化是忽略对空间的考虑，依据是，可以先研究细胞膜的局部区域、单个T小管，甚至单个二分体，然后将结果从统计学上扩展到每个细胞中存在的数千个二分体。这个简化步骤的重要优点是，它避免了使用偏微分方程（PDE）来描述详细机制，而是采用常数微分方程（ODE）组成的模型，其中使用二分体的平均离子数而不是每个二分体中的特定离子数。在迈出这一步之前，必须说服自己，我们不会失去太多分辨率。严格的数学证明需要建立详细的模型，并将其与简化的近似状况进行比较。实际上，温斯洛的小组进行了仔细的分析，并证明，基于单个二分体的简化模型保留了CICR机制的重要特征。

我们无法在这里提供此分析的详细信息，但我们可以问，哪些方面对我们真正重要。最后，我们需要知道，有多少钙离子进入二分体体系。大量的二分体是否会缓冲各个二分体之间的随机波动，并使其集体行为可预测？肯定的答案来自统计学的基本定律，称为**中心极限定理（central limit theorem）**。该定理表明，具有相似特征的许多随机事件的总和遵循正态分布，并且如果考虑越来越多的事件，则该分布的标准偏差会变小。换句话说，系统中的项目越多，项目的总体就越可预测，就像它们的平均值一样。这个定理很难证明，但是练习12.17提出了一些简单的计算实验，可能会让你相信它是正确的。

不幸的是，作为整个心肌细胞多尺度模型中的模块，即使一个二分体的简化模型仍然太复杂。简化的第二个机会来自称为**时间尺度分离（separation of timescale）**的技术。如果系统涉及不同类型的过程，其中一些过程非常快，而另一些则相对较慢，那么这种通用技术就很有用。其观点是，在快速过程的时间尺度上，缓慢的过程基本上是不变的，它们的动态可以简单地被忽略。而在慢速过程的时间尺度上，通常可以合理地预期，更快的过程基本上已达到它们的稳态水平，因此，几乎总是恒定的。这种分离的结果是，一组两个或多个更为简单的模型，且只分析给定情况下特别感兴趣的时间尺度上的模型。在与二分体有关的钙转运案例中，LCC和RyR的过程在速度上相当，但比从SR释放大量钙快得多。因此，可能的策略是，仅关注LCC和RyR组成的耦合系统，它可以表示为一组低维的常微分方程[66, 70]。

实验工作表明，每个LCC的打开和关闭取决于局部钙浓度。具体而言，有数据表明，Ca^{2+}的结合诱导通道从活动模式（正常模式）切换到非活动模式（Ca模式），其中转变到开放状态是非常罕见的。描述开启和关闭动力学的第一个模型，假设4个子单元可以独立地关闭每个LCC[71, 72]。因此，定义了5个活动状态（C_0，…，C_4），下标表示允许的子单元数量。同样，定义了5个非活动状态。结果，任何给定的LCC，可以处于12种状态之一，即10种关闭状态（5种活动状态和5种非活动状态）和2种开启状态（活动或非活动状态）。遵循实验结果，令活动状态之间和非活动状态之间的转换依赖于电压，而关闭状态和开启状态之间的转换与电压无关。从活动状态到非活动状态的转变，被设定为依赖Ca^{2+}浓度，随着钙的增加，LCC转变为门控模式，仅允许偶尔打开。

对该模型的严格分析证明了，从5对到两对活动和非活动状态的简化的合理性。它还表明，从非活动关闭状态到开启状态的转换概率可以忽略不计。因此，结果便是一个简化的LCC模型，由5个状态组成：两个关闭的活动状态C_1和C_2，一个开启状态O（它可从C_2转换过来），两个关闭（Ca^{2+}失活）状态I_1和I_2（分别可从C_1和C_2转换过来）（图12.21A）。

两个活动状态之间及两个非活动状态之间的转换速率是很快的（图12.21A中由f表示的速率）。相反，Ca^{2+}带来的失活和激活则较慢（由s表示的速率）。这种速率差异，表明时间尺度的分离，因此，可能进一步简化为仅三种状态（图12.21B），依据是，快速转换在慢速转换的时间尺度上变得无关紧要。

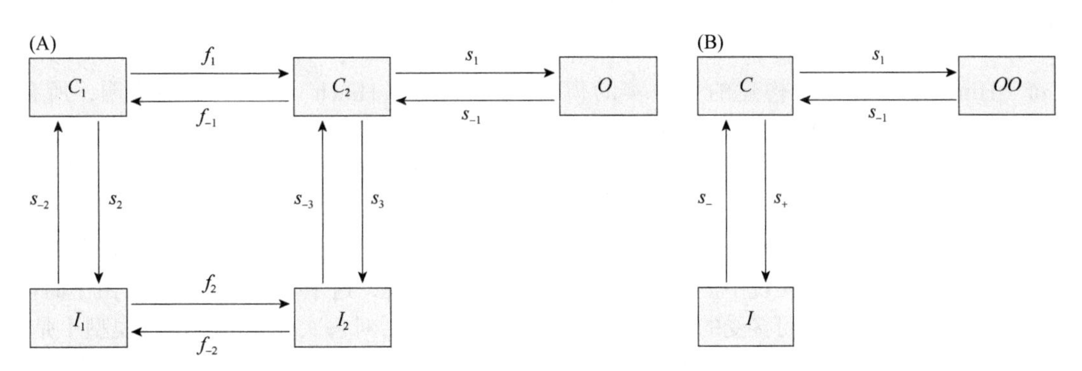

图12.21　二分体中钙动态的原始和简化模型。需要计算验证实验来评估，（B）中较简单的三态模型反映（A）中更复杂的五态模型的响应程度［改编自Hinch R，Greenstein JL & Winslow RL. *Prog. Biophys. Mol. Biol.* 90（2006）136-150. 经Elsevier许可］。

可以直接为两个系统设置质量作用方程。在同一程序中实现两者，允许我们判断由模型简化而导致的分辨率损失。这两个模型受到欣奇（Hinch）及其同事工作的启发[66, 70]，具有以下形式：

五态模型

$$
\begin{aligned}
&\dot{C}_1=50C_2+0.5I_1-40C_1-C_1, \\
&C_1=0.60 \\
&\dot{C}_2=40C_1+I_2-50C_2-2C_2+0.5O-2C_2, \\
&C_2=0.49 \\
&\dot{I}_1=40I_2+C_1-60I_1-0.5I_1, \\
&I_1=0.79 \\
&\dot{I}_2=60I_1+2C_2-40I_2-I_2, \\
&I_2=1.18 \\
&\dot{O}=2C_2-0.5O+\text{扰动项}, \\
&O=1.95
\end{aligned}
\tag{12.26}
$$

三态模型

$$
\begin{aligned}
&\dot{C}=1.1I-2C+1.1OO-2C, \quad C=1.09 \\
&\dot{I}=2C-1.1I, \quad I=1.97 \\
&\dot{OO}=2C-1.1OO+\text{扰动项}, \quad OO=1.95
\end{aligned}
\tag{12.27}
$$

这两个系统的参数导致C_1+C_2和C、I_1+I_2和I及O和OO有类似的稳态。模拟起始于这些状态附近。在时间$t=2$时，我们通过设置参数：扰动项＝1来扰乱开启状态（O，OO）。在$t=4$时，我们发送信号扰动项＝－1，且在$t=6$时，我们通过设置扰动项＝0恢复正常，结果如图12.22A所示。我们看到两个系统的响应非常相似。

对于模拟的第二部分，我们将所有快（f）参数乘以0.05，这使它们在幅度上与慢（s）参数相似，或者乘以0.005，以使它们甚至更慢。图12.22B和C表明系统恢复到与以前类似但不完全相同的稳态，但瞬态动力学与之前相比，稍有偏离（图12.22A）。这一组模拟表明，三态模型表现得相当不错。实际上，人们会用实际参数值施行更多不同类型的扰动，并比较五态和三态系统的瞬态。如果对于所有相关情景，结果的差异都可以忽略不计，则三态模型就足以代表较大的五态系统。

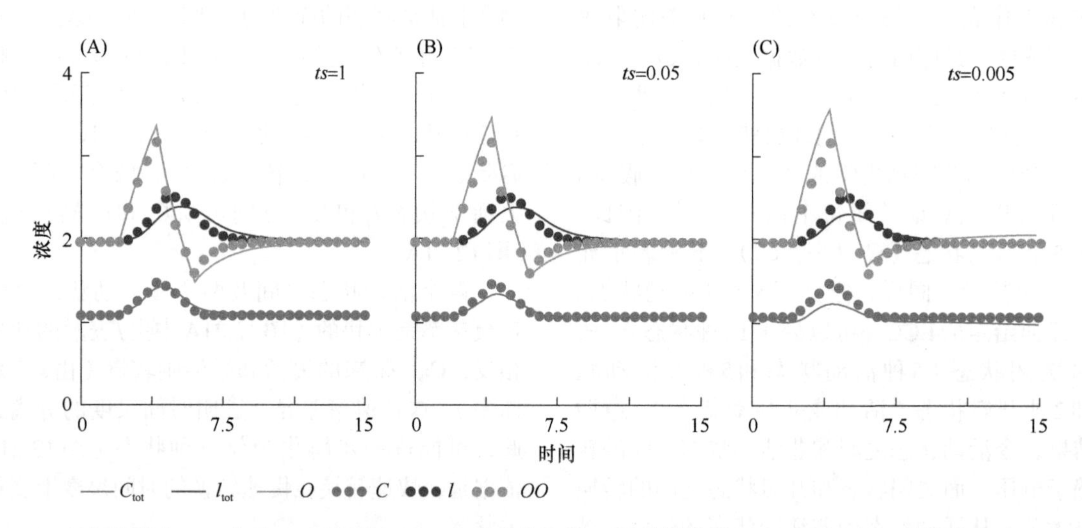

图12.22 五态模型（12.26）和三态模型（12.27）响应的比较。用更简单模型生成的近似，其精度取决于参数设置，尤其取决于时间尺度分离ts的大小。详情见正文。

欣奇（Hinch）及其同事构建的更现实的模型[66]，比这个例子复杂得多，因为状态转换对电压和钙的依赖性被明确考虑进来，参数是可测量的量，可从特定实验获得，并且通道电流被表示为我们之前讨论过的Goldman-Hodgkin-Katz方程（12.9）。即使在这种更复杂的实现中，验证研究也证明了，简化的三态模型具有可接受的准确性。

实验和机制模型均表明，RyR失活是终止从SR释放钙的主要机制。该失活过程具有与LCC激活过程类似的特征，因而，还是可以从对应RyR不同状态的5个变量开始构建模型，并运用与LCC模型类似的时间尺度分离方法，简化为三个状态。

迈向更全面模型的下一步是，合并LCC和RyR模型。每个这样的钙释放单元（CaRU）的最小表示，由一个LCC、一个紧密相连的RyR和其间的二元空间组成。一个LCC的开启可以激活4～6个RyR（图12.20）。假设从二元空间到细胞质的Ca^{2+}流量受简单扩散控制。基于该假设，可以建立二元空间中的钙浓度与细胞质中钙浓度之间的近似关系。这种关系也依赖于通过LCC和RyR的电流，这非常重要，因为它大大减少了模型中微分方程的数量：若假设关系是有效的，则不再需要计算每个二分体的钙浓度。CaRU模型可以具有9种不同的状态，这是由三种LCC状态和三种RyR状态的组合产生的，但是在时间尺度分离有效的假设下，可以再次简化为三种状态。

欣奇（Hinch）及其合作者表明，所有不同的部件（组件模型）可以合并为一个全细胞Ca^{2+}调节模型，该模型很好地描述了心肌细胞的电学、化学和运输过程[66]。该模型包含CaRU系统及我们之前讨论过的不同的泵和离子通道，以及能量平衡机制。不用说，这个模型相当复杂。由于简化细节的策略及其后对每次简化的验证，模型不是100%符合现实，但它似乎足够准确，并且可在合理的计算机时间内求解和分析。

确实，这种模型足够准确，可以表征一些心脏疾病。特别重要的是心源性猝死，它可能具有多种根本原因。在这里，模型给出了因果链，从LLC和RyR的变化开始，到动作电位的延长（图12.12C）、Ca^{2+}流量的减少、Ca^{2+}弛豫时间的增加，以及随后的心律失常[73]。有趣的是，一些分子事件可以在离子通道及编码转运蛋白和Ca^{2+}处理蛋白的基因表达中看到[29]。表达上的这种变化，可以表示为模型参数的相应变化（见第11章），并且该模型确实导致了动作电位的延长。

因此，模型以逐步、因果的方式连接了遗传、分子、生理和临床现象。此外，相同的模型可以扩展到全心脏模型，它可以演示细胞水平的分子异常可能导致的宏观变化，如心律失常、室性心动过速和纤维性颤动。对于这样的全心脏模型，我们必须考虑心脏的形状和心肌内纤维的复杂走向，正如我们在本章前面所讨论的那样。此时，不再可能避免或简化PDE或有限元表示，这些表示允许详细描述电脉冲如何沿着心脏表面移动（图12.3）。然而，得益于简化但经过验证的子模型，特别是针对LCC和RyR的模型，实际上，构建捕获整个因果链的详细全心脏模型已具备可行性。在上面讨论的事件链中，单个心肌细胞中通道、转运蛋白和影响钙动态基因的变化，会导致心脏组织中电导的改变，并有可能导致心律失常和心肌梗塞。

生理多尺度建模展望

本章有两个目的。首先，它当然揭示了心脏的复杂性和各种建模方法。很明显，没有一种建模策略优于所有其他建模策略，并且模型结构和复杂性与要问的问题直接相关。为了充分理解，器官存在巨大差异的各个方面都必须全部了解和整合。这些方面包括我们在本章中关注的电化学过程，以及结构、机械、物理和形态学现象，这些现象对于电信号的转导及心脏的搏动和泵送作用是至关重要的。它们还应该允许研究能量需求，以及运动、饮食、衰老和疾病带来的心脏的变化。

这种综合任务的一种工具，最终可能是模板和锚点模型（template-and-anchor model）[6]，它用心脏的高水平抽血功能作为模板，并将更细粒度的电生理学、生物化学和生物物理学模型作为锚点嵌入这个模板中。更可能的是一组互补模型，它们聚焦于一两个层次，并为其他层面的模型提供信息，正如生理组计划和虚拟生理鼠计划中提出的那样[10, 13, 63]。

作为本章的第二个目的，讨论已经显示了，如何连接不同的模型，以便可以将器官中的形态学、生理学和临床变化与分子结构和事件中的改变及基因组表达状态的变化建立起因果联系[64-66]。这种模型链需要将大规模系统划分为功能模块，通过关注特定空间、时间和组织规模的事件，来分析这些功能模块。在人体内，这种系统的系统（such system of system）是相当丰富的。肝脏由或多或少均质的叶片组成，它们本身又由肝细胞组成，产生超过1000种重要的酶，对于生成消化和解毒所需的蛋白质和其他化合物至关重要。最初忽略代谢物转运的需求和方式，可以在单个肝细胞水平上研究肝脏的大部分功能。然而，要转向更高水平的功能，必须处理组织和整个器官的总体功能，如肝脏的再生潜力及其所有的空间和功能意义。在虚拟肝脏网络，使用不同类型的计算模型来处理这个多尺度课题[16, 74]。

与肝脏一样，其他器官也主要是由大量的相似模块组成的，这预示着类似的建模方法[17, 63, 75]：肾脏由肾单位组成，肺由支气管、细支气管和肺泡组成。虽然将大型系统概念性和计算性地分解为较小的模块，对于建模目的有很大帮助，但是需要谨慎，因为分解有时会消除组件之间的关键交互。一个典型的例子是大脑，它由数十亿个神经元组成，我们能够很好地理解它们的个体功能，但其也受到高度调节的大脑回路和其他生理系统的影响，这些系统通常不为我们所知。我们很好地掌握了突触中发生的信号转导过程，在这里，神经元相互通信，但神经元的绝对数量、它们的生化和生理动态，以及整个大脑中突触的复杂分布带来了涌现性质，如适应、学习和记忆，这些我们仍然无法掌握（见第15章）。除了器官，我们需要认识到，一个系统中的问题很容易扩散到其他系统。例如，在不考虑免疫系统的情况下，想充分了解癌症，无疑是不完整的。有一件事是清楚的：微观和宏观生理学将继续给我们带来巨大的挑战，同时也可以瞥见，在未来几年中，我们希望将何处作为研究工作的目标。

练　习

12.1　作为一个书呆子式的情人节礼物，使用许多可用的心脏曲线[76-78]之一，生成二维和三维心脏，如

(1)　$(x^2+y^2-1)^3-x^2y^3=0$;

(2)　$x=\sin t\cos t\ln|t|$，$y=\sqrt{|t|}\cos t$，$-1\leqslant t\leqslant 1$;

(3)　$(x^2+\frac{9}{4}y^2+z^2-1)^3-x^2z^3-\frac{9}{80}y^2z^3=0$,

$-3\leqslant x,y,z\leqslant 3$.

通过更改或添加模型的参数，来定义你的心。

12.2　（a）探讨第4章范德波尔（van der Pol）振荡器中参数k的作用，见式（4.73）～式（4.76）。报告你的发现。

（b）如果式（4.76）中的两个方程都乘以相同的正数，会发生什么？如果乘数为负，会发生什么？如果两个方程乘以不同的数字，会发生什么？

（c）研究较大扰动对v的影响；研究扰动对w的影响；解释这种扰动意味着什么。

（d）研究v和w的同时扰动。

（e）研究规则迭代扰动的影响（由外部起搏器以规则的时间间隔施加给系统）。

12.3　（a）用不同的初始值启动式（12.1）中的稳定振荡器系统B。从$X_1=0.05$，$X_2=2.5$和$X_1=0.75$，$X_2=2.5$开始。尝试其他组合。报告并解释你

的发现。

（b）通过稍微改变一些指数，或通过将整个系统或某些项乘以常数（正或负）因子，来调制振荡器。报告你的发现。

（c）将式（12.1）中振荡器系统A中的两个等式乘以相同的X_1或X_2，升高到某些正或负幂次，如X_2^{-4}。使用时间过程和相平面图，对结果进行可视化，在相平面图中，将X_2相对于X_1进行绘制。在报告中描述振荡的形状如何变化。

12.4 （a）在一系列伪造正弦函数脉冲的例子中，我们改变了频率。结果，振荡变得混乱，最终整个心跳停止。如果保留频率（如$a=10$，$a=1$，$a=0.5$或$a=0.0001$），但改变振幅，探索会发生什么。

（b）解释一下，为什么起搏器产生的规则脉冲模式（如每分钟70次）在临床上是不够的。还需要什么？

12.5 通过简单的起搏器（参见图12.9的讨论）进一步探索，高度不规则心跳可以在多大程度上变为规则。将第10章中的混乱洛特卡-沃尔泰拉（Lotka-Volterra，LV）振荡器的所有方程乘以50，这将导致相当不规则的心跳，每分钟60～70次。将正弦振荡器（起搏器）设置为一对ODE（$\dot{s}=qc$，$\dot{c}=-qs$）。在LV系统中，为每个方程添加形式为$p(s+1)$的项。用$p=0$确认混沌性心律失常。进行三个系列的实验，目的是使心律失常正常化。在第一个系列中，固定$q=6$，以小步长从0增加p，并研究生成的心跳。在第二个系列中，将p设置为较小的值并改变q。在第三个系列中，两者都改变。最后，选择看上去运行良好的p和q的组合，然后通过将所有LV方程与取自区间［0.5，1.5］中的相同值相乘，来改变身体对更多或更少心跳的需求。

12.6 描述一下，将第12.7节中$[\mathrm{Ca}^{2+}]_{\mathrm{ext}}$作为自变量进行设置，需要什么。它的数值有多重要？设定自变量而非因变量的状态，必须做出哪些假设和论证？如果$[\mathrm{Ca}^{2+}]_{\mathrm{ext}}$被认定为因变量，那么必须改变什么？从生物学和数学上进行解释。

12.7 将式（12.4）中的两个方程加在一起，得到更简单的方程$\dot{x}+\dot{y}=r_{\mathrm{EC}}-p_{\mathrm{CE}}y$。解释这个方程的生物学和数学意义。如果$r_{\mathrm{EC}}=p_{\mathrm{CE}}=0$，$r_{\mathrm{EC}}-p_{\mathrm{CE}}=0$，而$r_{\mathrm{EC}}-p_{\mathrm{CE}}\neq 0$，那么（在生物学和数学上）意味着什么？

12.8 用数值方法确认系统（12.5）中的振荡是稳定的。系统（12.5）是一个封闭的系统吗？说明一下。

12.9 挖掘文献或互联网，寻找心肌细胞中通道蛋白的三维分子结构。

12.10 细胞外的Na^+浓度（约150 mmol/L），通常远高于细胞内部（5～20 mmol/L）。此外，虽然细胞中含有大量的钙，但大部分都是结合状态的，游离钙浓度远低于Na^+，因此，$[\mathrm{Ca}^{2+}]_{\mathrm{i}}$为$10^{-4}$ mmol/L，而$[\mathrm{Ca}^{2+}]_{\mathrm{o}}$则为1～3 mmol/L。计算$\mathrm{Na}^+$和$\mathrm{Ca}^{2+}$的平衡电位，并讨论它们对膜电位的贡献。

12.11 在霍奇金-赫胥黎（Hodgkin-Huxley）模型中，n、m和h方程的形式来自以下论证。设x是三个量之一；然后，我们可以用简化形式写出它的微分方程：

$$\dot{x}=\alpha_x(1-x)-\beta_x x$$

请展示此方程有以下解：

$$x(t)=x_\infty+(x_0-x_\infty)\mathrm{e}^{-t/\tau_x}$$

其中，$x(0)=x_0$，$x_\infty=\alpha_x/(\alpha_x+\beta_x)$，而$\tau_x=1/(\alpha_x+\beta_x)$。请解释$x_\infty$的含义。

12.12 研究初始条件（对于v、n、m和h而言）对动作电位形状的影响。其他参数设置为$v_{\mathrm{Na}}=120$ mV，$v_{\mathrm{K}}=-12$ mV，$v_{\mathrm{L}}=10.6$ mV，$C=1$，$I_{\mathrm{app}}=1$。

12.13 比较文中霍奇金-赫胥黎模型的结果，和门控函数n、m和h另外两个表示的结果。在两种情况下都使用参数$v(0)=12$，$n=0.33$，$m=0.05$，$h=0.6$，$C=1$，$v_{\mathrm{Na}}=115$，$v_{\mathrm{K}}=-12$和$v_{\mathrm{L}}=10.6$。研究电压和门控功能，并讨论重复的心跳。（a）令$\bar{g}_{\mathrm{Na}}=120$，$\bar{g}_{\mathrm{K}}=3.6$，$g_{\mathrm{L}}=0.3$，探索以下函数（改编自参考文献［79］）：

$$\alpha_n(v)=\frac{0.01(v+50)}{1-\mathrm{e}^{-(v+50)/10}}$$

$$\beta_n(v)=0.125\mathrm{e}^{-(v+60)/80}$$

$$\alpha_m(v)=\frac{0.1(v+35)}{1-\mathrm{e}^{-(v+35)/10}}$$

$$\beta_m(v)=4.0\mathrm{e}^{-(v+60)/18}$$

$$\alpha_h(v)=0.07\mathrm{e}^{-(v+60)/20}$$

$$\beta_h(v)=\frac{1}{1+\mathrm{e}^{-(v+30)/10}}$$

（b）令$\bar{g}_{\mathrm{Na}}=120$，$\bar{g}_{\mathrm{K}}=3.6$，$g_{\mathrm{L}}=0.3$，使用以下函数：

$$\alpha_n(v)=\frac{0.01(50-v)}{1-\mathrm{e}^{(v-50)/10}}$$

$$\beta_n(v)=0.125\mathrm{e}^{(v-60)/80}$$

$$\alpha_m(v)=\frac{0.1(35-v)}{1-\mathrm{e}^{(v-35)/10}}$$

$$\beta_m(v)=4.0\mathrm{e}^{(v-60)/18}$$

$$\alpha_h(v)=0.07\mathrm{e}^{(v-60)/20}$$

$$\beta_h(v)=\frac{1}{1+\mathrm{e}^{(v-30)/10}}$$

12.14 在霍奇金-赫胥黎模型中执行模拟，以评估重置v、n、m和h及其组合的效果。报告并解释你的结果。

12.15 对式（12.24）中n的方程，添加形如$-pn$的人工泄漏项，其中，p是一个小的数字。通过模拟测试不同p值对电压v动态的影响。如果系统开始搏动，测试模式是否为极限环。对于此类系统来说，严格的数学测试是困难的，以致菲茨休（FitzHugh）和其他人研究了一个简化的系统，其中，假设n和h是常数。这个假设使他们能够研究更容易处理的双变量系统中的分岔和极限循环行为。如果你有足够的数学背景，请阅读原始论文［60，61］或本领域教科书［7，59］中的优雅分析，并总结分析的重点。

12.16 通过模拟测试，组合的霍奇金-赫胥黎/索莫吉-斯图基模型是否真能表现出稳定的极限环。

12.17 在二分体的钙动力学中，我们引用了中心极限定理。请通过三个步骤来探索这个定理：（1）将一个色子滚动50次，并在图表上报告结果，在横轴上显示滚动的数量（1～50），在纵轴上显示结果（滚动得到的数字，在1和6之间）。解释该实验对应于CICR系统的哪个方面。创建结果的直方图。

（2）同时用2个、3个、4个色子重复实验，并在纵轴上报告掷出的数字之和除以色子的数量。比较和解释这些实验与先前一个色子的实验的结果。创建结果的直方图。

（3）编写一个计算机程序，进行一系列类似的实验，假设12 000个二分体中，每个包含10～100的随机数量的Ca^{2+}。对于实验中的每个步骤，让程序绘制离子总和除以二分体的数量。从数学和生物学角度解释结果。创建结果的直方图。

12.18 使用带有（受噪声影响的）反馈的简单线性通路模型，来分析时间尺度分离对准确度（精度损失）的影响。该通路具有图12.23所示的结构，描述它的模型由下式给出：

$$\dot{x}_1 = px_5^{-0.3} - x_1^{0.5},\ x_1 = 2,\ p = 1$$
$$\dot{x}_2 = x_1^{0.5} - x_2^{0.75},\ x_2 = 1$$
$$\dot{x}_3 = x_2^{0.75} - x_3^{0.4},\ x_3 = 1$$
$$\dot{x}_4 = x_3^{0.4} - x_4^{0.5},\ x_4 = 1$$
$$\dot{x}_5 = x_4^{0.5} - x_5^{0.4},\ x_5 = 1$$

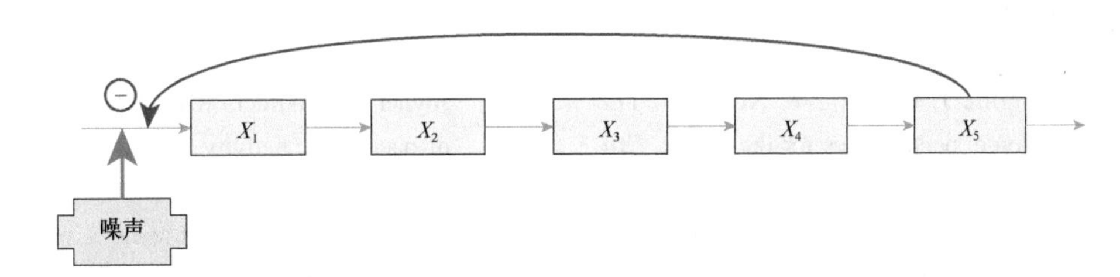

图12.23 带有反馈并暴露于噪声的简单通路。噪声的影响取决于通路和输入噪声的时间尺度。

噪声被建模为小振幅的正弦波，即

$$\dot{s} = (1-c)\cdot(\mathrm{ts}),\ s = 1\quad \mathrm{ts} = 1$$
$$\dot{c} = (s-1)\cdot(\mathrm{ts}),\ c = 0.8$$

参数ts表示时间尺度。要熟悉这两个组件，请在微分方程求解器中单独实现它们，并探索更改x_1的初始值、参数p及s和c的初始值的效果。一旦你对这些组件有所了解，请将两个模型连接在一起，将它们放在求解器中，将p替换为第一个方程中的s，并设置ts=0。这些设置意味着什么？现在正式开始一系列实验。对于每次实验，将ts设置为0～1000的不同值。报告并解释你的发现。

12.19 （a）在式（12.26）和式（12.27）中，对系统的一个或多个变量引入更多和不同的扰动。解释结果。

（b）在式（12.26）和式（12.27）的扰动中，我们将参数“扰动项”首先设置为1，然后设置为−1，再设置为0。最终，系统恢复到原始稳态。如果将第二次扰动设为（例如）−2，解释一下，为什么系统不会返回其原始稳态。

12.20 在文献和互联网上，搜索与不同疾病或心脏暂时性问题相关的表达发生改变的基因。同样，寻找蛋白质。尽可能精确地确定，这些基因或蛋白质的改变在何处及如何影响心脏功能，以及应该将它们引入我们所讨论模型的什么位置。

12.21 在文献和互联网上挖掘心脏建模中的有限元方法。选取用到这些方法的一项研究工作，并用两页的报告对其进行总结。

12.22 就心血管疾病中的螺旋波，写一篇两页的报告。

参考文献

［1］ Klabunde RE. Cardiovascular Physiology Concepts, 2nd ed. Lippincott Williams & Wilkins, 2011.

［2］ Willis-Knighton Cardiology. Heart Anatomy. http://www.wkcardiology.com/Patient-Information/Heart-

Anatomy/.

[3] Cherry E & Fenton F. The Virtual Heart. http://thevirtualheart.org/HHindex.html.

[4] Cleveland Clinic. Your Heart and Blood Vessels. http://my.clevelandclinic.org/heart/heart-blood-vessels/default.aspx.

[5] National Institute on Aging, US National Institutes of Health. Aging Hearts and Arteries: A Scientific Quest, Chapter 3: Cellular Clues. https: //www.nia.nih.gov/health/publication/aging-hearts-and-arteries/chapter-3-cellular-clues.

[6] Full RJ & Koditschek DE. Templates and anchors: neuromechanical hypotheses of legged locomotion on land. *J. Exp. Biol.* 202 (1999) 3325-3332.

[7] Keener J & Sneyd J. Mathematical Physiology. Ⅱ: Systems Physiology, 2nd ed. Springer, 2009.

[8] Noble D. Cardiac action and pacemaker potentials based on the Hodgkin-Huxley equations. *Nature* 188 (1960) 495-497.

[9] Noble D. A modification of the Hodgkin-Huxley equations applicable to Purkinje fibre action and pace-maker potentials. *J. Physiol.* 160 (1962) 317-352.

[10] Bassingthwaighte J, Hunter P & Noble D. The Cardiac Physiome: perspectives for the future. *Exp. Physiol.* 94 (2009) 597-605.

[11] Crampin EJ, Halstead M, Hunter P, et al. Computational physiology and the Physiome Project. *Exp. Physiol.* 89 (2004) 1-26.

[12] Hunter PJ & Borg TK. Integration from proteins to organs: the Physiome Project. *Nat. Rev. Mol. Cell Biol.* 4 (2003) 237-243.

[13] Physiome Project. http://www.physiome.org/Links/websites.html.

[14] Greenstein JL & Winslow RL. Integrative systems models of cardiac excitation-contraction coupling. *Circ. Res.* 108 (2011) 70-84.

[15] Waters SL, Alastruey J, Beard DA, et al. Theoretical models for coronary vascular biomechanics: progress and challenges. *Prog. Biophys. Mol. Biol.* 104 (2011) 49-76.

[16] Virtual Liver Network. http://www.virtual-liver.de/.

[17] Tawhai MH, Hoffman EA & Lin CL. The Lung Physiome: merging imaging-based measures with predictive computational models. *Wiley Interdiscip. Rev. Syst. Biol. Med.* 1 (2009) 61-72.

[18] Blue Brain Project. http://bluebrain.epfl.ch/.

[19] CellML. http://www.cellml.org.

[20] SBML. The Systems Biology Markup Language. http://sbml.org/Main_Page.

[21] Allen D & Kentish J. The cellular basis of the length-tension relation in cardiac muscle. *J. Mol. Cell. Cardiol.* 9 (1985) 821-840.

[22] Shiels HA & White E. The Frank-Starling mechanism in vertebrate cardiac myocytes. *J. Exp. Biol.* 211 (2008) 2005-2013.

[23] Smith L, Tainter C, Regnier M & Martyn DA. Cooperative cross-bridge activation of thin filaments contributes to the Frank-Starling mechanism in cardiac muscle. *Biophys. J.* 96 (2009) 3692-3702.

[24] Smith NP, Mulquiney PJ, Nash MP, et al. Mathematical modeling of the heart: cell to organ. *Chaos Solutions Fractals* 13 (2002) 1613-1621.

[25] 3D model of blood flow by supercomputer predicts heart attacks. EPFL, École Polytechnique Fédérale de Lausanne, Press Release, 20 May 2010. https: //www.sciencedaily.com/releases/2010/05/100520102913.htm.

[26] Cherry EM & Fenton FH. Visualization of spiral and scroll waves in simulated and experimental cardiac tissue. *New J. Phys.* 10 (2008) 125016.

[27] Joyner RW, Wilders R & Wagner MB. Propagation of pacemaker activity. *Med. Biol. Eng. Comput.* 45 (2007) 177-187.

[28] DiFrancesco D & Noble D. A model of cardiac electrical activity incorporating ionic pumps and concentration changes. *Philos. Trans. R. Soc. Lond. B Biol. Sci.* 10 (1985) 353-398.

[29] Nerbonne JM & Kass RS. Molecular physiology of cardiac repolarization. *Physiol. Rev.* 85 (2005) 1205-1253.

[30] Nattel S. New ideas about atrial fibrillation 50 years on. *Nature* 415 (2002) 219-226.

[31] Fink M, Niederer SA, Cherry EM, et al. Cardiac cell modelling: observations from the heart of the Cardiac Physiome Project. *Prog. Biophys. Mol. Biol.* 104 (2011) 2-21.

[32] Nyhan D & Blanck TJJ. Cardiac physiology. In Foundations of Anesthesia: Basic Sciences for Clinical Practice, 2nd ed. (HC Hemmings & PM Hopkins, eds), pp 473-484. Elsevier, 2006.

[33] van der Pol B & van der Mark J. Frequency demultiplication. *Nature* 120 (1927) 363-364.

[34] van der Pol B & van der Mark J.The heart beat considered as a relaxation oscillation. *Philos. Mag. (7th series)* 6 (1928) 763-775.

[35] Yin W & Voit EO. Construction and customization of stable oscillation models in biology. *J. Biol. Syst.* 16 (2008) 463-478.

[36] Beard RW, Filshie GM, Knight CA & Roberts GM. The significance of the changes in the continuous fetal heart rate in the first stage of labour. *Br. J. Obstet. Gynaecol.* 78 (10) (1971) 865-881.

[37] Williams KP & Galerneau F. Intrapartum fetal heart rate patterns in the prediction of neonatal acidemia. *Am. J. Obstet. Gynecol.* 188 (2003) 820-823.

[38] Ferrario M, Signorini MG, Magenes G & Cerutti S. Comparison of entropy-based regularity estimators: Application to the fetal heart rate signal for the identification of fetal distress. *IEEE Trans. Biomed. Eng.* 33 (2006) 119-125.

[39] Lipsitz LA. Physiological complexity, aging, and the path to frailty. *Sci. Aging Knowledge Environ.* 2004 (2004) pe16.

[40] Lipsitz LA & Goldberger AL. Loss of "complexity" and aging. Potential applications of fractals and chaos theory to senescence. *JAMA* 267 (1992) 1806-1809.

[41] Glass L & Mackey MC. From Clocks to Chaos: The Rhythms of Life. Princeton University Press, 1988.

[42] Thompson JMT & Stewart HB. Nonlinear Dynamics and Chaos, 2nd ed. Wiley, 2002.

[43] Endo M. Calcium release from the sarcoplasmic reticulum. *Physiol. Rev.* 57 (1977) 71-108.

[44] Vinogradova TM, Brochet DX, Sirenko S, et al. Sarcoplasmic reticulum Ca^{2+} pumping kinetics regulates timing of local Ca^{2+} releases and spontaneous beating rate of rabbit sinoatrial node pacemaker cells. *Circ. Res.* 107 (2010) 767-775.

[45] Somogyi R & Stucki J. Hormone-induced calcium oscillations in liver cells can be explained by a simple one pool model. *J. Biol. Chem.* 266 (1991) 11068-11077.

[46] Stucki J & Somogyi R. A dialogue on Ca^{2+} oscillations: an attempt to understand the essentials of mechanisms leading to hormone-induced intracellular Ca^{2+} oscillations in various kinds of cell on a theoretical level. *Biochim. Biophys. Acta* 1183 (1994) 453-472.

[47] Bertram R, Sherman A & Satin LS. Electrical bursting, calcium oscillations, and synchronization of pancreatic islets. *Adv. Exp. Med. Biol.* 654 (2010) 261-279.

[48] Alberts B, Johnson A, Lewis J, et al. Molecular Biology of the Cell, 6th ed. Garland Science, 2015.

[49] Sipido KR, Bito V, Antoons G, et al. Na/Ca exchange and cardiac ventricular arrhythmias. *Ann. NY Acad. Sci.* 1099 (2007) 339-348.

[50] Ojetti V, Migneco A, Bononi F, et al. Calcium channel blockers, beta-blockers and digitalis poisoning: management in the emergency room. *Eur. Rev. Med. Pharmacol. Sci.* 9 (2005) 241-246.

[51] Sherwood L. Human Physiology: From Cells to Systems, 9th ed. Cengage Learning, 2016.

[52] DiFrancesco D. The role of the funny current in pacemaker activity. *Circ. Res.* 106 (2010) 434-446.

[53] Lakatta EG, Maltsev VA & Vinogradova TM. A coupled system of intracellular Ca^{2+} clocks and surface membrane voltage clocks controls the timekeeping mechanism of the heart's pacemaker. *Circ. Res.* 106 (2010) 659-673.

[54] Winslow RL, Rice J, Jafri S, et al. Mechanisms of altered excitation-contraction coupling in canine tachycardia-induced heart failure, Ⅱ: Model studies. *Circ. Res.* 84 (1999) 571-586.

[55] Hodgkin A & Huxley A. A quantitative description of membrane current and its application to conduction and excitation in nerve. *J. Physiol.* 117 (1952) 500-544.

[56] Noble D. From the Hodgkin-Huxley axon to the virtual heart. *J. Physiol.* 580 (2007) 15-22.

[57] Brady AJ & Woodbury JW. The sodium-potassium hypothesis as the basis of electrical activity in frog ventricle. *J. Physiol.* 154 (1960) 385-407.

[58] FitzHugh R. Thresholds and plateaus in the Hodgkin-Huxley nerve equations. *J. Gen. Physiol.* 43 (1960) 867-896.

[59] Izhikevich EM. Dynamical Systems in Neuroscience: The Geometry of Excitability and Bursting. MIT Press, 2007.

[60] FitzHugh R. Impulses and physiological states in theoretical models of nerve membrane. *Biophys. J.* 1 (1961) 445-466.

[61] Nagumo JA & Yoshizawa S. An active pulse transmission line simulating nerve axon. *Proc. Inst. Radio Eng.* 50 (1962) 2061-2070.

[62] Mubagwa K, Kaplan P, Shivalkar B, et al. Calcium uptake by the sarcoplasmic reticulum, high energy content and histological changes in ischemic cardiomyopathy. *Cardiovasc. Res.* 37 (1998) 515-523.

[63] The Virtual Physiological Rat Project. http://virtualrat.org/.

[64] Winslow RL, Tanskanen A, Chen M & Greenstein JL. Multiscale modeling of calcium signaling in the cardiac dyad. *Ann. NY Acad. Sci.* 1080 (2006) 362-375.

[65] Cortassa S, Aon MA, Marbán E, et al. An integrated model of cardiac mitochondrial energy metabolism and calcium dynamics. *Biophys. J.* 84 (2003) 2734-2755.

[66] Hinch R, Greenstein JL & Winslow RL. Multi-scale models of local control of calcium induced calcium release. *Prog. Biophys. Mol. Biol.* 90 (2006) 136-150.

[67] Tanskanen AJ, Greenstein JL, Chen A, et al. Protein geometry and placement in the cardiac dyad influence macroscopic properties of calcium-induced calcium release. *Biophys. J.* 92 (2007) 3379-3396.

[68] Xing J, Wang H & Oster G. From continuum Fokker-Planck models to discrete kinetic models. *Biophys. J.* 89 (2005) 1551-1563.

[69] Smith GD. Modeling the stochastic gating of ion channels. In Computational Cell Biology (CP Fall, ES Marland, JM Wagner & JJ Tyson, eds), pp 285-319. Springer, 2002.

[70] Hinch R, Greenstein JL, Tanskanen AJ, et al. A simplified local control model of calcium-induced calcium release in cardiac ventricular myocytes. *Biophys. J.* 87 (2004) 3723-3736.

[71] Imredy JP & Yue DT. Mechanism of Ca^{2+}-sensitive inactivation of L-type Ca^{2+} channels. *Neuron* 12 (1994) 1301-1318.

[72] Jafri MS, Rice JJ & Winslow RL. Cardiac Ca^{2+} dynamics: the roles of ryanodine receptor adaptation and sarcoplasmic reticulum load. *Biophys. J.* 74 (1998) 1149-1168.

[73] Phillips RM, Narayan P, Gomez AM, et al. Sarcoplasmic reticulum in heart failure: central player or bystander? *Cardiovasc. Res.* 37 (1998) 346-351.

[74] Hoehme S, Brulport M, Bauer A, et al. Prediction and validation of cell alignment along microvessels as order principle to restore tissue architecture in liver regeneration. *Proc. Natl Acad. Sci. USA* 107 (2010) 10371-10376.

[75] Physiome Project: Urinary system and Kidney; http://physiomeproject.org/research/urinary-kidney.

[76] Beutel E. Algebraische Kurven. Göschen, 1909-11.

[77] Heart Curve. Mathematische Basteleien. http://www.mathematische-basteleien.de/heart.htm.

[78] Taubin G. An accurate algorithm for rasterizing algebraic curves. In Proceedings of Second ACM/IEEE Symposium on Solid Modeling and Applications, Montreal, 1993, pp 221-230. ACM, 1993.

[79] Peterson J. A simple sodium-potassium gate model. Chapter 2: The basic Hodgkin-Huxley model. cecas.clemson.edu/~petersj/Courses/M390/Project/Project.pdf.

拓 展 阅 读

Alberts B, Johnson A, Lewis J, et al. Molecular Biology of the Cell, 6th ed. Garland Science, 2015.

Bassingthwaighte J, Hunter P & Noble D. The Cardiac Physiome: perspectives for the future. *Exp. Physiol.* 94 (2009) 597-605.

Crampin EJ, Halstead M, Hunter P, et al. Computational physiology and the Physiome Project. *Exp. Physiol.* 89 (2004) 1-26.

Keener J & Sneyd J. Mathematical Physiology. Ⅱ: Systems Physiology, 2nd ed. Springer, 2009.

Klabunde RE. Cardiovascular Physiology Concepts, 2nd ed. Lippincott Williams & Wilkins, 2011.

Nerbonne JM & Kass RS. Molecular physiology of cardiac repolarization. *Physiol. Rev.* 85 (2005) 1205-1253.

Noble D. From the Hodgkin-Huxley axon to the virtual heart. *J. Physiol.* 580 (2007) 15-22.

Winslow RL, Tanskanen A, Chen M & Greenstein JL. Multiscale modeling of calcium signaling in the cardiac dyad. *Ann. NY Acad. Sci.* 1080 (2006) 362-375.

13 医学和药物开发中的系统生物学

读完本章，你应能够：

- 认识人类变异的分子原因
- 将疾病理解为参数空间的动态偏差
- 描述将平均的疾病模型转变为个性化疾病模型的概念
- 了解药物开发过程
- 构建和分析抗体-靶标结合模型
- 构建和分析药代动力学模型
- 分析疾病模型的微分方程模型

你是独一无二的吗?

13.1 生物变异性和疾病

如果你和我及其他所有人都完全一样，生活会相当无聊，但医学和药物开发会更容易。在一个简单的比喻中，如果一个人知道如何在2005款福特野马（Ford Mustang）中更换挡风玻璃的刮水器电机，那么就知道如何在另一辆2005款福特野马中做到这一点。复杂疾病并非如此。两个人可能出现完全相同的症状，但是对相同剂量的相同药物可以产生方式明显不同的反应。因此，与汽车修理相反，仅仅对一个人测试药物的治疗方案是不够的。相反，有必要进行大型、复杂且昂贵的临床试验，这些试验通常需要多年的研究。然而，尽管存在明显的差异，我们人类彼此之间也不能完全不同。毕竟，医学已经相当成功，大多数处方药实际上都像宣传的那样有效。

那么，我们真正有多么不同？让我们从基因开始。正如我们在第6章中讨论的那样，我们每个人都有大约30亿个核苷酸对。对于其中的大多数，两个人之间甚至整个人群之间是没有差异的。如果在地球上任何两个人之间确实存在基因差异，如在第5 000 000个碱基处，那么这个碱基就是**SNP**（发音为‘snip’，意为**single nucleotide polymorphism，单核苷酸多态性**，其大致含义为“在给定的一个DNA碱基处有许多不同的形式”）的位置。根据目前最好的估计，SNP在整个人群中发生的频率大约为每300个碱基一处，这意味着你和我的遗传差异远远小于1%[1]。这听起来并不多，但SNP占所有遗传变异的约90%，其他变化则发生在DNA的增减、DNA从一个染色体到另一个染色体的易位，以及其他相当罕见的变化等方面。仅仅考虑SNP，是否有足够的差异可以让60亿～70亿人独一无二？一个快速而粗略的计算，毫无疑问地表明，我们不会很快耗尽人的独特性。如果每300个核苷酸中有一处是可变的，并且如果我们简单地假设，每个SNP上单个核苷酸（A、T、C或G）发生的概率相同，则SNP发生在1000万个位置，每个位置可选择4种核苷酸之一。试着计算一下$4^{10\,000\,000}$。这是一个真正庞大的数字，远超有史以来所有曾经存在的人的数量。到目前为止，它甚至使可观测宇宙中所有原子的数量都相形见绌，天文学家认为这些原子的数量大约为10^{80}，上下相差几个零而已。除了这种遗传的人际多样性，SNP并不是我们个性的唯一决定因素。虽然基因通常被认为是生物体的蓝图，但我们知道，即使生物体具有完全相同的遗传物质，它们也并非完全等同。首先，同卵双胞胎看起来似乎难以区分，但他们之间可能有着相当不同的特征和个性。此外，我们从克隆动物如多利羊（Dolly sheep）和复制猫（copycat）中了解到，“后代”与母亲存在差异，如身上的颜色花纹。

如果基因没有表征所有，那还有什么？一个相对较新的生物学领域聚焦于**表观遗传学（epigenetics）**，研究基因在相似细胞或生物体中的激活和失活模式的差异（见第6章）。这些差异通常是基因水平修饰的结果，然而这些修饰不是在DNA序列中编码的。相反，DNA被甲基化或被某些位置的残基调节，这倾向于影响基因转录的速率。另一种可能性是组蛋白的变化，DNA包裹在其周围，可能再次影响基因激活或失活的速率。当然，生物体的其他变化与环境有关，包括接触有害化学物质、饮食和我们所有生活方式的选择。

总而言之，我们是不同的，没有两个人是一样的。这个简单的事实使得医学和处方药的开发与应用具有挑战性。幸运的是，情况并非完全没有希望。首先，并非每个点突变或SNP都有重大影响。我们的大部分DNA都不编码蛋白质，编码或非编码部分的突变可能并不总是至关重要的。作为突变的结果，基因编码的蛋白质中的氨基酸可能不同，但不正确的氨基酸可能位于蛋白质的活性位点之外，从而不造成很大的危害。蛋白质也可能受到轻微损害，但身体中的许多控制机制提供了有效的补偿。也许最重要的是，如果我们专注于某种疾病，身体其他部位的许多特征和过程就变得无关紧要了。这些事实的存在挽救了我们，使我们通常能够成功治疗儿童的耳朵感染（无论她的体型、体重、种族或头发颜色如何）。尽管如此，许多疾病都是如此严重，以至于处方药可能具有令人担忧的副作用，医学领域的新焦点是个性化的“精准”医学，它寻求开发针对每个患者的定制治疗方案。

13.2 变异性和疾病建模

通过代谢的实例可以很容易地说明“医疗中的异质性”的情况，其中，在典型的情况下，人际差异将在一些酶或调节剂的活性中显现。很容易通过设置小的动态模型，使我们理解这种差异可能涉及的内容（参见第2章和第4章）。例如，让我们研究具有调节信号的一般分支通路（图13.1）。数学形式对于此类演示并不重要，我们将图形转换为混合的米氏（**Michaelis-Menten**）/幂律（**power-law**）模型：

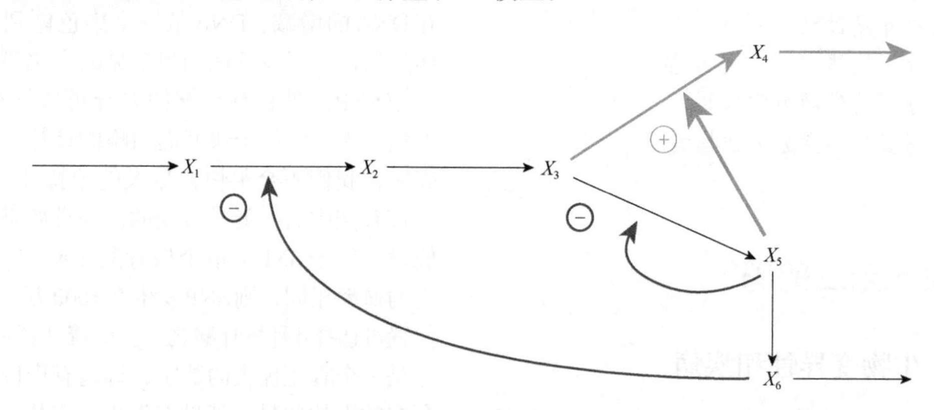

图13.1 说明变异性和疾病的示例通路。该一般通路由5种（6种——译者注）代谢物、两个反馈信号（红色）和一个激活信号（绿色）组成。进出X_4（灰色）的流量非常小。

$$
\begin{aligned}
\dot{X}_1 &= \text{输入} - \frac{V_{\max 1}X_1}{K_{M1}(1+X_6/K_{16})+X_1} \\
\dot{X}_2 &= \frac{V_{\max 1}X_1}{K_{M1}(1+X_6/K_{16})+X_1} - \frac{V_{\max 2}X_2}{K_{M2}+X_2} \\
\dot{X}_3 &= \frac{V_{\max 2}X_2}{K_{M2}+X_2} - \beta_{31}X_3^{h_{331}}X_5^{h_{351}} - \beta_{32}X_3^{h_{332}}X_5^{h_{352}} \\
\dot{X}_4 &= \beta_{31}X_3^{h_{331}}X_5^{h_{351}} - \beta_4 X_4^{h_{44}} \\
\dot{X}_5 &= \beta_{32}X_3^{h_{332}}X_5^{h_{352}} - \frac{V_{\max 5}X_5}{K_{M5}+X_5} \\
\dot{X}_6 &= \frac{V_{\max 5}X_5}{K_{M5}+X_5} - \beta_6 X_6^{h_{66}}
\end{aligned}
\tag{13.1}
$$

几乎任意地选择模型的参数值，并在表13.1中给出。我们通过计算稳态来开始分析，稳态用三位有效数字表示，即（X_1，…，X_6）=（2.57，4.00，3.23，3.70，3.30，3.13）。对于典型的模拟，我们在此状态下启动系统，并在区间［2，3］的时间段内将输入加倍。结果如图13.2所示。对于这种类型的通路结构而言，变量按其位置的顺序上升和下降，然后返回到原始稳态。值得注意的是，X_4的响应速度非常慢，因为通过此代谢物池的流量与其他通道相比非常小。

表13.1 图13.1和式（13.1）中通路的参数值

输入	$V_{\max1}$	K_{M1}	K_{16}	$V_{\max2}$	K_{M2}	β_{31}	h_{331}	h_{351}
2	4	1	2	5	6	0.005	0.8	0.2

β_{32}	h_{332}	h_{352}	β_4	h_{44}	$V_{\max5}$	K_{M5}	β_6	h_{66}
2	0.4	−0.4	0.005	0.9	8	10	1	0.6

难以直观地预测这样的系统如何响应参数值中的扰动，但是很容易通过计算来查看。例如，我们可以执行一系列模拟，其中每次将一个参数提高20%并研究对稳态的影响。有趣的是，我们发现大多数扰动都得到很好的缓冲。通常，只有一个或两个稳态值偏离其原始值超过10%，并且20%～30%的偏差仅发生在直接受改变影响的变量中。作为具体示例，如果$V_{\max5}$升高20%，则X_3和X_5降低约

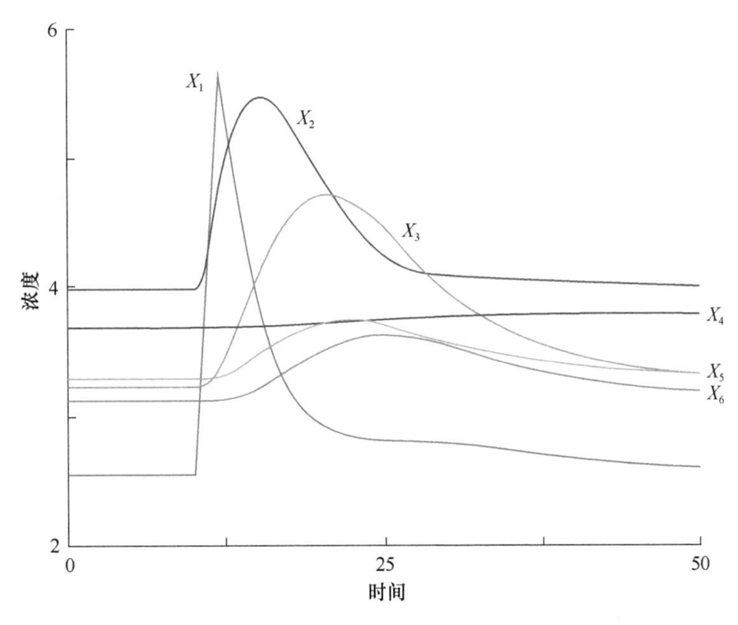

图13.2 图13.1中通路的典型场景模拟。模拟使用式（13.1）和表13.1中的参数值。从时间$t=10$到时间$t=12$，系统的输入从2加倍到4。

21%，但所有其他变量基本不变。练习13.1～13.4进一步探讨了这个例子。实际上，20%的偏差经常被忽视，并且不会导致疾病甚至症状。

虽然相当简单，但这种粗略的分析意味着，受调控的系统具有强大的缓冲能力。实际上，当一个日本研究小组将大肠杆菌细胞暴露于各种遗传和环境扰动时，他们也得到了同样的观察结果[4]。虽然靠近扰动的基因活性和酶通常受到强烈影响，但由于细胞中流量重新分布带来的补偿性，剩余的代谢特征基本上不受影响。有鉴于此，读者应该回顾一下有关**小世界网络（small-world network）**稳健性的讨论（见第3章）。

对扰动及其最终效果的分析，提供了一些见解。首先，大多数稳态值不受任何参数变化的影响。其次，在通路的起始或中心处，酶的改变可能影响直接相关的代谢物，但最终产物通常仅受到轻微影响。这带来的直接暗示是，在许多与疾病相关的情形中，中间代谢物的变化可能无关紧要。最后，对输入或酶活性变化的动态响应，可能产生瞬时的代谢偏差，然而这可能与疾病没有长期相关性。从以上实例中不易发觉的是，较大且更复杂的系统通常不像较小且较少调节的系统那样易于发生局部扰动，如酶活性改变。

个性化医疗和预防性健康

即使生物医学系统似乎可以很好地补偿组分和过程发生的改变，但我们依然知道，有许多疾病会导致患者长期承受痛苦和遭罪。在相对较少的病例中，这些疾病是由基因组水平的单一变异引起的。也许最好的例子是镰状细胞贫血，这是由血红蛋白基因*HBB*的点突变引起的。虽然存在许多变体，但最常见的一种情况是非常清楚的：它是由HBB多肽链第六个氨基酸位置上发生的亲水性谷氨酸到疏水性缬氨酸的取代引起的。所以，我们确切地知道出了什么错，但也仅此而已，无法做得更多。

与镰状细胞贫血和囊性纤维化等单基因疾病相反，大多数疾病的病症是由遗传易感性（在若干基因改变中表现出来）和表观遗传学，以及环境和可能的其他因素共同造成的，现在统称为暴露组[5]。这些组合使得很难回答诸如以下问题：一些不吸烟者如何发展出肺癌，而一些长期吸烟者却不会？为什么人们对同一种治疗的反应不同？这类问题被认为是两种新兴且彼此关联的医学方法的核心：**个性化（personalized）**或**精准性医疗（precision medicine）**与**预防性健康（predictive health）**。

个性化医疗的关键目标是以个性化定制的方式预防和治疗疾病。例如，不是简单地基于体重确定处方药的剂量，不是使用从大群体获得的平均信息来评估药物每千克体重的功效，而是基于患者的个体特征来计算剂量。这些特征包括显而易见的信息，如体重、性别和年龄，但也包括体重指数、基因标记、相关的酶谱、代谢速率，以及可能与疾病及其治疗相关的许多其他**生物标志物（biomarker）**。理想情况下，将来这种个性化的精确治疗将最大限度地提高疗效，并最大限度地减少副作用。

预防性健康是个性化医疗概念的延伸。其主要目标是保持健康而不是治疗疾病。因此，预防性健康旨在个体得病之前预测其疾病。其主要目标是慢性疾病，如糖尿病、癌症和神经退行性疾病。这些疾病通常始于一个漫长而沉默的阶段，一个人甚至无法察觉到症状。然而，这个早期阶段构成了与标准状态的可测量偏差，尽管某人看上去是健康的，但她或他的生物化学、生理学、基因表达或蛋白质和代谢物特征已经包含了早期预警信号，表明此人处于向慢性病发展的不良轨迹中。如果我们有一个可靠且全面的此类警告信号的目录，并且如果健康人员在他们看上去仍然健康时就接受早期筛查和治疗，那么慢性疾病可能会在早期阶段被预防或管理。有充分的迹象表明，这种治疗方案比当今世界典型的慢性疾病治疗方法要便宜得多，并且正在努力促进预防性健康[6]。

任何类型的个性化医疗和预防性健康课题的一个有趣挑战是，确定健康或疾病的确切含义并不容易。我们在上面已经看到，健康个体之间可能存在很大差异，而且我们也知道，从健康到疾病的过渡步骤不一定非常大。健康与疾病之间的直接区分可能是一组不同的重要参数，如血压、胆固醇或某些遗传倾向（见上文和参考文献［7］）。这种观点的扩展是，这些变化一起作用，可能会扰乱**体内平衡（homeostasis）**的正常状态，并导致**应变稳态（allostasis）**，这在生理模型的语言中，对应于不同且（于此处）不该出现的稳态[8]。最近的一种观点认为，疾病可能是人体生理稳健性或生理子系统动力学复杂性丧失的折中（见参考文献［9，10］和第15章）。

13.3 数据需求和生物标志物

需要两个组件来实现个性化医疗和预防性健康的想法：首先，大量数据；其次，能够整合和分析这些数据的计算方法。数据必须涵盖个体健康时的许多生理方面，并在整个健康生活甚至进入疾病的过程中跟踪它们。来自一个人的数据无法充分阐明复杂的疾病发展过程，但越来越多的个人轨迹，一些保持在健康范围内，一些正在转向疾病，将揭示疾病如何发展的日益全面的图景，也可以对健康个体定期筛查中，应考虑哪些早期和非常早期的迹象（生物标志物）给出建议。更一般地说，这些数据及其分析将允许对健康、病前（具有疾病的早期征兆但还没有太严重的症状）或患病的含义进行新的和更清晰的定义[3]。

将疾病追溯到疾病预测因子、晚期生物标志物，乃至最终的早期生物标志物（图13.3），看上去似乎还很遥远。但在某些实例中，它已成为标准方式。一个很好的例子是，血糖水平升高，其本身不构成疾病，但通常是2型糖尿病的前兆。另一个例子是羊膜穿刺术，其是一种通过测试少量羊水的遗传异常和感染来诊断子宫内胎儿的方法。尽管婴儿在超声检查中可能看起来很健康，但根据遗传标记，羊膜穿刺术可以预测生命后期的疾病。

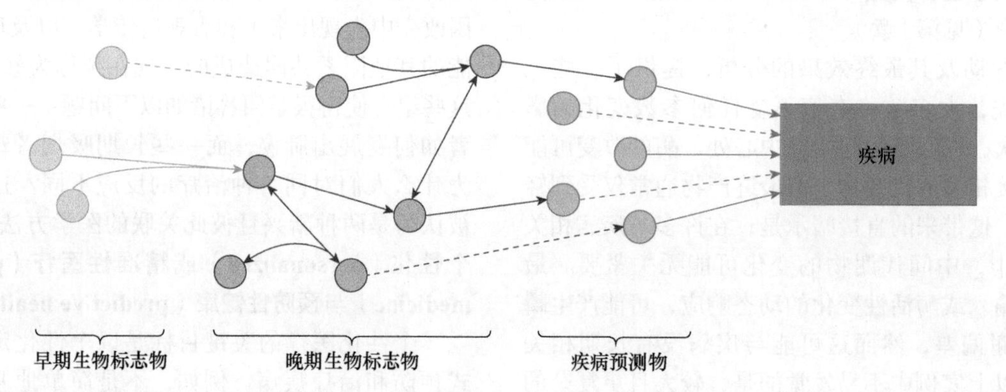

图13.3　分层生物标记网络。患病之前通常有疾病预测因子。这些疾病预测因子之前，很可能有晚期和早期生物标志物。

在实际给药之前，生物标志物也可以作为特定药物治疗是否有效的指标[11]。在**药物基因组学（pharmacogenomics）**这个新领域，表达基因的分析，特别是来自编码细胞色素P450酶家族的基因，被用来预测个体对特定药物的敏感性。一个很好的例子是，急性淋巴细胞白血病（acute lymphoblastic leukemia，ALL）患儿的预后基因组分析。众所周知，一些患有ALL的儿童，对标准药物治疗反应良好，而另一些儿童则产生严重的副作用，这极大地损害了药物的功效和适用性。田纳西州孟菲斯市圣犹大儿童研究医院的科学家发现，基因芯片测试能够将年轻的ALL患者在治疗前分为应答者和无应答者[12]。在此案例中发现，45种差异表达基因与所测试的所有4种药物治疗的成功或失败有关，并且在对一种药物而非其他药物有反应的儿童中，鉴定出139种基因。

如在ALL的例子中，理性预测疾病和治疗结果的第一步，将是统计关联分析，其中，数据中的某些模式主要在疾病或耐药的情况下观察到，而其他模式更常与健康和成功的药物治疗相关。作为统计学中标准关联分析的扩展，可以训练**人工神经网络（artificial neural network，ANN）**或一些其他机器学习技术，以考虑多种标记并将个体分类为健康的或有风险的。由于人工神经网络可能很大，因此，它们有可能比标准的统计关联方法更早、更准确地识别风险患者。一个例子是前列腺癌的计算机辅助ProstAsure测试[13]。

生物标志物与疾病之间关联的鉴定是非常有价值的，但这还不是预防性健康的最终目标。基于关联数据，下一步是构建因果模型，它不仅将某些生物标志物与疾病相关联，还能证明特定疾病实际上是由这些生物标志物的变异引起的。一旦确定了这种因果关系，生物标志物就不再仅仅是一种诊断或预后的征兆，而是成为真正的药物靶点。以下部分说明了，未来的建模和系统生物学如何有助于我们理解个性化的健康、疾病和治疗。

13.4 个性化数学模型

让我们首先以非常粗犷的笔画描绘一下，今天的医学是如何运作的。图13.4显示了一个简化图。左侧以红色描绘了依据当前知识发现的典型路径。两个主要的输入来源是流行病学研究（它研究大的群体以便将疾病与风险因素联系起来）和现代生物学（它研究由发生改变而可能导致疾病的生化和生理机制，并用相关参数量化这些机制）。这两种研究方法所得的结果，最终进入临床试验，产生治疗处方，根据其过程的性质，该处方是基于群体平均的。过程描述和参数也是疾病模型设计的基础，由于基础数据的性质，它们仍是针对平均个体的。正如我们在第4章中讨论的那样，这些模型可以被诊断和分析，并对疾病带来更好的表征，更好地理解平均的治疗选项。

系统生物学以两个组成部分进入该领域。实验系统生物学提供了识别生理机制及其参数的、新的

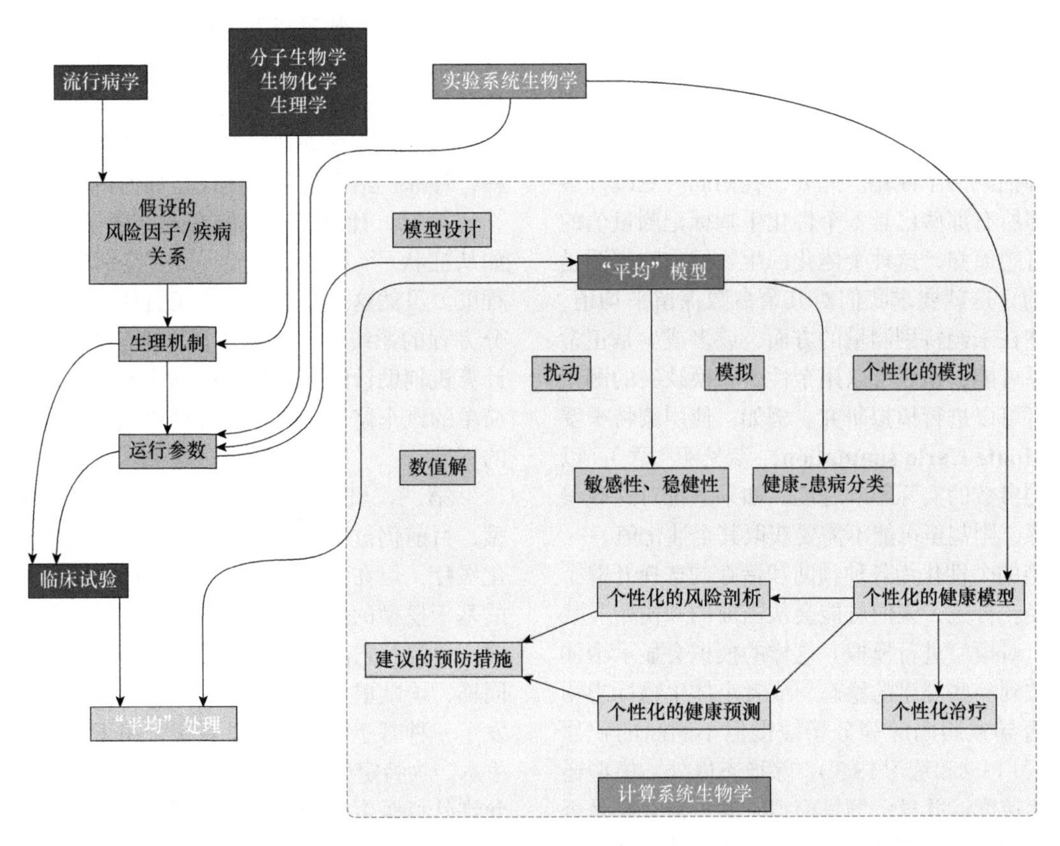

图13.4　传统和个性化医疗。简化的图表以红色显示当前的医学范式，而蓝色和绿色是一种涉及系统生物学的新兴范式［改编自Voit EO & Brigham KL. *Open Pathol. J.* 2（2008）68-70］。

且非常有效的手段。如前所述，它也将成为个性化精准医疗和预防性健康信息收集的基础。计算系统生物学将使用平均疾病模型，基于个体化数据对其进行个性化，产生个人风险谱图，并提出可能的预防策略。

在计算方面，个性化医疗和预防性健康需要模型的个性化[7, 14]。从概念上讲，这一步骤相当简单，英特罗斯（Entelos）公司[15]在模拟虚拟患者方面取得了成功。一般而言，人们从已经构建的疾病模型开始，使用当前可用的最佳可用数据和信息，进行参数化。该模型反映了群体的平均，而非个体。现在假设，已经针对特定的一个人测量了许多生物标志物，并且它们随着时间的推移，不会大幅波动。综合的模型应直接或间接地允许这些生物标志物进入模型。例如，改变了的酶活性，可以转化为某些酶促反应步骤的K_M值。至少在首次近似中，失活的基因可以转化为降低了的蛋白质活性，这反过来，对应于降低了的转运速率、改变了的催化转化效率、被抑制了的信号转导过程或对模型的一些其他影响。因为生物标志物是在特定个人中测量的，所以它们的值很可能与整个人群的平均值不同。因此，原来的平均模型，可以通过将每个平均的生物标记值，改变为测量得到的个体生物标记值来定制，并且每个人都可以被视为巨大的、动态变化的参数空间中独特的点。

在本章开头的简单示例中，我们通过将其值增加20%来修改参数。从某种意义上说，这个练习对应于一种抽象的个性化。此处，我们同时更改许多参数，即所有那些已具备个性化生物标记测量值的参数。可想而知，这种个体化的生物标志物谱图是不完整的，这就要求我们对其余参数保留平均值，希望个体在未经特别测量的方面，或多或少是正常的。如果可能，稍后可以用个性值替换缺失的测量值，或者可以进行模拟研究。例如，使用**蒙特卡罗模拟**（**Monte Carlo simulation**，参见第2章），以确定平均参数的实际影响程度。如果系统对这些参数不敏感，则甚至可能不需要获取其个性化值。

模型的个性化为各种预防和治疗的选择开辟了新的途径。首先，人们可能会从当前的“初始”状态出发，对模型进行模拟。这样的模拟会显示个体是否收敛到一些健康的稳态，或者个体生物标志物特征是否导致胆固醇等分子缓慢但不间断的积累（参见练习13.2和练习13.3）。除稳态以外，模型还指示变化速度，并显示场景模拟时的任何瞬变是否可能是危险的。该基线模拟可以扩展到场景模拟，其中，人们试图拦截不想要的轨迹，如有害物质的积累。人们预期，可靠的模型将确定成功的策略。它也可能有助于筛选那些乍看上去是个好主意，但实际上出于某种意外的原因，而无法正常工作的干预措施。

收集许多个性化的健康和疾病轨迹，将有望更深入地了解疾病过程的原因、症状和进程。它将显示，单独的一些异常生物标志物并不危险，但如果它们与其他发生改变的生物标志物结合，可能预示着疾病。最终，全面的轨迹收集将帮助我们确定，在晚期生物标志物和疾病前体之前就已存在的有效的早期生物标志物，如图13.3所示。

考虑到代谢和生理系统的复杂性，人们可能会得出这样的结论：个性化医疗是一个不太可能实现的梦想。三个论点反驳了这种悲观看法。

第一，自有医学以来，医生实际上一直在追求同样的策略：他们从人口平均数中获得知识，并学习如何为患者定制治疗方案。也许最初的生物标志物更简单，包括血压、体温和过去的个人趋势，如体重减轻。然而，在最近的时代，医生一直在使用更多更具体的生物标志物，与计算机化的个性化医疗系统的唯一真正区别在于，医生是通过他们的知识和经验在他们的头脑中进行数据整合的。展望未来，这种整合将变得越来越困难，因为可测量的生物标志物的数量将继续快速攀升，最终甚至压倒最精明的人类思维。似乎对这种过载的唯一补救措施是计算机辅助数据集成。应该补充的是，计算机预测最终将变得如此复杂，以至于医生不再能够解释，计算机给出的医学建议是如何得到的。

第二，计算专家系统在选定医学领域的成功，如从症状[16]和急诊医学[17]中鉴别中毒及其严重程度。虽然这些系统基于人工智能方法，与使用微分方程的系统建模完全不同，但它们的成功表明，计算机辅助诊断和治疗在医学中并非不可能。在更简单的汽车修理工况中，计算机化诊断已成为公认的标准。

第三，虽然我们的大多数分子系统的计算模型，目前仍过于粗糙且不够全面，不足以促进个性化医疗，但在其他医学领域中，已经可以进行特定的基于模型的数字预测。例如，在进行整容手术之前，通常首先在允许个性化的虚拟环境中模拟它们。同样，埃默里大学和佐治亚理工学院的一个小组开发了一种基于图像的软件系统，用于心脏血流重建手术，为特定患者量身定制手术方案[18]。计算平台允许外科医生在模拟中执行可选的手术方案，系统计算每个重建方案的术后血液动力学的流动特性。

很明显，健康和疾病状态下，生理系统的复杂性将使得在特定个体中设计和实施精确模型变得非常具有挑战性。尽管如此，在大多数情况下，没有必要立即瞄准整个人体生理学。相反，从我们在医学上已经完成的工作，逐渐转向日益详细的疾病过程的系统将是可行的。

起点是考虑健康和疾病的真正含义。准确的定义很难，但这里，从生物标志物正常范围的实用定义开始就足够了。我们都知道，从长远来看，220 mmHg的血压（超过了120 mmHg）可能不太好，并且身体核心温度必须保持在相当窄的范围内，才能使我们正常运作。通常，可以为生物标志物定义正常范围，如图13.5A所示。它表明正常和异常之间的边界是模糊的。当我们同时考虑两种生物标志物时，情况变得更加复杂（图13.5B）。在许多情况下，两种生物标志物的极值组合不再健康，因此绿色区域不是矩形，而是椭圆形或其他具有截角的形状（图13.6A）。结果便是生物标志物的正常结构域不再是绝对的。在图13.6B中，橙色和蓝色“患者”对于生物标志物1具有完全相同的值，但蓝色是健康的，而橙色则不然。紫色患者具有（临界的）健康生物标志物1和2，但该组合不再处于健康区域。相比之下，蓝绿色患者显示生物标志物

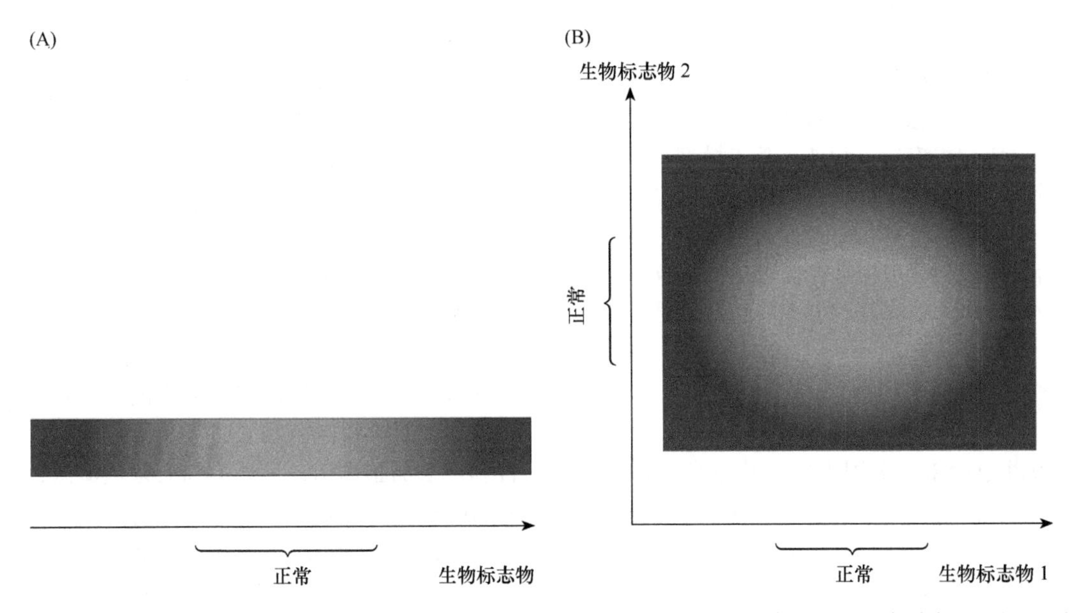

图13.5　健康与正常范围内的生物标志物相关联。（A）对于单个生物标志物，正常范围相对容易定义。（B）对于多种生物标志物，健康区域可能不同于正常范围的简单组合。

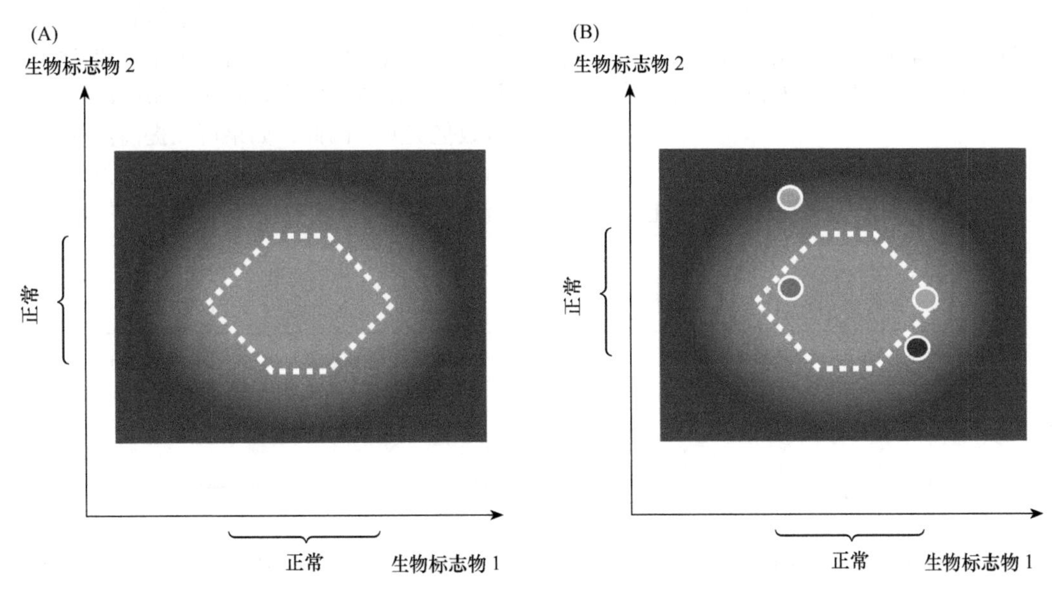

图13.6　健康和疾病的描述。为简单起见，（A）中的健康域由点线六边形定义。（B）显示考虑单个生物标志物导致的“假阳性”或“假阴性”的情况。当涉及更多生物标志物时，该问题更加突出。

1的读数不健康，但其仍被认为是健康的。换句话说，仅做一次生物标志物测试，其结果可能导致**假阳性（false-positive）**或**假阴性（false-negative）**。在第一种情况下，测试错误地指示疾病，而在第二种情况下，测试错误地指示健康。尽管有所简化，但这一讨论表明，单个的生物标志物很少是健康或疾病的绝对预测因子，而必须在更大的健康系统的背景下，看待它们的价值，其中生物标志物是彼此相互依赖的。

今天的医生知道许多生物标志物的正常范围，以及几个生物标志物一些更重要的组合。有了这些知识，就有可能开发出考虑了多个来源的信息并以有意义的方式进行了整合的模型。随着时间的推移，这些模型的质量和可靠性将会提高，最终能够获得数百种生物标志物，并对其组合进行分类，以指示健康、病前或疾病。此外，基于模型，整合个人一生中重复测量的生物标志物组合，将显示该个体是否处于健康的轨迹，或者他或她是否正危险地接近疾病的领域。分析和解读数以千计的这样的轨迹，将为预防性健康创造一个合理的基础[3]。

药物开发过程

在20世纪始末，美国人的平均预期寿命从大约45岁上升到77岁[19, 20]。这种巨大的生命延伸，大部分归功于医学的巨大进步、药物和生物医学设备的可用性、更好的卫生条件、丰富的食物，以及对生理学、分子生物学和微生物学更深入的理解。虽然人类的最大寿命是未知的，但目前估计是在120～130岁。随着越来越多的人变成百岁老人，延长生命的重点正转向高龄时的健康状况。只有通过药物及药物开发的持续发展和改进，才能实现这一重点。

不幸的是，近年来引入新药的速度大幅放缓。并非制药行业已经没有药物靶标。事实上，高通量生物学一直在建议新的药物靶标。然而，主要原因似乎是，“大型制药公司”对药物开发过程的长度和成本持怀疑态度，因其可能需要10～20年，并且需要投资10亿～20亿美元。在更便宜的仿制药成为竞争对手之前，专利保护新药的时间只有15～20年，具体取决于不同国家。在艾滋病病毒/艾滋病等领域，必须更快地收回对药物的投资，因为新的配方和鸡尾酒疗法可能在几年后就开始挑战当前的药物。除此之外，还有**新化学实体（new chemical entity，NCE）**，即活性成分在药物开发过程中的巨大损失率[21, 22]。在100个NCE中，只有1～5个进入临床前试验，这些幸存者中，只有几个最终会获得批准。显然，这些数字取决于疾病和NCE的许多方面，但总归表明，NCE成功的先验概率很低。

成功率低的原因有很多，包括制药行业已开始面对非常复杂的疾病（通常需投入比过去更多的研发资源），以及美国食品药物监督管理局（FDA）和其他地方类似的卫生机构制定的标准正变得越来越严格。撤销NCE的原因也是多方面的，但其中两个最为突出。首先，30%～60%的撤销药物是由于功效和生物利用度问题被放弃的。换句话说，人体不接受足够量的药物，以产生治疗效果。由于毒性和严重的副作用，另外30%必须被淘汰，而还有7%在商业上不可行[19]。因此，药物发现、开发和营销的前景充满危险，需要大量资源。

那么，问题究竟是什么？有没有办法解决它们？当然，没有人打算偷工减料或简化测试程序。相反，要解决的挑战可能是：①提高药物开发渠道的总体成功率；②加快从研发流程中撤销NCE的过程。前者显而易见。后者也很重要，因为研发流程的后期阶段，特别是临床试验阶段，可能需要花费数亿美元。因此，如果可以提前消除有问题的新NCE，则节省了大量资源。药物开发流程如图13.7所示。它由4个主要阶段组成，这些阶段很容易细

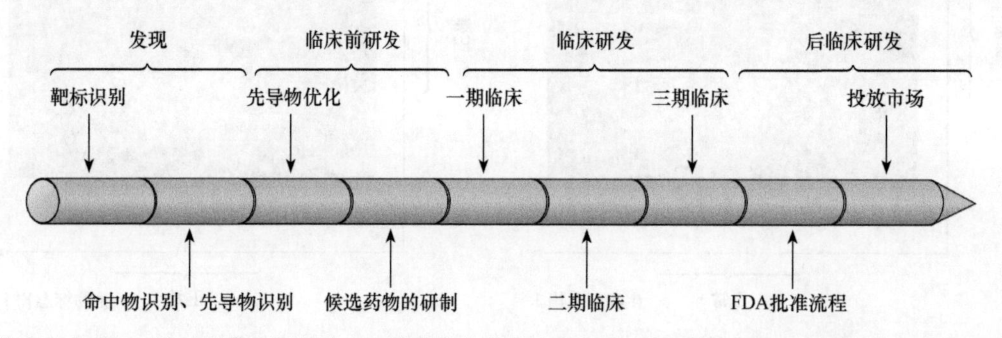

图13.7　药物开发流程。该流程由不同的阶段组成，任何药物在用于治疗之前都必须顺利通过这些阶段。该过程非常昂贵且耗时。在不损害安全性的情况下，只有在早期筛选出具有不良特性的候选药物，才能节省成本和时间。

分为更多的部分。每个阶段每个部分的测试结果都可能表明，应该放弃进一步考虑某个NCE。

第一阶段涉及早期的研究和发现、目标识别、小分子子**命中物**（small-molecule **hit**）的鉴定和验证。最初，特定的生物学靶标被鉴定为与特定疾病相关。靶标可以是受体、信号分子、酶或在疾病中起关键作用的一些其他蛋白质。希望得到的命中物是可以和靶标互作的分子，且这种互作可以阻断疾病过程。在受体的情形中，命中分子可以是附着于受体并阻止其接受疾病相关配体的人工配体。在酶的情形中，命中物可能是抑制剂。可想而知，必须研究许多可能的命中物。通常，这些命中物来自制药公司汇编的大范围组合分子库。在大多数情况下，只有一个或几个命中分子将继续在药物开发流程中作为**先导物**（**lead**）被进一步测试。如今，命中物和先导物识别是以高通量方式执行的，利用了现代分子生物学和实验系统生物学的许多方法[23]。除初始鉴定外，还必须独立验证靶标、命中物和先导物。该步骤提供了概念证明，即靶标可能值得利用所识别的先导物进一步研究。例如，如果靶标是受体，则必须研究结合亲和力、受体占有的长短和受体对先导化合物的可及性。

经过验证，具有有利特征并显示出改善药物潜力的命中物，将成为下一阶段临床前药物开发的先导物。该阶段的第一个组成部分是先导物优化。先导物分子将经历进一步的药物化学测试，特别是，要经历研究小分子变化的优化过程，这种变化可能会影响受体结合，或影响相对于靶酶的抑制强度。一个重要的指导方针是，探索**定量结构-活性关系**（**quantitative structure-activity relationship，QSAR**），它试图将特定的特征归结于可能用作先导物分子侧基的化学结构[24, 25]。在蛋白质的情形中，类似的方法是拟肽的产生，拟肽是人工生成的肽样化合物，可以设计成具有所需特性的药物[26]。由于特定肽段在蛋白质-蛋白质相互作用、分子识别和信号转导中的突出作用，这种药物可激起兴趣。

先导物优化的第二个组成部分，是在动物上评估剂量、功效和急性毒理。发现在动物中有效且不会导致急性中毒的化合物，在药物开发流程中作为候选药物向前推进。对候选药物的进一步研究，构成了临床前药物开发的第二步。这一步中，评估候选药物在较长时间范围内的毒性，并进行**药代动力学**（**pharmacokinetic**）测试，以揭示化合物在一些组织和血流中存留的时间。不同器官的半衰期可能大不相同。例如，脂肪中的代谢通常是缓慢的，而肝脏的作用则是尽可能快地为身体解毒。在药代动力学的背景下，人们有时会提及ADME研究：药物的吸收（absorption）、分布（distribution）、代谢（metabolism）和排泄（excretion）。经过一系列临床前评估而幸存下来的候选药物，将进入临床试验[27]。

临床阶段可能很容易消耗整个药物开发过程的一半成本和一半时间。它通常细分为三种后续类型的临床试验。首先是Ⅰ期，主要涉及安全问题。在动物研究中已确认安全的化合物，将在1～2年的时间内，给几十名健康的人类志愿者服用。如果检测到毒性或其他不希望出现的副作用，则停止测试，且不允许药物以其当前形式继续向前推进。在整个临床阶段，还将研究不同的制剂和给药方案。在Ⅱ期中，在相对较小的100～300名患者的队列中测试功效和安全性。这个阶段再持续1～2年。最后，在Ⅲ期，候选药物用于涉及数千名患者的随机临床试验。这项为期2～3年研究的焦点仍然是疗效和安全性。由于志愿者、患者和医院都参与了临床试验，因此药物开发流程的这一阶段非常昂贵。大约20%的候选药物在临床试验的三个阶段中存活下来。

一旦所有临床前和临床测试都取得了令人满意的结果，候选药物还必须得到美国FDA和（或）其他国家相应卫生机构的批准。FDA的药物申请，需要大量关于所有以前测试和试验的阳性与阴性结果的文件，批准通常需要1～2年。药物流程最终的批准后阶段，包括了上市。它主要包括与医生、医院和贸易杂志共享信息，以及直接的广告和营销。这个阶段可能花费1亿美元，甚至更多[28]。

系统生物学在药物开发中的作用

智库给出的审议结果表明，学术界和制药业应建立伙伴关系，其中学界主要关注药物发现和可能的一些临床前研究，而制药业则引领昂贵的临床试验。然而，所有潜在的贡献者对药物研发过程的作用是彼此分开的，因此更为重要的问题是：系统生物学如何促进药物的发现和开发。系统生物学的几个角色已经出现，并且该行业已经在不同程度上接受它们很长一段时间了。实际上，系统生物学在药物发现中的潜力，已经被认识了一段时间[29-31]。

从系统的角度来看图13.7所示的药物开发流程，两种不同类型的改进显然有助于提供理想的解决方案。首先，期待增加有前景的命中数量。其次，非常期待，尽早发现特定的命中物或先导物是否注定会失败。这项活动不会减少整体损耗，但它会在测试变得非常昂贵之前，筛选出命中物和线索，尤其是在临床开发阶段。

关于命中数量的增加，毫无疑问，实验系统生物学和高通量数据采集与分析的方法，是分离或组合识别目标、命中物、先导物，以及全局毒性研究非常有前景的工具。所有主要的制药行业主体，都已大量参与并行“组学”、机器人筛选和生物信息学研究，一些小公司如雨后春笋般涌现，专注于为大公司提供基因组分析；例子包括Selventa[32]和GNS Healthcare[33]。蛋白质组学研究也正在进行，特别是在信号系统领域，其中，复杂的方法开始允许对特定信号蛋白的磷酸化状态进行清晰的评估[34, 35]。

除了寻找NCE，制药行业还开始大力投资**生物制剂（biologics）**[36, 37]。与合成的小分子NCE相比，这些生物制剂衍生自天然存在的生物材料。它们通常具有良好的安全性，因为它们不太可能引发免疫反应，并且它们会分解成天然分子，如氨基酸。事实上，向表现出相应缺陷的患者提供原封不动的生物分子，有时甚至在治疗上更为有益。例如，将胰岛素给予患有1型糖尿病的患者，将Ⅷ因子开给A型血友病患者。在另外一些情况下，天然化合物可用作化学修饰的模板，以便（例如）改善与受体的结合。因为可以将多种残基附着到天然碱基化合物上，所以潜在有效的生物制剂的数量是巨大的。因此，制药行业的生物制剂方面，近年来以每年20%的速度增长，现在已经是一个价值数十亿美元的市场。单克隆抗体构成了最著名的生物制剂类别。其他实例包括来自凝血连锁反应的工程化蛋白酶和核酸适配体[38]。适配体是人工寡核苷酸，它们不编码肽或与DNA发生相互作用，但被设计成，结合并灭活某个靶标（如疾病相关蛋白的活性结构域）。现代的实验系统生物学方法使得生产各种各样的适配体变得相对容易且便宜。总体而言，实验系统生物学在药物发现中的作用似乎显而易见，我们不再进一步讨论。

13.5 靶标和先导物的计算识别

计算系统生物学的不同分支也开始助力靶标和先导物识别[39]。例如，分子建模和组合化学方法允许对分子和活性基团进行计算评估，并在预测排列药物及其侧基，以及生物制剂的功效和毒性方面变得越来越可靠。从某种意义上说，这些预测基于新一代更精妙的QSAR，而QSAR多年来一直在使用。在对新产生的分子的受体结合和剂量研究中，系统生物学的应用也越来越多。不容忽视的是，智能数据和**文本挖掘（text mining）**的计算方法正在迅速发展到最前沿。随着数千种生物医学期刊的规则出版，自动通知和复杂的搜索已成为必需品。除了简单的关键词或短语，现代搜索引擎在语义搜索方面正在迅速变强，乃至可以包括图像。

系统生物学的许多方面，看起来很有希望通过有效的早期筛选和命中物去除，来降低药物发现的成本。要将NCE的消除和生物制剂推向药物流程前端，其关键是，充分理解命中物或先导物对特定目标的作用机制。由于疾病过程很复杂，因此计算模型将大大有益于增强这种理解。Entelos公司[15]开发了非常全面的疾病模型的典型案例，如糖尿病和类风湿性关节炎，并为大型制药公司所使用。Entelos公司和类似的公司使用本书前面章节中讨论的方法来构建这些模型，所涉及的工作包括：详尽地挖掘文献，非常仔细地审查结果，将所有相关信息转换为模拟虚拟患者的过程和定制参数。这些示例是我们在本章开头所用到的沙盒分析［出于演示目的，见式（13.1）］在真实世界中的扩展。

虽然综合模型显示出明显的潜力，但即使是简单的模型也具有很大价值。例如，并不总是需要非常详细地模建信号转导途径，而只是构建一个黑盒模型就足够了，该模型被用作综合系统模型的替代品[36]。在下文中，我们讨论三个例子。第一个涉及受体动力学，它对许多药物起着重要作用。第二个例子讨论了区室建模和药代动力学，这在第4章中提到过。在第三个例子中，我们将展示动态通路模型如何帮助消除NCE，并有助于理解安全性和毒性。

13.6 受体动力学

基本上，所有处方药都需要被细胞摄取，其中很多都与膜结合受体有关（图13.8）。因此，研究结合特征是非常有意义的，即使是相对较小的数学模型，也可以产生有价值的见解。例如，让我们考虑两种涉及治疗性抗体的情景。在第一个非常简化的案例中，它改编自制药业的一项研究[37]，静脉注射单克隆抗体M，并在血液中结合靶标T，靶标T可以是信号肽或激素。在彼此相遇时，M和T形成一个复合物C，从而防止T对系统产生负面影响（图13.9）。治疗的目标是将T降至低水平，如20%。忽略所有空间因素，很容易建立系统的图示和动态模型（图13.10；另见练习13.15～13.17）。靶标由身体合成和清除。抗体也以不同的速率被清除。假设在这个简单例子中，复合物是相对稳定的，且由于其大小，在感兴趣的时间范围内不被身体清除[36]。设定系统模型的默认假设是质量作用

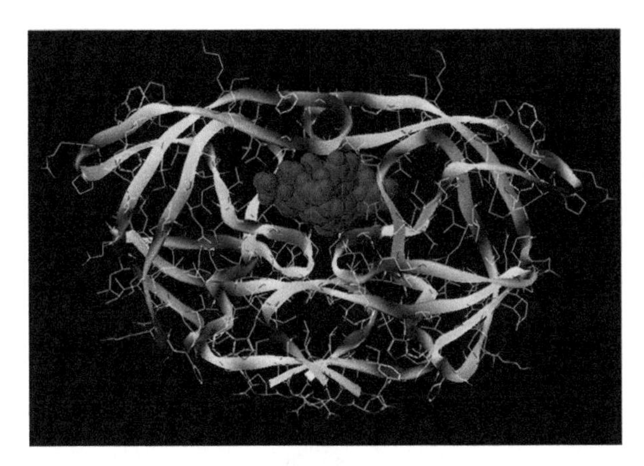

图13.8 许多药物通过与蛋白质结合起作用。此处，FDA批准的药物茚地那韦（Indinavir）以锁钥机制停靠在HIV蛋白酶的腔中（蛋白质结构数据库：PDB 1ODW和1HSG）（乔治亚大学的Juan Cui和Ying Xu供图）。

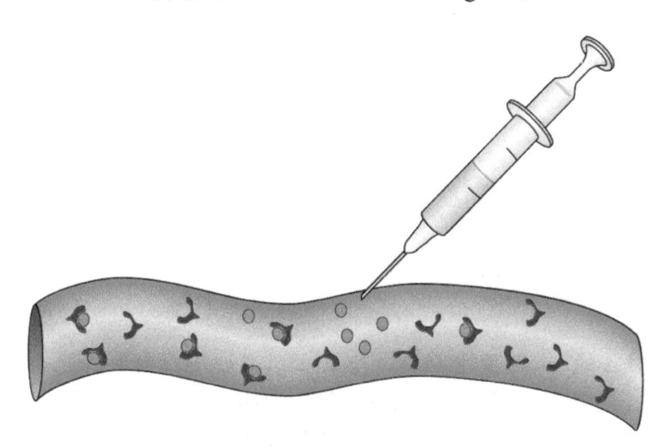

图13.9 用生物制剂治疗疾病。将单克隆抗体（绿色圆圈）注射到血液中，在那里，它们可逆地结合到它们的靶分子上。

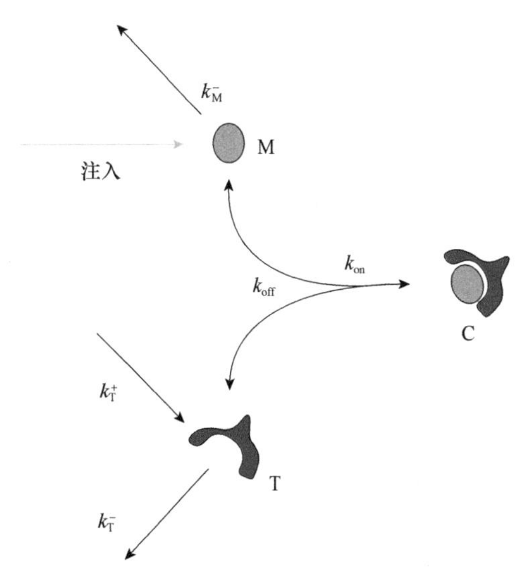

图13.10 单克隆抗体M结合靶标T的图示。结合后产生复合物C，使靶标失去功能。速率常数已在式（13.2）和正文中被定义。

动力学，可产生以下方程：

$$\begin{aligned} T' &= k_T^+ - k_T^- T - k_{on}TM + k_{off}C \\ M' &= k_{off}C - k_{on}TM - k_M^- M \\ C' &= k_{on}TM - k_{off}C \end{aligned} \tag{13.2}$$

请注意，抗体的注射未显式建模。代之以在时间t_0，M的值被设定为血液中的抗体浓度值。根据参考文献［37,40］的建议，我们在小时的时间尺度上，用初始值［$T(t_0)$，$M(t_0)$，$C(t_0)$］=（T_0，M_0，C_0）=（各不同值，100，0.001）和参数值$k_T^+=T_0k_T^-$、$k_T^-=\ln(2)/10$、$k_M^-=\ln(2)/(21\cdot24)$、$k_{on}=0.036$、$k_{off}=0.000\,72$来模拟系统。让我们检查这些值的合理性。设定T的合成速率为k_T^+，以使没有任何抗体或复合物的系统处于稳态。这种假设通常（虽然并不总是）是正确的。将包含M或C的所有项设置为零，并令式（13.2）中第一个等式的右侧等于零，得到合成速率的给定定义。T的降解速率k_T^-对应于10 h的半衰期。M的清除速率对应于3周的半衰期。复合物形成和解离的速率设定为此类复合物的典型值。

现在可以很容易地在40天的典型时段内，以不同的$T(t_0)$值运行模拟。一些结果如图13.11所

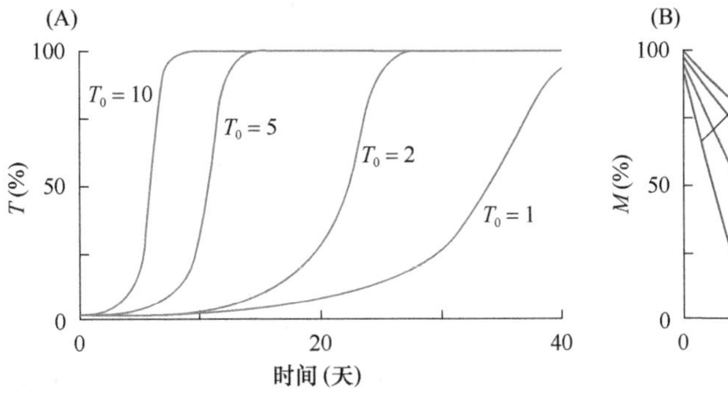

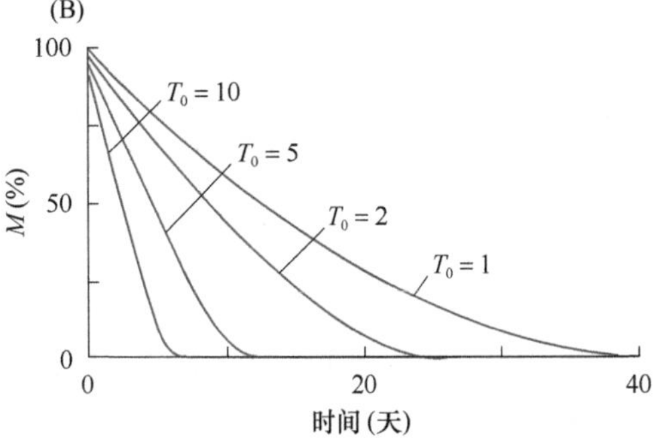

图13.11 抗体结合模型［式（13.2）］的模拟结果。对于固定的初始单克隆抗体浓度M_0，（A）游离靶标T的回弹动力学作为初始靶浓度T_0的百分比，以及（B）游离抗体浓度M作为M_0的百分比，都强烈依赖于T_0。请注意，时间以天为单位，而不是以小时为单位。

示。结果显示，靶标的浓度立即下降，然后在一段时间后恢复。靶标初始浓度越高，T恢复得越快。该图还显示了游离抗体的消失，这是与T结合及清除的结果。

第二个例子与第一个例子在理念上是相似的，但现在假设，该系统由受体R、天然与受体结合的配体分子L（其结合有利于发病）和治疗性抗体A组成。药物设计中一个重要的问题是，开发怎样的抗体：是与受体结合，还是与配体结合？在任何一种情况下，配体和受体的结合都会受到阻碍，所以这种区分真的重要吗？状况草图（图13.12）给出了这两种情形：现实中，结合仅发生在配体上或仅发生在受体上。结构图示依然考虑了这两种情况，如图13.13所示，描述该图的公式如下：

$$
\begin{aligned}
R' &= k_R^+ - k_R^- R - k_1^+ RL + k_1^- C_1 - k_2^+ RA + k_2^- C_2 \\
L' &= k_L^+ - k_L^- L - k_1^+ RL + k_1^- C_1 - k_3^+ LA + k_3^- C_3 \\
A' &= -k_A^- A - k_2^+ RA + k_2^- C_2 - k_3^+ LA + k_3^- C_3 \\
C_1' &= k_1^+ RL - k_1^- C_1 \\
C_2' &= k_2^+ RA - k_2^- C_2 \\
C_3' &= k_1^+ LA - k_3^- C_3
\end{aligned}
\qquad (13.3)
$$

对于抗体结合受体的情况，蓝色部分为零，而红色部分，对于配体结合的情况，为零。参数值在表13.2中给出；它们受到实际测量的启发[37, 40]。初始值R_0、L_0和A_0首先分别设置为4、100和100，但在不同的模拟中，可进行更改。

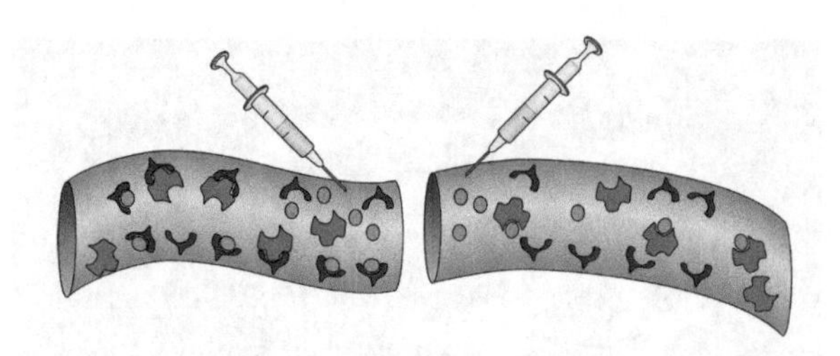

图13.12 抗体治疗的替代选择。注射到血液中的单克隆抗体（绿色圆圈），可逆地与目标疾病相关的受体（左）或配体（右）结合。

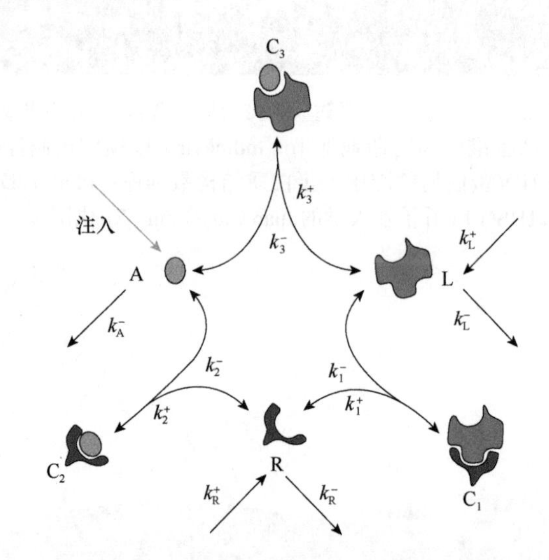

图13.13 单克隆抗体A与靶受体R或靶配体L的结合图。出现了三种类型的复合物：受体和配体（C_1）之间、受体和抗体（C_2）之间或配体和抗体之间（C_3）。速率常数已在式（13.3）和正文中被定义。

表13.2 系统（13.3）的参数值

k_R^+	k_R^-	k_L^+	k_L^-	k_A^+	k_1^+	k_1^-	k_2^+	k_2^-	k_3^+	k_3^-	C_i
$R_0k_R^-$	0.0693	$L_0k_L^-$	0.1155	0.0014	4	1	0.036	0.036	0.0018	0.036	0.001

作为说明，我们探讨抗体与配体结合情况下的系统。此时，$R_0=4$，$A_0=100$，而L_0针对不同场景而变化。代表性的结果（图13.14）表明如下。对于少量配体，抗体有效地降低其浓度，并且配体浓度保持低于初始值的30%，持续约2天。相反，如果初始配体浓度为10左右，则抗体最初仅将其降低至约40%，且在2天内浓度达到60%。对于更高的浓度，如$L_0=100$，配体浓度在2天内几乎回到100%。此外，配体-抗体复合物存在强烈积累，这可能引起治疗的副作用。这些结果表明，如果配体浓度相对较低，设计配体的抗体可能是有效的。如果浓度高，则抗体不再有效。练习13.18探讨了在这种情况下，是否要优选受体的抗体。

除了改变R_0或L_0，我们还可以轻松探索不同剂量的抗体。例如，人们可能会推测，较高的剂量可能会抵消高配体浓度所带来的治疗效果的降低。为了验证这一假设，我们考虑$L_0=10$的情况，并将抗体剂量增加4倍至400。与较低剂量相比，配体浓度得到了更好的控制，但复合物的浓度也高了（图13.15）。更高剂量的替代方案是重复注射抗体。练习13.19要求读者探讨此主题的各种情况。

13.7 药代动力学建模

数十年来，计算系统生物学在药物开发中发挥了重要作用，支持了体内不同组织和器官中治疗药物水平的药代动力学和药效学评估[41]。有两类方法，使用了相对简单的**区室（compartment）**模型[42]，或其强有力的扩展——**基于生理学的药代动力学（physiologically based pharmacokinetic，PBPK）模型**[2, 43]。

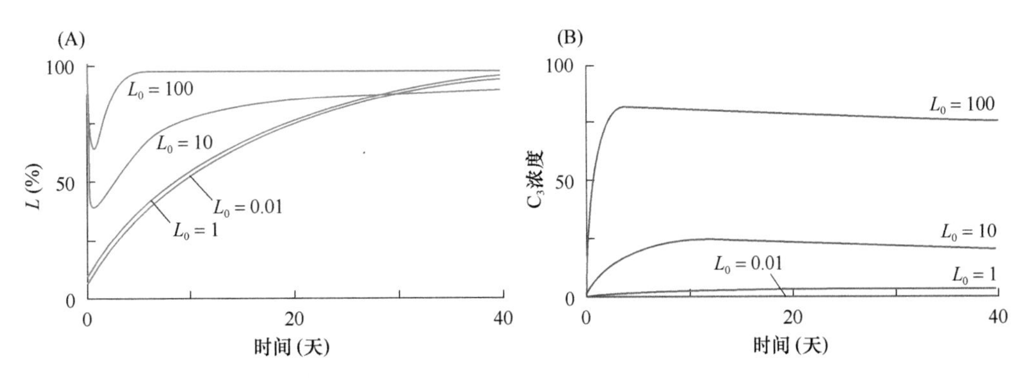

图13.14 使用不同类型的抗体结合模型(13.3)产生的模拟结果。对于固定的初始单克隆抗体和受体浓度A_0和R_0,(A)自由配体反弹的动力学(L,作为初始目标浓度L_0的百分比)和(B)复合物C_3的浓度,两者都严重依赖于L_0。

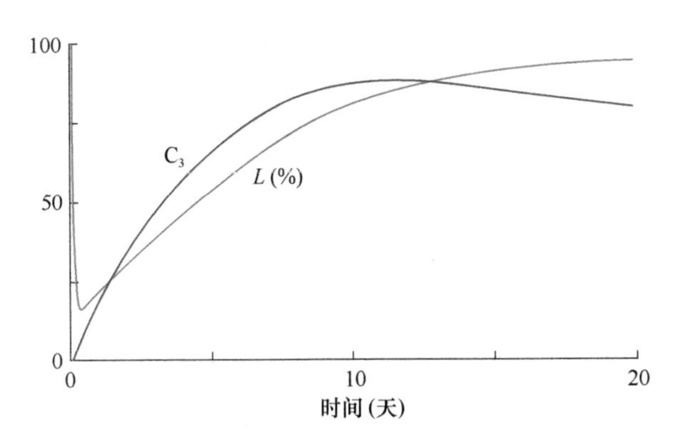

图13.15 使用模型(13.3)对抗体载荷增加进行模拟的结果。如果初始抗体浓度A_0增加到400,则游离配体反弹更慢(与图13.14中的曲线L_0=10相比),但复合物C_3的浓度要高得多。

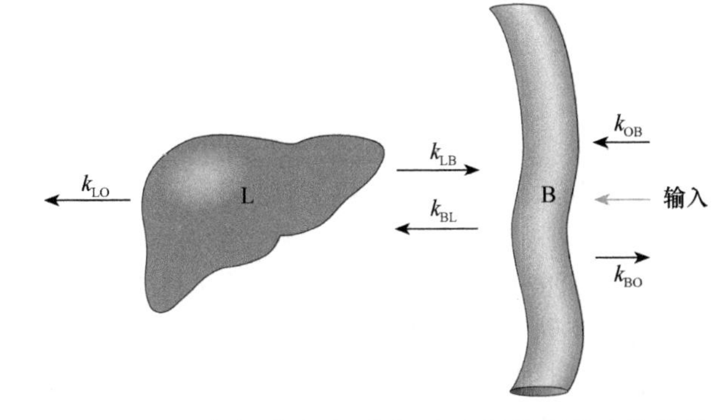

图13.16 血液(B)和肝脏(L)之间代谢物交换的两区室模型。有几个过程支配着这种交换。它们可以直接表达为数学模型,如式(13.4)(见第2章)。参数已在正文中解释。

药代动力学分析和模拟的基本概念相对简单,至少在概念上如此。身体被表示为一组均匀的区室,而口服或通过注射施用的药物,在这些区室之间迁移。一些区室可以排出药物[肺通过呼气,肾脏通过尿液,胃肠(GI)通过粪便],特别是肝脏,可以通过酶活性将其分解。关键问题是,药物在这些不同的区室中存在多长时间及浓度是多少,因为这些信息对于开发有效的给药方案很重要。

为了获得对此类方法原理的一个印象,让我们考虑一个简单的**区室模型(compartment model)**,它只包含两个区室:血液(B)和肝脏(L)(图13.16)。在这个简化的系统中,B通过注射接收药物,后来也从其他器官接收药物,但在这里没有显式地模拟;输入速率为k_{OB}。B将一些代谢物丢到其他器官(速率为k_{BO}),并将代谢物与肝脏交换,速率分别为k_{BL}和k_{LB}。肝脏将一些代谢物,以k_{LO}的速率输送到肠或胆囊中。

将肝脏中的代谢物浓度命名为L,将血液中的代谢物浓度命名为B,则带有可能额外输入IN的线性模型写作

$$\begin{aligned}\dot{B}&=k_{OB}+k_{LB}L-(k_{BO}+k_{BL})B+\text{IN}\\ \dot{L}&=k_{BL}B-(k_{LO}+k_{LB})L\end{aligned}\qquad(13.4)$$

数学上,k_{OB}和IN可以合并,但我们将它们分开,以区分正常生理状态,即B的持续增加,靠的是来自身体其他部分的材料,以及静脉注射的额外输入。

让我们假设某个时刻,没有代谢物从血液输送到肝脏($k_{BL}=0$)。那么,L的方程形如$\dot{L}=-kL$,其中,速率$k=k_{LO}+k_{LB}$,它直接表明,L以指数方式丢失材料(参见第2章和第4章)。作为第二种情况,假设没有经过k_{OB}的入流,而是在某个时间点推注IN。换句话说,在短暂注入IN之后,没有进一步的输入,且唯一的活动过程是,两个区室之间的交换和从两者的流出。在L和B之间短暂的初始平衡阶段之后,动力学过程现在只包括池之间或离开池的材料穿梭,并且这些损失以指数方式发生,对应于对数图中的直线(图13.17A)。其解具有显式形式

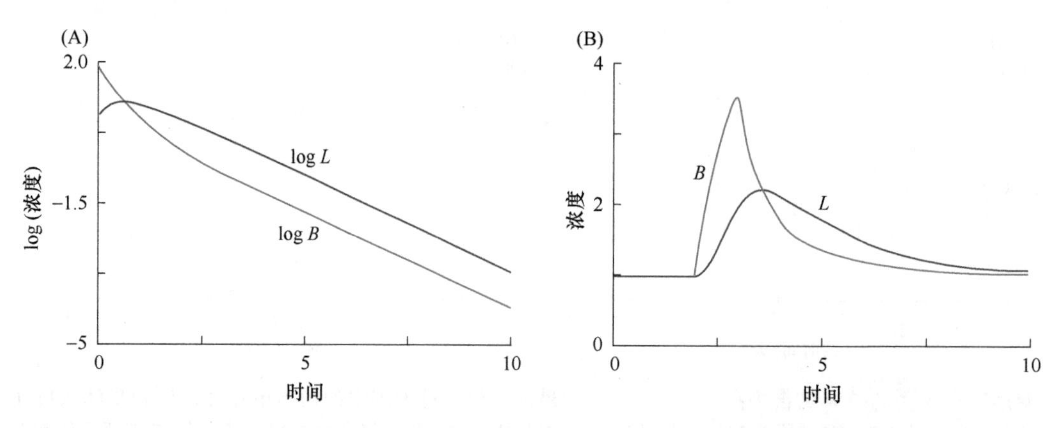

图13.17　两区室模型（13.4）对血液（B，浓度为*B*）和肝脏（L，浓度为*L*）之间代谢物交换的响应。（A）在一次性输入之后，材料先发生平衡，然后以指数方式丢失（注意对数纵轴）。（B）系统在稳态下运行，B和L之间具有恒定的流入、流出和交换。在时间3和4之间，B接收额外材料注入，其在区室之间移动，并最终从系统中清除。

$$B(t)=c_{11}e^{\lambda_1 t}+c_{12}e^{\lambda_2 t}$$
$$L(t)=c_{21}e^{\lambda_1 t}+c_{22}e^{\lambda_2 t} \quad (13.5)$$

式中，λ_1和λ_2是系统矩阵$\boldsymbol{A}$的特征值，而c_{11}，…，c_{22}是取决于模型数值定义的常数（见第4章）。因为特征值可能是实数或虚数，所以式（13.5）中的函数原则上可以减小到零或振荡。

最有趣的情形发生在速率常数都不为零且系统处于稳态，而又接收注入IN时。例如，如果$k_{OB}=1.2$，$k_{LB}=0.5$，$k_{BO}=0.9$，$k_{BL}=0.8$，$k_{LO}=0.3$且IN=0，则系统恰好具有稳态$B=L=1$。假设我们在$3\leqslant t\leqslant 4$的时间间隔内，注入5个单位的IN。由于B是主要接收者，它将增加，但不是以线性方式，因为一些新材料立即开始移动到L，使其随后增加。一段时间后，IN已从系统中清除，系统返回其稳态（图13.17B）。许多场景可以通过这种方式轻松测试（参见练习13.20～练习13.23）。

如果我们更为真实地假设，肝脏酶促降解代谢物，那么L的方程会增加额外的降解项，可能采用**米氏（Michaelis-Menten）**、**希尔（Hill）**或**幂律函数（power-law function）**的形式，这使得该方程变为非线性（见练习13.24）。非线性使模型更加真实，但无法进行某些严格的数学分析；然而，它们并不是完全无法模拟的。通常，这种扩展的真正挑战在于，准确确定合适的函数形式和参数值。

PBPK模型比简单的区室模型更复杂、更真实，它由多个代表器官或组织的区室组成，这些区室通过循环系统，功能性地连接在一起（图13.18）。区室定量地表示为可测量的特征，如体积和灌注速率。药物通过口腔、吸入或注射进入体内，并通过血流输送到各种组织之间。肝脏等器官代谢了一些药物。其余的则循环通过身体，并最终通过粪便和尿液排出，或者在某些情况下，通过呼气或出汗排出，从

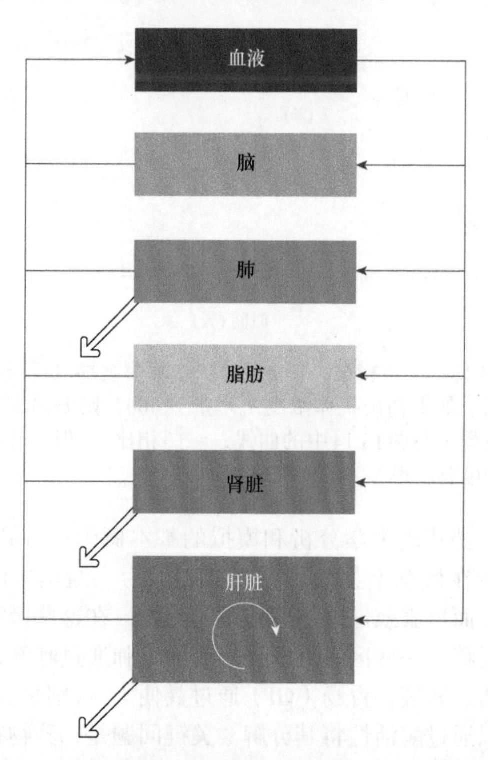

图13.18　一般的生理药代动力学（PBPK）模型图。血液在器官和组织之间循环，携带感兴趣的药物。肝脏代谢一些药物，而肺、肾和肝通过呼气或排泄“失去”药物。

而导致浓度最终降低到无关紧要的低水平。典型的问题是：药物到达目标组织需要多长时间？在治疗所用剂量下，它会在这个组织中停留多久？药物施用的最佳途径和给药方案是什么？这些问题不容易直观地回答，因为一些组织的灌注速率很大（如大脑和肝），而其他组织则不是（如脂肪）。此外，许多处方药是亲脂性的，因此它们对脂肪的亲和力比（例如）肌肉高得多。此外，药物通常循环通过身体系统数次，并且，在各种器官中的停留时间主要取决于其脂质含量和其他物理化学性质。PBPK模型

不仅可用于研究原始药物的动态，还可用于研究毒性物质（包括药物的分解产物）的累积。

或许，PBPK模型最重要的特征是，它们可以用作机制性工具，用于将药物情景从小鼠、大鼠或狗的动物实验，扩展到人类。为不同的物种建立相同的模型，但参数值可以调整。例如，调整到一个或两个物种的器官体积，然后用于预测人类的药代动力学。典型案例研究见专题13.1。很明显，如果人们可以依赖为动物设立的PBPK模型，来可靠地预测药物在人体中的功效、安全性和毒性，那么临床药物开发阶段的成功率将大幅提高。

专题13.1 甲氨蝶呤（methotrexate）的药代动力学

甲氨蝶呤（MTX）是一种强效处方药，可抑制叶酸代谢，这对于DNA的产生和修复，以及细胞群的生长至关重要。MTX用于治疗各种癌症和自身免疫疾病，并诱发药物流产。它被列入世界卫生组织的基本药物清单，该清单包含基本卫生系统所需的最重要的药物[44]。作为一种非常有效的药物，MTX在肝、肾、肺部和许多其他组织中可能具有严重的？甚至危及生命的副作用，这并不奇怪。因此，使用MTX进行任何治疗，都需要均衡的给药方案。

比肖夫（Bischoff）及其同事[45, 46]用最初为小鼠实施的PBPK模型研究了MTX的药代动力学，但随后也在大鼠和狗中进行了测试。随后将模型预测与人体血浆中的浓度进行了比较，结果显示，它们很好地反映了实际观察结果。比肖夫的论文虽然发表的时间很久远，但很好地说明了药代动力学建模的原理。以下分析直接改编自这项工作[46]。

具体的模型图如图1所示。它与图13.16基本相同，但作者发现，有必要考虑胆汁分泌的多步骤过程（B_1，…，B_3）和通过肠腔的运输过程（G_1，…，G_4）。

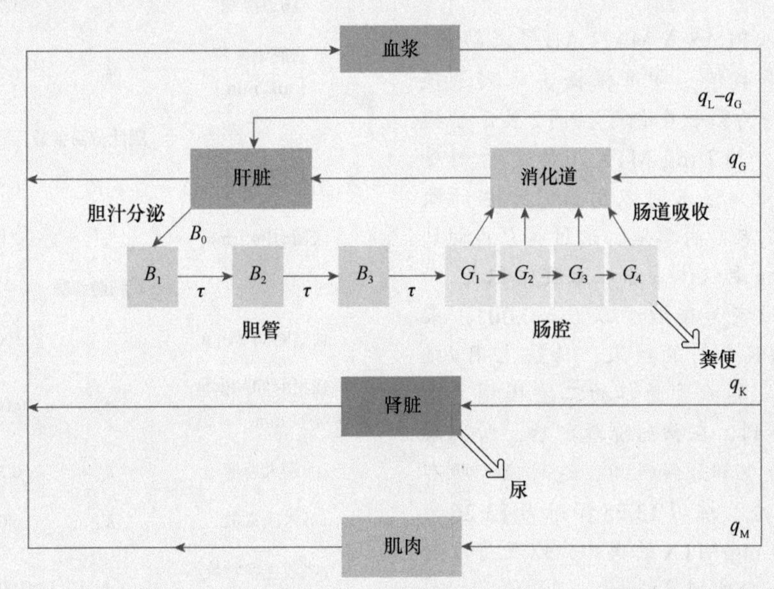

图1 甲氨蝶呤在体内不同区室内的运动图。注意，肝的分泌过程被细分为胆管的三个区室，而肠腔被细分为4个部分。[改编自Bischoff KB，Dedrick RL，Zaharko DS & Longstreth JA. Methotrexate pharmacokinetics. *J. Pharmacol. Sci.* 60（1971）1128-1133]

该模型的设置如文中所述。事实上，血浆、肌肉和肾的方程式与式（13.6）～式（13.8）相同。肝的方程非常相似，但另外包含来自胃肠道（GI）和胆汁分泌的输入项，被建模为米氏（Michaelis-Menten）过程B_0。因此，它具有以下形式：

$$V_L\dot{L}=(q_L-q_G)\left(P-\frac{L}{r_L}\right)+q_G\left(\frac{G}{r_G}-\frac{L}{r_L}\right)-B_0 \quad (1)$$

其中，

$$B_0=\frac{K_L\left(\frac{L}{r_L}\right)}{K_L+\frac{L}{r_L}} \quad (2)$$

经过胆管的移动过程，用如下方程建模：

$$\dot{B}_i=\tau^{-1}(B_{i-1}-B_i)\quad i=1,2,3 \qquad (3)$$

这里，τ是在胆管各部分的保持时间，B_0是（2）中的米氏（Michaelis-Menten）项。肠组织中的动力学过程表示为

$$V_G\dot{G}=q_G\left(P-\frac{G}{r_G}\right)+\frac{1}{4}\sum_{i=1}^{4}\left(\frac{k_G G_i}{K_G+G_i}+bG_i\right) \qquad (4)$$

肠组织接收来自肠腔的4个区室G_1，…，G_4的材料（图1）。这些传输过程用米氏过程表示，该过程考虑饱和性及不饱和效应。这些区室中的MTX浓度是单独建模的，对于整个肠腔有

$$\frac{V_{GL}}{4}\dot{G}_1=B_3-k_f V_{GL}G_1-\frac{1}{4}\left(\frac{k_G G_1}{K_G+G_1}+bG_1\right)$$

$$\frac{V_{GL}}{4}\dot{G}_i=k_f V_{GL}(G_{i-1}-G_i)-\frac{1}{4}\left(\frac{k_G G_i}{K_G+G_i}+bG_i\right), \qquad (5)$$

$$i=2,3,4$$

$$(\dot{GL})=\frac{1}{4}\sum_{i=1}^{4}\dot{G}_i$$

通过将方程式输入PLAS或MATLAB等求解器，并使用表1中的参数值，即可根据实际测量值来测试模型了。作为第一个例子，图2显示了模拟的结果，其中，用3 mg MTX /g体重的剂量静脉注射到小鼠中。注入可以用血浆方程的输入（IN）建模，或者更简单地，通过将P的初始值设定为66（3 mg乘以体重除以血浆体积），而所有其他初始值设定为接近于零（如0.001）来实现。注意，PBPK分析的结果，传统上用y轴的对数标度显示。类似于简单的二室模型（图13.17），人们观察到，在初始阶段之后，所有浓度分布变得或多或少都是线性的，这对应于所有组织中的指数衰减。练习13.25和练习13.26为处理每克体重300 mg MTX的模拟，以及将注射表示为推注的另一种建模策略。

表1　三个物种中甲氨蝶呤案例研究的模型参数*

参数	模型组件	小鼠	大鼠	人
体重（g）		22	200	70 000
	体积（mL）			
血浆	V_P	1	9.0	3 000
肌肉	V_M	10.0	100	35 000
肾脏	V_K	0.34	1.9	280
肝脏	V_L	1.3	8.3	1 350
肠道组织	V_G	1.5	11.0	2 100
肠腔	V_{GL}	1.5	11.0	2 100
	血浆流率（mL/min）			
肌肉	q_M	0.5	3.0	420
肾脏	q_K	0.8	5.0	700
肝脏	q_L	1.1	6.5	800
肠道组织	q_G	0.9	5.3	700
	分配系数			
肌肉	r_M	0.18	0.11	0.15
肾脏	r_K	3.0	3.3	3.0
肝脏	r_L	7.0	3.3	3.0
肠道组织	r_G	1.2	1.0	1.0
肾脏清除率（mL/min）	k_K	0.2	1.1	190
	胆汁分泌参数			
清除率（mL/min）	k_L/K_L	0.5	3.0	200
滞留时间（min）	τ	2.0	2.0	10
	肠腔参数			
通过时间（min）		100	100	1 000
通过时间的倒数（min^{-1}）	k_f	0.01	0.01	0.001
最大速度	k_G	0.2	20	1 900
米氏常数	K_G	6.0	200	200
吸收速率常数（mL/min）	b	0.001	0.0	0.0

*改编自Bischoff KB，Dedrick RL，Zaharko DS & Longstreth JA. Methotrexate pharmacokinetics. *J. Pharmacol. Sci.* 60（1971）1128-1133。

作为第二个例子，让我们考虑向大鼠每克体重注射6 mg MTX。结果显示在图3中。尽管浓度值不同，但整体外观类似于小鼠实验。练习13.27分析了人体组织中的MTX分布。

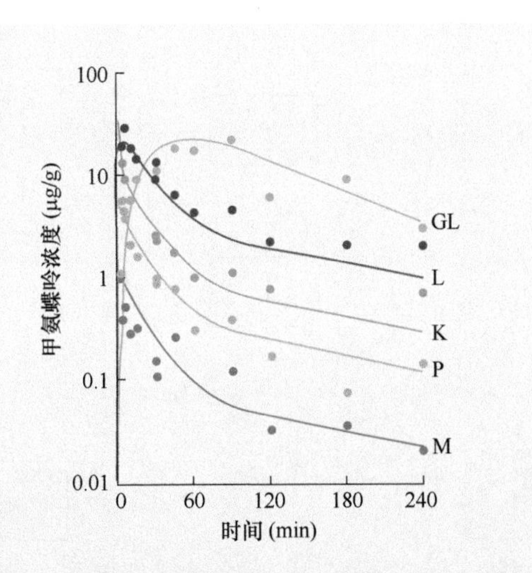

图2 小鼠组织中甲氨蝶呤随时间的分布。模拟预测（线）和实验数据（点）的比较（在小鼠中，每克体重静脉注射3 mg甲氨蝶呤）。GL，肠腔；K，肾；L，肝；M，肌肉；P，血浆［数据来自Bischoff KB，Dedrick RL，Zaharko DS & Longstreth JA. Methotrexate pharmacokinetics. *J. Pharmacol. Sci.* 60（1971）1128-1133.］。

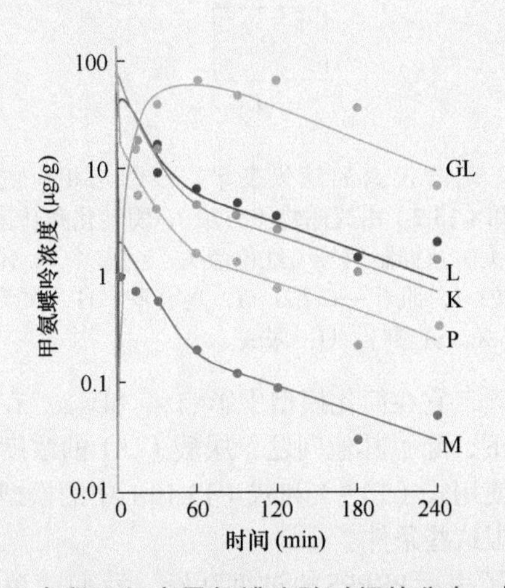

图3 大鼠组织中甲氨蝶呤随时间的分布。模拟预测（线）和实验数据（点）的比较（在大鼠中，每克体重静脉注射6 mg甲氨蝶呤）。GL，肠腔；K，肾；L，肝；M，肌肉；P，血浆［数据来自Bischoff KB，Dedrick RL，Zaharko DS & Longstreth JA. Methotrexate pharmacokinetics. *J. Pharmacol. Sci.* 60（1971）1128-1133］。

PBPK模型一个棘手的技术问题是，生物化学、生理学和制药科学中的典型测量单位是浓度，但各种器官和组织的体积很不相同，所以相同数量的药物转移（如从血液到肺部组织）会突然对应不同的浓度。PBPK模型通过将浓度乘以体积来处理该问题，从而以绝对的量计算药物动态。在此功能之外，大多数PBPK模型使用标准的质量作用动力学和米氏（Michaelis-Menten）函数，当然它们也可以使用其他速率函数，如幂律函数。

作为一个重要的例子，血浆中药物的动力学通常写成

$$V_P\dot{P}=\mathrm{IN}+\frac{q_L}{r_L}L+\frac{q_K}{r_K}K+\frac{q_M}{r_M}M-(q_L+q_K+q_M)P \qquad (13.6)$$

左侧显示药物在血浆中浓度P的时间导数$\dot{P}$，乘以血浆的体积V_P，因此，是实际药物量的时间导数。在右侧，我们有药物进入（正号）和离开（负号）血液的量。除了输入（IN）（通常为静脉注射），我们看到含有两类新参数的项：区室之间的流速（传统上用q及标识区室的下标表示），以及所谓的分配系数，用带下标的r参数表示，表明仅组织的一部分主动吸收或释放药物的事实。用大写字母表示的量，是肝脏（L）、肾（K）和肌肉（M）中的药物浓度。根据应用场景，还可以考虑其他区室，如脑、肺和脂肪组织。

其他器官的方程式类似，但通常更简单。例如，肌肉中的药物浓度（或量）被表述为

$$V_M\dot{M}=q_M\left(P-\frac{M}{r_M}\right) \qquad (13.7)$$

同样，肾的典型方程式可写为

$$V_K\dot{K}=q_K\left(P-\frac{K}{r_K}\right)-k_K\frac{K}{r_K} \qquad (13.8)$$

它包含一个额外的项，表示通过尿液排出药物。专题13.1中的案例研究提供了进一步的细节和一些针对特定案例的变形。

原则上，PBPK模型可以考虑任意多个区室，且它们的复杂性没有实际限制。通常，所有转运步骤都被建模为一阶过程，且不考虑器官内的代谢（可能肝脏除外），因此，标准PBPK模型由线性微分方程组成，对此有许多分析方法（见第4章）。当然，这是一种近似。

总而言之，PBPK模型在制药行业中非常成功，因为它们允许对器官和组织中药物分布的动态变化做出预测，这种预测基于动物实验和人类个体特异的参数（如器官体积、分配系数和流速等），这些参数可以对人类进行估计，而无须将人体暴露于新药。

13.8 用动态模型筛选通路

大多数动态通路模型没有显式考虑不同的空间位置，如器官。相反，它们试图定量捕获，药物如何改变经过疾病通路系统的代谢物运动，并希望产

生更理想的稳态代谢特征。具体目标通常是特定目标代谢物的增加或减少。除了表征主要通路代谢物，动态模型还允许分析通路中的副作用，如有毒物质的积累或重要代谢物的消耗。因此，足够精确的通路模型非常通用，可以在疗效、安全性、毒性和剂量评估中发挥作用[47]。此外，与药代动力学模型类似，它们可能有助于将测试结果从动物引申到人体。未来的复杂模型将能够充分捕捉人体生理和新陈代谢的大部分特征。它们将变得足够可靠，以便在药物开发流程早期就筛选掉那些看似有希望但最终无效的先导物，从而节省宝贵的资源。药物发现中的通路模型，在参考文献［48］中进行了综述。

为了说明通路模型在靶标筛选中的作用，考虑一个非常简化的嘌呤代谢模型（图13.19）。该生物合成通路负责产生足够量的嘌呤，它是DNA和RNA的组分，并且还可以转化为许多其他关键代谢物。在这里，我们假设细胞没有生长，因此，几乎不需要任何新的DNA，且RNA池处于平衡状态，即生成多少消耗多少。

对于我们这里的简单示例，我们关注的是一种称为高尿酸血症的疾病，它是血液中尿酸浓度的一种升高，可能是嘌呤通路内各种扰动的结果。与高尿酸血症相关的常见疾病是痛风。与图13.19中的通路相对应的模型，受到早期建模工作的启发[14, 19-51]，虽然它比原始模型简单得多，但它允许我们说明一些要点。幂律形式的数学表示如下：

$$
\begin{aligned}
\dot{P} &= v_{入} - v_{PG} - v_{PI} - v_{PHI} - v_{PH} \\
\dot{I} &= v_{PI} + v_{PHI} + v_{GI} - v_{IG} - v_{IH} \\
\dot{G} &= v_{PG} + v_{IG} - v_{GI} - v_{GX} \\
\dot{H} &= v_{PH} + v_{IH} - v_{PHI} - v_{HX} - v_{H出} \\
\dot{X} &= v_{GX} + v_{HX} - v_{XU} \\
\dot{U} &= v_{XU} - v_{U出}
\end{aligned}
\qquad (13.9)
$$

其中，以不言自明的符号表示的流量具有如下形式：

$$
\begin{aligned}
&v_{in} = 5, \\
&v_{PG} = 320P^{1.2}G^{-1.2} \qquad && v_{GX} = 0.01G^{0.5} \\
&v_{PI} = 0.5P^{2}I^{-0.6}, && v_{IH} = 0.1I^{0.8} \\
&v_{PH} = 0.3P^{0.5}, && v_{HX} = 0.75H^{0.6} \qquad (13.10) \\
&v_{PHI} = 1.2PI^{-0.5}H^{0.5}, && v_{H出} = 0.004H \\
&v_{IG} = 2I^{0.2}G^{-0.2}, && v_{XU} = 1.4X^{0.5} \\
&v_{GI} = 12G^{0.7}I^{-1.2}, && v_{U出} = 0.031U
\end{aligned}
$$

通过这些函数和数值设置，稳态约为（P, I, G, H, X, U）=（5，100，400，10，5，100）[51]。

我们讨论了该通路中，导致高尿酸血症的两种扰动。第一种是磷酸核糖焦磷酸合酶（PRPPS）的过度活跃，它催化输入步骤v_{in}。第二个扰动是由于次黄嘌呤-鸟嘌呤磷酸核糖基转移酶（HGPRT）的

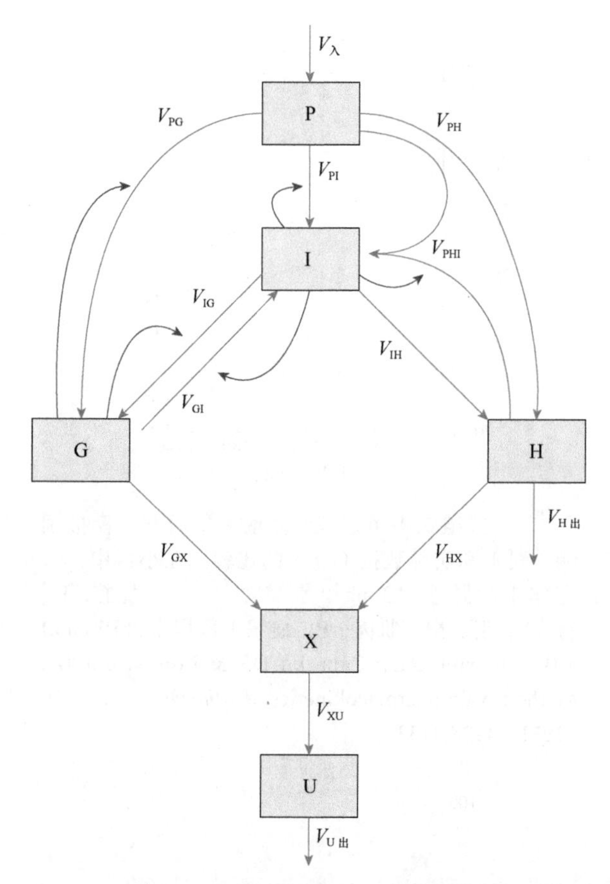

图13.19 嘌呤代谢的简化表示。该图与相应的模型（13.6）和（13.7）由代谢物（方块）、酶转化和转运步骤（蓝色箭头）及抑制信号（红色箭头）组成。P，磷酸核糖焦磷酸；I，肌苷一磷酸；G，鸟苷酸；H，次黄嘌呤和肌苷；X，黄嘌呤；U，尿酸。

严重缺乏，它在简化模型中影响v_{PG}和v_{PHI}。在这两种情况下，除了其他问题，尿酸（U）的浓度显著增加。使用式（13.9）和式（13.10）中的模型，很容易模拟这些条件。

为了表示PRPPS的过度活跃，我们简单地将v_{in}乘以适当的因子，如2。作为响应，稳态图谱大约变为（P，I，G，H，X，U）=（13，260，1327，23，14，170）。所有代谢物都升高，包括U，这并不奇怪，因为有更多的物质流入系统。对于HGPRT缺乏的模拟，我们将v_{PG}和v_{PHI}乘以0和1之间的数字，其中，0对应于酶活性完全丧失，1对应于正常情况。如果酶只有正常活性的2/3，那么情况实际上并不是那么糟糕：在这种情况下，稳态图谱大约是（P，I，G，H，X，U）=（6，103，370，11，6，109），这与正常图谱不同，但相差不大。如果活性进一步下降，情况会严重恶化，导致称为莱施-奈恩综合征（Lesch-Nyhan syndrome）的疾病，并伴有脑功能的严重受损。如果我们将模型中的活性降低到1%，代谢物图谱变为（P，I，

G, H, X, U) = (11, 97, 168, 21, 12, 157), 其中，鸟苷酸含量低，而U升高。

这里的相关问题是，是否有可能有效地干扰任何一种酶，以补偿因某种失调（像PRPPS过度活跃）而引起的代谢物图谱的变化。最直接的策略是抑制PRPPS，但目前这是不可能的。市场上的一种活性成分是别嘌呤醇，其结构类似于次黄嘌呤，并抑制黄嘌呤氧化酶，黄嘌呤氧化酶可将次黄嘌呤氧化成黄嘌呤，也可将黄嘌呤氧化成尿酸。将v_{HX}和v_{XU}乘以0.33，反映33%的剩余酶活性，确实控制了尿酸水平。得到的图谱是（P, I, G, H, X, U）=（10, 259, 1124, 66, 54, 109）。然而，正如在临床研究中观察到的，次黄嘌呤和黄嘌呤会与系统中的其他代谢物一起积累。

显而易见的是，有效的补救措施应该从系统中去除与疾病相关的多余物质。尿酸酶是一种催化尿酸氧化成5-羟基异脲的酶，并已被配制成高尿酸血症的药物。为了测试其功效，我们将v_U乘以代表药物功效的因子。如果$v_{U出}$的活性增加50%，则尿酸浓度确实在正常值的10%范围内，代谢物图谱为（P, I, G, H, X, U）=（13, 252, 1215, 22, 13, 110）。唉，与前一个场景一样，P、I和G的积累非常显著。

酶信息系统BRENDA[52]指出，嘌呤生物合成的关键初始酶——氨基磷酸核糖基转移酶（EC 2.4.2.14）具有多种抑制剂。基于其中某一种设计药物会有用吗？我们可以轻松地探索，影响相应过程v_{PI}的假设抑制剂。例如，将活性降低至5%，导致代谢物图谱（P, I, G, H, X, U）=（22, 235, 1475, 11, 7, 118）。与前一种情况一样，尿酸或多或少受到控制。和以前一样，P、I和G大大增加。与别嘌呤醇治疗相比，次黄嘌呤和黄嘌呤现在接近正常。

还有其他选项吗？该通路的图示中包含两个退出路径：一个通过U，另一个通过H。将$v_{H出}$乘以100确实控制了U、X和H，但P、G和I仍然累积。将多余的P更改去向，以使中间产物不发生积累，这可能有效吗？实际上，在将v_H增加100倍之外，如果我们还将v_{PH}增加8倍，则基本上所有多余的材料都会排出系统，从而得到几乎正常的图谱，即（P, I, G, H, X, U）=（5, 110, 426, 11, 6, 111）。该模型显然无法判断，这种联合策略是否可以发展成一种有用的药物开发选项，或者是否会导致身体其他部位出现并发症。然而，它表明，建模可以成为筛选假设的有力工具（参见练习13.28和练习13.29）。

药物研究中的动态模型，不只局限于器官之间的代谢和转运，这里选择这两个系统是因为它们相对简单。当大脑、心血管、内分泌和免疫系统疾病的分子机制得到充分理解时，化学、激素、电学和机械信号机制及系统生理学的更高层面将发挥越来越重要的作用。该努力方向的一个例子是生理组计划[53]，其中心主题是创建完整器官系统最终乃至整个生物体的综合计算模型。

13.9 系统生物学在药物开发中的新角色

本章所示的例子表明，计算系统生物学在药物开发中的作用已经开始从“潜在的”转变为“活跃贡献着的”。在许多情况下，贡献仍然是适度的，但它们的确表明了，系统生物学在该领域的贡献正在增长。除分子和QSAR建模之外，系统生物学将在以下方面的探索中发挥越来越重要的作用[41]：

- 预期的中断疾病的药物治疗的可行性；
- 靶标（配体、受体、复合物；上游或下游）的选择；
- 治疗性分子的功效；
- 安全性和有效性之间的平衡；
- NCE和生物制剂的毒性；
- 治疗性分子性质（半衰期、亲和力、可达到的浓度等）所带来的后果；
- 最佳治疗方式［抗体、肽模拟物、工程酶、RNA干扰（RNAi）等］；
- 用药途径；
- 最佳给药方案；
- 考虑扩散和转运（肿瘤内、透过膜、穿过血脑屏障等）的需要；
- 清除的影响；
- 动物之间及动物到人类之间的测试结果的外推。

考虑到系统生物学这样一个新兴学科已经开始涉足药物发现的许多领域这一事实，可以预期，系统生物学将在可预见的未来，进入药物研究和开发的主流。同时，对健康的考虑将从治疗转向预防疾病，并且处方药的应用将变得越来越个性化。系统生物学将提供有力的工具来协助实现这些转变。

练　习

13.1　使用式（13.1）中的例子，通过一次减少一种酶的活性，来进行相同类型的分析。从某种意义上说，结果是否对称，即它们是否反映了增加活性的结果？

13.2　在式（13.1）的例子中，通过X_4的流量非常小。假设这种流量表示肾对不需要的代谢物的清除，且患有肾病的患者仅可以以10%的能力消除X_4或根本不能消除X_4。在模型中实施这两种情形，并报告结果。

13.3　使用式（13.1）中的例子，研究X_6流出减少的影响。将该结果与降低X_4清除能力的结果进行比较。

13.4　使用式（13.1）中的例子，确定对X_6最有影响的双参数组合。制定一种策略，用于测试模型中酶活性中三个或四个同时扰动（5%和50%之间）所产生的影响。在建模章节中，查看穷举分析的替代方案，因为穷举分析会因组合爆炸而变得不可行。

13.5　在不提及另一个的情况下，定义健康和疾病。

13.6　代谢上健康和疾病的系统模型中，生物标志物是由参数、自变量或因变量中的两个还是全部三个来表示的？解释你的答案，并提供适用的示例。

13.7　在文献中搜索，非基因组的或与酶不相关的生物标志物的实例。讨论它们如何进入正在研究的某些健康和疾病系统的数学模型。

13.8　讨论生物标志物读数的假阳性或假阴性解释。例如，图13.6中粉红色和绿色点所对应的内容，在更大的生物标志物系统中，是变得更成问题还是更不成问题？

13.9　在文献中搜索其效力可以通过基因组分析预测的药物的治疗报告。

13.10　在文献中搜索可预测疾病或某些特定药物效用的非基因组生物标志物（nongenomic biomarker）。

13.11　讨论细胞色素P450酶作为疾病、疾病抗性或药物功效的可能生物标志物的作用。将你的发现制成报告。

13.12　使用本章开头的简单模型（13.1），定义健康和疾病状态，并分析疾病域（disease domain）内的参数设置。是否有可能模拟这样的情况：单个生物标志物分析表明健康状态，而考虑多种生物标志物时却表明疾病状态？要么展示这样的例子，要么证明这种情况不可能。

13.13　再次使用简单模型（13.1），研究X_4清除率下降的长期瞬态效应。例如，如果X_4浓度高于12或40（分别约为正常水平的3或10倍）是有害的，那么，患者要经历多长时间才被认为发病？

13.14　在文献中搜索不同疾病领域（炎症、心血管、肿瘤等）中的NCE和生物制剂的成功或损耗的数据。确定药物开发过程中，哪个阶段的失败率分别最高和最低。

13.15　扩展简单抗体-靶标模型（13.2），以包括复合物C的清除过程。执行模拟，并将结果与不清除C的模型的相应结果进行比较。探讨清除过程不同半衰期的影响。

13.16　扩展简单抗体-靶标模型（13.2），以允许多剂量的抗体注射。使用不同的给药方案进行模拟。确定最佳的给药方案，使目标得到控制，同时最大限度地减少总剂量，并遵守患者友好的时间表。

13.17　沙博（Chabot）和戈梅斯（Gomes）[36]指出，不同清除过程的集合的半衰期可以计算为

$$\frac{1}{t_{1/2;\text{总体}}}=\frac{1}{t_{1/2;\text{蛋白质水解}}}+\frac{1}{t_{1/2;\text{肾}}}+\frac{1}{t_{1/2;\text{内吞作用}}}+\frac{1}{t_{1/2;\text{其他}}}$$

用数学方法证明这个陈述，或设计一个常微分方程模型来计算它。将集合的半衰期与单个清除过程的半衰期进行比较。

13.18　使用受体-配体-抗体模型（13.3），研究在抗体与受体结合时配体的动力学。将你的结果与正文中的结果进行比较。

13.19　使用受体-配体-抗体模型（13.3），并允许多剂量的抗体注射。以不同的给药方案进行模拟。

13.20　在区室模型（13.4）中模拟恒定输入IN。

13.21　模拟三个相等的每日剂量的药物，作为输入IN进入区室系统（13.4）。你能设定剂量，使血液中的药物浓度恒定吗？或者，至少让它保持在某个预定范围内？

13.22　如果区室模型（13.4）中的流出参数k_{BO}和k_{LO}为零，会发生什么？在模拟之前做出预测。

13.23　开发一个像式（13.4）这样的区室模型，除了血液和肝，还含有脂肪组织。设置参数，使其反映脂肪中非常低的灌注率。进行有代表性的模拟。

13.24　开发一个类似式（13.4）的区室模型，考虑肝中有毒物质的降解。将降解过程分别表示为米氏（Michaelis-Menten）速率规则和幂律函数的形式，比较两者的结果。

13.25　模拟每克体重300 mg MTX的注射，并将结果与表13.3中的数据进行比较。

表 13.3 小鼠中每克体重注射300 mg MTX后测量到的浓度（μg/ g）*

	注射后时间（min）						
	20	50	70	80	150	180	200
血浆	100	25.6	18.2	10	2.2	1.5	4.3
肠腔	1292	1668	1978	2154	2346	426	256

*来自 From Bischoff KB，Dedrick RL，Zaharko DS & Longstreth JA. Methotrexate pharmacokinetics. *J. Pharmacol. Sci.* 60（1971）1128-1133。

13.26 使用专题13.1中的信息，探索药物注射建模之间的差异：或者作为P的初始值的变化，或者作为输入性推注IN；对于后者又分三种情况：在一个时间单位注入66，在两个时间单位各注入33，或在三个时间单位各注入22。

13.27 使用专题13.1中的信息，模拟人体组织中的动态MTX分布，给予每公斤体重1 mg的注射。将结果与表13.4中的测量结果进行比较。请注意，其他组织的测量不可用。

表 13.4 在两人体内每克（按题目中的表述，或为千克——译者注）体重注射1 mg MTX后血浆中MTX的测量浓度（μg/g）*, †

	注射后时间（min）							
	15	45	60	120	150	240	300	360
实验1	1.10	0.821	0.693	0.453	—	0.284	—	0.211
实验2	1.91	1.31	1.06	—	0.560	—	0.23	—

*来 自Bischoff KB，Dedrick RL，Zaharko DS & Longstreth JA. Methotrexate pharmacokinetics. *J. Pharmacol. Sci.* 60（1971）1128-1133。

†数据是在两个实验中获得的。

13.28 使用简化的嘌呤模型（13.9），探索其他可能的高尿酸血症治疗方法。

13.29 使用简化的嘌呤模型（13.9），比较联合治疗（至少在两个靶标位点上）与对单个步骤进行抑制或激活的功效。药物是否可能具有协同作用，即在某种意义上，它们的组合强于两种单独治疗的加和？

参 考 文 献

[1] Human Genome Project Information. SNP Fact Sheet. https: //ghr.nlm.nih.gov/primer/genomicresearch/snp.

[2] Reddy MB, Yang RS, Clewell HJ Ⅲ & Andersen ME (eds). Physiologically Based Pharmacokinetic Modeling: Science and Applications. Wiley, 2005.

[3] Voit EO. A systems-theoretical framework for health and disease. Abstract modeling of inflammation and preconditioning. *Math. Biosci.* 217 (2008) 11-18.

[4] Ishii N, Nakahigashi K, Baba T, et al. Multiple high-throughput analyses monitor the response of *E. coli* to perturbations. *Science* 316 (2007) 593-597.

[5] Miller GW. The Exposome: A Primer. Academic Press, 2014.

[6] Emory/Georgia Tech Predictive Health Institute. http://predictivehealth.emory.edu/.

[7] Voit EO & Brigham KL. The role of systems biology in predictive health and personalized medicine. *Open Pathol.* J. 2 (2008) 68-70.

[8] Sterling P. Principles of allostasis: optimal design, predictive regulation, pathophysiology and rational therapeutics. In Allostasis, Homeostasis, and the Costs of Adaptation (J Schulkin, ed.), pp 17-64. Cambridge University Press, 2004.

[9] Kitano H, Oda K, Kimura T, et al. Metabolic syndrome and robustness tradeoffs. *Diabetes* 53 (Suppl 3) (2004) S6-S15.

[10] Lipsitz LA. Physiological complexity, aging, and the path to frailty. *Sci. Aging Knowledge Environ.* 2004 (2004) pe16.

[11] van't Veer LJ & Bernards R. Enabling personalized cancer medicine through analysis of gene-expression patterns. *Nature* 452 (2008) 564-570.

[12] Foubister V. Genes predict childhood leukemia outcome. *Drug Discov. Today* 10 (2005) 812.

[13] Babaian RJ, Fritsche HA, Zhang Z, et al. Evaluation of ProstAsure index in the detection of prostate cancer: a preliminary report. *Urology* 51 (1998) 132-136.

[14] Voit EO. Computational Analysis of Biochemical Systems: A Practical Guide for Biochemists and Molecular Biologists. Cambridge University Press, 2000.

[15] Entelos, Inc. http://www.Entelos.com.

[16] Darmoni SJ, Massari P, Droy J-M, et al. SETH: an expert system for the management on acute drug poisoning in adults. *Comput. Methods Programs Biomed.* 43 (1994) 171-176.

[17] Luciani D, Cavuto S, Antiga L, et al. Bayes pulmonary embolism assisted diagnosis: a new expert system for clinical use. *Emerg. Med. J.* 24 (2007) 157-164.

[18] Sundareswaran KS, de Zelicourt D, Sharma S, et al. Correction of pulmonary arteriovenous malformation using image-based surgical planning. *JACC Cardiovasc. Imaging* 2 (2009) 1024-1030.

[19] Kola I & Landis J. Can the pharmaceutical industry reduce attrition rates? *Nat. Rev. Drug Discov.* 3 (2004) 711-715.

[20] Central Intelligence Agency. CIA World Factbook: Life Expectancy at Birth. https: //www.cia.gov/library/publications/the-world-factbook/fields/2102.html#us.

[21] Research and development costs for new drugs by therapeutic category. A study of the US pharmaceutical industry. DiMasi JA, Hansen RW, Grabowski HG, Lasagna L. Pharmacoeconomics (1995) 152-169. PMID: 10155302.

[22] An analysis of the attrition of drug candidates from four major pharmaceutical companies. Waring MJ, Arrowsmith J, Leach AR, et al. Nat. Rev. Drug Discov. 14 (2015) 475-486. PMID: 26091267.

[23] Goodnow RAJ. Hit and lead identification: integrated technology-based approaches. *Drug Discov. Today: Technologies* 3 (2006) 367-375.

[24] Andrade CH, Pasqualoto KF, Ferreira EI & Hopfinger AJ. 4D-QSAR: perspectives in drug design. *Molecules* 15 (2010) 3281-3294.

[25] Funatsu K, Miyao T & Arakawa M. Systematic generation of chemical structures for rational drug design based on QSAR models. *Curr. Comput. Aided Drug Des.* 7 (2011) 1-9.

[26] Zuckermann RN & Kodadek T. Peptoids as potential therapeutics. *Curr. Opin. Mol. Ther.* 11 (2009) 299-307.

[27] Wishart DS. Improving early drug discovery through ADME modelling: an overview. *Drugs R D* 8 (2007) 349-362.

[28] DiMasi JA, Hansen RW & Grabowski HG. The price of innovation: new estimates of drug development costs. *J. Health Econ.* 835 (2003) 1-35.

[29] Kitano H. Computational systems biology. *Nature* 420 (2002) 206-210.

[30] Hood L. Systems biology: integrating technology, biology, and computation. *Mech. Ageing Dev.* 124 (2003) 9-16.

[31] Voit EO. Metabolic modeling: a tool of drug discovery in the post-genomic era. *Drug Discov. Today* 7 (2002) 621-628.

[32] Selventa. http://www.selventa.com/.

[33] GNS Healthcare. https: //www.gnshealthcare.com/.

[34] Huang PH, Mukasa A, Bonavia R, et al. Quantitative analysis of EGFRvIII cellular signaling networks reveals a combinatorial therapeutic strategy for glioblastoma. *Proc. Natl Acad. Sci. USA* 104 (2007) 12867-12872.

[35] Sachs K, Perez O, Pe'er S, et al. Causal protein-signaling networks derived from multiparameter single-cell data. *Science* 308 (2005) 523-529.

[36] Chabot JR & Gomes B. Modeling efficacy and safety of engineered biologics. In Drug Efficacy, Safety, and Biologics Discovery: Emerging Technologies and Tools (S Ekins & JJ Xu, eds), pp 301-326. Wiley, 2009.

[37] Mayawala K & Gomes B. Prediction of therapeutic index of antibody-based therapeutics: mathematical modeling approaches. In Predictive Toxicology in Drug Safety (JJ Xu & L Urban, eds), pp 330-343. Cambridge University Press, 2010.

[38] Nimjee SM, Rusconi CP & Sullenger BA. Aptamers: an emerging class of therapeutics. *Annu. Rev. Med.* 56 (2005) 555-583.

[39] Arakaki AK, Mezencev R, Bowen N, et al. Identification of metabolites with anticancer properties by computational metabolomics. *Mol. Cancer* 7 (2008) 57.

[40] Gomes B. Industrial systems biology. Presentation at Foundations of Systems Biology in Engineering, FOSBE'09, Denver, CO, August 2009.

[41] Bonate PL. Pharmacokinetic-Pharmacodynamic Modeling and Simulation, 2nd ed. Springer, 2011.

[42] Jacquez JA. Compartmental Analysis in Biology and Medicine, 3rd ed. BioMedware, 1996.

[43] Lipscomb JC, Haddad S, Poet T, Krishnan K. Physiologically-based pharmacokinetic (PBPK) models in toxicity testing and risk assessment. In New Technologies for Toxicity Testing (M Balls, RD Combes & N Bhogal N, eds), pp 76-95. Landes Bioscience and Springer Science + Business Media, 2012.

[44] World Health Organization (WHO). WHO Model List of Essential Medicines. http://www.who.int/medicines/publications/essentialmedicines/en/.

[45] Bischoff KB, Dedrick RL & Zaharko DS. Preliminary model for methotrexate pharmacokinetics. *J. Pharmacol. Sci.* 59 (1970) 149-154.

[46] Bischoff KB, Dedrick RL, Zaharko DS & Longstreth JA. Methotrexate pharmacokinetics. *J. Pharmacol. Sci.* 60 (1971) 1128-1133.

[47] Kell DB. Systems biology, metabolic modelling and metabolomics in drug discovery and development. *Drug Discov. Today* 11 (2006) 1085-1092.

[48] Yuryev A (ed.). Pathway Analysis for Drug Discovery: Computational Infrastructure and Applications. Wiley, 2008.

[49] Curto R, Voit EO & Cascante M. Analysis of abnormalities in purine metabolism leading to gout and to neurological dysfunctions in man. *Biochem. J.* 329 (1998) 477-487.

[50] Curto R, Voit EO, Sorribas A & Cascante M. Validation and steady-state analysis of a power-law model of purine metabolism in man. *Biochem. J.* 324 (1997) 761-775.

[51] Curto R, Voit EO, Sorribas A & Cascante M. Mathematical models of purine metabolism in man. *Math. Biosci.* 151 (1998) 1-49.

[52] BRENDA: The Comprehensive Enzyme Information System. http://www.brenda-enzymes.org/.

[53] IUPS Physiome Project. http://www.physiome.org.nz/.

拓展阅读

Auffray C, Chen Z & Hood L. Systems medicine: the future of medical genomics and healthcare. *Genome Med.* 1 (2009) 2.

Bassingthwaighte J, Hunter P & Noble D. The Cardiac Physiome: perspectives for the future. *Exp. Physiol.* 94 (2009) 597-605.

Bonate PL. Pharmacokinetic—Pharmacodynamic Modeling and Simulation, 2nd ed. Springer, 2011.

Gonzalez-Angulo AM, Hennessy BT & Mills GB. Future of personalized medicine in oncology: a systems biology approach. *J. Clin. Oncol.* 28 (2010) 2777-2783.

Kell DB. Systems biology, metabolic modelling and metabolomics in drug discovery and development. *Drug Discov. Today* 11 (2006) 1085-1092.

Kitano H. Computational systems biology. *Nature* 420 (2002) 206-210.

Kitano H, Oda K, Kimura T, et al. Metabolic syndrome and robustness tradeoffs. *Diabetes* 53 (Suppl 3) (2004) S6-S15.

Lipsitz LA. Physiological complexity, aging, and the path to frailty. *Sci. Aging Knowledge Environ.* 2004 (2004) pe16.

McDonald JF. Integrated cancer systems biology: current progress and future promise. *Future Oncol.* 7 (2011) 599-601.

Reddy MB, Yang RS, Clewell HJ Ⅲ & Andersen ME (eds). Physiologically Based Pharmacokinetic Modeling: Science and Applications. Wiley, 2005.

Voit EO. A systems-theoretical framework for health and disease. Abstract modeling of inflammation and preconditioning. *Math. Biosci.* 217 (2008) 11-18.

Voit EO & Brigham KL. The role of systems biology in predictive health and personalized medicine. *Open Pathol. J.* 2 (2008) 68-70.

Voit EO. The Inner Workings of Life. Vignettes in Systems Biology. Cambridge University Press, 2016.

West GB & Bergman A. Toward a systems biology framework for understanding aging and health span. J. Gerontol. *A Biol. Sci. Med. Sci.* 64 (2009) 205-208.

Weston AD & Hood L. Systems biology, proteomics, and the future of health care: toward predictive, preventative, and personalized medicine. *J. Proteome Res.* 3 (2004) 179-196.

14 生物系统的设计

读完本章，你应能够：

- 认识到研究设计原理的重要性
- 认识设计分析的概念和基本工具
- 讨论生物网络和系统中不同类型的模体
- 为分析设计原理建立静态和动态模型
- 描述面向特定目标操纵生物系统的方法
- 理解合成生物学的概念和基本工具
- 描述系统和合成生物学在代谢工程中的作用

本章故意用一个可能含糊不清的标题，因为它讨论了两个适合在同一标题下，且彼此密切相关的主题，但其本质截然不同。第一个方面，讨论生物系统的自然**设计（design）**问题，正如我们观察到的那样：生物网络中是否存在反复出现的结构模式或**模体（motif）**？如果是，它们的角色和优势是什么？动态生物系统中是否有普遍存在的**设计原理（design principle）**？为什么有些基因受诱导因子调节，有些基因受抑制因子调节？这重要吗？反馈信号抑制线性通路的第一步，而非第二步或第三步的优势是什么？

本章的第二个方面讨论，我们如何以目标导向的方式，改变现有的生物系统设计，甚至从头开始，创建新的生物系统。这种人工设计有两个目的。首先，它遵循了理查德·费曼（Richard Feynman）的名言“我不能创造，则我不明白”。换句话说，通过先创建小的，而后更大的生物模块，若其功能符合预期，则可以证明，我们理解了自然系统组织和功能背后的原理。或者，如果人工系统的行为与预期不同，则表明存在我们无法正确理解的方面。其次，现有生物系统的目的性改变，或新系统的重新创建，提供了将生物学用于新目的的潜力。本章所讨论的第二个方面，现在被称为**合成生物学（synthetic biology）**，可以被视为应用系统生物学，或生物学的真正工程方法。目前，最普遍的应用是代谢工程，它解决有价值的化合物（如人胰岛素）的微生物生产，或大宗材料（如乙醇或柠檬酸）的大规模微生物生产。另一类不同的应用是，人工创造微生物系统，用作环境毒素非常敏感的传感器，或作为含有金属或放射性核素的土壤的环境修复驱动者。

当然，生物设计研究的自然和人工方面有相当程度的重叠。首先，它们都涉及生物系统的结构、功能和控制，其中一个是进化的体现，另一个则是巧妙的分子生物学和工程学的结果。其次，它们都直接或间接涉及优化。通常假设，自然设计通过选择压力进行优化，尽管这种假设无法真正得到证实。事实上，自然设计通常（总是？）优于同类替代品，但谁又能说，在我们这个时代的第三个千年开始，进化就已经停止了呢？人们真的应该对此怀疑吗——生物体会进一步进化，且它们将在几百万年后淘汰今天的物种？你甚至可以问自己：我是最优的吗？

优化无疑是合成生物系统设计的中央舞台。就从头设计而言，如果我们成功创建了一个能正常工作的生物模块，我们起初可能会感到高兴，但是人性使然，我们会立即开始改进并尝试优化这样的创造。更明显的是，优化在操纵现有系统中的作用，如在低成本生产生物燃料中。是否有可能提高基于酵母的乙醇发酵的产量？最佳的株系、培养基和基因表达模式是什么？我们可以通过使用大肠杆菌等生物，代替酵母来降低生产成本吗？是否有可能使用能够将可自由获得的阳光和二氧化碳转化为糖的植物或藻类等自养生物，并操纵它们将糖转化为乙醇、丁醇或可收获的脂肪酸？我们怎样才能最大化产量？

无论研究涉及自然系统还是人工系统，生物设计原理的探索和利用都需要生物学、计算和工程学乃至系统生物学的混合应用。因此，让我们开始研究生物设计，无论是自然的，还是人工创造的，探索最优性，或至少相比于合理替代品的优越性。

生物系统的自然设计

如果每两个生物系统都具有完全不同的结构和操作模式，那么生物学的研究将与随意看星星有很多相似之处，我们可能会发现遥远的图案，看上去像人、动物或物体，但对为什么这样的图案恰好出现在那里，没有任何合理的解释。正如人类数千年来的做法一样，我们只是简单地描述和命名它们。我们可以一次一个地研究生物系统，并通过一些特征对它们进行分类，但我们不会深入了解这些特征及其特定角色背后的基本原理。因此，当我们谈论对生物系统设计的研究时，我们真的试图在处理设计模式、设计原理或模体的问题，这些东西一次又一次地出现，少有变化。因此，我们应该将生物设计与技术和工程设计进行比较，而不是将生物学与观星进行比较。一个优秀的制表师，可以解释每个弹簧或齿轮在机械表特定位置的作用，即使他或她以前从未见过这个特定的手表。汽车的形状远非巧合，风格和独特性受到功能性、空气动力学、理想特征、舒适性和价格的极大限制。毕竟，为什么几乎所有轿车都有4个轮子，而大多数大型卡车则有更多呢？为什么刹车灯是红色的？系统生物学必须最终达到这样一个程度，即我们详细了解为什么特定基因以特定的顺序被打开和关闭，为什么细胞和生物体以它们固有的方式构建，以及特定情况下，器官、组织、细胞和胞内组件的功能和操作细节的背后是什么。

14.1 搜索结构模式

对设计原理的研究，是几十年前就已开始的一条有趣的研究路线[1-4]，但直到最近才开始腾飞[5-8]。它由两部分组成。首先，我们需要发现在生物学中反复使用的设计；其次，我们必须弄清楚为什么这些设计显然优于其他可想象的设计。

在某些情况下，设计模式很容易被发现，特别是它们与宏观特征相关联时。鸟类有翅膀，鱼类有鳍，蜘蛛有8条腿，大多数哺乳动物都有毛发。在其他情况下，这样的发现要困难得多。需要相当多的分子生物学研究，才能弄清楚几乎无处不在的脂质双分子结构，或基本上所有地球生物中都普遍存在的遗传密码。在其他情况下，设计模式非常复杂，以至于很容易逃脱随意的观察。作为一个具体的例子，我们通过复杂的计算分析发现，基因组在基因序列的排列上不是任意的，而是具有更多的结构特征。细菌基因排列成**操纵子（operon）**、调节子（regulon）和超级操纵子（über-operon）[9]，看上去，参与多种途径的操纵子倾向于保留在相邻的基因组位置[10]（图14.1）。物种显示出它们自己的密码子偏好性，细菌基因组由几乎独特的核苷酸及其组合组成，类似于分子指纹或条形码[11]（见第6章）。此类模式仅在非常大的数据集和定制的计算机算法的帮助下才得以发现。

众所周知，一个基因的表达与其他基因的表

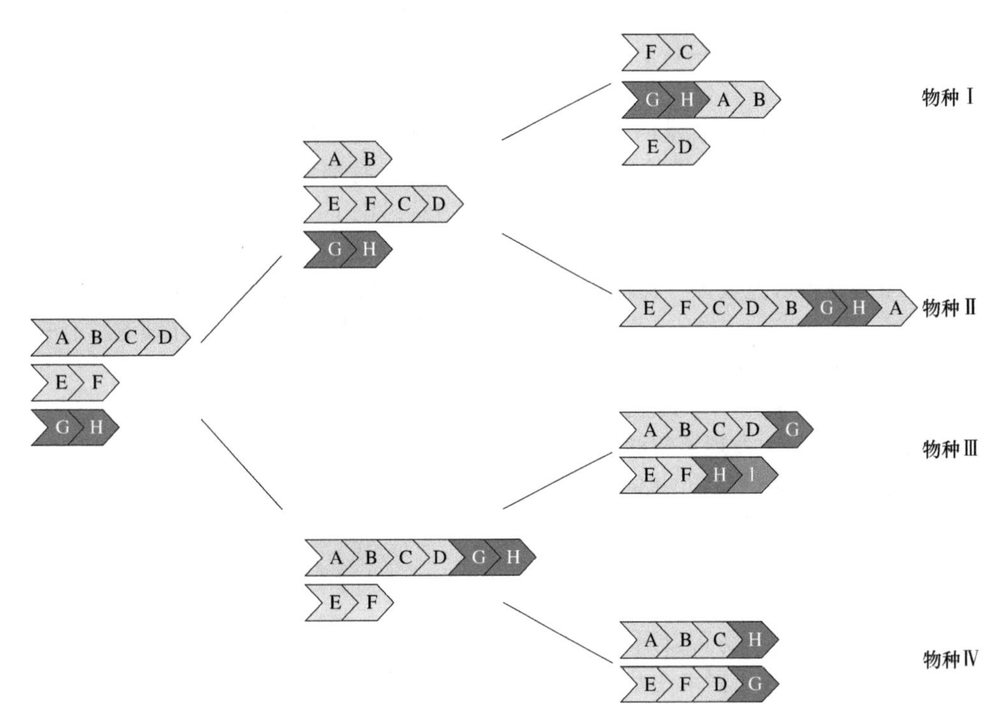

图14.1 操纵子和超级操纵子（über-operon）的概念表示。操纵子是连续的、共转录和共同调节的一组基因。虽然在进化过程中，它们通常保守性很差，但基因的重排通常会使个体基因保留在特定的功能和调节环境中，称为超级操纵子。假设祖先基因组（左），在三个不同的基因组位置，包含三个调节上相似且功能上相关的基因簇A-H。在进化过程中，基因簇被重新排列成新的簇。还可能发生进一步的基因组重排，但是一些簇和个体基因保留在相同的邻域中［引自Lathe WC Ⅲ，Snel B & Bork P. *Trends Biochem. Sci.* 25（2000）474-479. 经Elsevier许可］。

达是相关联的。但是有规律吗？在一些刺激后的几个时间点进行的微阵列研究表明，一组基因可能是共同表达的，而其他基因的表达则是负相关，或考虑时间延迟后相关。在许多情况下，共同表达的基因簇可以用它们所编码的蛋白质的功能协调性来解释，但在其他情况下，它们仍然是一个谜[12]。

就像基因序列一样，代谢和信号通路在不同的细胞和生物体之间显示出共性，其中一些已经为人所知很长时间了。对最终产物的反馈抑制，通常施加在线性通路的第一步，并且可以用数学严谨性表明——这确实是一种优于其他抑制模式的设计，如抑制最后一步或抑制反应顺序中的多个步骤[1, 13]。信号转导通常是通过蛋白质级联完成的，这些蛋白质在三个水平上被磷酸化和去磷酸化（第9章）。为什么是三个？我们最近学会了，在自然和人工网络的连接模式中寻找通用模式（见第3章）。例如，大多数代谢物只与少数反应相关，而相对较少的代谢物则与许多不同的生产和降解步骤相关[14]。一个大型网络中只有少数高度连接的枢纽，同样的模式在生物学、物理世界和人类社会中一次又一次地出现。只要研究一下大型航空公司的航线，就可知这一点了！

有趣但并不令人惊讶的是，我们在生物学中发现的许多网络都非常稳健。在对这一特征的一个漂亮演示中，爱萨兰（Isalan）及其合作者随机重连了大肠杆菌的转录网络，发现这些扰乱网络中，只有约5%显示出生长缺陷[15]。在酵母的进化过程中，基因转录网络的连接性也发生了类似的变化，这种灵活性可能是基因转录系统的普遍特征。在合成生物学中[16]，重连是否可能成为一种精确定位的工具值得深思。

生物系统的另一个重要方面是，它们以模块化和分层的方式一次又一次地使用类似的组件。在不同的网络和不同的组织层次上发现了相同的模体，这种相同模体的使用使得复杂的生物网络比原本更简单，并且确实为我们最终理解生物系统复杂性的关键方面提供了希望[17]。

设计原理的识别和严格描述，需要将复杂系统及其组织形式化的方法。这项任务可以用不同的方法来完成。一派思想一直专注于网络图及其性质，而另一派一直在寻找完全调节动态系统中的设计原理和相应的微分方程模型。有趣的是，这两种方法最终都采用了类似的策略，即在观察到的系统结构和合理的替代方案之间进行比较。在用图的情况下，将观察到的网络属性与随机连接网络的相应属性进行比较。例如，人们可能会寻找连接数量超过了随机网络中统计预期的结点数量（参见第3章）。在动态系统的情况下，将观察到的设计与非常相似的动态系统结构进行比较，该动态系统结构仅在一个特定的感兴趣的特征（如调节信号）上有所不同。

14.2 网络模体

分析静态网络模体的第一步是将网络抽象为图。正如第3章详细讨论的那样，对这种图的典型分析，揭示了全局网络特征。例如，小世界属性与聚类系数、度分布及任意两个结点之间的平均最短路径长度有关[18]。除了连接模式，图模型中对设计原理的研究主要集中在网络模体（network motif）上，这些模体是特定的小型子图，它们出现的频率高于随机连接图中根据概率理论预测的期望值[5, 19]。

最简单的网络模体只包含一个结点，即**自身调节（auto-regulation）**，可能是负的，也可能是正的（图14.2）。值得注意的是，该模体允许不止一个结点：箭头反馈可能包含一个过程链。例如，负自身调节经常出现在抑制其自身转录的转录因子中。虽然转录因子是显式考虑的唯一结点，但该系统实际上还包含至少一种基因、mRNA、核糖体和其他分子组分。负自身调节回路非常稳定，可减少输入波动。但是，如果反馈延迟，系统也可能振荡，并最终失去稳定性。正自身调节允许细胞采取多个内部状态，特别是在两个稳定状态之间切换。我们在第9章讨论了一个例子。其他例子也有报道，如λ噬菌体中裂解和溶原性反应之间的遗传转换开关，以及信号级联和细胞周期现象[20, 21]。我们将在14.9节的案例研究中，更详细地讨论一种切换开关（toggle switch）模体。

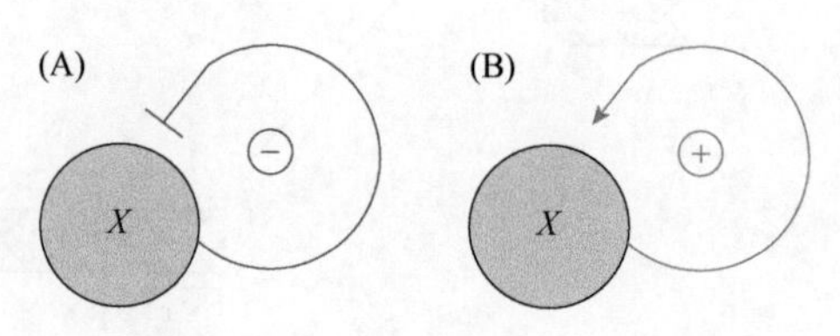

图14.2 网络模体可以非常简单。这里显示的是负向（A）和正向（B）的自身调节模体。调节箭头可以包括多个步骤。

一个稍微复杂、相当普遍的网络模体是双扇，它由两个源结点发送信号到两个目标结点组成（图14.3）[19]。这种设计很有趣，因为它允许时间调节[22]。在信号转导的情况下，它还可以对信号

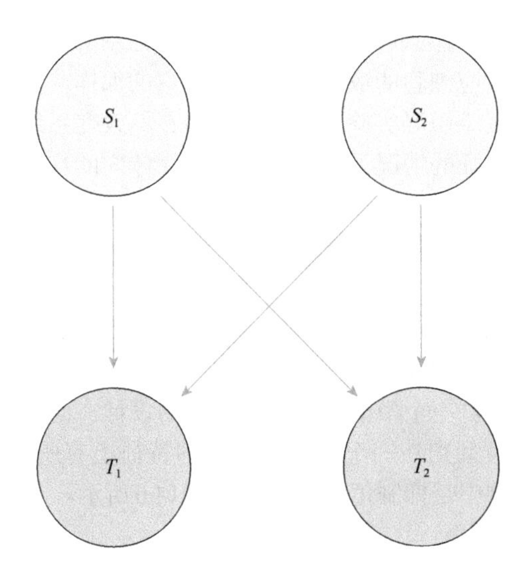

图14.3 双扇是一个非常普遍的模体。在这种类型的小型网络中，两个源结点（S_1和S_2）将信号发送到两个目标结点（T_1和T_2）。

进行分类、滤波、去噪和同步。到达目标的两个信号之间的相互作用，可以是不同类型的。在**“与门”（AND gate）**的情况下，只有两个源S_1和S_2都开启，信号才被转导到T_1（或T_2），而在“或门”（OR gate）的情况下，单个源S_1或S_2开启就足够了。或门赋予系统可靠性，因为一个源就足够了，而与门允许检测信号同时发生，可以用来防止只有一个信号存在时，目标被误启动。

毫不奇怪，不论在自然界和还是在理论上，小的模体都可以组合形成更大的调节结构。这些较大的结构可以并行实现，也可以通过堆叠较小的模体实现。它们还可以由更多的组件和连接加以补充，从而创造出可能的大量响应模式。一个众所周知的中等复杂度的例子是信号级联之间的串扰，它可以产生复杂的响应模式，如带内滤波器（in-band filter），即系统仅响应严格限制范围内的信号，或者异或功能，即仅当两个源中的一个激活时，系统才产生响应，而不能两者都激活[23]。

虽然它们非常重要且具有指导性，但小的模体通常不会揭示较大网络的典型拓扑特征[24]。同时，在大型网络中，搜索所有可能的哪怕中等大小的模体也并非易事；事实上，在有几千个结点和连接的实际大小的网络中，识别10个或更多结点的所有模体，目前在计算上是不可行的。解决这种情况的一个策略是，缩小搜索范围。例如，Ma’ayan及其合作者成功地搜索了大型网络，专门搜索由3～15个定向、非定向或双向连接组成的循环。在他们的发现中，特别重要的是，生物和工程网络仅包含少量图14.4所示类型的**反馈（feedback）**环。其中，协调型（意为所有箭头指向同一方向）的全直通反馈环（all-pass-through feedback loop）构成了使系统不稳定的风险，而包含了源（source）和汇（sink）的非协调型循环则是稳定的。利普沙特（Lipshtat）及其合作者的研究表明，信号转导系统中的反馈环可能表现出双稳态行为、振荡和延迟[22]。与协调型反馈环中的不稳定性论点一致，他们发现，天然网络中的枢纽结点主要是源结点或汇结点，而非直通结点（pass-through node）。他们还观察到，较少结点卷入反馈环的网络，比相应的较多结点卷入反馈环的网络更稳定。他们得出结论，一般谨慎布置反馈环可能是设计复杂生物网络的关键步骤。

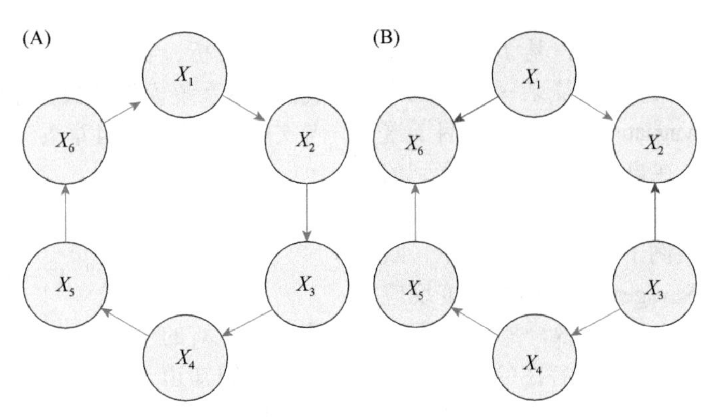

图14.4 网络结构的细微差别会对网络的稳定性产生重大影响。（A）中的协调型全直通反馈环带来不稳定的风险，而（B）中的非协调型网络则是稳定的，其中具有两个源结点（X_1和X_3）、两个汇结点（X_2和X_6）及两个直通结点（X_4和X_5）。

与一些反馈环类似的是，包含直接路径和间接路径的**前馈（feedforward）**环模体（图14.5）。每个箭头可以是激活的或抑制的，对于三个结点的情况，导致8种不同响应模式的组合[5]。其中4种是协调型的，因为间接路径总体上发送与直接路径相同的激活或抑制信号，而其他4种组合则是非协调型的，因为它们包含相反的信号。例如，图14.5C中的非协调型模体，沿直接路径表现为抑制，但沿间接路径是双重抑制，即激活。自然系统中，既有协调型模式，也有非协调型模式，其中所有信号均为正的模体（图14.5A），最为普遍。

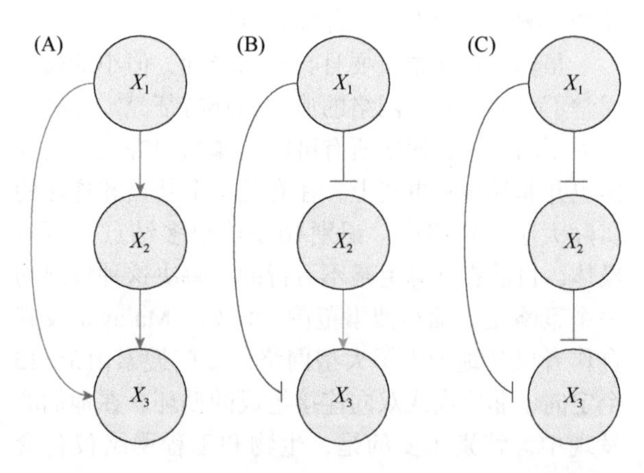

图14.5　包含直接路径和间接路径的前馈环模体示例。（A）和（B）中的模体是协调型的，因为到达X_3的信号都为激活（A）或两者都为抑制（B），而（C）中的模体是非协调型的：直接路径上的信号是抑制，而间接路径上是双重抑制，因而是激活。

前馈环的一个有趣例子是大肠杆菌和许多其他细菌中存在的一种用于检测应激信号的机制[17]。当细菌感知到压力时，即使信号消失，前馈环也会触发鞭毛蛋白的产生（第7章），持续约一小时。这段时间足以让细菌组装鞭毛并游走。与其他模体一样，此处的前馈环允许系统连续运行，以产生功能稳健性，即使它暴露于随机波动也可如此。

14.3　设计原理

动态系统中设计原理的发现，基于类似系统之间的比较，但它比静态图稍微复杂一些。迈克尔·萨瓦若（Michael Savageau）几十年前开启了这一研究方向[1, 4]。他问，在自然界中多次观察到的特定设计是否存在客观、可量化的原因。作为人们思考设计原理的一个典型例子，我们回顾一下，欧文（Irvine）和萨瓦若（Savageau）早期对免疫反应中涉及的级联系统的分析（图14.6）[3, 25]。这里，源抗原Ag_0（$=X_0$）描述了环境中潜在的传染性微生物，Ag（$=X_1$）是指体内破坏宿主生理功能的微生物。变量E_0（$=X_2$）代表未成熟的效应细胞，而E（$=X_3$）代表成熟的效应淋巴细胞。S_0（$=X_4$）和S（$=X_5$）分别是前体和成熟抑制淋巴细胞。在欧文和萨瓦若的设置中，变量X_0、X_2和X_4是系统的恒定输入，因此是独立的；也就是说，它们不需要自己的微分方程（见第2章）。

主要感兴趣的问题是，为什么抑制淋巴细胞会抑制效应细胞的成熟，如实验观察的那样。这样的问题很难用湿实验来回答，因为在不改变系统各种其他特征的情况下，很难消除生物体内的这种抑制信号。因此，欧文和萨瓦若开发并使用了一种数学方法，称为**数学控制的比较方法（mathematically controlled comparison，MMCC）**，它对于规范模型（见第4章）特别有用，其中每个参数都有明确定义的作用和含义。在该方法中，并排分析两个系统模型。一个模型对应于观察到的设计，而另一个替代模型则在一个主要感兴趣的特征上有所不同，在本例中是抑制信号。系统如图14.6所示。

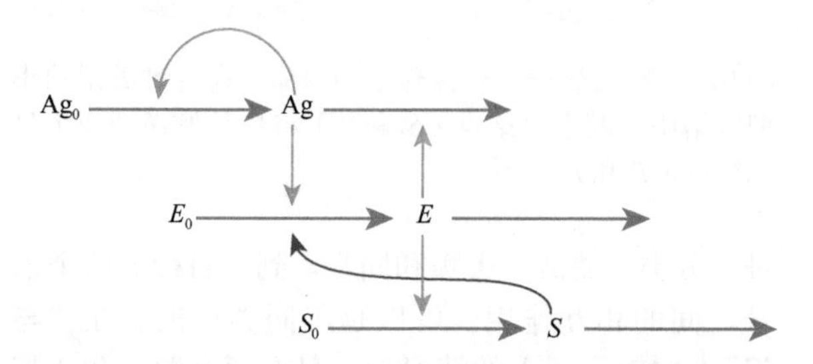

图14.6　简化的免疫级联。外源抗原Ag_0刺激内部抗原Ag水平的增加。Ag触发效应淋巴细胞从前体（E_0）到完全功能细胞（E）的成熟。E反过来触发前体抑制细胞（S_0）成熟为功能性抑制淋巴细胞S。在观察到的系统（模型A）中，S抑制E_0的成熟（红色箭头），而在假设的替代系统（模型B）中，缺少这种反馈。有关进一步说明，请参阅正文。

根据MMCC内在等效性的要求，反映两个模型共有特征的参数取相同的值。因此，模型之间的差异表现在一个区别性的特征中，该特征通常反映在模型的一项或两项及其参数中。虽然MMCC中的许多分析，实际上可以用符号运算进行[3]，但我们用S系统模型的数值系统实现来演示（参见参考文献［25］和第4章）：

$$\begin{aligned}\dot{X}_1&=2.02X_0X_1^{0.9}-2X_1X_3^{0.5}\\ \dot{X}_3&=\alpha X_1^{g_{31}}X_2^{g_{32}}X_5^{g_{35}}-X_3\\ \dot{X}_5&=X_3^{0.5}X_4-X_5\end{aligned}\qquad(14.1)$$

请注意，X_3的生产项中的参数，尚未在数字上指定。我们知道，在具有反馈的系统中（我们将其称为模型A），动力学序数g_{35}必须具有负值（这里$g_{35}=-0.5$），因为它代表抑制，而在没有反馈的情况下，它是零（我们称之为模型B）。该数值差异改变了X_3生产项的值，从而改变了整个系统的稳态。为了抵消这种副作用，MMCC建议强制执行外部等效，这意味着两个系统对外部观察者应尽可能相似。例如，在模型B中调整速率常数α（它在模型A中取值为1)，可确保两个系统具有相同的稳态。在本例中，我们还有进一步的自由度，因为区别项还包含参数g_{31}和g_{32}，它们在模型A中的值分别为0.5和1。为了实现最大外部等效，将模型B中的g_{31}设置为0.4就足够了。因此，对于模型A，X_3的生产项为$X_1^{0.5}X_2X_5^{-0.5}$，而模型B的生产项为$X_1^{0.4}X_2$[25]。通过这些设置，两个系统不仅具有相同的稳态，而且具有相同的材料和能量消耗，这反映在相同的抗原和效应器增益中。

我们现在有两个系统，在没有经验的观察者看来，基本上是相同的，但它们在有无抑制机制（阻遏型淋巴细胞抑制效应淋巴细胞的成熟）方面存在内在的不同。这种观察到的机制，有何意义？MMCC通过为理想的系统响应制定客观标准来回答这个问题。通常，这种功能有效性的标准取决于现象的性质，可能包括系统对扰动作出反应的响应时间，稳定性、灵敏度和稳健性的特征量度，中间成分的积累，或刺激与恢复正常之间的瞬变（transient）受外部扰动影响的程度。这些标准提供了一组度量可选模型性能的指标。

在给定的免疫反应级联的例子中，功能有效性的标准定义如下：系统抗原和效应淋巴细胞的基础水平应尽可能低；抗原增加和效应增益，即源抗原攻击后，系统抗原和效应淋巴细胞稳态水平的增加应该是最小的；应答过程中，全身抗原和效应淋巴细胞的峰值水平应尽可能低；并且，整个级联对环境的波动应该相对不敏感。

模型A和模型B的基础水平与增益是相同的，因为它们已由最大化外部等效性取同，因此这些特征不能用于研究哪种设计更优越。相比之下，动态响应不受限制，并且易于通过模拟进行评估。例如，可以在它们共同的稳态（$X_{1S}=1.033\ 724$，$X_{3S}=1.013\ 356$，$X_{5S}=1.006\ 665\ 6$）启动两个系统，并在时间$t=1$时，将源抗原X_0从1升高到4。确实，这两个模型以抗原和效应淋巴细胞的不同瞬变响应此“感染”（图14.7）。带有抑制的模型（模型A）被认为是优越的，因为抗原和效应物浓度显示出较小的过冲，并且效应物浓度响应更快。对于其他源抗原水平，数值特征也不同，但观察到的设计（模型A）的优越性仍然存在。因此，较低的峰值水平是抑制的固有功能特征。代数分析进一步表明，模型A对环境中可能有害的波动不太敏感[25]。总的来说，相比先验且也合理的无抑制设计，观察到的（带有抑制的）设计具有更为优越的特征。

自提出以来，MMCC已应用于多种系统，主要是在代谢和信号领域，并已提出多种变体，来一次性研究整个设计类[13]，表征设计空间[26, 27]，或在统计意义上建立设计的优越性[28]。一个特别有趣的例子是需求理论[2, 29, 30]，它基于微生物的自然环境，合理化并预测细菌中基因调控的模式，从而揭示了强大的自然设计原理（见第6章）。最近的另一个例子是细菌中的双组分传感系统，我们已在第9章中讨论过。对该系统的仔细分析[31, 32]，使人们对其自然设计有了更深入的理解，并提供了如何采用合成生物学方法来操纵系统的线索。例如，斯柯克（Skerker）及其合作者[33]探索了可用于大肠杆菌envZ-OmpR双组分传感系统的大量可用序列数据，并鉴定了总是成对变化的单个氨基酸残基。他们推测，这些残基对传感器特异性至关重要。随后，他们将一个传感器中起决定作用的残基替换为另一个不同的传感器中的残基，这确实导致了由“错误”信号触发的传感器响应。

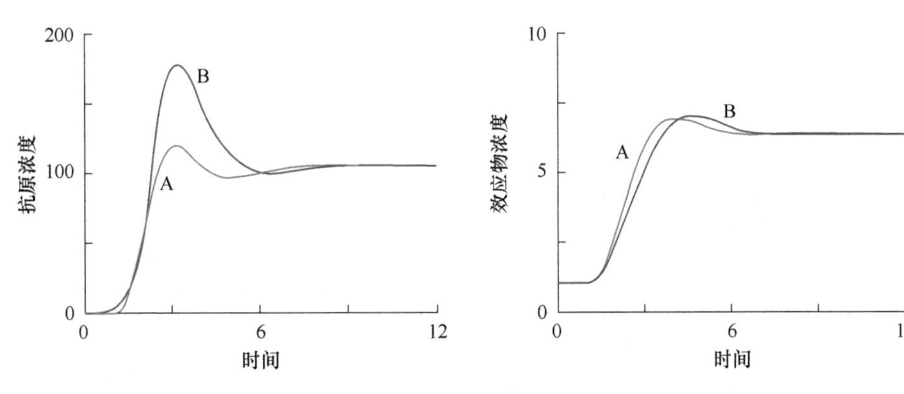

图14.7　两种免疫级联设计的时间过程的比较。观察到的系统设计（模型A）和缺乏抑制效应淋巴细胞成熟的假设的替代设计（模型B），在时间$t=1$时对四倍源抗原攻击的动态响应。

14.4 操作原理

作为设计原理这一主题的变体，人们也可以询问有关给定设计的系统的**操作原理**（**operating principle**）问题。一个例子是对分支通路中不同调节模式的对照比较分析（图14.8），其目标可能是，通过改变流入不同分支的流量比率v_{10}/v_{12}和（或）v_{23}/v_{24}来增加产量v_{40}[34]。事实证明，如果通路不受调节，则各种操作表现出相同的产率，但如果一些中间体发挥反馈抑制，则某些操作比其他操作明显更有效。

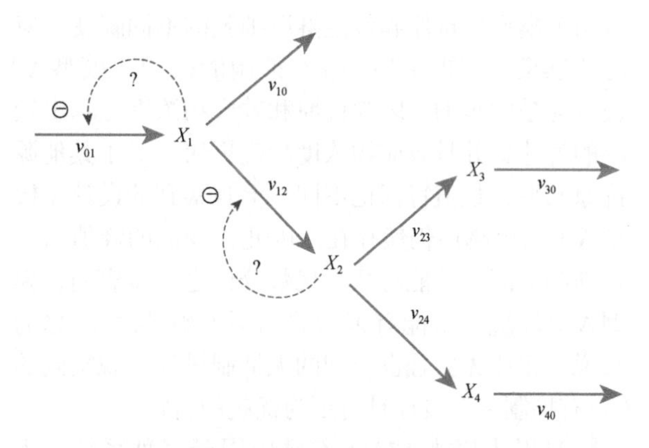

图14.8 最佳操作策略取决于通路的结构和调控特征。取决于没有、一个或两个反馈抑制信号（由问号指示）的存在，通过操纵流量比率v_{10}/v_{12}和v_{23}/v_{24}来增加流量v_{40}的最佳策略是不同的。

设计和操作原理的发现和分析，是一个持续的努力方向。与我们迄今为止所讨论的不同的方面是，寻找与空间现象有关的规则。例如，如果蛋白质定位于细胞核中，它通常含有高比例的疏水表面区域和与核孔复合物互补的电荷，核孔复合物控制细胞核和细胞质之间的转运[35]。也有可能，某些细胞内梯度和异质的浓度模式，与空间设计问题相关联。一期有关“数学生物科学”（*Mathematical Biosciences*）的特刊[8]，包含了一系列代表现有技术的论文。

目标导向性操作与生物系统的合成设计

14.5 代谢工程

在自然设计原理的发现和分析与从组成部分（即合成生物学）创建新型生物系统之间，有一大块活动区域，试图操纵并随后朝着理想的目标优化现有的系统。在这方面，最完善的研究领域是微生物代谢通路系统的**优化**（**optimization**），这属于**代谢工程**（**metabolic engineering**）的领地。在操纵现有系统和将它们改变到可以认为是新的系统之间，没有明确的分界线，因此代谢工程和合成生物学相互交织，可以看作一种长期努力的现代形式，这种长期努力就是改变和控制生物系统，它可以追溯到有记录的历史起点和第一批涉足农业的人类。毕竟，植物和动物的繁育是遗传和代谢工程的缓慢形式，因此也是将生物系统推向期望的目标。

虽然按照现代标准，其速度极其缓慢，但数百年来育种工作的成功令人惊叹，人们只需将现代玉米或胡萝卜，与它们的来源——原始野生型进行比较，就会感到惊讶。最想要的动植物物种的选育，在人类历史上一直以适中的速度进行着，直到20世纪下半叶开始加速。这种发展和成功速度的巨大跳跃之所以发生，在于当时我们已有足够的知识，从理论基础上解释孟德尔遗传学的直观概念，以及我们开始破译了基因的结构和功能，并在后来控制了它们的表达。

一旦基因的作用变得更加清晰，就会出现带来更高产量的有效策略。例如，通过利用自然界自身改进设计的方法，发明了定向或适应性进化的方法，以增加蛋白质的有效产生[36]。在其自然形式中，进化是缓慢的，但生物信息学方法克服了这个问题，因为通过有效的算法来比较来自编码相同靶蛋白的许多不同生物或菌株的相关基因序列变得可行。这种比较显示了，哪些氨基酸变化很大，而哪些氨基酸在不同候选序列中基本上没有变化。考虑到大多数突变是有害的，不可变的氨基酸更可能具有重要作用，而其他氨基酸可能在没有严重后果的情况下发生改变。通过关注重要位点，可以在目标通路中设计瓶颈酶（bottleneck enzyme），并显著提高生产率。这种策略的一个很好的例子是，改变大肠杆菌中的类异戊二烯通路，其生产能力在几年内增加了大约1000倍[37]。另一个例子是，通过多重自动化基因组工程（multiplex automated genome engineering）来优化生物合成通路，它允许每天产生超过40亿个组合基因组变体，并在短短三天内分离出产量超过5倍的变体[38]。

在相对简单的情况下，要改变的酶是清楚的。但是，在更复杂的系统中就不一定了。例如，通过微生物生产柠檬酸，已经逐渐改进了近百年[39]。因此，一种或两种基因或酶的简单变化，不再能够进一步提高产量，因为它们已经在菌株和培养基的逐步改进过程中被尝试过了。因此，已经提出方法，建立通路系统的化学计量或动态模型，并针对期望的目标优化它们，同时考虑对代谢物浓度、流量和**代谢负荷（metabolic burden）**的生理限制[40-42]。其中最后一个（即代谢负荷）意味着，生物体维持mRNA、蛋白质和代谢产物的生成是消耗巨大的，而如果它们是可有可无的，则细菌如果去掉它们，会具有优势。关于此类方法已经写了很多文章，我们不会在这里进一步探讨，因为它的目标和概念是直观的，但分析和实施的技术则相当困难。14.7节中的案例研究处理了一个相关问题。

14.6 合成生物学

虽然基因工程和代谢工程已经取得了巨大的进展，但与工业相关的应用往往需要数年时间才能完成。因此，一些研究小组开始研究合成生物学，将其作为操纵微生物的潜在有效策略。目前合成生物学的方法主要是以新的方式操纵基因及其表达，希望可以迫使微生物生产它们以前从未遇到过的且它们不需要的有机化合物。如果早期的成功是某种迹象的话，我们有充分的理由预期，随着我们开发出更快、更精确地将外源DNA插入其他生物体，甚至在原核生物和真核生物之间移动DNA的方法，这一领域将在未来几十年爆发[43-45]。在此过程中，我们将学会控制DNA转化为RNA、蛋白质及最终代谢和信号转导功能的时机与程度。

任何基于基因的策略的主要吸引力在于，它允许相当精确地改变关键酶的活性，这些酶本身是特异性且非常有效的。复杂的代谢转化在传统的合成化学中需要很长的步骤，有时也可以在单一的酶促反应中催化完成[46]。此外，可以组合几种酶促反应，从而消除对中间纯化步骤的需要。最后，如果可以诱导微生物生产复杂的有机化合物，那么产物通常是纯的对映体，而不是（例如）L和D型的外消旋混合物，这种混合物通常是化学合成的结果，分离起来非常昂贵[47]。

虽然目前的许多方法可能会过时，并在几年内被取代，但重要的是，要简要介绍目前用于提高所需有机化合物产量的基因操作方法和技术。目标大多是微生物，这一重点不太可能改变，因为微生物可以相对容易地，甚至是大批量的培养和操纵。好的综述文献有［16，48-50］。

改变微生物代谢反应的总体挑战，可以通过两种方式来解决：

1．增加或改变原有的代谢流量，以达到预期的目标。

2．将外来的代谢反应甚至整个通路，插入有机体中。

第一种方法的一个例子是，谷氨酸棒状杆菌（*Corynebacterium glutamicum*）中赖氨酸产量的增加，它在野生型中不分泌这种化合物，但经过改良，现在新的菌株每年产生几十万吨的赖氨酸[51]。第二种方法的一个例子是，基因泰克（Genentech）公司在大肠杆菌中生产人类胰岛素，大肠杆菌在其进化历史中从未遇到过这种蛋白质，且对它也没有用处[52]。

为微生物配备新的DNA，需要两个步骤：将外源基因注入生物体，以及这些基因的靶向和受控表达。向微生物添加外源基因，通常是通过质粒完成的，质粒本质上是裸露的DNA链（参见第6章）。在**基因工程（genetic engineering）**中，它们通常被称为**载体（vector）**。乍一看，这种操作并不是那么困难，因为细菌很容易获得质粒，要么直接通过细胞壁，要么通过被称为噬菌体的病毒，要么通过接合（两个细菌细胞交配的过程）转化。为了确保培养中的所有细菌最终都含有载体，构建的质粒不仅要包含所需的基因，还要包含使细菌对某些特定抗生素产生抗性的基因。一旦发生了转化，培养基就暴露在抗生素中，所有没有质粒的细胞基本上都会死亡。

基因工程转化的复杂性来自几种先天的反应机制。特别是，许多细菌具有导致外来DNA排出的机制。如上所述，这种消除的一个可疑原因是，细菌试图最小化其代谢负担，因为任何增加的负担都可能导致生长速度下降如此之多，以至于细菌不再具有竞争力。因此，一个重要的步骤是，去除固有的抗性基因，从而创造出能够在足够长的时间内保留外来DNA的菌株[53]。另一个挑战是，用一种不需要大量昂贵培养基补充物的方式来改造微生物。最后，为了具有商业价值，培养物必须是稳健的，并允许从实验台扩展到大型工业生物反应器。

一旦DNA被插入细菌宿主体内，它就像宿主自身的遗传物质一样起作用。代谢工程师现在面临的挑战是，在适当的时间和适当的程度开启所需的基因。换句话说，必须能够影响转录活性和调控的程度，这取决于转录因子的数量和相互作用，以及它们结合位点的位置[16]。用于此目的的主要工具是诱导型启动子，它是促进特定基因转录的DNA区域[49, 54]（另见第6章）。这些启动子可以是本身固有的，如果外源基因插入正确的位置，启动子将开启它。启动子也可以包含在载体中，并通过化学、物理或生理诱导物的存在与否来开启或关闭。化学诱导物的实例是类固醇和抗生素，如四环素，物理诱导物包括光和温度，而生理诱导物则是饥饿所需的营养物，如磷酸盐。

不幸的是，大多数常用的诱导型启动子是二元的：它们要么完全开启，要么完全关闭，但不能以30%、50%或80%的水平开启。似乎这种二元结果，在许多情况下，可能是诱导物转运到细胞内的问题。新进展正在开始改善这一问题。例如，可以将转运蛋白的表达与诱导物的控制分开，使用可以在没有转运蛋白的情况下扩散到细胞中的诱导物，或使用不依赖于转运的天然诱导物。至少在原理上，还可以通过操纵它们的核苷酸序列来产生不同强度的组成型启动子。由于它们的重要性，创建广泛启动子库的工作正在稳步增加[55]。

如果要将整个代谢通路添加到生物体中，仅仅在适当的时间启动一个基因是不够的，还需要协调几个基因的表达[49]。这项任务最自然的方法是，将基因分组到同一启动子控制下的操纵子中。必要时，同一操纵子中不同基因的相对表达，可以通过mRNA稳定性或翻译后的手段进行控制。另一个潜在的挑战是，新通路中的中间体可能对微生物有毒，这意味着，在不需要的时候，特别是在生长过程中，必须有可能停止其生产。

我们对基因和通路的自然控制了解得越多，就会发现越多的操作目标，以促进遗传和代谢工程的进步。直到最近才知道，小的干扰或**沉默**（**silencing**）RNA、**microRNA**和其他非编码RNA（见第6章）及适配体和**核糖开关**（**riboswitch**）提供了很多新的工具来控制转录和翻译[16]（另见专题14.1），并且反转重组元件如*fim*和*hin*，甚至能够重排基因组内的DNA序列[56]。

专题14.1　核糖开关

核糖开关是一种基因调控元件，存在于mRNA的5′非翻译区。它们广泛分布在细菌中。例如，在枯草芽孢杆菌中，其占所有基因调控的2%以上，突显了它们在细胞代谢控制中的重要性。参与嘌呤代谢和转运的许多基因的mRNA的5′非翻译区含有鸟嘌呤响应核糖开关，它直接结合鸟嘌呤、次黄嘌呤或黄嘌呤，以终止转录。图1显示了枯草芽孢杆菌xpt-pbuX操纵子的鸟嘌呤核糖开关中，与次黄嘌呤结合的嘌呤结合域的晶体结构，次黄嘌呤是细菌嘌呤回收通路中的一种普遍代谢物。该结构揭示了复杂的RNA折叠，包含几个系统进化上保守的核苷酸，形成一个结合口袋，几乎完全包住配

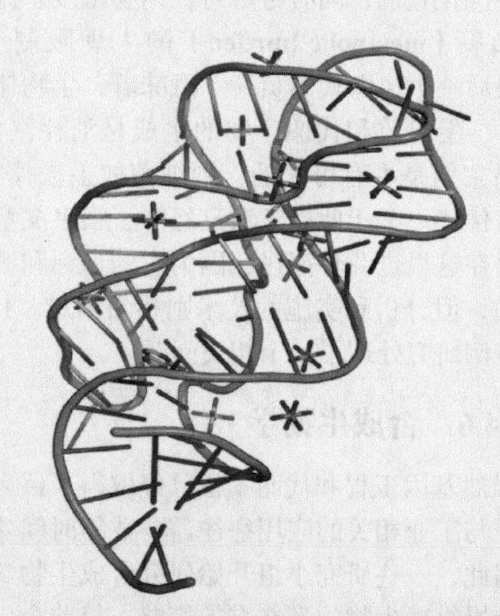

图1　核糖开关的结构。此处显示的是，枯草芽孢杆菌中天然鸟嘌呤响应核糖开关与代谢物次黄嘌呤的复合物（mRNA_metabolite_1u8d）（乔治亚大学的Ying Xu和Huiling Chen供图）。

体。次黄嘌呤的作用是稳定这一结构，并促进下游转录终止元件的形成，从而提供一种直接抑制基因表达的机制，以响应细胞内代谢物浓度的增加。

在蛋白质水平上，与细胞功能发生相互作用也变得可能。例如，通过使用来自大肠杆菌的蛋白酶，特异性地控制它们的降解[57]。此外，控制细胞内支架，可以使酶共定位，从而增加流量，减少渗漏，提高特异性[58]。理想情况下，应可根据需要，提供这种控制支架。与蛋白质水平的其他方法一样，它将为体内过程的时空控制提供一种工具。

随着生物工程技术的日趋成熟，制定实验方案和标准，以及通过生物成分登记册[59]和称为数据表的标准化格式来共享信息和材料，将是有用的，而且实际上，是强制性的，这些数据表简洁地刻画了合成生物学构建模块的特征，如传感器、执行器和其他逻辑元素[60]。要记录的重要功能包括：设备模块的用途、操作的上下文、接口及与其他设备的兼容性；其功能的量化度量，如输入-输出传递函数的特征；其动态行为的特性及其可靠性指标[61]。标准很重要，因为它们对组件进行了足够详细的描述，从而允许对由这些组件组成的更大的系统进行预测。标准还允许抽象表示，如我们在电路图中所熟悉的那样。

随着设计标准和标准化的模块零件的创建[59]，未来的合成生物学将使用计算机辅助设计（CAD）

的方法，这些方法长期以来在各种工程学科中取得了巨大的成功。例如，基于平台的设计（platform-based design，PBD）是CAD的一个特例，已经证明，在嵌入式电子系统的设计中非常有用[62]，可以预期，PBD方法将支持从头创建稳健、可靠，以及在给定设计约束下可重复使用的生物系统，并将预期系统的规格引入自动优化设计的程序[61, 63]。

合成生物系统设计的案例研究

14.7 代谢工程中的基元模式分析

世界各地的许多实验室已经在研究提高生物燃料产量的新策略，特别是创造将非食用植物生物质转化为乙醇、丁醇、脂肪酸或氢的微生物菌株。弗里德里希·斯伦克（Friedrich Srienc）和他的实验室已着手开发一种能将己糖和戊糖转化为乙醇的高效大肠杆菌菌株[64]。他们没有像过去那样，过度表达有希望的基因，或敲除被认为不重要的基因，而是采用了一种基于计算的、系统的自上而下的方法，从野生型菌株开始，最终产生高效的生产菌株。其指导思想是，在受控的有利条件下，专门用于生产乙醇等目的的细胞，可以提供最小化的功能。目标是创造出一种菌株，在优化的条件下，它可以生长、复制，并生产出经济上有价值的大量乙醇，但不一定能做其他事情。虽然这个目标很有趣，但实现起来，肯定不是一件微不足道的事。例如，如何预测哪些反应步骤对生存是真正必要的？研究人员采用计算和分子相结合的策略来解决这一挑战。

第一项任务是识别代谢通路结构中的冗余。这些冗余有利于在不确定的环境中生存，但在理想的实验室条件下，可能不需要。换句话说，如果细菌有两种产生相同代谢物的通路，其中一种通路就有可能被消除，从而减少生物体的分子机器，降低其代谢负担。鉴别绝对必要通路的工具，是**基元模式分析（elementary mode analysis，EMA）**[65]。基元模式（EM）是热力学上可行的通路，在稳态下形成一个本质上独特的、最小的不可逆反应集。最小集意味着，任何反应的去除都会破坏整个通路系统的功能。由于这一特性，基元模式可被视为代谢通路系统的内在构建模块。以数学方式表达，任何稳态流量分布都可以分解为基元模式的线性组合，如20%的EM1、50%的EM4、30%的EM5和0%的其他所有EM。EMA的概念由舒斯特（Schuster）和希尔戈塔格（Hilgetag）提出[66]，作为简单的化学计量网络分析或**流量平衡分析（flux balance analysis）**（见第3章）的替代方案，其具体目标是，从复杂的代谢网络中提取最相关通路的最小集合。廖（Liao）及其同事[67]首次通过优化大肠杆菌中3-脱氧-d-阿拉伯糖-庚糖酸-7-磷酸（3-deoxy-D-arabino-heptulosonate-7-phosphate，DAHP）的生物合成，来证明该方法的适用性。

EMA以稳态的化学计量系统开始，可以表示为

$$\boldsymbol{NR}=0 \qquad (14.2)$$

式中，$\boldsymbol{N}$是化学计量矩阵，描述哪种代谢物参与哪种反应；向量$\boldsymbol{R}$包含代谢物池和系统外部之间的流量（见第3章和第8章）。方程（14.2）通常具有无限多个解，因为实际系统中，流量数往往比代谢物的数量更多。在这个解空间内，基元模式是满足以下条件的反应子集：①稳态方程（14.2），其中，子集内的反应为非零流量，子集外的反应为零流量；②所有反应的必要热力学约束，使得非零反应的符号与网络图中箭头的方向一致；③非分解性约束，这意味着，基元模式（原文为elementary node，似乎应为elementary mode——译者注）中，没有更小的反应子集本身可以是基元模式。最后一个条件确保，基元模式不能被去除，或被有效地分割成更简单的模式，除非断开两个结点之间的某些连接。

EMA的第一步包括，构建感兴趣的通路系统及其化学计量矩阵的网络。在第二步中，筛选反应及其方向性，并识别该网络中的所有不可分解的通路。从数学上讲，要确定包含最少活跃反应的所有流量向量，否则，包含尽可能多的零流量值，同时仍然满足式（14.2）。在不同的实验条件下，细胞可以使用这些基元模式的任意组合。下一步是EM选择，其中只保留那些连接所需输入和所需输出的通路。其他通路可能会被删除，如通过敲除，这往往会增加生物体相对于所需通路的效率。在可选的最后一步中，所选择的通路可以进一步经历靶向进化。很容易想象，（现实世界中）实际大小的通路系统包含非常多的基元模式。幸运的是，已经开发出了自动进行这种分析的算法[68-71]。

作为示例，考虑图14.9A中所示的代谢网络。它改编自参考文献［65］，并由以下化学计量矩阵表征：

	r_1	r_2	r_3	r_4	r_5	r_6	r_7	r_8	r_9
A	1	−1	0	0	−1	0	0	0	0
B	0	0	0	0	1	−1	−1	−1	0
C	0	1	−1	0	0	1	0	0	0
D	0	0	1	−1	0	0	2	0	0
E	0	0	1	0	0	0	0	0	−1

这里有两条注解。首先，反应r_7进入结点D的系数为2，但相对于B的系数为−1。原因如下：每个B型分子都可以转化为C，然后分裂成两个分子类型：D和E。从根本上说，B和C分子是D或E分子的两倍。同时，r_7将B分子直接转化为D型分子。为了与通过C的通路相容，每个B分子必须产生两个D分子。其次，有两个反应是可逆的。为简单起见，化学计量矩阵仅显示主要反应。对于r_{6r}，主方向是从B到C，而与行B中r_{8r}相关联的减号表示系统外的流量。尽管如此，r_{8r}也可以是流入，在这种情况下，相应的流量值设置为−1，并且r_{6r}也可用于表示C到B，同样设置相应的流量值为−1。

无论是手动，还是使用参考文献［68，69］或［70，71］中的算法，现在都可以枚举输入和输出之间所有不可分解的连接。例如，从A_e开始，一个模式可能是通过r_1、r_2和r_{6r}（反向）运行，并通过r_{8r}离开系统，流向B_e。相应的模式（流量向量）为

$$(1\ \ 1\ \ 0\ \ 0\ \ 0\ \ -1\ \ 0\ \ 1\ \ 0)^T$$

（其中，T表示矩阵转置）；它在图14.9B中显示为EM1。作为第二个例子，考虑EM2，它从B_e开始，并通过r_{8r}和r_{6r}到达C，其中r_3向D和E分叉，物料通过r_4和r_9离开系统，分别流向D_e和E_e。

此类分析表明，网络包含8种基元模式，如图14.9B所示。如果目标是将A_e转换为D_e，则有些模式是没有用的，应该直接去除，不再进一步考虑。在这种情况下，EM1和EM3被排除在外，因为它们产生的是B_e而不是D_e。此外，EM2和EM5不再进一步追求，因为它们使用B_e作为底物。最有效的通路是EM6和EM7。EM4和EM8也是可接受的，但不是最理想的，因为除了D_e，它们还产生E_e，从而将有价值的底物转化为不想要的副产物。

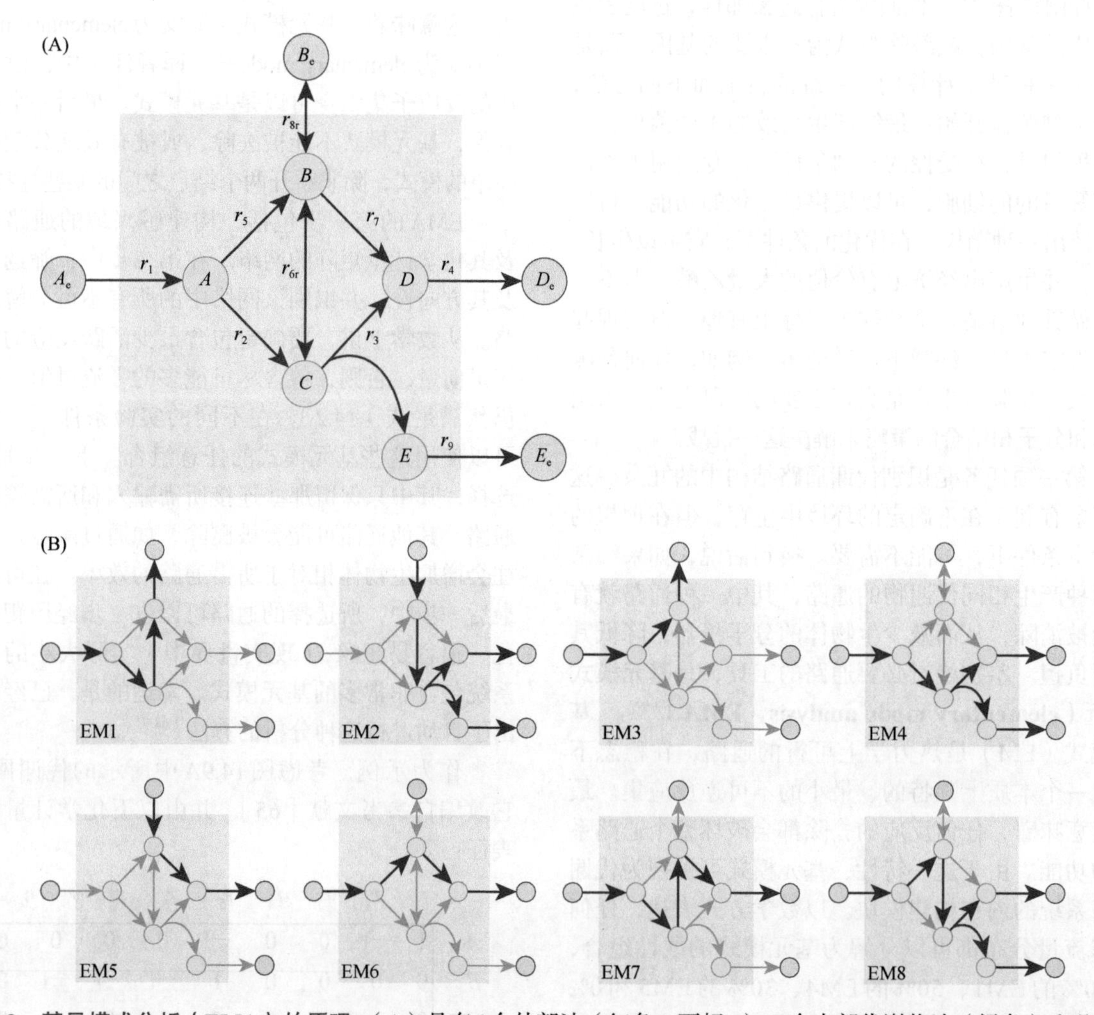

图14.9　基元模式分析（EMA）的原理。（A）具有4个外部池（红色，下标e）、5个内部代谢物池（绿色）和几个不可逆反应及两个可逆反应（r_6和r_8）的通路系统，用作示例。（B）8种基元模式，以紫色显示。从A_e生产D_e的最有效通路是EM6和EM7。EM4和EM8不是最理想的，因为它们也产生E_e［改编自Trinh CT，Wlaschin A & Srienc F. *Appl. Microbiol. Biotechnol.* 81（2009）813-826. 经Springer Science and Business Media许可］。

在乙醇生产的实际情况中，研究人员构建并实验验证了大肠杆菌中间代谢的综合模型，其中包括涉及戊糖和己糖动力学的反应，涵盖葡萄糖、半乳糖、甘露糖、木糖和阿拉伯糖。野生型大肠杆菌不具有丙酮酸脱羧酶，该酶是将丙酮酸转化为乙醛，产生乙醇的酶，因此通过质粒提供。该过程得到的乙醇生产系统，类似于运动发酵单胞菌（*Zymomonas mobilis*）和酿酒酵母（*Saccharomyces cerevisiae*）中的同类系统。

下一步是使用计算机算法，计算所有基元模式（EM），该算法可分析网络中的所有反应及其方向性，并确定所有独特的通路[65]。虽然细节对于这个案例描述来说太复杂了，但结果原则上与图14.9所示相同。在大肠杆菌生产乙醇的实际案例中，研究人员发现了超过15 000个EM，其中细菌可以代谢木糖和阿拉伯糖，这是生物质中最常见的戊糖。

下一步是选择理想的EM，并消除低效的EM。在所鉴定的15 000个EM中，在所需的厌氧条件下，约1000个消耗木糖和阿拉伯糖。令人惊讶的是，仅仅7个反应的删除就将这个数字减少到只有12个生成乙醇和生物质的EM。通过应用基本的EMA规则，确定了7种破坏反应。即对剩余的EM，研究了消除反应的后果。然后，评估剩余途径的生物量和乙醇的最大产量。最后，消除了产生乙醇和生物质的EM个数最少的反应。12个EM进一步减少到6个，因为其他6个EM使用丙酮酸脱氢酶复合物，该酶在厌氧条件下不活跃。剩下的6个EM中，只有2个共同生产足够量的乙醇和生物质。

研究人员使用了相同的原理和方法，以己糖消耗为基础，生产乙醇。此外，可以研究戊糖和己糖的同时消耗。在这种情况下，鉴定出近100 000万个EM，其中只有18个处于厌氧条件。其中，12个单独利用葡萄糖或木糖，6个同时消耗两者。通过阻断葡萄糖向细胞内的转运或葡萄糖在细胞内的磷酸化，利用己糖和戊糖的EM可进一步减少。

有趣的是，上述所有推论均基于纯粹的理论考虑。然而，它们随后在计算分析所建议的缺失菌株的实际基因工程中得到了验证，与预测的一致性很好，每克糖的乙醇产量为0.4～0.5 g。

14.8 药物开发

自该领域成立以来，杰伊·基斯林（Jay Keasling）在伯克利的实验室，一直处于合成生物学的最前沿。该实验室的一个标志性项目是生产抗疟药物青蒿素，其成本使发展中国家能够为其疟疾患者购买这种药物[72, 73]。疟疾是一个长期存在的问题。希波克拉底（Hippocrates）在大约2500年前就已经描述了这种疾病，但即使在今天，热带和亚热带地区每年仍有近5亿人受到感染，近300万患者死亡[74]。

青蒿素是中国甜艾草——黄花蒿（*Artemisia annua*）的天然次生代谢产物，在中国长期以来一直用于疟疾治疗。它通过在患者的红细胞内释放大剂量的活性氧，来杀死恶性疟原虫（*Plasmodium falciparum*，一种主要的疟疾寄生虫）。每年大约销售1亿治疗剂，但是，以发展中国家负担得起的成本从青蒿中采集药物是不可行的[75]。即使在微生物中，青蒿素的完全合成，也是昂贵且困难的，因此，基斯林实验室开始重新设计酿酒酵母（*Saccharomyces cerevisiae*），以足够的数量和可接受的价格，生产青蒿素的直接前体——青蒿酸。

该前体的生化背景为萜类化合物、倍半萜类化合物和类异戊二烯。青蒿克隆的测序表明，来自甲羟戊酸和法尼基焦磷酸（FPP）通路的酶，参与了青蒿素的生物合成[76]。FPP存在于许多真菌和其他生物中，可以转化为约300种不同的结构。其中之一，紫穗槐-4,11-二烯（amorpha-4,11-diene）是青蒿素的前体。

因此，任务变成重新改造酵母，以达到三个目标（图14.10）。首先，必须增加FPP的数量。这是通过增强酶的活性，从而增加进入内源性甲羟戊酸通路的流量来实现的。该途径的初始底物是乙酰辅酶A，它很容易从单糖中产生。其次，引入编码紫穗槐二烯合成酶的基因，该基因将FPP转化为紫穗槐-4,11-二烯。最后，有必要在酵母中重建紫穗槐-4,11-二烯到青蒿酸的三步转化，这在青蒿中由细胞色素P450单加氧酶（cytochrome P450 mono-oxygenase）和相应的氧化还原伴体NADPH：细胞色素P450氧化还原酶（cytochrome P450 oxidoreductase）来完成。如前所述，FPP是许多其他产物的起点，为了将FPP引向紫穗槐-4，11-二烯，还需要下调从FPP生物合成麦角甾醇的初始步骤，这是通过减少角鲨烯合成酶（squalene synthetase）的转录来实现的，该酶将FPP转化为角鲨烯。通过将相应基因*ERG9*置于甲硫氨酸可抑制的PMET3启动子的控制之下，并在调节固醇生成的基因*UCP2*中加入一个功能获得性突变，实现了*ERG9*基因表达的下调。结果表明，酵母将合成的青蒿酸从细胞中转运出来，这使得收获和纯化相对容易了。

通过共同努力，该工程酵母最终能够以比青蒿高得多的产量生产青蒿酸。事实上，紫穗槐-4，11-

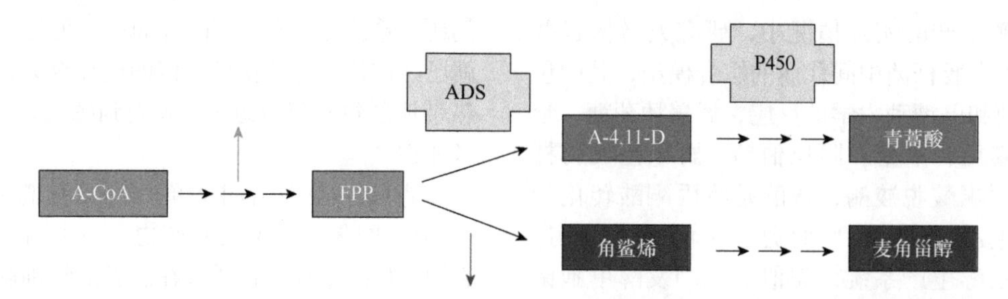

图14.10　在酵母中生产青蒿酸步骤的简化表示。任务涉及，增强从乙酰辅酶A（A-CoA）到法尼基焦磷酸（FPP）（绿色箭头）（译者注：前面括号里，原文为“绿色箭头”，但看图上，似乎应为：绿色方块）的甲羟戊酸途径的流量，下调从FPP到角鲨烯和麦角甾醇（红色箭头）（译者注：前面括号里，原文为“红色箭头”，但看图上，似乎应为“红色方块”）的流量，并引入两个新的酶系统（淡橙色）：紫穗槐二烯合酶（ADS），它将FPP转化为紫穗槐-4,11-二烯（A-4,11-D），以及特定细胞色素P450单加氧酶的复合物（P450）及其NADPH-氧化还原酶伴体。

二烯的产量提高了大约10 000倍，并且将产量再提高一个数量级或更多似乎也是可行的。为了充分降低青蒿素的成本，仍有必要将这些过程扩大到工业规模，并进一步优化产量。不幸的是，最近的报告表明，疟原虫已经开始出现抗药性，如在柬埔寨[77]。然而，人们希望，世界卫生组织建议的抗疟疾药物鸡尾酒疗法（而不是单一疗法），将推迟甚至防止耐药性，并允许在未来有效地使用青蒿素。

与针对疟疾等疾病的药物的开发类似，遗传学家一直在使用合成生物学来创造具有额外益处的转基因食品。具体而言，世界上近50%的人口患有维生素缺乏症。正如预期的那样，这个问题主要发生在发展中国家，在这些国家，典型的以谷物为基础的饮食不会每天都发生变化。转基因作物的一个早期且非常著名的例子是黄金大米，这是由瑞士研究小组英戈·波特里库斯（Ingo Potrykus）通过基因工程得到的一个水稻品种，用来合成β-胡萝卜素，它是维生素A的前体[78]。这种转基因品种的名称反映了它的金黄色，这是由合成的胡萝卜素带来的。仅仅5年之后，它的继任者“黄金大米2号”（Golden Rice 2）的产量，就超过了原来转基因作物的20倍[79]。以同样的方式，保罗·赫里斯图（Paul Christou）的小组着手培育维生素含量更高的转基因主食作物。他们成功地改造了一个南非玉米品种，使其含有169倍于正常量的β-胡萝卜素，6倍于正常量的维生素C，2倍于正常量的维生素B（叶酸）[80]。黄金大米项目（The Golden Rice Project）[81]致力于此类研究工作。

14.9　基因回路

可以说，目前合成生物学中研究最多的系统是人工基因回路[82]。这些回路是通过将外源基因插入微生物，并以受控的方式改变它们的转录和（或）翻译而形成的。第一个工作示例是一个遗传**拨动开关（toggle switch）**，其构造使回路具有双稳态和记忆功能[83]。具体而言，该系统由两个基因组成，每个基因编码另一个基因的转录抑制因子（图14.11）。外部诱导物允许抑制一个阻遏物，从而使系统进入一个稳定的状态，其中一个基因被转录而另一个被抑制。该状态的稳定性还导致迟滞（见第9章），其中，未进一步暴露于外部诱导物时，系统保持在特定的开关状态，直到另一次扰动迫使系统进入第二个稳态。

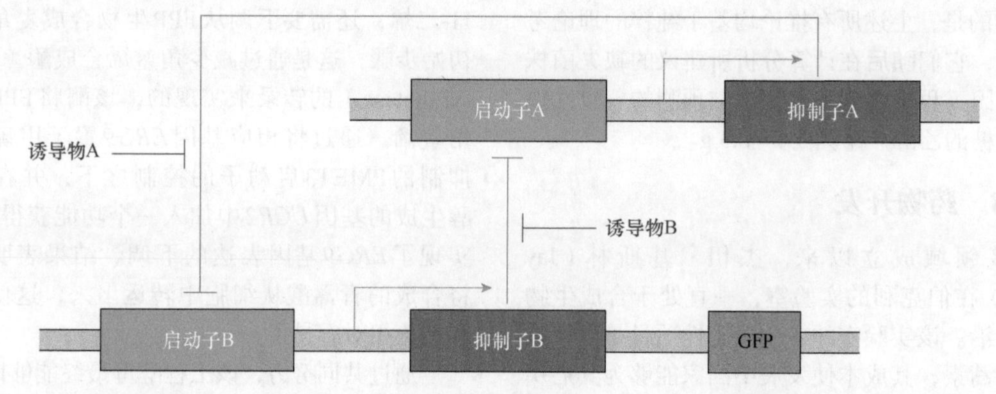

图14.11　拨动开关[76]示意图。合成生物学已经发展到可以创造出数学模型所预测的基因回路。

加德纳（Gardner）及其合作者[83]用简单的数学模型描述了该实验系统。正如我们在第9章中讨论的那样，双稳态的创建通常涉及一个与线性降解过程相交的S形生产函数。加德纳（Gardner）及其同事确实使用了这种设置。受基因表达过程的通用数学表示的启发，他们为拨动开关定义了无量纲方程：

$$\begin{aligned}\frac{du}{dt}&=\frac{\alpha_1}{1+v^{\beta}}-u\\ \frac{dv}{dt}&=\frac{\alpha_2}{1+u^{\gamma}}-v\end{aligned} \tag{14.3}$$

式中，u和v分别是阻遏物1和2的浓度；α_1和α_2分别是它们的有效合成速率；β和γ分别是相对于启动子2和1的协同参数。虽然我们可以使用数值求解器轻松模拟方程，但系统最有趣的方面是，它是否具有双稳态。使用我们在第2章、第4章、第9章和第10章中讨论过的方法，可以通过将式（14.3）中两个方程的右边设置为零，来确定稳定和不稳定的稳态，由此得出u和v的两个关系式：

$$u=\frac{\alpha_1}{1+v^{\beta}} \tag{14.4}$$

和

$$u=\left(\frac{\alpha_2}{v}-1\right)^{1/\gamma} \tag{14.5}$$

这两个零线（nullcline）描述了u或v的时间导数分别为零的所有点。因此，这两个函数相交的点是稳态。这种交叉点的数量取决于参数值。例如，两个函数在图14.12A中相交三次，进一步的分析表明，橙色显示的两个点是稳定的稳态，而褐色点是不稳定的。相比之下，图14.12B中的系统则只有一个稳定点。

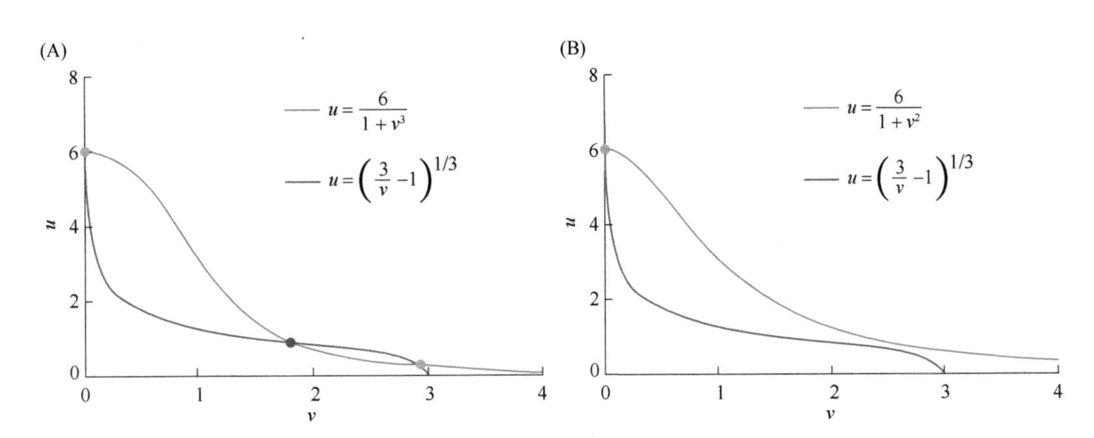

图14.12 数值特征的轻微变化可能导致不同的定性系统行为。式（14.3）～式（14.5）中的参数值决定系统具有双稳态（A）与否（B）。这里的值仅有一个协同系数不同，即β，它在（A）和（B）中分别等于3和2。其他参数值是$\alpha_1=6$，$\alpha_2=3$，$\gamma=3$。

在加德纳（Gardner）及其同事提出拨动开关的同时，埃洛维茨（Elowitz）和莱布勒（Leibler）[84]在大肠杆菌中创造了一个低拷贝数的质粒，编码一个振荡系统，称为**阻遏振荡器（repressilator）**。该系统包含一个兼容的高拷贝数报告质粒和一个四环素抑制的启动子，该启动子融合到编码绿色荧光蛋白（GFP）的基因上。用异丙基硫代半乳糖苷（IPTG）瞬时脉冲刺激该系统，而IPTG可干扰LacI的抑制作用。

因此，阻遏振荡器回路包含三个基因模块。第一个基因产生阻遏蛋白LacI，它抑制第二阻遏基因*tetR*的转录，*tetR*是从一个四环素抗性转座子中获得的，其产物抑制λ噬菌体基因*cI*的表达。产物CI抑制*lacI*表达，从而形成循环系统（图14.13）。在荧光显微镜下，可见单个细胞的振荡。它们持续了几个周期，但并不同步，而且在频率和振幅上变化很大，即使在姐妹细胞之间也是如此。

结合拨动开关和原来振荡器的特性，阿特金森（Atkinson）及其合作者[85]对简单的阻遏振荡器进行了改进，采用了更复杂的回路设计，从而产生了可预测的振荡模式，这种模式对扰动很稳健，甚至可以在大群体中同步。该设计包含一个激活子和一个抑制子模块（图14.14）。激活子模块由LacI-可抑制的*glnA*启动子组成，控制激活子NRI的表达。因为磷酸化的NRI反过来激活*glnA*启动子，所以该模块是自激活的。抑制子模块由磷酸化的NRI活化的*glnK*启动子组成，该启动子与编码LacI表达的基因融合。因此，激活子模块的输出连接到抑制子模块的输入。研究人员证明，该回路可重现地产生同步阻尼振荡。更重要的是，振荡器的行为与精细的理

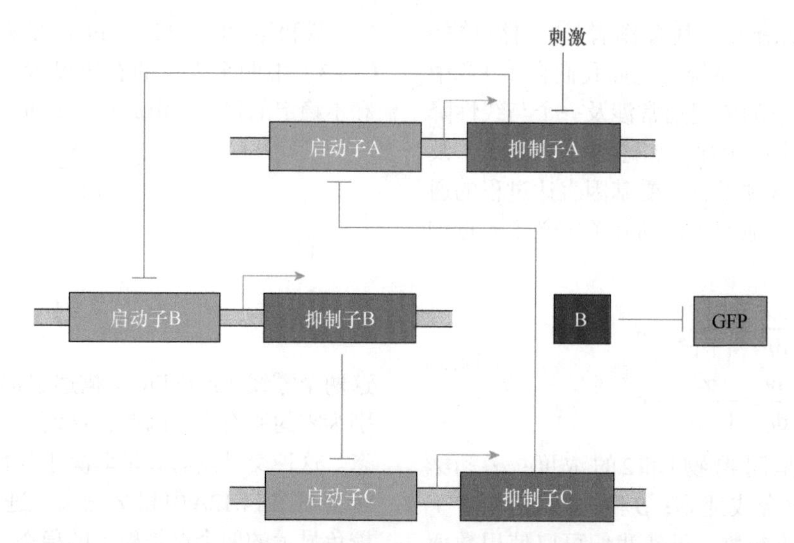

图14.13 阻遏振荡器示意图。这个有趣的基因回路由三个以循环方式抑制彼此表达的基因组成。结果是能表现出振荡的表达模式[77]。

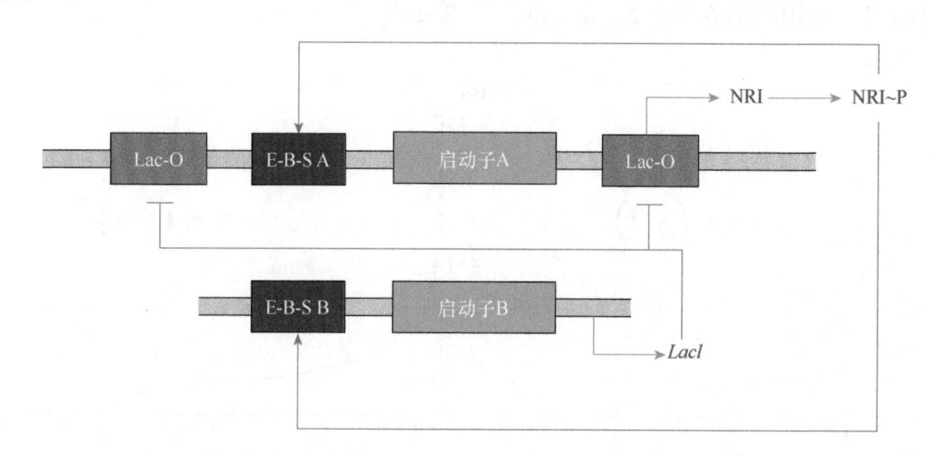

图14.14 显示持续同步振荡的基因回路的示意图。Lac-O是LacI操纵基因位点，E-B-S A和E-B-S B是增强子结合位点[改编自Atkinson MR，Savageau MA，Myers JT & Ninfa AJ. *Cell* 113（2003）597-607. 经Elsevier许可]。

论预测一致。例如，如模型分析所预测的那样，当抑制子系统的增强子结合位点被移除时，振荡变为一个拨动开关，从而，LacI的产生成为组成型的。

在更高的功能水平，稳定的振荡是昼夜节律的核心。虽然这些已经被研究了很长时间，无论是实验还是数学建模，合成生物学为研究这些有趣的系统提供了新的途径[86, 87]。

创造新型基因回路的工作没有极限，人们可以料到，巧妙发明的数量会稳步增加。例如，詹姆斯·科林斯（James Collins）的小组创造了一个可以计数的大肠杆菌菌株[88]。克里斯托弗·沃伊特（Christopher Voigt）和安德鲁·埃林顿（Andrew Ellington）实验室设计的细菌能够看到光线，检测光明与黑暗之间的边缘，本质上就像摄影胶片一样[89]。其遗传构造由以下多种成分组成：来自淡水蓝细菌（蓝绿藻）集胞藻属（*Synechocystis*）和细菌大肠杆菌的组分组成的嵌合光敏蛋白、来自海洋细菌费氏弧菌（*Vibrio fischeri*）的LuxI生物合成酶（它产生细胞间的通信信号）、来自λ噬菌体的转录抑制因子，以及产生黑色素的Lac系统。边缘检测算法的实现，由携带约10 000个DNA碱基对的三个质粒主链组成。参考文献[90]对该工程细菌传感器系统和合成基因回路的策略进行了很好的综述。

在不同的应用中，沃伊特（Voigt）的实验室开发了一种设计合成核糖体结合位点的方法，使其能够以合理、可预测和准确的方式控制蛋白质的表达[91]。这种类型的控制可能对连接基因回路及代谢工程中有机化合物的靶向生产具有重大意义。

在自然界中，细菌相互通信，并经常通过一种称为**群体感应（quorum sensing，QS）**的过程表现出协调的、基于群体的行为（参见第9章）。在此过程中，细菌产生和释放物种特异性的或通用的化学信号分子。同种或异种的其他细菌，能感知这些分子，并相应地调节它们的基因表达，其方式取决于化学信号的量，从而取决于环境中的细胞密度。其结果是，只有当板子上有足够多的细菌时，才会发生群体响应。QS的自然实例可以从**生物被膜**（**biofilm**）的形成中看到，生物被膜普遍存在，从人类牙齿到下水管道（见第15章），在细菌致病性和毒性中都有。至少在原则上，似乎可以将对QS过程的详细了解，作为对付这些不受欢迎的细菌现象的武器[92]。QS在创造新的微生物系统方面似乎也有很大的潜力，这些微生物系统可以作为一个群体，对感兴趣的刺激进行集体反应。例如，细菌群体传感器可用于检测环境化学物质或病原体，或用于创造新材料[93]。

许多细菌物种只使用一个QS回路，而其他的，则使用两个或多个回路进行通信。当我们对这些回路的细节了解得更多时，就会出现更多可以在遗传或信号水平上进行破坏的目标。这种破坏的回报可能是显著的，因为生物被膜通常是不受欢迎的，而且许多致病物种通过QS过程产生了抗药性。开发破坏策略和指导多细胞功能的一种有前景的方法是，使用合成生物学方法重建计算的和分子的QS系统[93, 94]。完成此任务的一种方法是，重新连接信号通路的输入输出关系。例如，将传感器更换为不同的信号通路，就可以对微生物系统的输入进行有针对性的工程设计，而改变携带从受体到下游效应器信号的分子，就能影响其输出[16]。

未来已经开始

在某种意义上，理解并可靠地改变生物系统的设计，是系统、合成和应用生物学的最终目标。虽然为特定的目的建立特定的系统具有很大的价值，但发现设计原理，使我们更接近理性方法，并最终成为生物学的理论（见第15章）。它还将揭示，将生物学应用于医疗、代谢工程、环境中毒素发现的新途径，可能还有许多我们目前甚至无法预见的其他活动。生物系统的设计工作，需要分子生物学、工程学和建模等多种方法。早期的成功证明了，将基因组信息与代谢和信号转导途径，以及细胞生理学和基于系统的模型联系起来的效用。在代谢工程中，传统的试错方法正在被改变现有基因组和代谢设计的理性方法，以及新途径的创造和控制所成功取代。在小规模上，我们已经具备了设计功能回路的基本能力，用数学模型测试它们，并在实际的微生物系统中实现[50]。在目前合成生物学的第一阶段，我们主要是模仿自然系统。很快，我们将能够用基本部件创造出新颖的功能系统[16, 59]。我们已经掌握了在基因组水平上控制微生物功能的各种手段[48, 49]，而且我们正在开始磨练在RNA和蛋白质水平上微调表达的能力[91, 95]。几十年前似乎还只是幻想的事物已成为现实。但这仅仅是开始。毫无疑问，我们面前有一段漫长而激动人心的旅程，其目的地甚至无法想象。

练　习

14.1　讨论将外源基因引入生物体并使其表达的方法和挑战。

14.2　姚（Yao）和同事[96]研究了哺乳动物细胞周期内的限制点，在此处，细胞确定进入S期或保持在G_1期。为了分析这种双稳态行为，他们构建了一个简化模型，其核心由E2F转录因子的自激活组成，该转录因子被视网膜母细胞瘤肿瘤抑制蛋白（Rb）抑制。阅读原始文章，并实现文中给出的微分方程系统。分析哪些组件对于双稳态至关重要。在报告中总结你的发现。请注意，文章中的方程式包含几个拼写错误。这就是生活，也是学习排除故障的好机会。将方程式与过程表和系统图进行比较，以检测和协调矛盾之处。

14.3　添加S_1和S_2的输入到图14.3中。然后写出双扇模体的常微分方程，并测试源结点和目标结点之间、恒定输入及正负信号的不同组合。研究组合两个信号时的“与”和“或”门。对于给定的正负信号组合，模型描述的结构是否唯一？

14.4　为图14.4中的两个环结构建立微分方程，假设所有箭头都代表正效应。选择简单的参数值，并对两个环的行为执行模拟。特别是，研究两个环的稳定性。

14.5　为图14.4中的两个环结构建立微分方程，其中一些箭头表示正效应，其余箭头表示负（抑制）效应。选择简单的参数值，并对两个环的行为执行模拟。要特别注意环的稳定性。在报告中记录你的发现。

14.6　绘制包含直接和间接路径的所有三结点前馈环模体的图。报告它们是否协调。

14.7　用免疫抑制模型进行其他模拟，并测试模型A是否仍然优于模型B。

14.8　将图14.8中的系统实现为幂律系统，并测试不同流量分流比［v_{10}/v_{12}和（或）v_{23}/v_{24}］对输出v_{40}的影响。研究两个潜在反馈信号（图中的问号）对结果的影响。

14.9　搜索文献，以获取有关代谢负担的信息。它究竟是什么，为什么它在代谢工程中很重要，以及如何规避与之相关的问题？

14.10　通过手动或参考文献［68-71］中的软件，确定图14.15A中简单反应系统的基元模式。假设阴影区域内的结点是内部的，并且r_1的主导方向是向着A的。定义化学计量矩阵。如果目标是B_e的最优产量，那么最优的基元模式是什么？

14.11　写出图14.15B中简单反应网络的化学计量矩阵。确定网络的基元模式。

14.12　写出图14.15C中简单反应网络的化学计量矩阵。确定网络的基元模式。

14.13　识别图14.16中简化酵母发酵通路中的

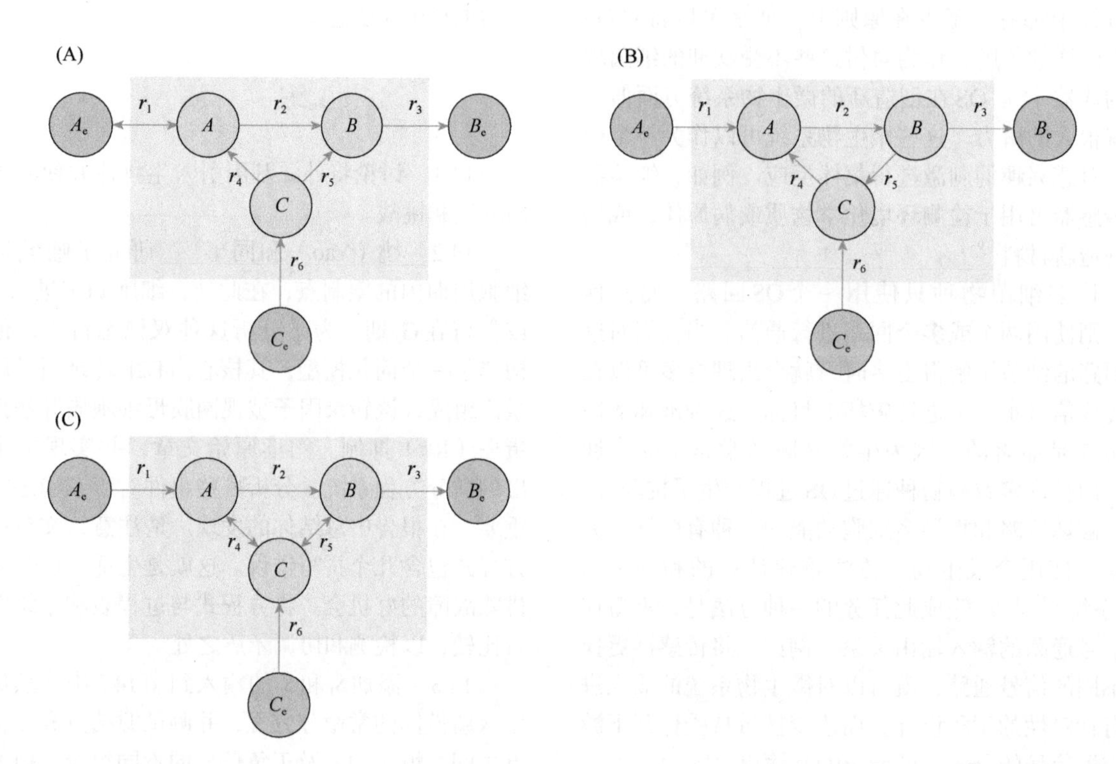

图14.15　通用代谢反应系统。在（A）中，通路包含两个输入和两个输出。（B）和（C）代表轻微的变化（改编自Palsson BØ. Systems Biology：Properties of Reconstructed Networks. Cambridge University Press，2006. 经剑桥大学出版社许可）。

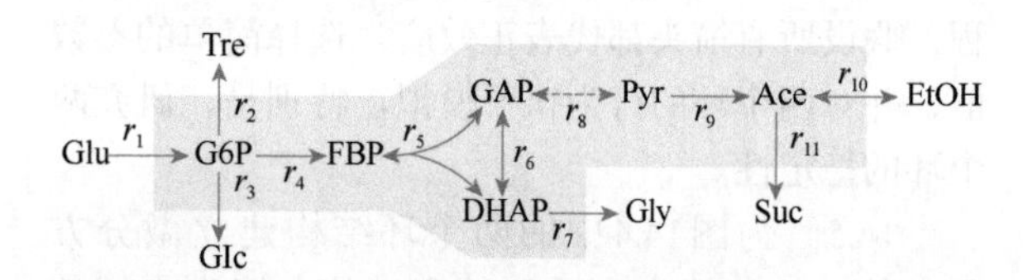

图14.16　酵母发酵系统的简化图。阴影区域被认为是系统内部，而EtOH、Glu、Glc、Gly、Suc和Tre是外部的。虚线箭头表示未明确显示的几个反应的序列（改编自Schwartz J M & Kanehisa M. *BMC Bioinformatics* 7［2006］186. 经Bio Med Central Ltd.许可）。

缩写。假设阴影区域外的反应是外部的。写出化学计量矩阵。通过手动或参考文献［68-71］中的软件，确定网络的基元模式。

14.14　本文指出，基元模式是在稳态下发生的、基本上独特的、最小的不可逆反应的通路。包含“基本上”一词意味着，除了简单的缩放（即乘以相同的常数），这些集是唯一的。讨论，为什么这种类型的可扩展性始终存在于化学计量、流量平衡和基元模式分析中。动态模拟中也是如此吗？

14.15　探索通过代谢工程和合成生物学进行药物开发的实例。例如，研究癌症药物紫杉醇或聚酮化合物的工程化生产，聚酮化合物是含有抗生素如红霉素的化合物家族。在报告中描述你的发现。

14.16　探索用于创造黄金大米的代谢工程和合成生物学的具体技术，这有助于解决发展中国家的维生素A缺乏问题，那里的人们以大米作为主食。在报告中描述你的发现。

14.17　在数值求解器中实现方程组（14.3）～（14.5），并通过模拟证明其双稳态或不稳定性。

14.18　回顾系统显示迟滞时的含义。在方程组（14.3）～（14.5）的系统中，展示是否存在迟滞现象。

14.19　更改方程组（14.3）～（14.5）中的参数，使系统对于低u和高v值只有一个稳态。

14.20 是否可以更改方程组（14.3）～（14.5）中的参数，使系统没有稳态？如果你的答案是“是”，请举例说明。如果是“否”，解释为什么不可能。

14.21 分析当方程组（14.3）中微分方程中的生产项和消耗项互换时会发生什么。使用图14.12中的参数开始分析。

14.22 实现埃洛维茨（Elowitz）和莱布勒（Leibler）[84]的阻遏振荡器，并进行模拟。

14.23 研究埃洛维茨（Elowitz）和莱布勒（Leibler）[84]的阻遏振荡器中的双稳态和迟滞性。在报告中描述你的发现。

14.24 在文献中搜索未在本文讨论的合成生物系统。在报告中描述其使用的分子和计算技术。

参考文献

[1] Savageau MA. Biochemical Systems Analysis: A Study of Function and Design in Molecular Biology. Addison-Wesley, 1976.

[2] Savageau MA. Design of molecular control mechanisms and the demand for gene expression. *Proc. Natl Acad. Sci.* USA 74 (1977) 5647-5651.

[3] Irvine DH & Savageau MA. Network regulation of the immune response: alternative control points for suppressor modulation of effector lymphocytes. *J. Immunol.* 134 (1985) 2100-2116.

[4] Savageau MA. A theory of alternative designs for biochemical control systems. *Biomed. Biochim. Acta* 44 (1985) 875-880.

[5] Alon U. An Introduction to Systems Biology: Design Principles of Biological Circuits. Chapman & Hall/CRC Press, 2006.

[6] Ma'ayan A, Blitzer RD & Iyengar R. Toward predictive models of mammalian cells. *Annu. Rev. Biophys. Biomol. Struct.* 34 (2005) 319-349.

[7] Shen-Orr SS, Milo R, Mangan S & Alon U. Network motifs in the transcriptional regulation network of *Escherichia coli. Nat. Genet.* 31 (2002) 64-68.

[8] Alves R & Sorribas A (eds). Special issue on biological design principles. *Math. Biosci.* 231 (2011) 1-98.

[9] Che D, Li G, Mao F, et al. Detecting uber-operons in prokaryotic genomes. *Nucleic Acids Res*. 34 (2006) 2418-2427.

[10] Yin Y, Zhang H, Olman V & Xu Y. Genomic arrangement of bacterial operons is constrained by biological pathways encoded in the genome. *Proc. Natl Acad. Sci. USA* 107 (2010) 6310-6315.

[11] Zhou F, Olman V & Xu Y. Barcodes for genomes and applications. *BMC Bioinformatics* 9 (2008) 546.

[12] Yus E, Maier T, Michalodimitrakis K, et al. Impact of genome reduction on bacterial metabolism and its regulation. *Science* 326 (2009) 1263-1268.

[13] Alves R & Savageau MA. Effect of overall feedback inhibition in unbranched biosynthetic pathways. *Biophys. J.* 79 (2000) 2290-2304.

[14] Jeong H, Tombor B, Albert R, et al. The large-scale organization of metabolic networks. *Nature* 407 (2000) 651-654.

[15] Isalan M, Lemerle C, Michalodimitrakis K, et al. Evolvability and hierarchy in rewired bacterial gene networks. *Nature* 452 (2008) 840-845.

[16] Mukherji S & van Oudenaarden A. Synthetic biology: understanding biological design from synthetic circuits. *Nat. Rev. Genet.* 10 (2009) 859-871.

[17] Alon U. Simplicity in biology. *Nature* 446 (2007) 497.

[18] Barabási AL. Linked: The New Science of Networks. Perseus, 2002.

[19] Milo R, Shen-Orr S, Itzkovitz S, et al. Network motifs: simple building blocks of complex networks. *Science* 298 (2002) 824-827.

[20] Ptashne M. A Genetic Switch: Phage Lambda Revisited, 3rd ed. Cold Spring Harbor Laboratory Press, 2004.

[21] Weitz JS, Mileyko Y, Joh RI & Voit EO. Collective decision making in bacterial viruses. *Biophys. J.* 95 (2008) 2673-2680.

[22] Lipshtat A, Purushothaman SP, Iyengar R & Ma'ayan A. Functions of bifans in context of multiple regulatory motifs in signaling networks. *Biophys. J.* 94 (2008) 2566-2579.

[23] Schwacke JH & Voit EO. The potential for signal integration and processing in interacting MAP kinase cascades. *J. Theor. Biol.* 246 (2007) 604-620.

[24] Ma'ayan A, Cecchi GA, Wagner J, et al. Ordered cyclic motifs contribute to dynamic stability in biological and engineered networks. *Proc. Nat. Acad. Sci. USA* 105 (2008) 19235-19249.

[25] Irvine DH. The method of controlled mathematical comparison. In Canonical Nonlinear Modeling (EO Voit, ed.), pp 90-109. Van Nostrand Reinhold, 1991.

[26] Savageau MA, Coelho PM, Fasani RA, et al.

Phenotypes and tolerances in the design space of biochemical systems. *Proc. Natl Acad. Sci. USA* 106 (2009) 6435-6440.

[27] Lomnitz JG & Savageau MA. Elucidating the genotype-phenotype map by automatic enumeration and analysis of the phenotypic repertoire. *Nature Partner J. Syst. Biol. Appl.* 1 (2015) 15003.

[28] Schwacke JH & Voit EO. Improved methods for the mathematically controlled comparison of biochemical systems. *Theor. Biol. Med. Model.* 1 (2004) 1.

[29] Savageau MA. Demand theory of gene regulation. I. Quantitative development of the theory. *Genetics* 149 (1998) 1665-1676.

[30] Savageau MA. Demand theory of gene regulation. Ⅱ. Quantitative application to the lactose and maltose operons of Escherichia coli. *Genetics* 149 (1998) 1677-1691.

[31] Alves R & Savageau MA. Comparative analysis of prototype two-component systems with either bifunctional or monofunctional sensors: differences in molecular structure and physiological function. *Mol. Microbiol.* 48 (2003) 25-51.

[32] Igoshin OA, Alves R & Savageau MA. Hysteretic and graded responses in bacterial two-component signal transduction. *Mol. Microbiol.* 68 (2008) 1196-1215.

[33] Skerker JM, Perchuk BS, Siryaporn A, et al. Rewiring the specificity of two-component signal transduction systems. *Cell* 133 (2008) 1043-1054.

[34] Voit EO. Design principles and operating principles: the yin and yang of optimal functioning. *Math. Biosci.* 182 (2003) 81-92.

[35] Colwell LJ, Brenner MP & Ribbeck K. Charge as a selection criterion for translocation through the nuclear pore complex. *PLoS Comput. Biol.* 6 (2010) e1000747.

[36] Bommarius AS & Riebel BR. Biocatalysis. Wiley-VCH, 2004.

[37] Yoshikuni Y, Dietrich JA, Nowroozi FF, et al. Redesigning enzymes based on adaptive evolution for optimal function in synthetic metabolic pathways. *Chem. Biol.* 15 (2008) 607-618.

[38] Wang HH, Isaacs FJ, Carr PA, et al. Programming cells by multiplex genome engineering and accelerated evolution. *Nature* 460 (2009) 894-899.

[39] Currie JN. On the citric acid production of Aspergillus niger. *Science* 44 (1916) 215-216.

[40] Palsson BØ. Systems Biology: Properties of Reconstructed Networks. Cambridge University Press, 2006.

[41] Stephanopoulos GN, Aristidou AA & Nielsen J. Metabolic Engineering: Principles and Methodologies. Academic Press, 1998.

[42] Torres NV & Voit EO. Pathway Analysis and Optimization in Metabolic Engineering. Cambridge University Press, 2002.

[43] Lartigue C, Vashee S, Algire MA, et al. Creating bacterial strains from genomes that have been cloned and engineered in yeast. *Science* 325 (2009) 1693-1696.

[44] Mojica FJ & Montoliu L. On the origin of CRISPR-Cas technology: from prokaryotes to mammals. *Trends Microbiol.* 24 (2016) 811-820.

[45] Wang F & Qi LS. Applications of CRISPR genome engineering in cell biology. *Trends Cell Biol.* 16 (2016) 875-888.

[46] Koeller KM & Wong CH. Enzymes for chemical synthesis. *Nat. Rev. Genet.* 409 (2001) 232-240.

[47] Duncan TM & Reimer JA. Chemical Engineering Design and Analysis: An Introduction. Cambridge University Press, 1998.

[48] Drubin DA, Way JC & Silver PA. Designing biological systems. *Genes Dev.* 21 (2007) 242-254.

[49] Keasling JD. Synthetic biology for synthetic chemistry. *ACS Chem. Biol.* 3 (2008) 64-76.

[50] Marner WD 2nd. Practical application of synthetic biology principles. *Biotechnol. J.* 4 (2009) 1406-1419.

[51] Tryfona T & Bustard MT. Fermentative production of lysine by Corynebacterium glutamicum: transmembrane transport and metabolic flux analysis. *Process Biochem.* 40 (2005) 499-508.

[52] First successful laboratory production of human insulin announced. Genentech Press Release, 6 September 1978. https: //www.gene.com/media/press-releases/4160/1978-09-06/first-successful-laboratory-production-o.

[53] Sharma SS, Blattner FR & Harcum SW. Recombinant protein production in an Escherichia coli reduced genome strain. *Metab. Eng.* 9 (2007) 133-141.

[54] Pátek M, Holátko J, Busche T, et al. Corynebacterium glutamicum promoters: a practical approach. *Microb. Biotechnol.* 6 (2013) 103-117.

[55] Hammer K, Mijakovic I & Jensen PR. Synthetic promoter libraries—tuning of gene expression. *Trends Biotechnol.* 24 (2006) 53-55.

[56] Ham TS, Lee SK, Keasling JD & Arkin A. Design

and construction of a double inversion recombination switch for heritable sequential genetic memory. *PLoS One* 3 (2008) e2815.

[57] Grilly C, Stricker J, Pang WL, et al. A synthetic gene network for tuning protein degradation in *Saccharomyces cerevisiae*. *Mol. Syst. Biol.* 3 (2007) 127.

[58] Dueber JE, Wu GC, Malmirchegini GR, et al. Synthetic protein scaffolds provide modular control over metabolic flux. *Nat. Biotechnol.* 27 (2009) 753-759.

[59] Registry of Standard Biological Parts. http://partsregistry.org/.

[60] Arkin A. Setting the standard in synthetic biology. *Nat. Biotechnol.* 26 (2008) 771-774.

[61] Canton B, Labno A & Endy D. Refinement and standardization of synthetic biological parts and devices. *Nat. Biotechnol.* 26 (2008) 787-793.

[62] Densmore D, Sangiovanni-Vincentelli A & Passerone R. A platform-based taxonomy for ESL design. *IEEE Des. Test Comput.* 23 (2006) 359-374.

[63] Densmore D, Hsiau THC, Batten C, et al. Algorithms for automated DNA assembly. *Nucleic Acids Res.* 38 (2010) 2607-2616.

[64] Trinh CT, Unrean P & Srienc F. Minimal Escherichia coli cell for the most efficient production of ethanol from hexoses and pentoses. *Appl. Env. Microbiol.* 74 (2008) 3634-3643.

[65] Trinh CT, Wlaschin A & Srienc F. Elementary mode analysis: a useful metabolic pathway analysis tool for characterizing cellular metabolism. *Appl. Microbiol. Biotechnol.* 81 (2009) 813-826.

[66] Schuster S & Hilgetag S. On elementary flux modes in biochemical reaction systems at steady state. *J. Biol. Syst.* 2 (1994) 165-182.

[67] Liao JC, Hou SY & Chao YP. Pathway analysis, engineering, and physiological considerations for redirecting central metabolism. *Biotechnol. Bioeng.* 52 (1996) 129-140.

[68] Poolman MG, Venkatesh KV, Pidcock MK & Fell DA. ScrumPy—Metabolic Modelling in Python. http://mudshark.brookes.ac.uk/ScrumPy.

[69] Poolman MG, Venkatesh KV, Pidcock MK & Fell DA. A method for the determination of flux in elementary modes, and its application to Lactobacillus rhamnosus. *Biotechnol. Bioeng.* 88 (2004) 601-612.

[70] von Kamp A & Schuster S. METATOOL 5.1 for GNU octave and MATLAB. http://pinguin.biologie.uni-jena.de/bioinformatik/networks/metatool/metatool5.1/metatool5.1.html.

[71] von Kamp A & Schuster S. Metatool 5.0: fast and flexible elementary modes analysis. *Bioinformatics* 22 (2006) 1930-1931.

[72] Martin VJJ, Pitera DJ, Withers ST, et al. Engineering a mevalonate pathway in *Escherichia coli* for production of terpenoids. *Nat. Biotechnol.* 21 (2003) 796-802.

[73] Ro DK, Paradise EM, Ouellet M, et al. Production of the antimalarial drug precursor artemisinic acid in engineered yeast. *Nature* 440 (2006) 940-943.

[74] National Institute of Allergy and Infectious Diseases (NIAID). Malaria. https: //www.niaid.nih.gov/diseases-conditions/malaria.

[75] Graham IA, Besser K, Blumer S, et al. The genetic map of *Artemisia annua* L. identifies loci affecting yield of the antimalarial drug artemisinin. *Science* 327 (2010) 328-331.

[76] Bertea CM, Voster A, Verstappen FW, et al. Isoprenoid biosynthesis in *Artemisia annua*: cloning and heterologous expression of a germacrene A synthase from a glandular trichome cDNA library. *Arch. Biochem. Biophys.* 448 (2006) 3-12.

[77] Dondorp AM, Nosten F, Yi P, et al. Artemisinin resistance in Plasmodium falciparum malaria. *N. Engl. J. Med.* 361 (2009) 455-467.

[78] Ye X, Al-Babili S, Klöti A, et al. Engineering the provitamin A (beta-carotene) biosynthetic pathway into (carotenoid-free) rice endosperm. *Science* 287 (2000) 303-305.

[79] Paine JA, Shipton CA, Chaggar S, et al. Improving the nutritional value of Golden Rice through increased pro-vitamin A content. *Nat. Biotechnol.* 23 (2005) 482-487.

[80] Naqvi S, Zhu C, Farre G, et al. Transgenic multivitamin corn through biofortification of endosperm with three vitamins representing three distinct metabolic pathways. *Proc. Natl Acad. Sci. USA* 106 (2009) 7762-7767.

[81] Golden Rice Project. http://www.goldenrice.org/.

[82] Myers CJ. Engineering Genetic Circuits. Chapman & Hall/CRC Press, 2009.

[83] Gardner TS, Cantor CR & Collins JJ. Construction of a genetic toggle switch in *Escherichia coli*. *Nature* 403 (2000) 339-342.

[84] Elowitz MB & Leibler S. A synthetic oscillatory network of transcriptional regulators. *Nature* 403

(2000) 335-338.

[85] Atkinson MR, Savageau MA, Myers JT & Ninfa AJ. Development of genetic circuitry exhibiting toggle switch or oscillatory behavior in *Escherichia coli*. *Cell* 113 (2003) 597-607.

[86] Rust MJ, Markson JS, Lane WS, et al. Ordered phosphorylation governs oscillation of a three-protein circadian clock. *Science* 318 (2007) 809-812.

[87] Cookson NA, Tsimring LS & Hasty J. The pedestrian watchmaker: genetic clocks from engineered oscillators. *FEBS Lett.* 583 (2009) 3931-3937.

[88] Friedland AE, Lu TK, Wang X, et al. Synthetic gene networks that count. *Science* 324 (2009) 1199-1202.

[89] Tabor JJ, Salis HM, Simpson ZB, et al. A synthetic genetic edge detection program. *Cell* 137 (2009) 1272-1281.

[90] Salis H, Tamsir A & Voigt C. Engineering bacterial signals and sensors. *Contrib. Microbiol.* 16 (2009) 194-225.

[91] Salis HM, Mirsky EA & Voigt CA. Automated design of synthetic ribosome binding sites to control protein expression. *Nat. Biotechnol.* 27 (2009) 946-950.

[92] March JC & Bentley WE. Quorum sensing and bacterial cross-talk in biotechnology. *Curr. Opin. Biotechnol.* 15 (2004) 495-502.

[93] Hooshangi S & Bentley WE. From unicellular properties to multicellular behavior: bacteria quorum sensing circuitry and applications. *Curr. Opin. Biotechnol.* 19 (2008) 550-555.

[94] Li J, Wang L, Hashimoto Y, et al. A stochastic model of *Escherichia coli* AI-2 quorum signal circuit reveals alternative synthesis pathways. *Mol. Syst. Biol.* 2 (2006) 67.

[95] Beisel CL & Smolke CD. Design principles for riboswitch function. *PLoS Comput. Biol.* 5 (2009) e1000363.

[96] Yao G, Lee TJ, Mori S, et al. A bistable Rb-E2F switch underlies the restriction point. *Nat. Cell Biol.* 10 (2008) 476-482.

拓展阅读

Alon U. An Introduction to Systems Biology: Design Principles of Biological Circuits. Chapman & Hall/CRC Press, 2006.

Alon U. Simplicity in biology. *Nature* 446 (2007) 497.

Arkin A. Setting the standard in synthetic biology. *Nat. Biotechnol.* 26 (2008) 771-774.

Baldwin G, Bayer T, Dickinson R, et al. Synthetic Biology—A Primer, revised ed. Imperial College Press/World Scientific, 2016.

Barabási AL. Linked: The New Science of Networks. Perseus, 2002.

Canton B, Labno A & Endy D. Refinement and standardization of synthetic biological parts and devices. *Nat. Biotechnol.* 26 (2008) 787-793.

Church GM & Regis E. Regenesis: How Synthetic Biology Will Reinvent Nature and Ourselves. Basic Books, 2012.

Covert MW. Fundamentals of Systems Biology: From Synthetic Circuits to Whole-Cell Models. CRC Press, 2015.

Drubin DA, Way JC & Silver PA. Designing biological systems. *Genes Dev.* 21 (2007) 242-254.

Friedland AE, Lu TK, Wang X, et al. Synthetic gene networks that count. *Science* 324 (2009) 1199-1202.

Jeong H, Tombor B, Albert R, et al. The large-scale organization of metabolic networks. *Nature* 407 (2000) 651-654.

Keasling JD. Synthetic biology for synthetic chemistry. *ACS Chem. Biol.* 3 (2008) 64-76.

Ma'ayan A, Blitzer RD & Iyengar R. Toward predictive models of mammalian cells. *Annu. Rev. Biophys. Biomol. Struct.* 34 (2005) 319-349.

Marner WD 2nd. Practical application of synthetic biology principles. *Biotechnol. J.* 4 (2009) 1406-1419.

Mukherji S & van Oudenaarden A. Synthetic biology: understanding biological design from synthetic circuits. *Nat. Rev. Genet.* 10 (2009) 859-871.

Myers CJ. Engineering Genetic Circuits. Chapman & Hall/CRC Press, 2009.

Salis H, Tamsir A & Voigt C. Engineering bacterial signals and sensors. *Contrib. Microbiol.* 16 (2009) 194-225.

Savageau MA. Demand theory of gene regulation. I. Quantitative development of the theory. *Genetics* 149 (1998) 1665-1676.

Voit EO. The Inner Workings of Life. Vignettes in Systems Biology. Cambridge University Press, 2016.

15 系统生物学的新兴主题

读完本章，你应能够：

- 概述系统生物学的现有技术
- 陈述系统生物学在不久的将来面临的一些紧迫挑战
- 解释为什么某些应用领域难以分析并且需要进行系统分析
- 解释当前建模技术的不足之处，以及可以采取哪些措施来弥补
- 讨论一个生物学的理论会带来什么

最后一章，讨论系统生物学目前所处的位置，以及它在不久的将来可能的去向。它首先介绍了一些等待系统分析的具有挑战性的应用领域，然后列出了一些可预见的建模需求和理论发展。

展望未来是件棘手的事情。一旦未来到来，许多预测者都遭到了嘲笑，他们发现，未来与最疯狂的想象都可能大相径庭。全世界已经使用了许多许多计算机，远远超过据称是美国国际商用机器公司（IBM）总裁托马斯·约翰·沃森（Thomas John Watson）在20世纪50年代初所预测的5台。我们的铜，也没有像罗马俱乐部（Club of Rome）在20世纪70年代所预测的那样用完，当时电话线的数量正在迅速增长，看上去没有尽头，而光纤还没有被发明[1]。人们也没有像许多老科幻电影中描绘的那样，带着独立的喷气背包在城镇上空飞行。

系统生物学的未来尤其难以预测，即使在未来10年或20年相对较短的时间内也是如此，因为它仍然是一个如此年轻的学科，任何类型的对未知的推断，都会立即引发警告信号。如果我们以分子生物学为例，试着想象，50年前的预测是什么样的，我们可能很快就会看到，预测是如何戏剧性地误入歧途的。在一个博士学位被授予测序单个基因的时代，谁能想象出机器人点样的微阵列？谁能预见到分子和细胞成像的惊人进展？因此，就系统生物学而言，似乎我们只能确定，在预测2050年甚至2025年的系统生物学的面貌时，没有多少可靠性，甚至连目标都不清晰。一些系统生物学家宣称，他们的最终目标是建立一个完整的细胞或有机体的计算模型。另一些人则认为，发现通用的设计原理更为重要。尽管存在所有这些不确定性，但推测一些即将出现的应用领域和方法学趋势，可能是有用的。

新兴应用

15.1 从神经元到大脑

长期以来，实验生物学和生物数学都对神经和大脑着迷[2, 3]。半个多世纪以前，霍奇金（Hodgkin）和赫胥黎（Huxley）提出了他们对鱿鱼神经元的开创性建模工作，并因此获得了诺贝尔奖（见参考文献［4］和第12章）。然而，尽管进行了大量的研究，仍然不知道我们的记忆是如何工作的，也不知道是什么决定了一个人在晚年是否会患上阿尔茨海默病。

出于必要性，神经生物学中的建模方法大多是对小系统的详细描述或对大系统的粗略描述。人们提出了个体动作电位模型中数不胜数的变体，仔细的数学分析已经能够解释其功能的基础[5-7]。使用动作电位作为输入，生物化学模型已经被开发出来，用来描述单个神经元中**神经递质（neurotransmitter）**的动态，以及两个神经元之间的突触信号转导[8-12]。在更高层次的组织中，神经元信号转导模型关注的是不同大脑模块的功能和相互作用，但在这样做的同时，它们不得不忽略大多数关于细胞和细胞内事件的细节，而这些事件是神经元信号转导的基础[13]。

自然，复杂和详细的模型可以实现比最小模型更真实的分析。然而，非常简化的模型有其自身的吸引力[14, 15]。极端简化的是一种生物启发的构造，称为**人工神经网络（artificial neural network，ANN）**，其中，神经元仅依据它们的激活状态被编码为开或关，1或0，且该状态以离散方式（见第4章、第9章和第13章）在整个网络中转换。在每一步，到达神经元的1和0乘以数值权重，加权输入的和，决定了这个神经元在离散过程中的下一步是开启还是关闭。这种对现实的生物神经元网络的极大简化，其优点是可以非常有效地研究由数千个人工神经元组成的大阵列。有趣的是，研究表明，随

着时间的推移，人工神经网络可以通过改变每个神经元处理其输入的权值[16, 17]来进行训练以识别模式。因此，人工神经网络能够代表无限的响应范围，广泛的研究使人工神经网络应用于各种分类和优化任务，不再与神经科学有任何关系。例如，经过训练，ANN可以找到并阅读信封上的邮政编码，以及区分潦草书写的7和1。

在简单性和复杂性之间谱系的另一端，模拟神经元的真实交互网络的顶点，目前是蓝脑计划（Blue Brain Project）[18]，为了这个项目，一大群科学家正在收集一个特定的人类大脑部分——新皮质柱的详细微观解剖、遗传和电学数据，并将它们整合到三维仿真模型中，该模型包含超过200种神经元的非常大的细胞群体（图15.1和图15.2）。该项目的庞大规模需要巨大的超级计算能力，其结果令人着迷。这种方法的一个主要问题是，模拟结果变得如此复杂，其分析本身就是一个重大挑战。

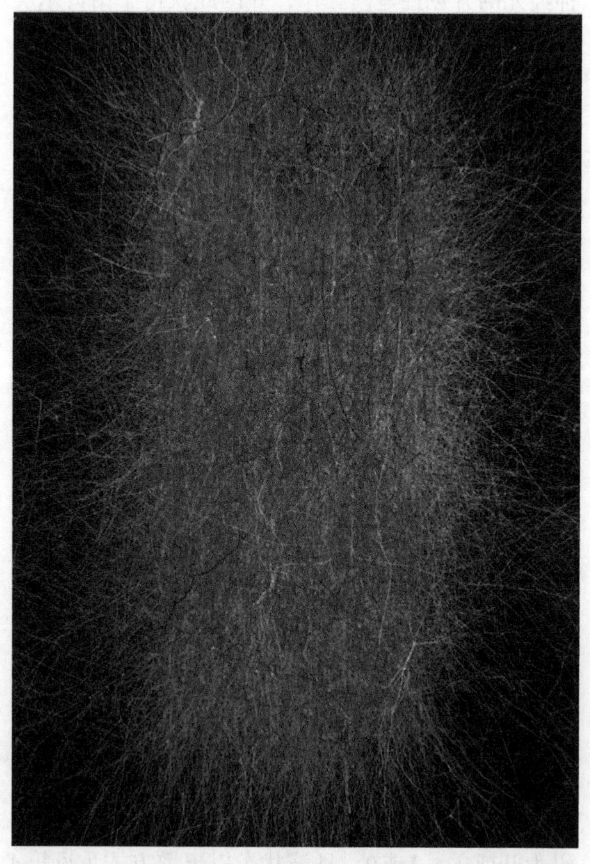

图15.1　大鼠新皮质柱的模型重构图像（EPFL的Blue Brain Project供图）。

理解大脑的不同方法，突出了神经元和神经网络的不同方面，而忽视了其他方面。现在，神经系统生物学面临的最大挑战是创建概念性和计算性的多尺度模型，这些模型将与大脑有关的电、生化、遗传、解剖、发育和环境方面整合在一起，以深入洞察基本功能，如学习、记忆和适应，以及神经退行性疾病与成瘾的发生和发展[19]。第一步将是弥合从单神经元模型到详细的、真实大小的神经网络之间的差距。这一步绝不是微不足道的，因为大脑中的神经网络不仅结构非常复杂，它们的活动也会发生动态变化，如在清醒状态和睡眠状态之间。这些状态之间的切换通常很快，而指导它们的规则在很大程度上是未知的[20]。这个方向的初步尝试是，建立一些模型来研究由十几到上百个神经元组成的神经网络中的爆发模式（bursting pattern）[21]。一种互补的方法是创造计算机语言，这些语言是为分析解剖学特征、突触、离子通道和电化学过程如何控制大脑功能而量身定制的[10]。

研究真实神经网络一个良好的起点可能是一个相对简单的模式生物，如迷人的蠕虫——秀丽隐杆线虫（*Caenorhabditis elegans*），它精确地由959个体细胞组成，其中302个是神经元（图15.3）。日本的研究人员甚至建立了这种生物的突触连接数据库[22]。另一个候选者是加利福尼亚海蛞蝓——加州海兔（*Aplysia californica*），它已经成为神经生物学研究的模型，因为它只有大约2万个神经元，但对刺激表现出有趣的反应，如红色墨水的喷射（图15.4）。最终，这些和更复杂的神经网络模型将得到扩展并变得足够可靠，以允许对高等生物中的大脑进行有针对性的询问和分析。它们将导致更深入的理解，并可能帮助我们解释神经退行性疾病、成瘾、癫痫和其他威胁性疾病，以及正常的生理现象如智力和良心[23, 24]。

15.2　复杂疾病、炎症和创伤

大脑的确令人着迷，但它并不是医学上唯一具有挑战性的系统。许多复杂的疾病，甚至是正常的发育和衰老，都没有得到充分的了解，系统生物学可以提供一些工具，以一种整体的方式来解决这些问题。本节讨论两个代表性案例。

糖尿病具有相对明确的病因、结果和症状，但它是一种复杂的全身性疾病，可能会因其他器官的生理和病理反应及免疫系统的反应而加剧。一个例子是肾清除率的降低，直接或间接地影响生理或病理的几乎所有方面，从毒素去除能力的下降和血压、体积、血流的变化（这些变化可能会影响心血管功能）开始，一直到容易瘀伤和出血，并有可能出现感染、呕吐、头痛和癫痫发作。糖尿病的数学模型可以追溯到很久以前[25]，起初微不足道，当下已经达到了可以预测的水平。事实上，简单的糖

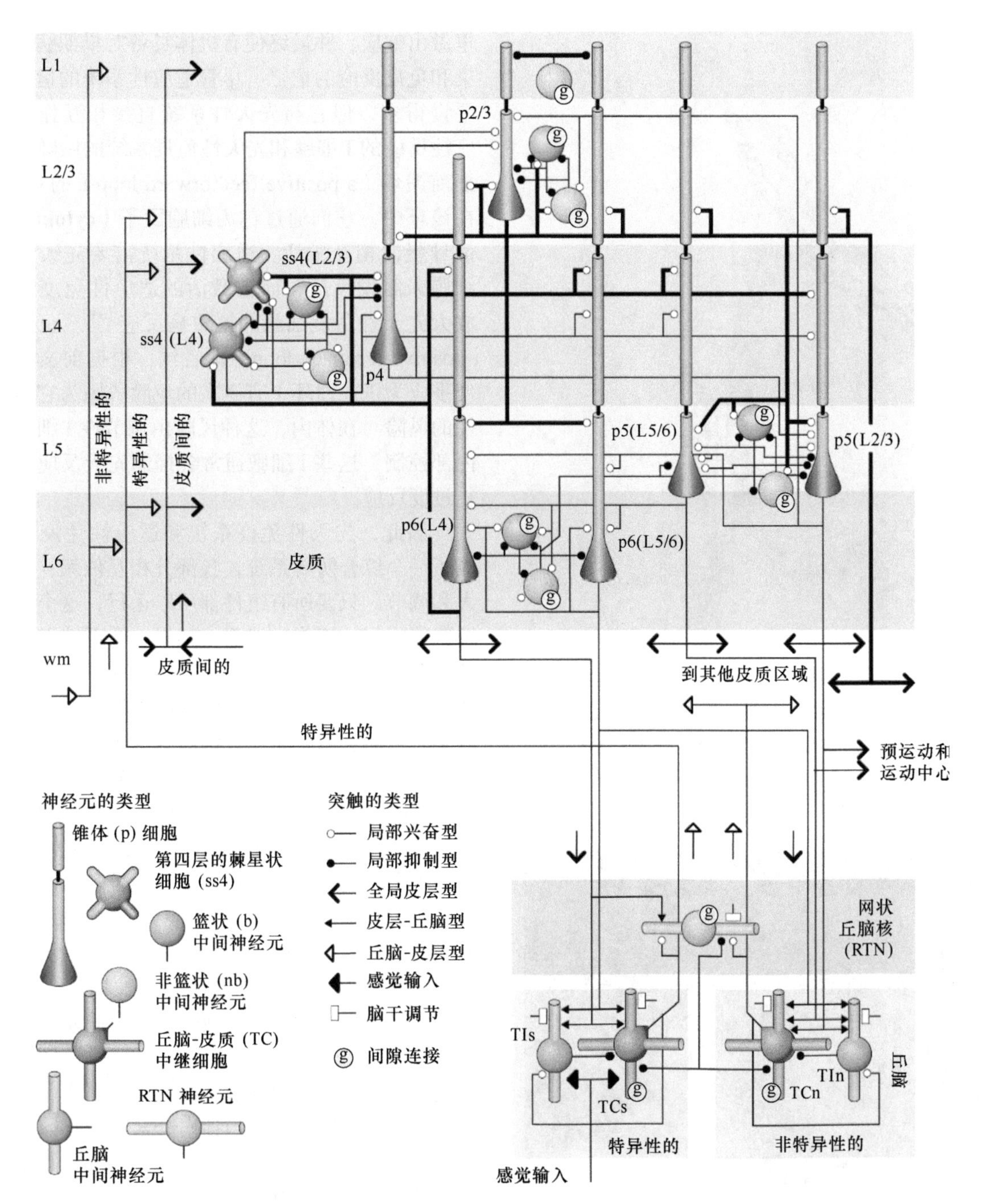

图15.2 大脑的接线图。人脑皮质层状结构简化的蓝脑表示［来自de Garis H，Shuo C，Goertzel B & Ruiting L. *Neurocomputing* 74（2010）3-29. 经Elsevier许可］。

尿病模型已经阐明了体内胰岛素的动力学，证明了胰腺β细胞代偿的重要性，并确定了特定的复合模型参数，即处置指数，作为胰腺补偿胰岛素抗性能力的代表[26]。

虽然糖尿病建模取得了很大进展[27, 28]，但仍有许多东西需要学习，随着我们收集的生物学和临床信息的增多，模型将成为越来越重要的整合工具。这种整合已经开始，可以在最近的基于生理学的模型中看到[29, 30]，这些模型模拟了糖尿病和代谢综合征，捕捉到这些疾病中调节途径的功能，并已被用于将糖尿病与心脏病风险联系起来[31]。鉴于2型糖尿病仅在美国就折磨了大约2000万人，且是心脏病和肾病及失明的主要原因，对疾病及其后遗症的更深入了解所带来的回报，是毋庸置疑的。

另一个与疾病相关且非常有趣的建模挑战，目前正处于解决的初始阶段。它与感染和炎症及随之而来的免疫反应有关，这些反应通常是有益的，但

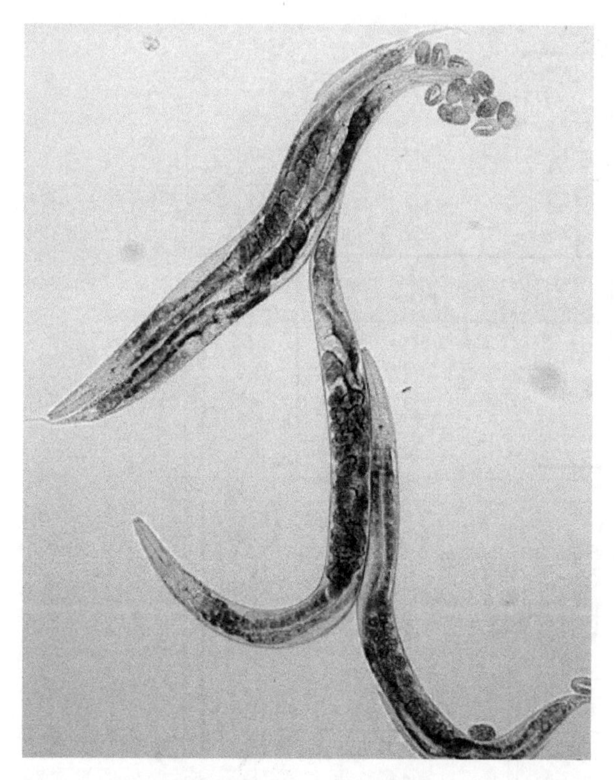

图15.3 计数所有神经元。秀丽隐杆线虫（*Caenorhabditis elegans*）是一种简单的蠕虫，精确地具有959个体细胞，其中302个是神经元（kdfj在Creative Commons Attribution-Share Alike 3.0 Unported许可下供图）。

图15.4 海蛞蝓加州海兔（*Aplysia californica*）已成为研究学习和记忆的模式生物。此处，海蛞蝓释放出一团墨水，以迷惑攻击者（Dibberi在Creative Commons Attribution-Share Alike 3.0 Unported的许可下供图）。

也可能变得非常危险。哺乳动物，包括人类，拥有两种系统来保护自己免受病原体的感染：**先天性（innate）和适应性免疫系统（adaptive immune system）**。根据目前的认识，前者识别具有特定受体的病原体的独特分子特征，并通过激活应对措施迅速做出反应[32]。如果先天反应无法控制感染，适应性免疫系统就会被激活。该系统在几天的时间里做出响应，并最终使有机体具备对早期病原体感染和免疫反应的记忆。尽管适应性系统的运作速度要慢得多，但它与先天性系统直接相互作用：适应性反应的T细胞和先天性免疫系统的巨噬细胞是正前馈环（a positive-feedforward loop）的一部分，在该环中，它们通过称为**细胞因子（cytokine）**的信号蛋白相互激活。适应性系统需要先天性免疫细胞来触发反应，而被激活的适应性免疫细胞会放大先天性免疫细胞的抗致病反应[33]。正反馈环（positive-feedback loop，译者注：根据前文，此处似乎应为正前馈环）有潜在的危险，因为它们有失控的风险。在体内，这种风险由调节性T细胞进行内部控制，这些T细胞通常会抑制先天反应，以防止过度反应。

因此，先天性免疫系统和适应性免疫系统构成了一个综合防御系统，各部分相互依赖，相互放大和调节。只要所有组件都可以运行，这个微调系统就能很好地工作。然而，如果一个系统组件受到破坏，系统就可能脱轨。例如，如果CD_4^+T细胞数量很低，先天性免疫系统就缺乏调节，炎性细胞因子有可能会急剧累积成细胞因子风暴，强大到足以通过组织损伤和感染性休克杀死宿主（图15.5）。例如，肺中的细胞因子风暴可能变得严重到足以通过液体和免疫细胞的积聚阻塞气道。正常情况下，细胞因子以皮摩尔浓度通过循环系统。然而，在感染或创伤期间，这些水平可能会增加1000倍，尤其是在其他方面健康的年轻人中。有人推测，1918年流感大流行和2005年禽流感暴发期间，年轻人中的大量死亡可能是由细胞因子风暴造成的。

当然，正如生物学中常见的那样，图15.5中的炎症图表令人遗憾地过于简化了。事实上，人体会产生多种细胞因子，包括白介素、趋化因子和干扰素。这些家族多样化，并形成复杂的相互作用网络，甚至我们开始意识到，早期的“促炎”和“抗炎”细胞因子之间的区别在许多情况下不再具有真正的意义，因为促炎细胞因子可能引发抗炎细胞因子的产生，所以促炎细胞因子间接地变成了抗炎因子。据估计，细胞因子风暴涉及超过150种不同的细胞因子、凝血因子和自由基氧，在如此复杂的网络中，对一种细胞因子种类改变的最终反应取决于细胞因子的类型；特别是，似乎网络的预处理历史是极其重要的[34]。此外，先天性免疫系统的细胞，通过释放细胞因子，启动先天和适应性免疫应答[33]，这使得对反应的直观预测非常困难。更复杂的是，不同类型的细胞及其信号活动之间存在大量的串扰。这些大量不同的参与者和相互作用

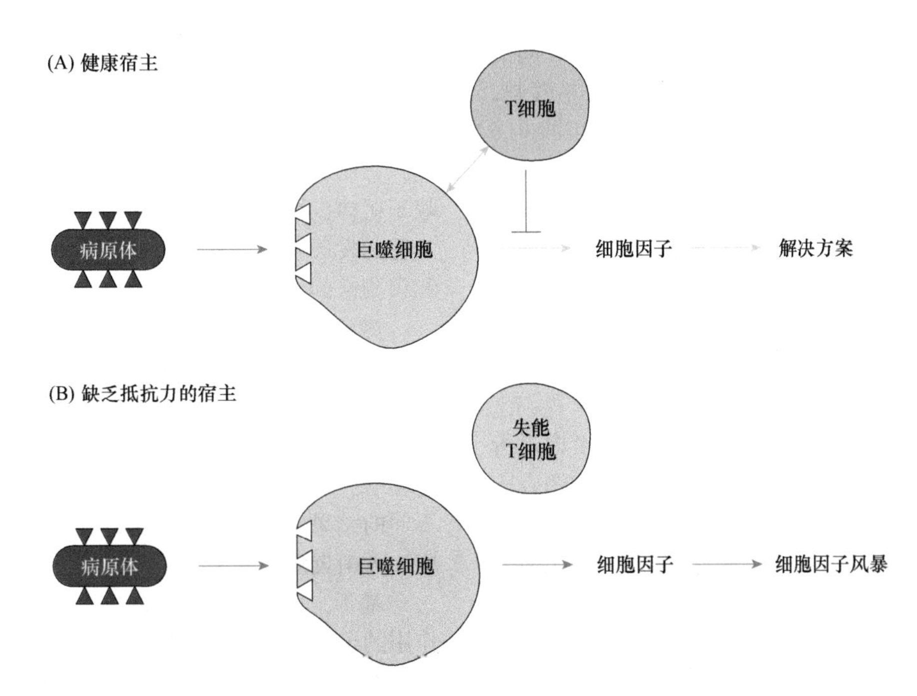

图15.5 酝酿风暴？（A）在健康宿主中，适应性免疫系统的T细胞与先天性免疫系统的巨噬细胞相互作用并可能抑制细胞因子的产生。（B）在功能性T细胞不足的受损宿主中，细胞因子的产生是不受控制的，可导致致命的细胞因子风暴［改编自Palm NW & Medzhitov R. *Nat. Med.* 13（2007）1142-1144. 经Macrillan Publishers Limited许可，它是Springer Nature的一部分］。

清楚地表明，需要系统生物学的方法来阐明免疫应答和细胞因子风暴[34]。

感染通常是引起免疫系统反应的第一个触发因素，免疫系统会对此情况进行补救。不幸的是，免疫系统本身的反应会导致相关组织的损伤和炎症。事实上，有可能，大多数感染病原体都被杀死了，但恶性循环仍在继续，组织损伤导致更多的炎症，炎症反过来又导致更多的损伤。同样，这种正反馈是由细胞因子和免疫细胞驱动的[35]。

有趣的是，有人提出，炎症是将疾病联系在一起的一个统一因素，这些疾病起初看起来非常不同，如动脉粥样硬化、类风湿性关节炎、哮喘、癌症、艾滋病、代谢综合征、阿尔茨海默病、慢性非愈合创伤和败血症[34, 35]。与此同时，炎症与自然衰老过程及运动和康复的有益效果也有关系。从这样广泛的背景来看，炎症本身并不是一个有害的过程，而是一个复杂的通信网络的反映，通过这个网络，有机体发出潜在有害的扰动信号。在健康的条件下，该系统运行得非常好，但如果它在很长一段时间内过于失衡，就会导致疾病。

虽然炎症过程在整体上可能显得极其复杂，但它们构成了一个自我平衡的控制系统，其基本结构是普遍存在的，实际上相当简单。专注于这种简单性，可以进行数学分析，从而产生有趣的见解[34]。具体来说，炎症反应可以被描述为一种过程的平衡

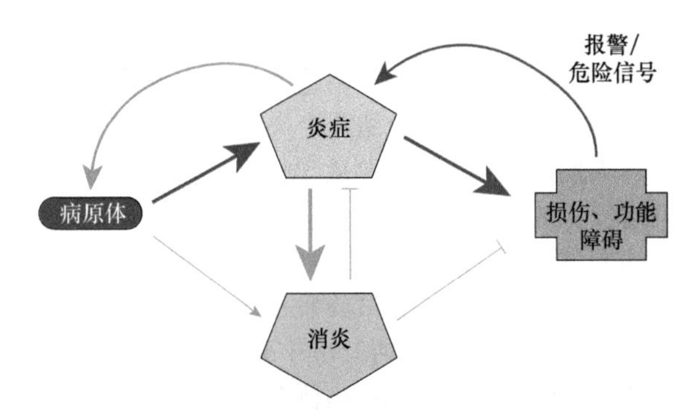

图15.6 炎症是一种不平衡状况。这个非常简化的图显示了，导致炎症或从感染中恢复这两个互相抵消的过程（分别为红色和绿色）之间的微妙平衡［改编自Vodovotz Y, Constantine G, Rubin J, et al. *Math. Biosci.* 217（2009）1-10. 经Elsevier许可］。

（图15.6）。简化的表征包含了几个进入急性炎症反应的入口点，还包括一个可以以有害方式反馈的损伤信号。在正常情况下，病原体引起强烈的炎症反应，同时也引起较弱的抗炎反应。炎症会引发对病原体的攻击，进而激活抗炎机制。同时，促炎因子如组织坏死因子（tissue necrosis factor, TNF），可引起组织损伤或功能障碍。抗炎药物如转化生长因子β（TGF-β_1），可抑制炎症并促进受损组织的愈合。如果不加以控制，组织损伤可导致进一步的炎症。

鉴于如图15.6所示的简化基础结构，不难想

象，病原体攻击的结果是由系统中不同过程之间的平衡决定的。例如，如果抗炎机制的刺激足够强，炎症就会被抑制，组织就有机会愈合：在图15.6中，绿色过程战胜了红色过程。相比之下，如果红色显示的过程太强大，人们可以看到，不仅是组织受损，而且在炎症和进一步的组织损伤之间会继续一个恶性循环，甚至在病原体被击败之后，如我们之前讨论的那样。该图还显示，炎症可以由组织损伤触发，这可能是创伤或疾病带来的。

近年来，这一领域取得了巨大的进展，我们已开始了解炎症网络的详细细节，从而开始考虑进行正式的系统生物学研究。理想情况下，这些调查应该包括临床前研究、临床试验、住院治疗和长期治疗[34]。当试图建立炎症模型时，面临的挑战是多方面的。不仅正常的炎症过程及其调控很复杂，炎症反应系统的组成部分也与非炎症生理系统相互作用，难以从生物学和临床观察推断系统的结构和控制。此外，个体炎症反应严重依赖于机体的预处理状态，即当前的健康状况及受影响机体的健康史[34]。

不同的方法被用来模拟炎症（综述见参考文献[34，36]）。它们包括基于机制的常微分方程与偏微分方程模型和仿真，不同的随机和混合公式，以及基于规则和主体的模型，这些将在本章的后面部分讨论。下面几段将介绍几个炎症分析的例子。

人们建立了一个机制数学模型，以阐明细菌感染过程、细胞因子动力学、急性炎症反应、整体组织功能障碍和治疗干预[37]。随后，该模型被用于模拟一项临床试验，该试验旨在演示，在败血症患者中，使用不同剂量的TNF中和抗体进行治疗的好处。该模拟预测了哪些病例会得到有利结果，哪些病例会得到不利结果，也揭示了实际临床试验失败的原因，以及试验应该如何设计才能成功。

人们建立了一个基于方程的模型，以研究感染后不同的休克状态是否可以用单一的炎症反应系统来解释[38]。在不同组小鼠实验数据的支持下，该模型显示了不同的炎症过程轨迹，或是消退，或是休克，这取决于每只小鼠个体的细胞和分子状态。这个建模工作展示了三个方面。首先，它证明了，炎症的复杂生物学确实可以被机制模型捕捉到。其次，它明确了，对不同生理挑战的休克反应严重依赖于机体的预处理状态。最后，该模型展示了炎症过程的发展趋势，这些趋势在生存方面是个性化的和预测性的。

微分方程在炎症分析中有用的另一个例子是，人体暴露于体内细菌产生的毒素时，受体介导的炎症反应模型[14，39]。这个模型很有意思，因为它将基因组信息和细胞外信号转导过程整合到细菌感染过程中。通过改变其参数设置，单一模型可以表征不同的结果，包括健康的解毒反应、持续的感染反应、无菌炎症和脱敏。

基于主体的炎症建模的一个有趣例子是，相互作用的子模型的层级连接，这些子模型将急性炎症的基本科学和临床信息集成到一个模块化、多尺度的结构中[40]。个体子模型研究了相关的细胞对感染和炎症的反应机制，肠道上皮的通透性（这是对抗微生物病原体的最终屏障），肠道对缺血的炎症反应，以及肺中的反应。该模型成功地匹配了多器官衰竭的发病机制及潜在的肠道和肺之间串扰的临床观察。

长期以来，癌症一直是建模的目标，一些早期的方法仍然具有实用性。最初的概念和模型将**致癌（carcinogenesis）**（癌症形成）过程视为一个多阶段或多打击过程（图15.7）。这一过程被认为是从正常细胞开始的，由于某些起始事件，成为癌前细胞。癌前细胞可长时间停留在这一促进阶段。转化事件将一个癌前细胞转化为恶性细胞，恶性细胞在进展阶段复制成肿瘤。辐射、毒素暴露和许多其他过程可能作为起始和转化事件发挥作用。在这种癌变的观点中，经历了所有阶段的单个细胞就被认为足以导致肿瘤。早期的数学模型评估了这个多阶段过程中的概率或速率，也考虑了细胞在不同阶段的复制和死亡[42，43]。

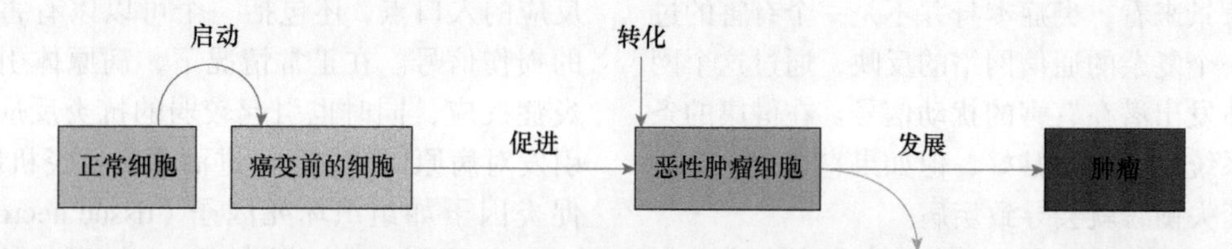

图15.7　癌变过程中的概念性阶段和事件。在很长一段时间内，非常多正常细胞中的一些细胞发起癌变，但看起来仍然正常。转化事件使这些细胞中的一个发生恶化，除非身体毁掉这个细胞，它最终会繁殖并长成肿瘤。

更现代的癌变观点仍然包含相同的阶段，但认识到肿瘤的形成要复杂得多。首先，已经清楚的是，癌细胞群是异质性的，包含有不同程度的致癌潜能[44]。因此，如果最具毒力的细胞在治疗中存活下来，并随后形成更具侵袭性的肿瘤，则杀灭大部分癌症不一定是最佳策略。相反，一个更好的策略可能是控制肿瘤，而不是试图将其移除[45]。其次，一些有趣的研究[46]已经证明，基本上所有的中老年人都有微小的肿瘤，其中大多数在很长一段时间内（如果不是人的整个一生的话）处于休眠状态。一个令人印象深刻的例子是，不到1%的成年人被诊断出患有甲状腺癌，但因其他原因进行尸体解剖的人中，99.9%的人被发现带有甲状腺癌损伤。最后，最近的研究表明，小肿瘤可能有明显不同的命运（图15.7中的橙色箭头）。有些肿瘤生长成完整大小的肿瘤，甚至可能发生转移，但另一些肿瘤会以振荡的方式生长和收缩，有些会自行消退，有些可能在非常小的尺寸下保持休眠状态，本身无害[44, 47]。决定这些发散轨迹的因素尚不完全清楚，但刺激因子和抑制因子之间平衡的变化，可能会在进展阶段翻转开关，此后，肿瘤开始生长并招募血管。这种被称为血管生成的募集过程，显然至少构成了肿瘤形成的一个重要瓶颈[48]。

未来的癌变模型可能会保留**多阶段癌症模型（multi-stage cancer model）**的骨干，但会将其纳入系统模型，该系统模型会考虑我们在基因组水平上了解到的关于小RNA调控的信息（见第6章）、对癌细胞出现的免疫反应、祖干细胞的募集、血管的募集，以及癌细胞和健康组织之间的相互作用。很明显，这些模型要么必须具有集成多尺度的性质，要么必须处理可以随后嵌入更大系统模型中的某些方面。这些模型将有助于预测癌症发生的动力学和不同治疗方案的疗效。它们也可能揭示出，区分肿瘤发展与正常生理的首要原则。

在对人类发育、健康和疾病进行建模的更通用的术语中，一些研究小组已经开始考虑由复杂性的丧失而导致的疾病、衰老和虚弱，认为如果一些高度周期性的过程过于规律，而不表现出分形甚至混沌的特征[49, 50]，则意味着患病。一个例子是非常规律的胎儿心跳，这通常是一个令人担忧的因素[51-53]。

15.3 生物体及其与环境的相互作用

为单个细胞和有机体内的系统设计模型，已经足够复杂了，但当我们的任务是在它们的环境中研究有机体时，复杂性的程度会再次跃升。任何这种类型的综合研究都需要时间、空间和组织方面的多个尺度；确定性过程与随机效应相混合；数据和其他信息是如此多样和异质化，以至于在我们的头脑中，合并和整合它们显得非常困难。似乎系统方法最终将是我们最好的选择。本节讨论两个示例，其中，系统思维和计算建模显示出非常大的潜力。

复合种群（metapopulation）由几个种群组成，每个种群属于不同的物种，它们生活在相同的环境中，并相互作用。虽然我们倾向于在大范围的环境中考虑种群，但在非常小的生态位中，如局部一小块土壤、人类的口腔，甚至白蚁的肠道中，复合种群也同样有趣。无论在什么环境下，微生物的复合种群规模都是巨大的。据估计，地球上有5×10^{30}个原核细胞[54]。1 g土壤中含有的微生物DNA，足以延伸近1000英里。一个湖泊可能包含2万种不同的细菌。人类体内的细菌数量是自身细胞的10倍。它们中有很多生活在肠道中，在肠道中，它们的密度可以达到每毫升10^{12}个细胞。这个数字是巨大的，但这些细菌体积很小，肠道**微生物组（microbiome）**只占人体质量的1%～2%。人类肠道微生物组可轻易包含数百甚至数千种不同的物种，而这个复合种群中，不同基因的总和可能比我们自己的基因组大小高出好几个数量级。此外，肠道微生物组的组成，会随着年龄、饮食、疾病，当然还有抗生素的摄入，而发生动态和剧烈的变化[57]。由于肠道微生物组与许多疾病直接或间接相关，美国国立卫生研究院（NIH）于2007年启动了NIH路线图计划（NIH roadmap effort），利用基因组技术，探索微生物在人类健康和疾病中的作用。其他地方也开展了类似的项目[59, 60]。

同样重要的是，复合种群无处不在，其也可以出现在**生物被膜（biofilm）**中，它可以覆盖从牙齿到污水管内部的潮湿表面（图15.8）。与肠道微生物组一样，生物被膜由数百或数千种不同的物种组成，一个物种的废物被其他物种用作营养物质。有趣的是，复合种群中的不同物种，以及这些物种中的个体生物竞争相同的物理空间和相同的资源，但它们相互依赖并经常表现出严格的分工。因此，与共享环境中的典型竞争相反，不同的微生物承担着截然不同和互补的角色，以至于一个物种离开其他物种就无法生存[57]。

理解微生物复合种群，面临着重大挑战，其中，最具限制性的可能是这些种群中的绝大多数物种是未知的。它们甚至不能在实验室中培养，因此很难鉴定。即使一些有代表性的物种可以在实验室中生长，它们的人工环境与自然环境相比也如此贫乏，以至于后续结果的外在有效性往往令人生疑。

克服这一问题的一个有趣策略是引入**宏基因组学（metagenomics）**[61]。在这里，整个微生物生态系统的样本直接从它们的自然环境中提取，不做

图15.8 微生物被膜的扫描电子显微镜图像。这个复合种群在一些牙科设备内未经处理的水管内部形成。这种水管通常含有细菌，以及原生动物和真菌［引自Walker JT & Marsh PD. *J. Dentistry* 35（2007）721-730. 经Elsevier许可］。

任何培养它们的尝试，就像它们来自单个物种一样进行分析。虽然这一程序现在在技术上是可行的，但挑战转向了从数百万个新的基因组序列中提取可靠的信息，这些序列以某种未知的方式属于数千个物种。毋庸置疑，宏基因组学将目前的生物信息学方法发挥到了极限。因此，基因组的完整组装，目前仅适用于极少数物种的混合物[51]。

除了宏基因组研究，群落蛋白质组学（community proteomics）的技术也开始出现，这有可能使人们对微生物复合种群的组成和功能有前所未有的深入了解。这些技术已经应用于各种系统，包括污泥、生物被膜、土壤和肠道微生物组[62]，但是就像许多其他蛋白质组学技术一样，实验和计算分析具有挑战性。

各种应用领域都出现了从分子生物学到生物信息学再到系统生物学的时代趋势。同样的趋势也适用于微生物复合种群[63, 64]，很明显，系统分析将是非常具有挑战性、引人入胜和绝对必要的。

在规模谱系的另一端，海洋无疑是最具挑战性的多尺度系统之一，等待比过去更多的系统分析。它们提供了我们呼吸的大部分氧气，并是水和大量食物的最终储存场所。与生物学的许多细分专业一样，海洋动力学的许多方面已经通过还原论方法和具体细节模型得到解决，但迄今为止，还没有可能将大范围的空间、时间和组织尺度整合到可靠的计算模型中。尽管如此，我们可以在许多地方看到系统分析的初步开端。

超越观测和湿科学的第一步是生态信息学的兴起，它利用生物信息学的方法来管理、分析和解释与生态系统特别是海洋相关的大量数据[65]。挑战是巨大的，不仅因为信息量巨大，还因为这些信息的高度异质性，以及对采用全球数据标准和实验、分析协议的不情愿。这些挑战目前正在通过数据仓库的创建、元数据的收集和构建、实验室信息管理系统（LIMS）、数据管道、定制的标记语言、专门的本体和语义网络工具（包括基于计算机的推理系统）来解决。然而，仅有效存储和访问数据是不够的。除了直接的数据分析和自动推断，还需要信息集成、模拟和解释的计算手段。换言之，生态信息学必须与动态系统生态学相辅相成。

认识到这一需求，美国能源部发起了一个项目——能源与环境系统生物学，该研究将地球生命系统确定为一种潜在的能力来源，可用于应对国家挑战，并具有最终科学目标：理解生命系统结构和功能设计的潜在原则[66]。该项目的重点是能源、环境修复、碳循环和封存。在后一个重点领域，海洋显然扮演着至关重要的角色，因为海洋蓝细菌（蓝绿藻）对全球一半的二氧化碳固定负有责任。毫无疑问，这些生物的健康直接依赖于营养、pH、温度、盐度、污染和周围的多物种群落，但最优、次优和勉强耐受的生长条件的确切参数尚不清楚。

分子和系统生物学家已经开始着手研究全球海洋过程的一个例子是对海洋蓝藻的研究，它是地球上最丰富的生物之一（图15.9）。这些小型生物能够将太阳能转化为生物质，因此，占地球光合生产力的20%～30%。此外，它们回收了海洋、大气、地壳、土壤、微生物、植物和动物之间循环的全部碳的40%。哈佛大学系统生物学系的研究人员发现，聚球藻属的蓝细菌在空间位置良好的内部结构中固定碳，并将其转化为糖，这种结构称为羧基体[67]。有一个蛋白质负责这些羧基体的最佳空间组织，相应基因的突变导致光合效率降低到野生型的50%。因此，在特定基因的作用、其编码的蛋白质、微生物的功能和一个真正的全球现象之间，已经阐明了一种系统的因果关系。同样的因果关系，

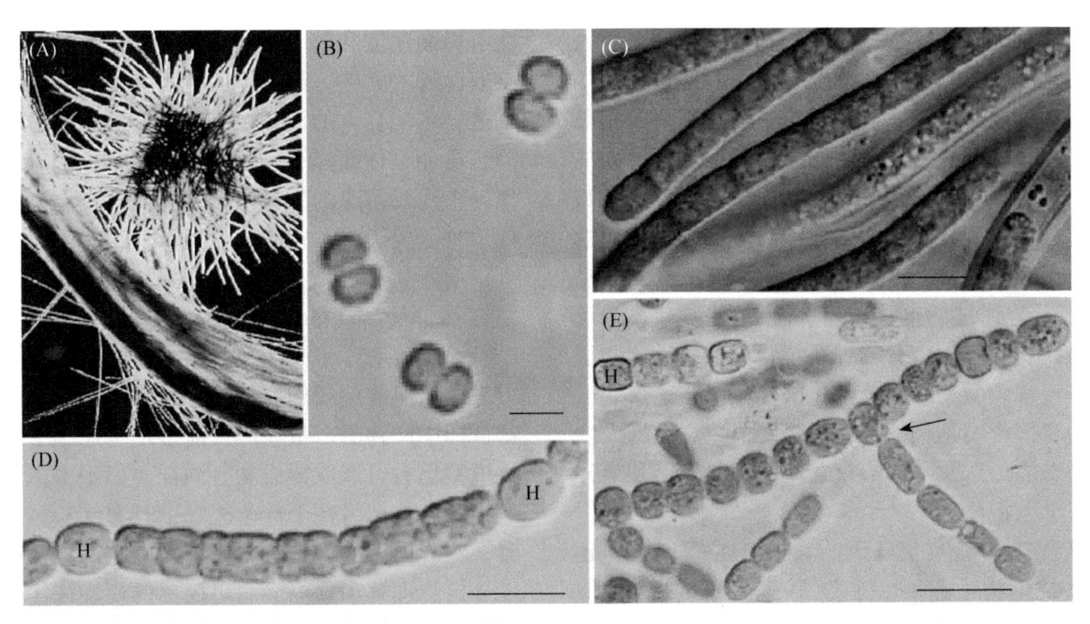

图15.9 蓝细菌（蓝绿藻）的不同菌株可能具有非常多样的形状。（A）形成水华的、丝状的和形成集落的*Trichodesmium thiebautii*（比例尺100 μm）。（B）单细胞聚球藻*Synechococcus* PCC 6301（比例尺1 μm）。（C）丝状束藻*Symploca* PCC 8002（比例尺10 μm）。（D）丝状、非支化和异形（H）念珠藻*Nostoc* PCC 7107（比例尺10 μm）。（E）丝状、异形（H）和分支（箭头）侧生藻*Fischerella* PCC 7521（比例尺15 μm）[引自Cox PA，Banack SA，Murch SJ，et al. *Proc. Natl Acad. Sci. USA* 102（2005）5074-8. 经美国国家科学院许可]。

可能成为利用合成生物学方法，设计转基因藻类或细菌来生产氢的起点。

海洋系统研究的另一个起点是，使用第10章（图15.10）所述的方法对共存的海洋种群进行仔细调查。世界各地的不同海洋系统正在为这类研究收集越来越详细的数据。例如，伯克皮（Burkepile）和海（Hay）[68]测量了单一物种和混合物种的草食性鱼类种群对藻类群落的定居和发展的影响，以及它们对珊瑚生长的影响。在对其他类似系统的精心控制的实验中，他们令人信服地证明了，物种多样性对珊瑚系统的健康和海洋在受到干扰后的恢复能力至关重要。丹（Dam）和他的同事[56]利用洛特卡-沃尔泰拉（Lotka-Volterra）模型研究了由近20 000种物种组成的湖泊复合种群之间的动态相互作用模式。

图15.10 珊瑚与其他无脊椎动物争夺空间。目前正在收集表征相互作用群体的数据，为系统-生物模型分析创建一个起点[引自Burkepile DE & Hay ME. Coral reefs. In Encyclopedia of Ecology（SE Jorgensen & B Fath，eds），pp 784-796. Elsevier，2008. 经Elsevier许可]。

建模需求

为了预测未来的建模需求，可能要谨慎地回顾当前的技术状态，考虑我们是如何到达这里的，然后尝试推断未来几年的趋势。毫无疑问，计算建模已经取得了长足的进步。三四十年前，计算是在大型计算机上完成的，需要手动输入载有代码的穿孔卡片。当时没有互联网，没有并行计算，也没有用户友好的软件。自那些黑暗的日子以来，发生了很多事情。自20世纪50年代以来，计算能力和速度每18个月就翻一番，对计算的使用增加了数百万倍，今天的高级语言，如MATLAB®、Mathematica®、**SBML**在用户中促进了计算思想的开发和实现，而就在几十年前，其中的大多数用户肯定会被掌握诸如Fortran之类的计算机语言的需要吓到，更不用说汇编语言了。

虽然进展速度惊人，但显然我们还有很长的路要走。但瓶颈不只是计算速度和便利性。事实上，除了某些领域，如蛋白质结构和功能的预测，以及非常大规模的模拟和优化研究，并不一定是计算的技术方面阻碍了下一个重大进展。可能需要的是新的概念和全新的建模技术。雨水以一种非常高效的方式，顺着一堆泥土流下去，然而，要用现实的数学模型来捕捉这一过程却需要付出巨大的努力。这是为什么？大脑较小的蜘蛛能够织出复杂的网，动物对从未遇到过的情况可以做出适当和有效的反应，但我们很难用微分方程系统充分地表示这些活动。要实现模型辅助的个性化医疗，仅描述疾病或治疗的直接影响是不够的，还需要描述它们的二次和三次影响，以及不同治疗之间的相互作用和个体的众多个人特征。

这些挑战确实是巨大的，很有可能，数学建模和系统生物学需要一个重大的范式转变，类似于20世纪初物理学经历的那种转变，当时，量子理论为几十年前无法想象的概念打开了大门。但在我们举手投降，听任自己等待“新数学”出现之前，在我们放弃过于简单和无力的建模，转而建议做另一组实验室实验之前，让我们看看有什么替代方案。毫无疑问，现实系统由成百上千的重要部件组成，这使得建模非常复杂。但是，同样的，成百上千的重要组件使得其他方法更加复杂。是的，我们现在可能无法在计算机辅助的模型分析中，跟踪数百个动态变化的系统组件，可从另一方面来说，我们**永远无法**仅靠大脑来处理它们。统计关联模型可能足以确定平均值，但它们不足以解决具体案例，如个性化医疗中所需要的那样。除了这些规模上的考虑，许多实验根本无法执行，因为它们在技术上是不可能的，在实践上是不可行的，或者是不道德的。我们不可能在每个人身上测试一种新药，而在海洋中试用一种新的藻类，可能也不是一个好主意。

因此，虽然要解决的重大挑战与我们目前可以使用的工具之间存在着明显的不匹配，但我们所面临的任务的艰巨性，不应该是放弃系统生物学的理由，而应该是我们努力的一个原因——因为我们别无选择。此外，见证该领域这些问题的解决，将是一件迷人和有趣的事情。一步一步地，有时是进化的，有时是革命性的，有时是优雅的，有时是蛮力的，我们将扩展和加强我们的建模方法库，解决小问题，然后是更大的问题，首先连接两个生物水平，然后再连接更多。作为热身，我们将研究数百个孤立的过程，然后是系统，最终研究现实中的、相互作用着的、系统的系统（interacting systems of systems）。旅程是开放式的，但它邀请我们采取下一步措施。在我们前进的过程中，新方法将使我们能够提高速度和效率，我们将了解哪种类型的技术有效，哪些无效。最终，一些不受传统束缚的聪明学生，可能会真的设计出一种全新的数学方法。推测它可能是什么样子，是没有意义的，但有可能汇集一个需要解决的部分主题的愿望清单。其中一些似乎是需要优先考虑的。

有趣的是，我们目前的模型往往要么太简单，要么不够简单。如果我们的目标是探索和操纵一个特定的系统，极端的简化可能会使预测变得不可靠，从而害到我们。例如，如果任务是提高微生物群体中产物的产量，尽可能多地考虑细节，比简化模型更有可能取得成功。同样，似乎考虑更多的生物标志物，将在个性化医疗中具有优势。与此同时，随着模型变得更大、更复杂，它们也变得更难以分析、理解和预测，而更简单的模型往往可以提供见解，而过多的细节则可能会淹没和掩盖它。因此，根据建模工作的目的，从当前模型的复杂性水平开始，一些模型将不得不在范围和复杂性上增加，而另一些模型将不得不减少。因此，又回到了起点：第2章中对建模的介绍清楚地表明，模型的目标和目的决定了它的结构和特征，这一说法仍然成立。接下来的部分，将首先讨论更复杂的扩展，然后是简化，这可能会让我们在某一天得到一个或多个生物学理论。

15.4 多尺度建模

系统生物学的标志是一个全局性的综合方法，以应对生物学的挑战。然而，如果看看我们当前的建模活动，我们必须承认，它们经常看起来像是另一种形式的还原论。许多模型关注一组组成部分，无论这些组成部分是基因、神经元，还是同一环境中的不同物种，以及生物多尺度层级结构中的一个或两个组织层次。我们正在生成基因表达和生理学的模型，但很少能找到跨越这两个层次及两者之间所有重要方面的模型。例如，想象一下，预测一种新的光合作用增强型的海藻对气候的影响。人们可以估计额外二氧化碳固定的总量，但这种变化将如何影响海洋生态系统的其他组成部分、云的形成和光的吸收，以及其对该新藻类物种和它们竞争对手的反馈作用？我们还远不能做出任何可靠程度的预测。

除了设计综合多尺度模型的挑战，我们还需要有效的方法来分析它们，并探索它们的概念边界。如果我们真的列出在一个复杂模型中做出的每一个显性和隐性假设，就会看到，每个模型的范围实际上是多么有限。指出这些局限性并不是一种批判，而是一种盘点和展示我们还需要走多远的方法。

在多尺度分析的背景下，我们将需要有效的方法集成粗粒度和细粒度的信息。复杂疾病等现象的模型，必须是模块化的和可扩展的。从近期来看，没有模型能够完整地捕获现实的系统，这意味着，我们必须开发能够有效地将定义良好的建模系统的核心与定义不清的外部连接起来的技术。我们需要描述一个模型的局部效应对其环境中的全局响应的影响，并捕捉这些全局影响如何反馈到模型系统。我们还必须找到，以有效方式连接不同时间尺度的方法。我们必须发明有效的技术，来合并在空间异质环境中动态变化的确定性和随机性特征。

15.5 数据建模流程

在过去，生物学家和建模家之间有明显的区别。虽然劳动分工是最伟大的发明之一，但当系统生物学被严格划分为实验和模型分析时，就存在着丢失信息和洞察力的真正风险。作为一个恰当的例子，生物学文献包含了成千上万的图表，显示了一个组件如何激活或抑制系统中的另一个组件或过程。一旦建模人员选用图表，并试图将其转换为模型，生物学家的直觉和许多未记录的擦边信息（tangential information）就会丢失，这是非常遗憾的。正如我们在生态信息学中讨论的那样，要解决这个问题的第一步，是建立一个更为系统的数据仓库，包括其背景信息。然而，单靠数据管理是很难解决这个问题的，因为直觉很难编码。因此，需要一个尽可能少地丢失信息的数据建模管道。想到了两个解决方案。首先，研究主题可以在一个由生物学家和建模师组成的团队中讨论，然而，这需要几乎每个生物学家都能接近建模师。其次，建模社区可以创建工具，允许生物学家将嵌入在图表中的信息，以及其他擦边和直觉的信息，输入到通向计算模型的管道中。这一方向上的两种基本方法是，**基于主体的建模（agent-based modeling，ABM）**和**概念图建模（concept-map modeling）**。

ABM方法不久前才开始流行起来[40, 69]。它们起源于商业世界，但也适用于模拟和分析任何自主交互的主体，可能是个人、机器、细胞的部件、分子或各种其他实体。ABM是一种非常通用的随机建模技术，其中，离散的、可识别主体的行为由特征和规则控制。这些特征几乎可以是任何可量化的特征，规则可能是简单的反应性决策，也可能是复杂的自适应人工智能的结果[70]。主体可能有不同的类型，在不同的长度和时间尺度上操作，并遵循不同的规则集。所有的主体都在一个公共虚拟环境中运行，它们根据规则和协议发生交互，每个主体的状态以离散的时间步骤进行更新。在生物学中，典型的基于主体的模型试图模拟二维或三维空间中的群体行为，如鱼类、鸟类和蚂蚁中的群集行为，其中，个体是自主的，但受到邻居的影响，以至于集体的结果被称为群体智能[71]。基于主体行为的最简单模型，可能是我们在第9章中讨论过的元胞自动机。这类模型及相应的偏微分方程模型，几十年来一直被用于描述模式的形成，如在发育生物学中[72-74]。支持ABM的自由软件包括NetLogo[75]。

我们已经提到，ABM在炎症领域有了有趣的应用。ABM的另一个典型应用是肿瘤生长。例如，在一个模型中，细胞以其基因表达和表型为特征，其中包括生长因子受体的存在[76]。这些主体（细胞）被放置在二维或三维网格上，并允许增殖、根据趋化信号迁移、静息或凋亡。用该模型进行的模拟，带来了实验上可验证的假设。免疫学和癌症研究中基于主体和元胞自动机模型的综述见参考文献［40，77］。一个具体的例子如图15.11所示。

虽然基于主体的模型非常吸引人，特别是对于空间异质性环境中发生的复杂现象，但与基于过程的微分或差分方程模型相比，它们有明显的缺点。首先，计算需求通常很高，因为许多规则必须非常频繁地调用[76, 77]。一个可能的解决方案是并行执行系统代码。其次，参数值的估计往往比较复杂[76]。最后，ABM的数学分析非常困难。虽然进行大量的模拟是可行的，但是关于所模拟系统结构的一般问题，却很难回答。例如，除了全面试错，很难确定一个系统是否能够表现出稳定的极限环振荡。

在概念图建模中，图中的组件和过程被表示为符号方程[78]。在某种程度上，如果在默认表示中使用**规范模型（canonical model）**，则可以自动执行此过程（见第4章）。在第二步中，生物学家将每个系统组件的已知或预期响应描绘成扰动，如输入的增加或基因的敲低（图15.12）。例如，生物学家可能期望某个组件缓慢增加，然后加速，最终达到饱和水平。这些信息可能是经过测量的，也可能是生物学家经验和直觉的反映。这些测量或宣称的响应，被转换成数值时间序列，显示出每个组件预计会改变多少和多快，以及瞬态响应可能是什么样的。大多数有经验的生物学家，对于他们已经研究多年的系统中的这种响应有很好的直觉。所谓的时间过程，现在被转换成符号模型的参数值，该符号模型是由原始图表的组件和连接关系构成的。这种转换的方法是反向参数估计，如第5章所述。其他

(A) 由淋巴结中的树突细胞调节的Th细胞分化

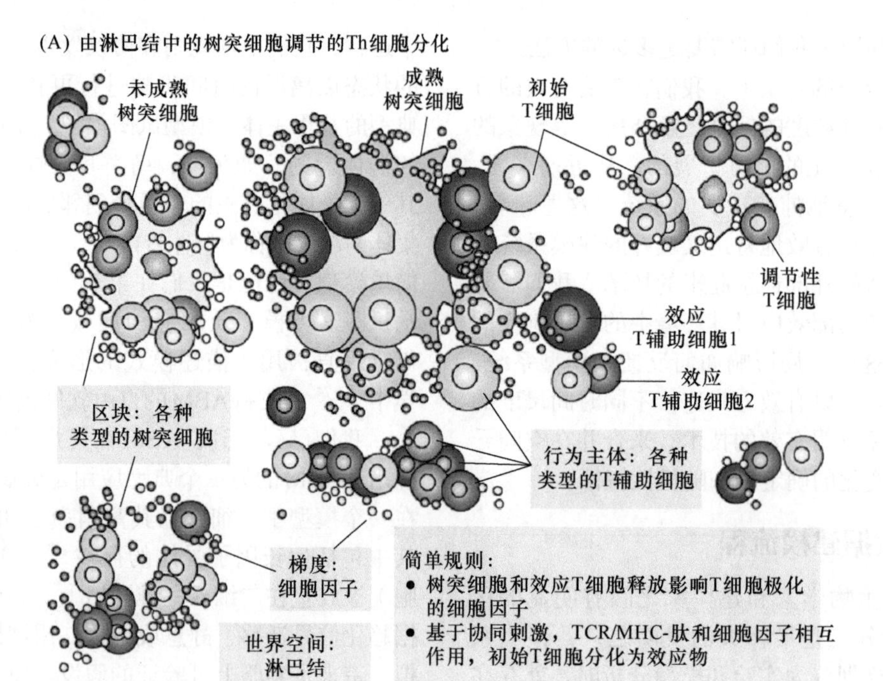

(B) 基于行为主体的Th细胞分化模型模拟的例子

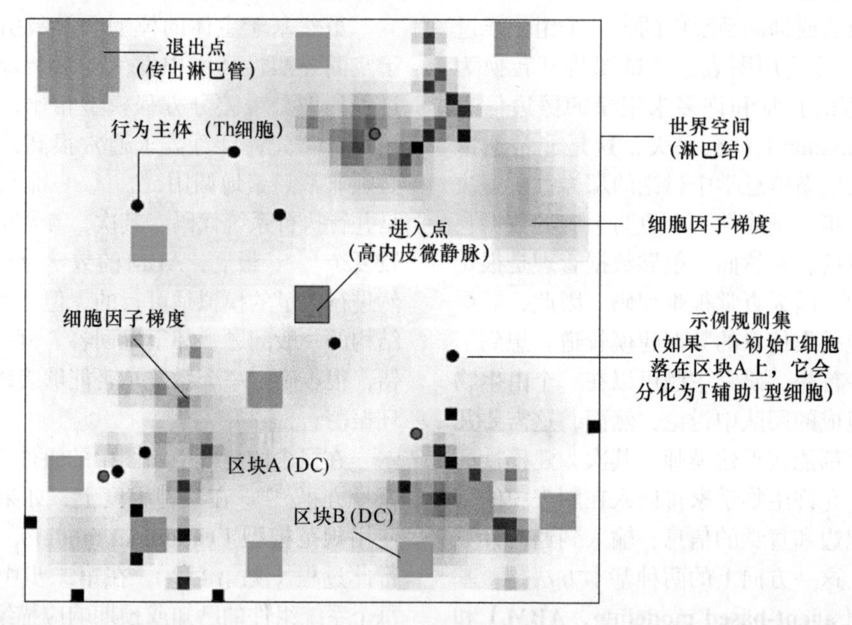

图15.11 淋巴结中的T辅助细胞分化的基于主体的模型（ABM）的定义。分化是初始T细胞和树突细胞之间相互作用的结果。该过程还涉及细胞因子。（A）用ABM术语描述的过程。（B）使用NetLogo[63]进行ABM模拟的结果［引自Chavali AK，Gianchandani EP，Tung KS，et al. *Trends Immunol.* 29（2008）589-599. 经Elsevier许可］。

来源的附加信息，也可以添加到模型中。理想情况下，结果是一个数值模型，它捕获了生物学家对所有系统组件特征的直觉。在适当的条件下，甚至可以不用参数，直接基于数据进行非参数研究[79]。

无论是参数化还是非参数化，现在都很容易进行模型模拟。这些模拟可能会尝试评估假设机制的可能性（如图15.12中的橙色抑制信号），或模拟已测试和未测试的场景。研究结果会与生物学家的预期或新数据进行比较。验证性的模拟结果，当然是受欢迎的，但反直觉的结果至少同样有价值，因为它们表明了对某些细节的不完全理解。对不合适的模拟进行全面分析，提供了最有可能存在的问题的具体提示。这些问题可能是结构性的，也可能是缺失或错放了过程或调控信号造成的。问题也可能出

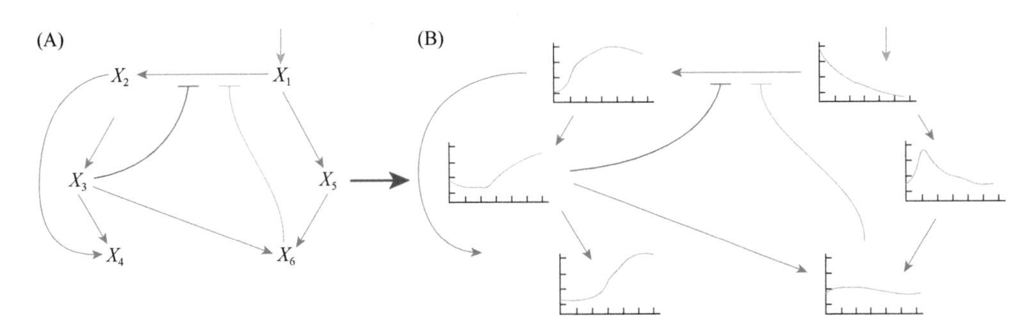

图15.12 概念图建模。（A）一个生物系统的典型图，该图可通过对典型输入（绿色箭头）的粗略的、测量的或预期的动态响应来增强。（B）结果是一个时间过程（绿线）的系统，可以表示为符号方程。其参数值可以使用反向方法估算（见第5章）。蓝色箭头表示物料的流动。红色和橙色钝线分别表示已知和假设的抑制信号。

在数值方面，因为速率常数或其他参数的值与它们应有的值相差太远。分析还可能建议，用更复杂的函数代替原来的规范模型公式。重要的是，这个过程生成了一种模拟生物现象的计算结构，它比实际的生物系统更容易研究。这种研究常常会引出新的假设，将在实验室中进行检验。参考文献［8］提供了一个例子。

走向生物学一个理论……或多个理论？

根据数学逻辑原则，理论由一种形式语言组成，该语言允许形成推理规则和一组假设或证明为真的句子或定理。假设的句子通常被称为公理，形成一套共同的信念；例如，每个整数都有一个后继数。如果这些公理不被接受为真，那么进一步的推论通常是没有意义的，因为无法判断它们是真还是假。只要人们接受了公理，有效地应用推理规则，就可以从公理和获证的定理得到可被证明为真的新定理。

面对如此严苛的条件，为一个生物学理论而努力，还有意义吗？什么样的语言，什么样的推理规则，什么样的公理，可以表述出来？生物学中有绝对真理吗？如果我们真能实现目标，这些努力最终会有回报吗？的确，在许多实际和紧迫的问题等待答案的时候，将生物学理论作为一个长期目标似乎很不寻常。但是，正如普鲁士哲学家和心理学家库尔特·卢因（Kurt Lewin）曾经说过的，“没有什么比一个好的理论更实用了”（参考文献［80］的第288页）。只要看看数学和物理，我们就会相信，这样一个大胆的说法是正确的。数学和物理定律帮助我们理解世界，而物理理论因其庞大的影响和应用范围，是工程学的基础。如果我们在生物学中，或至少在其某些分支学科中，也有类似的强有力的定律，我们就不必再质疑观察到的现象的逻辑，如果这些定律能让我们做出可靠的推论，我们就可以节省大量的时间和精力。

这样的生物学公理或定律会是什么样的？有些我们实际上已经有了。19世纪，德国细胞生理学家鲁道夫·菲尔绍（Rudolf Virchow）的名言：“*omnis cellula e cellula*”（每个细胞都来自细胞）是生物学公理的一个著名候选者。或者考虑将氨基酸分配给特定密码子的遗传密码，这些密码子在地球上的所有生物中基本上普遍存在（关于此密码及一些例外，见第7章）。如果没有这个“密码子定律”，我们将不得不分析每一个新的基因序列！每发现一种新的生物，我们不仅要对它的基因组进行测序，还要确定这个特定生物是如何将其基因序列翻译成肽和蛋白质的。我们知道中心法则（尽管这个法则的细节受到了挑战，如在RNA病毒的背景下），它仍是一个非常强大的工具，我们已经在其适用范围内学会理所当然：如果我们敲掉一个基因，我们不指望相应的蛋白质会存在。孟德尔遗传学是对遗传过程一种很好的初步近似，因此有必要对这一“理论”的界限进行稍微严格［相比奥地利修道士格雷戈尔·孟德尔（Gregor Mendel）所做的而言］一些的界定。许多生物学家认为，进化论是一种成熟的理论。在一个更有限的范围内，迈克尔·萨瓦若（Michael Savageau）的需求理论（见参考文献［81］和第14章）具有理论的特征。北野宏明（Hiroaki Kitano）提出了一种将疾病与生理系统的稳健性联系起来的理论[29, 82]。一小群科学家已经开始创造化学反应网络理论[83-85]。当然，胚胎的发育是有规律的，我们对这些规律的依赖几乎和对物理规律的依赖一样多。甚至还有更高层次的定律，比如著名的条件行为现象（phenomenon of behavioral conditioning），它是俄国生理学家和心理学家伊万·彼得罗维奇·巴甫洛夫（Ivan Petrovich

Pavlov）研究的。目前，人们正从不同角度努力，探索跨越多个生物尺度的基本定律（例如，参见第14章）。

到目前为止，对一般原理的探索，要求我们将复杂的、现实的系统及其模型归结为网络模体等基本特征。这种复杂性的降低目前是一种艺术，它避开了严格的一般指导方针，这表明，有效进行模型缩减的系统方法应该是我们优先考虑的。在一个平行的思路中，人们正在努力创建数学概念和拓扑数据分析技术，以促进检测和分析大规模数据集中高度非线性和经常隐藏的几何结构。这些方法需要解决的具体任务包括，如何从低维表示中推断出数据中的高维结构，以及如何将离散的数据点组装成全局结构[86]。

在不久的将来，任何生物分支学科的理论萌芽可能在范围上都是有限的[81, 83, 87]，但它们最终将跨越更大的领域，然后导致对诸如致癌和复合种群动力学等过程的全面理解。我们还可能发现，生物学中难以打破的定律的数量是有限的，但识别出**模糊的（fuzzy）或概率性的（probabilistic）**定律，却很有可能。正如我们在第14章所讨论的，大量的研究人员已经开始关注模体的形成、设计原理和操作原理，许多有机体在这些原理下运作。其中许多将比随机设计中的预期更频繁地遇到，但并非在所有情况下都如此。因此，其中一些原理可能几乎总是成立，而其他模式可能只是经常突显出来，且只在特定的背景下出现。这些范围上的限制，将成为理论和定理的一部分，就像数学中常见的那样，某些陈述只适用于特定的对象集。

生物学分支领域一个强大的理论，如基因调控方面，将产生巨大的影响。与物理理论在工程上的应用类似，基因调控的生物学理论允许可靠地预测哪些操作将实际上导致预期的目标，从而将极大地简化合成生物学。在许多情况下，我们已经做出了这些预测，而且它们通常是正确的（第14章）。有了一个理论和它的边界知识，确定性的程度将接近100%。

除了所有关于未来的猜测，有几个趋势是明确的。首先，对于生物学、建模和系统生物学来说，我们生活在一个前所未有的、令人难以置信的激动人心的时代。其次，我们仅仅触及了表面，这样的一本书可能会在四五十年后让人们觉得好笑。希望到那时，我们这一代系统生物学家，会因为我们所取得的目前拥有的一点成就，而赢得并值得尊重。最重要的是，外面有一个巨大而迷人的世界，邀请我们去探索它。

参考文献

[1] Meadows DL & Meadows DH (eds). Toward Global Equilibrium: Collected Papers. Wright-Allen Press, 1973.

[2] Izhikevich EM. Dynamical Systems in Neuroscience: The Geometry of Excitability and Bursting. MIT Press, 2007.

[3] Keener J & Sneyd J. Mathematical Physiology. I: Cellular Physiology, 2nd ed. Springer, 2009.

[4] Hodgkin A & Huxley A. A quantitative description of membrane current and its application to conduction and excitation in nerve. *J. Physiol.* 117 (1952) 500-544.

[5] FitzHugh R. Impulses and physiological states in theoretical models of nerve membrane. *Biophys.* J. 1 (1961) 445-466.

[6] Herz AV, Gollisch T, Machens CK & Jaeger D. Modeling single-neuron dynamics and computations: a balance of detail and abstraction. *Science* 314 (2006) 80-85.

[7] Nagumo JA & Yoshizawa S. An active pulse transmission line simulating nerve axon. *Proc. IRE* 50 (1962) 2061-2070.

[8] Qi Z, Miller GW & Voit EO. Computational systems analysis of dopamine metabolism. *PLoS One* 3 (2008) e2444.

[9] Qi Z, Miller GW & Voit EO. The internal state of medium spiny neurons varies in response to different input signals. *BMC Syst. Biol.* 4 (2010) 26.

[10] Gleeson P, Croo S, Cannon RC, et al. NeuroML: a language for describing data driven models of neurons and networks with a high degree of biological detail. *PLoS Comput. Biol.* 6 (2010) e1000815.

[11] Kikuchi S, Fujimoto K, Kitagawa N, et al. Kinetic simulation of signal transduction system in hippocampal long-term potentiation with dynamic modeling of protein phosphatase 2A. *Neural Netw.* 16 (2003) 1389-1398.

[12] Nakano T, Doi T, Yoshimoto J & Doya K. A kinetic model of dopamine- and calcium-dependent striatal synaptic plasticity. *PLoS Comput. Biol.* 6 (2010) e1000670.

[13] Tretter F. Mental illness, synapses and the brain—behavioral disorders by a system of molecules with a system of neurons? *Pharmacopsychiatry* 43 (2010)

S9-S20.
[14] Voit EO. Mesoscopic modeling as a starting point for computational analyses of cystic fibrosis as a systemic disease. *Biochim. Biophys. Acta* 1844 (2013) 258-270.
[15] Qi Z, Yu G, Tretter F, et al. A heuristic model for working memory deficit in schizophrenia. *Biochem. Biophys. Acta* 1860 (2016) 2696-2705.
[16] McCulloch W & Pitts W. A logical calculus of the ideas immanent in nervous activity. *Bull. Math. Biophys.* 7 (1943) 115-133.
[17] Hornik K, Stinchcombe M & White H. Multilayer feedforward networks are universal approximators. *Neural Netw.* 2 (1989) 359-366.
[18] Blue Brain Project: http://bluebrain.epfl.ch/.
[19] Dhawale A & Bhalla US. The network and the synapse: 100 years after Cajal. *HFSP J.* 2 (2008) 12-16.
[20] Destexhe A & Contreras D. Neuronal computations with stochastic network states. *Science* 314 (2006) 85-90.
[21] Rubin JE. Emergent bursting in small networks of model conditional pacemakers in the pre-Botzinger complex. *Adv. Exp. Med. Biol.* 605 (2008) 119-124.
[22] Oshio K, Iwasaki Y, Morita S, et al. Database of Synaptic Connectivity of C. elegans for Computation. http://ims.dse.ibaraki.ac.jp/ccep/.
[23] Tretter F, Gebicke-Haerter PJ, Albus M, et al. Systems biology and addiction. *Pharmacopsychiatry* 42 (Suppl. 1) (2009) S11-S31.
[24] Human Connectome Project. http://www.humanconnect omeproject.org/.
[25] Bergman RN & Refai ME. Dynamic control of hepatic glucose metabolism: studies by experiment and computer simulation. *Ann. Biomed. Eng.* 3 (1975) 411-432.
[26] Bergman RN. Minimal model: perspective from 2005. *Horm. Res.* 64 (Suppl 3) (2005) 8-15.
[27] Ali SF & Padhi R. Optimal blood glucose regulation of diabetic patients using single network adaptive critics. *Optim. Control Appl. Methods* 32 (2011) 196-214.
[28] De Gaetano A, Hardy T, Beck B, et al. Mathematical models of diabetes progression. *Am. J. Physiol. Endocrinol. Metab.* 295 (2008) E1462-E1479.
[29] Kitano H, Oda K, Kimura T, et al. Metabolic syndrome and robustness tradeoffs. *Diabetes* 53 (Suppl 3) (2004) S6-S15.
[30] Tam J, Fukumura D & Jain RK. A mathematical model of murine metabolic regulation by leptin: energy balance and defense of a stable body weight. *Cell Metab.* 9 (2005) 52-63.
[31] Eddy D, Kahn R, Peskin B & Schiebinger R. The relationship between insulin resistance and related metabolic variables to coronary artery disease: a mathematical analysis. *Diabetes Care* 32 (2009) 361-366.
[32] Palm NW & Medzhitov R. Not so fast: adaptive suppression of innate immunity. *Nat. Med.* 13 (2007) 1142-1144.
[33] Zhao J, Yang X, Auh SL, et al. Do adaptive immune cells suppress or activate innate immunity? *Trends Immunol.* 30 (2008) 8-12.
[34] Vodovotz Y, Constantine G, Rubin J, et al. Mechanistic simulations of inflammation: current state and future prospects. *Math. Biosci.* 217 (2009) 1-10.
[35] Vodovotz Y. Translational systems biology of inflammation and healing. *Wound Repair Regen.* 18 (2010) 3-7.
[36] Vodovotz Y, Constantine G, Faeder J, et al. Translational systems approaches to the biology of inflammation and healing. *Immunopharmacol. Immunotoxicol.* 32 (2010) 181-195.
[37] Clermont G, Bartels J, Kumar R, et al. In silico design of clinical trials: a method coming of age. *Crit. Care Med.* 32 (2004) 2061-2070.
[38] Chow CC, Clermont G, Kumar R, et al. The acute inflammatory response in diverse shock states. *Shock* 24 (2005) 74-84.
[39] Foteinou PT, Calvano SE, Lowry SF & Androulakis IP. Modeling endotoxin-induced systemic inflammation using an indirect response approach. *Math. Biosci.* 217 (2009) 27-42.
[40] An G. Introduction of an agent-based multi-scale modular architecture for dynamic knowledge representation of acute inflammation. *Theor. Biol. Med. Model.* 5 (2008) 11.
[41] Feinendegen L, Hahnfeldt P, Schadt EE, et al. Systems biology and its potential role in radiobiology. Radiat. *Environ. Biophys.* 47 (2008) 5-23.
[42] Moolgavkar SH & Knudson AGJ. Mutation and cancer: a model for human carcinogenesis. *J. Natl Cancer Inst.* 66 (1981) 1037-1052.
[43] Moolgavkar SH & Luebeck EG. Multistage carcinogenesis and the incidence of human cancer.

Genes Chromosomes Cancer (2003) 302-306.

[44] Enderling H, Hlatky L & Hahnfeldt P. Migration rules: tumours are conglomerates of self-metastases. *Br. J. Cancer* 100 (2009) 1917-1925.

[45] Folkman J & Kalluri R. Concept cancer without disease. *Nature* 427 (2004) 787.

[46] Black WC & Welch HG. Advances in diagnostic imaging and overestimations of disease prevalence and the benefits of therapy. *N. Engl. J. Med.* 328 (1993) 1237-1243.

[47] Zahl PH, Maehlen J & Welch HG. The natural history of invasive breast cancers detected by screening mammography. *Arch Intern. Med.* 168 (2008) 2311-2316.

[48] Abdollahi A, Schwager C, Kleeff J, et al. Transcriptional network governing the angiogenic switch in human pancreatic cancer. *Proc. Natl Acad. Sci. USA* 104 (2007) 12890-12895.

[49] Lipsitz LA & Goldberger AL. Loss of "complexity" and aging. Potential applications of fractals and chaos theory to senescence. *JAMA* 267 (1992) 1806-1809.

[50] Lipsitz LA. Physiological complexity, aging, and the path to frailty. *Sci. Aging Knowledge Environ.* 2004 (2004) pe16.

[51] Beard RW, Filshie GM, Knight CA & Roberts GM. The significance of the changes in the continuous fetal heart rate in the first stage of labour. *Br. J. Obstet. Gynaecol.* 78 (1971) 865-881.

[52] Williams KP & Galerneau F. Intrapartum fetal heart rate patterns in the prediction of neonatal acidemia. *Am. J. Obstet. Gynecol.* 188 (2003) 820-823.

[53] Ferrario M, Signorini MG, Magenes G & Cerutti S. Comparison of entropy-based regularity estimators: Application to the fetal heart rate signal for the identification of fetal distress. *IEEE Trans. Biomed. Eng.* 33 (2006) 119-125.

[54] Wooley JC, Godzik A & Friedberg I. A primer on metagenomics. *PLoS Comput. Biol.* 6 (2010) e1000667.

[55] Trevors JT. One gram of soil: a microbial biochemical gene library. *Antonie Van Leeuwenhoek* 97 (2010) 99-106.

[56] Dam P, Fonseca, LL, Konstantinidis, KT & Voit EO. Dynamic models of the complex microbial metapopulation of Lake Mendota. *NPJ Syst. Biol. Appl.* 2 (2016) 16007.

[57] Turroni F, Ribbera A, Foroni E, et al. Human gut microbiota and bifidobacteria: from composition to functionality. *Antonie Van Leeuwenhoek* 94 (2008) 35-50.

[58] NIH launches Human Microbiome Project. US National Institutes of Health Public Release, 19 December 2007. www.eurekalert.org/pub_releases/2007-12/nhgr-nlh121907.php.

[59] Canadian Microbiome Initiative. http://www.cihr-irsc.gc.ca/e/39939.html.

[60] International Human Microbiome Consortium. http://www.human-microbiome.org/.

[61] Rondon MR, August PR, Bettermann AD, et al. Cloning the soil metagenome: a strategy for accessing the genetic and functional diversity of uncultured microorganisms. *Appl. Environ. Microbiol.* 66 (2000) 2541-2547.

[62] Wilmes P & Bond PL. Microbial community proteomics: elucidating the catalysts and metabolic mechanisms that drive the Earth's biogeochemical cycles. *Curr. Opin. Microbiol.* 12 (2009) 310-317.

[63] Medina M & Sachs JL. Symbiont genomics, our new tangled bank. *Genomics* 95 (2010) 129-137.

[64] Vieites JM, Guazzaroni ME, Beloqui A, et al. Metagenomics approaches in systems microbiology. *FEMS Microbiol. Rev.* 33 (2009) 236-255.

[65] Jones MB, Schildhauer MP, Reichman OJ & Bowers S. The new bioinformatics: integrating ecological data from the gene to the biosphere. *Annu. Rev. Ecol. Evol. Syst.* 37 (2006) 519-544.

[66] Genomic Science Program: Systems Biology for Energy and Environment. http://genomicscience.energy.gov/.

[67] Savage DF, Afonso B, Chen A & Silver PA. Spatially ordered dynamics of the bacterial carbon fixation machinery. *Science* 327 (2010) 1258-1261.

[68] Burkepile DE & Hay ME. Impact of herbivore identity on algal succession and coral growth on a Caribbean reef. *PLoS One* 5 (2010) e8963.

[69] Bonabeau E. Agent-based modeling: methods and techniques for simulating human systems. *Proc. Natl Acad. Sci. USA* 14 (2002) 7280-7287.

[70] Macal CM & North M. Tutorial on agent-based modeling and simulation. Part 2: How to model with agents. In Proceedings of the Winter Simulation Conference, December 2006 (LF Perrone, FP Wieland, J Liu, et al. eds), pp 73-83. IEEE, Monterey, CA, 2006.

[71] Robinson EJH, Ratnieks FLW & Holcombe M. An agent-based model to investigate the roles of

attractive and repellent pheromones in ant decision making during foraging. *J. Theor. Biol.* 255 (2008) 250-258.

[72] Ermentrout GB & Edelstein-Keshet L. Cellular automata approaches to biological modeling. *J. Theor. Biol.* 160 (1993) 97-133.

[73] Wolpert L. Pattern formation in biological development. *Sci. Am.* 239 (4) (1978) 154-164.

[74] Gierer A & Meinhardt H. A theory of biological pattern formation. *Kybernetik* 12 (1972) 30-39.

[75] Wilensky U. NetLogo. http://ccl.northwestern.edu/netlogo/.

[76] Zhang L, Wang Z, Sagotsky JA & Deisboeck TS. Multiscale agent-based cancer modeling. *J. Math. Biol.* 58 (2009) 545-559.

[77] Chavali AK, Gianchandani EP, Tung KS, et al. Characterizing emergent properties of immunological systems with multi-cellular rule-based computational modeling. *Trends Immunol.* 29 (2008) 589-599.

[78] Goel G, Chou IC & Voit EO. Biological systems modeling and analysis: a biomolecular technique of the twenty-first century. *J. Biomol. Tech.* 17 (2006) 252-269.

[79] Faraji M & Voit EO. Nonparametric dynamic modeling. *Math. Biosci.* (2016) http://dx.doi.org/10.1016/j.mbs.2016.08.004.

[80] Lewin K. Resolving Social Conflicts and Field Theory in Social Science. American Psychological Association, 1997.

[81] Savageau MA. Demand theory of gene regulation. I. Quantitative development of the theory. *Genetics* 149 (1998) 1665-1676.

[82] Kitano H. Grand challenges in systems physiology. *Front. Physiol.* 1 (2010) 3.

[83] Horn FJM & Jackson R. General mass action kinetics. *Archive Rat. Mech. Anal.* 47 (1972) 81-116.

[84] Feinberg M. Complex balancing in general kinetic systems. *Arch. Rat. Mech. Anal.* 49 (1972) 187-194.

[85] Arceo CP, Jose EC, Marin-Sanguino A, Mendoza ER. Chemical reaction network approaches to biochemical systems theory. *Math. Biosci.* 269 (2015) 135-152.

[86] Ghrist R. Barcodes: the persistent topology of data. *Bull. Am. Math. Soc.* 45 (2008) 61-75.

[87] Wolkenhauer O, Mesarovic M & Wellstead P. A plea for more theory in molecular biology. In Systems Biology—Applications and Perspectives (P Bringmann, EC Butcher, G Parry, B Weiss eds), Springer, 2007.

拓展阅读

Bassingthwaighte J, Hunter P & Noble D. The Cardiac Physiome: perspectives for the future. *Exp. Physiol.* 94 (2009) 597-605.

Calvert J & Fujimura JH. Calculating life? Duelling discourses in interdisciplinary systems biology. *Stud. Hist. Philos. Biol. Biomed. Sci.* 42 (2011) 155-163.

del Sol A, Balling R, Hood L & Galas D. Diseases as network perturbations. *Curr. Opin. Biotechnol.* 21 (2010) 566-571.

Gonzalez-Angulo AM, Hennessy BT & Mills GB. Future of personalized medicine in oncology: a systems biology approach. *J. Clin. Oncol.* 28 (2010) 2777-2783.

Hester RL, Iliescu R, Summers R & Coleman TG. Systems biology and integrative physiological modelling. *J. Physiol.* 589 (2011) 1053-1060.

Ho RL & Lieu CA. Systems biology: an evolving approach in drug discovery and development. *Drugs R D* 9 (2008) 203-216.

Hood, L. Systems biology and P4 medicine: Past, present, and future. *Rambam Maimonides Med. J.* 4 (2013) e0012.

Keasling JD. Manufacturing molecules through metabolic engineering. *Science* 330 (2010) 1355-1358.

Kinross JM, Darzi AW & Nicholson JK. Gut microbiome-host interactions in health and disease. *Genome Med.* 3 (2011) 14.

Kitano H. Grand challenges in systems physiology. *Front. Physiol.* 1 (2010) 3.

Kitano H, Oda K, Kimura T, et al. Metabolic syndrome and robustness tradeoffs. *Diabetes* 53 (Suppl 3) (2004) S6-S15.

Kreeger PK & Lauffenburger DA. Cancer systems biology: a network modeling perspective. *Carcinogenesis* 31 (2010) 2-8.

Kriete A, Lechner M, Clearfield D & Bohmann D. Computational systems biology of aging. *Wiley Interdiscip. Rev. Syst. Biol.* Med. 3 (2010) 414-428.

Likic VA, McConville MJ, Lithgow T & Bacic A. Systems biology: the next frontier for bioinformatics. *Adv. Bioinformatics* 2010 (2010) 268925.

Lucas M, Laplaze L & Bennett MJ. Plant systems biology: network matters. *Plant Cell Environ.* 34 (2011) 535-553.

McDonald JF. Integrated cancer systems biology: current progress and future promise. *Future Oncol.* 7 (2011) 599-601.

Noble D. The aims of systems biology: between molecules and organisms. *Pharmacopsychiatry* 44 (Suppl. 1) (2011)

S9-S14.

Palsson B. Metabolic systems biology. *FEBS Lett.* 583 (2009) 3900-3904.

Sperling SR. Systems biology approaches to heart development and congenital heart disease. *Cardiovasc. Res.* 91 (2011) 269-278.

Tretter F. Mental illness, synapses and the brain—behavioral disorders by a system of molecules with a system of neurons? *Pharmacopsychiatry* 43 (2010) S9-S20.

Vodovotz Y. Translational systems biology of inflammation and healing. *Wound Repair Regen.* 18 (2010) 3-7.

Werner HMJ, Mills, GB, Ram PT. Cancer systems biology: a peak into the future of patient care? *Nat. Rev. Clin. Oncol.* 11 (2014) 167-176.

West GB & Bergman A. Toward a systems biology framework for understanding aging and health span. *J. Gerontol. A Biol. Sci. Med. Sci.* 64 (2009) 205-208.

Weston AD & Hood L. Systems biology, proteomics, and the future of health care: toward predictive, preventative, and personalized medicine. *J. Proteome Res.* 3 (2004) 179-196.

Wolkenhauer O, Mesarovic M & Wellstead P. A plea for more theory in molecular biology. *Ernst Schering Res Found Workshop* (2007) 117-137.

术语表

章节编号是指对该主题的第一次实质性讨论。

肌动蛋白（actin）

一种蛋白质，是真核细胞中肌动蛋白丝的一个单位。细肌动蛋白丝和更粗的**肌球蛋白（myosin）**丝是骨骼肌和心肌细胞中收缩机制的关键组成部分。（第12章）

动作电位（action potential）

由**可兴奋（excitable）**细胞的膜表现出的电压动态模式，包括神经元和心脏细胞。典型的动作电位包括快速**去极化（depolarization）**和较慢的复极化阶段。可兴奋的细胞在两个动作电位之间表现出**静息电位（resting potential）**。动作电位与神经元信号转导、肌肉收缩和心跳直接相关。（第12章）

专设模型（*Ad hoc* model）

与**规范模型（canonical model）**相反，是一种为特定目的而构建的数学模型，不遵循通用**建模（modeling）**框架。（第4章）

适应性的（adaptive）

1. 在免疫学中，一种特化细胞系统，主要是B和T淋巴细胞，可学会识别外来抗原如病原体，消除它们或阻止它们的生长，并记住它们，以防再次感染。该系统由**先天性免疫系统（innate immune system）**激活。

2. 在系统理论中，一种自然**系统（system）**或计算**模型（model）**，可根据外部刺激改变其特征。（第9章）

亲和力（affinity）

衡量原子或分子之间相互作用强度的指标，或者原子或分子与不同原子或分子进行化学反应的倾向性。（第5章）

基于主体的建模（agent-based modeling，ABM）

一种计算建模方法，其中每个组件（主体）根据特定规则集行动。ABM对于异构环境中的空间建模特别有用。（第15章）

算法（algorithm）

旨在解决特定任务的一系列计算指令；通常实现为计算机代码或软件。（第5章）

应变稳态（allostasis）

生物体的异常状态，不同于正常的**内稳态（homeostasis）**，与功能低下或疾病有关。（第13章）

变构的（allosteric）[调节（regulation）]

通过配体与酶在其活性位点外的结合来调节酶活性。（第7章和第8章）

氨基酸（amino acid）

根据**遗传密码（genetic code）**来产生多肽**（peptide）**和蛋白质的20种分子构建模块之一。（第7章）

拮抗作用/拮抗作用的（antagonism/antagonistic）

从字面上看，是"互相敌对"的意思。两个**系统（system）**组件之间的**非线性（nonlinear）**相互作用减轻了组件的个体效应。"**协同作用/协同作用的**"**（synergism/synergistic）**的反义词。（第11章）

抗体（antibody）

见**免疫球蛋白（immunoglobulin）**。（第7章）

细胞凋亡（apoptosis）

天然或诱导的细胞机制，导致细胞的自我毁灭。也称为"程序性细胞死亡"。（第11章）

近似（approximation）

用更简单的函数替换一个数学函数。通常两者在一个选定点，即**工作点（operating point）**，具有相同的值、斜率，还可能有相同的更高阶导数。（第2章）

心律失常（arrhythmia）

不规则的心跳或收缩模式。（第12章）

人工神经网络（artificial neural network，ANN）

一种机器学习算法（**machine learning algorithm**），受自然神经网络的启发，可以训练后用来对数据进行分类，并且可以模拟输入和输出之间的复杂关系。例如，在成功训练后，ANN或许能够基于图像或**生物标志物（biomarker）**图谱来区分健康细胞和癌细胞。（第13章）

房室（AV）结［atrioventricular（AV）node］

心脏右心房壁上相对较少的一组细胞，具有**起搏器（pacemaker）**潜力。通常，AV结接收来自**窦房结（sino-atrial node）**的电信号，并引导它们穿过整个**心室（ventricle）**的His导电束和Purkinje纤维束（bundle of His and the Purkinje fiber）。（第12章）

心房（atrium，复数形式atria）

心脏上部两个较小的腔室之一。另见**心室（ventricle）**。（第12章）

吸引子（attractor）

在动力系统领域，**轨迹（trajectory）**收敛到的一个点或一组点。最典型的吸引子是稳定的稳态点和稳定的**极限环（limit cycle）**。在某些**混沌（chaotic）**系统中，人们会谈到“奇异吸引子”。其反义词是**排斥子（repeller）**。（第4章）

自动性（automaticity）

描述心脏中的**窦房结［sino-atrial（SA）node］**细胞自发地**去极化（depolarize）**能力的术语，可用作**起搏细胞（pacemaker cell）**。（第12章）

自主神经系统（autonomic nervous system）

大脑的一部分，大部分没有意识输入，控制着大多数内脏器官的功能。（第12章）

自动调节（auto-regulation）

适应性（adaptive）生物**系统（system）**的自我调节。一个例子是大脑中的血压调节。（第14章）

碱基对（bp）［base pair（bp）］

在互补DNA或RNA链上匹配的两个**核苷酸（nucleotides）**对，如胞嘧啶-鸟嘌呤（DNA和RNA）和腺嘌呤-胸腺嘧啶（DNA）或腺嘌呤-尿嘧啶（RNA），它们通过氢键连接。（第6章）

吸引力盆地（basin of attraction）

具有以下属性的模型状态空间的子集：如果模拟在该子集内的任何一点开始，则它将收敛到相同的吸引子，该吸引子可以是稳态点、极限环或混沌吸引子。（第9章）

贝叶斯（网络）推理［Bayesian（network）inference］

一种统计方法，用于从数据中推导出（不含圈的）**网络（network）**或**图（graph）**中**结点（node）**之间最可能的连接关系［尽管不是**因果关系（causality）**］。另请参见**有向无环图（directed acyclic graph，DAG）**。（第3章）

（系统的）行为［behavior（of a system）］

系统**状态（state）**变化的总称，通常是随着时间的推移和对**扰动（perturbation）**或**刺激（stimulus）**的响应。（第2章）

双扇（Bi-fan）

一种**网络模体（network motif）**，其中，两个源**结点（node）**向两个目标结点中的每一个发送**信号（signal）**。（第14章）

分叉（在动力系统中）［bifurcation（in a dynamical system）］

系统（system）［通常是**微分方程（differential equation）**］中**参数（parameter）**的临界值，在该值处，系统的行为**定性地（qualitatively）**改变，如从**稳定的稳态（stable steady state）**到由稳定的**极限环振荡（limit cycle oscillation）**包围的不稳定状态。（第4章）

生化系统理论［Biochemical systems theory（BST）］

一种**规范（canonical）**建模框架，将生物**系统（system）**表示为**常微分方程（ordinary differential equation）**，其中所有过程都被描述为**幂律函数（power-law function）**的乘积。另见**广义质量作用（GMA）系统［generalized mass action（GMA）system］**和**S系统（S-system）**。（第4章）

生物被膜（biofilm）

由许多物种组成并共同形成薄层的微生物**集合种群（metapopulation）**。（第15章）

生物信息学（bioinformatics）

生物学和计算机科学相交叉的一个研究领域，它组织、分析和解读数据集，并为**组学（-omics）**研究提供计算支持。（第3章）

生物制品（biologics）

衍生自天然存在的生物材料的药物活性分子，如**抗体（antibody）**。（第13章）

生物标志物（biomarker）

与特定事件（如疾病）相关或可用于对其进行预测的生物或临床测量。一些生物标志物是因果性的，而另一些则仅仅是症状性的。（第13章）

双稳态（bistability）

系统具有两个**稳定稳态（stable steady states）**（和至少一个不稳定稳态）的特性。（第9章）

系统的布尔模型（Boolean model of a system）

通常是**离散（discrete）**模型，其中，**多元（multivariate）**系统在时间$t+1$的**状态（state）**由系统组件在时间t的状态的逻辑函数确定。（第3章）

自举法（bootstrap）

一种用于确定大小为n的数据集的期望特征的统计方法。它建立在构造和分析大小为n的许多样本的基础上，这些样本的数据是从数据集中逐个随机选择的，并在选择下一个数据之前进行替换。另见**刀切法（jackknife）**。（第5章）

分支定界法（branch-and-bound method）

几种复杂的**搜索算法（search algorithm）**之一，通过系统地和迭代地细分**参数（parameter）**空间并丢弃不包含解的区域来找到**全局最优（global optima）**。（第5章）

His导电束（bundle of His）

一组专门用于快速传导电信号的心脏细胞，功能性连接**房室结（atrioventricular node）**和**浦肯野纤维（Purkinje fiber）**。（第12章）

钙诱导的钙释放（calcium-induced calcium release，CICR）

心肌细胞（cardiomyocyte）中的一种扩增机制，其中，向细胞输入的少量钙导致钙从**肌质网（sarcoplasmic reticulum）**大量流到胞质溶胶中，在那里它导致收缩。（第12章）

规范模型（canonical model）

遵循严格构造规则的一种数学建模格式。例子有**线性（linear）**模型、**Lotka-Volterra**模型和**生化系统理论（biochemical systems theory）**中的模型。（第4章）

癌变（carcinogenesis）

癌症发展的过程。（第15章）

心脏的（cardiac）

与心脏有关。（第12章）

心肌细胞（cardiomyocyte）

可收缩的心肌细胞。另见**可兴奋细胞（excitable cell）**和**起搏细胞（pacemaker cell）**。（第12章）

载体蛋白（carrier protein）

在细胞内外传输特定**离子（ion）**和其他小分子的一种蛋白质。所需的能量为ATP形式。也称为泵（pump）或通透酶（permease）。（第12章）

承载能力（carrying capacity）

环境可持续容纳的个体数目。另见**拥挤（crowding）**和**逻辑斯蒂增长（logistic growth）**。（第10章）

因果关系分析（causality analysis）

对**系统（system）**的一个组件（或条件）直接控制或引起另一个组件（或条件）变化的可能性统计评估。（第3章）

互补DNA（cDNA）

互补的DNA；通过逆转录酶和DNA聚合酶从mRNA产生的DNA。（第6章）

细胞周期（cell cycle）

细胞内事件的序列，最终导致细胞的分裂和复制。（第3章）

分子生物学中心法则（central dogma of molecular biology）

分子生物学中从DNA到mRNA［**转录（transcription）**］再到蛋白质［**翻译（translation）**］的单向信息传递的一般（且有些简化）概念。（第6章）

中心极限定理（central limit theorem）

统计学的基本定律，说明许多随机变量的和通常接近正态（高斯）分布（钟形曲线）。（第12章）

通道蛋白（channel protein）

跨越细胞膜并形成亲水孔的蛋白质，允许特定**离子（ion）**快速穿过膜。（第12章）

混沌/混沌的（chaos/chaotic）

没有秩序或可预测性。在**系统（system）**理论的术语中，确定性混沌是指一些非线性动态系统的现象，这些系统是完全确定和可数字描述的，但表现出不稳定、不可预测的行为。对这些系统进行两次不同但任意接近的初始值的模拟，结果显示它们的响应与两次初始值非常不同的模拟差别不大。（第4章）

伴侣（chaperone）

一种蛋白质，有助于蛋白质的正确折叠和大分子结构的组装。伴侣蛋白还在环境胁迫条件下保护蛋白质的三维**构象（conformation）**。热休克蛋白是分子伴侣，可以保护蛋白质免受高温引起的错误折叠。（第7章）

化学主方程（chemical master equation）

化学**反应（reaction）**详细的**常微分方程（ordinary differential equation）**描述，考虑了与该反应相关的每个分子事件的**随机（stochastic）**性质。（第8章）

顺式调控DNA（*cis*-regulatory DNA）

一段DNA区域，调节位于相同DNA分子上的基因的表达，如通过编码**转录因子（transcription factor）**或用作操纵子的方式发挥作用。（第6章）

小集团（clique）

无向**网络（network）**或**图（graph）**的一部分，其中所有**结点（node）**都是邻居，即彼此直接相连。（第3章）

封闭系统（closed system）

相比于**开放系统（open system）**，一种不需要输入或损耗材料的数学**模型（model）**。（第2章）

基因聚类（clustering of genes）

通过某些特征对基因进行分类，如类似的序列或共表达，通常会用到**机器学习算法（machine learning algorithm）**。（第11章）

聚类系数（clustering coefficient）

网络连接的一种定量度量，可以针对整个网络，也可以针对给定结点的邻域。（第3章）

密码子（codon）

核苷酸（nucleotide）的三联体，当翻译时，代表一个**氨基酸（amino acid）**。（第6章）

系数（coefficient）

在等式或矩阵的某个项中的（通常是常数的）乘法因子（数）。另见**线性的（linear）**。（第4章）

区隔（compartment）

与周围环境隔开（如通过隔膜）的确定空间。另请参阅**区隔模型（compartment model）**。（第4章）

区隔模型（compartment model）

一般是指描述材料在区隔之间移动的动力学的线性常微分方程模型，如生物体中的器官和血流。另见**药代动力学模型（pharmacokinetic mode）**。（第4章）

复杂（complexity）

系统（system）特征不明确的集合体，包括其组件的数量、过程和**调控信号（signal）**，以及系统的**非线性（nonlinearity）**程度和不可预测性。（第4章）

概念图建模（concept-map modeling）

一种将生物图和粗糙的输入响应信息转换为动态模型的策略。（第15章）

电导（电气）（conductance）（electrical）

电在某材料中移动的容易程度的一种度量。（第12章）

构象（conformation）

像蛋白质这样的大分子中原子的三维排列。构象可随分子的化学和物理环境而变化。另见**三级结构（tertiary structure）**。（第7章）

约束（优化）[constraint（optimization）]
待**优化（optimization）**组分（component）所不能跨越的任何类型的阈值；在优化问题中变量必须满足的条件。（第3章）

连续（continuous）
离散（discrete）的反义词。函数或集合的特征，是指没有孔或中断；在系统生物学中，通常是针对时间的，有时也针对空间。（第4章）

连续统近似（continuum approximation）
将许多类似物体阵列的机械特性近似为连续材料的力学；例如，在心脏组织建模中所做的那样。（第12章）

控制系数（control coefficient）
代谢控制分析（metabolic control analysis）中**稳态敏感性（steady-state sensitivity）**的定量测度。（第3章）

受控比较（controlled comparison）
一种揭示**设计原理（design principle）**的数学技术，基于以最小偏差的方式比较两个相似**系统（system）**的**设计（design）**。（第14章）

协同性（cooperativity）
酶或**受体**可能具有多个结合位点的现象，它可能增加（正协同性）或降低（负协同性）它们的**亲和力（affinity）**。这种现象通常用**Hill模型（Hill model）**表示。另见**变构（调控）**。（第7章）

冠状脉（coronaries）
为心肌提供血液循环的动脉和静脉。（第12章）

关联性模型（correlative model）
将一个数量与另一个数量联系起来的模型，而不解释导致关系的原因或关系意味着什么。另见**解释性模型（explanatory model）**。（第2章）

串扰（crosstalk）
两个过程或途径之间的信息交换；通常出现在**信号转导（signal transduction）**中。（第9章）

拥挤（crowding）
一个集合性的术语，描述增长着的群体内部的阻碍性相互作用。例如，导致群体增长放缓的资源竞争，在达到**承载能力（carrying capacity）**前通常一直存在。（第10章）

校验的（数据库）[curated（database）]
指代（数据库中的）信息经由专家检查的事实。（第8章）

细胞因子（cytokine）
感染和炎症反应中的一种信号蛋白。（第7章和第15章）

阻尼振荡（damped oscillation）
随时间消退的振荡。另请参见**极限环（limit cycle）**和**过冲（overshoot）**。（第4章）

数据挖掘（data mining）
通过结合**机器学习（machine learning）**、人工智能、统计和数据库管理等方法，从大型数据集中提取模式并将其转化成有用信息的过程。另请参见**文本挖掘（text mining）**。（第8章）

度分布（degree distribution）
图（graph）或**网络（network）**中每个**结点（node）**的**边（edge）**数的统计分布。（第3章）

变性（denature）
通过施加极端的物理或化学胁迫来改变或破坏大分子（通常是蛋白质或核酸）的结构。变性的蛋白质通常被**蛋白酶体（proteasome）**移除。（第11章）

因变量（dependent variable）
可能受系统**动态（dynamics）**影响的**系统（system）**变量。另见**自变量（independent variable）**。（第2章）

去极化（depolarization）
在**动作电位（action potential）**期间，神经元、肌肉细胞和心脏细胞的膜电位从负电压到正电压的快速变化；之后是**再极化（repolarization）**。（第12章）

设计（design）
1. 对于自然**系统（system）**。类似于网络**模体（motif）**，观察到的**动态（dynamic）**系统的结构和调控组成。有时会将观察到的设计与假设的替代方案进行比较分析，以揭示**设计（design）**和**操作原**

理（operating principle）。

2. 对于人工生物系统。**合成生物学（synthetic biology）**的核心主题。

3. 对于一个实验。确保实验结果可能具有统计学意义的一组统计技术。（第14章）

设计原理（design principle）

由于其功能优势，比替代设计更为常见的系统（system）结构或动态（dynamic）特征。另见**模体（motif）**和**操作原理（operating principle）**。（第14章）

确定性的（模型）[deterministic（model）]

不允许或不考虑**随机（random）**事件的模型。另见**随机（stochastic）**模型和确定性**混沌（chaos）**。（第2章）

心脏舒张（diastole）

希腊语词汇，扩张，用于描述心脏的松弛状态。另见**心脏收缩（systole）**。（第12章）

差分方程（difference equation）

一种**离散（discrete）**函数，其中，**系统（system）**的**状态（state）**被定义为在一个或多个先前时间点的状态的函数。另请参见**迭代（iteration）**和**布尔模型（Boolean model）**。（第4章）

微分方程（differential equation）

包含函数及其导数的方程或方程组。大多数**动态系统（dynamical system）**表示为微分方程。另见**常微分方程（ordinary differential equation）**和**偏微分方程（partial differential equation）**。（第4章）

分化/微分（differentiation）

1. 在发育生物学中，将具有许多可能作用或命运的细胞（如受精卵或干细胞）转化为具有一种或几种特定功能的细胞的自然过程。（第11章）

2. 在数学中，计算函数的导数（斜率）的过程。（第4章）

有向无环图（directed acyclic graph，DAG）

一种**图（graph）**，其中，所有的**边（edge）**都具有唯一方向，不允许**反馈（feedback）**，或者说，对于任意**结点（node）**，一旦离开该结点，则不允许返回。（第3章）

离散（discrete）

连续（continuous）的反义词。函数或集合表现出中断的特征。例如，离散的时间刻度定义为分立的时间点t_1、t_2、t_3，但各点之间不取值，类似数字手表的显示。（第2章）

DNA芯片（DNA chip）

类似于**微阵列（microarray）**，用于比较不同细胞类型或不同条件下基因表达的工具。与微阵列不同，DNA芯片含有人工构建的短核苷酸探针。（第6章）

二分体（dyad）

在**心肌细胞（cardiomyocyte）**中细胞膜和**肌质网（sarcoplasmic reticulum）**之间的小空间，在这里，**钙诱导的钙释放（calcium-induced calcium release）**得到控制。（第12章）

动态系统或模型（dynamical system or model）

状态（state）和**行为（behavior）**随时间而变化的**系统（system）**或**系统模型（model of a system）**。（第2章）

动力学（模型的）[dynamics（of a model）]

随着时间的推移，模型（model）特征变化的集合。（第2章）

边（图中的）[edge（in a graph）]

图（graph）中两个**结点（node）**之间或结点与**图（graph）环境（environment）**之间的有向或无向连接。（第3章）

特征值（eigenvalue）

表征线性或线性化**系统（system）**各个方面的一组复数中的一个。例如，其在**稳态（steady state）**下的**稳定性（stability）**及不同变量随时间演变的不同速度。（第4章）

弹性（elasticity）

刻画**酶（enzyme）**或**反应（reaction）**对局部环境变化**敏感性（sensitivity）**的定量指标。例如，由底物变化引起的局部环境改变；用于**代谢控制分析（metabolic control analysis）**中，相当于**生化系统理论（biochemical systems theory）**中**动力学阶数（kinetic order）**的概念。（第3章）

心电图（electrocardiogram，ECG，EKG）
从连接到躯干和四肢上的几对电极读取得到的心脏的电活动信息。（第12章）

电化学的（electrochemical）
与**离子（ion）**相关的电事件有关。（第12章）

电生理学（electrophysiology）
研究身体中电事件正常功能的学科。（第12章）

基元模式分析（elementary mode analysis，EMA）
用于确定**化学计量网络（stoichiometric network）**中独立反应路径的一种方法。（第14章）

涌现性质（emergent property）
不能归因于单个组件的特征，只能通过系统组件之间的**非线性（nonlinear）**互作来实现**系统（system）**属性。另见**叠加（superposition）**。（第1章）

环境（模型、图或系统的）[environment（of a model，graph or system）]
模型（model）、**图（graph）**或**系统（system）**的明确定义之外的组件和过程。（第2章）

酶（enzyme）
一种催化（促进）生化**反应（reaction）**的蛋白质。（第7章）

流行病（epidemic）
一种使大部分人口感染的传染病。极为普遍的流行病称为大流行。（第10章）

表观遗传学（epigenetics）
一个相对较新的研究领域，研究不是由于生物体DNA**核苷酸（nucleotide）**序列变化而来的遗传特征。（第6章）

误差（在建模和统计中）[error（in modeling and statistics）]
见**残差（residual）**。（第5章）

进化算法（evolutionary algorithm）
受自然进化启发的几种**机器学习（machine learning）**方法之一，寻找最优和接近最优的解决方案。另见**遗传算法（genetic algorithm）**和**优化（optimization）**。（第5章）

兴奋（细胞）[excitable（cell）]
响应**电化学（electrochemical）**刺激的神经元或肌肉细胞。另见**动作电位（action potential）**。（第12章）

激发-收缩（EC）耦合[excitation-contraction（EC）coupling]
肌肉生理学中的一个基本过程，其中电刺激[通常是**动作电位（action potential）**]转化为肌细胞胞质内钙浓度的增加，引起**肌动蛋白（actin）**和**肌球蛋白丝（myosin filament）**之间的滑动并导致细胞收缩。（第12章）

外显子（exon）
基因序列的一部分，转录成mRNA并随后翻译成蛋白质。另见**内含子（intron）**。（第6章）

解释性模型（explanatory model）
一种概念或数学**模型（model）**，基于较低组织水平（如基因表达）的事件来解释现象（如发育）。（第2章）

指数增长（exponential growth）
一种增长模型或**增长规律（growth law）**，可以通过具有正**增长率（growth rate）**的指数函数来描述。具有负速率的相应过程称为指数衰减。（第10章）

表达序列标签（expressed sequence tag，EST）
从cDNA测序得到的约300个核苷酸的基因片段。（第6章）

外推（extrapolation）
超出了实际数据可用范围的**模型（model）**响应预测。（第2章）

假阴性（false negative）
测试结果指示为阴性，但实际结果是阳性的。例如，即使患者患有疾病，测试也可能表明没有疾病。另见**假阳性（false positive）**。（第13章）

假阳性（false positive）
测试结果指示为阳性，但实际结果是阴性的。例如，即使患者没有癌症，测试也可能指示患有癌症。另见**假阴性（false negative）**。（第13章）

特征选择（feature selection）

统计学和**机器学习（machine learning）**中的一种技术，用于将**变量（variable）**的数目减少到最有影响的变量的子集。（第5章）

反馈（feedback）

一般通路中影响前一反应步骤或过程的**信号（signal）**。（第2章）

前馈（feedforward）

一般通路中影响下游反应步骤或过程的**信号（signal）**。（第14章）

细丝（肌细胞）[filament（muscle cell）]

由**肌动蛋白（actin）**和**肌球蛋白（myosin）**等蛋白质组成的微纤维，赋予肌肉细胞收缩性。（第12章）

有限元方法（finite element approach）

一组方法，用来评估流体、材料或固体的动力学，基于将它们细分为非常小的单元（元素）并研究这些元素及它们之间的行为。通常用于分析**偏微分方程（partial differential equation）**及具有复杂形状的物体内的变化。（第12章）

适应度（fitness）

1. 在遗传学中，某基因、其基因产物或拥有该基因生物的优越性的一种定量度量。

2. 在**优化（optimization）**中，一种解决方案优于另一种解决方案的定量度量。（第5章）

拟合（模型的）[fitting（of a model）]

自动或手动调整**参数（parameter）**值，以使**模型（model）**尽可能地匹配观察数据。另请参阅**参数估计（parameter estimation）**、**优化（optimization）**、**残差（residual）**和**验证（validation）**。（第5章）

流体力学（fluid mechanics）

研究液体中颗粒运动的学科，通常使用**偏微分方程（partial differential equation）**和**有限元方法（finite element approache）**。（第12章）

流量（flux）

在限定的时间段内流过池[**变量（variable）**]、**通路（pathway）**或**系统（system）**的材料的量（分子数）。（第3章）

流平衡分析（flux balance analysis，FBA）

（大）代谢**网络（network）**的一种建模方法，该方法在**稳态（steady state）**下根据每个反应的**化学计量（stoichiometry）**来平衡进入和离开**结点（node）**的代谢**流量（fluxe）**，并且假设细胞或生物体优化某些特征，如其生长速率。另见**代谢流量分析（metabolic flux analysis）**。（第3章）

弗兰克-斯塔林法则（Frank-Starling law）

血容量、压力、力量和心脏壁张力之间的一种关系。（第12章）

起搏电流（funny current）

相对缓慢的混合钠-钾电流，进入**窦房结细胞（sino-atrial node）**并引发自发性**去极化（depolarization）**。（第12章）

模糊逻辑[fuzzy（logic）]

一组以**概率（probabilistic）**[而非**确定性（deterministic）**]方式应用的逻辑规则。（第15章）

增益（gain）

系统响应对**自变量（independent variable）**微小变化的**敏感性（sensitivity）**。（第4章）

间隙连接（gap junction）

连接两个相邻细胞的细胞溶质的通道。该通道由两个蛋白质复合物组成，形成跨越细胞膜的半通道。两个半通道在相邻细胞之间的细胞外空间相遇。另见**跨膜蛋白（transmembrane protein）**。（第7章）

门（逻辑的）[gate（logic）]

两个信号之间的逻辑联合。在“与”门中，只有两个输入信号都有效时，才会传播信号。（第14章）

基因注释（gene annotation）

将蛋白质或功能赋予基因序列。另见**基因本体论（gene ontology）**。（第6章）

基因本体论（gene ontology，GO）

用于**基因注释（gene annotation）**的广为接受的受控词汇表。（第6章）

广义质量作用系统[generalized mass action（GMA）system]

生化系统理论（biochemical systems theory）

中的一种基于**常微分方程**(ordinary differential equation)的建模格式,其中每个过程都以**幂律函数**(power-law function)的乘积表示。另见**S系统**(S-system)。(第4章)

遗传算法(genetic algorithm)

一种**机器学习**(machine learning)方法,受基因遗传、重组和突变过程的启发,寻找最优和接近最优的解决方案。另请参见**进化算法**(evolutionary algorithm)和**优化**(optimization)。(第5章)

遗传密码(genetic code)

将每种天然氨基酸分配给DNA或RNA中的一个或多个**核苷酸**(nucleotide)的**密码子**(codon)。由于遗传密码的近乎通用性,肽和蛋白质中的氨基酸序列可以从其编码基因中可靠地进行预测。(第6章)

基因工程(genetic engineering)

为了(工业上)感兴趣的目标,有针对性地操纵基因。另见**代谢工程**(metabolic engineering)和**合成生物学**(synthetic biology)。(第14章)

基因组(genome)

生物体中DNA的总体。除了编码蛋白质的基因,大部分DNA还用于其他目的,包括有关调节RNA的信息。另见**蛋白质组**(proteome)和**组**(-ome)。(第6章)

GFP(green fluorescent protein)

绿色荧光蛋白。一种蛋白质,其DNA序列可以插入靶基因的蛋白质编码区内,可以通过荧光测定法定位基因表达。现在还有许多其他颜色的荧光蛋白。(第6章)

全局最优(global optimum)

最佳点(针对某些定义的标准或指标而言)。找到**非线性系统**(nonlinear system)的全局最优是计算机科学一个困难的**优化**(optimization)问题。另请参见**局部最优**(local optimum)和**分支定界方法**(branch-and-bound method)。(第5章)

Goldman-Hodgkin-Katz方程(Goldman-Hodgkin-Katz equation)

一个方程式,将细胞膜平衡电位描述为内部和外部**离子**(ion)浓度及渗透率常数的函数。(第12章)

G蛋白(G-protein)

细胞膜内部的几种特定蛋白质之一,在许多**信号转导**(signal transduction)过程中与**G蛋白偶联受体**(G-protein-coupled receptor)相互作用。(第9章)

G蛋白偶联受体(G-protein-coupled receptor,GPCR)

一类膜相关的**受体**(receptor),参与不计其数的**信号转导**(signal transduction)和疾病过程。(第9章)

图(graph)

网络(network)的视觉或数学表示,由**结点(顶点)**[nodes(vertex)]和将一些结点相互连接的**边**(edge)组成。(第3章)

图论(graph theory)

数学的一个与**图**(graph)有关的分支。图论在生物**网络**(network)分析中得到了广泛应用。(第3章)

增长法则(growth law)

通常是简单的函数,用以描述细胞、生物体或群体大小随时间的变化。最著名的例子是**指数**(exponential)和**逻辑斯蒂增长**(logistic growth),但存在许多其他的增长法则。(第10章)

增长率(growth rate)

增长法则(growth law)中表征增长速度的**参数**(parameter)。(第10章)

半衰期(half-life)

在指数衰减的假设下,某材料的量从100%降低到50%所需的时间。(第4章)

热休克蛋白(heat shock protein)

在热胁迫下活化并保护其他蛋白质免于去折叠或**变性**(denaturing)的一类特定的蛋白质。(第11章)

希尔函数(Hill function)

一种**动力学速率规则**(kinetic rate law),非常适合**模拟变构**(modeling allosteric)过程,以及涉及**酶**(enzyme)的n个结合位点的**协同性**(cooperativity)。数字n称为希尔系数;$n>1$表示正

协同性，$n<1$为负协同性。对于$n=1$，希尔函数变为**Michaelis-Menten速率规则**（**Michaelis-Menten rate law**）。通常用于描述S形行为。（第8章）

目标化合物/命中物（药物开发）[hit（drug development）]

在药物发现和开发过程中所研究的天然或人工创造的分子，可与药物靶标相互作用并中断疾病过程。（第13章）

霍奇金-赫胥黎模型（Hodgkin-Huxley model）

描述神经元和其他可兴奋细胞中电活动、跨膜电流和动作电位的第一个数学**模型**（**model**）。（第12章）

内稳态（homeostasis）

生物体或生理**系统**（**system**）的正常（稳定）**状态**（**state**）的维持，通过复杂的内部控制系统的作用来实现。另见**应变稳态**（**allostasis**）。（第13章）

同质的（homogeneous）

始终拥有相同的特质。（第10章）

枢纽结点（hub）

图（**graph**）、**网络**（**network**）或**系统**（**system**）中特别连接且通常很重要的**结点**（**node**）。（第3章）

杂交（hybridization）

许多实验方法中的核心技术，用于鉴定相同或相似的DNA或RNA**核苷酸**（**nucleotide**）序列；基于核苷酸链通过**碱基对**（**base pair**）（如胞嘧啶和鸟嘌呤）特异性结合其互补序列的事实。（第6章）

迟滞（hysteresis）

具有两个或更多**稳定稳态**（**stable steady state**）的**非线性系统**（**nonlinear system**）的属性，其中，朝向这些状态之一的瞬态转移取决于**系统动态**（**dynamics**）的近期历史。（第9章）

可识别性（identifiability）

系统（**system**）和数据集的属性，指示系统结构或**参数**（**parameter**）是否可以从数据集中唯一确定。另见**凌乱**（**sloppiness**）。（第5章）

免疫球蛋白（immunoglobulin）

也称为**抗体**（**antibody**）。由白细胞产生的蛋白质，附着于免疫系统的B细胞或通过血液和其他体液进行循环。免疫球蛋白检测并中和细菌、病毒和外来蛋白等侵入者。（第7章）

免疫沉淀（immunoprecipitation）

一种通过特异性**抗体**（**antibody**）从细胞提取物或蛋白质混合物中浓缩、分离和纯化蛋白质的技术。从溶液中提取蛋白质-抗体复合物，除去抗体，并分析蛋白质。（第7章）

自变量（independent variable）

系统变量，不受系统本身的动态影响，但可能受环境或实验者的影响。在许多情况下，在给定实验期间，自变量是恒定的。另请参见**因变量**（**dependent variable**）。（第2章）

初始值（initial value）

在系统可以数值求解之前，需要为**微分方程组**（**differential equation**）中的每个**因变量**（**dependent variable**）定义的数值起始值。（第4章）

先天的（免疫系统）[innate（immune system）]

多种多细胞生物中的通用防御系统，可保护宿主免受病原体感染。在脊椎动物中，先天免疫系统的细胞如巨噬细胞和中性粒细胞，涌向感染部位并摧毁入侵者。先天免疫系统激活适应性免疫系统（adaptive immune system），该系统学会识别和记忆病原体。（第15章）

内含子（intron）

基因序列的一段，转录成RNA，但后来从成熟RNA中剪接出来。在蛋白质编码基因中，内含子不会被翻译成蛋白质。另见**外显子**（**exon**）。（第6章）

离子（ion）

由于其电子和质子数之间的差异而携带电荷的原子或分子。（第12章）

不可逆的（反应）[irreversible（reaction）]

（生物化学）**反应**（**reaction**）的特征，即不允许反向反应。绝对不可逆的反应是罕见的，但由于不利的能量变化，反方向的反应通常可以忽略不计。另见**可逆反应**（**reversible reaction**）。（第8章）

同工酶（isozyme）

催化相同生化**反应**（**reaction**）的几种不同酶

（enzyme）之一，有时对抑制剂或调节剂具有不同的效率和灵敏度。（第11章）

迭代（iteration）

算法（algorithm）或**模拟（simulation）**中的重复步骤或步骤序列，通常稍微改变设置。（第2章）

刀切法（jackknife）

与**自举法（bootstrap）**类似，刀切法是用于确定数据集期望特征的统计方法。它基于随机去除一个或多个数据点时对所需特征的重复估计。（第5章）

雅可比矩阵（Jacobian）

由偏导数组成的**矩阵（matrix）**，**近似（approximately）**表示接近某个**操作点（operating point）**的**非线性系统（nonlinear system）**的**动力学（dynamics）**。（第4章）

动力学阶数（kinetic order）

1. 在元素化学动力学中，经历**反应（reaction）**的同种分子数。

2. 在**生化系统理论（biochemical systems theory）**中，**幂律函数（power-law function）**中**变量（variable）**的指数，量化变量对函数所表示过程的影响力；相当于**代谢控制分析（metabolic control analysis）**中的**弹性（elasticity）**概念。（第4章）

动力学速率规则（kinetic rate law）

描述生化**反应（reaction）动力学（dynamics）**如何受底物、酶和调节剂影响的函数。另见**Michaelis-Menten动力学（Michaelis-Menten kinetics）**和**希尔函数（Hill function）**。（第8章）

动力学（生物化学中的）[kinetics（in biochemistry）]

与生化**反应（reaction）**的**动态（dynamics）**有关。（第8章）

拉丁方或超立方抽样（Latin square or hypercube sampling）

一种统计设计和抽样方法，可以避免在使用完整网格中每个数字组合时所需的大量分析。相反，仅选择网格每行和每列的一个数字。在更高的维度中，网格被立方体或超立方体取代，其中后者是立方体在三维以上空间中的类比。（第5章）

先导化合物（药物开发）[lead（drug development）]

潜在的药物分子。例如，具有改善效力的**命中物［亦作活性化合物（hit）］**，可以中断疾病过程并且具有与功效、**药代动力学（pharmacokinetics）**和副作用相关的期望特性。（第13章）

最小二乘法（least-squares method）

一种统计回归（regression）技术，可以将**模型（model）**与给定数据集进行最佳匹配。基于每个数据点与对应模型值之间的平方差之和的最小值来定义最佳。另见**残差（residual）**。（第5章）

极限环（limit cycle）

吸引子（attractor）或**排斥子（repeller）**，其形式为**动态系统（dynamical system）**中的**振荡（oscillation）**，其振幅不随时间变化。在**稳定（stable）**（不稳定）极限环的情况下，附近的**振荡（oscillation）**最终会聚到（偏离）吸引子（排斥子）。（第4章）

线性（linear）

函数或**系统（system）**的数学性质，可以用与常数**系数（coefficient）**（数字）相乘的变量之和来描述。如果f是x的线性函数，并且x_1和x_2是x的任意值，则**叠加原理（superposition principle）**$f(x_1+x_2)=f(x_1)+f(x_2)$成立。其反义词是**非线性（nonlinear）**函数或系统，其中上述关系不成立。（第2章）

线性化（linearization）

系统在选定**操作点（operating point）**的**线性近似（linear approximation）**。线性化由**雅可比矩阵（Jacobian）**来表征。（第4章）

局部最小值（最佳）[local minimum（optimum）]

系统（system）状态（state）比所有附近的状态都更好（相对于某些定义的标准或度量）。但是，在更远处，系统可能会有更好的状态；另见**全局最优（global optimum）**。局部最优通常会阻止计算机**算法（algorithm）**找到全局最优。（第5章）

逻辑斯蒂增长（logistic growth）

一种增长的S形模型，或**增长规律（growth law）**，最初呈指数形式但最终接近上限值，称为**承载能力（carrying capacity）**。对**指数增长**

（exponential growth）的偏离通常归因于**拥挤**（crowding）。（第10章）

Lotka-Volterra模型（Lotka-Volterra model）

一种基于**常微分方程**（ordinary differential equation）的规范模型（canonical model），主要用于生态**系统**（systems）分析，其中所有过程都表示为两个变量和速率**系数**（coefficient）的乘积。每个方程*j*也可能只包含带有系数的第*j*个变量。（第4章）

机器学习（machine learning）

人工智能领域的一个计算分支，它根据给定的标准训练**算法**（algorithm）对数据进行分类，并揭示复杂数据集中的模式。另请参见**参数估计**（parameter estimation）、**数据挖掘**（data mining）和**文本挖掘**（text mining）。（第5章）

丝裂原活化蛋白激酶（MAPK）

丝裂原活化蛋白激酶（mitogen-activated protein kinase）。真核生物中许多**信号级联**（signaling cascade）核心的一类**酶**（enzyme）之一。通常，不同MAPK的磷酸化事件发生在三个等级水平，从而（例如）将信号从细胞膜转导至细胞核。（第9章）

马尔可夫模型（Markov model）

通常是**离散的**（discrete）**概率**（probabilistic）数学**模型**（model），其中**系统**（system）的**状态**（state）由系统的先前状态和用于将系统从任一状态转移到任一其他状态的（固定的）转移概率集确定。（第4章）

质谱（mass spectrometry，MS）

一种实验技术，用于根据质量和施加的电荷来表征分子混合物。（第7章）

质量作用（动力学）[mass-action（kinetics）]

化学反应（reaction）**动力学**（dynamics）的简单定量描述，由**速率常数**（rate constant）和反应中涉及的所有底物组成。如果反应需要相同种类的两个底物分子，则底物以幂次2进入质量作用函数。参见**动力学**（kinetics）和**广义质量作用系统**（generalized mass action system）。（第8章）

矩阵（线性代数中的；其复数形式为matrices）[matrix（in linear algebra；pl. matrices）]

一组数字，通常对应于**线性**（linear）方程组中的**系数**（coefficient）；另见**向量**（vector）。线性代数、**多元**（multivariate）微积分、**系统**（system）分析和统计学领域的许多方面都基于向量和矩阵。（第4章）

代谢负担（metabolic burden）

生物体维持某些水平的mRNA、蛋白质和代谢产物的成本，特别是如果它们是可消耗的。（第14章）

代谢控制分析（metabolic control analysis，MCA）

基于**灵敏度分析**（sensitivity analysis）定理和方法框架，用于评估**稳态**（steady state）下代谢、遗传和信号**系统**（system）的控制。（第3章）

代谢工程（metabolic engineering）

从分子生物学、遗传学和工程学而来的一组技术，用于操纵微生物培养物达到期望的目标，如产生有价值的**氨基酸**（amino acid）。（第14章）

代谢流量分析（metabolic flux analysis）

用于评估代谢**网络**（network）中流量分布的实验（标记）和计算［**流平衡分析**（flux balance analysis）之类的］技术的集合。（第8章）

代谢通路（metabolic pathway）

任何重要的［通常是**酶**（enzyme）催化的］反应步骤的序列，涉及有机分子的合成或降解。代谢途径通常用于组织代谢**网络**（network）的复杂性。（第8章）

代谢图谱（metabolic profile）

在一个时间点或一系列时间点表征**代谢通路**（metabolic pathway）或生物体的一整套代谢物浓度。（第8章）

代谢组学（metabolomics）

同时研究系统中的许多或所有代谢物。另见**组**（-ome）和**组学**（-omics）。（第8章）

宏基因组学（metagenomics）

基因组学方法应用于**集合种群**（metapopulation）。在土壤、海洋、污水管道或人体肠道等环境中，同时对许多（共存）物种进行**基因组**（genome）分析的统称。（第15章）

集合种群（metapopulation）
不同物种共存的种群的集合。常用于微生物物种。（第15章）

Michaelis-Menten机制（速率规则）[Michaelis-Menten mechanism（rate law）]
酶（enzyme）促**反应（reaction）**的一种概念（conceptual）和数学**模型（model）[速率规则（rate law）]**，其中底物和酶在产物产生和酶再循环之前可逆地首先形成中间复合物。合适的**准稳态假设（quasi-steady-state assumption）**将**质量作用微分方程（mass-action differential equation）**描述的系统转换为简单函数，该函数根据底物浓度量化产物形成速率。其两个参数是产物形成的最大速率V_{max}和米氏常数K_M，该常数对应于速率为$V_{max}/2$的底物浓度。其数学推广是**希尔函数（Hill function）**。（第8章）

微阵列（技术）[microarray（technology）]
一组用于比较不同细胞类型或不同条件下基因表达的方法。每个微阵列由固体表面组成，该表面带有已知DNA（或有时是其他分子）的非常小的探针。另见**DNA芯片**和**RNA-Seq**。（第6章）

微生物组（microbiome）
微生物集合种群，通常生活在人体内，如在口腔、阴道或肠道中。（第15章）

微RNA（microRNA）
一种含20～30个核苷酸的短**非编码（noncoding）**RNA，具有许多调节作用，包括基因沉默。另见**小RNA（small RNA）**。（第6章）

模型（生物学中的）[model（in biology）]
1. 在生物学实验中，使用特定物种作为更大生物领域的代表，如"小鼠模型"。
2. 概念性的：关于**系统（system）**组件如何相互关联和相互作用的形式化想法。
3. 数学上的：一组函数或（**微分**）**方程[（differential）equation]**，以某种方式表示生物现象。
4. 计算上的：使用**算法（algorithm）**，支持生物现象**建模（modeling）**。（第2章）

建模（生物学中的）[modeling（in biology）]
将生物现象转换为数学或计算构造，以及随后对该构造的分析。（第2章）

模块（module）
或多或少受限或自主的（子）**模型（model）**，是较大模型的一部分。（第2章）

分子动力学（molecular dynamics）
一种计算密集型**模拟（simulation）**技术，用于探索大分子（如蛋白质）中每个原子的位置和运动。（第7章）

蒙特卡罗模拟（Monte Carlo simulation）
一种统计技术，用于探索**复杂系统（complex system）**的可能的、或然的和最坏情况的**行为（behavior）**，这些行为基于数千个具有不同模型设置的随机组合的**模拟（simulation）**。（第2章）

模体（motif）
网络（network）或**系统（system）**中的重复结构特征，其发现频率超过在相应的**随机（randomly）**组合系统中的预期。另见**设计原理（design principle）**。（第14章）

多尺度建模（multiscale modeling）
构建**模型（model）**，同时捕获不同时间和组织规模[如基因表达、**生理学（physiology）**和衰老]的基本**系统（system）**特征和**行为（behavior）**。（第12章）

多阶段癌症模型（multistage cancer model）
形式化表达正常细胞在成为癌细胞之前经历几次**离散（discrete）**变化的假设的几种数学**模型（model）**之一。（第15章）

多元的（multivariate）
同时依赖于多个变量。（第2章）

心肌（myocardium）
心脏的肌肉。（第12章）

心肌细胞（myocyte）
肌细胞。在心脏中，它被称为心肌的细胞或**心肌细胞（cardiomyocyte）**。另见**肌原纤维（myofibril）**。（第12章）

肌原纤维（myofibril）
肌细胞（myocyte）的基本收缩单位，由**肌动蛋白（actin）**、**肌球蛋白（myosin）**和其他蛋白质

组成。（第12章）

肌球蛋白（myosin）

一种在真核细胞中形成细丝的运动蛋白。与**肌动蛋白（actin）**丝一起，肌球蛋白丝是骨骼肌和心肌细胞中收缩机制的关键组分。（第12章）

Na^+-Ca^{2+}交换蛋白（Na^+-Ca^{2+} exchanger）

一种离子转运蛋白，在**可兴奋细胞（excitable cell）**内完成钠钙交换；特别是在动作电位（**action potential**）之后。（第12章）

Na^+-K^+泵（Na^+-K^+ pump）

一种转运蛋白，可以将Na^+从**可兴奋细胞（excitable cell）**中泵出，同时泵入K^+。泵也可以反向运行。（第12章）

能斯特方程（Nernst equation）

支配**电化学（electrochemical）**梯度特性的方程。它根据**离子（ion）**浓度的跨膜差异来描述自由能。（第12章）

网络（network）

结点（顶点）[node（vertice）]和**连接边（edge）**的集合。（第3章）

网络模体（network motif）

见**模体（motif）**。（第14章）

神经递质（neurotransmitter）

一种化学物质，如多巴胺或血清素，负责突触神经元之间特定**信号（signal）**的传递。（第15章）

新化学实体（new chemical entity，NCE）

一种潜在的药物分子，在药物开发的早期阶段进行了深入研究，在任何先前的申请中都没有得到FDA的批准。（第13章）

核磁共振光谱学（NMR spectroscopy）

核磁共振光谱学的缩写。利用具有奇数个质子和中子的原子核在其自身轴上旋转这一事实的一种技术。用强磁性评估这种自旋，并可被解读，以产生分子结构，如蛋白质。相同的方法可用于标记代谢物的非侵入性活体分析。（第7章）

结点（node）

网络（network）或**图（graph）**中的**变量（variable）**或池，通过**边（edge）**与图中的其他结点或图的**环境（environment）**连接。也称为**顶点（vertex）**。（第3章）

噪声（noise）

数据中无法解释的、看似**随机（random）**的错误的概括性表达。另见**残差（residual）**。（第5章）

非编码DNA/RNA（noncoding DNA/RNA）

最终未翻译成蛋白质的DNA或RNA。（第6章）

非线性（nonlinear）

线性（linear）的反义词。函数或系统表现为弯曲的一种属性。如果f是x的非线性函数，且如果x_1和x_2是x的值，则$f(x_1+x_2)$通常不等于$f(x_1)+f(x_2)$。另见**叠加（superposition）**和**协同作用（synergism）**。（第2章）

非线性系统（nonlinear system）

任何展示**非线性（nonlinear）**特征的数学**模型（model）**[可能除**线性（linear）**特征之外]。（第4章）

Northern印迹（Northern blot）

一种基于产生的mRNA测量基因表达的技术。另见**RT-PCR**和**Western印迹（Western blot）**。（第6章）

核苷（nucleoside）

DNA或RNA的构造块，由碱基和糖组成（分别为脱氧核糖或核糖）。如果还连接磷酸基团，则核苷成为**核苷酸（nucleotide）**。（第6章）

核苷酸（nucleotide）

DNA或RNA的构造块，由碱基、糖（分别为脱氧核糖或核糖）和磷酸基团组成。DNA碱基是腺嘌呤（A）、胞嘧啶（C）、鸟嘌呤（G）和胸腺嘧啶（T）。在RNA中，胸腺嘧啶被尿嘧啶（U）取代。（第6章）

零线（nullcline）

相平面图（phase-plane plot）中的一组点，包含特定**变量（variable）**的斜率（“cline”）为零

（“null”）的所有情况，因此不会改变。零线将**系统**（**system**）响应的空间划分为**行为**（**behavior**）定性相似的区域。（第10章）

目标函数（**objective function**）
在**优化**（**optimization**）任务中最大化（或最小化）的函数。在**参数估计**（**parameter estimation**）中，目标函数通常是模型与建模数据之间的平方误差之和。另见**残差**（**residual**）。（第5章）

组、组学（**-ome，-omics**）
单词后缀，以表示全面性或总体性。因此，**蛋白质组**（**proteome**）由细胞或生物体中的所有蛋白质组成。最古老的组之一是根茎（rhizome），它是植物根系的总和。表示组的后缀-ome类似于描述肿瘤的后缀-oma。有些使用-ome和-omics拼凑的新单词，用法很愚蠢。另见**基因组**（**genome**）。（第6章）

本体论（**ontology**）
受控词汇表，在有限的知识领域内具有普遍接受的术语定义。一个众所周知的例子是**基因本体论**（**gene ontology**）。另见**基因注释**（**gene annotation**）。（第6章）

开放系统（**open system**）
与**封闭系统**（**closed system**）形成对比，具有输入和（或）输出的数学**模型**（**model**）。（第2章）

操作点（**operating point**）
函数和其**近似**（**approximation**）具有相同值、斜率乃至更高阶导数值的点。（第4章）

操作原理（**operating principle**）
对**设计原理**（**design principle**）或**模体**（**motif**）的动态类比：解决任务的一种自然策略，优于替代策略。（第14章）

操纵子（**operon**）
在相同启动子控制下的（细菌）基因的聚集排列。操纵子通常导致功能相关蛋白的共表达。（第6章）

优化（**optimization**）
使**系统**（**system**）尽可能接近给定目标的数学或计算过程，如通过最小化模型的某些输出与期望输出之间的误差。另请参见**目标函数**（**objective function**）、**参数估计**（**parameter estimation**）和**残差**（**residual**）。（第5章和第14章）

轨道（**orbit**）
封闭的**轨迹**（**trajectory**）。如果动力系统在轨道的某个点出发，它将再次无限地重新进入这一点。一个例子是**极限环**（**limit cycle**）。（第4章）

常微分方程（**ordinary differential equation，ODE**）
一种**微分方程**（**differential equation**）或微分方程组，其中所有导数都是针对同一**变量**（**variable**）求导的，该变量通常是时间。另请参见**偏微分方程**（**partial differential equation**）。（第4章）

振荡（**oscillation**）
函数（或动态系统）的行为，其中函数（或系统变量）的值在具有正斜率和负斜率的相位之间来回交替。另请参见**阻尼振荡**（**damped oscillation**）、**过冲**（**overshoot**）和**极限环**（**limit cycle**）。（第4章）

过度拟合（**overfitting**）
具有许（太）多**参数**（**parameter**）的**模型**（**model**）可以良好地表示**训练数据集**（**training set**）而不能表示其他数据集的事实。（第5章）

过冲（**overshoot**）
暂时超过其最终取值的函数或**系统**（**system**）的**动态**（**dynamics**）。（第4章）

起搏细胞（**pacemaker cell**）
一种细胞，主要存在于心脏的**窦房结**（**sino-atrial node**），可以自发**去极化**（**depolarize**），从而设定心跳的节奏。来自窦房结的信号最终到达所有**心肌细胞**（**cardiomyocyte**）。另见**房室结**（**atrioventricular node**）、**希氏束**（**bundle of His**）和**浦肯野纤维**（**Purkinje fiber**）。（第12章）

（模型的）参数[**parameter（of a model）**]
数学**模型**（**model**）中的数值，在给定的计算实验或**模拟**（**simulation**）中是恒定的。它的值可能会在不同的实验中改变。另请参见**参数估计**（**parameter estimation**）。（第2章）

参数估计（**parameter estimation**）
用于识别模型**参数**（**parameter**）数值的各种

方法和技术，使给定数据集的**模型**（**model**）表示可接受。（第5章）

偏微分方程（**partial differential equation，PDE**）

包含关于两个或更多变量的函数及其导数的方程（或方程组）。例如，这些变量可以表示时间和一个或多个空间坐标。另请参见**微分方程**（**differential equation**）和**常微分方程**（**ordinary differential equation**）。（第4章）

路径长度（**path length**）

图（**graph**）中连接一个**结点**（**node**）与另一个结点的连续**边**（**edge**）数。有趣的是图中最长的最小路径长度。（第3章）

肽（**peptide**）

最多约30个**氨基酸**（**amino acid**）的链，被认为太短而不能称为蛋白质，但具有与蛋白质相同的性质。（第7章）

肽键（**peptide bond**）

肽（**peptide**）或蛋白质中**氨基酸**（**amino acid**）之间的化学（共价）键，其中一个氨基酸的羧基与相邻氨基酸的氨基反应。（第7章）

个性化（精准）医学［**personalized（precision）medicine**］

一种处理健康和疾病的新兴方法，使用**基因组学**（**genomic**）、**蛋白质组学**（**proteomic**）、**代谢**（**metabolic**）和**生理学生物标志物**（**biomarker**）来定制预防和治疗个体疾病。（第13章）

扰动（**perturbation**）

一种（通常是）快速的条件变化，用于生物**系统**（**system**）或数学**模型**（**model**）的研究中。（第2章）

Petri网（**Petri net**）

用于**网络**（**network**）和**系统**（**system**）建模的一种特定形式，由两种不同类型的**变量**（**variable**）组成：池和反应。（第3章）

药物基因组学（**pharmacogenomics**）

基因表达与药物相互作用的研究。（第13章）

药代动力学/药代动力学模型（**pharmacokinetics/pharmacokinetic model**）

器官、身体或细胞培养物中药物的**动态变化**（**dynamics**）；这种动态变化的数学表示。一个值得注意的特例是，**基于生理学的药代动力学**（**physiologically based pharmacokinetic，PBPK**）模型，它是**区隔模型**（**compartment model**）和**区隔**（**compartments**）内一组**动力学**（**kinetic**）模型之间的混合物。（第13章）

相图（**phase diagram**）

系统（**system**）表现出不同**定性行为**（**qualitative behavior**）的领域的草图。例如，系统可能在一个域中表现出**振荡**（**oscillation**），而在另一个域中不表现出振荡。另请参见**相平面图**（**phase-plane plot**）。（第10章）

相平面分析/图（**phase-plane analysis/plot**）

动态系统（**dynamical system**）的一种图形表示，通常具有两个**因变量**（**dependent variable**），其中一个变量相对于另一个变量进行绘制，而不是将两个变量绘制为时间的函数。该图由**零线**（**nullcline**）划分为**行为**（**behavior**）定性相似的域。另见**相图**（**phase diagram**）。（第10章）

系统发育、系统发育学（**phylogeny，phylogenetics**）

与整个进化过程中物种相关性的研究有关。（第6章）

基于生理学的药代动力学模型［**physiologically based pharmacokinetic**（**PBPK**）**model**］

具有生物学意义的**区隔**（**compartment**）（如器官、组织或血流）的**区隔模型**（**compartment model**）。通常用于评估高等生物体内药物的命运。区隔内药物的动态可用动力学模型表示。（第13章）

多糖（**polysaccharide**）

由许多相同或不同类型的糖（碳水化合物）分子组成的直链或支链聚合物。（第11章）

翻译后修饰（**post-translational modification，PTM**）

从mRNA翻译而来后，肽或蛋白质的任何化

学变化，这些变化不会反映在RNA序列的编码中。（第7章）

幂函数/幂律函数（power function/power-law function）

由（非负）**速率常数（rate constant）**和一个或多个正值变量的乘积组成的数学函数，每个正值**变量（variable）**都被表示成某个实值指数次幂，在**生化系统理论（biochemical system theory）**中称为**动力学阶（kinetic order）**。另见**规范模型（canonical model）**。（第4章）

幂律近似（power-law approximation）

对数坐标系内函数的**线性近似（linear approximation）**，它总是产生［可能是**多变量的（multivariate）**］**幂律函数（power-law function）**。（第4章）

幂律分布（power-law distribution）

遵循具有负指数**幂律函数（power-law function）**的特定**概率分布（probability distribution）**。最近突出的一个例子是，在展示**小世界属性（small-world property）**的**网络（network）**中具有一定数量**边（edge）**的**结点（node）**的分布。（第3章）

（模型的）预测［prediction（of a model）］

系统（system）的一个特征，如系统**变量（variable）**的数值或近似值，尚未通过实验测得，而是使用模型来计算。（第2章）

预测性健康（predictive health）

一种新的医疗保健模式，其目标是维持健康而不是治疗疾病。预测性健康严重依赖于**生物标志物（biomarker）**的个性化评估，当个体仍然表现健康时开始，并跟踪他或她进入老年，乃至慢性疾病时期。（第13章）

概率的（probabilistic）

受**随机（机遇）［random（stochastic）］**影响的。（第2章）

概率分布（probability distribution）

对**随机变量（random variable）**所有可能取值及其可能性的简洁的集体描述。（第2章）

（代谢物或蛋白质的）概貌［profile（of metabolites or protein）］

在一个时间点或在一系列时间点表征生物**系统（system）**许多或所有代谢物（或蛋白质）的特征的集合。另请参见**时间序列数据（time-series data）**。（第8章）

蛋白酶体（proteasome）

一种细胞器，由大蛋白复合物组成，负责降解已被**泛素（ubiquitin）**标记的蛋白质。细胞会将该过程中产生的**肽（peptide）**和**氨基酸（amino acid）**重新利用。（第7章）

蛋白质组（proteome）

细胞、生物体或其他定义的生物样品中所有蛋白质的总称。另见**基因组（genome）**和**组（-ome）**。（第7章）

（细胞膜上的）泵［pump（in a cell membrane）］

一种**载体蛋白（carrier protein）**，也称为通透酶，可转运特定**离子（ion）**穿过细胞膜。（第12章）

浦肯野纤维（Purkinje fiber）

一种改良的心肌细胞，可将电脉冲迅速从**窦房结（sino-atrial node）**和**房室结（atrioventricular node）**传导到**心室（ventricle）**内可兴奋的**心肌细胞（cardiomyocyte）**。另见**希氏束（Bundle of His）**。（第12章）

定性分析（qualitative analysis）

一种数学分析，只最小依赖于特定的数值设置［如**参数（parameter）**值］，因此倾向于产生相当普遍的结果。（第10章）

（模型的）定性行为［qualitative behavior（of a model）］

一种**模型（model）**响应，不是由特定的数字特征表征，而是作为一组独特特征的一员，如**阻尼振荡（damped oscillation）**或**极限环（limit cycle）**。（第2章）

定量构效关系（quantitative structure-activity relationship，QSAR）

根据经验或计算从其化学组成推断分子的特定

性质，如药物活性。（第13章）

准稳态假设（quasi-steady-state assumption，QSSA）

假设底物和**酶（enzyme）**之间的中间复合物在**反应（reaction）**过程中基本上是恒定的。该假设允许将**Michaelis-Menten**和**希尔速率规则（Hill rate law）**明确表示为函数，而不是**微分方程（differential equation）**组。（第8章）

群体感应（quorum sensing，QS）

一种机制，微生物用该机制感知其环境中的许多其他微生物发出的化学信号，并作出集体响应。（第9章）

随机（random）

包含一个不可预测的方面，可能是因为信息有限。（第2章）

随机变量（random variable）

随机（stochastic）语境中的**变量（Variable）**，其特定取值由**概率分布（probability distribution）**确定。（第2章）

速率常数（rate constant）

正值或零值量，通常用于化学和生物化学**动力学（kinetics）**中，代表**反应（reaction）**的周转率。另请参见**动力学阶数（kinetic order）**、**弹性（elasticity）**和**质量作用动力学（mass-action kinetics）**。（第4章）

（生物化学中的）反应［reaction（in biochemistry）］

将分子转化为不同分子的过程，该过程通常由**酶（enzyme）**催化。另请参见**可逆的（reversible）**、**不可逆的（irreversible）**、**动态的（kinetic）**和**速率常数（rate constant）**。（第8章）

接收器（receptor）

细胞膜表面上（或跨膜）的一种检测外部信号的蛋白质，如果信号足够强，则触发**信号转导（signal transduction）**过程。突出的例子是**G蛋白偶联受体（G-protein-coupled receptor）**和**Toll样受体（Toll-like receptor）**。另见**跨膜蛋白（transmembrane protein）**。（第7章）

受体酪氨酸激酶（receptor tyrosine kinase，RTK）

跨膜蛋白（transmembrane protein）的一个重要成员，它将磷酸基团从供体转移到底物上，并借此将**信号（signal）**从细胞外部转导到内部。（第7章）

递归（recursion）

在数学中，一种由**系统（system）状态（state）**的时间序列所刻画的过程，此刻的系统状态根据系统在一个或多个较早时间点的状态来定义。（第10章）

氧化还原（redox）

还原和氧化的合并简称。用作关于电子损失或获得的化学**反应（reaction）**系统的**状态（state）**或状态变化的形容词。例如，生理上的氧化还原状态在氧化**胁迫（stress）**下会发生改变。（第11章）

还原论（reductionism）

一种哲学理念，该理念认为，通过研究**系统（system）**的各个部分及部分的部分，直到最终的构建块被揭示出来，就可以理解系统的功能。**系统生物学（systems biology）**认为，还原论必须与一个重建阶段相辅相成，该阶段将构建块整合到一个功能实体中。（第1章）

不应期（refractory period）

通常指**动作电位（action potential）**结束时的一段时间，在此期间，**可兴奋细胞（excitable cell）**不能再次被激发。（第12章）

回归（regression）

一种统计技术，用于将**模型（model）**匹配到实验数据，使**残差（residual）**最小化。（第5章）

排斥子（repeller）

在动力系统领域，**轨迹（trajectory）**发散的一组点。最典型的排斥子是不稳定的稳态点和不稳定的**极限环（limit cycle）**。反义词是**吸引子（attractor）**。（第4章）

再极化（repolarization）

作为**动作电位（action potential）**的一部分，

神经元、肌细胞或**心肌细胞**（**cardiomyocyte**）的跨膜电压从**去极化**（**depolarized**）状态返回到松弛状态，在大多数细胞中对应于**静息电位**（**resting potential**）。（第12章）

阻遏振荡器（repressilator）

三个基因（*A*、*B*、*C*）的系统，其中*A*抑制*B*，*B*抑制*C*，*C*抑制*A*。（第14章）

残差（误差）

在**拟合**（**fitte**）模型之后，**模型**（**model**）和数据之间的剩余差异（误差）。另请参见**回归**（**regression**）和**最小二乘法**（**least-squares method**）及**参数估计**（**parameter estimation**）。（第4章）

静息电位（resting potential）

松弛的**可兴奋细胞**（**excitable cell**）[如神经元或**心肌细胞**（**cardiomyocyte**）]的跨膜电位。在神经元中，静息电位约为－70mV，而心肌细胞约为－90mV。另见**动作电位**（**action potential**）。（第12章）

逆转录病毒（retrovirus）

一种RNA病毒，需要被宿主逆转录成互补DNA，然后才能整合到宿主**基因组**（**genome**）中。另见**转录**（**transcription**）。（第11章）

逆向工程（reverse engineering）

用于从数据推断结构、过程或机制的各种方法。一个例子是**贝叶斯网络推理**（**Bayesian network inference**）。（第3章）

可逆（反应）[reversible（reaction）]

可以在前后方向上发生的（生物化学）**反应**（**reaction**），通常具有不同的速率。另见**不可逆反应**（**irreversible reaction**）。（第8章）

核糖体（ribosome）

由特定RNA和蛋白质组成的复合物，促使mRNA转化为蛋白质。（第7章）

核糖开关（riboswitch）

基于RNA的细菌基因表达调控元件。（第14章）

核酶（ribozyme）

催化某些化学反应的核糖核酸（RNA）。这个词由“核糖核酸”和**酶**（**enzyme**）组成。（第6章）

RNA测序（RNA-Seq）

基于**cDNA**测序的相对较新的用于测量基因表达的高通量方法。另见**微阵列**（**microarray**）。（第6章）

稳健的/鲁棒的（robust）

通常模糊定义的术语，表示**系统**（**system**）对**扰动**（**perturbation**）或**参数**（**parameter**）变化的容忍度。另见**灵敏度**（**sensitivity**）和**增益**（**gain**）。（第4章）

RT-PCR

缩写：

1．逆转录，然后进行定量聚合酶链反应。一种量化mRNA并因此定量基因表达的方法。另见**Northern印迹**（**Northern blot**）。

2．实时聚合酶链反应。一种基于荧光的方法，用于实时监测自实验开始以来聚合的DNA量。也称为RT-qPCR，其中q表示定量。（第6章）

肌质网（sarcoplasmic reticulum，SR）

心肌细胞（**cardiomyocyte**）中可能含有大量钙的隔室。肌质网和细胞质之间的受控钙运动最终导致细胞收缩。（第12章）

系统生物学标记语言（systems biology markup language，SBML）

用于**建模**（**modeling**）和共享生物**系统**（**system**）和数据的标准化计算机语言。（第1章和第15章）

无标度/标度不变（scale-free）

图（**graph**）或**网络**（**network**）的属性，具有与**结点**（**node**）数无关的相似特征。（第3章）

散点图（scatter plot）

一些实体的两个（或三个）特征的图形表示，作为坐标系中点的坐标，通常看起来像点云。一个例子包括一个高中班级学生的数学和物理分数。每个学生被表示成唯一的一个点，该点的x坐标可能是数学分数，而y坐标则是物理分数。（第5章）

搜索算法（search algorithm）

一组用于查找最佳解决方案的计算指令，包括搜索**迭代**（**iteration**）及与现有最佳解决方案的比较。另见**优化**（optimization）和**参数估计**（parameter estimation）。（第4章）

第二信使（second messenger）

参与**信号转导**（signal transduction）的小分子，如一氧化氮、钙、cAMP、肌醇三磷酸酯或鞘脂神经酰胺。（第9章）

二级结构（RNA）[secondary structure（RNA）]

单链RNA与其自身的折叠和部分碱基匹配，产生精确匹配的区域，中间隔着一些环，并可能以未匹配的末端结束。（第6章）

敏感性分析（sensitivity analysis）

通用**系统**（system）分析的一个分支，用于量化系统特征在**参数**（parameter）值稍微改变时的变化程度。（第4章）

时间尺度分离（separation of timescale）

用于包含以明显不同的速度运行的进程的**系统**（system）的一种建模技术。通过假设非常缓慢的过程基本上是恒定的并且非常快的过程基本上处于**稳态**（steady state），将**模型**（model）限制在一个或两个最相关的时间尺度。（第12章）

信号（signal）

任何可由细胞或生物体感知和传播的分子、化学或物理事件，通常通过**受体**（receptor）发挥作用。（第9章）

信号转导（信号）[signal transduction（signaling）]

用于管理和整合由细胞**受体**（receptor）接收的**信号**（signal）的总称。在许多情况下，**信号级联**（signaling cascade）将外部信号传递到**基因组**（genome），在那里特定基因被上调或下调作为响应。（第9章）

信号级联（signaling cascade）

通常是分层排列的一组蛋白质，通过磷酸化或去磷酸化，将化学或物理**信号**（signal）从细胞表面转导至**基因组**（genome）。（第9章）

（基因的）沉默[silencing（of a gene）]

某些小RNA抑制基因表达的能力。（第6章）

模拟退火（simulated annealing）

一种**参数估计**（parameter estimation）技术，其灵感来自加热和冷却金属以减少杂质和缺陷的方法。（第5章）

模拟（simulation）

使用具有不同**参数**（parameter）和**变量**（variable）设置的数学**模型**（model）的过程，目的是评估其可能的响应范围，包括最佳、最差和最可能的情景，或解释在生物**系统**（system）中观察到或预测的情景。（第2章）

单核苷酸多态性（single nucleotide polymorphism，SNP）

区分个体的特定**核苷酸**（nucleotide）中的点突变。因为多个**密码子**（codon）可以翻译成相同的氨基酸，所以这种突变通常是中性的。（第13章）

窦房结[sino-atrial（SA）node]

一组相对较少的**起搏细胞**（pacemaker cell），位于心脏的**心房**（atrium）和**心室**（ventricle）之间，自发地**去极化**（depolarize），从而设定心跳的速度。（第12章）

SIR模型（SIR model）

用于评估传染病传播的既定原型**模型**（model）。*S*、*I*和*R*代表易感的、感染的和（从疾病过程中）移除的个体。已经提出了数千种变体。（第2章）

凌乱（sloppiness）

参数估计（parameter estimation）过程的结果表明给定**模型**（model）的许多参数值组合可以同等地（或几乎同等地）**拟合**（fit）相同的数据集。另见**可识别性**（identifiability）。（第5章）

小RNA（small RNA）

相对较短的含50～200个核苷酸的RNA序列，可形成特定的环结构，并可结合蛋白质或mRNA，从而影响它们的功能。另见**microRNA**。（第6章）

小世界（网络属性）[small-world（property of network）]

网络中的一种特殊类型的连接，其中一些**枢纽**（hub）连接较多，其余**结点**（node）连接较为松散。因此，大多数结点不是彼此的邻居，但是可以通过少量步骤从任何其他结点到达大多数结点。具有给定连接度的结点的数量遵循具有负指数的幂律分布（**power-law distribution**）。（第3章）

平滑（smoothing）

一种用于降低实验数据中的**噪声（noise）**并使数据更接近**连续（continuous）**趋势线的数学技术。（第5章）

鞘脂（sphingolipid）

特定类别的脂质的成员，它是膜的关键成分，并且还具有信号转导功能，如在**分化（differentiation）**、衰老、**凋亡（apoptosis）**和许多疾病（包括癌症）发生期间。（第11章）

S-系统（S-system）

生化系统理论（biochemical systems theory）中的一种**建模（modeling）**格式，其中每个**常微分方程（ordinary differential equation）**由恰好两个**幂律函数（power-law function）**（其中一个可能为零）的乘积组成：一个总体上代表所有增广过程（augmenting process），一个代表所有降解过程。另见**生化系统理论（biochemical system theory）**和**广义质量作用系统（generalized mass action system）**。（第4章）

稳定性（stability）

局部稳定性是指**稳态（steady state）**或**极限环（limit cycle）**，表示系统在小**扰动（perturbation）**后将返回稳态或极限环。结构稳定性是指系统行为（**behavior**）对**参数值（parameter value）**的轻微持久变化的**稳健性（robustness）**。另见**分叉（bifurcation）**。（第4章）

（系统或模型的）状态［state（of a system or model）］

全面的数字特征集合，用于表征特定时间点的**系统（system）**或**模型（model）**。（第2章）

静态的（模型）［static（model）］

描述**网络（network）**或**系统（system）**的不考虑随时间变化的**模型（model）**。（第3章）

统计力学（statistical mechanics）

一系列概念和定理，通过适当的平均来描述大量分子或其他粒子的机械和能量特征。统计力学将材料的宏观整体行为与分子的微观特征联系起来。（第8章）

稳态（steady state）

动态系统（dynamical system）的**状态（state）**，其中没有**因变量（dependent variable）**的大小发生变化，尽管物料可能流过系统。在稳态下，描述系统的所有**微分方程（dependent variable）**中的时间导数等于零，因此方程变为代数方程。另见**内稳态（homeostasis）**和**稳定性（stability）**。（第2章）

刺激（stimulus）

对**系统（system）**或**模型（model）**的外部**扰动（perturbation）**。刺激通常用于研究系统的可能**行为（behavior）**。（第2章）

随机（stochastic）

包含**概率性的（probabilistic）**或**随机性的（random）**方面；通常被认为是**确定性的（deterministic）**的反义词。（第2章）

随机模拟（stochastic simulation）

使用受**随机（random）**事件影响的**模型（model）**进行的**模拟（simulation）**。

随机模拟算法（stochastic simulation algorithm）

一种用于**建模动力学反应（modeling kinetic reaction）**过程的特定**算法（algorithm）**，因涉及少量分子，故不能使用**统计力学（statistical mechanics）**和**动力学（kinetics）**方法。（第8章）

化学计量学（stoichiometry）

代谢网络的连通性，增加了对每个**反应（reaction）**中反应物和产物相对量的考量。（第3章）

奇异吸引子（strange attractor）

混沌（chaotic）系统的领域，**轨迹（trajectory）**收敛于此，且一旦进入吸引子中，它们就不会离开。另见**吸引子（attractor）**。（第4章）

胁迫（stress）

使细胞或生物体远离其正常**生理（physiological）**状态或范围的情况。另见**应变稳态（allostasis）**。（第11章）

胁迫响应元素（stress response element，STRE）

基因启动子区域中参与对外部**胁迫（stresses）**响应的短序列（可能是5个）**核苷酸（nucleotide）**，外部胁迫如热、渗透压、强酸或细胞环境中所需化学物质的消耗。（第11章）

亚群（subpopulation）

群体的一个子集，由某些共同特征刻画，如年龄、性别、种族或特定疾病状态。（第10章）

叠加（原理）[superposition（principle）]

线性（linear）而非**非线性（nonlinear）系统（system）**的特征：系统对两个同时刺激的响应等于对分别施用的相同两个刺激的响应的总和。如果叠加原理成立，则可以通过执行许多**刺激（stimulus）**-响应实验，并将观察到的刺激-响应关系加起来以分析系统。另见**协同作用（synergism）**。（第4章）

协同作用/协同的（synergism/synergistic）

从字面上看，"一起工作"。**系统（system）**的两个组成部分（或人）的联合行动比其个体行为的总和更强的现象。协同作用是**非线性（non-linear）**系统的一个特征，违反**叠加原理（superposition principle）**。**拮抗作用/拮抗的（antagonism/antagonistic）**的反义词。（第1章）

合成生物学（synthetic biology）

多种实验和计算操作技术，旨在创造新的（通常是微生物的）生物**系统（system）**。（第14章）

系统（system）

有组织的动态交互组件集合。

系统生物学（systems biology）

生物学的一个分支，使用实验和计算技术来评估更大背景下的动态生物现象。（第1章）

收缩（systole）

收缩一词的希腊语术语，用于描述心脏的收缩状态。另见**舒张（diastole）**。（第12章）

泰勒近似（Taylor approximation）

围绕特定操作点的单或多**变量（variable）**函数的一般类型的**近似（approximation）**；结果是[可能为**多变量的（multi-variate）**]**线性（linear）**、多项式或**幂律表示（power-law representation）**。（第4章）

（蛋白质的）三级结构[tertiary structure（of a protein）]

蛋白质分子的三维形状。另见**构象（conformation）**。（第7章）

文本挖掘（text mining）

使用**机器学习算法（machine learning algorithm）**从大量文本中提取信息。另见**数据挖掘（data mining）**。（第13章）

时间序列数据（time-series data）

实验或人工数据，由（多个）后续时间点的**变量（variable）**值组成。（第5章）

拨动开关（遗传学）[toggle switch(genetics)]

基因完全表达或沉默但不允许中间状态的现象或**模型（model）**。（第14章）

Toll样受体（Toll-like receptor，TLR）

一类信号蛋白的成员，可识别各种外来大分子，尤其是细菌细胞壁上的大分子，并引发免疫反应。另见**受体（receptor）**和**跨膜蛋白（transmembrane protein）**。（第7章）

训练集（training set）

机器学习算法（machine learning algorithm）使用的数据集的一部分，用于区分不同类别的输出，并建立分类规则。另请参见**验证（validation）**。（第5章）

轨迹（trajectory）

系统（system）状态（state）随时间的集体变化；通常在刺激和某些后期状态（如稳态）之间。（第10章）

转录（transcription）

从DNA序列创建匹配的信使RNA（mRNA）的过程。（第6章）

转录因子（transcription factor）

通过与相应的DNA结合而影响特定基因表达的蛋白质。（第6章）

转录组（transcriptome）

从生物体的**基因组（genome）**转录的全体

RNA。另见**组（-ome）**。（第6章）

转运RNA（transfer RNA，tRNA）

在这些肽或蛋白质正在从mRNA翻译时，促进正确氨基酸与正在生长的**肽（peptide）**或蛋白质连接的几种特定RNA之一。该**翻译（translation）**过程发生在核糖体内。（第6章）

瞬态（transient）

系统行为的集合术语，描述系统在刺激时间与**系统（system）**达到**稳态（steady state）**、**稳定振荡（stable oscillation）**或其他**吸引子（attractor）**或感兴趣的点之间的行为。（第4章）

翻译（translation）

产生蛋白质或**肽（peptide）**的过程，其**氨基酸（amino acid）**序列对应于mRNA的**遗传密码（genetic code）**。该过程发生在核糖体内并使用**转运RNA（transfer RNA）**。另请参见**翻译后修饰（post-translational modification）**。（第6章）

跨膜蛋白（transmembrane protein）

跨越细胞膜的一大类蛋白质的成员，可实现细胞外部和内部之间的通信。跨膜蛋白参与**信号转导（signal transduction）**和大量疾病。另见**间隙连接（gap junction）**和**G蛋白偶联受体（G-protein-coupled receptor）**。（第7章）

转座子（transposon）

一段DNA，可以从**基因组（genome）**中的一个位置移动到另一个位置。（第6章）

试验（随机过程）[trial（stochastic process）]

随机模型（stochastic model）的许多评估之一。（第2章）

双组分（信号）系统[Two-component（signaling）（TCS）system]

虽然不仅仅局限于该定义，但通常是指特定类型的**信号转导（signaling）**机制，微生物利用它感知其环境。另见**受体（receptor）**和**信号转导（signal transduction）**。（第9章）

双向凝胶电泳（two-dimensional gel electrophoresis）

一种通过大小和电荷分离蛋白质的实验方法。（第7章）

泛素（ubiquitin）

一种小蛋白质，当与其他蛋白质结合时，标记它们以便在**蛋白酶体（proteasome）**中进行分解，然后再循环利用所得的**肽（peptide）**和**氨基酸（amino acid）**。标记过程称为泛素化。（第7章）

不确定性（uncertainty）

由于实验不准确或其他挑战，实验结果未确切知晓的程度；另见**变异性（variability）**。先进的测量技术可能会降低不确定性，但不会降低变异性。（第5章）

验证（validation）

使用未曾用于构建模型的数据测试（和确认）**模型（model）**适当性的过程。另见**训练集（training set）**、**可识别性（identifiability）**和**凌乱（sloppiness）**。（第2章）

变异性（variability）

实验结果受细胞、生物体或其他被调查物品个体之间差异影响的程度；另见**不确定性（uncertainty）**。先进的测量技术可能会降低不确定性，但不会降低变异性。（第2章）

变量（variable）

表示**系统（system）**组件的符号，可能会也可能不会随时间发生变化。另见**因变量（dependent Variable）**和**自变量（independent variable）**。（第2章）

向量（vector）

1. 在数学中，变量或数字在一维数组中的一种方便的安排。通常与**矩阵（matrix）**一起使用。线性代数、**多元（multivariate）**微积分和统计学领域的许多方面都基于向量和矩阵。（第4章）

2. 在基因工程中，用于将外源DNA引入细菌或宿主细胞的人工构建的病毒或质粒。（第14章）

心室（ventricle）

心脏的两个较大的空腔之一。另见**心房（atrium）**。（第12章）

顶点（vertex，复数形式Vertices）

结点（node）的同义词。（第3章）

电压门控（voltage-gated）

膜通道响应膜电位而打开和关闭的特性。（第12章）

蛋白质印迹（Western blot）

一种基于产生的蛋白质测量基因表达的技术。另见**Northern印迹（Northern blot）**。（第6章）

XML

可扩展标记语言（extensible mark-up language）的缩写。具有定义词汇表的计算机语言，可实现数据结构化，并促进翻译成不同语言和软件包。另见**本体（ontology）**和**系统生物学标记语言（SBML）**。（第1章和第15章）

X射线晶体学（X-ray crystallography）

一种确定蛋白质结构的技术。蛋白质必须首先结晶。透过晶体的X射线以特有的方式散射，从而可以推断出蛋白质的分子结构。（第7章）